"모아교육그룹이 함께 만들어갑니다!"

소방기술사 / 소방시설관리사 / 소방설비기사 / 소방설비산업기사 / 소방실무 / 소방안전관리자 / 화재감식평가(산업)기사

전기안전기술사 / 건축전기설비기술사 / 발송배전기술사 / 전기응용기술사 / 정보통신기술사 / 전기기능장 / 전기기사 / 전기산업기사 / 전기기능사

화공안전기술사 / 산업안전기사 / 에너지관리기사 / 에너지관리산업기사 / 에너지관리기능사 / 공조냉동기계기사 / 공조냉동기계산업기사 / 공조냉동기계기능사

건축기계설비기술사 / 건축설비기사 / 건축설비산업기사 / 가스기사 / 가스산업기사 / 가스기능사 / 위험물기능장 / 위험물산업기사 / 위험물기능사

건설안전기사 / 대기환경기사 / 식품안전기사 / 산업위생관리기사 / 승강기기능사 / 설비보전기능사

NEXT 모아 합격자 FESTIVAL
그 영광의 주인공은 바로 당신입니다!

업계 최대 규모 합격자 모임 실제 현장
(서울 마곡 코엑스)

기술자격증은 모아바 에서 시작하세요!

기록적인 성장
1648%
*2017년 vs 2024년 매출 기준

경이로운 수강생 증가
760%
*2018년 vs 2025년 1, 2월 수강인원 기준

강의 만족도
99%
*2024년, 2025년 모아바 합격수기 평가 점수 변환 기준

압도적인 합격률
79%
*2024년 소방시설관리사 2차 합격률

수강상담 & 학습문의

모아바 고객센터
02.2068.2852

평일 10:00~19:00
(점심 12:00~13:00)
(주말/공휴일 휴무)

모아소방전기학원 × 모아바

모아
에너지관리
기사 실기

핵심이론 + 과년도 6개년

전면 개정

모아합격전략연구소

모아북스

2026년 에너지관리기사시험 한눈에 보기

[왜 에너지관리기사인가?]

고유가와 기후 변화로 인한 환경 위기는 에너지 효율을 더 이상 선택이 아닌 필수 과제로 만들고 있습니다. 기업들은 탄소 중립 목표 달성과 운영비용 절감을 위해 전문적인 에너지관리 역량을 갖춘 인재를 적극적으로 요구하고 있으며, 그 해답이 바로 에너지관리기사입니다. 과거에는 단순한 설비 기술 자격으로 인식되던 에너지관리기사가 이제는 '설비 3대장' 중 하나로 자리매김하며, 공기업과 대기업을 비롯한 다양한 산업 현장에서 핵심 자격으로 인정받고 있습니다. 에너지관리기사는 현재의 취업 경쟁력은 물론, 미래 산업 변화에 대비한 가장 확실한 전문 자격증이라 할 수 있습니다.

[시험과목 및 합격기준]

구분	에너지관리기사	
	필기	실기
시험과목	• 연소공학 • 열역학 • 계측방법 • 열설비재료 및 관계법규 • 열설비설계	열관리 실무
검정방법	객관식 4지 택일형, 과목당 20문항 총 100문항(과목당 30분)	필답형(3시간)
합격기준	100점을 만점으로 하여 과목당 40점 이상, 전과목 평균 60점 이상	100점을 만점으로 하여 60점 이상

[2026년 시험 예상 일정]

필기시험

회별	원서접수 (휴일 제외)	시험시행
제1회	1.12(월) ~ 1.15(목)	2.6(금) ~ 3.3(화)
제2회	4.13(월) ~ 4.16(목)	5.9(토) ~ 5.29(금)
제3회	7.20(월) ~ 7.23(목)	8.8(토) ~ 8.31(월)

실기시험

회별	원서접수 (휴일 제외)	시험시행
제1회	3.23(월) ~ 3.26(목)	4.18(토) ~ 5.8(금)
제2회	6.22(월) ~ 6.25(목)	7.18(토) ~ 8.5(수)
제3회	9.21(월) ~ 9.24(목)	10.31(토) ~ 11.20(금)

※ 정확한 시험일정과 관련된 정보는 Q-Net에서 확인하시길 바랍니다.

실기 대비 학습전략

출제 비중이 높은 영역 위주 학습

- 보일러 및 열역학 계산
- 열소 및 연료 계산
- 열교환기, 냉동, 배관, 펌프 관련 문제
- 법규/안전 관련 서술형 문제

반복되는 문제 유형

- 정독(精讀)보다는 다독(多讀)! → 100점이 아닌 합격점을 목표로 해야 함
- 문제풀이 절차의 습관화 : 단위 환산/기본 공식을 빠르게 적용할 수 있게 풀이 절차를 습관화해야 함
  (예 연소문제 → 반응식 작성 → 이론산소량 계산 → 이론공기량 계산 → 실제공기량 계산)
- 무료제공 PDF 〈실기 합격 필수 공식집〉을 활용할 것

실전 같은 문제풀이 훈련

- 실제 시험은 계산량이 많아서 시간 초과가 많이 발생함
- 과년도 문제를 풀 때는 타이머를 세팅해두고 실전과 같은 분위기에서 푸는 훈련이 필요
- 풀이 과정을 논리적으로 보여주면서 정확하게 답안을 작성할 수 있게 연습
- 문제별 시간 배분 연습 → 건너뛸 문제를 빠르게 구분할 것

나만의 암기노트 만들기

- 필답형 시험은 서술형이기 때문에 빈출유형들은 노트화하여 완벽하게 암기
  (예 프라이밍/포밍, 퍼지, 보일러 폭발 원인, 보일러수 처리방법 등)
- 1 ~ 2페이지 정도로 "암기노트"를 만들어 시험 전날 반복

비전공자 맞춤 접근방법

- 수학·물리는 깊게 파고들지 말고, 시험에 나오는 기초만 최소한으로 학습
- 대신 단위(kcal, kJ, kW, Nm^3)를 꼼꼼히 확인하는 습관을 들이고 단위환산 문제 주의 요망
- 무작정 공식을 암기하기보다는 "문제 유형"으로 파악
  → "이 상황이면 이 공식"을 매칭시키는 방식으로 공부할 것
- 특히 비전공자는 "문제풀이 절차"를 구조화하는 게 더욱 중요함

이 책의 활용방법

Step 01. 학습 준비

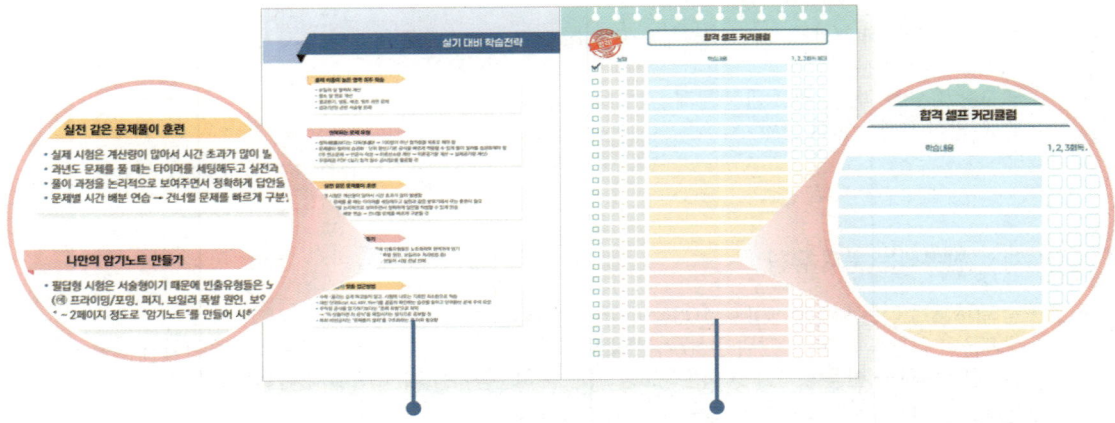

전공자는 물론, 비전공자도 수험 준비 방향을 수월하게 잡을 수 있게 어떤 식으로 접근해야 할지를 중심으로 정리했습니다.

학습 계획을 스스로 설정하고, 정해진 분량을 체크하며 학습 루틴을 형성할 수 있도록 도와주는 맞춤형 진도표입니다.

Step 02. 효율적인 이론 학습

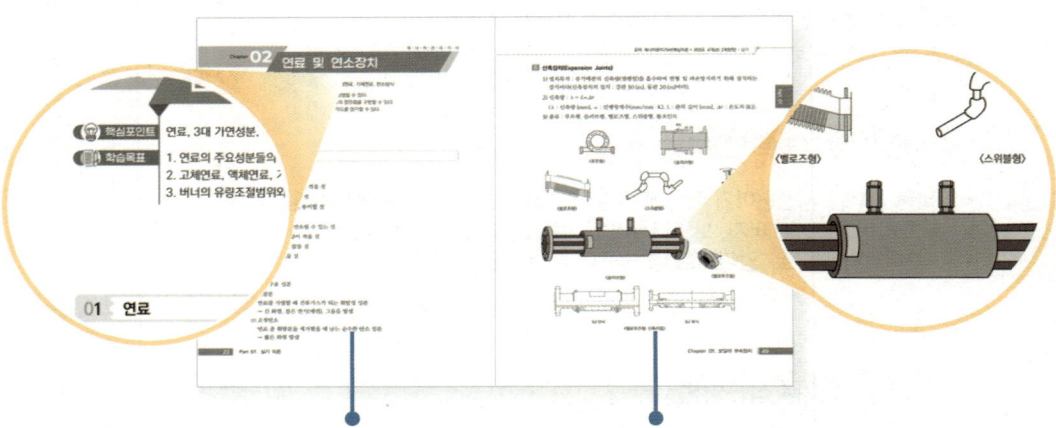

각 챕터마다 학습목표와 핵심포인트를 명확히 제시해 수험생이 학습 방향을 쉽게 파악하고 효율적으로 학습할 수 있도록 구성했습니다.

복잡한 개념을 직관적으로 이해할 수 있도록 다양한 그림과 도식을 함께 수록하여 이론 학습의 효율을 높였습니다.

Step 03. 과년도 기출문제 및 실전 모의고사

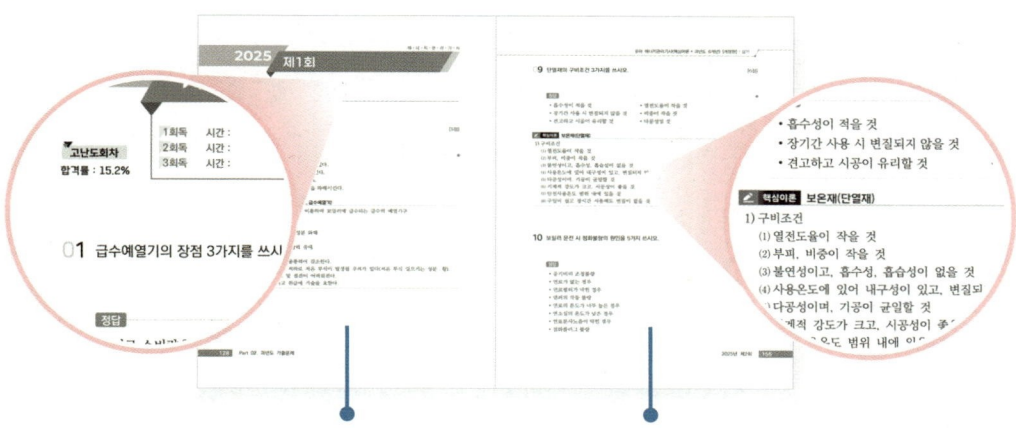

모의고사를 포함, 총 30회차의 문제로 다양한 문제유형을 접할 수 있습니다. 또한 합격률이 낮았던 회차를 표시하여 실력을 객관적으로 점검할 수 있습니다.

단순한 해설에 그치지 않고 관련 이론도 함께 정리하여 문제 풀이와 개념 이해를 동시에 강화할 수 있어 효율적인 학습이 가능합니다.

[추천! 1개월 초단기 로드맵 - 하루 3시간 기준]

에너지관리기사

주차	학습목표	주요 내용
1주차	전과목 이론을 빠르게 정리	• 과목별 기본 개념 핵심압축 정리 • 연소반응, 열교환 등 주요 공식 암기 (무료 제공 PDF 〈실기 합격 필수 공식집〉 활용) • 법규 정리(자주 나오는 문제 위주)
2주차	기출문제 6개년 1회독 + 오답정리	• 최근 6개년 기출문제 전과목 풀이 • 풀이패턴/공식 암기 • 틀린 문제는 오답노트 제작
3주차	모의고사 집중 훈련 (15회분 중 7~8회차)	• 타이머를 맞추고 실전처럼 풀기 • 매일 1~2회분 모의고사 풀이 후 해설 분석 • 기출 오답과 연결해 "유형별 풀이패턴" 익히기
4주차	모의고사 마무리 + 총정리	• 남은 모의고사 7~8회분 풀이 • 자주 틀린 계산문제, 법규, 숫자값 집중 암기 • 시험 전 날 : 나만의 암기노트로 총정리

합격 셀프 커리큘럼

| 날짜 | 학습내용 | 1, 2, 3회독 체크 |

합격자가 인정한 이 책의 가치

아직 길이 보이지 않아도 괜찮습니다. 차근차근 쌓아가는 과정이 결국 합격으로 이어집니다.
이번 도전이 두렵지 않도록, 우리가 함께 걸어가겠습니다.
첫 시험, 첫 도전, 그리고 첫 합격. 이 책이 여러분의 그 출발점이 되어 드리겠습니다.

퇴근 후 짧은 시간에도 효율적으로 공부할 수 있는 교재입니다.

"퇴근 후 짧은 시간에 공부하다 보니 핵심만 정리된 교재가 꼭 필요했는데, 기출문제와 연계된 핵심이론을 함께 정리해줘서 다시 이론을 찾기 위해 앞 페이지를 뒤져볼 필요 없이 효율적으로 학습할 수 있었습니다. 그 덕분에 짧은 준비시간으로도 수월하게 합격했던 것 같습니다."

고○○ (직장인)

학습 전략과 주요 학습 목표로 헤매지 않고 공부할 수 있었어요.

"처음 준비하는 거라 어떻게 해야 할지 막막했는데, 전체적인 학습 전략으로 방향성을 제시해주고 챕터별 학습목표 및 키워드, 그림 자료 덕분에 이해하기 쉬웠습니다. 기출과 모의고사도 많이 수록되어 있어 계속 풀면서 자신감이 붙어 합격할 수 있었어요."

박○○ (대학생)

다양한 문제풀이로 자신감을 가지고 시험을 대비할 수 있었습니다.

"실무 경험은 있어 이론 부분은 수월했지만 시험 준비는 어디부터 해야 할지 막막했습니다. 최대한 많은 문제를 풀어보려고 했고, 합격률이 낮았던 회차를 표시해줘서 기출문제를 풀며 갑자기 점수가 낮게 나와도 흔들리지 않고 제 위치를 객관적으로 파악할 수 있었습니다. 이 덕분에 합격에 큰 도움이 됐습니다."

신○○ (경력자)

상세한 해설과 풍부한 문제 덕분에 무사히 준비할 수 있었습니다.

"나이가 나이인지라 새로운 목표에 도전한다는 것에 대한 부담이 있었지만 비전공자들을 위한 접근방법이나 학습전략, 상세한 해설 덕분에 꾸준히 따라갈 수 있었습니다. 특히 다양한 문제유형을 접할 수 있어 실전 대비에 큰 힘이 되었습니다."

양○○ (퇴직자)

목차

PART 01 실기 핵심정리

- Chapter 01 보일러 ·· 12
- Chapter 02 연료 및 연소장치 ································ 22
- Chapter 03 보일러 부속장치 ································ 35
- Chapter 04 계산 공식 ·· 69
- Chapter 05 사이클, 이상기체 ································ 89
- Chapter 06 내화재, 배관, 보온재 ························ 100
- Chapter 07 열교환장치 ·· 114
- Chapter 08 신재생에너지 ···································· 118
- Chapter 09 가마(Kiln)와 노(Furnace) ················ 120

PART 02 과년도 기출문제

- 2025년 제1회 ·· 128
- 2025년 제2회 ·· 147
- 2024년 제1회 ·· 162
- 2024년 제2회 ·· 181
- 2024년 제3회 ·· 199
- 2023년 제1회 ·· 218
- 2023년 제2회 ·· 234
- 2023년 제4회 ·· 249

2022년 제1회	265
2022년 제2회	279
2022년 제4회	299
2021년 제1회	317
2021년 제2회	333
2021년 제4회	350
2020년 제4회	370

PART 03

실전 모의고사

제1회	388
제2회	404
제3회	423
제4회	437
제5회	451
제6회	465
제7회	480
제8회	494
제9회	505
제10회	518
제11회	530
제12회	543
제13회	559
제14회	572
제15회	587

에·너·지·관·리·기·사

Part 01

실기 핵심정리

실기 문제는 대부분 이론에서 파생되므로 출제 빈도가 높은 보일러, 열역학, 연소, 효율 등의 핵심 이론을 우선적으로 정리해야 합니다. 단순히 암기하는 것보다 공식의 용도를 정확히 이해하는 것이 중요하며, "이 공식이 어디에 사용되는가?"라는 관점으로 접근하면 응용문제 해결에 큰 도움이 될 것입니다.

Chapter 01 보일러

핵심포인트: 수관식 보일러, 원통형 보일러, 전열면적, 보일러 내처리제

학습목표:
1. 수관식 보일러와 원통형 보일러를 비교할 수 있다.
2. 각 보일러의 특징과 차이점을 구분할 수 있다.
3. 보일러의 구조를 그릴 수 있다.

01 보일러

1 보일러
밀폐된 용기 내부에 물이나 열매체를 넣어 가열하여 증기 또는 온수를 발생시켜 난방하는 장치

2 보일러 3대 구성요소
1) 본체 : 동(드럼)과 관으로 되어 있으며 노 내에서 연료의 연소열을 받아 동 내의 수 또는 열매체를 가열하여 증기 또는 온수를 발생시키는 부분
2) 연소장치 : 연료를 공급하여 연소시켜 열을 발생시키는 장치
3) 부속장치 : 보일러의 효율적인 운전 및 안전운전을 위한 장치로 급수장치, 송기장치, 폐열회수장치, 제어장치, 분출장치, 안전장치, 처리장치 등이 있음

3 보일러의 분류

1) 연소실의 위치 : 내분식, 외분식

   ※ 내분식 보일러와 외분식 보일러의 비교

내분식	외분식
• 연소실의 용적이 작다. • 동의 크기에 제한을 받는다. • 완전연소가 어렵다. • 설치장소를 적게 차지한다. • 역화의 위험이 크다. • 복사(방사)열의 흡수가 많다.	• 연소실의 용적이 크다. • 완전연소가 용이하다. • 연소율이 높아 연소실의 온도가 높다. • 연료의 선택범위가 넓다. • 연소실 개조가 용이하다. • 설치장소를 많이 차지한다. • 복사열의 흡수가 작다.

2) 사용형식 : 원통형, 수관식
3) 동의 설치방향 : 입형, 횡형
4) 물의 순환방식 : 자연순환식, 강제순환식
5) 본체의 구조 : 노통, 연관, 수관
6) 가열형식 : 직접식, 간접식

4 보일러의 종류

원통형	입형	입형 횡관식, 입형 연관식, 코크란(입형 횡연관식)	
	횡형	노통	**코르니시**(노통 1개), **랭커셔보일러**(노통 2개) 암 코일
		연관	횡연관식, 기관차, 케와니보일러
		노통 연관	스코치, 브로든 카프스, 하우덴 존슨, 노통연관패키지보일러
수관식	자연순환식		**바브콕**(경사각 15°), 츠네키치(경사각 30°), 타쿠마(경사각 45°), **야로우**, **가르베**(경사각 90°), 2동 D형, 3동 A형, 방사 4관, 스터링(곡관형)보일러 암 바가야로
	강제순환식		**베록스**, **라몬트보일러** 암 베라
	관류식		**엣**모스, **슐**처, **벤**슨, **람**진보일러 암 엣슐벤람
주철제	주철제 증기보일러, 주철제 온수보일러		

특수 보일러	특수액체 보일러	수은, 다우섬, 모빌섬, 카테크롤액, 시큐리티
	특수연료 보일러	버케스(사탕수수찌꺼기), 흑액, 소다회수, 바아크보일러 - 연료 : 산업폐기물
	폐열보일러	리히, 하이네보일러
	간접가열 보일러	슈미트, 레플러보일러

5 원통형 보일러

기관 본체를 둥글게 제작하여 입형이나 횡형으로 설치하는 보일러

1) 장점
    (1) 구조가 간단하다.
    (2) 취급이 용이하다.
    (3) 가격이 저렴하다.
    (4) 보유수량이 많아 부하변동에 대응하기 쉽다.
    (5) 내부 청소, 수리보수가 쉽다.
    (6) 증발속도가 느려 스케일에 대한 영향이 적고 급수처리가 쉽다.
    (7) 전열면의 대부분이 수부 중에 설치되어 있어 물의 대류가 쉽다.

2) 단점
    (1) 수관식에 비하여 보일러 효율이 낮다.
    (2) 보일러 가동 후 증기 발생 소요시간이 길다.
    (3) 파열 시 피해가 크므로 구조상 고압 대용량에 부적합하다.
    (4) 내분식 보일러로 등의 크기에 연소실의 크기가 제한을 받으면서 전열면적이 작다.
    (5) 보유수량이 많아 파열 시 피해가 크다.

3) 노통 형태에 따른 장단점   TIP 코르니시 보일러 : 노통 1개, 랭커셔 보일러 : 노통 2개

구분	평형 노통	파형 노통
장점	• 제작이 쉽다. • 가격이 저렴하다. • 노통 내부의 청소가 용이하다. • 통풍이 양호하다.	• 외압에 대한 강도가 크다. • 열에 대한 신축성이 좋다. • 전열면적이 크다.
단점	• 열에 의한 신축성이 나쁘다. • 외압에 대한 강도가 적다. • 전열면적이 작다.	• 내부청소가 어렵다. • 제작이 어려워서 비싸다.

4) 기타 구성 요소

　(1) 갤로웨이관(Galloway Tube) 설치목적

　　① 전열면적을 증가시킨다.

　　② 보일러수의 순환을 촉진시킨다.

　　③ 화실의 벽을 보강시킨다.

　(2) 아담슨 조인트(Adamson Joint)

　　① 평형 노통의 신축작용을 좋게 하기 위하여 노통의 둘레방향으로 약 1 [m]마다 설치하는 이음

　　② 설치목적으로는 평형 노통의 신축작용 흡수, 노통의 강도보강이 있다.

　　※ 코르니시보일러의 노통을 한쪽으로 편심하여 부착하는 이유는 물의 순환을 원활하게 하기 위해서 편심시켜 노통을 설치하는 것이다.

　(3) 브레이징 스페이스(Breathing Space)

　　① 노통의 상부와 가셋트 스테이 사이의 공간으로 열에 의한 압축응력을 완화시키기 위한 경판의 적절한 탄성을 유지하기 위한 탄력구역이다. 브레이징 스페이스가 불충분 하면 그루빙(Grooving)이라는 부식이 발생한다.

　　② 강판의 두께에 따른 브레이징 스페이스

경판 두께	브레이징 스페이스
13 [mm] 이하	230 [mm] 이상
15 [mm] 이하	260 [mm] 이상
17 [mm] 이하	280 [mm] 이상
19 [mm] 이하	300 [mm] 이상
21 [mm] 이하	320 [mm] 이상

(4) 그루빙(Grooving, 구식) : 경판에 가늘고 길게 도랑모형(V자형, U자형)으로 생기는 부식으로 브레이징 스페이스를 충분히 주거나 반복적 열응력을 피하고, 노통 플랜지 만곡부의 반지름을 크게 하며 재료의 온도 변화가 급격하지 않도록 하면 방지된다.

(5) 스테이(Stay, 버팀) : 강도가 부족한 부분에 부착하여 강도를 보강하여 변형이나 파손 방지

6 스테이

1) 거싯 스테이 : 한 장의 판으로 경판을 보강하기 위하여 경판에서 동판에 비스듬하게 부착시킨 버팀으로 노통보일러의 평경판을 보강시키는 데 사용한다.

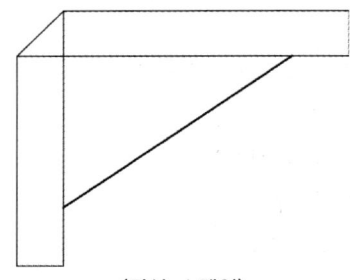

〈거싯 스테이〉

2) 봉 스테이 : 평판부 등을 연강봉으로 보강한 것으로 봉 스테이는 사용 위치나 방법에 따라 길이 방향 스테이, 경사 스테이, 수평 스테이, 행거 스테이 등으로 분류된다(경판의 보강재).

3) 튜브 스테이 : 연관보일러에서 연관군 속에 배치되어 전후의 평관판을 연결 보강하는 관으로 된 스테이, 연관의 역할도 겸하고 있으며 소요압력에 따라 적당한 간격으로 배치한다.

4) 도그 스테이 : 맨홀 뚜껑의 보강재를 말한다.

5) 볼트 스테이 : 나사 스테이라고도 하며 좁은 간격으로 평행을 이루는 평판끼리, 그렇지 않으면 만곡판끼리 연결하여 보강하는 봉 스테이와 같은 짧은 것을 말한다.

7 수관식 보일러

1) 특징
   (1) 지름이 작은 상부의 기수드럼과 하부의 물드럼 사이에 다수의 수관을 연결시켜 만든 외분식 보일러이다.
   (2) 보일러수의 유동방식에 따른 분류 : 자연순환식, 강제순환식, 관류식

2) 장점
   (1) 외분식 보일러로 연소실의 형상이 다양하며, 전열면적이 크다.
   (2) 전열면적이 많아 원통형에 비해 효율이 좋다.
   (3) 보유수량이 적어 파열 시 피해가 적다.
   (4) 파열 시 피해가 적어 구조상 고압 대용량에 적합하다.
   (5) 보일러수의 순환이 좋아 증기발생시간이 빠르다.
   (6) 용량에 비해 경량이다.

3) 단점
   (1) 급수를 철저히 처리하여 사용해야 한다.
   (2) 부하변동에 대응하기 어렵다.
   (3) 증발속도가 빨라 스케일이 부착되기 쉽다.
   (4) 구조가 복잡하여 제작 및 청소, 검사 수리가 어렵다.
   (5) 가격이 비싸다.
   (6) 취급에 기술을 요한다.

4) 수관식 보일러의 종류
   (1) 직관식 수관보일러(자연순환식)
      ① 순환력을 크게 하는 방법
         ㉠ 수관의 관지름을 크게 하여 물의 유동저항이 적어지게 한다.
         ㉡ 방해판을 설치하여 연소가스와 수관과의 접촉이 많게 한다.
         ㉢ 강수관의 가열을 피한다.
         ㉣ 기수분리를 신속하고 충분히 행한다.
         ㉤ 보일러 본체의 높이를 높게 한다.
         ㉥ 수관의 배치를 수평보다 경사지게 한다.

용어 배플판 : 수관보일러의 화로나 연도 내에 있어 연소가스의 흐름을 필요한 방향으로 유도하기 위해 설치되는 내화성의 판 또는 칸막이

용어 수냉노벽 : 연소실 안쪽에 여러 개의 수관을 벽과 같이 배치하여 효율을 높임

② 장점
　㉠ 수관의 청소가 용이하다.
　㉡ 구조가 간단하여 제작 시 간편하다.
　㉢ 관의 교체가 용이하다.
　㉣ 원통형 보일러에 비해 고압, 대용량이다.
③ 단점 : 대용량 보일러에는 부적당하다.

(2) 강제순환식 수관보일러
① 장점
　㉠ 관수의 순환이 좋다.
　㉡ 증기 생성속도가 빠르다.
　㉢ 관경을 작게 하여도 무방하다(수관의 배치가 자유롭다).
　㉣ 관의 두께가 작아도 되며 전열효과가 높다(효율이 좋다).
　㉤ 단위시간당 전열면의 열부하가 매우 높다.
② 단점
　㉠ 관수의 농축속도가 빨라서 급수처리가 까다롭다.
　㉡ 노즐이나 순환펌프가 있어야 한다.
　㉢ 각기 수관을 흐르는 관수의 속도가 일정하게 유지되어야 한다.

(3) 관류보일러
① 드럼이 없이 긴 수관의 한 끝에서 급수펌프로 압송된 급수가 긴 관을 지나면서 예열부, 증발부, 과열부를 순차적으로 관류되어 다른 끝으로 과열증기가 나가는 강제순환식 수관보일러로 단관식과 다관식이 있다.
② 급수처리법이나 자동제어장치가 발달함에 따라 고압, 대용량 및 콤팩트한 소형용으로서도 널리 사용된다.
③ 물의 임계압력을 넘는 초임계압력의 보일러에는 모두가 관류식이 채용된다.
④ 장점
　㉠ 증발속도가 매우 빠르다.
　㉡ 전열면적이 크고 효율이 높다.
　㉢ 고압이므로 증기의 열량이 크다.
　㉣ 관을 자유로이 배치할 수 있어 콤팩트한 구조로 할 수 있다.

⑤ 단점
　㉠ 완벽한 급수처리를 해야 한다(스케일의 영향이 크다).
　㉡ 급수의 유속을 일정하게 유지해야 한다.
　㉢ 소형 구조로 청소 및 검사 수리가 어렵다.
　㉣ 지름이 작은 튜브가 사용되므로 중량이 가볍고 내압 강도가 크지만 압력손실이 증대되어 급수펌프의 동력손실이 많다.
　㉤ 부하변동에 따라 압력의 변화가 크므로 급수량 및 연료량의 자동제어장치가 필요하다.

8 주철제 보일러

1) 주물로 제작된 보일러로서 내부구조를 복잡하게 하여 전열면적이 비교적 큰 형식의 저압 보일러이다.

　　　　　　　　용어 주물 : 금속을 녹여 주형이라는 틀에 붓고 굳혀서 원하는 형태로 만든 것

2) 주철로 만든 상자모양의 섹션으로 구성된 조립식 보일러이다.
3) 섹션의 수는 약 20개 정도로, 전열면적은 50 [m^2] 정도까지가 보통이다.
4) 주로 난방용의 저압증기 발생용 또는 온수보일러로 사용되고 있다.

※ 최고사용압력
　⑴ 주철제 증기보일러 : 최고사용압력 0.1 [MPa] 이하
　⑵ 주철제 온수보일러 : 수두압으로 50 [m] 이하, 온수온도 393 [K](120 [℃]) 이하
　　(이 기준을 넘을 경우 강철제 보일러를 사용해야 한다)

5) 장점
　⑴ 저압이므로 파열사고 시 피해가 적다.
　⑵ 주물제작으로 복잡한 구조로 제작이 가능하다.
　⑶ 내열, 내식성이 우수하다.
　⑷ 섹션 증감으로 용량조절이 용이하다.
　⑸ 전열면적이 크고 효율이 높다.

6) 단점
　⑴ 인장 및 충격에 약하다.
　⑵ 고압, 대용량에 부적당하다.
　⑶ 구조가 복잡하므로 내부청소 및 검사가 곤란하다.

9 전열면적

열이 이동하는 표면의 넓이

1) 수관식 보일러의 전열면적

　(1) 완전나관 보일러 $A = \pi d L n [m^2]$

　(2) 반나관 보일러 $A = \dfrac{\pi}{2} d L n [m^2]$

　　(d : 수관의 바깥지름 [m], L : 수관의 길이 [m], n : 수관의 개수)

10 보일러 본체 수부가 클 경우 미치는 영향

1) 증기발생시간이 길어진다.
2) 연료소비량이 많아진다.
3) 습증기 발생 우려가 크다.
4) 프라이밍, 캐리오버, 워터해머가 발생할 수 있다.
5) 파열 시 피해가 크다.
6) 고압 및 대용량으로 제작하기 곤란하다.
7) 열효율이 낮아진다.
8) 보일러의 질량이 커진다.
9) 부하변동에 대한 압력변화가 적다(부하변동에 대응하기 쉽다).

11 수관식 보일러 vs 원통형 보일러

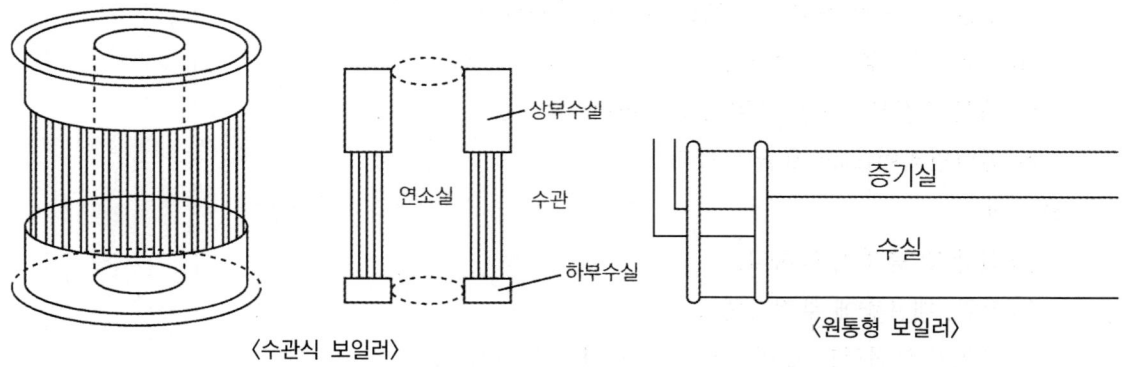

〈수관식 보일러〉　　〈원통형 보일러〉

구분	수관식 보일러	원통형 보일러
보유수량	적음	많음
파열 시 피해	작음	큼
용도	고압, 대용량	저압, 소용량
압력변화	큼	작음
부하변동에 대한 대응	어려움	쉬움
급수 처리	복잡함	간단함
급수 조절	어려움	쉬움
전열 면적	큼	작음
증기 발생시간	짧음	긺
효율	높음	낮음
구조	복잡함	간단함
제작	어려움	용이함
가격	비쌈	저렴함
취급	어려움	쉬움

12 보일러 내처리제(청관제)와 그 작용

역할	내처리제 종류
pH 및 알칼리 조정제	수산화나트륨(가성소다), 탄산나트륨, 인산나트륨, 인산, 암모니아
연화제	수산화나트륨, 탄산나트륨, 인산나트륨
슬러지 조정제	탄닌, 리그닌, 전분
탈산소제	아황산나트륨, 하이드라진(N_2H_4), 탄닌 TIP 하이드라진 = 히드라진
가성취화방지제	황산나트륨, 인산나트륨, 질산나트륨, 탄닌, 리그닌
기포방지제	고급 지방산 폴리아민, 고급 지방산 폴리알콜

Chapter 02 연료 및 연소장치

핵심포인트 연료, 3대 가연성분, 고체연료, 액체연료, 기체연료, 연소방식

학습목표
1. 연료의 주요성분들의 특징을 설명할 수 있다.
2. 고체연료, 액체연료, 기체연료의 장단점을 구분할 수 있다.
3. 버너의 유량조절범위와 분무각도를 암기할 수 있다.

01 연료

1 연료의 구비조건

1) 연소 시 회분(Ash) 등이 적을 것
2) 양이 풍부하고 저렴할 것
3) 운반 및 저장, 취급이 용이할 것
4) 발열량이 클 것
5) 공기 중에서 쉽게 연소될 수 있는 것
6) 사용하기에 위험성이 적을 것
7) 인체에 유해하지 않을 것
8) 공해 요인이 적을 것

2 연료

1) 연료의 주요 성분

(1) 휘발분
연료를 가열할 때 건류가스가 되는 휘발성 성분
→ 긴 화염, 검은 연기(매연), 그을음 발생

(2) 고정탄소
연료 중 휘발분을 제거했을 때 남는 순수한 탄소 성분
→ 짧은 화염 발생

(3) 수분

연료에 포함되어 있는 물기

→ 기화열에 의한 열손실 발생, 착화성이 나빠짐, 발열량 감소

(4) 회분

연료 연소 후 타지 않고 남는 재

→ 연소효율과 발열량을 낮춤, 보일러 문제 유발

2) 공업분석

(1) 연료를 4가지 주요 성분으로 나누어 측정하는 분석방법

(2) 휘발분 [%] + 고정탄소 [%] + 수분 [%] + 회분 [%] = 100 [%]

이때, 고정탄소의 값은 계산을 통해 산출한다.

> TIP 수분률 [%] = (가연건조감량/시료의 양) × 100 [%]

3 연료의 3대 가연성분

1) 탄소(C)

(1) 연료의 주된 발열 성분

(2) 연소 시 이산화탄소(CO_2)를 만들며 많은 열 발생

→ 발열량 및 연료의 품질 판단에 영향

2) 수소(H)

(1) 연료의 부가적 발열 성분

→ 고위발열량과 저위발열량의 차이를 만드는 핵심 성분

> TIP 액체연료에서는 수소가 발열량에 크게 기여함

3) 황(S)

(1) 연소 시 이산화황(SO_2), 삼산화황(SO_3)을 과열을 발생시킴

→ 대기오염 및 저온 부식의 원인, 연료의 질 저하

4 연료의 구분

1) 고체 연료

장점	단점
① 연소장치가 간단하다. ② 가격이 저렴하다. ③ 노천야적이 가능하다. ④ 인화폭발의 위험성이 적다. ⑤ 취급 및 저장이 쉽다.	① 연료 품질이 균일하지 못해 연소효율이 낮다. ② 연소 시 과잉공기 많이 필요하다. ③ 완전연소가 어렵다. ④ 매연과 회분이 많다.

※ 고체 연료의 연료비 = 고정탄소 [%]/휘발분 [%]
　연료 내 고정탄소의 양과 휘발분의 비율로, 연료가 얼마나 천천히 오래 타는지 나타냄

2) 미분탄 연료

무연탄이나 갈탄을 파쇄기로 파쇄한 후 자기분리기로 철분을 제거한 다음 건조기에서 건조시킨 다음 분탄화된 것을 미분기에서 미분한 것

장점	단점
① 연료의 넓은 선택범위 ② 대규모 보일러에 적합하다. ③ 적은 과잉공기(20 ~ 40 [%])로 완전연소 가능하다. ④ 연소조절이 용이하다. ⑤ 기체, 액체연료와 혼합 연소가 쉽다.	① 노재가 상하기 쉽다(∵ 연소실 고온). ② 소규모 보일러에는 부적합하다. ③ 연소실 용적이 커야 한다. ④ 재, 회분 등의 비산(Fly Ash)이 심하여 반드시 집진기가 필요하다. ⑤ 설비비가 많이 든다. ⑥ 마모부분이 많아 유지비가 많이 든다. ⑦ 분쇄에 따른 소비동력이 증대된다.

3) 액체 연료

장점	단점
① 완전연소가 잘 되어 그을음이 적다. ② 단위중량당 발열량이 높다. ③ 적은 공기로 완전연소가 용이하다. ④ 품질이 일정하다. ⑤ 계량이나 기록이 용이하다. ⑥ 수송과 저장 및 취급이 용이하다.	① 인화 및 역화의 위험성이 크다. ② 가격이 비싸다.

4) 기체 연료

장점	단점
① 자동제어에 적합하다. ② 확산 연소가 가능하여 연소 시 공기가 적게 소요된다. ③ 매연발생과 대기오염이 적다. 　(회분 생성 없음) ④ 연소효율이 높다.	① 수송이나 저장이 불편하다. 　(큰 시설 필요) ② 설비비 및 가격이 비싸다. ③ 누설에 의한 역화, 폭발 등 위험이 크다. ④ 단위용적당 발열량이 적다.

※ 기체연료 가스홀더의 종류 : 저압식(유수식, 무수식), 고압식

암 유무고(요뭐고)

5 연료의 특징

1) 액체 연료

(1) 종류

① 석유계

㉠ 인화점 : 가솔린(휘발유)(-20 [℃]) → 등유(30 ~ 60 [℃]) → 경유(50 ~ 70 [℃]) → 중유(60 ~ 150 [℃])

암 호두과자

㉡ 비중 : 중유 > 경유 > 등유 > 가솔린(휘발유)

㉢ 중유의 분류 : 점도에 따라 A급, B급, C급으로 분류

ⓐ A급 : 점도가 낮아 예열이 필요 없고, 소형 보일러 등의 연료로 사용

ⓑ B급 및 C급 : 점도가 높아 사용 시 반드시 예열이 필요

※ 중유의 비중은 0.85 ~ 0.99

② 타르계(석탄계)

㉠ 탄화수소비(C/H)가 14 정도로 높아 화염의 방사율이 크다.

㉡ 석유계와 혼합하여 사용하면 슬러지(침전물, 찌꺼기)가 생성된다.

㉢ 황성분에 의한 영향이 적다.

㉣ 점도 및 인화점이 높다.

(2) 중유의 첨가제(조연제)
  ① <u>유</u>동점 강하제 : 저온에서도 연료가 굳지 않게 한다.
  ② <u>연</u>소촉진제 : 연료가 더 잘 타도록 분무성을 향상시킨다.
  ③ <u>부</u>식방지제 : 연소 후 생성물로 인한 금속의 부식을 방지한다.
  ④ <u>회</u>분개질제 : 회분의 융점을 높여 고온 부식을 방지한다.
  ⑤ <u>슬</u>러지 분산제(안정제) : 슬러지의 생성을 방지한다.
  ⑥ <u>탈</u>수제 : 수분을 분리시킨다.

  암 유연부회슬탈(유연했는데 부해져서 슬개골 탈골)

(3) 석유제품의 비중이 크면 나타나는 현상
  ① 발열량이 감소한다.   ② 인화 및 착화온도가 높아진다.
  ③ 탄화수소비(C/H)가 커진다.   ④ 화염의 방사율이 커진다.
  ⑤ 화염의 휘도가 커진다.   ⑥ 점도가 증가한다.

(4) 점도 : 점성의 정도
  ① 점도가 너무 높을 때
    ㉠ 송유가 어려워짐   ㉡ 무화가 어려워짐
    ㉢ 버너선단에 카본(탄소)이 부착함   ㉣ 연소 상태가 불량해짐
  ② 점도가 너무 낮을 때
    ㉠ 연료 과다소비   ㉡ 역화의 원인
    ㉢ 연소 상태 불안정

(5) 탄화수소비(C/H)
  ① 고체연료 > 액체연료 > 기체연료
  ② 중유 > 경유 > 등유 > 가솔린

(6) <u>유</u>동점 : 액체가 흐를 수 있는 최저온도(= 응고점 + <u>2.5</u> [℃])

  암 유이오(625)

(7) 인화점 : 가연물이 점화원에 의해 불이 붙는 최저 온도
(8) 착화점(발화점) : 가연물이 점화원 없이 스스로 불이 붙는 최저온도
  ① 착화점이 낮아지는 조건
    ㉠ 증기압 및 습도가 낮을 때   ㉡ 압력이 높을수록
    ㉢ 분자구조가 복잡할수록   ㉣ 발열량이 높을수록
    ㉤ 산소 농도가 클수록   ㉥ 온도가 상승할수록

※ 연료의 착화온도
- 프로페인 : 460 ~ 520 [℃]
- 목탄(역청탄) : 320 ~ 420 [℃]
- 중유 : 530 ~ 580 [℃]
- 장작 : 250 ~ 300 [℃]
- 코크스 : 500 ~ 600 [℃]
- 메테인 : 615 ~ 682 [℃]
- 석탄 : 330 ~ 450 [℃]
- 무연탄 : 400 ~ 500 [℃]
- 갈탄 : 250 ~ 450 [℃]
- 셀룰로이드 : 180 [℃]
- 소금 : 800 [℃]

2) 기체 연료

석유계 기체 연료	석탄계 기체 연료	혼합계 기체 연료
• 천연가스(유전) • 액화석유가스(LPG) • 오일가스	• 천연가스(탄전) • 석탄가스 • 수성 가스 • 발생로가스	• 중열 수성가스

(1) 액화천연가스(LNG, Liquefied Natural Gas)

① 주성분 : 메테인(CH_4)

② 액화조건 : 천연가스를 상압하에서 -162 [℃]로 냉각시켜 액화

③ 공기보다 가벼움

(2) 액화석유가스(LPG, Liquefied Petroleum Gas)

① 주성분 : 프로페인(C_3H_8), 뷰테인(C_4H_{10})

② 액화조건 : 상온에서 6 ~ 8 [kg/cm²] 정도로 가압하여 액화시킨다.

③ 특징

㉠ 기화잠열이 커서(90 ~ 100 [kcal/kg]) 냉각제로도 이용 가능하다.

㉡ 비중이 공기보다 크기 때문에 누설 시 폭발의 위험이 크다(비중 : 1.5 ~ 2.0).

㉢ 연소속도가 완만하여 완전연소 시 많은 과잉공기가 필요하다.

㉣ 인화폭발의 위험성이 크다.

㉤ 상온, 대기압에서는 기체 상태이다.

④ 주의사항
  ㉠ 용기의 전락 또는 충격을 피한다.
  ㉡ 직사광선을 피하고, 용기의 온도가 40 [℃] 이상이 되지 않게 한다.
  ㉢ 찬 곳에 저장하고 공기의 유통을 좋게 한다.
  ㉣ 주위 2 [m] 이내에는 인화성 및 발화성 물질을 두지 않는다.
  ※ 액화석유가스(LPG)를 저장하는 가스설비의 내압성능은 상용압력의 1.5배 이상의 압력으로 내압시험을 실시했을 때 이상이 없어야 한다.
(3) 발생로가스 : 코크스, 석탄 등을 적열 상태로 가열하여 공기 또는 산소를 보내 불완전 연소시켜 얻은 기체연료

02 연소

1 연소(Combustion)

가연물이 공기 중의 산소와 급격한 산화반응을 일으켜 빛과 열을 수반하는 현상

1) 연소의 3요소
   (1) 가연물
   (2) 산소공급원
   (3) 점화원   〔암〕 가산점

2 가연물이 되기 위한 조건

1) 발열량이 클 것
2) 산소와의 결합이 쉬울 것
3) 열전도율이 작을 것
4) 활성화 에너지가 작을 것
5) 연소율이 클 것

3 연소실 내 연소온도를 높이는 방법

1) 완전연소시킨다.
2) 열 발생량이 높은 연료를 사용한다.
3) 연료와 공기를 예열시켜 연소속도를 크게 한다.
4) 이론공기에 가깝게 하여 연소시킨다(과잉공기를 적게 하여 완전연소시킨다).
5) 노벽을 통한 복사 열손실을 줄인다.

4 완전연소의 구비조건

1) 충분한 공기를 공급하고 연료와의 혼합을 잘 시킨다.
2) 연소실 내의 온도를 되도록 높게 유지한다.
3) 연소실의 용적을 충분한 용적 이상으로 한다.
4) 공기를 예열하여 공급한다.
5) 연료는 인화점 가까이 예열하여 공급한다.
6) 충분한 시간을 주어야 한다.

5 가연물의 상태에 따른 연소의 종류

연료의 종류	연소의 종류
고체연료	자기 연소, 증발 연소, 분해 연소, 표면 연소 암 자증분표
액체연료	증발 연소, 분해 연소, 분무 연소, 등심 연소(심화 연소), 액면 연소 암 증분등액
기체연료	확산 연소, 예혼합 연소, 폭발 연소 암 확예폭

※ 코크스 고온 건류온도 : 1000 ~ 1200 [℃]
  저온 건류온도 : 500 ~ 600 [℃]

6 공기비가 클 때 나타나는 현상

1) 연소에 영향을 미친다(열효율, CO 배출량, 노 내 온도).
2) 연소실 내 연소 온도가 낮아진다.
3) 배기가스에 의한 열손실이 커진다.
4) 황산량의 증가로 저온 부식의 원인이 된다.
5) NO_2의 발생이 심하여 대기오염을 유발한다.

7 공기비가 작을 때 나타나는 현상

1) 미연소연료에 의한 열손실이 증가한다.
2) 불완전연소에 의해서 매연이 증가한다.
3) 연소효율이 감소한다.
4) 미연가스에 의하여 폭발사고의 위험성이 증가한다.

8 불꽃연소(Flaming Combustion)

가연성 기체와 공기가 혼합기체를 형성하여 연소하는 일반적인 기체 상태 연소로 불꽃을 발하면서 연소하는 형태

1) 연소속도가 매우 빠르다.
2) 연쇄반응을 수반한다.
3) 시간당 방출열량이 많다.
4) 가솔린 연소가 이에 해당한다.
5) 연소사면체(불꽃)에 의한 연소이다.
6) 표면연소에 비해 발열량이 크고 연소속도가 빠르다.

9 단위

1) 온도 : K(절대온도) = ℃(섭씨온도) + 273.15
   ℉(화씨온도) = ℃(섭씨온도) × (9/5) + 32
2) 열량 : 1 [kcal] = 4.184 [kJ] ≒ 4.2 [kJ]

10 액체 연료의 연소방식

1) **기화 연소** : 액체를 가연성 증기로 기화시켜 연소하는 방식 　　예 가솔린, 등유, 경유
   (1) 종류 : 심지식, 증발식, 포트식 등
2) **무화(분무)연소** : 점성이 높은 연료를 안개와 같이 무화시켜 연소하는 방식 　　예 중유
   (1) 목적
      ① 연료의 단위중량당 표면적을 크게 하여 연료와 공기의 접촉면적을 크게 한다.
      ② 공기와의 혼합을 좋게 하여 완전연소가 가능하게 한다.
      ③ 연소효율 및 연소실 열부하를 높게 한다.
   (2) 무화방식
      ① 진동무화방식 : 초음파로 연료를 진동분열시켜 무화
      ② 정전기무화방식 : 고압 정전기를 통과시켜 무화
      ③ 유압무화방식 : 압력을 주어 노즐에서 고속 분출시켜 무화
      ④ 이류체무화방식 : 증기 혹은 공기를 무화매체로 하여 무화
      ⑤ 회전이류체무화방식 : 고속 회전하는 분무컵의 원심력을 이용하여 공기와의 마찰을 일으켜 무화
      ⑥ 충돌무화방식 : 연료끼리 또는 금속판에 연료를 고속으로 충돌시켜 무화
   (3) 무화 시 직접적인 영향을 미치는 요소
      ① 연료의 **밀**도
      ② 연료의 **표면**장력
      ③ 연료와 점**성**계수
      ④ 미**립**자의 크기 　　암 밀면성립
3) **액체 연료의 연소장치**
   (1) 오일버너의 선정기준
      ① 유량조절범위를 고려하여야 한다.
      ② 가열조건과 노의 구조에 적합하여야 한다.
      ③ 자동제어의 경우 버너형식과의 관계를 고려하여야 한다.
      ④ 버너용량이 가열용량에 알맞아야 한다.

(2) 오일버너의 종류
　① 압력(유압)분무식 버너
　　㉠ 연료 자체의 압력에 의해 노즐(팁)에서 고속으로 분출하여 미립화시키는 버너이다.
　　㉡ 노즐에 공급된 연료가 전부 분사되는 비환류형 버너(1 : 2)와 일부가 분사되는 환류형 버너(1 : 3)가 있다.
　　㉢ 유량조절범위가 가장 좁아 부하변동이 큰 보일러에는 부적합하다.
　　㉣ 분무 각도 : 40° ~ 90°
　　㉤ 유압 : 0.4 ~ 2 [MPa], 유압이 0.5 [MPa] 이하이면 무화가 불량해진다.
　　㉥ 구조가 간단하다.
　　㉦ 분사유량은 유압의 제곱근에 비례한다.
　　㉧ 대용량 버너 제작에 용이하다.
　　㉨ 보일러 가동 중 버너 교환이 가능하다.
　　※ 유량조절방법
　　　• 버너수를 증감(가감)하는 방법
　　　• 버너팁을 교체하는 방법
　　　• 환류형 압력분무식 버너를 사용하는 방법
　　　• 플랜저식 압력분무식 버너를 사용하는 방법
　② 고압기류식 버너(2유체 버너)
　　㉠ 공기 또는 증기의 운동 에너지(0.2 ~ 0.7 [MPa])에 의해 오일을 무화시키는 버너이다.
　　㉡ 혼합방식에 따라 내부 혼합형과 외부 혼합형, 중간 혼합형으로 분류한다.
　　㉢ 유량조절범위(1 : 10)가 가장 넓은 버너로 부하변동이 큰 보일러에 적합하다.
　　㉣ 점도가 높은 연료도 비교적 무화가 잘 된다.
　　㉤ 분무 각도는 30°로 가장 작아 화염 길이가 가장 길다.
　　㉥ 무화용 증기로는 과열증기가 좋다(습한 증기는 연소 상태가 불량해진다).
　③ 저압기류식 버너
　　㉠ 무화매체의 압력 : 0.001 ~ 0.02 [MPa]
　　㉡ 유량조절범위에 따라 연동식(1 : 6)과 비연동식(1 : 5)으로 나누어진다.
　　㉢ 유압 : 0.03 ~ 0.05 [MPa]
　　㉣ 분무 각도 : 30° ~ 60°

④ 회전분무식 버너
  ㉠ 고속으로 회전하는 회전컵에 연료가 공급되어 회전컵의 원심력에 의해 회전컵 내면에 액막을 형성한다. 이때 회전컵 선단에서 연료가 얇은 액막 상태로 반지름 방향으로 분출되고, 회전컵 외부에서는 무화용 공기가 고속으로 분출되어 연료의 액막과 충돌하여 무화가 이루어진다.
  ㉡ 분무컵의 회전속도에 따라 직접식(3000 ~ 3500 [rpm]), 간접식(7000 ~ 10000 [rpm])으로 나누어진다.
  ㉢ 연료의 점도 변화에 따른 성능 변화가 비교적 적기에 중소형 보일러에 가장 보편적으로 사용된다.
  ㉣ 유압은 거의 필요하지 않다(유압이 가장 작은 버너는 회전분무식 버너이다).
  ㉤ 부속설비가 없으며 화염이 짧고 안정한 연소를 얻을 수 있다.
  ㉥ 버너의 구조가 간단하고 자동화 적용이 용이하다.
  ㉦ 분무 각도 : 40° ~ 80°
  ㉧ 유량조절범위 : 1 : 5

⑤ 건타입 버너(유압식과 기류식을 병합)
  ㉠ 버너의 각 부분의 기기가 기능적으로 조합된 형식의 버너로 전자동 적용이 용이하다.
  ㉡ 유압이 0.7 [MPa] 이상이다.
  ㉢ 버너 자체에 송풍기가 설치되어 있다.

⑥ 증발식 버너
  ㉠ 기화성이 좋은 경질유 액체연료(등유, 경유)에 사용한다.
  ㉡ 가정용의 난방용이나 온수가열용으로 사용, 공업용으로는 부적합하다.
  ㉢ 유량조절범위 : 1 : 4

⑦ 유량조절범위

방식	고압기류식	저압기류식	회전분무식	증발식	압력분무식
유량조절범위	1 : **10**	1 : 6, 1 : 5	1 : **5**	1 : 4	1 : 3, 1 : 2

암 고저회 10 5(고저회먹고싶오)

⑧ 분무 각도

방식	압력분무식	회전분무식	저압기류식	고압기류식
분무 각도	40° ~ 90°	40° ~ 80°	30° ~ 60°	30°

암 압회저고(앞에저거)

4) 오일버너의 화염이 불안정한 원인

(1) 분무유압이 비교적 낮을 경우

(2) 연료 중 슬러지 등 협잡물이 들어 있는 경우

(3) 무화용 공기량이 적절하지 않은 경우

(4) 연료용 공기 과다로 노 내 온도가 저하될 경우

11 기체 연료의 연소방식

1) 확산연소방식

(1) 확산연소방식

① 버너의 연료노즐에서는 연료만을 분출하고, 연소실에서 연료가스와 공기가 혼합되는 외부혼합 연소방식

② 산업용 보일러에 주로 사용

(2) 특징

① 부하에 따른 조절범위가 넓다.
② 가스와 공기를 예열공급이 가능하다.
③ 화염이 길다.
④ 역화의 위험성이 적다.
⑤ 탄화수소가 적은 가스에 적합하다.

예) 고로가스, 발생로가스

2) 예혼합 연소방식

(1) 예혼합 연소방식

① 버너 노즐 이전에 연료가스와 공기를 미리 혼합하여 연소실로 분출하여 연소시키는 내부 혼합 연소방식이다.

② 소형 보일러에 주로 사용된다.

③ 역화방지기능이 있어야만 한다.

(2) 특징

① 부하에 따른 조절범위가 좁다.
② 가스와 공기를 예열공급하기 불가능하다.
③ 화염이 짧다.
④ 역화의 위험성이 크다.
⑤ 탄화수소가 많은 가스에 적합하다.

예) LPG

3) 부분예혼합 연소방식

확산연소와 예혼합연소의 중간방식으로 소형 보일러에 주로 이용

Chapter 03 보일러 부속장치

핵심포인트 집진장치, 급수장치, 인젝터, 제어장치, 제어동작, 송기장치, 이상현상, 증기트랩, 유량계, 온도계, 통풍장치

학습목표
1. 집진장치의 종류 및 특징을 설명할 수 있다.
2. 인젝터와 급수펌프의 차이점을 설명할 수 있다.
3. 제어동작의 의미를 설명할 수 있다.
4. 증기트랩의 종류를 구분할 수 있다.

01 집진장치

배기가스 중의 유해물질을 제거하여 대기오염을 방지하기 위해 설치하는 장치

1 집진장치의 종류

건식 집진장치	습식(세정식) 집진장치	전기식 집진장치
① 중력식 　중력 침강식, 다단 침강식 ② 관성력식 　충돌식, 반전식 ③ 원심력식 　사이클론식, 멀티클론식 ④ 여과식(백필터 : Bag Filter) 　원통식, 평판식, 역기류 분사형 ⑤ 음파 집진장치	① 유수식 　전류형 스크러버, 로터리 스크러버, 피이보디 스크러버 ② 가압수식 　벤투리 스크러버, 사이클론 스크러버, 제트 스크러버, 충진탑, 포종탑, 분무탑 ③ 회전식 　타이젠 워셔식, 임펄스 스크러버	코트렐식

2 각 집진기의 집진원리 및 특성

1) 중력식
   (1) 특별한 장치 없이 중력에 의해 호퍼로 자연 침강시켜 분진을 포집하는 방식이다.
   (2) 입자의 크기와 비중이 클수록 하강되는 속도가 빠르다. 그러면 분진의 분리는 용이하나 효율은 좋지 않다.
   (3) 침강식 내의 가스 유동이 균일할 때 효율이 향상된다.
   (4) 먼지부하변동 및 유량 변화에 대한 적응성이 낮고, 시설규모가 크다.
   (5) 구조가 간단하다.
   (6) 설비유지비가 저렴하다.
   (7) 집진실 내에 들어오는 함진가스의 유속을 1 ~ 2 [m/s] 정도로 감소시켜 관성력을 잃게 하여 침강하도록 한다.
   (8) 압력손실은 5 ~ 10 [mmAq] 정도로 적다.
   (9) 집진효율은 40 ~ 60 [%] 정도이다.
   (10) 미세먼지의 포집효율이 낮다.
   (11) 함진량이 많은 배기가스의 1차 집진장치로 많이 사용된다.

2) 관성력식
   (1) 함진가스를 방해판 등에 충돌시켜 기류의 방향을 반사시켜 분진에 관성력을 주어 기류에서 떨어져 나가게 하는 현상을 이용하여 분리하는 방식이다.
   (2) 방향 전환횟수가 많을수록 압력손실이 커지고 집진율은 높아진다.
   (3) 충분한 용적을 갖고 있어야 한다.
   (4) 방향전환을 하는 가스의 곡률 반지름이 작을수록 미세한 먼지를 분리·포집할 수 있다.
   (5) 출구가스속도가 느릴수록 미세한 입자가 제거된다.
   (6) 구조가 간단하다.
   (7) 고온가스의 처리가 가능하므로 굴뚝 또는 배관 내에 장착하여 이용될 때가 많다.
   (8) 1차 집진장치로 많이 이용된다.
   (9) 집진 효율은 50 ~ 70 [%] 정도이다.
   (10) 압력손실은 10 ~ 100 [mmAq] 정도이다.
   (11) 충돌식은 일반적으로 충돌 직전의 각속도가 크고 장치 출구의 가스속도가 작을수록 집진율이 높아진다.

3) 원심력식(사이클론)
   (1) 함진가스에 선회운동을 주어 분진입자에 작용하는 원심력에 의하여 입자를 분리하는 방식이다.
   (2) 내통경을 크게 하고 처리가스속도를 빠르게 하면 분리속도가 빨라지고 미세한 입자를 분리할 수 있다.
   (3) 사이클론이 소형일수록 성능이 향상된다.
   (4) 처리가스량이 많아질수록 내통지름이 커져서 미세한 입자의 분리가 어렵다.
   (5) 집진율을 높이기 위하여 소구경의 사이클론을 다수 병렬로 설치한다.
   (6) 함진가스의 충돌로 인하여 집진기의 마모가 쉽다.
   (7) 압력손실은 입구의 헤드의 4배 정도이다.

4) 여과식(백필터식)
   (1) 함진가스를 목면, 유리섬유, 비닐, 나일론, 테프론, 양모 등의 여과제에 통과시켜 분진입자를 분리하고 포집하는 집진장치이다.
   (2) 내면여과, 표면여과방식으로 구분된다.
   (3) 작동식에 따라 간헐식과 연속식으로 분류된다.
   (4) 여과용 재료는 내열성, 내산성, 내알칼리성, 흡수성, 기계적 강도 등을 고려해야 한다.
   (5) 여과재의 모양에 따라 원통식, 평판식 및 완전 자동형인 역기류 분사식이 있다.
   (6) 100 [℃] 이상의 고온가스, 습가스, 부착성 가스에는 백(Bag)의 마모가 쉬워 부적합하다.
   (7) 미립자의 크기에 관계없이 사용 가능하다.
   (8) 집진효율이 가장 좋으나 유지비가 많이 든다.
   (9) 압력손실은 100 ~ 200 [mmAq]로 비교적 크기 때문에 운전비가 많이 든다.
   (10) 외형상의 여과속도가 느릴수록 미세한 입자를 포집할 수 있다.
   (11) 여과속도

   $$V = \frac{Q}{A}[m/s]$$

   - Q : 처리가스량 [m³/s]
   - A : 유효여과제의 총면적 [m²]

5) 세정식
   (1) 함진가스를 세정액 또는 액막에 충돌시키거나 접촉시켜 액에 의해 포집하는 습식 집진장치이다.
   (2) 비교적 큰 압력손실을 견딜 수 있다.
   (3) 물에 잘 녹거나 부착성이 높은 분진은 세정장치가 막히는 등 장애가 생길 위험이 있다.
   (4) 세정수의 동결방지대책이 필요하다.
   (5) 고온가스, 가연성, 폭발성, 유해가스의 처리가 가능하다.
   (6) 대체적으로 간단한 구조이다.
   (7) 처리가스량에 비해 장치의 고정면적이 작다.
   (8) 미립자에 대한 집진효율이 좋다.
   (9) 먼지의 재비산이 없다.
   (10) 부식성 가스와 먼지를 중화시킬 수 있다.
   (11) 포집 분진의 취출이 용이하고 큰 동력을 필요로 하지는 않는다.
   (12) 세정용수가 많이 필요하여 따로 급수배관 및 오수처리시설이 필요하다.

6) 전기식(코트렐식)
   (1) 분진을 코로나(Corona) 방전에 의하여 하전시키고, 쿨롱 힘을 이용하여 집진하는 방식이다.
   (2) 각종 공기조화장치나 제약회사, 병원의 수술실 등에서 현재까지 가장 많이 사용하고 있는 집진장치로서 집진효율이 99.9 [%] 이상이다.
   (3) 0.1 [μm] 이하의 미세입자까지도 포집이 가능하다.
   (4) 습식은 대량의 폐기물(슬러지)을 생성하는 문제가 있다.
   (5) 배기가스의 온도는 500 [℃] 전후이다.
   (6) 폭발성 가스까지 처리 가능하다.
   (7) 고전압장치 및 정전설비를 갖추어야 한다.
   (8) 시설비가 매우 많이 든다.

02 급수장치

1 급수펌프(Feed Water Pump)

1) 왕복동식 : 왕복운동으로 압력을 얻어 액체를 압축하고 이송

예) 워싱턴펌프, 웨어펌프, 플런저펌프

2) 회전식(원심식) : 임펠러를 회전시켜 원심력을 이용하여 액체를 압축하고 이송

예) 터빈펌프, 볼류트펌프

3) 구비조건
   (1) 부하변동에 대응할 수 있을 것
   (2) 저부하에서도 효율이 좋을 것
   (3) 고온 및 고압에 충분히 견딜 수 있을 것
   (4) 회전식은 고속회전에 안전할 것
   (5) 작동이 확실하고 조작과 보수가 용이할 것
   (6) 병렬 운전에 지장이 없을 것

4) 종류
   (1) 원심펌프 : 터빈펌프, 볼류트펌프
      ① 터빈펌프는 안내날개가 있고, 볼류트펌프는 안내날개가 없다.
      ② 용량에 비해 설치면적이 작고 소형이다.
      ③ 펌프에 충분히 액을 채워야 한다.

5) 펌프 운전 중 발생되는 이상현상
   (1) 캐비테이션현상(Cavitation, 공동현상)
      유체의 낮은 증기압에 의해 발생하며 펌프의 흡입압력이 부족하면 물이 증발하여 기포가 생기고 이로 인하여 소음 및 진동이 발생되는 현상이다.
   (2) 서징현상(Surging, 맥동현상)
      보일러에서 급수나 부하의 급격한 변동, 수질 불량 등에 의해 펌프의 송출압력과 송출유량 사이에 주기적인 변동이 일어나는 현상이다.
   (3) 워터해머(Water Hammering, 수격작용)
      펌프에서 물을 압송하고 있을 때 정전 등으로 급히 펌프가 멈춘 경우와 수량조절밸브를 급히 개폐한 경우 등 관 내의 유속이 급변하면서 물에 심한 압력 변화가 생기는 현상이다.

2 인젝터(Injecter)

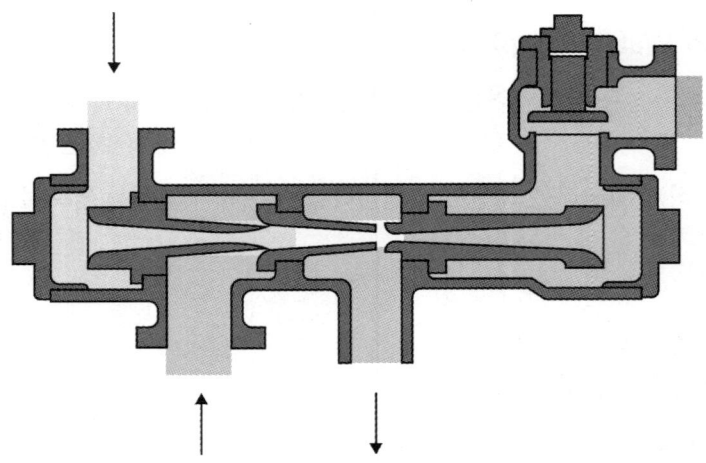

증기의 열에너지를 운동에너지로 전환시키고 다시 압력에너지로 바꾸어 급수하는 비동력용 급수장치이다. 즉, 보일러에서 발생하는 증기의 분사력을 이용하여 급수하는 저압보일러용 급수장치이다.

1) 급수원리 : 증기의 분사력을 이용

보일러에서 발생된 증기의 열에너지가 운동에너지, 압력에너지로 변환되면서 급수가 되는 원리를 이용한다.

2) 장점과 단점

(1) 장점
　① 구조가 간단하고 취급이 용이하다.
　② 설치장소를 적게 차지한다.
　③ 증기와 물이 혼합되어 급수가 예열되는 효과가 있다.
　④ 가격이 저렴하다.
　⑤ 소요동력이 필요 없다.

(2) 단점
　① 양수효율이 낮다.
　② 급수량 조절이 어렵다.
　③ 이물질의 영향을 많이 받는다.

3) 작동 불능 원인

　　(1) 내부 노즐에 이물질이 부착되어져 있는 경우

　　(2) 체크밸브가 고장 난 경우

　　(3) 부품이 마모되어 있는 경우

　　(4) 급수의 온도가 너무 높을 경우

　　(5) 증기 압력이 너무 높거나 너무 낮을 경우

　　(6) 흡입관로 및 밸브로 인하여 공기가 유입되었을 경우

　　(7) 인젝터 자체가 과열되었을 경우

　　(8) 노즐이 막히거나 확대되었을 경우

　　(9) 증기 속에 수분이 다량 혼입되었을 경우

4) 인젝터의 작동 순서 : 급수밸브(토출밸브)를 연다. → 흡수밸브를 연다. → 증기 흡입밸브를 연다. → 인젝터 핸들을 연다.

5) 인젝터의 정지 순서 : 인젝터 핸들을 닫는다. → 증기 흡입밸브를 닫는다. → 흡수밸브를 닫는다. → 급수밸브(토출밸브)를 닫는다.

03　연소배기가스의 분석 목적

1) 공기비를 계산하여 최적의 연소효율을 도모
2) 연소가스의 조성 파악
3) 연소 상태 파악

04 제어장치

1 제어방식

1) 시퀀스제어
    (1) 미리 정해진 순서에 따라 순차적으로 진행하는 제어방식으로 작업자의 개입이 필요하지 않다.
    (2) 특징
        ① 복잡한 작업도 순차적으로 진행할 수 있다.
        ② 작업의 효율성을 높일 수 있다.
        ③ 주로 산업용 자동차 분야에서 사용되며, 공정제어, 설비제어, 검사제어 등에 사용된다.

2) 피드백제어
    (1) 현재 상태를 계속 비교하며, 목표에 가까워지도록 자동 조절하는 제어방식
    (2) 특징
        ① 고액의 설비비가 요구된다.
        ② 운영하는 데 비교적 고도의 기술이 요구된다.
        ③ 구조가 복잡하므로 부분적으로 고장이 있으면 전체 생산에 영향을 미친다.
        ④ 외부 요인에 의한 영향을 줄일 수 있다.
        ⑤ 출력값을 목푯값에 맞추는 데 효과적이다.

3) 인터록(Interlock) : 서로 다른 장치나 동작이 동시에 작동하지 않도록 상호 제약을 거는 제어방식

4) 피드포워드제어 : 미래의 상태를 예측하여 그에 맞게 제어하는 방식

5) 캐스케이드(Cascade)제어 : 1차 제어장치가 제어량을 측정하여 제어명령을 발하고, 2차 제어장치가 이 명령을 바탕으로 제어량을 조절하는 방식

6) 프로그램제어 : 미리 설정된 프로그램에 따라 제어명령을 발하는 방식

7) 추치제어 : 목푯값과 실젯값의 차이를 직접 이용하여 제어명령을 발하는 방식

8) 적분제어 : 과거의 오차를 누적하여 그에 맞게 제어하는 방식

9) 정치제어 : 압력이나 위치 등의 고정된 물리량의 차이를 기준으로 제어량(특히 송풍량)을 조절하는 제어방식

10) 온오프동작

　(1) 불연속제어의 대표적인 방법으로 설정치와 현재값의 차이가 기준값을 초과하면 출력을 1로 설정, 기준값 이하이면 출력값 0으로 설정하는 방식

　(2) 조작량이 동작신호의 값을 경계로 완전 개폐되는 동작(이산동작)

2 자동제어에서의 신호전달방식

공기압식, 유압식, 전기식

3 자동제어

1) ACC(Automatic Combustion Control, 자동연소제어)

　(1) 연소제어는 보일러의 증기압력이나 온도를 일정하게 유지하기 위하여 연소량을 조절하는 제어를 의미

　(2) 보일러의 부하 변동에 따라 연료와 공기량을 자동으로 조절하여 증기 압력을 일정하게 유지시키는 장치

　(3) 보일러의 효율을 높이고, 대기오염을 방지하는 데 중요한 역할을 함

2) FWC(Automatic Feed Water Control, 급수제어)

　(1) 보일러의 부하변동과 관계없이 보일러의 수위를 항상 일정하게 유지시키기 위하여 급수량을 자동적으로 제어하는 것

　(2) 제어량 : 보일러수위, 조작량 : 급수량

3) STC(Steam Temperature Control, 증기온도제어)

　(1) 보일러로부터 발생한 증기의 온도를 일정하게 유지시키기 위하여 전열량을 제어하는 것

　(2) 제어량 : 증기온도, 조작량 : 전열량

4 측정량을 구하는 방식

1) 보상법 : 미리 알고 있는 양의 분동을 준비하여 분동과 측정량의 차이로부터 측정량을 구하는 방식

　(1) 장점 : 측정량이 작거나 큰 경우에도 측정할 수 있다.

　(2) 단점 : 분동의 준비와 사용이 어렵고 측정량과 분동의 크기가 거의 같아야 하므로 분동의 준비가 까다롭다.

2) 편위법 : 측정량을 알고 있는 기준량과 비교하여 측정량을 구하는 방식

 (1) 조작이 간단하고 비용이 저렴하나 정밀도가 낮다.

 (2) 스프링저울은 편위법을 이용한 측정기구이다.

3) 치환법 : 측정량과 동일한 양의 물질을 사용하여 측정량을 구하는 방식

4) 영위법 : 측정량을 측정하는 동안 일정한 값을 유지시키는 방식. 온도·압력·전압·전류 등의 측정에 사용

 (1) 측정하고자 하는 상태량과 독립적 크기를 조정할 수 있는 기준량과 비교하여 측정, 계측하는 방법이다.

 (2) 측정하고자 하는 상태량과 기준량을 동일한 조건에서 측정한다.

 (3) 측정된 두 값의 차이를 구한다.

 (4) 구한 차이를 기준량의 변화량으로 나누어 측정하고자 하는 상태량을 계산한다.

5 제어동작

1) 비례적분미분(PID)동작 : 오차에 대해 P, I, D 세 요소로 출력 조작

 (1) 비례(P)동작 : 현재의 오차에 비례하여 출력을 조정하는 동작

  ① 오차가 클수록 출력이 크게 조정된다.

  ② 단독으로 사용 시 오프셋이 발생한다.

 (2) 적분(I)동작 : 오차의 누적값에 비례하여 출력을 조정하는 동작

  ① 오차가 계속 누적되면 출력이 점점 커진다.

  ② 잔류 편차(오프셋)을 없애준다.

 (3) 미분(D)동작 : 오차의 변화율에 비례하여 출력을 조정하는 동작

  ① 오차가 빠르게 변할수록 출력이 급격히 조정된다.

2) 비례적분(PI)동작 : P제어의 반응성과 I제어의 정확성을 결합

 (1) 부하 변화가 커도 잔류편차가 생기지 않는다.

 (2) 급변할 때 큰 진동이 생긴다.

6 자동제어의 일반적인 동작 순서

1) 검출 : 제어대상의 상태를 검출하여 현재의 값을 측정한다.

2) 비교 : 검출한 현재의 값과 목푯값을 비교하여 편차를 계산한다.

3) 판단 : 편차가 허용범위 이내인지 여부를 판단한다.

4) 조작 : 편차가 허용범위 이내인 경우는 아무런 조치를 취하지 않고, 편차가 허용범위를 초과한 경우는 조작량을 계산하여 제어대상에 조작을 가한다.

7 척도

1) 오버슈트(Over Shoot) : 제어시스템에서 계단 변화가 도입된 후에 얻게 될 최종적인 값을 얼마나 초과하게 되는지를 나타내는 척도이다. 오버슈트가 크면 제어시스템의 안정성이 떨어진다.

2) 오프셋(제어편차) : 제어시스템에서 응답이 계단 변화가 도입된 후에 얻게 될 최종적인 값과 목푯값의 차이를 나타내는 척도이다. 오프셋이 크면 제어시스템의 정확도가 떨어진다고 할 수 있다.

3) 쇠퇴비 : 제어시스템에서 응답이 계단 변화가 도입된 후에 최종적인 값으로 수렴하는 속도를 나타내는 척도이다. 쇠퇴비가 크면 제어시스템의 응답이 느리다고 할 수 있다.

4) 응답시간 : 제어시스템에서 응답이 계단 변화가 도입된 후 최종적인 값으로 수렴하는 데 걸리는 시간을 나타내는 척도이다. 응답시간이 길면, 제어 시스템의 응답이 느리다고 할 수 있다.

5) 과도응답 : 정상 상태에 있는 계에 격한 변화의 입력을 가했을 때 생기는 출력의 변화를 말한다.

6) 스텝응답 : 정상 상태에 있는 요소의 입력을 스텝형태로 변화할 때 출력이 새로운 값에 도달 스텝입력에 의한 출력의 변화 상태를 말한다.

8 블록선도

1) 직렬 결합

R(s) → $G_1(s)$ → $G_2(s)$ → C(s)

$C(s) = (G_1(s) \cdot G_2(s)) \cdot R(s)$

2) 병렬 결합

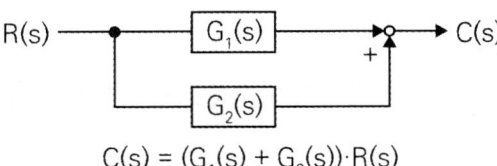

$C(s) = (G_1(s) + G_2(s)) \cdot R(s)$

3) 피드백 결합

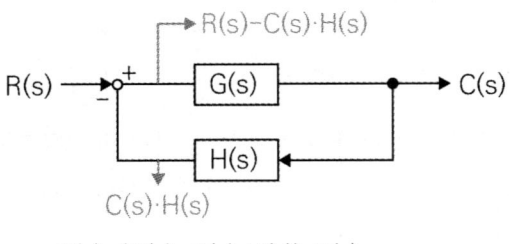

C(s)=(R(s)−C(s)·H(s))·G(s)

→ $C(s) = R(s) \times \dfrac{G(s)}{1 + G(s)H(s)}$

05 송기장치

보일러에서 발생한 증기를 증기 사용처에 공급하는 장치

1 비수방지관(Antipriming Pipe)

원통형 보일러의 동 내에 설치하여 증기 속에 혼합된 수분을 분리하여 증기의 건도를 높이는 장치이다.

2 기수분리기(Steam Separator)

1) 수관식 보일러의 증기 속에 함유된 수분을 분리하여 증기의 건도를 높이는 장치이다.

2) 종류

   (1) 사이클론식 : 원심력을 이용

   (2) 배플식 : 증기의 방향전환을 이용(관성력)

   (3) 스크러버식 : 파도형의 다수강판을 조합한 것(장애판, 방해판 이용)

   (4) 건조 스크린식 : 여러 겹의 금속망을 이용

   (5) 다공판식 : 여러 개의 작은 구멍을 이용

   (6) 반전식 : 증기의 진행 방향을 배플판 등에 의해 급변시켜 수분을 분리시키는 것

3) 기수분리기 설치 시 장점
   (1) 배관의 부식 및 수격작용방지
   (2) 열효율 향상

3 송기 시 발생하는 이상현상

1) 프라이밍(Priming, 비수현상)
   주 증기밸브 급개 시 수면으로부터 끊임없이 물방울이 비산하면서 수위를 불안정하게 하는 현상
2) 포밍(Foaming, 물거품 솟음현상)
   관수 중 용해 고형물, 유지류 등의 불순물로 인한 거품의 층을 형성하는 단계이며 심해지면 프라이밍으로 이어질 수 있다.
   (1) 프라이밍과 포밍이 유발될 때의 장해
      ① 보일러수 전체가 현저하게 동요하고 수면계 수위를 확인하기 어렵다.
      ② 증기과열기에 보일러수가 들어가 증기온도나 과열도가 저하하여 과열기를 더럽힌다.
      ③ 보일러 내의 수위가 급히 내려가고 저수위 사고를 일으키는 위험이 있다.
      ④ 안전밸브가 더러워지거나 수면계의 통기구멍에 보일러수가 들어가거나 하여 이들의 성능을 해친다.
      ⑤ 증기와 더불어 보일러로부터 나온 수분이 배관 내에 고여 워터해머를 일으켜 손상을 끼칠 수 있다.
   (2) 프라이밍과 포밍의 원인
      ① 증기 부하가 과대한 경우
      ② 관수가 농축되었을 때
      ③ 고수위
      ④ 주 증기밸브의 급개
      ⑤ 관수에 유지분, 부유물, 불순물이 많을 때
   (3) 프라이밍, 포밍이 일어났을 때의 대처
      ① 연소량을 가볍게 한다.
      ② 주 증기밸브를 닫고 수위의 안정을 기다린다.
      ③ 관수의 일부를 취출하고 물을 넣는다.
      ④ 안전밸브, 수면계, 압력계, 연락관을 시험한다.
      ⑤ 수질검사를 실시한다.

3) 캐리오버(Carry Over, 기수공발현상)

   (1) 공기 중에 불순물이 물방울에 섞여서 옮겨가는 현상

   (2) 발생 원인은 프라이밍의 발생 원인과 같음

      ※ 캐리오버로 인하여 나타날 수 있는 현상
         ㉠ 수격작용 발생
         ㉡ 증기배관 부식
         ㉢ 증기의 열손실로 인한 열효율 저하

4) 워터해머(Water Hammering, 수격작용) : 증기관 속에 고여 있는 응축수가 송기 시 고온, 고압의 증기에 밀려 관의 굴곡부분을 강하게 치는 현상

   (1) 수격작용(워터해머)을 방지하기 위한 순서
      ① 증기를 집어넣는 측의 주 증기관, 증기배관 등에 있는 밸브를 만개하고 드레인을 완전 배출한다.
      ② 주 증기관 내에 소량의 증기를 통하여 관을 따뜻하게 한다.
      ③ 난관이 순조롭게 된 다음 주 증기밸브를 처음에는 약간 열고 다음에 단계적으로 서서히 연다.

4 주 증기밸브(Stop Valve)

1) 역할 : 보일러에서 발생한 증기를 송기 및 정지하기 위해 사용되는 밸브이다.

2) 부착위치 : 보일러동 상부 증기 취출구에 부착하는 것이 일반적이고, 과열기가 있는 경우 과열기 출구 측에 부착한다.

3) 강도 : 최고사용압력 이상이어야 하며, 적어도 0.7 [MPa] 이상의 압력에는 견뎌야 한다.

   (1) 물이 고이는 위치에 스톱밸브가 설치될 때에는 물빼기를 설치하여야 한다.

   (2) 주 증기밸브로 가장 많이 사용되는 밸브는 앵글밸브이다.

   (3) 주 증기밸브 개폐 시는 서서히 3분의 1회전한다.

5 신축장치(Expansion Joints)

1) 설치목적 : 증기배관의 신축량(열팽창)을 흡수하여 변형 및 파손방지하기 위해 설치하는 장치이다(신축장치의 설치 : 강관 30 [m], 동관 20 [m]마다).

2) 신축량 : $\lambda = L\alpha \Delta t$

  (λ : 신축량 [mm], α : 선팽창계수(mm/mm·K), L : 관의 길이 [mm], Δt : 온도차 [K])

3) 종류 : 루프형, 슬리브형, 벨로즈형, 스위블형, 볼조인트

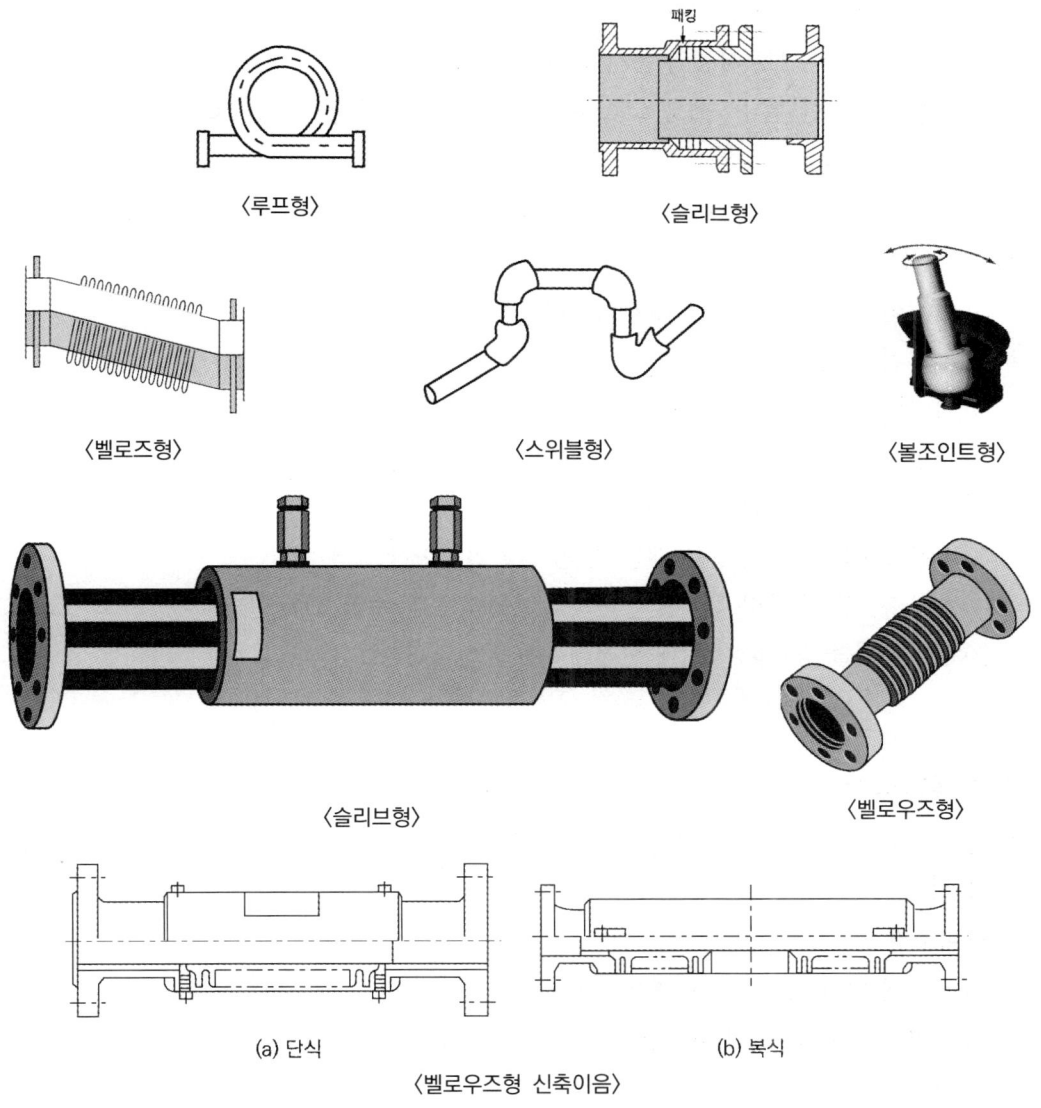

〈벨로우즈형 신축이음〉

6 감압밸브

증기 통로의 면적을 증감하여 유속의 변화를 일으켜 고압의 증기를 저압의 증기로 만드는 밸브이다. 보일러에서 발생된 증기를 감압밸브의 상하운동에 의한 증기 통로의 단면적을 증감시키면서 증기의 유속변화를 주어 증기의 압력을 감소시키는 기능을 하는 밸브이다.

1) 목적
    (1) 고압의 증기를 저압으로 만든다.
    (2) 고정적인 증기압력을 유지한다.
    (3) 고압, 저압 증기로 사용이 동시에 가능하다.

2) 작동방법에 의한 분류 : 벨로즈형, 다이어프램형, 피스톤형

3) 구조에 의한 분류 : 스프링식, 추식

4) 설치방법 : 감압밸브는 가능하면 사용처에 가깝게 설치한다.

5) 주의사항
    (1) 가급적 부하설비에 가깝게 설치한다.
    (2) 이물질이 끼면 감압이 되지 않으므로 반드시 스트레이너(여과기)를 설치한다.
    (3) 감압밸브 앞에는 응축수를 제거할 수 있도록 증기트랩을 설치한다.
    (4) 수평을 맞추어야 한다.
    (5) 청소 및 점검이 용이하도록 바이패스 배관을 설치한다.
    (6) 사용설비의 용량에 맞는 배관 및 밸브를 설치한다.
    (7) 밸브 전·후에 압력계를 설치하여 압력을 확인할 수 있도록 한다.
    (8) 워터해머를 방지하기 위해 편심레듀서를 설치한다.

7 증기트랩(Steam Trap)

1) 증기계통이나 증기관 방열기 등에서 고인 응축수(드레인)를 연속 응축수탱크로 배출시키는 기구

2) 구비조건
    (1) 유체에 대한 마찰저항이 적어야 한다.
    (2) 공기빼기를 할 수 있어야 한다.
    (3) 작동이 확실해야 한다.

(4) 내식성이 커야 한다.
(5) 내구력이 있어야 한다.
(6) 작동 시 소음이 적고 수격작용에 강해야 한다.
(7) 구조가 간단해야 한다.
(8) 응축수를 연속적으로 배출할 수 있어야 한다.
(9) 정지 후에도 응축수를 빼기가 가능해야 한다.

3) 증기트랩 부착 시 장점
   (1) 수격작용방지
   (2) 열설비 효율 저하 감소
   (3) 응축수에 의한 부식방지
   (4) 관 내 유체의 흐름에 대한 마찰저항 감소

4) 증기트랩 종류
   (1) 기계적 트랩(응축수와 증기의 비중차) : 플로트식(레버, 프리), 버킷식(상향, 하향)
   (2) 온도조절 트랩(응축수와 증기의 온도차) : 바이메탈식, 벨로즈식, 다이어프램식
   (3) 열역학적 트랩(응축수와 증기의 열역학적 특성차) : 오리피스식, 디스크식

종류	장점	단점
상향 버킷식	• 작동이 확실하다. • 동결로 인한 폐쇄가 없다. • 증기 손실이 없다. • 환수관을 트랩보다 높게 배관할 수 있다.	• 대형이라 다루기 불편하다. • 배출능력이 미약하다.
하향 버킷식	• 배출능력이 크다. • 응축수의 유입구와 유출구의 차압이 80 [%] 정도까지 차이가 나도 배출이 가능하다.	• 시공 시 부착이 불편하다. • 수평부착 이외는 안 된다. • 기동 시에 반드시 공기빼기가 되어야 한다. • 증기 손실이 많다.

종류	장점	단점
플로트식	• 연속배출이 가능하다. • 증기 누출이 거의 없다. • 작동 시 소음이 나지 않는다. • 공기빼기가 필요 없다. • 플로트와 밸브시트의 교환이 용이하다.	• 겨울에 동결 우려가 있다. • 수격작용의 방지가 필요하다.
벨로즈식	• 소형이다. • 응축수의 온도조절이 가능하다. • 배출능력이 우수하다.	• 워터해머에 약하다. • 고압에 부적당하다. • 과열증기에 부적당하다.
바이 메탈식	• 동결 우려가 없다. • 배출능력이 우수하다. • 장착은 수평 및 수직 모두 가능하다.	• 과열증기에 부적당하다. • 개폐 시 온도차가 크다. • 바이메탈의 특성이 변화한다.
오리 피스식	• 과열증기 사용이 가능하다. • 가동 시 공기빼기가 불필요하다. • 설치방법이 자유롭다. • 소형이다.	• 정밀하여 마모 시 문제가 따른다. • 증기 누설이 많다. • 배압의 허용도가 30 [%] 미만이다.
디스크식 (충격식)	• 소형이고, 구조가 간단하다. • 고장이 적다. • 과열증기 사용이 적당하다. • 기동 시 공기빼기가 불필요하다. • 증기온도와 동일한 응축수의 배출이 가능하다.	• 최저 작동압력 차가 0.3 [kg/cm^2] 이다. • 작동 시 소음이 크다. • 증기의 누설이 많다. • 배출능력이 미약하다. • 배압의 허용도가 50 [%] 이하이다.

8 증기축열기(Steam Accumulator)

1) 역할 : 보일러 저부하 시 잉여의 증기를 일시 저장하였다가 과부하 또는 응급 시 증기를 방출하는 장치이다.
2) 종류 : 정압식, 변압식
3) 증기축열기 설치 시 장점 : 부하변동에 따른 압력 변화가 적고 연료소비량이 감소하며, 보일러 용량이 부족해도 된다.

06 유량계(유체계측)

1) 기름의 사용량 측정
2) 오벌 기어식, 로터리피스톤식이 주로 사용된다.
3) 입구 측에는 여과기를 설치하고, 유량계의 고장 시를 대비하기 위하여 주위에는 바이패스 라인을 설치한다.

1 유량 측정방법

1) 용적(체적)유량 측정
2) 중량유량 측정
3) 질량유량 측정
4) 적산유량 측정
5) 순간유량 측정

2 유량계의 종류

1) 용적식 유량계 : 유체의 부피를 측정하여 유량을 산출하는 유량계
   (1) 공기의 유량에 의해 움직이는 부품의 회전수를 측정하여 유량을 계산하는 유량계이다.
   (2) 로터와 케이스, 피스톤, 실린더 등을 이용해 유체를 일정 용적 내에 가둬두고 방출하기를 반복하며 단위시간당의 횟수에서 유량을 얻는다. 정밀도가 높다는 장점이 있지만, 동시에 압력 손실이 크다는 단점이 있다.
   (3) 유량을 누적하여 측정하는 방식이기 때문에 적산식 유량계라고 불린다. 측정유체의 맥동에 의한 영향이 적고 점도가 높은 유량의 측정도 가능하다. 고형물의 혼입을 막기 위해 입구 측에 여과기가 필요하다.
   (4) 종류 : 오벌미터, 루트형 가스미터, 피스톤형, 로터리피스톤형
2) 면적식 유량계 : 공기의 흐름을 막아서 유량을 측정하는 유량계로 차압을 일정하게 하고 교축기구의 면적을 바꿔서 측정한다.
   (1) 반드시 수직으로 설치하여야 하여 불필요한 파이프가 생겨나서 부가적인 압력손실이 있고 고점성 유체 부식성 유체에 적합하다. 또한 정밀 측정이 어렵다.
   (2) 종류 : 플로트형(로터미터), 게이트형, 피스톤형

3) 차압식 유량계 : 공기의 흐름에 의해 생기는 차압을 측정하여 유량을 계산하는 유량계
   (1) 구조가 간단하고, 가동부가 없어 기계적 특성 변화가 거의 없어 정도가 좋다.
   (2) 대부분의 유체에 적용할 수 있고 고온·고압의 현장에도 사용 가능하며, 압력손실도 적고 정밀도도 매우 높다.
   (3) 측정범위가 넓은 편이다.
   (4) 종류 : 오리피스, 벤투리관, 플로우노즐
      ① 벤투리 유량계 : 관로에 벤투리관을 설치하여 유체의 흐름에 의해 발생하는 압력차를 측정하여 유량을 계산한다.
      ② 오리피스 유량계 : 관로에 오리피스판을 설치하여 유체의 흐름에 의해 발생하는 압력차를 측정하여 유량을 계산한다. 교축기구 전·후에 탭을 설치한다.
         ※ 유량 측정에 쓰이는 탭 방식 : **베나 탭**, **코너 탭**, **플랜지 탭**   **암** 배고플땐
      ③ 플로우노즐 유량계 : 관로에 플로우노즐을 설치하여 유체의 흐름에 의해 발생하는 압력차를 측정하여 유량을 계산한다.

4) 터빈 유량계 : 유체의 흐름에 의해 회전하는 터빈의 회전수를 측정하여 유량을 측정하는 유량계

5) 전자 유량계 : 전도성 유체의 유속을 측정하는 유량계
   (1) 전도성 액체에 한하여 사용할 수 있고, 응답이 빠른 편이며 압력손실이 거의 없다.
   (2) 높은 내식성을 유지할 수 있고 유체의 점도 온도 압력 등에 영향을 받지 않는다.
   (3) 미소한 측정전압에 대하여 고성능의 증폭기가 필요하다.

6) 피토관 유량계 : 배관에 직접 삽입하여 사용하는 유량계, 관의 단면적에 영향을 받지 않는다.
   (1) 구조가 간단하고 설치가 쉽다.
   (2) 다양한 유체에 사용이 가능하다.
   (3) 유체의 흐름이 불규칙하면 정확한 측정이 어렵다.
   (4) 피토관을 유체흐름의 방향으로 일치시켜야 한다.
   (5) 더스트가 많은 유체에 사용하면 측정 오차가 발생할 수 있다.
   (6) 압력 차를 측정하기 위해서는 유체의 흐름이 충분히 강해야 한다.

7) 초음파 유량계 : 초음파를 이용하여 유량을 측정하는 유량계
   (1) 장점
      ① 압력손실이 없다.
      ② 고점도유체 측정이 가능하다.
      ③ 정·역방향의 양방향 유체측정이 가능하다.
      ④ 휴대하기 좋다.
      ⑤ 대용량 측정이 가능하다.
      ⑥ 설치가 간편하다.
      ⑦ 넓은 범위를 측정 가능하다.
      ⑧ 높은 정확도를 가지고 있다.

07 온도계

1 온도(Temperature)

1) 건구온도(Dry Bulb Temperature) : 일반적인 온도계로 측정한 온도
2) 습구온도(Wet Bulb Temperature) : 온도계 감온부를 젖은 헝겊으로 감싸고 측정한 온도(증발잠열에 의한 온도)
3) 노점온도(Dewpoint Temperature) : 이슬이 맺히는 온도

2 접촉식 온도계

온도를 측정하고자 하는 피측정 물체에 측온부를 접촉시켜 온도를 측정하는 방식

1) 특징
   (1) 측정범위가 넓고 측정 오차가 비교적 적으며, 정밀측정이 가능하다.
   (2) 피측정체의 내부 온도만을 측정한다.
   (3) 이동물체의 온도측정이 곤란하다.
   (4) 측정시간의 지연이 작고 온도 변화에 대한 반응이 늦다.
   (5) 1000 [℃] 이하의 저온 측정용이다.

2) 유리체 온도계 : 유리관 안에 액체를 채워 넣고, 액체의 부피 변화를 이용하여 온도를 측정

　　　예 베크만 온도계 : 미세한 온도 변화를 측정하기 위한 특수 유리체 온도계

　(1) 구조
　　① 유리관 : 수은이 흐르는 유리관으로, 상단에는 수은을 봉입하는 공간이 있다.
　　② 수은 : 온도에 따라 부피가 변하는 수은을 사용한다.
　　③ 눈금 : 온도에 따라 수은의 이동량을 나타내는 눈금이다.
　(2) 특징
　　① 정밀도가 높아 0.01 [℃]까지 측정할 수 있다.
　　② 저온용으로 적합하며, -20 ~ 150 [℃] 정도의 측정온도 범위이다.
　　③ 응답성이 느려 급격한 온도 변화에는 적합하지 않다.

3) 압력식 온도계 : 부피 또는 압력 변화를 이용하여 온도를 측정

4) 열전대 온도계 : 두 개의 금속을 접합하여 생기는 열기전력을 이용하여 온도를 측정

　※ 제벡(Seebeck)효과 : 성질이 다른 두 금속의 접점에 온도차를 두면 열기전력이 일어나는 현상

　(1) 특징
　　① 내구성이 뛰어나고, 다양한 온도 범위에서 사용할 수 있다.
　　② 비교적 높은 온도 측정에 사용한다.
　　③ 열기전력이 크고 온도증가에 따라 연속적으로 상승해야 한다.
　　④ 기준접점의 온도를 일정하게 유지해야 한다.
　(2) 보호관으로 사용되는 재료 중 사용 온도가 높은 순서 : 자기관 > 석영관 > 동관
　　① 보호관 : 열전대 센서를 보호하고 외부 환경으로부터 격리하기 위한 역할
　　② 보호관의 종류
　　　㉠ 석영관 : 사용온도가 약 1000 [℃]이며 내열성, 내산성이 우수하나 환원성 가스에 기밀성이 약간 떨어진다.
　　　㉡ 카보런덤관 : 사용온도가 약 1250 ~ 1700 [℃]이며 용융금속에 강하다.
　　　㉢ 자기관 : 사용온도가 약 1350 ~ 1500 [℃]이며 용융금속에 강하다.
　　　㉣ 황동관 : 사용온도가 약 250 [℃] 정도로 저온용이다.
　　　㉤ 동관 : 사용온도가 약 250 [℃] 정도로 저온용이다.
　　　※ 사용 온도가 높은 순서 : 자기관 > 석영관 > 동관

5) 시스(Sheath) 열전대 온도계
    (1) 금속 보호관 내부에 열전대선과 충전물을 밀봉하여 내구성과 응답성이 뛰어난 고성능 열전대 온도계이다.
    (2) 보호관 속에는 일반적으로 마그네시아와 알루미나의 혼합물이 충전된다.
    (3) 열전대 금속 특성 및 성능 비교

기호	사용금속(+, −)	측정온도 범위 [℃]
B	백금 − 30 [%] 로듐, 백금 − 6 [%] 로듐	600 ~ 1700
R	백금 − 13 [%] 로듐, 백금	0 ~ 1600
S	백금 − 10 [%] 로듐, 백금	0 ~ 1600
K	크로멜(Cr), 알루멜(Al)	−200 ~ 1200
E	크로멜(Cr), 콘스탄탄(Cu-Ni)	−200 ~ 800
J	철(Fe), 콘스탄탄(Cu-Ni)	−40 ~ 750
T	구리(Cu), 콘스탄탄(Cu-Ni)	−200 ~ 350

   ① 백금 − 백금·로듐 온도계는 안정성이 양호하여 표준용으로 사용된다.
   ② 온도가 1 [℃] 변할 때 발생하는 열기전력의 크기
      철콘스탄탄(IC) > 동콘스탄탄(CC) > 크로멜·알루멜(CA) > 백금·백금로듐(PR)

6) 바이메탈 온도계 : 두 개의 금속을 접합하여 온도 변화에 따라 열팽창의 정도를 이용하여 온도 측정
    (1) 측온범위는 −50 ~ 500 [℃]이다.
    (2) 구조가 간단하다.
    (3) 오래 사용 시 히스테리시스 오차가 발생한다.
    (4) 자동 온도조절이나 온도 보상장치에 이용된다.
    (5) 온도 변화에 따른 응답이 느리다.

7) 저항식 온도계 : 온도에 따라 저항값이 변하는 측온 저항체를 이용하여 온도를 측정

$$R = R_0(1 + \alpha \Delta T)$$

- α : 저항온도계수
- R_0 : 초기온도에서의 저항
- R : 현재온도에서의 저항
- ΔT : 온도 변화

    (1) 전기신호로 온도를 출력할 수 있으므로 자동제어에 적용할 수 있음

(2) 백금 저항 온도계 : 백금의 전기 저항 변화를 이용하여 온도를 측정
① 0 [℃]에서 100 [Ω]이 되도록 설계된 저항소자를 사용한다.
② 저항온도계수는 작으나 안정성이 좋아서 장기간 사용해도 측정값 변화가 거의 없다.
③ 센서 구조나 설치방식에 따라 시간이 지연될 수 있다.

(3) 측온 저항체의 구비조건
① 온도 측정장치와 호환되어야 한다.
② 저항의 온도계수가 커야 한다.
③ 온도와 저항의 관계가 연속적이어야 한다.
④ 저항값이 온도 이외의 조건에서 변하지 않아야 한다.
⑤ 측온 저항체 사용온도 범위
  ㉠ 구리(Cu) : 0 ~ 120 [℃]
  ㉡ 백금(Pt) : -200 ~ 500 [℃]
  ㉢ 니켈(Ni) : -50 ~ 150 [℃]
  ㉣ 서미스터 : -100 ~ 300 [℃]
  ※ 서미스터의 재질 : 니켈, 코발트, 망간, 구리, 철 등의 산화물

3 비접촉식 온도계

고온의 피측정 물체로부터 방사에너지(빛 또는 열)를 감지하여 감지온도와 방사에너지와의 일정한 관계를 사용하여 온도를 측정하는 방식

1) 특징
  (1) 측정량의 변화가 없다.
  (2) 이동물체의 온도 측정이 가능하다.
  (3) 측정시간의 지연이 크다.
  (4) 고온 측정용이다.

2) 방사 온도계 : 피측정물에서 방출되는 방사에너지의 세기를 측정
  (1) 구조가 간단하고 견고하다.
  (2) 방사율에 의한 보정량이 크지만 연속측정이 가능하고 기록이나 제어가 가능하다.
  (3) 1000 [℃] 이상의 고온에 사용하며, 이동물체의 온도 측정이 가능하다(50 ~ 3000 [℃] 측정).
  (4) 발신기를 이용하여 기록 및 제어가 가능하다.
  (5) 측온체와의 사이에 수증기나 연기 등의 영향을 받는다.

(6) 스테판 볼츠만의 법칙

물체가 방출하는 복사 에너지는 절대온도의 네제곱에 비례한다.

$$E = \sigma \epsilon T^4$$

- E : 단위면적당 복사에너지 $[W/m^2]$
- σ : 스테판 볼츠만상수 $= 5.67 \times 10^{-8} \, [W/m^2 K^4]$
- ϵ : 방사율, T : 절대온도$[K]$

3) 광고온계(Optical Pyrometer)

물체가 방출하는 빛의 밝기를 기준광원과 비교하여 온도를 측정하는 비접촉식 온도계

(1) 피측정물과 전구를 동시에 비추어 피측정물의 휘도와 내장된 전구 필라멘트의 휘도를 육안으로 비교하여 측정한다.

(2) 측정자 간의 오차가 발생하기 쉬운 기기이다.

(3) 고온측정이 가능하다(700 ~ 3000 [℃] 측정 가능, 900 [℃] 이하인 경우 오차 발생).

(4) 정확도가 높지만 연속측정이나 자동제어에 응용할 수 없다.

(5) 광고온계의 단점

① 연속측정이나 제어에는 이용이 불가하다.

② 측정에 시간을 요하며(시간지연) 개인에 따라 오차가 크다.

③ 주위 온도에 대한 지시 오차가 크고 외부 광(빛)의 영향이 클수록 각종 오차가 커진다.

④ 700 [℃] 이하 저온 측정은 불가능하다.

(6) 주의사항

① 측정체와의 사이에 먼지, 스모그(연기) 등이 없도록 하여야 한다.

② 광학계의 먼지 흡입 등을 점검한다.

4) 광전관 온도계

고온 물체의 밝기를 두 개의 광전관(광센서)으로 자동 비교하여 온도를 측정

(1) 응답속도가 빠르고, 온도의 연속측정 및 기록이 가능하며 자동제어가 가능하다.

(2) 이동하는 물체의 온도측정이 가능하다.

(3) 개인오차가 없으나 구조가 복잡하다.

(4) 700 ~ 3000 [℃]까지 측정 가능하다.

5) 색 온도계

광감지기를 사용하여 물체에서 방출되는 빛의 파장(색)을 측정한다.

(1) 특징
  ① 방사율에 의한 영향이 적다.
  ② 광흡수에 영향이 적으며 응답이 빠르다.
  ③ 구조가 복잡하며 주위로부터 빛 반사의 영향을 받는다.
  ④ 750 [℃] 정도부터 측정이 가능하며 기록조절용으로 사용된다.

(2) 온도 - 색
  ① 600 [℃] : 어두운 색
  ② 800 [℃] : 붉은 색
  ③ 1000 [℃] : 오렌지색
  ④ 1200 [℃] : 노란색
  ⑤ 1500 [℃] : 눈부신 황백색
  ⑥ 2000 [℃] : 매우 눈부신 흰색
  ⑦ 2500 [℃] : 푸른기가 있는 흰백색

08 통풍장치

1 정의

1) 통풍 : 연소에 필요한 공기 및 연소가스가 연속적으로 흐르는 흐름
2) 통풍방식의 분류

자연통풍		• 배기가스와 외기의 온도차(비중차, 밀도차)에 의하여 이루어지는 통풍방식이다. • 굴뚝 높이와 연소가스의 온도에 따라 일정한 한도를 갖는다.
강제통풍	압입통풍	연소실 입구에 송풍기를 설치해서 연소실로 공기를 밀어 넣는 방식이다.
	흡입통풍	연도 내에 송풍기를 설치해 연소가스를 흡입하여 빨아내는 방식이다.
	평형통풍	압입통풍방식과 흡입통풍방식을 병행하는 통풍방식이다.

2 자연통풍방식

1) 배기가스와의 외기의 온도차에 이루어지는 통풍방식이다.
2) 가스의 유속은 3 ~ 5 [m/s] 정도이다.
3) 통풍 저항이 작은 소규모 보일러에 사용된다.
4) 외기의 온도와 습도 등에 영향을 많이 받는다.
5) 강한 통풍력은 얻기 힘들고 통풍력 조절이 어렵다.

3 이론통풍력 Z

연돌의 높이, 온도, 밀도차이에 의해 생기는 자연배기력

$$Z = 273H \times \left[\frac{r_a}{T_a} - \frac{r_g}{T_g}\right] [mmH_2O]$$

$$Z = 355H \times \left[\frac{1}{T_a} - \frac{1}{T_g}\right] [mmH_2O]$$

- Z : 이론통풍력 [mmH$_2$O]
- H : 연돌의 높이 [m]
- r_a : 외기의 비중량 [kgf/m^3]
- r_g : 배기가스의 비중량 [kgf/m^3]
- T_a : 외기의 절대온도 [K]
- T_g : 배기가스의 절대온도 [K]

4 강제통풍방식

1) 압입통풍방식 : 연소실 입구에 송풍기를 설치해서 연소실로 공기를 밀어 넣는 방식
   (1) 송풍기의 고장이 적고 점검 및 보수가 용이하다.
   (2) 가스의 유속은 8 [m/s] 정도까지 취할 수 있다.
   (3) 연소실 내의 압력이 정압(+)이 되어 완전연소가 용이하다.
   (4) 송풍기의 동력소비가 흡입통풍방식에 비하여 적다.
   (5) 연소용 공기를 예열하여 사용이 가능하다.

2) 흡입통풍방식 : 연도 내에 송풍기를 설치해 연소가스를 흡입하여 빨아내는 방식
   (1) 고온의 연소가스와 직접 접촉하므로 마모의 우려가 있다.
   (2) 유속은 10 [m/s] 정도까지 취할 수 있다.
   (3) 노내압이 부압(-)되어 냉공기의 침입의 우려가 있다.

3) 평형통풍방식 : 압입통풍방식과 흡입통풍방식을 병행하는 통풍방식

(1) 동력소비 및 설비비가 많이 든다.

(2) 유속은 10 [m/s] 이상이다.

(3) 강한 통풍력을 얻을 수 있으며, 노내압 및 통풍력 조절이 가능하다.

(4) 통풍 저항이 큰 대형 보일러나 고성능 보일러에 널리 사용되고 있다.

(5) 노내압을 정, 부압으로 조절이 가능하다.

09 연도

노에서 발생한 고온 고압의 연소가스를 연돌에 유입시킬 때까지의 통로

1) 길이가 짧을수록 통풍력이 좋아진다.

2) 연도의 보온재로 규산칼슘, 암면, 규조토같이 고온에 견디는 무기질 보온재를 사용해야 한다.

10 연돌

1 연돌의 특징

1) 연돌의 성질

(1) 높이가 높을수록 통풍력이 증가한다.

(2) 매연을 멀리 확산시켜 대기오염을 줄인다.

(3) 외기온도가 낮으면 통풍력은 증가한다.

2) 연돌의 높이 H

$$H = \frac{Z}{273\left(\dfrac{\gamma_a}{T_a} - \dfrac{\gamma_g}{T_g}\right)} [m]$$

- Z : 이론통풍력 [mmH$_2$O]
- r_a : 외기의 비중량 [kgf/m^3]
- r_g : 배기가스의 비중량 [kgf/m^3]
- T_a : 외기의 절대온도 [K]
- T_g : 배기가스의 절대온도 [K]

3) 연돌의 상부단면적

$$A = \frac{G(1 + 0.0037 t_g)\dfrac{P_g}{760}}{3{,}600\,V}\,[m^2]$$

- G : 연소가스량 [Nm³/h]
- t_g : 배기가스온도 [℃]
- P_g : 배기가스 압력 [mmHg]
- V : 배기가스 유속 [m/s]

2 통풍력 변화요인

1) 통풍력의 증가요인
   (1) 외기온도가 낮으면 증가
   (2) 배기가스온도가 높으면 증가
   (3) 연돌 높이가 높으면 증가

2) 통풍력의 감소요인
   (1) 공기 습도가 높을수록 감소
   (2) 연도벽과 마찰이 클수록 감소
   (3) 연도의 급격한 단면적 감소
   (4) 벽돌 연도 시 크랙에 의한 외기 침입 시 감소

3 통풍력의 크기에 따른 영향

1) 너무 클 경우
   (1) 보일러의 증기발생이 빨라진다.
   (2) 열효율이 낮아진다.
   (3) 연소율이 증가한다.
   (4) 연소실 열부하가 커진다.
   (5) 연료소비가 많아진다.
   (6) 배기가스온도가 높아진다.

2) 너무 작은 경우
   (1) 열효율이 낮아진다.
   (2) 연소율이 낮아진다.
   (3) 연소실 열부하가 작아진다.
   (4) 배기가스온도가 낮아져 저온 부식의 원인이 된다.
   (5) 통풍이 불량해진다.
   (6) 역화의 위험이 커진다.
   (7) 완전연소가 어렵다.

11 매연

1 정의
1) 연소 이후 발생되는 유해 성분
2) 황산화물, 질소산화물, 일산화탄소, 그을음, 분진

2 매연 농도계의 종류
1) 링겔만 농도표 : 매연 농도의 규격표(0 ~ 5도)와 배기가스를 비교하여 측정하는 방법
2) 매연 포집 중량계 : 연소가스의 일부를 뽑아내어 석면이나 암면의 광물지 섬유 등의 여과지에 포집시켜 여과지의 중량을 전기 출력으로 변환하여 측정하는 방법
3) 광전관식 매연 농도계 : 연소가스에 복사광선을 통과시켜 광선의 투과율을 산정하여 측정하는 방법
4) 바카라치 스모그 테스터 : 일정 면적의 표준 거름종이에 일정량의 연소가스를 통과시켜 거름종이 표면에 부착된 부유 탄소입자들의 색 농도를 표준번호가 있는 색 농도와 육안으로 비교하여 매연 농도번호를 표시하는 방법

3 링겔만 농도표
1) 연기의 농도 측정에 사용하는 표로, 두께가 서로 다른 검은 선을 그어 0 ~ 5도까지 검은색이 차지하는 면적으로 구별한 것이다. 연돌 상부에서 30 ~ 45 [cm]에서 연기의 농도를 측정하고, 관측자로부터 16 [m]의 거리에 이 표를 세운 후 연돌의 출구에서 30 ~ 40 [cm] 정도 거리의 연기 색과 비교한다.
2) 1도 증가에 따라 매연 농도는 20 [%] 증가하며, 번호가 클수록 농도표는 검은 부분이 많이 차지한다.

3) 보일러 운전 중 매연 농도가 2도 이하(매연 농도 40 [%])로 유지해야 한다.
   (1) 매연 농도의 규격표

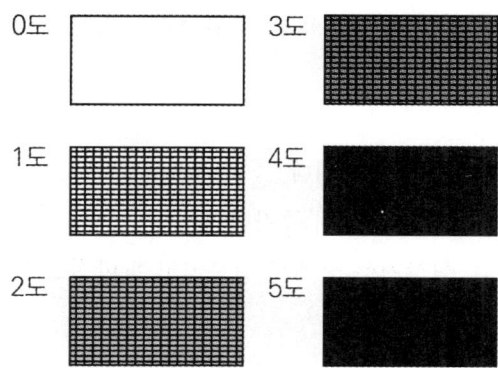

〈링겔만 매연 농도표〉

4) 매연발생의 원인
   (1) 보일러의 구조나 연소장치에 알맞지 않은 연료를 사용하는 경우
   (2) 연료와 공기의 혼합이 잘 되지 않는 경우
      ① 중유의 분무구와 공기분출구와의 위치 불량
      ② 버너의 중유 분사각도나 공기분사 각도의 편심
      ③ 공급공기압력의 저하나 공기공급량의 부족
   (3) 연소용 공기가 부족한 경우
      ① 공기공급용 통풍 닥트나 댐퍼의 변형 및 고장
      ② 연도의 결함이나 파손으로 공기의 누출
      ③ 공기공급량의 조절불량
      ④ 통풍기의 성능저하
   (4) 연소장치가 불안전 또는 고장인 경우
   (5) 취급자의 지식이나 기술이 미숙한 경우
   (6) 연소실의 용적이 작은 경우
   (7) 분무입자가 커 무화가 불량인 경우
   (8) 통풍력이 부족하거나 과할 경우
   (9) 연소실 온도가 낮은 경우
   (10) 연료의 질이 좋지 않은 경우

4 질소산화물(NO_x)

1) 일산화질소, 이산화질소 등
2) 연료를 공기 중에서 연소시킬 때 질소산화물에서 가장 많이 발생하는 오염물질은 일산화질소인 NO이다.
3) 발생원인
   (1) 연소 시 공기 중의 질소와 산소가 반응하여 생성된다.
   (2) 연소온도가 높고 과잉공기량이 많을수록 발생량이 증가한다.
4) 유해점 : 자극성 취기가 있고 호흡기, 뇌, 심장기능 장애를 일으키고 광학적 스모그를 발생시킨다.
5) 방지대책
   (1) 연소가스 내의 질소산화물을 습식법, 건식법 등으로 제거한다.
   (2) 연소온도를 낮게 한다.
   (3) 과잉공기량 감소
   (4) 노내압 낮추기
   (5) 노 내 가스의 잔류시간 단축
   (6) 질소 함량이 적은 연료를 사용한다.
   (7) 연소가스가 고온으로 유지되는 시간을 짧게 한다.
   (8) 약간의 과잉공기와 연료를 급속히 혼합하여 연소시킨다.
   (9) 연소가스 중의 산소 농도를 낮게 한다.
   (10) 2단 연소
   (11) 농담연소
   (12) 배기가스 재순환연소

5 황산화물(SO_x)

1) 아황산가스, 무수황산 등
2) 발생원인 : 연료 중의 황분이 산화하여 생성된다.
3) 유해점 : 보일러 등을 저온 부식시키는 외에 대기오염 및 인체에 해를 유발한다.

4) 방지대책

(1) 연소가스 중 아황산가스를 습식법과 건식법으로 제거한다.
(2) 굴뚝을 높게 하여 대기 중으로 확산이 용이하게 한다.
(3) 황분이 적은 연료를 사용한다.
(4) 액체 연료는 정유 과정에서 접촉수소화 탈황법으로 탈황한다.

6 일산화탄소(CO)

1) 발생원인 : 탄소의 불완전연소에 의하여 생성
2) 유해점 : 인체에 흡입 시 혈액 속의 헤모글로빈과 결합하여 산소의 운반을 방해하여 산소 결핍을 초래한다.
3) 방지대책

(1) 연소실의 용적을 크게 하여 반응에 충분한 체류시간을 주어 완전연소시킨다.
(2) 연소가스 중 연소법과 세정법으로 일산화탄소를 제거한다.
(3) 충분한 양의 공기를 공급하여 완전연소시킨다.
(4) 연소실의 온도를 적당히 높여 완전연소시킨다.

12 수트 블로어

연소가 시작되면 분진, 회, 클링커, 탄화물, 카본, 그을음 등의 부착으로 열전도가 방해되어 매연 분출기로 그을음을 불어내기 위한 기구이다.

1 역할

물, 증기, 공기를 고압으로 분사하여 보일러 전열면에 부착된 그을음 등을 제거하는 장치로, 주로 수관식 보일러에 사용한다.

2 주의사항

1) 부하가 50 [%] 이하일 때는 수트 블로어 사용 금지
2) 소화 후 수트 블로어 사용 금지(폭발의 위험)
3) 수트 블로우를 진행하기 전에 충분한 드레인을 실시할 것
4) 한 곳을 장시간 불어대지 말 것
5) 분출횟수와 시기는 연료종류, 분출위치, 증기온도 등에 따라 결정
6) 소화한 직후, 고온의 연소실에서는 진행하지 않아야 함
7) 수트 블로우 작업 시 댐퍼의 개도를 열어 통풍력을 크게 한 후 작업을 수행

3 종류

1) 롱 리트랙터블형 : 고온 전열면에 사용
   긴 분사관의 선단에 2개의 노즐을 설치 후 전·후진 + 회전을 주어 증기 및 공기를 동시 분사시키는 방식으로 고온의 전열면에 사용한다.
2) 숏 리트랙터블형 : 저온 전열면에 사용
   보일러 노벽 등에 부착하는 그을음, 찌꺼기를 제거하는 데 적합하며 짧은 분사관 선단에 1개의 노즐을 설치하여 증기 또는 압축공기를 분사한다.
3) 건타입형 : 일반 전열면에 사용
   숏 리트렉터블형과 비슷하나 회전은 하지 않고 고온의 연소가스에 과열되는 것을 방지하기 위해 전·후진동작을 신속히 해야 한다.
4) 로터리형 : 연소실 노벽에 사용
   회전을 하면서 청소하는 것으로 롱 리트렉터블형과 달리 전·후진을 하지 않고 고정되어 회전하는 정치형이며 보일러의 연도 등의 저온의 전열면, 절탄기 등에 사용한다.
5) 에어히터 클리너형 : 관형 공기예열기 그을음 제거장치
   관형 공기예열기의 그을음을 불어내기 위한 특수구조의 그을음 제거장치이다.

Chapter 04 계산 공식

 핵심포인트 : 연소계산, 전도, 대류, 복사, 효율, 에너지방정식, 송풍기, 레이놀즈수

 학습목표 :
1. 기본적인 원자량과 분자량을 알고 반응식을 세울 수 있다.
2. 각 공식들을 문제의 조건에 맞게 적절히 사용할 수 있다.

01 연소계산

1 연소계산

1) 연소의 3요소
   (1) <u>가연 성분</u> : 탄소(C), 수소(H), 황(S)
   (2) <u>산소공급원</u>
   (3) <u>점화원</u>   암 가산점

2) 원자량 및 분자량

물질명	원소기호	원자량	분자식	분자량 [kg/kmol]
수소	H	1	H_2	2
탄소	C	12	C	12
질소	N	14	N_2	28
산소	O	16	O_2	32
황	S	32	S	32
아황산가스	-	-	SO_2	64
물	-	-	H_2O	18
일산화탄소	-	-	CO	28
탄산가스	-	-	CO_2	44
메테인	-	-	CH_4	16
에테인	-	-	C_2H_6	30

물질명	원소기호	원자량	분자식	분자량 [kg/kmol]
프로페인	-	-	C_3H_8	44
뷰테인	-	-	C_4H_{10}	58
공기	혼합물			29

3) 아보가드로의 법칙(Avogadro's Law)

  (1) 온도와 압력이 일정할 경우 같은 부피에는 같은 수의 분자가 포함되어 있음

  (2) 표준상태(0 [℃], 1기압)에서 1 [mol]의 부피는 22.4 [L], 분자수는 6.023×10^{23}개

4) 공기의 조성비

  (1) 체적 1 [Nm^3]당 산소 0.21 [Nm^3], 질소 0.79 [Nm^3]

  (2) 질량 1 [kg]당 산소 0.232 [kg], 질소 0.768 [kg]

5) 연소반응식

  (1) 일반식 $C_aH_b + \left(a + \dfrac{b}{4}\right)O_2 \rightarrow aCO_2 + \dfrac{b}{2}H_2O$ 　　🔑 애사비

물질명	연소반응식
수소(H_2)	$H_2 + \dfrac{1}{2}O_2 \rightarrow H_2O$
일산화탄소(CO)	$CO + \dfrac{1}{2}O_2 \rightarrow CO_2$
메테인(CH_4)	$CH_4 + 2O_2 \rightarrow CO_2 + 2H_2O$
아세틸렌(C_2H_2)	$C_2H_2 + \dfrac{5}{2}O_2 \rightarrow 2CO_2 + H_2O$
에틸렌(C_2H_4)	$C_2H_4 + 3O_2 \rightarrow 2CO_2 + 2H_2O$
에테인(C_2H_6)	$C_2H_6 + \dfrac{7}{2}O_2 \rightarrow 2CO_2 + 3H_2O$
프로필렌(C_3H_6)	$C_3H_6 + \dfrac{9}{2}O_2 \rightarrow 3CO_2 + 3H_2O$
프로페인(C_3H_8)	$C_3H_8 + 5O_2 \rightarrow 3CO_2 + 4H_2O$
부틸렌(C_4H_8)	$C_4H_8 + 6O_2 \rightarrow 4CO_2 + 4H_2O$
뷰테인(C_4H_{10})	$C_4H_{10} + \dfrac{13}{2}O_2 \rightarrow 4CO_2 + 5H_2O$

6) 이론산소량(O_o) : 연료를 산화시키기 위한 이론적 최소 산소량

(1) 고체 및 액체연료

① 질량 계산식

연료 1 [kg]을 연소시킬 때 필요한 이론산소량 O_o [kg/kg]

$$O_o = 2.67C + 8\left(H - \frac{O}{8}\right) + S$$

C, H, O, S : 연료 1 [kg] 중 각 원소의 질량비율

※ 계수 산출법 : $\dfrac{\text{필요한 산소의 질량}}{\text{각 원소의 질량}}$

$C : \dfrac{32}{12} = 2.67,\ H : \dfrac{16}{2} = 8,\ S : \dfrac{32}{32} = 1$

※ 유효수소수 $\left(H - \dfrac{O}{8}\right)$: 실제 연소에 영향을 주는 수소의 양

② 체적 계산식

연료 1 [kg]을 연소시킬 때 필요한 이론산소량 O_o [Nm³/kg]

$$O_o = 1.867C + 5.6\left(H - \frac{O}{8}\right) + 0.7S$$

C, H, O, S : 연료 1 [kg] 중 각 원소의 질량비율

※ 계수 산출법 : $\dfrac{22.4 \times \text{필요한 산소의 몰수}}{\text{각 원소의 질량}}$

$C : \dfrac{22.4}{12} = 1.867,\ H : \dfrac{22.4 \times \frac{1}{2}}{2 \times 1} = 5.6,\ S : \dfrac{22.4}{32} = 0.7$

(2) 기체연료

연료 1 [Nm³]을 연소시킬 때 필요한 이론산소량 O_o [Nm³/Nm³]

$$O_o = 0.5H_2 + 0.5CO + 2CH_4 + 2.5C_2H_2 + \cdots - O_2$$

C, H, O, S : 연료 1 [kg] 중 각 원소의 부피비율

※ C_aH_b의 계수 : $a + \dfrac{b}{4}$

애사비

7) 이론공기량(A_o)

연료 1 [kg] 또는 1 [Nm³]를 완전연소시키는 데 필요한 최소 공기량

(1) 고체 및 액체연료

① 질량기준 계산식

$$A_o = \frac{O_o}{0.232} \text{[kg/kg]}$$

- O_o : 연료 1 [kg]을 연소시키는 데 필요한 이론산소량 [kg/kg]
- 0.232 : 공기 중 산소의 질량비

② 체적기준 계산식

$$A_o = \frac{O_o}{0.21} \text{[Nm}^3\text{/kg]}$$

- O_o : 연료 1 [kg]을 연소시키는 데 필요한 이론산소량 [Nm³/kg]
- 0.21 : 공기 중 산소의 부피비

(2) 기체연료

$$A_o = \frac{O_o}{0.21} \text{[Nm}^3\text{/Nm}^3\text{]}$$

- O_o : 연료 1 [Nm³]을 연소시키는 데 필요한 이론산소량 [Nm³/Nm³]
- 0.21 : 공기 중 산소의 부피비

8) 실제공기량(A)

연료를 연소시킬 때 실제로 공급된 공기량

$$A = A_o + A_s = mA_o$$

- A_o : 이론공기량
- A_s : 과잉공기량
- m : 공기비

9) 공기비(m)

이론공기량에 대한 실제공기량의 비

※ 당량비 : 공기비의 역수

(1) 완전연소 시

$$m = \frac{21}{21 - O_2(\%)} = \frac{\frac{N_2}{0.79}}{\left(\frac{N_2}{0.79}\right) - \left(\frac{3.76 O_2}{0.79}\right)} = \frac{N_2}{N_2 - 3.76 O_2}$$

(2) 불완전연소 시

$$m = \frac{N_2}{N_2 - 3.76(O_2 - 0.5CO)}$$

※ $m = \dfrac{A}{A_o} = \dfrac{A}{A - A_s} = \dfrac{N_2}{N_2 - \dfrac{질소\ 부피비}{산소\ 부피비}(O_2 - 0.5CO)}$

※ $\dfrac{N_2}{O_2} = \dfrac{0.79}{0.21} = 3.76$

(3) 최대탄산가스율에 의한 공기비 계산

$$m = \frac{CO_{2max}}{CO_2} = \frac{21}{21 - O_2(\%)}$$

10) 공기비가 클 때 나타나는 현상

  (1) 연소에 영향을 미친다(열효율, CO 배출량, 노 내 온도).
  (2) 연소실 내 연소 온도가 낮아진다.
  (3) 배기가스에 의한 열손실이 커진다.
  (4) 황산량의 증가로 저온 부식의 원인이 된다.
  (5) NO_2의 발생이 심하여 대기오염을 유발한다.

11) 공기비가 작을 때 나타나는 현상

  (1) 미연소연료에 의한 열손실이 증가한다.
  (2) 불완전연소에 의해서 매연이 증가한다.
  (3) 연소효율이 감소한다.
  (4) 미연가스에 의하여 폭발사고의 위험성이 증가한다.

12) 최대탄산가스율(CO_{2max})

연료 1 [kg] 또는 1 [Nm³]을 이론공기량으로 완전연소시킨다고 가정했을 때 생성되는 이산화탄소(CO_2)의 이론적인 최대량

$$CO_{2max} = \frac{CO_2}{G_0} \times 100 = \frac{1.867C + 0.7S}{G_0} \times 100\ [\%]$$

- G_0 : 이론 연소가스량 [Nm³/kg]
- C, S : 연료 중 원소 질량비 [kg/kg]

(1) 완전연소 시

$$CO_{2\max} = \frac{21 \times CO_2[\%]}{21 - O_2[\%]}$$

(2) 불완전연소 시

$$CO_{2\max} = \frac{21[CO_2(\%) + CO(\%)]}{21 - O_2(\%) + 0.395\,CO(\%)}$$

13) 연소가스량

연료 1 [kg] 또는 1 [Nm³]을 완전연소시킬 때 생성되는 가스량

(1) 이론건연소가스량(G_{od})

G_{od} [kg/kg] = (1 - 0.232)A_o + 3.67C + 2S + N

G_{od} [Nm³/kg] = (1 - 0.21)A_o + 1.867C + 0.7S + 0.8N

(2) 실제건연소가스량(G_d) = 이론건연소가스량(G_{od}) + 과잉공기량[$(m-1)A_o$]

G_d [kg/kg] = (m - 0.232)A_o + 3.67C + 2S + N

G_d [Nm³/kg] = (m - 0.21)A_o + 1.867C + 0.7S + 0.8N

(3) 이론습연소가스량(G_{ow}) = 이론건연소가스량(G_{od}) + 연소생성 수증기량

G_{ow} [kg/kg] = G_{od} + (9H + W)

  = (1 - 0.232)A_o + 3.67C + 2S + N + (9H + W)

G_{ow} [Nm³/kg] = G_{od} + 1.244(9H + W)

  = (1 - 0.21)A_o + 1.867C + 0.7S + 0.8N + 1.244(9H + W)

(4) 실제습연소가스량(G_w) = 이론습연소가스량(G_{ow}) + 과잉공기량[$(m-1)A_o$]

G_w [kg/kg] = (m - 0.232)A_o + 3.67C + 2S + N + (9H + W)

G_w [Nm³/kg] = (m - 0.21)A_o + 1.867C + 0.7S + 0.8N + 1.244(9H + W)

14) 발열량 : 연료가 완전연소할 때 발생하는 총 에너지

(1) 단위

① 고체 및 액체연료 : [kcal/kg] 또는 [kJ/kg]

② 기체연료 : [kcal/Nm³] 또는 [kJ/Nm³]

※ 1 [cal] = 4.2 [J]   암 1칼사이줄

(2) 종류

① 고위발열량(H_h) : 수증기의 증발잠열을 포함한 총 에너지

② 저위발열량(H_ℓ) : 수증기의 증발잠열을 포함하지 않은 총 에너지

$$H_\ell = H_h - 600(9H + W)\,[\text{kcal/kg}]$$
$$\quad = H_h - 2512(9H + W)\,[\text{kJ/kg}]$$
$$H_\ell = H_h - 480 \times (H_2O\text{몰수})\,[\text{kcal/Nm}^3]$$

H, W : 연료 중 각 성분의 질량비 [kg/kg]

(3) Dulong의 식 : 성분의 질량비로부터 고위발열량을 계산하는 식

$$H_h = 8100C + 34000\left(H - \frac{O}{8}\right) + 2500S\,[\text{kcal/kg}]$$

C, H, O, S : 연료 중 각 성분의 질량비 [kg/kg]

※ 기체연료의 발열량 비교

연료	액화석유 가스 (LPG)	천연 가스 (LNG)	오일 가스	증열 수성 가스	석탄 가스	발생로 가스	수성 가스	고로 가스
발열량 [kcal/ Nm³]	22300	10500 ~ 11000	3000 ~ 10000	5100	5000	1100	2800	900

암 석천오증석발수고(석천이형 오늘 중으로 삭발 수고)

2 연소온도

1) 연소온도

(1) 이론 연소온도 t_0 : 열손실이 전혀 없다고 가정할 때의 연소가스온도

$$t_o = \frac{H_\ell}{G_v C} + t\,[℃]$$

- G_v : 연소가스량 [Nm³/kg]
- C : 연소가스 정압 비열 [kJ/Nm³ [℃]]
- t : 기준온도 [℃]
- H_ℓ : 저위발열량 [kJ/kg]

(2) 실제 연소온도 t_a : 공기 및 연료의 현열 등을 고려한 연소가스온도

$$t_a = \frac{H_\ell + Q_a + Q_f}{G_v C} + t\,[℃]$$

- G_v : 연소가스량 [Nm³/kg]
- C : 연소가스 정압 비열 [kJ/Nm³ [℃]]
- Q_a : 공기의 현열 [kJ/kg]
- Q_f : 연료의 현열 [kJ/kg]
- t : 기준온도 [℃]
- H_ℓ : 저위발열량 [kJ/kg]

2) 연소온도에 영향을 미치는 것
   (1) 연료의 단위질량당 발열량
   (2) 공급 공기의 온도
   (3) 연소 시 반응물질 주위의 온도
   (4) 연소용 공기 중 산소 농도
   (5) 연소의 저위발열량
   (6) 공기비

3) 연소온도를 높이는 방법
   (1) 발열량이 높은 연료를 사용한다.
   (2) 연료와 공기를 예열하여 공급한다.
   (3) 이론공기량에 가깝게 공급한다.
   (4) 방사 열손실을 줄인다.
   (5) 완전연소를 한다.

3 비중량(Specific Weight) : 단위부피당 중량

$$\gamma = \frac{mg}{V}\,[N/m^3]$$

m : 질량, g : 중력가속도, V : 부피

4 비체적(Specific Weight) : 단위질량의 물체가 갖는 부피

$$v = \frac{V}{m} = \frac{1}{\rho}\,[m^3/kg]$$

m : 질량, V : 부피, ρ : 밀도

5 밀도(Density) : 단위부피당 질량

$$\rho = \frac{m}{V} = \frac{\gamma}{g}\,[kg/m^3]$$

m : 질량, V : 부피, γ : 비중량, g : 중력가속도

6 압력(Pressure)

단위면적에 수직으로 작용하는 힘

$$P = \frac{F}{A}$$

- F : 힘(N)
- A : 단위면적(m^2)

1) 표준대기압(1 [atm]) : 0 [℃]에서 표준 중력일 때, 760 [mm] 높이 수은주의 압력

$$1 \text{ [atm]} = 760 \text{ [mmHg]} = 101325 \text{ [Pa]} = 101.325 \text{ [kPa]} = 10.332 \text{[mH}_2\text{O]}$$

> 암 백일상이오(101.325)
> 암 물 넣으면 삼삼(33)하다. 삼삼이(332)
> TIP 1 [bar] = 100 [kPa]

2) 절대압력(Absolute Pressure) : 완벽한 진공을 0점으로 두고 측정한 압력
3) 게이지압력(Gauge Pressure) : 대기압의 기준을 0으로 하여 측정한 압력

$$\text{절대압력} = \text{대기압} + \text{게이지압력}$$
$$P_a = P_0 + P_g$$

> TIP 진공압 = 대기압 − 절대압

7 열정산(Heat Balance)

1) 정의

   연소장치에 의해 공급되는 입열과 출열과의 관계를 파악하는 것(열감정, 열수지)

2) 목적

   (1) 장치 내의 열의 행방을 파악하기 위해서
   (2) 작업방법을 개선하기 위해서
   (3) 열설비의 신축 및 개축 시 기초자료로 활용하기 위해서
   (4) 열설비의 성능을 파악하기 위해서
   (5) 열효율, 열손실의 파악을 위해서

※ 열정산의 항목 분류
  ① 입열
    ㉠ 연료의 저위발열량(연료의 연소열) : 입열항목 중 가장 큰 부분을 차지
    ㉡ 연료의 현열
    ㉢ 공기의 현열
    ㉣ 노 내 분입증기 보유열
  ② 출열
    ㉠ 미연소분에 의한 열손실
    ㉡ 불완전연소에 의한 열손실
    ㉢ 노벽 방사 전도에 의한 열손실
    ㉣ 배기가스에 의한 열손실 → 가장 큰 부분을 차지
    ㉤ 과잉공기에 의한 열손실
    ㉥ 발생증기(수증기) 보유열
    ㉦ 건연소배기가스의 현열
  ③ 순환열
    ㉠ 공기예열기 흡수 열량
    ㉡ 축열기 흡수 열량
    ㉢ 과열기 흡수 열량

3) 습증기의 비엔탈피 h_x

습증기 1 [kg]가 가진 총 열에너지

$$h_x = h' + x(h'' - h') = h' + x\gamma \, [kJ/kg]$$

- h' : 포화수 비엔탈피 [kJ/kg]
- h'' : 건포화증기 비엔탈피 [kJ/kg]
- x : 건조도(건도)
- γ : 물의 증발잠열 [kJ/kg]

※ 건도 : 습증기에서 수증기가 차지하는 비율

4) 상당증발량(환산증발량) G_e

보일러에서 발생한 증기의 열량을 기준증기량으로 환산한 양

$$G_e = \frac{G_a(h_2 - h_1)}{2256} \, [kg/h]$$

- G_a : 실제증발량 [kg/h]
- h_1 : 급수의 비엔탈피 [kJ/kg]
- h_2 : 발생증기 비엔탈피 [kJ/kg]

5) 보일러마력(BHP, Boiler Horse Power)

1시간당 100 [℃] 포화수 15.65 [kg]을 100 [℃] 건포화 증기로 만드는 능력

$$BHP = \frac{G_a(h_2 - h_1)}{2256 \times 15.65}$$

- G_a : 실제증발량 [kg/h]
- h_1 : 급수의 비엔탈피 [kJ/kg]
- h_2 : 증기의 비엔탈피 [kJ/kg]

6) 보일러효율

$$\eta_B = \frac{G_a(h_2 - h_1)}{G_f \times H_\ell} \times 100 \, [\%]$$
$$= \frac{G_e \times 2256}{G_f \times H_\ell} \times 100 \, [\%]$$

- G_a : 실제증발량 [kg/h]
- h_1 : 급수의 비엔탈피 [kJ/kg]
- h_2 : 증기의 비엔탈피 [kJ/kg]
- G_f : 연료사용량 [kg/h]
- H_ℓ : 연료발열량 [kJ/kg]

8 전도(Conduction)

1) 전도 : 매질 내 자유전자 간의 미세한 충돌과 상호작용을 통해 열이 전달되는 현상으로, 주로 고체에서 중요한 열전달방식이다.

2) 푸리에의 열전도 법칙(Fourier Heat Conduction Law)

$$Q = \lambda A \frac{\Delta t}{L} \, [W]$$

- Q : 전도열량 [W]
- λ : 열전도계수 [W/m·K]
- L : 물질의 두께 [m]
- A : 전열면적 [m²]
- Δt : 물질의 표면온도 [K]

3) 원통에서의 열전도

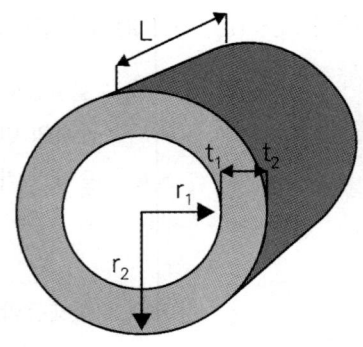

$$Q = \frac{2\pi L(t_1 - t_2)}{\frac{1}{\lambda}\ln\left(\frac{r_2}{r_1}\right)} = \frac{2\pi L(t_1 - t_2) \times \lambda}{\ln\left(\frac{r_2}{r_1}\right)}[W]$$

- λ : 열전도계수 [W/m·K]

9 대류(Convection)

1) 유체가 움직이면서 열을 함께 옮기는 현상으로, 온도 차이에 따른 밀도 변화로 인해 발생함
2) 뉴턴의 냉각 법칙(Newton's Cooling Law)

$$Q = \alpha A(t_w - t_\infty)[W]$$

- α : 대류열전달계수 [W/m²·K]
- A : 대류전열면적 [m²]
- t_w : 벽면온도 [K]
- t_∞ : 유체온도 [K]

3) 누셀트수(Nusselt Number) : 대류 열전달의 강도를 나타내는 무차원 수. 즉, 대류에 의한 열전달이 전도에 비해 얼마나 잘 일어나는지를 나타내는 비율

$$N = \frac{\alpha L}{\lambda}$$

- α : 대류열전달계수 [W/m²·K]
- λ : 열전도계수 [W/m·K]
- L : 물질의 두께 [m]

10 복사(Radiation)

1) 물질의 이동이나 매질 없이, 물체가 전자기파를 방출하여 열을 전달하는 현상이다.

2) 스테판 볼츠만의 법칙(Stefan - Boltzmann Law)

$$Q = \epsilon \sigma A T^4 \ [W]$$

- ϵ : 방사율($0 < \epsilon < 1$)
- σ : 스테판 볼츠만상수
  ($\sigma = 5.67 \times 10^{-8} \ W/m^2 K^4$)
- A : 전열면적 [m^2]
- T : 물체표면온도 [K]

11 열관류율(열통과율)

1) 열관류율 K : 벽이나 창 등을 통해 단위면적당 단위온도차에서 전달되는 열의 양

$$K = \frac{1}{R}$$

- K : 열관류율 [$W/m^2 \cdot K$]
- R : 열저항 [$m^2 \cdot K/W$]

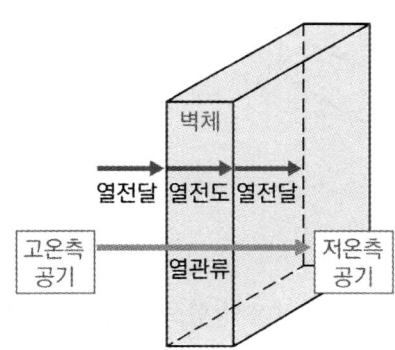

2) 열저항 R : 열의 흐름을 방해하는 정도를 나타내는 값으로, 값이 클수록 열이 잘 전달되지 않고 단열 성능이 우수함을 의미

$$R = \frac{1}{\alpha_1} + \sum \frac{l}{\lambda} + \frac{1}{\alpha_2}$$

- α_i : 내측 열전달계수 [$W/m^2 \cdot K$]
- α_o : 외측 열전달계수 [$W/m^2 \cdot K$]
- λ : 물질의 열전도계수 [$W/m \cdot K$]
- l : 물질의 두께 [m]

즉, $K = \dfrac{1}{R} = \dfrac{1}{\dfrac{1}{\alpha_1} + \sum \dfrac{l}{\lambda} + \dfrac{1}{\alpha_2}} \ [W/m^2 K]$

3) 통과한 열량(열 손실량)

$$q[W] = KA\triangle t$$

- K : 벽체의 열관류율 [W/m² · K]
- A : 벽체의 면적 [m²]
- $\triangle t$: 온도차 [K]

12 대수 평균 온도차(LMTD, Logarithmic Mean Temperature Difference)

1) 대수 평균 온도차 : 열교환기에서 두 유체 사이의 온도차가 위치에 따라 달라질 때, 전체 열전달을 계산하기 위해 사용하는 평균 온도차

$$LMTD = \frac{\Delta t_1 - \Delta t_2}{\ln \dfrac{\Delta t_1}{\Delta t_2}}$$

- α_i : 내측 열전달계수 [W/m² · K]
- α_o : 외측 열전달계수 [W/m² · K]
- λ : 물질의 열전도계수 [W/m · K]
- l : 물질의 두께 [m]

(1) 대향류(향류형) : 두 유체가 서로 반대 방향으로 흐르면서 열을 교환하는 방식

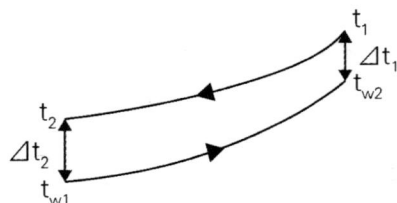

- $\Delta t_1 = t_1 - t_{w2},\ \Delta t_2 = t_2 - t_{w1}$

(2) 평행류(병류형) : 두 유체가 같은 방향으로 흐르면서 열을 교환하는 방식

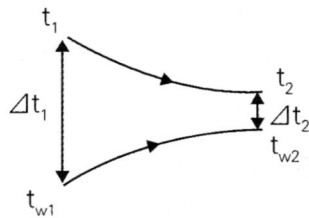

- $\Delta t_1 = t_1 - t_{w1},\ \Delta t_2 = t_2 - t_{w2}$

13 효율

1) 보일러 효율

$$\eta_B = \frac{G_a(h_2 - h_1)}{G_f \times H_\ell} \times 100 \, [\%]$$

$$= \frac{G_e \times 2256}{G_f \times H_\ell} \times 100 \, [\%]$$

- G_a : 실제증발량 [kg/h]
- G_e : 상당증발량 [kg/h]
- h_1 : 급수의 비엔탈피 [kJ/kg]
- h_2 : 증기의 비엔탈피 [kJ/kg]
- G_f : 연료사용량 [kg/h]
- H_ℓ : 연료발열량 [kJ/kg]

2) 온수보일러 효율

$$\eta = \frac{WC(t_2 - t_1)}{G_f \times H_L} \times 100 \, [\%]$$

- W : 시간당 온수 발생량 [kg/h]
- C : 온수의 비열 [kcal/kg·℃]
- t_2 : 출탕온도
- t_1 : 급수온도

3) 연소효율

$$\eta_C = \frac{실제 연소열량}{연료의 발열량} \times 100 \, [\%]$$

※ 연소장치 연소효율(E_C)

$$E_C = \frac{H_C - H_1 - H_2}{H_C}$$

- H_C : 연료의 발열량
- H_1 : 연재 중의 미연탄소에 의한 손실
- H_2 : 불완전연소에 따른 손실

4) 전열효율

$$\eta_r = \frac{유효열량(Q_A)}{실제 연소열량} \times 100 \, [\%]$$

5) 열효율

$$\eta = \frac{정미열량}{공급연료의 발열량}$$

$$= \frac{동력}{연료저위발열량(H_L) \times 시간당연료소비율} \times 100 \, [\%]$$

14 에너지 방정식

1) 전체질량기준 에너지 방정식

$$Q = m(h_2 - h_1) + \frac{m}{2}(v_2^2 - v_1^2) + mg(z_2 - z_1) + W_t \, [kJ/s]$$

열전달량 = 엔탈피 변화량 + 운동에너지 변화량 + 위치에너지 변화량 + 일

2) 단위질량기준 에너지 방정식

$$q = (h_2 - h_1) + \frac{1}{2}(v_2^2 - v_1^2) + g(z_2 - z_1) + w_t \, [kJ/kg \cdot s]$$

열전달량 = 엔탈피 변화량 + 운동에너지 변화량 + 위치에너지 변화량 + 일

15 강판의 효율

$$\eta = \frac{P - d}{P} = 1 - \frac{d}{P}$$

- η : 효율
- P : 관 구멍의 피치 [mm]
- d : 관 구멍의 지름 [mm]

용어 피치(P) : 인접한 두 구멍 중심 사이의 거리

16 피토관에 의한 유속

1) $V = \sqrt{\dfrac{2g(P_1 - P_2)}{\gamma}} = \sqrt{2gh}$

(P_1 : 전압, P_2 : 정압, v : 유속 g : 중력가속도, γ : 비중량, h : 높이)

※ $P = \rho g h = \gamma h$ (ρ : 밀도)

2) 전압 : 정압 + 동압

3) 정압 : 유체가 관 내를 흐르고 있을 때 흐름과 직각방향으로 작용하는 압력

4) 동압 : 흐름에 상대되는 압력

17 레이놀즈수

1) 레이놀즈수(Re)

$$Re = \frac{\rho VD}{\mu} = \frac{VD}{v}$$

[ρ : 밀도, D : 유체가 흐르는 직경, μ : 점성계수, v : 동점성계수, $V = \frac{Q}{A}$: 속도]

(1) 층류 : 유체 입자가 서로 겹치지 않고 일정한 속도로 흐르는 유동 상태(Re < 2100)

(2) 난류 : 입자가 불규칙하고 뒤섞이면서 흐르는 상태(Re > 4000)

2) 층류에서의 관마찰계수 : $f = \dfrac{64}{Re}$

3) 달시 - 바이스바하(Darcy - Weisbach)의 공식 : 일정한 길이의 파이프에서 유체가 흐를 때 따르는 마찰로 인한 압력손실 또는 수두손실과 비압축성 유체의 유체 흐름의 평균속도를 관련시키는 상태 방정식이다.

$$H_L = f \frac{L}{d} \frac{V^2}{2g}$$

- H_L : 수두손실 [m]
- f : 마찰계수
- L : 관의 길이 [m]
- d : 관의 지름 [m]
- V : 평균 유속 [m/s]
- g : 중력가속도 (9.8) [m/s^2]

18 ppm(parts per million)

백만분의 1단위. 1 [L] 중에 함유된 불순물의 양을 [mg]으로 표시한 것

19 송풍기 및 펌프의 성능특성

구분	송풍기	펌프
소요동력 (축동력)	$L_s = \dfrac{P_t \times Q}{102 \times 60 \times \eta_f}[kW]$ $L_s = \dfrac{P_s \times Q}{102 \times 60 \times \eta_s}$ • 송풍기 전압 : $P_t[kg/m^2]$ • 송풍기 정압 : $P_s[kg/m^2]$ • 송풍량 : $Q[m^3/\min]$ • 전압효율 : η_f • 정압효율 : η_s	$L_s = \dfrac{\gamma H Q}{102 \times 3600 \times \eta_P}[kW]$ • 비중량 $\gamma[kgf/m^3]$ ※ 물의 비중량 : $\gamma = 1000[kgf/m^3]$ • 수두(양정) : $H[m]$ • 유량 : $Q[m^3/h]$ • 펌프효율 : η_P

※ 3600 [s] = 60 [min] = 1 [h]
※ 1 [kW] = 102 [kgf·m/s](1 [kgf] = 1 [kg])

구분	송풍기	펌프
상사 법칙	• 풍량(Q) $\dfrac{Q_2}{Q_1} = \dfrac{N_2}{N_1} = \left(\dfrac{D_2}{D_1}\right)^3$ • 정압(P) $\dfrac{P_2}{P_1} = \left(\dfrac{N_2}{N_1}\right)^2 = \left(\dfrac{D_2}{D_1}\right)^2$ • 동력(L) $\dfrac{L_2}{L_1} = \left(\dfrac{N_2}{N_1}\right)^3 = \left(\dfrac{D_2}{D_1}\right)^5$ 회전수 : N [rpm] 임펠러 직경 : D [mm]	• 유량(Q) $\dfrac{Q_2}{Q_1} = \dfrac{N_2}{N_1} = \left(\dfrac{D_2}{D_1}\right)^3$ • 양정(H) $\dfrac{H_2}{H_1} = \left(\dfrac{N_2}{N_1}\right)^2 = \left(\dfrac{D_2}{D_1}\right)^2$ • 동력(L) $\dfrac{L_2}{L_1} = \left(\dfrac{N_2}{N_1}\right)^3 = \left(\dfrac{D_2}{D_1}\right)^5$ 회전수 : N [rpm] 임펠러 직경 : D [mm]
비속도	$\dfrac{N\sqrt{Q}}{P^{\frac{3}{4}}}$ • 회전수 : N [rpm] • 풍량 : Q [m³/min] • 풍압 : P [mmAq]	$\dfrac{N\sqrt{Q}}{H^{\frac{3}{4}}}$ • 회전수 : N [rpm] • 토출량 : Q [m³/min] • 전양정 : H [m]

구분	송풍기	펌프
용량제어	• 토출댐퍼에 의한 제어 • 흡입댐퍼에 의한 제어 • 흡인베인에 의한 제어 • 회전수에 의한 제어 • 가변피치제어	• 정속 : 정풍량제어 • 정속 : 가변유량제어 • 가변속 : 가변유량제어

20 인장응력

재료가 잡아당기는 힘(인장력)을 받을 때, 단면적에 작용하는 단위면적당 힘

$$\sigma = \frac{F}{A}[N/m^2]$$

- σ : 인장응력 $[N/m^2]$
- F : 인장력 $[N]$
- A : 단면적 $[m^2]$

21 베르누이방정식

압력수두 + 속도수두 + 위치수두 = 일정

$$\frac{P}{\rho g} + \frac{V^2}{2g} + Z = C$$

- P : 압력
- v : 유속
- g : 중력 가속도
- Z : 수평기준면에 대한 상대적인 높이

22 전열면 증발률

1) 보일러 전열면적 1 [m²]에 1시간 동안 발생하는 실제 증발량

2) 전열면의 증발률 = $\dfrac{G_a}{A}$ [kg/m²h]

23 르 샤틀리에 공식

혼합가스의 상한계 또는 하한계를 계산하는 공식

$$\frac{100}{L} = \frac{V_1}{L_1} + \frac{V_2}{L_2} + \frac{V_3}{L_3}$$

- L : 혼합가스의 상한계 또는 하한계
- V_1, V_2, V_3 : 각 가스의 체적
- L_1, L_2, L_3 : 각 가스의 하한계 또는 상한계

24 증발배수

1) 연료 1 [kg]으로 증기 몇 kg을 생산했는지 알 수 있다.

2) 증발배수 = $\dfrac{G_a}{G_f}$ = $\dfrac{실제증발량}{연료소비량}$ [kg/kg]

25 상당증발배수

상당증발배수 = $\dfrac{G_e}{G_f}$ = $\dfrac{상당증발량}{연료소비량}$ [kg/kg]

26 환산급수량

1) 특정 기준에 따라 실제 급수량이나 급탕량을 다른 단위로 표현하거나 특정 용도를 위한 급수량을 계산하는 것을 말한다.

2) $W[kg/h] = \dfrac{W_0}{W_1} = \dfrac{급수량[L/h]}{비체적[L/kg]}$

Chapter 05 사이클, 이상기체

핵심포인트 카르노 사이클, 증기원동소 사이클, 가스동력 사이클, 냉동 사이클, 이상기체

학습목표
1. 각 사이클의 특징에 따른 순서 및 효율을 계산할 수 있다.
2. 이상기체와 관련된 공식들을 조건에 따라 구분할 수 있다.

01 사이클

1 카르노 사이클(Carnot Cycle)

1) 가역 사이클

2) 열기관 사이클 중에서 가장 이상적인 사이클

3) 등온 변화 2개와 가역 단열 변화(등엔트로피 변화) 2개로 구성되어 있다.

⑴ 등온팽창(Isothermal Expansion)
 ① 고온 열원과 접촉한 상태에서 가스가 등온 상태로 팽창하면서 열을 흡수하는 과정이다.
 ② 이때 온도는 일정하게 유지되며, 가스의 부피는 증가하고 압력은 감소한다.

⑵ 단열팽창(Adiabatic Expansion)
 ① 가스가 열원으로부터 격리된 상태에서 팽창하면서 온도가 감소한다.
 ② 이 과정에서는 외부로부터 열이 출입하지 않으며, 내부 에너지만으로 상태 변화가 이뤄진다.

⑶ 등온압축(Isothermal Compression)
 ① 저온 열원과 접촉한 상태에서 가스가 등온 상태로 압축되면서 열을 방출한다.
 ② 이때 온도는 일정하게 유지되며, 가스의 부피는 감소하고 압력은 증가한다.

⑷ 단열압축(Adiabatic Compression)
 ① 가스가 열원으로부터 격리된 상태에서 압축되면서 온도가 증가한다.
 ② 이 과정에서도 외부로부터 열이 출입하지 않으며, 내부 에너지만으로 상태 변화가 이뤄진다.

4) 열효율 $\eta_c = \dfrac{W_{net}}{Q_1} = \dfrac{Q_1 - Q_2}{Q_1} = 1 - \dfrac{Q_2}{Q_1} = 1 - \dfrac{T_2}{T_1}$

5) 카르노 사이클의 P - V선도, T - S선도

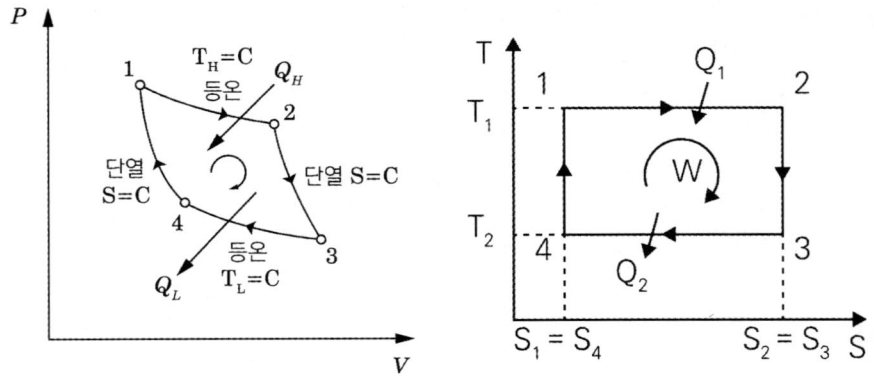

2 증기 원동소 사이클

1) 랭킨 사이클 : 증기 원동소의 기본 사이클

  (1) 2개의 단열 과정과 2개의 등압 과정으로 구성되어 있다.

  (2) 증기 원동소의 구성

  [1] → 펌프(단열압축) → [2] → 보일러(정압가열) → [3] → 터빈(단열팽창) →
  [4] → 복수기(정압방열) → [1]

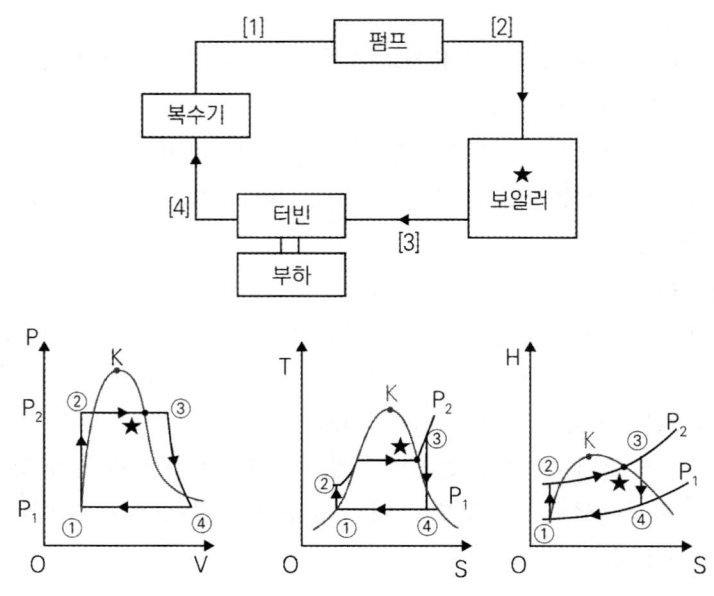

(3) 열효율 : $\eta_R = 1 - \dfrac{q_{out}}{q_{in}} = 1 - \dfrac{h_4 - h_1}{h_3 - h_2} = \dfrac{(h_3 - h_2) - (h_4 - h_1)}{h_3 - h_2} \times 100 \, [\%]$

(4) 펌프 일을 무시할 경우($h_2 = h_1$), $\eta_R = \dfrac{h_3 - h_4}{h_3 - h_1} \times 100 \, [\%]$

(5) 랭킨 사이클의 이론 열효율은 초온·초압이 높을수록, 배압(복수기 압력)이 낮을수록 커진다.

2) 재열 사이클

(1) 증기 사이클의 하나로, 단열팽창 과정 도중에 재가열 과정을 도입한 사이클이다.

(2) 도중에서 추출한 증기는 재열기에서 재가열하고, 터빈에 되돌려서 팽창하게 해 열효율을 높일 수 있다.

(3) 설비가 복잡해지기 때문에 대형 터빈에 이용된다.

(4) 터빈 날개의 부식을 방지하고 팽창일을 증대시키는 데 주로 사용된다.

3) 재생 사이클

(1) 증기 원동소에서 복수기에서 방출되는 열량이 많아 열손실이 크다. 방출열량을 회수하여 공급 열량을 가능한 감소시켜 열효율을 상승시키는 사이클이다.

※ 열전달이 터빈에 들어갈 때까지 배관 손실이 발생한다.

3 가스 동력 사이클

1) 오토 사이클(Otto Cycle) : 가솔린 기관의 기본 사이클

(1) 단열압축 → 정적가열 → 단열팽창 → 정적방열

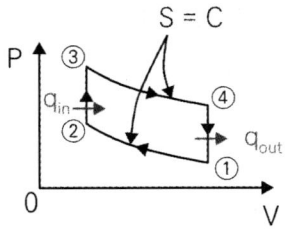 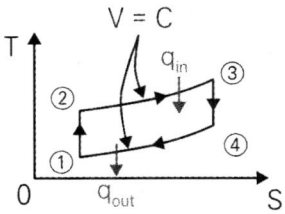

(2) 압축비

$$\epsilon = \dfrac{V_1}{V_2}$$

(3) 이론 열효율

$$\eta_{tho} = \frac{W}{Q} = \frac{q_{in} - q_{out}}{q_{in}} = 1 - \frac{q_{out}}{q_{in}} = 1 - \frac{T_4 - T_1}{T_3 - T_2} = 1 - \left(\frac{1}{\epsilon}\right)^{k-1}$$

- ϵ : 압축비
- k : 비열비

2) 디젤 사이클(Diesel Cycle) : 저속 디젤 기관의 기본 사이클

(1) 단열압축 → 정압가열 → 단열팽창 → 정적방열

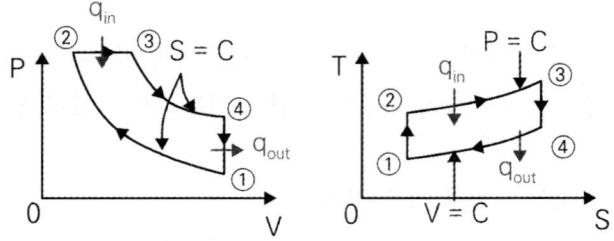

(2) 단절비(차단비)

$$\sigma = \frac{V_3}{V_2}$$

(3) 이론 열효율

$$\eta_{thd} = \frac{W}{Q} = \frac{q_{in} - q_{out}}{q_{in}} = 1 - \frac{q_{out}}{q_{in}}$$
$$= 1 - \frac{C_v(T_4 - T_1)}{C_p(T_3 - T_2)} = 1 - \frac{(T_4 - T_1)}{k(T_3 - T_2)} = 1 - \left(\frac{1}{\epsilon}\right)^{k-1} \frac{\sigma^k - 1}{k(\sigma - 1)}$$

- ϵ : 압축비
- k : 비열비
- σ : 차단비

3) 사바테 사이클(Sabathe Cycle) : 고속 디젤 기관의 기본 사이클, 이중 연소 사이클

(1) 단열압축 → 정적가열 → 정압가열 → 단열팽창 → 정적방열

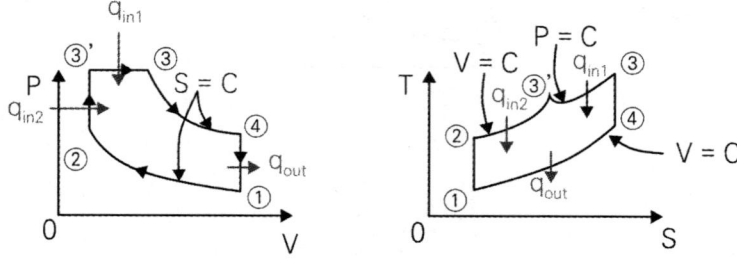

(2) 압력비

$$\rho = \frac{P_3}{P_2}$$

(3) 이론 열효율

$$\eta_{ths} = \frac{W}{Q} = \frac{q_{in} - q_{out}}{q_{in}} = 1 - \frac{q_{out}}{q_{in}} = 1 - \frac{C_v(T_4 - T_1)}{C_v(T_{3'} - T_2) + C_p(T_3 - T_{3'})}$$

$$= 1 - \left(\frac{1}{\epsilon}\right)^{k-1} \frac{\rho\sigma^k - 1}{(\rho - 1) + k\rho(\sigma - 1)}$$

- ϵ : 압축비
- k : 비열비
- σ : 차단비
- ρ : 압력비

※ 각 사이클의 비교
　㉠ 가열량 및 압축비가 일정할 경우
　　ⓐ 효율 : Otto > Sabathe > Diesel
　　ⓑ 발열량 : Diesel > Sabathe > Otto
　㉡ 가열량 및 최대 압력, 최고온도를 일정하게 할 경우
　　ⓐ 효율 : Diesel > Sabathe > Otto
　　ⓑ 발열량 : Otto > Sabathe > Diesel

4) 브레이튼 사이클(Brayton Cycle)

(1) 가스 터빈의 이상 사이클

(2) 2개의 정압 과정과 2개의 단열 과정으로 이루어져 있음

(3) 단열압축 → 정압가열 → 단열팽창 → 정압방열

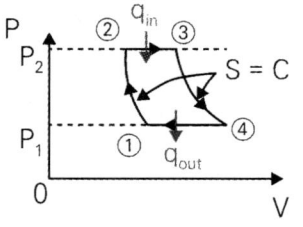 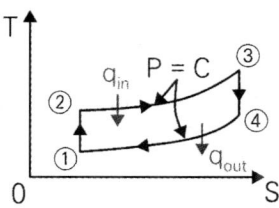

(4) 압력비

$$\gamma = \frac{P_2}{P_1}$$

(5) 열효율

$$\eta_B = \frac{q_1 - q_2}{q_1} = 1 - \frac{T_4 - T_1}{T_3 - T_2} = 1 - \frac{1}{\left(\frac{P_2}{P_1}\right)^{\frac{k-1}{k}}} = 1 - \left(\frac{1}{\gamma}\right)^{\frac{k-1}{k}}$$

5) 기타 사이클

(1) 에릭슨 사이클(Ericsson Cycle) : 두 개의 등온 과정과 두 개의 등압 과정으로 이루어진 외연기관 사이클. 회생기를 통해 열을 재활용하여 효율을 높임

(2) 스털링 사이클(Stirling Cycle) : 두 개의 등온 과정과 두 개의 정적 과정으로 이루어진 외연기관 사이클. 회생기를 통해 열을 재활용하여 효율을 높임

4 냉동 사이클

1) 어떤 계의 온도를 주위보다 낮게 유지하는 시스템

(1) 진행 순서 : 압축 → 응축 → 팽창 → 증발

2) 역카르노 사이클(= 냉동기 이상 사이클)

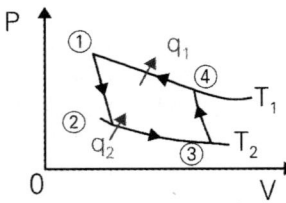
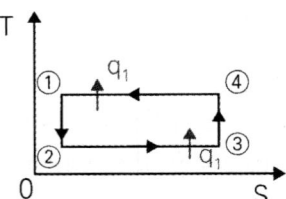

(1) 등온압축 과정[④ → ①]

① 방열량 : $-q_1 = RT_1 \ln \frac{v_1}{v_4}$ ∴ $q_1 = RT_1 \ln \frac{v_4}{v_1}$

(2) 단열팽창 과정[① → ②]

(3) 등온팽창 과정[② → ③]

① 흡입열량 : $q_2 = RT_2 \ln \frac{v_3}{v_2}$

(4) 단열압축 과정[③ → ④]

① 냉동기의 성능계수 : $\epsilon_R = \frac{q_2}{w_c} = \frac{T_2}{T_1 - T_2}$

[q_2 : 저온체에서의 흡수열량(냉동효과), w_c : 공급일]

② 열펌프의 성능계수 : $\epsilon_H = \dfrac{q_1}{w_c} = \dfrac{T_1}{T_1 - T_2}$

[q_1 : 고온체에 공급한 열량, w_c : 공급일]

※ 카르노 사이클 : 열기관 이상 사이클

3) 역브레이턴 사이클(= 공기 냉동 사이클) : 단열팽창 → 정압흡열 → 단열압축 → 정압방열

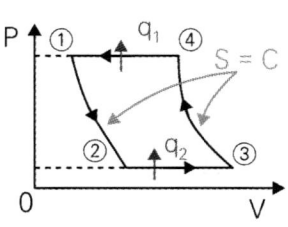 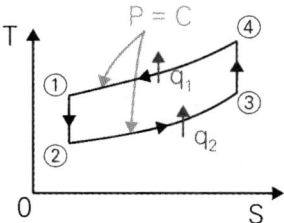

(1) 방열량(등압) : $-q_1 = C_p(T_1 - T_4)$

(2) 흡입열량(등압)(냉동효과) : $q_2 = C_p(T_3 - T_2)$

(3) 성적계수 : $\epsilon_R = \dfrac{q_2}{q_1 - q_2} = \dfrac{T_2}{T_1 - T_2}$

4) 공기압축 냉동 사이클

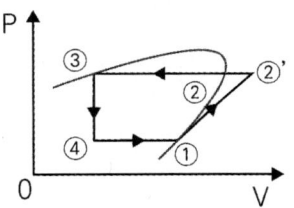 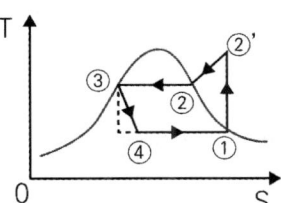

(1) 흡입열량(냉동효과) : $q_2 = h_1 - h_4 = h_1 - h_3$

(2) 방열기 : $q_1 = h_2 - h_3$

(3) 압축기의 일 : $w_c = h_2 - h_1$

(4) 성적계수 : $\epsilon_R = \dfrac{q_2}{w_c}$

5) 냉동톤(Ton of Refrigeration) : 1냉동톤은 0 [℃]의 물 1톤(1000 [kg])을 1일간에 0 [℃]의 얼음으로 냉동시키는 능력

• 1냉동톤 : $1\,[RT] = 79.68 \times 1000/24 = 3320\,[kcal/h] = 3.86\,[kW]$

6) 냉매

(1) 종류 : 암모니아, 탄산가스, 아황산가스, 할로겐화탄화수소, 프레온 - 12, 프레온 - 11, 프레온 - 22 등

(2) 구비조건

① 물리적 성질
- ㉠ 응고점이 낮아야 한다.
- ㉡ 증발열이 커야 한다.
- ㉢ 증기의 비체적은 작아야 한다.
- ㉣ 임계온도는 상온보다 높아야 한다.
- ㉤ 증발압력이 너무 낮지 않아야 한다.
- ㉥ 응축압력이 너무 높지 않아야 한다.
- ㉦ 증기의 비열은 크고 액체의 비열은 작아야 한다.
- ㉧ 단위냉동량당 소요 동력이 작아야 한다.

② 화학적 성질
- ㉠ 안정성이 있어야 한다.
- ㉡ 부식성이 없어야 한다.
- ㉢ 무독·무해하여야 한다.
- ㉣ 인화 폭발의 위험성이 없어야 한다.
- ㉤ 전기저항이 커야 한다.
- ㉥ 증기 및 액체의 점성이 작아야 한다.
- ㉦ 전열계수가 커야 한다.
- ㉧ 윤활유에 되도록 녹지 않아야 한다.

③ 기타
누설이 적어야 하고, 가격이 저렴해야 한다.

02 이상기체

1 이상기체의 상태 방정식

1) 질량에 대한 식

$$Pv = R_{specific} T$$
$$PV = m R_{specific} T$$

- P : 압력$[Pa]$, V : 부피$[m^3]$
- m : 질량$[kg]$, T : 온도$[K]$

$$R_{specific} = \frac{R_{ideal}}{M} : 특정기체상수 \ [J/kg \cdot K] (M : 몰질량[분자량])$$

2) 몰량에 대한 식

$$PV = nR_{ideal}T$$

- P : 압력$[Pa]$, V : 부피$[m^3]$
- n : 몰수 $[mol]$, T : 온도$[K]$
- R_{ideal} : 일반기체상수 $[8.314\,J/mol\cdot K]$

2 비열

1) 정적비열 C_v

   일정한 부피에서 1 [kg] 또는 1 [mol]의 물질의 온도를 1 [K] 올리는 데 필요한 열량

   $$C_v = \left(\frac{\partial q}{\partial T}\right)_{v=c} = \frac{du}{dT} \quad \Rightarrow \quad du = C_v dT$$

2) 정압비열 C_p

   일정한 압력에서 1 [kg] 또는 1 [mol]의 물질의 온도를 1 [K] 올리는 데 필요한 열량

   $$C_p = \left(\frac{\partial q}{\partial T}\right)_{p=c} = \frac{dh}{dT} \quad \Rightarrow \quad dh = C_p dT$$

3) 비열비 $k = \dfrac{C_p}{C_v}$

   (1) $C_p - C_v = R$

   (2) $C_v = \dfrac{R}{k-1}[kJ/kg\cdot K]$

   (3) $C_p = kC_v = \dfrac{kR}{k-1}[kJ/kg\cdot K]$

   기체의 비열비는 정압비열이 정적비열보다 크므로 k > 1이다.

3 이상기체 가역 변화에 대한 관계식

구분	정적 변화	정압 변화	정온 변화	단열 변화	폴리트로픽 변화
P, v, T 관계	$v = C$ $dv = 0$ $\dfrac{P_1}{T_1} = \dfrac{P_2}{T_2}$	$P = C$ $dP = 0$ $\dfrac{v_1}{T_1} = \dfrac{v_2}{T_2}$	$T = C$ $dT = 0$ $Pv = P_1 v_1 = P_2 v_2$	$Pv^k = C$ $\dfrac{T_2}{T_1} = \left(\dfrac{v_1}{v_2}\right)^{k-1} = \left(\dfrac{P_2}{P_1}\right)^{\frac{k-1}{k}}$	$Pv^n = C$ $\dfrac{T_2}{T_1} = \left(\dfrac{v_1}{v_2}\right)^{n-1} = \left(\dfrac{P_2}{P_1}\right)^{\frac{n-1}{n}}$
외부에 하는 일(팽창) $_1w_2 = \int P dv$	0	$P(v_2 - v_1)$ $= R(T_2 - T_1)$	$P_1 v_1 \ln \dfrac{v_2}{v_1}$ $= P_1 v_1 \ln \dfrac{P_1}{P_2}$ $= RT \ln \dfrac{v_2}{v_1}$ $= RT \ln \dfrac{P_1}{P_2}$	$\dfrac{1}{k-1}(P_1 v_1 - P_2 v_2)$ $= \dfrac{RT_1}{k-1}\left[1 - \dfrac{T_2}{T_1}\right]$ $= \dfrac{RT_1}{k-1}\left[1 - \left(\dfrac{v_1}{v_2}\right)^{k-1}\right]$ $= \dfrac{RT_1}{k-1}\left[1 - \left(\dfrac{P_2}{P_1}\right)^{\frac{k-1}{k}}\right]$ $= \dfrac{R}{k-1}(T_1 - T_2)$ $= C_V(T_1 - T_2)$	$\dfrac{1}{n-1}(P_1 v_1 - P_2 v_2)$ $= \dfrac{P_1 v_1}{n-1}\left[1 - \left(\dfrac{T_2}{T_1}\right)\right]$ $= \dfrac{R}{n-1}(T_1 - T_2)$
공업일 (압축일) $w_t = -\int v dP$	$v(P_1 - P_2)$ $= R(T_1 - T_2)$	0	$_1 w_2$	$k \cdot {_1 w_2}$	$n \cdot {_1 w_2}$
비내부 에너지의 변화량 $(u_2 - u_1)$	$C_v(T_2 - T_1)$ $= \dfrac{R}{k-1}(T_2 - T_1)$ $= \dfrac{1}{k-1}v(P_2 - P_1)$	$C_v(T_2 - T_1)$ $= \dfrac{1}{k-1}P(v_2 - v_1)$	0	$-_1 W_2 = u_2 - u_1$	$C_v(T_2 - T_1)$
비엔탈피 (단위 질량당 엔탈피)의 변화량 $(h_2 - h_1)$	$C_p(T_2 - T_1)$ $= \dfrac{k}{k-1}R(T_2 - T_1)$ $= \dfrac{k}{k-1}v(P_2 - P_1)$ $= k(u_2 - u_1)$	$C_p(T_2 - T_1)$ $= \dfrac{k}{k-1}P(v_2 - v_1)$ $= k(u_2 - u_1)$	0	$h_2 - h_1$	$C_p(T_2 - T_1)$
외부에서 얻은 열 $(_1 q_2)$	$u_2 - u_1$	$h_2 - h_1$	$_1 w_2 = w_t$	0	$C_n(T_2 - T_1)$

구분	정적 변화	정압 변화	정온 변화	단열 변화	폴리트로픽 변화
n	∞	0	1	k	$(-\infty, \infty)$
비열(C)	C_v	C_p	∞	0	$C_n = C_v \dfrac{n-k}{n-1}$
엔트로피 변화량 $(S_2 - S_1)$	$C_v \ln \dfrac{T_2}{T_1}$ $= C_v \ln \dfrac{P_2}{P_1}$	$C_p \ln \dfrac{T_2}{T_1}$ $= C_p \ln \dfrac{v_2}{v_1}$	$R \ln \dfrac{v_2}{v_1}$ $= R \ln \dfrac{P_1}{P_2}$	0	$C_n \ln \dfrac{T_2}{T_1}$ $= C_v(n-k)\ln \dfrac{v_1}{v_2}$ $= C_v \dfrac{n-k}{n} \ln \dfrac{P_2}{P_1}$

※ 폴리트로픽 과정에서 폴리트로픽 지수(n)값에 따른 상태 변화

(1) n = 0 : 정압 변화(P = C)

(2) n = 1 : 등온 변화(Pv = C)

(3) n = k : 단열 변화(Pv^k = C)

(4) n = ∞ : 정적 변화(V = C)

Chapter 06 내화재, 배관, 보온재

핵심포인트 내화물, 열적 성질, 배관, 배관이음, 보온재

학습목표
1. 산성, 염기성, 중성 내화물을 구분할 수 있다.
2. 배관 종류에 따른 특성을 설명할 수 있다.
3. 보온재를 사용온도에 따라 나열할 수 있다.

01 내화물의 구비조건

1) 사용온도에 연화 및 변형이 적을 것
2) 팽창수축이 적을 것
3) 사용온도에 충분한 압축강도를 가질 것
4) 내마모성, 내침식성이 클 것
5) 고온에서 수축팽창이 적을 것
6) 재가열 시 수축이 적을 것
7) 사용온도에 적합한 열전도율을 가질 것
8) 내스폴링성이 크고 온도 급변화에 충분히 견딜 것

02 내화물의 종류

1 산성 내화물

1) 규석질 내화물

(1) 이산화규소, 규석, 및 석영을 870 [℃] 이상 가열하여 안정화시키고 분쇄 후 결합제를 가하여 성형한다.

(2) 평로용, 전기로용, 코크스용, 유리공업로용

(3) 내화도(SK 31 ~ 34)와 하중연화점온도(1750 [℃])가 높다.

(4) 고온강도가 매우 크다.
(5) 고온에서 팽창계수가 적고 안정적이다.
(6) 열전도율이 비교적 높다.
(7) 가마 천장용, 산성 제강로 등에 사용된다.
(8) 비중이 작다.

2) 반규석질 내화물
  (1) 규석과 샤모트로 만든 벽돌
  (2) 규석내화물과 점토질 내화물의 혼합형이다.
  (3) 내화도 SK 28 ~ 30이다.
  (4) 저온에서 강도가 크며 가격이 싸다.
  (5) 수축팽창이 작으며 내스폴링성이 크다.
  (6) 용도는 야금로, 배소로, 저온용 벽돌 등이다.

3) 납석질 내화물
  (1) 납석을 주원료로 한다.
  (2) 내화도 SK 26 ~ 34이며 하중연화점이 낮다.
  (3) 슬래그 등의 침입에 의하여 내식성이 우수하다.
  (4) 가열에 의한 잔존 수축이 작고 열전전도도가 작다.
  (5) 일반요로, 큐폴라의 내장형, 금속공업 등에 사용된다.
  (6) 일산화탄소에 대한 안정도가 크다.
  (7) 압축강도가 크다.

4) 샤모트질 내화물
  (1) 내화점토를 SK 10 ~ 13 정도로 하소하여 분쇄하여 만든 벽돌을 샤모트벽돌이라 한다.
  (2) 내화도 SK 28 ~ 34이다.
  (3) 성분범위가 넓고 제적이 쉽다.
  (4) 가소성이 없어 10 ~ 30 [%] 생점토를 첨가한다.
  (5) 고온강도가 낮으며 가격이 싸다.
  (6) 열팽창, 열전도가 작다.
  (7) 보일러 등 일반 가마에 많이 사용된다.

2 염기성 내화물

1) 마그네시아 내화물
    (1) 마그네시아를 주원료로 하며 소성마그네시아 내화물과 성형 과정 후 소성 과정을 거치지 않고 건조하는 불소성 마그네시아 내화물로 구분된다.
    (2) 소성 마그네시아의 특징
        ① 내화도 SK 36 이상으로 높다.
        ② 염기성 제강로, 전기제강로, 비철금속제강로, 시멘트 소성가마 등에 이용된다.
        ③ 슬래킹현상이 발생한다.
        ④ 하중연화점이 높고 비중 및 열전도도는 크다.
        ⑤ 열팽창이 크나 내스폴링성이 작다.

2) 크롬마그네시아 내화물
    (1) 크롬철강과 마그네시아를 주원료로 한다.
    (2) 마그네시아 클링커에 크롬철광을 혼합성형하여 SK 17~20 정도로 소성한 것이다.
    (3) 내화도(SK 42)와 하중연화점이 높다.
    (4) 용융온도가 2000 [℃] 이상이다.
    (5) 염기성 슬래그에 대한 저항이 크다.
    (6) 염기성 평로, 전기로, 시멘트회전로 등에 이용된다.
    (7) 내스폴링성이 크고 조직이 치밀하고 무겁다.
    (8) 버스팅현상이 발생하나 슬래그에 대한 저항성이 크다.

3) 돌로마이트 내화물
    (1) 백운석을 주원료로 하여 1600 [℃] 정도로 소성하여 제조하며 돌로마이트는 탄산칼슘과 탄산마그네슘을 주원료로 염기성 제강로에 사용된다.
    (2) 내화도가 SK 36~39이며 하중연화점이 높다.
    (3) 염기성 슬래그에 대한 저항이 크다.
    (4) 산화분위기에는 약하다.
    (5) 내스폴링성이 크다.
    (6) 내침식성은 있으나 내슬래킹성이 약하다.
    (7) 염기성 제강로, 시멘트소성가공, 전기로에 사용된다.

4) 폴스테라이트 내화물

   (1) 주성분은 Mg_2SiO_4이다.
   (2) 감람석, 사문암 등에 마그네시아 클링커를 배합하여 만든 벽돌이며 주물사로 이용하기도 한다.
   (3) 내화도 SK 36 이상이고, 하중연화점이 높다.
   (4) 내식성이 좋고, 기공률이 크다.
   (5) 사용용도는 반사로 저주파 유도전기로, 염기성 평로 등에 사용된다.
   (6) 소화성이 없고 소성온도는 1500 [℃] 내외이다.
   (7) 고온에서 용적 변화가 작고 열전도율이 낮다.

3 중성 내화물

1) 고알루미나질 내화물

   (1) 50 [%] 이상의 알루미나를 함유한 내화물이다.
   (2) 내화도 SK 35 ~ 38이다.
   (3) 내식성 내마모성이 매우 크다.
   (4) 고온에서 부피 변화가 작다.
   (5) 내열성이 우수하다.
   (6) 강도가 높다.
   (7) 부식에 강하다.
   (8) 급열 또는 급랭에 대한 저항성이 크다.
   (9) 사용온도는 유리가마, 화학공업용로, 회전가마, 터널가마 등이다.

2) 크롬질 내화물

   (1) 크롬철강을 분쇄하여 점결제를 혼합하여 성형 및 건조한 내화물이다.
   (2) 내화도가 높다(SK 38).
   (3) 내마모성이 크다.
   (4) 하중연화점이 낮고 스폴링이 쉽게 발생한다.
   (5) 산성 노재와 염기성 노재의 접촉부에 사용하여 서로 침식을 방지한다.
   (6) 고온에서 버스팅현상이 발생한다.

3) 탄화규소질 내화물

   (1) 탄화규소를 주원료로 사용한다.
   (2) 내화도와 하중연화점이 상당히 높다.
   (3) 고온에서 산화되기 쉽다.
   (4) 전기 및 열전도율이 높다.
   (5) 내스폴링성이 크고 열팽창계수가 작다.
   (6) 사용용도는 전기저항 발열체, 열교환실의 내화재 등이다.

4) 탄소질 내화물

   (1) 탄소 및 흑연 코크스 무연탄을 주원료로 사용되며 타르 피치 같은 탄소질이나 점토류를 점결제로 사용하여 소성한 내화물이다.
   (2) 내화도와 전기 및 열전도율이 높다.
   (3) 화학적 침식에 강하며 수축이 작다.
   (4) 내스폴링성이 강하다.
   (5) 큐폴라의 내장, 도가니 등에 사용된다.
   (6) 공기 중에서 온도가 상승되면 산화한다.
   (7) 재가열 시 수축이 작다.

4 부정형 내화물

일정한 모양 없이 시공현장에서 원료에 물을 가하여 필요한 모양으로 만든 성형물이다.

1) 캐스터블 내화물 : 알루미나 시멘트를 배합한 내화콘크리트이다.

   (1) 접합부 없이 축요한다.
   (2) 잔존수축이 크고 열팽창이 작다.
   (3) 내스폴링성이 크고 열전도율이 작다.
   (4) 사용용도는 보일러로, 연도 및 소둔로의 천장 등에 사용된다.
   (5) 소성이 불필요하고 가마의 열손실이 적다.
   (6) 시공 후 24시간 만에 사용온도로 상승하여 사용이 가능하다.

2) 플라스틱 내화물 : 내화골재에 시공성 및 고온에서의 강도를 가지게 하기 위하여 가소성 점토 및 물유리와 유기질 결합제를 첨가하여 시공한다.

   (1) 캐스터블보다 고온에서 사용된다.
   (2) 소결력이 좋고 내식성이 크다.

(3) 팽창 및 수축이 작으며 내스폴링성이 크다.
(4) 하중 연화온도가 높다.
(5) 내식성, 내마모성이 크다.
(6) 내화도가 SK 35 ~ 37이다.
(7) 해머로 두들겨 사용한다.
(8) 사용용도는 보일러수관벽, 버너 입구, 가마의 응급보수 등에 사용된다.

3) 내화 모르타르 : 내화 시멘트라 하며 내화벽돌의 접합용이나 노벽 손상 시 보수용으로 사용된다.
  (1) 경화방법에 따라 열경화성, 기경성 수경성으로 구분된다.
  (2) 슬래그가 침식하기 쉬운 부분에 보호하고 냉공기의 유입을 방지하며 내화벽돌 결합용이다.
  (3) 구비조건
    ① 시공성 및 점착성이 좋아야 한다.
    ② 화학성분 및 광물조성이 내화벽돌과 유사해야 한다.
    ③ 건조 가열 등에 의한 수축팽창이 작아야 한다.
    ④ 필요한 내화도를 가져야 한다.
  (4) 분류
    ① 열경성 : 고온에서 세라믹 본드에 의해 경화하는 성질
    ② 기경성 : 공기 중에서 경화하는 성질
    ③ 수경성 : 물로 경화하는 성질

5 특수내화물

1) 지르콘 내화물 : 지르콘($ZrSiO_4$) 원광을 1800 [℃] 정도에서 SiO_2를 휘발시키고 정제시켜 강하게 굽고 물, 유리 등의 결합제를 혼합하여 성형 소성한 내화물이다.
  (1) 이상팽창 및 수축이 없고 열팽창계수가 작다.
  (2) 내스폴링성이 크고 산화용재에 강하다.
  (3) 사용용도는 실험용 도가니, 대형 가마, 연소관 등에 사용된다.
2) 지르코니아질 내화물 : 천연광석인 지르코니아를 화학적으로 정제한 후 산화마그네슘을 소량 배합하여 강한 열에 구워 분쇄한 후 결합제를 섞어 소성한 것으로 2400 [℃] 이상의 고온에 사용된다. 열팽창 계수가 작고 열전도율이 작으며 용융점이 2700 [℃]로 높다. 또한 내스폴링성이 크고 염기성이나 산성 광재에 견딘다.

3) 베릴리아질 내화물
   (1) BeO인 베릴리아를 원료로 하며 용융점이 2500 [℃]로 높기 때문에 원자로의 감속제, 로켓연소실의 내장제로 사용된다.
   (2) 열의 양도체이며 온도 급변화 시에는 강하지만, 산성에는 약하고 염기성에는 강하다.
4) 토리아질 내화물
   (1) 토리아를 원료로 하며 용융점이 3000 [℃]로 높다. 사용용도는 원자로, 특수금속용융 내화물, 가스터빈용 초순도금속의 용융내화물 등이 있다.
   (2) 백금이나 토륨 등의 용융에 사용하며 열팽창계수가 크고 염기성에는 강하나 내스폴링성이 적고 탄소와 고온에서 탄화물을 만든다.

03 열적 성질

1) 스폴링(Spalling)현상(박락현상)
   (1) 불균일한 가열 또는 냉각 등으로 발생하는 열팽창의 차에 의하여 내화재의 변형과 균열이 생기는 현상
   (2) 급격한 온도차로 벽돌에 균열이 생기고 표면이 갈라져서 떨어지는 현상으로 주변에 오래된 건물 내외부에서 쉽게 확인할 수 있는 현상이다.
   (3) 열적(열팽창) 스폴링, 조직적(화학적) 스폴링, 기계적(축요불량) 스폴링으로 구분된다. 체적변화로 분화가 되어서 떨어져 나가는 노벽의 균열·붕괴현상이다.
   (4) 단열효과는 스폴링현상을 방지한다.
2) 버스팅(Bursting)현상
   크롬철광을 원료로 하는 내화물(크롬이나 크롬마그네시아 벽돌)은 1600 [℃] 이상에서 산화철을 흡수한 후 표면이 부풀어 오르고 떨어져 나가는 현상이다.
3) 슬래킹(Slaking)현상
   (1) 마그네시아 또는 돌로마이트를 포함한 내화벽돌은 수증기의 작용을 받는 경우
   (2) 염기성 내화벽돌은 수증기를 흡수하는 성질 때문에 팽창을 일으키며 분해가 되어 노벽에 가루모양의 균열이 생기고 떨어지는 현상이다.

04 배관

1 재료 선택 시 고려사항

1) 관 내 흐르는 유체의 화학적 성질
2) 관 내 유체의 사용압력에 따른 허용압력한계
3) 관의 외압에 따른 영향
4) 유체의 온도에 따른 열영향
5) 유체의 부식성에 따른 내식성
6) 열팽창에 따른 신축흡수
7) 관의 중량과 수송조건
8) 관의 이음방법 : 접합, 굽힘, 용접 등 가공성
9) 관을 부설하는 장소와 환경조건

2 재질에 따른 분류

1) 철금속관 : 강관, 주철관, 스테인리스 강관
2) 비철금속관 : 동관, 연(납), 알루미늄관
3) 비금속관 : PVC관 PB관, PE관, PPC관, 원심력 철근 콘크리트관(흄관), 석면시멘트관(에터니트관), 도관 등

3 배관의 종류

1) 강관(Steel Pipe) : 일반적으로 각종 수송관 또는 일반 배관용으로 광범위하게 사용되며 배관용 강관에는 탄소 강관, 수도용 아연 도금 강관, 압력배관용 탄소 강관 등이 있다. KS 규격에는 강관의 호칭을 mm(A), 또는 inch(B)로 표시한다(기준은 배관의 종류에 따라 외경 또는 내경으로 다르다).

   (1) 제조방법에 다른 분류
   ① 이음매 없는 강관
   ② 단접관
   ③ 전기저항용접관
   ④ 아크용접관

(2) 재질상 분류
   ① 탄소강 강관
   ② 스테인리스강 강관
   ③ 합금강 강관

(3) 강관의 특징
   ① 관의 접합작업이 용이하다.
   ② 주철관에 비해 내압성이 양호하다.
   ③ 내충격성, 굴요성이 크다.
   ④ 연관, 주철관에 비해 가격이 저렴하다.
   ⑤ 연관, 주철관에 비해 가볍고 인장강도가 크다.
   ⑥ 인성이 풍부하여 나사이음, 플랜지이음, 용접이음 등에 적합하다.

(4) 스케줄번호 : 관의 두께를 표시하는 번호

   ① 스케줄번호(Sch.No) = $10 \times \dfrac{P}{S}$

   (P : 사용압력[kgf/cm^2], S : 허용응력[kgf/mm^2])

   ② 스케줄번호(Sch.No) = $1000 \times \dfrac{P}{S}$

   (P : 사용압력[kgf/mm^2], S : 허용응력[kgf/mm^2])

   ③ 허용응력 = $\dfrac{\text{인장강도}}{\text{안전율}}$ (통상적으로 안전율은 4)

(5) 강관 기호
   ① 배관용
      ㉠ 배관용 탄소 강관 : SPP
         ※ 사용압력이 비교적 낮은 증기·물 등의 유체수송관에 사용되며 아연도금을 한 백관과 도금을 하지 않은 흑관으로 구분된다.
      ㉡ 압력 배관용 탄소 강관 : SPPS   ㉢ 고압 배관용 탄소 강관 : SPPH
      ㉣ 고온 배관용 탄소 강관 : SPHT   ㉤ 저온 배관용 강관 : SPLT
      ㉥ 배관용 합금강 강관 : SPA   ㉦ 배관용 스테인리스 강관 : STS
      ㉧ 배관용 아크용접 탄소 강관 : SPW
   ② 수도용
      ㉠ 수도용 아연도금 강관 : SPPW
      ㉡ 수도용 도복장 강관 : STPW

③ 열전달용
    ㉠ 보일러 열교환기용 탄소 강관 : STH
    ㉡ 보일러 열교환기용 합금강 강관 : STHB(A)
    ㉢ 보일러 열교환기용 스테인리스 강관 : STS × TB
    ㉣ 저온 열교환기용 강관 : STS × TB
④ 구조용
    ㉠ 일반구조용 탄소 강관 : SPS
    ㉡ 기계구조용 탄소 강관 : SM
    ㉢ 구조용 합금강 강관 : STA

05 밸브

유체의 유량조절, 흐름의 단속, 방향전환, 압력 등을 조절하는 데 사용한다.

1 밸브의 종류

1) 정지밸브
    (1) 게이트밸브, 슬루스밸브 : 일반적으로 가장 많이 사용하는 밸브로서 유체의 흐름을 차단(개폐)하는 대표적인 밸브로 가장 많이 사용하며, 개폐시간이 길다.
    (2) 글로브밸브 : 디스크 모양이 구형이며 유체가 밸브시트 아래에서 위로 평행하게 흐르므로 유체의 흐름방향이 바뀌게 되어 유체의 마찰저항이 커진다. 유량조절이 용이하고 마찰저항은 크다.
        ① 둥근 달걀형 밸브로서 유체의 압력 감소가 크므로 압력을 필요로 하지 않을 경우나 유량조절용이나 차단용으로 적합하다.
        ② 디스크의 형상에 따라 앵글밸브, Y형 밸브, 니들밸브 등으로 분류된다.
        ③ 유체의 흐름 방향이 밸브 몸통 내부에서 변한다.
        ④ 밸브의 개폐 조작력이 상대적으로 크다.
    (3) 니들밸브(Needle Valve) : 디스크의 형상이 원뿔모양으로 유체가 통과하는 단면적이 극히 작아 고압 소유량의 조절에 적합하다.
    (4) 앵글밸브(Angle Valve) : 글로브밸브의 일종으로 유체의 입구와 출구의 각이 90°로 되어 있는 것으로 유량의 조절 및 방향을 전환시켜 주로 방열기의 입구 연결밸브나 보일러 주 증기밸브로 사용한다.

(5) 체크밸브(Check Valve) : 유체를 흐름 방향 한 쪽으로만 흐르게 하여 역류를 방지하는 역류방지밸브이다.

(6) 구조에 따른 구분
  ① 스윙형(Swing Type) : 수직, 수평배관에 사용
  ② 리프트형(Lift Type) : 수평배관에만 사용
  ③ 풋형(Foot Type) : 펌프 흡입관 선단의 여과기(Strainer)와 역지변(Check Valve)을 조합한 기능역할

(7) 볼밸브(Ball Valve) : 구의 형상을 가진 볼에 구멍이 뚫려 있어 구멍의 방향에 따라 개폐 조작이 되는 밸브, 90° 회전으로 개폐 및 조작도 용이하여 게이트밸브 대신 많이 사용된다.

(8) 버터플라이밸브(Butterfly Valve) : 나비밸브, 원통형의 몸체 속에 밸브봉을 축으로 하여 원형 평판이 회전함으로써 밸브가 개폐된다. 밸브의 개도를 알 수 있고 조작이 간편하며, 가볍고, 설치공간을 작게 차지하여 설치가 용이하다. 작동방식에 따라 레버식, 기어식 등이 있다.

(9) 콕(Cook) : 로타리밸브의 일종으로 원통 또는 원뿔에 구멍을 뚫고 축을 회전으로 개폐하는 것으로, 급속한 개폐가 가능하나 기밀성이 좋지 않아 고압 대유량에는 적당하지 않다.

  ※ 급수밸브 및 체크밸브의 크기는 전열면적 10 [m^2] 이하의 보일러에는 호칭 15 [A] 이상, 전열면적 10 [m^2] 초과의 보일러에는 호칭 20 [A] 이상이어야 한다.

2) 조정밸브 : 자동으로 밸브의 개도를 조절하여 주는 밸브류

  (1) 감압밸브(Pressure Reducing Valve) : 고압의 압력을 저압으로 유지하여 주는 밸브로서 사용유체에 따라 물과 증기용으로 분류된다. 입구압력에 관계없이 출구 압력을 일정하게 유지시켜 준다.

    ※ 다이어프램밸브(Diaphragm Valve) : 유체의 흐름이 주는 영향이 비교적 작고, 패킹이 불필요하다. 산 등의 화학 약품을 차단하는 데 사용하는 밸브이다.

  (2) 안전밸브(Safety Valve) : 압력이 규정한도 이상이 되면 자동적으로 밸브가 열려 장치나 배관의 파손을 방지하는 밸브이다. 스프링식과 중추식, 지렛대식이 있다.

  (3) 전자밸브(Solenoid Valve) : 전자코일에 전류를 흘려서 전자력에 의한 플런저가 들어올려지는 전자석의 원리를 이용

  (4) 전동밸브, 공기빼기밸브, 온도조절밸브, 정유량조절밸브, 차압조절밸브, 차압유량조절밸브 등

3) 냉매용 밸브

  (1) 팩트밸브 : 글랜드를 죔으로써 냉매가 누설되는 것을 방지한다.
  (2) 팩리스밸브 : 글랜드 패킹을 사용하지 않고 벨로우즈나 다이어프램을 사용하여 외부와 완전히 격리하여 누설을 방지하게 되어 있다.
  (3) 서비스밸브 : 냉매, 충전, 방전용 밸브이다.

06 보온재

1 유기질 보온재

1) 펠트(Felt) : 양모, 우모 등의 동물성 섬유로 만든 것과 삼베, 면, 그 밖의 식물성 섬유를 혼합하여 만든 것이 있으며, 동물성 펠트는 100 [℃] 이하의 배관에 사용한다.

2) 텍스류 : 톱밥, 목재, 펄프를 원료로 해서 압축판 모양으로 제작한 것으로 실내벽, 천장 등의 보온 및 방음용으로 사용된다.

3) 코르크(Cork) : 액체, 기체의 침투를 방지하는 작용이 있어 보냉, 보온효과가 좋다. 냉수, 냉매배관, 냉각기, 펌프 등의 보냉용에 사용된다.

4) 기포성 수지(Plastic Foam)(우레탄 폼) : 합성수지 또는 고무질 재료를 사용하여 다공질 제품으로 만든 것으로 열전도율이 극히 낮고 가벼우며 흡수성은 좋지 않으나 굽힘성은 좋다. 불에 잘 타지 않으며 보온성, 보냉성이 좋다.

2 무기질 보온재

1) 특징 : 일반적으로 안전사용온도 범위가 넓고, 비교적 강도가 높으며 변형이 적다. 최고사용온도가 높아 고온에 적합하다.

2) 종류

(1) 석면 : 아스베스토스를 주원료로 하여 만든다.
   ① 장점 : 균열이 생기거나 부서지는 일이 없어 선박과 같은 진동이 심한 곳에서도 사용 가능하다.
   ② 용도 : 400 [℃] 이하의 관, 탱크, 노벽 등의 보온재로 사용한다.

(2) 암면 : 안산암, 현무암에 석회를 섞어 용융시켜 압축 가공하여 섬유모양으로 만든다.
   ① 단점 : 석면에 비해 섬유가 거칠고 굳어서 부서지기 쉽다.
   ② 용도 : 식물성, 동물성, 합성수지 등의 접착제를 써서 띠, 관, 원통형으로 가공하여 400 [℃] 이하의 관, 덕트, 탱크 등의 보온재로 사용된다.

(3) 규조토 : 광물질의 잔해 퇴적물로 좋은 것은 순백색이고 부드러우며, 불순물을 함유하고 있는 것은 황색, 회녹색을 띠고 있으며 불순물이 많이 함유된 것이 사용되고 있다.
   ① 단점 : 다른 보온재에 비해 단열효과가 나쁘므로 두껍게 시공해야 한다.
   ② 용도 : 500 [℃] 이하의 관, 탱크, 노벽 등의 보온에 사용된다.

(4) 탄산마그네슘 : 염기성 탄산마그네슘 85 [%], 석면 15 [%]를 배합하여 물에 개어서 사용한다.
   ① 특징 : 가볍고 보온성이 우수하나 300 ~ 320 [℃]에서 열분해
   ② 용도 : 방습 가공하여 옥외 배관, 습기가 많은 지하 덕트의 배관에 사용하며 250 [℃] 이하의 관, 탱크 등의 보온재로 사용

(5) 글라스울 : 용융유리를 압축공기, 증기로 원심력을 이용해 섬유화한 것으로 물 등에 의한 화학작용을 일으키지 않으므로 단열, 내열, 내구성이 좋다.

(6) 규산칼슘 : 석회석과 규조토를 원료로 하여 만든다. 고온용 무기질 보온재로 기계적 강도, 내열성, 내산성, 내마모성이 있어 탱크, 노벽 등에 적합한 보온재이다.

(7) 세라믹화이버 : 고온용 무기 보온재로 석영을 녹여 만들며 내약품성이 뛰어나고 최고사용온도가 1100 [℃] 이상이다.

(8) 펄라이트 : 철강재의 조직 중 하나로 최고사용온도가 650 [℃] 정도이다.

3 구비조건

1) 열전도율이 작을 것
2) 부피, 비중이 작을 것
3) 불연성이고, 흡수성, 흡습성이 없을 것
4) 사용온도에 있어 내구성이 있고, 변질되지 않을 것
5) 다공성이며, 기공이 균일할 것
6) 기계적 강도가 크고, 시공성이 좋을 것
7) 안전사용온도 범위 내에 있을 것
8) 구입이 쉽고 장시간 사용해도 변질이 없을 것

4 무기질 보온재의 특징(유기질 보온재 대비)

1) 기계적 강도가 큰 편이다(경도가 높다).
2) 최고안전사용온도가 높다.
3) 불연성이며, 열전도율이 낮다.
4) 내수성, 내소성, 변형성이 우수하다.
5) 비싼 편이지만 수명이 길다.
6) 열에 강하다.
7) 흡습성이 크다.

5 보온재의 열전도율이 작아지는 조건

1) 온도가 낮을수록
2) 두께가 두꺼울수록
3) 밀도가 낮을수록
4) 습도가 낮을수록(수분이 적을수록)
5) 기공률이 클수록

Chapter 07 열교환장치

핵심포인트 열교환장치, 과열기, 재열기, 절탄기, 공기예열기, 열교환기

학습목표 1. 각 열교환장치의 명칭에 따른 역할을 설명할 수 있다.

01 열교환장치

1 폐열회수장치

순서 : 연소실 → 과열기 → 재열기 → 절탄기 → 공기예열기 → 굴뚝   *암 과재절예*

1) 과열기(Super Heater)
   (1) 동에서 발생된 습포화증기의 수분을 제거한 후 압력은 올리지 않고 건도만 높인 후 온도를 올리는 기구
   (2) 과열기 부착 시 장점
      ① 보일러 열효율 증대
      ② 부식방지
      ③ 증기의 마찰손실 감소
   (3) 과열기 부착 시 단점
      ① 가열표면의 온도를 일정하게 유지하기 힘들다.
      ② 가열장치에 큰 열응력이 발생한다.
      ③ 과열기 표면에 고온 부식이 발생하기 쉽다(고온 부식을 일으키는 성분 : 바나듐).
      ④ 직접 가열 시 열손실이 증가한다.
   (4) 연소가스와 증기의 흐름
      ① 병류형 : 연소가스와 과열기 내 증기의 흐름방향이 같다.
      ② 향류형 : 연소가스와 과열기 내 증기의 흐름방향이 반대이다.
      ③ 혼류형 : 병류형과 향류형이 혼합된 형식이다.
      ※ 흐름에 따른 온도효율의 크기 : 향류형 > 혼류형 > 병류형

2) 재열기
　(1) 과열증기가 고압터빈 등에서 열을 방출한 후 온도의 저하로 팽창되어 포화온도까지 하강한 과열증기를 고온의 열가스나 과열증기로 재차 가열시켜 저온의 과열증기로 만든 후 저압터빈 등에서 다시 이용하는 장치
　(2) 열효율 증가, 저압터빈의 날개 부식을 감소시키기 위하여 설치한다.

3) 절탄기(截炭機, Economizer, 급수예열기)
　(1) 폐가스(배기가스)의 여열을 이용하여 보일러에 급수되는 급수의 예열기구
　(2) 절탄기 부착 시 장점
　　① 부동팽창방지
　　② 일시 불순물 및 경도 성분 와해
　　③ 연료의 절약
　　④ 보일러 효율 및 증발력 증대
　(3) 절탄기 부착 시 단점
　　① 통풍 저항이 커져 통풍력이 감소한다.
　　② 연소가스의 온도 저하로 저온 부식이 발생될 우려가 있다.
　　③ 연도 내의 청소 및 점검이 어려워진다.
　　④ 설비비가 비싸고 취급에 기술을 요한다.
　(4) 절탄기 사용 시 주의사항
　　① 절탄기는 점화하기 전에 공기를 빼고 물을 가득 채워야 한다.
　　② 절탄기 내의 급수는 부식방지를 위해 공기 등의 불응축가스를 제거시킨 후 사용한다.
　　③ 저온부식을 방지하기 위해 절탄기 출구 측 배기가스온도를 노점온도 이상이 될 수 있도록 조절하여야 한다.

4) 공기예열기(Air Pre Heater)
　(1) 배기가스 여열을 이용하여 연소실에 투입되는 공기를 예열한다.
　(2) 종류(열원에 의한 방식)
　　① 전열식 : 관형, 판형
　　　연소가스를 열교환기 형식으로 공기를 예열하는 방식이다.
　　② 재생식 : 회전식, 고정식, 이동식, 융그스트롬식(회전재생식)
　　　축열실에 연소가스를 통과시킴으로써 열을 축적한 후, 공기를 예열하는 방식이다.
　　③ 증기식 : 연소가스 대신하여 증기로 공기를 예열하는 방식이다.

(3) 공기예열기 설치 시 장점
   ① 노 내의 온도 상승으로 연소가 잘 된다.
   ② 과잉 공기량을 줄여도 된다.
   ③ 저질 연료의 연소도 가능하다.
   ④ 보일러 효율이 향상된다.
(4) 공기예열기 설치 시 단점
   ① 통풍 저항이 커져 통풍력이 감소한다.
   ② 온도 저하로 인한 저온 부식이 발생될 우려가 있다.
   ③ 조작범위가 넓어진다.
   ④ 연도 내 청소 및 점검이 어려워지고 설비비가 비싸며 취급에 기술을 요한다.

2 열교환기(Heat exchanger)

열 교환기란 서로 온도가 다르고, 고체 벽으로 분리된 두 유체 사이에 열교환을 수행하는 장치이다. 난방, 공기조화, 동력발생, 폐열회수 등에 널리 이용된다.

1) 원통 다관식(Shell&Tube) 열교환기

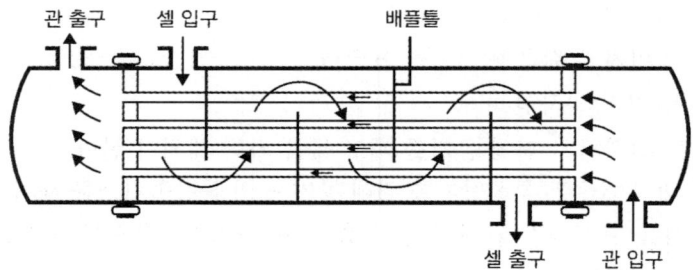

(1) 가장 널리 사용되고 있는 열교환기
(2) 폭넓은 범위의 열전달량을 얻을 수 있다.
(3) 적용범위가 매우 넓다.
(4) 신뢰성과 효율이 높다.

2) 이중관식(Double Pipe Type) 열교환기

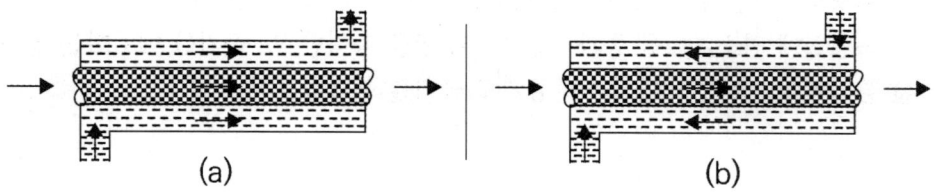

(1) 외관 속에 전열관을 동심원 상태로 삽입하여 전열관 내 외관동체의 환상부에 각각 유체를 흘려서 열교환시키는 구조이다.
(2) 구조는 비교적 간단하며 가격도 싸고 전열면적을 증가시키기 위해 직렬 또는 병렬로 같은 치수의 것을 쉽게 연결시킬 수 있다.
(3) 그러나 전열면적이 증대됨에 따라 다관식에 비해 전열면적당의 소요용적이 커져 가격이 비싸지므로 전열면적이 20 [m^2] 이하인 것에 많이 사용된다.

3) 판형(Plate Type) 열교환기

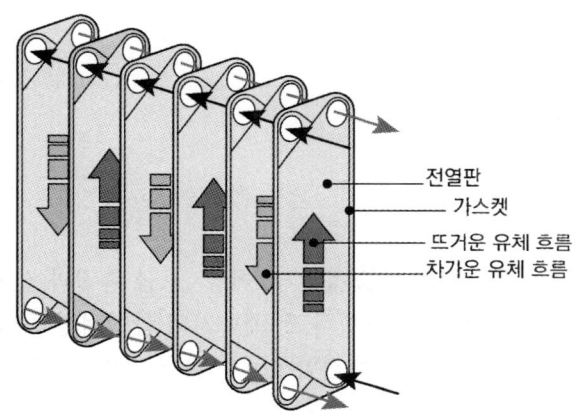

(1) 장점
① 구조상 전열면적이 판 형태로 넓기 때문에 높은 열전달 능력을 가지고 있다.
② 판의 매수 조절이 가능하여 전열면적의 증감에 용이하다.
③ 시공이 간편하다.
④ 전열면의 청소와 조립이 간단하다.
⑤ 현장에서 제작이 가능하고, 좁은 공간에 설치가 가능하다.
⑥ 고점도유체에도 적용 가능하다.
(2) 단점
구조상 판 표면과 유체의 마찰에 의한 압력손실이 크다.

Chapter 08 신재생에너지

 수소에너지, 연료전지, 태양에너지, 풍력에너지, 수력에너지, 해양에너지

 1. 신에너지와 재생에너지를 구분할 수 있다.

01 신재생에너지법

제1조(목적)

① 이 법은 신에너지 및 재생에너지의 기술개발 및 이용·보급 촉진과 신에너지 및 재생에너지 산업의 활성화를 통하여 에너지원을 다양화하고, 에너지의 안정적인 공급, 에너지 구조의 환경친화적 전환 및 온실가스 배출의 감소를 추진함으로써 환경의 보전, 국가경제의 건전하고 지속적인 발전 및 국민복지의 증진에 이바지함을 목적으로 한다.

제2조(정의)

이 법에서 사용하는 용어의 뜻은 다음과 같다.

2) 신에너지

1. "신에너지"란 기존의 화석연료를 변환시켜 이용하거나 수소·산소 등의 화학반응을 통하여 전기 또는 열을 이용하는 에너지로서 다음 각 목의 어느 하나에 해당하는 것을 말한다.
   - 가. 수소에너지
   - 나. 연료전지
   - 다. 석탄을 액화·가스화한 에너지 및 중질잔사유(重質殘渣油)를 가스화한 에너지로서 대통령령으로 정하는 기준 및 범위에 해당하는 에너지
   - 라. 그 밖에 석유·석탄·원자력 또는 천연가스가 아닌 에너지로서 대통령령으로 정하는 에너지

2. "재생에너지"란 햇빛·물·지열(地熱)·강수(降水)·생물유기체 등을 포함하는 재생 가능한 에너지를 변환시켜 이용하는 에너지로서 다음 각 목의 어느 하나에 해당하는 것을 말한다.
   가. 태양에너지
   나. 풍력
   다. 수력
   라. 해양에너지
   마. 지열에너지
   바. 생물자원을 변환시켜 이용하는 바이오에너지로서 대통령령으로 정하는 기준 및 범위에 해당하는 에너지
   사. 폐기물에너지(비재생폐기물로부터 생산된 것은 제외한다)로서 대통령령으로 정하는 기준 및 범위에 해당하는 에너지
   아. 그 밖에 석유·석탄·원자력 또는 천연가스가 아닌 에너지로서 대통령령으로 정하는 에너지
3. "신에너지 및 재생에너지설비"(이하 "신·재생에너지설비"라 한다)란 신에너지 및 재생에너지(이하 "신·재생에너지"라 한다)를 생산 또는 이용하거나 신·재생에너지의 전력계통 연계조건을 개선하기 위한 설비로서 산업통상자원부령으로 정하는 것을 말한다.
4. "신·재생에너지 발전"이란 신·재생에너지를 이용하여 전기를 생산하는 것을 말한다.
5. "신·재생에너지 발전사업자"란 「전기사업법」 제2조 제4호에 따른 발전사업자 또는 같은 조 제19호에 따른 자가용전기설비를 설치한 자로서 신·재생에너지 발전을 하는 사업자를 말한다.

제12조의5(신·재생에너지 공급의무화 등)

3. 공공기관
   ② 제1항에 따라 공급의무자가 의무적으로 신·재생에너지를 이용하여 공급하여야 하는 발전량(이하 "의무공급량"이라 한다)의 합계는 총전력생산량의 25퍼센트 이내의 범위에서 연도별로 대통령령으로 정한다. 이 경우 균형 있는 이용·보급이 필요한 신·재생에너지에 대하여는 대통령령으로 정하는 바에 따라 총의무공급량 중 일부를 해당 신·재생에너지를 이용하여 공급하게 할 수 있다.
   ※ 태양광은 「신재생에너지법령」상 의무공급량이 지정되어 있음

Chapter 09 가마(Kiln)와 노(Furnace)

핵심포인트 연속식, 반연속식, 불연속식 요, 철강용로, 제강로, 주물용해로, 축요

학습목표
1. 가마의 종류를 알고 구분할 수 있다.
2. 노의 종류를 알고 구분할 수 있다.

01 가마 & 노

1 가마 & 노

1) 가마(Kiln, 요) : 재료를 고온으로 가열하여 소성하거나 건조시키는 설비
2) 노(Furnace) : 금속 제련, 열처리, 용융, 연소 등의 목적으로 높은 온도를 발생시키는 산업용 가열설비

2 가마(요)의 분류

1) 조업방법에 따른 분류
  (1) 연속식
    ① 윤요(輪窯 : Ring Kiln) : 시멘트, 벽돌 제조
    ② 터널요 : 도자기 제조
    ③ 반터널요
  (2) 반연속식
    ① 등요 : 옹기, 석기제품 제조
    ② 셔틀요 : 도자기 제조
  (3) 불연속식
    ① 승염식 요(오름 불꽃) : 석회석 제조
    ② 횡염식 요(옆 불꽃) : 토관류 제조
    ③ 도염식 요(꺾임 불꽃) : 내화벽돌, 도자기 제조

3 가마(Kiln)

1) 연속식 요
- 가마내기를 연속적으로 할 수 있도록 만든 가마
- 여러 개의 단가마를 연도로서 연결한 형태의 가마이고, 3 ~ 4개의 소성실을 거쳐서 폐가스가 배출된다.
- 대량 생산에 적합하며, 작업 능률 향상·열효율 우수·연료비 절감 등의 장점이 있다.

(1) 윤요(Ring Kiln)(輪窯) : 고리 모양의 가마
  ① 12 ~ 18개의 소성실에 설치한 구조로 종이 칸막이를 옮겨가며 연속적으로 가마내기 및 재임이 가능하다.
  ② 건축자재의 소성가마로 이용된다.
  ③ 가마의 길이는 보통 80 [m] 정도이다.
  ④ 배기가스의 현열을 이용하여 제품을 예열시킨다.
  ⑤ 소성된 제품이 갖는 현열을 이용하여 연소용 2차 공기를 예열한다.
    ※ 가마 내 열의 전열방법 : 전도, 대류, 복사

(2) 터널요(Tunnel Kiln) : 긴 터널형의 가마
  ① 피열물을 실은 레일 위의 대차는 예열, 소성, 냉각 과정을 통하여 제품이 완성된다.
  ② 장점
    ㉠ 소성이 균일하며 제품의 품질이 좋다.
    ㉡ 소성시간이 짧다.
    ㉢ 대량생산이 가능하다.
    ㉣ 열효율이 높다.
    ㉤ 인건비가 절약된다.
    ㉥ 자동온도제어가 쉽다.
    ㉦ 능력에 비하여 설치면적이 적다.
    ㉧ 배기가스의 현열을 이용하여 제품을 예열시킨다.
  ③ 단점
    ㉠ 건설비가 비싸다.
    ㉡ 제품을 연속처리 해야 하여 생산조정이 곤란하다.
    ㉢ 제품의 품질, 크기, 형상에 제한을 받는다.
    ㉣ 작업자의 기술이 요망된다.
  ④ 구성 : 예열대, 소성대, 냉각대, 대차, 푸셔

(3) 반터널요 : 터널을 3 ~ 5개 방으로 구분하고, 각 소성실의 온도 범위를 정하고 대차를 단속적으로 이동하며 제품을 소성한다.

(4) 견요 : 수직형 연속식 가마로 석회석이나 시멘트 클링커 등의 소성에 사용되며, 상부에서 원료를 투입하고 하부에서 제품을 배출하는 구조.

(5) 회전요(Rotary Kiln) : 원통형의 길고 경사진 회전체로, 내부에 원료를 넣고 가열하면서 회전과 동시에 천천히 이동시키는 연속식 가마
  ① 시멘트 제조용 가마로 노 내 온도의 분포가 균일하다.
  ② 건조, 가소, 소성, 용융작업 등을 연속적으로 할 수 있다.
  ③ 시멘트 클링커의 소성은 물론 석회소성 및 화학공업까지 광범위하게 사용된다.
  ④ 건식법, 습식법, 반건식법이 있다.
  ⑤ 원료와 연소가스의 방향이 반대이다.

2) 반연속식 요 : 요업제품을 넣어 소성실에서 한정된 구간까지는 연속적인 소성작업이 가능하지만 소성 작업 이후에는 불을 끄고 냉각을 한 다음 가마내기, 재임을 하는 가마이다.

(1) 등요(오름가마) : 언덕의 경사도가 0.3 ~ 0.5 정도인 소성실이 4 ~ 5개 인접하여 설치된 구조로 앞의 소성실의 폐가스와 냉각공기가 보유한 열을 뒷 소성실에서 이용하도록 한다.

(2) 셔틀요(Shuttle Kiln) : 고정된 가마 내부에 대차를 이용해 제품을 넣고 꺼내는 방식의 불연속식 가마를 말한다.
  ① 1개의 가마에 2개의 대차를 사용한다.
  ② 작업이 간편하고 조업주기가 단축된다.
  ③ 요체의 보유열을 사용할 수 있어 경제적이다.

3) 불연속식 요 : 제품을 넣고, 가열하고, 냉각한 후 꺼내는 일괄처리방식의 가마

(1) 승염식 요(Up Draft Kiln) : 오름 불꽃가마
  ① 아궁이에서 발생한 불꽃이 소성실 내를 상승하면서 피가열체를 가열하는 방식이다.
  ② 구조가 간단하나 설비비, 보수비가 비싸다.
  ③ 가마 내 온도가 불균일하다.
  ④ 고온소성에 부적합하다.
  ⑤ 도자기 제조에 쓰인다.

(2) 횡염식 요(Horizontal Draft Kiln) : 옆 불꽃가마
① 아궁이에서 발생한 불꽃이 소성실 내에 들어가 수평방향으로 진행하면서 피가열체를 가열하는 방식이다.
② 가마 내 온도가 불균일하다.
③ 가마 내 입출구 온도차가 크다.
(3) 도염식 요(Down Draft Kiln) - 꺾임 불꽃가마
① 연소불꽃이 천장에 부딪힌 다음 바닥의 흡입구멍을 통해 배출되는 구조이다.
② 가마 내 온도가 균일하다.
③ 연료소비가 적다.
(4) 머플로 : 화염이 직접 닿지 않는 간접가열식 가마

4 가마울림(공명현상)

연소 중 연소실이나 연도 내에서 연속적인 울림을 내는 현상

1) 가마울림의 원인
   (1) 연료 중 수분이 많은 경우
   (2) 공연비가 나빠 연소속도가 느린 경우
   (3) 연도에 에어포켓이 있는 경우

2) 가마울림방지법
   (1) 연료 속의 수분을 제거한다.
   (2) 연도에서의 포켓 등을 제거한다.
   (3) 연소실에서의 완전연소가 이루어지도록 한다.
   (4) 공연비를 개선한다.

5 노(Furnace)

1) **철강용로** : 철광석을 환원하여 선철을 제조하거나, 선철에서 불순물을 제거하고 탄소량을 조절하여 강을 생산하기 위해 사용하는 제철·제강용 고온 가열설비

   (1) 배소로 : 광석이 용해되지 않을 정도로만 가열하여 제련상 유리한 상태로 변화시킨다.
     ① 목적 : 유해 성분 제거, 산화도의 변화, 원광석의 결합수의 제거와 탄산염의 분해

   (2) 괴상화용로(소결로) : 분상의 철광석을 괴상화하여 용광로의 능률을 향상시킨다.

   (3) 용광로(고로) : 제련에 가장 중요한 노, 제철공장에서 선철(Pig Iron)을 제조하는 데 사용
     ① 노체 상부로부터 노구, 샤프트, 보시, 노상으로 구성된 노로서 선철(Pig Iron)제조용으로 사용된다.
     ② 선철을 만들 때 사용되는 주원료 및 부재료 : 석회석, 철광석, 코크스
     ※ 코크스의 역할 : 환원(탈산), 통기성확보, 열원

2) **제강로** : 용광로에서 나온 선철 중 불순물을 제거하고 탄소량을 감소시켜 강철을 만드는 설비

   (1) 평로 : 선철과 고철을 넓고 평평한 노상 위에서 연소열과 반사열로 녹여 강을 만드는 제강로
     ① 노의 양쪽에 축열실을 가지고 있으며 용량은 1회 출강량을 톤으로 표시한다.
     ② 연소온도를 높이고 연료소비량을 줄일 수 있으며, 수직식과 수평식이 있다.
     ③ 축열실 : 배기가스의 현열을 흡수하여 공기의 연료(연소용 공기) 예열에 이용할 수 있도록 한 장치이다.
     ④ 축열실벽돌로는 샤모트벽돌, 고알루미나질 벽돌이 사용된다.

   (2) 전로 : 용융선철을 강철로 만들기 위하여 고압의 공기나 순수 산소를 취입시켜 산화열에 의해 선철 중의 불순물을 산화시켜 재련하는 노로서 노체가 270° 이상 기울어진다.

   (3) 전기로 : 고온을 얻을 수 있을 뿐만 아니라 온도제어가 자유롭고 취급이 편리하다. 아크로, 저항로, 유도로 등이 있다.

3) **주물용해로** : 주조에 사용할 금속을 고온에서 용해하기 위한 설비

   (1) 큐폴라(용선로) : 노 내에 코크스를 넣고 그 위에 소재금속, 코크스, 석회석, 선철을 넣은 후 송풍하여 연소시켜 주철을 용해한다. 이 용선로는 대량의 쇳물을 얻고 다른 용해로보다 효율이 좋으며 용해시간이 빠르다.

   (2) 도가니로 : 동합금, 경합금 등의 비철금속 용해로로 사용하며 흑연도가니와 주철제 도가니가 있다.

부록 | 원소의 원자량 및 분자량

원소명	원소기호	원자량	분자식	분자량 [kg/kmol]
수소	H	1	H_2	2
탄소	C	12	C	12
질소	N	14	N_2	28
산소	O	16	O_2	32
황	S	32	S	32
아황산가스	-	-	SO_2	64
물	-	-	H_2O	18
일산화탄소	-	-	CO	28
탄산가스	-	-	CO_2	44
메테인	-	-	CH_4	16
에테인	-	-	C_2H_6	30
프로페인	-	-	C_3H_8	44
부탄	-	-	C_4H_{10}	58
공기	혼합물			29

Part 02 과년도 기출문제

기출문제는 실제 시험에서 반복되거나 변형되어 출제되므로, 문제를 풀 때 정답을 맞히는 것에만 집중하지 않아야 합니다.
정답을 맞혔더라도 정확한 단위와 공식 유도 과정을 다시 한번 확인하고, 틀린 문제는 반드시 관련 이론을 찾아 학습 내용을 보완해야 합니다. 이러한 연계 학습을 통해 합격선 이상의 실력을 확보할 수 있습니다.

2025 제1회

고난도회차
합격률 : 15.2%

01 급수예열기의 장점 3가지를 쓰시오. [5점]

정답
- 연료 소비량을 감소시킬 수 있다.
- 보일러의 열효율을 증가시킨다.
- 부동팽창을 방지할 수 있다.
- 일시 불순물 및 경도성분을 와해시킨다.

핵심이론 절탄기(Economizer, 급수예열기)
1) 폐가스(배기가스)의 여열을 이용하여 보일러에 급수되는 급수의 예열기구
2) 절탄기 부착 시 장점
   (1) 부동팽창방지
   (2) 일시 불순물 및 경도성분 와해
   (3) 연료의 절약
   (4) 보일러 효율 및 증발력 증대
3) 절탄기 부착 시 단점
   (1) 통풍저항이 커져 통풍력이 감소한다.
   (2) 연소가스의 온도 저하로 저온 부식이 발생될 우려가 있다(저온 부식 일으키는 성분 : 황).
   (3) 연도 내의 청소 및 점검이 어려워진다.
   (4) 설비비가 비싸고 취급에 기술을 요한다.

02 대향류형 열교환기가 있다. 고온 측 유체가 80 [℃]로 들어가 50 [℃]로 나오고, 저온 측 유체가 20 [℃]로 들어가 30 [℃]로 나올 때, 대수평균온도차는 얼마인가? [5점]

정답

39.15 [℃]

[해설]

$\Delta t_1 = 80 - 30 = 50$, $\Delta t_2 = 50 - 20 = 30$

$$LMTD = \frac{\Delta t_1 - \Delta t_2}{\ln\left(\dfrac{\Delta t_1}{\Delta t_2}\right)} = \frac{50 - 30}{\ln\dfrac{50}{30}} = 39.15 \,[\text{℃}]$$

핵심이론 대수평균온도차(LMTD)

대향류(Counter Flow)

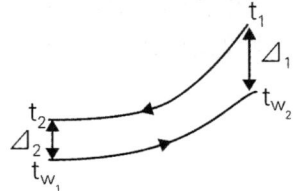

$\Delta_1 = t_1 - t_{w_2}$
$\Delta_2 = t_2 - t_{w_1}$

※ 대수평균온도차(LMTD) = $\dfrac{\Delta_1 - \Delta_2}{\ln\left(\dfrac{\Delta_1}{\Delta_2}\right)}$ [℃]

03 다음은 열사용기자재에 대한 내용이다. 빈칸에 알맞은 말을 적으시오. [5점]

(①)는 가정용 또는 소규모 시설용으로 주로 사용되며, 전열 면적과 최고 사용 압력 제한을 통해 안전성을 확보한다. 2대 이상 온수보일러를 함께 사용하는 경우에는 캐스케이드 보일러로 정의되며, 이 경우 최대 가스 사용량의 합이 (②) [kg/h] 초과이어야 하며, 도시가스인 경우 (③) [kW]를 초과해야 한다.

정답

① 소형 온수보일러 ② 17 ③ 232.6

핵심이론 소형 온수보일러 – 열사용 기자재(제1조의 2관련)

구분	품목명	적용범위
보일러	소형 온수보일러	전열면적이 14제곱미터 이하이고, 최고사용압력이 0.35 [MPa] 이하의 온수를 발생하는 것. 다만 구멍탄용 온수보일러·축열식 전기보일러·가정용 화목보일러 및 가스사용량이 17 [kg/h](도시가스는 232.6킬로와트) 이하인 가스용 온수보일러는 제외한다.

04 열전대 온도계는 2개의 서로 다른 재질의 금속을 접합하여 그 양단의 온도차에 의해 발생하는 기전력 차이를 이용하여 온도를 측정하는 온도계이다. 다음을 답하시오. [6점]

1) 이 온도계에서 사용되는 현상은 무엇인지 쓰시오.

2) 열전대의 온도측정방법에 사용되는 특수전선으로 Cu-Ni 합금과 같은 다른 재질을 사용할 수 있는 전선을 쓰시오.

정답

1) 제백효과
2) 보상도선

핵심이론   열전대 온도계

두 개의 금속을 접합하여 생기는 기전력을 이용하여 온도를 측정(제백효과)

1) 특징
   (1) 내구성이 뛰어나고, 다양한 온도 범위에서 사용할 수 있다.
   (2) 비교적 높은 온도 측정에 사용된다.
   (3) 열기전력이 크고 온도증가에 따라 연속적으로 상승해야 한다.
   (4) 기준접점의 온도를 일정하게 유지해야 한다.
   (5) 장점 : 좁은 장소의 온도 계측이 가능하다.
   (6) 단점 : 기준 접점장치가 필요하다.

2) 보상도선
   (1) 열전대의 온도측정방법에 사용되는 특수전선이다.
   (2) 열전대와 동일한 재질로 된 도선을 사용해도 되지만 가격이 비싼 열전대를 길게 사용하면 비경제적이어서, 열전대는 짧게 하고 열전대와 비슷한 열기전력이 생기는 열전대 소선을 보상도선으로 사용함으로써 긴 열전대 도선을 대신해 사용한다.

05 공기비가 1.3일 때, 사용되는 연료의 양은 310 [Nm³/h]이고, 이론공기량은 10.62 [Nm³/Nm³]이다. 절탄기를 통해서 급수를 12 [℃]에서 60 [℃]까지 예열을 한다고 할 때, 절탄기 입구의 배기가스의 온도가 220 [℃]이고, 출구의 배기가스온도는 105 [℃]이다. 이론 연소가스량은 11.89 [Nm³/Nm³]일 때, 급수량 [Nm³/h]은 얼마인지 구하시오. (단, 배기가스의 비열은 1.42 [kJ/Nm³·K], 급수의 비열은 4.184 [kJ/Nm³·K]이며 절탄기의 열손실은 없다고 가정한다) [6점]

정답

3800.15 [Nm³/h]

[해설]

실제 연소가스량 $G = 310 \times (11.89 + (1.3 - 1) \times 10.62) = 4673.56 [Nm^3/h]$

배기가스에서 흡수한 열량 = 급수를 예열한 열량

$G_g C_g \Delta t_g = G_w C_w \Delta t_w$

$G_w = \dfrac{4673.56 \times 1.42 \times (220 - 105)}{4.184 \times (60 - 12)} = 3800.15 [Nm^3/h]$

핵심이론 | 절탄기(Economizer, 급수예열기)

폐가스(배기가스)의 여열을 이용하여 보일러에 급수되는 급수의 예열기구

핵심이론 | 실제 연소가스량

실제 연소가스량(G) = 이론 연소가스량(G_0) + 과잉공기량$[(m-1)A_0]$

핵심이론 | 열량(Quantity of Heat)

열이동 과정에서 m [kg]의 물질의 온도를 dt만큼 높이는 데 필요한 열량을 δQ라고 하면
$\delta Q = mCdt\,[kJ]$

---

06 급수량이 2000 [L/h]인 절탄기의 급수의 입구온도가 40 [℃]이고 출구온도가 80 [℃]이며, 40 [℃]일 때의 비체적은 1.0078 [L/kg]이고, 80 [℃]일 때의 비체적은 1.0292 [L/kg]이다. 이때 환산급수량 [kg/h]을 계산하시오. [6점]

정답

1984.52 [kg/h]

[해설]

※ 절탄기의 경우 입구를 기준으로 하여 측정한다.

환산급수량 $W = \dfrac{W_0}{W_1} = \dfrac{\text{급수량}[L/h]}{\text{비체적}[L/kg]}$ = 2000 ÷ 1.0078 = 1984.52

핵심이론 | 환산급수량

특정 기준에 따라 실제 급수량이나 급탕량을 다른 단위로 표현하거나 특정 용도를 위한 급수량을 계산하는 것을 말한다.

$W = \dfrac{W_0}{W_1} = \dfrac{\text{급수량}[L/h]}{\text{비체적}[L/kg]}$

07 다음에서 설명한 보일러의 용수보존법은 무엇인지 쓰시오. [4점]

> 2 ~ 3개월 정도의 단기 보존 시에 사용되며 보일러수는 pH 11정도로 유지되도록 해야 하며, 겨울철 동결에 주의해야 한다.

정답

만수 보존법

08 다음은 「에너지이용합리화법」의 제32조에 해당하는 내용으로 에너지진단 과정을 나타낸다. 빈칸에 알맞은 말을 적으시오. [5점]

> ① (㉠)은 관계 행정기관의 장과 협의하여 (㉡)가 에너지를 효율적으로 관리하기 위하여 필요한 기준(이하 "에너지관리기준"이라 한다)을 부문별로 정하여 고시하여야 한다.
> ② (㉡)는 (㉠)이 지정하는 (㉢)으로부터 3년 이상의 범위에서 대통령령으로 정하는 기간마다 그 사업장에 대하여 에너지진단을 받아야 한다. 다만 물리적 또는 기술적으로 에너지진단을 실시할 수 없거나 에너지진단의 효과가 적은 아파트·발전소 등 산업통상자원부령으로 정하는 범위에 해당하는 사업장은 그러하지 아니하다.
> ③ (㉠)은 대통령령으로 정하는 바에 따라 에너지진단업무에 관한 (㉣)을 요구하는 등 (㉢)을 관리·감독한다.
> ④ (㉠)은 자체에너지절감실적이 우수하다고 인정되는 (㉡)에 대하여는 산업통상자원부령으로 정하는 바에 따라 에너지진단을 면제하거나 에너지진단주기를 연장할 수 있다.
> ⑤ 산업통상자원부장관은 에너지진단 결과 (㉡)가 에너지관리기준을 지키고 있지 아니한 경우에는 (㉤)를 할 수 있다.

정답

㉠ 산업통상자원부장관 ㉡ 에너지다소비사업자
㉢ 에너지진단전문기관(진단기관) ㉣ 자료제출
㉤ 에너지관리기준의 이행을 위한 지도(에너지관리지도)

핵심이론 | 에너지진단

「에너지이용합리화법」 제32조(에너지진단 등)
① 산업통상자원부장관은 관계 행정기관의 장과 협의하여 에너지다소비사업자가 에너지를 효율적으로 관리하기 위하여 필요한 기준(이하 "에너지관리기준"이라 한다)을 부문별로 정하여 고시하여야 한다.
② 에너지다소비사업자는 산업통상자원부장관이 지정하는 에너지진단전문기관(이하 "진단기관"이라 한다)으로부터 3년 이상의 범위에서 대통령령으로 정하는 기간마다 그 사업장에 대하여 에너지진단을 받아야 한다. 다만 물리적 또는 기술적으로 에너지진단을 실시할 수 없거나 에너지진단의 효과가 적은 아파트·발전소 등 산업통상자원부령으로 정하는 범위에 해당하는 사업장은 그러하지 아니하다.
③ 산업통상자원부장관은 대통령령으로 정하는 바에 따라 에너지진단업무에 관한 자료제출을 요구하는 등 진단기관을 관리·감독한다.
④ 산업통상자원부장관은 자체에너지절감실적이 우수하다고 인정되는 에너지다소비사업자에 대하여는 산업통상자원부령으로 정하는 바에 따라 에너지진단을 면제하거나 에너지진단주기를 연장할 수 있다.
⑤ 산업통상자원부장관은 에너지진단 결과 에너지다소비사업자가 에너지관리기준을 지키고 있지 아니한 경우에는 에너지관리기준의 이행을 위한 지도(이하 "에너지관리지도"라 한다)를 할 수 있다.
⑥ 산업통상자원부장관은 에너지다소비사업자가 에너지진단을 받기 위하여 드는 비용의 전부 또는 일부를 지원할 수 있다. 이 경우 지원 대상·규모 및 절차는 대통령령으로 정한다.
⑦ 산업통상자원부장관은 진단기관에 대하여 평가하고 그 결과를 공개할 수 있다. 이 경우 평가의 기준·방법 및 결과의 공개에 필요한 사항은 산업통상자원부령으로 정한다.
⑧ 진단기관의 지정기준은 대통령령으로 정하고, 진단기관의 지정절차와 그 밖에 필요한 사항은 산업통상자원부령으로 정한다.
⑨ 에너지진단의 범위와 방법, 그 밖에 필요한 사항은 산업통상자원부장관이 정하여 고시한다.

09 두 개의 무한한 크기를 지닌 평행한 평판 사이에서 복사에 의한 열전달이 이루어지고 있다고 가정할 때, 첫 번째 판에 대한 복사능 ϵ_1은 0.5, 온도 T_1은 1000 [℃]이고, 두 번째 판에 대한 복사능 ϵ_2은 0.9, 온도 T_2은 500 [℃]이며, 각 판의 전열면적은 5 [m²]로 같다고 하면 단위면적당 복사에 의한 전열량은 몇 [W/m²]인지 계산하시오. (단, 스테판 볼츠만의 상수 $\sigma = 5.67 \times 10^{-8}$ [$W/m^2 \cdot K^4$]이다) [6점]

정답

60970.37 [W/m²]

[해설]

복사에 의한 전열량 $Q = \epsilon \sigma A T^4$

$$\frac{1}{\epsilon} = \frac{1}{\epsilon_1} + \frac{1}{\epsilon_2} - 1 = \frac{1}{0.5} + \frac{1}{0.9} - 1$$

$\epsilon = 0.4737$

$$q = \frac{Q}{A} = \epsilon \sigma T^4 = \epsilon \sigma (T_1^4 - T_2^4)$$
$$= 0.4737 \times 5.67 \times 10^{-8} \times [(273.15+1000)^4 - (273.15+500)^4]$$
$$= 60970.37 [W/m^2]$$

핵심이론 복사(Radiation)

1) 스테판 볼츠만(Stefan - Boltzmann)의 법칙 : $Q = \epsilon \sigma A T^4 [W]$
   - ϵ : 복사율($0 < \epsilon < 1$)
   - σ : 스테판 볼츠만상수($\sigma = 5.67 \times 10^{-8} W/m^2 K^4$)
   - A : 전열면적
   - T : 물체표면온도

10 온수보일러 자동제어에 사용되는 릴레이 부품장치이다. 아래에 주어진 부품이 부착되는 장소를 각각 쓰시오. [6점]

1) 스택 릴레이(Stack Relay)

2) 컴비네이션 릴레이(Combination Relay)

3) 프로텍터 릴레이(Protector Relay)

정답

1) 연도   2) 보일러 본체   3) 연소 버너

핵심이론 | 릴레이 부품 장치

1) 스택 릴레이 : 보일러 연소가스 배출구의 30 [cm] 상단의 연도에 부착하여 사용하며, 버너의 작동 및 정지를 시켜준다.
2) 컴비네이션 릴레이 : 보일러 본체에 부착하여 사용하며, 고온차단, 순환펌프작동 등을 제어한다.
3) 프로텍터 릴레이 : 버너에 부착하여 사용하며, 오일버너의 주안전제어장치로 난방이나 급탕 등을 제어한다.

11 다음은 자동제어에서 전달함수의 블록선도이다. C(s) = □ × R(s)이라고 할 때, □ 안의 알맞은 말을 적으시오. [5점]

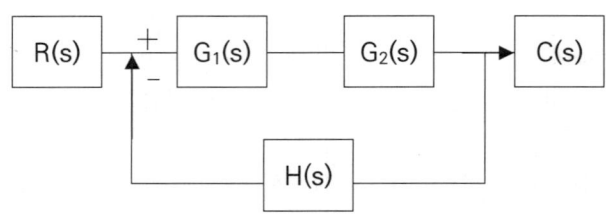

정답

$$\frac{G_1(s) \cdot G_2(s)}{1 + G_1(s) \cdot G_2(s) \cdot H(s)}$$

핵심이론 블록선도

1) 직렬 결합

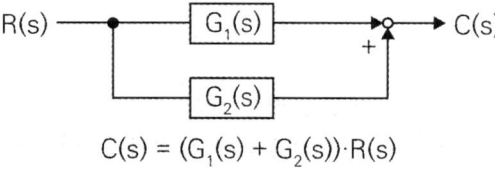

$C(s) = (G_1(s) \cdot G_2(s)) \cdot R(s)$

2) 병렬 결합

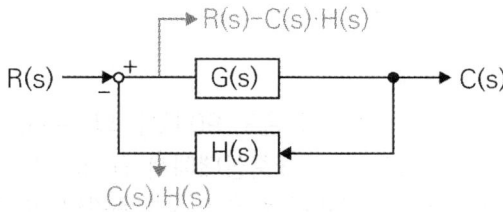

$C(s) = (G_1(s) + G_2(s)) \cdot R(s)$

3) 피드백 결합

R(s) → +⊖ → G(s) → C(s)
         ↑ |
         └── H(s) ←┘
→ R(s)−C(s)·H(s)
↓ C(s)·H(s)

$C(s) = (R(s) - C(s) \cdot H(s)) \cdot G(s)$

→ $C(s) = R(s) \times \dfrac{G(s)}{1 + G(s)H(s)}$

---

12 보일러 운전 시 가마울림이 일어날 수 있다. 가마울림현상의 방지대책 4가지를 쓰시오. [5점]

정답

- 수분이 적은 연료를 사용한다.
- 연소실에서 완전연소를 시킨다.
- 공연비(공기량과 연료량의 혼합비)를 좋게 한다(균형을 맞춘다).
- 연소속도를 너무 느리게 하지 않는다.
- 통풍력을 적정하게 조절한다.
- 연도에 에어포켓을 제거한다.

핵심이론 가마울림

1) 가마울림(공명현상) : 연소 중 연소실이나 연도 내에서 연속적인 울림을 내는 현상
   (1) 가마울림의 원인 : 연료 중 수분이 많거나, 공연비가 나빠 연소속도가 느리거나, 연도에 에어포켓이 있는 경우

---

13 연돌의 통풍력을 측정한 결과 2.5 [mmAq], 배기가스의 평균 온도 90 [℃], 외기온도 10 [℃]일 때, 실제 굴뚝의 높이는 몇 [m]인지 구하시오. (단, 표준상태에서 공기의 밀도는 1.295 [kg/m³], 배기가스의 밀도는 1.423 [kg/m³], 실제통풍력은 이론통풍력의 80 [%]이다) [6점]

정답

17.45 [m]

[해설]

$$Z = 273H \times \left[\frac{r_a}{T_a} - \frac{r_g}{T_g}\right]$$

실제통풍력은 이론통풍력의 80 [%]이므로

$$Z_{실제} = 273H \times \left[\frac{r_a}{T_a} - \frac{r_g}{T_g}\right] \times 0.8$$

$$2.5 = 273 \times h \times \left(\frac{1.295}{273+10} - \frac{1.423}{273+90}\right) \times 0.8$$

$$h = 17.45$$

핵심이론 | 굴뚝의 높이

1) 연돌의 이론통풍력의 계산 공식

$$Z = 273H \times \left[\frac{r_a}{T_a} - \frac{r_g}{T_g} \right]$$

- Z : 이론통풍력 [mmH$_2$O]
- H : 연돌의 높이 [m]
- r_a : 외기의 비중량 [kgf/m^3]
- r_g : 배기가스의 비중량 [kgf/m^3]
- T_a : 외기의 절대온도 [K]
- T_g : 배기가스의 절대온도 [K]

2) 연돌의 높이

$$H = \frac{Z}{273 \left(\dfrac{\gamma_a}{T_a} - \dfrac{\gamma_g}{T_g} \right)}$$

---

14 차압식 유량계에서 차압이 18000 [Pa]일 때 유량이 31 [m^3/h]이었다. 차압이 8820 [Pa]일 때의 유량은 약 몇 [m^3/h]인가? [5점]

정답

21.7 [m^3/h]

[해설]

$Q \propto \sqrt{P}$

$$\frac{Q_1}{Q_2} = \frac{\sqrt{\Delta P_1}}{\sqrt{\Delta P_2}} \rightarrow \frac{31}{Q_2} = \frac{\sqrt{18000}}{\sqrt{8820}} \rightarrow Q_2 = 21.7$$

핵심이론 유량

1) 유량 $Q = CA\sqrt{\dfrac{2\Delta P}{\rho}}$

　(1) 층류 : 유체 입자가 서로 겹치지 않고 일정한 속도로 흐르는 유동 상태
　(2) 레이놀즈수 : 관 내 유동의 관성력과 점성력의 비율을 나타낸 무차원 수
　(3) 동점성계수 : 유체의 점성을 나타내는 물성치
　　① 임계 레이놀즈수를 이용하여 최대속도 계산
　　　속도(v) = 레이놀즈수(R_e) × 동점성계수(v) ÷ 두께(D)
　　② 층류로 흐를 수 있는 최대유량 계산 : Q(유량) = A(면적)v(속도)
　　레이놀즈수 $R = \dfrac{관성력}{점성력} = \dfrac{DU\rho}{\mu}$

---

15 연료 1 [kg]의 성분을 분석한 결과 C : 0.66, H : 0.059, S : 0.011 O : 0.199이며 N은 무시한다. 공기비는 1.3일 때 완전연소시키기 위해 소요되는 실제공기량과 생성되는 실제건연소가스량은 몇 [Nm³/kg]인지 각각 계산하시오. [6점]

정답

실제공기량 : 8.86 [Nm³/kg], 실제건연소가스량 : 8.67 [Nm³/kg]

[해설]

- 이론산소량

$$O_0 = 1.867C + 5.6\left(H - \dfrac{O}{8}\right) + 0.7S$$
$$= 1.867 \times 0.66 + 5.6\left(0.059 - \dfrac{0.199}{8}\right) + 0.7 \times 0.011 = 1.43102\,[Nm^3/kg]$$

- 이론공기량

$$A_0 = \dfrac{O_0}{0.21} = \dfrac{1.43102}{0.21} = 6.814\,[Nm^3/kg]$$

- 실제공기량

$$A = mA_0 = 1.3 \times 6.814 = 8.86\,[Nm^3/kg]$$

- 이론건연소가스량(질소 무시하므로 N = 0)
$$G_{0d} = 0.79A_0 + 1.867C + 0.7S + 0.8N$$
$$= 0.79 \times 6.814 + 1.867 \times 0.66 + 0.7 \times 0.011 + 0.8 \times 0 = 6.623 [Nm^3/kg]$$
- 실제건연소가스량
$$G_d = G_{0d} + A_s = G_{0d} + (m-1)A_0 = 6.623 + (1.3-1) \times 6.814 = 8.67 [Nm^3/kg]$$

핵심이론 이론산소량(O_0) & 이론공기량(A_0)

1) 이론산소량(O_0) : 연료를 산화시키기 위한 이론적 최소 산소량
   (1) 고체 및 액체 연료
   ① 체적 계산식(연료 1 [kg] 연소 시 이론산소량의 체적)

$$O_o = 1.867C + 5.6\left(H - \frac{O}{8}\right) + 0.7S \text{ [Nm}^3\text{/kg]}$$

2) 이론공기량(A_0) : 연료를 완전연소시키는 데 필요한 이론적 최소 공기량
   이론산소량을 산소의 질량비로 나누어준다.
   (1) 고체 및 액체 연료
   ① 체적 계산식

$$A_o = \frac{O_o}{0.21} = 8.89C + 26.67\left(H - \frac{O}{8}\right) + 3.33S \text{ [Nm}^3\text{/kg]}$$

3) 실제공기량(A_a)
$$A_a = A_o + A_s(\text{과잉공기량}) = m \cdot A_o [m(\text{공기비}) > 1.0]$$

4) 이론건연소가스량(G_{od}) = 이론습연소가스량(G_{ow}) - 연소생성 수증기량
$$G_{od}[\text{Nm}^3/\text{kg}] = (1 - 0.21)A_o + 1.867C + 0.7S + 0.8 \text{ [N]}$$

5) 실제건연소가스량(G_d) = 이론건연소가스량(G_{od}) + 과잉공기량[$(m-1)A_o$]
$$G_d[\text{Nm}^3/\text{kg}] = (m - 0.21)A_o + 1.867C + 0.7S + 0.8 \text{ [N]}$$

16 보일러의 연료장치 중 유량계를 점검한 결과 온도 10 [℃]에서 가스공급압력이 4000 [mmH₂O]일 때 가스연료의 사용량은 100 [m³/h]이다. 0 [℃]에서의 연료의 부피는 몇 [Nm³/h]인가? [6점]

정답

133.82 [Nm³/h]

[해설]

보일과 샤를의 법칙에 의하여 $\dfrac{PV}{T} = C$ 이다.

$$\dfrac{P_1 V_1}{T_1} = \dfrac{P_2 V_2}{T_2}$$

P_1 = 대기압 + 게이지압력 = 10332 + 4000 = 14332 [mmH₂O]

$$\dfrac{14332 \times 100}{273.15 + 10} = \dfrac{10332 \times x}{273.15}$$

$x = 133.82 [Nm^3/h]$

핵심이론 압력(Pressure)

압력은 단위면적당 가해지는 힘이다.
1) 표준대기압(atm) : 1 [atm] = 760 [mmHg] = 101325 [Pa] = **101.325** [kPa] = **10.332** [mH₂O]

　　　　　　　　　　　　　　　　　　　　　　　　　암 백일상이오(101.325)

　　　　　　　　　　　　　　　　　　　암 물 넣으면 삼삼(33)하다. 삼삼이(332)

2) 1 [Pa] = 1 [N/m²] = 1 [kg/m · s²]
3) 1 [bar] = 100 [kPa]
4) 절대압력 = 대기압 + 게이지압 : $P_a = P_0 + P_g$

17 내경 20 [cm]인 원형 관에 비중 0.9인 액체가 펌프에서 속도 2 [m/s]로 높이 5 [m]로 송출되고 있다. 흡입으로부터 최종 토출구까지 배관의 길이는 10 [m]이다. 흡입 측은 진공압 76 [mmHg]이고, 토출구의 절대압력은 120 [kPa] 일 때 축동력 [kW]을 계산하시오. (단, 펌프의 효율은 90 [%], 대기압은 101 [kPa], 관마찰계수는 0.02, 엘보 및 밸브의 손실계수는 각각 1.5, 2이고 관로에는 토출 측 밸브만 있는 것으로 가정하고 주어지지 않은 조건은 무시한다) [8점]

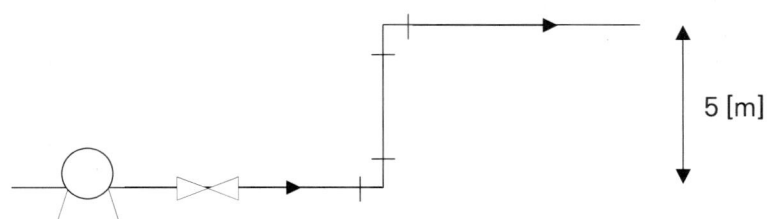

정답
5.86 [kW]

[해설]
1) 각각의 수두 계산
- 펌프의 흡입 측 실양정(진공압에 의한 흡입양정)

$$H_1 = \frac{P}{\gamma} = \frac{76[mmHg] \times \frac{10332[kgf/m^2]}{760[mmHg]}}{0.9 \times 1000[kgf/m^3]} = 1.148[m]$$

- 토출구의 실양정(게이지압에 의한 토출양정)

게이지압 = 절대압력 - 대기압 = 120 [kPa] - 101 [kPa] = 19 [kPa]

$$H_2 = \frac{P}{\gamma} = \frac{19[kPa] \times \frac{10332[kgf/m^2]}{101.325[kPa]}}{0.9 \times 1000[kgf/m^3]} = 2.152[m]$$

- 관에서의 마찰손실에 의한 수두(달시 방정식 사용)

$$H_3 = f\frac{L}{D}\frac{V^2}{2g} = 0.02 \times \frac{10}{0.2} \times \frac{2^2}{2 \times 9.8} = 0.204[m]$$

- 엘보(2개)와 밸브(1개)의 손실계수에 의한 수두

$$H_4 = K\frac{V^2}{2g} = (2 \times 1.5 + 2) \times \frac{2^2}{2 \times 9.8} = 1.02[m]$$

- 높이

  $h = 5[m]$

2) 전양정(전수두) 계산

   $H = H_1 + H_2 + H_3 + H_4 + h = 1.148 + 2.152 + 0.204 + 1.02 + 5 = 9.524[m]$

3) 유량 계산

   $Q = A \cdot v = \dfrac{\pi D^2}{4} \times v = \dfrac{0.2^2 \times \pi}{4} \times 2 = 0.0628[m^3/s]$

4) 펌프의 축동력 계산

   $L = \dfrac{\gamma HQ}{102\eta} = \dfrac{0.9 \times 1000 \times 9.524 \times 0.0628}{102 \times 0.9} = 5.86[kW]$

   용어 비중 : 어떤 물질의 밀도(비중량) / 4 [℃] 물의 밀도(비중량)

   TIP 유량의 단위가 $[m^3/s]$인 경우에는 분모에 3600을 곱하지 않아도 된다.

핵심이론 소요동력

구분	송풍기	펌프
소요동력 (축동력)	$L_s = \dfrac{P_t \times Q}{102 \times 60 \times \eta_f}[kW]$ $L_s = \dfrac{P_s \times Q}{102 \times 60 \times \eta_s}$ • 송풍기 전압 : $P_t[kg/m^2]$ • 송풍기 정압 : $P_s[kg/m^2]$ • 송풍량 : $Q[m^3/\min]$ • 전압효율 : η_f • 정압효율 : η_s	$L_s = \dfrac{\gamma HQ}{102 \times 3600 \times \eta_P}[kW]$ • 물의 비중량 : $\gamma = 1000\,[kgf/m^3]$ • 수두(양정) : $H[m]$ • 유량 : $Q[m^3/h]$ • 펌프효율 : η_P

- 3600 [s] = 60 [min] = 1 [h]
- 1 [kW] = 102 [kgf·m/s](1 [kgf] = 1 [kg])

핵심이론 달시 - 바이스바하의 방정식(Darcy - Weisbach Equation)

$H_L = f \dfrac{L}{d} \dfrac{V^2}{2g}$

- H_L : 수두손실 [m]
- L : 관의 길이 [m]
- V : 평균 유속 [m/s]
- f : 마찰계수
- d : 관의 지름 [m]
- g : 중력가속도 [9.8 m/s^2]

핵심이론 | 압력

단위면적당 가해지는 힘
1) 표준대기압(atm) : 1 [atm] = 760 [mmHg] = 101325 [Pa] = **101.325** [kPa] = **10.332** [mH$_2$O]

> 암기 백일상이오(101.325)
> 암기 물 넣으면 삼삼(33)하다. 삼삼이(332)

2) 1 [Pa] = 1 [N/m^2] = 1 [kg/m·s^2]
3) 1 [bar] = 100 [kPa]
4) 절대압력 = 대기압 + 게이지압 : $P_a = P_0 + P_g$

---

18 랭킨 사이클에서 터빈 출구의 엔탈피는 2219 [kJ/kg]이고, 보일러 출구 엔탈피는 2763 [kJ/kg]이다. 펌프의 입구 엔탈피는 339 [kJ/kg]라고 할 때 랭킨 열효율을 계산하시오. (단, 펌프의 일은 무시한다) [5점]

정답

22.44 [%]

[해설]

랭킨 사이클 : 펌프 → 보일러 → 터빈 → 복수기 → 펌프
※ 펌프의 일은 무시하므로 펌프 입구와 펌프 출구의 엔탈피는 같다고 할 수 있다.

$$\eta = \frac{W}{Q_{in}} = \frac{Q_{in} - Q_{out}}{Q_{in}} = 1 - \frac{Q_{out}}{Q_{in}}$$

- Q_{in} : 입열(보일러 출구 엔탈피 - 보일러 입구 엔탈피) = 2763 − 339 = 2424 [kJ/kg]
- Q_{out} : 출열(복수기 입구 엔탈피 - 복수기 출구 엔탈피) = 2219 − 339 = 1880 [kJ/kg]

$$\eta = 1 - \frac{1880}{2424} = 0.2244 = 22.44\,[\%]$$

핵심이론 | 랭킨 사이클

증기 원동소의 기본 사이클
1) 2개의 단열 과정과 2개의 등압 과정으로 구성되어 있다.
2) 증기 원동소의 구성
   [1] → 펌프(단열압축) → [2] → 보일러(정압가열) → [3] → 터빈(단열팽창) →
   [4] → 복수기(정압방열) → [1]

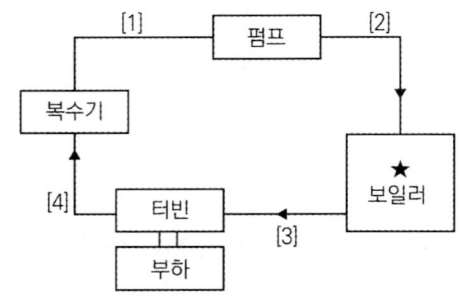

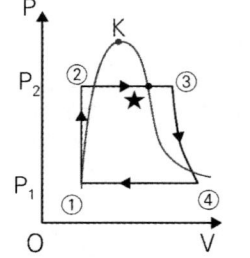 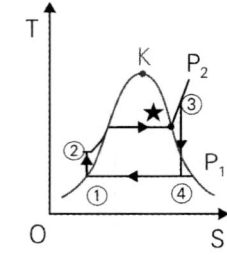 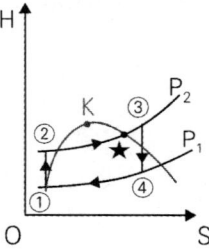

3) 열효율 : $\eta_R = 1 - \dfrac{q_{out}}{q_{in}} = 1 - \dfrac{h_4 - h_1}{h_3 - h_2} = \dfrac{(h_3 - h_2) - (h_4 - h_1)}{h_3 - h_2} \times 100\,[\%]$

4) 펌프 일을 무시할 경우($h_2 = h_1$), $\eta_R = \dfrac{h_3 - h_4}{h_3 - h_1} \times 100\,[\%]$

5) 랭킨 사이클의 이론 열효율은 초온·초압이 높을수록, 배압(복수기 압력)이 낮을수록 커진다.

2025 제2회

합격률 : 35.4%

01 안지름이 40 [cm]인 원통형 배관에 두께가 5 [cm]의 단열재가 부착되어 있다. 이 단열재의 열전도율이 0.42 [W/m·℃]이며 길이는 2 [m]일 때, 고온 측 온도는 100 [℃], 저온 측 온도는 30 [℃]이다. 이때 전도열량 [kJ/h]은 얼마인가? [6점]

정답

5960.40 [kJ/h]

[해설]

※ 원통에서의 열전도 : $Q_c = \dfrac{2\pi L(t_1 - t_2) \times \lambda}{\ln\left(\dfrac{r_2}{r_1}\right)} [W]$

- L : 길이 2 [m]
- λ : 열전도율 0.42 [W/m·℃]
- r_1 : 안쪽 반지름 20 [cm] = 0.2 [m]
- r_2 : 바깥쪽 반지름 25 [cm] = 0.25 [m]
- $t_1 - t_2$: 온도 차이 100 - 30 = 70 [℃]

$Q = \dfrac{2\pi \times 2 \times 70 \times 0.42}{\ln\left(\dfrac{0.25}{0.2}\right)} = 1655.666 [W] = 1655.666 [J/s] \times \dfrac{1[kW]}{1000[W]} \times \dfrac{3600[s]}{1[h]}$

$= 5960.40 [kJ/h]$

핵심이론 | 파이프의 열전도

1) 파이프의 열전도

$$Q_c = \frac{2\pi L(t_1 - t_2)}{\frac{1}{\lambda}\ln\left(\frac{r_2}{r_1}\right)} = \frac{2\pi L(t_1 - t_2) \times \lambda}{\ln\left(\frac{r_2}{r_1}\right)}[W]$$

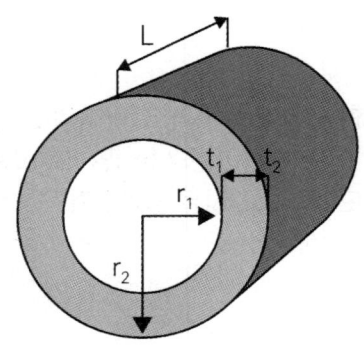

2) 열손실량

$$Q = KA\triangle t\,[W]$$

- K : 열관류(통과)계수 [W/m² · K]
- A : 전열면적 [m²]
- $\triangle t$: 온도차이 [K]

---

02 연료소비량 : 140 [kg/h], 발열량 : 19260 [kJ/kg], 100 [℃]의 포화수엔탈피 : 251 [kJ/kg], 과열증기엔탈피 2763 [kJ/kg], 증기 발생량 : 840 [kg/h]라고 할 때 이 보일러의 효율 [%]을 구하시오. [5점]

[정답]

78.26 [%]

[해설]

$$\eta_B = \frac{G(h_2 - h_1)}{G_f \times H_L} = \frac{840 \times (2763 - 251)}{140 \times 19260} = 0.7826$$

$0.7826 \times 100\,[\%] = 78.26\,[\%]$

핵심이론 보일러 효율

$$\eta_B = \frac{G_a(h_2 - h_1)}{G_f \times H_\ell} \times 100 \, [\%]$$

$$= \frac{G_e \times 2256}{G_f \times H_\ell} \times 100 \, [\%]$$

- G_a : 실제증발량 [kg/h]
- G_e : 상당증발량 [kg/h]
- h_1 : 급수의 비엔탈피 [kJ/kg]
- h_2 : 증기의 비엔탈피 [kJ/kg]
- G_f : 연료사용량 [kg/h]
- H_ℓ : 연료발열량 [kJ/kg]

---

03 보온재를 설치하기 전 열손실은 2500 [kJ/h]였다. 보온재를 설치한 후 열손실이 0.12 [kW]가 되었을 때, 보온재의 효율 [%]은 얼마인가? [5점]

정답

82.72 [%]

[해설]

- 보온재 설치 전 열손실 2500 [kJ/h] = 2500 [kJ/h] ÷ 3600 [s/h] = 0.6944 [kJ/s]
- 보온재 설치 후 열손실 0.12 [kW] = 0.12 [kJ/s]
- 보온재 효율 = $\left(1 - \dfrac{Q_2}{Q_1}\right) \times 100 \, [\%] = \left(1 - \dfrac{0.12}{0.6944}\right) \times 100 \, [\%] = 82.72 \, [\%]$

---

04 비례동작의 특징 3가지를 쓰시오. [6점]

> **정답**
> - 혼자서 사용하지 못하고 다른 동작과 함께 사용하여야 한다.
> - 잔류편차(오프셋 : Off-set)가 남는다.
> - 조작량은 편차량에 비례한다.
> - 부하변화가 작은 프로세스에 적합하다.
> - 공기조화기, 직접난방의 증기 유량제어, 액면제어 등에 사용된다.

핵심이론 비례(P)동작

현재의 오차에 비례하여 출력을 조정하는 동작
- 오차가 클수록 출력이 크게 조정된다.
- 출력 변화가 편차에 비례하는 동작이다.
- 단독으로 사용하지 않고 다른 동작과 조합하여 사용한다.

05 스팀트랩의 작동원리에 따른 구분 3가지를 쓰시오. [5점]

> **정답**
> 기계적 트랩, 온도조절 트랩, 열역학적 트랩

핵심이론 증기트랩의 종류

1) 기계적 트랩(응축수와 증기의 비중차) : 플로트식(레버, 프리), 버킷식(상향, 하향)
2) 온도조절 트랩(응축수와 증기의 온도차) : 바이메탈식, 벨로즈식, 다이어프램식
3) 열역학적 트랩(응축수와 증기의 열역학적 특성차) : 오리피스식, 디스크식

06 연소에 필요한 이론공기량이 10.8 [kg]이고, 공기의 비열은 1.674 [kJ/kg·℃]이다. 온도는 15 [℃]에서 295 [℃]로 상승한다고 할 때, 공기비를 1.35에서 1.15로 개선하였다고 한다. 이때 공기비 개선에 따른 절감률을 구하시오. (단, 연료의 발열량은 40820 [kJ]이다)

[6점]

정답

2.48 [%]

[해설]

$$연료절감률 = \frac{열손실절감량}{연료발열량} \times 100[\%]$$

$$G = (m_1 - m_2) \times A_0 = (1.35 - 1.15) \times 10.8 = 2.16 \, [kg]$$

$$Q = GC\Delta t = 2.16 \times 1.674 \times (295 - 15) = 1012.44 \, [kJ/kg]$$

$$연료절감률 = \frac{열손실절감량}{연료발열량} \times 100[\%] = \frac{1012.44}{40820} \times 100[\%] = 2.48[\%]$$

핵심이론 실제습연소가스량

실제습연소가스량(G_w) = 이론습연소가스량(G_{ow}) + 과잉공기량[$(m-1)A_o$]

07 요업공정에 주로 사용하고 있는 내화물 소성로 중 예열대, 소성대, 냉각대의 주요 3부분으로 구성되어 있으며, 요 밖에서 대차에 적재된 피소성품은 예열대 측 입구에서 순차적으로 요에 장입되어 연속적으로 열처리를 하는 설비의 명칭을 쓰시오.

[4점]

정답

터널요(Tunnel Kiln)

핵심이론 터널요(Tunnel Kiln)

1) 가늘고 긴 터널형의 가마
2) 피열물을 실은 레일 위의 대차는 예열, 소성, 냉각 과정을 통하여 제품이 완성된다.
3) 용도 : 산화염 소성인 위생도기, 건축용 도기 및 벽돌
4) 장점
   (1) 소성이 균일하며 제품의 품질이 좋다.
   (2) 소성시간이 짧다.
   (3) 대량생산이 가능하다.
   (4) 열효율이 높다.
   (5) 인건비가 절약된다.
   (6) 자동온도제어가 쉽다.
   (7) 능력에 비하여 설치면적이 적다.
   (8) 배기가스의 현열을 이용하여 제품을 예열시킨다.
5) 단점
   (1) 건설비가 비싸다.
   (2) 제품을 연속처리 해야 하여 생산조정이 곤란하다.
   (3) 제품의 품질, 크기, 형상에 제한을 받는다.
   (4) 작업자의 기술이 요구된다.
6) 구성 : 예열대, 소성대, 냉각대, 대차, 푸셔

---

08 사이클의 최저온도와 최고온도가 각각 20 [℃], 1420 [℃]이고, 압축비가 6인 이상적인 공기표준 스털링 사이클로 작동되는 T – S선도이다. 다음 물음에 답하시오. (단, 기체상수는 0.287 [kJ/kg·K], 정압비열은 1.005 [kJ/kg·K], 정적비열은 0.718 [kJ/kg·K]이다)

[8점]

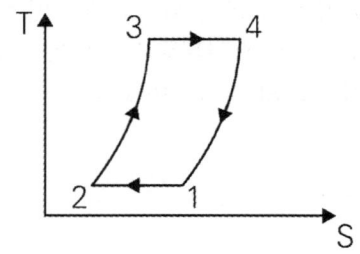

1) 2 → 3 → 4에서 공급된 열량 [kJ/kg]을 구하시오.
2) 4 → 1 → 2에서 방출된 열량 [kJ/kg]을 구하시오.
3) 계가 한 순일량 [kJ/kg]을 구하시오.
4) 사이클의 이론 열효율 [%]을 구하시오.

> [정답]

1) 1875.88 [kJ/kg]   2) 1155.95 [kJ/kg]   3) 719.93 [kJ/kg]   4) 82.69 [%]

[해설]

$T_3 = T_4 = 273.15 + 1420 = 1693.15 K$

$T_1 = T_2 = 273.15 + 20 = 293.15 K$

$\epsilon = 6 = \dfrac{V_1}{V_2} = \dfrac{V_4}{V_3}$

1) $Q_1 = Q_{23} + Q_{34}$ [2 → 3 : 정적가열], [3 → 4 : 등온팽창 가열]

   $Q_{23} = dU + PdV = dU$

   $Q_{34} = TdS$

   $Q_1 = dU + TdS = C_v(T_3 - T_2) + T_3 \cdot R\ln\dfrac{V_4}{V_3}$

   $= 0.718(1693.15 - 293.15) + 1693.15 \times 0.287 \times \ln 6 \fallingdotseq 1875.88 [kJ/kg]$

2) $Q_2 = -(Q_{41} + Q_{12})$

   $Q_{41} = dU + PdV = dU$

   $Q_{12} = TdS$

   $Q_2 = -(dU + TdS) = -\left[C_v(T_1 - T_4) + T_1 \cdot R\ln\dfrac{V_2}{V_1}\right]$

   $= -\left[0.718(293.15 - 1693.15) + 293.15 \times 0.287 \times \ln\dfrac{1}{6}\right] = 1155.95 [kJ/kg]$

3) $W = Q_1 - Q_2 = 1875.88 - 1155.95 = 719.93 [kJ/kg]$

4) $\eta = \left(1 - \dfrac{T_1}{T_3}\right) \times 100 [\%] = 82.69 [\%]$

※ 이 문제는 이상적인 공기표준 스털링 사이클로 작동되고 있는 이론 열효율을 물어보고 있으므로 스털링 사이클이 이상적으로 작동하며, 완전한 재생기(100 [%] 효율)를 갖춘 경우를 전제한다. 이 경우 열효율은 공급된 열량과 방출된 열량을 통해 계산하는 방식이 아니라 카르노 사이클처럼 고온·저온 온도만으로 계산하는 이론 최대 효율을 적용해야 한다.

핵심이론 | 이상기체

1) 이상기체의 관계식

   $\delta Q = dU + dW$

   $H = U + PV$, $dh = du + Pdv + vdP$

   $Tds = du + Pdv$, $Tds = dh - vdP$

2) 이상기체 가역 변화에 대한 관계식

구분	정적 변화	정압 변화	정온 변화	단열 변화	폴리트로픽 변화
P, v, T 관계	$v = C$ $dv = 0$ $\dfrac{P_1}{T_1} = \dfrac{P_2}{T_2}$	$P = C$ $dP = 0$ $\dfrac{v_1}{T_1} = \dfrac{v_2}{T_2}$	$T = C$ $dT = 0$ $Pv = P_1 v_1 = P_2 v_2$	$Pv^k = C$ $\dfrac{T_2}{T_1} = \left(\dfrac{v_1}{v_2}\right)^{k-1}$ $= \left(\dfrac{P_2}{P_1}\right)^{\frac{k-1}{k}}$	$Pv^n = C$ $\dfrac{T_2}{T_1} = \left(\dfrac{v_1}{v_2}\right)^{n-1}$ $= \left(\dfrac{P_2}{P_1}\right)^{\frac{n-1}{n}}$
외부에 하는 일(팽창) ${}_1 w_2 = \int P dv$	0	$P(v_2 - v_1)$ $= R(T_2 - T_1)$	$P_1 v_1 \ln \dfrac{v_2}{v_1}$ $= P_1 v_1 \ln \dfrac{P_1}{P_2}$ $= RT \ln \dfrac{v_2}{v_1}$ $= RT \ln \dfrac{P_1}{P_2}$	$\dfrac{1}{k-1}(P_1 v_1 - P_2 v_2)$ $= \dfrac{RT_1}{k-1}\left[1 - \dfrac{T_2}{T_1}\right]$ $= \dfrac{RT_1}{k-1}\left[1 - \left(\dfrac{v_1}{v_2}\right)^{k-1}\right]$ $= \dfrac{RT_1}{k-1}\left[1 - \left(\dfrac{P_2}{P_1}\right)^{\frac{k-1}{k}}\right]$ $= \dfrac{R}{k-1}(T_1 - T_2)$ $= C_V(T_1 - T_2)$	$\dfrac{1}{n-1}(P_1 v_1 - P_2 v_2)$ $= \dfrac{P_1 v_1}{n-1}\left[1 - \left(\dfrac{T_2}{T_1}\right)\right]$ $= \dfrac{R}{n-1}(T_1 - T_2)$
공업일(압축일) $w_t = -\int v dP$	$v(P_1 - P_2)$ $= R(T_1 - T_2)$	0	${}_1 w_2$	$k {}_1 w_2$	$n {}_1 w_2$
비내부에너지의 변화량 $(u_2 - u_1)$	$C_v(T_2 - T_1)$ $= \dfrac{R}{k-1}(T_2 - T_1)$ $= \dfrac{1}{k-1} v(P_2 - P_1)$	$C_v(T_2 - T_1)$ $= \dfrac{1}{k-1} P(v_2 - v_1)$	0	$-{}_1 W_2 = u_2 - u_1$	$C_v(T_2 - T_1)$
비엔탈피(단위질량당 엔탈피)의 변화량 $(h_2 - h_1)$	$C_p(T_2 - T_1)$ $= \dfrac{k}{k-1} R(T_2 - T_1)$ $= \dfrac{k}{k-1} v(P_2 - P_1)$ $= k(u_2 - u_1)$	$C_p(T_2 - T_1)$ $= \dfrac{k}{k-1} P(v_2 - v_1)$ $= k(u_2 - u_1)$	0	$h_2 - h_1$	$C_p(T_2 - T_1)$
외부에서 얻은 열 $({}_1 q_2)$	$u_2 - u_1$	$h_2 - h_1$	${}_1 w_2 = w_t$	0	$C_n(T_2 - T_1)$
n	∞	0	1	k	$(-\infty, \infty)$
비열(C)	C_v	C_p	∞	0	$C_n = C_v \dfrac{n-k}{n-1}$
엔트로피 변화량 $(S_2 - S_1)$	$C_v \ln \dfrac{T_2}{T_1}$ $= C_v \ln \dfrac{P_2}{P_1}$	$C_p \ln \dfrac{T_2}{T_1}$ $= C_p \ln \dfrac{v_2}{v_1}$	$R \ln \dfrac{v_2}{v_1}$ $= R \ln \dfrac{P_1}{P_2}$	0	$C_n \ln \dfrac{T_2}{T_1}$ $= C_v (n-k) \ln \dfrac{v_1}{v_2}$ $= C_v \dfrac{n-k}{n} \ln \dfrac{P_2}{P_1}$

09 단열재의 구비조건 3가지를 쓰시오. [6점]

정답
- 흡수성이 적을 것
- 장기간 사용 시 변질되지 않을 것
- 견고하고 시공이 유리할 것
- 열전도율이 작을 것
- 비중이 작을 것
- 다공성일 것

핵심이론 보온재(단열재)

1) 구비조건
   (1) 열전도율이 작을 것
   (2) 부피, 비중이 작을 것
   (3) 불연성이고, 흡수성, 흡습성이 없을 것
   (4) 사용온도에 있어 내구성이 있고, 변질되지 않을 것
   (5) 다공성이며, 기공이 균일할 것
   (6) 기계적 강도가 크고, 시공성이 좋을 것
   (7) 안전사용온도 범위 내에 있을 것
   (8) 구입이 쉽고 장시간 사용해도 변질이 없을 것

10 보일러 운전 시 점화불량의 원인을 5가지 쓰시오. [5점]

정답
- 공기비의 조정불량
- 연료가 없는 경우
- 연료필터가 막힌 경우
- 댐퍼의 작동 불량
- 연료의 온도가 너무 높은 경우
- 연소실의 온도가 낮은 경우
- 연료분사노즐이 막힌 경우
- 점화플러그 불량

11 고온부식의 방지대책 3가지만 쓰시오. [6점]

정답
- 연료에 첨가제(회분개질제)를 사용하여 회분의 융점을 높인다.
- 연료를 전처리하여 바나듐(V), 나트륨(Na) 성분을 제거한다.
- 배기가스온도를 바나듐 융점인 550 [℃] 이하가 되도록 유지시킨다.
- 고온의 전열면을 내식재료로 피복한다.
- 전열면의 온도가 높아지지 않도록 설계온도 이하로 유지한다.

TIP 저온부식의 원인 : 황, 고온부식의 원인 : 바나듐

12 급수사용량이 24000 [L/day]이다. 보일러수의 불순물의 허용농도가 2500 [ppm]이고 급수의 불순물의 허용농도가 110 [ppm]일 때, 보일러 분출량은 몇 [L/day]인가? [5점]

정답

보일러 분출량 = $\dfrac{24000 \times 110}{(2500 - 110)} = 1104.60 [L/day]$

용어 ppm(parts per million) : 백만분의 1단위

핵심이론 블로우 다운(Blow Down)

1) 보일러의 배관이나 열교환기에서 생성된 침전물이나 이물질을 제거하기 위한 작업
2) 블로우 다운량(분출량) = 증기 발생량 × $\dfrac{급수 불순물허용농도}{보일러수 불순물허용농도 - 급수 불순물허용농도}$

13 발생증기량은 시간당 10 [kg], 급수엔탈피와 내부에너지는 84 [kJ/kg]로 같다. 포화수 내부에너지는 420 [kJ/kg], 포화증기 내부에너지 2510 [kJ/kg], 포화수 엔탈피 420 [kJ/kg], 포화증기 엔탈피 2680 [kJ/kg]이다. 건도는 0.9라고 할 때, 증기가 흡수한 열량을 구하시오. [5점]

[정답]

23700 [kJ/h]

[해설]

습증기의 엔탈피 $h_x = h' + x(h'' - h') = h' + x\gamma [kJ/kg]$

$h_x = 420 + 0.9 \times (2680 - 420) = 2454 [kJ/kg]$

$Q = m\Delta h = 10 \times (2454 - 84) = 23700 [kJ/h]$

핵심이론 습증기

1) 습포화증기(습증기)의 비엔탈피

$h_x = h' + x(h'' - h') = h' + x\gamma [kJ/kg]$

- x : 건조도(건도)
- γ : 물의 증발열
- h' : 포화수 비엔탈피
- h'' : 건포화증기 비엔탈피

2) 터빈 출력 = $m(h_1 - h_2)[kW]$

14 프로판 1 [kg]당 발열량 [MJ/kg]을 구하시오. [7점]

$$C + O_2 \rightarrow CO_2 + 393.5 [kJ/mol]$$

$$H_2 + \frac{1}{2}O_2 \rightarrow H_2O + 240 [kJ/mol]$$

정답

48.65 [MJ/kg]

[해설]

프로판의 연소반응식은
$C_3H_8 + 5O_2 \rightarrow 3CO_2 + 4H_2O$
이므로 1 [mol]의 프로판이 연소하였을 경우
$3 \times 393.5 + 4 \times 240 = 2140.5 [kJ/mol]$ 발열량이 발생한다.
이때 프로판 1 [mol]은 3 × 12 + 1 × 8 = 44 [g]이므로
$2140.5 [kJ/mol] \times \dfrac{1[mol]}{44[g]} \times \dfrac{1000[g]}{1[kg]} \times \dfrac{1[MJ]}{1000[kJ]} = 48.647 [MJ/kg]$ 이다.

15 LNG의 연간소비량이 539.8 [TOE/년]이고, LNG 연소율은 0.995, 탄소배출계수는 0.637 [tonC/TOE]이라고 할 때, 다음에 답하시오. [6점]

1) 탄소배출량 [tonC/년]
2) CO_2 배출량 [tonCO₂/년]

정답

1) 342.13 [tonC/년]
2) 1254.49 [tonCO₂/년]

[해설]

1) 탄소배출량 = 연간소비량 × LNG 연소율 × 탄소배출계수
 = 539.8 × 0.995 × 0.637 = 342.13 [tonC/년]

2) CO_2배출량 = 탄소배출량 × $\dfrac{CO_2 분자량}{C 분자량}$

$342.13 \times \dfrac{44}{12} = 1254.49 [tonCO_2/년]$

용어 tonC(탄소톤) : 탄소 1톤을 나타내는 단위
용어 석유환산톤(TOE, Ton of Oil Equivalent) : 석유 1톤이 갖는 열량

16 송풍기의 풍량이 600 [m³/min], 축동력은 50 [kW]일 때, 임펠러의 회전수는 970 [rpm]이다. 이 송풍기에서 풍량을 1000 [m³/min]으로 변경할 경우에 다음 물음에 답하시오.

[6점]

1) 회전수 [rpm]를 구하시오.
2) 축동력 [kW]을 구하시오.

정답

1) 1616.67 [rpm]
2) 231.48 [kW]

[해설]

1) $Q_2 = Q_1 \times \left(\dfrac{N_2}{N_1}\right)^1$ 에서 $1000 = 600 \times \dfrac{N_2}{970 rpm}$ 이므로 $N_2 = 1616.67 [rpm]$

2) $L_2 = L_1 \times \left(\dfrac{N_2}{N_1}\right)^3 = 50 \times \left(\dfrac{1616.67}{970}\right)^3 = 231.48 [kW]$

핵심이론 상사 법칙, 비속도

구분	송풍기	펌프
상사 법칙	• 풍량(Q) $\dfrac{Q_2}{Q_1} = \dfrac{N_2}{N_1} = \left(\dfrac{D_2}{D_1}\right)^3$ • 정압(P) $\dfrac{P_2}{P_1} = \left(\dfrac{N_2}{N_1}\right)^2 = \left(\dfrac{D_2}{D_1}\right)^2$ • 동력(L) $\dfrac{L_2}{L_1} = \left(\dfrac{N_2}{N_1}\right)^3 = \left(\dfrac{D_2}{D_1}\right)^5$ 회전수 : N [rpm] 임펠러 직경 : D [mm]	• 유량(Q) $\dfrac{Q_2}{Q_1} = \dfrac{N_2}{N_1} = \left(\dfrac{D_2}{D_1}\right)^3$ • 양정(H) $\dfrac{H_2}{H_1} = \left(\dfrac{N_2}{N_1}\right)^2 = \left(\dfrac{D_2}{D_1}\right)^2$ • 동력(L) $\dfrac{L_2}{L_1} = \left(\dfrac{N_2}{N_1}\right)^3 = \left(\dfrac{D_2}{D_1}\right)^5$ 회전수 : N [rpm] 임펠러 직경 : D [mm]
비속도	$\dfrac{N\sqrt{Q}}{P^{\frac{3}{4}}}$ • 회전수 : N [rpm] • 풍량 : Q [m³/min] • 풍압 : P [mmAq]	$\dfrac{N\sqrt{Q}}{H^{\frac{3}{4}}}$ • 회전수 : N [rpm] • 토출량 : Q [m³/min] • 전양정 : H [m]

17 수평으로 흐르는 물의 관에 피토관을 삽입하여 유속을 측정하였다. 피토관의 정압부와 전압부 사이에 연결 된 U자형 안의 비중이 13.6인 수은의 높이차가 75 [mm]라고 할 때, 유속을 구하여라. [5점]

정답

4.47 [m/s]

[해설]

$\triangle P = (\rho_{수은} - \rho_{물})g\triangle h = 9.8 \times (13600 - 1000) \times 0.075 = 9261\,[Pa]$

$\triangle P$의 단위로 [Pa]을 사용할 때는 중력가속도 g가 포함되어 있는 것으로 본다.

$v = \sqrt{2gh} = \sqrt{2 \times \dfrac{\Delta P[Pa]}{\rho}} = \sqrt{2 \times \dfrac{9261}{1000}} = 4.30\,[m/s]$

TIP 물의 밀도는 1000 [kg/m³]

용어 비중 : 어떤 물질의 밀도(비중량) / 4 [℃] 물의 밀도(비중량)

핵심이론 피토관에 의한 유속

$V = \sqrt{\dfrac{2g(P_1 - P_2)}{\gamma}} = \sqrt{2gh}$

(P_1 : 전압, P_2 : 정압, V : 유속, g : 중력가속도, γ : 비중량, h : 높이)   TIP $P = \gamma h$

18 빈칸에 알맞은 말을 적으시오. [4점]

> 철금속가열로 설치검사등 기준에서 노의 범위는 예열대, 냉각대를 포함한 노의 본체와
> (   ), (   ), (   ), (   ) 및 이와 관련한 배관까지로 한다.

정답

연소장치, 통풍장치, 배열회수장치, 냉각장치

핵심이론 열사용기자재검사 및 검사 면제에 관한 기준

1.2.4 철금속가열로의 적용범위
철금속가열로 설치검사 등 기준에서 노의 범위는 예열대, 냉각대를 포함한 노의 본체와 연소장치, 통풍장치, 배열회수장치, 냉각장치 및 이와 관련한 배관까지로 한다.

2024 제1회

합격률 : 22.4%

01 액체연료 1 [kg]을 연소시킬 때 탄소(78 [%]), 수소(12 [%]), 산소(3 [%]), 황(2 [%]), 기타 (5 [%])일 경우 이론공기량 [Nm³/kg]를 구하시오. [6점]

정답

10.1 [Nm³/kg]

[해설]

1) 풀이 1

O_0 = 1.867C + 5.6(H - O/8) + 0.7S
   = 1.867 × 0.78 + 5.6 × (0.12 - 0.03/8) + 0.7 × 0.02 = 2.12 [Nm³/kg]

A_0 = O_0/0.21 = 2.12/0.21 = 10.1 [Nm³/kg]

2) 풀이 2

A_0 = 8.89C + 26.67(H - O/8) + 3.33S
   = 8.89 × 0.78 + 26.67 × (0.12 - 0.03/8) + 3.33 × 0.02 = 10.1 [Nm³/kg]

핵심이론 이론산소량(O_0) & 이론공기량(A_0)

1) 이론산소량(O_0) : 연료를 산화시키기 위한 이론적 최소 산소량
   (1) 고체 및 액체 연료
     ① 질량 계산식

$$O_o = 2.67C + 8\left(H - \frac{O}{8}\right) + S \text{ [kg/kg]}$$

     ② 체적 계산식(연료 1 [kg] 연소 시 이론산소량의 체적)

$$O_o = 1.867C + 5.6\left(H - \frac{O}{8}\right) + 0.7S \text{ [Nm}^3\text{/kg]}$$

2) 이론공기량(A_0) : 연료를 산화시키기 위한 이론적 최소 공기량
이론산소량을 산소의 질량비로 나누어준다.
(1) 고체 및 액체 연료
① 질량 계산식

$$A_o = \frac{O_o}{0.232} = 11.51C + 34.48\left(H - \frac{O}{8}\right) + 4.31S \text{ [kg/kg]}$$

② 체적 계산식

$$A_o = \frac{O_o}{0.21} = 8.89C + 26.67\left(H - \frac{O}{8}\right) + 3.33S \text{ [Nm}^3\text{/kg]}$$

02 인젝터(Injector)는 고압의 유체의 흐름의 방향을 바꾸기 위하여 사용하는 시스템이다. 다음 물음에 답하시오. [5점]

1) 인젝터의 장점을 두 가지 적으시오.

2) [보기]를 보고 인젝터의 작동순서를 알맞게 적으시오.

[보기]
1. 인젝터 급수/증기밸브 개방
2. 펌프 출구밸브 잠금
3. 인젝터 출구 측 밸브 개방
4. 인젝터 핸들개방

정답

1) 소요동력이 필요 없음, 설치장소를 적게 차지함, 취급이 용이함, 구조가 간단함, 가격이 저렴함
2) 2 - 3 - 1 - 4
   ※ 인젝터 작동 전 펌프 출구밸브를 잠그고 인젝터 출구 측 밸브를 개방 후 급수, 증기밸브를 개방하고 마지막으로 인젝터 핸들을 개방한다.

핵심이론 인젝터(Injecter)

증기의 열에너지를 운동에너지로 전환시키고 다시 압력에너지로 바꾸어 급수하는 비동력 급수장치(비상급수장치)

1) 장점과 단점
   (1) 장점
      ① 구조가 간단하고 취급이 용이하다.
      ② 설치장소를 적게 차지한다.
      ③ 증기와 물이 혼합되어 급수가 예열되는 효과가 있다.
      ④ 가격이 저렴하다.
      ⑤ 소요동력이 필요 없다.
   (2) 단점
      ① 양수효율이 낮다.
      ② 급수량 조절이 어렵다.
      ③ 이물질의 영향을 많이 받는다.
2) 인젝터의 작동 순서
   급수밸브(토출밸브)를 연다. → 흡수밸브를 연다. → 증기 흡입밸브를 연다. → 인젝터 핸들을 연다.

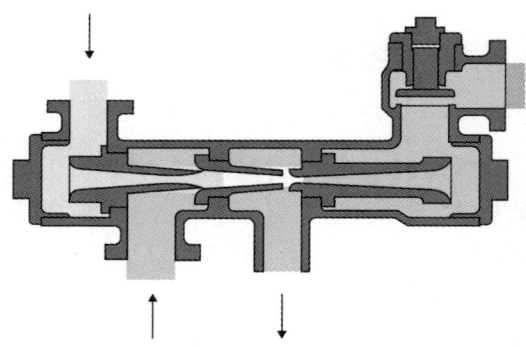

03 보일러의 자동제어에서 신호전달방식 3가지를 쓰시오. [5점]

정답
전기식, 공기압식, 유압식   암 전공유

04 내화벽돌과 단열재로 이루어진 가열로의 질문에 대해 답하시오. (단, 노 내 온도는 1500 [℃], 내화벽돌과 단열재 사이의 온도는 900 [℃], 외기온도는 10 [℃]이다. 내화벽돌의 두께는 25 [cm], 열전도율은 6 [W/m·℃], 단열재의 열전도율은 0.65 [W/m·℃], 열전달율은 40 [W/m²·℃]이다) [7점]

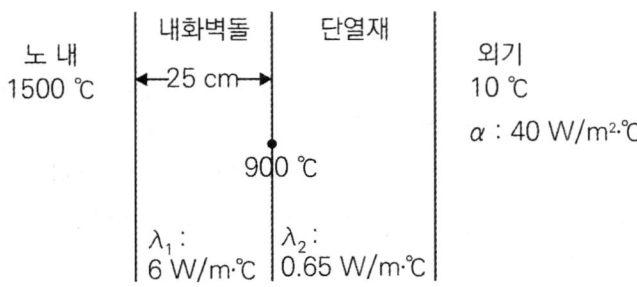

1) 열유속 [W/m²]을 구하시오.
2) 단열재의 두께 [cm]를 구하시오.

정답

1) 14400 [W/m²]
2) 2.39 [cm]

[해설]

1) $q = K\Delta t = \dfrac{\Delta t}{\dfrac{d}{\lambda_1}} = \dfrac{\lambda_1 \Delta t}{d} = \dfrac{6\,[W/m\cdot ℃] \times (1500-900)[℃]}{0.25\,[m]} = 14400\,[W/m^2]$

2) $q = \dfrac{(t_2 - t_3)}{\dfrac{x}{\lambda_2} + \dfrac{1}{\alpha}} \rightarrow 14400\,[W/m^2] = \dfrac{(900-10)[℃]}{\dfrac{x\,[m]}{0.65\,[W/m\cdot ℃]} + \dfrac{1}{40\,[W/m^2\cdot ℃]}}$

$x = 0.0239\,[m] = 2.39\,[cm]$

핵심이론 | 전열

1) 열손실량

$$Q = KA\Delta t\, [W]$$

- K : 열관류(통과)계수 [W/m² · K]
- A : 전열면적 [m²]
- $\triangle t$: 온도차이 [K]

2) 열유속(流俗) : 단위면적당 흐르는 열량

$$q = \frac{Q}{A} = \frac{KA\Delta t}{A} = K\Delta t\, [W/m^2]$$

- K : 열관류(통과)계수 [W/m² · K]
- A : 전열면적 [m²]
- $\triangle t$: 온도차이 [K]

3) 열관류(통과)계수 : 단위면적당 단위온도차에 의해 전달되는 열량

$$K = \frac{1}{R} = \frac{1}{\frac{1}{\alpha_1} + \frac{\ell}{\lambda} + \frac{1}{\alpha_2}}\, [W/m^2 \cdot K]$$

- K : 열관류율 [W/m² · K]
- R : 열저항 [m² · K/W]
- ℓ : 재료의 두께 [m]
- λ : 열전도율 [W/m · K]
- α_1 : 내측 유체 열전달률 [W/m² · K]
- α_2 : 외측 유체 열전달률 [W/m² · K]

---

05 연료소비량 : 50 [kg/h], 발열량 : 23400 [kJ/kg], 100 [℃]의 포화수엔탈피 : 400 [kJ/kg], 과열증기엔탈피 3000 [kJ/kg], 증기 발생량 : 300 [kg/h]라고 할 때 이 보일러의 효율 [%]을 구하시오. [5점]

정답

66.67 [%]

[해설]

$$\frac{G(h_2 - h_1)}{G_f \times H_\ell} = \frac{300 \times (3000 - 400)}{50 \times 23400} = 0.6667 \rightarrow 0.6667 \times 100 = 66.67\, [\%]$$

핵심이론 보일러 효율

$$\eta_B = \frac{G_a(h_2 - h_1)}{G_f \times H_\ell} \times 100 \, [\%]$$

$$= \frac{G_e \times 2256}{G_f \times H_\ell} \times 100 \, [\%]$$

- G_a : 실제증발량 [kg/h]
- h_1 : 급수의 비엔탈피 [kJ/kg]
- h_2 : 증기의 비엔탈피 [kJ/kg]
- G_f : 연료사용량 [kg/h]
- H_ℓ : 연료발열량 [kJ/kg]
- G_e : 상당증발량 [kg/h]

---

06 [다음]은 「에너지이용합리화법」 제31조(에너지다소비사업자의 신고 등)에 관한 내용이다. 질문에 답하시오. [6점]

[다음]

제31조(에너지다소비사업자의 신고 등)
에너지사용량이 대통령령으로 정하는 기준량 이상인 에너지다소비사업자는 다음 각 호 사항을 산업통상자원부령으로 정하는 바에 따라 매년 1월 31일까지 그 에너지 사용시설에 있는 지역을 관할하는 시도지사에게 신고하여야 한다.
1. 전년도의 분기별 에너지사용량·제품생산량
2. 해당 연도의 분기별 에너지사용예정량·제품생산예정량
3. 에너지사용기자재의 현황
4. 전년도의 분기별 에너지이용합리화 실적 및 해당 연도의 분기별 계획

1) 에너지다소비사업자는 연료·열 및 전력의 연간 사용량의 합계가 얼마 이상인 자를 말하는지 쓰시오.

2) 제품생산량, 분기별 에너지 사용량, 기자재현황, 분기별 계획의 업무를 담당하는 자를 무엇이라 하는지 쓰시오.

정답
1) 2000 [TOE]   2) 에너지관리자

> **핵심이론** 「에너지이용합리화법」 제31조(에너지다소비사업자의 신고 등)

① 에너지사용량이 대통령령으로 정하는 기준량 이상인 자(이하 "에너지다소비사업자"라 한다)는 다음 각 호의 사항을 산업통상자원부령으로 정하는 바에 따라 매년 1월 31일까지 그 에너지사용시설이 있는 지역을 관할하는 시·도지사에게 신고하여야 한다.
  1. 전년도의 분기별 에너지사용량·제품생산량
  2. 해당 연도의 분기별 에너지사용예정량·제품생산예정량
  3. 에너지사용기자재의 현황
  4. 전년도의 분기별 에너지이용합리화 실적 및 해당 연도의 분기별 계획
  5. 제1호부터 제4호까지의 사항에 관한 업무를 담당하는 자(이하 "에너지관리자"라 한다)의 현황

에너지이용합리화법 시행령 제35조(에너지다소비사업자)
법 제31조 제1항 각 호 외의 부분에서 "대통령령으로 정하는 기준량 이상인 자"란 연료·열 및 전력의 연간 사용량의 합계(이하 "연간 에너지사용량"이라 한다)가 2천 티오이 이상인 자(이하 "에너지다소비사업자"라 한다)를 말한다. 〈암기〉 다이소(다2소)

07 연소가스 분석 결과 CO_2 10.2 [%], O_2 7.11 [%]일 때 연소가스 중 $(CO_2)_{max}$ [%]을 구하시오. (단, CO는 발생하지 않는다) [5점]

정답

15.42 [%]

[해설]

완전연소이므로

$$CO_{2max} = \frac{21 \times CO_2}{21 - O_2} = \frac{21 \times 10.2}{21 - 7.11} = 15.42 [\%]$$

> **핵심이론** 최대탄산가스율

1) 완전연소 시

$$CO_{2max} = \frac{21 \times CO_2[\%]}{21 - O_2[\%]}$$

2) 불완전연소 시

$$CO_{2max} = \frac{21[CO_2(\%) + CO(\%)]}{21 - O_2(\%) + 0.395 CO(\%)}$$

08 기수분리기의 종류 5가지를 쓰시오. [5점]

정답

스크러버식, 건조 스크린식, 배플식, 사이클론식, 다공판식, 반전식

핵심이론 기수분리기

1) 설치목적 : 수관식 보일러의 증기 속에 함유된 수분을 분리하여 증기의 건도를 높이는 장치로 관내 부식이나 수격작용을 방지한다.
2) 종류
   (1) 배플식 : 증기의 방향전환을 이용(관성력)
   (2) 사이클론식 : 원심력 이용, 원심분리기형
   (3) 반전식 : 증기의 진행 방향을 배플판 등에 의해 급변시켜 수분을 분리시키는 것
   (4) 스크러버식 : 파도형의 다수강판을 조합한 것(장애판, 방해판 이용)
   (5) 건조 스크린식 : 여러 겹의 금속망 이용
   (6) 다공판식 : 여러 개의 작은 구멍을 이용

암기 배사반스건다

09 보일러실에 절탄기를 설치하여 가동 중인 공장이 있다. 배기가스 배출량은 30 [kg/min]이고, 배기가스 비열은 1.045 [kJ/kg·℃]이다. 이 배기가스는 급수배관과 열교환하기 전 입구온도가 350 [℃]이고, 열 교환 후 180 [℃]로 배출되어 집진기로 인입된다. 이때 절탄기를 통해 회수할 수 있는 열량은 몇 [MJ/h]인가? (단, 절탄기의 효율은 0.95이다) [5점]

정답

303.78 [MJ/h]

[해설]

$Q = GC\Delta t \times \eta$

$= \dfrac{30[kg/min] \times 60[min/h] \times 1.045[kJ/kg \cdot ℃] \times (350-180)[℃]}{1000[kJ/MJ]} \times 0.95$

$= 303.78 [MJ/h]$

※ 풀이를 적을 때는 단위에 주의

핵심이론 | 절탄기

1) 절탄기(截炭機, Economizer, 급수예열기)
   배기가스의 폐열을 이용하여 급수를 예열하는 폐열회수장치
2) 열량 계산식

$$Q = GC\Delta t\,[W]$$

- Q : 열량 [kW]
- G : 질량유량 [kg/s]
- C : 비열 [kJ/kg·℃]
- Δt : 온도차 [℃]

---

10 유기질 보온재에 대비하여 무기질 보온재의 특징 5가지를 쓰시오. [5점]

정답

- 기계적 강도가 큰 편이며 경도가 높다.
- 불연성이며, 열전도율이 낮다.
- 비싼 편이지만 수명이 길다.
- 흡습성이 크다.
- 최고안전사용온도가 높다.
- 내수성, 내소성, 변형성이 우수하다.
- 열에 강하다.

---

11 두 평행 평판 사이로 물이 완전 발달 층류 상태로 흐르고 있다. $\dfrac{du}{dy} = \dfrac{4V}{R}\left(1 - \dfrac{2r}{R}\right)$ 이라고 할 때 다음을 구하시오. (단, r : 원관의 중심에서 미소요소까지의 거리, V : 유속 μ : 점성계수이다) [6점]

1) r = 0.5R일 때의 전단응력
2) r = R일 때의 전단응력
3) 평판의 길이 L 에 대한 압력 변화 ΔP를 μ, V, R, L로 나타내기

> **정답**

1) 0 2) $\dfrac{4\mu V}{R}$ 3) $\dfrac{8\mu LV}{R^2}$

[해설]

전단응력 τ을 구하기 위해서 뉴턴의 점성 법칙을 살펴보면 $\tau = \mu\dfrac{du}{dy}$이다.

따라서 $\tau = \dfrac{4\mu V}{R}\left(1 - \dfrac{2r}{R}\right)$이다.

1) r = 0.5R 이면 $\tau = \dfrac{4\mu V}{R}\left(1 - \dfrac{2r}{R}\right) = \dfrac{4\mu V}{R}\left(1 - \dfrac{2 \times 0.5R}{R}\right) = 0$

2) r = R 이면 $\tau = \dfrac{4\mu V}{R}\left(1 - \dfrac{2r}{R}\right) = \dfrac{4\mu V}{R}\left(1 - \dfrac{2 \times R}{R}\right) = -\dfrac{4\mu V}{R}$이다.

여기서 전단응력은 크기를 뜻하므로 절댓값을 취해 $\dfrac{4\mu V}{R}$라고 할 수 있다.

3) 하겐 - 푸아죄유 방정식(Hagen - Poiseuille Equation) : 관을 흐르는 점성 유체의 유량에 관한 법칙

$$\Delta P = \dfrac{8\mu LQ}{\pi R^4}$$

Q = AV = πR^2V이므로 $\Delta P = \dfrac{8\mu LQ}{\pi R^4} = \dfrac{8\mu L(\pi R^2 V)}{\pi R^4} = \dfrac{8\mu LV}{R^2}$이다.

핵심이론 전단응력

1) 전단응력(Shear Stress) : 재료가 전단력(Shear Force)을 받을 때 이에 저항하여 생기는 응력(Stress)을 말한다.
2) 하겐 - 푸아죄유 방정식(Hagen - Poiseuille Equation) : 관을 흐르는 점성 유체의 유량에 관한 법칙

$$\Delta P = \dfrac{8\mu LQ}{\pi R^4} = \dfrac{8\pi\mu LQ}{A^2}$$

ΔP : 양 끝의 압력 차이, L : 관의 길이, μ : 유체의 동적 점성(Dynamic Viscosity)
[Q : 부피흐름률(Volumetric Flow Rate), R : 관의 반지름, A : 관의 단면적]

3) 뉴턴의 점성 법칙 (Newton's Law of Viscosity) : 유체가 흐를 때 인접한 두 유체층 사이에 속도차가 있으면 전단응력이 발생한다.

$$\tau = \mu\dfrac{du}{dy}$$

- τ : 전단응력 [Pa]
- μ : 점성계수 [Pa·s]
- $\dfrac{du}{dy}$: 속도구배 [1/s]

12 [보기]를 보고 이용할 수 있는 것으로 알맞은 것을 각각 고르시오. [6점]

[보기]
ㄱ. 연화제   ㄴ. 슬러지조정제   ㄷ. 탈산소제   ㄹ. pH 조정제

1) 탄닌
2) 수산화나트륨
3) 하이드라진(히드라진)

정답
1) ㄴ, ㄷ   2) ㄱ, ㄹ   3) ㄷ

핵심이론 보일러 내처리제
1) 연화제 : 보일러 청정제의 하나로 보일러수 속에 첨가한다. 스케일 생성, 부착의 방지를 주목적으로 한다.
2) 슬러지 조정제 : 슬러지가 보일러의 전열면에 부착하여 스케일로 되는 것을 방지한다.
3) 탈산소제 : 용존 산소에 의한 보일러 부식을 방지하기 위하여 수중에 용존하고 있는 산소 제거를 목적으로 한다.
4) pH 조정제 : pH를 조정하기 위해 사용한다.
5) 보일러 내처리제(청관제)와 그 작용
   (1) pH 및 알칼리 조정제 : 수산화나트륨(가성소다), 탄산나트륨, 인산나트륨, 인산, 암모니아
   (2) 연화제 : 수산화나트륨, 탄산나트륨, 인산나트륨
   (3) 슬러지 조정제 : 탄닌, 리그닌, 전분
   (4) 탈산소제 : 아황산나트륨, 하이드라진(N_2H_4), 탄닌
   (5) 가성취화방지제 : 황산나트륨, 인산나트륨, 질산나트륨, 탄닌, 리그닌
   (6) 기포방지제 : 고급 지방산 폴리아민, 고급 지방산 폴리알콜

13 보일러 가동 중 플래시탱크에서 분출수의 질량 유량은 12.5 [ton/h]로 배출하는 공장이 있다. 여기에 보일러 급수용 향류형 열교환기를 설치하여 폐열을 회수한다고 한다. (단, 가열측 분출수는 입구온도는 169.6 [℃], 출구온도 50 [℃], 수열측 급수 입구온도는 15 [℃], 출구온도는 40 [℃]이다) [6점]

1) 대수평균온도 [℃]를 구하여라.

2) 열교환기가 회수한 열량 [kW]을 구하여라.

정답

1) 72.26 [℃]   2) 362.84 [kW]

[해설]

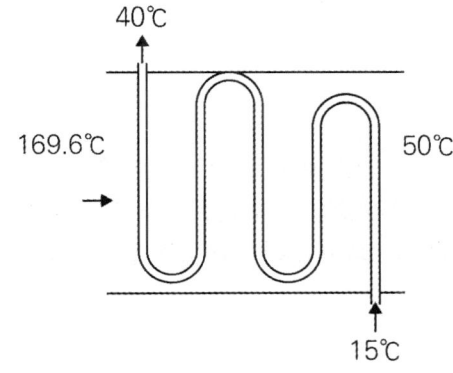

1) 고온유체 169.6 [℃] → 50 [℃], 저온유체 15 [℃] → 40 [℃]

$\Delta_1 = 169.6 - 40 = 129.6$, $\Delta_2 = 50 - 15 = 35$

대수평균온도 : $LMTD = \dfrac{[\Delta_1 - \Delta_2]}{\ln\dfrac{\Delta_1}{\Delta_2}} = \dfrac{129.6 - 35}{\ln\dfrac{129.6}{35}} = 72.26\,[℃]$

2) 열교환기가 회수한(얻는) 열량

q = GC△t

= 12.5 [ton/h] × 1000 [kg/ton] × 4.184 [kJ/kg·℃] × (40 - 15) [℃] ÷ 3600 [s/h]

= 362.84 [kJ/s] = 362.84 [kW]

핵심이론 LMTD

대수평균온도차(LMTD) = $\dfrac{\Delta_1 - \Delta_2}{\ln\left(\dfrac{\Delta_1}{\Delta_2}\right)}$ [℃]

1) 대향류(Counter Flow)

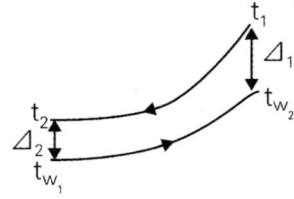

$\Delta_1 = t_1 - t_{w_2}$
$\Delta_2 = t_2 - t_{w_1}$

2) 물의 비열 = 1 [cal/g·℃] = 1 [kcal/kg·℃] = 4.184 [kJ/kg·℃](= 4.2 [kJ/kg·℃])

14 비중계를 비중이 1인 물에 넣고 수위를 0으로 한 후 연료에 비중계를 넣었을 때, 물에 띄웠을 때보다 2 [cm] 더 가라앉았다면 이 연료의 비중은 얼마인지 소수 둘째 자리까지 구하시오. (단, 비중계의 질량은 0.04 [kg]이고 비중계 유리관의 단면적은 4 [cm²]이다) [6점]

정답

0.83

[해설]
비중계는 아르케메데스의 원리를 이용한다.

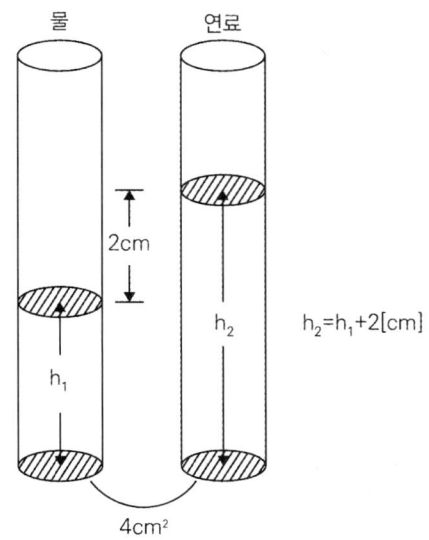

$\gamma_1 V_1 = \gamma_2 V_2$
$\gamma_1 A_1 h_1 = \gamma_2 A_2 h_2$
$1 \times 4 \times h_1 = \gamma_2 \times 4 \times (h_1 + 2)$
$\gamma_2 = \dfrac{h_1}{h_1 + 2}$

물의 밀도는 1000 [kg/m³]이므로
비중계의 질량 $G = \rho_1 A_1 h_1$

$$0.04[kg] = 1,000[kg/m^3] \times 0.0004[m^2] \times h_1[m]$$

$h_1 = 0.1[m] = 10[cm]$이므로 연료의 비중은 $\gamma_2 = \dfrac{h_1}{h_1+2} = \dfrac{10}{10+2} = \dfrac{10}{12} = 0.833$

핵심이론 아르키메데스의 원리

아르키메데스의 원리(부력의 원리) : 유체에 잠긴 물체는 그 물체가 밀어낸 액체의 무게만큼 부력을 받는다.

$F = \rho g V$

- F : 부력 $[N]$
- ρ : 액체의 밀도 $[kg/m^3]$
- g : 중력가속도 $[m/s^2]$
- V : 물체가 잠긴 부피 $[m^3]$

15 관지름 5 [cm], 길이 100 [m]인 원관에 유체가 0.2 [m/s]로 흐르고 있다. 유체의 동점성계수가 6×10^{-6} [m²/s]일 때 원관에서의 마찰손실수두 [mH₂O]를 구하시오. [6점]

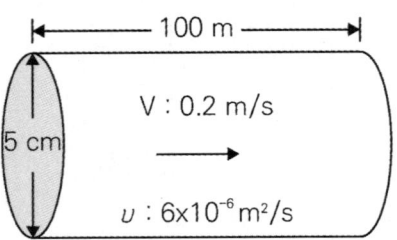

정답

0.156 [mH₂O]

[해설]

레이놀즈수 $Re = \dfrac{VD}{v} = \dfrac{0.2[m/s] \times 0.05[m]}{6 \times 10^{-6}[m^2/s]} = 1666.67$

레이놀즈수가 2100보다 작으므로 층류라고 할 수 있다.

마찰계수는 $\lambda = \dfrac{64}{Re} = \dfrac{64}{1666.67} = 0.0384$

Darcy - Weisbach의 공식에 의하여

$\therefore H_L = \lambda \times \dfrac{L}{D} \times \dfrac{V^2}{2g} = 0.0384 \times \dfrac{100[m]}{0.05[m]} \times \dfrac{0.2^2[m^2/s^2]}{2 \times 9.8[m/s^2]} = 0.156[mH_2O]$

핵심이론 | 레이놀즈수 & 달시 - 바이스바하 공식

1) 레이놀즈수(Re)

$Re = \dfrac{\rho VD}{\mu} = \dfrac{VD}{v} \left(V = \dfrac{Q}{A}\right)$

(ρ : 밀도, D : 유체가 흐르는 직경, μ : 점성계수, v : 동점성계수)

⑴ 층류 : 유체 입자가 서로 겹치지 않고 일정한 속도로 흐르는 유동 상태(Re < 2100)
⑵ 난류 : 입자가 불규칙하고 뒤섞이면서 흐르는 상태(Re > 4000)

2) 층류에서의 관마찰계수 : $f = \dfrac{64}{Re}$

3) 달시 - 바이스바하(Darcy - Weisbach)공식

$$H_L = \lambda \times \frac{L}{D} \times \frac{V^2}{2g}$$

- H_L : 수두손실 [m]
- λ : 마찰계수
- L : 관의 길이 [m]
- D : 관의 지름 [m]
- V : 평균 유속 [m/s]
- g : 중력가속도 [$9.8 \text{ m}/s^2$]

---

16 랭킨 사이클에서 2 [kg/s]의 증기 유량으로 고압 터빈 입구에서 4 [MPa], 400 [℃]의 과열증기에서 400 [kPa]로 단열팽창한 후 이를 재가열하여 저압 터빈 입구에서 1.5 [MPa]의 과열증기 상태에서 150 [kPa]로 단열팽창하였을 때 출력 [MW]을 구하시오. (단, 과열증기 4 [MPa], 400 [℃]에서의 비엔트로피는 6.7733 [kJ/kg·K] 비엔탈피 3251.7 [kJ/kg]이고, 1.5 [MPa]에서는 비엔트로피 6.7099 [kJ/kg·K] 비엔탈피 2923.5 [kJ/kg]이다) [6점]

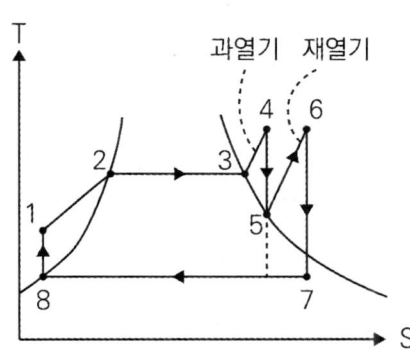

〈포화증기표〉

압력 [kPa]	비엔탈피 [kJ/kg]		비엔트로피 [kJ/kg·K]	
P	h_f	h_g	s_f	s_g
400	604.67	2737.6	1.7764	6.8943
150	225.94	2598.3	1.4336	7.2234

〈과열증기표〉

압력 [MPa]	비엔탈피 [kJ/kg]	비엔트로피 [kJ/kg·K]
4	3251.7	6.7733
1.5	2923.5	6.7099

정답

2.2 [MW]

[해설]

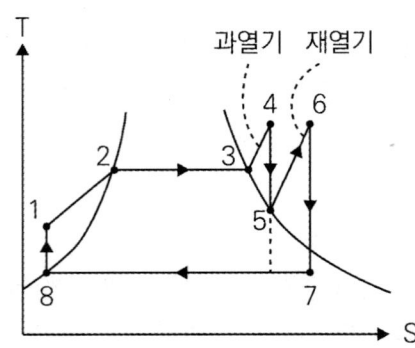

1) 고압단열팽창(고압터빈[4 → 5])에서의 비엔트로피를 통하여 건도를 구한다.
   ∵ 단열 과정은 등엔트로피 과정이므로 엔트로피를 통해 건도를 계산할 수 있다.
   습증기의 비엔탈피는 $h_x = h' + x(h'' - h')$
   6.7733 = 1.7764 + x(6.8943 - 1.7764)
   x = 0.9764

2) 고압터빈[4 → 5]에서의 터빈출구 엔탈피를 구한다.
   터빈출구 엔탈피 = 604.67 + 0.9764(2737.6 - 604.67) = 2687.263 [kJ/kg]

3) 저압단열팽창(저압터빈[6 → 7])에서의 비엔트로피를 통하여 건도를 구한다.
   6.7099 = 1.4336 + x(7.2234 - 1.4336)
   x = 0.9113

4) 저압터빈[6 → 7]에서의 터빈출구 엔탈피를 구한다.
   터빈출구 엔탈피 = 225.94 + 0.9113(2598.3 - 225.94) = 2387.872 [kJ/kg]

5) 이론출력을 구한다.
   $W = G(h'' - h') = 2[kg/s] \times ((h_4 - h_5) + (h_6 - h_7))[kJ/kg]$
   = 2 × [(3251.7 - 2687.263) + (2923.5 - 2387.872)] = 2200.13 [kW] = 2.2 [MW]

핵심이론 | 습증기의 비엔탈피

습증기 1 [kg]이 가진 총 열에너지

$$h_x = h' + x(h'' - h') \\ = h' + x\gamma \,[kJ/kg]$$

- h' : 포화수 비엔탈피 [kJ/kg]
- h'' : 건포화증기 비엔탈피 [kJ/kg]
- x : 건조도(건도)
- γ : 물의 증발잠열 [kJ/kg]

※ 건도 : 습증기에서 수증기가 차지하는 비율

---

17 역화의 발생원인 4가지를 쓰시오. [5점]

정답

- 연료가 공기보다 빠르게 유입되었을 경우
- 착화지연이 발생하였을 경우
- 버너가 과열되었을 경우
- 가스 분출속도보다 연소속도가 빠를 경우
- 가스공급압력이 낮을 경우
- 1차 공기의 댐퍼가 너무 많이 개폐가 되었을 경우
- 버너 사용기간이 너무 오래되어 부식에 의해 염공이 크게 되었을 경우

18 초음파 유량계의 장점 5가지를 쓰시오. [5점]

정답
- 압력손실이 없다.
- 고점도유체 측정이 가능하다.
- 정·역방향의 양방향 유체측정이 가능하다.
- 휴대하기 좋다.
- 대용량 측정이 가능하다.
- 설치가 간편하다.
- 넓은 범위를 측정 가능하다.
- 높은 정확도를 가지고 있다.

2024 제2회

에·너·지·관·리·기·사

합격률 : 31.5%

01 옥탄 C_8H_{18}를 공기비 1.5인 상태에서 완전연소하였을 경우 다음을 답하시오. [7점]
1) 질량기준 공연비
2) 배기가스 중 CO_2, H_2O, O_2, N_2의 몰분율은 각각 몇 [%]인가?

정답
1) 22.69 2) 8.53 [%], 9.60 [%], 6.66 [%], 75.17 [%]

[해설]
옥탄의 완전연소반응식 : $C_8H_{18} + 12.5O_2 \rightarrow 8CO_2 + 9H_2O$
1) 질량기준 공연비 = 공기질량/연료질량
  (1) 풀이 1
   $O_0 = 12.5 \times 32 [kg/kmol]$
   $A = mA_0 = m \times \dfrac{O_o}{0.232} = 1.5 \times \dfrac{12.5 \times 32}{0.232} = 2586.21 [kg/kmol]$
   연료질량(옥탄의 분자량) : 12 × 8 + 1 × 18 = 114 [kg/kmol]
   공연비 = 2586.21/114 = 22.69
  (2) 풀이 2
   $O_0 = 12.5 [kmol/kmol]$
   $A = mA_0 = m \times \dfrac{O_o}{0.21} = 1.5 \times \dfrac{12.5}{0.21} = 89.29 [kmol/kmol]$
   공기질량 : 89.29 × 29 = 2589.41 [kg/kmol]
   연료질량 : 12 × 8 + 1 × 18 = 114 [kg/kmol]
   공연비 = 2589.41/114 = 22.71
  ※ 비율이나 분자량에서 반올림을 사용하여 정확한 값을 사용하는 것이 아니기 때문에 작은 오차가 발생할 수 있음

2) 몰분율 [%] = (각 가스의 체적 / 실제습연소가스량) × 100 [%]

$$G_w = (m - 0.21)A_0 + CO_2 + H_2O = (1.5 - 0.21) \times \frac{12.5}{0.21} + 8 + 9 = 93.786 [Nm^3/Nm^3]$$

$$CO_2 = \frac{CO_2}{G_w} = \frac{8}{93.786} \times 100 = 8.53 [\%]$$

$$H_2O = \frac{H_2O}{G_w} = \frac{9}{93.786} \times 100 = 9.60 [\%]$$

$$O_2 = \frac{(m-1)O_2}{G_w} = \frac{(1.5-1) \times 12.5}{93.786} \times 100 = 6.66 [\%]$$

$$N_2 = \frac{N_2}{G_w} = \frac{m \times O_2 \times \frac{0.79}{0.21}}{G_w} = \frac{1.5 \times 12.5 \times 3.76}{93.786} \times 100 = 75.17 [\%]$$

핵심이론 용어

1) 질량기준 공연비 : 공기와 연료의 질량비
2) 몰분율 : 어떤 성분의 몰수와 전체 성분의 총 몰수와의 비
   = 각 가스의 체적 / 실제습연소가스량   TIP 몰수와 체적은 비례한다.

핵심이론 연소가스량

1) 이론습연소가스량(G_{ow}) = 이론건연소가스량(G_{od}) + 연소생성 수증기량
2) 이론건연소가스량(G_{od}) = 이론습연소가스량(G_{ow}) - 연소생성 수증기량
3) 실제습연소가스량(G_w) = 이론습연소가스량(G_{ow}) + 과잉공기량[$(m-1)A_o$]
   G_w[kg/kg] = (m - 0.232)A_o + 3.67C + 2S + N + (9H + W)
   G_w[Nm³/kg] = (m - 0.21)A_o + 1.867C + 0.7S + 0.8N + 1.244(9H + W)
4) 실제건연소가스량(G_d) = 이론건연소가스량(G_{od}) + 과잉공기량[$(m-1)A_o$]
   G_d[kg/kg] = (m - 0.232)A_o + 3.67C + 2S + N
   G_d[Nm³/kg] = (m - 0.21)A_o + 1.867C + 0.7S + 0.8N
   ※ 이론산소량만으로 완전연소시키는 경우 이론건연소가스량은 생성된 이산화탄소의 양만을 고려한다.

02 어떤 대향류형 열교환기가 있다. 고온유체가 90 [℃]로 들어가 60 [℃]로 나오고, 저온유체가 20 [℃]로 들어가 28 [℃]로 나왔다. 열관류율이 4.5 [W/m²·K]이고, 전열량은 55223 [W]일 때, 다음을 답하시오. [7점]

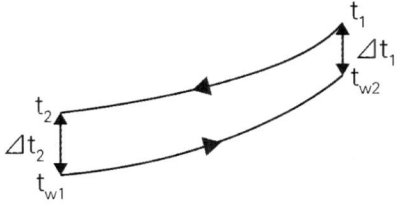

1) 대수평균온도차를 구하시오.
2) 전열면적을 구하시오.

[정답]

1) 50.20 [℃]   2) 244.46 [m²]

[해설]

1) $\Delta t_1 = 90 - 28 = 62$, $\Delta t_2 = 60 - 20 = 40$

$$LMTD = \frac{62 - 40}{\ln\frac{62}{40}} = 50.20\,[℃]$$

2) $Q = KA(LMTD)$

$$A = \frac{Q}{K(LMTD)} = \frac{55223}{4.5 \times 50.2} = 244.457 \fallingdotseq 244.46\,[m^2]$$

핵심이론 LMTD

대수평균온도차(LMTD) = $\dfrac{\Delta_1 - \Delta_2}{\ln\left(\dfrac{\Delta_1}{\Delta_2}\right)}$ [℃]

1) 대향류(Counter Flow)

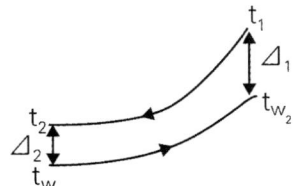

$\Delta_1 = t_1 - t_{w_2}$
$\Delta_2 = t_2 - t_{w_1}$

2) 전열량

$$Q = KA(LMTD)[W] = KA\Delta t$$

- K : 열통과율(열관류율)
- A : 전열면적

03 수관식 보일러 중 관류보일러의 종류를 4가지 적으시오. [4점]

정답

람진보일러, 벤슨보일러, 엣모스보일러, 슐처보일러, 소형 관류보일러

핵심이론 보일러의 종류

원통형	입형		입형 횡관식, 입형 연관식, 코크란(입형 횡연관식)
	횡형	노통	코르니시(노통 1개), 랭커셔보일러(노통 2개) 암 코일
		연관	횡연관식, 기관차, 케와니보일러
		노통연관	스코치, 브로든 카프스, 하우덴 존슨, 노통연관패키지보일러
수관식	자연순환식		바브콕(경사각 15°), 츠네키치(경사각 30°), 타쿠마(경사각 45°), 야로우, 가르베(경사각 90°), 2동 D형, 3동 A형, 방사 4관, 스터링(곡관형)보일러 암 바가야로
	강제순환식		베록스, 라몬트보일러 암 베라
	관류식		엣모스, 슐처, 벤슨, 람진보일러 암 엣슐벤람
주철제			주철제 증기보일러, 주철제 온수보일러
특수 보일러	특수액체 보일러		수은, 다우섬, 모빌섬, 카테크롤액, 시큐리티
	특수연료 보일러		버케스(사탕수수찌꺼기), 흑액, 소다회수, 바아크보일러 - 연료 : 산업 폐기물
	폐열보일러		리히, 하이네보일러
	간접가열 보일러		슈미트, 레플러보일러

04 보일러의 압력이 1기압에서 증기 엔탈피가 175 [kJ/kg]이고, 이때의 급수온도는 65 [℃]이다. 급수온도를 65 [℃]에서 80 [℃]로 높이면 연료절감률은 몇 [%]인지 구하시오. (단, 65 [℃]에서의 엔탈피는 16 [kJ/kg], 80 [℃]에서의 엔탈피는 20 [kJ/kg]이다) [6점]

정답

2.52 [%]

[해설]

65 [℃]의 물을 급수하여 증기 생산 시 공급 열량 $Q = 175 - 16 = 159 \, [kJ/kg]$
80 [℃]의 물을 급수하여 증기 생산 시 공급 열량 $Q = 175 - 20 = 155 \, [kJ/kg]$

연료절감률 = $\dfrac{159 - 155}{159} = \dfrac{4}{159} \times 100 \, [\%] = 2.52 \, [\%]$

05 보일러 급수처리에 사용되는 약품이다. 알맞게 [보기]에서 찾아 순서대로 적으시오. [6점]

[보기]

하이드라진, 탄닌, 아황산나트륨, 당류, 알킬알민

1) 탈산소제이며 슬러지 조정제로도 사용이 가능하며 독성이 없는 특징이 있다.

2) 용해고형물을 생성하며, 반응비가 1 : 8이다. 약 280 [℃]에서 열분해되며 SO_2가 생성된다. 저용해 농도에서 안정성 저하가 일어나며, 불충분한 약품 유지 시 공식(孔食)이 발생한다.

3) 용해고형물을 미생성하며 반응비는 1 : 1이다. 산화철 환원에 의한 방식이며, 약 230 [℃]에서 열분해되어 NH_3이 생성된다. 고온, 고pH에서 반응속도가 증가한다.

정답

1) 탄닌   2) 아황산나트륨   3) 하이드라진(히드라진)

[해설]

- 아황산나트륨의 화학식 : Na_2SO_3
- 하이드라진의 화학식 : N_2H_4

핵심이론 보일러 내처리제(청관제)와 그 작용

1) pH 및 알칼리 조정제 : 수산화나트륨(가성소다), 탄산나트륨, 인산나트륨, 인산, 암모니아
2) 연화제 : 수산화나트륨, 탄산나트륨, 인산나트륨
3) 슬러지 조정제 : 탄닌, 리그닌, 전분
4) 탈산소제 : 아황산나트륨, 하이드라진(히드라진), N_2H_4(고압보일러용), 탄닌
5) 가성취화방지제 : 황산나트륨, 인산나트륨, 질산나트륨, 탄닌, 리그닌
6) 기포방지제 : 고급 지방산 폴리아민, 고급 지방산 폴리알콜

---

06 다음 자동제어방식의 빈칸에 알맞은 말을 쓰시오. [6점]

1) FWC 제어량 : 보일러수위
   조작량 : (   )
2) STC 제어량 : 증기온도
   조작량 : (   )
3) ACC 제어량 : (   )
   조작량 : 연료량 & (   )

정답

1) 급수량
2) 전열량
3) 증기압력, 공기량

핵심이론 자동제어방식

1) FWC(Automatic Feed Water Control, 자동급수제어)
   (1) 보일러의 부하변동과 관계없이 보일러의 수위를 항상 일정하게 유지시키기 위하여 급수량을 자동적으로 제어하는 것
   (2) 제어량 : 보일러수위, 조작량 : 급수량
2) STC(Steam Temperature Control, 증기온도제어)
   (1) 보일러로부터 발생한 증기의 온도를 일정하게 유지시키기 위하여 전열량을 제어하는 것
   (2) 제어량 : 증기온도, 조작량 : 전열량
3) ACC(Automatic Combustion Control System, 자동 연소제어)
   (1) 보일러의 부하 변동에 따라 연료와 공기량을 자동으로 조절하여 증기 압력을 일정하게 유지시키는 장치
   (2) 제어량 : 증기압력, 조작량 : 연료량 & 공기량

---

07 물이 흐르는 배관 속에 피토관을 삽입하여 어떤 지점의 압력을 측정하였더니 전압은 128 [kPa]이고, 정압이 120 [kPa]일 때, 이 지점에서의 유속은 몇 [m/s]인가? [5점]

정답

4 [m/s]

[해설]

전압 = 정압 + 동압
동압 = 전압 - 정압
∴ 동압 = 128 [kPa] - 120 [kPa] = 8 [kPa]

$P_d = \rho g h$
$8[kPa] = 8000[Pa = N/m^2] = 1000[kg/m^3] \times 9.8[m/s^2] \times h$
$h = 0.8163$

TIP 물의 밀도 : $\rho = 1[g/cm^3] = 1000[kg/m^3]$

$v = \sqrt{2gh}$
$v = \sqrt{2 \times 9.8 \times 0.8163} = 4[m/s]$

핵심이론 | 유속

1) 전압 = 정압 + 동압
   (1) 정압 : 유체가 관 내를 흐르고 있을 때 흐름과 직각방향으로 작용하는 압력
   (2) 동압 : 흐름에 상대되는 압력
2) 피토관에 의한 유속

$$V = \sqrt{\frac{2g(P_1 - P_2)}{\gamma}} = \sqrt{2gh}$$

(P_1 : 전압, P_2 : 정압, v : 유속 g : 중력가속도, γ : 비중량, h : 높이)
※ $P = \rho g h = \gamma h$ (ρ : 밀도)

---

08 최고사용압력 [MPa]과 내용적 [m³]을 곱한 수치가 0.004를 초과하는 압력용기 중 1종 압력용기에 대한 설명이다. 괄호 안에 알맞은 말을 적으시오. [4점]

> 1종 압력용기의 적용범위는 (   )가 대기압에서 (   )을 초과하는 것으로 한다.

정답

용기 안의 액체온도 / 비점

핵심이론 | 1종 압력용기

1종 압력용기	최고사용압력 [MPa]과 내부 부피 [m³]를 곱한 수치가 0.004를 초과하는 다음 각 호의 어느 하나에 해당하는 것 1. 증기나 그 밖의 열매체를 받아들이거나 증기를 발생시켜 고체 또는 액체를 가열하는 기기로서 용기 안의 압력이 대기압을 넘는 것 2. 용기 안의 화학반응에 따라 증기를 발생시키는 용기로서 용기 안의 압력이 대기압을 넘는 것 3. 용기 안의 액체의 성분을 분리하기 위하여 해당 액체를 가열하거나 증기를 발생시키는 용기로서 용기 안의 압력이 대기압을 넘는 것 4. 용기 안의 액체의 온도가 대기압에서의 <u>비점</u>(沸點)을 넘는 것

용어 비점 : 액체가 기체로 변하는 온도. 즉 끓는점

09 빈칸에 알맞은 말을 적으시오. [5점]

- 자연순환식 수관보일러는 모터 없이 (①)에 의해서 보일러수를 자연적으로 순환시키는 방식이다.
- (②)은 수관보일러의 회로나 연도 내에 있어 연소 가스의 흐름을 기능상 필요한 방향으로 유도하기 위해 설치되는 내화성의 판 또는 칸막이를 뜻한다.

정답

① 보일러장치 내의 밀도차(비중차)
② 배플판

핵심이론 배플판

1) 보일러수의 유동방식에 따른 수관보일러의 분류
   (1) 자연순환식(급수와 관수의 비중(밀도)차에 의해 순환)
   (2) 강제순환식(순환펌프에 의해 강제적으로 순환)
   (3) 관류식
2) 배플판(Baffle Plate)
   (1) 수관보일러의 화로나 연도 내에 있어 연소가스의 흐름을 필요한 방향으로 유도하기 위해 설치되는 내화성의 판 또는 칸막이를 뜻한다.
   (2) 내열 주물에 내화재를 접착시켜 만드는 경우, 내화 벽돌로 구성하는 경우가 있다.
   (3) 장점
      ① 수관의 청소가 용이하다.
      ② 구조가 간단하여 제작 시 간편하다.
      ③ 관의 교체가 용이하다.
      ④ 원통형 보일러에 비해 고압, 대용량이다.
   (4) 단점
      대용량 보일러에는 부적당하다.

10 내부 반지름 1 [m], 두께 1 [cm]의 구형 용기 안에 얼음이 가득 차 있다. 다음 조건을 참고하여 질문에 답하여라. [7점]

[조건]
복사율 0.8, 스테판 볼츠만상수 5.67 × 10⁻⁸, 외기온도 15도, 용기 표면온도 0도, 대류열전달계수 30, 얼음의 융해열 340 [kJ/kg](얼음의 양은 충분히 많고 용기의 열저항력은 무시한다)

1) 용기가 흡수한 열량 [W]
2) 2시간 동안 녹은 얼음의 양 [kg]

[정답]
1) 6540.30 [W]
2) 138.50 [kg]

[해설]
대류에 의한 전열량 $Q = \alpha A(t_w - t_\infty)[W]$
$Q_1 = \alpha A \triangle t = 30 \times 4 \times \pi \times 1.01^2 \times 15 = 5768.53 [W]$
복사에 의한 전열량 $Q = \epsilon \sigma A T^4 [W]$
$Q_2 = \epsilon \sigma A \triangle T^4$
$= 0.8 \times 5.67 \times 10^{-8} \times (4 \times \pi \times 1.01^2) \times ((15 + 273.15)^4 - (0 + 273.15)^4)$
$= 771.76 [W]$

1) 용기가 흡수한 열량 Q = 5768.53 + 771.76 = 6540.30 [W]
2) 2시간 동안 녹은 얼음의 양(W = J/s)
$$6540.30[J/s] = \frac{340[kJ/kg] \times 1000[J/kJ] \times x[kg]}{2[h] \times 3600[s/h]}$$
$x = 138.50 [kg]$

핵심이론 전도 대류 복사

1) 전도(Conduction)
   (1) 전도 : 매질 내 자유전자 간의 미세한 충돌과 상호작용을 통해 열이 전달되는 현상으로, 주로 고체에서 중요한 열전달방식이다.
   (2) 푸리에의 열전도 법칙(Fourier Heat Conduction Law)

   $$Q = \lambda A \frac{\Delta t}{L} [W]$$

   - Q : 전도열량 [W]
   - λ : 열전도계수 [W/m·K]
   - L : 물질의 두께 [m]
   - A : 전열면적 [m²]
   - Δt : 물질의 표면온도 [K]

2) 대류(Convection)
   (1) 유체가 움직이면서 열을 함께 옮기는 현상으로, 온도 차이에 따른 밀도 변화로 인해 발생한다.
   (2) 뉴턴의 냉각 법칙(Newton's Cooling Law)

   $$Q = \alpha A (t_w - t_\infty) [W]$$

   - α : 대류열전달계수 [W/m²·K]
   - A : 대류전열면적 [m²]
   - t_w : 벽면온도 [K]
   - t_∞ : 유체온도 [K]

3) 복사(Radiation)
   (1) 물질의 이동이나 매질 없이, 물체가 전자기파를 방출하여 열을 전달하는 현상이다.
   (2) 스테판 볼츠만의 법칙(Stefan - Boltzmann Law)

   $$Q = \epsilon \sigma A T^4 [W]$$

   - ϵ : 방사율($0 < \epsilon < 1$)
   - σ : 스테판 볼츠만상수
     ($\sigma = 5.67 \times 10^{-8} W/m^2 K^4$)
   - A : 전열면적 [m²]
   - T : 물체표면온도 [K]

11 고열원 300 [℃]와 저열원 20 [℃] 사이에서 카르노 사이클로 작동하는 열기관이 외부에 100 [kJ]만큼의 일을 하였을 때, 출구로 방출되는 열량은 얼마인가? [6점]

정답

104.71 [kJ]

[해설]

카르노 사이클의 효율 $\eta = 1 - \dfrac{T_2}{T_1} = 1 - \dfrac{273.15 + 20}{273.15 + 300} = 0.4885$

열기관의 효율 $\eta = \dfrac{W}{Q_{in}}$

고온부로부터 들어온 열량 $Q_{in} = \dfrac{W}{\eta} = \dfrac{100 kJ}{0.4885} = 204.71$

방출되는 열량 $Q_{out} = Q_{in} - W = 204.71 - 100 = 104.71 [kJ]$

핵심이론 카르노 사이클(Carnot Cycle)

1) 가역 사이클
2) 열기관 사이클 중에서 가장 이상적인 사이클
3) 등온 변화 2개와 가역 단열 변화(등엔트로피 변화) 2개로 구성되어 있다.
4) 열효율 $\eta_c = \dfrac{W_{net}}{Q_1} = \dfrac{Q_1 - Q_2}{Q_1} = 1 - \dfrac{Q_2}{Q_1} = 1 - \dfrac{T_2}{T_1}$
5) 카르노 사이클의 P - V선도, T - S선도

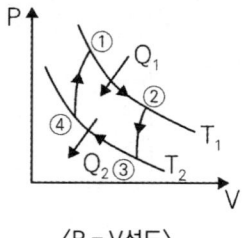

〈P - V선도〉

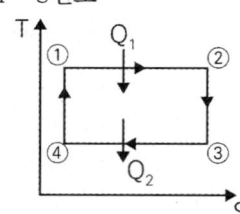

〈P - S선도〉

12 열회수장치인 절탄기를 설치하여, 연소배기가스온도가 270 [℃]에서 160 [℃]로 낮추었을 때, 절감열량 [kJ/Nm³]은 얼마인가? (단, 절탄기의 폐열회수율은 85.3 [%]이고, 공기비는 1.2, 이론공기량은 10.709 [Nm³/Nm³], 이론배기가스량은 11.24 [Nm³/Nm³], 배기가스의 비열은 1.38 [kJ/Nm³·℃]이다) [5점]

정답
1732.75 [kJ/Nm³]

[해설]
실제배기가스량 = 이론배기가스량 + 과잉공기량
 = 11.24 + (1.2 - 1) × 10.709
 = 13.3818

절감열량 = $Q = GC\Delta t \times \eta$
 = 13.3818 × 1.38 × (270 - 160) × 0.853 = 1732.7477

∴ 1732.75 [kJ/Nm³]

핵심이론 실제습연소가스량
실제습연소가스량(G_w) = 이론습연소가스량(G_{ow}) + 과잉공기량[$(m-1)A_o$]

핵심이론 절탄기
1) 절탄기(截炭機, Economizer, 급수예열기)
   배기가스의 폐열을 이용하여 급수를 예열하는 폐열회수장치
2) 열량 계산식

$$Q = GC\Delta t [W]$$

- Q : 열량 [kW]
- G : 질량유량 [kg/s]
- C : 비열 [kJ/kg·℃]
- Δt : 온도차 [℃]

13 연돌의 통풍력을 측정한 결과 50 [mmH₂O], 배기가스평균온도가 200 [℃], 외기온도가 20 [℃]라고 할 때, 굴뚝의 높이는 몇 [m]인가? (단, 대기의 비중량은 20 [℃]에서 1.2 [kgf/m³], 배기가스비중량은 200 [℃]에서 1 [kgf/m³]이다) [5점]

정답

92.5 [m]

[해설]

연돌통풍력 : $Z = 273H\left(\dfrac{\gamma_a}{T_a} - \dfrac{\gamma_g}{T_g}\right)[mmH_2O]$

(γ_a : 공기비중량, γ_g : 배기가스비중량, T_a : 공기절대온도, T_g : 배기가스절대온도)

굴뚝의 높이 $H = \dfrac{Z}{273\left(\dfrac{\gamma_a}{T_a} - \dfrac{\gamma_g}{T_g}\right)} = \dfrac{50}{273\left(\dfrac{1.2}{273.15+20} - \dfrac{1}{273.15+200}\right)} = 92.5\,[m]$

핵심이론 굴뚝의 높이

1) 연돌의 이론통풍력의 계산 공식

$Z = 273H \times \left[\dfrac{r_a}{T_a} - \dfrac{r_g}{T_g}\right]$

- Z : 이론통풍력 [mmH₂O]
- H : 연돌의 높이 [m]
- r_a : 외기의 비중량 [kgf/m³]
- r_g : 배기가스의 비중량 [kgf/m³]
- T_a : 외기의 절대온도 [K]
- T_g : 배기가스의 절대온도 [K]

2) 연돌의 높이

$H = \dfrac{Z}{273\left(\dfrac{\gamma_a}{T_a} - \dfrac{\gamma_g}{T_g}\right)}$

- Z : 이론통풍력 [mmH₂O]
- H : 연돌의 높이 [m]
- r_a : 외기의 비중량 [kgf/m³]
- r_g : 배기가스의 비중량 [kgf/m³]
- T_a : 외기의 절대온도 [K]
- T_g : 배기가스의 절대온도 [K]

14 보일러 운전가동 시간이 하루 동안 4시간이며 급수사용량이 6000 [kg/h]이다. 보일러수의 불순물의 허용농도가 2000 [ppm]이고 급수의 불순물의 허용농도가 200 [ppm]일 때, 보일러 분출량은 몇 [L/day]인가? (단, 급수 1 [kg]은 1 [L]로 본다) [5점]

> **정답**
>
> 2666.67 [L/day]
>
> **[해설]**
>
> 블로우 다운
>
> 분출량 $x = \dfrac{(6000 \times 4) \times 200}{2000 - 200} = 2666.67 [L/day]$

핵심이론 블로우 다운(Blow Down)

1) 보일러의 배관이나 열교환기에서 생성된 침전물이나 이물질을 제거하기 위한 작업
2) 블로우 다운량(분출량) = 증기발생량 × $\dfrac{급수 불순물 허용농도}{보일러수 불순물 허용농도 - 급수 불순물 허용농도}$

15 배관이음에서 관경이 서로 다른 관의 이음이 가능한 배관 부속품을 5가지 쓰시오. [5점]

> **정답**
>
> 부싱, 이경 엘보, 이경 티, 이경 소켓(레듀샤), 이경 유니온, 이경 플랜지

핵심이론 나사이음 사용목적에 따른 분류

1) 관의 방향을 바꿀 때 : 엘보, 밴드
2) 관을 도중에서 분기할 때 : 티, 와이, 크로스
3) 같은 지름의 관을 직선연결할 때 : 소켓, 유니온, 플랜지, 니플
4) 서로 다른 지름의 관을 연결할 때 : 이경 소켓(레듀샤), 이경 엘보, 이경 티, 부싱, 이경 유니온, 이경 플랜지
5) 관 끝을 막을 때 : 플러그, 캡
6) 관의 분해, 수리, 교체를 하고자 할 때 : 유니온, 플랜지

TIP 관경이 서로 다른 관을 이경관이라고 한다.

16 중질유인 액체연료를 미립화하는 분무방식에서 아래 3가지 방법에 대하여 그 특징을 쓰시오. [6점]

1) 가압 분사식

2) 회전식

3) 기류분무식

> **정답**
>
> 1) 유압 펌프에 의하여 오일 연료유를 가압시켜 노즐을 이용하여 고속분출 무화를 시켜 미립화하는 무화방식이다.
> 2) 고속으로 회전하는 분무컵에 연료 공급관을 통하여 연료를 공급하고, 분무컵의 원심력에 의해 분무컵 내면에 액막이 형성된다. 여기서 1차 공기를 고속으로 분사하여 미립화시켜 무화연소시키는 무화방식이다.
> 3) 저압의 공기나 증기를 고압의 공기나 증기로 분무매체를 사용하여 고압으로 고점도 오일 등을 무화시킨다.

핵심이론 | 버너

1) 압력분무식 버너(압력분무식 = 유압분무식 = 가압분사식)
   연료 자체의 압력에 의해 노즐(팁)에서 고속으로 분출하여 미립화시키는 버너이다.
2) 회전분무식 버너
   고속으로 회전하는 분무컵에 연료 공급관을 통하여 연료를 공급하고, 분무컵의 원심력에 의해 분무컵 내면에 액막이 형성된다. 여기서 1차 공기를 고속으로 분사하여 미립화시켜 무화연소시킨다.
3) 기류분무식 버너
   저압의 공기나 증기를 고압의 공기나 증기로 분무매체를 사용하여 고압으로 고점도 오일 등을 무화시킨다.

17 복사난방의 장점 3가지를 쓰시오. [6점]

> **정답**
> - 실내온도분포가 균등하여 쾌감도가 높다.
> - 방열기가 필요하지 않아 바닥면의 이용도가 높다.
> - 방이 개방된 상태에서도 난방효과가 있다.
> - 열량 손실이 비교적 적다.
> - 공기 대류가 적어 바닥면 먼지 상승이 없다.

핵심이론 복사난방

바닥, 벽 등 건축 구조체에 난방코일이나 온수관 등을 매설하고, 여기서 발생하는 복사열을 이용해 실내를 따뜻하게 하는 난방방식

1) 장점
   (1) 실내온도분포가 균등하여 쾌감도가 높다.
   (2) 방열기가 필요하지 않아 바닥면의 이용도가 높다.
   (3) 방이 개방된 상태에서도 난방효과가 있다.
   (4) 열량 손실이 비교적 적다.
   (5) 공기 대류가 적어 바닥면 먼지 상승이 없다.

2) 단점
   (1) 비용이 비싸다.
   (2) 구조를 쉽게 변경할 수 없다.
   (3) 고장 발견 및 수리가 어렵다.

18 오리피스를 사용하여 유량을 측정하고자 한다. 유량은 몇 [t/h]인가? (단, 비체적은 0.24 [m³/kg], 관지름 : 20 [cm], 속도 : 25 [m/s]) [5점]

정답
$11.78\,[t/h]$

[해설]

$$Q = AV = \frac{\pi d^2}{4}V = \frac{\pi(0.2)^2}{4}\pi \times 25 = 0.7854\,[m^3/s]$$

단위를 [t/h]로 변환해주면

$$0.7854\,[m^3/s] \times \frac{1}{0.24\,[m^3/kg]} \times 3{,}600\,[s/h] \times 0.001\,[t/kg] = 11.78\,[t/h]$$

TIP 부피를 질량으로 바꾸기 위해서는 비체적으로 나누어주면 된다.

핵심이론 비체적

단위질량의 물체가 갖는 부피

$$v = \frac{V}{m} = \frac{1}{\rho}\,[m^3/kg]$$

- m : 질량
- V : 부피
- ρ : 밀도

핵심이론 오리피스 유량계

관로에 오리피스판을 설치하여 유체의 흐름에 의해 발생하는 압력 차를 측정하여 유량을 계산한다.

2024 제3회

합격률 : 28.2%

01 보일러의 운전 시 발생하는 이상현상 중 비수현상의 발생방지방법을 3가지 쓰시오. [6점]

> **정답**
> - 보일러수의 농축을 방지한다.
> - 주 증기밸브를 급격히 개방하지 않고 서서히 개방한다.
> - 보일러수 중 불순물을 제거한다.
> - 과부하를 방지한다.
> - 비수방지관을 설치한다.
> - 고수위 운전을 피한다.

핵심이론 비수현상(프라이밍)

1) 프라이밍(Priming, 비수현상) : 주 증기밸브 급개 시 고수위 시 수면으로부터 끊임없이 물방울이 비산하면서 수위를 불안정하게 하는 현상
  (1) 프라이밍 원인
   ① 고수위   ② 관수농축
   ③ 급격한 과열   ④ 고압에서 저압으로 변할 때
   ⑤ 용존고형물, 유지분의 과다   ⑥ 주 증기밸브 급개 시
  (2) 프라이밍 발생 시 피해
   ① 수위의 오판   ② 수격작용
   ③ 저수위사고   ④ 증기의 과열도 저하

02 1일 8시간 가동하는 수관식 보일러의 수질을 측정한 결과, 관수의 불순물 농도가 2000 [ppm]으로 나타났다. 시간당 급수량이 1000 [L], 회수량이 400 [L]이며, 급수 중의 경도성분이 20 [ppm]일 때, 1일 분출량(L/day)을 계산하시오. [6점]

정답

48.48 [L/day]

[해설]

증기발생량 = 급수량 − 회수량 = 1000 − 400 = 600 [L]

분출량 = 증기발생량 × $\dfrac{\text{급수 불순물허용농도}}{\text{보일러수 불순물허용농도} - \text{급수 불순물허용농도}}$

시간당 분출량 = $\dfrac{600[L/h] \times 20[ppm]}{(2000 - 20)[ppm]} ≒ 6.06[L/h]$

1일 분출량 = $6.06[L/h] \times 8[h/day] = 48.48[L/day]$

용어 ppm(parts per million) : 백만분의 1단위
물 1 [L] 중에 함유된 불순물의 양을 [mg]으로 표시한 것

핵심이론 | 블로우 다운

1) 보일러의 배관이나 열교환기에서 생성된 침전물이나 이물질을 제거하기 위한 작업
2) 블로우 다운량(분출량) =
   증기발생량 × $\dfrac{\text{급수 불순물허용농도}}{\text{보일러수 불순물허용농도} - \text{급수 불순물허용농도}}$

03 배관 내 공기 질량 5 [kg]이고, 배관의 내경 300 [mm]이며, 압력 200 [kPa], 온도 23 [℃]이다. 기체상수가 R = 287 [J/kg·K]이라고 할 때, 배관 내 공기의 유속은 몇 [m/s]가 되는가? [6점]

정답

29.99 [m/s]

풀이

이상기체 $PV = mRT$ 이므로

체적 $V = \dfrac{mRT}{P} = \dfrac{5[kg] \times 0.287[kJ/kg \cdot K] \times (23 + 273.15)[K]}{200[kPa]} = 2.12[m^3]$

TIP 기체상수 R = 0.287 [kJ/kg·K]

유량 $Q = 2.12[m^3/s]$

유량 $Q = Av$ 이므로

공기의 유속 $v = \dfrac{Q}{A} = \dfrac{2.12[m^3/s]}{\dfrac{(0.3)^2}{4}\pi[m^2]} = 29.99[m/s]$

핵심이론 이상기체 상태 방정식

1) 질량에 대한 식

$$Pv = R_{specific}T$$
$$PV = mR_{specific}T$$

- P : 압력[Pa], V : 부피[m^3]
- m : 질량[kg], T : 온도[K]

$$R_{specific} = \dfrac{R_{ideal}}{M}$$: 특정기체상수 [$J/kg \cdot K$](M : 몰질량[분자량])

2) 몰량에 대한 식

$$PV = nR_{ideal}T$$

- P : 압력[Pa], V : 부피[m^3]
- n : 몰수 [mol], T : 온도[K]
- R_{ideal} : 일반기체상수[$8.314 \, J/mol \cdot K$]

04 열교환기에서 80 [℃]의 증기가 내부에서 포화상태를 유지하고 2 [m/s]의 속도로 20 [℃]의 물이 유입되었다가 40 [℃]로 배출된다. 이 교환기를 설치할 때 관의 길이는 몇 [m]인가? (단, 관의 내경은 10 [cm]이며, 관의 열관류율은 10 [kW/m²·K], 물의 비열은 4180 [J/kg·K], 주위로의 열손실은 무시한다) [7점]

정답

8.47 [m]

[해설]

1) LMTD

$\Delta t_1 = 80 - 20 = 60$, $\Delta t_2 = 80 - 40 = 40$

$$LMTD = \frac{\Delta t_1 - \Delta t_2}{\ln \frac{\Delta t_1}{\Delta t_2}} = \frac{60 - 40}{\ln \frac{60}{40}} ≒ 49.33 \, [℃]$$

2) 열량

열교환에 의해 물이 흡수한 열량 = 열교환기에서 교환된 열량

$Q_1 = G C_물 \Delta t = \rho A v C_물 \Delta t$

$= 4.180 [kJ/kg \cdot ℃] \times 1000 [kg/m^3] \times \frac{\pi \times (0.1 [m])^2}{4} \times 2 [m/s] \times (40 - 20)[℃]$

$= 1313.19 [kJ/s]$

$= 1313.19 [kW]$

TIP 물의 밀도 : $\rho = 1 [g/cm^3] = 1000 [kg/m^3]$

3) 길이

전열량 $Q = KA(LMTD)[W]$

$Q_2 = K \cdot (LMTD) \cdot (\pi D \times L) = 10 [kW/m^2 \cdot ℃] \times 49.33 [℃] \times \pi \times 0.1 [m] \times L$

$Q_1 = Q_2$

$L = 8.47 [m]$

핵심이론 LMTD

대수평균온도차(LMTD) = $\dfrac{\Delta_1 - \Delta_2}{\ln\left(\dfrac{\Delta_1}{\Delta_2}\right)}$ [℃]

1) 평행류(Parallel Flow)

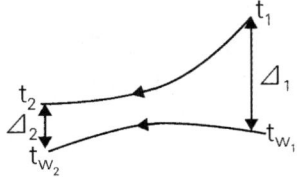

$\Delta_1 = t_1 - t_{w_1}$
$\Delta_2 = t_2 - t_{w_2}$

2) 대향류(Counter Flow)

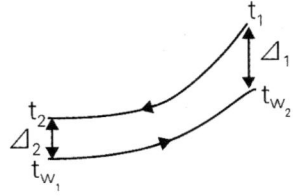

$\Delta_1 = t_1 - t_{w_2}$
$\Delta_2 = t_2 - t_{w_1}$

3) 전열량

$Q = KA(LMTD)\,[W] = KA\Delta t$

- K : 열통과율(열관류율)
- A : 전열면적

---

05 증기보일러수주관을 설치할 경우 분출관의 최소면적은 몇 [A] 이상으로 하여야 하는가?

[4점]

정답
20 [A]

핵심이론 수주관과 연락관

수주관과 보일러를 연결하는 관은 호칭지름 20 [A](20 [mm]) 이상으로 한다.

---

06 어느 보일러의 증기 발생량이 4500 [kg/h]이고 현열량 293 [kJ/kg], 잠열량 237 [kJ/kg]이다. 효율 0.9라고 할 때 증발배수를 구하여라. (단, 급수엔탈피 251 [kJ/kg]로 급수온도 60 [℃]이며 연료의 열량은 4500 [kJ/kg]이다) [6점]

정답

14.5

풀이

보일러의 효율은 다음과 같다.

$$\eta_B = \frac{G_a(h_2 - h_1)}{G_f \times H_\ell} \times 100 \, [\%]$$

이를 연료소비량에 대해서 나타내면 다음과 같다.

$$G_f = \frac{G_a(h_2 - h_1)}{H_\ell \times \eta_B} \times 100 \, [\%]$$

$$G_f = \frac{4500(293 + 237 - 251)}{4500 \times 0.9} = 310$$

연료소비량 G_f : 310 [kg/h]

$$증발배수 = \frac{실제 증발량}{연료 소비량} = \frac{4500}{310} = 14.5$$

핵심이론 증발배수

1) 연료 1 [kg]으로 증기 몇 [kg]을 생산했는지 나타내는 수
2) 증발배수 = $\dfrac{G_a}{G_f}$ [kg/kg](G_f : 연료소비량, G_a : 실제증발량)

핵심이론 | 보일러 효율

$$\eta_B = \frac{G_a(h_2 - h_1)}{G_f \times H_\ell} \times 100 \, [\%]$$
$$= \frac{G_e \times 2256}{G_f \times H_\ell} \times 100 \, [\%]$$

- G_a : 실제증발량 [kg/h]
- h_1 : 급수의 비엔탈피 [kJ/kg]
- h_2 : 증기의 비엔탈피 [kJ/kg]
- G_f : 연료사용량 [kg/h]
- H_ℓ : 연료발열량 [kJ/kg]

07 증기발생 보일러에서 발생증기의 엔탈피가 3000 [kJ/kg]이다. 이 발생증기가 터빈 입구로 들어간다. 이때 증기기관의 수증기의 질량유량은 1.5 [t/h]이며, 터빈 출구의 엔탈피는 563.6 [kJ/kg]일 때 터빈의 출력 [kW]을 계산하시오. [6점]

정답

1015.17

풀이

터빈 출력 $W = 1.5 [t/h] \times 1000 [kg/t] \times (3000 - 563.6)[kJ/kg] \times \dfrac{1}{3600 [s/h]}$
$= 1015.17 [kJ/s] = 1015.17 [kW]$

핵심이론 | 터빈 출력

- 터빈 출력 = $m(h_1 - h_2) [kW]$
- 1 [kW] = 1 [kJ/s]

08 프로페인(프로판) 1 [kg]이 완전연소 시 고위발열량과 저위발열량의 차이는 몇 [kJ/kg]이 되는가? (단, 물의 증발잠열은 2257 [kJ/kg]이다) [6점]

정답

3693.27 [kJ/kg]

풀이

프로페인의 분자식 : C_3H_8

고위발열량과 저위발열량의 차이는 물의 증발잠열이다.

프로페인의 연소반응식 : $C_3H_8 + 5O_2 \rightarrow 3CO_2 + 4H_2O$

프로페인 1 [kg]에 의해 생성되는 물의 질량 : $\dfrac{4 \times 18}{44}$ [kg]

물의 증발잠열 $= 2257 \times \dfrac{4 \times 18}{44} = 3693.27 [kJ/kg]$

핵심이론 발열량과 프로페인

1) 발열량
   (1) 고위발열량(H_h) : 수증기의 증발잠열을 포함한 총 에너지
   (2) 저위발열량(H_ℓ) : 수증기의 증발잠열을 포함하지 않은 총 에너지
2) 프로페인
   (1) 프로페인의 분자식 : C_3H_8
   (2) 프로페인의 연소반응식 : $C_3H_8 + 5O_2 \rightarrow 3CO_2 + 4H_2O$

09 자연통풍방식에서 연돌의 통풍력이 상승되는 조건을 4가지만 쓰시오. [4점]

> **정답**
> - 배기가스 연도를 짧게 한다.
> - 굴뚝의 높이를 높게 한다.
> - 굴뚝의 단면적을 크게 한다.
> - 배기가스온도를 높게 한다.
> - 연도의 굴곡부를 최소화한다.

핵심이론 자연통풍방식

1) 배기가스와의 외기의 온도차에 이루어지는 통풍방식이다.
2) 연돌에 의하여 이뤄지는 통풍방식이다.
3) 가스의 유속은 3 ~ 5 [m/s] 정도이다.
4) 통풍저항이 작은 소규모 보일러에 사용된다.
5) 노내압이 부압(-)되어 외기 침입의 우려가 있다.
6) 외기의 온도와 습도 등에 영향을 많이 받는다.
7) 강한 통풍력은 얻기 힘들고, 통풍력 조절이 어렵다.

10 다음은 폐열회수장치에 관한 설명이다. 괄호 안의 알맞은 말을 각각 적으시오. [5점]

> 보일러의 배기가스의 폐열을 회수하는 방법으로 연소가스를 이용하여 보일러 급수를 예열하는 장치를 (   )라고 하며, 연소가스를 이용하여 연소용 공기를 예열하는 장치는 (   )라고 한다.

> **정답**
>
> 절탄기 , 공기예열기

핵심이론 열교환장치(폐열회수장치)

1) 절탄기(Economizer, 급수예열기)
   (1) 폐가스(배기가스)의 여열을 이용하여 보일러에 급수되는 급수의 예열기구
   (2) 절탄기 부착 시 장점
      ① 부동팽창방지
      ② 일시 불순물 및 경도성분 와해
      ③ 연료의 절약
      ④ 보일러 효율 및 증발력 증대
   (3) 절탄기 부착 시 단점
      ① 통풍저항이 커져 통풍력이 감소한다.
      ② 연소가스의 온도 저하로 저온 부식이 발생될 우려가 있다(저온 부식을 일으키는 성분 : 황).
      ③ 연도 내의 청소 및 점검이 어려워진다.
      ④ 설비비가 비싸고 취급에 기술을 요한다.
2) 공기예열기(Air Pre Heater)
   (1) 배기가스 여열을 이용하여 연소실에 투입되는 공기를 예열한다.
   (2) 공기예열기 설치 시 장점
      ① 노 내의 온도 상승으로 연소가 잘 된다.
      ② 과잉공기량을 줄여도 된다.
      ③ 저질 연료의 연소도 가능하다.
      ④ 보일러 효율이 향상된다.
   (3) 공기예열기 설치 시 단점
      ① 통풍저항이 커져 통풍력이 감소한다.
      ② 온도 저하로 인한 저온 부식이 발생될 우려가 있다(저온 부식을 일으키는 성분 : 황).
      ③ 조작범위가 넓어진다.
      ④ 연도 내 청소 및 점검이 어려워지고, 설비비가 비싸며, 취급에 기술을 요한다.

11 다음 그림과 같이 물배관과 오일 배관 사이의 압력 차이를 이중 유체 마노미터로 측정하려고 한다. 두 탱크의 압력 P_A와 P_B의 압력 차 $\Delta P = P_B - P_A$의 값 [kPa]을 구하시오. [6점]

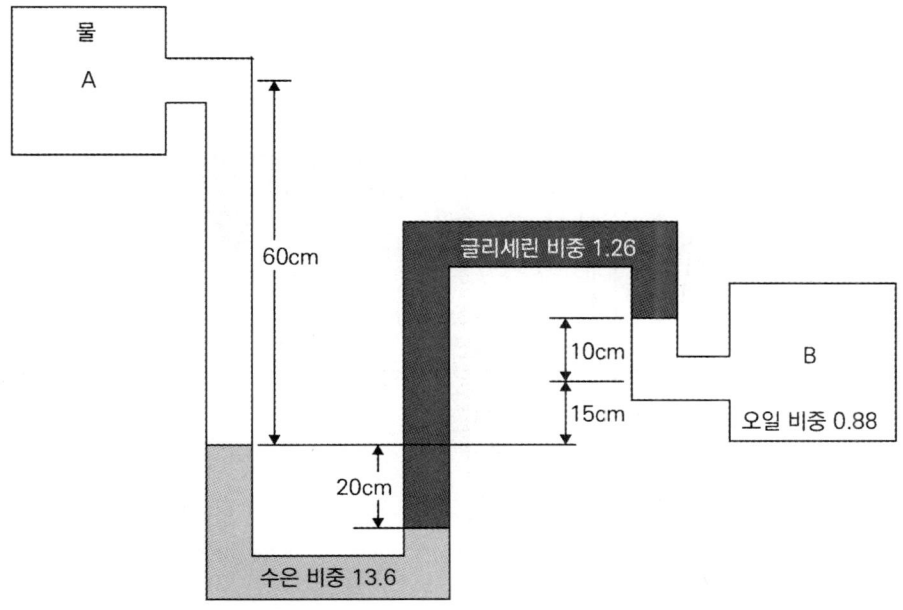

> 정답

27.84 [kPa]

[해설]

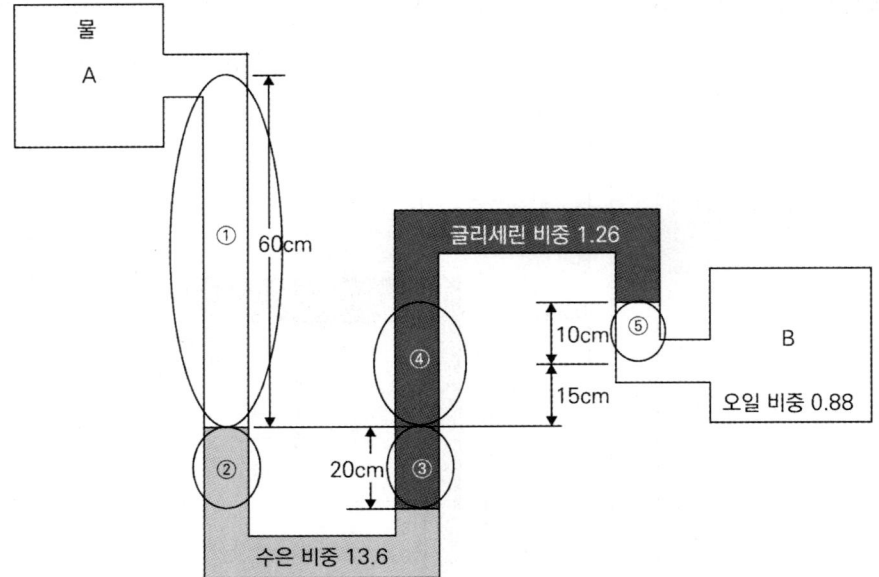

- 물의 밀도 : 1000 [kg/m³]
- 수은의 밀도 : 13600 [kg/m³]
- 글리세린의 밀도 : 1260 [kg/m³]
- 오일의 밀도 : 880 [kg/m³]

$P = \rho g h$

① $P_1 = 1000 \times 9.8 \times 0.6$ [N/m²]
② $P_2 = 13600 \times 9.8 \times 0.2$ [N/m²]
③ $P_3 = 1260 \times 9.8 \times 0.2$ [N/m²]
④ $P_4 = 1260 \times 9.8 \times 0.25$ [N/m²]
⑤ $P_5 = 880 \times 9.8 \times 0.1$ [N/m²]

$\Delta P = P_B - P_A = P_5 - P_4 - P_3 + P_2 + P_1$
$= 27841.8\,[N/m^2] = 27841.8\,[Pa] = 27.84\,[kPa]$

핵심이론 마노미터(Manometer)

1) 압력계의 감도를 크게 하고 미소압력을 측정하기 위하여 비중이 다른 2액을 사용하여 압력을 측정한다[물(1) + 클로로포름(1.47)].
2) 개방형 마노미터 : 유체의 압력을 측정하고자 하는 지점에 마노미터를 연결하여 측정하는 방식
3) $P = \rho g h$ (P : 압력 [Pa], ρ : 유체의 밀도 [kg/m^3]
   g : 중력가속도 [m/s^2], h : 마노미터 액의 높이 [m])
4) 밀폐형 마노미터 : 유체의 압력을 측정하고자 하는 지점에 마노미터를 연결하고, 다른 쪽 끝을 밀폐하여 측정하는 방식
   (1) 유체의 밀도에 관계없이 압력 계산식에 차이가 없다.
5) 차압 마노미터 : 두 지점 사이의 압력 차를 측정하는 방법
   (1) 두 지점 사이의 유체의 밀도에 관계없이 압력계산식에 차이가 없다.

---

12 공기의 유량에 의해 움직이는 부품의 회전수를 측정하여 유량을 계산하는 유량계이며, 유체의 체적을 측정하여 유량을 측정하는, 대표적으로 오벌식 유량계가 있는 이 유량계의 종류는 무엇인가? [4점]

정답

용적식 유량계

핵심이론 용적식 유량계

유체의 부피를 측정하여 유량을 산출하는 유량계
1) 공기의 유량에 의해 움직이는 부품의 회전수를 측정하여 유량을 계산하는 유량계
2) 로터와 케이스, 피스톤, 실린더 등을 이용해 유체를 일정 용적 내에 가둬두고, 방출하기를 반복하며 단위시간당의 횟수에서 유량을 얻는다. 정밀도가 높다는 장점이 있지만, 동시에 압력 손실이 크다는 단점이 있다.
3) 유량을 누적하여 측정하는 방식이기 때문에 적산식 유량계라고 불린다. 측정유체의 맥동에 의한 영향이 적다. 점도가 높은 유량의 측정도 가능하다. 고형물의 혼입을 막기 위해 입구 측에 여과기가 필요하다.
4) 오벌미터(내구성 우수, 설치 간단, 액체만 측정 가능, 기체유량 측정 불가능), 피스톤형, 루트형 가스미터, 루츠, 로터리팬, 로터리피스톤

13 길이가 1 [m]인 중공원관의 바깥 직경이 150 [mm], 안쪽 직경이 50 [mm]이다. 열전도율이 0.04 [W/m·℃]이고, 내측 온도 300 [℃], 외부온도 30 [℃]일 때, 다음을 구하시오.

[6점]

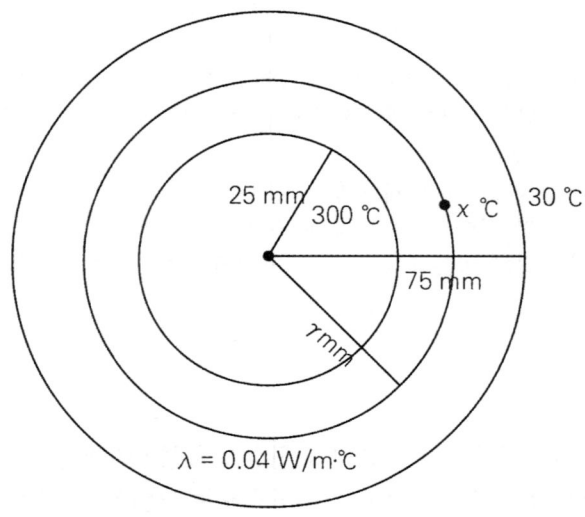

1) 중공원관의 1 [m]당 손실열량 [W]
2) 관의 중간지점의 온도 [℃]

정답

1) 61.77 [W]   2) 129.65 [℃]

[해설]

1) 중공원관의 열손실

$$Q = \frac{\lambda \times 2\pi L (T_H - T_L)}{\ln \frac{r_2}{r_1}} = \frac{0.04 \times 2 \times \pi \times 1 \times (300 - 30)}{\ln \frac{0.075}{0.025}} = 61.77 [W]$$

2) 관의 중간지점 온도

중간지점까지의 반지름 $r = \dfrac{25 + 75}{2} = \dfrac{100}{2} = 50 [mm]$

$$Q = \frac{\lambda \times 2\pi L (T_H - T_L)}{\ln \frac{r_2}{r_1}}$$

$$61.77 = \frac{0.04 \times 2 \times \pi \times 1 \times (300-x)}{\ln\frac{0.05}{0.025}}$$

$$x = 129.65\,[\text{℃}]$$

핵심이론 열전도

1) 전도 : 매질 내 자유전자 간의 미세한 충돌과 상호작용을 통해 열이 전달되는 현상으로, 주로 고체에서 중요한 열전달방식이다.
2) 푸리에의 열전도 법칙(Fourier Heat Conduction Law)

$$Q = \lambda A \frac{\Delta t}{L}\,[W]$$

- Q : 전도열량 [W]
- λ : 열전도계수 [W/m·K]
- L : 물질의 두께 [m]
- A : 전열면적 [m²]
- Δt : 물질의 표면온도 [K]

※ 열전도계수 : $\dfrac{1}{K} = \dfrac{x_1}{K_1} + \dfrac{x_2}{K_2} + \dfrac{x_3}{K_3} \cdots = \sum_{i=1}^{n}\dfrac{x_i}{K_i}$

※ 원통에서의 열전도 : $Q = \dfrac{2\pi LK}{\ln\left(\dfrac{r_2}{r_1}\right)}(t_1 - t_2)$

14 다음은 저온부식에 대한 설명이다. 빈칸에 알맞은 말을 적으시오. [5점]

저온 부식에서 연료 중의 황(S)이 연소하여 (①)이 되고, 그 일부는 다시 (②)와 반응하여 (③)이 된다. 이것은 연소가스 중 (④)와 화합하여 (⑤)가 된다.

정답

① 이산화황(아황산가스, SO_2) ② 산소(O_2) ③ 삼산화황(무수황산, SO_3)
④ 수증기(H_2O) ⑤ 황산(H_2SO_4) 가스

핵심이론 저온 부식

저온 부식이란 연료 중의 황(S)이 연소하여 최종적으로 황산(H_2SO_4)이 되어 온도가 낮은 전열면에 부식을 일으키는 현상이다.

1) 황의 연소반응
    $S + O_2 \rightarrow SO_2$ (이산화황)
2) 이산화황의 산화반응
    $2SO_2 + O_2 \rightarrow 2SO_3$ (삼산화황)
3) 삼산화황의 수화반응
    $SO_3 + H_2O \rightarrow H_2SO_4$ (황산)

TIP 저온부식의 원인 : 황. 고온부식의 원인 : 바나듐

---

15 랭킨 사이클에서 보일러 입구의 엔탈피는 345 [kJ/kg]이고, 보일러 출구 엔탈피는 3200 [kJ/kg]이다. 터빈 출구 엔탈피는 2400 [kJ/kg], 펌프 입구 엔탈피는 340 [kJ/kg]이다. 이때 랭킨 열효율을 계산하시오. [5점]

정답

27.85 [%]

[해설]

보일러 출구 엔탈피 = 터빈 입구 엔탈피
보일러 입구 엔탈피 = 펌프 출구 엔탈피

랭킨 사이클 효율 = $\dfrac{\text{터빈일} - \text{펌프일}}{\text{보일러가 받은 열}} \times 100 [\%]$

$= \dfrac{(\text{터빈 입구 엔탈피} - \text{터빈 출구 엔탈피}) - (\text{펌프 출구 엔탈피} - \text{펌프 입구 엔탈피})}{(\text{보일러 출구 엔탈피} - \text{보일러 입구 엔탈피})} \times 100 [\%]$

$= \dfrac{(3200 - 2400) - (345 - 340)}{(3200 - 345)} \times 100 [\%] = 27.85 [\%]$

핵심이론 랭킨 사이클

1) 2개의 단열 과정과 2개의 등압 과정으로 구성되어 있다.
2) 증기 원동소의 구성
   [1] → 펌프(단열압축) → [2] → 보일러(정압가열) → [3] → 터빈(단열팽창) →
   [4] → 복수기(정압방열) → [1]

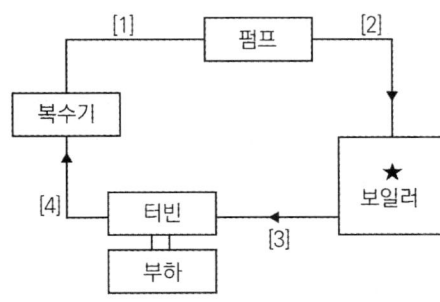

3) 열효율 : $\eta_R = 1 - \dfrac{q_{out}}{q_{in}} = 1 - \dfrac{h_4 - h_1}{h_3 - h_2} = \dfrac{(h_3 - h_2) - (h_4 - h_1)}{h_3 - h_2} \times 100\,[\%]$
   $= \dfrac{(h_3 - h_4) - (h_2 - h_1)}{h_3 - h_2} \times 100\,[\%]$

---

16 보일러 설치 시공기준에 의거하여 노통연관식 증기보일러(최고사용압력 : 1 [MPa])가 설치되어 있다. 다음 질문에 답하시오. [7점]

1) 다음은 부르동관 압력계 부착에 관한 규정이다. 알맞은 말을 쓰시오.

> 증기가 압력계의 부르동관에 직접 들어가지 않도록 하기 위해서 압력계에는 물을 넣은 안지름 ( ) [mm] 이상의 ( ) 또는 동등한 작용을 하는 장치를 부착한다.

2) 다음 중 보일러에 부착하기에 알맞은 부르동관 압력계 제품을 선정하고 그 이유를 적으시오.

> A : 최고눈금 : 2 [MPa], 눈금판의 바깥지름 : 100 [mm], 정확도 : Full Scale ±0.5 [%]
> B : 최고눈금 : 2.5 [MPa], 눈금판의 바깥지름 : 75 [mm], 정확도 : Full Scale ±1.0 [%]
> C : 최고눈금 : 3.5 [MPa], 눈금판의 바깥지름 : 200 [mm], 정확도 : Full Scale ±0.5 [%]
> D : 최고눈금 : 5 [MPa], 눈금판의 바깥지름 : 150 [mm], 정확도 : Full Scale ±1.5 [%]

정답

1) 6.5, 사이폰관
2) A
   최고사용압력이 1 [MPa]이므로, 1.5 ~ 3 [MPa], 바깥지름은 100 [mm] 이상이어야 하므로 A이다.

핵심이론 부르동관 압력계

1) 사이폰관 : 배관에 압력계 설치 시 배관과 압력계 사이의 연결관을 굽혀 놓은 관
   (1) 부착 이유 : 고온의 증기 침입을 막아 압력계의 보호 및 오차방지
   (2) 사이폰관 안지름의 크기 : 6.5 [mm] 이상
   (3) 사이폰관 속에 들어 있는 유체 : 물
2) 압력계
   (1) 압력계의 최고 눈금은 최고사용압력의 1.5배 이상 3배 이하로 한다. 바깥지름은 100 [mm] 이상으로 한다.
   (2) 압력계의 재질은 황동으로 한다.
   (3) 내부온도는 80 [℃] 이하로 유지한다.

17 보온재의 열전달율을 낮추는 조건 3가지를 쓰시오. [6점]

정답

- 온도를 낮춘다.
- 밀도를 작게 한다.
- 기공률을 크게 한다.
- 습도를 낮춘다.
- 부피의 비중을 작게 한다.
- 전기적 절연체로 한다.

핵심이론 보온재의 열전도율이 작아지는 조건

- 온도가 낮을수록
- 두께가 두꺼울수록
- 밀도가 낮을수록
- 습도가 낮을수록(수분이 적을수록)
- 기공률이 클수록

18 탄소의 연소반응식 $C + O_2 \rightarrow CO_2 + 393.8 [MJ/kmol]$ 일 때 다음 물음에 답하시오. [5점]

1) 탄소(C)를 1 [kg] 연소할 때 산소(O_2)는 몇 [kg] 필요한가?
2) 탄소(C)를 1 [kg] 연소할 때 이산화탄소(CO_2)는 몇 [kg]이 생성되는가?
3) 탄소(C)를 1 [kg] 연소할 때 산소(O_2)는 몇 [Nm³] 필요한가?
4) 탄소(C)를 1 [kg] 연소할 때 이산화탄소(CO_2)는 몇 [Nm³]이 생성되는가?
5) 탄소(C)를 1 [kg] 연소할 때 발생하는 발열량은 몇 [MJ]인가?

정답

1) 2.67
2) 3.67
3) 1.87
4) 1.87
5) 32.82

[해설]

1) $\dfrac{32}{12} = 2.67$

2) $\dfrac{44}{12} = 3.67$

3) $\dfrac{22.4}{12} = 1.87$

4) $\dfrac{22.4}{12} = 1.87$

5) $\dfrac{393.8}{12} = 32.82$

핵심이론 연소반응식

- 분자 1 [kmol]이 차지하는 체적은 22.4 [Nm³]이다.
- 탄소(C) 1 [kmol]의 질량은 12 [kg]이다.
- 산소(O_2) 1 [kmol]의 질량은 32 [kg]이다.
- 이산화탄소(CO_2) 1 [kmol]의 질량은 44 [kg]이다.

2023 제1회

합격률 : 35.9%

---

01 [보기]는 신·재생에너지이다. 다음을 「신재생에너지법」에 의한 신에너지 종류와 재생에너지의 종류를 골라 각각 기호로 모두 적으시오. [5점]

[보기]
ㄱ. 해양에너지   ㄴ. 태양에너지   ㄷ. 지열에너지
ㄹ. 수소에너지   ㅁ. 연료전지   ㅂ. 수력   ㅅ. 풍력

정답
신에너지 : ㄹ, ㅁ
재생에너지 : ㄱ, ㄴ, ㄷ, ㅂ, ㅅ

핵심이론 | 신재생에너지

1. "신에너지"란 기존의 화석연료를 변환시켜 이용하거나 수소·산소 등의 화학반응을 통하여 전기 또는 열을 이용하는 에너지로서 다음 각 목의 어느 하나에 해당하는 것을 말한다.
   가. 수소에너지
   나. 연료전지
   다. 석탄을 액화·가스화한 에너지 및 중질잔사유(重質殘渣油)를 가스화한 에너지로서 대통령령으로 정하는 기준 및 범위에 해당하는 에너지
   라. 그 밖에 석유·석탄·원자력 또는 천연가스가 아닌 에너지로서 대통령령으로 정하는 에너지
2. "재생에너지"란 햇빛·물·지열(地熱)·강수(降水)·생물유기체 등을 포함하는 재생 가능한 에너지를 변환시켜 이용하는 에너지로서 다음 각 목의 어느 하나에 해당하는 것을 말한다.
   가. 태양에너지
   나. 풍력
   다. 수력
   라. 해양에너지
   마. 지열에너지

바. 생물자원을 변환시켜 이용하는 바이오에너지로서 대통령령으로 정하는 기준 및 범위에 해당하는 에너지
사. 폐기물에너지(비재생폐기물로부터 생산된 것은 제외한다)로서 대통령령으로 정하는 기준 및 범위에 해당하는 에너지
아. 그 밖에 석유·석탄·원자력 또는 천연가스가 아닌 에너지로서 대통령령으로 정하는 에너지

02 [보기]에 주어진 연료 중 체적당 발열량이 높은 순서대로 나열하시오. [5점]

[보기]
등유, 벙커A유, 휘발유, 벙커C유

정답

벙커C유(B - C유) > 벙커A유(B - A유) > 등유 > 휘발유

핵심이론 총발열량

1) B - C유(41.6 [MJ/L])
2) B - B유(40.5 [MJ/L])
3) B - A유(38.9 [MJ/L])
4) 등유(36. [MJ/L])
5) 휘발유(32.6 [MJ/L])
6) 경유(37.7 [MJ/L])

암 호두과자ABC

03 보일러설비에 사용되고 있는 탈기기의 설치목적을 쓰시오. [5점]

정답

보일러에 공급되는 급수 중의 용존가스(산소, 이산화탄소)를 제거하여 부식을 방지하기 위해서 설치한다.

핵심이론 | 탈기기

보일러에 공급되는 급수 중의 용존가스(산소, 이산화탄소)를 제거하여 부식을 방지하는 장치

> TIP 주 목적은 산소의 제거이다.

04 연료의 연소 과정 중 매연인 일산화탄소, 수트, 분진 등의 발생원인을 4가지 쓰시오. [4점]

정답
- 연소실의 온도가 낮을 경우
- 공기비가 낮을 경우, 불완전연소일 경우
- 연소장치가 정상적이지 않을 경우
- 연료에 불순물이 섞여 있는 저질연료일 경우
- 연소실의 용적이 작을 경우
- 운전관리자의 운전이 미숙할 경우
- 통풍력이 작을 경우

핵심이론 | 매연발생의 원인

1) 보일러의 구조나 연소장치에 알맞지 않은 연료를 사용하는 경우
2) 연료와 공기의 혼합이 잘 되지 않는 경우
   (1) 중유의 분무구와 공기분출구와의 위치 불량
   (2) 버너의 중유 분사각도나 공기분사 각도의 편심
   (3) 공급공기압력의 저하나 공기공급량의 부족
3) 연소용 공기가 부족한 경우
   (1) 공기공급용 통풍 닥트나 댐퍼의 변형 및 고장
   (2) 연도의 결함이나 파손으로 공기의 누출
   (3) 공기공급량의 조절불량
   (4) 통풍기의 성능저하
4) 연소장치가 불안전 또는 고장인 경우
5) 취급자의 지식이나 기술이 미숙한 경우
6) 연소실의 용적이 작은 경우
7) 분무입자가 커 무화가 불량인 경우
8) 통풍력이 부족하거나 과할 경우
9) 연소실 온도가 낮은 경우
10) 연료의 질이 좋지 않은 경우

05 에탄올을 이론공기량으로 완전연소시켰을 경우 질량기준 공기연료비를 구하시오. [7점]

정답

9.01

[해설]

에탄올 : C_2H_5OH

에탄올의 연소반응식 : $C_2H_5OH + 3O_2 \rightarrow 2CO_2 + 3H_2O$

$A_0 = \dfrac{O_0}{0.21} = \dfrac{3[kmol/kmol]}{0.21} = 14.286[kmol/kmol]$

공연비 $= \dfrac{공기질량}{연료질량} = \dfrac{14.286[kmol/kmol] \times 29[kg/kmol]}{(12 \times 2 + 1 \times 6 + 16)[kg/kmol]} = 9.006 ≒ 9.01$

용어 질량기준 공연비(공기연료비) : $\dfrac{공기질량}{연료질량}$

TIP 공기의 분자량은 29이다.

핵심이론 이론산소량과 이론공기량

- 이론산소량(O_0) : 연료를 산화시키기 위한 이론적 최소 산소량
- 이론공기량(A_0) : 연료를 완전연소시키는 데 필요한 이론적 최소 공기량

06 보일러 운행 중 프라이밍 및 포밍이 발생하였을 때의 조치사항 3가지를 쓰시오. [5점]

정답

- 주 증기밸브를 닫아 압력을 높여 수위를 안정시킨다.
- 공기를 차단한다.
- 연료를 차단한다.
- 급수 및 분출 작업을 반복한다.
- 보일러수 내의 부유물과 불순물이 제거될 수 있도록 급수처리를 한다.

핵심이론 프라이밍과 포밍

1) 프라이밍과 포밍의 원인
   (1) 증기 부하가 과대한 경우
   (2) 관수가 농축되었을 때
   (3) 고수위
   (4) 주 증기밸브의 급개
   (5) 관수에 유지분, 부유물, 불순물이 많을 때
2) 프라이밍, 포밍이 일어났을 때 조치사항
   (1) 연소량을 가볍게 한다.
   (2) 주 증기밸브를 닫고 수위의 안정을 기다린다.
   (3) 관수의 일부를 취출하고 물을 넣는다.
   (4) 안전밸브, 수면계, 압력계, 연락관을 시험한다.
   (5) 수질검사를 실시한다.

---

07 보일러에 설치하는 안전장치 중 하나인 화염검출기의 기능과 종류 3가지를 쓰시오. [6점]

정답

- 기능 : 연소실 내의 화염의 유무를 검출하여 연소상태를 점검하고, 이상 화염 시 연료차단용 전자밸브에 신호를 보내어 연료공급밸브를 차단시켜, 보일러 운전을 정지시킨다.
- 종류 : 플레임 아이, 플레임 로드, 스택 스위치

핵심이론 화염검출기의 종류

1) 플레임 아이(Flame Eye) : 화염이 발광체임을 이용하여 화염의 방사선을 감지하여 화염의 유무를 검출한다.
2) 플레임 로드(Flame Rod) : 화염의 이온화현상에 의한 전기전도성을 이용하여 화염의 유무를 검출한다.
3) 스택 스위치(Stack Switch) : 연도에 바이메탈을 설치하여 연소가스의 발열체를 이용하여 화염 유무를 검출한다.

08 다음에 설명하는 자동제어의 명칭을 쓰시오. [5점]

1) 미리 정해진 순서에 다음 동작이 연속으로 이루어지는 제어로 보일러 점화 등에 적용된다.

2) 어떤 일정한 조건이 충족되지 않으면 다음 단계의 동작이 작동하지 못하도록 저지하는 것으로 보일러의 안전한 운전을 위하여 반드시 필요한 제어이다.

정답

1) 시퀀스제어
2) 인터록제어

핵심이론 제어방식

1) 시퀀스제어
  (1) 미리 정해진 순서에 따라 순차적으로 진행하는 제어방식으로 작업자의 개입이 필요하지 않다.
  (2) 특징
   ① 복잡한 작업도 순차적으로 진행할 수 있다.
   ② 작업의 효율성을 높일 수 있다.
   ③ 주로 산업용 자동차 분야에서 사용되며, 공정제어, 설비제어, 검사제어 등에 사용된다.
2) 인터록(Interlock)제어
  어떤 일정한 조건이 충족되지 않으면 다음 단계의 동작이 작동하지 못하도록 저지하는 것으로 보일러의 안전한 운전을 위하여 반드시 필요한 제어

09 두께가 20 [cm]인 내화벽돌의 열전도율이 1.3 [W/m·℃]와 두께 10 [cm]의 플라스틱 절연체의 열전도율 0.5 [W/m·℃]로 시공된 이중벽이 있다. 온도는 내화벽돌 쪽이 500 [℃], 플라스틱 절연체 쪽이 100 [℃]일 때 다음을 구하시오. [6점]

1) 벽의 단위면적당 전열량 [W/m^2]

2) 내화벽돌과 플라스틱 절연체 사이의 접촉면 온도 [℃]

정답

1) 1130.43 [W/m^2]
2) 326.09 [℃]

[해설]

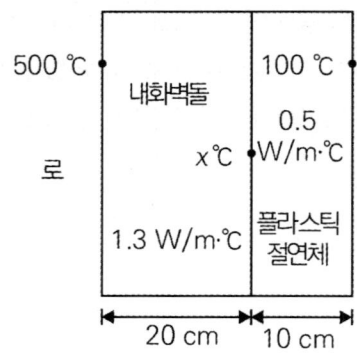

1) $q = \dfrac{Q}{A} = \dfrac{KA\Delta t}{A} = K\Delta t = \dfrac{\Delta t}{\dfrac{d_1}{\lambda_1}+\dfrac{d_2}{\lambda_2}}$

$= \dfrac{(500-100)[\text{℃}]}{\dfrac{0.2[m]}{1.3[W/m\cdot\text{℃}]} + \dfrac{0.1[m]}{0.5[W/m\cdot\text{℃}]}} = 1130.43\,[W/m^2]$

2) $q = \dfrac{Q}{A} = 1130.43\,[W/m^2] = \dfrac{(500-x)[\text{℃}]}{\dfrac{0.2[m]}{1.3[W/m\cdot\text{℃}]}} = \dfrac{(x-100)\text{℃}}{\dfrac{0.1[m]}{0.5[W/m\cdot\text{℃}]}}$

$x = 326.09\,[\text{℃}]$

핵심이론 열전달

1) 열손실량

$$Q = KA\Delta t\,[W]$$

- K : 열관류(통과)계수 [W/m² · K]
- A : 전열면적 [m²]
- Δt : 온도차이 [K]

2) 열유속(流俗) : 단위면적당 흐르는 열량

$$q = \dfrac{Q}{A} = \dfrac{KA\Delta t}{A} = K\Delta t\,[W/m^2]$$

- K : 열관류(통과)계수 [W/m² · K]
- A : 전열면적 [m²]
- Δt : 온도차이 [K]

3) 열관류(통과)계수 : 단위면적당, 단위온도차에 의해 전달되는 열량

$$K = \frac{1}{R} = \frac{1}{\frac{1}{\alpha_1} + \frac{\ell}{\lambda} + \frac{1}{\alpha_2}} [W/m^2 \cdot K]$$

- K : 열관류율 [W/m$^2 \cdot$K]
- R : 열저항 [m$^2 \cdot$K/W]
- ℓ : 재료의 두께 [m]
- λ : 열전도율 [W/m$\cdot$K]
- α_1 : 내측 유체 열전달률 [W/m$^2 \cdot$K]
- α_2 : 외측 유체 열전달률 [W/m$^2 \cdot$K]

---

10 어떤 이상기체의 질량이 0.4 [kg]으로 구성된 시스템의 압력이 200 [kPa], 부피가 0.2 [m^3]인 상태에서 정압 과정으로 부피가 2배가 되었을 때, 각 물음에 답하시오. (단, 정압비열 $C_p = C_{p0} + \alpha T$, T : 절대온도, $\alpha = 0.002[kJ/kg \cdot K^2]$, $C_{p0} = 1.68[kJ/kg \cdot K]$, 기체상수 R = 250 [J/kg$\cdot$K]) [7점]

1) 정압 과정 전 기체의 처음온도 [K]를 구하시오.
2) 정압 과정 후 기체의 최종온도 [K]를 구하시오.
3) 시스템으로 전달된 열량(kJ)을 구하시오.

정답

1) 400 [K]   2) 800 [K]   3) 460.8 [kJ]

[해설]

1) $T_1 = \dfrac{P_1 V_1}{mR} = \dfrac{200 \times 0.2}{0.4 \times 0.25} = 400 [K]$ **TIP** 기체상수의 단위에 주의

2) $T_2 = \dfrac{P_2 V_2}{mR} = \dfrac{200 \times 0.4}{0.4 \times 0.25} = 800 [K]$

3) $\delta Q = m C_p dT = m(1.68 + 0.002T)dT$

$Q = m \int_{T_1}^{T_2} (1.68 + 0.002T)dT = 0.4 \times \int_{400}^{800} (1.68 + 0.002T)dT$
$= 0.4 \times \left[1.68 \times (800 - 400) + \dfrac{1}{2} \times 0.002 \times (800^2 - 400^2) \right] = 460.8 [kJ]$

핵심이론 ▎이상기체 상태 방정식

1) 질량에 대한 식

$$Pv = R_{specific}T$$
$$PV = mR_{specific}T$$

- P : 압력 $[Pa]$
- V : 부피 $[m^3]$
- m : 질량 $[kg]$
- T : 온도 $[K]$

$$R_{specific} = \frac{R_{ideal}}{M} : 특정기체상수\ [J/kg \cdot K](M : 몰질량[분자량])$$

2) 몰량에 대한 식

$$PV = nR_{ideal}T$$

- P : 압력 $[Pa]$
- V : 부피 $[m^3]$
- n : 몰수 $[mol]$
- T : 온도 $[K]$
- R_{ideal} : 일반기체상수 $[8.314\,J/mol \cdot K]$

11 맞대기 용접이음에서 하중 4536 [kgf], 용접부의 허용응력 137.88 [N/mm²], 용접부 두께가 6.4 [mm]일 때 용접부의 길이 [mm]를 구하시오. [5점]

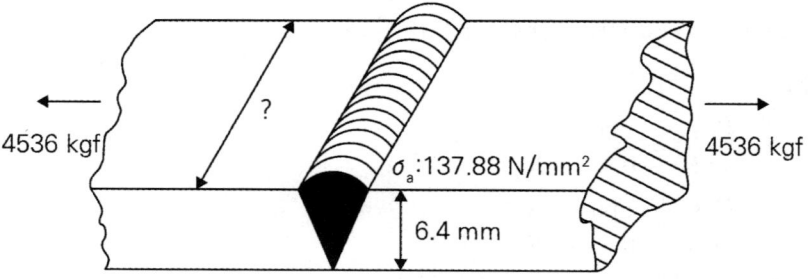

정답

50.375 [mm]

[해설]

1 [kgf] = 9.8 [N]

$$\sigma_a = \frac{P_t}{h \times l}$$

$$l = \frac{P_t}{\sigma_a h} = \frac{4536[kgf] \times 9.8[N/kgf]}{137.88[N/mm^2] \times 6.4[mm]} = 50.375[mm]$$

핵심이론 · 인장응력

재료가 잡아당기는 힘(인장력)을 받을 때, 단면적에 작용하는 단위면적당 힘

$$\sigma = \frac{F}{A}[N/m^2]$$

- σ : 인장응력 $[N/m^2]$
- F : 인장력 [N]
- A : 단면적 $[m^2]$

---

12 [보기]에 나열된 재료 중 최고안전사용온도가 높은 순서대로 쓰시오. [5점]

[보기]

펄라이트, 폴리우레탄폼, 세라믹화이버

정답

세라믹화이버 > 펄라이트 > 폴리우레탄폼

※ 세라믹화이버 : 1300 [℃], 펄라이트 : 600 [℃], 폴리우레탄폼 : 90 [℃]

13 증기사용설비에 트랩을 부착하였을 때의 이점 3가지를 쓰시오. [5점]

> **정답**
> - 응축수를 자동으로 배출하여 관의 부식을 방지한다.
> - 관 내의 마찰저항 감소
> - 열효율 저하방지
> - 수격작용방지
> - 증기의 건조도 향상에 따른 효율 증대
> - 응축수 배출로 열설비 효율증대
>
> **용어** 증기트랩 : 증기관로에서 증기는 통과시키지 않고, 응축수만 자동으로 빼내는 장치

14 배관 내 압력 101.325 [kPa], 온도가 15 [℃]인 상태에서 공기가 흐르고 있다. 관로 중에 피토관을 설치하여 유속을 측정하였더니 U자관에 나타난 수은주의 높이차가 330 [mmHg]이다. 공기의 밀도가 1.225 [kg/m³]일 때, 공기의 유속 [m/s]를 구하여라. (단, 공기는 비압축성 흐름이라고 가정한다) [6점]

> **정답**
> 268 [m/s]
>
> **[해설]**
> $$330\,[mmHg] = 330\,[mmHg] \times \frac{101.325\,[kPa]}{760\,[mmHg]} = 44\,[kPa] = 44000\,[Pa] = 44000\,[N/m^2]$$
>
> $$\frac{44000\,[N/m^2]}{9.8\,[N/kg]} = 4489.8\,[kg/m^2]$$
>
> $$V = \sqrt{\frac{2g(P_1 - P_2)}{\gamma}} = \sqrt{2 \times 9.8\,[m/s^2] \times \frac{4489.8\,[kg/m^2]}{1.225\,[kg/m^3]}} = 268\,[m/s]$$

핵심이론 압력

1) 압력(Pressure) : 단위면적당 가해지는 힘
   (1) 표준대기압(atm) : 1 [atm] = 760 [mmHg] = 101325 [Pa] = <u>101.325</u> [kPa] = <u>10.332</u> [mH₂O]

   암 백일상이오(101.325)
   암 물 넣으면 삼삼(33)하다. 삼삼이(332)

   (2) 1 [Pa] = 1 [N/m²] = 1 [kg/m·s²]
   (3) 1 [bar] = 100 [kPa]
   (4) 절대압력 = 대기압 + 게이지압 : $P_a = P_0 + P_g$

2) 피토관에 의한 유속
$$V = \sqrt{\frac{2g(P_1 - P_2)}{\gamma}} = \sqrt{2gh}$$
   (P_1 : 전압, P_2 : 정압, v : 유속 g : 중력가속도, γ : 비중량, h : 높이)
   ※ $P = \rho g h = \gamma h$

---

15 배열보일러를 가동하면서 배출되는 400 [℃], 3000 [Nm³/h]의 연소배기가스를 이용하여 시간당 300 [kg] 공급되는 급수를 가열하여 0.8 [MPa] 포화증기를 생산하고 있다. 열교환 후 배기가스온도가 150 [℃]로 덕트를 통해 배출될 때, 이 배열보일러의 배기가스 손실열량 [kW]을 구하시오. (단, 0.8 [MPa]의 포화증기 엔탈피는 2769 [kJ/kg]이고, 배출가스 평균 정압비열은 1.38 [kJ/Nm³·℃], 가열 전 급수의 엔탈피는 무시한다) [6점]

정답

56.75 [kW]

[해설]

1) 열교환기에서 배기가스가 잃은 열량
$$Q_1 = GCdT = 3000[Nm^3/h] \times 1.38[kJ/Nm^3 \cdot ℃] \times (400 - 150)[℃]$$
$$= 1035000[kJ/h]$$

2) 열교환기에서 급수가 얻은 열량
$$Q_2 = G' \times (h_2 - h_1) = 300[kg/h] \times (2769 - 0)[kJ/kg] = 830700[kJ/h]$$

3) 손실열량

$$Q_1 - Q_2 = 1035000 - 830700 = 204300\,[kJ/h]$$
$$= \frac{204300\,[kJ/h]}{3600\,[s/h]} = 56.75\,[kJ/s] = 56.75\,[kW]$$

핵심이론 열량 계산식

$$Q = GC\triangle t\,[W]$$

- Q : 열량 [kW]
- G : 질량유량 [kg/s]
- C : 비열 [kJ/kg · ℃]
- $\triangle t$: 온도차 [℃]

16
연료절감을 위해 절탄기를 설치하였다. [다음]과 같을 때 연료절감률 [%]을 구하시오. [6점]

[다음]

- 보일러의 연료소비량 : 1.8 [kg/s]
- 연소가스유량 : 12 [kg/s]
- 연소가스의 정압비열 : 1.2 [kJ/kg·K]
- 연료의 저위발열량 : 40000 [kJ/kg]
- 절탄기의 효율은 100 [%]로 가정한다.
- 절탄기 설치 전 배출되는 연소가스온도 : 420 [℃]
- 절탄기 설치 후 절탄기를 통하여 배출되는 연소가스온도 : 120 [℃]

정답

6 [%]

[해설]

연료절감률 $= \dfrac{GC\triangle t}{m_f \times H_L} = \dfrac{12 \times 1.2 \times (420-120)}{1.8 \times 40000} \times 100\,[\%] = 6\,[\%]$

핵심이론 절탄기

1) 절탄기(截炭機, Economizer, 급수예열기)
   배기가스의 폐열을 이용하여 급수를 예열하는 폐열회수장치
2) 열량 계산식

$$Q = GC\triangle t \,[W]$$

- Q : 열량 [kW]
- G : 질량유량 $[kg/s]$
- C : 비열 [kJ/kg·℃]
- $\triangle t$: 온도차 [℃]

---

17 시간당 4500 [kg]의 급수를 절탄기에서 배기가스가 보유하고 있는 열량을 전량 회수하여 사용할 경우의 절탄기에서 나오는 급수의 온도를 [다음]의 조건을 이용하여 구하시오. [6점]

[다음]
- 절탄기에서의 열손실을 무시한다.
- 급수의 비열은 4.184 [kJ/kg·℃]
- 배출되는 연소생성물과 과잉공기의 비열은 1.42 [kJ/Nm³·℃]
- 연료사용량 : 300 [Nm³/h]
- 공기비는 1.2
- 절탄기 입구 배기가스온도 : 220 [℃]
- 절탄기 출구 배기가스온도 : 100 [℃]
- 이론공기량 : 10.7 [Nm³/Nm³]
- 이론연소가스량 : 11.86 [Nm³/Nm³]
- 절탄기 입구의 급수 온도 : 20 [℃]

> **정답**

58.01 [℃]

> **[해설]**

- 실제 연소가스량 = 이론 연소가스량 + 과잉공기량

  $= m_{od} + (m-1)A_0$

  $= 300[Nm^3/h] \times \{11.86[Nm^3/Nm^3] + (1.2-1) \times 10.7[Nm^3/Nm^3]\}$

  $= 4200[Nm^3/h]$

  1시간에 4200 [Nm³]만큼의 실제 연소가스량이 발생한다.

- 절탄기에서의 물의 흡열량 = 배기가스가 보유한 열량

  $G_물 C_물 \triangle t_물 = G_{가스} C_{가스} \triangle t_{가스}$

  $4500[kg/h] \times 4.184[kJ/kg \cdot ℃] \times (t - 20[℃])$

  $= 4200[Nm^3/h] \times 1.42[kJ/Nm^3 \cdot ℃] \times (220 - 100)[℃]$

  $t = 58.01 ℃$

핵심이론 실제습연소가스량

실제습연소가스량(G_w) = 이론습연소가스량(G_{ow}) + 과잉공기량$[(m-1)A_o]$

핵심이론 절탄기

1) 절탄기(截炭機, Economizer, 급수예열기)
   배기가스의 폐열을 이용하여 급수를 예열하는 폐열회수장치
2) 열량 계산식

$$Q = GC\triangle t [W]$$

- Q : 열량 [kW]
- G : 질량유량 [kg/s]
- C : 비열 [kJ/kg · ℃]
- $\triangle t$: 온도차 [℃]

18 중유를 연소시키는 보일러를 측정한 결과가 아래와 같을 때 효율 [%]을 구하시오. [6점]

- 발생증기압 : 800 [kPa]
- 증기 발생량 : 2400 [kg/h]
- 발생증기의 비엔탈피 : 2850 [kJ/kg]
- 급수의 비엔탈피 : 134 [kJ/kg]
- 중유의 소비량 : 250 [L/h]
- 중유의 발열량 : 37700 [kJ/kg]
- 중유의 비중 : 0.90

정답

76.85 [%]

[해설]

보일러의 효율 $\eta_B = \dfrac{G_a(h_2 - h_1)}{G_f \times H_\ell} \times 100\,[\%]$

$= \dfrac{2400 \times (2850 - 134)}{250 \times 0.9 \times 37700} \times 100\,[\%] = 76.85\,[\%]$

핵심이론 보일러 효율

1) 상당증발량 G_e

보일러에서 발생한 증기의 열량을 기준증기량으로 환산한 양

$G_e = \dfrac{G_a(h_2 - h_1)}{2256}\,[kg/h]$

- G_a : 실제증발량 [kg/h]
- h_1 : 급수의 비엔탈피 [kJ/kg]
- h_2 : 발생증기 비엔탈피 [kJ/kg]

2) 보일러효율

$\eta_B = \dfrac{G_a(h_2 - h_1)}{G_f \times H_\ell} \times 100\,[\%]$

$= \dfrac{G_e \times 2256}{G_f \times H_\ell} \times 100\,[\%]$

- G_a : 실제증발량 [kg/h]
- h_1 : 급수의 비엔탈피 [kJ/kg]
- h_2 : 증기의 비엔탈피 [kJ/kg]
- G_f : 연료사용량 [kg/h]
- H_ℓ : 연료발열량 [kJ/kg]

2023 제2회

합격률 : 32.8%

01 증기압력이 0.7 [MPa]인 보일러의 증기발생량 2000 [kg/h], 연료소비량 150 [kg/h], 저위발열량 40950 [kJ/kg]일 때, 보일러의 효율 [%]을 구하시오. (단, 현열은 695 [kJ/kg], 잠열은 2065 [kJ/kg], 증기의 건도는 0.92, 급수엔탈피는 126 [kJ/kg]이다) [6점]

> **정답**
>
> 80.38 [%]

[해설]

$h_2 = h' + x(h'' - h') = h' + x\gamma = 695 + 0.92 \times 2065 = 2594.8 \, [kJ/kg]$

h_1 : 급수엔탈피, h_2 : 포화증기엔탈피, γ : 증기의 잠열

G : 시간당 증기발생량, G_f : 시간당 연료소비량, H_l : 저위발열량

보일러의 효율 $= \dfrac{G(h_2 - h_1)}{G_f \cdot H_l} \times 100 \, [\%] = \dfrac{2000 \times (2594.8 - 126)}{150 \times 40950} \times 100 \, [\%] = 80.38 \, [\%]$

핵심이론 보일러 효율

1) 습포화증기(습증기)의 비엔탈피

$h_x = h' + x(h'' - h') = h' + x\gamma \, [kJ/kg]$

- x : 건조도(건도)
- γ : 물의 증발열
- h' : 포화수 비엔탈피
- h'' : 건포화증기 비엔탈피

2) 보일러 효율

$$\eta_B = \frac{G_a(h_2-h_1)}{G_f \times H_\ell} \times 100 \, [\%]$$
$$= \frac{G_e \times 2256}{G_f \times H_\ell} \times 100 \, [\%]$$

- G_a : 실제증발량 [kg/h]
- G_e : 상당증발량 [kg/h]
- h_1 : 급수의 비엔탈피 [kJ/kg]
- h_2 : 증기의 비엔탈피 [kJ/kg]
- G_f : 연료사용량 [kg/h]
- H_ℓ : 연료발열량 [kJ/kg]

02
랭킨 사이클로 작동되는 증기원동소에서 비엔탈피 3000 [kJ/kg], 내부에너지 2700 [kJ/kg]인 과열증기를 10 [kg/s]로 공급하여 터빈에서 단열팽창이 일어나게 하여 건도 0.9, 100 [kPa]인 습증기로 나오게 된다고 한다. 다음 표를 참고하여 터빈 출력 [kW]을 계산하시오. (단, 제시되지 않은 조건은 무시한다) [6점]

⟨압력 100 [kPa] 상태의 표⟩

구분	포화수	건포화증기
내부에너지 [kJ/kg]	420	2510
비엔탈피 [kJ/kg]	420	2680

정답

5460 [kW]

[해설]

터빈 출구 증기의 비엔탈피
$h_2 = h' + x(h''-h') = 420 + 0.9 \times (2,680-420) = 2,454 \, [kJ/kg]$
터빈 출력 $= m(h_1-h_2) = 10 \times (3000-2454) = 5460 \, [kJ/s] = 5460 \, [kW]$

핵심이론 | 습증기

1) 습포화증기(습증기)의 비엔탈피

$$h_x = h' + x(h'' - h') = h' + x\gamma \, [kJ/kg]$$

- x : 건조도(건도)
- γ : 물의 증발열
- h' : 포화수 비엔탈피
- h'' : 건포화증기 비엔탈피

2) 터빈 출력 = $m(h_1 - h_2)[kW]$

03 보일러 운전 시 가마울림이 일어날 수 있다. 가마울림현상의 방지대책 4가지를 쓰시오. [5점]

정답

- 수분이 적은 연료를 사용한다.
- 연소실에서 완전연소를 시킨다.
- 공연비(공기량과 연료량의 혼합비)를 좋게 한다(균형을 맞춘다).
- 연소속도를 너무 느리게 하지 않는다.
- 통풍력을 적정하게 조절한다.
- 연도에 에어포켓을 제거한다.

핵심이론 | 가마울림

1) 가마울림(공명현상) : 연소 중 연소실이나 연도 내에서 연속적인 울림을 내는 현상
2) 가마울림의 원인 : 연료 중 수분이 많거나, 공연비가 나빠 연소속도가 느리거나, 연도에 에어포켓이 있는 경우

04 보일러 내처리제에 속하는 약품 중 슬러지를 물리적·화학적 작용에 의하여 쉽게 배출할 수 있도록 해주며, 슬러지가 전열면에 스케일로 부착하는 것을 방지하고, 가성취화방지제의 역할을 하는 것을 2가지 쓰시오. [5점]

> **정답**
>
> 리그닌, 탄닌

핵심이론 보일러 내처리제(청관제)와 그 작용

1) pH 및 알칼리 조정제 : 수산화나트륨(가성소다), 탄산나트륨, 인산나트륨, 인산, 암모니아
2) 연화제 : 수산화나트륨, 탄산나트륨, 인산나트륨
3) 슬러지 조정제 : 탄닌, 리그닌, 전분
4) 탈산소제 : 아황산나트륨, 하이드라진(N_2H_4), 탄닌
5) 가성취화방지제 : 황산나트륨, 인산나트륨, 질산나트륨, 탄닌, 리그닌
6) 기포방지제 : 고급 지방산 폴리아민, 고급 지방산 폴리알콜

05 신재생에너지 법령상 해양에너지설비에 대한 설명이다. 빈칸에 알맞은 내용을 2가지만 쓰시오. [5점]

> 해양에너지설비는 해양의 (　) 을/를 변환시켜 전기 또는 열을 생산하는 설비이다.

> **정답**
>
> 파도, 조수, 해류, 온도차

핵심이론 해양에너지

조수 간만의 차이를 이용한 조력 발전, 파도의 진동을 이용한 파력발전, 바닷물의 흐름을 이용한 조류발전이 포함된다.

06 원통형 보일러를 형식에 따라 구분할 때 4가지 종류를 쓰시오. [4점]

정답

입형 보일러, 연관보일러, 노통보일러, 노통연관보일러

핵심이론 보일러의 종류

원통형	입형		입형 횡관식, 입형 연관식, 코크란(입형 횡연관식)
	횡형	노통	코르니시(노통 1개), 랭커셔보일러(노통 2개)
		연관	횡연관식, 기관차, 케와니보일러
		노통연관	스코치, 브로든 카프스, 하우덴 존슨, 노통연관패키지보일러

07 내경이 50 [mm], 길이가 25 [m]의 배관에서 마찰손실은 운동에너지의 3.2 [%]일 때, 관마찰계수는 얼마인지 소수점 여섯째 자리까지 구하시오. [5점]

정답

0.000064

[해설]

달시 - 바이스바하의 방정식(Darcy - Weisbach Equation)에 의하여

$$h_L = f \frac{L}{d} \frac{V^2}{2g}$$

※ $\frac{V^2}{2g}$ = 운동에너지이므로 $f\frac{L}{d}$ = 0.032이다.

$$f = 0.032 \times \frac{d}{L} = 0.032 \times \frac{0.05}{25} = 0.000064$$

핵심이론 달시 - 바이스바하의 방정식(Darcy - Weisbach Equation)

$$H_L = f \frac{L}{d} \frac{V^2}{2g}$$

- H_L : 수두손실 [m]
- f : 마찰계수
- L : 관의 길이 [m]
- d : 관의 지름 [m]
- V : 평균 유속 [m/s]
- g : 중력가속도 [9.8 m/s^2]

08 과열증기 사용 시 얻는 장점 4가지를 쓰시오. [5점]

정답
- 수격작용을 방지할 수 있다.
- 열효율이 증가한다.
- 증기의 마찰저항이 감소된다.
- 증기소비량이 감소하여 연료를 절약한다.
- 증기 중 수분이 감소하기 때문에 터빈의 날개나 증기기관 등의 부식이 감소된다.

핵심이론 과열증기(Superheated Steam)
1) 온도가 측정되는 절대 압력에서 기화점보다 높은 온도의 증기
2) 건조포화증기를 다시 가열하면 증기의 온도는 상승하게 되는데, 이것을 과열증기라 한다.

09 보일러에서 연료를 연소한 후에 배출되는 배기가스 중 함유되어 있는 분진 등을 제거하기 위하여 집진장치를 사용한다. 집진장치의 종류 6가지를 쓰시오. [6점]

> **정답**
>
> 중력식 집진장치, 원심력식(사이클론, 멀티 사이클론) 집진장치, 여과식(백필터) 집진장치, 관성식 집진장치, 전기식 집진장치, 사이클론 스커러버식 집진장치, 벤츄리 스크러버식 집진장치, 세정식(충전탑) 집진장치

핵심이론 집진장치

1) 배기가스 중의 유해물질을 제거하여 대기오염을 방지하기 위해 설치하는 장치
2) 집진장치의 종류

건식 집진장치	습식(세정식) 집진장치	전기식 집진장치
① 중력식 　중력 침강식, 다단 침강식 ② 관성력식 　충돌식, 반전식 ③ 원심력식 　사이클론식, 멀티 사이론식 ④ 여과식(백필터 : Bag Filter) 　원통식, 평판식, 역기류 분사형 ⑤ 음파 집진장치	① 유수식 　전류형 스쿠루버, 로터리 스크러버, 피이보디 스크러버 ② 가압수식 　벤츄리 스크러버, 사이클론 스크러버, 제트 스크러버, 층진탑, 포종탑, 분무탑 ③ 회전식 　타이젠 워셔식, 임펄스 스크러버	코트렐 집진기 : 건식, 습식

10 조업방식(작업방식)에 따른 가마(窯(요) : Kiln)를 3가지로 분류하시오. [5점]

> **정답**
>
> 연속식 요, 반연속식 요, 불연속식 요
> ※ 연속식 요 : 윤요, 터널요, 반터널요
> 　반연속식 요 : 등요, 셔틀요
> 　불연속식 요 : 승염식 요, 횡염식 요, 도염식 요

핵심이론 가마(요) 조업방법에 따른 분류

1) 연속식
   (1) 윤요(輪窯 : Ring Kiln) : 시멘트, 벽돌 제조
   (2) 연속실가마
   (3) 터널요 : 도자기 제조
   (4) 반터널요
2) 반연속식
   (1) 등요 : 옹기, 석기제품 제조
   (2) 셔틀요 : 도자기 제조
3) 불연속식(진행방향)
   (1) 승염식 요(오름 불꽃) : 석회석 제조
   (2) 횡염식 요(옆 불꽃) : 토관류 제조
   (3) 도염식 요(꺾임 불꽃) : 내화벽돌, 도자기 제조

11 보일러 운전 시 보일러 부하가 급변할 때 동체수면에서 물방울, 거품 등이 발생하는 현상을 프라이밍(Priming), 포밍(Foaming)이라 한다. 이때 증기 속에 섞여 관 내를 흐르는 현상을 무엇이라고 하는가? [4점]

정답

캐리오버(Carry Over, 기수공발현상)

핵심이론 캐리오버(Carry Over, 기수공발현상)

1) 공기 중에 불순물이 물방울에 섞여서 옮겨가는 현상
2) 발생원인은 프라이밍의 발생원인과 같다.
   (1) 캐리오버로 인하여 나타날 수 있는 현상
      ① 수격작용 발생
      ② 증기배관 부식
      ③ 증기의 열손실로 인한 열효율 저하

12 착화지연시간(Ignition Delay Time)에 대하여 설명하시오. [5점]

정답

착화지연시간이란 어느 온도에서 가열하여 착화에 이를 때까지의 시간을 말한다. 고온 고압 일수록, 가연성 가스와 산소의 혼합비가 완전 산화에 가까울수록 착화지연시간은 짧아지게 된다.

13 B – C유를 연료로 사용하는 보일러의 배기성분을 분석한 결과 B – C유 연간 사용량은 4500 [m³], 공기비가 1.3이었다. 공기량을 조정하여 공기비를 1.1로 조절하였을 때, 다음 물음에 답하시오. (단, 배기가스 평균비열은 1.38 [kJ/Nm³·℃], 이론배기가스량은 11.443 [Nm³/kg], 이론공기량 10.709 [Nm³/kg], 배기가스온도 225 [℃], 연소용 공기의 공급온도 25 [℃]이고, B – C유의 발열량은 39767 [kJ/kg], 연료단가는 1 [L]당 200원이다. 공기비 조절 전·후 조건은 동일하다) [7점]

1) 공기비 조절 전 배기가스 손실열량 [kJ/kg]
2) 공기비 조절 후 배기가스 손실열량 [kJ/kg]
3) 공기비 개선으로 절감되는 연간연료절감액

정답

1) 4044.97 [kJ/kg] 2) 3453.84 [kJ/kg] 3) 1337만 원

[해설]

$Q = GC\Delta t\,[W]$

실제습연소가스량(G_w) = 이론습연소가스량(G_{ow}) + 과잉공기량$[(m-1)A_o]$

1) 공기비 m = 1.3일 때

$Q_1 = (G_{ow} + (m-1)A_0)C_g\Delta t$

$= (11.443 + (1.3-1) \times 10.709) \times 1.38 \times (225 - 25)$

$= 4044.97\,[kJ/kg]$

2) 공기비 m' = 1.1일 때
$$Q_2 = (G_{ow} + (m'-1)A_0)C_g \Delta t$$
$$= (11.443 + (1.1-1) \times 10.709) \times 1.38 \times (225-25)$$
$$= 3453.84 [kJ/kg]$$

3) 절감률 = (공기비 조절 전·후 배기가스 손실열량) ÷ 입열량(연료발열량)
$$= (4044.97 - 3453.84) \div 39767 = 0.01486$$
연간연료절감금액 = $4500[m^3] \times 0.01486 \times 1000[L/m^3] \times 200[원/L] = 13374000원$
≒ 1337만 원

※ 1000 [L] = 1 [m³]

핵심이론 실제습연소가스량

실제습연소가스량(G_w) = 이론습연소가스량(G_{ow}) + 과잉공기량$[(m-1)A_o]$

핵심이론 열량 계산식

$$Q = GC\Delta t [W]$$

- Q : 열량 [kW]
- G : 질량유량 $[kg/s]$
- C : 비열 $[kJ/kg \cdot ℃]$
- Δt : 온도차 [℃]

14 에틸렌(C_2H_4) 20 [kg] 연소 시 공기량이 800 [kg]이었다. 과잉공기량은 몇 [kg]인가? (단, 공기 중 산소의 질량비는 23.2 [%]이다. [6점]

정답

504.44 [kg]

[해설]
$C_2H_4 + 3O_2 \rightarrow 2CO_2 + 2H_2O$

에틸렌 1 [kmol](12 × 2 + 1 × 4 = 28 [kg]) 연소 시
산소 3 [kmol](3 × 16 × 2 = 96 [kg])

이론산소량 $O_0 = \dfrac{96}{28} \times 20 = 68.57 \, [kg]$

이론공기량 $A_0 = \dfrac{68.57}{0.232} = 295.56 \, [kg]$

과잉공기량 = 실제공기량 – 이론공기량 = 800 – 295.56 = 504.44 [kg]

핵심이론 이론공기량

1) 이론산소량(O_0) : 연료를 산화시키기 위한 이론적 최소 산소량
2) 이론공기량 = 이론산소량 ÷ 산소비율
3) 이론공기량(A_0) : 연료를 완전연소시키는 데 필요한 이론적 최소 공기량
   이론산소량을 산소의 질량비로 나누어준다.
   (1) 고체 및 액체 연료
   ① 질량 계산식

   $$A_o = \dfrac{O_o}{0.232} = 11.51 C + 34.48 \left(H - \dfrac{O}{8}\right) + 4.31 S \; [kg/kg]$$

   ② 체적 계산식

   $$A_o = \dfrac{O_o}{0.21} = 8.89 C + 26.67 \left(H - \dfrac{O}{8}\right) + 3.33 S \; [Nm^3/kg]$$

15 두께가 1 [mm]의 금속판 사이에 단열재를 충진한 냉장고 벽이 있다. 외기온도 25 [℃]이고, 냉장고 내부는 3 [℃]로 유지될 때, 냉장고 외벽표면에 대기 중의 수분이 응축되어 이슬이 맺히지 않도록 하기 위한 단열재의 최소두께는 몇 [mm]인가? (단, 금속판의 열전도율이 15 [W/m·K], 단열재의 열전도율은 0.035 [W/m·K], 벽 내측 대류열전달율 5 [W/m²·K], 벽 외측 대류열전달율 10 [W/m²·K]이다. 냉장고 외부 표면온도는 20 [℃]이다) [8점]

[정답]

4.895 [mm]

[해설]

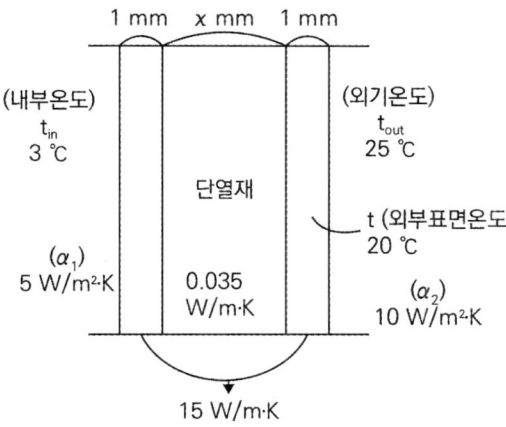

열량은 연속적으로 전달되므로

$Q_1 = Q_2$

$KA(t_{out} - t_{in}) = \alpha_2 A(t_{out} - t)$

열통과계수는 $K = \dfrac{1}{R} = \dfrac{1}{\dfrac{1}{\alpha_1} + \dfrac{L}{\lambda} + \dfrac{1}{\alpha_2}} [W/m^2 \cdot K]$ 이므로

$\dfrac{1}{\dfrac{1}{5} + \dfrac{0.001}{15} + \dfrac{x}{0.035} + \dfrac{0.001}{15} + \dfrac{1}{10}} (25 - 3) = 10 \times (25 - 20)$

$x = 0.004895 [m] = 4.895 [mm]$

핵심이론 열관류

1) 열관류(통과)계수

$K = \dfrac{1}{R} = \dfrac{1}{\dfrac{1}{\alpha_1} + \dfrac{L}{\lambda} + \dfrac{1}{\alpha_2}} [W/m^2 \cdot K]$

- L : 재료의 두께 [m]
- λ : 열전도율 [W/m·K]
- α_1 : 내측 유체 열전달률 [W/m²·K]
- α_2 : 외측 유체 열전달률 [W/m²·K]
- K : 열관류율 [W/m²·K]

2) 열관류에 의한 손실열량

$$Q = KA(t_1 - t_2)[W]$$

- K : 열관류(통과)계수 [W/m² · K]
- A : 전열면적 [m²]

3) 대류(Convection)
   (1) 보일러나 열교환기 등과 같이 고체 표면과 이에 접한 유체(Liquid or Gas) 사이의 열의 흐름을 말한다.
   (2) Newton's Cooling Law(뉴턴의 냉각 법칙)

   $$Q = \alpha A(t_w - t_\infty)[W]$$

   (α : 대류열전달계수, A : 대류전열면적, t_w : 벽면온도, t_∞ : 유체온도)

16

연도에 설치된 공기예열기에 연소용 공기 100 [Nm³/h]가 20 [℃]로 유입되고, 400 [℃]의 배기가스 120 [Nm³/h]가 공기예열기를 통과한 후 온도가 150 [℃]로 배출되었다. 이때, 연소용 공기가 공기예열기를 통과한 후 출구온도는 몇 [℃]가 되는가? (단, 연소용 공기의 비열은 1 [kJ/Nm³ · ℃]이고, 배기가스의 비열은 1.2 [kJ/Nm³ · ℃]이다) [6점]

정답

380 [℃]

[해설]

공기예열기를 통해 회수한 열량 = 배기가스가 빼앗긴 열량

$$G_a C_a(t_{a2} - t_{a1}) = G_g C_g(t_{g2} - t_{g1})$$

$$t_{a2} = t_{a1} + \frac{G_g C_g(t_{g2} - t_{g1})}{G_a C_a} = 20 + \frac{120 \times 1.2 \times (400 - 150)}{100 \times 1} = 380\,[℃]$$

핵심이론 열량 계산식

$$Q = GC\Delta t\,[W]$$

- Q : 열량 [kW]
- G : 질량유량 [kg/s]
- C : 비열 [kJ/kg · ℃]
- Δt : 온도차 [℃]

17 프로페인 1 [kg]이 완전연소될 때, 고위발열량은 몇 [MJ]인가? (단, 물의 증발잠열은 2.51 [MJ/kg]이다) [6점]

$$C(s) + O_2(g) \rightarrow CO_2(g) + 360[MJ/kmol]$$
$$H_2(g) + \frac{1}{2}O_2(g) \rightarrow H_2O(l) + 280[MJ/kmol]$$

정답

54.11 [MJ]

[해설]

$C_3H_8 + 5O_2 \rightarrow 3CO_2 + 4H_2O$

프로페인의 분자량 : 44

프로페인 $1[kg] = \frac{1}{44}[kmol]$

고위발열량 = 저위발열량 + 증발잠열

$H_h = 360[MJ/kmol] \times \frac{3}{44}[kmol/kg] + 280[MJ/kmol] \times \frac{4}{44}[kmol/kg]$
$\qquad + 2.51[MJ/kg] \times 18[kg/kmol] \times \frac{4}{44}[kmol/kg]$

$\fallingdotseq 54.11[MJ/kg]$

핵심이론 발열량

연료의 단위중량(1 [kg]), 단위체적(1 [Nm³])의 연료가 완전연소 시 발생하는 전열량 [kcal]이다.
1) 종류
  (1) 고위발열량(H_h) : 수증기의 증발잠열을 포함한 연소열량
  (2) 저위발열량(H_L) : 수증기의 증발잠열을 포함하지 않은 연소열량

18 1일 8시간 가동하는 최대증기 발생량이 10000 [kg/h], 급수의 고형물농도가 100 [ppm]인 보일러에서 관수의 허용고형물농도를 1100 [ppm]으로 관리하는 수관식 보일러가 있다. 이 보일러의 보일러수를 2500 [ppm]으로 관리하였을 때, 1일 연료절감량 [kg]을 구하시오. (단, 연료의 발열량은 4000 [kJ/kg], 급수의 비열은 4.18 [kJ/kg·℃], 급수온도는 20 [℃], 증발잠열 2256 [kJ/kg], 응축수는 회수하지 않는다) [6점]

정답

3022.14 [kg]

[해설]

1) 처음 상태의 분출량 = $\dfrac{10000[kg/h] \times 8[h] \times 100[ppm]}{1100[ppm] - 100[ppm]} = 8000[kg]$

2) 개선 후 분출량 = $\dfrac{10000[kg/h] \times 8[h] \times 100[ppm]}{2500[ppm] - 100[ppm]} = 3333.33[kg]$

3) 1일 급수 감소량 = 8000 - 3333.33 = 4666.67 [kg]

4) 절감열량 $mC\Delta t + m\gamma = m(C\Delta t + \gamma)$
   $= 4666.67 \times (4.18 \times (100 - 20) + 2256)$
   $= 12088541.97 [kJ]$

5) 연료절감량 = 12088541.97 ÷ 4000 = 3022.14 [kg]

핵심이론 블로우 다운(Blow Down)

- 보일러의 배관이나 열교환기에서 생성된 침전물이나 이물질을 제거하기 위한 작업
- 블로우 다운량(분출량) = 증기 발생량 × $\dfrac{\text{급수 불순물 허용농도}}{\text{보일러수 불순물 허용농도} - \text{급수 불순물 허용농도}}$

2023 제4회

합격률 : 33.2%

01 노 내부와 접하는 부분에 두께가 50 [cm]이고, 열전도율이 1.5 [W/m·K]인 내화벽돌, 그 외측에 안전사용온도 730 [℃], 열전도도가 0.2 [W/m·K] 단열벽돌을 노 내 온도는 1250 [℃], 외기온도는 28 [℃]인 장소에 설치하려고 한다. 단열벽돌과 외기와의 열전달률은 16 [W/m²·K]일 때, 단열벽돌의 두께 [mm]는 얼마인가? [6점]

정답

77.5 [mm]

[해설]

$Q_1 = Q_2$, $Q = KA\Delta T$이므로

$K_1 A \triangle T_1 = K_2 A \triangle T_2$

$$\frac{1250[℃] - 730[℃]}{\frac{0.5[m]}{1.5[W/m·K]}} = \frac{730[℃] - 28[℃]}{\frac{x[m]}{0.2[W/m·K]} + \frac{1}{16[W/m²·K]}}$$

$x = 0.0775[m] = 77.5[mm]$

핵심이론 열전달

1) 열손실량

$Q = KA\triangle t\,[W]$

- K : 열관류(통과)계수 [W/m²·K]
- A : 전열면적 [m²]
- $\triangle t$: 온도차이 [K]

2) 열유속(流俗) : 단위면적당 흐르는 열량

$q = \dfrac{Q}{A} = \dfrac{KA\Delta t}{A} = K\Delta t\,[W/m^2]$

- K : 열관류(통과)계수 [W/m²·K]
- A : 전열면적 [m²]
- $\triangle t$: 온도차이 [K]

3) 열관류(통과)계수 : 단위면적당, 단위온도차에 의해 전달되는 열량

$$K = \frac{1}{R} = \frac{1}{\frac{1}{\alpha_1} + \frac{\ell}{\lambda} + \frac{1}{\alpha_2}} [W/m^2 \cdot K]$$

- K : 열관류율 [$W/m^2 \cdot K$]
- R : 열저항 [$m^2 \cdot K/W$]
- ℓ : 재료의 두께 [m]
- λ : 열전도율 [$W/m \cdot K$]
- α_1 : 내측 유체 열전달률 [$W/m^2 \cdot K$]
- α_2 : 외측 유체 열전달률 [$W/m^2 \cdot K$]

02 플렉시블형 조인트의 설치목적을 간단히 쓰시오. [5점]

정답

기기의 진동이 배관에 전달되지 않도록 흡수하고, 배관의 열팽창을 흡수하여 배관 파손을 방지한다.

03 보일러장치에서 사용되는 공기예열기의 장점을 3가지만 쓰시오. [6점]

정답

- 연료를 절감할 수 있다.
- 질 낮은 연료를 사용할 수 있다.
- 열효율이 증가한다.
- 노 내의 온도를 고온으로 유지할 수 있다.
- 적은 공기비로 연료를 완전연소시킬 수 있다.

핵심이론 공기예열기(Air Pre Heater)

1) 배기가스 여열을 이용하여 연소실에 투입되는 공기를 예열한다.
2) 종류(열원에 의한 방식)
   (1) 전열식 : 관형, 판형
   (2) 재생식 : 융그스트롬식(배기가스에 의한 방식, 증기나 온수에 의한 방식)
3) 공기예열기 종류
   (1) 전열식 : 강관형과 강판형이 있으며, 연소가스와 공기를 연속적으로 접촉시켜 전열을 행하는 기구
   (2) 재생식 : 금속에 일정 기간 배기가스를 투입시켜 전열한 후 별도로 공기를 불어넣어 교대시키면서 공기를 예열하는 기구
      ① 종류 : 회전식, 고정식
      ② 장점 : 전열효율이 전열식에 비해 2~4배이며, 소형으로도 가능하다.
      ③ 단점 : 공기와 가스의 누설이 있다.
4) 공기예열기 설치 시 장점
   (1) 노 내의 온도 상승으로 연소가 잘 된다.
   (2) 과잉공기량을 줄여도 된다.
   (3) 저질 연료의 연소도 가능하다.
   (4) 보일러 효율이 향상된다.
5) 공기예열기 설치 시 단점
   (1) 통풍저항이 커져 통풍력이 감소한다.
   (2) 온도 저하로 인한 저온 부식이 발생될 우려가 있다(저온 부식을 일으키는 성분 : 황).
   (3) 조작범위가 넓어진다.
   (4) 연도 내 청소 및 점검이 어려워지고, 설비비가 비싸며, 취급에 기술을 요한다.

---

04 자동제어방법에 대한 설명에 알맞은 제어의 종류를 쓰시오. [5점]

1) 미리 정해진 순서에 따라 순차적으로 각 단계를 진행하는 자동제어방식이다.
2) 어떤 조건이 충족되지 않으면 충족될 때까지 다음 동작을 저지하는 것을 달하며, 보일러의 안전한 운전관리를 위하여 반드시 필요한 제어이다.

정답

1) 시퀀스제어   2) 인터록제어

핵심이론 | 제어방식

1) 시퀀스제어
   (1) 미리 정해진 순서에 따라 순차적으로 진행하는 제어방식으로 작업자의 개입이 필요하지 않다.
   (2) 특징
      ① 복잡한 작업도 순차적으로 진행할 수 있다.
      ② 작업의 효율성을 높일 수 있다.
      ③ 주로 산업용 자동차 분야에서 사용되며, 공정제어, 설비제어, 검사제어 등에 사용된다.
2) 인터록(Interlock)제어 : 어떤 일정한 조건이 충족되지 않으면 다음 단계의 동작이 작동하지 못하도록 저지하는 것으로 보일러의 안전한 운전을 위하여 반드시 필요한 제어

---

05 급수량이 10 [m³/h]이고 전양정이 50 [m], 효율 70 [%]인 급수펌프를 설치할 때 펌프의 축동력 [kW]을 구하시오. (급수의 비중량은 9.81 [kN/m³]이다) [5점]

정답
1.95 [kW]

[해설]
- 1 [kN] = 102 [kgf]

$$L = \frac{\gamma Q H}{\eta} = \frac{9.81[kN/m^3] \times 10[m^3/h] \times 50[m]}{0.7} \times \frac{1}{3600}[h/s]$$
$$= 1.95[kN \cdot m/s] = 1.95[kW]$$

- 1 [kN · m/s] = 1 [kW]

핵심이론 | 소요동력

구분	송풍기	펌프
소요동력 (축동력)	$L_s = \dfrac{P_t Q}{102\eta_f}[kW]$ • 송풍기 전압 : $P_t[kg/m^2]$ • 송풍량 : $Q[m^3/s]$ • 전압효율 : η_f	$L_s = \dfrac{\gamma Q H}{102\eta_P}[kW]$ • 물의 비중량 : $\gamma = 1000[kgf/m^3]$ • 유량 : $Q[m^3/s]$ • 수두(양정) : $H[m]$ • 펌프효율 : η_P

- 3600 [s] = 60 [min] = 1 [h]
- 1 [kW] = 102 [kgf · m/s]

06 내화벽돌을 재질에 따라 분류했을 때 종류를 6가지만 쓰시오. [5점]

정답

규석질, 샤모트질, 납석질, 크롬질, 마그네시아질, 고알루미나질

핵심이론 | 내화물 종류

1) 산성 내화물
   (1) 규석질 내화물
   (2) 반규석질 내화물
   (3) 납석질 내화물
   (4) 샤모트질 내화물
2) 염기성 내화물
   (1) 마그네시아 내화물
   (2) 크롬마그네시아 내화물
   (3) 돌로마이트 내화물
   (4) 폴스테라이트 내화물
3) 중성 내화물
   (1) 고알루미나질 내화물
   (2) 크롬질 내화물
   (3) 탄화규소질 내화물
   (4) 탄소질 내화물

07 「에너지이용합리화법」의 '에너지관리기준' 중 다음 내용의 괄호 안에 들어갈 온도를 쓰시오. [5점]

증기 등의 열매체를 수송하거나 저장을 위한 배관 및 그 밖의 부속설비에 있어서 열손실방지를 위하여 관리 표준을 설정하여 이행하여야 하는데, 열수송 및 저장설비의 평균 표면온도의 목표치는 주위온도에 (   ) [℃]를 더한 값 이하로 한다.

정답

30 [℃]

핵심이론 | 에너지관리기준

제18조(열수송 및 저장설비관리표준의 설정 등)
① 증기 등의 열매체를 수송하거나 저장을 위한 배관 및 그 밖에 부속설비에 있어서 열손실방지를 위하여 표면온도, 배관 및 스팀트랩, 기타 부속기기 등의 점검주기에 대한 관리표준을 설정하여 이행한다.
② 표준 보온관의 방산열량, 나관의 방열손실은 별도 그림과 같다.
③ 열수송 및 저장설비 평균 표면온도의 목표치는 주위온도에 30 [℃]를 더한 값 이하로 한다.

08 에틸렌 20 [g]을 완전연소시키는 데 380 [g]의 공기가 소요되었다. 다음 물음에 답하시오.
[6점]

1) 연소반응식을 쓰시오.
2) 과잉공기량 [g]을 구하시오.

정답

1) $C_2H_4 + 3O_2 \rightarrow 2CO_2 + 2H_2O$
2) 84.44 [g]

[해설]
1) $C_2H_4 + 3O_2 \rightarrow 2CO_2 + 2H_2O$
2) 이론산소량 = $\dfrac{3 \times 32}{28} \times 20 = 68.57 [g]$

이론공기량 = $\dfrac{O_0}{0.232} = \dfrac{68.57}{0.232} = 295.56 [g]$

과잉공기량 = 실제공기량 - 이론공기량 = 380 - 295.56 = 84.44 [g]

핵심이론 | 실제공기량

1) 이론산소량(O_0) : 연료를 산화시키기 위한 이론적 최소 산소량
2) 이론공기량(A_0) : 연료를 완전연소시키는 데 필요한 이론적 최소 공기량으로 이론산소량을 산소의 질량비로 나누어준다.

(1) 고체 및 액체 연료
  ① 질량 계산식
  $$A_o = \frac{O_o}{0.232} = 11.51C + 34.48\left(H - \frac{O}{8}\right) + 4.31S \ [\text{kg/kg}]$$

  ② 체적 계산식
  $$A_o = \frac{O_o}{0.21} = 8.89C + 26.67\left(H - \frac{O}{8}\right) + 3.33S \ [\text{Nm}^3/\text{kg}]$$

3) 실제공기량(A_a)
  (1) $A_a = A_o + A_s$(과잉공기량) $= m \cdot A_o$ [m(공기비) > 1.0]
  $$\therefore m = \frac{A_a}{A_o} = 1 + \frac{A_s}{A_o} = 1 + \frac{A_a - A_o}{A_o}$$
  $$A_s = (m-1)A_o$$
  (2) 과잉공기율 = (m - 1) × 100 [%]

---

09 다음과 같은 1 → 2 → 3 → 4 → 5 → 6 → 1 경로 순서로 이뤄져 있는 재열 사이클이 있다. 온도 600 [℃], 압력 8 [MPa]의 증기가 고압터빈으로 들어가서 800 [kPa]까지 단열팽창한다. 그리고 재열기로 보내어져 다시 600 [℃]로 가열된 증기는 최종적으로 저압터빈에서 100 [kPa]까지 단열팽창시킨 후 응축기로 보내어질 때 다음을 답하시오. (h_1 = 430 [kJ/kg], h_2 = 3200 [kJ/kg], h_3 = 2700 [kJ/kg], h_4 = 3250 [kJ/kg], h_5 = 2500 [kJ/kg], h_6 = 130 [kJ/kg], h_a = 2125 [kJ/kg], h_a는 랭킨 사이클에서 터빈 출구의 비엔탈피이다) [7점]

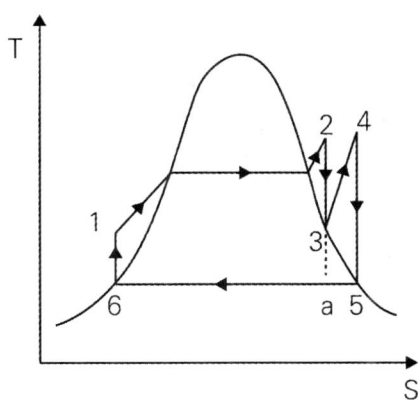

1) 재열 사이클의 이론 열효율은 몇 [%]인가?
2) 랭킨 사이클에 대한 이 재열 사이클의 열효율 개선율은 몇 [%]인가?

정답

1) 28.61 [%]   2) 2.25 [%]

[해설]

1) 재열 사이클의 이론 열효율

$$= \frac{W}{Q} \times 100\,[\%] = \frac{-(h_1 - h_6) + (h_2 - h_3) + (h_4 - h_5)}{(h_2 - h_1) + (h_4 - h_3)} \times 100\,[\%]$$

$$= \frac{-(430 - 130) + (3200 - 2700) + (3250 - 2500)}{(3200 - 430) + (3250 - 2700)} \times 100\,[\%]$$

$$= 28.61\,[\%]$$

2) 랭킨 사이클의 효율

$$= \frac{(h_2 - h_a) - (h_1 - h_6)}{h_2 - h_1} \times 100\,[\%] = \frac{(3200 - 2125) - (430 - 130)}{3200 - 430} \times 100\,[\%]$$

$$= 27.98\,[\%]$$

열효율 개선율 $= \dfrac{28.61 - 27.98}{27.98} \times 100\,[\%] = 2.25\,[\%]$

핵심이론 재열 사이클과 랭킨 사이클

1) 재열 사이클
   (1) 증기 사이클의 하나로, 단열팽창 과정 도중에 재가열 과정을 도입한 사이클이다.
   (2) 도중에서 추출한 증기는 재열기에서 재가열하고, 터빈에 되돌려서 팽창하게 해 열효율을 높일 수 있다.
   (3) 설비가 복잡해지기 때문에 대형 터빈에 이용된다.
   (4) 터빈 날개의 부식을 방지하고 팽창일을 증대시키는 데 주로 사용된다.
2) 랭킨 사이클 : 증기 원동소의 기본 사이클
   (1) 2개의 단열 과정과 2개의 등압 과정으로 구성되어 있다.
   (2) 열효율 : $\eta_R = 1 - \dfrac{q_{out}}{q_{in}} = 1 - \dfrac{h_4 - h_1}{h_3 - h_2} = \dfrac{(h_3 - h_2) - (h_2 - h_1)}{h_3 - h_2} \times 100\,[\%]$

10 보일러의 수질을 측정한 결과, 불순물농도가 급수 60 [mg/L], 보일러수 2800 [mg/L]로 나타났다. 급수량 48 [m³/day]일 때, 분출량은 몇 [m³/day]인가? [5점]

정답

1.051 [m³/day]

[해설]

$1 [mg/L] = 1 [ppm]$

용어 ppm(parts per million) : 백만분의 1단위
물 1 [L] 중에 함유된 불순물의 양을 [mg]으로 표시한 것

분출량 = 증기발생량 × $\dfrac{\text{급수 불순물허용농도}}{\text{보일러수 불순물허용농도} - \text{급수 불순물허용농도}}$

$= \dfrac{48 \times 60}{2800 - 60} = 1.051 [m^3/day]$

핵심이론 블로우 다운(Blow Down)

- 보일러의 배관이나 열교환기에서 생성된 침전물이나 이물질을 제거하기 위한 작업.
- 블로우 다운량(분출량) = 증기발생량 × $\dfrac{\text{급수 불순물 허용농도}}{\text{보일러수 불순물 허용농도} - \text{급수 불순물 허용농도}}$

11 최고사용압력이 8 [MPa]인 곳에 내경이 50 [mm], 인장강도 420 [N/mm²]인 압력배관용 탄소강관(SPPS)를 사용하는 경우 스케줄번호를 다음에서 찾아 쓰시오. (단, 안전율은 4이다) [6점]

| Sch No. 20번, 40번, 80번, 100번, 120번 |

정답

80번

[해설]

허용응력 = 인장강도/안전율 = 420/4 = 105 [N/mm²]

TIP 1 [MPa] = 1 [N/mm²]

[N] 단위는 약분되어 사라지므로, [mm] 단위만 신경 써서 계산하면 된다.

Sch No. = $\dfrac{P}{S} \times 1000 = \dfrac{8}{105} \times 1000 ≒ 76.19$ → 80번

핵심이론 스케줄번호

스케줄번호 : 관의 두께를 표시하는 번호

1) 스케줄번호(Sch.No) = $10 \times \dfrac{P}{S}$

 (P : 사용압력 $[kgf/cm^2]$, S : 허용응력 $[kgf/mm^2]$)

2) 스케줄번호(Sch.No) = $1000 \times \dfrac{P}{S}$

 (P : 사용압력 $[kgf/mm^2]$, S : 허용응력 $[kgf/mm^2]$)

TIP 허용응력 = $\dfrac{\text{인장강도}}{\text{안전율}}$

12 2000 [kg/h]의 물을 절탄기에서 50 [℃]에서 80 [℃]로 높여 보일러에 급수한다. 절탄기 입구의 온도가 300 [℃]이면 출구온도는 몇 [℃]인가? (배기가스량은 5000 [kg/h], 배기가스의 비열은 1.05 [kJ/kg·℃], 급수의 비열은 4.184 [kJ/kg·℃], 절탄기 효율은 75 [%]이다) [7점]

[정답]

286.24 [℃]

[해설]

- 절탄기에서의 물의 흡수열량

 $Q_1 = GC\Delta t = 2000 \times 4.184 \times (80-50) = 251040\,[kJ/h]$

- 배기가스의 열량

 $Q_2 = GC\Delta t = 5000 \times 1.05 \times (300-x) = 5250(300-x)$

 $Q_1 = \eta Q_2$ → $251040 = 0.75 \times 5250(300-x)$

 $x = 236.24\,[℃]$

13 전동기에서 분당 200 [V], 2 [A]가 소요될 때, 정압비열이 1.5 [kJ/kg·K], 정적비열 1.2 [kJ/kg·K]인 이상기체 0.5 [kg]이 정압 과정으로 변화한다. 기체의 분당 온도변화량 [℃] 및 일량 [kJ]을 각각 구하시오. (단, 효율은 90 [%]이다) [6점]

> **정답**
>
> 1) 28.8 [℃]   2) 4.32 [kJ]

[해설]

1) $W = Pt\eta [J]$에서 $P = VI [W]$이므로,
   전동기가 한 일 $Q = V \cdot I \cdot t \cdot \eta = 200 \times 2 \times 60 [\sec] \times 0.9 = 21600 [J]$
   $Q = mC_p \Delta t = 1.5 \times 0.5 \times \Delta t$
   $\Delta t = \dfrac{21600 \div 1000}{1.5 \times 0.5} = 28.8 [℃]$

2) 일량 $W = PdV = mR\Delta t = m(C_p - C_v)\Delta t = 0.5 \times (1.5 - 1.2) \times 28.8 = 4.32 [kJ]$

> **핵심이론** 외부에 하는 일

구분	정적 변화	정압 변화	정온 변화	단열 변화	폴리트로픽 변화
외부에 하는 일(팽창) $_1w_2 = \int Pdv$	0	$P(v_2 - v_1)$ $= R(T_2 - T_1)$	$P_1 v_1 \ln \dfrac{v_2}{v_1}$ $= P_1 v_1 \ln \dfrac{P_1}{P_2}$ $= RT \ln \dfrac{v_2}{v_1}$ $= RT \ln \dfrac{P_1}{P_2}$	$\dfrac{1}{k-1}(P_1 v_1 - P_2 v_2)$ $= \dfrac{RT_1}{k-1}\left[1 - \dfrac{T_2}{T_1}\right]$ $= \dfrac{RT_1}{k-1}\left[1 - \left(\dfrac{v_1}{v_2}\right)^{k-1}\right]$ $= \dfrac{RT_1}{k-1}\left[1 - \left(\dfrac{P_2}{P_1}\right)^{\frac{k-1}{k}}\right]$ $= \dfrac{R}{k-1}(T_1 - T_2)$ $= C_V(T_1 - T_2)$	$\dfrac{1}{n-1}(P_1 v_1 - P_2 v_2)$ $= \dfrac{F_1 v_1}{n-1}\left[1 - \left(\dfrac{T_2}{T_1}\right)\right]$ $= \dfrac{R}{n-1}(T_1 - T_2)$

> **핵심이론** 열량

$$Q = Cm\Delta t [kJ]$$

- Q : 열량 [kJ]
- C : 비열 [kJ/kg·K]
- m : 질량 [kg]
- Δt : 온도변화 [K]

핵심이론 전동기의 일량

$$W = Pt\eta \, [J]$$

- W : 일 [J]
- P : 전력 [W]
- t : 시간 [s]
- η : 효율

$$P = VI \, [W]$$

- P : 전력 [W]
- V : 전압 [V]
- I : 전류 [A]

14 보일러 운전 중에 발생하는 프라이밍(Priming)현상의 방지대책을 4가지 쓰시오. [5점]

정답

- 보일러수의 농축을 방지한다.
- 주 증기밸브를 급격히 개방하지 않고 서서히 개방한다.
- 보일러수 중 불순물을 제거한다.
- 과부하를 방지한다.
- 비수방지관을 설치한다.
- 고수위 운전을 피한다.

핵심이론 프라이밍(Priming, 비수현상)

비수현상으로, 주 증기밸브 급개 시 고수위 시 수면으로부터 끊임없이 물방울이 비산하면서 수위를 불안정하게 하는 현상

1) 프라이밍 원인
   (1) 고수위
   (2) 관수농축
   (3) 급격한 과열
   (4) 고압에서 저압으로 변할 때
   (5) 용존고형물, 유지분의 과다
   (6) 주 증기밸브 급개 시

15 0.8 [MPa]에서 증기의 건도가 0.7일 때 교축작용을 통하여 0.3 [MPa]이 되었을 때, 증기 건도는 얼마인가? [5점]

압력 [MPa]	포화온도 [℃]	비엔탈피 [kJ/kg]		
		포화수	잠열	포화증기
0.3	105	560	2165	2725
0.5	120	640	2110	2750
0.8	140	720	2050	2770

정답

0.74

[해설]

교축 과정 : 등엔탈피 과정   **TIP** 가역단열 과정 : 등엔트로피 과정

0.8 [MPa]에서 $h_x = h' + x(h'' - h') = 720 + 0.7(2770 - 720) = 2155 [kJ/kg]$

0.3 [MPa]에서 $h_x = h' + x(h'' - h') = 560 + x(2725 - 560)$

등엔탈피 과정이므로

$560 + x(2725 - 560) = 2155$

∴ $x ≒ 0.74$

핵심이론 습포화증기(습증기)의 비엔탈피

$h_x = h' + x(h'' - h') = h' + x\gamma [kJ/kg]$

- x : 건조도(건도)
- γ : 물의 증발열
- h' : 포화수 비엔탈피
- h'' : 건포화증기 비엔탈피

16 수관식 보일러의 장점 4가지를 쓰시오. [5점]

정답

- 고압 대용량에 적합하다.
- 열효율이 높은 편이다.
- 내구성이 좋다.
- 외분식으로 연소실 개조가 용이하다.
- 전열면적이 크다.
- 유지보수가 용이하다.
- 보유수량이 적어 파열 시 피해가 적다.
- 연료선택범위가 넓다.

핵심이론 수관식 보일러

1) 특징
   (1) 지름이 작은 상부의 기수드럼과 하부의 물드럼 사이에 다수의 수관을 연결시켜 만든 외분식 보일러이다.
   (2) 보일러수의 유동방식에 따른 분류 : 자연순환식(급수와 관수의 비중(밀도)차에 의해 순환), 강제순환식(순환펌프에 의해 강제적으로 순환), 관류식
   (3) 드럼의 수는 그 형식에 따라 1~4개가 있다.

2) 장점
   (1) 외분식 보일러로 연소실의 형상이 다양하며, 전열면적이 크다.
   (2) 전열면적이 많아 원통형에 비해 효율이 좋다.
   (3) 보유수량이 적어 파열 시 피해가 적다.
   (4) 파열 시 피해가 적어 구조상 고압 대용량에 적합하다.
   (5) 보일러수의 순환이 좋아 증기발생시간이 빠르다.
   (6) 용량에 비해 경량이다.
   (7) 효율이 좋다.
   (8) 운반 설치가 용이하다.
   (9) 과열기 및 공기예열기 등의 설치가 용이하다.

3) 단점
   (1) 부하변동에 따른 압력 변화 및 수위변동이 크다.
   (2) 부하변동에 대응하기 어렵다.
   (3) 증발속도가 빨라 스케일이 부착되기 쉽다.
   (4) 구조가 복잡하여 제작 및 청소, 검사 수리가 어렵다.
   (5) 가격이 비싸다.
   (6) 급수조절이 어렵다(연속적인 급수를 요한다).
   (7) 취급에 기술을 요한다.
   (8) 급수를 철저히 처리하여 사용해야만 한다.

17 보일러 연도에 폐열회수장치를 설치하였을 때 발생할 수 있는 문제점을 2가지 쓰시오. [5점]

> **정답**
> - 통풍저항의 증가로 통풍력이 저하된다.
> - 청소 및 점검이 어려워진다.
> - 배기가스온도 저하로 인한 저온부식의 원인이 될 수 있다.

핵심이론 절탄기(Economizer, 급수예열기)

1) 폐가스(배기가스)의 여열을 이용하여 보일러에 급수되는 급수의 예열기구
2) 절탄기 부착 시 장점
   (1) 부동팽창방지
   (2) 일시 불순물 및 경도성분 와해
   (3) 연료의 절약
   (4) 보일러 효율 및 증발력 증대
3) 절탄기 부착 시 단점
   (1) 통풍저항이 커져 통풍력이 감소한다.
   (2) 연소가스의 온도 저하로 저온 부식이 발생될 우려가 있다(저온 부식 일으키는 성분 : 황).
   (3) 연도 내의 청소 및 점검이 어려워진다.
   (4) 설비비가 비싸고 취급에 기술을 요한다.
4) 절탄기 내로 보내는 급수의 온도
   (1) 전열면의 부식을 방지하기 위해 35~40 [℃] 정도로 유지
   (2) 보일러의 포화수 온도보다 20~30 [℃] 낮게 한다.
5) 분류
   (1) 재질 : 강철제, 주철제
   (2) 설치방식 : 집중식, 부속식
   (3) 가열도 : 비증발식, 증발식

18 옥수수 공장에 50 [ton/h]의 수관식 보일러가 설치되어 있다. 공기예열기로 인하여 190 [℃]인 배기가스온도가 120 [℃]로 낮아져 배출된다고 한다. 열효율을 개선하기 위하여 배기가스 출구온도를 90 [℃]로 더 낮추고자 할 때, 다음에 답하시오. (단, 폐열회수 손실은 3 [%], 배기가스 비열 1.38 [kJ/Nm³·℃], 이론공기량 10.742 [Nm³/Nm³], 이론배기가스량 11.853 [Nm³/Nm³], 연료사용량 1874 [Nm³/h], 공기비 1.2, 연료의 발열량 42000 [kJ/Nm³], 물의 비열 4.18 [kJ/kg·℃]이다) [6점]

1) 연소가스량 [Nm³/h]을 구하시오.
2) 개선 후 절감열량 [kW]을 구하시오.

정답

1) 26238.62 [Nm³/h]
2) 292.69 [kW]

[해설]

1) 실제배기가스량

$$G_w = G_{0w} + (m-1)A_0 = 11.853 + (1.2-1) \times 10.742 = 14.0014 \, [Nm^3/Nm^3]$$

연소가스량(G) : 14.0014 [Nm³/Nm³] × 1874 [Nm³/h] = 26238.62 [Nm³/h]

2) 절감열량

$$Q = GC\Delta t \times \eta = \frac{26238.62\,[Nm^3/h]}{3600\,[s/h]} \times 1.38\,[kJ/Nm^3 \cdot ℃] \times (120-90)[℃] \times (1-0.03)$$

$$= 292.69\,[kJ/s] = 292.69\,[kW]$$

핵심이론 실제습연소가스량

실제습연소가스량(G_w) = 이론습연소가스량(G_{ow}) + 과잉공기량[$(m-1)A_o$)]

핵심이론 열량 계산식

$$Q = GC\Delta t\,[W]$$

- Q : 열량 [kW]
- G : 질량유량 [kg/s]
- C : 비열 [kJ/kg·℃]
- Δt : 온도차 [℃]

2022 제1회

01 고온의 배기가스로부터 폐열을 회수하여 공기의 예열에 활용하기 위하여 공기예열기를 설치하려고 한다. 온도가 750 [℃]이고, 질량 유속이 5 [kg/s]인 배기가스가 유입되어 열교환 후 150 [℃]로 배출된다. 공기예열기에는 20 [℃]의 공기가 8 [kg/s]로 통과하고 있다. 연소용 공기온도가 20 [℃] 상승할 때마다 연료가 1 [%]씩 절감된다고 하면 공기예열기 설치로 인한 연료절감률은 몇 [%]인가? (단, 배기가스와 공기의 정압비열은 각각 1130 [kJ/kg·K], 1139 [kJ/kg·K]이며, 공기예열기의 효율은 100 [%]로 가정한다) [6점]

정답
18.6 [%]

[해설]
배기가스가 전달한 열량 = 공기예열기가 흡수한 열량

$G_{가스} C_{가스} \triangle t_{가스} = G_{공기} C_{공기} \triangle t_{공기}$

$5 \times 1130 \times (750 - 150) = 8 \times 1139 \times (t - 20)$

공기예열기 출구온도(t) = 392.04 [℃]

공기예열기의 상승온도 = 392.04 - 20 = 372.04 [℃]

연료절감률 = 372.04 ÷ 20 = 18.6 [%]

핵심이론 열량

$$Q = GC\triangle t \,[W]$$

- Q : 열량 [kW]
- G : 질량유량 [kg/s]
- C : 비열 [kJ/kg·℃]
- $\triangle t$: 온도차 [℃]

02 보일러에서 발생하는 부식에 관한 설명이다. 알맞은 용어를 쓰시오. [5점]

> 보일러 내면의 순수한 철을 순수한 물에 넣으면 철 표면에서 물과 반응하여 (①)이라는 화합물이 생성되고, 표면에 얇은 막으로 피복되어 안정화되어 부식현상이 발생하지 않게 된다. 그러나 여기에 용존산소가 있는 물을 첨가하게 되면 철 표면의 안정된 물질은 산화반응에 의하여 (②)이라는 화합물이 생성되어 철재 보일러의 부식과 침전물을 생성시키게 된다.

정답

① 수산화 제1철[$Fe(OH)_2$]　② 수산화 제2철[$Fe(OH)_3$]

핵심이론 보일러 일반 부식

1) 수산화 제1철[$Fe(OH)_2$] : 보일러수로 사용되는 순수한 물과 철에 의한 부식

$$Fe + 2H_2O \rightarrow Fe(OH)_2 + H_2$$

2) 수산화 제2철[$Fe(OH)_3$] : 물과 산소가 수산화 제1철과 반응

$$4Fe(OH)_2 + O_2 + 2H_2O \rightarrow 4Fe(OH)_3$$

03 버너 출구에서 가연성 기체의 유출속도가 연소속도보다 큰 경우 노즐의 기저부에 붙어 있던 불꽃이 공기의 움직임이 세어짐에 따라 노즐에 정착되지 않고 떨어져 꺼져버리는 현상을 무엇이라고 하는가? [5점]

정답

블로우 오프(Blow-off)

용어 블로우오프(Blow-off) : 화염 주변의 공기가 유동이 심하여 불꽃이 노즐에 장착하지 않고 떨어져 꺼져 버리는 현상

04 수관보일러(Water Tube Boiler)를 보일러수의 유동방식에 따라 3가지로 분류하고 각각을 설명하시오. [6점]

정답
- 자연순환식 : 보일러수의 밀도차에 의하여 자연순환하는 유동방식이다.
- 강제순환식 : 순환펌프(기계장치)를 설치하여 강제적으로 순환시키는 유동방식이다.
- 관류식 : 급수펌프를 사용하여 보일러수를 공급하며 예열, 가열, 증발, 과열의 과정을 거쳐 증기가 발생되는 유동방식이다.

핵심이론 수관식 보일러의 종류
1) 직관식 수관보일러(자연순환식) 2) 강제순환식 수관보일러
3) 관류식 보일러

05 다음의 증기트랩 중 증기와 응축수 사이의 비중차에 의해 작동되는 기계식 트랩 종류를 모두 쓰시오. [5점]

> 볼플로트식, 디스크식, 버킷식, 벨로즈식

정답
볼플로트식, 버킷식
※ 바이메탈식, 벨로즈식 - 온도조절식 트랩
　오리피스식, 디스크식 - 열역학적 트랩

핵심이론 증기트랩(Steam Trap)
1) 증기계통이나 증기관 방열기 등에서 고인 응축수(드레인)를 연속 응축수탱크로 배출시키는 기구
2) 증기트랩 종류
　(1) 기계적 트랩(응축수와 증기의 비중차) : 플로트식(레버, 프리), 버킷식(상향, 하향)
　(2) 온도조절 트랩(응축수와 증기의 온도차) : 바이메탈식, 벨로즈식, 다이어프램식
　(3) 열역학적 트랩(응축수와 증기의 열역학적 특성차) : 오리피스식, 디스크식

06 집진장치는 분리하는 방식에 따라 크게 3가지로 구분된다. 3가지 종류를 쓰시오. [5점]

정답

건식 집진장치, 습식 집진장치, 전기식 집진장치

핵심이론 집진장치

배기가스 중의 유해물질을 제거하여 대기오염을 방지하기 위해 설치하는 장치
1) 집진장치의 종류

건식 집진장치	습식(세정식) 집진장치	전기식 집진장치
① 중력식 　중력 침강식, 다단 침강식 ② 관성력식 　충돌식, 반전식 ③ 원심력식 　사이클론식, 멀티 사이론식 ④ 여과식(백필터 : Bag Filter) 　원통식, 평판식, 역기류 　분사형 ⑤ 음파 집진장치	① 유수식 　전류형 스쿠루버, 로터리 스크러버, 피이보디 스크러버 ② 가압수식 　벤츄리 스크러버, 사이클론 스크러버, 제트 스크러버, 층진탑, 포종탑, 분무탑 ③ 회전식 　타이젠 워셔식, 임펄스 스크러버	코트렐 집진기 : 건식, 습식

07 상당증발량이 1.5 [ton/h]이고, 급수 비엔탈피가 50 [kJ/kg], 발생증기의 비엔탈피가 2750 [kJ/kg]일 때, 실제 증발량은 몇 [kg/h]인가? [5점]

정답

1253.33 [kg/h]

[해설]

상당증발량 $G_e = \dfrac{G_a(h_2 - h_1)}{2256} [kg/h]$

> TIP 1.5 [ton/h] = 1500 [kg/h]

∴ 실제증발량 $G_a = \dfrac{G_e \times 2256}{h_2 - h_1} = \dfrac{1500 \times 2256}{2750 - 50} = 1253.33 [kg/h]$

핵심이론 상당증발량(= 환산증발량)

1) 실제 증발량을 기준증발량으로 환산한 것으로 표준대기압에서 100[℃]의 포화수 1[kg]을 1시간에 100[℃] 건조 증기로 바꿀 수 있는 증발량
2) 상당증발량 G_e
   보일러에서 발생한 증기의 열량을 기준증기량으로 환산한 양

$$G_e = \dfrac{G_a(h_2 - h_1)}{2256} [kg/h]$$

- G_a : 실제증발량 [kg/h]
- h_1 : 급수의 비엔탈피 [kJ/kg]
- h_2 : 발생증기 비엔탈피 [kJ/kg]

---

08 강판의 두께가 15[mm]이고 리벳의 직경이 50[mm]이며, 피치 80[mm]의 1줄 겹치기 리벳조인트방식이 있다. 강판의 효율[%]을 구하시오. [5점]

정답
37.5 [%]

[해설]

$\eta = \dfrac{P - d}{P} = 1 - \dfrac{d}{P} = 1 - \dfrac{50}{80} = 0.375$ ∴ 37.5 [%]

핵심이론 강판의 효율

$\eta = \dfrac{P - d}{P} = 1 - \dfrac{d}{P}$

- η : 효율
- P : 관 구멍의 피치 [mm]
- d : 관 구멍의 지름 [mm]

용어 피치(p) : 인접한 두 구멍 중심 사이의 거리

09 랭킨 사이클로 작동되는 터빈에 4 [MPa], 400 [℃], 과열증기가 2 [kg/s]로 공급되어 터빈에서 등엔트로피팽창한 후 15 [kPa]이 되었다. 다음 표를 이용하여 각 물음에 답하시오. (단, 터빈에서 실제로 발생되는 동력은 1.5 [MW]이고, 펌프의 소요동력은 무시한다) [7점]

〈포화증기표〉

압력 [kPa]	온도 [℃]	비내부에너지 [kJ/kg]			비엔탈피 [kJ/kg]			비엔트로피 [kJ/kg·K]		
P	T	포화액	증발	포화증기	포화액	증발	포화증기	포화액	증발	포화증기
15	54	226	2224	2450	226	2373	2599	0.755	7.254	8.009

〈과열증기표〉

압력 P = 4 [MPa]			
온도 [℃]	비내부에너지 [kJ/kg]	비엔탈피 [kJ/kg]	비엔트로피 [kJ/kg·K]
400	2920	3214	6.769

1) 터빈 출구의 건조도를 구하시오.
2) 터빈의 효율 [%]을 구하시오.

정답

1) 0.83
2) 73.64 [%]

[해설]

1) 등엔트로피팽창을 하였으므로 비엔트로피로 건도를 구할 수 있다.
$s_x = s' + x(s'' - s')$
$6.769 = 0.755 + x(8.009 - 0.755)$
$x ≒ 0.83$

2) 터빈의 효율 = $\dfrac{\text{실제터빈출력}}{\text{이론터빈출력}}$

$h = h' + x(h'' - h') = 226 + 0.83 \times (2599 - 226) = 2195.59\,[kJ/kg]$

이론 터빈 출력 = $m(h_2 - h) = 2 \times (3214 - 2195.59) = 2036.82\,[kW](= kJ/s)$

터빈 효율 = $\dfrac{1500}{2036.82} \times 100\,[\%] = 73.64\,[\%]$

핵심이론 | 습포화증기(습증기)의 비엔트로피

1) 습증기의 비엔트로피

$$s_x = s' + x(s'' - s')$$

- x : 건조도(건도)
- s' : 포화수 비엔탈피
- s'' : 건포화증기 비엔탈피

2) 터빈 출력 = $m(h_1 - h_2)[kW]$

---

10 배기가스 분석 결과 체적비로 CO_2 : 15 [%], CO : 1.2 [%], O_2 : 8.0 [%], 나머지는 N_2인 결과를 얻었다. 이 경우 공기비를 구하시오. (연료 중에는 질소가 포함되어 있지 않다) [6점]

[정답]

1.58

[해설]

N_2 = 100 - (15 + 1.2 + 8) = 75.8 [%]

불완전연소 시 공기비 $= \dfrac{N_2}{N_2 - 3.76(O_2 - 0.5CO)} = \dfrac{75.8}{75.8 - 3.76(8 - 0.5 \times 1.2)} ≒ 1.58$

핵심이론 | 배기가스와 공기비

1) 완전연소 시

$$m = \frac{21}{21 - O_2(\%)} = \frac{\dfrac{N_2}{0.79}}{\left(\dfrac{N_2}{0.79}\right) - \left(\dfrac{3.76 O_2}{0.79}\right)} = \frac{N_2}{N_2 - 3.76 O_2}$$

2) 불완전연소 시

$$m = \frac{N_2}{N_2 - 3.76(O_2 - 0.5CO)}$$

11 보일러 자동제어에서 제어량 및 조작량의 항목을 각각 쓰시오. [5점]

자동제어 명칭	제어량	조작량
증기온도제어(STC)	증기온도	①
②	증기압력, 노내압	③
④	⑤	급수량

정답

① 전열량
② 자동연소제어(ACC)
③ 연료량, 공기량, 연소가스량
④ 자동급수제어(FWC)
⑤ 보일러수위

핵심이론 자동제어

1) ACC(Automatic Combustion Control, 자동연소제어)
   (1) 연소제어는 보일러의 증기압력이나 온도를 일정하게 유지하기 위하여 연소량을 조절하는 제어이다.
   (2) 보일러의 부하 변동에 따라 연료와 공기량을 자동으로 조절하여 증기 압력을 일정하게 유지시키는 장치이다.
   (3) 보일러의 효율을 높이고, 대기오염을 방지하는 데 중요한 역할을 한다.
2) FWC(Automatic Feed Water Control, 자동급수제어)
   (1) 보일러의 부하변동과 관계없이 보일러의 수위를 항상 일정하게 유지시키기 위하여 급수량을 자동적으로 제어하는 것
   (2) 제어량 : 보일러수위, 조작량 : 급수량
3) STC(Steam Temperature Control, 증기온도제어)
   (1) 보일러로부터 발생한 증기의 온도를 일정하게 유지시키기 위하여 전열량을 제어하는 것
   (2) 제어량 : 증기온도, 조작량 : 전열량

12 보일러 운전 시 점화불량의 원인을 5가지 쓰시오. [5점]

> **정답**
> - 공기비의 조정불량
> - 연료가 없는 경우
> - 연료필터가 막힌 경우
> - 댐퍼의 작동 불량
> - 연료의 온도가 너무 높은 경우
> - 연소실의 온도가 낮은 경우
> - 연료분사노즐이 막힌 경우
> - 점화플러그 불량

13 보온재의 최고안전사용온도가 낮은 것부터 높은 순서대로 쓰시오. [5점]

> 폼 글라스, 폴리우레탄폼, 세라믹화이버, 규조토, 규산칼슘

> **정답**
> 폴리우레탄폼 → 폼 글라스 → 규조토 → 규산칼슘 → 세라믹파이버
> ※ 폴리우레탄폼(130 [℃]) → 폼 글라스(300 [℃]) → 규조토(500 [℃]) → 규산칼슘(650 [℃]) → 세라믹화이버(1300 [℃])
>
> 암기 폼글규칼세

14 물속에 피토관을 설치하여 측정한 전압이 12 [mH₂O], 유속이 11.71 [m/s]이었다. 이때 정압 [kPa]은 얼마인가? [6점]

> [정답]
>
> 49.12 [kPa]
>
> [해설]
>
> 전압 = 정압 + 동압
>
> 동압 = 전압 - 정압
>
> 전압 = $12[mH_2O] \times \dfrac{101.325[kPa/atm]}{10.332[mH_2O/atm]} = 117.68[kPa]$
>
> 동압 = $\dfrac{1}{2}\rho v^2 = \dfrac{1}{2} \times 1000[kg/m^3] \times (11.71[m/s])^2 = 68562.05[Pa] = 68.56[kPa]$
>
> 정압 = 전압 - 동압 = 117.68 - 68.56 = 49.12 [kPa]

핵심이론 | 압력

1) 전압 : 정압 + 동압
2) 압력(Pressure) : 단위면적당 가해지는 힘
   (1) 표준대기압(atm) : 1 [atm] = 760 [mmHg] = 101325 [Pa] = **101.325** [kPa] = **10.332** [mH₂O]

                                         암 백일상이오(101.325)

                                         암 물 넣으면 삼삼(33)하다. 삼삼이(332)

   (2) 1 [Pa] = 1 [N/m²] = 1 [kg/m·s²]
   (3) 1 [bar] = 100 [kPa]

15 열전도율이 0.1 [W/m·K], 두께가 20 [cm]인 내화벽돌을 통한 열유속으로 인한 온도차가 200 [℃]인 곳에 열전도율이 0.2 [W/m·K]인 단열벽돌을 시공하였더니 온도차가 400 [℃]로 나타났다. 내화벽돌과 단열벽돌의 열유속이 동일할 때 단열벽돌의 두께는 몇 [m]인가?

[5점]

정답

0.8 [m]

[해설]

$$Q = \frac{\lambda}{L} A \Delta T \, [W]$$

$$Q_1 = Q_2 \rightarrow \frac{0.1}{0.2} \times 200 = \frac{0.2}{x} \times 400 \quad \therefore x = 0.8 \, [m]$$

핵심이론 전도(Conduction)

1) 전도 : 매질 내 자유전자 간의 미세한 충돌과 상호작용을 통해 열이 전달되는 현상으로, 주로 고체에서 중요한 열전달방식이다.
2) 푸리에의 열전도 법칙(Fourier Heat Conduction Law)

$$Q = \frac{\lambda}{L} A \Delta t \, [W]$$

- Q : 전도열량 [W]
- λ : 열전도계수 [W/m·K]
- L : 물질의 두께 [m]
- A : 전열면적 [m²]
- Δt : 물질의 표면온도 [K]

16 그림과 같은 구조체에 물이 가득 채워져 있을 경우 물음에 답하시오. (직사각형의 평판 AB가 수평면에 30° 기울기로 벽에 지지되어 잠겨 있다) [8점]

- $h_1 = 3\,[m]$
- $h_2 = 1\,[m]$
- $h_3 = 4\,[m]$
- 평판의 폭 : 2 [m]
- 도심(무게중심)에 관한 단면 2차 모멘트 $I = \dfrac{ba^3}{12}$

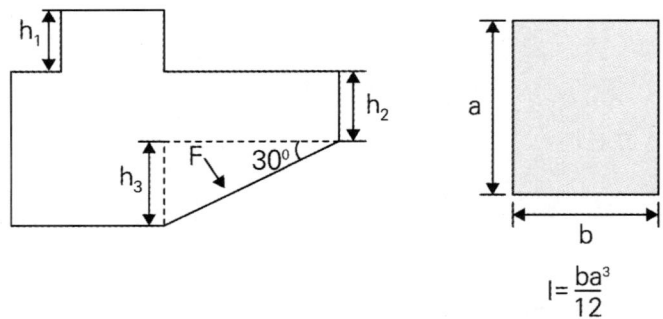

1) A - B평판에 작용하는 전압력(F)[kN]은 얼마인가?
2) A지점에서 전압력(F) 작용점까지의 거리는 몇 [m]인가?

정답
1) 940.8 [kN]   2) 3.556 [m]

[해설]

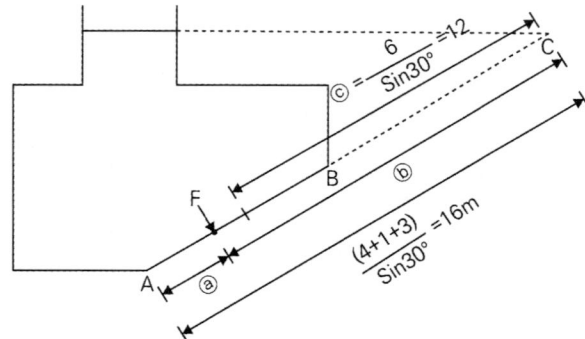

a = 평판의 세로길이
$a \times \sin 30° = h_3$

$a = \dfrac{h_3}{\sin 30} = \dfrac{4}{\dfrac{1}{2}} = 8\,[m]$

b = 평판의 가로길이 = 2 [m]

$I = \dfrac{ba^3}{12} = \dfrac{2 \times 8^3}{12} = 85.33\,[m^4]$

1) 전압력 $F = PA = \rho g h \times A = 1 \times 9.8 \times (3 + 1 + \dfrac{4}{2}) \times (2 \times 8) = 940.8\,[kN]$

2) 평행축정리

ⓑ = ⓒ + $\dfrac{I}{ⓒ \times A}$ = $12 + \dfrac{85.33}{12 \times (2 \times 8)} = 12.444\,[m]$

∴ ⓐ = 16 − 12.444 = 3.556 [m]

핵심이론 평행축정리

작용점의 위치(압력 중심) y_F

$$y_F = \overline{y} + \dfrac{I_G}{A \times \overline{y}}$$

$\overline{y}$: 수면에서 도심점까지의 거리
I_G : 단면 2차 모멘트

17 「에너지이용합리화법」에 따라 강철제 보일러의 최고사용압력이 아래와 같은 경우에 각각의 수압시험압력은 몇 [MPa]로 하여야 하는가? [6점]

1) 최고사용압력이 0.4 [MPa]인 경우

2) 최고사용압력이 0.8 [MPa]인 경우

3) 최고사용압력이 1.6 [MPa]인 경우

정답

1) 0.8 [MPa]
2) 1.34 [MPa]
3) 2.4 [MPa]

[해설]
1) 0.4 [MPa] × 2 = 0.8 [MPa]
2) 0.8 [MPa] × 1.3 + 0.3 [MPa] = 1.34 [MPa]
3) 1.6 [MPa] × 1.5 = 2.4 [MPa]

핵심이론   수압시험 압력

보일러의 종류	보일러의 최고사용압력	수압시험 압력
강철제	0.43 [MPa] 이하	P × 2
	0.43 [MPa] 초과 ~ 1.5 [MPa] 이하	P × 1.3 + 0.3
	1.5 [MPa] 초과	P × 1.5
주철제	0.43 [MPa] 이하	P × 2
	0.43 [MPa] 초과	P × 1.3 + 0.3

※ 최고사용압력 : P

암기 사삼일로(4315) 이일삼삼(2133)

18 다음은 스테인리스강의 종류와 기본조직이다. 빈 칸에 알맞은 내용을 쓰시오. [5점]

기본조직	①	마르텐자이트계	②
대표강종	STS304	STS410	STS430

정답
① 오스테나이트계
② 페라이트계

핵심이론   스테인리스강(Stainless Steel)
1) STS 304 : 오스테나이트계 스테인리스강. 싱크대에 사용
2) STS 410 : 마르텐자이트계 스테인리스강. 부엌칼 등에 사용
3) STS 430 : 페라이트계 스테인리스강. 자동차 부품에 사용

2022 제2회

01 보온재(단열재)의 구비조건 5가지를 쓰시오. [5점]

정답
- 흡수성이 적을 것
- 열전도율이 작을 것
- 장기간 사용 시 변질되지 않을 것
- 비중이 작을 것
- 견고하고 시공이 유리할 것
- 다공성일 것

핵심이론 보온재의 구비조건

1) 열전도율이 작을 것
2) 부피, 비중이 작을 것
3) 불연성이고, 흡수성, 흡습성이 없을 것
4) 사용온도에 있어 내구성이 있고, 변질되지 않을 것
5) 다공성이며, 기공이 균일할 것
6) 기계적 강도가 크고, 시공성이 좋을 것
7) 안전사용온도 범위 내에 있을 것
8) 구입이 쉽고 장시간 사용해도 변질이 없을 것

02 급수펌프로 많이 사용되고 있는 원심펌프의 종류를 2가지 쓰시오. [4점]

> **정답**
>
> 볼류트(Volute) 펌프, 터빈(Turbine) 펌프

핵심이론 회전식(원심식) 급수펌프의 종류
- 볼류트 펌프 : 안내 날개가 없다.
- 터빈 펌프 : 안내 날개가 있다.

앞 볼 터지면 안 돼

03 급수펌프 설치 및 시공에 대한 물음에 답하시오. [5점]
1) 펌프 토출 측에 설치하여 물이 역류되는 것을 방지하는 밸브의 명칭을 쓰시오.
2) 이 밸브의 종류 2가지만 쓰시오.

> **정답**
>
> 1) 체크밸브(Check Valve)
> 2) 스윙식, 리프트식, 디스크식

핵심이론 체크밸브(Check Valve)
1) 유체를 흐름 방향 한 쪽으로만 흐르게 하여 역류를 방지하는 역류방지밸브이다.
2) 체크밸브의 종류 : 유체를 흐름 방향 한 쪽으로만 흐르게 하여 역류를 방지하는 역류방지밸브이다.

04 배기가스 중 분진 입자를 대전시켜 대전입자를 가스와 분리하는 형식의 집진장치를 무엇이라 하는가? [3점]

> **정답**
>
> 전기식 집진장치

핵심이론 전기식 집진장치

1) 분진을 코로나(Corona) 방전에 의하여 하전시키고, 쿨롱(Coulomb)힘을 이용하여 집진하는 방식이다.
2) 현재까지 가장 많이 사용하고 있는 집진장치로서 집진효율도 높다.
3) 형식의 분류 : 하전형식 및 건식, 습식
4) 습식은 건식에 비해 집진극 면이 깨끗하여 항산 강전계를 이루며 처리가스속도도 2배 이상 높일 수 있다.
5) 습식은 대량의 폐기물(슬러지)을 생성하는 문제가 있다.
6) 배기가스의 온도는 500 [℃] 전후이다.
7) 폭발성 가스까지 처리된다.
8) 각종 공기조화장치나 제약회사, 병원의 수술실 등에서 많이 이용된다.
9) 집진효율이 99.9 [%] 이상이다.
10) 전기집진장치에서 포집입자의 직경은 0.1 [μm] 이하의 미세입자까지도 포집이 가능하다.
11) 미세입자의 포집도 가능하다.
12) 압력손실이 적어 송풍기에 따른 동력비가 적게 든다.
13) 낮은 압력손실로 대량의 가스처리가 가능하다.
14) 처리가스량이 많아 경제적이어서 대용량의 고성능 집진장치로서 많이 이용된다.
15) 전기집진기를 통과할 때 다이옥신이 생성된다.
16) 처리가스의 속도가 크면 재비산이 발생한다.
17) 건식에서는 1 ~ 2 [m/s] 이하로 정한다. 이 범위에서는 하전시간이 많을수록 더욱 집진효율이 높아진다.
18) 고전압장치 및 정전설비를 갖추어야 한다.
19) 시설비가 매우 많이 든다.

05 다음을 읽고 질문에 답하시오. [5점]
1) 연료 속 황(S)이 연소 시 발생하는 부식명칭을 쓰시오.
2) 위 부식을 방지하기 위한 방법 2가지를 쓰시오.

정답

1) 저온부식
2) • 첨가제를 사용하여 노점을 저하시킨다.
　• 황분이 적은 연료를 사용한다.
　• 황분을 제거한다.
　• 배기가스온도를 노점온도(170 [℃]) 이상으로 높게 유지한다.
　• 공기비를 적게 하여 연소가스 중의 산소를 감소시킨다.

핵심이론 저온부식

1) 황(S) : 발열량 증가, 대기오염의 원인, 저온 부식의 원인, 연료의 질 저하
2) 저온부식방지방법
　(1) 첨가제를 사용하여 노점을 저하시킨다.
　(2) 황분이 적은 연료를 사용한다.
　(3) 황분을 제거한다.
　(4) 배기가스온도를 노점온도(170 [℃]) 이상으로 높게 유지한다.
　(5) 공기비를 적게 하여 연소가스 중의 산소를 감소시킨다.

TIP 저온부식의 원인 : 황. 고온부식의 원인 : 바나듐

06 다음을 읽고 질문에 답하시오. [6점]

1) 보일러마력이란 표준 대기압하에서 ( )시간 동안에 ( ) [℃]의 물 ( ) [kg]을 전부 같은 온도의 증기로 증발시키는 능력을 말한다.

2) 급수온도 100 [℃], 급수의 엔탈피 45 [kJ/kg], 발생증기량 2500 [kg/h], 발생증기의 엔탈피 3000 [kJ/kg]일 경우 보일러마력을 계산하시오.

정답

1) 1/100/15.65
2) 209.24 [BHP : 보일러마력]

[해설]

2) 보일러마력 = $\dfrac{2500[kg/h] \times (3000-45)[kJ/kg]}{2256[kJ/kg] \times 15.65[kg/h]} = 209.24[BHP]$

핵심이론   보일러마력

1) 1시간당 100 [℃] 포화수 15.65 [kg]을 100 [℃] 건포화 증기로 만드는 능력

$$BHP = \dfrac{G_a(h_2 - h_1)}{2256 \times 15.65}$$

- G_a : 실제증발량 [kg/h]
- h_1 : 급수의 비엔탈피 [kJ/kg]
- h_2 : 증기의 비엔탈피 [kJ/kg]

2) 보일러마력 = 상당증발량/15.65

07 그림처럼 피토 – 정압관으로 압력 차를 측정하고 있다. 아래의 물음에 답하시오. (단, V는 유속 [m/s], D는 관지름 [m], g는 중력가속도 [m/s²], H는 U자관의 높이 [m], ρ는 유체의 밀도 [kg/m³]를 나타내며 아래첨자 1, 2는 입구 출구를 의미하며 밀도의 아래첨자 1, 2는 각각 위의 유체와 아래의 유체를 의미한다) [6점]

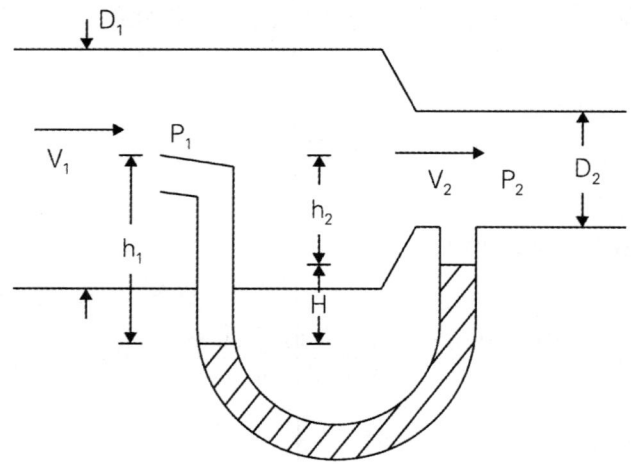

1) U자관 높이 H를 $\rho_1, \rho_2, g, P_1, P_2$로 표시하시오.
2) 베르누이 방정식을 이용하여 U자관 높이 H를 $\rho_1, \rho_2, V_1, V_2, g$로 표시하시오.
3) 연속 방정식을 이용하여 U자관 높이 H를 $\rho_1, \rho_2, g, D_1, D_2, V_1$로 표시하시오.

정답

1) $H = \dfrac{P_2 - P_1}{(\rho_1 - \rho_2)g}$ 2) $H = \dfrac{V_2^2 - V_1^2}{2g\left(\dfrac{\rho_2}{\rho_1} - 1\right)}$ 3) $H = \dfrac{V_1^2\left\{\left(\dfrac{D_1}{D_2}\right)^4 - 1\right\}}{2g\left(\dfrac{\rho_2}{\rho_1} - 1\right)}$

[해설]

1) 수면을 기준으로 양쪽의 압력은 같다.

$P_1 + \rho_1 g h_1 = P_2 + \rho_1 g h_2 + \rho_2 g H$

$h_1 - h_2 = H \rightarrow H = \dfrac{P_2 - P_1}{(\rho_1 - \rho_2)g}$

2) 베르누이 방정식 : 압력수두 + 속도수두 + 위치수두 = 일정

$\dfrac{P}{\rho g} + \dfrac{V^2}{2g} + Z = C$ 에서

$\dfrac{P_1}{\rho_1 g} + \dfrac{V_1^2}{2g} + Z_1 = \dfrac{P_2}{\rho_1 g} + \dfrac{V_2^2}{2g} + Z_2$

1)의 식을 $P_2 - P_1$에 대입하면

$Z_1 = Z_2 \rightarrow H = \dfrac{V_2^2 - V_1^2}{2g\left(\dfrac{\rho_2}{\rho_1} - 1\right)}$

3) 연속 방정식 $Q = A_1 V_1 = A_2 V_2$

$\dfrac{V_2}{V_1} = \dfrac{A_1}{A_2} = \left(\dfrac{D_1}{D_2}\right)^2$ 이므로

2)의 식 $\rightarrow H = \dfrac{V_1^2 \left\{\left(\dfrac{D_1}{D_2}\right)^4 - 1\right\}}{2g\left(\dfrac{\rho_2}{\rho_1} - 1\right)}$

핵심이론 베르누이 방정식

압력수두 + 속도수두 + 위치수두 = 일정

$\dfrac{P}{\rho g} + \dfrac{V^2}{2g} + Z = C$

- P : 압력
- v : 유속
- g : 중력 가속도
- Z : 수평기준면에 대한 상대적인 높이

핵심이론 연속 방정식(질량보존 법칙)

$Q = \rho A V = C [kg/s]$

- Q : 유량, ρ : 밀도
- A : 단면적, V : 유체의 속도

08 다음은 보일러의 강제통풍방식에 관한 설명이다. 해당하는 통풍방식을 쓰시오. [6점]

1) 노 앞과 연도 끝에 통풍팬을 설치하여 양 팬의 회전수와 댐퍼의 개도를 조절하여 노 내의 압력을 임의로 조절할 수 있는 방식으로 항상 안전한 연소가 가능하나, 연소실의 구조가 복잡하고 설비비 및 유지비가 많이 든다.

2) 노 앞에 설치된 통풍팬에 의해 연소용 공기 대기압 이상의 압력으로 가압하여 노 안으로 압입하는 방식으로 노 내의 압력이 대기압보다 높고, 연소실의 열부하가 높다.

3) 댐퍼 뒤에 팬을 설치하여 연소가스를 송풍기로 직접 빨아들여 연도 끝에서 배출하도록 하는 방식이며 노 내의 압력이 대기압보다 낮아 외기의 침입이 우려된다.

정답

1) 평형통풍   2) 압입통풍   3) 흡입통풍

핵심이론 통풍장치

1) 통풍 : 연소에 필요한 공기 및 연소가스가 연속적으로 흐르는 흐름
2) 통풍방식의 분류

자연통풍		• 배기가스와 외기의 온도차(비중차, 비중량차, 밀도차)에 의하여 이루어지는 통풍방식이다. • 굴뚝 높이와 연소가스의 온도에 따라 일정한 한도를 갖는다.
강제통풍	압입통풍	연소실 입구에 송풍기를 설치해서 강제로 연소실로 공기를 밀어 넣는 방식이다.
	흡입통풍	연도 내에 배풍기를 설치해 연소가스를 흡입하여 빨아내는 방식이다.
	평형통풍	압입통풍방식과 흡입통풍방식을 병행하는 통풍방식이다.

[강제통풍방식]
1) 압입통풍방식의 특징
  (1) 송풍기의 고장이 적고, 점검 및 보수가 용이하다.
  (2) 가스의 유속은 8 [m/s] 정도까지 취할 수 있다.
  (3) 연소실 내의 압력이 정압(+)이 되어 완전연소가 용이하다.
  (4) 송풍기의 동력소비가 흡입통풍방식에 비하여 적다.
  (5) 연소용 공기를 예열하여 사용이 가능하다.
2) 흡입통풍방식의 특징
  (1) 고온의 연소가스와 직접 접촉하므로 마모의 우려가 있다.
  (2) 유속은 10 [m/s] 정도까지 취할 수 있다.
  (3) 노내압이 부압(-)되어 냉공기의 침입의 우려가 있다(냉공기의 침입 시 연소 상태가 나빠진다).
  (4) 연소용 공기를 예열하여 사용이 불가능하다.

3) 평형통풍방식의 특징
   (1) 동력소비 및 설비비가 많이 든다.
   (2) 유속은 10 [m/s] 이상이다.
   (3) 강한 통풍력을 얻을 수 있으며, 노내압 및 통풍력 조절이 가능하다.
   (4) 통풍저항이 큰 대형 보일러나, 고성능 보일러에 널리 사용되고 있다.
   (5) 노내압을 정, 부압으로 조절이 가능하다.

09 A → B → C → D → A의 경로로 이루어져 있는 사이클이 있다. 다음의 각 물음에 답하시오.
   ($T_A = 600\,[K]$, $T_C = 400\,[K]$, $S_A = 100\,[J/K]$, $S_C = 200\,[J/K]$, 시스템의 주위 온도는 20 [℃]이다) [7점]

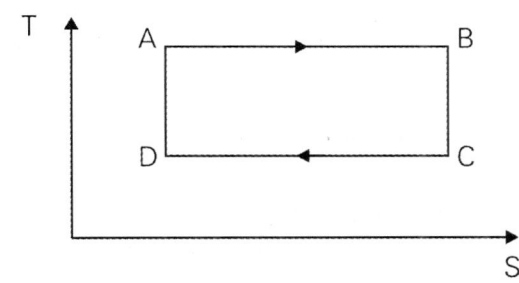

1) 한 사이클 동안에 전달된 열량 [J]을 구하시오.

2) 한 사이클 동안에 한 일량 [J]을 구하시오.

3) 한 사이클 동안에 외부의 엔트로피 [J/K] 변화를 구하시오.

4) 열효율 [%]을 구하시오.

정답

1) 60000 [J]   2) 20000 [J]   3) 136.52 [J/K]   4) 33.33 [%]

[해설]

1) 들어온 열량 : A → B 과정(등온 과정)
$$Q = Tds = T_A(S_B - S_A) = 600 \times (200 - 100) = 60000[J]$$

2) 일량 : C → D 과정(등온 과정)
$$Q = Tds = T_C(S_D - S_C) = 400 \times (100 - 200) = -40000[J]$$
$$W = 60000 - 40000 = 20000[J]$$

3) 외부의 엔트로피 변화 : $dS = \dfrac{dQ}{T} = \dfrac{40000}{273.15 + 20} = 136.52[J/K]$

4) 열효율 [%]
$$\eta = \frac{W}{Q} \times 100[\%] = \frac{20000}{60000} \times 100[\%] = 33.33[\%]$$

카르노 사이클이므로 $\left(1 - \dfrac{T_2}{T_1}\right) \times 100[\%] = \left(1 - \dfrac{400}{600}\right) \times 100[\%] = 33.33[\%]$

핵심이론 카르노 사이클(Carnot Cycle)

1) 가역 사이클
2) 열기관 사이클 중에서 가장 이상적인 사이클
3) 등온 변화 2개와 가역 단열 변화(등엔트로피 변화) 2개로 구성되어 있다.
4) 열효율 $\eta_c = \dfrac{W_{net}}{Q_1} = \dfrac{Q_1 - Q_2}{Q_1} = 1 - \dfrac{Q_2}{Q_1} = 1 - \dfrac{T_2}{T_1}$
5) 카르노 사이클의 P - V선도, T - S선도

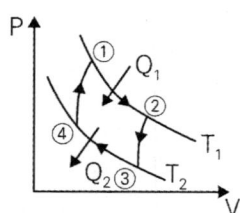 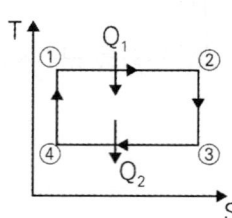

카르노 사이클의 P-V선도   카르노 사이클의 T-S선도

10 급수처리에 사용되는 청관제의 사용목적을 5가지를 쓰시오. [5점]

> **정답**
> - 슬러지 생성방지
> - pH 조정
> - 알칼리도 조정
> - 보일러수 농축방지
> - 용존가스 제거
> - 부식방지
> - 캐리오버방지

핵심이론 청관제

1) 보일러 내처리제(청관제)와 그 작용
   (1) pH 및 알칼리 조정제 : 수산화나트륨(가성소다), 탄산나트륨, 인산나트륨, 인산, 암모니아
   (2) 연화제 : 수산화나트륨, 탄산나트륨, 인산나트륨
   (3) 슬러지 조정제 : 탄닌, 리그닌, 전분
   (4) 탈산소제 : 아황산나트륨, 하이드라진(N_2H_4), 탄닌
   (5) 가성취화방지제 : 황산나트륨, 인산나트륨, 질산나트륨, 탄닌, 리그닌
   (6) 기포방지제 : 고급 지방산 폴리아민, 고급 지방산 폴리알콜
2) 보일러 급수처리에서 청관제의 사용목적
   (1) 전열면의 스케일(슬러지) 생성을 방지하기 위해서
   (2) 부식을 방지하기 위해서
   (3) 캐리오버현상(기수공발현상) 방지를 위해서
   (4) 보일러수의 농축을 방지하기 위해서
   (5) pH 조정하기 위해서
   (6) 알칼리도 조정을 하기 위해서
   (7) 용존가스를 제거하기 위해서

11 폐열회수 열교환기 중 판형 열교환기의 장점 3가지를 쓰시오. [6점]

정답
- 높은 열전달 능력을 가지고 있다.
- 전열면의 청소나 조립이 간단하다.
- 현장에서 제작이 가능하고, 좁은 공간에 설치가 가능하다.
- 고점도유체에도 적용 가능하다.
- 시공이 간편하다.
- 판의 매수 조절이 가능하여 전열면적의 증감이 용이하다.

핵심이론 판형 열교환기의 장단점

1) 장점
   (1) 구조상 전열면적이 판 형태로 넓기 때문에 높은 열전달 능력을 가지고 있다.
   (2) 판의 매수 조절이 가능하여 전열면적의 증감에 용이하다.
   (3) 시공이 간편하다.
   (4) 전열면의 청소와 조립이 간단하다.
   (5) 현장에서 제작이 가능하고, 좁은 공간에 설치가 가능하다.
   (6) 고점도유체에도 적용 가능하다.
2) 단점
   (1) 구조상 판 표면과 유체의 마찰에 의한 압력손실이 크다.
   (2) 온도변화가 크거나 압력이 큰 곳에서는 내압성이 낮아 사용이 불가능하다.

12 보일러 설치 시공기준에 의거하여 노통연관식 증기보일러(최고사용압력 : 1 [MPa])가 설치되어 있다. 다음 질문에 답하시오. [7점]

1) 다음은 부르동관 압력계 부착에 관한 규정이다. 알맞은 말을 쓰시오.

> 증기가 압력계의 부르동관에 직접 들어가지 않도록 하기 위해서 압력계에는 물을 넣은 안지름 (   ) [mm] 이상의 (   ) 또는 동등한 작용을 하는 장치를 부착한다.

2) 다음 중 보일러에 부착하기에 알맞은 부르동관 압력계 제품을 선정하고 그 이유를 적으시오.

> A : 최고눈금 : 2 [MPa], 눈금판의 바깥지름 : 100 [mm], 정확도 : Full Scale ±0.5 [%]
> B : 최고눈금 : 2.5 [MPa], 눈금판의 바깥지름 : 75 [mm], 정확도 : Full Scale ±1.0 [%]
> C : 최고눈금 : 3.5 [MPa], 눈금판의 바깥지름 : 200 [mm], 정확도 : Full Scale ±0.5 [%]
> D : 최고눈금 : 5 [MPa], 눈금판의 바깥지름 : 150 [mm], 정확도 : Full Scale ±1.5 [%]

정답

1) 6.5, 사이폰관
2) A, 최고사용압력이 1 [MPa]이므로 1.5 ~ 3 [MPa], 바깥지름은 100 [mm] 이상이어야 하므로 A이다.

핵심이론 사이폰관(Siphon Pipe)을 부착하는 압력계 : 부르동관식

1) 사이폰관 : 배관에 압력계 설치 시 배관과 압력계 사이의 연결관을 굽혀 놓은 관
   (1) 부착 이유 : 고온의 증기 침입을 막아 압력계의 보호 및 오차방지
   (2) 사이폰관 안지름의 크기 : 6.5 [mm] 이상
   (3) 사이폰관 속에 들어 있는 유체 : 물
2) 압력계
   (1) 압력계의 최고 눈금은 최고사용압력의 1.5배 이상 3배 이하로 한다. 바깥지름은 100 [mm] 이상으로 한다.
   (2) 압력계의 재질은 황동으로 한다.
   (3) 내부온도는 80 [℃] 이하로 유지한다.

13 중량 조성이 C : 81 [%], H : 15 [%], S : 4 [%]일 때, 다음을 답하시오. [7점]

1) 완전연소 시 이론공기량 [Nm³/kg]을 구하시오.
2) 완전연소 시 이론건연소가스량 [Nm³/kg]을 구하시오.
3) 최대탄산가스량(CO_2)$_{max}$ [%]을 구하시오.

정답

1) 11.333 [Nm³/kg]   2) 10.49 [Nm³/kg]   3) 14.68 [%]

[해설]

1) $O_0 = 1.867C + 5.6\left(H - \dfrac{O}{8}\right) + 0.7S$
   $= 1.867 \times 0.81 + 5.6 \times 0.15 + 0.7 \times 0.04$
   $\fallingdotseq 2.38 [Nm^3/kg]$

   $A_0 = \dfrac{O_0}{0.21} = \dfrac{2.38}{0.21} = 11.333 [Nm^3/kg]$

2) $G_{0d} = 0.79A_0 + 1.867C + 0.7S = 0.79 \times 11.333 + 1.867 \times 0.81 + 0.7 \times 0.04$
   $\fallingdotseq 10.49 [Nm^3/kg]$

3) $(CO_2)_{max} = \dfrac{1.867C + 0.7S}{G_{0d}} \times 100 [\%] = \dfrac{1.867 \times 0.81 + 0.7 \times 0.04}{10.49} \fallingdotseq 14.68 [\%]$

핵심이론 공기량

1) 이론산소량(O_0) & 이론공기량(A_0)
   (1) 이론산소량(O_0) : 연료를 산화시키기 위한 이론적 최소 산소량
   ① 고체 및 액체 연료
   ㉠ 질량 계산식

   $$O_o = 2.67C + 8\left(H - \dfrac{O}{8}\right) + S \text{ [kg/kg]}$$

   ㉡ 체적 계산식(연료 1 [kg] 연소 시 이론산소량의 체적)

   $$O_o = 1.867C + 5.6\left(H - \dfrac{O}{8}\right) + 0.7S \text{ [Nm}^3\text{/kg]}$$

(2) 이론공기량(A_0) : 연료를 완전연소시키는 데 필요한 이론적 최소 공기량

이론산소량을 산소의 질량비로 나누어준다.

① 고체 및 액체 연료

㉠ 질량 계산식

$$A_o = \frac{O_o}{0.232} = 11.51C + 34.48\left(H - \frac{O}{8}\right) + 4.31S \text{ [kg/kg]}$$

㉡ 체적 계산식

$$A_o = \frac{O_o}{0.21} = 8.89C + 26.67\left(H - \frac{O}{8}\right) + 3.33S \text{ [Nm}^3\text{/kg]}$$

2) 이론건연소가스량(G_{od}) = 이론습연소가스량(G_{ow}) - 연소생성 수증기량

G_{od}[kg/kg] = (1 - 0.232)A_o + 3.67C + 2S + N

G_{od}[Nm³/kg] = (1 - 0.21)A_o + 1.867C + 0.7S + 0.8N

3) $CO_{2\max} = \dfrac{1.867C + 0.7S}{G_0} \times 100$

14 전공기방식으로 가동하는 공기조화기 운전에서 동절기에 냉방부하가 발생하여 실내온도를 27 [℃]로 유지하고 있는데, 생산설비의 발열로 2중 덕트방식의 공기조화기의 외기 유입 댐퍼의 개도율을 30 [%]에서 70 [%]까지 높여 외기 유입량을 증가시킬 경우 다음에 주어진 조건에 따라 냉방부하의 감소량은 몇 [kW]인지 구하시오. [5점]

[조건]
- 공기조화기 송풍량은 52000 [m³/h]
- 댐퍼 개도율 30 [%] 상태에서 냉각코일 입구 건구온도 25 [℃], 상대습도 54 [%]일 때 공기 엔탈피는 49.11 [kJ/kg]
- 댐퍼 개도율 70 [%] 상태에서 냉각코일 입구 건구온도 22 [℃], 상대습도 54 [%]일 때 공기 엔탈피는 44.21 [kJ/kg]
- 공기의 평균 밀도는 1.29 [kg/m³]이다.
- 냉동기 성적계수 : 3.5
- 연간 적용 가능시간 : 3400 [h]

정답

91.30 [kW]

[해설]

출력 $W = m\Delta h$

냉방부하 감소량은 개도율 변화 시 엔탈피 차이를 대입하면 된다.

$$W = m\Delta h = 52000 \times 1.29 \times (49.11 - 44.21)$$
$$= 328692[kJ/h] = \frac{328692}{3600} = 91.30[kJ/s] = 91.30[kW]$$

15 리벳 지름이 20 [mm], 피치 54 [mm], 판의 두께 16 [mm]인 리벳이음의 철판에 8 [kN]의 하중이 작용하고 있을 때 다음을 구하시오. [6점]

1) 강판의 인장응력 [MPa]
2) 강판의 효율 [%]

정답

1) 14.71 [MPa]   2) 62.96 [%]

[해설]

1) $\sigma = \dfrac{W}{(P-d)t} = \dfrac{8 \times 1000[N]}{(54-20)[mm] \times 16[mm]} = 14.71\,[MPa]$

TIP 1 [MPa] = 1 [N/mm²]

2) $\eta = 1 - \dfrac{d}{P} = 1 - \dfrac{20}{54} = 0.6296 = 62.96\,[\%]$

핵심이론 인장응력

1) 강판의 인장응력 : $\sigma = \dfrac{W}{A} = \dfrac{W}{(P-d)t}$

2) 강판의 효율

$$\eta = \dfrac{P-d}{P} = 1 - \dfrac{d}{P}$$

- η : 효율
- P : 관 구멍의 피치 [mm]
- d : 관 구멍의 지름 [mm]

용어 피치(p) : 인접한 두 구멍 중심 사이의 거리

---

16 상온 대기압의 공기 유속을 피토관으로 측정하였더니 동압이 980 [Pa]이었다고 한다. 이때 유속 [m/s]을 구하시오. (단, 공기의 비중량은 12.7 [N/m³]이다) [5점]

정답

39.89 [m/s]

[해설]

$$V = \sqrt{2gh} = \sqrt{2 \times 9.8 \times \dfrac{980}{12.7}} = 39.89\,[m/s]$$

TIP 1 [Pa] = 1 [N/m²]

핵심이론 피토관에 의한 유속

$$V = \sqrt{\dfrac{2g(P_1 - P_2)}{\gamma}} = \sqrt{2gh}$$

(P_1 : 전압, P_2 : 정압, V : 유속, g : 중력가속도, γ : 비중량, h : 높이)

TIP $P = \gamma h$

17 연소로의 내벽은 두께 22 [cm]의 내화벽돌(열전도율 $\lambda_1 = 1.1\,[W/m\cdot\text{℃}]$)로 쌓고, 외벽은 두께 20 [cm]의 벽돌(열전도율 $\lambda_3 = 0.8\,[W/m\cdot\text{℃}]$)로 시공하였다. 내면의 표면온도가 1000 [℃]일 때, 외벽의 표면온도는 680 [℃]로 높게 측정되었다. 로의 벽면을 통한 열손실을 방지하기 위하여 내벽의 온도를 유지한 채 내·외벽 사이에 중간벽을 두께 9 [cm] 단열벽돌(열전도율 $\lambda_2 = 0.12\,[W/m\cdot\text{℃}]$)로 추가 시공하였을 때, 외벽의 표면온도 [℃]를 구하시오. [6점]

정답

146.67 [℃]

[해설]

열관류율 $K = \dfrac{1}{R} = \dfrac{1}{\dfrac{d_1}{\lambda_1} + \dfrac{d_2}{\lambda_2} + \dfrac{d_3}{\lambda_3}}$

시공 전과 시공 후의 열유속은 같음을 이용하여

- 시공 전 : $\dfrac{Q}{A} = K\Delta t = \dfrac{1000-680}{\dfrac{0.22}{1.1} + \dfrac{0.2}{0.8}} = 711.11\,[W/m^2]$

- 시공 후 : $\dfrac{Q}{A} = K\Delta t = \dfrac{1000-t}{\dfrac{0.22}{1.1} + \dfrac{0.09}{0.12} + \dfrac{0.2}{0.8}} = 711.11\,[W/m^2]$

∴ $t = 146.67\,[\text{℃}]$

핵심이론 열전달

1) 열손실량

$$Q = KA\Delta t\,[W]$$

- K : 열관류(통과)계수 [W/m^2·K]
- A : 전열면적 [m^2]
- Δt : 온도차이 [K]

2) 열유속(流俗) : 단위면적당 흐르는 열량

$$q = \dfrac{Q}{A} = \dfrac{KA\Delta t}{A} = K\Delta t\,[W/m^2]$$

- K : 열관류(통과)계수 [W/m^2·K]
- A : 전열면적 [m^2]
- Δt : 온도차이 [K]

3) 열관류(통과)계수 : 단위면적당, 단위온도차에 의해 전달되는 열량

$$K = \frac{1}{R} = \frac{1}{\frac{1}{\alpha_1} + \frac{\ell}{\lambda} + \frac{1}{\alpha_2}} [W/m^2 \cdot K]$$

- K : 열관류율 [W/m² · K]
- R : 열저항 [m² · K/W]
- ℓ : 재료의 두께 [m]
- λ : 열전도율 [W/m · K]
- α_1 : 내측 유체 열전달률 [W/m² · K]
- α_2 : 외측 유체 열전달률 [W/m² · K]

---

18 연료의 사용량이 10.5 [Nm³/min]이고 연료의 공급압력(게이지압력)은 40 [kPa], 연료의 공급온도 10 [℃], 연료의 발열량 : 71500 [kJ/m³], 급수량 10800 [kg/h], 급수엔탈피 64 [kJ/kg], 발생증기 엔탈피 : 2785 [kJ/kg]이라고 할 때 다음 질문에 답하시오. [6점]

1) 연료의 총연소열량 [kJ/h]을 구하시오.

2) 보일러 효율 [%]을 구하시오.

[정답]

1) 33478016 [kJ/h]   2) 87.78 [%]

[해설]

1) 기체연료의 체적을 표준상태와 비교하여 구하면

$$\frac{P_0 V_0}{T_0} = \frac{P_1 V_1}{T_1} \rightarrow \frac{101.325 \times (10.5 \times 60)}{273.15} = \frac{(101.325 + 40) \times V_1}{273.15 + 10}$$

$$\rightarrow V_1 = 468.224 \ [m^3/h]$$

총연소열량 = 71500 × 847.655 = 33478016 [kJ/h]

2) 보일러 효율 $\eta_B = \dfrac{G_a(h_2 - h_1)}{G_f \times H_\ell} \times 100 \ [\%]$

$$= \frac{10800 \times (2785 - 64)}{33478016} \times 100 \ [\%] = 87.78 \ [\%]$$

📝 핵심이론 이상기체 상태 방정식

1) 질량에 대한 식

$$Pv = R_{specific}T$$
$$PV = mR_{specific}T$$

- P : 압력 $[Pa]$
- V : 부피 $[m^3]$
- m : 질량 $[kg]$
- T : 온도 $[K]$

$$R_{specific} = \frac{R_{ideal}}{M} : \text{특정기체상수 } [J/kg \cdot K](\text{M : 몰질량[분자량]})$$

2) 몰량에 대한 식

$$PV = nR_{ideal}T$$

- P : 압력 $[Pa]$
- V : 부피 $[m^3]$
- n : 몰수 $[mol]$
- T : 온도 $[K]$
- R_{ideal} : 일반기체상수 $[8.314\,J/mol \cdot K]$

📝 핵심이론 보일러 효율

1) 상당증발량 G_e

보일러에서 발생한 증기의 열량을 기준증기량으로 환산한 양

$$G_e = \frac{G_a(h_2 - h_1)}{2256}[kg/h]$$

- G_a : 실제증발량 [kg/h]
- h_1 : 급수의 비엔탈피 [kJ/kg]
- h_2 : 발생증기 비엔탈피 [kJ/kg]

2) 보일러효율

$$\eta_B = \frac{G_a(h_2 - h_1)}{G_f \times H_\ell} \times 100\,[\%]$$
$$= \frac{G_e \times 2256}{G_f \times H_\ell} \times 100\,[\%]$$

- G_a : 실제증발량 [kg/h]
- G_e : 상당증발량 [kg/h]
- h_1 : 급수의 비엔탈피 [kJ/kg]
- h_2 : 증기의 비엔탈피 [kJ/kg]
- G_f : 연료사용량 [kg/h]
- H_ℓ : 연료발열량 [kJ/kg]

2022 제4회

01 수관보일러의 수냉노벽의 설치목적 4가지를 쓰시오. [5점]

> **정답**
> - 내화물 보호
> - 내화벽돌 두께 경감
> - 연소실의 복사열 흡수
> - 전열면적 증대
> - 열효율 증대
> - 노 내의 기밀 유지

02 보일러에서 연료의 절약을 위하여 배기가스온도를 낮추어 급수를 예열하는 장치의 명칭을 쓰고, 다음의 [운전조건]에서 운전될 때 이 장치의 효율 [%]을 계산하시오. [6점]

[조건]
- 배기가스량 : 50000 [kg/h]
- 급수량 : 40000 [kg/h]
- 배기가스온도(입구/출구) : 350 [℃] / 230 [℃]
- 급수온도(입구/출구) : 25 [℃] / 55 [℃]
- 배기가스의 비열 : 1.05 [kJ/kg·℃]
- 급수 비열 : 4.186 [kJ/kg·℃]

정답

절탄기 / 79.73 [%]

[해설]

절탄기 효율 = $\dfrac{Q_1}{Q_2}$ = $\dfrac{\text{급수가 얻은 열량}}{\text{배기가스가 잃은 열량}}$

$= \dfrac{40000 \times 4.186 \times (55-25)}{50000 \times 1.05 \times (350-230)} = 0.7973 = 79.73[\%]$

핵심이론 절탄기(Economizer, 급수예열기)

1) 폐가스(배기가스)의 여열을 이용하여 보일러에 급수되는 급수의 예열기구
2) 절탄기 부착 시 장점
   (1) 부동팽창방지
   (2) 일시 불순물 및 경도성분 와해
   (3) 연료의 절약
   (4) 보일러 효율 및 증발력 증대
3) 절탄기 부착 시 단점
   (1) 통풍저항이 커져 통풍력이 감소한다.
   (2) 연소가스의 온도 저하로 저온 부식이 발생될 우려가 있다(저온 부식 일으키는 성분 : 황).
   (3) 연도 내의 청소 및 점검이 어려워진다.
   (4) 설비비가 비싸고 취급에 기술을 요한다.

핵심이론 열량

$Q = GC\Delta t \, [W]$

- Q : 열량 [kW]
- G : 질량유량 [kg/s]
- C : 비열 [kJ/kg·℃]
- Δt : 온도차 [℃]

03 보일러 운전의 취급 시 일어날 수 있는 가마울림의 방지법 4가지를 쓰시오. [5점]

정답

- 연료 속의 수분을 제거한다(수분이 적은 연료를 사용한다).
- 2차 공기의 가열 통풍을 조절한다.
- 연도에서의 포켓 등을 제거한다.
- 연소실에서의 완전연소가 이루어지도록 한다.
- 연소실이나 연도를 개조한다.
- 연소속도가 너무 느리지 않도록 한다.
- 공연비를 개선한다.

핵심이론 가마울림(공명현상)

1) 가마울림(공명현상) : 연소 중 연소실이나 연도 내에서 연속적인 울림을 내는 현상
2) 가마울림의 원인 : 연료 중 수분이 많거나, 공연비가 나빠 연소속도가 느리거나, 연도에 에어포켓이 있는 경우

---

04 구형 고압반응용기 안쪽 반지름이 50 [cm]이고, 바깥쪽 반지름이 90 [cm]이며, 열전도율 = 41.87 [W/m·℃]인 구형 고압반응 용기 내·외부의 표면온도가 563 [K], 543 [K]일 때 열손실은 몇 [kW]인가? [6점]

정답

11.84 [kW]

[해설]

$$Q = K \times \frac{4\pi}{\frac{1}{r_1} - \frac{1}{r_2}} \times \Delta T = \frac{41.87 \times 4\pi \times (563 - 543)}{\frac{1}{0.5} - \frac{1}{0.9}} = 11838 [W] ≒ 11.84 [kW]$$

핵심이론 구형 용기의 열손실

$$Q = K \times \frac{4\pi}{\frac{1}{r_1} - \frac{1}{r_2}} \times \Delta T$$

- K : 열전도율 [W/m·K]
- r_1 : 안쪽 반지름 [m]
- r_2 : 바깥쪽 반지름 [m]
- Δt : 온도차이 [K]

TIP 온도 차이는 [K]과 [℃]를 구분 없이 사용할 수 있다.

05 증기의 압력배관에 사용되는 감압밸브 설치 시 주의사항 5가지를 쓰시오. [5점]

정답

- 가급적 부하설비에 가깝게 설치한다.
- 이물질이 끼면 감압이 되지 않으므로 반드시 스트레이너(여과기)를 설치한다.
- 감압밸브 앞에는 응축수를 제거할 수 있도록 증기트랩을 설치한다.
- 수평을 맞추어야 한다.
- 청소 및 점검이 용이하도록 바이패스 배관을 설치한다.
- 사용설비의 용량에 맞는 배관 및 밸브를 설치한다.
- 밸브 전·후에 압력계를 설치하여 압력을 확인할 수 있도록 한다.
- 워터해머를 방지하기 위해 편심레듀서를 설치한다.

핵심이론 감압밸브

1) 증기 통로의 면적을 증감하여 유속의 변화를 일으켜 고압의 증기를 저압의 증기로 만드는 밸브이다.
2) 목적
   (1) 고압의 증기를 저압으로 만든다.
   (2) 고정적인 증기압력을 유지한다.
   (3) 고압, 저압 증기로 사용이 동시에 가능하다.
3) 작동방법에 의한 분류 : 벨로즈형, 다이어프램형, 피스톤형
4) 구조에 의한 분류 : 스프링식, 추식
5) 설치방법 : 감압밸브는 가능하면 사용처에 가깝게 설치한다.
6) 주의사항
   (1) 가급적 부하설비에 가깝게 설치한다.
   (2) 이물질이 끼면 감압이 되지 않으므로 반드시 스트레이너(여과기)를 설치한다.
   (3) 감압밸브 앞에는 응축수를 제거할 수 있도록 증기트랩을 설치한다.
   (4) 수평을 맞추어야 한다.
   (5) 청소 및 점검이 용이하도록 바이패스 배관을 설치한다.
   (6) 사용설비의 용량에 맞는 배관 및 밸브를 설치한다.
   (7) 밸브 전·후에 압력계를 설치하여 압력을 확인할 수 있도록 한다.
   (8) 워터해머를 방지하기 위해 편심레듀서를 설치한다.

06 노통보일러의 종류를 2가지만 쓰시오. [5점]

정답

랭커셔보일러, 코르니시(코니쉬)보일러
※ 랭커셔보일러 : 노통이 2개인 노통보일러
   코르니시보일러 : 노통이 1개인 노통보일러

핵심이론 원통형 보일러의 종류

원통형	입형		입형 횡관식, 입형 연관식, 코크란(입형 횡연관식)
	횡형	노통	코르니시(노통 1개), 랭커셔보일러(노통 2개)
		연관	횡연관식, 기관차, 케와니보일러
		노통연관	스코치, 브로든 카프스, 하우덴 존슨, 노통연관패키지보일러

07 다음은 보온재의 열전도율에 대한 설명이다. 증가와 감소 중 알맞은 말을 선택하여 순서대로 적으시오. [5점]

보온재의 열전도율은 보온재의 두께가 (   )할수록, 기공률이 (   )할수록, 수분이 (   )할수록 작아진다.

정답

증가 / 증가 / 감소

핵심이론 보온재의 열전도율이 작아지는 조건

- 온도가 낮을수록
- 두께가 두꺼울수록
- 밀도가 낮을수록
- 습도가 낮을수록(수분이 적을수록)
- 기공률이 클수록

08 다음 증기압축식 냉동 사이클에서 작동 순서를 빈 칸에 순서대로 쓰시오. [5점]

[보기]
수액기, 응축기, 증발기, 팽창밸브

압축기 → ( ) → ( ) → ( ) → ( ) → 압축기

정답

응축기, 수액기, 팽창밸브, 증발기

핵심이론 냉동 사이클
- 응축기 : 증기를 냉각시켜 응축
- 수액기 : 여분의 냉매 저장
- 팽창밸브 : 교축작용을 통해 감압
- 증발기 : 주위와 열교환

09 액체연료 1 [kg]을 완전연소시켰을 때 질량조성이 탄소 70 [%], 수소 20 [%], 산소 2 [%], 황 3 [%], 기타 5 [%]이라고 할 때의 이론산소량 [Nm³]을 구하시오. [5점]

정답

2.43 [Nm³]

[해설]

$$O_0 = 1.867C + 5.6\left(H - \frac{O}{8}\right) + 0.7S$$
$$= 1.867 \times 0.7 + 5.6 \times \left(0.2 - \frac{0.02}{8}\right) + 0.7 \times 0.03 = 2.4339 \, [Nm^3]$$

핵심이론 이론산소량(O_0)

1) 연료를 산화시키기 위한 이론적 최소 산소량
2) 고체 및 액체 연료
   (1) 질량 계산식

   $$O_o = 2.67C + 8\left(H - \frac{O}{8}\right) + S \text{ [kg/kg]}$$

   (2) 체적 계산식(연료 1 [kg] 연소 시 이론산소량의 체적)

   $$O_o = 1.867C + 5.6\left(H - \frac{O}{8}\right) + 0.7S \text{ [Nm}^3\text{/kg]}$$

---

10 석탄을 200 [mesh] 이하의 분말상태로 분쇄하여 1차 공기와 혼합하여 연소시키는 장치의 명칭을 쓰고, 이 연소장치의 단점을 3가지 쓰시오. [6점]

정답

미분탄연소
- 분쇄시설이나 분진 처리시설(집진장치)이 필요하다.
- 폭발 및 역화의 위험성이 크다.
- 미분탄 과정에서 비산분진이 많이 발생하여 연도로 배출된다.
- 큰 연소실이 필요하다.
- 연소실이 고온이므로 노재가 손상되기 쉽다.
- 마모가 쉽게 되어 유지비가 많이 든다.
- 중유 연소장치에 비하여 소요동력이 많이 필요하다.
- 소용량 보일러에는 부적합하다.

용어 mesh : 가루 물질의 입자 크기를 분류하기 위한 표준

핵심이론 | 미분탄 연료

무연탄이나 갈탄을 파쇄기로 파쇄한 후 자기분리기로 철분을 제거한 다음 건조기에서 건조시킨 다음 분탄화된 것을 미분기에서 미분한 것이다.

※ 연소방법 : 버너에 유입하여 연소, 중유와 혼합하여 연소

장점	단점
① 연료의 선택범위가 넓다.	① 노재가 상하기 쉽다(∵ 연소실 고온).
② 대규모 보일러에 적합하다.	② 소규모 보일러에는 부적합하다.
③ 적은 과잉공기(20 ~ 40 [%])로 완전연소 가능하다.	③ 연소실 용적이 커야 한다.
④ 연소조절이 용이하다.	④ 재, 회분 등의 비산(Fly Ash)이 심하여 반드시 집진기가 필요하다.
⑤ 기체, 액체 연료와 혼합연소가 쉽다.	⑤ 설비비가 많이 든다.
⑥ 자동제어 기술 유효하게 이용 가능하다.	⑥ 마모부분이 많아 유지비가 많이 든다.
	⑦ 분쇄시설이나 분진처리시설이 필요하다.
	⑧ 분쇄에 따른 소비동력이 증대된다.

11 랭킨 사이클로 작동하는 증기원동소에서 터빈 입구의 과열증기온도 600 [℃], 압력 8 [MPa]인 상태의 증기가 터빈 입구로 공급되어 복수기의 압력은 100 [kPa]이다. (단, 터빈의 단열효율은 90 [%]이다) [7점]

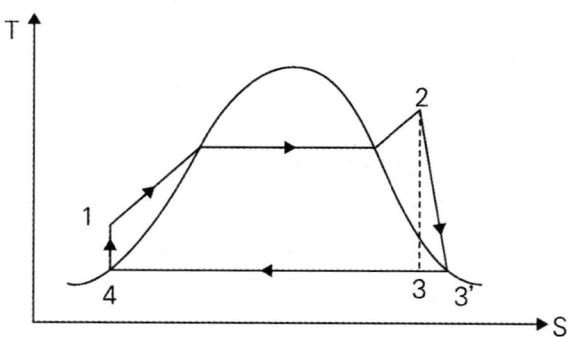

⟨포화증기표⟩

압력 [kPa]	온도 [℃]	비체적 [m³/kg]			비엔탈피 [kJ/kg]			비엔트로피 [kJ/kg·K]		
P	T	$v_f = v'$	v_{fg}	$v_g = v''$	$h_f = h'$	h_{fg}	$h_g = h''$	$s_f = s'$	s_{fg}	$s_g = s''$
100	99.5	0.0012	1.6931	1.6943	417	2258	2675	1.303	6.056	7.359

⟨과열증기표⟩

압력 [MPa]	온도 [℃]	비체적 [m³/kg]	비엔탈피 [kJ/kg]	비엔트로피 [kJ/kg·K]
P	T	v	h	s
8	600	0.0485	3642	7.022

1) 실제 터빈출구의 비엔탈피는 몇 [kJ/kg]인가?
2) 펌프출구 비엔탈피는 몇 [kJ/kg]인가?
3) 랭킨 사이클의 효율은 몇 [%]인가?

정답

1) 2657.9 [kJ/kg]   2) 426.48 [kJ/kg]   3) 30.31 [%]

[해설]

등엔트로피 변화(단열변화) $s_3 = s_2 = s_x$ 이다.

건도 : $s_x = s' + x(s'' - s') = s' + x(s_{fg})$

$7.022 = 1.303 + x \times 6.056$

$x = 0.944$

1) 터빈출구(= 복수기입구)의 비엔탈피

$h_3 = h_x = h' + x(h'' - h') = h' + x(h_{fg}) = 417 + 0.944 \times 2258 = 2548.55 \, [kJ/kg]$

$\eta = \dfrac{h_2 - h_3{'}}{h_2 - h_3} \times 100 \, [\%]$

$0.9 = \dfrac{3642 - h_3{'}}{3642 - 2548.55}$

$h_3{'} = 2657.9 \, [kJ/kg]$

2) 펌프출구 엔탈피

$h_1 = h_4 + W_p$

펌프에 해준 일(단열)

$W_P = v \cdot dP = v_f(P_1 - P_4) = 0.0012 \times (8MPa - 100kPa) = 9.48 [kJ/kg]$

$h_1 = h_4 + W_p = 417 + 9.48 = 426.48 [kJ/kg]$

3) 효율

$\eta = \dfrac{W}{Q_{in}} \times 100\, [\%] = \dfrac{W_T - W_P}{Q_{in}} \times 100\, [\%] = \dfrac{(h_2 - h_3{'}) - (h_1 - h_4)}{h_2 - h_1} \times 100\, [\%]$

$= \dfrac{(3642 - 2657.9) - (426.48 - 417)}{3642 - 426.48} \times 100\, [\%] = 30.31\, [\%]$

핵심이론 | 랭킨 사이클

1) 습포화증기(습증기)의 비엔트로피

$$s_x = s' + x(s'' - s')$$

- x : 건조도(건도)
- s' : 포화수 비엔탈피
- s'' : 건포화증기 비엔탈피

2) 습포화증기(습증기)의 비엔탈피

$$h_x = h' + x(h'' - h') = h' + x\gamma\,[kJ/kg]$$

- x : 건조도(건도)
- γ : 물의 증발열
- h' : 포화수 비엔탈피
- h'' : 건포화증기 비엔탈피

3) 랭킨 사이클 : 증기 원동소의 기본 사이클
   (1) 2개의 단열 과정과 2개의 등압 과정으로 구성되어 있다.
   (2) 증기 원동소의 구성
   [1] → 펌프(단열압축) → [2] → 보일러(정압가열) → [3] → 터빈(단열팽창) →
   [4] → 복수기(정압방열) → [1]

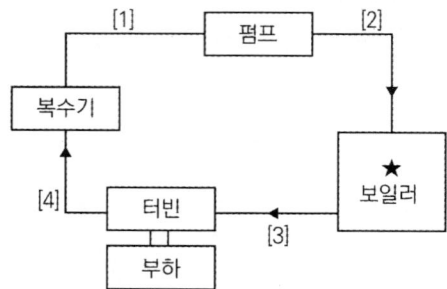

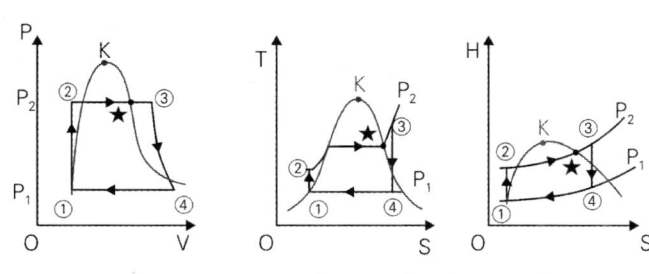

열효율 : $\eta_R = 1 - \dfrac{q_{out}}{q_{in}} = 1 - \dfrac{h_4 - h_1}{h_3 - h_2} = \dfrac{(h_3 - h_2) - (h_4 - h_1)}{h_3 - h_2} \times 100 \, [\%]$

$\eta = \dfrac{W}{Q_{in}} \times 100 \, [\%] = \dfrac{W_T - W_P}{Q_{in}} \times 100 \, [\%] = \dfrac{(h_3 - h_4) - (h_2 - h_1)}{h_3 - h_2} \times 100 \, [\%]$

12 보일러의 운전방법에 따른 이상증발의 원인을 4가지 쓰시오. [5점]

정답

- 주 증기밸브를 급개방할 때
- 보일러수가 농축되었을 때
- 보일러의 고수위 운전시
- 증기 발생속도가 급격할 때
- 증기 부하가 과대할 때
- 보일러수에 유지분이 누입되었을 때
- 주기적으로 블로우 다운을 실시하지 않을 때
- 보일러수 내의 부유물, 불순물, 유지분 함유 시

※ 이상증발이란 보일러 가동 중 발생하는 비정상적인 증발현상으로 프라이밍. 포밍등을 총칭한다.

핵심이론 프라이밍과 포밍의 원인

- 증기 부하가 과대한 경우
- 관수가 농축되었을 때
- 고수위
- 주 증기밸브의 급개
- 관수에 유지분, 부유물, 불순물이 많을 때

13 단열되어 있는 노즐에 10 [m/s] 속도로 유입된 유체의 엔탈피가 400 [kJ/kg]만큼 낮아져 유출될 때, 노즐 출구에서 유체의 속도 [m/s]를 구하시오. (단, 위치 에너지의 변화는 무시한다) [5점]

정답
894.48 [m/s]

[해설]

$$m(H_1 + \frac{1}{2}v_1^2 + gZ_1) = m(H_2 + \frac{1}{2}v_2^2 + gZ_2)$$

$$H_1 + \frac{1}{2}v_1^2 = H_2 + \frac{1}{2}v_2^2$$

$$v_2 = \sqrt{v_1^2 + 2(H_1 - H_2)} = \sqrt{10^2 + 2 \times (400 \times 1000)} = 894.48\,[m/s]$$

핵심이론 에너지 방정식(에너지보존 법칙)

1) 전체질량기준 에너지 방정식

$$Q = m(h_2 - h_1) + \frac{m}{2}(v_2^2 - v_1^2) + mg(z_2 - z_1) + W_t\,[kJ/s]$$

열전달량 = 엔탈피 변화량 + 운동에너지 변화량 + 위치에너지 변화량 + 일

2) 단위질량기준 에너지 방정식

$$q = (h_2 - h_1) + \frac{1}{2}(v_2^2 - v_1^2) + g(z_2 - z_1) + w_t\,[kJ/kg \cdot s]$$

열전달량 = 엔탈피 변화량 + 운동에너지 변화량 + 위치에너지 변화량 + 일

14 보일러의 계속사용검사 중 운전성능검사기준에 따라 운전성능검사가 규정되어 있으나, 특례로 이 규정을 적용하지 아니하는 보일러의 종류 3가지를 쓰시오. [6점]

> **정답**
> - 용량이 5 [t/h] 미만인 난방용 강철제 보일러 및 주철제보일러
> - 용량이 1 [t/h] 미만인 산업용 강철제 보일러 및 주철제보일러
> - 캐스케이드 보일러
> - 혼소용 보일러
> - 폐목 등 고체연료용 보일러
> - 폐가스(공정부생가스) 사용하는 보일러
>
> 아래 적용대상을 제외한 나머지 보일러
> 1. 용량이 1 [t/h](난방용의 경우에는 5 [t/h]) 이상인 강철제 보일러 및 주철제 보일러
> 2. 철금속가열로

핵심이론 [별표 3의4] 검사의 종류 및 적용대상(제31조의7 관련)

검사의 종류		적용대상	근거 법조문
계속사용검사	안전검사	설치검사·개조검사·설치장소 변경검사 또는 재사용검사 후 안전부문에 대한 유효기간을 연장하고자 하는 경우의 검사	법 제39조 제4항
	운전성능검사	다음 각 호의 어느 하나에 해당하는 기기에 대한 검사로서 설치검사 후 운전성능부문에 대한 유효기간을 연장하고자 하는 경우의 검사 1. 용량이 1 [t/h](난방용의 경우에는 5 [t/h]) 이상인 강철제 보일러 및 주철제 보일러 2. 철금속가열로	

15 보일러수 2000톤 속에 용존산소 9 [ppm]이 녹아 있다. 이를 제거하기 위하여 아황산나트륨은 몇 [kg]이 필요한가? [5점]

> **정답**
>
> 141.75 [kg]

> **[해설]**
>
> 아황산나트륨과 산소의 반응식
> $2Na_2SO_3 + O_2 \rightarrow 2Na_2SO_4$
>
> 산소 1 [kg]당 아황산나트륨 $\dfrac{2 \times 126}{32} = 7.875\,[kg]$
>
> TIP Na : 원자량 23
>
> $\dfrac{9}{1000000} \times 2000\,[t] \times 1000\,[kg/t] \times 7.875\,[kg/kg] = 141.75\,[kg]$

16 대향류형 열교환기가 있다. 고온 측 유체가 80 [℃]로 들어가 50 [℃]로 나오고, 저온 측 유체가 20 [℃]로 들어가 40 [℃]로 나올 때, 전열면적은 몇 [m²]인가? (열관류율은 25 [W/m²·K], 전열량은 15000 [W]이다) [6점]

> **정답**
>
> 17.26 [m²]

> **[해설]**
>
> $\Delta t_1 = 80 - 40 = 40\,[℃]$, $\Delta t_2 = 50 - 20 = 30\,[℃]$
>
> $LMTD = \dfrac{\Delta t_1 - \Delta t_2}{\ln\left(\dfrac{\Delta t_1}{\Delta t_2}\right)} = \dfrac{40 - 30}{\ln\dfrac{40}{30}} = 34.76\,[℃]$
>
> $Q = KA(LMTD)$
>
> $A = \dfrac{Q}{K(LMTD)} = \dfrac{15000\,[W]}{25\,[W/m^2 \cdot ℃] \times 34.76\,[℃]} = 17.26\,[m^2]$

핵심이론 대수평균온도차(LMTD)

$$대수평균온도차(LMTD) = \frac{\Delta_1 - \Delta_2}{\ln\left(\dfrac{\Delta_1}{\Delta_2}\right)}[℃]$$

1) 평행류(Parallel Flow)

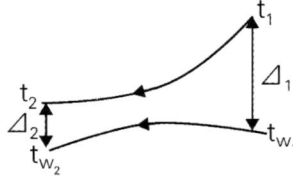

$\Delta_1 = t_1 - t_{w_1}$
$\Delta_2 = t_2 - t_{w_2}$

2) 대향류(Counter Flow)

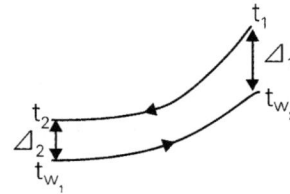

$\Delta_1 = t_1 - t_{w_2}$
$\Delta_2 = t_2 - t_{w_1}$

3) 전열량

$$Q = KA(LMTD)[W] = KA\Delta t$$

- K : 열통과율(열관류율)
- A : 전열면적

17 동체 안지름 2000 [mm], 압력 800 [kPa]의 원통형 보일러에서 강판 인장강도 150 [MPa], 안전율 4.5, 부식여유 2 [mm], 리벳의 이음효율 0.71일 때, 동체판의 두께는 몇 [mm]인가? [6점]

정답

36.50 [mm]

[해설]

$$허용응력 = \frac{인장강도}{안전율}$$

설계압력의 단위가 [MPa], 허용응력의 단위가 [MPa]인 경우의 공식은 다음과 같다.

$$t = \frac{PD}{2\sigma_a\eta - 1.2P} + \alpha = \frac{0.8 \times 2000}{2 \times \frac{150}{4.5} \times 0.71 - 1.2 \times 0.8} + 2 = 36.50 [mm]$$

TIP 계수가 복잡할 때는 단위변환을 하기보다는 해당 단위에 대한 공식 자체를 암기하는 것이 효율적이다.

핵심이론 내압을 받는 원통형 동체 또는 구형 동체의 강도

내면에 압력을 받는 원통형 동체 또는 구형 동체에 대한 판의 계산 두께 또는 최고 허용압력은 다음 계산식에 따른다.

대상	안지름기준	바깥지름기준
판의 계산 두께 [mm]	$t = \dfrac{PD_i}{200\sigma_a\eta - 1.2P}$	$t = \dfrac{PD_o}{200\sigma_a\eta - 0.8P}$

- t : 판의 계산 두께 [mm]
- P : 설계압력 [kgf/cm^2]
- D_i : 원통형 동체의 부식 후의 안지름 [mm]
- D_o : 원통형 동체의 부식 후의 바깥지름 [mm]
- σ_a : 재료의 허용인장응력 [kgf/mm^2]
- η : 길이이음의 용접이음 효율
- α : 부식여유 [mm]

여기서 동체판의 실제 두께는 계산두께 + α(부식여유)이다.

18 다음과 같이 압력 300 [kPa], 체적 2 [m³]인 기체 1 [kg]을 가역 과정으로 팽창하여 압력이 200 [kPa], 5 [m³]로 변화하였다. 공기의 기체상수는 0.287 [kJ/kg·K], 정적비열 0.715 [kJ/kg·K], 주변온도는 20 [℃]이다. 다음에 답하시오. [7점]

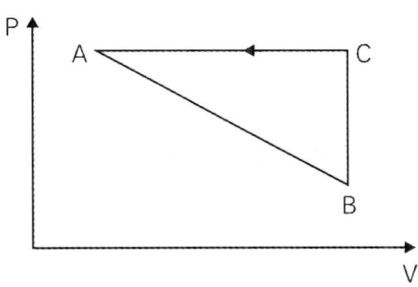

1) A → B 과정에서 이 시스템이 외부에 한 일 [kJ]을 구하시오.
2) 한 사이클 동안에 이 시스템이 받은 열 [kJ]을 구하시오.
3) 한 사이클 동안에 이 시스템의 엔트로피 [kJ/K] 변화를 구하시오.

정답

1) 750 [kJ]   2) 2992 [kJ]   3) 0 [kJ/K]

[해설]

1) A → B 과정에서 기체가 외부에 한 일이므로 $W_{AB} = PdV$

A → B 경로 아래 면적은

$$W_{AB} = \frac{1}{2}(P_A + P_B)(V_B - V_A) = \frac{1}{2}(300+200)(5-2) = 750 [kJ]$$

2) $PV = mRT$

$$T_A = \frac{P_A V_A}{mR} = \frac{300 \times 2}{1 \times 0.287} = 2091 K$$

$$T_B = \frac{P_B V_B}{mR} = \frac{200 \times 5}{1 \times 0.287} = 3484 K$$

$$T_C = \frac{P_C V_C}{mR} = \frac{300 \times 5}{1 \times 0.287} = 5226 K$$

- $Q_{AB} = dU + W_{AB} = C_V dT + W_{AB} = 0.715 \times (3484 - 2091) + 750 ≒ 1746 [kJ]$
- $Q_{BC} = dU + W_{BC} = C_V dT + W_{BC} = 0.715 \times (5226 - 3484) + 0 ≒ 1246 [kJ]$

받은 열 = 1746 + 1246 = 2992 [kJ]

3) 다시 원래 상태로 되돌아오는 사이클이므로 엔트로피 변화는 0이다.

핵심이론 | 이상기체 상태 방정식

1) 이상기체 상태 방정식
   (1) 질량에 대한 식

$$Pv = R_{specific}T$$
$$PV = mR_{specific}T$$

- P : 압력$[Pa]$, V : 부피$[m^3]$
- m : 질량$[kg]$, T : 온도$[K]$

$$R_{specific} = \frac{R_{ideal}}{M}$$: 특정기체상수 $[J/kg \cdot K]$ (M : 몰질량[분자량])

   (2) 몰량에 대한 식

$$PV = nR_{ideal}T$$

- P : 압력$[Pa]$, V : 부피$[m^3]$
- n : 몰수 $[mol]$, T : 온도$[K]$
- R_{ideal} : 일반기체상수 $[8.314\,J/mol \cdot K]$

2) 밀폐계(정지계) 에너지식

$$\delta Q = dU + PdV = dU + \delta W\,[kJ]$$
가열량 = 내부에너지 변화량 + 절대일

2021 제1회

고난도회차
합격률 : 17.9%

1회독	시간 :	점수 :
2회독	시간 :	점수 :
3회독	시간 :	점수 :

---

01 보일러를 점화 또는 착화하기 전에 프리퍼지(Prepurge) 운전을 실시한다. 그 이유를 설명하시오. [5점]

정답

연소실 내의 잔류가스를 배출하여 보일러 폭발사고에 대비하기 위해서이다.

핵심이론 프리퍼지

점화 조작에 앞서 실시하는 노 내의 퍼지. 프리퍼지는 점화 시의 가스 폭발 예방 차원에서 중요하며, 노 내 및 연도 내 용적의 4배 이상의 공기량으로 환기할 필요가 있다.

---

02 자동제어동작에서 연속동작의 종류를 6가지 쓰시오. [6점]

정답

비례동작(P동작), 적분동작(I동작), 미분동작(D동작), 비례적분동작(PI동작), 비례미분동작(PD동작), 비례적분미분동작(PID동작)

핵심이론 제어동작

1) PID동작(Proportional - Integral - Derivative : 비례(P), 적분(I), 미분(D)(연속제어방식) : 산업에서 사용하는 가장 일반적인 제어방식
2) 비례적분(PI)동작 : 비례제어(P제어)에서 발생되는 잔류편차(Off-set)를 없애주는 것이 적분제어(I제어)로, 두 동작의 장점을 조합한 제어동작이다.

⑴ 부하 변화가 커도 잔류편차가 생기지 않는다.
⑵ 급변할 때 큰 진동이 생긴다.
⑶ 전달 느림이나 쓸모없는 시간이 크면 사이클링의 주기가 커진다.
3) 비례적분미분(PID)동작 : 잔류편차를 제거(I)하여 응답시간이 가장 빠르며(P) 진동이 제거되는(D) 제어방식
4) 비례(P)동작 : 현재의 오차에 비례하여 출력을 조정하는 동작
 ⑴ 오차가 클수록 출력이 크게 조정된다.
 ⑵ 출력 변화가 편차에 비례하는 동작이다.
 ⑶ 단독으로 사용하지 않고 다른 동작과 조합하여 사용한다.
5) 적분(I)동작 : 오차의 누적값에 비례하여 출력을 조정하는 동작
 ⑴ 오차가 계속 누적되면 출력이 점점 커진다.
 ⑵ 출력 변화의 속도가 편차에 비례한다.
 ⑶ 진동하는 경향이 있고, 급변 시 큰 진동이 발생되며 안정성이 떨어진다.
 ⑷ 잔류 편차(오프셋)를 없애준다.
6) 미분(D)동작 : 오차의 변화율에 비례하여 출력을 조정하는 동작
 ⑴ 오차가 빠르게 변할수록 출력이 크게 조정된다.
 ⑵ 출력 변화가 편차의 변화속도에 비례하는 동작이다.

03 접촉식 온도계를 측정원리에 따라 4가지로 분리하시오. [5점]

정답

열팽창을 이용, 열기전력을 이용, 전기저항 변화를 이용, 상태변화를 이용

핵심이론 접촉식 온도계

온도를 측정하고자 하는 피측정 물체에 측온부를 접촉시켜 온도를 측정하는 방식
1) 유리체 온도계 : 유리관 안에 액체를 채워 넣고, 액체의 부피 변화를 이용하여 온도를 측정
2) 압력식 온도계 : 부피 또는 압력 변화를 이용하여 온도를 측정
3) 열전대 온도계 : 두 개의 금속을 접합하여 생기는 열전압(기전력)을 이용하여 온도를 측정
4) 바이메탈 온도계 : 두 개의 금속을 접합하여 온도 변화에 따라 열팽창의 정도를 이용하여 온도 측정
5) 저항식 온도계 : 온도에 따른 금속 저항 변화량으로 온도를 측정. 온도에 따라 저항값이 변하는 저항체를 이용

04 연도나 공기의 통로에 달려 있어 공기 및 배기가스량의 증감으로 통풍력을 조절할 수 있는 장치의 명칭을 쓰시오. [4점]

> **정답**
>
> 댐퍼

05 저온 부식이란 연료 중의 황(S)이 연소하여 (①)이 되고, 그 일부는 다시 (②)의 촉매작용으로 산화되어 (③)이 된다. 이것은 연소가스 중 (④)와 화합하여 (⑤)가 된다. 이는 저온 금속에 접촉하면 응결하여 황산으로 되어 금속을 부식시키는 것을 말한다. [5점]

> **정답**
>
> ① 이산화황(아황산가스, SO_2)
> ② 바나듐(V)
> ③ 삼산화황(무수황산, SO_3)
> ④ 수증기(H_2O)
> ⑤ 황산가스

핵심이론 저온 부식

저온 부식이란 연료 중의 황(S)이 연소하여 이산화황(아황산가스, SO_2)이 되고, 그 일부는 다시 바나듐(V)의 촉매작용으로 산화되어 삼산화황(무수황산, SO_3)이 된다. 이것은 연소가스 중 수증기(H_2O)와 화합하여 황산가스가 된다. 이는 저온금속에 접촉하면 응결하여 황산으로 되어 금속을 부식시키는 것을 말한다.

06 보일러 자동제어 기본회로 중 급수제어장치이다. 빈칸에 알맞은 말을 골라 써 넣으시오.

[4점]

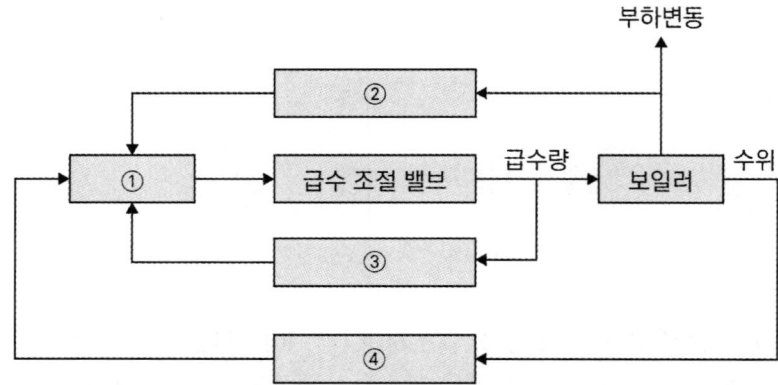

> **정답**
>
> ① 수위조절기
> ② 증기유량검출기
> ③ 급수유량검출기
> ④ 수위검출기

핵심이론 FWC(Automatic Feed Water Control, 자동급수제어)

1) 보일러의 부하변동과 관계없이 보일러의 수위를 항상 일정하게 유지시키기 위하여 급수량을 자동적으로 제어하는 것
2) 제어량 : 보일러수위, 조작량 : 급수량

07 수평배관의 내경이 50 [mm]인 직관의 길이 25 [m]를 통하여 유체가 흐르고 있다. 배관의 마찰손실은 운동에너지의 3.2 [%]라고 할 때, 관마찰계수를 구하시오. (소수점 여섯째 자리까지 구하시오) [5점]

정답

0.000064

[해설]

달시 - 바이스바하(Darcy - Weisbach) 방정식

$$H_L = f \cdot \frac{L}{D} \cdot \frac{v^2}{2g}$$

[H_L : 마찰손실수두, f : 관마찰계수, D : 배관의 내경, L : 직관의 길이,

$\frac{v^2}{2g}$: 운동에너지(속도수두)]

$$\frac{v^2}{2g} \times 0.032 = f \times \frac{25}{0.05} \times \frac{v^2}{2g}$$

$f = 0.000064$

08 액체연료의 중량조성이 C : 85 [%], H : 11 [%], 수분 4 [%]인 연료를 시간당 5 [kg]씩 사용할 때 시간당 이론공기량 [Nm³]을 구하시오. [6점]

정답

52.45 [Nm³/h]

[해설]

이론산소량 [Nm³/kg]

$$O_0 = 1.867C + 5.6\left(H - \frac{O}{8}\right) + 0.7S = 1.867 \times 0.85 + 5.6 \times 0.11 = 2.20$$

이론공기량 [Nm³/kg] : $A_0 = \frac{O_0}{0.21} = \frac{2.20}{0.21} = 10.49$

∴ 5 × 10.49 = 52.45 [Nm³/h]

핵심이론 이론산소량(O_0) & 이론공기량(A_0)

1) 이론산소량(O_0) : 연료를 산화시키기 위한 이론적 최소 산소량
   (1) 고체 및 액체 연료
   ① 질량 계산식

   $$O_o = 2.67C + 8\left(H - \frac{O}{8}\right) + S \, [\text{kg/kg}]$$

   ② 체적 계산식(연료 1 [kg] 연소 시 이론산소량의 체적)

   $$O_o = 1.867C + 5.6\left(H - \frac{O}{8}\right) + 0.7S \, [\text{Nm}^3/\text{kg}]$$

2) 이론공기량(A_0) : 연료를 완전연소시키는 데 필요한 이론적 최소 공기량
   이론산소량을 산소의 질량비로 나누어준다.
   (1) 고체 및 액체 연료
   ① 질량 계산식

   $$A_o = \frac{O_o}{0.232} = 11.51C + 34.48\left(H - \frac{O}{8}\right) + 4.31S \, [\text{kg/kg}]$$

   ② 체적 계산식

   $$A_o = \frac{O_o}{0.21} = 8.89C + 26.67\left(H - \frac{O}{8}\right) + 3.33S \, [\text{Nm}^3/\text{kg}]$$

---

09 지름이 400 [mm]인 풍동의 중심부 유속을 측정하였더니 전압과 정압이 각각 80 [mmH₂O], 40 [mmH₂O]이다. 평균유속은 중심부 유속의 $\frac{3}{4}$라고 할 때, 공기의 유량은 몇 [m³/s]인가? (단, 공기의 밀도는 1.25 [kg/m³], 피토관계수는 1이다) [6점]

정답
2.36 [m³/s]

[해설]

동압 = 전압 − 정압 = 80 − 40 = 40 [mmH₂O]

$$V_{중심} = K\sqrt{2g\frac{P}{\rho}} = 1 \times \sqrt{2 \times 9.8 \times \frac{40}{1.25}} = 25.043\,[m/s]$$

$$Q = AV = \frac{\pi d^2}{4}V = \frac{\pi \times 0.4^2}{4} \times 25.043 \times \frac{3}{4} = 2.36\,[m^3/s]$$

핵심이론 피토관에 의한 유속

1) $V = \sqrt{\dfrac{2g(P_1 - P_2)}{\gamma}} = \sqrt{2gh}$

 (P_1 : 전압, P_2 : 정압, v : 유속 g : 중력가속도, γ : 비중량, h : 높이)
 ※ $P = \rho g h = \gamma h$ (ρ : 밀도)
2) 전압 : 정압 + 동압
3) 정압 : 유체가 관 내를 흐르고 있을 때 흐름과 직각방향으로 작용하는 압력
4) 동압 : 흐름에 상대되는 압력

10 복사난방의 장점 4가지를 쓰시오. [5점]

정답

- 온도분포가 균일하다.
- 별도 방열기가 설치되지 않아 실내 공간 이용도가 높다.
- 손실 열량이 적은 편이다.
- 공기의 대류가 적어 바닥면에서 먼지 상승이 적다.

11 스프링식 안전밸브의 누설 원인을 5가지 쓰시오. [5점]

> **정답**
> - 밸브와 시트의 래핑이 불량한 경우
> - 시트와 밸브축이 이완된 경우
> - 스프링 장력이 약해진 경우
> - 조정압력이 너무 낮은 경우
> - 밸브시트에 이물질이 낀 경우
> - 밸브를 누르는 힘이 불균일할 경우
> - 밸브가 손상되었을 경우

12 대향류 열교환기에서 뜨거운 유체는 80[℃]로 들어가서 30[℃]로 나오고, 차가운 물은 20[℃]로 들어가서 30[℃]로 나온다. 이 경우 대수평균온도차를 구하시오. [5점]

> **정답**
> 24.853 [℃]
>
> **[해설]**
> $\Delta t_1 = 80 - 30 = 50$, $\Delta t_2 = 30 - 20 = 10$
>
> $$LMTD = \frac{\Delta t_1 - \Delta t_2}{\ln\left(\frac{\Delta t_1}{\Delta t_2}\right)} = \frac{50 - 10}{\ln \frac{50}{10}} = 24.853 \,[℃]$$

핵심이론 : 대수평균온도차(LMTD)

대향류(Counter Flow)

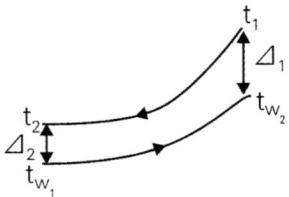

$\Delta_1 = t_1 - t_{w_2}$
$\Delta_2 = t_2 - t_{w_1}$

※ 대수평균온도차(LMTD) = $\dfrac{\Delta_1 - \Delta_2}{\ln\left(\dfrac{\Delta_1}{\Delta_2}\right)}$ [℃]

※ 전열량

$$Q = KA(LMTD)[W] = VA\Delta t$$

- K : 열통과율
- A : 전열면적
- V : 총괄전열계수

13 x축의 위치에 따라 지름 $D = D_0/(1+0.01x)$로 변하는 파이프가 있다. D_0에서의 유체속도는 4 [m/s]일 때, 축방향에서 x = 3 [m]의 지점에서 유체의 가속도는 몇 [m/s²]인가? [7점]

정답

0.3496 [m/s²]

[해설]

$D = \dfrac{D_0}{1 + 0.01x}$

$V = \dfrac{Q}{A} = \dfrac{4Q}{\pi D_0^2} \times (1+0.01x)^2 = V_0 \times (1+0.01x)^2 = V_0 \times (1 + 0.02x + 0.0001x^2)$

$$a = \frac{dv}{dt} = \frac{dv}{dx} \cdot \frac{dx}{dt} = \frac{dv}{dx} \cdot V$$
$$= V_0 \times (0.02 + 2 \times 0.0001 \times x) \cdot V_0 \times (1 + 0.01x)^2$$
$$= 4 \times (0.02 + 2 \times 0.0001 \times 3) \cdot 4 \times (1 + 0.01 \times 3)^2$$
$$= 0.3496 \, [m/s^2]$$

14 공기가 노즐에서 단열 과정 1 [MPa], 150 [℃]에서 0.5 [MPa], 74 [℃]로 팽창하였다. 이 공기의 노즐출구속도를 구하시오. (단, 노즐입구속도는 무시하고, 정압비열은 1.0035 [kJ/kg·℃]이다) [5점]

정답

390.55 [m/s]

[해설]

$$m(h_1 + \frac{1}{2}v_1^2 + gZ_1) = m(h_2 + \frac{1}{2}v_2^2 + gZ_2)$$

일반적으로 위치에너지 변화는 없어 $Z_1 = Z_2$ 이고, 입구속도는 무시하므로 $v_1 = 0$ 이다.

$$h_1 = h_2 + \frac{v_2^2}{2}$$
$$v_2 = \sqrt{2(h_1 - h_2)} = \sqrt{2 \times \Delta h} = \sqrt{2 \times C_p dT}$$
$$= \sqrt{2 \times 1.0035 \times 1000 \times (150 - 74)} = 390.55 \, [m/s]$$

핵심이론 에너지 방정식

$$q = (h_2 - h_1) + \frac{1}{2}(v_2^2 - v_1^2) + g(z_2 - z_1) + w_t \, [kJ/kg \cdot s]$$

$$Q = m(h_2 - h_1) + \frac{m}{2}(v_2^2 - v_1^2) + mg(z_2 - z_1) + W_t \, [kJ/s = kW]$$

15 효율이 80 [%]인 절탄기로 입구온도가 340 [℃]인 배기가스 75000 [Nm³/h]로 급수를 가열할 때, 절탄기에 50000 [kg/h]만큼의 물을 인입하여 60 [℃]에서 90 [℃]만큼 상승시켜 배출한다고 할 때, 배기가스의 배출 온도는 몇 [℃]가 되는가? (단, 배기가스의 비열 1.05 [kJ/Nm³·K]이고, 물의 비열은 4.2 [kJ/kg·K]이다) [5점]

[정답]

240 [℃]

[해설]

배기가스가 잃은 열량 = 급수가 얻은 열량
$1.05 \times 75000 \times (340 - t) \times 0.8 = 4.2 \times 50000 \times (90 - 60)$
t = 240 [℃]

핵심이론 열량(Quantity of Heat)

$$Q = GC\triangle t \, [W]$$

- Q : 열량 [kW]
- G : 질량유량 [kg/s]
- C : 비열 [kJ/kg·℃]
- $\triangle t$: 온도차 [℃]

16 배관의 안지름이 80 [mm]인 관로에서 지름이 20 [mm]인 오리피스를 설치하여 유량을 측정하고자 한다. 오리피스의 전후 차압이 120 [mmH₂O]라고 할 때, 유량은 몇 [L/min]인가? (오리피스의 유동계수는 0.66이다) [6점]

[정답]

19.12 [L/min]

[해설]

개구비 $m = \dfrac{A_0}{A} = \dfrac{d^2}{D^2} = \dfrac{20^2}{80^2} = 0.0625$

$Q = A \times \dfrac{K}{\sqrt{1-m^2}} \times \sqrt{2gh}$

$= \dfrac{\pi \times 0.02^2}{4} \times \dfrac{0.66}{\sqrt{1-0.0625^2}} \times \sqrt{2 \times 9.8 \times 0.12}$

$= 3.186 \times 10^{-4} \, [m^3/\sec]$

$= 3.186 \times 10^{-4} \times 1000 \times 60 = 19.12 \, [L/\min]$

핵심이론 오리피스 유량

$Q = A \times \dfrac{K}{\sqrt{1-m^2}} \times \sqrt{2gh}$

- K : 유동계수
- m : 개구비
- h : 수두차
- A : 오리피스 면적
- g : 중력가속도

용어 개구비 : 관로와 오리피스의 면적 비

17 사이클의 최저온도와 최고온도가 각각 20 [℃], 1420 [℃]이고, 압축비가 8인 이상적인 공기표준 스털링 사이클로 작동되는 T – S선도이다. 다음 물음에 답하시오. (정압비열은 1.005 [kJ/kg·K], 정적비열은 0.718 [kJ/kg·K]이다) [8점]

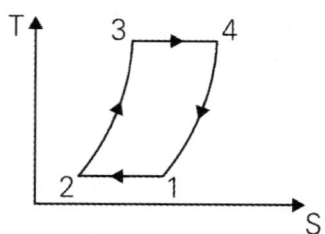

1) 2 → 3 → 4에서 공급된 열량 [kJ/kg]을 구하시오.
2) 4 → 1 → 2에서 방출된 열량 [kJ/kg]을 구하시오.
3) 계가 한 순일량 [kJ/kg]을 구하시오.
4) 사이클의 이론 열효율 [%]을 구하시오.

> 정답

1) 2015.67 [kJ/kg] 2) 1180.15 [kJ/kg] 3) 835.52 [kJ/kg] 4) 82.69 [%]

[해설]

$T_3 = T_4 = 273.15 + 1420 = 1693.15 K$

$T_1 = T_2 = 273.15 + 20 = 293.15 K$

$R = C_p - C_v = 1.005 - 0.718 = 0.287$

$\epsilon = 8 = \dfrac{V_1}{V_2} = \dfrac{V_4}{V_3}$

1) $Q_1 = Q_{23} + Q_{34}$ [2 → 3 : 정적가열], [3 → 4 : 등온팽창 가열]

   $Q_{23} = dU + PdV = dU$

   $Q_{34} = TdS$

   $Q_1 = dU + TdS = C_v(T_3 - T_2) + T_3 \cdot R\ln\dfrac{V_4}{V_3}$

   $= 0.718(1693.15 - 293.15) + 1693.15 \times 0.287 \times \ln 8 ≒ 2015.67 [kJ/kg]$

2) $Q_2 = -(Q_{41} + Q_{12})$

   $Q_{41} = dU + PdV = dU$

   $Q_{12} = TdS$

   $Q_2 = -(dU + TdS) = -\left[C_v(T_1 - T_4) + T_1 \cdot R\ln\dfrac{V_2}{V_1}\right]$

   $= -\left[0.718(293.15 - 1693.15) + 293.15 \times 0.287 \times \ln\dfrac{1}{8}\right] = 1180.15 [kJ/kg]$

3) $W = Q_1 - Q_2 = 2015.67 - 1180.15 = 835.52 [kJ/kg]$

4) $\eta = \left(1 - \dfrac{T_1}{T_3}\right) \times 100 [\%] = 82.69 [\%]$

핵심이론   이상기체

1) 이상기체의 관계식

   $\delta Q = dU + dW$

   $H = U + PV$, $dh = du + Pdv + vdP$

   $Tds = du + Pdv$, $Tds = dh - vdP$

2) 이상기체 가역 변화에 대한 관계식

구분	정적 변화	정압 변화	정온 변화	단열 변화	폴리트로픽 변화
P, v, T 관계	$v = C$ $dv = 0$ $\dfrac{P_1}{T_1} = \dfrac{P_2}{T_2}$	$P = C$ $dP = 0$ $\dfrac{v_1}{T_1} = \dfrac{v_2}{T_2}$	$T = C$ $dT = 0$ $Pv = P_1 v_1 = P_2 v_2$	$Pv^k = C$ $\dfrac{T_2}{T_1} = \left(\dfrac{v_1}{v_2}\right)^{k-1}$ $= \left(\dfrac{P_2}{P_1}\right)^{\frac{k-1}{k}}$	$Pv^n = C$ $\dfrac{T_2}{T_1} = \left(\dfrac{v_1}{v_2}\right)^{n-1}$ $= \left(\dfrac{P_2}{P_1}\right)^{\frac{n-1}{n}}$
외부에 하는 일(팽창) $_1w_2 = \int Pdv$	0	$P(v_2 - v_1)$ $= R(T_2 - T_1)$	$P_1 v_1 \ln\dfrac{v_2}{v_1}$ $= P_1 v_1 \ln\dfrac{P_1}{P_2}$ $= RT\ln\dfrac{v_2}{v_1}$ $= RT\ln\dfrac{P_1}{P_2}$	$\dfrac{1}{k-1}(P_1 v_1 - P_2 v_2)$ $= \dfrac{RT_1}{k-1}\left[1 - \dfrac{T_2}{T_1}\right]$ $= \dfrac{RT_1}{k-1}\left[1 - \left(\dfrac{v_1}{v_2}\right)^{k-1}\right]$ $= \dfrac{RT_1}{k-1}\left[1 - \left(\dfrac{P_2}{P_1}\right)^{\frac{k-1}{k}}\right]$ $= \dfrac{R}{k-1}(T_1 - T_2)$ $= C_v(T_1 - T_2)$	$\dfrac{1}{n-1}(P_1 v_1 - P_2 v_2)$ $= \dfrac{P_1 v_1}{n-1}\left[1 - \left(\dfrac{T_2}{T_1}\right)\right]$ $= \dfrac{R}{n-1}(T_1 - T_2)$
공업일(압축일) $w_t = -\int vdP$	$v(P_1 - P_2)$ $= R(T_1 - T_2)$	0	$_1w_2$	$k\,_1w_2$	$n\,_1w_2$
비내부 에너지의 변화량 $(u_2 - u_1)$	$C_v(T_2 - T_1)$ $= \dfrac{R}{k-1}(T_2 - T_1)$ $= \dfrac{1}{k-1}v(P_2 - P_1)$	$C_v(T_2 - T_1)$ $= \dfrac{1}{k-1}P(v_2 - v_1)$	0	$-_1W_2 = u_2 - u_1$	$C_v(T_2 - T_1)$
비엔탈피 (단위질량당 엔탈피)의 변화량 $(h_2 - h_1)$	$C_p(T_2 - T_1)$ $= \dfrac{k}{k-1}R(T_2 - T_1)$ $= \dfrac{k}{k-1}v(P_2 - P_1)$ $= k(u_2 - u_1)$	$C_p(T_2 - T_1)$ $= \dfrac{k}{k-1}P(v_2 - v_1)$ $= k(u_2 - u_1)$	0	$h_2 - h_1$	$C_p(T_2 - T_1)$
외부에서 얻은 열($_1q_2$)	$u_2 - u_1$	$h_2 - h_1$	$_1w_2 = w_t$	0	$C_n(T_2 - T_1)$
n	∞	0	1	k	$(-\infty, \infty)$
비열(C)	C_v	C_p	∞	0	$C_n = C_v\dfrac{n-k}{n-1}$
엔트로피 변화량 $(S_2 - S_1)$	$C_v\ln\dfrac{T_2}{T_1}$ $= C_v\ln\dfrac{P_2}{P_1}$	$C_p\ln\dfrac{T_2}{T_1}$ $= C_p\ln\dfrac{v_2}{v_1}$	$R\ln\dfrac{v_2}{v_1}$ $= R\ln\dfrac{P_1}{P_2}$	0	$C_n\ln\dfrac{T_2}{T_1}$ $= C_v(n-k)\ln\dfrac{v_1}{v_2}$ $= C_v\dfrac{n-k}{n}\ln\dfrac{P_2}{P_1}$

18 노의 평면 벽에서 내벽의 온도가 200 [℃]이고 외벽의 온도가 20 [℃]이다. 내벽에서부터 내화물, 단열재, 보통벽돌이 설치되어 있는데 두께는 각각 0.05 [m], 0.5 [m], 0.05 [m]이다. 단열재 및 보통벽돌의 열전도율이 $\lambda_2 = 10\,[W/m\cdot K]$, $\lambda_3 = 5\,[W/m\cdot K]$, $\lambda_4 = 1\,[W/m\cdot K]$일 때, λ_1을 구하시오. [8점]

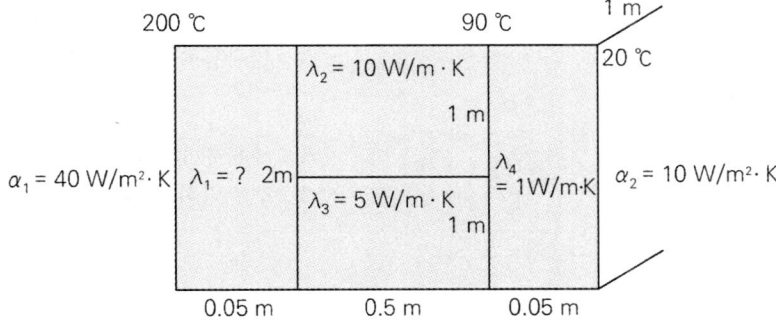

정답

0.3471 [W/m·K]

[해설]

전체구역과 부분구역으로 나누어서 계산

$$\frac{A \times \Delta T}{\dfrac{1}{\alpha_1} + \dfrac{d_1}{\lambda_1} + \dfrac{d_{2+3}}{\lambda_{2+3}} + \dfrac{d_4}{\lambda_4} + \dfrac{1}{\alpha_2}} = \frac{A \times \Delta T}{\dfrac{d_4}{\lambda_4} + \dfrac{1}{\alpha_2}}$$

$$\frac{(2 \times 1) \times (200 - 20)}{\dfrac{1}{40} + \dfrac{0.05}{\lambda_1} + \dfrac{2 \times 0.5}{10 + 5} + \dfrac{0.05}{1} + \dfrac{1}{10}} = \frac{(2 \times 1) \times (90 - 20)}{\dfrac{0.05}{1} + \dfrac{1}{10}}$$

$\lambda_1 = 0.3471\,[W/m\cdot K]$

※ 부분구역과 부분구역으로 나누어서 계산하여도 가능하다.

핵심이론 | 열관류

1) 열관류(통과)계수

$$K = \frac{1}{R} = \frac{1}{\frac{1}{\alpha_1} + \frac{L}{\lambda} + \frac{1}{\alpha_2}} \, [W/m^2 \cdot K]$$

- L : 재료의 두께 [m]
- λ : 열전도율 [W/m·K]
- α_1 : 내측 유체 열전달률 [W/m²·K]
- α_2 : 외측 유체 열전달률 [W/m²·K]
- K : 열관류율 [W/m²·K]

2) 열관류에 의한 손실열량

$$Q = KA(t_1 - t_2) \, [W]$$

- K : 열관류(통과)계수 [W/m²·K]
- A : 전열면적 [m²]

2021 제2회

합격률 : 39.7%

1회독	시간 :	점수 :
2회독	시간 :	점수 :
3회독	시간 :	점수 :

01 「신재생에너지법」에 의한 신에너지와 재생에너지의 종류를 [보기]에서 골라 기호로 모두 쓰시오. [6점]

[보기]
① 수소에너지
② 지열에너지
③ 수력
④ 연료전지
⑤ 폐기물에너지
⑥ 중질잔사유가스화에너지

정답

신에너지 : ①, ④, ⑥ / 재생에너지 : ②, ③, ⑤

핵심이론 신재생에너지

1. "신에너지"란 기존의 화석연료를 변환시켜 이용하거나 수소·산소 등의 화학반응을 통하여 전기 또는 열을 이용하는 에너지로서 다음 각 목의 어느 하나에 해당하는 것을 말한다.
   가. 수소에너지
   나. 연료전지
   다. 석탄을 액화·가스화한 에너지 및 중질잔사유(重質殘渣油)를 가스화한 에너지로서 대통령령으로 정하는 기준 및 범위에 해당하는 에너지
   라. 그 밖에 석유·석탄·원자력 또는 천연가스가 아닌 에너지로서 대통령령으로 정하는 에너지
2. "재생에너지"란 햇빛·물·지열(地熱)·강수(降水)·생물유기체 등을 포함하는 재생 가능한 에너지를 변환시켜 이용하는 에너지로서 다음 각 목의 어느 하나에 해당하는 것을 말한다.
   가. 태양에너지
   나. 풍력
   다. 수력
   라. 해양에너지
   마. 지열에너지

바. 생물자원을 변환시켜 이용하는 바이오에너지로서 대통령령으로 정하는 기준 및 범위에 해당하는 에너지
사. 폐기물에너지(비재생폐기물로부터 생산된 것은 제외한다)로서 대통령령으로 정하는 기준 및 범위에 해당하는 에너지
아. 그 밖에 석유·석탄·원자력 또는 천연가스가 아닌 에너지로서 대통령령으로 정하는 에너지

02 보일러의 급수펌프 운전 중 캐비테이션을 방지하기 위한 방안을 급수펌프의 선정, 설치, 운전방법과 관련하여 4가지 쓰시오. [5점]

정답
- 2단펌프를 사용한다.
- 흡입관의 손실수두를 줄인다.
- 펌프를 낮게 설치하여 흡입양정을 낮춘다.
- 양흡입펌프를 사용한다.
- 펌프의 회전수를 낮춘다.

핵심이론 캐비테이션현상(Cavitation. 공동현상)
1) 유체의 낮은 증기압에 의해 발생하게 되며 펌프의 흡입압력이 부족하면 광중의 수가 역류하면서 수중에 기포가 분리되어 소음 및 진동이 발생되는 현상이다.
2) 캐비테이션현상이 일어나게 되면 소음 및 진동이 발생하고, 날개 깃에 침식을 가져온다. 양정곡선 및 효율곡선이 저하된다. 심할 경우는 양수가 불능될 수 있다.

03 [보기]에서 설명하는 밸브에 관하여 각 질문에 답하시오. [6점]

[보기]
> 유체의 흐름을 단속하는 가장 일반적인 밸브로서 냉수, 온수, 난방배관 등에 광범위하게 사용되고, 완전히 열거나 닫도록 설계되어 있다. 밸브 개방 시 유체 흐름의 단면적의 변화가 없어 압력손실이 적은 특징이 있다.

1) 이 밸브의 명칭을 쓰시오.
2) 이 밸브를 유량조절 용도로 절반만 열고 사용하기에 부적합한 이유를 쓰시오.

정답
1) 게이트밸브(슬루스밸브)
2) 유체의 게이트 충돌 및 와류현상으로 인한 디스크 부분의 마모가 발생하기 때문이다.

핵심이론 게이트밸브, 슬루스밸브

일반적으로 가장 많이 사용하는 밸브로서 유체의 흐름을 차단(개폐)하는 대표적인 밸브로 가장 많이 사용하며, 개폐시간이 길다.

04 초음파 유량계의 장점을 4가지만 쓰시오. [5점]

정답
- 압력손실이 거의 없다.
- 가격이 저렴하다.
- 안정성이 높다.
- 설치가 비교적 용이하다.
- 대용량 측정에 적합하다.
- 높은 정밀도를 얻을 수 있다.
- 정확한 계측이 가능하다.
- 보수 유지비가 적게 든다.
- 양방향 유량 측정이 가능하다.

05 수격작용이란 무엇인지 설명하고, 그 방지대책 5가지를 쓰시오. [6점]

정답

수격작용이란 워터해머(Water Hammer)라고 불리며, 증기배관 내에 생긴 응축수 캐리오버현상에 의해 증기배관으로 배출된 물방울이 증기의 압력으로 배관 벽에 충격을 주어 소음을 발생시키는 현상이다.

1) 방지대책
- 주 증기밸브를 천천히 개폐한다.
- 펌프의 급격한 속도변화를 방지한다.
- 배관을 가능하면 직선으로 시공한다.
- 배관의 관경을 크게 하여 유속을 낮춘다.
- 토출 측에 수격방지기를 설치한다.
- 증기트랩을 설치한다.
- 응축수의 드레인 빼기를 철저히 한다.
- 캐리오버현상을 방지한다.

핵심이론 수격작용(Water Hammering)

펌프에서 물을 압송하고 있을 때 정전 등으로 급히 펌프가 멈춘 경우와 수량조절밸브를 급히 개폐한 경우 등 관 내의 유속이 급변하면서 물에 심한 압력 변화가 생기는 현상이다.

1) 수격작용(워터해머)을 방지하기 위한 순서
    (1) 증기를 집어넣는 측의 주 증기관, 증기배관 등에 있는 밸브를 만개하고 드레인을 완전 배출한다.
    (2) 주 증기관 내에 소량의 증기를 통하여 관을 따뜻하게 한다.
    (3) 난관이 순조롭게 된 다음 주 증기밸브를 처음에는 약간 열고 다음에 단계적으로 서서히 연다.

06 포화증기에 비해 과열증기를 사용할 때의 장점 3가지를 쓰시오. [5점]

정답
- 열효율이 증가한다.
- 증기사용량이 감소한다.
- 관 내 부식을 방지한다.
- 수격작용을 방지한다.
- 마찰저항이 감소한다.
- 연료가 절약된다.

핵심이론 | 과열증기(Superheated Steam)

1) 온도가 측정되는 절대 압력에서 기화점보다 높은 온도의 증기
2) 건조포화증기를 다시 가열하면 증기의 온도는 상승하게 되는데, 이것을 과열증기라 한다.
3) 과열증기의 엔탈피 : $h = h'' + \int_{T_s}^{T} C_p dT$
4) 과열증기의 엔트로피 : $s = s'' + \int_{T_s}^{T} C \dfrac{dT}{T}$

07 펌프 등 배관계통에서 유체의 흐름 속에 이물질 등으로 인하여 설비의 파손 또는 오작동 그리고 흐름상 저항이 발생하는 것을 예방하기 위하여 용도에 따라 그 형태는 Y형, U형, L형 등이 있는 장치의 명칭을 쓰시오. [4점]

정답
여과기(스트레이너)

핵심이론 | 여과기

유체 속에 섞여 있는 이물질을 제거하여 밸브 및 기기의 파손을 방지하는 기구, Y형, U형, V형이 있다. 몸통의 내부에는 금속제 여과망이 내장되어 있어 주기적으로 청소가 필요하다.

08 자연통풍에서 통풍력을 증가시키기 위한 조건 4가지를 쓰시오. [5점]

> **정답**
> - 배기가스 연도를 짧게 한다.
> - 굴뚝의 높이를 높게 한다.
> - 굴뚝의 상부 단면적을 크게 한다.
> - 배기가스온도를 높게 한다.
> - 연도의 굴곡부를 최소화한다.

핵심이론 자연통풍방식

1) 배기가스와의 외기의 온도차에 이루어지는 통풍방식이다.
2) 연돌에 의하여 이뤄지는 통풍방식이다.
3) 가스의 유속은 3 ~ 5 [m/s] 정도이다.
4) 통풍저항이 작은 소규모 보일러에 사용된다.
5) 노내압이 부압(-)되어 외기 침입의 우려가 있다.
6) 외기의 온도와 습도 등에 영향을 많이 받는다.
7) 강한 통풍력은 얻기 힘들고, 통풍력 조절이 어렵다.

09 원심펌프 성능 비교 시 사용하는 비교회전도(N_s)를 구하는 식을 쓰시오. [5점]

> **정답**
> $$N_s = \frac{N\sqrt{Q}}{\left(\dfrac{H}{n}\right)^{\frac{3}{4}}}$$
>
> (단, N : 회전속도, H : 양정, Q : 유량, n : 단수)

10 보일러설비에 공급되는 급수 중에 부식의 원인이 되는 용존산소를 제거하는 탈산소제의 종류를 3가지만 쓰시오. [5점]

> **정답**
>
> 아황산나트륨, 하이드라진, 탄닌

핵심이론 보일러 내처리제(청관제)와 그 작용

1) pH 및 알칼리 조정제 : 수산화나트륨(가성소다), 탄산나트륨, 인산나트륨, 인산, 암모니아
2) 연화제 : 수산화나트륨, 탄산나트륨, 인산나트륨
3) 슬러지 조정제 : 탄닌, 리그닌, 전분
4) 탈산소제 : 아황산나트륨, 하이드라진(N_2H_4), 탄닌
5) 가성취화방지제 : 황산나트륨, 인산나트륨, 질산나트륨, 탄닌, 리그닌
6) 기포방지제 : 고급 지방산 폴리아민, 고급 지방산 폴리알콜

11 관류보일러의 특징 중 장점을 4가지만 쓰시오. [5점]

> **정답**
>
> - 증기발생속도가 빠르다.
> - 연소효율이 높다.
> - 고압용 보일러에 적당하다.
> - 전열면적이 크다.
> - 자동화가 용이하다.
> - 보일러 가격이 저렴하다.
> - 보유수량이 적어 시동시간이 짧다.
> - 관의 배치를 자유롭게 할 수 있다.

핵심이론 | 관류보일러

1) 드럼이 없이 긴 수관의 한 끝에서 급수펌프로 압송된 급수가 긴 관을 지나면서 예열부, 증발부, 과열부를 순차적으로 관류되어 다른 끝으로 과열증기가 나가는 강제순환식 수관보일러로 단관식과 다관식이 있다.
2) 급수처리법이나 자동제어장치가 발달함에 따라 고압, 대용량 및 콤팩트한 소형용으로서도 널리 사용된다.
3) 물의 임계압력을 넘는 초임계압력의 보일러에는 모두가 관류식이 채용된다.
4) 장점
　⑴ 순환비가 1이므로 드럼이 필요 없다.
　⑵ 전열면적이 크고 효율이 높다.
　⑶ 고압이므로 증기의 열량이 크다.
　⑷ 기동부하가 짧아 부하 측에 대응하기 쉽다.
　⑸ 관을 자유로이 배치할 수 있어 콤팩트한 구조로 할 수 있다.
　⑹ 연소실의 구조를 임의대로 할 수 있어 보일러 연소효율을 높일 수 있다.
　⑺ 초고압보일러에 이상적이다.
　⑻ 보일러 효율이 매우 높다.
　⑼ 증발속도가 매우 빠르다.
　⑽ 증기의 가동시간이 매우 짧다.
5) 단점
　⑴ 완벽한 급수처리를 해야 한다(하지 않을 시 스케일의 생성에 영향이 크다).
　⑵ 급수의 유속을 일정하게 유지해야 한다.
　⑶ 소형 구조로 청소 및 검사 수리가 어렵다.
　⑷ 지름이 작은 튜브가 사용되므로 중량이 가볍고 내압 강도가 크지만, 압력손실이 증대되어 급수펌프의 동력손실이 많다.
　⑸ 부하변동에 따라 압력의 변화가 크므로 급수량 및 연료량의 자동제어장치가 필요하다.

12 공기로 채워진 어떤 구형 기구의 반지름이 5 [m]이고, 내부압력이 100 [kPa], 온도는 20 [℃]일 때 기구 내에 채워진 공기의 몰수(kmol)를 구하시오. (단, 평균기체상수는 8.314 [J/mol·K]이다) [6점]

정답
21.48 [kmol]

[해설]

$$V = \frac{4}{3}\pi R^3 = \frac{4}{3}\pi \times 5^3 = 523.6 \, [m^3]$$

$PV = nRT$ 이므로 $n = \dfrac{PV}{RT} = \dfrac{100 \times 523.6}{8.314 \times (273.15 + 20)} = 21.48 \, [kmol]$

핵심이론 이상기체의 상태 방정식

1) 질량에 대한 식

$$Pv = R_{specific}T$$
$$PV = mR_{specific}T$$

- P : 압력 $[Pa]$
- V : 부피 $[m^3]$
- m : 질량 $[kg]$
- T : 온도 $[K]$

$$R_{specific} = \frac{R_{ideal}}{M} : \text{특정기체상수} \, [J/kg \cdot K] (M : \text{몰질량[분자량]})$$

2) 몰량에 대한 식

$$PV = nR_{ideal}T$$

- P : 압력 $[Pa]$
- V : 부피 $[m^3]$
- n : 몰수 $[mol]$
- T : 온도 $[K]$
- R_{ideal} : 일반기체상수 $[8.314 \, J/mol \cdot K]$

13 어느 보일러의 증발량이 3000 [kg/h], 증기압 100 [kPa], 급수온도는 80 [℃]일 때, 증기 엔탈피가 2680 [kJ/kg]이다. 증발계수는 얼마인가? (단, 물의 증발잠열은 2257 [kJ/kg] 이다) [5점]

> **정답**
>
> 1.04

[해설]

80 [℃]의 급수 엔탈피 [kJ/kg] = $C\Delta T = 4.18 \times (80-0) = 334.4 [kJ/kg]$

증발계수 = $\dfrac{2680 - 334.4}{2257} = 1.04$

핵심이론 증발계수

1) 실제증발량에 대한 상당증발량의 비
2) 증발계수 = $\dfrac{G_e}{G_a} = \dfrac{(h_2 - h_1)}{2256}$
3) 상당증발량 G_e

   보일러에서 발생한 증기의 열량을 기준증기량으로 환산한 양

   $$G_e = \dfrac{G_a(h_2 - h_1)}{2256} [kg/h]$$

   - G_a : 실제증발량 [kg/h]
   - h_1 : 급수의 비엔탈피 [kJ/kg]
   - h_2 : 발생증기 비엔탈피 [kJ/kg]

14 중유를 매 시간당 110 [kg] 연소시키는 보일러가 있다. 이 보일러의 증기 압력이 1 [MPa], 급수온도 50 [℃], 실제 증발량 1500 [kg/h]일 때 보일러의 효율을 계산하시오. (단, 중유의 저위발열량은 40950 [kJ/kg], 1 [MPa]하에서 증기엔탈피는 2864 [kJ/kg], 50 [℃] 급수 엔탈피는 210 [kJ/kg]이다) [5점]

정답
88.38 [%]

[해설]

$$\eta = \frac{G(h_2 - h_1)}{G_f \times H_\ell} \times 100\,[\%] = \frac{1500 \times (2864 - 210)}{110 \times 40950} \times 100\,[\%] = 88.38\,[\%]$$

핵심이론 보일러 효율

$$\eta_B = \frac{G_a(h_2 - h_1)}{G_f \times H_\ell} \times 100\,[\%]$$

$$= \frac{G_e \times 2256}{G_f \times H_\ell} \times 100\,[\%]$$

- G_a : 실제증발량 [kg/h]
- G_e : 상당증발량 [kg/h]
- h_1 : 급수의 비엔탈피 [kJ/kg]
- h_2 : 증기의 비엔탈피 [kJ/kg]
- G_f : 연료사용량 [kg/h]
- H_ℓ : 연료발열량 [kJ/kg]

15 송풍기의 풍량이 600 [m³/min], 축동력은 50 [kW]일 때, 임펠러의 회전수는 970 [rpm]이다. 이 송풍기에서 풍량을 1000 [m³/min]으로 변경할 경우에 다음 물음에 답하시오.

[6점]

1) 회전수 [rpm]를 구하시오.

2) 축동력 [kW]을 구하시오.

정답

1) 1616.67 [rpm]   2) 231.48 [kW]

[해설]

1) $Q_2 = Q_1 \times \left(\dfrac{N_2}{N_1}\right)^1$ 에서 $1000 = 600 \times \dfrac{N_2}{970rpm}$ 이므로 $N_2 = 1616.67 [rpm]$

2) $L_2 = L_1 \times \left(\dfrac{N_2}{N_1}\right)^3 = 50 \times \left(\dfrac{1616.67}{970}\right)^3 = 231.48 [kW]$

핵심이론 송풍기

1) 풍량(Q) : $\dfrac{Q_2}{Q_1} = \dfrac{N_2}{N_1} = \left(\dfrac{D_2}{D_1}\right)^3$

2) 정압(P) : $\dfrac{P_2}{P_1} = \left(\dfrac{N_2}{N_1}\right)^2 = \left(\dfrac{D_2}{D_1}\right)^2$

3) 동력(L) : $\dfrac{L_2}{L_1} = \left(\dfrac{N_2}{N_1}\right)^3 = \left(\dfrac{D_2}{D_1}\right)^5$

- 회전수 : N [rpm]
- 임펠러 직경 : D [mm]

16 열교환기에서 80 [℃]의 증기가 내부에서 포화상태를 유지하고 2 [m/s]의 속도로 20 [℃]의 물이 유입되었다가 40 [℃]로 배출된다. 이 교환기를 설치할 때 관의 길이는 몇 [m]인가? (단, 관의 내경은 10 [cm]이며, 관의 열관류율은 10 [kW/m²·K], 물의 비열은 4.186 [kJ/kg·K], 주위로의 열손실은 무시한다) [7점]

정답

8.49 [m]

[해설]

$\Delta t_1 = 80 - 20 = 60, \ \Delta t_2 = 80 - 40 = 40$

$LMTD = \dfrac{\Delta t_1 - \Delta t_2}{\ln \dfrac{\Delta t_1}{\Delta t_2}} = \dfrac{60 - 40}{\ln \dfrac{60}{40}} ≒ 49.33 \, [℃]$

열교환에 의해 물이 흡수한 열량 = 열교환기에서 교환된 열량

$Q_1 = GC_물 \Delta t = \rho A v C_물 \Delta t$

$\quad = 4.186 [kJ/kg \cdot ℃] \times 1000 [kg/m^3] \times \dfrac{\pi \times (0.1[m])^2}{4} \times 2[m/s] \times (40-20)[℃]$

$\quad = 1315.07 [kJ/s]$

$\quad = 1315.07 [kW]$

$Q_2 = K \cdot (LMTD) \cdot (\pi D \times L) = 10 [kW/m^2 \cdot ℃] \times 49.33 [℃] \times \pi \times 0.1 [m] \times L$

$Q_1 = Q_2$

$L = 8.49 [m]$

핵심이론 대수평균온도차(LMTD)

$$\text{대수평균온도차(LMTD)} = \frac{\Delta_1 - \Delta_2}{\ln\left(\dfrac{\Delta_1}{\Delta_2}\right)}[\text{℃}]$$

1) 평행류(Parallel Flow)

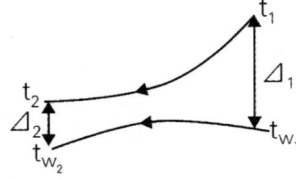

$\Delta_1 = t_1 - t_{w_1}$
$\Delta_2 = t_2 - t_{w_2}$

2) 대향류(Counter Flow)

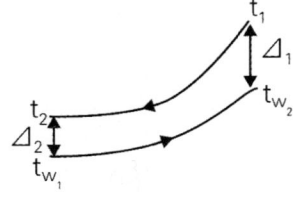

$\Delta_1 = t_1 - t_{w_2}$
$\Delta_2 = t_2 - t_{w_1}$

3) 전열량

$$Q = KA(LMTD)[W] = KA\Delta t$$

- K : 열통과율(열관류율)
- A : 전열면적

17 지름이 2 [mm]이고, 길이가 10 [m]인 전선이 열전도율 $\lambda = 0.15[W/m \cdot K]$, 두께가 1 [mm]인 플라스틱 피복으로 둘러싸여 있다. 전선에서 10 [A]의 전류가 흐르고 전선을 따라 9 [V]의 전압강하를 나타내고 있다. 이때, 전선에서 발생한 열은 복합열전달계수 15 [W/m²·K]일 때, 외부공기가 30 [℃]이고, 접촉면에서 열접촉저항은 무시한다. 전선과 플라스틱 덮개의 접촉면에서의 온도를 구하시오. [7점]

정답

84.37 [℃]

[해설]

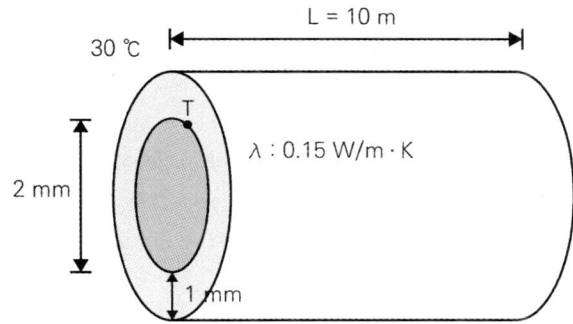

$Q = VI = 9[V] \times 10[A] = 90[W]$

$Q = \dfrac{T_h - T_L}{R_{전도} + R_{대류}} = \dfrac{T_h - T_L}{\dfrac{\ln \dfrac{r_2}{r_1}}{2\pi L \lambda} + \dfrac{1}{2\pi r_2 L \alpha}}$

$90 = \dfrac{T - 30}{\dfrac{\ln \dfrac{2}{1}}{2\pi \times 10 \times 0.15} + \dfrac{1}{2\pi \times \dfrac{2}{1000} \times 10 \times 15}}$

$T = 84.3655 [℃]$

핵심이론 파이프의 열전도

1) 파이프의 열전도

$$Q_c = \frac{2\pi L(t_1 - t_2)}{\frac{1}{\lambda}\ln\left(\frac{r_2}{r_1}\right)} = \frac{2\pi L(t_1 - t_2) \times \lambda}{\ln\left(\frac{r_2}{r_1}\right)} [W]$$

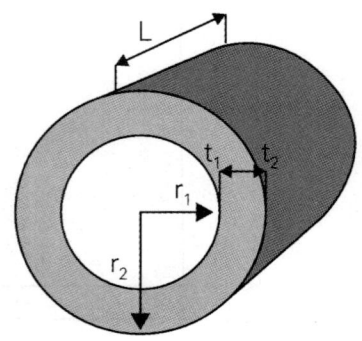

2) 열손실량

$$Q = KA\triangle t\,[W]$$

- K : 열관류(통과)계수 [W/m² · K]
- A : 전열면적 [m²]
- $\triangle t$: 온도차이 [K]

18 원형 관의 반지름 20 [cm] 지점인 곳에 3 [m/s]의 속도로 물이 유입되고 있다. 입구와 출구 단면에서의 압력은 각각 190 [kPa], 180 [kPa]일 때, 관 벽에서 발생하는 마찰력 F_f은 약 몇 [N]인가? [7점]

[조건]

$$P_1 A_1 - P_2 A_2 - F_f = \frac{dP_2}{dt} - \frac{dP_1}{dt}$$

출구속도 : $u_2 = u_o \left\{ 1 - \left(\frac{r}{R}\right)^2 \right\}$ (단, $u_0 = 2u_1$, r = 중심으로부터 거리)

정답

12792.57 [N]

[해설]

중심점의 출구속도

$u_2 = u_o \left\{ 1 - \left(\frac{r}{R}\right)^2 \right\} = 2u_1 \left\{ 1 - \left(\frac{r}{R}\right)^2 \right\} = 2 \times 3 \times (1-0) = 6 \,[m/s]$

연속 방정식에 의하여 $Q_1 = Q_2$이다. ($D_1 = 40\,[cm] = 0.4\,[m]$)

$\frac{\pi}{4} D_1^2 u_1 = \frac{\pi}{4} D_2^2 u_2$

$\frac{\pi}{4} (0.4)^2 \times 3 = \frac{\pi}{4} D_2^2 \times 6$

$D_2 = 0.28\,[m]$

벽면에서의 속도는 0이므로

$F_f = P_1 A_1 - P_2 A_2 - \frac{dP_2}{dt} + \frac{dP_1}{dt} = P_1 A_1 - P_2 A_2$

$= \left(190 \times 10^3 \times \frac{\pi}{4} \times 0.4^2 - 180 \times 10^3 \times \frac{\pi}{4} \times 0.28^2 \right)$

$\fallingdotseq 12792.57\,[N]$

2021 제4회

고난도회차
합격률 : 11.3%

01 내화벽돌이 장시간 사용 중에 수분을 흡수하여 비중변화에 의하여 체적변화를 일으켜 균열이 발생하거나 떨어져 나가는 현상을 무엇이라고 하는가? [5점]

정답

슬래킹(Slaking)

핵심이론 슬래킹(Slaking)현상

1) 마그네시아 또는 돌로마이트를 포함한 내화벽돌은 수증기의 작용을 받는 경우
2) 염기성 내화벽돌은 수증기를 흡수하는 성질 때문에 팽창을 일으키며 분해가 되어 노벽에 가루 모양의 균열이 생기고 떨어지는 현상이다.

02 라몬트 보일러의 수관에 라몬트(La Mont) 노즐을 설치하는 이유는 무엇인가? [5점]

정답

보일러수가 전체의 수관마다 균일하게 나뉘어 유동하도록 순환량을 조정함으로써 보일러수의 순환력을 높여 준다.

핵심이론 강제순환식 보일러

수관식	자연순환식	바브콕(경사각 15°), 츠네키치(경사각 30°), 타쿠마(경사각 45°), 야로우, 가르베(경사각 90°), 2동 D형, 3동 A형, 방사 4관, 스터링(곡관형)보일러	암 바가야로
	강제순환식	베록스, 라몬트보일러	암 베라
	관류식	엣모스, 슐처, 벤슨, 람진보일러	암 엣슐벤람

03 간극체적이 행정체적의 15 [%]인 오토 사이클 효율은 몇 [%]인가? (단, 비열비는 1.4이다)

[5점]

정답

55.73 [%]

[해설]

압축비 $\epsilon = \dfrac{V}{V_c} = \dfrac{V_c + V_s}{V_c} = 1 + \dfrac{V_s}{V_c} = 1 + \dfrac{V_s}{0.15\,V_s} = 1 + \dfrac{1}{0.15} \fallingdotseq 7.67$

오토 사이클 효율 $\eta = 1 - \left(\dfrac{1}{\epsilon}\right)^{k-1} = 1 - \left(\dfrac{1}{7.67}\right)^{1.4-1} = 0.5573 = 55.73\,[\%]$

핵심이론 오토 사이클(Otto Cycle)

1) 가솔린 기관의 기본 사이클
  (1) 단열압축 → 정적가열 → 단열팽창 → 정적방열

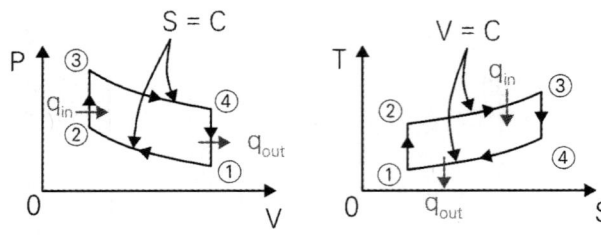

  (2) 압축비

$$\epsilon = \frac{V_1}{V_2}$$

  용어 압축비 = $\frac{실린더체적}{간극체적}$, 실린더체적 = 간극체적 + 행정체적

  (3) 이론 열효율

$$\eta_{tho} = \frac{W}{Q} = \frac{q_{in} - q_{out}}{q_{in}} = 1 - \frac{q_{out}}{q_{in}} = 1 - \frac{T_4 - T_1}{T_3 - T_2} = 1 - \left(\frac{1}{\epsilon}\right)^{k-1}$$

- ϵ : 압축비
- k : 비열비

---

04 발열량이 9050 [kcal/L]인 경유를 200 [L] 사용하였을 때 석유환산톤 [TOE]을 구하시오.
[5점]

정답
0.18 [TOE]

[해설]
1 [TOE] = 10^7 [kcal]이므로

$$200[L] \times 9030[kcal/L] \times \frac{1}{10^7}[TOE/kcal] \fallingdotseq 0.18[TOE]$$

용어 석유환산톤(TOE, Ton of Oil Equivalent) : 석유 1톤이 갖는 열량

05 질량조성이 탄소 70 [%], 수소 20 [%], 회분 10 [%]이다. 이 액체연료 50 [kg]을 연소시키기 위해 필요로 하는 이론공기량은 몇 [Nm³]인가? [6점]

정답

578.5 [Nm³]

[해설]

$$O_0 = 1.867C + 5.6\left(H - \frac{O}{8}\right) + 0.7S = 1.867 \times 0.7 + 5.6 \times 0.2 = 2.4269 \fallingdotseq 2.43\,[Nm^3/kg]$$

$$A_0 = \frac{O_0}{0.21} = \frac{2.43}{0.21} = 11.57\,[Nm^3/kg]$$

11.57 × 50 = 578.5 [Nm³]

핵심이론 이론산소량(O_0) & 이론공기량(A_0)

1) 이론산소량(O_0) : 연료를 산화시키기 위한 이론적 최소 산소량

  (1) 고체 및 액체 연료

  ① 질량 계산식

$$O_o = 2.67C + 8\left(H - \frac{O}{8}\right) + S\,[kg/kg]$$

  ② 체적 계산식(연료 1 [kg] 연소 시 이론산소량의 체적)

$$O_o = 1.867C + 5.6\left(H - \frac{O}{8}\right) + 0.7S\,[Nm^3/kg]$$

2) 이론공기량(A_0) : 연료를 완전연소시키는 데 필요한 이론적 최소 공기량

  이론산소량을 산소의 질량비로 나누어준다.

  (1) 고체 및 액체 연료

  ① 질량 계산식

$$A_o = \frac{O_o}{0.232} = 11.51C + 34.48\left(H - \frac{O}{8}\right) + 4.31S\,[kg/kg]$$

  ② 체적 계산식

$$A_o = \frac{O_o}{0.21} = 8.89C + 26.67\left(H - \frac{O}{8}\right) + 3.33S\,[Nm^3/kg]$$

06 다음 설명에 해당하는 보일러의 종류를 쓰시오. [4점]

> 급수는 급수펌프에 의해 강제적으로 긴 관의 입구에서 공급되어 하나의 긴 관 내에서 순차적으로 가열되어 증기로 터빈에 공급되는 형태의 드럼이 없는 보일러로서 대표적으로 벤슨보일러, 슐처보일러 등이 있다.

정답

관류보일러

핵심이론 │ 관류보일러

1) 드럼이 없이 긴 수관의 한 끝에서 급수펌프로 압송된 급수가 긴 관을 지나면서 예열부, 증발부, 과열부를 순차적으로 관류되어 다른 끝으로 과열증기가 나가는 강제순환식 수관보일러로 단관식과 다관식이 있다.
2) 급수처리법이나 자동제어장치가 발달함에 따라 고압, 대용량 및 콤팩트한 소형용으로서도 널리 사용된다.
3) 물의 임계압력을 넘는 초임계압력의 보일러에는 모두가 관류식이 채용된다.

07 에너지이용합리화법령상 열사용기자재에 대한 설명이다. 알맞은 말을 쓰시오. [5점]

> - 소형 온수보일러는 전열면적이 (①) [m²] 이하이고, 최고사용압력이 (②) [MPa] 이하의 온수를 발생하는 것이다.
> - 구멍탄용 온수보일러는 연탄을 연료로 사용하는 온수를 발생시키는 것으로 (③)만 해당한다.
> - 축열식 전기보일러는 심야전력을 사용하여 온수를 발생시켜 축열조에 저장한 후 난방에 이용하는 것으로서 정격소비전력이 (④) [kW] 이하이고, 최고사용압력이 (⑤) [MPa] 이하인 것이다.

정답

① 14 ② 0.35 ③ 금속제 ④ 30 ⑤ 0.35

핵심이론 열사용 기자재(제1조의2 관련)

구분	품목명	적용범위
보일러	강철제 보일러, 주철제 보일러	다음 각 호의 어느 하나에 해당하는 것을 말한다. 1. 1종 관류보일러 : 강철제 보일러 중 헤더의 안지름이 150밀리미터 이하이고, 전열면적이 5제곱미터 초과 10제곱미터 이하이며, 최고사용압력이 1 [MPa] 이하인 관류보일러(기수분리기를 장치한 경우에는 기수분리기의 안지름이 300밀리미터 이하이고, 그 내부 부피가 0.07세제곱미터 이하인 것만 해당한다) 2. 2종 관류보일러 : 강철제 보일러 중 헤더의 안지름이 150밀리미터 이하이고, 전열면적이 5제곱미터 이하이며, 최고사용압력이 1 [MPa] 이하인 관류보일러(기수분리기를 장치한 경우에는 기수 분리기의 안지름이 200밀리미터 이하이고, 그 내부 부피가 0.02세제곱미터 이하인 것에 한정한다) 3. 제1호 및 제2호 외의 금속(주철을 포함한다)으로 만든 것. 다만 소형 온수보일러·구멍탄용 온수보일러·축열식 전기보일러 및 가정용 화목보일러는 제외한다.
	소형 온수보일러	전열면적이 14제곱미터 이하이고, 최고사용압력이 0.35 [MPa] 이하의 온수를 발생하는 것. 다만 구멍탄용 온수보일러·축열식 전기보일러·가정용 화목보일러 및 가스사용량이 17 [kg/h](도시가스는 232.6킬로와트) 이하인 가스용 온수보일러는 제외한다.
	구멍탄용 온수보일러	「석탄산업법 시행령」 제2조 제2호에 따른 연탄을 연료로 사용하여 온수를 발생시키는 것으로서 금속제만 해당한다.
	축열식 전기보일러	심야전력을 사용하여 온수를 발생시켜 축열조에 저장한 후 난방에 이용하는 것으로서 정격소비전력이 30킬로와트 이하이고, 최고사용압력이 0.35 [MPa] 이하인 것
	가정용 화목보일러	화목(火木) 등 목재연료를 사용하여 90 [℃] 이하의 난방수 또는 65 [℃] 이하의 온수를 발생하는 것으로서 표시 난방출력이 70킬로와트 이하로서 옥외에 설치하는 것
태양열 집열기	태양열 집열기	
압력용기	1종 압력용기	최고사용압력 [MPa]과 내부 부피 [m³]를 곱한 수치가 0.004를 초과하는 다음 각 호의 어느 하나에 해당하는 것 1. 증기나 그 밖의 열매체를 받아들이거나 증기를 발생시켜 고체 또는 액체를 가열하는 기기로서 용기 안의 압력이 대기압을 넘는 것 2. 용기 안의 화학반응에 따라 증기를 발생시키는 용기로서 용기 안의 압력이 대기압을 넘는 것 3. 용기 안의 액체의 성분을 분리하기 위하여 해당 액체를 가열하거나 증기를 발생시키는 용기로서 용기 안의 압력이 대기압을 넘는 것 4. 용기 안의 액체의 온도가 대기압에서의 비점(沸點)을 넘는 것

구분	품목명	적용범위
압력용기	2종 압력용기	최고사용압력이 0.2 [MPa]를 초과하는 기체를 그 안에 보유하는 용기로서 다음 각 호의 어느 하나에 해당하는 것 1. 내부 부피가 0.04세제곱미터 이상인 것 2. 동체의 안지름이 200밀리미터 이상(증기헤더의 경우에는 동체의 안지름이 300밀리미터 초과)이고, 그 길이가 1천 밀리미터 이상인 것
요로	요업요로	연속식 유리용융가마·불연속식 유리용융가마·유리용융도가니가마·터널가마·도염식 가마·셔틀가마·회전가마 및 석회용선가마
	금속요로	용선로·비철금속용융로·금속소둔로·철금속가열로 및 금속균열로

08 외기온도 27 [℃], 표면온도 227 [℃], 방사율 0.9, 열전달율 5.56 [W/m²·K], 복사정수 5.7×10^{-8} [W/m²K⁴]일 때, 복사 대류의 전열량은 자연 대류 전열량의 몇 배인가? [5점]

정답

2.51배

[해설]

- 복사(Radiation)에 의한 방열량 : 스테판 볼츠만의 법칙
$Q_r = \epsilon\sigma(T_1^4 - T_2^4) \times A = 0.9 \times 5.7 \times 10^{-8} \times [(273.15+227)^4 - (273.15+27)^4] \times A$
$= 2790.72 A \, [W]$
- 자연대류(Convection)에 의한 방열량
$Q_c = h_c \times \Delta t \times A = 5.56 \times (227-27) \times A = 1112A \, [W]$

$\dfrac{Q_r}{Q_c} = \dfrac{2790.72}{1112} ≒ 2.51$배

핵심이론 | 전도 대류 복사

1) 전도(Conduction)
   (1) 전도 : 매질 내 자유전자 간의 미세한 충돌과 상호작용을 통해 열이 전달되는 현상으로, 주로 고체에서 중요한 열전달방식이다.
   (2) 푸리에의 열전도 법칙(Fourier Heat Conduction Law)

   $$Q = \frac{\lambda}{L} A \Delta t \, [W]$$

   - Q : 전도열량 [W]
   - λ : 열전도계수 [W/m·K]
   - L : 물질의 두께 [m]
   - A : 전열면적 [m^2]
   - Δt : 물질의 표면온도 [K]

2) 대류(Convection)
   (1) 유체가 움직이면서 열을 함께 옮기는 현상으로, 온도 차이에 따른 밀도 변화로 인해 발생한다.
   (2) 뉴턴의 냉각 법칙(Newton's Cooling Law)

   $$Q = \alpha A (t_w - t_\infty) \, [W]$$

   - α : 대류열전달계수 [W/m^2·K]
   - A : 대류전열면적 [m^2]
   - t_w : 벽면온도 [K]
   - t_∞ : 유체온도 [K]

3) 복사(Radiation)
   (1) 물질의 이동이나 매질 없이, 물체가 전자기파를 방출하여 열을 전달하는 현상이다.
   (2) 스테판 볼츠만의 법칙(Stefan-Boltzmann Law)

   $$Q = \epsilon \sigma A T^4 \, [W]$$

   - ϵ : 방사율($0 < \epsilon < 1$)
   - σ : 스테판-볼츠만 상수
     ($\sigma = 5.67 \times 10^{-8} \, W/m^2 K^4$)
   - A : 전열면적 [m^2]
   - T : 물체표면온도 [K]

09 보일러의 저수위 사고를 방지하기 위하여 설치하는 수위 검출기의 수위제어 검출방식 4가지를 쓰시오. [4점]

> **정답**
>
> 플로트식(부자식), 전극식, 열팽창식, 차압식

10 다음에 대하여 간단히 설명하시오. [6점]
1) 프라이밍
2) 포밍
3) 캐리오버

> **정답**
>
> 1) 프라이밍(Priming. 비수현상) : 과부하운전 및 고수위에서의 부적정한 운전 등으로 급격한 증발현상으로 인해, 동체의 수면에서 다량의 미세 물방울이 튀어 오르는 현상이다.
> 2) 포밍(Foaming. 물거품 솟음현상) : 동체의 부유물, 보일러수의 농축, 용해된 고형물 등으로 인해 작은 기포들이 수면상으로 떠오르면서 다량의 물거품이 발생하는 현상이다.
> 3) 캐리오버(Carry Over) : 포밍, 프라이밍이 발생하여 배관으로 물과 증기가 배출되는 기수공발현상이다.

핵심이론 이상현상

1) 프라이밍(Priming, 비수현상) : 비수현상으로, 주 증기밸브 급개 시 고수위 시 수면으로부터 끊임없이 물방울이 비산하면서 수위를 불안정하게 하는 현상
2) 포밍(Foaming, 물거품 솟음현상) : 관수 중 용해 고형물, 유지류 등의 불순물로 인한 거품의 층을 형성하는 단계이며 심해지면 프라이밍으로 이어질 수 있다.
   (1) 프라이밍과 포밍의 원인
      ① 증기 부하가 과대한 경우
      ② 관수가 농축되었을 때
      ③ 고수위
      ④ 주 증기밸브의 급개
      ⑤ 관수에 유지분, 부유물, 불순물이 많을 때
3) 캐리오버(Carry Over, 기수공발현상)
   (1) 공기 중에 불순물이 물방울에 섞여서 옮겨가는 현상
   (2) 발생원인은 프라이밍의 발생원인과 같다.

---

11 다음은 수관식 보일러와 노통연관식 보일러를 비교한 것이다. 관계있는 말을 [보기]에서 골라 써 넣으시오. [6점]

[보기]
물, 연소가스, 높다, 낮다, 좋다, 나쁘다.

1) 노통연관식 보일러 내부에는 (   )이 흐르고, 수관식 내부에는 (   )이 흐른다.
2) 노통연관식 보일러의 사용압력은 (   ), 수관식 보일러의 사용압력은 (   ).
3) 노통연관식 보일러의 부하대응은 (   ), 수관식 보일러의 부하대응은 (   ).

정답

1) 연소가스, 물
2) 낮다, 높다
3) 좋다, 나쁘다

핵심이론 | 수관식 보일러 vs 원통형 보일러

구분	수관식 보일러	원통형 보일러
보유수량	적음	많음
파열 시 피해	작음	큼
용도	고압, 대용량	저압, 소용량
압력변화	큼	작음
부하변동에 대한 대응	어려움	쉬움
급수 처리	복잡함	간단함
급수 조절	어려움	쉬움
전열 면적	큼	작음
증기 발생시간	짧음	긺
효율	높음	낮음
구조	복잡함	간단함
제작	어려움	용이함
가격	비쌈	저렴함
취급	어려움(기술을 요함)	쉬움

12 온도 350 [℃], 정적비열 0.72 [kJ/kg·K]인 산소 10 [kg]이 $PV^{1.3}=C$인 폴리트로픽 변화를 거치며 900 [kJ]의 일을 하였다. 이때 엔트로피 변화량은 몇 [kJ/K]인가? (단, 산소 기체상수 R = 0.26 [kJ/kg·K], 비열비 1.4이다) [6점]

[정답]

0.44 [kJ/K]

[해설]

$T_1 = 273.15 + 350 = 623.15 [K]$

$PV^n = C$에서

$_1W_2 = \dfrac{1}{n-1}mR(T_1-T_2) = \dfrac{1}{1.3-1} \times 10 \times 0.26 \times (623.15-T_2) = 900$

$T_2 = 519[K]$

$\Delta S = mC_v \dfrac{n-k}{n-1} \ln \dfrac{T_2}{T_1} = 10 \times 0.72 \times \dfrac{1.3-1.4}{1.3-1} \times \ln \dfrac{519}{623} \fallingdotseq 0.44[kJ/K]$

※ $C_n = C_v \cdot \dfrac{n-k}{n-1}$

핵심이론 | 이상기체

구분	정적 변화	정압 변화	정온 변화	단열 변화	폴리트로픽 변화
P, v, T 관계	$v = C$ $dv = 0$ $\dfrac{P_1}{T_1} = \dfrac{P_2}{T_2}$	$P = C$ $dP = 0$ $\dfrac{v_1}{T_1} = \dfrac{v_2}{T_2}$	$T = C$ $dT = 0$ $Pv = P_1v_1 = P_2v_2$	$Pv^k = C$ $\dfrac{T_2}{T_1} = \left(\dfrac{v_1}{v_2}\right)^{k-1}$ $= \left(\dfrac{P_2}{P_1}\right)^{\frac{k-1}{k}}$	$Pv^n = C$ $\dfrac{T_2}{T_1} = \left(\dfrac{v_1}{v_2}\right)^{n-1}$ $= \left(\dfrac{P_2}{P_1}\right)^{\frac{n-1}{n}}$
외부에 하는 일(팽창) $_1w_2 = \int Pdv$	0	$P(v_2-v_1)$ $= R(T_2-T_1)$	$P_1v_1\ln\dfrac{v_2}{v_1}$ $= P_1v_1\ln\dfrac{P_1}{P_2}$ $= RT\ln\dfrac{v_2}{v_1}$ $= RT\ln\dfrac{P_1}{P_2}$	$\dfrac{1}{k-1}(P_1v_1-P_2v_2)$ $= \dfrac{RT_1}{k-1}\left[1-\dfrac{T_2}{T_1}\right]$ $= \dfrac{RT_1}{k-1}\left[1-\left(\dfrac{v_1}{v_2}\right)^{k-1}\right]$ $= \dfrac{RT_1}{k-1}\left[1-\left(\dfrac{P_2}{P_1}\right)^{\frac{k-1}{k}}\right]$ $= \dfrac{R}{k-1}(T_1-T_2)$ $= C_V(T_1-T_2)$	$\dfrac{1}{n-1}(P_1v_1-P_2v_2)$ $= \dfrac{P_1v_1}{n-1}\left[1-\left(\dfrac{T_2}{T_1}\right)\right]$ $= \dfrac{R}{n-1}(T_1-T_2)$

구분	정적 변화	정압 변화	정온 변화	단열 변화	폴리트로픽 변화
공업일 (압축일) $w_t = -\int vdP$	$v(P_1 - P_2)$ $= R(T_1 - T_2)$	0	$_1w_2$	k_1w_2	n_1w_2
비내부 에너지의 변화량 $(u_2 - u_1)$	$C_v(T_2 - T_1)$ $= \frac{R}{k-1}(T_2 - T_1)$ $= \frac{1}{k-1}v(P_2 - P_1)$	$C_v(T_2 - T_1)$ $= \frac{1}{k-1}P(v_2 - v_1)$	0	$-_1W_2 = u_2 - u_1$	$C_v(T_2 - T_1)$
비엔탈피 (단위질량당 엔탈피)의 변화량 $(h_2 - h_1)$	$C_p(T_2 - T_1)$ $= \frac{k}{k-1}R(T_2 - T_1)$ $= \frac{k}{k-1}v(P_2 - P_1)$ $= k(u_2 - u_1)$	$C_p(T_2 - T_1)$ $= \frac{k}{k-1}P(v_2 - v_1)$ $= k(u_2 - u_1)$	0	$h_2 - h_1$	$C_p(T_2 - T_1)$
외부에서 얻은 열($_1q_2$)	$u_2 - u_1$	$h_2 - h_1$	$_1w_2 = w_t$	0	$C_n(T_2 - T_1)$
n	∞	0	1	k	$(-\infty, \infty)$
비열(C)	C_v	C_p	∞	0	$C_n = C_v\dfrac{n-k}{n-1}$
엔트로피 변화량 $(S_2 - S_1)$	$C_v\ln\dfrac{T_2}{T_1}$ $= C_v\ln\dfrac{P_2}{P_1}$	$C_p\ln\dfrac{T_2}{T_1}$ $= C_p\ln\dfrac{v_2}{v_1}$	$R\ln\dfrac{v_2}{v_1}$ $= R\ln\dfrac{P_1}{P_2}$	0	$C_n\ln\dfrac{T_2}{T_1}$ $= C_v(n-k)\ln\dfrac{v_1}{v_2}$ $= C_v\dfrac{n-k}{n}\ln\dfrac{P_2}{P_1}$

13 길이 2 [m], 폭 2 [m], 표면온도 60 [℃]인 정사각형의 평판에 20 [℃]인 공기가 2 [m/s] 속도로 유동하고 있다. 복사로 인한 열전달은 무시할 때, 전체 평판의 위 표면에 통한 열전달에 대해 아래 [조건]을 활용하여 답하시오. [8점]

[조건]
- 누셀트 수 $N = \dfrac{h_x \cdot x}{k}$
- 누셀트 수 $N = 0.3 \times Re^{\frac{4}{5}} \times \Pr^{\frac{1}{3}}$
- 동점성계수 $\nu = 2 \times 10^{-4} [m^2/s]$
- 열전도율 $k = 0.6 [W/m \cdot K]$
- 프란틀수 $\Pr = 0.8$
- x : 평판 앞에서 부터의 거리 [m]
- h_x : 위치 x에서 유체의 국소 열전달계수
- Re_x : 위치 x에서 유체의 레이놀즈수
- 평판의 아래면은 단열되어 있으므로 밑으로의 열전달은 무시한다.

1) 국소 열전달계수 h_x를 이용하여 전체 평판에서의 평균 열전달계수 [W/m²·K]를 구하시오.

2) 판으로부터의 열전달률 [kW]을 구하시오.

정답

1) 230 [W/m²·K]
2) 36.887 [kW]

[해설]

레이놀즈수 $Re = \dfrac{\rho Vx}{\mu} = \dfrac{Vx}{\nu} = \dfrac{2[m/s] \times 2[m]}{2 \times 10^{-4} [m^2/s]} = 20000$

누셀트 수 $N = \dfrac{\alpha L}{\lambda}$를 이번 문제에서의 문자로 바꾸면 $N = \dfrac{h_x x}{k}$이다.

1) $h_x = 0.3 \times \dfrac{k}{x} \times Re^{\frac{4}{5}} \times \Pr^{\frac{1}{3}} = 0.3 \times \dfrac{0.6}{2} \times 20000^{\frac{4}{5}} \times 0.8^{\frac{1}{3}} = 230.548 [W/m^2 \cdot K]$

2) $Q = h_x \cdot A \cdot \Delta t = 230.548 \times (2 \times 2) \times (60 - 20) = 36887.68 [W] = 36.887 [kW]$

> **핵심이론** 레이놀즈수(Re)

1) 레이놀즈수 $Re = \dfrac{\rho VD}{\mu} = \dfrac{VD}{v}$

   [ρ : 밀도, D : 유체가 흐르는 직경, μ : 점성계수, v : 동점성계수]

2) 누셀트수(Nusselt Number) : 대류 열전달의 강도를 나타내는 무차원 수. 즉, 대류에 의한 열전달이 전도에 비해 얼마나 잘 일어나는지를 나타내는 비율

   $$N = \dfrac{\alpha L}{\lambda}$$

   - α : 대류열전달계수 [W/m² · K]
   - λ : 열전도계수 [W/m · K]
   - L : 물질의 두께 [m]

3) 열손실량

   $$Q = KA\Delta t\,[W]$$

   - K : 열관류(통과)계수 [W/m² · K]
   - A : 전열면적 [m²]
   - Δt : 온도차이 [K]

14 증기축열기(Steam Accumulator)에 대해 설명하시오. [5점]

> **정답**
>
> 보일러 운전 중 잉여증기를 저장했다가 부하가 증가 시 저장해두었던 증기를 사용하는 장치이다.

15 아래 그림을 보고 벤튜리 미터에서 캐비테이션이 일어나지 않는 범위에서의 최대유량은 몇 [L/s]인가? [7점]

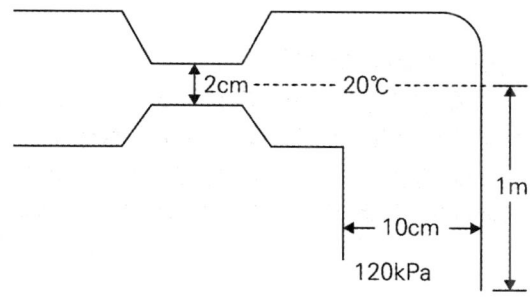

물의 온도 [℃]	포화증기압 [kPa]	물의 온도 [℃]	포화증기압 [kPa]
10	1.23	40	7.38
20	2.34	50	12.35
30	4.25	100	101.32

정답

4.63 [L/s]

[해설]

연속의 법칙에서 $Q = A_1 V_1 = A_2 V_2$

$$\frac{\pi D_1^2}{4} \times V_1 = \frac{\pi D_2^2}{4} \times V_2$$

$$D_1^2 V_1 = D_2^2 V_2 \Rightarrow V_1 = \frac{10^2}{2^2} \times V_2 = 25 V_2$$

베르누이 방정식에서 $\dfrac{P_1}{\gamma} + \dfrac{V_1^2}{2g} + Z_1 = \dfrac{P_2}{\gamma} + \dfrac{V_2^2}{2g} + Z_2 \ (Z_2 = 0)$

$$\Delta P = P_2 - P_1 = \gamma \times \left[\frac{V_1^2 - V_2^2}{2g} + (Z_1 - Z_2) \right]$$

$$(120 - 2.34) \times 1000 = 9800 \times \left[\frac{(25 V_2)^2 - V_2^2}{2 \times 9.8} + (1 - 0) \right]$$

TIP 물의 비중량은 9800 [N/m³]이다.

$$V_2 = 0.59\,[m/s]$$
$$Q = AV = \frac{\pi(0.1)^2}{4} \times 0.59 = 4.633 \times 10^{-3}\,[m^3/s] = 4.63\,[L/s]$$

핵심이론 캐비테이션현상(Cavitation. 공동현상)

1) 유체의 낮은 증기압에 의해 발생하게 되며 펌프의 흡입압력이 부족하면 관 중의 수가 역류하면서 수중에 기포가 분리되어 소음 및 진동이 발생되는 현상이다.
2) 캐비테이션현상이 일어나게 되면 소음 및 진동이 발생하고, 날개 깃에 침식을 가져온다. 양정곡선 및 효율곡선이 저하된다. 심할 경우는 양수가 불능될 수 있다.

---

16 보일러 급수장치에 설치된 급수펌프용 모터가 소손되어 교체작업을 계획하고 있다. (단, 급수의 밀도는 1000 [kg/m³], 중력가속도는 9.8 [m/s²]이다) [6점]

[조건]
- 급수량 : 12000 [kg/h]
- 전양정 : 15 [m]
- 펌프의 효율 : 75 [%]
- 모터의 효율 : 95 [%]
- 설계안전율 : 2

[기성품 모터 용량]
100 [W], 200 [W], 400 [W], 750 [W], 1 [kW], 1.5 [kW], 2 [kW], 3 [kW], 5 [kW], 10 [kW]

1) 위 조건을 적용하여 새로 교체해야 하는 모터의 용량은 몇 [kW]인가?
2) 위에 제시된 기성품 모터 중 최소용량의 모터를 선정하시오.

정답

1) 1.38 [kW]
2) 1.5 [kW]

[해설]

$L_s = \dfrac{\gamma HQ}{102 \times 3600 \times \eta_P}\,[kW]$ 에서 안전율을 곱해줘야 한다.

1) 모터용량 : $L_s = \dfrac{\gamma HQ}{102 \times 3600 \times \eta_P} \times K = \dfrac{1000 \times \frac{12000}{1000} \times 15}{102 \times 3600 \times 0.75 \times 0.95} \times 2 \fallingdotseq 1.38\,[kW]$

2) 따라서 1.38 [kW] 초과의 1.5 [kW]를 선택해야 한다.

핵심이론 소요동력

구분	송풍기	펌프
소요동력 (축동력)	$L_s = \dfrac{P_t \times Q}{102 \times 60 \times \eta_f}[kW]$ $L_s = \dfrac{P_s \times Q}{102 \times 60 \times \eta_s}$ • 송풍기 전압 : $P_t[kg/m^2]$ • 송풍기 정압 : $P_s[kg/m^2]$ • 송풍량 : $Q[m^3/\text{min}]$ • 전압효율 : η_f • 정압효율 : η_s	$L_s = \dfrac{\gamma HQ}{102 \times 3600 \times \eta_P}[kW]$ • 물의 비중량 : $\gamma = 1000\,[kgf/m^3]$ • 수두(양정) : $H[m]$ • 유량 : $Q[m^3/h]$ • 펌프효율 : η_P

• 3600 [s] = 60 [min] = 1 [h]
• 1 [kW] = 102 [kgf·m/s](1 [kgf] = 1 [kg])

17 육용 보일러 열정산 규정에 따른 보일러 효율의 산정방법 2가지를 쓰고, 각각의 방법에 대한 기호를 [보기]에서 골라 공식을 완성하시오. [6점]

• η : 효율 [%]
• H_h : 사용 시 연료의 총 발열량 [kJ/kg]
• Q_S : 유효출열량 [kJ/kg]
• L_h : 열손실 합계 [kJ/kg]
• Q : 연료 단위량당 연료의 발열량 이외에 연료 및 공기 쪽에 가해지는 열량

정답

입·출열법 $\eta = \left[\dfrac{Q_S}{H_h + Q}\right] \times 100\,[\%]$

열손실법 $\eta = \left[1 - \dfrac{L_h}{H_h + Q}\right] \times 100\,[\%]$

핵심이론 입출열법, 열손실법

1) 입·출열법

보일러에 들어간 열(입열)과 실제로 나온 열(출열)을 비교해 효율을 구하는 방법

$$\text{열효율}(\eta) = \dfrac{\text{유효열}}{\text{입열}} \times 100\,[\%]$$

$$= \dfrac{G(h'' - h')}{G_f \times H}$$

- G : 실제증발량 [kg/h]
- h'' : 발생증기 엔탈피 [kJ/kg]
- h' : 급수 엔탈피 [kJ/kg]
- G_f : 연료사용량 [kg/h]
- H : 발열량 [kJ/kg]

2) 손실열법

보일러에서 빠져나가는 손실열을 계산해서 효율을 구하는 방법

$$\text{열효율}(\eta) = \dfrac{\text{입열} - \text{손실열}}{\text{입열}} \times 100\,[\%] = \left(1 - \dfrac{\text{손실열}}{\text{입열}}\right) \times 100\,[\%]$$

18 연돌의 통풍력을 측정한 결과 2.5 [mmAq], 배기가스의 평균 온도 90 [℃], 외기온도 10 [℃]일 때, 실제 굴뚝의 높이는 몇 [m]인지 구하시오. (단, 표준상태에서 공기의 밀도는 1.295 [kg/m³], 배기가스의 밀도는 1.423 [kg/m³], 실제통풍력은 이론통풍력의 80 [%] 이다) [6점]

정답

17.45 [m]

[해설]

$$Z = 273 \times h \times \left(\frac{\gamma_a}{273+t_a} - \frac{\gamma_g}{273+t_g} \right) \times 0.8$$

$$2.5 = 273 \times h \times \left(\frac{1.295}{273+10} - \frac{1.423}{273+90} \right) \times 0.8$$

$$h = 17.45 \text{ [m]}$$

핵심이론 굴뚝의 높이

1) 연돌의 이론통풍력의 계산 공식

$$Z = 273H \times \left[\frac{r_a}{T_a} - \frac{r_g}{T_g} \right]$$

- Z : 이론통풍력 [mmH$_2$O]
- H : 연돌의 높이 [m]
- r_a : 외기의 비중량 [kgf/m^3]
- r_g : 배기가스의 비중량 [kgf/m^3]
- T_a : 외기의 절대온도 [K]
- T_g : 배기가스의 절대온도 [K]

2) 연돌의 높이

$$H = \frac{Z}{273 \left(\frac{\gamma_a}{T_a} - \frac{\gamma_g}{T_g} \right)}$$

- Z : 이론통풍력 [mmH$_2$O]
- H : 연돌의 높이 [m]
- r_a : 외기의 비중량 [kgf/m^3]
- r_g : 배기가스의 비중량 [kgf/m^3]
- T_a : 외기의 절대온도 [K]
- T_g : 배기가스의 절대온도 [K]

2020 제4회

고난도회차
합격률 : 15.8%

01 보일러 자동제어방법 중 시퀀스제어(Sequence Control)의 정의에 대해 설명하시오. [5점]

정답
미리 정해진 순서에 따라 제어의 각 단계가 순차적으로 진행되는 자동제어방식이다.

핵심이론 제어방식

1) 시퀀스제어
  (1) 미리 정해진 순서에 따라 순차적으로 진행하는 제어방식으로 작업자의 개입이 필요하지 않다.
  (2) 특징
    ① 복잡한 작업도 순차적으로 진행할 수 있다.
    ② 작업의 효율성을 높일 수 있다.
    ③ 주로 산업용 자동차 분야에서 사용되며, 공정제어, 설비제어, 검사제어 등에 사용된다.

02 습증기 속의 수분을 분리·제거하기 위하여 설치하는 기수분리기의 종류를 5가지 쓰시오. [5점]

정답
사이클론식, 스크러버식, 건조 스크린식, 배플식, 원심력식, 다공판식

핵심이론 기수분리기(Steam Separator)

1) 설치목적
   (1) 습증기의 발생을 방지하여 수격작용을 예방하기 위해서
   (2) 관 내의 마찰손실을 줄이기 위해서
   (3) 부식을 방지하기 위해서
   (4) 발생 증기의 물방울을 제거하여 건도를 높이기 위해서
2) 종류
   (1) 사이클론식 : 원심력 이용, 원심분리기형
   (2) 배플식 : 증기의 방향전환을 이용(관성력)
   (3) 스크러버식 : 파도형의 다수강판을 조합한 것(장애판, 방해판 이용)
   (4) 건조 스크린식 : 여러 겹의 금속망 이용
   (5) 다공판식 : 여러 개의 작은 구멍을 이용
   (6) 반전식 : 증기의 진행 방향을 배플판 등에 의해 급변시켜 수분을 분리시키는 것
3) 기수분리기 설치 시 장점
   (1) 배관의 부식 및 수격작용을 방지한다.
   (2) 열효율을 향상시킨다.

03 보일러 본체에서 수부가 클 경우 발생하는 현상 5가지를 쓰시오. [5점]

정답

- 보유수량이 많아 파열 시 피해가 크다.
- 열효율이 낮아진다.
- 증기 발생시간이 길어진다.
- 부하변동에 대응하기 쉽다.
- 부하변동에 의한 압력 변화가 작다.
- 열 비축량이 크다.
- 증기부가 작아 캐리오버(기수공발) 현상을 일으키기 쉽다.

04 보일러 전열면의 그을음이나 재의 찌꺼기를 제거하는 장치는 무엇인가? [5점]

정답

수트 블로어(Soot Blower)

핵심이론 | 수트 블로어

연소가 시작되면 분진, 회, 클링커, 탄화물, 카본, 그을음 등의 부착으로 열전도가 방해되어 매연 분출기로 그을음을 불어내기 위한 기구이다. 특히 관형의 공기 예열기에 부착된 그을음 제거기가 에어히터클리너형이다.

05 비례동작의 특징 3가지를 쓰시오. [5점]

정답

- 혼자서 사용하지 못하고 다른 동작과 함께 사용하여야 한다.
- 잔류편차(오프셋 : Off-set)가 남는다.
- 조작량은 편차량에 비례한다.
- 부하변화가 작은 프로세스에 적합하다.
- 공기조화기, 직접난방의 증기 유량제어, 액면제어 등에 사용된다.

핵심이론 | 비례(P)동작

현재의 오차에 비례하여 출력을 조정하는 동작
- 오차가 클수록 출력이 크게 조정된다.
- 출력 변화가 편차에 비례하는 동작이다.
- 단독으로 사용하지 않고 다른 동작과 조합하여 사용한다.

06 가스 연료를 연소할 때 발생하는 이상현상 4가지를 쓰시오. [5점]

정답

불완전연소, 블로우오프, 역화, 리프팅, 황염

핵심이론 연소 시 발생하는 이상현상

1) 불완전연소 : 연소 시 산소량이 부족하여 일산화탄소가 발생하게 되는 현상이다.
2) 블로우오프(Blow-off) : 화염 주변의 공기가 유동이 심하여 불꽃이 노즐에 장착하지 않고 떨어져 꺼져 버리는 현상
3) 역화(Back Fire) : 가스 연료의 분출속도가 연소속도보다 느린 경우 불꽃이 버너의 염공 속으로 진입하여 혼합관 내에서 연소하는 현상
4) 리프팅(Lifting) : 역화의 반대로 가스 연료의 분출속도가 연소속도보다 빨라 불꽃이 버너에 부상하여 일정한 간격을 두고 연소하는 현상
5) 황염(Yellow Tip) : 공기량 조절이 적정하지 않아 완전연소가 이루어지지 않을 때 불꽃색이 적황색을 띄는 현상

07 보일러에서 발생한 포화증기를 가열하여 압력은 일정하게 유지하면서 증기의 온도를 높일 수 있는 장치의 이름과 단점 5가지를 쓰시오. [5점]

정답

과열기
- 청소·검사·보수가 불편하다.
- 통풍력이 감소한다.
- 통풍저항이 증대한다.
- 고온부식이 일어날 수 있다.
- 가열장치에 열응력이 발생한다.
- 가열표면을 일정하게 유지하기 어렵다.
- 직접가열 시 열손실이 증가한다.

08 수관식 보일러 중에서 강제순환식 보일러의 종류를 2가지 쓰시오. [5점]

정답

베록스보일러, 라몬트보일러

핵심이론 보일러의 종류

원통형	입형	입형 횡관식, 입형 연관식, 코크란(입형 횡연관식)		
	횡형	노통	코르니시(노통 1개), 랭커셔보일러(노통 2개)	암 코일
		연관	횡연관식, 기관차, 케와니보일러	
		노통 연관	스코치, 브로든 카프스, 하우덴 존슨, 노통연관패키지보일러	
수관식	자연순환식	바브콕(경사각 15°), 츠네키치(경사각 30°), 타쿠마(경사각 45°), 야로우, 가르베(경사각 90°), 2동 D형, 3동 A형, 방사 4관, 스터링(곡관형)보일러		암 바가야로
	강제순환식	베록스, 라몬트보일러		암 베라
	관류식	엣모스, 슐처, 벤슨, 람진보일러		암 엣슐벤람
주철제	주철제 증기보일러, 주철제 온수보일러			
특수 보일러	특수액체 보일러	수은, 다우섬, 모빌섬, 카테크롤액, 시큐리티		
	특수연료 보일러	버케스(사탕수수찌꺼기), 흑액, 소다회수, 바아크보일러 - 연료 : 산업 폐기물		
	폐열보일러	리히, 하이네보일러		
	간접가열 보일러	슈미트, 레플러보일러		

09 어떤 병행류형 열교환기가 있다. 고온 측 유체가 90 [℃]로 들어가 50 [℃]로 나오고 저온 측 유체는 20 [℃]로 들어가 40 [℃]로 나온다. 이 경우 전열면은 몇 [m^2]인가? (단, 전열량은 12000 [W]이고, 열관류율은 75 [W/m^2 · K]이다) [6점]

정답

5.18 [m²]

[해설]

∴ $\Delta t_1 : 90 - 20 = 70$, $\Delta t_2 : 50 - 40 = 10$

$$LMTD = \frac{\Delta t_1 - \Delta t_2}{\ln\left(\frac{\Delta t_1}{\Delta t_2}\right)} = \frac{70-10}{\ln\frac{70}{10}} = 30.83℃$$

$Q = K \cdot A \cdot (LMTD)$

$12000 = 75 \times A \times 30.83$ ∴ $A = 5.18 [m^2]$

TIP 병행류 or 평행류 or 병류식은 서로 같은 방향의 흐름을 뜻한다.

핵심이론 | 대수평균온도차(LMTD)

대수평균온도차(LMTD) = $\dfrac{\Delta_1 - \Delta_2}{\ln\left(\dfrac{\Delta_1}{\Delta_2}\right)}$ [℃]

1) 평행류(Parallel Flow)

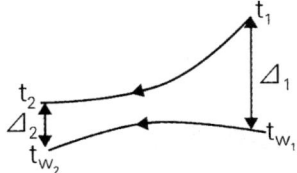

$\Delta_1 = t_1 - t_{w_1}$
$\Delta_2 = t_2 - t_{w_2}$

2) 대향류(Counter Flow)

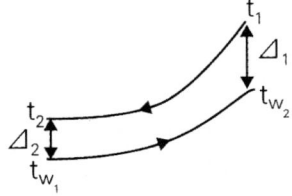

$\Delta_1 = t_1 - t_{w_2}$
$\Delta_2 = t_2 - t_{w_1}$

3) 전열량

$Q = KA(LMTD)[W] = KA\Delta t$

- K : 열통과율(열관류율)
- A : 전열면적

10 다음 [조건]에서의 보일러의 상당증발량은 몇 [kg/h]인가? [5점]

[조건]
- 증기건도 : 0.97
- 포화수 엔탈피 : 850 [kJ/kg]
- 급수량 : 20 [t/h]
- 건포화증기 엔탈피 : 3270 [kJ/kg]
- 증발잠열 2256 [kJ/kg]
- 급수온도 : 20 [℃]

[정답]

27603.55 [kg/h]

[해설]

발생증기엔탈피 $h_x = h' + x(h'' - h') = 850 + 0.97 \times (3270 - 850) = 3197.4 \, [kJ/kg]$

상당증발량

$$G_e = \frac{G_a(h_2 - h_1)}{2256}[kg/h] = \frac{20 \times 1000 \times (h_x - 4.186 \times 20)}{2256}$$

$$\therefore \frac{20 \times 1000 \times (3197.4 - 4.186 \times 20)}{2256} = 27603.5461 \, [kg/h]$$

핵심이론 상당증발량(= 환산증발량)

상당증발량 G_e : 보일러에서 발생한 증기의 열량을 기준증기량으로 환산한 양

$$G_e = \frac{G_a(h_2 - h_1)}{2256}[kg/h]$$

- G_a : 실제증발량 [kg/h]
- h_1 : 급수의 비엔탈피 [kJ/kg]
- h_2 : 발생증기 비엔탈피 [kJ/kg]

핵심이론 습증기의 비엔탈피

1) 습증기의 비엔탈피 h_x

   습증기 1 [kg]가 가진 총 열에너지

$$h_x = h' + x(h'' - h') = h' + x\gamma \, [kJ/kg]$$

- h' : 포화수 비엔탈피 [kJ/kg]
- h'' : 건포화증기 비엔탈피 [kJ/kg]
- x : 건조도(건도)
- γ : 물의 증발잠열 [kJ/kg]

※ 건도 : 습증기에서 수증기가 차지하는 비율

11 액체연료의 연소 시 이론배기가스량은 11.4 [Nm³/kg], 이론공기량은 10.7 [Nm³/kg]이다. 이 연료가 공기비가 1.3으로 연소되어 270 [℃] 상태로 20 [℃]의 대기에 배출되고 있다. 이때 다음 물음에 답하시오. (단, 배기가스의 평균 비열은 1.4 [kJ/Nm³·℃]이다) [5점]

1) 연료의 실제배기가스량은 몇 [Nm³/kg]인가?

2) 실제배기가스로 인한 손실열량은 몇 [kJ/kg]인가?

[정답]

1) 14.61 [Nm³/kg]   2) 5113.5 [kJ/kg]

[해설]

1) 실제배기가스량 $G = G_0 + (m-1)A_0 = 11.4 + (1.3-1) \times 10.7 = 14.61 \, [Nm^3/kg]$

2) 손실열량 $Q = GC\Delta t = 14.61 \times 1.4 \times (270-20) = 5113.5 \, [kJ/kg]$

핵심이론 실제습연소가스량

실제습연소가스량(G_w) = 이론습연소가스량(G_{ow}) + 과잉공기량[$(m-1)A_o$]

---

12 두께가 20 [mm]인 강관에 두께가 3 [mm]인 스케일이 부착되었다고 할 때, 열전도 저항은 부착되기 전의 몇 배가 되는가? (단, 강관의 열전도율은 40 [W/m·K]이고, 스케일의 열전도율은 2 [W/m·K]이다) [5점]

[정답]

4배

[해설]

스케일이 부착되기 전 : $R_{before} = \dfrac{l}{\lambda} = \dfrac{0.02}{40} = 5 \times 10^{-4} \, [m^2 \cdot K/W]$

스케일이 부착된 후 : $R_{after} = \dfrac{l}{\lambda} + \dfrac{l_s}{\lambda_s} = \dfrac{0.02}{40} + \dfrac{0.003}{2} = 2 \times 10^{-3} \, [m^2 \cdot K/W]$

$\therefore \dfrac{R_{after}}{R_{before}} = \dfrac{2 \times 10^{-3}}{5 \times 10^{-4}} = 4$배

핵심이론 | 열저항

열저항 R : 열의 흐름을 방해하는 정도를 나타내는 값으로, 값이 클수록 열이 잘 전달되지 않고 단열 성능이 우수함을 의미

$$R = \frac{1}{\alpha_1} + \sum \frac{l}{\lambda} + \frac{1}{\alpha_2}$$

- α_i : 내측 열전달계수 [W/m² · K]
- α_o : 외측 열전달계수 [W/m² · K]
- λ : 물질의 열전도계수 [W/m · K]
- l : 물질의 두께 [m]

즉, $K = \dfrac{1}{R} = \dfrac{1}{\dfrac{1}{\alpha_1} + \sum \dfrac{l}{\lambda} + \dfrac{1}{\alpha_2}} [W/m^2 K]$

13 어떤 냉장고의 내부온도가 3 [℃], 외기온도가 25 [℃]이고, 벽면은 열전도율이 15 [W/m · K]인 두께 1 [mm]의 강철판 2개 사이에 열전도율이 0.035인 단열재가 있을 때, 단열재의 두께는 응축이 되지 않으려면 최소두께 [mm]는 어떻게 되어야 하는가? (단, 내측표면의 열전달률은 5 [W/m² · K], 외측표면의 열전달률은 10 [W/m² · K]이며, 외벽표면의 온도가 20 [℃]일 때 표면에서 응축현상이 발생한다) [6점]

정답

x = 4.90 [mm]

[해설]

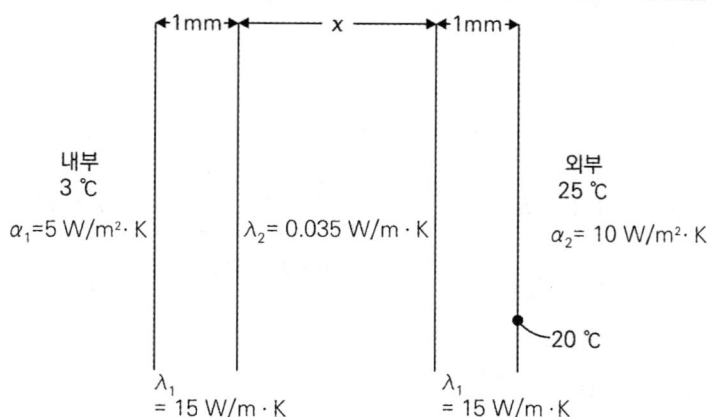

$Q = KA\Delta T$

전열면적은 동일하므로 생략할 수 있다.

3 [℃]인 내부부터 25 [℃]인 외기까지를 아래첨자 1로, 3 [℃]인 내부부터 20 [℃]인 외벽까지가 아래첨자 2로, 20 [℃]인 외벽부터 25 [℃]인 외기까지를 아래첨자 3으로 나타내면 $K_1 \Delta T_1 = K_2 \Delta T_2 = K_3 \Delta T_3$이다.

$$\frac{25-3}{\frac{1}{5}+\frac{0.001}{15}+\frac{x}{0.035}+\frac{0.001}{15}+\frac{1}{10}} = \frac{20-3}{\frac{1}{5}+\frac{0.001}{15}+\frac{x}{0.035}+\frac{0.001}{15}} = \frac{25-20}{\frac{1}{10}}$$

∴ x = 4.90 [mm]

핵심이론 열전달

1) 열손실량

$$Q = KA\Delta t\,[W]$$

- K : 열관류(통과)계수 [W/m² · K]
- A : 전열면적 [m²]
- Δt : 온도차이 [K]

2) 열유속(流俗) : 단위면적당 흐르는 열량

$$q = \frac{Q}{A} = \frac{KA\Delta t}{A} = K\Delta t\,[W/m^2]$$

- K : 열관류(통과)계수 [W/m² · K]
- A : 전열면적 [m²]
- Δt : 온도차이 [K]

3) 열관류(통과)계수 : 단위면적당, 단위온도차에 의해 전달되는 열량

$$K = \frac{1}{R} = \frac{1}{\frac{1}{\alpha_1}+\frac{\ell}{\lambda}+\frac{1}{\alpha_2}}\,[W/m^2 \cdot K]$$

- K : 열관류율 [W/m² · K]
- R : 열저항 [m² · K/W]
- ℓ : 재료의 두께 [m]
- λ : 열전도율 [W/m · K]
- α_1 : 내측 유체 열전달률 [W/m² · K]
- α_2 : 외측 유체 열전달률 [W/m² · K]

14 옥탄 C_8H_{18}를 공기비 1.5인 상태에서 완전연소하였을 경우 다음을 답하시오. [6점]

1) 질량기준 공연비

2) 배기가스 중 CO_2, H_2O, O_2, N_2의 몰분율은 각각 몇 [%]인가?

정답

1) 22.69   2) CO_2 8.53 [%], H_2O 9.60 [%], O_2 6.67 [%], N_2 75.17 [%]

[해설]

$C_8H_{18} + 12.5O_2 \rightarrow 8CO_2 + 9H_2O$

1) 질량기준 공연비 = 공기질량/연료질량

　(1) 풀이 1

　　$O_0 = 12.5 \times 32 [kg/kmol]$

　　$A = mA_0 = m \times \dfrac{O_o}{0.232} = 1.5 \times \dfrac{12.5 \times 32}{0.232} = 2586.21 [kg/kmol]$

　　연료질량 : 12 × 8 + 1 × 18 = 114 [kg/kmol]

　　공연비 = 2586.21/114 = 22.69

　(2) 풀이 2

　　$O_0 = 12.5 [kmol/kmol]$

　　$A = mA_0 = m \times \dfrac{O_o}{0.21} = 1.5 \times \dfrac{12.5}{0.21} = 89.29 [kmol/kmol]$

　　공기질량 : 89.29 × 29 = 2589.41 [kg/kmol]

　　연료질량 : 12 × 8 + 1 × 18 = 114 [kg/kmol]

　　공연비 = 2589.41/114 = 22.71

　　　　　　　　　　　TIP 두 풀이 방법 간에 작은 오차가 발생하지만 풀이를 잘 작성하면 모두 정답 처리된다.

2) 몰분율 [%] = (각 가스의 체적/실제습연소가스량) × 100 [%]

$G_w = (m - 0.21)A_0 + CO_2 + H_2O = (1.5 - 0.21) \times \dfrac{12.5}{0.21} + 8 + 9 = 93.786 [Nm^3/Nm^3]$

$CO_2 = \dfrac{CO_2}{G_w} = \dfrac{8}{93.786} \times 100 = 8.53 [\%]$

$H_2O = \dfrac{H_2O}{G_w} = \dfrac{9}{93.786} \times 100 = 9.60 [\%]$

$O_2 = \dfrac{(m-1)O_2}{G_w} = \dfrac{(1.5-1) \times 12.5}{93.786} \times 100 = 6.67 [\%]$

$N_2 = \dfrac{N_2}{G_w} = \dfrac{m \times O_2 \times \dfrac{0.79}{0.21}}{G_w} = \dfrac{1.5 \times 12.5 \times 3.76}{93.786} \times 100 = 75.17 [\%]$

15 증기터빈의 입구조건은 4 [MPa], 400 [℃]이고, 출구는 40 [kPa]이다. 등엔트로피 과정이라고 할 때, 증기의 질량유량이 10 [kg/s]일 때 터빈에서 발생되는 출력은 몇 [kW]인가? (단, 터빈출구의 포화액 엔트로피는 0.95 [kJ/kg·K], 터빈출구의 포화증기 엔트로피는 7.76 [kJ/kg·K], 터빈입구의 엔트로피는 6.75 [kJ/kg·K]이라고 한다. 또한 터빈출구의 포화액 엔탈피는 289 [kJ/kg], 포화증기 엔탈피는 2625 [kJ/kg], 터빈입구의 엔탈피는 3115 [kJ/kg]라고 한다) [6점]

> 정답
>
> 8364.3 [kW]

[해설]

등엔트로피 과정이므로 터빈출구의 엔트로피는 터빈입구의 엔트로피와 같다.
$S_x = S_1 = S' + x(S'' - S')$ 이다.
$\therefore x = \dfrac{S_1 - S'}{S'' - S'} = \dfrac{6.75 - 0.95}{7.76 - 0.95} = 0.8517$

건도 : 0.8517

터빈 출구의 엔탈피
$h_x = h' + x(h'' - h') = 289 + 0.8517 \times (2625 - 289) = 2278.57 \, [kJ/kg]$

출력 $W = m \Delta h = 10 \times (3115 - 2278.57) = 8364.3 \, [kJ/s] = 8364.3 \, [kW]$

핵심이론 습증기의 비엔탈피

1) 습증기의 비엔탈피 h_x

  습증기 1 [kg]가 가진 총 열에너지

  $h_x = h' + x(h'' - h')$
  $\quad = h' + x\gamma \, [kJ/kg]$

- h' : 포화수 비엔탈피 [kJ/kg]
- h'' : 건포화증기 비엔탈피 [kJ/kg]
- x : 건조도(건도)
- γ : 물의 증발잠열 [kJ/kg]

용어 건도 : 습증기에서 수증기가 차지하는 비율

16 표준대기압에서 연료소비량 1400 [kg/h]인 보일러가 과열증기를 12000 [kg/h] 증발시킨다. 과열증기의 엔탈피는 3.1 [MJ]이고, 급수 엔탈피는 83.96 [kJ/kg]이다. 다음 보일러의 환산증발량과 보일러 효율을 구하시오. (단, 저위발열량은 30 [MJ/kg], 증발잠열은 2256 [kJ/kg]이다) [6점]

[정답]

16042.77 [kg/h], 86.17 [%]

[해설]

환산증발량 $G_e = \dfrac{G_a(h_2 - h_1)}{2256} = \dfrac{12000 \times (3100 - 83.96)}{2256} = 16042.77\,[kg/h]$

보일러 효율 $\eta = \dfrac{Q_s}{Q_{in}} = \dfrac{G_a(h_2 - h_1)}{G_f \times H_L} = \dfrac{12000 \times (3100 - 83.96)}{1400 \times 30000} = 0.8617 = 86.17\,[\%]$

용어 환산증발량 : 표준대기압에서 100 [℃]의 포화수 1 [kg]을 1시간에 100 [℃] 건조된 증기로 바꿀 수 있는 증발량

핵심이론 보일러 효율

1) 상당증발량 G_e

보일러에서 발생한 증기의 열량을 기준증기량으로 환산한 양

$$G_e = \dfrac{G_a(h_2 - h_1)}{2256}\,[kg/h]$$

- G_a : 실제증발량 [kg/h]
- h_1 : 급수의 비엔탈피 [kJ/kg]
- h_2 : 발생증기 비엔탈피 [kJ/kg]

2) 보일러효율

$$\eta_B = \dfrac{G_a(h_2 - h_1)}{G_f \times H_\ell} \times 100\,[\%]$$
$$= \dfrac{G_e \times 2256}{G_f \times H_\ell} \times 100\,[\%]$$

- G_a : 실제증발량 [kg/h]
- G_e : 상당증발량 [kg/h]
- h_1 : 급수의 비엔탈피 [kJ/kg]
- h_2 : 증기의 비엔탈피 [kJ/kg]
- G_f : 연료사용량 [kg/h]
- H_ℓ : 연료발열량 [kJ/kg]

17 다음 [조건]의 펌프의 축동력 [kW]을 구하시오. [8점]

[조건]
- 배관의 내경 : 30 [cm], 배관의 길이 10 [m], 배관의 높이 : 5 [m]
- 관 내의 유속 : 2 [m/s]
- 관 내를 흐르는 액체의 비중 : 0.9
- 대기압 : 101 [kPa], 절대압력 : 120 [kPa], 진공압 : 76 [mmHg]
- 펌프의 효율 : 80 [%], 관마찰계수 : 0.02

정답

13.16 [kW]

[해설]

펌프의 흡입 측 실양정(진공압에 의한 흡입양정)

$$H_1 = \frac{P}{\gamma} = \frac{76[mmHg] \times \frac{10332[kgf/m^2]}{760[mmHg]}}{0.9 \times 1000[kgf/m^3]} \fallingdotseq 1.15[m]$$

토출구의 실양정(게이지압 $P_g = 120 - 101 = 19[kPa]$)

$$H_2 = \frac{P}{\gamma} = \frac{19[kPa] \times \frac{10332[kgf/m^3]}{101.325[kPa]}}{0.9 \times 1000[kgf/m^3]} \fallingdotseq 2.15[m]$$

관에서 마찰손실에 의한 수두

$$H_3 = f \times \frac{L}{d} \times \frac{V^2}{2g} = 0.02 \times \frac{10[m]}{0.3[m]} \times \frac{(2[m/s])^2}{2 \times 9.8[m/s^2]} \fallingdotseq 0.14[m]$$

전양정(= 전수두)
$H = H_1 + H_2 + H_3 + Z = 1.15 + 2.15 + 0.14 + 5 = 8.44[m]$

유량 $Q = AV = \frac{0.3^2 \pi}{4} \times 2 = 0.1414[m^3/s]$

축동력

$$L_s = \frac{\gamma H Q}{102 \times \eta_P} = \frac{0.9 \times 1000 \times 8.44 \times 0.1414}{102 \times 0.8} = 13.16[kW]$$

용어 비중 : 어떤 물질의 밀도(비중량) / 4 [℃] 물의 밀도(비중량)

TIP 유량의 단위가 $[m^3/s]$인 경우에는 분모에 3600을 곱하지 않아도 된다.

핵심이론 소요동력

구분	송풍기	펌프
소요동력 (축동력)	$L_s = \dfrac{P_t \times Q}{102 \times 60 \times \eta_f}[kW]$ $L_s = \dfrac{P_s \times Q}{102 \times 60 \times \eta_s}$ • 송풍기 전압 : $P_t[kg/m^2]$ • 송풍기 정압 : $P_s[kg/m^2]$ • 송풍량 : $Q[m^3/\min]$ • 전압효율 : η_f • 정압효율 : η_s	$L_s = \dfrac{\gamma H Q}{102 \times 3600 \times \eta_P}[kW]$ • 물의 비중량 : $\gamma = 1000\,[kgf/m^3]$ • 수두(양정) : $H[m]$ • 유량 : $Q[m^3/h]$ • 펌프효율 : η_P

- 3600 [s] = 60 [min] = 1 [h]
- 1 [kW] = 102 [kgf·m/s](1 [kgf] = 1 [kg])

핵심이론 달시 - 바이스바하의 방정식(Darcy - Weisbach Equation)

$$H_L = f \dfrac{L}{d} \dfrac{V^2}{2g}$$

- H_L : 수두손실 [m]
- f : 마찰계수
- L : 관의 길이 [m]
- d : 관의 지름 [m]
- V : 평균 유속 [m/s]
- g : 중력가속도 [9.8 m/s^2]

18 길이가 30 [cm], 폭 15 [cm], 두께 0.3 [cm]인 직사각형 모양의 구리핀이 80 [℃]의 벽면에 부착되어 있고 20 [℃]의 공기에 돌출되어 있다. 대류열전달계수가 15 [W/m²·℃]이고, 구리의 열전도율이 400 [W/m·℃]일 때, 이 핀에 의한 열전달량 [W]을 구하시오. (열도도는 길이 방향으로만 일어난다)

[8점]

정답

25.10 [W]

[해설]

$Q = K \cdot A \cdot \Delta t$

$K \cdot A = \dfrac{1}{\sum R}$ 으로 대류, 전도에 의한 열저항의 합(전열면적의 값을 포함하여)으로 표현할 수 있다.

대류열저항 $R_1 = \dfrac{1}{\alpha A} = \dfrac{1}{15 \times [2 \times (0.3 \times 0.15) + 2 \times (0.3 \times 0.003) + (0.15 \times 0.003)]}$

전도열저항 $R_2 = \dfrac{L}{\lambda A} = \dfrac{0.3}{400 \times (0.15 \times 0.003)}$

$\sum R = R_1 + R_2 \fallingdotseq 2.39 \, [℃/W]$

$\therefore Q = \dfrac{\Delta t}{\sum R} = \dfrac{80 - 20}{2.39} = 25.10 \, [W]$

핵심이론 열관류(통과)계수

$K = \dfrac{1}{R} = \dfrac{1}{\dfrac{1}{\alpha_1} + \dfrac{\ell}{\lambda} + \dfrac{1}{\alpha_2}} \, [W/m^2 \cdot K]$

- K : 열관류율 [W/m²·K]
- R : 열저항 [m²·K/W]
- ℓ : 재료의 두께 [m]
- λ : 열전도율 [W/m·K]
- α_1 : 내측 유체 열전달률 [W/m²·K]
- α_2 : 외측 유체 열전달률 [W/m²·K]

Part 03 실전 모의고사

2010~2019년 기출을 최신 출제 경향에 맞게 재구성한 이 모의고사는 실제 시험처럼 시간관리와 문제 풀이 순서를 훈련할 수 있도록 설계되었습니다. 응시 후 반드시 해설을 통해 자주 출제되는 계산 공식, 법령, 핵심 용어를 최종 점검하세요. 이 과정이 합격을 좌우하는 결정적 열쇠가 됩니다.

실전 모의고사 제1회

1회독	시간 :	점수 :
2회독	시간 :	점수 :
3회독	시간 :	점수 :

01 레이놀즈수 2320인 유체가 동점성계수 1.5×10^{-6} [m²/sec]인 상태에서 지름이 25 [mm]인 원통형 파이프에 흐른다고 할 때 유동속도는 몇 [m/s]인가? [5점]

정답

0.14 [m/s]

[해설]

레이놀즈수 $Re = \dfrac{\rho VD}{\mu} = \dfrac{VD}{v}$

$V = \dfrac{Re v}{D} = \dfrac{2320 \times 1.5 \times 10^{-6}}{0.025} = 0.14 \, [m/s]$

핵심이론 레이놀즈수(Re)

$Re = \dfrac{\rho VD}{\mu} = \dfrac{VD}{v}$

(ρ : 밀도, D : 유체가 흐르는 직경, μ : 점성계수, v : 동점성계수, V : 속도)

TIP $V = \dfrac{Q}{A}$

02 열효율을 향상시키기 위해 사용되는 재생 사이클과 재열 사이클에 대하여 간단하게 설명하시오. [5점]

정답

- 재생 사이클 : 증기터빈에서 팽창 중인 과열증기의 일부를 빼내어 보일러 입구 측의 급수 가열에 사용하는 사이클로 과열증기의 에너지를 재사용함으로써 공급열량을 감소시킬 수 있어 열효율은 향상된다.
- 재열 사이클 : 고압터빈에서 1차로 단열팽창한 증기를 모두 재열기로 다시 가열하여 2차로 저압터빈에서 단열팽창시키는 사이클이다.

핵심이론 재열 & 재생 사이클

1) 재열 사이클
   (1) 증기 사이클의 하나로, 단열팽창 과정 도중에 재가열 과정을 도입한 사이클이다.
   (2) 도중에서 추출한 증기는 재열기에서 재가열하고, 터빈에 되돌려서 팽창하게 해 열효율을 높일 수 있다.
   (3) 설비가 복잡해지기 때문에 대형 터빈에 이용된다.
   (4) 터빈 날개의 부식을 방지하고 팽창일을 증대시키는 데 주로 사용된다.
2) 재생 사이클
   증기 원동소에서 복수기에서 방출되는 열량이 많아 열손실이 크다. 방출열량을 회수하여 공급 열량을 가능한 감소시켜 열효율을 상승시키는 사이클이다.
   ※ 열전달이 터빈에 들어갈 때까지 배관 손실이 발생한다.

03 시퀀스제어와 피드백제어에 대하여 간단하게 설명하시오. [6점]

정답

- 시퀀스제어 : 미리 정해진 순서에 따라서 순서대로 제어하는 방식
- 피드백제어 : 출력 측 신호를 입력 측으로 되돌려 오차를 계속 보정하여가며 제어하는 방식

핵심이론 제어방식

1) 시퀀스제어
   (1) 미리 정해진 순서에 따라 순차적으로 진행하는 제어방식으로 작업자의 개입이 필요하지 않다.
   (2) 특징
      ① 복잡한 작업도 순차적으로 진행할 수 있다.
      ② 작업의 효율성을 높일 수 있다.
      ③ 주로 산업용 자동차 분야에서 사용되며, 공정제어, 설비제어, 검사제어 등에 사용된다.
2) 피드백제어
   (1) 현재의 상태를 측정하여 원하는 상태와의 차이를 피드백으로 받아 제어하는 방식
   (2) 출력 측의 신호를 입력 측에 되돌려주어 출력 측의 신호와 목푯값의 차이를 오차라고 하며 오차를 줄이기 위하여 제어량을 조절한다.
   (3) 출력 측의 신호를 입력 측에 되돌려 비교하는 제어방법
   (4) 특징
      ① 고액의 설비비가 요구된다.
      ② 운영하는 데 비교적 고도의 기술이 요구된다.
      ③ 구조가 복잡하므로 부분적으로 고장이 있으면 전체 생산에 영향을 미친다.
      ④ 수리가 비교적 어렵다.
      ⑤ 출력값을 목푯값에 맞추는 데 효과적이다.
      ⑥ 외부 요인에 의한 영향을 줄일 수 있다.

---

04 다음 주어진 반응식을 보고 메테인(메탄)(CH_4)의 1몰당 생성열은 몇 [kJ]인지 계산하시오.

[5점]

$$C + O_2 \rightarrow CO_2 + 400\,[kJ]$$

$$H_2 + \frac{1}{2}O_2 \rightarrow H_2O + 280\,[kJ]$$

$$CH_4 + 2O_2 \rightarrow CO_2 + 2H_2O + 800\,[kJ]$$

> [정답]

160 [kJ/mol]

> [해설]

$CH_4 + 2O_2 \rightarrow CO_2 + 2H_2O + 800\,[kJ]$

메탄 1몰당 이산화탄소 1몰, 물 2몰이 생성되므로
발열량 = 생성물의 생성열 - 반응물의 생성열
1몰당 생성열 = (400 + 2 × 280) - 800 = 160 [kJ/mol]

05 대향류 열교환기에서 뜨거운 물이 80 [℃]로 들어가서 50 [℃]로 나오고 차가운 물은 30 [℃]로 들어가서 40 [℃]로 나올 때, 이 열교환기의 대수평균온도차(LMTD)를 구하시오.

[5점]

> [정답]

28.85 [℃]

> [해설]

향류식(반대방향의 흐름)

$\Delta t_1 = 80 - 40 = 40\,[℃],\ \Delta t_2 = 50 - 30 = 20\,[℃]$

$LMTD = \dfrac{\Delta t_1 - \Delta t_2}{\ln\left(\dfrac{\Delta t_1}{\Delta t_2}\right)} = \dfrac{40 - 20}{\ln\dfrac{40}{20}} \fallingdotseq 28.85\,[℃]$

핵심이론 대수평균온도차(LMTD)

대향류(Counter Flow)

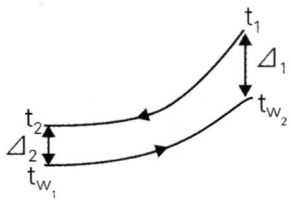

$\Delta_1 = t_1 - t_{w_2}$
$\Delta_2 = t_2 - t_{w_1}$

※ 대수평균온도차(LMTD) = $\dfrac{\Delta_1 - \Delta_2}{\ln\left(\dfrac{\Delta_1}{\Delta_2}\right)}$ [℃]

---

06 다음 [보기]에 주어진 보온재 중 최고안전사용온도가 낮은 순서에서 높은 순서대로 쓰시오.

[5점]

[보기]
암면, 탄화코르크, 폼 글라스, 세라믹화이버

정답
탄화코르크 → 폼 글라스 → 암면 → 세라믹화이버

핵심이론 보온재의 최고안전사용온도
- 탄화코르크(유기질보온재 130 [℃])
- 폼 글라스(무기질보온재 300 [℃])
- 암면(무기질보온재 400 [℃])
- 세라믹화이버(무기질보온재 1300 [℃])

07 세정식 집진장치의 장점과 단점을 각각 3가지씩 쓰시오. [6점]

정답

1) 장점
   - 가연성, 폭발성 먼지를 처리할 수 있다.
   - 소요 설치면적이 적다.
   - 설치비용이 적게 든다.
   - 구조가 간단하다.
   - 가동부가 적다.
   - 단일장치에서 가스흡수 분진포집이 동시에 가능하다.
   - 고온가스를 냉각시킬 수 있다.
   - 부식성 가스를 중화시킬 수 있다.

2) 단점
   - 압력손실이 크다.
   - 소요동력이 크다.
   - 건식에 비해 부식이 일어나기 쉽다.
   - 동결방지가 필요하다.
   - 부산물 회수에 비용이 많이 든다.
   - 소수성의 분진입자는 처리율이 낮다.

핵심이론 세정식

1) 함진가스를 세정액 또는 액막에 충돌시키거나 접촉시켜 액에 의해 포집하는 습식 집진장치이다.
2) 세정집진장치는(확산력과 관성력이 주된 방식) 배기의 습도 증가에 의해 입자가 서로 응집한다.
3) 미립자의 확산에 의하여 액적과의 접촉을 좋게 한다.
4) 물에 잘 녹거나 부착성이 높은 분진은 세정장치가 막히는 등 장애가 생길 위험이 있다.
5) 세정수의 동결방지대책이 필요하다.
6) 입자를 핵으로 한 증기의 응결에 의하여 응집성을 증가시킨다.
7) 대체적으로 구조가 간단하다.
8) 처리가스량에 비해 장치의 고정면적이 작다.
9) 미립자에 대한 집진효율이 좋다.
10) 먼지의 재비산이 없다.
11) 가동부분이 적고, 조작이 간편하다.
12) 포집 분진의 취출이 용이하고, 큰 동력을 필요로 하지는 않는다.
13) 연속운전이 가능하며, 입도, 습도 및 가스의 종류 등에 대한 영향을 적게 받는다.
14) 고온가스, 가연성, 폭발성, 유해가스의 처리가 가능하다.
15) 부식성 가스와 먼지를 중화시킬 수 있다.
16) 비교적 큰 압력손실을 견딜 수 있다.
17) 세정용수가 많이 필요하여 따로 급수배관을 설비하여야만 한다.
18) 오수처리시설도 갖추어야 한다.
19) 집진물을 회수할 때는 탈수, 여과, 건조 등을 하여야 하므로 별도의 장치가 필요하다.
20) 운전비용이 많이 든다.

08 열전대 온도계는 2개의 서로 다른 재질의 금속을 접합하여 그 양단의 온도차에 의해 발생하는 기전력 차이를 이용하여 온도를 측정하는 온도계이다. 해당하는 열전대의 형식 – 재질 – 사용온도의 조합을 기호를 이용하여 완성하여 쓰시오. [5점]

	형식		재질		사용온도
①	R	㉠	철 - 콘스탄탄	Ⓐ	0 ~ 1600
②	J	㉡	크로멜 - 알루멜	Ⓑ	-40 ~ 750
③	K	㉢	구리 - 콘스탄탄	Ⓒ	-200 ~ 1200
④	T	㉣	백금로듐 - 백금	Ⓓ	-200 ~ 350

정답

① - ㄹ - Ⓐ / ② - ㄱ - Ⓑ / ③ - ㄴ - Ⓒ / ④ - ㄷ - Ⓓ

핵심이론 열전대 금속 특성 및 성능 비교

기호	사용금속(+, -)	측정온도 범위 [℃]
B	백금 - 30 [%] 로듐, 백금 - 6 [%] 로듐	600 ~ 1700
R	백금 - 13 [%] 로듐, 백금	0 ~ 1600
S	백금 - 10 [%] 로듐, 백금	0 ~ 1600
K	크로멜(Cr), 알루멜(Al)	-200 ~ 1200
E	크로멜(Cr), 콘스탄탄(Cu-Ni)	-200 ~ 800
J	철(Fe), 콘스탄탄(Cu-Ni)	-40 ~ 750
T	구리(Cu), 콘스탄탄(Cu-Ni)	-200 ~ 350

09 연료사용량이 50 [Nm³/h]로 운전되는 수관식 보일러의 연소배기가스온도를 측정한 결과 200 [℃]이었다고 한다. 여기에 절탄기를 설치하여 출구 측의 온도를 100 [℃]로 낮추었다고 할 때 배기가스의 정압비열은 1.4 [kJ/Nm³·℃]이고, 이론공기량 10.743 [Nm³/Nm³], 이론배기가스량 12.832 [Nm³/Nm³], 현재 공기비가 1.2라고 할 때 절탄기 설치에 따른 절감된 배기가스 손실열량은 몇 [W]인가? [6점]

정답

29128.94 [W]

[해설]

실제배기가스량

$G_a = G_0 + (m-1)A_0 = 12.832 + (1.2-1) \times 10.743 = 14.9806 \, [Nm^3/Nm^3]$

손실열량

$Q = GC_p \Delta t$

$= (14.9806 \times 50 \times \dfrac{1}{3600})[Nm^3/\sec] \times (1.4 \times 1000)[J/Nm^3 \cdot ℃] \times (200-100)[℃]$

$= 29128.94 \, [J/\sec] = 29128.94 \, [W]$

핵심이론 | 실제습연소가스량

실제습연소가스량(G_w) = 이론습연소가스량(G_{ow}) + 과잉공기량$[(m-1)A_o]$

---

10 보일러의 절탄기 내부의 핀 – 튜브형 열교환기의 사용 시 장점을 한 가지 쓰시오. [6점]

> **정답**
> 튜브에 핀을 부착하여 튜브 표면의 전열면적을 증가시켜 열교환 시 전열을 양호하게 해준다.

---

11 플로트식 증기트랩의 기능 3가지만 쓰시오. [6점]

> **정답**
> - 증기 배관 내 응축수 배출로 인하여 수격작용을 방지할 수 있다.
> - 배관 내부의 부식을 방지할 수 있다.
> - 응축수 회수로 인한 열효율 증가
> - 응축수 회수로 인한 연료 및 급수 비용의 절약

핵심이론 | 증기트랩(Steam Trap)

1) 증기계통이나 증기관 방열기 등에서 고인 응축수(드레인)를 연속 응축수탱크로 배출시키는 기구
2) 증기트랩 종류
   (1) 기계적 트랩(응축수와 증기의 비중차) : 플로트식(레버, 프리), 버킷식(상향, 하향)
   (2) 온도조절 트랩(응축수와 증기의 온도차) : 바이메탈식, 벨로즈식, 다이어프램식
   (3) 열역학적 트랩(응축수와 증기의 열역학적 특성차) : 오리피스식, 디스크식
3) 증기트랩 부착 시 장점
   (1) 수격작용방지
   (2) 열설비 효율 저하 감소
   (3) 응축수에 의한 부식방지
   (4) 관 내 유체의 흐름에 대한 마찰저항 감소

12 터널요(Tunnel Kiln)의 구성장치 4가지를 쓰시오. [5점]

> **정답**
>
> 예열대, 소성대, 냉각대, 대차, 푸셔

> **핵심이론** 터널요(Tunnel Kiln)
>
> 1) 가늘고 긴 터널형의 가마
> 2) 피열물을 실은 레일 위의 대차는 예열, 소성, 냉각 과정을 통하여 제품이 완성된다.
> 3) 용도 : 산화염 소성인 위생도기, 건축용 도기 및 벽돌
> 4) 장점
>   (1) 소성이 균일하며 제품의 품질이 좋다.
>   (2) 소성시간이 짧다.
>   (3) 대량생산이 가능하다.
>   (4) 열효율이 높다.
>   (5) 인건비가 절약된다.
>   (6) 자동온도제어가 쉽다.
>   (7) 능력에 비하여 설치면적이 적다.
>   (8) 배기가스의 현열을 이용하여 제품을 예열시킨다.
> 5) 단점
>   (1) 건설비가 비싸다.
>   (2) 제품을 연속처리 해야 하여 생산조정이 곤란하다.
>   (3) 제품의 품질, 크기, 형상에 제한을 받는다.
>   (4) 작업자의 기술이 요구된다.
> 6) 구성 : 예열대, 소성대, 냉각대, 대차, 푸셔

13 발열량이 25000 [kJ/kg]인 석탄연료를 사용하는 보일러에서 보일러의 효율 [%]을 구하시오. (단, 보일러에서 배출되는 배기가스의 온도가 280 [℃]이고, 외기온도는 20 [℃]이며, 연소가스량은 10 [Nm³/kg], 연소가스의 평균 비열은 1.4 [kJ/Nm³·℃]이며, 불완전연소의 열손실량은 1250 [kJ/kg]이며 방사에 의한 열손실은 1000 [kJ/kg]이다) [6점]

[정답]

76.44 [%]

[해설]

배기가스에 의한 손실열량 : $Q_1 = GC\Delta t = 10 \times 1.4 \times (280-20) = 3640 [kJ/kg]$

불완전연소의 손실열량 : Q_2

방사에 의한 손실열량 : Q_3

열효율 $= \left(1 - \dfrac{\text{손실 열량}}{\text{총 열량}}\right) \times 100\,[\%] = \left(1 - \dfrac{Q_1 + Q_2 + Q_3}{25000}\right) \times 100\,[\%]$

$= \left(1 - \dfrac{3640 + 1250 + 1000}{25000}\right) \times 100\,[\%] = 76.44\,[\%]$

[핵심이론] 손실열법

보일러에서 빠져나가는 손실열을 계산해서 효율을 구하는 방법

$$\text{열효율}(\eta) = \dfrac{\text{입열} - \text{손실열}}{\text{입열}} \times 100\,[\%] = \left(1 - \dfrac{\text{손실열}}{\text{입열}}\right) \times 100\,[\%]$$

14 정압비열이 20 [J/mol·K]인 25 [℃], 1기압인 이상기체를 가역단열 과정을 통하여 10기압까지 압축시켰다고 할 때, 기체의 최종온도는 몇 [℃]가 되는가? (단, 이상기체 상수 R = 8.319 [J/mol·K]이다) [5점]

[정답]

503.67 [℃]

[해설]

$R = C_P - C_V$ 이므로 $C_V = C_P - R = 20 - 8.319 = 11.681\,[J/mol \cdot K]$

비열비 : $k = \dfrac{C_P}{C_V} = \dfrac{20}{11.681} = 1.712$

가역단열 과정 : $\dfrac{P_1}{P_2} = \left(\dfrac{T_1}{T_2}\right)^{\frac{k}{k-1}} = \left(\dfrac{V_2}{V_1}\right)^{k}$ 이므로 $\dfrac{1}{10} = \left(\dfrac{25 + 273.15}{x + 273.15}\right)^{\frac{1.712}{1.712-1}}$

$x = 503.67\,[℃]$

핵심이론 가역단열변화

1) 비열비(k) $k = \dfrac{C_p}{C_v}$ (기체의 비열비는 정압비열이 정적비열보다 크므로 k > 1이다)

$C_p - C_v = R$

$C_v = \dfrac{R}{k-1} [kJ/kg \cdot K]$

$C_p = kC_v = \dfrac{kR}{k-1} [kJ/kg \cdot K]$

2) 가역단열 변화량(온도와 압력의 관계)

$Pv^k = C$

$\dfrac{T_2}{T_1} = \left(\dfrac{v_1}{v_2}\right)^{k-1} = \left(\dfrac{P_2}{P_1}\right)^{\frac{k-1}{k}}$

---

15 직육면체인 노의 내벽을 내화벽돌(λ_1 = 5 [W/m · ℃])로 쌓고, 다음에 0.3 [m]의 두께로 단열벽돌(λ_2 = 0.9 [W/m · ℃])을 쌓은 다음, 0.15 [m]의 두께로 일반벽돌(λ_3 = 3 [W/m · ℃])을 쌓으려 한다. 노 내부의 온도가 1200 [℃]이고 실내온도가 50 [℃]라 할 때 단열벽돌의 내화도 때문에 단열벽돌의 온도를 900 [℃] 이하로 유지하려면 내화벽돌의 두께는 최소한 몇 [m]로 쌓아야 하는가? [7점]

정답

0.68 [m]

[해설]

$Q = K \cdot A \cdot \Delta t$

$\dfrac{1200 - 900}{\dfrac{d}{5}} = \dfrac{900 - 50}{\dfrac{0.3}{0.9} + \dfrac{0.15}{3}}$

$d \fallingdotseq 0.68 [m]$

핵심이론 | 열관류

1) 열관류(통과)계수

$$K = \frac{1}{R} = \frac{1}{\frac{1}{\alpha_1} + \frac{L}{\lambda} + \frac{1}{\alpha_2}} \ [W/m^2 \cdot K]$$

- L : 재료의 두께 [m]
- λ : 열전도율 [W/m·K]
- α_1 : 내측 유체 열전달률 [W/m²·K]
- α_2 : 외측 유체 열전달률 [W/m²·K]
- K : 열관류율 [W/m²·K]

2) 열관류에 의한 손실열량

$$Q = KA(t_1 - t_2)\ [W]$$

- K : 열관류(통과)계수 [W/m²·K]
- A : 전열면적 [m²]

16 연료 1 [kg]의 성분을 분석한 결과 C : 0.68, H : 0.07, O : 0.1, S : 0.02이며 N은 무시한다. 공기비는 1.3일 때 완전연소시키기 위해 소요되는 실제공기량과 생성되는 실제건연소가스량은 몇 [Nm³/kg]인지 각각 계산하시오. [5점]

정답

실제공기량 : 9.9392 [Nm³/kg], 실제건연소가스량 : 9.6172 [Nm³/kg]

[해설]

- 이론산소량

$$O_0 = 1.867C + 5.6\left(H - \frac{O}{8}\right) + 0.7S$$
$$= 1.867 \times 0.68 + 5.6\left(0.07 - \frac{0.1}{8}\right) + 0.7 \times 0.02 = 1.6056\ [Nm^3/kg]$$

- 이론공기량

$$A_0 = \frac{O_0}{0.21} = \frac{1.6056}{0.21} = 7.6455\ [Nm^3/kg]$$

- 실제공기량

$$A = mA_0 = 1.3 \times 7.6455 = 9.9392\ [Nm^3/kg]$$

- 이론건연소가스량(질소 무시하므로 N = 0)

  $G_{0d} = 0.79A_0 + 1.867C + 0.7S + 0.8N$

  $= 0.79 \times 7.6455 + 1.867 \times 0.68 + 0.7 \times 0.02 + 0.8 \times 0 = 7.3235 [Nm^3/kg]$

- 실제건연소가스량

  $G_d = G_{0d} + A_s = G_{0d} + (m-1)A_0 = 7.3235 + (1.3-1) \times 7.6455 = 9.6172 [Nm^3/kg]$

핵심이론 | 이론산소량(O_0) & 이론공기량(A_0)

1) 이론산소량(O_0) : 연료를 산화시키기 위한 이론적 최소 산소량
   (1) 고체 및 액체 연료
   ① 체적 계산식(연료 1 [kg] 연소 시 이론산소량의 체적)

   $$O_o = 1.867C + 5.6\left(H - \frac{O}{8}\right) + 0.7S \ [Nm^3/kg]$$

2) 이론공기량(A_0) : 연료를 완전연소시키는 데 필요한 이론적 최소 공기량
   이론산소량을 산소의 질량비로 나누어준다.
   (1) 고체 및 액체 연료
   ① 체적 계산식

   $$A_o = \frac{O_o}{0.21} = 8.89C + 26.67\left(H - \frac{O}{8}\right) + 3.33S \ [Nm^3/kg]$$

3) 실제공기량(A_a)

   $A_a = A_o + A_s(과잉공기량) = m \cdot A_o \ [m(공기비) > 1.0]$

4) 이론건연소가스량(G_{od}) = 이론습연소가스량(G_{ow}) - 연소생성 수증기량

   $G_{od} [Nm^3/kg] = (1 - 0.21)A_o + 1.867C + 0.7S + 0.8 [N]$

5) 실제건연소가스량(G_d) = 이론건연소가스량(G_{od}) + 과잉공기량[$(m-1)A_o$]

   $G_d [Nm^3/kg] = (m - 0.21)A_o + 1.867C + 0.7S + 0.8 [N]$

17 증기 보일러에서 발생한 압력 300 [kPa]의 포화증기의 압력을 50 [kPa]까지 팽창시키는 터빈이 있을 때 증기의 유량은 15 [t/h]이며, 증기건도는 0.95이다. 300 [kPa]에서의 포화증기 엔탈피는 2730 [kJ/kg]이며, 50 [kPa]에서의 포화수 엔탈피는 290 [kJ/kg], 건포화증기 엔탈피는 2645 [kJ/kg]이라고 할 때, 터빈에서 얻어지는 출력 [kW]을 계산하시오. [6점]

정답

844.79 [kW]

[해설]

터빈출구의 엔탈피 $h = h' + x(h'' - h') = 290 + 0.95 \times (2645 - 290) = 2527.25\,[kJ/kg]$

$W = 15\,[t/h] \times (2730 - 2527.25)[kJ/kg] \times 1000\,[kg/t]$

$\quad = 3041250\,[kJ/h] \times \dfrac{1}{3600}\,[h/s] = 844.79\,[kJ/s] = 844.79\,[kW]$

핵심이론 습포화증기(습증기)의 비엔탈피

$h_x = h' + x(h'' - h') = h' + x\gamma\,[kJ/kg]$

- x : 건조도(건도)
- γ : 물의 증발열
- h' : 포화수 비엔탈피
- h'' : 건포화증기 비엔탈피

18 열전달면적이 60 [m²]이고, 온도차이가 50 [℃], 열전도율이 10 [W/m·K], 두께가 30 [cm]인 내화벽이 있다. 동일한 열전달면적인 상태에서 온도차이가 2배, 벽의 열전도율이 4배, 벽의 두께가 2배가 될 경우에 열전달률은 몇 [kW]가 되겠는가? [6점]

> **정답**

$$Q_1 = \frac{\lambda A \Delta t}{d} = \frac{10 \times 60 \times 50}{0.3} = 100000\,[W] = 100\,[kW]$$

$$\frac{(4\lambda) \times A \times (2\Delta t)}{2d} = 4Q_1 = 4 \times 100 = 400\,[kW]$$

✏️ **핵심이론** 전도(Conduction)

1) 전도 : 매질 내 자유전자 간의 미세한 충돌과 상호작용을 통해 열이 전달되는 현상으로, 주로 고체에서 중요한 열전달방식이다.
2) 푸리에의 열전도 법칙(Fourier Heat Conduction Law)

$$Q = \frac{\lambda}{L} A \Delta t\,[W]$$

- Q : 전도열량 [W]
- λ : 열전도계수 [W/m·K]
- L : 물질의 두께 [m]
- A : 전열면적 [m²]
- Δt : 물질의 표면온도 [K]

실전 모의고사 제2회

1회독	시간 :	점수 :
2회독	시간 :	점수 :
3회독	시간 :	점수 :

01 드럼이 없고, 하나의 긴 관의 입구에서 급수펌프에 의해 강제적으로 급수를 보내서 가열과 증발 및 과열 등을 순차적으로 통과하여 관 출구에서 증기를 내보내는 보일러로 수관만으로 구성되어 있는 보일러의 명칭과 종류를 2가지 쓰시오. [5점]

정답

관류식 보일러
종류 : 벤슨(Benson)보일러, 슐처(Sulzer)보일러

핵심이론 | 관류보일러

1) 드럼이 없이 긴 수관의 한 끝에서 급수펌프로 압송된 급수가 긴 관을 지나면서 예열부, 증발부, 과열부를 순차적으로 관류되어 다른 끝으로 과열증기가 나가는 강제순환식 수관보일러로 단관식과 다관식이 있다.
2) 급수처리법이나 자동제어장치가 발달함에 따라 고압, 대용량 및 콤팩트한 소형용으로서도 널리 사용된다.
3) 물의 임계압력을 넘는 초임계압력의 보일러에는 모두가 관류식이 채용된다.

수관식	자연순환식	배브콕(경사각 15°), 츠네키치(경사각 30°), 타쿠마(경사각 45°), 야로우, 가르베(경사각 90°), 2동 D형, 3동 A형, 방사 4관, 스터링(곡관형)보일러
	강제순환식	라몬트, 베록스보일러
	관류식	엣모스, 소형 관류, 벤슨, 슐처, 람진보일러

02
어떤 온도에서 메탄(CH_4)의 저위발열량이 50000 [kJ/kg]이다. 이 온도에서 수증기의 증발잠열이 2500 [kJ/kg]이라고 할 때, 이 온도에서의 메탄의 고위발열량 [kJ/kg]을 계산하시오. [5점]

정답

55625 [kJ/kg]

[해설]

$CH_4 + 2O_2 \rightarrow CO_2 + 2H_2O$

$CH_4 : 12 + 1 \times 4 = 16 [kg]$

$H_2O : 1 \times 2 + 16 = 18 [kg]$

고위발열량 = 저위발열량 + 증발잠열 = $50000 + 2500 \times \dfrac{2 \times 18}{16} = 55625 \, [kJ/kg]$

핵심이론 발열량

연료의 단위중량(1 [kg]), 단위체적(1 [Nm³])의 연료가 완전연소 시 발생하는 전열량 [kcal]이다.
1) 종류
　(1) 고위발열량(H_h) : 수증기의 증발잠열을 포함한 연소열량
　(2) 저위발열량(H_L) : 수증기의 증발잠열을 포함하지 않은 연소열량

03
현재 온도가 25 [℃]인데, 온도를 낮추어 20 [℃]에서 물방울이 생성되었다고 한다면, 현재의 상대습도 [%]를 구하시오. (단, 25 [℃]와 20 [℃]의 포화수증기압은 각각 23.8 [mmHg], 17.5 [mmHg]이다) [5점]

정답

73.53 [%]

[해설]

$$\phi = \frac{P_w}{P_s} \times 100 \, [\%]$$

상대습도 = $\frac{17.5}{23.8} \times 100 = 73.53 \, [\%]$

용어 상대습도 : 습공기 수증기 분압과 동일온도의 포화 습공기 수증기 분압과의 비

---

04 [다음]은 수관식 보일러에 대한 설명이다 빈칸에 알맞은 말을 순서대로 적으시오. [6점]

[다음]

보유수량이 (①)서 파열 사고 시 피해가 적고, 관의 직경이 (②)서 고압용으로 적합하다. 또한, 전열면적이 (③)서 증기발생 시간이 짧고, 증발량이 많으므로 (④) 보일러에 적합하다.

정답

① 적어 / ② 작아 / ③ 넓어 / ④ 대용량

핵심이론 수관식 보일러

1) 특징
   (1) 지름이 작은 상부의 기수드럼과 하부의 물드럼 사이에 다수의 수관을 연결시켜 만든 외분식 보일러이다.
   (2) 보일러수의 유동방식에 따른 분류 : 자연순환식(급수와 관수의 비중(밀도)차에 의해 순환), 강제순환식(순환펌프에 의해 강제적으로 순환), 관류식
   (3) 드럼의 수는 그 형식에 따라 1~4개가 있다.
2) 장점
   (1) 외분식 보일러로 연소실의 형상이 다양하며 전열면적이 크다.
   (2) 전열면적이 많아 원통형에 비해 효율이 좋다.
   (3) 보유수량이 적어 파열 시 피해가 적다.
   (4) 파열 시 피해가 적어 구조상 고압 대용량에 적합하다.
   (5) 보일러수의 순환이 좋아 증기발생시간이 빠르다.
   (6) 용량에 비해 경량이다.
   (7) 효율이 좋다.

(8) 운반 설치가 용이하다.
(9) 과열기 및 공기예열기 등의 설치가 용이하다.
3) 단점
(1) 부하변동에 따른 압력 변화 및 수위변동이 크다.
(2) 부하변동에 대응하기 어렵다.
(3) 증발속도가 빨라 스케일이 부착되기 쉽다.
(4) 구조가 복잡하여 제작 및 청소, 검사 수리가 어렵다.
(5) 가격이 비싸다.
(6) 급수조절이 어렵다(연속적인 급수를 요한다).
(7) 취급에 기술을 요한다.
(8) 급수를 철저히 처리하여 사용해야만 한다.

05 스프링식 안전밸브의 증기 누설이 있다면 그 원인을 2가지 쓰시오. [5점]

정답
- 밸브디스크와 시트가 손상되었을 때
- 스프링의 탄성이 떨어졌을 때
- 공작이 불량하여 밸브디스크가 시트에 잘 맞지 않을 때
- 밸브디스크와 시트 사이에 이물질이 부착되어 있는 경우
- 밸브봉의 중심을 벗어나 밸브를 누르는 힘이 불균일할 경우

06 절탄기를 설치하였을 때 장점을 4가지만 쓰시오. [5점]

정답
- 급수온도를 상승시킬 수 있다.
- 연료를 절감할 수 있다.
- 열효율을 향상시킨다.
- 증기발생속도가 빨라진다.
- 급수와 관수의 온도차가 감소되므로 열응력을 감소시킬 수 있다.

핵심이론 절탄기(Economizer, 급수예열기)

1) 폐가스(배기가스)의 여열을 이용하여 보일러에 급수되는 급수의 예열기구
2) 절탄기 부착 시 장점
   (1) 부동팽창방지
   (2) 일시 불순물 및 경도성분 와해
   (3) 연료의 절약
   (4) 보일러 효율 및 증발력 증대
3) 절탄기 부착 시 단점
   (1) 통풍저항이 커져 통풍력이 감소한다.
   (2) 연소가스의 온도 저하로 저온 부식이 발생될 우려가 있다(저온 부식 일으키는 성분 : 황).
   (3) 연도 내의 청소 및 점검이 어려워진다.
   (4) 설비비가 비싸고 취급에 기술을 요한다.

---

07 고열원의 온도 500 [℃]와 저열원의 온도 30 [℃] 사이에서 작동유체로 1 [kg]의 공기를 사용하여 가역 카르노 사이클로서 가동되는 열기관이 매분 60사이클로 운전되고 있다. 등온팽창 후 압력과 등온압축 후의 압력이 모두 30 [Pa]이라고 하면 이 사이클에 의하여 1시간 동안 발생되는 출력은 약 몇 [kW]인가? (단, 공기의 기체상수는 287 [J/kg·K], 비열비는 1.4이다) [6점]

[정답]

441.95 [kWh]

[해설]

- 고열원의 온도 : $500 + 273.15 = 773.15 [K]$
- 저열원의 온도 : $30 + 273.15 = 303.15 [K]$

카르노 사이클은 단열 과정과 등온 과정으로 이루어져 있다.

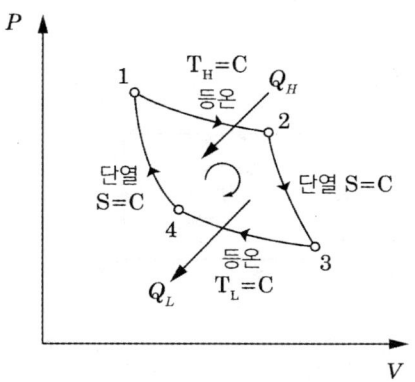 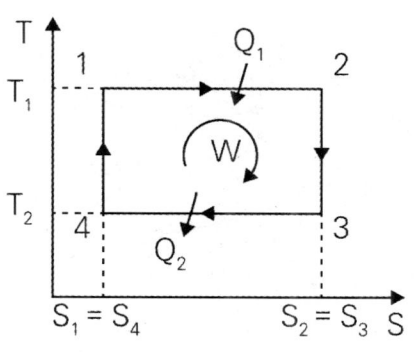

단열압축 과정(4 → 1) : $\dfrac{P_1}{P_4} = \left(\dfrac{T_1}{T_4}\right)^{\frac{k}{k-1}}$ 이므로 $\dfrac{P_1}{P_4} = \left(\dfrac{773.15}{303.15}\right)^{\frac{1.4}{1.4-1}} = 26.49$

$$Q_1 = {}_1W_2 = mRT_1 \ln\dfrac{V_2}{V_1} = mRT_1 \ln\dfrac{P_1}{P_2} = mRT_1 \ln\dfrac{P_1}{P_4}$$

$= 1 \times 287 \times 773.15 \times \ln 26.49 = 727095.17 [J] ≒ 727 [kJ]$

카르노 사이클이므로 $\dfrac{Q_2}{Q_1} = \dfrac{T_2}{T_1}$

출력 $W = Q_1 - Q_2 = Q_1 - Q_1 \times \dfrac{T_2}{T_1} = Q_1\left(1 - \dfrac{T_2}{T_1}\right) = 727 \times \left(1 - \dfrac{303.15}{773.15}\right) = 441.95 [kJ]$

1시간에 60 × 60 = 3600사이클, 1 [kWh] = 3600 [kJ]이므로

$W = 441.95 \times 3600 \times \dfrac{1}{3600} = 441.95 [kWh]$

핵심이론 카르노 사이클(Carnot Cycle)

1) 가역 사이클
2) 열기관 사이클 중에서 가장 이상적인 사이클
3) 등온 변화 2개와 가역 단열 변화(등엔트로피 변화) 2개로 구성되어 있다.
4) 열효율 $\eta_c = \dfrac{W_{net}}{Q_1} = \dfrac{Q_1 - Q_2}{Q_1} = 1 - \dfrac{Q_2}{Q_1} = 1 - \dfrac{T_2}{T_1}$
5) 카르노 사이클의 P - V선도, T - S선도

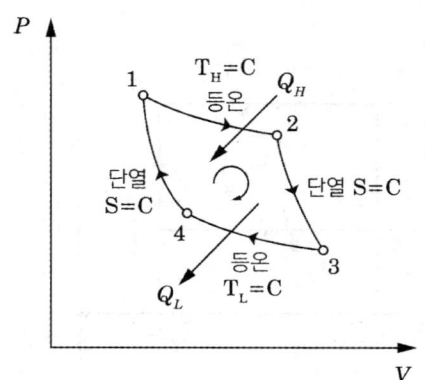 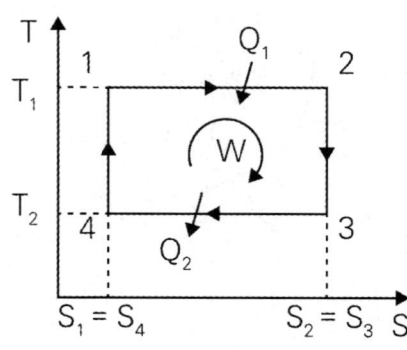

6) 가역단열 변화량(온도와 압력의 관계)

$\dfrac{T_2}{T_1} = \left(\dfrac{P_2}{P_1}\right)^{\frac{k-1}{k}}$ [k = 비열비]

---

08 내경이 20 [mm]인 배관에 10 [mm] 두께의 보온재를 감아 시공한 증기배관이 있다. 관 표면온도는 100 [℃]이고, 피복 후 보온재의 표면온도는 20 [℃]일 때, 배관의 길이가 10 [m]인 관의 표면에서 방열에 의하여 손실되는 열량은 몇 [W]인지 구하시오. (보온재의 열전도율은 0.0581 [W/m·℃]이다) [6점]

정답

421.33 [W]

[해설]

$r_1 = 0.02 \div 2 = 0.01[m]$, $r_2 = r_1 + 0.01 = 0.02[m]$

$Q_c = \dfrac{2\pi L(t_1 - t_2) \times \lambda}{\ln\left(\dfrac{r_2}{r_1}\right)} \quad \dfrac{2\pi \times 10 \times (100-20) \times 0.0581}{\ln\dfrac{0.02}{0.01}} = 421.33[W]$

핵심이론 파이프의 열전도

$$Q_c = \dfrac{2\pi L(t_1 - t_2)}{\dfrac{1}{\lambda}\ln\left(\dfrac{r_2}{r_1}\right)} = \dfrac{2\pi L(t_1 - t_2) \times \lambda}{\ln\left(\dfrac{r_2}{r_1}\right)}[W]$$

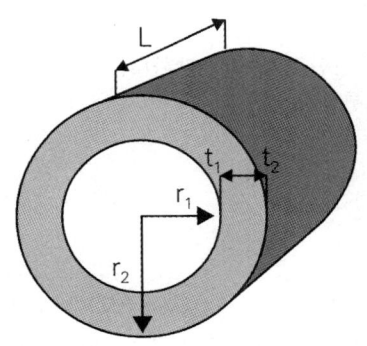

09 요업공정에 주로 사용하고 있는 내화물 소성로 중 예열대, 소성대, 냉각대의 주요 3부분으로 구성되어져 있으며 요 밖에서 대차에 적재된 피소성품은 예열대 측 입구에서 순차적으로 요에 장입되어 연속적으로 열처리를 하는 설비의 명칭을 쓰시오. [5점]

정답

터널요(Tunnel Kiln)

핵심이론 터널요(Tunnel Kiln)

가늘고 긴 터널형의 가마
1) 피열물을 실은 레일 위의 대차는 예열, 소성, 냉각 과정을 통하여 제품이 완성됨
2) 용도 : 산화염 소성인 위생도기, 건축용 도기 및 벽돌
3) 장점
   (1) 소성이 균일하며 제품의 품질이 좋다.
   (2) 소성시간이 짧다.
   (3) 대량생산이 가능하다.
   (4) 열효율이 높다.
   (5) 인건비가 절약된다.
   (6) 자동온도제어가 쉽다.
   (7) 능력에 비하여 설치면적이 적다.
   (8) 배기가스의 현열을 이용하여 제품을 예열시킨다.
4) 단점
   (1) 건설비가 비싸다.
   (2) 제품을 연속처리 해야 하여 생산조정이 곤란하다.
   (3) 제품의 품질, 크기, 형상에 제한을 받는다.
   (4) 작업자의 기술이 요구된다.
5) 구성 : 예열대, 소성대, 냉각대, 대차, 푸셔

10 중유의 구성성분 분석 결과가 C : 78 [%], H : 12 [%], O : 3 [%], S : 2 [%], 기타 : 5 [%] 일 때의 이론공기량은 몇 [Nm³/kg]인지 계산하시오. [6점]

정답

10.10 [Nm³/kg]

[해설]

$$O_0 = 1.867C + 5.6\left(H - \frac{O}{8}\right) + 0.7S$$
$$= 1.867 \times 0.78 + 5.6 \times \left(0.12 - \frac{0.03}{8}\right) + 0.7 \times 0.02 = 2.121 [Nm^3/kg]$$

$$A_0 = \frac{O_0}{0.21} = \frac{2.121}{0.21} = 10.10 [Nm^3/kg]$$

핵심이론 이론산소량(O_0) & 이론공기량(A_0)

1) 이론산소량(O_0) : 연료를 산화시키기 위한 이론적 최소 산소량
   (1) 고체 및 액체 연료
      ① 질량 계산식
   $$O_o = 2.67C + 8\left(H - \frac{O}{8}\right) + S \text{ [kg/kg]}$$
      ② 체적 계산식(연료 1 [kg]연소 시 이론산소량의 체적)
   $$O_o = 1.867C + 5.6\left(H - \frac{O}{8}\right) + 0.7S \text{ [Nm}^3\text{/kg]}$$

2) 이론공기량(A_0) : 연료를 완전연소시키는 데 필요한 이론적 최소 공기량
   이론산소량을 산소의 질량비로 나누어준다.
   (1) 고체 및 액체 연료
      ① 질량 계산식
   $$A_o = \frac{O_o}{0.232} = 11.51C + 34.48\left(H - \frac{O}{8}\right) + 4.31S \text{ kg/kg]}$$
      ② 체적 계산식
   $$A_o = \frac{O_o}{0.21} = 8.89C + 26.67\left(H - \frac{O}{8}\right) + 3.33S \text{ [Nm}^3\text{/kg]}$$

11 집진장치의 종류 5가지를 쓰시오. [5점]

정답

중력식, 원심력식, 관성식, 여과식, 세정식, 사이클론 스커러버식, 벤츄리 스크러버식, 코트렐식

핵심이론 집진장치

배기가스 중의 유해물질을 제거하여 대기오염을 방지하기 위해 설치하는 장치

1) 집진장치의 종류

건식 집진장치	습식(세정식) 집진장치	전기식 집진장치
① 중력식 　중력 침강식, 다단 침강식 ② 관성력식 　충돌식, 반전식 ③ 원심력식 　사이클론식, 멀티 사이론식 ④ 여과식(백필터 : Bag Filter) 　원통식, 평판식, 역기류 분사형 ⑤ 음파 집진장치	① 유수식 　전류형 스크루버, 로터리 스크러버, 피이보디 스크러버 ② 가압수식 　벤츄리 스크러버, 사이클론 스크러버, 제트 스크러버, 충진탑, 포종탑, 분무탑 ③ 회전식 　타이젠 워셔식, 임펄스 스크러버	코트렐 집진기 : 건식, 습식

12 보일러수 열교환기 중에서 판형 열교환기의 장점을 3가지 쓰시오. [5점]

정답

- 구조상 전열면적이 판 형태로 넓기 때문에 높은 열전달 능력을 가지고 있다.
- 판의 매수 조절이 가능하여 전열면적의 증감에 용이하다.
- 시공이 간편하다.
- 전열면의 청소와 조립이 간단하다.

핵심이론 폐열회수 열교환기 중 판형 열교환기의 장단점

1) 장점
　(1) 구조상 전열면적이 판 형태로 넓기 때문에 높은 열전달 능력을 가지고 있다.
　(2) 판의 매수 조절이 가능하여 전열면적의 증감에 용이하다.
　(3) 시공이 간편하다.
　(4) 전열면의 청소와 조립이 간단하다.
　(5) 현장에서 제작이 가능하고, 좁은 공간에 설치가 가능하다.
　(6) 고점도유체에도 적용 가능하다.

2) 단점
   (1) 구조상 판 표면과 유체의 마찰에 의한 압력손실이 크다.
   (2) 온도변화가 크거나 압력이 큰 곳에서는 내압성이 낮아 사용이 불가능하다.

13 LPG(Liquefied Petroleum Gas)의 주성분 두 가지를 화학식으로 쓰시오. [6점]

정답

C_3H_8, C_4H_{10}

TIP 프로판(C_3H_8), 부탄(C_4H_{10})

핵심이론 액화석유가스(LPG, Liquefied Petroleum Gas)

1) 주성분 : 저급 탄화수소계로서 탄소수가 3~4개이며, 프로페인(C_3H_8)과 부탄(C_4H_{10})이 주성분이며, 그 외에 프로필렌(C_3H_6), 부틸렌(C_4H_8), 부타디엔(C_4H_6) 등이 있다.
2) 액화조건 : 상온에서 6~8 [kg/cm²] 정도로 가압하여 액화시킨다.
3) 특징
   (1) 기화잠열이 커서(90~100 [kcal/kg]) 냉각제로도 이용 가능하다.
   (2) 가스의 비중은 공기보다 무겁기 때문에 누설 시 바닥에 체류하여 폭발의 위험이 크다(비중 : 1.5~2.0).
   (3) 연소속도가 완만하여 완전연소 시 많은 과잉공기가 필요하다(도시가스의 5~6배).
   (4) 인화폭발의 위험성이 크다.
   (5) 상온, 대기압에서는 기체 상태이다.
4) 주의사항
   (1) 용기의 전락 또는 충격을 피한다.
   (2) 직사광선을 피하고, 용기의 온도가 40 [℃] 이상이 되지 않게 한다.
   (3) 찬 곳에 저장하고, 공기의 유통을 좋게 한다.
   (4) 주위 2 [m] 이내에는 인화성 및 발화성 물질을 두지 않는다.
   ※ 액화석유가스(LPG)를 저장하는 가스설비의 내압성능은 상용압력의 1.5배 이상의 압력으로 내압시험을 실시했을 때 이상이 없어야 한다.

14 감압밸브를 동작방식에 따른 종류 3가지와 설치목적 3가지를 쓰시오. [6점]

> **정답**
>
> 종류 : 벨로즈식, 다이어프램식, 피스톤식
> - 고압의 증기를 저압으로 변화시킨다.
> - 2차 측 증기의 압력을 일정하게 유지시킨다.
> - 배관 비용을 절감할 수 있다.
> - 온도 조절 기능을 추가할 수 있다.

핵심이론 감압밸브

1) 증기 통로의 면적을 증감하여 유속의 변화를 일으켜 고압의 증기를 저압의 증기로 만드는 밸브이다. 보일러에서 발생된 증기를 감압밸브의 상하운동에 의한 증기 통로의 단면적을 증감시키면서 증기의 유속변화를 주어 증기의 압력을 감소시키는 기능을 하는 밸브이다.
2) 목적
   (1) 고압의 증기를 저압으로 만든다.
   (2) 고정적인 증기압력을 유지한다.
   (3) 고압, 저압 증기로 사용이 동시에 가능하다.
3) 작동방법에 의한 분류 : 벨로즈형, 다이어프램형, 피스톤형
4) 구조에 의한 분류 : 스프링식, 추식
5) 설치방법 : 감압밸브는 가능하면 사용처에 가깝게 설치한다.
6) 주의사항
   (1) 가급적 부하설비에 가깝게 설치한다.
   (2) 이물질이 끼면 감압이 되지 않으므로 반드시 스트레이너(여과기)를 설치한다.
   (3) 감압밸브 앞에는 응축수를 제거할 수 있도록 증기트랩을 설치한다.
   (4) 수평을 맞추어야 한다.
   (5) 청소 및 점검이 용이하도록 바이패스 배관을 설치한다.
   (6) 사용설비의 용량에 맞는 배관 및 밸브를 설치한다.
   (7) 밸브 전·후에 압력계를 설치하여 압력을 확인할 수 있도록 한다.
   (8) 워터해머를 방지하기 위해 편심레듀서를 설치한다.

15 대향류 열교환기를 설치하여 배기가스온도를 240 [℃]에서 130 [℃]까지 낮추고, 연소용 공기를 40 [℃]에서 90 [℃]까지 승온시켰을 때, 대수평균온도차(LMTD)를 계산하시오.

[6점]

정답

117.46 [℃]

[해설]

대향류 : 반대방향 흐름

$\Delta t_1 = 240 - 90 = 150\,[℃]$ $\Delta t_2 = 130 - 40 = 90\,[℃]$

$LMTD = \dfrac{\Delta t_1 - \Delta t_2}{\ln\dfrac{\Delta t_1}{\Delta t_2}} = \dfrac{150 - 90}{\ln\dfrac{150}{90}} = 117.46\,[℃]$

핵심이론 대수평균온도차(LMTD)

대향류(Counter Flow)

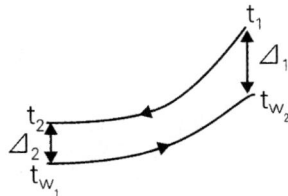

$\Delta_1 = t_1 - t_{w_2}$
$\Delta_2 = t_2 - t_{w_1}$

※ 대수평균온도차(LMTD) = $\dfrac{\Delta_1 - \Delta_2}{\ln\left(\dfrac{\Delta_1}{\Delta_2}\right)}\,[℃]$

16 다음 그림과 같이 물배관과 오일 배관 사이의 압력 차이를 이중 유체 마노미터로 측정하려고 한다. 두 탱크의 압력 P_A와 P_B의 압력 차 $\Delta P = P_B - P_A$의 값 [kPa]을 구하시오. [6점]

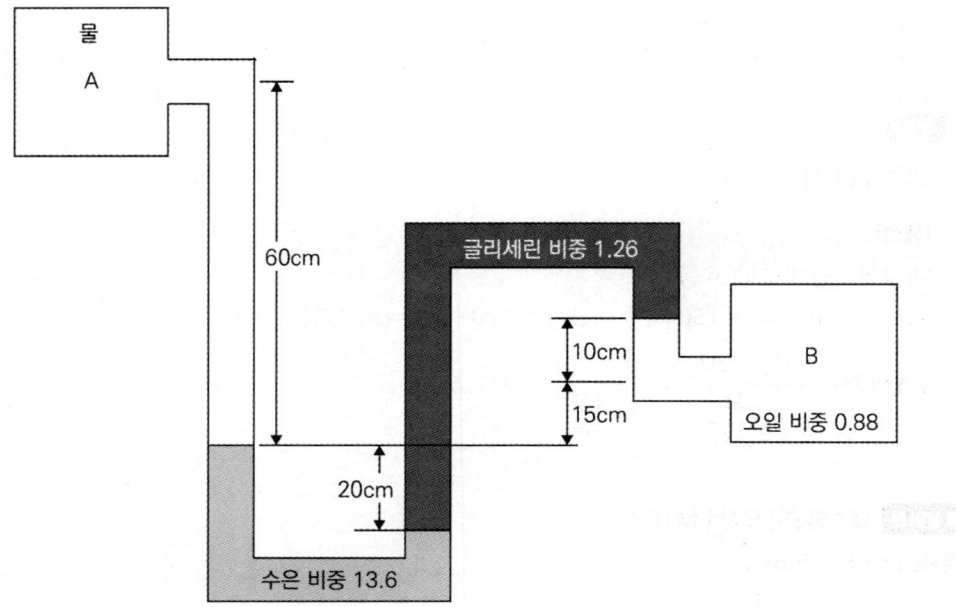

[정답]

27.84 [kPa]

[해설]

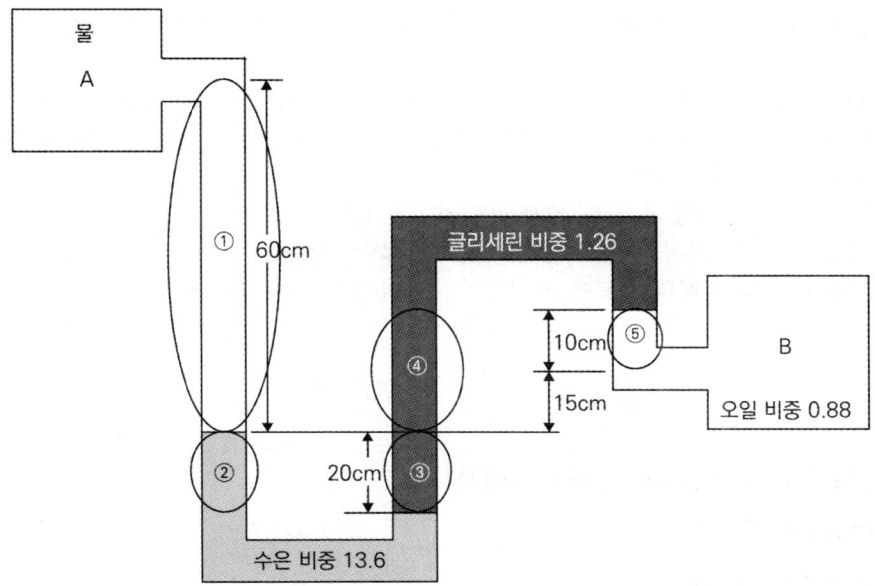

- 물의 밀도 : 1000 [kg/m³]
- 수은의 밀도 : 13600 [kg/m³]
- 글리세린의 밀도 : 1260 [kg/m³]
- 오일의 밀도 : 880 [kg/m³]

$P = \rho g h$

① $P_1 = 1000 \times 9.8 \times 0.6$ [N/m²]

② $P_2 = 13600 \times 9.8 \times 0.2$ [N/m²]

③ $P_3 = 1260 \times 9.8 \times 0.2$ [N/m²]

④ $P_4 = 1260 \times 9.8 \times 0.25$ [N/m²]

⑤ $P_5 = 880 \times 9.8 \times 0.1$ [N/m²]

$\Delta P = P_B - P_A = P_5 - P_4 - P_3 + P_2 + P_1$
$= 27841.8 \, [N/m^2] = 27841.8 \, [Pa] = 27.84 \, [kPa]$

핵심이론 마노미터

1) 마노미터(Manometer) 압력계
   (1) 압력계의 감도를 크게 하고 미소압력을 측정하기 위하여 비중이 다른 2액을 사용하여 압력을 측정한다[물(1) + 클로로포름(1.47)].
   (2) 개방형 마노미터 : 유체의 압력을 측정하고자 하는 지점에 마노미터를 연결하여 측정하는 방식
   (3) $P = \rho g h$
       (P : 압력 [Pa], ρ : 유체의 밀도 [kg/m^3], g : 중력가속도 [m/s^2], h : 마노미터 액의 높이 [m])
   (4) 밀폐형 마노미터 : 유체의 압력을 측정하고자 하는 지점에 마노미터를 연결하고, 다른 쪽 끝을 밀폐하여 측정하는 방식
       • 유체의 밀도에 관계없이 압력 계산식에 차이가 없다.
   (5) 차압 마노미터 : 두 지점 사이의 압력 차를 측정하는 방법
       • 두 지점 사이의 유체의 밀도에 관계없이 압력계산식에 차이가 없다.

---

17 다음 온도계의 측정 원리를 간단히 설명하시오. [5점]

1) 바이메탈식 온도계
2) 전기저항식 온도계
3) 방사 온도계

정답

1) 열팽창계수가 서로 다른 2개의 금속판을 접촉시켜 온도변화에 따라 다른 곡률 변화를 이용하여 온도를 계측한다.
2) 금속선의 전기저항값이 온도에 따라 다르게 변화하는 성질을 이용하여 계측한다.
3) 물체로부터 방사되는 모든 파장의 복사열을 측정하여 온도를 계측한다.

핵심이론 온도계

1) 바이메탈 온도계 : 두 개의 금속을 접합하여 온도 변화에 따라 열팽창의 정도를 이용하여 온도 측정
   (1) 두 금속의 열팽창률 차이가 크지 않아 온도 변화에 대한 응답이 느린 편이다.
   (2) 측온 범위는 -50 ~ 500 [℃]
   (3) 구조가 간단하다.
   (4) 오래 사용 시 히스테리시스 오차가 발생한다.
   (5) 온도자동 조절이나 온도 보상장치에 이용된다.
2) 저항식 온도계 : 온도에 따른 금속 저항 변화량으로 온도를 측정. 온도에 따라 저항값이 변하는 저항체를 이용
   (1) 전기신호로 온도를 출력할 수 있으므로 자동제어에 쉽게 적용할 수 있다.
   (2) 측정재료 : 백금, 니켈, 동, 서미스터
   (3) 장점 : 상온의 평균 온도계
   (4) 단점 : 전원장치 필요
3) 방사 온도계 : 측정하고자 하는 물체에서 방출되는 적외선 복사 에너지의 세기를 측정하여 온도 측정

18 연돌의 통풍력을 측정한 결과 527 [Pa], 배기가스의 평균 온도는 200 [℃], 외기온도는 20 [℃]일 때, 실제 굴뚝의 높이는 몇 [m]인가? (단, 대기의 비중량은 1.264 [kgf/m³], 배기가스의 비중량은 1.327 [kgf/m³], 실제통풍력은 이론통풍력의 80 [%]이다) [6점]

> **정답**
> 163.11 [m]

[해설]

이론통풍력 $Z = 273H \times \left[\dfrac{r_a}{T_a} - \dfrac{r_g}{T_g} \right]$ [mmH$_2$O]

1 [atm] = 760 [mmHg] = 101325 [Pa] = 101.325 [kPa] = 10.332 [mH$_2$O]

<small>☞ 백일상이오(101.325)</small>

<small>☞ 물 넣으면 삼삼(33)하다. 삼삼이(332)</small>

실제통풍력

$Z' = 0.8 \times Z = 0.8 \times 273 \times h \times \left(\dfrac{1.264}{273+20} - \dfrac{1.327}{273+200} \right) = 527 [Pa] \times \dfrac{10332 [H_2O]}{101325 [Pa]}$

$h = 163.11 [m]$

핵심이론 연돌의 이론통풍력의 계산 공식

1) 연돌의 이론통풍력의 계산 공식

$$Z = 273H \times \left[\dfrac{r_a}{T_a} - \dfrac{r_g}{T_g} \right]$$

- Z : 이론통풍력 [mmH$_2$O]
- H : 연돌의 높이 [m]
- r_a : 외기의 비중량 [kgf/m^3]
- r_g : 배기가스의 비중량 [kgf/m^3]
- T_a : 외기의 절대온도 [K]
- T_g : 배기가스의 절대온도 [K]

2) 연돌의 높이

$$H = \dfrac{Z}{273 \left(\dfrac{\gamma_a}{T_a} - \dfrac{\gamma_g}{T_g} \right)}$$

- Z : 이론통풍력 [mmH$_2$O]
- H : 연돌의 높이 [m]
- r_a : 외기의 비중량 [kgf/m^3]
- r_g : 배기가스의 비중량 [kgf/m^3]
- T_a : 외기의 절대온도 [K]
- T_g : 배기가스의 절대온도 [K]

실전 모의고사 제3회

01 온도가 20 [℃]의 물 10 [kg]을 가열하여 100 [℃]의 수증기로 모두 만들었을 때, 가열열량 [kJ]을 구하시오. (단, 물의 비열은 4.186 [kJ/kg·℃]이고, 증발잠열은 2256 [kJ/kg]이다) [6점]

[정답]

25908.8 [kJ]

[해설]

$Q = Cm\Delta t + \gamma m = 4.186 \times 10 \times (100 - 20) + 2256 \times 10 = 25908.8 [kJ]$

02 프로페인 1 [Nm³]을 공기 중에서 완전연소시킬 때 필요한 이론공기량 [Nm³]을 계산하시오. [6점]

[정답]

23.81 [Nm³/Nm³]

[해설]

$C_3H_8 + 5O_2 \rightarrow 3CO_2 + 4H_2O$

$O_0 = 5 [Nm^3/Nm^3]$

$A_0 = \dfrac{O_0}{0.21} = \dfrac{5}{0.21} = 23.81 [Nm^3/Nm^3]$

핵심이론 | 이론공기량

1) 이론산소량(O_0) : 연료를 산화시키기 위한 이론적 최소 산소량
2) 이론공기량 = 이론산소량 ÷ 산소비율
3) 이론공기량(A_0) : 연료를 완전연소시키는 데 필요한 이론적 최소 공기량
   이론산소량을 산소의 질량비로 나누어준다.
   (1) 고체 및 액체 연료
   ① 질량 계산식

$$A_o = \frac{O_o}{0.232} = 11.51C + 34.48\left(H - \frac{O}{8}\right) + 4.31S \text{ [kg/kg]}$$

   ② 체적 계산식

$$A_o = \frac{O_o}{0.21} = 8.89C + 26.67\left(H - \frac{O}{8}\right) + 3.33S \text{ [Nm}^3\text{/kg]}$$

03 오리피스 유량계의 장점을 3가지 쓰시오. [6점]

정답
- 제작이 쉽다
- 설치가 간편하다.
- 가격이 저렴하다.

핵심이론 | 오리피스 유량계
1) 관로에 오리피스판을 설치하여 유체의 흐름에 의해 발생하는 압력 차를 측정하여 유량을 계산한다.
2) 측정원리 : 유체가 흐르고 있는 관로에 설치하여 오리피스 전·후의 유속변화로 인한 차압을 측정함으로써 유량은 차압의 제곱근에 비례하는 함수를 이용하여 유량을 측정한다.

04 스폴링에 대해 간단히 설명하시오. [5점]

정답

온도 차이에 의해 열응력이 발생하여 균열이 일어나거나 쪼개어지는 등 변형되어 손상되는 현상을 뜻한다.

핵심이론 스폴링(Spalling)현상(박락현상)

1) 불균일한 가열 또는 냉각 등으로 발생하는 열팽창의 차에 의하여 내화재의 변형과 균열이 생기는 현상
2) 급격한 온도차로 벽돌에 균열이 생기고 표면이 갈라져서 떨어지는 현상으로 주변에 오래된 건물 내외부에서 쉽게 확인할 수 있는 현상이다.
3) 열적(열팽창) 스폴링, 조직적(화학적) 스폴링, 기계적(축요불량) 스폴링으로 구분된다. 체적 변화로 분화가 되어서 떨어져 나가는 노벽의 균열과 붕괴하는 현상이다.
4) 단열효과는 스폴링현상을 방지한다.

05 전기식 집진장치의 동작원리에 대한 설명이다. 알맞은 말로 쓰시오. [5점]

전기집진기의 주요작용은 전기력이며, 전기력에 의한 분진 포집원리는 코로나의 (①)의 형성, 분진의 (②), 대전입자의 (③), 집진극의 (④)으로 이루어진다.

정답

① 방전 ② 이온화 ③ 음극 ④ 양극

핵심이론 | 전기식 집진장치

1) 분진을 코로나(Corona) 방전에 의하여 하전시키고, 쿨롱(Coulomb)힘을 이용하여 집진하는 방식이다.
2) 현재까지 가장 많이 사용하고 있는 집진장치로 집진효율도 높다.
3) 형식의 분류 : 하전형식 및 건식, 습식
4) 습식은 건식에 비해 집진극 면이 깨끗하여 항산 강전계를 이루며 처리가스속도도 2배 이상 높일 수 있다.
5) 습식은 대량의 폐기물(슬러지)을 생성하는 문제가 있다.
6) 배기가스의 온도는 500[℃] 전후이다.
7) 폭발성 가스까지 처리된다.
8) 각종 공기조화장치나 제약회사, 병원의 수술실 등에서 많이 이용된다.
9) 집진효율이 99.9[%] 이상이다.
10) 전기집진장치에서 포집입자의 직경은 0.1[μm] 이하의 미세입자까지도 포집이 가능하다.
11) 미세입자의 포집도 가능하다.
12) 압력손실이 적어 송풍기에 따른 동력비가 적게 든다.
13) 낮은 압력손실로 대량의 가스처리가 가능하다.
14) 처리가스량이 많아 경제적이어서 대용량의 고성능 집진장치로 많이 이용된다.
15) 전기집진기를 통과할 때 다이옥신이 생성된다.
16) 처리가스의 속도가 크면 재비산이 발생한다.
17) 건식에서는 1~2[m/s] 이하로 정한다. 이 범위에서는 하전시간이 많을수록 더욱 집진효율이 높아진다.
18) 고전압장치 및 정전설비를 갖추어야 한다.
19) 시설비가 매우 많이 든다.

---

06 노통보일러의 방폭문의 기능을 쓰시오. [5점]

정답

보일러 연소실 내부에서 미연소가스로 인한 폭발가스를 보일러 밖으로 배출시켜 보일러 내부의 파열을 방지하기 위한 장치이다.

07 어떤 유체의 비중을 측정하기 위하여 비중계를 사용하려고 한다. 유리관의 단면적은 4 [cm^2]이며, 비중계의 질량은 0.04 [kg]인 비중계를 사용한다고 할 때, 물에 비중계를 담가 수위를 기준점 0으로 하고, 유체에 담가 놓으니 수위가 2 [cm] 올라가 평형을 이루고 있다고 한다. 이 유체의 비중은 얼마인가? [6점]

정답

0.83

[해설]

물의 비중 : 1, 비중계의 높이 : h$_1$, 밀도 : $\rho = 1,000 [kg/m^3]$
액체의 비중 : x, 비중계의 높이 : h$_2$ = h$_1$ + 2

- 물속에 잠긴 비중계의 높이 계산

  $m = \rho A h_1$

  $0.04 = 1,000 \times 4 \times (10^{-2})^2 \times h_1$

  $h_1 = 0.1 [m] = 10 [cm]$

- h$_1$ = 10 [cm], h$_2$ = 10 + 2 = 12 [cm]

- $\dfrac{x}{1} = \dfrac{h_1}{h_2} = \dfrac{10}{12} = 0.83$

08 액체연료의 중량조성이 다음과 같다고 할 때, 이 액체연료 1 [kg]을 완전연소시켰을 때의 고위발열량 [kJ/kg]을 구하시오. [6점]

- 중량조성 분석 결과
  C : 60 [%], H : 5 [%], S : 2 [%], O : 10 [%], N : 8 [%], w : 15 [%]
- 연소반응식

  $C + O_2 \rightarrow CO_2 + 34200 [kJ/kg]$

  $H_2 + \dfrac{1}{2} O_2 \rightarrow H_2O + 142120 [kJ/kg]$

  $S + O_2 \rightarrow SO_2 + 10450 [kJ/kg]$

정답

26058.5 [kJ/kg]

[해설]

$$H_h = 34200C + 142120\left(H - \frac{O}{8}\right) + 10450S$$
$$= 34200 \times 0.6 + 142120\left(0.05 - \frac{0.1}{8}\right) + 10450 \times 0.02$$
$$= 26058.5 \, [kJ/kg]$$

TIP Dulong의 식을 kJ단위로 바꾸기 위해서는 4.18을 곱해야 한다.

핵심이론 발열량

연료의 단위중량(1 [kg]), 단위체적(1 [Nm³])의 연료가 완전연소 시 발생하는 전열량 [kcal]이다.
1) 종류
   (1) 고위발열량(H_h) : 수증기의 증발잠열을 포함한 연소열량
   (2) 저위발열량(H_L) : 수증기의 증발잠열을 포함하지 않은 연소열량

핵심이론 Dulong의 식

성분의 질량비로부터 고위발열량을 계산하는 식

$$H_h = 8100C + 34000\left(H - \frac{O}{8}\right) + 2500S \, [\text{kcal/kg}]$$

C, H, O, S : 연료 중 각 성분의 질량비 [kg/kg]

09 온도차가 200 [℃]이고, 열전도율 0.1 [W/m·K], 두께가 20 [cm]인 단열재 벽을 통한 열유속과 온도차가 400 [℃]이고 열전도율 0.2 [W/m·K]인 어떤 단열재 벽을 통한 열유속이 같다고 한다면 단열재 벽의 두께는 몇 [m]인가? [7점]

정답

0.8 [m]

[해설]

전도열 공식 $Q = \dfrac{\lambda}{L} A \Delta t \, [W]$

열유속 = 단위면적당 통과열량 = $\dfrac{Q}{A} = \dfrac{\lambda \cdot \Delta t}{d}$

$\dfrac{\lambda_1 \cdot \Delta t_1}{d_1} = \dfrac{\lambda_2 \cdot \Delta t_2}{d_2}$

$\dfrac{0.1 \times 200}{0.2} = \dfrac{0.2 \times 400}{d_2}$

$d_2 = 0.8 \, [m]$

핵심이론 전도(Conduction)

푸리에의 열전도 법칙(Fourier Heat Conduction Law)

$Q = \dfrac{\lambda}{L} A \Delta t \, [W]$

- Q : 전도열량 [W]
- λ : 열전도계수 [W/m·K]
- L : 물질의 두께 [m]
- A : 전열면적 [m^2]
- Δt : 물질의 표면온도 [K]

---

10 보일러의 열정산 시 출열 항목 중 열손실에 해당하는 것을 3가지만 쓰시오. [5점]

정답

- 배기가스에 의한 손실열
- 불완전연소에 의한 손실열
- 방사에 의한 손실열
- 미연분에 의한 손실열

핵심이론 열정산의 결과 표시

1) 입열 항목
   (1) 연료의 저위발열량(연료의 연소열) : 입열 항목 중 가장 큰 부분을 차지
   (2) 연료의 현열
   (3) 공기의 현열
   (4) 노 내 분입증기 보유열
2) 출열 항목
   (1) 미연소분에 의한 열손실
   (2) 불완전연소에 의한 열손실
   (3) 노벽 방사 전도에 의한 열손실
   (4) 배기가스에 의한 열손실 : 출열 항목 중 배기에 의한 손실이 가장 큰 부분을 차지한다.
   (5) 과잉공기에 의한 열손실
   (6) 발생증기(수증기) 보유열
   (7) 건연소배기가스의 현열
3) 순환열 : 설비 내에서 순환하는 열
   (1) 공기예열기 흡수 열량
   (2) 축열기 흡수 열량
   (3) 과열기 흡수 열량

11 오리피스 유량계의 측정원리를 간단하게 쓰시오. [5점]

정답

유체가 흐르고 있는 관로에 설치하여 오리피스 전·후의 유속변화로 인한 차압을 측정함으로써, 유량은 차압의 제곱근에 비례하는 함수를 이용하여 유량을 측정한다.

핵심이론 오리피스 유량계

관로에 오리피스판을 설치하여 유체의 흐름에 의해 발생하는 압력 차를 측정하여 유량을 계산한다.
1) 장점
   (1) 제작이 쉽다.
   (2) 설치가 간편하다.
   (3) 가격이 저렴하다.
2) 측정원리
   유체가 흐르고 있는 관로에 설치하여 오리피스 전·후의 유속변화로 인한 차압을 측정함으로써, 유량은 차압의 제곱근에 비례하는 함수를 이용하여 유량을 측정한다.

12 건도 0.75 증기를 이용하여 매시간 급수량 3 [t/h]를 30 [℃]에서 80 [℃]로 가열하는 열교환기이다. 이때 발생하는 응축수량은 몇 [kg/h]인지 구하시오. (같은 압력의 포화증기 엔탈피는 2500 [kJ/kg], 포화수 엔탈피는 680 [kJ/kg], 액체의 비열은 6 [kJ/kg·℃]이다)

[5점]

정답

659.34 [kg/h]

[해설]

열교환기 $Q_1 = Q_2$

온도상승에 필요한 열량 $Q_1 = C \cdot m_1 \cdot \Delta t$

증발에 쓰인 열량 $Q_2 = m_2 \cdot R = m_2 \times x(h_2 - h_1)$

$6 \times 3000 \times (80 - 30) = m_2 \times 0.75 \times (2500 - 680)$

$m_2 = 659.34 \, [kg/h]$

13 보온재의 열전도율을 낮추기 위한 조건으로 보온재의 온도와 습도 밀도는 각각 어떻게 변화하여야 하는가?

[5점]

정답

온도는 낮아져야 하고, 습도도 낮아져야 하며, 보온재의 밀도는 작아져야 한다.

핵심이론 보온재의 열전도율이 작아지는 조건

- 온도가 낮을수록
- 두께가 두꺼울수록
- 밀도가 낮을수록
- 습도가 낮을수록(수분이 적을수록)
- 기공률이 클수록

14 「에너지이용합리화법」에 따라 강철제 보일러의 최고사용압력이 다음과 같은 경우 각각의 수압시험압력은 몇 [MPa]이어야 하는가? [5점]

> 1) 최고사용압력이 0.3 [MPa]인 경우
> 2) 최고사용압력이 1 [MPa]인 경우
> 3) 최고사용압력이 2 [MPa]인 경우

정답

1) 0.6 [MPa]   2) 1.6 [MPa]   3) 3 [MPa]

[해설]

1) P × 2이므로 0.3 × 2 = 0.6 [MPa]
2) P × 1.3 + 0.3이므로 1 × 1.3 + 0.3 = 1.6 [MPa]
3) P × 1.5이므로 2 × 1.5 = 3 [MPa]

핵심이론 수압시험압력

보일러의 종류	최고사용압력(P)	수압시험압력
강철제	0.43 [MPa] 이하	P × 2
	0.43 [MPa] 초과 1.5 [MPa] 이하	P × 1.3 + 0.3
	1.5 [MPa] 초과	P × 1.5
주철제	0.43 [MPa] 이하	P × 2
	0.43 [MPa] 초과	P × 1.3 + 0.3

15 보일러설비에 공급되는 급수 중에 부식의 원인이 되는 용존산소를 제거하기 위한 탈산소제의 종류 3가지만 쓰시오. [6점]

정답

아황산나트륨(아황산소다), 하이드라진, 탄닌

핵심이론 | 보일러 내처리제(청관제)와 그 작용

1) pH 및 알칼리 조정제 : 수산화나트륨(가성소다), 탄산나트륨, 인산나트륨, 인산, 암모니아
2) 연화제 : 수산화나트륨, 탄산나트륨, 인산나트륨
3) 슬러지 조정제 : 탄닌, 리그닌, 전분
4) 탈산소제 : 아황산나트륨, 하이드라진(N_2H_4), 탄닌
5) 가성취화방지제 : 황산나트륨, 인산나트륨, 질산나트륨, 탄닌, 리그닌
6) 기포방지제 : 고급 지방산 폴리아민, 고급 지방산 폴리알콜

---

16 연돌 출구에서 배기가스의 평균온도가 150 [℃]이고, 배기가스의 유속이 7.8 [m/s]이다. 연소가스가 15000 [Nm³/h] 흐르고 있는 경우 연돌의 상부 최소단면적 [m²]을 구하시오.

[6점]

정답

0.83 [m²]

[해설]

압력에 대한 조건이 없으므로 대기압 1 [atm] = 760 [mmHg]으로 가정한다.

$A = \dfrac{G(1+0.0037t_g)}{3600\,V}\,[m^2]$ 이므로 $A = \dfrac{15000 \times (1+0.0037 \times 150)}{3600 \times 7.8} = 0.83\,[m^2]$

핵심이론 | 연돌의 상부단면적 계산 공식

$$A = \dfrac{G(1+0.0037t_g)\dfrac{P_g}{760}}{3,600\,V}\,[m^2]$$

- G : 연소가스량 [Nm³/h]
- t_g : 배기가스온도 [℃]
- P_g : 배기가스 압력 [mmHg]
- V : 배기가스 유속 [m/s]

17 열전대 온도계의 구비조건을 4가지만 쓰시오. [5점]

> **정답**
> - 온도상승에 따른 열기전력이 커야 한다.
> - 내열성이 커야 한다.
> - 내식성이 커야 한다.
> - 재생도가 커야 한다.
> - 장기간 사용해도 변형이 없어야 한다.
> - 열전도율이 작아야 한다.
> - 전기저항, 전기저항 온도계수가 작아야 한다.

핵심이론 열전대 온도계

두 개의 금속을 접합하여 생기는 열전압(기전력)을 이용하여 온도를 측정(제백효과)
1) 특징
  (1) 내구성이 뛰어나고, 다양한 온도 범위에서 사용할 수 있다.
  (2) 비교적 높은 온도 측정에 사용
  (3) 열기전력이 크고 온도증가에 따라 연속적으로 상승해야 한다.
  (4) 기준접점의 온도를 일정하게 유지해야 한다.
  (5) 장점 : 좁은 장소의 온도 계측
  (6) 단점 : 기준 접점장치 필요

18 온도 350 [℃], 정적비열 C_v = 0.72 [kJ/kg·K]인 산소 10 [kg]이 $PV^{1.3} = C$인 폴리트로픽 변화를 거쳐 90 [kgf·km]의 일을 하였다. 이때 엔트로피 변화량은 몇 [kJ/K]인지 계산하시오. (단, 산소의 기체상수 R = 0.26 [kJ/kg·K]이며, 비열비는 1.4로 한다) [6점]

[정답]

0.43 [kJ/K]

[해설]

외부에 한 일 $_1W_2 = 90000 \times 9.8 = 882000[J] = 882[kJ]$

폴리트로픽 변화에서

$_1W_2 = \dfrac{1}{n-1} \cdot m \cdot R(T_1 - T_2) = \dfrac{1}{1.3-1} \times 10 \times 0.26 \times (623.15 - T_2)$

$T_2 = 521.38[K]$

$\Delta S = mC_v \dfrac{n-k}{n-1} \ln \dfrac{T_2}{T_1} = 10 \times 0.72 \times \dfrac{1.3-1.4}{1.3-1} \times \ln \dfrac{521.38}{623.15} \fallingdotseq 0.43[kJ/K]$

핵심이론 | 이상기체 가역 변화에 대한 관계식

구분	정적 변화	정압 변화	정온 변화	단열 변화	폴리트로픽 변화
P, v, T 관계	$v = C$ $dv = 0$ $\dfrac{P_1}{T_1} = \dfrac{P_2}{T_2}$	$P = C$ $dP = 0$ $\dfrac{v_1}{T_1} = \dfrac{v_2}{T_2}$	$T = C$ $dT = 0$ $Pv = P_1v_1 = P_2v_2$	$Pv^k = C$ $\dfrac{T_2}{T_1} = \left(\dfrac{v_1}{v_2}\right)^{k-1}$ $= \left(\dfrac{P_2}{P_1}\right)^{\frac{k-1}{k}}$	$Pv^n = C$ $\dfrac{T_2}{T_1} = \left(\dfrac{v_1}{v_2}\right)^{n-1}$ $= \left(\dfrac{P_2}{P_1}\right)^{\frac{n-1}{n}}$
외부에 하는 일(팽창) $_1w_2 = \int Pdv$	0	$P(v_2 - v_1)$ $= R(T_2 - T_1)$	$P_1v_1 \ln \dfrac{v_2}{v_1}$ $= P_1v_1 \ln \dfrac{P_1}{P_2}$ $= RT \ln \dfrac{v_2}{v_1}$ $= RT \ln \dfrac{P_1}{P_2}$	$\dfrac{1}{k-1}(P_1v_1 - P_2v_2)$ $= \dfrac{RT_1}{k-1}\left[1 - \dfrac{T_2}{T_1}\right]$ $= \dfrac{RT_1}{k-1}\left[1 - \left(\dfrac{v_1}{v_2}\right)^{k-1}\right]$ $= \dfrac{RT_1}{k-1}\left[1 - \left(\dfrac{P_2}{P_1}\right)^{\frac{k-1}{k}}\right]$ $= \dfrac{R}{k-1}(T_1 - T_2)$ $= C_V(T_1 - T_2)$	$\dfrac{1}{n-1}(P_1v_1 - P_2v_2)$ $= \dfrac{P_1v_1}{n-1}\left[1 - \left(\dfrac{T_2}{T_1}\right)\right]$ $= \dfrac{R}{n-1}(T_1 - T_2)$
공업일 (압축일) $w_t = -\int vdP$	$v(P_1 - P_2)$ $= R(T_1 - T_2)$	0	$_1w_2$	k_1w_2	n_1w_2
비내부 에너지의 변화량 $(u_2 - u_1)$	$C_v(T_2 - T_1)$ $= \dfrac{R}{k-1}(T_2 - T_1)$ $= \dfrac{1}{k-1}v(P_2 - P_1)$	$C_v(T_2 - T_1)$ $= \dfrac{1}{k-1}P(v_2 - v_1)$	0	$-_1W_2 = u_2 - u_1$	$C_v(T_2 - T_1)$

구분	정적 변화	정압 변화	정온 변화	단열 변화	폴리트로픽 변화
비엔탈피 (단위질량당 엔탈피)의 변화량 $(h_2 - h_1)$	$C_p(T_2 - T_1)$ $= \dfrac{k}{k-1}R(T_2 - T_1)$ $= \dfrac{k}{k-1}v(P_2 - P_1)$ $= k(u_2 - u_1)$	$C_p(T_2 - T_1)$ $= \dfrac{k}{k-1}P(v_2 - v_1)$ $= k(u_2 - u_1)$	0	$h_2 - h_1$	$C_p(T_2 - T_1)$
외부에서 얻은 열 $(_1q_2)$	$u_2 - u_1$	$h_2 - h_1$	$_1w_2 = w_t$	0	$C_n(T_2 - T_1)$
n	∞	0	1	k	$(-\infty, \infty)$
비열(C)	C_v	C_p	∞	0	$C_n = C_v \dfrac{n-k}{n-1}$
엔트로피 변화량 $(S_2 - S_1)$	$C_v \ln \dfrac{T_2}{T_1}$ $= C_v \ln \dfrac{P_2}{P_1}$	$C_p \ln \dfrac{T_2}{T_1}$ $= C_p \ln \dfrac{v_2}{v_1}$	$R \ln \dfrac{v_2}{v_1}$ $= R \ln \dfrac{P_1}{P_2}$	0	$C_n \ln \dfrac{T_2}{T_1}$ $= C_v(n-k)\ln \dfrac{v_1}{v_2}$ $= C_v \dfrac{n-k}{n} \ln \dfrac{P_2}{P_1}$

실전 모의고사 제4회

에·너·지·관·리·기·사

1회독	시간 :	점수 :
2회독	시간 :	점수 :
3회독	시간 :	점수 :

01 보일러의 자동제어 패널을 제어하는 인터록(Interlock)의 종류 중 다음의 설명에 맞는 인터록의 명칭을 쓰시오. [5점]

1) 보일러수위 감소가 심하여 안전저수위가 될 경우 전자밸브를 닫아 연소를 중단하여 보일러 운전을 정지시킨다.

2) 증기압력이 제한압력을 초과할 경우 전자밸브를 닫아 연소를 중단하여 보일러 운전을 정지시킨다.

3) 주 버너에서 연료를 분사시켜 소정의 시간이 경과하여도 착화에 실패하거나 연소 중 어떠한 원인으로 화염이 소멸할 경우 전자밸브를 닫아 버너에서의 연료 분사를 중단시킨다.

정답
1) 저수위 인터록 2) 압력초과 인터록 3) 불착화 인터록

핵심이론 인터록(Interlock)제어
어떤 일정한 조건이 충족되지 않으면 다음 단계의 동작이 작동하지 못하도록 저지하는 것으로 보일러의 안전한 운전을 위하여 반드시 필요한 제어

02 유수분리기의 기능에 대하여 간단하게 쓰시오. [6점]

정답
기름에 함유된 물을 분리하여 배출시켜 오일의 연소가 원활하게 이루어질 수 있도록 한다.

03 중유를 사용하는 보일러의 배기가스온도가 240 [℃]로 배출되고 있다. 연소용 공기를 예열하는 대향류 열교환기를 설치하여 배기가스온도를 160 [℃]까지 낮추게 되었을 때 연소용 공기는 20 [℃]에서 90 [℃]까지 상승하였다고 한다. 이때의 대수평균온도차를 계산하시오.

[5점]

[정답]

144.94 [℃]

[해설]

대수평균온도차(LMTD), 대향류 열교환기는 흐름의 방향이 반대이다.

$\Delta t_1 = 240 - 90 = 150\,[℃]$

$\Delta t_2 = 160 - 20 = 140\,[℃]$

$LMTD = \dfrac{\Delta t_1 - \Delta t_2}{\ln\dfrac{\Delta t_1}{\Delta t_2}} = \dfrac{150 - 140}{\ln\dfrac{150}{140}} ≒ 144.94\,℃$

핵심이론 대수평균온도차(LMTD)

대향류(Counter Flow)

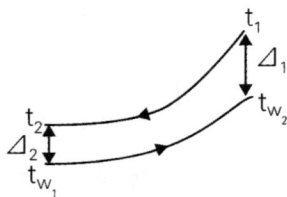

$\Delta_1 = t_1 - t_{w_2}$

$\Delta_2 = t_2 - t_{w_1}$

※ 대수평균온도차(LMTD) = $\dfrac{\Delta_1 - \Delta_2}{\ln\left(\dfrac{\Delta_1}{\Delta_2}\right)}\,[℃]$

04 저위발열량이 25000 [kJ/kg]인 연료를 한시간당 100 [kg] 소비한다고 할 때, 입구의 급수 엔탈피가 80 [kJ/kg], 출구의 수증기 상태의 엔탈피가 3000 [kJ/kg]이다. 보일러 열효율이 65 [%]일 때 수증기량 [kg/h]은 얼마인가? [5점]

정답

556.51 [kg/h]

[해설]

열효율 $\eta_B = \dfrac{G_a(h_2 - h_1)}{G_f \times H_\ell} \times 100\,[\%]$

$65 = \dfrac{x \times (3000 - 80)}{100 \times 25000} \times 100$

$x = 556.51\,[kg/h]$

핵심이론 보일러효율

$\eta_B = \dfrac{G_a(h_2 - h_1)}{G_f \times H_\ell} \times 100\,[\%]$

$\quad = \dfrac{G_e \times 2256}{G_f \times H_\ell} \times 100\,[\%]$

- G_a : 실제증발량 [kg/h]
- G_e : 상당증발량 [kg/h]
- h_1 : 급수의 비엔탈피 [kJ/kg]
- h_2 : 증기의 비엔탈피 [kJ/kg]
- G_f : 연료사용량 [kg/h]
- H_ℓ : 연료발열량 [kJ/kg]

05 액체연료의 중량조성이 다음과 같다고 할 때, 이 액체연료 1 [kg]을 완전연소시켰을 때의 고위발열량 [kJ/kg]과 저위발열량 [kJ/kg]을 구하시오. [5점]

- 중량조성 분석 결과
  C : 55 [%], H : 4 [%], S : 2 [%], O : 10 [%], N : 9 [%], w : 20 [%]
- 연소반응식

  $C + O_2 \rightarrow CO_2 + 33858\,[kJ/kg]$

  $H_2 + \dfrac{1}{2}O_2 \rightarrow H_2O + 142120\,[kJ/kg]$

  $S + O_2 \rightarrow SO_2 + 10450\,[kJ/kg]$

정답

고위발열량 : 22739.2 [kJ/kg], 저위발열량 : 21332.43 [kJ/kg]

[해설]

$$H_h = 33858\,C + 142120\left(H - \dfrac{O}{8}\right) + 10450\,S$$

$$= 33858 \times 0.55 + 142120\left(0.04 - \dfrac{0.1}{8}\right) + 10450 \times 0.02$$

$$= 22739.2\,[kJ/kg]$$

$$H_L = H_h - 2512(9H + W) = 22739.2 - 2512(9 \times 0.04 + 0.2) = 21332.43\,[kJ/kg]$$

핵심이론 발열량

연료의 단위중량(1 [kg]), 단위체적(1 [Nm³])의 연료가 완전연소 시 발생하는 전열량 [kcal]이다.

1) 종류

   (1) 고위발열량(H_h) : 수증기의 증발잠열을 포함한 연소열량

   (2) 저위발열량(H_L) : 수증기의 증발잠열을 포함하지 않은 연소열량

   $H_\ell = H_h - 600(9H + W)\,[kcal/kg]$
   $\quad = H_h - 2512(9H + W)\,[kJ/kg]$
   $H_\ell = H_h - 480 \times (H_2O\text{몰수})\,[kcal/Nm^3]$

   H, W : 연료 중 각 성분의 질량비 [kg/kg]

2) Dulong의 식

   $H_h = 8100\,C + 34000\left(H - \dfrac{O}{8}\right) + 2500\,S\,[kcal/kg]$

   C, H, O, S : 연료 중 각 성분의 질량비 [kg/kg]

06 두께가 16 [mm]인 강판을 한 줄 겹치기 리벳이음을 하였다. 리벳 첨 이후의 리벳의 직경이 20 [mm]이며, 피치를 54 [mm], 1피치마다 하중이 800 [kg]이라고 할 때의 이 강판에 생기는 인장응력 [kg/mm²]과 이 강판의 효율 η [%]을 구하시오. [6점]

[정답]

인장응력 1.47 [kg/mm²], 효율 62.96 [%]

[해설]

인장응력 $\sigma_t = \dfrac{W}{(P-d)t} = \dfrac{800[kg]}{(54-20)[mm] \times 16[mm]} \fallingdotseq 1.47\,[kg/mm^2]$

효율 $\eta = \dfrac{P-d}{P} = 1 - \dfrac{d}{P} = 1 - \dfrac{20}{54} = 0.6296$ ∴ 62.96 [%]

핵심이론 강판의 인장응력

1) 강판의 인장응력 : $\sigma = \dfrac{W}{A} = \dfrac{W}{(P-d)t}$

2) 강판의 효율

$$\eta = \dfrac{P-d}{P} = 1 - \dfrac{d}{P}$$

- η : 효율
- P : 관 구멍의 피치 [mm]
- d : 관 구멍의 지름 [mm]

용어 피치(p) : 인접한 두 구멍 중심 사이의 거리

07 강관배관의 부식의 종류 중 균열을 수반하지 않는 국부부식의 종류를 5가지 쓰고 각각에 대하여 간단히 설명하시오. [6점]

정답
- 접촉부식 : 이종 금속이 용액에 접촉하게 되면 서로 다른 금속 간의 전위차로 인하여 금속이 국부적으로 부식되는 현상
- 전식 : 외부 전원으로부터 누설된 전류에 의하여 전해가 일으키게 되어 금속이 부식되는 현상
- 틈새부식 : 금속과 금속 또는 금속과 비금속체 사이에 틈새가 있으면 그곳에 전해질 수용액이 들어가 금속이 부식되는 현상
- 입계부식 : 금속의 경계부가 부식 매체로 인하여 선택적으로 부식되는 현상
- 선택부식 : 합금성분 중 특정 성분만 용해하여 내식성이 약한 금속부분이 선택적으로 부식되는 현상

08 온도 30 [℃]인 어떤 실내의 표면온도가 300 [℃]인 방열면이 있을 때, 복사에 의한 방열량은 자연대류에 의한 방열량의 몇 배가 되는지 계산하시오. [7점]

- 표면의 복사율 : 0.9
- 자연대류에 의한 열 전달율 : 5.56 [W/m² · ℃]
- 흑체복사정수 : 5.7 × 10⁻⁸ [W/m² · K⁴]

정답
3.40배

[해설]
1) 복사에 의한 방열량 : 스테판 볼츠만의 법칙
$Q = \epsilon \sigma A (T_1^4 - T_2^4) = 0.9 \times 5.7 \times 10^{-8} \times A \times [(300+273.15)^4 - (30+273.15)^4]$
$= 5102.67 A [W]$

2) 자연대류에 의한 방열량
$Q = h_c \cdot \Delta t \cdot A = 5.56 \times (300-30) \times A = 1501.2 A [W]$

$\dfrac{5102.67 A}{1501.2 A} = 3.399 ≒ 3.40$배

핵심이론 | 전도 대류 복사

1) 전도(Conduction)
   (1) 전도 : 매질 내 자유전자 간의 미세한 충돌과 상호작용을 통해 열이 전달되는 현상으로, 주로 고체에서 중요한 열전달방식이다.
   (2) 푸리에의 열전도 법칙(Fourier Heat Conduction Law)

   $$Q = \lambda A \frac{\Delta t}{L} [W]$$

   - Q : 전도열량 [W]
   - λ : 열전도계수 [W/m·K]
   - L : 물질의 두께 [m]
   - A : 전열면적 [m²]
   - Δt : 물질의 표면온도 [K]

2) 대류(Convection)
   (1) 유체가 움직이면서 열을 함께 옮기는 현상으로, 온도 차이에 따른 밀도 변화도 인해 발생한다.
   (2) 뉴턴의 냉각 법칙(스크러버ton's Cooling Law)

   $$Q = \alpha A (t_w - t_\infty) [W]$$

   - α : 대류열전달계수 [W/m²·K]
   - A : 대류전열면적 [m²]
   - t_w : 벽면온도 [K]
   - t_∞ : 유체온도 [K]

3) 복사(Radiation)
   (1) 물질의 이동이나 매질 없이, 물체가 전자기파를 방출하여 열을 전달하는 현상이다.
   (2) 스테판 볼츠만의 법칙(Stefan-Boltzmann Law)

   $$Q = \epsilon \sigma A T^4 [W]$$

   - ϵ : 방사율($0 < \epsilon < 1$)
   - σ : 스테판 볼츠만상수
     ($\sigma = 5.67 \times 10^{-8} W/m^2 K^4$)
   - A : 전열면적 [m²]
   - T : 물체표면온도 [K]

09 랭킨 사이클에서 과열증기의 엔탈피는 2642 [kJ/kg], 습증기의 엔탈피는 2120 [kJ/kg], 포화수의 엔탈피는 332 [kJ/kg]일 때 이론적 열효율 [%]을 계산하시오. (단, 펌프일은 무시한다) [7점]

정답

22.60 [%]

[해설]

$$\eta = \frac{W}{Q_1} = \frac{W_T - W_P}{Q_1} = \frac{(h_3 - h_4) - (h_2 - h_1)}{h_3 - h_2}$$에서

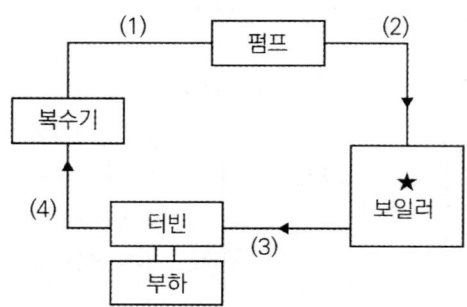

터빈일 W_T에 비해서 펌프일 W_P은 매우 적으므로 펌프일은 무시하여 계산하면 $h_2 = h_1$

$$\eta = \frac{h_3 - h_4}{h_3 - h_1} = \frac{2642 - 2120}{2642 - 332} = 0.22597$$

∴ 22.60 [%]

핵심이론 | 랭킨 사이클

1) 2개의 단열 과정과 2개의 등압 과정으로 구성되어 있다.
2) 증기 원동소의 구성
   [1] → 펌프(단열압축) → [2] → 보일러(정압가열) → [3] → 터빈(단열팽창) → [4] → 복수기(정압방열) → [1]

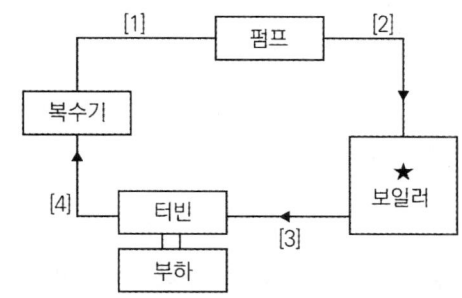

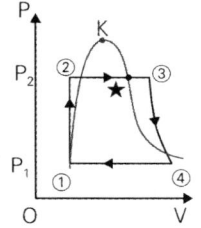
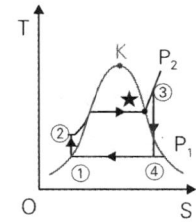
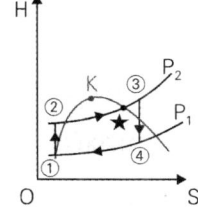

3) 열효율 : $\eta_R = 1 - \dfrac{q_{out}}{q_{in}} = 1 - \dfrac{h_4 - h_1}{h_3 - h_2} = \dfrac{(h_3 - h_2) - (h_4 - h_1)}{h_3 - h_2} \times 100\,[\%]$

4) 펌프 일을 무시할 경우($h_2 = h_1$), $\eta_R = \dfrac{h_3 - h_4}{h_3 - h_1} \times 100\,[\%]$

5) 랭킨 사이클의 이론 열효율은 초온·초압이 높을수록, 배압(복수기 압력)이 낮을수록 커진다.

10 배열가스열 회수 보일러의 열교환기 입구에서 400 [℃]인 배출가스가 열교환기 출구 150 [℃]로 배출되었다. 배기가스량 3000 [Nm³/h]을 이용하여 0 [℃]로 공급되는 급수 300 [kg/h]을 가열하면 0.8 [MPa]의 포화증기 엔탈피 2769 [kJ/kg]을 생산한다. 배출가스의 평균정압비열은 1.38 [kJ/Nm³·℃]이라고 할 때, 보일러에서의 손실열량은 몇 [kJ/h]인가? (단, 급수의 엔탈피는 0이다) [5점]

정답

204300 [kJ/h]

[해설]

손실열량 = 배출가스가 잃은 열량 - 포화증기가 흡수한 열량

$Q = Q_g - Q_s$

$= GC\Delta t - m\Delta h$

$= 3000 \times 1.38 \times (400 - 150) - 300 \times (2769 - 0)$

$= 1035000 - 830700$

$= 204300 [kJ/h]$

11 고온부식의 방지대책 4가지만 쓰시오. [6점]

정답

- 연료에 첨가제(회분개질제)를 사용하여 회분의 융점을 높인다.
- 연료를 전처리하여 바나듐(V), 나트륨(Na) 성분을 제거한다.
- 배기가스온도를 바나듐 융점인 550 [℃] 이하가 되도록 유지시킨다.
- 고온의 전열면을 내식재료로 피복한다.
- 전열면의 온도가 높아지지 않도록 설계온도 이하로 유지한다.

12 연소가스를 분석한 결과 CO_2 함량이 10.2 [%] O_2 함량이 7.1 [%]이었다. CO는 발생하지 않는다고 할 때 최대탄산가스함유율$(CO_2)_{max}$ [%]을 구하시오. [5점]

> **정답**
>
> 15.41 [%]
>
> **[해설]**
>
> CO가 없으므로 완전연소를 하였음을 알 수 있다.
>
> $(CO_2)_{max} = \dfrac{21\,CO_2}{21 - O_2} = \dfrac{21 \times 10.2}{21 - 7.1} = 15.41\,[\%]$

핵심이론 최대탄산가스율(최대탄산가스 농도)

1) 완전연소 시

$$CO_{2max} = \dfrac{21 \times CO_2[\%]}{21 - O_2[\%]}$$

2) 불완전연소 시

$$CO_{2max} = \dfrac{21[CO_2(\%) + CO(\%)]}{21 - O_2(\%) + 0.395\,CO(\%)}$$

※ 탄산가스최대량(CO_{2max})

이론공기량으로 연료를 완전연소시킨다고 가정할 경우에 연소가스 중의 탄산가스량을 이론 건연소가스량에 대한 백분율로 표현한 것이다.

$(CO_{2max}) = \dfrac{1.867\,C + 0.7\,S}{G_0} \times 100$

13 급수펌프의 설치 및 시공 시 토출 측에 설치하여 물이 역류되는 것을 방지하는 밸브의 명칭을 쓰고 이 밸브의 종류를 2가지만 쓰시오. [6점]

정답

체크밸브(Check Valve)
종류 : 스윙식, 리프트식, 디스크식, 스윙타입 웨이퍼식

핵심이론 체크밸브(Check Valve)
1) 유체를 흐름 방향 한 쪽으로만 흐르게 하여 역류를 방지하는 역류방지밸브이다.
2) 체크밸브의 종류 : 유체를 흐름 방향 한 쪽으로만 흐르게 하여 역류를 방지하는 역류방지밸브이다.

14 보일러설비의 과열온도를 조절하는 방법을 4가지만 쓰시오. [6점]

정답

- 습증기의 일부를 과열기로 보내는 방법
- 과열저감기를 사용하는 방법
- 댐퍼에 의한 연소가스의 유량을 가감하는 방법
- 과열기 전용화로를 설치하는 방법
- 버너의 위치변경 또는 사용버너의 변경에 의한 방법

15 [보기]를 보고 저위발열량이 큰 순서에서 작은 순서대로 나열하시오. [6점]

[보기]
메테인(CH_4), 아세틸렌(C_2H_2), 프로페인(C_3H_8), 에테인(C_2H_6)

정답

프로페인 → 에테인 → 아세틸렌 → 메테인

16 연료인 경유 200 [L]를 사용하였을 때 석유환산톤(TOE, Ton of Oil Equivalent)을 계산하시오. (단, 경유의 총발열량은 9050 [kcal/L]으로 한다) [5점]

정답

0.181 [TOE]

[해설]

1 [TOE] = 10^7 [kcal]이므로

$200[L] \times 9050[kcal/L] \times 10^{-7}[TOE/kcal] = 0.181[TOE]$

용어 석유환산톤(TOE, Ton of Oil Equivalent) : 석유 1톤이 갖는 열량

17 증기의 성질을 나타낼 때 현열, 잠열, 전열의 정의를 간단히 쓰시오. [5점]

> **정답**
> - 현열 : 물질의 상태변화 없이 온도만 변하는 데 소요되는 열량이다.
> - 잠열 : 물질의 상태변화에 관여하는 열량이다.
> - 전열 : 현열량과 잠열량을 합산한 전체 열량이다.

18 보일러의 급수처리에서 청관제의 사용목적을 4가지 쓰시오. [5점]

> **정답**
> - 전열면의 스케일 생성을 방지하기 위해서
> - 부식을 방지하기 위해서
> - 캐리오버현상(기수공발현상) 방지를 위해서
> - 보일러수의 농축을 방지하기 위해서

핵심이론 | 내처리제(청관제)

1) 보일러 내처리제(청관제)와 그 작용
   (1) pH 및 알칼리 조정제 : 수산화나트륨(가성소다), 탄산나트륨, 인산나트륨, 인산, 암모니아
   (2) 연화제 : 수산화나트륨, 탄산나트륨, 인산나트륨
   (3) 슬러지 조정제 : 탄닌, 리그닌, 전분
   (4) 탈산소제 : 아황산나트륨, 하이드라진(N_2H_4), 탄닌
   (5) 가성취화방지제 : 황산나트륨, 인산나트륨, 질산나트륨, 탄닌, 리그닌
   (6) 기포방지제 : 고급 지방산 폴리아민, 고급 지방산 폴리알콜
2) 보일러 급수처리에서 청관제의 사용목적
   (1) 전열면의 스케일(슬러지) 생성을 방지하기 위해서
   (2) 부식을 방지하기 위해서
   (3) 캐리오버현상(기수공발현상) 방지를 위해서
   (4) 보일러수의 농축을 방지하기 위해서
   (5) pH 조정하기 위해서
   (6) 알칼리도 조정을 하기 위해서
   (7) 용존가스를 제거하기 위해서

실전 모의고사 제5회

1회독 시간 :   점수 :
2회독 시간 :   점수 :
3회독 시간 :   점수 :

01 「에너지이용합리화법」인 에너지관리기준 중 다음 빈칸에 알맞은 숫자를 쓰시오. [5점]

> 증기 등 열매체를 수송하거나 저장을 위한 배관 및 그 밖의 부속설비에 있어서 열손실방지를 위하여 관리 표준을 설정하여 이행해야 하는데, 열수송 및 저장설비의 평균 표면온도의 목표치는 주위온도에 (　) [℃]를 더한 값 이하로 한다.

정답

30

02 착화점이 무엇인지 간단히 설명하고 착화점이 낮아지게 하기 위한 조건 3가지를 쓰시오. [6점]

정답

착화점 : 점화원 없이 스스로 불이 붙게 하는 최저온도를 뜻한다.
- 증기압이 낮게 한다.
- 압력을 높게 한다.
- 산소 농도를 높게 한다.
- 분자 구조를 복잡하게 한다.

핵심이론 착화점(Ignition Point)

가연물이 불씨 접촉(점화원) 없이 열의 축적에 의해 그 산화열로 스스로 불이 붙는 최저온도(발화점)

1) 낮아지는 조건
   - 증기압 및 습도가 낮을 때
   - 압력이 높을수록
   - 분자구조가 복잡할수록
   - 발열량이 높을수록
   - 산소 농도가 클수록
   - 온도가 상승할수록

---

03 보일러 운전의 취급 시 일어날 수 있는 가마울림(연소 중 연소실이나 연도 내에서 연속적인 울림을 내는 현상)의 방지대책 5가지를 쓰시오. [6점]

정답
- 수분이 적은 연료를 사용한다.
- 공연비를 개선한다.
- 연소속도를 너무 느리게 하지 않는다.
- 연소실이나 연도를 개조한다.
- 2차 공기의 가열 및 통풍의 조절을 개선한다.
- 완전연소시킨다.

핵심이론 가마울림(공명현상)

1) 가마울림(공명현상) : 연소 중 연소실이나 연도 내에서 연속적인 울림을 내는 현상
2) 가마울림의 원인 : 연료 중 수분이 많거나, 공연비가 나빠 연소속도가 느리거나, 연도에 에어포켓이 있는 경우

04 고온의 물체로부터 방사되는 특정 파장의 방사에너지를 표준온도의 고온 물체 방사에너지와 비교하여 온도를 측정하는 장치의 명칭을 쓰고, 사용 시 주의사항을 3가지만 쓰시오.

[6점]

정답

광고온계
- 광학계의 먼지, 흠집 등을 점검한다.
- 개인차가 있으므로 여러 사람이 모여서 측정한다.
- 측정체와의 사이에 먼지, 연기 등이 적도록 한다.
- 1000 [℃] 이하에서는 필라멘트 가열의 시간 지연이 있기 때문에 온도부근의 전류를 흐르게 하여 두면 좋다.

핵심이론 광고온계(Optical Pyrometer)

1) 특징
   (1) 측정자 간의 오차가 발생하기 쉬운 기기(측정자의 시력, 측정 위치, 측정 각도 등에 따라 오차 발생)
   (2) 가시광선을 이용하여 피측온체의 온도를 측정하는 비접촉식 온도계
   (3) 정확도가 높아 가장 정확한 측정을 할 수 있다. 하지만 연속측정이나 자동제어에 응용할 수 없다.
   (4) 피측정물과 전구를 동시에 비추어 피측정물의 휘도와 전구 필라멘트의 휘도를 육안으로 비교하여 측정

2) 광고온계의 장점
   (1) 비접촉식 온도계로서 정도가 가장 높다.
   (2) 구조가 간단하고 휴대가 편리하다.
   (3) 고온 측정이 가능하다(700 ~ 3000 [℃] 측정 가능, 900 [℃] 이하인 경우 오차 발생).

3) 광고온계의 단점
   (1) 연속측정이나 제어에는 이용이 불가하다.
   (2) 측정에 시간을 요하며(시간지연) 개인에 따라 오차가 크다.
   (3) 주위 온도에 대한 지시 오차가 크고 외부 광(빛)의 영향이 클수록 각종 오차가 커진다.
   (4) 4700 [℃] 이하 저온 측정은 불가능하다.

4) 주의사항
   (1) 측정체와의 사이에 먼지, 스모그(연기) 등이 없도록 하여야 한다.
   (2) 광학계의 먼지 흡입 등을 점검한다.

05 스폴링에 대하여 간단히 서술하고, 스폴링의 종류를 3가지 쓰시오. 그리고 내화물이란 SK 몇 번 이상, 온도 몇 [℃] 이상의 내화조건을 가지고 있어야 하는지 쓰시오. [5점]

정답

- 스폴링이란 내화물에 불균일한 가열 또는 냉각 등으로 인하여 발생하는 열팽창의 차에 의해 내화재에 변형 균열이 생기는 현상을 뜻한다.
- 종류 : 조직적 스폴링, 기계적 스폴링, 열적 스폴링
- 내화물이란 SK 26번 이상, 온도 1580 [℃] 이상의 내화조건을 가지고 있어야 한다.

핵심이론 스폴링(Spalling)현상(박락현상)

1) 불균일한 가열 또는 냉각 등으로 발생하는 열팽창의 차에 의하여 내화재의 변형과 균열이 생기는 현상
2) 급격한 온도차로 벽돌에 균열이 생기고 표면이 갈라져서 떨어지는 현상으로 주변에 오래된 건물 내외부에서 쉽게 확인할 수 있는 현상이다.
3) 열적(열팽창) 스폴링, 조직적(화학적) 스폴링, 기계적(축요불량) 스폴링으로 구분된다. 체적 변화로 분화가 되어서 떨어져 나가는 노벽의 균열과 붕괴하는 현상이다.
4) 단열효과는 스폴링현상을 방지한다.

06 보일러 본체에서 물로 찬 부분인 수부가 클 경우 나타나는 현상 4가지를 쓰시오. [6점]

정답

- 보유수량이 많아서 부하변동에 따른 압력변화가 적다.
- 부하변동에 대응하기 쉽다.
- 시동 후 증기 발생 소요시간이 길다.
- 증기부가 작으므로 캐리오버(기수공발)현상을 일으키기 쉽다.
- 보유수량이 많아서 파열 사고 시 피해가 크다.
- 보일러 효율이 낮아진다.

07 정압비열 $C_p = 22\,[J/mol \cdot K]$이고 기체상수 $R = 8.2\,[J/mol \cdot K]$인 이상기체(25 [℃], 1기압)를 가역단열 과정을 통해 가압하여 10기압까지 압축시킨다고 할 때 최종 온도는 몇 [℃]가 되는가? [5점]

> **정답**
>
> 430.18 [℃]

[해설]

$R = C_p - C_v$, $k = \dfrac{C_p}{C_v}$ 를 사용하여

$C_v = C_p - R = 22 - 8.2 = 13.8\,[J/mol \cdot K]$

$k = \dfrac{22}{13.8} = 1.5942$

가역단열 과정 $\dfrac{P_1}{P_2} = \left(\dfrac{T_1}{T_2}\right)^{\frac{k}{k-1}}$ 이므로 $\dfrac{1}{10} = \left(\dfrac{25 + 273.15}{T_2}\right)^{\frac{1.5942}{1.5942 - 1}}$

$T_2 = 703.33\,[K] = 703.33 - 273.15 = 430.18\,[℃]$

핵심이론   가역단열 과정

1) 비열비(k) $k = \dfrac{C_p}{C_v}$ (기체의 비열비는 정압비열이 정적비열보다 크므로 k > 1이다)

$C_p - C_v = R$

$C_v = \dfrac{R}{k-1}\,[kJ/kg \cdot K]$

$C_p = kC_v = \dfrac{kR}{k-1}\,[kJ/kg \cdot K]$

2) 가역단열 변화량(온도와 압력의 관계)

$\dfrac{T_2}{T_1} = \left(\dfrac{P_2}{P_1}\right)^{\frac{k-1}{k}}$ [k = 비열비]

08 실내온도 20 [℃], 실외온도 10 [℃]일 때, 두께 4 [mm]인 창문의 유리를 통해서 단위면적당 이동하는 열량(열유속)은 몇 [W/m²]인가? (단, 유리의 열전도율 $\lambda = 0.76\,[W/m \cdot ℃]$, 내면의 열전달계수 $\alpha_1 = 10\,[W/m^2 \cdot ℃]$, 외면의 열전달계수는 $\alpha_2 = 50\,[W/m^2 \cdot ℃]$이다)

[6점]

정답

79.83 [W/m²]

[해설]

$Q = K A \Delta t$

열전달계수 $K = \dfrac{1}{\dfrac{1}{\alpha_1} + \dfrac{l}{\lambda} + \dfrac{1}{\alpha_2}}$ 이므로

$$\dfrac{Q}{A} = \dfrac{\Delta t}{\dfrac{1}{\alpha_1} + \dfrac{l}{\lambda} + \dfrac{1}{\alpha_2}} = \dfrac{20 - 10}{\dfrac{1}{10} + \dfrac{0.004}{0.76} + \dfrac{1}{50}} = 79.83\,[W/m^2]$$

핵심이론 열관류

1) 열관류(통과)계수

$$K = \dfrac{1}{R} = \dfrac{1}{\dfrac{1}{\alpha_1} + \dfrac{l}{\lambda} + \dfrac{1}{\alpha_2}}\,[W/m^2 \cdot K]$$

- L : 재료의 두께 [m]
- λ : 열전도율 [W/m·K]
- α_1 : 내측 유체 열전달률 [W/m²·K]
- α_2 : 외측 유체 열전달률 [W/m²·K]
- K : 열관류율 [W/m²·K]

2) 열관류에 의한 손실열량

$$Q = KA(t_1 - t_2)\,[W]$$

- K : 열관류(통과)계수 [W/m²·K]
- A : 전열면적 [m²]

09 신에너지 및 재생에너지의 분류에서 신에너지와 재생에너지의 종류를 각각 2가지씩 적으시오. [6점]

> **정답**
> - 신에너지 : 연료전지, 수소에너지, 석탄액화가스화에너지
> - 재생에너지 : 지열에너지, 폐기물에너지, 바이오에너지, 태양에너지, 풍력에너지, 수력에너지, 해양에너지

핵심이론 신재생에너지

1. "신에너지"란 기존의 화석연료를 변환시켜 이용하거나 수소·산소 등의 화학반응을 통하여 전기 또는 열을 이용하는 에너지로서 다음 각 목의 어느 하나에 해당하는 것을 말한다.
   가. 수소에너지
   나. 연료전지
   다. 석탄을 액화·가스화한 에너지 및 중질잔사유(重質殘渣油)를 가스화한 에너지로서 대통령령으로 정하는 기준 및 범위에 해당하는 에너지
   라. 그 밖에 석유·석탄·원자력 또는 천연가스가 아닌 에너지로서 대통령령으로 정하는 에너지

2. "재생에너지"란 햇빛·물·지열(地熱)·강수(降水)·생물유기체 등을 포함하는 재생 가능한 에너지를 변환시켜 이용하는 에너지로서 다음 각 목의 어느 하나에 해당하는 것을 말한다.
   가. 태양에너지
   나. 풍력
   다. 수력
   라. 해양에너지
   마. 지열에너지
   바. 생물자원을 변환시켜 이용하는 바이오에너지로서 대통령령으로 정하는 기준 및 범위에 해당하는 에너지
   사. 폐기물에너지(비재생폐기물로부터 생산된 것은 제외한다)로서 대통령령으로 정하는 기준 및 범위에 해당하는 에너지
   아. 그 밖에 석유·석탄·원자력 또는 천연가스가 아닌 에너지로서 대통령령으로 정하는 에너지

10 원통의 용기 안에 내경 100 [mm], 직관길이 2 [m]인 연관을 가로 30 [cm] 세로 30 [cm] 의 일정한 간격으로 배치하여 연관식 보일러를 설계하려고 한다. 9개의 연관을 배열하였을 때 전열면적 [m²]을 구하시오. [6점]

정답

5.65 [m²]

[해설]

완전나관 보일러 $A = \pi dLn [m^2]$

$A = 2\pi rLn = 2\pi \times \dfrac{0.1}{2} \times 2 \times 9 = 5.65 [m^2]$

핵심이론 전열면적

한쪽에는 물이 접촉하고, 다른 쪽에는 연소가스가 접촉하는 면으로 연소가스가 접촉하는 쪽에서 측정한 면적이다.
1) 수관식 보일러의 전열면적
  (1) 완전나관 보일러 $A = \pi dLn [m^2]$
  (2) 반나관 보일러 $A = \dfrac{\pi}{2} dLn [m^2]$
    (d : 수관의 바깥지름 [m], L : 수관의 길이 [m], n : 수관의 개수)

11 원심펌프의 성능계산 시 사용되는 비교 회전수 N_s를 구하는 식을 쓰시오. (단, N : 회전속도, H : 양정, Q : 유량, n : 단수이다) [6점]

정답

$$N_s = \dfrac{N\sqrt{Q}}{\left(\dfrac{H}{n}\right)^{\frac{3}{4}}}$$

용어 비교회전수(비속도) : 토출유량 1 [m³/min], 양정 1 [m]가 발생되도록 설계할 경우 임펠러의 분당 회전수 [rpm]를 의미한다.

핵심이론 상사 법칙, 비속도

구분	송풍기	펌프
상사 법칙	• 풍량(Q) $$\frac{Q_2}{Q_1} = \frac{N_2}{N_1} = \left(\frac{D_2}{D_1}\right)^3$$ • 정압(P) $$\frac{P_2}{P_1} = \left(\frac{N_2}{N_1}\right)^2 = \left(\frac{D_2}{D_1}\right)^2$$ • 동력(L) $$\frac{L_2}{L_1} = \left(\frac{N_2}{N_1}\right)^3 = \left(\frac{D_2}{D_1}\right)^5$$ 회전수 : N [rpm] 임펠러 직경 : D [mm]	• 유량(Q) $$\frac{Q_2}{Q_1} = \frac{N_2}{N_1} = \left(\frac{D_2}{D_1}\right)^3$$ • 양정(H) $$\frac{P_2}{P_1} = \left(\frac{N_2}{N_1}\right)^2 = \left(\frac{D_2}{D_1}\right)^2$$ • 동력(L) $$\frac{L_2}{L_1} = \left(\frac{N_2}{N_1}\right)^3 = \left(\frac{D_2}{D_1}\right)^5$$ 회전수 : N [rpm] 임펠러 직경 : D [mm]
비속도	$$\frac{N\sqrt{Q}}{P^{\frac{3}{4}}}$$ • 회전수 : N [rpm] • 풍량 : Q [m³/min] • 풍압 : P [mmAq]	$$\frac{N\sqrt{Q}}{H^{\frac{3}{4}}}$$ • 회전수 : N [rpm] • 토출량 : Q [m³/min] • 전양정 : H [m]

12 배기가스 분석 결과, CO_2 : 15 [%], O_2 : 8 [%], CO : 1.2 [%]인 상태에서 질소를 포함하는 공기비 [m]을 구하시오. [6점]

[정답]

1.58

[해설]

$$m = \frac{N_2}{N_2 - 3.76\left(O_2 - \frac{1}{2}CO\right)}$$

$N_2 = 100 - (CO_2 + CO + O_2) = 100 - (15 + 1.2 + 8) = 75.8 [\%]$

$$m = \frac{N_2}{N_2 - 3.76\left(O_2 - \frac{1}{2}CO\right)} = \frac{75.8}{75.8 - 3.76\left(8 - \frac{1}{2} \times 1.2\right)} = 1.58$$

TIP 배기가스에 CO가 포함되어 있으므로 불완전연소이다.

핵심이론 | 배기가스와 공기비

1) 완전연소 시

$$m = \frac{21}{21 - O_2(\%)} = \frac{\dfrac{N_2}{0.79}}{\left(\dfrac{N_2}{0.79}\right) - \left(\dfrac{3.76\,O_2}{0.79}\right)} = \frac{N_2}{N_2 - 3.76\,O_2}$$

2) 불완전연소 시

$$m = \frac{N_2}{N_2 - 3.76(O_2 - 0.5\,CO)}$$

13 보일러의 연소 시 발생하는 역화의 발생원인 3가지와 방지대책 2가지를 쓰시오. [6점]

정답

1) 발생원인
   - 노 내 미연가스가 충만해 있을 경우
   - 통풍이 불충분할 경우
   - 댐퍼의 개도가 너무 작을 경우
   - 점화 시 착화가 늦게 일어날 경우
   - 공기보다 연료가 먼저 투입된 경우
2) 방지대책
   - 착화 지연을 방지한다.
   - 통풍을 충분히 유지한다.
   - 댐퍼의 개도, 연도의 단면적을 충분히 확보한다.
   - 연소 전에 연소실을 충분히 환기한다.
   - 역화방지기를 설치한다.

핵심이론 역화(Back Fire)

1) 가스 연료의 분출속도가 연소속도보다 느린 경우 불꽃이 버너의 염공 속으로 진입하여 혼합관 내에서 연소하는 현상
2) 불꽃이 거꾸로 흐르는 현상을 뜻한다.
3) 역화의 발생원인
   (1) 연료가 공기보다 빠르게 유입되었을 경우
   (2) 착화지연이 발생하였을 경우
   (3) 버너가 과열되었을 경우
   (4) 가스 분출속도보다 연소속도가 빠를 경우
   (5) 가스공급압력이 낮을 경우
   (6) 1차 공기의 댐퍼가 너무 많이 개폐가 되었을 경우
   (7) 버너 사용기간이 너무 오래되어 부식에 의해 염공이 크게 되었을 경우

14 배관의 안지름이 80 [mm]인 관로 상에 설치된 지름 20 [mm]인 오리피스를 통하여 물이 유동하고 있다. 오리피스 전후의 압력수두 차이가 120 [mmH$_2$O]이다. 이때의 유량 [L/min]을 구하시오. (단, 오리피스의 유동계수는 0.66이다) [6점]

정답

19.12 [L/min]

[해설]

유량 $Q = A \times \dfrac{K}{\sqrt{1-m^2}} \times \sqrt{2gh}$

개구비 $m = \dfrac{A_{\text{오리피스}}}{A_{\text{배관}}} = \dfrac{\frac{\pi d^2}{4}}{\frac{\pi D^2}{4}} = \dfrac{d^2}{D^2} = \dfrac{20^2}{80^2} = 0.0625$

$Q = \left(\dfrac{\pi \times 0.02^2}{4}\right) \times \dfrac{0.66}{\sqrt{1-0.0625^2}} \times \sqrt{2 \times 9.8 \times 0.12} = 3.186 \times 10^{-4} \, [m^3/s]$

$= 3.186 \times 10^{-4} \times 1000 \times 60 = 19.12 \, [L/min]$

핵심이론 | 오리피스 유량

$$Q = A \times \frac{K}{\sqrt{1-m^2}} \times \sqrt{2gh}$$

- K : 유동계수
- A : 오리피스 면적
- m : 개구비
- g : 중력가속도
- h : 수두차

용어 개구비 : 관로와 오리피스의 면적 비

---

15 플렉시블형 조인트의 설치목적을 간단히 쓰시오. [5점]

정답

기기의 진동이 배관에 전달되지 않도록 흡수하고, 배관의 열팽창을 흡수하여 배관 파손을 방지한다.

---

16 관류보일러 자동제어 패널을 보여주고 있다. 이러한 자동제어를 설계 또는 조절 시 주의해야 할 점을 3가지만 쓰시오. [5점]

정답

- 안정성
- 경제성
- 시스템의 사용범위
- 보수 및 관리의 용이성
- 사용하는 환경조건에 따른 제한사항

핵심이론 관류보일러

1) 드럼이 없이 긴 수관의 한 끝에서 급수펌프로 압송된 급수가 긴 관을 지나면서 예열부, 증발부, 과열부를 순차적으로 관류되어 다른 끝으로 과열증기가 나가는 강제순환식 수관보일러로 단관식과 다관식이 있다.
2) 급수처리법이나 자동제어장치가 발달함에 따라 고압, 대용량 및 콤팩트한 소형용으로서도 널리 사용된다.
3) 물의 임계압력을 넘는 초임계압력의 보일러에는 모두가 관류식이 채용된다.
4) 장점
   (1) 순환비가 1이므로 드럼이 필요 없다.
   (2) 전열면적이 크고 효율이 높다.
   (3) 고압이므로 증기의 열량이 크다.
   (4) 기동부하가 짧아 부하 측에 대응하기 쉽다.
   (5) 관을 자유로이 배치할 수 있어 콤팩트한 구조로 할 수 있다.
   (6) 연소실의 구조를 임의대로 할 수 있어 보일러 연소효율을 높일 수 있다.
   (7) 초고압보일러에 이상적이다.
   (8) 보일러 효율이 매우 높다.
   (9) 증발속도가 매우 빠르다.
   (10) 증기의 가동시간이 매우 짧다.
5) 단점
   (1) 완벽한 급수처리를 해야 한다(하지 않을 시 스케일의 생성에 영향이 크다).
   (2) 급수의 유속을 일정하게 유지해야 한다.
   (3) 소형구조로 청소 및 검사 수리가 어렵다.
   (4) 지름이 작은 튜브가 사용되므로 중량이 가볍고 내압 강도가 크지만, 압력손실이 증대되어 급수펌프의 동력손실이 많다.
   (5) 부하변동에 따라 압력의 변화가 크므로 급수량 및 연료량의 자동제어장치가 필요하다.

17 다음에 주어진 탄소의 완전연소 및 불완전연소할 때의 반응식을 참고하여 일산화탄소 1 [kg]이 완전연소될 때의 반응열(발열량)을 계산하시오. [5점]

> - 완전연소 : $C + O_2 \rightarrow CO_2 + 405\,[MJ/kmol]$
> - 불완전연소 : $C + \frac{1}{2}O_2 \rightarrow CO + 283\,[MJ/kmol]$

정답

4.36 [MJ/kg]

[해설]

405 [MJ/kmol] - 283 [MJ/kmol] = 122 [MJ/kmol]

$122\,[MJ/kmol] \times \dfrac{1\,[kmol]}{28\,[kg]} = 4.36\,[MJ/kg]$

18 온도가 20 [℃]의 물 10 [kg]을 대기압하에서 가열하여 100 [℃]의 수증기로 모두 만들 때의 가열열량 [kJ]을 계산하시오. (단, 물의 비열은 4.184 [kJ/kg·℃], 증발잠열은 2256 [kJ/kg]이다) [5점]

정답

25907.2 [kJ]

[해설]

$Q = Cm\Delta t + m\gamma = 4.184 \times 10 \times (100 - 20) + 10 \times 2256 = 25907.2\,[kJ]$

실전 모의고사 제6회

에·너·지·관·리·기·사

1회독	시간 :	점수 :
2회독	시간 :	점수 :
3회독	시간 :	점수 :

01 비례동작의 특징 3가지만 쓰시오. [5점]

정답
- 조작량은 동작신호의 편차량에 비례한다.
- 부하변화가 작은 프로세스에 적당하다.
- 다른 동작과 함께 사용한다.
- 잔류편차(오프셋 : Off-set)가 생긴다.
- 외란이 큰 제어계에는 부적당하다.

핵심이론 비례(P)동작
- 현재의 오차에 비례하여 출력을 조정하는 동작이다.
- 오차가 클수록 출력이 크게 조정된다.
- 출력 변화가 편차에 비례하는 동작이다.
- 단독으로 사용하지 않고 다른 동작과 조합하여 사용한다.

02 보일러에서 발생하는 비수현상의 방지대책을 4가지만 쓰시오. [6점]

정답
- 보일러수 내의 부유물 불순물이 제거되도록 급수처리를 한다.
- 보일러수의 농축을 방지한다.
- 과부하 운전을 하지 않는다.
- 주 증기밸브를 급개방하지 않고 천천히 연다.
- 고수위 운전을 하지 않는다(정상수위로 운전한다).
- 비수방지관을 설치한다.

핵심이론 프라이밍(Priming, 비수현상)

비수현상으로, 주 증기밸브 급개 시 고수위 시 수면으로부터 끊임없이 물방울이 비산하면서 수위를 불안정하게 하는 현상

1) 프라이밍 원인
   (1) 고수위
   (2) 관수농축
   (3) 급격한 과열
   (4) 고압에서 저압으로 변할 때
   (5) 용존고형물, 유지분의 과다
   (6) 주 증기밸브 급개 시

2) 프라이밍 발생 시 피해
   (1) 수위의 오판
   (2) 수격작용
   (3) 저수위사고
   (4) 증기의 과열도 저하

03 보온재의 열전도율이 작아지기 위한 조건을 4가지만 쓰시오. [5점]

정답

- 온도가 낮을수록 열전도율이 작아진다.
- 습도가 낮을수록 열전도율이 작아진다.
- 밀도가 작을수록 열전도율이 작아진다.
- 부피비중이 작을수록 열전도율이 작아진다.
- 기공률이 클수록 열전도율이 작아진다.
- 전기적 절연체일수록 열전도율이 작아진다.

핵심이론 보온재의 열전도율이 작아지는 조건

- 온도가 낮을수록
- 두께가 두꺼울수록
- 밀도가 낮을수록
- 습도가 낮을수록(수분이 적을수록)
- 기공률이 클수록

04 운전되는 보일러의 열정산 결과가 [다음]과 같을 경우 보일러의 효율을 구하시오. [5점]

> [다음]
> - 연료의 연소열 : 12000 [kJ]
> - 급수의 현열 : 1000 [kJ]
> - 발생증기의 보유열 : 10600 [kJ]
> - 배기가스의 현열 및 가스 속 수증기의 보유열 : 1300 [kJ]
> - 불완전연소 등에 의한 손실열 : 1100 [kJ]

정답

80 [%]

[해설]

- 풀이 1 : $\eta = \dfrac{\text{유효출열량}}{\text{총입열량}} \times 100\,[\%]$

  $= \dfrac{\text{발생증기 보유열} - \text{급수의 현열}}{\text{연료의 연소열}} \times 100\,[\%]$

  $= \dfrac{10600 - 1000}{12000} \times 100\,[\%]$

  $= 80\,[\%]$

- 풀이 2 : $\eta = \dfrac{\text{유효출열량}}{\text{총입열량}} \times 100\,[\%]$

  $= \dfrac{\text{총입열량} - \text{손실열량}}{\text{총입열량}} \times 100\,[\%]$

  $= \dfrac{12000 - (1300 + 1100)}{12000} \times 100\,[\%]$

  $= 80\,[\%]$

핵심이론 입출열법, 열손실법

1) 입·출열법
    보일러에 들어간 열(입열)과 실제로 나온 열(출열)을 비교해 효율을 구하는 방법

$$열효율(\eta) = \frac{유효열}{입열} \times 100\,[\%]$$

$$= \frac{G(h'' - h')}{G_f \times H}$$

- G : 실제증발량 [kg/h]
- h'' : 발생증기 엔탈피 [kJ/kg]
- h' : 급수 엔탈피 [kJ/kg]
- G_f : 연료사용량 [kg/h]
- H : 발열량 [kJ/kg]

2) 손실열법
    보일러에서 빠져나가는 손실열을 계산해서 효율을 구하는 방법

$$열효율(\eta) = \frac{입열 - 손실열}{입열} \times 100\,[\%] = (1 - \frac{손실열}{입열}) \times 100\,[\%]$$

05 보일러의 자동제어 중 인터록(Interlock)에 대하여 간단히 설명하시오. [5점]

정답

보일러운전 중 작동상태가 원활하지 못할 때 다음 동작을 진행하지 못하도록 제어하여 보일러 사고를 미연에 방지하는 안전관리장치를 말한다.

핵심이론 제어방식

인터록(Interlock)제어 : 어떤 일정한 조건이 충족되지 않으면 다음 단계의 동작이 작동하지 못하도록 저지하는 것으로 보일러의 안전한 운전을 위하여 반드시 필요한 제어

06 메테인 3 [Nm³]를 공기 중에서 완전연소시키고자 할 때 필요한 이론공기량 [Nm³]을 구하시오. [6점]

> **정답**
>
> 28.57 [Nm³]

[해설]

$CH_4 + 2O_2 \rightarrow CO_2 + 2H_2O$

메테인 1 [Nm³]일 때의 $O_0 = 2\,[Nm^3/Nm^3]$

메테인 1 [Nm³]일 때의 $A_0 = \dfrac{O_0}{0.21} = \dfrac{2}{0.21} = 9.524\,[Nm^3/Nm^3]$

메테인 3 [Nm³]일 때의 $A_0 = 3 \times 9.524 = 28.57\,[Nm^3]$

핵심이론 이론공기량

1) 이론산소량(O_0) : 연료를 산화시키기 위한 이론적 최소 산소량
2) 이론공기량 = 이론산소량 ÷ 산소비율
3) 이론공기량(A_0) : 연료를 완전연소시키는 데 필요한 이론적 최소 공기량
   이론산소량을 산소의 질량비로 나누어준다.
   (1) 고체 및 액체 연료
   ① 질량 계산식

   $$A_o = \dfrac{O_o}{0.232} = 11.51C + 34.48\left(H - \dfrac{O}{8}\right) + 4.31S\ [\text{kg/kg}]$$

   ② 체적 계산식

   $$A_o = \dfrac{O_o}{0.21} = 8.89C + 26.67\left(H - \dfrac{O}{8}\right) + 3.33S\ [\text{Nm}^3/\text{kg}]$$

07 관류보일러의 특징 중 장점을 4가지만 쓰시오. [6점]

정답
- 전열면적에 비해 보유수량이 적어 증기발생속도가 매우 빠르다.
- 연소효율을 높일 수 있다.
- 고압용 보일러에 적합하다.
- 전열면적의 증가로 보일러 효율이 95 [%] 정도로 매우 높다.
- 가격이 저렴하다.
- 관의 배치가 자유롭다.

핵심이론 관류보일러

1) 드럼이 없이 긴 수관의 한 끝에서 급수펌프로 압송된 급수가 긴 관을 지나면서 예열부, 증발부, 과열부를 순차적으로 관류되어 다른 끝으로 과열증기가 나가는 강제순환식 수관보일러로 단관식과 다관식이 있다.
2) 급수처리법이나 자동제어장치가 발달함에 따라 고압, 대용량 및 콤팩트한 소형용으로서도 널리 사용된다.
3) 물의 임계압력을 넘는 초임계압력의 보일러에는 모두가 관류식이 채용된다.
4) 장점
   (1) 순환비가 1이므로 드럼이 필요 없다.
   (2) 전열면적이 크고 효율이 높다.
   (3) 고압이므로 증기의 열량이 크다.
   (4) 기동부하가 짧아 부하 측에 대응하기 쉽다.
   (5) 관을 자유로이 배치할 수 있어 콤팩트한 구조로 할 수 있다.
   (6) 연소실의 구조를 임의대로 할 수 있어 보일러 연소효율을 높일 수 있다.
   (7) 초고압보일러에 이상적이다.
   (8) 보일러 효율이 매우 높다.
   (9) 증발속도가 매우 빠르다.
   (10) 증기의 가동시간이 매우 짧다.
5) 단점
   (1) 완벽한 급수처리를 해야 한다. 하지 않을 시 스케일의 생성에 영향이 크다.
   (2) 급수의 유속을 일정하게 유지해야 한다.
   (3) 소형 구조로 청소 및 검사 수리가 어렵다.
   (4) 지름이 작은 튜브가 사용되므로 중량이 가볍고 내압 강도가 크지만, 압력손실이 증대되어 급수펌프의 동력손실이 많다.
   (5) 부하변동에 따라 압력의 변화가 크므로 급수량 및 연료량의 자동제어장치가 필요하다.

08 세정식 집진기의 장점과 단점을 각각 2가지만 쓰시오. [6점]

정답

1) 장점
- 가연성, 폭발성 먼지를 처리할 수 있다.
- 가스흡수와 분진포집이 동시에 가능하다.
- 소요 설치면적이 적다.
- 설치비용이 저렴하다.
- 구조가 간단하다.
- 가동부가 적다.
- 고온가스를 냉각시킬 수 있다.
- 부식성 가스와 먼지를 중화시킬 수 있다.

2) 단점
- 압력손실이 크다.
- 소요동력이 크다.
- 건식보다 부식 잠재성이 크다.
- 슬러지 생성될 수 있다.
- 포집분진 회수가 어렵다.
- 동절기에는 동결방지가 필요하다.
- 부산물 회수에 비용이 많이 든다.

핵심이론 | 세정식 집진장치

1) 함진가스를 세정액 또는 액막에 충돌시키거나 접촉시켜 액에 의해 포집하는 습식 집진장치이다.
2) 세정집진장치는(확산력과 관성력이 주된 방식) 배기의 습도 증가에 의해 입자가 서로 응집한다.
3) 미립자의 확산에 의하여 액적과의 접촉을 좋게 한다.
4) 물에 잘 녹거나 부착성이 높은 분진은 세정장치가 막히는 등 장애가 생길 위험이 있다.
5) 세정수의 동결방지대책이 필요하다.
6) 입자를 핵으로 한 증기의 응결에 의하여 응집성을 증가시킨다.
7) 대체적으로 구조가 간단하다.
8) 처리가스량에 비해 장치의 고정면적이 작다.
9) 미립자에 대한 집진효율이 좋다.
10) 먼지의 재비산이 없다.
11) 가동부분이 적고 조작이 간편하다.
12) 포집 분진의 취출이 용이하고 큰 동력을 필요로 하지는 않는다.
13) 연속운전이 가능하며 입도, 습도 및 가스의 종류 등에 대한 영향을 적게 받는다.
14) 고온가스, 가연성, 폭발성, 유해가스의 처리가 가능하다.
15) 부식성 가스와 먼지를 중화시킬 수 있다.
16) 비교적 큰 압력손실을 견딜 수 있다.
17) 세정용수가 많이 필요하여 따로 급수배관을 설비하여야만 한다.
18) 오수처리시설도 갖추어야 한다.
19) 집진물을 회수할 때는 탈수, 여과, 건조 등을 하여야 하므로 별도의 장치가 필요하다.
20) 운전비용이 많이 든다.

09 고체연료의 공업분석 방법에서 수분의 정량법에 대하여 설명하시오. [5점]

정답

고체연료에서 수분의 정량방법은 시료 1 [g]을 건조용기에 담아 항온건조기에 넣고 1시간 동안 가열하여 건조시켰을 때의 그 감량을 시료에 대한 백분율로 표시한다.

> TIP 수분율 [%] = (가연건조감량/시료의 양) × 100 [%]

10 보일러 전열면의 그을음이나 재의 찌꺼기를 제거하는 장치는 무엇인가? [5점]

> **정답**
>
> 수트 블로어(Soot Blower)

핵심이론 수트 블로어

연소가 시작되면 분진, 회, 클링커, 탄화물, 카본, 그을음 등의 부착으로 열전도가 방해되어 매연 분출기로 그을음을 불어내기 위한 기구이다. 특히 관형의 공기 예열기에 부착된 그을음 제거기가 에어히터클리너형이다.

11 보일러를 점화할 때 노 내를 프리퍼지(Prepurge)하는 주된 이유를 간단히 쓰시오. [6점]

> **정답**
>
> 노 내 미연소가스 폭발에 대비하기 위해서이다.

핵심이론 프리퍼지

점화 조작에 앞서 실시하는 노 내의 퍼지. 프리퍼지는 점화 시의 가스 폭발 예방 차원에서 중요하며, 노 내 및 연도 내 용적의 4배 이상의 공기량으로 환기할 필요가 있다.

12 두께 20 [mm]인 보일러 강판에 두께 3 [mm]인 스케일이 형성된 경우 열전도 저항은 초기보다 몇 배로 증가하는가? (단, 강철판의 열전도율 40 [kJ/m·h·℃]이고 스케일의 열전도율은 2 [kJ/m·h·℃]이다) [7점]

정답

4배

[해설]

스케일이 형성되기 전 열저항

$$R = \frac{d_1}{\lambda_1} = \frac{0.02}{40} = 5 \times 10^{-4} [m^2 h℃/kJ]$$

스케일이 형성된 후 열저항

$$\sum R = R + R' = \frac{d_1}{\lambda_1} + \frac{d_2}{\lambda_2} = \frac{0.02}{40} + \frac{0.003}{2} = 2 \times 10^{-3} [m^2 h℃/kJ]$$

$$\therefore \frac{2 \times 10^{-3}}{5 \times 10^{-4}} = 4배$$

핵심이론 열저항

열저항 R : 열의 흐름을 방해하는 정도를 나타내는 값으로, 값이 클수록 열이 잘 전달되지 않고 단열 성능이 우수함을 의미

$$R = \frac{1}{\alpha_1} + \sum \frac{l}{\lambda} + \frac{1}{\alpha_2}$$

- α_i : 내측 열전달계수 [W/m²·K]
- α_o : 외측 열전달계수 [W/m²·K]
- λ : 물질의 열전도계수 [W/m·K]
- l : 물질의 두께 [m]

즉, $K = \dfrac{1}{R} = \dfrac{1}{\dfrac{1}{\alpha_1} + \sum \dfrac{l}{\lambda} + \dfrac{1}{\alpha_2}} [W/m^2 K]$

13 저위발열량 25000 [kJ/kg], 고위발열량 26000 [kJ/kg]인 연료를 한 시간당 100 [kg]을 소비하고 있다. 보일러로 들어갈 때 입구의 급수엔탈피가 80 [kJ/kg]이 출구에서는 수증기 상태로 엔탈피가 3000 [kJ/kg] 발생한다. 보일러 열효율이 65 [%]라고 할 때 한 시간당 발생하는 수증기량 [kg/h]은 얼마인가? [7점]

정답

556.51 [kg/h]

[해설]

$$\eta = \frac{w(h_2 - h_1)}{G_f H_l} \times 100\,[\%] = \frac{w \times (3000 - 80)}{100 \times 25000} \times 100\,[\%] = 65\,[\%]$$

$w = 556.51\,[kg/h]$

핵심이론 보일러 효율

1) 상당증발량 G_e

보일러에서 발생한 증기의 열량을 기준증기량으로 환산한 양

$$G_e = \frac{G_a(h_2 - h_1)}{2256}\,[kg/h]$$

- G_a : 실제증발량 [kg/h]
- h_1 : 급수의 비엔탈피 [kJ/kg]
- h_2 : 발생증기 비엔탈피 [kJ/kg]

2) 보일러효율

$$\eta_B = \frac{G_a(h_2 - h_1)}{G_f \times H_\ell} \times 100\,[\%]$$

$$= \frac{G_e \times 2256}{G_f \times H_\ell} \times 100\,[\%]$$

- G_a : 실제증발량 [kg/h]
- G_e : 상당증발량 [kg/h]
- h_1 : 급수의 비엔탈피 [kJ/kg]
- h_2 : 증기의 비엔탈피 [kJ/kg]
- G_f : 연료사용량 [kg/h]
- H_ℓ : 연료발열량 [kJ/kg]

14 신·재생에너지인 연료전지에 사용 가능한 연료를 4가지만 쓰시오. [6점]

> **정답**
> 천연가스, 수소, 석탄가스, 메탄올   **용어** 연료전지 : 수소와 산소를 반응시켜 전기를 얻는 장치

핵심이론 연료전지
수소와 산소를 반응시켜 전기를 얻는 장치이다.

---

15 두께가 16 [mm]인 강판을 1줄 겹치기 리벳이음을 하였다. 그 후 리벳의 직경이 20 [mm]이며, 피치를 54 [mm], 1피치마다 하중이 800 [kg]이라고 할 때, 이 강판에 생기는 인장응력 [kg/mm²]과 이 강판의 효율 [%]을 구하시오. [5점]

> **정답**
> 인장응력 1.47 [kg/mm²], 효율 62.96 [%]

[해설]

인장응력 $\sigma = \dfrac{W}{(P-d)t} = \dfrac{800}{(54-20) \times 16} \fallingdotseq 1.47 \, [kg/mm^2]$

강판의 효율 $\eta = \left(\dfrac{P-d}{P}\right) \times 100 \, [\%] = \left(\dfrac{54-20}{54}\right) \times 100 \, [\%] = 62.96 \, [\%]$

핵심이론 강판의 인장응력

1) 강판의 인장응력 : $\sigma = \dfrac{W}{A} = \dfrac{W}{(P-d)t}$
2) 강판의 효율

$$\eta = \dfrac{P-d}{P} = 1 - \dfrac{d}{P}$$

- η : 효율
- P : 관 구멍의 피치 [mm]
- d : 관 구멍의 지름 [mm]

용어 피치(p) : 인접한 두 구멍 중심 사이의 거리

16 온도가 27 [℃]이고 압력이 5 [bar]에서 어느 이상기체에 대한 비체적이 0.168 [m³/kg]일 때, 이 이상기체의 기체상수 R [kg·m/kg·K]을 계산하시오. [5점]

> **정답**
> 28.55 [kg·m/kg·K]

[해설]
이상기체 상태 방정식 $PV = mRT$이므로
$$P = \frac{mRT}{V} = \rho RT = \frac{RT}{v} \left[\text{여기서 } \rho = \frac{m}{V}, v = \frac{1}{\rho} \text{ 이다. } \rho : \text{밀도}, v : \text{비체적} \right]$$

$$R = \frac{Pv}{T} = \frac{5[bar] \times \frac{10332[kgf/m^2]}{1.01325[bar]} \times 0.168[m^3/kg]}{(273.15 + 27)[K]} = 28.55 \, [kgf \cdot m/kg \cdot K]$$

※ kgf는 f를 생략하고 간단하게 kg으로 적을 수 있다.

핵심이론 이상기체의 상태 방정식

1) 질량에 대한 식

$$Pv = R_{specific} T$$
$$PV = mR_{specific} T$$

- P : 압력 $[Pa]$
- V : 부피 $[m^3]$
- m : 질량 $[kg]$
- T : 온도 $[K]$

$$R_{specific} = \frac{R_{ideal}}{M} : \text{특정기체상수 } [J/kg \cdot K] (M : \text{몰질량[분자량]})$$

2) 몰량에 대한 식

$$PV = nR_{ideal}T$$

- P : 압력 $[Pa]$
- V : 부피 $[m^3]$
- n : 몰수 $[mol]$
- T : 온도 $[K]$
- R_{ideal} : 일반기체상수 $[8.314 \, J/mol \cdot K]$

17 초기압력이 0.1 [MPa], 초기온도 27 [℃]와 공기 1 [kg]이 $PV^{1.3} = C$인 폴리트로픽 변화를 거쳐 온도가 300 [℃]가 되었다. 이때 최종압력을 구하시오. (단, 비열비 k는 1.4, 정적비열은 0.72 [kJ/kg·K]이다) [5점]

> **정답**
>
> 1.65 [MPa]
>
> **[해설]**
>
> $\dfrac{P_2}{P_1} = \left(\dfrac{T_1}{T_2}\right)^{\frac{n}{1-n}}$ 이므로 $\dfrac{P_2}{0.1} = \left(\dfrac{27 + 273.15}{300 + 273.15}\right)^{\frac{1.3}{1-1.3}}$
>
> $P_2 = 1.65 [MPa]$

핵심이론 이상기체

구분	정적 변화	정압 변화	정온 변화	단열 변화	폴리트로픽 변화
P, v, T 관계	$v = C$ $dv = 0$ $\dfrac{P_1}{T_1} = \dfrac{P_2}{T_2}$	$P = C$ $dP = 0$ $\dfrac{v_1}{T_1} = \dfrac{v_2}{T_2}$	$T = C$ $dT = 0$ $Pv = P_1 v_1 = P_2 v_2$	$Pv^k = C$ $\dfrac{T_2}{T_1} = \left(\dfrac{v_1}{v_2}\right)^{k-1}$ $= \left(\dfrac{P_2}{P_1}\right)^{\frac{k-1}{k}}$	$Pv^n = C$ $\dfrac{T_2}{T_1} = \left(\dfrac{v_1}{v_2}\right)^{n-1}$ $= \left(\dfrac{P_2}{P_1}\right)^{\frac{n-1}{n}}$

18 어느 집진장치의 입구와 출구의 함진가스 농도가 각각 50 [g/m³], 5 [g/m³]일 때 집진효율을 계산하시오. [6점]

> [정답]
>
> 90 [%]
>
> [해설]
>
> $\eta = \dfrac{\text{포집된 농도}}{\text{집진기 입구농도}} \times 100\,[\%] = \dfrac{\text{집진기의 입구 농도} - \text{집진기의 출구 농도}}{\text{집진기의 입구 농도}} \times 100\,[\%]$
> $= \dfrac{50-5}{50} \times 100\% = 90\,[\%]$

실전 모의고사 제7회

01 흡수식 냉·온수기의 원리에 대하여 간단히 설명하시오. [5점]

정답
물이 증발할 때 온도가 내려가는 성질로 냉방을 하고, 재생기와 응축기를 이용해서 1대 기기로 냉·난방을 가능하게 한다.

02 복사 난방방법(Panel Heating System)의 장점 4가지만 쓰시오. [6점]

정답
- 실내온도가 균일하여 쾌감도가 높다.
- 천장이 높은 집의 난방에 적합하다.
- 공기의 대류가 적어 오염도가 적다.
- 열손실이 비교적 적다.
- 실내에 방열기를 설치하지 않아 바닥면의 이용도를 높일 수 있다.

03 [보기]와 같은 장치로 구성된 냉동기의 냉매가 흐르는 순서를 번호로 적으시오. [6점]

[보기]
1. 압축기   2. 수액기   3. 증발기   4. 응축기   5. 팽창밸브

정답

$1 \rightarrow 4 \rightarrow 2 \rightarrow 5 \rightarrow 3$

핵심이론 냉동 사이클
- 응축기 : 증기를 냉각시켜 응축
- 수액기 : 여분의 냉매 저장
- 팽창밸브 : 교축작용을 통해 감압
- 증발기 : 주위와 열교환

04 부정형 내화물의 보강방법 3가지를 쓰시오. [6점]

정답

앵커, 서포트, 메탈라스

핵심이론 내화물 보강방법
- 앵커(Anchor) : 완전히 고정시켜주는 장치
- 서포트(Support) : 하중을 아래에서 위로 떠받쳐 지지하기 위한 장치
- 메탈라스(Metal Lath) : 모르타르가 떨어지지 않게 하기 위하여 사용하는 철망

05 프라이밍(Priming)현상에 대하여 간단히 설명하시오. [5점]

정답

프라이밍현상은 보일러 부하의 급변으로 인하여 보일러 동체 수면에서 작은 입자의 물방울이 증기와 혼입하여 튀어 오르는 현상을 뜻한다.

핵심이론 프라이밍(Priming, 비수현상)

비수현상으로, 주 증기밸브 급개 시 고수위 시 수면으로부터 끊임없이 물방울이 비산하면서 수위를 불안정하게 하는 현상

1) 프라이밍 원인
   (1) 고수위
   (2) 관수농축
   (3) 급격한 과열
   (4) 고압에서 저압으로 변할 때
   (5) 용존고형물, 유지분의 과다
   (6) 주 증기밸브 급개 시
2) 프라이밍 발생 시 피해
   (1) 수위의 오판   (2) 수격작용
   (3) 저수위사고   (4) 증기의 과열도 저하

06 무기질 보온재의 특징을 5가지 쓰시오. [5점]

정답

- 유기질 보온재에 비하여 가격이 비싸다.
- 유기질 보온재에 비하여 수분에 약하다.
- 유기질 보온재에 비하여 시공이 어렵다.
- 유기질 보온재에 비하여 최고 안전사용온도가 더 높다.
- 화재발생 시 유독가스가 발생하지 않는다.
- 시간경과에 따른 성능저하 변질이 적다.

핵심이론 무기질 보온재

1) 기계적 강도가 큰 편이며 경도가 높다.
2) 최고안전사용온도가 높다.
3) 불연성이며 열전도율이 낮다.
4) 내수성, 내소성, 변형성이 우수하다.
5) 비싼 편이지만 수명이 길다.
6) 열에 강하다.
7) 흡습성이 크다.

---

07 다음은 보일러의 관리상 주의해야 할 철의 부식에 관한 설명이다. (   ) 안에 알맞은 내용을 순서대로 써 넣으시오. [6점]

> 보일러 내면의 순수한 철을 순수한 물에 넣으면 철 표면에서는 (   )이라는 화합물이 생성되어 안정화된다. 그러나 여기에 용존산소가 있는 물을 첨가하면 철 표면의 안정된 물질은 산화반응에 의하여 (   )이라는 화합물이 생성되어 침전된다. 따라서 보일러수 속의 용존산소는 철제 보일러의 부식과 침전물을 생성시켜 악영향을 끼친다.

정답

수산화 제1철, 수산화 제2철

핵심이론 보일러 일반 부식

1) 수산화 제1철[Fe(OH)$_2$]에 의한 부식 : 보일러수로 사용되는 순수한 물과 철에 의한 부식
$Fe + 2H_2O \rightarrow Fe(OH)_2 + H_2$

2) 수산화 제2철[Fe(OH)$_3$]에 의한 부식 : 수산화 제1철에 의한 부식과의 차이점은 물과 산소가 수산화 제1철과 반응한다는 점이다.
$4Fe(OH)_2 + O_2 + 2H_2O \rightarrow 4Fe(OH)_3$

08 안쪽 반지름이 55 [cm]이며, 바깥쪽 반지름이 90 [cm]이다. 열전도율 $\lambda = 41.87\,[W/m℃]$ 인 구형 고압용기 내외의 표면온도가 각각 551 [K], 543 [K]일 때 열손실은 몇 [kW]인지 계산하시오. [6점]

정답

5.95 [kW]

[해설]

구형 용기에서의 손실열

$$Q = K \times \frac{4\pi}{\dfrac{1}{r_1} - \dfrac{1}{r_2}} \times \Delta T$$

$$= \frac{41.87 \times 4\pi \times (551 - 543)}{\dfrac{1}{0.55} - \dfrac{1}{0.9}} = 5953.05\,[W] = 5.95\,[kW]$$

핵심이론 구형 용기의 열손실

$$Q = K \times \frac{4\pi}{\dfrac{1}{r_1} - \dfrac{1}{r_2}} \times \Delta T$$

- K : 열전도율 [W/m·K]
- r_1 : 안쪽 반지름 [m]
- r_2 : 바깥쪽 반지름 [m]
- Δt : 온도차이 [K]

TIP 온도 차이는 [K]과 [℃]를 구분 없이 사용할 수 있다.

09 방열량이 10000 [kJ/h]인 방열기에 입출구의 온수 온도차가 10 [℃]일 때 온수량은 몇 [m³/h]인지 계산하시오. (단, 평균온도에서 물의 비열은 4.184 [kJ/kg·℃]이고, 물의 밀도는 1000 [kg/m³]이다) [5점]

정답

0.24 [m³/h]

[해설]

$Q = Cm\Delta t = C \times (\rho V) \times \Delta t$

$10000 = 4.184 \times 1000 \times V \times 10$

$V = 0.239 \, [m^3/h]$

핵심이론 열량(Quantity of Heat)

열이동 과정에서 m [kg]의 물질의 온도를 dt만큼 높이는 데 필요한 열량을 δQ라고 하면
$\delta Q = mCdt \, [kJ]$

10 연돌의 통풍력을 측정한 결과 2.5 [mmAq], 배기가스의 평균 온도 90 [℃], 외기온도 10 [℃]일 때, 실제 굴뚝의 높이는 몇 [m]인가? (단, 표준상태에서 공기의 밀도는 1.295 [kg/m³], 배기가스의 밀도는 1.423 [kg/m³], 실제통풍력은 이론통풍력의 80 [%]이다)

[6점]

정답

17.45 [m]

[해설]

이론통풍력 $Z = 273H \times \left[\dfrac{r_a}{T_a} - \dfrac{r_g}{T_g} \right]$

실제통풍력 $Z_{real} = Z \times 0.8$

$\therefore Z_{real} = 273H \left(\dfrac{r_a}{273 + t_a} - \dfrac{r_g}{273 + t_g} \right) \times 0.8$

$2.5 = 273 \times h \times \left(\dfrac{1.295}{273 + 10} - \dfrac{1.423}{273 + 90} \right) \times 0.8$

$h = 17.45 \, [m]$

핵심이론 굴뚝 높이

1) 연돌의 이론통풍력의 계산 공식

$$Z = 273H \times \left[\frac{r_a}{T_a} - \frac{r_g}{T_g}\right]$$

- Z : 이론통풍력 [mmH$_2$O]
- H : 연돌의 높이 [m]
- r_a : 외기의 비중량 [kgf/m^3]
- r_g : 배기가스의 비중량 [kgf/m^3]
- T_a : 외기의 절대온도 [K]
- T_g : 배기가스의 절대온도 [K]

2) 연돌의 높이

$$H = \frac{Z}{273\left(\dfrac{\gamma_a}{T_a} - \dfrac{\gamma_g}{T_g}\right)}$$

- Z : 이론통풍력 [mmH$_2$O]
- H : 연돌의 높이 [m]
- r_a : 외기의 비중량 [kgf/m^3]
- r_g : 배기가스의 비중량 [kgf/m^3]
- T_a : 외기의 절대온도 [K]
- T_g : 배기가스의 절대온도 [K]

11 어떤 연료 1 [kg]의 이론공기량은 10.7 [Nm^3]이고, 이론배기가스량은 11.4 [Nm^3]이다. 이 연료가 과잉공기비 1.3으로 연소되어 280 [℃] 상태로 20 [℃] 대기에 배출되고 있다. 배기가스의 평균비열은 1.4 [kJ/Nm^3 · ℃]일 때 다음을 답하시오. [6점]

1) 연료 1 [kg]당 실제배기가스량은 몇 [Nm^3]인가?

2) 연료 1 [kg]당 실제배기가스로 인한 손실열량은 몇 [kJ]인가?

정답

1) 14.61 [Nm^3]   2) 5318.04 [kJ]

[해설]

$G = G_0 = (m-1)A_0 = 11.4 + (1.3-1) \times 10.7 = 14.61 [Nm^3/kg]$

$Q = GC_g \Delta t = 14.61 \times 1.4 \times (280-20) = 5318.04 [kJ/kg]$

핵심이론 연소가스량&열량

1) 실제습연소가스량(G_w) = 이론습연소가스량(G_{ow}) + 과잉공기량[$(m-1)A_o$]
2) 열량(Quantity of Heat)

$$Q = GC\Delta t \, [W]$$

- Q : 열량 [kW]
- G : 질량유량 [kg/s]
- C : 비열 [kJ/kg·℃]
- Δt : 온도차 [℃]

12 급수온도가 10 [℃]이고, 급수의 엔탈피가 42 [kJ/kg]이며 한시간에 2400 [kg]의 증기가 발생되고 이 발생증기의 엔탈피가 2960 [kJ/kg]이라고 할 때 이 보일러마력을 구하시오.

[5점]

정답

198.35 [BHP]

[해설]

1보일러마력이란 시간당 100 [℃] 포화수 15.65 [kg]을 100 [℃] 건포화 증기로 발생시키는 능력으로 1 [BHP]라고 쓴다.
즉, 마력은 상당증발량 ÷ 15.65로 계산한다.

상당증발량 = $\dfrac{2400 \times (2960 - 42)}{2256} = 3104.25 \, [kg/h]$ 이므로

$\dfrac{3104.25}{15.65} = 198.35 \, [BHP]$

핵심이론 상당증발량과 마력

1) 상당증발량 = 환산증발량
   (1) 실제 증발량을 기준증발량으로 환산한 것으로 표준대기압에서 100 [℃]의 포화수 1 [kg]을 1시간에 100 [℃] 건조된 증기로 바꿀 수 있는 증발량이다.
   (2) 상당증발량

   $$G_e = \frac{G_a(h_2 - h_1)}{2256} [kg/h]$$

   - G_a : 실제증발량
   - h_2 : 발생증기 비엔탈피
   - h_1 : 급수 비엔탈피

2) 보일러마력
   (1) 1시간당 100 [℃] 포화수 15.65 [kg]을 100 [℃] 건포화 증기로 만드는 능력

   $$BHP = \frac{G_a(h_2 - h_1)}{2256 \times 15.65}$$

   - G_a : 실제증발량 [kg/h]
   - h_1 : 급수의 비엔탈피 [kJ/kg]
   - h_2 : 증기의 비엔탈피 [kJ/kg]

   (2) 보일러마력 = 상당증발량/15.65

---

13 배기가스를 분석한 결과 CO_2 함량이 10.2 [%]이고 CO는 발생하지 않는다고 가정하면 최대탄산가스 함유율인 $(CO_2)_{max}$ [%]을 구하시오. (단, 제시되어 있지 않은 조건은 무시한다)

[5점]

정답

10.2 [%]

[해설]

$$m = \frac{21}{21 - O_2} = \frac{(CO_2)_{max}}{CO_2} \text{ 이므로}$$

$$(CO_2)_{max} = \frac{21 CO_2}{21 - O_2} = \frac{21 \times 10.2}{21 - 0} = 10.2 [\%]$$

핵심이론 | 탄산가스 최대치

$$m = \frac{CO_{2\max}}{CO_2} = \frac{21}{21 - O_2(\%)}$$

1) 완전연소 시

$$CO_{2\max} = \frac{21 \times CO_2[\%]}{21 - O_2[\%]}$$

2) 불완전연소 시

$$CO_{2\max} = \frac{21[CO_2(\%) + CO(\%)]}{21 - O_2(\%) + 0.395\,CO(\%)}$$

14 전열면적이 500 [m²]인 수관보일러에서 발열량 30 [MJ/kg]인 석탄을 매 시 1500 [kg] 연소하여 온도 350 [℃]의 과열증기를 11200 [kg/h] 증발시킨다. 급수온도가 23 [℃]라고 할 때 다음을 답하시오. (단, 과열증기의 엔탈피는 3.11 [MJ/kg]이고, 100 [℃]의 물의 증발잠열은 2.256 [MJ]이며, 23 [℃]의 물의 엔탈피는 0.09 [MJ/kg]이다) [6점]

1) 환산증발량 [kg/h]을 구하시오.
2) 보일러 효율 [%]을 구하시오.

[정답]

1) 14992.91 [kg/h]   2) 75.16 [%]

[해설]

1) $G_e = \dfrac{G_a(h_2 - h_1)}{2256}\,[kg/h] = \dfrac{11200 \times (3110 - 90)}{2256} = 14992.91\,[kg/h]$

TIP 환산증발량 = 상당증발량

2) $\eta = \dfrac{Q_s}{Q_{IN}} = \dfrac{G_a(h_2 - h_1)}{m_f \cdot H_l} = \dfrac{11200 \times (3110 - 90)}{1500 \times 30000} = 0.7516$

∴ 75.16 [%]

핵심이론 | 상당증발량과 보일러 효율

1) 상당증발량 G_e

   보일러에서 발생한 증기의 열량을 기준증기량으로 환산한 양

   $$G_e = \frac{G_a(h_2 - h_1)}{2256}[kg/h]$$

   - G_a : 실제증발량 [kg/h]
   - h_1 : 급수의 비엔탈피 [kJ/kg]
   - h_2 : 발생증기 비엔탈피 [kJ/kg]

2) 보일러효율

   $$\eta_B = \frac{G_a(h_2 - h_1)}{G_f \times H_\ell} \times 100\,[\%]$$
   $$= \frac{G_e \times 2256}{G_f \times H_\ell} \times 100\,[\%]$$

   - G_a : 실제증발량 [kg/h]
   - G_e : 상당증발량 [kg/h]
   - h_1 : 급수의 비엔탈피 [kJ/kg]
   - h_2 : 증기의 비엔탈피 [kJ/kg]
   - G_f : 연료사용량 [kg/h]
   - H_ℓ : 연료발열량 [kJ/kg]

---

15 다음 각 (   )에 알맞은 단어를 순서대로 쓰시오. [6점]

> 보일러 급수처리법 중 화학적인 방법으로 석회와 탄산소다를 가하여 물을 연화시키는
> (   )법과 이온교환수지를 물에 넣어 물속의 광물질을 분리시켜 불순물을 제거하는
> (   )법이 있다.

정답

약품첨가, 이온교환

핵심이론 | 급수처리법

1) 약품첨가법 : 급수에 석회와 탄산소다를 가하여 물을 연화시키는 방법이다.
2) 이온교환법 : 물속의 양이온 교환체인 이온교환수지를 넣어 광물질(Ca이온, Mg이온)을 분리시켜 연화시키는 방법이다.

16 다음 ( ) 안에 알맞은 단어 또는 숫자를 순서대로 쓰시오. [5점]

1) 열전대 온도계의 냉접점의 온도는 (   )로 유지한다.

2) 열선식 유량계는 저항선에 (   )를 흐르게 하여 (   )을 발생시키고 여기에 지각으로 (   )을 흐르게 하여 생기는 온도 변화율로부터 유속을 측정하여 유량을 구할 수 있다.

> **정답**
>
> 1) 0 [℃]   2) 전류 / 열 / 유체

핵심이론 온도계/유량계

1) 열전대 온도계
   두 접점 사이의 온도차에 따라 발생되는 열기전력을 측정하여 온도를 계측하는 온도계로서 냉접점의 기준온도는 0 [℃]로 유지하여야 한다.
2) 열선식 유량계
   저항선에 전류를 흐르게 하여 열을 발생시키고 여기에 직각으로 유체를 흐르게 하여 생기는 온도변화율로 인하여 유속을 측정하여 유량을 구한다.

---

17 수관보일러에서 수냉벽을 설치하는 이유 4가지를 쓰시오. [5점]

> **정답**
>
> - 노벽 내화물의 과열을 방지하여 연화 및 변형을 방지하기 위해
> - 노벽의 중량을 경감시키기 위해
> - 보일러 효율을 증가시키기 위해
> - 전열면적의 증가로 전열효율을 상승시키기 위해
> - 복사열을 흡수해 복사에 의한 열손실을 절감하기 위해

핵심이론 수관식 보일러

1) 특징
   (1) 지름이 작은 상부의 기수드럼과 하부의 물드럼 사이에 다수의 수관을 연결시켜 만든 외분식 보일러이다.
   (2) 보일러수의 유동방식에 따른 분류 : 자연순환식(급수와 관수의 비중(밀도)차에 의해 순환), 강제순환식(순환펌프에 의해 강제적으로 순환), 관류식
   (3) 드럼의 수는 그 형식에 따라 1~4개가 있다.

2) 장점
   (1) 외분식 보일러로 연소실의 형상이 다양하며 전열면적이 크다.
   (2) 전열면적이 많아 원통형에 비해 효율이 좋다.
   (3) 보유수량이 적어 파열 시 피해가 적다.
   (4) 파열 시 피해가 적어 구조상 고압 대용량에 적합하다.
   (5) 보일러수의 순환이 좋아 증기발생시간이 빠르다.
   (6) 용량에 비해 경량이다.
   (7) 효율이 좋다.
   (8) 운반 설치가 용이하다.
   (9) 과열기 및 공기예열기 등의 설치가 용이하다.

3) 단점
   (1) 부하변동에 따른 압력 변화 및 수위변동이 크다.
   (2) 부하변동에 대응하기 어렵다.
   (3) 증발속도가 빨라 스케일이 부착되기 쉽다.
   (4) 구조가 복잡하여 제작 및 청소, 검사 수리가 어렵다.
   (5) 가격이 비싸다.
   (6) 급수조절이 어렵다(연속적인 급수를 요한다).
   (7) 취급에 기술을 요한다.
   (8) 급수를 철저히 처리하여 사용해야만 한다.

18 연간 중유 4500000 [L]를 사용하는 보일러에서 과잉공기 계수가 1.3이다. 공기비를 1.1로 조절하였을 때 다음 물음에 답하시오. (단, 배기가스의 비열은 1.4 [kJ/Nm³·℃], 배기가스온도는 225 [℃], 외기온도는 25 [℃], 발열량은 40000 [kJ/kg]이고, 연료 1 [L]당 가격은 200원이다. 이론 습배기가스량은 11.443 [Nm³/kg], 이론공기량은 10.709 [Nm³/kg]이다)

[7점]

1) 공기비 조절 전 배기가스의 손실은 몇 [kJ/kg]인가?
2) 공기비 조절 후 배기가스의 손실은 몇 [kJ/kg]인가?
3) 연간 연료절감액은 얼마인가?

정답

1) 4103.596 [kJ/kg]
2) 3503.892 [kJ/kg]
3) 13500000원(1350만 원)

[해설]

1) $Q = C \cdot G \cdot \Delta t = C \cdot G_0 + (m-1)A_0 \cdot \Delta t$
   $= 1.4 \times [11.443 + (1.3-1) \times 10.709] \times (225-25)$
   $= 4103.596 [kJ/kg]$

2) $Q = C \cdot G \cdot \Delta t = C \cdot G_0 + (m-1)A_0 \cdot \Delta t$
   $= 1.4 \times [11.443 + (1.1-1) \times 10.709] \times (225-25)$
   $= 3503.892 [kJ/kg]$

3) $\Delta Q = 4103.596 - 3503.892 = 599.704 [kJ/kg]$

   단위연료당 절감률 $\dfrac{\Delta Q}{H_L} = \dfrac{599.704}{40000} = 0.015$

   연간연료절감량 $0.015 \times 4500000 = 67500 [L/year]$

   $\therefore 67500 [L/year] \times 200 [원/L] = 13500000 [원/year]$

핵심이론 열량(Quantity of Heat)

$Q = GC\Delta t [W]$

- Q : 열량 [kW]
- G : 질량유량 $[kg/s]$
- C : 비열 $[kJ/kg \cdot ℃]$
- Δt : 온도차 [℃]

실전 모의고사 제8회

1회독 시간 :   점수 :
2회독 시간 :   점수 :
3회독 시간 :   점수 :

01 요로의 열효율을 합리적으로 높이는 방법에 대하여 간단히 서술하시오. [5점]

> **정답**
>
> 전열면을 증가시켜 열전달율을 향상시키고, 연속적 조업을 통하여 손실열을 방지해야 하며, 장치의 설계조건과 운전조건을 일치시켜 열의 유효이용을 도모하여야 한다.

02 1일 8시간 가동하는 수관식 보일러의 수질을 측정한 결과, 관수의 불순물 농도가 2000 [ppm]으로 나타났다. 시간당 급수량이 1000 [L]이고, 회수된 응축수량이 400 [L], 급수 중의 경도성분이 20 [ppm]일 때 1일 분출량 [L/day]를 계산하시오. [6점]

> **정답**
>
> 48.48 [L/day]
>
> **[해설]**
>
> 시간당 분출량 = $\dfrac{(1000-400)[L/h] \times 20[ppm]}{(2000-20)[ppm]} \fallingdotseq 6.06[L/h]$
>
> 1일 분출량 = $6.06[L/h] \times 8[h/day] = 48.48[L/day]$

✏️ **핵심이론** **블로우 다운(Blow Down)**
- 보일러의 배관이나 열교환기에서 생성된 침전물이나 이물질을 제거하기 위한 작업.
- 블로우 다운량(분출량) = 증기 발생량 × $\dfrac{급수\ 불순물허용농도}{보일러수\ 불순물허용농도 - 급수\ 불순물허용농도}$

03 온도 20 [℃]인 실내에 관경이 50 [mm]인 보온용 수증기관을 설치하였다. 관 표면온도가 45 [℃]이고, 복사율이 0.75이면 수증기관 1 [m]당 복사로 인한 손실이 몇 [W]인가? (단, 스테판 볼츠만상수는 5.67 × 10⁻⁸ [W/m²K⁴]이다) [7점]

정답

19.11 [W]

[해설]

$$Q = \epsilon \sigma A (T_1^4 - T_2^4)$$
$$= 0.75 \times (5.67 \times 10^{-8}) \times (\pi \times 0.05 \times 1) \times [(45+273.15)^4 - (20+273.15)^4]$$
$$\fallingdotseq 19.11 [W]$$

핵심이론 복사(Radiation)

1) 스테판 볼츠만(Stefan - Boltzmann)의 법칙 : $Q = \epsilon \sigma A T^4 [W]$
   - ϵ : 복사율($0 < \epsilon < 1$)
   - σ : 스테판 볼츠만상수($\sigma = 5.67 \times 10^{-8} W/m^2 K^4$)
   - A : 전열면적
   - T : 물체표면온도

04 열교환기의 열전달 성능을 향상시킬 수 있는 방법을 4가지만 쓰시오. [5점]

정답

- 유체의 유속을 빠르게 한다.
- 수열유체와 방열유체의 흐름방향을 향류식으로 한다.
- 두 유체 사이의 온도차를 크게 한다.
- 열전도율이 높은 재료를 사용한다.
- 전열면적을 크게 한다.

05 노후 및 열화에 따른 보일러 튜브를 교체하거나 보수하기 위한 시기를 판단하는 방법을 3가지만 쓰시오. [5점]

> **정답**
> - 보일러 튜브에서 분출 시 분출 소음이 들린다.
> - 드럼의 수위가 낮아져 있다.
> - 화염의 색이 어두워진다.
> - 배기가스가 노 밖으로 분출된다.

06 중유의 연소 시 버너팁이나 노벽 등에 탄화물이 생성되는 원인 4가지를 쓰시오. [6점]

> **정답**
> - 버너의 무화불량일 경우
> - 분무되는 중유의 압력이 너무 클 경우
> - 중유의 점도가 너무 높을 경우
> - 공기의 공급량이 부족할 경우
> - 노폭이 좁아서 무화된 중유가 노벽에 직접 닿을 경우
> - 버너팁의 모양과 위치가 나쁠 때

07 용존산소를 제거하고자 탈산소제인 아황산나트륨(Na_2SO_3)을 가하여 산소를 제거하고자 한다. 보일러 공급수 2000 [ton] 중에 산소 함량이 9 [ppm]일 경우 산소를 제거하는 데 필요한 이론적인 아황산나트륨의 양은 얼마인가? (단, $2Na_2SO_3 + O_2 \rightarrow 2Na_2SO_4$이다) [6점]

정답

141.75 [kg]

[해설]

2000 [t] 중 9 [ppm] = $2000000 \times \dfrac{9}{1000000} = 18[kg]$

$2Na_2SO_3 + O_2 \rightarrow 2Na_2SO_4$의 분자량을 모두 계산하면

$(2 \times 126) + (32) \rightarrow (2 \times 142)$이므로

산소 18 [kg]을 제거하는 데 필요한 아황산나트륨의 양은

$\dfrac{2 \times 126}{32} \times 18 = 141.75[kg]$이다.

용어 ppm(Parts Per Million) : 백만분율

핵심이론 ppm(parts per million)

미량의 함유물질의 농도를 표시할 때 사용하는 1 [g] 시료 중 100만분의 1 [g], 즉 물 1 [ton] 중에 1 [g], 공기 1 [m³] 중의 1 [cc]가 1 [ppm]이다. 즉, 100만분의 1만큼의 오염물질이 포함된 것을 말함

08 공기가 채워진 어떤 구형 용기의 반지름이 5 [m]이다. 내부 압력이 100 [kPa], 온도가 20 [℃]일 때, 구형 용기 안에 채워진 공기의 몰수는 몇 [kmol]인가? [7점]

정답

21.48 [kmol]

[해설]

이상기체상태 방정식 $PV = nRT$ ($R = 8.314[kJ/kmol \cdot K]$이다)

$n = \dfrac{PV}{RT} = \dfrac{100[kPa = kN/m^2] \times \left(\dfrac{4}{3}\pi \times 5^3\right)[m^3]}{8.314[kJ/kmol \cdot K] \times (20 + 273.15)[K]} \fallingdotseq 21.48[kmol]$

핵심이론 이상기체의 상태 방정식

1) 질량에 대한 식

$$Pv = R_{specific}T$$
$$PV = mR_{specific}T$$

- P : 압력 $[Pa]$, V : 부피 $[m^3]$
- m : 질량 $[kg]$, T : 온도 $[K]$

$$R_{specific} = \frac{R_{ideal}}{M} : 특정기체상수 \ [J/kg \cdot K] (M : 몰질량[분자량])$$

2) 몰량에 대한 식

$$PV = nR_{ideal}T$$

- P : 압력 $[Pa]$, V : 부피 $[m^3]$
- n : 몰수 $[mol]$, T : 온도 $[K]$
- R_{ideal} : 일반기체상수 $[8.314 \, J/mol \cdot K]$

09 자연순환식 수관보일러에서 보일러수의 순환을 추진하는 방법을 2가지만 쓰시오. [5점]

정답

- 관로저항을 작게 하기 위하여 수관의 경사도를 크게 배치한다.
- 보일러수의 유동저항을 작게 하기 위하여 수관의 관경을 크게 한다.
- 밀도차를 크게 한다.

핵심이론 자연순환식 수관보일러

1) 직관식 수관보일러(자연순환식)
   (1) 순환력을 크게 하는 방법
   ① 수관의 관지름을 크게 하여 물의 유동저항이 적어지게 한다.
   ② 방해판을 설치하여 연소가스와 수관과의 접촉이 많게 한다.
   ③ 강수관의 가열을 피한다.
   ④ 기수분리를 신속하고 충분히 행한다.
   ⑤ 보일러 본체의 높이를 높게 한다.
   ⑥ 수관의 배치를 수평보다 경사지게 한다.
2) 자연순환식 수관보일러 : 보일러장치 내의 물의 밀도차에 의해서 자연적으로 순환되는 방식

10 바이오매스(Biomass)란 무엇인지 간단히 쓰시오. [5점]

> **정답**
>
> 바이오에너지 대상이 되는 생물체를 총칭하여 바이오메스라고 한다.
>
> **용어** 바이오매스(Biomass) : 태양 에너지를 받아 유기물을 합성하는 식물과 이들을 먹이로 하는 동물, 미생물 등의 생물 유기체를 총칭

핵심이론 바이오매스

1) 바이오매스(Biomass)
 포플러, 버드나무, 아카시아 등의 나무, 사탕수수, 고구마 등의 초본식물 그리고 수생식물, 해조류 등이 있다. 유기체 폐기물, 농산 폐기물, 임산 폐기물, 축산 폐기물, 산업 폐기물, 도시 쓰레기 등을 직접 또는 변환하여 연료화할 수 있는 것을 뜻한다.
2) 바이오매스 에너지(Biomass Energy)
 바이오매스를 연료로 하여 얻어지는 에너지로 직접연소, 메테인 발효, 알코올 발효 등을 통하여 얻어지는 에너지를 말한다.

11 보일러의 자동제어 종류 3가지를 쓰시오. [6점]

> **정답**
>
> 연소제어, 급수제어, 증기온도제어

핵심이론 자동제어

1) ACC(Automatic Combustion Control, 자동연소제어)
   (1) 연소제어는 보일러의 증기압력이나 온도를 일정하게 유지하기 위하여 연소량을 조절하는 제어이다.
   (2) 보일러의 부하 변동에 따라 연료와 공기량을 자동으로 조절하여 증기 압력을 일정하게 유지시키는 장치이다.
   (3) 보일러의 효율을 높이고, 대기오염을 방지하는 데 중요한 역할을 한다.
2) FWC(Automatic Feed Water Control, 자동급수제어)
   (1) 보일러의 부하변동과 관계없이 보일러의 수위를 항상 일정하게 유지시키기 위하여 급수량을 자동적으로 제어하는 것
   (2) 제어량 : 보일러수위, 조작량 : 급수량
3) STC(Steam Temperature Control, 증기온도제어)
   (1) 보일러로부터 발생한 증기의 온도를 일정하게 유지시키기 위하여 전열량을 제어하는 것
   (2) 제어량 : 증기온도, 조작량 : 전열량

12 보일러 부속장치 중에서 수면계가 파손되는 원인 4가지를 쓰시오. [5점]

정답

- 너무 오래 사용하여 노후화가 된 경우
- 유리관 자체가 불량일 경우
- 수면계 상하의 조임너트를 무리하게 조였을 경우
- 외부에서 무리한 충격을 받았을 경우
- 증기압력이 급격히 과다할 경우
- 상하의 축이 이완되어 바탕쇠의 중심선이 일치하지 않은 경우

13 공기가 노즐에서 단열 과정 1 [MPa], 150 [℃]에서 0.5 [MPa], 74 [℃]로 팽창하였다. 노즐출구에서 공기의 속도 [m/s]를 구하시오. (단, 노즐입구속도는 무시하고, 제시되어 있지 않은 다른 조건은 무시한다. 공기의 정압비열은 1.0035 [kPa]이다) [6점]

정답

390.55 [m/s]

[해설]

에너지보존 법칙 $E_1 = E_2$ 이므로
$$mH_1 + \frac{1}{2}mv_1^2 + mgZ_1 = mH_2 + \frac{1}{2}mv_2^2 + mgZ_2$$
높이차(위치에너지)에 대한 이야기는 제시되어 있지 않으므로 무시하고 노즐입구속도를 무시하면 $mH_1 = mH_2 + \frac{1}{2}mv_2^2$ 이다.

m으로 양변을 약분하고 정리하면
$$v_2 = \sqrt{2(H_1 - H_2)} = \sqrt{2\Delta H} = \sqrt{2(C_p \cdot dT)}$$
$$= \sqrt{2 \times 1.0035 \times 10^3 \times (150 - 74)} \fallingdotseq 390.55 [m/s]$$

핵심이론 에너지 방정식

$$q = (h_2 - h_1) + \frac{1}{2}(v_2^2 - v_1^2) + g(z_2 - z_1) + w_t \, [kJ/kg \cdot s]$$

$$Q = m(h_2 - h_1) + \frac{m}{2}(v_2^2 - v_1^2) + mg(z_2 - z_1) + W_t \, [kJ/s = kW]$$

14 보일러의 총 입열량은 1200 [MJ/kg]이고, 배기가스에 의한 열 손실량은 80 [MJ/kg]이며, 미연소분에 의한 손실열은 40 [MJ/kg]이다. 이때 보일러의 효율을 계산하시오. [6점]

정답

90 [%]

[해설]

$$\eta = \left(1 - \frac{\text{총 손실열량}}{\text{입열량}}\right) \times 100\,[\%] = \left(1 - \frac{80+40}{1200}\right) \times 100\,[\%] = 90\,[\%]$$

핵심이론 입출열법, 열손실법

1) 입·출열법
   보일러에 들어간 열(입열)과 실제로 나온 열(출열)을 비교해 효율을 구하는 방법

   $$\text{열효율}(\eta) = \frac{\text{유효열}}{\text{입열}} \times 100\,[\%]$$
   $$= \frac{G(h'' - h')}{G_f \times H}$$

   - G : 실제증발량 [kg/h]
   - h'' : 발생증기 엔탈피 [kJ/kg]
   - h' : 급수 엔탈피 [kJ/kg]
   - G_f : 연료사용량 [kg/h]
   - H : 발열량 [kJ/kg]

2) 손실열법
   보일러에서 빠져나가는 손실열을 계산해서 효율을 구하는 방법

   $$\text{열효율}(\eta) = \frac{\text{입열} - \text{손실열}}{\text{입열}} \times 100\,[\%] = \left(1 - \frac{\text{손실열}}{\text{입열}}\right) \times 100\,[\%]$$

15 온도가 30 [℃]의 물 3 [m³]와 100 [℃]의 건포화증기를 혼합하여 60 [℃]의 물을 만들었을 때 혼합하여야 할 건포화증기는 몇 [N]인가? [6점]

정답

1523.51 [N]

[해설]

물이 얻은 열량 = 증기가 잃은 열량
$$m_1 C(t_m - t_1) = m_2 [\gamma + C(t_2 - t_m)]$$
$$m_2 = \frac{m_1 C(t_m - t_1)}{\gamma + C(t_2 - t_m)} = \frac{3 \times 1{,}000 \times 4.186 \times (60-30)}{2{,}256 + 4.186 \times (100-60)} \fallingdotseq 155.46\,[kg]$$
∴ 155.46 × 9.8 = 1523.51 [N]

핵심이론 | 물의 특징
- 물 1 [m³] = 1000 [L] = 1000 [kg]
- 물의 비열 : 4.186 [kJ/kg·K]
- 물의 증발잠열 : 2256(or 2257) [kJ/kg]
- 중력가속도 9.8 [m/s²]이기 때문에 질량 1 [kg]은 지표면에서 9.8 [N]이다.

16 급수량 30000 [kg/h]인 물을 절탄기(Economizer)를 통하여 50 [℃]에서 80 [℃]까지 높였다. 절탄기 입구 배기가스의 온도가 350 [℃] 이면 출구의 배기가스온도는 몇 [℃]인가? (단, 배기가스량은 50000 [kg/h]이고, 배기가스 비열은 1.045 [kJ/kg·K], 급수의 비열은 4.186 [kJ/kg·K], 절탄기 효율은 75 [%]이다) [5점]

정답
253.86 [℃]

[해설]
절탄기에서 물이 얻은 열량은 배기가스가 잃은 열량의 75 [%]이다.

$$m_1 \cdot C_1 (t_2 - t_1) = \eta \cdot m_g \cdot C_g (t_{g1} - t_{g2})$$

$$t_{g2} = t_{g1} - \frac{m_1 C_1 (t_2 - t_1)}{\eta m_g C_g} = 350 - \frac{30,000 \times 4.186 \times (80-50)}{0.75 \times 50,000 \times 1.045} ≒ 253.86 [℃]$$

핵심이론 | 열량(Quantity of Heat)
열이동 과정에서 m [kg]의 물질의 온도를 dt만큼 높이는 데 필요한 열량을 δQ라고 하면
$\delta Q = m C dt [kJ]$

17 열교환기를 설치하여 재증발증기를 회수하여 공급되는 급수를 예열하는 열원으로 회수열을 이용하여 65 [℃]의 급수를 80 [℃]로 예열하여 공급되어 연료를 절감하고자 한다고 할 때, 연료절감률은 몇 [%]인가? (발생증기의 비엔탈피 2675 [kJ/kg], 물의 비열 4.186 [kJ/kg·K]) [5점]

정답

2.61 [%]

[해설]

연료절감률 = $\dfrac{\Delta h_{65℃} - \Delta h_{80℃}}{\Delta h_{65℃}} \times 100\,[\%]$

예열 전 65 [℃]의 비엔탈피차 $\Delta h_{65℃}$ = 2675 - 4.186 × 65 = 2402.91

예열 후 80 [℃]의 비엔탈피차 : $\Delta h_{80℃}$ = 2675 - 4.186 × 80 = 2340.12

$\dfrac{\Delta h_{65℃} - \Delta h_{80℃}}{\Delta h_{65℃}} \times 100\,[\%] = \dfrac{2402.91 - 2340.12}{2402.91} \times 100\,[\%] = 2.61\,[\%]$

18 0.5 [MPa]의 응축수열을 회수하여 재사용하기 위하여 설치한 플래시탱크(Flash Tank)의 재증발증기량 [kg/h]은 얼마인가? (증기사용량 1000 [kg/h], 응축수의 비엔탈피 : 666 [kJ/kg], 플래시탱크에서의 재증발증기의 비엔탈피 : 2704 [kJ/kg], 플래시탱크에서의 응축수 비엔탈피 : 502 [kJ/kg]) [5점]

정답

74.48 [kg/h]

[해설]

$m \times \dfrac{H_1 - H_3}{H_2 - H_3} = 1000 \times \dfrac{666 - 502}{2704 - 502} = 74.48\,[kg/h]$

실전 모의고사 제9회

1회독	시간 :	점수 :
2회독	시간 :	점수 :
3회독	시간 :	점수 :

01 자연통풍방식에서 통풍력을 증가시키기 위한 방법 4가지를 쓰시오. [5점]

> **정답**
>
> - 배기가스 연도를 짧게 한다.
> - 굴뚝의 높이를 높게 한다.
> - 굴뚝의 단면적을 크게 한다.
> - 배기가스온도를 높게 한다.
>
> ※ 자연통풍이란 동력을 필요로 하는 특별한 통풍장치 없이 연돌만에 의한 통풍을 말한다. 연돌 내의 연소가스와 외부공기의 밀도차에 의하여 생기는 대류현상에 의하여 이루어지는 통풍을 뜻한다.

핵심이론 자연통풍방식
1) 배기가스와의 외기의 온도차에 이루어지는 통풍방식이다.
2) 연돌에 의하여 이뤄지는 통풍방식이다.
3) 가스의 유속은 3 ~ 5 [m/s] 정도이다.
4) 통풍저항이 작은 소규모 보일러에 사용된다.
5) 노내압이 부압(-)되어 외기 침입의 우려가 있다.
6) 외기의 온도와 습도 등에 영향을 많이 받는다.
7) 강한 통풍력은 얻기 힘들고, 통풍력 조절이 어렵다.

02 되먹임제어의 궁극적인 목적을 쓰시오. [5점]

정답

출력과 기준입력 사이의 편차를 줄일 목적으로 사용된다.

용어 되먹임제어(피드백제어) : 시스템의 출력과 기준 입력을 비교하고, 오차를 감소시키도록 하는 작동시키는 동작

03 용기 내부에 증기사용처의 높은 압력과 온도의 포화수를 저장하여 축적시켰다가 갑작스러운 부하변동이나 과부하 시 저장된 증기를 방출하여 증기의 부족량을 보충하는 설비로서 증기의 부하를 조정하는 장치를 쓰시오. [5점]

정답

증기축열기

핵심이론 증기축열기(Steam Accumulator)

1) 역할 : 보일러 저부하 시 잉여의 증기를 일시 저장하였다가 과부하 또는 응급 시 증기를 방출하는 장치이다.
2) 종류 : 정압식, 변압식
3) 증기축열기 설치 시 장점
   (1) 부하변동에 따른 압력 변화가 적다.
   (2) 연료소비량이 감소한다.
   (3) 보일러 용량이 부족해도 된다.

04 증발농축장치에서 비등점이 상승하는 원인 2가지를 쓰시오. [6점]

정답
- 농용액의 깊이가 깊어질수록 압력이 커지므로 비등점이 상승한다.
- 농용액의 온도가 커질 경우 비등점이 상승한다.
- 농용액 내 불순물이 과다할 경우 비등점이 상승한다.

용어 증발농축장치 : 용액에서 용매를 증발시켜 용질의 농도를 높이는 장치

05 20 [℃]의 물 10 [kg]을 가열하여 100 [℃]의 수증기로 모두 만들었을 때의 가열 열량은 몇 [kJ]인가? (물의 비열은 4.186 [kJ/kg · ℃], 증발잠열은 2256 [kJ/kg]이다) [6점]

정답
25908.8 [kJ]

[해설]
$Q = m(C(t_2 - t_1) + \gamma) = 10 \times (4.186 \times (100 - 20) + 2256) = 25908.8 [kJ]$

핵심이론 열량(Quantity of Heat)
열이동 과정에서 m [kg]의 물질의 온도를 dt만큼 높이는 데 필요한 열량을 δQ라고 하면
$\delta Q = mCdt [kJ]$

06 원심펌프의 성능 비교 시 이용되는 펌프 비속도(N_s)를 구하는 공식을 [다음]의 기호를 사용하여 나타내시오. [7점]

> [다음]
> N : 펌프의 회전수, Q : 유량, H : 전양정, n : 단수

정답

$$N_s = \frac{N\sqrt{Q}}{\left(\dfrac{H}{n}\right)^{\frac{3}{4}}}$$

용어 비교회전수(비속도) : 토출유량 1 [m³/min], 양정 1 [m]가 발생되도록 설계할 경우 임펠러의 분당 회전수 [rpm]를 의미한다.

핵심이론 상사 법칙, 비속도

구분	송풍기	펌프
상사 법칙	• 풍량(Q) $\dfrac{Q_2}{Q_1} = \dfrac{N_2}{N_1} = \left(\dfrac{D_2}{D_1}\right)^3$ • 정압(P) $\dfrac{P_2}{P_1} = \left(\dfrac{N_2}{N_1}\right)^2 = \left(\dfrac{D_2}{D_1}\right)^2$ • 동력(L) $\dfrac{L_2}{L_1} = \left(\dfrac{N_2}{N_1}\right)^3 = \left(\dfrac{D_2}{D_1}\right)^5$ 회전수 : N [rpm] 임펠러 직경 : D [mm]	• 유량(Q) $\dfrac{Q_2}{Q_1} = \dfrac{N_2}{N_1} = \left(\dfrac{D_2}{D_1}\right)^3$ • 양정(H) $\dfrac{H_2}{H_1} = \left(\dfrac{N_2}{N_1}\right)^2 = \left(\dfrac{D_2}{D_1}\right)^2$ • 동력(L) $\dfrac{L_2}{L_1} = \left(\dfrac{N_2}{N_1}\right)^3 = \left(\dfrac{D_2}{D_1}\right)^5$ 회전수 : N [rpm] 임펠러 직경 : D [mm]
비속도	$\dfrac{N\sqrt{Q}}{P^{\frac{3}{4}}}$ • 회전수 : N [rpm] • 풍량 : Q [m³/min] • 풍압 : P [mmAq]	$\dfrac{N\sqrt{Q}}{H^{\frac{3}{4}}}$ • 회전수 : N [rpm] • 토출량 : Q [m³/min] • 전양정 : H [m]

07 연소반응 중 착화지연시간(Ignition Delay Time)현상에 대하여 설명하시오. [6점]

정답

어느 온도에서 가열하기 시작하여 발화에 이르기까지의 시간(착화가 이루어질 때까지 걸리는 시간)을 착화지연시간이라고 한다. 고온·고압일수록 착화지연시간이 짧아지고, 보일러 버너 착화 시 착화 지연시간이 길어지게 되면 연소 폭발의 원인이 될 수 있다.

08 피토관(Pitot Tube)의 유량 측정 원리를 설명하시오. [6점]

정답

피토관은 피토관을 통과하는 배관 내의 유체의 압력 차(동압 = 전압 - 정압)를 베르누이 방정식에 적용하여 유속을 계산하고, 배관의 단면적을 구하여 유속과 단면적을 곱하여 유량을 계산한다.

핵심이론 피토관

1) 피토관에 의한 유속

 (1) $V = \sqrt{\dfrac{2g(P_1 - P_2)}{\gamma}} = \sqrt{2gh}$

 (P_1 : 전압, P_2 : 정압, V : 유속, g : 중력가속도, γ : 비중량, h : 높이)

2) 유량 계산 : $Q = AV$

09 신·재생에너지 개발·이용·보급 촉진법에서 정한 에너지 중 바이오에너지의 활용범위에 대하여 4가지를 쓰시오. [6점]

정답
- 생물유기체를 변환시킨 바이오가스, 바이오에탄올, 바이오액화유 및 합성가스
- 쓰레기 매립장의 유기성 폐기물을 변환시킨 매립지가스
- 동물·식물의 유지를 변환시킨 바이오디젤 및 바이오중유
- 생물 유기체를 변환시킨 땔감, 목재칩, 펠릿 및 숯 등의 고체연료

핵심이론 바이오에너지
신재생에너지법령상 생물유기체를 변환시켜 얻어지는 에너지를 말한다.

10 여름에는 냉수를 겨울에는 온수를 생산하는 가스직화식 냉·온수기의 사용 시 장점을 2가지 쓰시오. [5점]

정답
- 압축기를 사용하지 않아 전력소비가 적다.
- 냉온수기 하나로 냉방과 난방을 할 수 있다.
- 설비 내부의 압력이 진공상태로 압력이 높지 않아 위험성이 높지 않다.
- 냉매가 물이어서 가격이 저렴하고 환경오염의 우려가 없다.

11 다음에서 설명한 보일러의 용수보존법은 무엇인지 쓰시오. [6점]

> 2 ~ 3개월 정도의 단기 보존 시에 사용되며 배관에 물을 충만한 후에 가열하여 용존가스를 제거하고 pH 12가 되도록 세정약제를 주입한 후 밀폐하여 보존하는 방법이다.

정답

만수 보존법

12 에틸렌 10 [kg] 연소 시 공기량이 380 [kg]이었다고 한다. 과잉공기량은 몇 [kg]인가? [5점]

정답

232.2 [kg]

[해설]

$C_2H_4 + 3O_2 \rightarrow 2CO_2 + 2H_2O$

에틸렌 분자량 : 28

$O_0 = \dfrac{3 \times 32}{28} = 3.43 [kg/kg]$

$A_0 = \dfrac{O_0}{0.232} = \dfrac{3 \times 32}{28 \times 0.232} = \dfrac{3.43}{0.232} = 14.78 [kg/kg]$

에틸렌 10 [kg] 연소 시 이론공기량 = $10 \times A_0 = 10 \times 14.78 = 147.8 [kg]$

과잉공기량 = $380 - 147.8 = 232.2 [kg]$

핵심이론 실제공기량(A_a)

$A_a = A_o + A_s(\text{과잉공기량}) = m \cdot A_o$ [m(공기비) > 1.0]

$\therefore m = \dfrac{A_a}{A_o} = 1 + \dfrac{A_s}{A_o} = 1 + \dfrac{A_a - A_o}{A_o}$

$A_s = (m-1)A_o$

과잉공기율 = (m - 1) × 100 [%]

---

13 수도관의 저수면부터 높이 6 [m]인 곳에서 수압이 7 [kg/cm²], 유속이 8 [m/s]인 경우 전수두는 몇 [m]인가? (단, 손실수두는 무시한다) [6점]

정답

79.3 [m]

[해설]

물의 밀도 $\gamma = 1\,[g/cm^3] = 1000\,[kg/m^3]$

전수두 = 압력수두 + 속도수두 + 위치수두

$= \dfrac{\Delta P}{\gamma} + \dfrac{V^2}{2g} + Z = \dfrac{7[kg/cm^2] \times 10^4[cm^2/m^2]}{1000[kg/m^3]} + \dfrac{(8[m/s])^2}{2 \times 9.8[m/s^2]} + 6[m]$

$= 79.3\,[m]$

용어 전수두 : 유체가 가진 총 에너지를 물기둥의 높이 단위로 나타낸 값

핵심이론 베르누이 방정식

압력수두 + 속도수두 + 위치수두 = 일정

$$\dfrac{P}{\rho g} + \dfrac{V^2}{2g} + Z = C$$

- P : 압력
- v : 유속
- g : 중력 가속도
- Z : 수평기준면에 대한 상대적인 높이

14 노벽이 두께 24 [cm]의 내화벽돌, 두께 10 [cm]의 절연벽돌 및 두께 15 [cm]의 적색벽돌로 만들어질 때 벽 안쪽과 바깥쪽 표면온도가 각각 900 [℃], 90 [℃]라면 열손실은 약 몇 [kJ/m² · h]인가? (단, 내화벽돌, 절연벽돌, 적색벽돌의 열전도율은 각각 4.8 [kJ/m · h · ℃], 0.62 [kJ/m · h · ℃], 4.2 [kJ/m · h · ℃]이다) [6점]

정답

3279.28 [kJ/m² · h]

[해설]

$$Q = KA\Delta t = \frac{A \times \Delta t}{\frac{d_1}{\lambda_1} + \frac{d_2}{\lambda_2} + \frac{d_3}{\lambda_3}}$$

$$\frac{Q}{A} = \frac{\Delta t}{\frac{d_1}{\lambda_1} + \frac{d_2}{\lambda_2} + \frac{d_3}{\lambda_3}} = \frac{900 - 90}{\frac{0.24}{4.8} + \frac{0.1}{0.62} + \frac{0.15}{4.2}} = 3279.29 \, [kJ/m^2 \cdot h]$$

핵심이론 열관류

1) 열관류(통과)계수

$$K = \frac{1}{R} = \frac{1}{\frac{1}{\alpha_1} + \frac{L}{\lambda} + \frac{1}{\alpha_2}} \, [W/m^2 \cdot K]$$

- L : 재료의 두께 [m]
- λ : 열전도율 [W/m · K]
- α_1 : 내측 유체 열전달률 [W/m² · K]
- α_2 : 외측 유체 열전달률 [W/m² · K]
- K : 열관류율 [W/m² · K]

2) 열관류에 의한 손실열량

$$Q = KA(t_1 - t_2) \, [W]$$

- K : 열관류(통과)계수 [W/m² · K]
- A : 전열면적 [m²]

15 부피 조성비가 메테인 60 [%], 프로페인 30 [%], 부탄 10 [%]인 혼합가스가 있다고 할 때, 이 혼합가스의 폭발 범위를 구하시오. (단, 메테인, 프로페인, 부탄의 연소범위는 각각 5 이상 15 이하, 2 이상 9 이하, 1 이상 8 이하이다) [6점]

정답

2.7 [%] 이상 11.7 [%] 이하

[해설]

르 샤틀리에 공식

- $\dfrac{100}{L} = \dfrac{V_1}{L_1} + \dfrac{V_2}{L_2} + \dfrac{V_3}{L_3} = \dfrac{60}{5} + \dfrac{30}{2} + \dfrac{10}{1} = 37$

연소하한계 $L = \dfrac{100}{37} ≒ 2.7 [\%]$

- $\dfrac{100}{L'} = \dfrac{V_1}{L_1'} + \dfrac{V_2}{L_2'} + \dfrac{V_3}{L_3'} = \dfrac{60}{15} + \dfrac{30}{9} + \dfrac{10}{8} ≒ 8.58$

연소상한계 $L' = \dfrac{100}{8.58} ≒ 11.7 [\%]$

핵심이론 르 샤틀리에 공식

혼합가스의 상한계 또는 하한계를 계산하는 공식

$\dfrac{100}{L} = \dfrac{V_1}{L_1} + \dfrac{V_2}{L_2} + \dfrac{V_3}{L_3}$

- L : 혼합가스의 상한계 또는 하한계
- V_1, V_2, V_3 : 각 가스의 체적
- L_1, L_2, L_3 : 각 가스의 하한계 또는 상한계

16 흡수식 냉동기에 부착된 마노미터의 눈금차가 12 [mm]로 절대압력은 12 [mmHg]일 때 흡수식 냉동기의 진공도 [%]를 구하시오. [5점]

정답

98.42 [%]

[해설]

대기압 = 1 [atm] = 760 [mmHg]

진공도 [%] =
$\dfrac{진공압}{대기압} \times 100\,[\%] = \dfrac{대기압 - 절대압력}{대기압} \times 100\,[\%] = \dfrac{760-12}{760} \times 100\,[\%] = 98.42\,[\%]$

TIP 진공압 = 대기압 − 절대압
TIP 절대압 = 대기압 + 계기압

핵심이론 표준대기압(atm)

1 [atm] = 760 [mmHg] = 101325 [Pa] = <u>101.325</u> [kPa] = <u>10.332</u> [mH₂O]

암 백일상이오(101.325)
암 물 넣으면 삼삼(33)하다. 삼삼이(332)

17 $(CO_2)_{max}$값이 18 [%], CO_2값이 14 [%]인 경우 과잉공기계수를 소수점 둘째 자리까지 구하시오. [5점]

정답

1.29

[해설]

$m = \dfrac{(CO_2)_{max}}{CO_2} = \dfrac{18}{14} = 1.286 ≒ 1.29$

TIP 과잉공기계수 = 공기비

핵심이론   탄산가스 최대치에 의한 공기비 계산

$$m = \frac{CO_{2\max}}{CO_2} = \frac{21}{21 - O_2(\%)}$$

18 보일러가 [다음]과 같다고 할 때, 보일러의 효율 [%]을 구하시오.   [5점]

[다음]
- 포화수 비엔탈피 612 [kJ/kg]
- 포화증기 비엔탈피 2680 [kJ/kg]
- 증기건도 0.96
- 급수온도 40 [℃]
- 연료소비량 200 [kg/h]
- 연료발열량 40000 [kJ/kg]
- 증기발생량 2700 [kg/h]

정답

82.01 [%]

[해설]

발생증기 비엔탈피 $h = h' + x(h'' - h') = 612 + 0.96(2680 - 612) = 2597.28 [kJ/kg]$
1 [℃] = 1 [kJ/kg]이므로
급수의 비엔탈피 = $CpT = 40 \times 4.186$ [kJ/kg]

효율 $\eta = \dfrac{G(h - h_0)}{G_f \times H_l} = \dfrac{2700 \times (2597.28 - 40 \times 4.186)}{200 \times 40000} = 0.8201$

∴ 82.01 [%]

핵심이론 비엔탈피와 보일러 효율

1) 습포화증기(습증기)의 비엔탈피

$$h_x = h' + x(h'' - h') = h' + x\gamma \,[kJ/kg]$$

- x : 건조도(건도)
- γ : 물의 증발열
- h' : 포화수 비엔탈피
- h'' : 건포화증기 비엔탈피

2) 보일러 효율

$$\eta_B = \frac{G_a(h_2 - h_1)}{G_f \times H_\ell} \times 100 \,[\%]$$

$$= \frac{G_e \times 2256}{G_f \times H_\ell} \times 100 \,[\%]$$

- G_a : 실제증발량 [kg/h]
- G_e : 상당증발량 [kg/h]
- h_1 : 급수의 비엔탈피 [kJ/kg]
- h_2 : 증기의 비엔탈피 [kJ/kg]
- G_f : 연료사용량 [kg/h]
- H_ℓ : 연료발열량 [kJ/kg]

3) 1 [kcal] = 4.186 [kJ]

실전 모의고사 제10회

1회독 시간: 점수:
2회독 시간: 점수:
3회독 시간: 점수:

01 다음에서 설명하는 화염검출기의 명칭을 쓰시오. [5점]

1) 화염의 발광체를 이용한 화염검출기
2) 화염의 전기전도성을 이용한 화염검출기
3) 화염의 발열체를 이용하여 연도에 설치하는 화염검출기

정답

1) 플레임 아이   2) 플레임 로드   3) 스택 스위치

핵심이론 화염검출기의 종류

1) 플레임 아이(Flame Eye): 화염이 발광체임을 이용하여 화염의 방사선을 감지하여 화염의 유무를 검출한다.
2) 플레임 로드(Flame Rod): 화염의 이온화현상에 의한 전기전도성을 이용하여 화염의 유무를 검출한다.
3) 스택 스위치(Stack Switch): 연도의 바이메탈을 설치하여 연소가스의 발열체를 이용하여 화염 유무를 검출한다.

02 교토의정서에 대하여 간단히 설명하시오. [6점]

정답

지구온난화 규제 및 방지를 위한 국제협약인 기후변화협약의 구체적 이행방안으로 선진국의 온실가스 감축 목표치를 규정하였다.

TIP 교토 의정서: 지구 온난화의 규제 및 방지를 위한 국제 협약인 기후변화협약의 수정안

03 내부온도가 250 [℃]이며 외부온도는 20 [℃]이고, 두께가 50 [mm], 평판의 전열면적이 6 [m²], 열전도율이 2.5 [kJ/m·h·℃]일 때 전열량은 몇 [kJ/h]인지 구하시오. [5점]

정답

69000 [kJ/h]

[해설]

$$Q = \frac{\lambda}{L}A\Delta t = \frac{2.5 \times 6 \times (250-20)}{0.05} = 69000 [kJ/h]$$

TIP 열전도율의 단위를 체크하자

핵심이론 전도

1) 전도 : 매질 내의 자유전자 간의 미세한 충돌과 상호작용을 통해 열이 전달되는 현상으로, 주로 고체에서 중요한 열전달방식이다.
2) 푸리에의 열전도 법칙(Fourier Heat Conduction Law)

$$Q = \frac{\lambda}{L}A\Delta t [W]$$

- Q : 전도열량 [W]
- λ : 열전도계수 [W/m·K]
- L : 물질의 두께 [m]
- A : 전열면적 [m²]
- Δt : 물질의 표면온도 [K]

04 연속동작 중 비례동작인 P동작에 대한 특징을 2가지 쓰시오. [5점]

정답

- 제어편차에 비례하여 조작량의 크기를 결정한다.
- 잔류편차인 오프셋이 발생한다.

핵심이론 비례동작

1) 비례(P)동작 : 현재의 오차에 비례하여 출력을 조정하는 동작
   (1) 오차가 클수록 출력이 크게 조정된다.
   (2) 출력 변화가 편차에 비례하는 동작이다.
   (3) 단독으로 사용하지 않고 다른 동작과 조합하여 사용한다.
2) 적분(I)동작 : 오차의 누적값에 비례하여 출력을 조정하는 동작
   (1) 오차가 계속 누적되면 출력이 점점 커진다.
   (2) 출력 변화의 속도가 편차에 비례한다.
   (3) 진동하는 경향이 있고, 급변 시 큰 진동이 발생되며 안정성이 떨어진다.
   (4) 잔류 편차(오프셋)을 없애준다.
3) 미분(D)동작 : 오차의 변화율에 비례하여 출력을 조정하는 동작
   (1) 오차가 빠르게 변할수록 출력이 크게 조정된다.
   (2) 출력 변화가 편차의 변화속도에 비례하는 동작이다.

05 카르노 사이클의 열효율을 계산하시오. (단, 고온과 저온은 각각 600 [℃], 200 [℃]이다) [6점]

정답
45.81 [%]

[해설]
$$\eta = 1 - \frac{T_l}{T_h} = 1 - \frac{273.15 + 200}{273.15 + 600} = 0.4581 \quad \therefore 45.81\,[\%]$$

핵심이론 카르노 사이클(Carnot Cycle)

1) 가역 사이클
2) 열기관 사이클 중에서 가장 이상적인 사이클
3) 등온 변화 2개와 가역 단열 변화(등엔트로피 변화) 2개로 구성되어 있다.
4) 열효율 $\eta_c = \dfrac{W_{net}}{Q_1} = \dfrac{Q_1 - Q_2}{Q_1} = 1 - \dfrac{Q_2}{Q_1} = 1 - \dfrac{T_2}{T_1}$

06 에너지 절감을 위해 공기예열기를 설치하였다. 연소용 공기 투입량이 32000 [Nm³/h], 배기가스 배출량은 45000 [Nm³/h], 배기가스 비열 1.72 [kJ/Nm³·℃], 공기예열기 입구 배기가스온도 380 [℃], 공기예열기 공기의 공급온도 170 [℃], 출구온도 320 [℃] 이면 배기가스 출구온도는 몇 [℃]인가? (단, 공기의 비열은 1.3 [kJ/Nm³·℃], 공기예열기 효율은 70 [%]이다) [6점]

정답

264.83 [℃]

[해설]

공기의 열량 = 배기가스 열량으로
$m_1 C_1 \Delta t_1 = m_2 C_2 \Delta t_2 \times \eta$ 이므로
$32000 \times 1.3 \times (320 - 170) = 45000 \times 1.72 \times (380 - x) \times 0.7$
$x = 264.83$ [℃]

핵심이론 열량(Quantity of Heat)

열이동 과정에서 m [kg]의 물질의 온도를 dt만큼 높이는 데 필요한 열량을 δQ라고 하면
$\delta Q = mCdt$ [kJ]

07 공업로의 에너지 절감방안을 4가지 쓰시오. [6점]

정답

- 폐열을 회수하여 연소용 공기의 예열에 사용한다.
- 단열재를 사용하여 열손실을 감소시킨다.
- 적정한 공기비를 유지하여 연료 손실을 방지한다.
- 적정부하로 운전한다.
- 단속운전을 피한다.

08 수관식 보일러가 가동 중에 있다. 배기가스의 온도가 200 [℃]인데 공기예열기를 사용하여 120 [℃]로 배출하고 회수한 열을 연소용 공기를 예열하는 데 사용하고 있다. 열효율을 개선하기 위해 배기가스 출구온도를 90 [℃]로 더 낮추려고 한다. 이때 연소가스량 [Nm³/h], 개선 후 절감열량 [kW]을 구하시오. (단, 폐열회수 손실율은 3 [%], 배기가스 비열은 1.338 [kJ/Nm³·℃], 이론공기량 10.742 [Nm³/Nm³], 이론배기가스량 11.852 [Nm³/Nm³], 공기비 1.2, 연료사용량 1900 [Nm³/h], 급수량 2500 [kg/h], 연료의 발열량 42000 [kJ/kg], 물의 비열 4.18 [kJ/kg·℃]이다) [7점]

정답
26600 [Nm³/h], 287.69 [kW]

[해설]
1 [Nm³] 연료당 실제배기가스량

$G = G_0 + (m-1)A_0 = 11.852 + (1.2-1) \times 10.742 = 14 [Nm^3/Nm^3]$

연소가스량 = $G \times G_f = 14 \times 1900 = 26600 [Nm^3/h]$

개선 후 절감열량

$Q = G_{연소가스} C \Delta T \times \eta = 26600 \times 1.338 \times (120-90) \times (1-0.03) = 1035692.28 [kJ/h]$

$1035692.28 [kJ/h] \times \dfrac{1[h]}{3600[s]} = 287.69 [kW]$

핵심이론 실제습연소가스량
실제습연소가스량(G_w) = 이론습연소가스량(G_{ow}) + 과잉공기량[$(m-1)A_o$]

09 무기질 보온재의 종류를 5가지 쓰시오. [5점]

정답
석면, 규조토, 글라스울(유리섬유), 탄산마그네슘, 규산칼슘, 암면, 세라믹화이버, 펄라이트
※ 유기질 보온재의 종류 : 펠트류, 텍스류, 폼류, 탄화콜크류

핵심이론 무기질 보온재

1) 특징 : 일반적으로 안전사용온도 범위가 넓고, 비교적 강도가 높으며 변형이 적다. 최고사용온도가 높아 고온에 적합하다.
2) 종류
   (1) 석면 : 아스베스토스를 주원료로 하여 만든다.
      ① 장점 : 균열이 생기거나 부서지는 일이 없어 선박과 같은 진동이 심한 곳에서도 사용 가능하다.
      ② 용도 : 400 [℃] 이하의 관, 탱크, 노벽 등의 보온재로 사용한다.
   (2) 암면 : 안산암, 현무암에 석회를 섞어 용융시켜 압축 가공하여 섬유모양으로 만든다.
      ① 단점 : 석면에 비해 섬유가 거칠고 굳어서 부서지기 쉽다.
      ② 용도 : 식물성, 동물성, 합성수지 등의 접착제를 써서 띠, 관, 원통형으로 가공하여 400 [℃] 이하의 관, 덕트, 탱크 등의 보온재로 사용된다.
   (3) 규조토 : 광물질의 잔해 퇴적물로 좋은 것은 순백색이고 부드러우며, 불순물을 함유하고 있는 것은 황색, 회녹색을 띠고 있으며 불순물이 많이 함유된 것이 사용되고 있다.
      ① 단점 : 다른 보온재에 비해 단열효과가 나쁘므로 두껍게 시공해야 한다.
      ② 용도 : 500 [℃] 이하의 관, 탱크, 노벽 등의 보온에 사용된다.
   (4) 탄산마그네슘 : 염기성 탄산마그네슘 85 [%], 석면 15 [%]를 배합하여 물에 개어서 사용한다.
      ① 특징 : 가볍고 보온성이 우수하나 300 ~ 320 [℃]에서 열분해
      ② 용도 : 방습 가공하여 옥외 배관, 습기가 많은 지하 덕트의 배관에 사용하며 250 [℃] 이하의 관, 탱크 등의 보온재로 사용
   (5) 글라스울 : 용융유리를 압축공기, 증기로 원심력을 이용해 섬유화한 것으로 물 등에 의한 화학작용을 일으키지 않으므로 단열, 내열, 내구성이 좋다.
   (6) 규산칼슘 : 석회석과 규조토를 원료로 하여 만든 것
      고온용 무기질 보온재로 기계적 강도, 내열성, 내산성, 내마모성이 있어 탱크, 노벽 등에 적합한 보온재이다.
   (7) 세라믹화이버 : 고온용 무기 보온재로 석영을 녹여 만들며 내약품성이 뛰어나고 최고사용온도가 1100 [℃] 정도인 것은 세라믹 파이버이다.
   (8) 기타
      ① 펄라이트 : 200 ~ 800 [℃]
      ② 실리카화이버 : 1100 [℃] 이상

10 보일러의 저수위 사고를 방지하기 위한 제어계의 수위제어장치를 4가지 쓰시오. [5점]

> **정답**
> 1요소식, 2요소식, 3요소식, 모듈식

핵심이론 수위제어방식
- 단요소식(1요소식) : 보일러의 수위만을 검출하여 급수량을 조절하는 방식
- 2요소식 : 수위와 증기유량을 동시에 검출하는 방식이다.
- 3요소식 : 수위, 증기유량, 급수유량을 동시에 검출하는 방식이다.
- 모듈식 : 모듈화 디자인으로 되어 있는 방식이다.
※ 모듈화 디자인 : 한 시스템을 여러 개의 기능적 구성요소(모듈)들을 조합함으로써 완성하도록 한 설계를 말한다.

11 연소실 내에서의 역화를 방지하기 위한 방법 2가지를 쓰시오. [6점]

> **정답**
> - 공기를 먼저 투입한 후 연료를 투입한다.
> - 충분히 프리퍼지를 실시 한 후 점화한다.
> - 적절한 통풍력을 유지시킨다.

핵심이론 역화
1) 역화 : 불꽃이 거꾸로 흐르는 현상을 뜻한다.
2) 역화의 발생원인
   (1) 연료가 공기보다 빠르게 유입되었을 경우
   (2) 착화지연이 발생하였을 경우
   (3) 버너가 과열되었을 경우
   (4) 가스 분출속도보다 연소속도가 빠를 경우
   (5) 가스공급압력이 낮을 경우
   (6) 1차 공기의 댐퍼가 너무 많이 개폐가 되었을 경우
   (7) 버너 사용기간이 너무 오래되어 부식에 의해 염공이 크게 되었을 경우

12 30 [℃]의 물 1500 [kg]과 100 [℃]의 포화증기(엔탈피 2400 [kJ/kg])을 혼합하여 60 [℃]의 물이 되었다고 할 경우 열교환에 의해 사용된 포화증기의 양은 몇 [kg]인가? (단, 물의 비열은 4.18 [kJ/kg·℃]이다) [7점]

정답

87.52 [kg]

[해설]

혼합 전과 혼합 후의 열량이 같음을 이용
$30 \times 4.18 \times 1500 + 2400 \times x = 60 \times 4.18 \times (1500 + x)$
$x = 87.52 [kg]$

핵심이론 열량(Quantity of Heat)

열이동 과정에서 m [kg]의 물질의 온도를 dt만큼 높이는 데 필요한 열량을 δQ라고 하면
$\delta Q = mCdt [kJ]$

13 가마 바닥에 여러 개의 흡입공이 설치되어 있는 가마는 무엇인가? [6점]

정답

도염식 가마(꺾임불꽃 가마)

핵심이론 도염식 요(Down Draft Kiln) - 꺾임 불꽃가마

1) 연소불꽃이 천장에 부딪힌 다음 바닥의 흡입구멍을 통해 배출되는 구조
2) 가마 내 온도가 균일하다.
3) 연료소비가 적다.
4) 흡입공기구멍 화교(Fire Bridge) 등이 있다.
5) 가마내기 재임이 편리하다.
6) 도자기, 내화벽돌 제조에 쓰인다.

14 향류식 열교환기의 관의 지름이 100 [mm], 길이가 2 [m]인 관의 개수가 15개이고, 고온의 유체는 900 [℃]로 들어와서 300 [℃]로 나가고 수열유체가 20 [℃]로 들어와서 80 [℃]로 나가는 경우 대수평균온도차를 이용하여 열전달량은 몇 [W]인지 구하시오. (단, 열관류율은 5 [W/m²·K]이다) [6점]

> **정답**
>
> 23670.11 [W]

[해설]

향류식 = 반대방향의 흐름

$\Delta t_1 = 900 - 80 = 820\,[℃]$

$\Delta t_2 = 300 - 20 = 280\,[℃]$

대수평균온도차 $LMTD = \dfrac{\Delta t_1 - \Delta t_2}{\ln \dfrac{\Delta t_1}{\Delta t_2}} = \dfrac{820 - 280}{\ln \dfrac{820}{280}} = 502.55\,[℃]$

전열면적 $A = \pi D \cdot L \cdot n = \pi \times 0.1 \times 2 \times 15 = 9.42\,[m^2]$

열량 $Q = KA(LMTD) = 5 \times 9.42 \times 502.55 = 23670.11\,[W]$

핵심이론 대향류(Counter Flow)

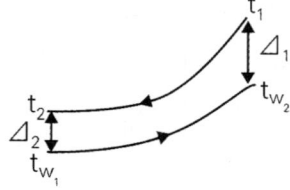

$\Delta_1 = t_1 - t_{w_2}$
$\Delta_2 = t_2 - t_{w_1}$

※ 대수평균온도차(LMTD) = $\dfrac{\Delta_1 - \Delta_2}{\ln\left(\dfrac{\Delta_1}{\Delta_2}\right)}\,[℃]$

15 다음 두 가지 물음에 답하시오. [5점]

1) 보일러수 2 [ton] 중에 불순물이 10 [g] 검출되었다고 한다면 몇 [ppm]인가?

2) 보일러수가 3 [ton]이라고 할 때 7 [ppm]이면 검출된 불순물의 양은 몇 [g]인가?

정답

1) 5 [ppm]   2) 21 [g]

[해설]

$$[ppm] = \frac{[g]}{[t]}$$

1) $\dfrac{10[g]}{2[t]} = 5[ppm]$

2) $7[ppm] \times 3[t] = 21[g]$

핵심이론 ppm(parts per million)

미량의 함유물질의 농도를 표시할 때 사용하는 1 [g] 시료 중 100만분의 1 [g], 즉 물 1 [ton] 중에 1 [g], 공기 1 [m³] 중의 1 [cc]가 1 [ppm]이다. 즉, 100만분의 1만큼의 오염물질이 포함된 것을 말함

16 중유 원소분석 결과 C : 85 [%], H : 7 [%], O : 2 [%], S : 1 [%], 기타 5 [%]일 때 이론공기량 [Nm³/kg]은 얼마인가? [5점]

정답

9.38 [Nm³/kg]

[해설]

$$O_0 = 1.867C + 5.6\left(H - \frac{O}{8}\right) + 0.7S$$
$$= 1.867 \times 0.85 + 5.6\left(0.07 + \frac{0.02}{8}\right) + 0.7 \times 0.01$$
$$= 1.97[Nm^3/kg]$$
$$A_0 = \frac{O_0}{0.21} = \frac{1.97}{0.21} = 9.38[Nm^3/kg]$$

핵심이론 이론산소량(O_0) & 이론공기량(A_0)

1) 이론산소량(O_0) : 연료를 산화시키기 위한 이론적 최소 산소량
   (1) 고체 및 액체 연료
   ① 질량 계산식

   $$O_o = 2.67C + 8\left(H - \frac{O}{8}\right) + S \text{ [kg/kg]}$$

   ② 체적 계산식(연료 1 [kg] 연소 시 이론산소량의 체적)

   $$O_o = 1.867C + 5.6\left(H - \frac{O}{8}\right) + 0.7S \text{ [Nm}^3\text{/kg]}$$

2) 이론공기량(A_0) : 연료를 완전연소시키는 데 필요한 이론적 최소 공기량
   이론산소량을 산소의 질량비로 나누어준다.
   (1) 고체 및 액체 연료
   ① 질량 계산식

   $$A_o = \frac{O_o}{0.232} = 11.51C + 34.48\left(H - \frac{O}{8}\right) + 4.31S \text{ [kg/kg]}$$

   ② 체적 계산식

   $$A_o = \frac{O_o}{0.21} = 8.89C + 26.67\left(H - \frac{O}{8}\right) + 3.33S \text{ [Nm}^3\text{/kg]}$$

17 다음 빈 칸에 알맞은 숫자를 써 넣으시오. [5점]

> 보일러마력이란 1 [atm]하에서 100 [℃]의 포화수 (　) [kg]을 (　)시간에 100 [℃]의 건포화 증기로 바꿀 수 있는 보일러 능력을 말한다.

정답

15.65, 1

핵심이론 보일러마력

1) 시간당 100 [℃] 포화수 15.65 [kg]을 100 [℃] 건포화 증기로 발생시키는 능력을 보일러 1 [HP](마력)이라고 한다.
2) 1보일러마력 : 15.65 [kg]의 상당증발량을 갖는 능력
   열량으로 환산하면 15.65 [kg] × 2256 = 35322 [kJ/h]이다.
3) 보일러마력 = 상당증발량/15.65

18 연소실 용적이 24 [m³]인 보일러에서 발열량 4500 [kJ/kg]인 석탄을 3시간 동안 3600 [kg] 연소시켰을 때 연소실 열부하 [kJ/m³·h]는 얼마인지 구하시오. [5점]

정답

225000 [kJ/m³·h]

[해설]

연소실 열부하 = $\dfrac{3600}{3 \times 24} \times 4500 = 225000\ [kJ/m^3 \cdot h]$

용어 연소실 열부하 : 단위용적·단위시간당 발생열량

실전 모의고사 제11회

1회독	시간 :	점수 :
2회독	시간 :	점수 :
3회독	시간 :	점수 :

01 수관보일러에서 보일러수의 순환을 좋게 하기 위한 방법을 2가지만 쓰시오. [5점]

정답
- 수관의 지름을 크게 하여 보일러수의 유동저항을 작게 한다.
- 관로저항을 작게 하기 위하여 경사도를 크게 한다(수직으로 배치한다).
- 밀도차를 크게 한다.

핵심이론 | 수관식 보일러

1) 특징
   (1) 지름이 작은 상부의 기수드럼과 하부의 물드럼 사이에 다수의 수관을 연결시켜 만든 외분식 보일러이다.
   (2) 보일러수의 유동방식에 따른 분류 : 자연순환식(급수와 관수의 비중(밀도)차에 의해 순환), 강제순환식(순환펌프에 의해 강제적으로 순환), 관류식
   (3) 드럼의 수는 그 형식에 따라 1~4개가 있다.
2) 장점
   (1) 외분식 보일러로 연소실의 형상이 다양하며, 전열면적이 크다.
   (2) 전열면적이 많아 원통형에 비해 효율이 좋다.
   (3) 보유수량이 적어 파열 시 피해가 적다.
   (4) 파열 시 피해가 적어 구조상 고압 대용량에 적합하다.
   (5) 보일러수의 순환이 좋아 증기발생시간이 빠르다.
   (6) 용량에 비해 경량이다.
   (7) 효율이 좋다.
   (8) 운반 설치가 용이하다.
   (9) 과열기 및 공기예열기 등의 설치가 용이하다.
3) 단점
   (1) 부하변동에 따른 압력 변화 및 수위변동이 크다.
   (2) 부하변동에 대응하기 어렵다.

(3) 증발속도가 빨라 스케일이 부착되기 쉽다.
(4) 구조가 복잡하여 제작 및 청소, 검사 수리가 어렵다.
(5) 가격이 비싸다.
(6) 급수조절이 어렵다(연속적인 급수를 요한다).
(7) 취급에 기술을 요한다.
(8) 급수를 철저히 처리하여 사용해야만 한다.
※ 수관 : 관 내에 물이 흐르고, 주위에는 연소가스가 접촉되는 관

02 바이오메스란 무엇인가? [6점]

정답

유기체 폐기물, 농산 폐기물, 축산 폐기물, 산업 폐기물 등을 직접 또는 변환하여 연료화할 수 있는 것을 뜻한다.

용어 바이오매스(Biomass) : 태양 에너지를 받아 유기물을 합성하는 식물과 이들을 먹이로 하는 동물, 미생물 등의 생물 유기체를 총칭

핵심이론 바이오매스

1) 바이오매스(Biomass)
 포플러, 버드나무, 아카시아 등의 나무, 사탕수수, 고구마 등의 초본식물 그리고 수생식물, 해조류 등이 있다. 유기체 폐기물, 농산 폐기물, 임산 폐기물, 축산 폐기물, 산업 폐기물, 도시 쓰레기 등을 직접 또는 변환하여 연료화할 수 있는 것을 뜻한다.
2) 바이오매스 에너지(Biomass Energy)
 바이오매스를 연료로 하여 얻어지는 에너지로 직접연소, 메테인 발효, 알코올 발효 등을 통하여 얻어지는 에너지를 말한다.

03 메테인을 완전연소할 때 질량기준 공연비를 구하시오. [5점]

> [정답]
>
> 17.24

> [해설]
>
> $CH_4 + 2O_2 \rightarrow CO_2 + 2H_2O$
>
> 공연비 = 공기의 질량 ÷ 연료의 질량
>
> 메테인을 1몰이라고 가정했을 때,
>
> 연료인 메테인의 질량 : 12 + 1 × 4 = 16 [g]
>
> 필요한 산소의 질량 : 2 × (16 × 2) = 64 [g]
>
> 필요한 공기의 질량 : $\dfrac{64}{0.232}$ = 275.86 [g]
>
> ※ 산소의 질량비 = 0.232
>
> ∴ 공연비 = 275.86 ÷ 16 = 17.24

04 보일러수 4000톤 속에 용존산소 9 [ppm]이 녹아 있다. 이를 제거하기 위해서 아황산나트륨 몇 [kg]이 필요한가? [5점]

> [정답]
>
> 283.5 [kg]

> [해설]
>
> $2Na_2SO_3 + O_2 \rightarrow 2Na_2SO_4$
>
> 산소 16 × 2 = 32 [kg]을 제거하기 위해서는
>
> 아황산나트륨 2 × (23 × 2 + 32 + 16 × 3) = 2 × 126 = 252 [kg]이 필요하다.
>
> 용존산소가 9 [ppm] 녹아 있으므로 이를 제거하기 위해서 필요한 아황산나트륨을 x [ppm]이라고 하면 9 : x = 32 : 252에서 x = 70.875 [ppm]이다.
>
> 따라서 $4000 \times 1000 \times \dfrac{70.875}{1000000} = 283.5\,[kg]$

핵심이론 ppm(parts per million)

미량의 함유물질의 농도를 표시할 때 사용하는 1 [g] 시료 중 100만분의 1 [g], 즉 물 1 [ton] 중에 1 [g], 공기 1 [m³] 중의 1 [cc]가 1 [ppm]이다. 즉, 100만분의 1만큼의 오염물질이 포함된 것을 말함

05 흡수식 냉온수기 증발열 5553 [kJ], 응축열 5610 [kJ], 흡수열 7532 [kJ], 재생열 7687 [kJ]일 때, 입열량과 출열량의 차이는 몇 [kJ]인가? [5점]

[정답]

98 [kJ]

[해설]

흡수식 냉온수기의 입열과 출열은

입열 = 증발열 + 재생열

출열 = 응축열 + 흡수열

∴ (5553 + 7687) - (5610 + 7532) = 98 [kJ]

핵심이론 열정산의 결과 표시

1) 입열 항목
   (1) 연료의 저위발열량(연료의 연소열) : 입열항목 중 가장 큰 부분을 차지
   (2) 연료의 현열
   (3) 공기의 현열
   (4) 노 내 분입증기 보유열
2) 출열 항목
   (1) 미연소분에 의한 열손실
   (2) 불완전연소에 의한 열손실
   (3) 노벽 방사 전도에 의한 열손실
   (4) 배기가스에 의한 열손실 : 출열 항목 중 배기에 의한 손실이 가장 큰 부분을 차지한다.
   (5) 과잉공기에 의한 열손실
   (6) 발생증기(수증기) 보유열
   (7) 건연소배기가스의 현열

06 중유 사용 보일러의 연소 시 노벽에 카본(Carbon)이 쌓이는 원인을 4가지 쓰시오. [6점]

> **정답**
> - 기름의 점도가 높을 때
> - 공기비가 부족할 때
> - 기름의 예열온도가 너무 높을 때
> - 기름의 분무 상태가 불량할 때
> - 화염이 노벽에 직접 닿았을 때

07 지름 1 [m]인 원통에 내경 100 [mm], 직관 길이 2 [m]인 연관을 가로 세로 30 [cm] 간격으로 일정하게 배치할 경우, 전열면적은 몇 [m²]인지 구하시오. (단, 연관의 총 개수는 9개이다) [6점]

> **정답**
> 5.65 [m²]
>
> **[해설]**
> $A = \pi d L n = \pi \times 0.1 \times 2 \times 9 = 5.65 \, [m^2]$

핵심이론 전열면적

한쪽에는 물이 접촉하고, 다른 쪽에는 연소가스가 접촉하는 면으로 연소가스가 접촉하는 쪽에서 측정한 면적이다.
1) 수관식 보일러의 전열면적
   (1) 완전나관 보일러 $A = \pi d L n \, [m^2]$
   (2) 반나관 보일러 $A = \dfrac{\pi}{2} d L n \, [m^2]$
   (d : 수관의 바깥지름 [m], L : 수관의 길이 [m], n : 수관의 개수)

08 공조 냉동기를 가동하고 있다. 이때, 공조기의 외부 급기 댐퍼를 40 [%]에서 70 [%]로 변경했을 때 냉동기의 부하감소량은 몇 [kJ/h]인가? (단, 외기온도는 20 [℃]이며, 공조기 통풍량은 50000 [m³/h], 공기의 비중량 1.24 [kgf/m³], 공조기 가동시간 3400 [h/year]이다)
[7점]

- 변경 전 : 실내온도 24 [℃], 상대습도 60 [%], 엔탈피 50 [kJ/kg]
- 변경 후 : 실내온도 22 [℃], 상대습도 60 [%], 엔탈피 45 [kJ/kg]

정답

310000 [kJ/h]

[해설]

$$Q \times \rho \times (H_{in_1} - H_{out}) - Q \times \rho \times (H_{in_2} - H_{out}) = Q \times \rho \times (H_{in_1} - H_{in_2})$$

∴ 50000 × 1.24 × (50 - 45) = 310000 [kJ/h]

핵심이론 외기 냉방

1) 외기냉방 : 공기조화의 외기, 환기, 배기 댐퍼의 적절한 조작과 송풍기 팬 및 배기 팬으로 외기를 도입하여 냉방하는 에너지 절약제어방식
   (1) 온도제어
   건구 온도를 기준으로 하여 외기 도입량을 결정하나 습도가 높은 경우 냉방부하가 증가하는 단점을 가진다.
   (2) 엔탈피제어
   외기 도입량을 외기와 실내 엔탈피를 기준으로 결정하는 것으로 외기 댐퍼와 환기 댐퍼에 설치된 센서가 온도와 상대습도를 동시에 측정하여 엔탈피를 파악한다.
2) 외기 냉방부하 = $Q \times \rho \times (H_{in} - H_{out})$

09 온도차가 150 [℃]이고 두께가 20 [cm] 열전도율이 0.1 [W/m·K]인 내화벽돌과 온도차가 300 [℃]이고, 열전도율이 0.2 [W/m·K]인 단열벽돌의 단위면적당 손실열량이 같을 때 단열벽돌의 두께는 몇 [cm]인지 구하시오. [7점]

정답

80 [cm]

[해설]

단열벽돌의 손실열량이 같으므로

$$Q = KA\Delta t = \frac{\lambda}{L} \times A \times \Delta t$$

$$\frac{0.1 \times 1 \times 150}{0.2} = \frac{0.2 \times 1 \times 300}{x}$$

$$x = 0.8\,[m] = 80\,[cm]$$

핵심이론 전도

1) 전도 : 매질 내의 자유전자 간의 미세한 충돌과 상호작용을 통해 열이 전달되는 현상으로, 주로 고체에서 중요한 열전달방식이다.
2) 푸리에의 열전도 법칙(Fourier Heat Conduction Law)

$$Q = \frac{\lambda}{L} A \Delta t\,[W]$$

- Q : 전도열량 [W]
- λ : 열전도계수 [W/m·K]
- L : 물질의 두께 [m]
- A : 전열면적 [m^2]
- Δt : 물질의 표면온도 [K]

10 다음 자동제어의 약호의 명칭을 쓰시오. [5점]
1) ACC
2) FWC
3) STC

정답

1) 자동연소제어   2) 자동급수제어   3) 증기온도제어

핵심이론 │ 자동제어

1) ACC(Automatic Combustion Control, 자동연소제어)
   (1) 연소제어는 보일러의 증기압력이나 온도를 일정하게 유지하기 위하여 연소량을 조절하는 제어이다.
   (2) 보일러의 부하 변동에 따라 연료와 공기량을 자동으로 조절하여 증기 압력을 일정하게 유지시키는 장치
   (3) 보일러의 효율을 높이고, 대기오염을 방지하는 데 중요한 역할을 한다.
2) FWC(Automatic Feed Water Control, 자동급수제어)
   (1) 보일러의 부하변동과 관계없이 보일러의 수위를 항상 일정하게 유지시키기 위하여 급수량을 자동적으로 제어하는 것
   (2) 제어량 : 보일러수위, 조작량 : 급수량
3) STC(Steam Temperature Control, 증기온도제어)
   (1) 보일러로부터 발생한 증기의 온도를 일정하게 유지시키기 위하여 전열량을 제어하는 것
   (2) 제어량 : 증기온도, 조작량 : 전열량

11 보일러 전열면을 교체하는 시기를 3가지 쓰시오. [6점]

정답

- 보일러 효율이 많이 저하된 경우
- 스케일 생성이 과도할 경우
- 열교환기에서 누설이 심할 경우

12 과열기 설치 시 단점을 3가지 쓰시오. [5점]

정답
- 과열기의 가열표면 온도를 균일하게 유지하기가 곤란해진다.
- 고온부식의 발생원인이 된다.
- 심한 열응력이 발생한다.
- 연도 내의 통풍저항이 증대될 수 있다.

핵심이론 과열기(Super Heater)

1) 동에서 발생된 습포화증기의 수분을 제거한 후 압력은 올리지 않고 건도만 높인 후 온도를 올리는 기구
2) 과열기 부착 시 장점
   (1) 보일러 열효율 증대
   (2) 부식방지
   (3) 증기의 마찰손실 감소
3) 과열기 부착 시 단점
   (1) 가열표면의 온도를 일정하게 유지하기 힘들다.
   (2) 가열장치에 큰 열응력이 발생한다.
   (3) 과열기 표면에 고온 부식이 발생하기 쉽다(고온 부식을 일으키는 성분 : 바나듐).
   (4) 직접 가열 시 열손실이 증가한다.

13 기체 연료의 연소의 종류를 3가지 쓰시오. [6점]

정답

확산연소, 예혼합연소, 폭발연소

핵심이론 가연물의 상태에 따른 연소의 종류(형태)

1) 고체 연료 : 증발연소, 분해연소, 표면연소, 자기연소(내부연소), 작열연소
2) 액체 연료 : 증발연소, 분해연소, 분무연소, 액면연소, 등심연소(심화연소)
3) 기체 연료 : 확산연소, 예혼합연소, 부분예혼합연소, 폭발연소

14 다음 조건을 보고 경유 2 [kg] 연소 시 저위 발열량은 몇 [kJ]인지 구하시오. [6점]

- 고위발열량 : 10000 [kJ/kg]
- 수소 성분 : 0.18 [kg/kg]
- 수분 : 0.002 [kg/kg]

[정답]

11851.072 [kJ/kg]

[해설]

$$H_l = H_h - 2512(9H + W)$$
$$= 10000 - 2512(9 \times 0.18 + 0.002)$$
$$= 5935.536 \,[kJ/kg]$$
$$2 \times 5935.536 = 11851.072 \,[kJ/kg]$$

핵심이론 발열량

- 연료의 단위중량(1 [kg]), 단위체적(1 [Nm³])의 연료가 완전연소 시 발생하는 전열량 [kcal]이다.
- 기체 연료는 그 성분으로부터 발열량을 계산할 수 있다.
- 일반적인 액체 연료는 비중이 크면 체적당 발열량은 증가하고, 중량당 발열량은 감소한다.

1) 단위
   (1) 고체 및 기체 연료 : kcal/kg(kJ/kg)
   (2) 기체 연료 : kcal/Nm³(kJ/Nm³)

2) 종류
   (1) 고위발열량(H_h) : 수증기의 증발잠열을 포함한 연소열량
   (2) 저위발열량(H_L) : 수증기의 증발잠열을 포함하지 않은 연소열량

3) Dulong의 식

$$H_h = 8100C + 34000\left(H - \frac{O}{8}\right) + 2500S \,[\text{kcal/kg}]$$

저위발열량(H_L) : 수증기의 증발잠열을 제외한 연소열량

$$H_L = H_h - 600(9H + W)[\text{kcal/kg}] = H_h - 2512(9H + W) \,[\text{kJ/kg}]$$

15 도자기를 소성할 수 있는 요의 종류를 3가지 쓰시오. [5점]

> **정답**
> 터널요, 셔틀요, 머플요, 등요

핵심이론 요로의 분류

1) 요로 : 재료를 가열하여 물리적 및 화학적 성질을 변화시키는 가열장치로, 에너지를 다량으로 사용하여 숯, 도자기, 기와, 벽돌 따위를 구워내는 시설이다.
2) 제품
   (1) 시멘트 소성용 : 회전요, 윤요(輪窯), 선요
   (2) 도자기 제조용 : 터널요, 셔틀요, 머플요, 등요
   (3) 유리용융용 : 탱크로, 도가니로
   (4) 석회소성용 : 입식 요, 유동요, 평상원형요

16 교토의정서에서 감축목표의 효율적 이행을 위해 시행하고 있는 제도를 3개 쓰시오. [6점]

> **정답**
> 배출권거래제, 공동이행제도, 청정개발체제

핵심이론 교토의정서

1) 배출권거래제(ET, Emission Trading)
   온실가스 감축의무가 있는 국가가 당초 감축목표를 초과 달성 초과 달성 또는 미달 여부에 따라 감축쿼터를 다른 나라에 팔거나 살 수 있도록 한 제도
2) 공동이행제도(JI, Joint Implementation)
   선진국 기업이 다른 선진국에 투자해 얻은 온실가스 감축분의 일정량을 자국의 감축실적으로 인정받을 수 있도록 한 제도
3) 청정개발체제(CDM, Clean Development Mechanism)
   선진국 기업이 개발도상국에 투자해 얻은 온실가스 감축분을 자국의 온실가스 감축실적에 반영할 수 있게 한 제도

17 배기가스 성분이 CO_2 13.5 [%], O_2 7 [%], CO 3 [%]일 때, $(CO_2)_{max}$값을 구하시오. [5점]

> **정답**
>
> 22.82 [%]
>
> **[해설]**
>
> $$CO_{2max} = \frac{21[CO_2(\%) + CO(\%)]}{21 - O_2(\%) + 0.395\,CO(\%)} = \frac{21[13.5 + 3]}{21 - 7 + 0.395 \times 3} ≒ 22.82\,[\%]$$

핵심이론 최대탄산가스율(최대탄산가스 농도)

1) 완전연소 시

$$CO_{2max} = \frac{21 \times CO_2[\%]}{21 - O_2[\%]}$$

2) 불완전연소 시

$$CO_{2max} = \frac{21[CO_2(\%) + CO(\%)]}{21 - O_2(\%) + 0.395\,CO(\%)}$$

※ 탄산가스최대량(CO_{2max})
이론공기량으로 연료를 완전연소시킨다고 가정할 경우에 연소가스 중의 탄산가스량을 이론 건연소가스량에 대한 백분율로 표현한 것이다.

$$CO_{2max} = \frac{1.867C + 0.7S}{G_0} \times 100$$

18 편차를 제거할 수 있는 동작 3가지를 쓰시오. [5점]

정답

적분제어(I제어), 비례적분제어(PI제어), 비례적분미분제어(PID제어)

핵심이론 | 제어동작

1) PID동작(Proportional - Integral - Derivative : 비례(P), 적분(I), 미분(D)(연속제어방식) : 산업에서 사용하는 가장 일반적인 제어방식
2) 비례적분(PI)동작 : 비례제어(P제어)에서 발생되는 잔류편차(Off-Set)를 없애주는 것이 적분제어(I제어)로, 두 동작의 장점을 조합한 제어동작이다.
   (1) 부하 변화가 커도 잔류편차가 생기지 않는다.
   (2) 급변할 때 큰 진동이 생긴다.
   (3) 전달 느림이나 쓸모없는 시간이 크면 사이클링의 주기가 커진다.
3) 비례적분미분(PID)동작 : 잔류편차를 제거(I)하여 응답시간이 가장 빠르며(P) 진동이 제거되는(D) 제어방식
4) 비례(P)동작 : 현재의 오차에 비례하여 출력을 조정하는 동작
   (1) 오차가 클수록 출력이 크게 조정된다.
   (2) 출력 변화가 편차에 비례하는 동작이다.
   (3) 단독으로 사용하지 않고 다른 동작과 조합하여 사용한다.
5) 적분(I)동작 : 오차의 누적값에 비례하여 출력을 조정하는 동작
   (1) 오차가 계속 누적되면 출력이 점점 커진다.
   (2) 출력 변화의 속도가 편차에 비례한다.
   (3) 진동하는 경향이 있고, 급변 시 큰 진동이 발생되며 안정성이 떨어진다.
   (4) 잔류 편차(오프셋)을 없애준다.
6) 미분(D)동작 : 오차의 변화율에 비례하여 출력을 조정하는 동작
   (1) 오차가 빠르게 변할수록 출력이 크게 조정된다.
   (2) 출력 변화가 편차의 변화속도에 비례하는 동작이다.

실전 모의고사 제12회

01 보일러에서 점화가 잘 이뤄지지 않는 이유를 5가지 쓰시오. [5점]

> **정답**
> - 연료의 노즐이 막혀있는 경우
> - 전압에 이상이 있는 경우
> - 버너의 무화불량
> - 공기비 조정 불량
> - 부품에 이상이 있는 경우

02 다음 중 요·로에서 단열재 사용 시 장점 4가지를 쓰시오. [6점]

> **정답**
> - 축열용량이 작아진다.
> - 열전도도가 작아진다.
> - 노의 온도가 균일하게 된다.
> - 스폴링현상을 감소시킨다.
> - 요·로의 열효율 향상으로 연료비를 절감할 수 있다.

03 달 표면에 있는 압력용기의 부르동관 압력계의 지침이 5 [kgf/cm²]을 나타낼 때 이 압력용기의 절대압력은 몇 [kgf/cm²]인지 구하시오. (단, 지구의 중력가속도는 9.8 [m/s²], 표준대기압은 101.325 [kPa]이며 달의 인력은 지구의 $\frac{1}{6}$이다) [5점]

정답

5 [kgf/cm²]

[해설]

달의 대기는 달을 둘러싸고 있는 옅은 기체층으로 3×10^{-15} [atm]으로 실질적으로 대기압은 0이라고 할 수 있다. 게이지 압력은 5 [kgf/cm²]이므로
절대압력 = 대기압 + 게이지압 = 0 + 5 = 5 [kgf/cm²]이다.

핵심이론 압력(Pressure)

압력은 단위면적당 가해지는 힘이다.
1) 표준대기압(atm) : 1 [atm] = 760 [mmHg] = 101325 [Pa] = <u>101.325</u> [kPa] = <u>10.332</u> [mH₂O]
   - 암 백일상이오(101.325)
   - 암 물 넣으면 삼삼(33)하다. 삼삼이(332)
2) 1 [Pa] = 1 [N/m²] = 1 [kg/m·s²]
3) 1 [bar] = 100 [kPa]
4) 절대압력 = 대기압 + 게이지압 : $P_a = P_0 + P_g$

04 기체연료 중 체적비가 메테인(CH_4)이 88 [%], 일산화탄소(CO) 12 [%]인 혼합기체의 완전연소 시 고위발열량 [MJ]을 구하시오. (단, CH_4의 고위발열량은 38.5 [MJ/Nm³], CO의 고위발열량은 12.5 [MJ/Nm³], 혼합기체의 체적은 5 [Nm³]이다) [5점]

정답

176.9 [MJ]

[해설]

$H_h = (38.5 \times 0.88 + 12.5 \times 0.12) \times 5 = 176.9 [MJ]$

핵심이론 발열량

1) 발열량 : 연료의 단위중량(1 [kg]), 단위체적(1 [Nm³])의 연료가 완전연소 시 발생하는 전열량 [kcal]이다.
2) 종류
   (1) 고위발열량(H_h) : 수증기의 증발잠열을 포함한 연소열량
   (2) 저위발열량(H_L) : 수증기의 증발잠열을 포함하지 않은 연소열량

---

05 다음 중 고온부식의 원인이 되는 성분 및 고온부식 발생방지대책을 3가지 쓰시오. [5점]

정답

1) 성분 : 바나듐(V)
2) 방지대책
   - 연료 중 바나듐, 나트륨, 황분을 제거한다.
   - 전열면을 내식재료로 피복한다.
   - 배기가스온도를 550 [℃] 이하로 유지한다.
   - 연료에 첨가제(회분개질제)를 사용하여 회분의 융점을 높인다.
   - 전열면의 온도가 높아지지 않도록 설계온도 이하로 유지한다.

06 두께가 1 [mm]의 금속판 사이에 단열재를 충진한 냉장고 벽이 있다. 외기온도 25 [℃]이고, 냉장고 내부는 3 [℃]로 유지될 때, 냉장고 외벽표면에 대기 중의 수분이 응축되어 이슬이 맺히지 않도록 하기 위한 단열재의 최소두께는 몇 [mm]인가? (단, 금속판의 열전도율이 15 [W/m·K], 단열재의 열전도율은 0.035 [W/m·K], 벽 내측 대류열전달율 5 [W/m²·K], 벽 외측 대류열전달율 10 [W/m²·K]이다. 냉장고 외부 표면온도는 20 [℃]이다) [7점]

정답

4.895 [mm]

[해설]

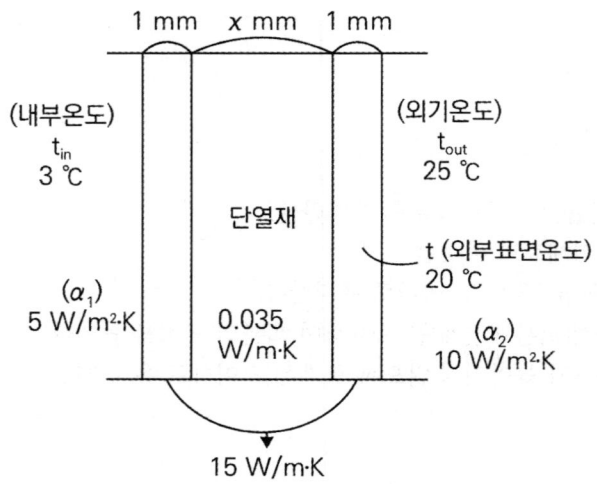

$Q_1 = Q_2$

$KA(t_{out} - t_{in}) = \alpha_2 A(t_{out} - t)$

$$\cfrac{1}{\cfrac{1}{5} + \cfrac{0.001}{15} + \cfrac{x}{0.035} + \cfrac{0.001}{15} + \cfrac{1}{10}}(25-3) = 10 \times (25-20)$$

$x = 0.004895 [m] = 4.895 [mm]$

핵심이론 | 열관류

1) 열관류(통과)계수

$$K = \frac{1}{R} = \frac{1}{\frac{1}{\alpha_1} + \frac{L}{\lambda} + \frac{1}{\alpha_2}} [W/m^2 \cdot K]$$

- L : 재료의 두께 [m]
- λ : 열전도율 [W/m·K]
- α_1 : 내측 유체 열전달률 [W/m²·K]
- α_2 : 외측 유체 열전달률 [W/m²·K]
- K : 열관류율 [W/m²·K]

2) 열관류에 의한 손실열량

$$Q = KA(t_1 - t_2) [W]$$

- K : 열관류(통과)계수 [W/m²·K]
- A : 전열면적 [m²]

3) 대류(Convection)
   (1) 유체가 움직이면서 열을 함께 옮기는 현상으로, 온도 차이에 따른 밀도 변화로 인해 발생한다.
   (2) 뉴턴의 냉각 법칙(Newton's Cooling Law)

$$Q = \alpha A(t_w - t_\infty) [W]$$

- α : 대류열전달계수 [W/m²·K]
- A : 대류전열면적 [m²]
- t_w : 벽면온도 [K]
- t_∞ : 유체온도 [K]

---

07 상당증발량 1.5 [ton/h]이고, 급수 비엔탈피가 50 [kJ/kg], 발생증기의 비엔탈피가 2750 [kJ/kg]일 때, 실제 증발량은 몇 [kg/h]인가? [6점]

[정답]

1253.33 [kg/h]

[해설]

상당증발량 $G_e = \dfrac{G_a(h_2 - h_1)}{2256}[kg/h]$

∴ 실제증발량 = $\dfrac{1500 \times 2256}{2750 - 50} = 1253.33\,[kg/h]$

※ 증발잠열은 2256 [kJ/kg]이다.

핵심이론 | 상당증발량(= 환산증발량)

1) 실제 증발량을 기준증발량으로 환산한 것으로 표준대기압에서 100 [℃]의 포화수 1 [kg]을 1시간에 100 [℃] 건조된 증기로 바꿀 수 있는 증발량이다.
2) 상당증발량

$$G_e = \dfrac{G_a(h_2 - h_1)}{2256}[kg/h]$$

- G_a : 실제증발량
- h_2 : 발생증기 비엔탈비
- h_1 : 급수 비엔탈피

---

08 보일러의 부르동관 압력계에 부착된 사이폰관 내에 물이 채워져 있는 이유를 쓰시오. [5점]

[정답]

압력계의 증기가 직접 들어가서 부르동관이 파손되는 것을 방지하기 위해서 물이 채워져 있는 것이다.

핵심이론 | 사이폰관(Siphon Pipe)을 부착하는 압력계 : 부르동관식

1) 사이폰관 : 배관에 압력계 설치 시 배관과 압력계 사이의 연결관을 굽혀 놓은 관
   (1) 부착 이유 : 고온의 증기 침입을 막아 압력계의 보호 및 오차방지
   (2) 사이폰관 안지름의 크기 : 6.5 [mm] 이상
   (3) 사이폰관 속에 들어 있는 유체 : 물

09 신에너지 및 재생에너지 개발·이용·보급촉진법 시행령에 제시된 것 중 다음 물음에 대한 답을 쓰시오. [6점]

1) 바이오에너지란?
2) 바이오에너지 활용범위

정답

1) 생물유기체를 변환시켜 얻어지는 기체, 액체 또는 고체의 연료
2) • 생물유기체를 변환시킨 바이오가스, 바이오에탄올, 바이오액화유 및 합성가스
   • 쓰레기 매립장의 유기성 폐기물을 변환시킨 매립지 가스
   • 동물·식물의 유지를 변환시킨 바이오디젤
   • 생물유기체를 변환시킨 땔감, 목재칩, 펠릿 및 목탄 등의 고체연료

핵심이론 바이오에너지

신재생에너지법령상 생물유기체를 변환시켜 얻어지는 에너지를 말한다.

10 수격작용이란 무엇인지 설명하고, 그 방지대책 5가지를 쓰시오. [5점]

정답

수격작용이란 워터해머(Water Hammer)라고 불리며, 증기배관 내에 생긴 응축수 캐리오버현상에 의해 증기배관으로 배출된 물방울이 증기의 압력으로 배관 벽에 충격을 주어 소음을 발생시키는 현상이다.

1) 방지대책
 - 주 증기밸브를 천천히 개폐한다.
 - 펌프의 급격한 속도변화를 방지한다.
 - 배관을 가능하면 직선으로 시공한다.
 - 배관의 관경을 크게 하여 유속을 낮춘다.
 - 토출 측에 수격방지기를 설치한다.
 - 증기트랩을 설치한다.
 - 응축수의 드레인 빼기를 철저히 한다.
 - 캐리오버현상을 방지한다.

핵심이론 수격작용

1) 수격작용(Water Hammering)
 펌프에서 물을 압송하고 있을 때 정전 등으로 급히 펌프가 멈춘 경우와 수량조절밸브를 급히 개폐한 경우 등 관 내의 유속이 급변하면서 물에 심한 압력 변화가 생기는 현상이다.
2) 수격작용(워터해머)을 방지하기 위한 순서
 (1) 증기를 집어넣는 측의 주 증기관, 증기배관 등에 있는 밸브를 만개하고 드레인을 완전 배출한다.
 (2) 주 증기관 내에 소량의 증기를 통하여 관을 따뜻하게 한다.
 (3) 난관이 순조롭게 된 다음 주 증기밸브를 처음에는 약간 열고 다음에 단계적으로 서서히 연다.

11 보일러의 3대 구성요소를 쓰시오. [6점]

정답

본체, 연소장치, 부속장치

핵심이론 보일러(Boiler)

1) 보일러 : 밀폐된 용기 내에 물 또는 열매체를 넣고 대기압보다 높은 증기나 온수를 발생시켜 열 사용처에 공급하는 장치
2) 보일러 3대 구성요소
   (1) 보일러 본체(Boiler Proper) : 기관 본체라고도 하며 원통형 보일러에서는 동(Shell), 수관식 보일러에서는 드럼(Drum)이라고 한다.
   (2) 연소장치(Heating Equipment) : 연료를 연소시키는 데 필요한 장치로 화염 및 고온의 연소가스를 발생시킨다[연소실, 연도, 연돌(굴뚝), 버너, 화격자].
   (3) 부속장치 : 보일러의 효율적인 운전 및 안전운전을 위한 장치이다(급수장치, 송기장치, 안전장치, 통풍장치, 폐열회수장치, 화격자).

12 한 장의 판으로 경판을 보강하기 위하여 경판에서 동판에 비스듬하게 부착시킨 버팀으로 노통보일러의 평경판을 보강시키는 데 사용되는 것은 무엇인가? [5점]

정답
거싯 스테이

핵심이론 스테이(Stay)

강도가 부족한 부분에 부착하여 강도를 보강하여 변형이나 파손을 방지한다.
1) 거싯 스테이 : 3각 모양의 평판을 사용하여 전후 경판과 동판을 연결한 것

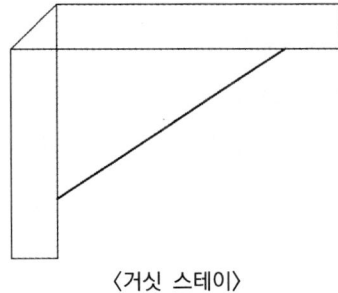

〈거싯 스테이〉

2) 봉 스테이 : 평판부 등을 연강봉으로 보강한 것으로 봉 스테이는 사용 위치나 방법에 따라 길이 방향 스테이, 경사 스테이, 수평 스테이, 행거 스테이 등으로 분류된다(경판의 보강재).

3) 튜브 스테이 : 연관보일러에서 연관군 속에 배치되어 전후의 평판판을 연결 보강하는 관으로 된 스테이, 연관의 역할도 겸하고 있으며 소요압력에 따라 적당한 간격으로 배치한다.
4) 도그 스테이 : 맨홀 뚜껑의 보강재
5) 볼트 스테이 : 나사 스테이라고도 하며, 좁은 간격으로 평행을 이루는 평판끼리, 그렇지 않으면 만곡판끼리 연결하여 보강하는 봉 스테이와 같은 짧은 것을 말한다.

13 열교환기에서 80 [℃]의 증기가 내부에서 포화상태를 유지하고 2 [m/s]의 속도로 20 [℃]의 물이 유입되었다가 40 [℃]로 배출된다. 이 교환기를 설치할 때 관의 길이는 몇 [m]인가? (단, 관의 내경은 10 [cm]이며, 관의 열관류율은 10 [kW/m² · K], 물의 비열은 4.186 [kJ/kg · K], 주위로의 열손실은 무시한다) [6점]

정답

8.49 [m]

[해설]

$\Delta t_1 = 80 - 20 = 60, \ \Delta t_2 = 80 - 40 = 40$

$LMTD = \dfrac{\Delta t_1 - \Delta t_2}{\ln \dfrac{\Delta t_1}{\Delta t_2}} = \dfrac{60 - 40}{\ln \dfrac{60}{40}} ≒ 49.33 \ [℃]$

열교환에 의해 물이 흡수한 열량 = 열교환기에서 교환된 열량

$Q_1 = GC_물 \Delta t = \rho A v C_물 \Delta t$

$= 4.186 [kJ/kg \cdot ℃] \times 1000 [kg/m^3] \times \dfrac{\pi \times (0.1 [m])^2}{4} \times 2 [m/s] \times (40 - 20)[℃]$

$= 1315.07 [kJ/s] = 1315.07 [kW]$

$Q_2 = K \cdot (LMTD) \cdot (\pi D \times L) = 10 [kW/m^2 \cdot ℃] \times 49.33 [℃] \times \pi \times 0.1 [m] \times L$

$Q_1 = Q_2$

$L = 8.49 [m]$

핵심이론 대수평균온도차(LMTD)

1) 평행류(Parallel Flow)

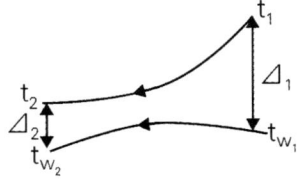

$\Delta_1 = t_1 - t_{w_1}$
$\Delta_2 = t_2 - t_{w_2}$

2) 대향류(Counter Flow)

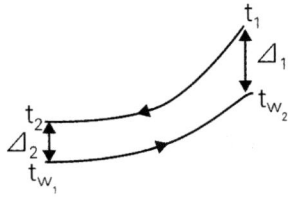

$\Delta_1 = t_1 - t_{w_2}$
$\Delta_2 = t_2 - t_{w_1}$

※ 대수평균온도차(LMTD) = $\dfrac{\Delta_1 - \Delta_2}{\ln\left(\dfrac{\Delta_1}{\Delta_2}\right)}$ [℃]

※ 전열량

$$Q = KA(LMTD)[W] = VA\Delta t$$

- K : 열통과율
- A : 전열면적
- V : 총괄전열계수

14 600 [℃]와 200 [℃]에서 작동하는 카르노 사이클의 열효율은 몇 [%]인가? [6점]

> **정답**
>
> 45.81 [%]

> **[해설]**
>
> $$\eta = 1 - \frac{T_2}{T_1} = 1 - \frac{273.15 + 200}{273.15 + 600} = 0.4581 = 45.81\,[\%]$$

핵심이론 카르노 사이클(Carnot Cycle)

1) 가역 사이클
2) 열기관 사이클 중에서 가장 이상적인 사이클
3) 등온 변화 2개와 가역 단열 변화(등엔트로피 변화) 2개로 구성되어 있다.
4) 열효율 $\eta_c = \dfrac{W_{net}}{Q_1} = \dfrac{Q_1 - Q_2}{Q_1} = 1 - \dfrac{Q_2}{Q_1} = 1 - \dfrac{T_2}{T_1}$

15 불연속제어방법으로, 편차의 정(+), 부(-)에 의해서 조작신호가 최대, 최소가 되는 제어동작은? [6점]

> **정답**
>
> 온오프동작

핵심이론 온오프동작

1) 불연속제어의 대표적인 방법으로 설정치와 현재값의 차이가 기준값을 초과하면 출력을 1로 설정, 기준값 이하이면 출력값 0으로 설정하는 방식
2) 조작량이 동작신호의 값을 경계로 완전 개폐되는 동작(이산동작)

16 차압식 유량계에서 차압이 20000 [Pa]일 때 유량이 35 [m³/h]이었다. 차압이 30000 [Pa]일 때의 유량은 약 몇 [m³/h]인가? [5점]

> **정답**
>
> 42.9 [m³/h]
>
> **[해설]**
>
> $Q \propto \sqrt{P}$
>
> $\dfrac{Q_1}{Q_2} = \dfrac{\sqrt{\Delta P_1}}{\sqrt{\Delta P_2}} \rightarrow \dfrac{35}{Q_2} = \dfrac{\sqrt{20000}}{\sqrt{30000}} \rightarrow Q_2 = 42.9$

핵심이론 유량

유량 $Q = CA\sqrt{\dfrac{2\Delta P}{\rho}}$

1) 층류 : 유체 입자가 서로 겹치지 않고 일정한 속도로 흐르는 유동 상태
2) 레이놀즈수 : 관 내 유동의 관성력과 점성력의 비율을 나타낸 무차원 수
3) 동점성계수 : 유체의 점성을 나타내는 물성치
   (1) 임계 레이놀즈수를 이용하여 최대속도 계산
      속도(v) = 레이놀즈수(R_e) × 동점성계수(v) ÷ 두께(D)
   (2) 층류로 흐를 수 있는 최대유량 계산 : Q(유량) = A(면적)v(속도)

   레이놀즈수 $R = \dfrac{관성력}{점성력} = \dfrac{DU\rho}{\mu}$

17 초기조건이 100 [kPa], 60 [℃]인 공기를 정적 과정을 통해 가열한 후 정압에서 냉각 과정을 통하여 500 [kPa], 60 [℃]로 냉각할 때 이 과정에서 전체 열량의 변화는 약 몇 [kJ/kmol]인가? (단, 정적비열은 20 [kJ/kmol·K], 정압비열은 28 [kJ/kmol·K]이며, 이상기체로 가정한다) [5점]

정답
-10656 [kJ/kmol]

[해설]

V = C(정적 과정)이므로 $\dfrac{P_1}{T_1} = \dfrac{P_2}{T_2}$

$T_2 = T_1 \left(\dfrac{P_2}{P_1}\right) = (60 + 273.15) \times \dfrac{500}{100} ≒ 1665\,[K] = 1392\,[℃]$

$q_t = q_v(정적가열) + q_p(정압냉각)$
$= C_v(T_2 - T_1) + C_p(T_3 - T_2) = 20 \times (1392 - 60) + 28(60 - 1392)$
$= -10656\,[kJ/kmol]$

핵심이론 이상기체 가역 변화에 대한 관계식

구분	정적 변화	정압 변화	정온 변화	단열 변화	폴리트로픽 변화
P, v, T 관계	$v = C$ $dv = 0$ $\dfrac{P_1}{T_1} = \dfrac{P_2}{T_2}$	$P = C$ $dP = 0$ $\dfrac{v_1}{T_1} = \dfrac{v_2}{T_2}$	$T = C$ $dT = 0$ $Pv = P_1v_1 = P_2v_2$	$Pv^k = C$ $\dfrac{T_2}{T_1} = \left(\dfrac{v_1}{v_2}\right)^{k-1}$ $= \left(\dfrac{P_2}{P_1}\right)^{\frac{k-1}{k}}$	$Pv^n = C$ $\dfrac{T_2}{T_1} = \left(\dfrac{v_1}{v_2}\right)^{n-1}$ $= \left(\dfrac{P_2}{P_1}\right)^{\frac{n-1}{n}}$
외부에 하는 일(팽창) $_1w_2 = \int Pdv$	0	$P(v_2 - v_1)$ $= R(T_2 - T_1)$	$P_1v_1 \ln\dfrac{v_2}{v_1}$ $= P_1v_1 \ln\dfrac{P_1}{P_2}$ $= RT\ln\dfrac{v_2}{v_1}$ $= RT\ln\dfrac{P_1}{P_2}$	$\dfrac{1}{k-1}(P_1v_1 - P_2v_2)$ $= \dfrac{RT_1}{k-1}\left[1 - \dfrac{T_2}{T_1}\right]$ $= \dfrac{RT_1}{k-1}\left[1 - \left(\dfrac{v_1}{v_2}\right)^{k-1}\right]$ $= \dfrac{RT_1}{k-1}\left[1 - \left(\dfrac{P_2}{P_1}\right)^{\frac{k-1}{k}}\right]$ $= \dfrac{R}{k-1}(T_1 - T_2)$ $= C_V(T_1 - T_2)$	$\dfrac{1}{n-1}(P_1v_1 - P_2v_2)$ $= \dfrac{P_1v_1}{n-1}\left[1 - \left(\dfrac{T_2}{T_1}\right)\right]$ $= \dfrac{R}{n-1}(T_1 - T_2)$

구분	정적 변화	정압 변화	정온 변화	단열 변화	폴리트로픽 변화
공업일 (압축일) $w_t = -\int vdP$	$v(P_1 - P_2)$ $= R(T_1 - T_2)$	0	$_1w_2$	$k\,_1w_2$	$n\,_1w_2$
비내부 에너지의 변화량 $(u_2 - u_1)$	$C_v(T_2 - T_1)$ $= \dfrac{R}{k-1}(T_2 - T_1)$ $= \dfrac{1}{k-1}v(P_2 - P_1)$	$C_v(T_2 - T_1)$ $= \dfrac{1}{k-1}P(v_2 - v_1)$	0	$-_1W_2 = u_2 - u_1$	$C_v(T_2 - T_1)$
비엔탈피 (단위질량당 엔탈피)의 변화량 $(h_2 - h_1)$	$C_p(T_2 - T_1)$ $= \dfrac{k}{k-1}R(T_2 - T_1)$ $= \dfrac{k}{k-1}v(P_2 - P_1)$ $= k(u_2 - u_1)$	$C_p(T_2 - T_1)$ $= \dfrac{k}{k-1}P(v_2 - v_1)$ $= k(u_2 - u_1)$	0	$h_2 - h_1$	$C_p(T_2 - T_1)$
외부에서 얻은 열 $(_1q_2)$	$u_2 - u_1$	$h_2 - h_1$	$_1w_2 = w_t$	0	$C_n(T_2 - T_1)$
n	∞	0	1	k	$(-\infty, \infty)$
비열(C)	C_v	C_p	∞	0	$C_n = C_v \dfrac{n-k}{n-1}$
엔트로피 변화량 $(S_2 - S_1)$	$C_v \ln \dfrac{T_2}{T_1}$ $= C_v \ln \dfrac{P_2}{P_1}$	$C_p \ln \dfrac{T_2}{T_1}$ $= C_p \ln \dfrac{v_2}{v_1}$	$R \ln \dfrac{v_2}{v_1}$ $= R \ln \dfrac{P_1}{P_2}$	0	$C_n \ln \dfrac{T_2}{T_1}$ $= C_v(n-k)\ln \dfrac{v_1}{v_2}$ $= C_v \dfrac{n-k}{n} \ln \dfrac{P_2}{P_1}$

18 연료를 선정할 때 좋은 연료의 구비조건으로 알맞은 것을 다음 중 모두 골라 적으시오. [5점]

> - 연소 시 회분이 많을 것
> - 양이 풍부할 것
> - 가격이 저렴할 것
> - 운반과 저장이 용이하나 취급은 어려울 것
> - 공기 중에서 쉽게 연소되어지지 않을 것
> - 사용하기에 안전할 것
> - 인체에 유해하지 않을 것

정답

양이 풍부할 것, 가격이 저렴할 것, 사용하기에 안전할 것, 인체에 유해하지 않을 것

핵심이론 **연료의 구비조건**

- 연소 시 회분(Ash) 등이 적을 것
- 양이 풍부하고 저렴할 것
- 운반 및 저장, 취급이 용이할 것
- 발열량이 클 것
- 공기 중에서 쉽게 연소될 수 있는 것
- 사용하기에 위험성이 적을 것
- 인체에 유해하지 않을 것
- 공해 요인이 적을 것

실전 모의고사 제13회

01 빈칸에 알맞은 말을 쓰시오. [5점]

자기가열현상이란 계측기에 전류를 흘렸을 때 내부의 전력손실로 인하여 발생하는 열에 의해서 온도가 상승하는 현상으로 주로 (   )온도계에서 일어난다.

정답

서미스터

02 보일러 본체 수부가 넓은 경우의 영향 3가지를 쓰시오. [6점]

정답

- 증기 발생시간이 길어진다.
- 프라이밍, 캐리오버, 워터해머가 발생할 수 있다.
- 파열 시 피해가 크다.
- 연료소비량이 많아진다.
- 열효율이 낮아진다.

핵심이론 | 보일러 본체 수부가 클 경우(넓을 경우) 미치는 영향

1) 증기발생시간이 길어진다.
2) 연료소비량이 많아진다.
3) 습증기 발생 우려가 크다.
4) 프라이밍, 캐리오버(기수공발), 워터해머(수격작용)가 발생할 수 있다.
5) 파열 시 피해가 크다.
6) 고압 및 대용량으로 제작하기 곤란하다.
7) 열효율이 낮아진다.
8) 보일러의 질량이 커진다(무거워진다).
9) 부하변동에 대한 압력변화가 적다(부하변동에 대응하기 쉽다).

03 수관 1개의 길이가 2200 [mm], 수관의 내경이 60 [mm], 수관의 두께가 4 [mm]인 수관 100개를 갖는 수관보일러의 전열면적은 약 몇 [m²]인가? [7점]

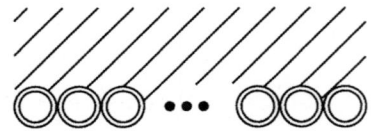

[정답]

47 [m²]

[해설]

수관보일러의 전열면적

$A = \pi D_o L n = \pi(d_i + 2t)Ln = \pi(60 + 2 \times 4) \times 10^{-3} \times 2.2 \times 100 ≒ 47 \,[\text{m}^2]$

핵심이론 | 전열면적

한쪽에는 물이 접촉하고, 다른 쪽에는 연소가스가 접촉하는 면으로 연소가스가 접촉하는 쪽에서 측정한 면적이다.

1) 수관식 보일러의 전열면적

   (1) 완전나관 보일러 $A = \pi d L n \,[m^2]$

   (2) 반나관 보일러 $A = \dfrac{\pi}{2} d L n \,[m^2]$

      (d : 수관의 바깥지름 [m], L : 수관의 길이 [m], n : 수관의 개수)

04 연소실의 위치에 따라 보일러를 내분식, 외분식으로 분류할 수 있다. 외분식 보일러일 경우의 특징을 3가지 쓰시오. [5점]

정답
- 연소실의 용적이 크다.
- 완전연소가 용이하다.
- 연료의 선택범위가 넓다.
- 설치장소를 많이 차지한다.
- 연소실의 개조가 용이하다.

핵심이론 보일러의 분류

1) 연소실의 위치 : 내분식, 외분식
2) 내분식 보일러와 외분식 보일러의 비교

내분식	외분식
• 연소실의 용적이 작다. • 동의 크기에 제한을 받는다. • 완전연소가 어렵다. • 설치장소를 적게 차지한다. • 역화의 위험이 크다. • 복사(방사)열의 흡수가 많다.	• 연소실의 용적이 크다. • 완전연소가 용이하다. • 연소율이 높아 연소실의 온도가 높다. • 연료의 선택범위가 넓다. • 연소실 개조가 용이하다. • 설치장소를 많이 차지한다. • 복사열의 흡수가 작다.

05 연료의 3대 가연성분을 쓰고 각 성분에 대한 특징을 간단히 적으시오. [5점]

정답
탄소, 수소, 황
- 탄소 : 발열량 증가에 영향을 미치며 가치판정에 영향을 준다.
- 수소 : 고위발열량과 저위발열량의 판정요소이다.
- 황 : 대기오염의 원인이며, 저온부식의 원인이다.

핵심이론 | 연료의 3대 가연성분

1) 탄소(C) : 고유성분으로 발열량 증가에 영향을 미치며, 가치 판정에 영향
2) 수소(H) : 고위발열량과 저위발열량의 판정요소, 발열량 증가
   ※ 액체 연료에서 고위발열량(총 발열량)에 가장 크게 기여하는 성분
3) 황(S) : 발열량 증가, 대기오염의 원인, 저온 부식의 원인, 연료의 질 저하

---

06 액체가 흐를 수 있는 최저온도는 유동점이라고 한다. 유동점은 응고점보다 몇 도 높은가? [6점]

정답

2.5 [℃]

핵심이론 | 유동점

액체가 흐를 수 있는 최저온도(= 응고점 + 2.5 [℃])

---

07 액체 연료의 연소방식 중 안개와 같이 분사하여 연소시키는 방식인 무화연소방식의 무화방식 3종류만 쓰고, 무화연소방식의 목적 2가지, 무화 시 직접적인 영향을 미치는 요소 4가지를 쓰시오. [5점]

정답

1) 무화방식종류 : 진동무화방식, 정전기무화방식, 유압무화방식, 이류체무화방식, 회전이류체무화방식, 충돌무화방식
2) 목적
   (1) 연료의 단위중량당 표면적을 크게 하여 연료와 공기의 접촉면적을 크게 하기 위해서
   (2) 공기와의 혼합을 좋게 하여 완전연소가 가능하게 한다.
3) 직접적인 영향을 미치는 요소 : 연료의 밀도, 표면장력, 점성계수, 미립자의 크기

핵심이론 액체 연료의 연소방식

1) 무화(분무)연소방식 : 안개와 같이 분사하여 연소시키는 방식
    (1) 무화방식
        ① 진동무화방식 : 초음파로 연료를 진동분열시켜 무화
        ② 정전기무화방식 : 고압 정전기를 통과시켜 무화
        ③ 유압무화방식 : 압력을 주어 노즐에서 고속 분출시켜 무화
        ④ 이류체무화방식 : 증기 혹은 공기를 무화매체로 하여 무화
        ⑤ 회전이류체무화방식 : 고속 회전하는 분무컵의 원심력을 이용하여 공기와의 마찰을 일으켜 무화
        ⑥ 충돌무화방식 : 연료끼리 또는 금속판에 연료를 고속으로 충돌시켜 무화
    (2) 목적
        ① 연료의 단위중량당 표면적을 크게 하여 연료와 공기의 접촉면적을 크게 한다.
        ② 공기와의 혼합을 좋게 하여 완전연소가 가능하게 한다.
        ③ 연소효율 및 연소실 열부하를 높게 한다.
2) 무화(미립화) 시 직접적인 영향을 미치는 요소
    (1) 액체 연료의 표면장력
    (2) 액체 연료의 점성계수
    (3) 연료의 밀도(비질량)
    (4) 미립자의 크기

08 중유의 질을 개선하기 위해서 중유에 첨가제를 넣는다. 이러한 조연제 3가지만 적으시오.
[5점]

정답
유동점강하제, 연소촉진제, 슬러지 분산제, 회분개질제, 탈수제, 부식방지제

핵심이론 | 중유의 첨가제(조연제)

중유의 질 개선
1) 유동점강하제 : 저온에서 연료의 유동성을 좋게 한다.
2) 연소촉진제 : 연료의 분무를 순조롭게 한다.
3) 슬러지 분산제(안정제) : 슬러지의 생성을 방지한다.
4) 회분개질제 : 회분의 융점을 높여 고온 부식을 방지한다.
5) 탈수제 : 수분을 분리시킨다.
6) 부식방지제 : 부식을 방지한다.

---

09 연소 시 100 [℃]에서 500 [℃]로 온도가 상승하였을 경우 500 [℃]의 열복사 에너지는 100 [℃]에서의 열복사 에너지의 약 몇 배가 되겠는가? [7점]

정답

18.43배

[해설]

스테판 볼츠만의 열복사 법칙(q_R) = $\epsilon \sigma A T^4$ [W]로 $q_R \propto T^4$이므로

$$\frac{q_{R_2}}{q_{R_1}} = \left(\frac{T_2}{T_1}\right)^4 = \left(\frac{500+273.15}{100+273.15}\right)^4 = 18.43$$

핵심이론 | 열복사(Thermal Radiation)

$q_R = \dfrac{Q_R}{A} = \epsilon \sigma T^4 \ [W/m^2]$

- σ : 스테판 볼츠만상수
  (4.88×10^{-8} [kcal/m²hK⁴] = 5.67×10^{-8} [W/m²K⁴]]
- A : 복사전열면적 [m²]
- ϵ : 복사율($0 < \epsilon < 1$)
- T : 흑체표면 절대온도

※ 절대온도(T)는 온도의 SI단위이다.
  T [K] = [℃] + 273.15

10 부피 조성비가 메테인 60 [%], 프로페인 30 [%], 부탄 10 [%]인 혼합가스가 있다고 할 때, 이 혼합가스의 폭발 범위를 구하시오. (단, 메테인, 프로판, 부탄의 연소범위는 각각 5 이상 15 이하, 2 이상 9 이하, 1 이상 8 이하이다) [5점]

[정답]

2.7 [%] 이상 11.7 [%] 이하

[해설]

르 샤틀리에 공식

- $\dfrac{100}{L} = \dfrac{V_1}{L_1} + \dfrac{V_2}{L_2} + \dfrac{V_3}{L_3} = \dfrac{60}{5} + \dfrac{30}{2} + \dfrac{10}{1} = 37$

    연소하한계 $L = \dfrac{100}{37} \fallingdotseq 2.7\,[\%]$

- $\dfrac{100}{L'} = \dfrac{V_1}{L_1'} + \dfrac{V_2}{L_2'} + \dfrac{V_3}{L_3'} = \dfrac{60}{15} + \dfrac{30}{9} + \dfrac{10}{8} \fallingdotseq 8.58$

    연소상한계 $L' = \dfrac{100}{8.58} \fallingdotseq 11.7\,[\%]$

핵심이론 르 샤틀리에 공식

혼합가스의 상한계 또는 하한계를 계산하는 공식

$\dfrac{100}{L} = \dfrac{V_1}{L_1} + \dfrac{V_2}{L_2} + \dfrac{V_3}{L_3}$

- L : 혼합가스의 상한계 또는 하한계
- V_1, V_2, V_3 : 각 가스의 체적
- L_1, L_2, L_3 : 각 가스의 하한계 또는 상한계

11 다음 중 SI 기본단위를 바르게 쓰시오. [6점]

1) 질량
2) 시간
3) 온도
4) 길이

> **정답**
>
> 1) 질량 : kg(킬로그램) 2) 시간 : sec(초) 3) 온도 : K(켈빈) 4) 길이 : m(미터)

핵심이론 SI단위계(국제단위계)의 기본단위

길이 [m], 질량 [g], 시간 [sec], 절대온도 [K], 전류 [A], 물질의 양 [mol], 광도 [cd]
※ 보조단위 : 평면각 [rad], 입체각 [Steradian, sr]
※ 유도(조립)단위 : 힘 [N], 압력(응력) [Pa, N/m²], 에너지(일량/열량) [J], 동력 [W]
비중량 [N/m²], 밀도(비질량) [kg/m³, N·s²/m⁴], 점성계수 [Pa·s, N·s/m²] 등

12 보일러의 노통이나 화실과 같은 원통부분이 외측으로부터의 압력에 견딜 수 없게 되어 눌려 찌그러져 찢어져버리는 현상을 무엇이라고 하는가? [5점]

> **정답**
>
> 압궤

13 다음 폭발 중 물리적 폭발과 화학적 폭발을 분류하시오. [6점]

> 산화폭발, 금속선폭발, 압력폭발, 중합폭발, 분해폭발, 촉매폭발, 증기운폭발

> **정답**
>
> - 물리적 폭발 : 증기운폭발, 금속선폭발, 압력폭발
> - 화학적 폭발 : 산화폭발, 중합폭발, 촉매폭발, 분해폭발

14 사바테 사이클에서 압축비가 5, 비열비가 1.4, 차단비가 1.6, 압력비가 1.8일 때, 이론 열효율은 약 몇 [%]인가? [6점]

[정답]

43.8 [%]

[해설]

$$\eta_{ths} = 1 - \left(\frac{1}{\epsilon}\right)^{k-1} \cdot \frac{\rho\sigma^k - 1}{(\rho-1) + k\rho(\sigma-1)} = 1 - \left(\frac{1}{5}\right)^{1.4-1} \cdot \frac{1.8 \times 1.6^{1.4} - 1}{(1.8-1) + 1.4 \times 1.8(1.6-1)}$$
$$= 0.438 = 43.8\,[\%]$$

핵심이론 사바테 사이클(Sabathe Cycle, 복합 사이클)

고속 디젤 기관의 기본 사이클, 이중연소 사이클

1) 단열압축 → 정적가열 → 정압가열 → 단열팽창 → 정적방열

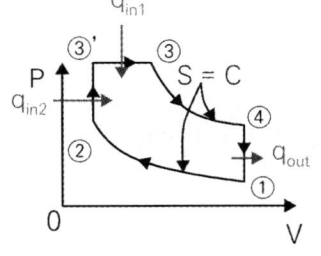 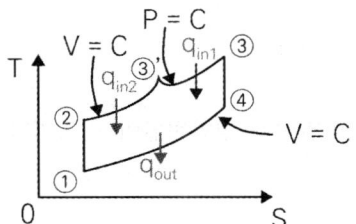

2) 이론 열효율

$$\eta_{ths} = \frac{W}{Q} = \frac{q_{in} - q_{out}}{q_{in}} = 1 - \frac{q_{out}}{q_{in}} = 1 - \frac{C_v(T_4 - T_1)}{C_v(T_{3'} - T_2) + C_p(T_3 - T_{3'})}$$
$$= 1 - \left(\frac{1}{\epsilon}\right)^{k-1} \frac{\rho\sigma^k - 1}{(\rho-1) + k\rho(\sigma-1)}$$

15 비열비가 1.3이고 정적비열이 0.65 [kJ/kg·K]일 때, 이 기체의 기체상수는 약 몇 [kJ/kg·K]인가? [6점]

> **정답**
>
> 0.195 [kJ/kg·K]

[해설]

$C_P = k \times C_V = 1.3 \times 0.65 = 0.845 [kJ/kg \cdot K]$

$R = C_P - C_V = 0.845 - 0.65 = 0.195 [kJ/kg \cdot K]$

핵심이론 비열 간의 관계식

1) 정적비열

$C_v = \left(\dfrac{\partial q}{\partial T}\right)_{v=c} = \dfrac{du}{dT} \rightarrow du = C_v dT$

2) 정압비열

$C_p = \left(\dfrac{\partial q}{\partial T}\right)_{p=c} = \dfrac{dh}{dT} \rightarrow dh = C_p dT$

3) 비열비(k) $k = \dfrac{C_p}{C_v}$ (기체의 비열비는 정압비열이 정적비열보다 크므로 k > 1이다)

$C_p - C_v = R$

$C_v = \dfrac{R}{k-1} [kJ/kg \cdot K]$

$C_p = kC_v = \dfrac{kR}{k-1} [kJ/kg \cdot K]$

16 어떤 집진기의 입구 먼지 농도는 2 [g/m³], 유입 가스량이 20 [m³]이고, 집진기 출구의 먼지 농도가 0.3 [g/m³], 유출 가스량이 17.8 [m³]일 때, 이 집진장치의 집진효율은 몇 [%]인지 산출하시오. [5점]

정답

86.65 [%]

[해설]

$$\eta = \frac{\text{포집된 농도}}{\text{집진기 입구 농도}} \times 100\,[\%] = \frac{\text{집진기의 입구 농도} - \text{집진기의 출구 농도}}{\text{집진기의 입구 농도}} \times 100\,[\%]$$

$$\eta = 1 - \frac{0.3 \times 17.8}{2 \times 20} = 0.8665 = 86.65\,[\%]$$

17 내경이 20 [mm]인 배관에 10 [mm] 두께의 보온재를 감아 시공한 증기배관이 있다. 관 표면온도는 100 [℃]이고, 피복 후 보온재의 표면온도는 20 [℃]일 때, 배관의 길이가 10 [m]인 관의 표면에서 방열에 의하여 손실되는 열량은 몇 [W]인지 구하시오. (보온재의 열전도율 0.0581 [W/m·℃]이다) [5점]

정답

421.33 [W]

[해설]

$r_1 = 0.02 \div 2 = 0.01\,[m]$, $r_2 = r_1 + 0.01 = 0.02\,[m]$

$$Q_c = \frac{2\pi L(t_1 - t_2) \times \lambda}{\ln\left(\frac{r_2}{r_1}\right)} = \frac{2\pi \times 10 \times (100 - 20) \times 0.0581}{\ln\frac{0.02}{0.01}} = 421.33\,[W]$$

핵심이론 파이프의 열전도

$$Q_c = \frac{2\pi L(t_1 - t_2)}{\frac{1}{\lambda}\ln\left(\frac{r_2}{r_1}\right)} = \frac{2\pi L(t_1 - t_2) \times \lambda}{\ln\left(\frac{r_2}{r_1}\right)} [W]$$

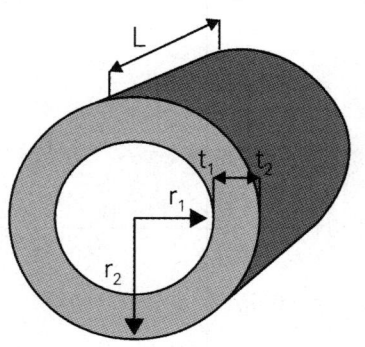

18 연돌의 통풍력을 측정한 결과 50 [mmH₂O], 배기가스평균온도가 200 [℃], 외기온도가 20 [℃]라고 할 때, 굴뚝의 높이는 몇 [m]인가? (단, 대기의 비중량은 20 [℃]에서 1.2 [kgf/m³], 배기가스비중량은 200 [℃]에서 1 [kgf/m³]이다) [6점]

정답

92.5 [m]

[해설]

연돌통풍력 : $Z = 273H\left(\dfrac{\gamma_a}{T_a} - \dfrac{\gamma_g}{T_g}\right)[mmH_2O]$

γ_a : 공기비중량, γ_g : 배기가스비중량

T_a : 공기절대온도, T_g : 배기가스절대온도

굴뚝의 높이 : $H = \dfrac{Z}{273\left(\dfrac{\gamma_a}{T_a} - \dfrac{\gamma_g}{T_g}\right)} = \dfrac{50}{273\left(\dfrac{1.2}{273.15 + 20} - \dfrac{1}{273.15 + 200}\right)} = 92.5[m]$

핵심이론 굴뚝의 높이

1) 연돌의 이론통풍력의 계산 공식

$$Z = 273H \times \left[\frac{r_a}{T_a} - \frac{r_g}{T_g} \right]$$

- Z : 이론통풍력 [mmH$_2$O]
- H : 연돌의 높이 [m]
- r_a : 외기의 비중량 [kgf/m^3]
- r_g : 배기가스의 비중량 [kgf/m^3]
- T_a : 외기의 절대온도 [K]
- T_g : 배기가스의 절대온도 [K]

2) 연돌의 높이

$$H = \frac{Z}{273\left(\dfrac{\gamma_a}{T_a} - \dfrac{\gamma_g}{T_g}\right)}$$

- Z : 이론통풍력 [mmH$_2$O]
- H : 연돌의 높이 [m]
- r_a : 외기의 비중량 [kgf/m^3]
- r_g : 배기가스의 비중량 [kgf/m^3]
- T_a : 외기의 절대온도 [K]
- T_g : 배기가스의 절대온도 [K]

실전 모의고사 제14회

1회독	시간 :	점수 :
2회독	시간 :	점수 :
3회독	시간 :	점수 :

01 다음의 강제통풍방식 중 송풍기의 설치 위치를 쓰시오. [5점]

1) 압입통풍
2) 흡입통풍

정답
1) 연소실 앞
2) 연도

핵심이론 통풍장치

1) 통풍 : 연소에 필요한 공기 및 연소가스가 연속적으로 흐르는 흐름
2) 통풍방식의 분류

자연통풍		• 배기가스와 외기의 온도차(비중차, 비중량차, 밀도차)에 의하여 이루어지는 통풍방식이다. • 굴뚝 높이와 연소가스의 온도에 따라 일정한 한도를 갖는다.
강제통풍	압입통풍	연소실 입구에 송풍기를 설치해서 강제로 연소실로 공기를 밀어 넣는 방식이다.
	흡입통풍	연도 내에 배풍기를 설치해 연소가스를 흡입하여 빨아내는 방식이다.
	평형통풍	압입통풍방식과 흡입통풍방식을 병행하는 통풍방식이다.

02 버터플라이밸브(Butterfly Valve)의 특징 3가지를 쓰시오. [6점]

> **정답**
> - 90° 회전으로 개폐가 가능하다.
> - 유량조절이 가능하다.
> - 완전열림 시 유체저항이 적다.
> - 개구경의 관로에 적용되며 조름밸브(Throttle Valve)로 사용된다.

핵심이론 버터플라이밸브(Butterfly Valve)
나비밸브, 원통형의 몸체 속에 밸브봉을 축으로 하여 원형 평판이 회전함으로써 밸브가 개폐된다. 밸브의 개도를 알 수 있고 조작이 간편하며, 가볍고, 설치공간을 작게 차지하여 설치가 용이하다. 작동방식에 따라 레버식, 기어식 등이 있다.

03 고체연료의 장점과 단점을 3가지씩 쓰고, 고정탄소가 30 [%], 휘발분이 50 [%]일 때의 고체 연료의 연료비를 구하시오. [6점]

> **정답**
> 1) 장점
>   - 저렴한 가격
>   - 노천야적이 가능하다.
>   - 인화폭발의 위험성이 적다.
> 2) 단점
>   - 연료 품질이 균일하지 못해 연소효율이 낮다.
>   - 연소 시 과잉공기가 많이 필요하다.
>   - 완전연소가 어렵다.
>   - 매연과 회분이 많다.
> 3) 연료비 : 0.6

[해설]
고체 연료의 연료비 = 30 ÷ 50 = 0.6

핵심이론 고체 연료

장점	단점
① 간단한 연소장치	① 연료 품질이 균일하지 못해 연소효율이 낮다.
② 저렴한 가격	② 연소 시 과잉공기 많이 필요하다.
③ 노천야적이 가능하다.	③ 착화, 소화, 연소조절이 어렵다.
④ 인화폭발의 위험성이 적다.	④ 완전연소가 어렵다.
⑤ 고체 연료비가 클수록 발열량이 크다.	⑤ 매연과 회분이 많다.
⑥ 취급 및 저장이 쉽다.	⑥ 재처리가 어렵다.

※ 고체 연료의 연료비 = 고정탄소 [%]/휘발분 [%]

04 강제순환식 수관보일러의 2가지 종류를 쓰시오. [5점]

[정답]
라몬트, 베록스보일러

핵심이론 | 보일러의 종류

원통형	입형	입형 횡관식, 입형 연관식, 코크란(입형횡연관식)	
	횡형	노통	코르니시(노통 1개), 랭커셔보일러(노통 2개) — 암기 코일
		연관	횡연관식, 기관차, 케와니보일러
		노통연관	스코치, 브로든 카프스, 하우덴 존슨, 노통연관패키지보일러
수관식	자연순환식		바브콕(경사각 15°), 츠네키치(경사각 30°), 타쿠마(경사각 45°), 야로우, 가르베(경사각 90°), 2동 D형, 3동 A형, 방사 4관, 스터링(곡관형)보일러 — 암기 바가야로
	강제순환식		베록스, 라몬트보일러 — 암기 베라
	관류식		엣모스, 슐처, 벤슨, 람진보일러 — 암기 엣슐벤람
주철제			주철제 증기보일러, 주철제 온수보일러
특수 보일러	특수액체 보일러		수은, 다우섬, 모빌섬, 카테크롤액, 시큐리티
	특수연료 보일러		버케스(사탕수수찌꺼기), 흑액, 소다회수, 바아크보일러 - 연료 : 산업 폐기물
	폐열보일러		리히, 하이네보일러
	간접가열 보일러		슈미트, 레플러보일러

05 다음의 연료를 탄화수소비가 큰 순서대로 쓰시오. [5점]

경유, 등유, 중유, 가솔린

정답

중유 > 경유 > 등유 > 가솔린

핵심이론 탄화수소비(C/H)가 큰 순서
- 고체 연료 > 액체 연료 > 기체 연료
- 중유 > 경유 > 등유 > 가솔린
- 질이 나쁜 연료일수록 크다.
- 낮을수록(탄소가 적을수록) 연소가 잘 된다.

06 두께 150 [mm]인 적벽돌과 100 [mm]인 단열벽돌로 구성되어 있는 내화벽돌의 노벽이 있다. 적벽돌과 단열벽돌의 열전도율은 각각 1.4 [W/m·℃], 0.07 [W/m·℃]일 때 단위면적당 손실열량은 약 몇 [W/m²]인가? (단, 노 내 벽면의 온도는 800 [℃]이고, 외벽면의 온도는 100 [℃]이다) [6점]

정답
456 [W/m²]

[해설]

$$K = \frac{1}{R} = \frac{1}{\frac{l_1}{\lambda_1} + \frac{l_2}{\lambda_2}} = \frac{1}{\frac{0.15}{1.4} + \frac{0.1}{0.07}} \fallingdotseq 0.65$$

$$q = \frac{Q}{A} = K\Delta t = 0.65 \times (800 - 100) \fallingdotseq 456$$

핵심이론 열관류

1) 열관류(통과)계수

$$K = \frac{1}{R} = \frac{1}{\frac{1}{\alpha_1} + \frac{L}{\lambda} + \frac{1}{\alpha_2}} [W/m^2 \cdot K]$$

- L : 재료의 두께 [m]
- λ : 열전도율 [W/m·K]
- α_1 : 내측 유체 열전달률 [W/m²·K]
- α_2 : 외측 유체 열전달률 [W/m²·K]
- K : 열관류율 [W/m²·K]

2) 열관류에 의한 손실열량

$$Q = KA(t_1 - t_2) [W]$$

- K : 열관류(통과)계수 [W/m²·K]
- A : 전열면적 [m²]

07 증발량이 1200 [kg/h]이고 상당증발량이 1400 [kg/h]일 때 사용 연료가 140 [kg/h]이고, 비중이 0.8 [kg/L]이면 상당증발배수는 얼마인가? [6점]

정답

10

[해설]

상당증발배수 = 상당증발량 ÷ 연료 소비량 = 1400 ÷ 140 = 10

핵심이론 | 상당증발배수

상당증발배수 = $\dfrac{G_e}{G_f}$ = $\dfrac{상당증발량}{연료소비량}$ [kg/kg]

08 연소가스를 분석한 결과 CO_2 : 12.5 [%], O_2 : 3.0 [%], CO : 0 [%]일 때 $(CO_2)_{max}$ [%]는? [6점]

정답

14.58 [%]

[해설]

CO가 0 [%]이므로 완전연소이다.

$(CO_2)_{max} = \dfrac{21\,CO_2}{21 - O_2} = \dfrac{21 \times 12.5}{21 - 3} = 14.58$

핵심이론 | 최대탄산가스율(최대탄산가스 농도)

1) 완전연소 시

$$CO_{2\max} = \frac{21 \times CO_2[\%]}{21 - O_2[\%]}$$

2) 불완전연소 시

$$CO_{2\max} = \frac{21[CO_2(\%) + CO(\%)]}{21 - O_2(\%) + 0.395 CO(\%)}$$

※ 탄산가스최대량($CO_{2\max}$)

이론공기량으로 연료를 완전연소시킨다고 가정할 경우에 연소가스 중의 탄산가스량을 이론 건연소가스량에 대한 백분율로 표현한 것이다.

$$CO_{2\max} = \frac{1.867C + 0.7S}{G_0} \times 100$$

09 다음 용어에 대해 간단히 설명하시오. [6점]

1) 프라이밍(Priming)
2) 포밍(Foaming)
3) 캐리오버(Carry-over)
4) 수격작용(Water-hammer)

정답

1) 보일러 부하의 급변으로 인하여 동 수면에서 작은 입자의 물방울이 증기와 혼합하여 튀어 오르는 현상
2) 보일러수 속에 유지류, 부유물의 농도가 높아지면 드럼 수면에 거품이 발생하는 현상
3) 공기 중 불순물이 물방울에 섞여서 옮겨지는 현상
4) 증기 속의 수분이 배관의 굴곡된 부분을 강하게 치는 현상

핵심이론 송기 시 발생하는 이상현상

1) 프라이밍(Priming, 비수현상)
   주 증기밸브 급개 시 고수위 시 수면으로부터 끊임없이 물방울이 비산하면서 수위를 불안정하게 하는 현상
2) 포밍(Foaming, 물거품 솟음현상)
   관수 중 용해 고형물, 유지류 등의 불순물로 인한 거품의 층을 형성하는 단계이며 심해지면 프라이밍으로 이어질 수 있다.
3) 캐리오버(Carry Over, 기수공발현상)
   공기 중에 불순물이 물방울에 섞여서 옮겨가는 현상
4) 워터해머링(Water Hammering, 수격작용) : 증기관 속 고여 있는 응축수가 송기 시 고온, 고압의 증기에 밀려 관의 굴곡부분을 강하게 치는 현상

---

10 용존산소를 제거하고자 탈산소제인 아황산나트륨(Na_2SO_3)을 가하여 산소를 제거하고자 한다. 보일러 공급수 2000 [ton] 중에 산소 함량이 9 [ppm]일 경우 산소를 제거하는 데 필요한 이론적인 아황산나트륨의 양은 얼마인가? (단, $2Na_2SO_3 + O_2 \rightarrow 2Na_2SO_4$이다) [6점]

정답

141.75 [kg]

[해설]

ppm(parts per million) : 백만분율

2000 [t] 중 9 [ppm] = $2000000 \times \dfrac{9}{1000000} = 18\ [kg]$

$2Na_2SO_3 + O_2 \rightarrow 2Na_2SO_4$의 분자량을 모두 계산하면

$(2 \times 126) + (32) \rightarrow (2 \times 142)$이므로

산소 18 [kg]을 제거하는 데 필요한 아황산나트륨의 양은

$\dfrac{2 \times 126}{32} \times 18 = 141.75\ [kg]$이다.

핵심이론 ppm(parts per million)

미량의 함유물질의 농도를 표시할 때 사용하는 1 [g] 시료 중 100만분의 1 [g], 즉 물 1 [ton] 중에 1 [g], 공기 1 [m³] 중의 1 [cc]가 1 [ppm]이다. 즉, 100만분의 1만큼의 오염물질이 포함된 것을 말한다.

11 중유의 구성성분 분석 결과가 C : 78 [%], H : 12 [%], O : 3 [%], S : 2 [%], 기타 : 5 [%]일 때의 이론공기량은 몇 [Nm³/kg]인지 계산하시오. [6점]

정답

10.10 [Nm³/kg]

[해설]

$$O_0 = 1.867C + 5.6\left(H - \frac{O}{8}\right) + 0.7S$$
$$= 1.867 \times 0.78 + 5.6 \times \left(0.12 - \frac{0.03}{8}\right) + 0.7 \times 0.02 = 2.121 [Nm^3/kg]$$

$$A_0 = \frac{O_0}{0.21} = \frac{2.121}{0.21} = 10.10 [Nm^3/kg]$$

핵심이론 이론산소량(O_0) & 이론공기량(A_0)

1) 이론산소량(O_0) : 연료를 산화시키기 위한 이론적 최소 산소량
   (1) 고체 및 액체 연료
   ① 질량 계산식

   $$O_o = 2.67C + 8\left(H - \frac{O}{8}\right) + S \ [kg/kg]$$

   ② 체적 계산식(연료 1 [kg] 연소 시 이론산소량의 체적)

   $$O_o = 1.867C + 5.6\left(H - \frac{O}{8}\right) + 0.7S \ [Nm^3/kg]$$

2) 이론공기량(A_0) : 연료를 완전연소시키는 데 필요한 이론적 최소 공기량
   이론산소량을 산소의 질량비로 나누어준다.
   (1) 고체 및 액체 연료
   ① 질량 계산식

   $$A_o = \frac{O_o}{0.232} = 11.51C + 34.48\left(H - \frac{O}{8}\right) + 4.31S \ [kg/kg]$$

   ② 체적 계산식

   $$A_o = \frac{O_o}{0.21} = 8.89C + 26.67\left(H - \frac{O}{8}\right) + 3.33S \ [Nm^3/kg]$$

12 플렉시블형 조인트의 설치목적을 간단히 쓰시오. [5점]

> **정답**
> 기기의 진동이 배관에 전달되지 않도록 흡수하고, 배관의 열팽창을 흡수하여 배관 파손을 방지한다.

13 중유를 사용하는 보일러의 배기가스온도가 240 [℃]로 배출되고 있다. 연소용 공기를 예열하는 대향류 열교환기를 설치하여 배기가스온도를 160 [℃]까지 낮추게 되었을 때 연소용 공기는 20 [℃]에서 90 [℃]까지 상승하였다고 한다. 이때 대수평균온도차를 계산하시오. [6점]

> **정답**
> 144.94 [℃]
>
> **[해설]**
> 대수평균온도차(LMTD), 대향류 열교환기는 흐름의 방향이 반대이다.
> $\Delta t_1 = 240 - 90 = 150\,[℃]$
> $\Delta t_2 = 160 - 20 = 140\,[℃]$
> $LMTD = \dfrac{\Delta t_1 - \Delta t_2}{\ln\dfrac{\Delta t_1}{\Delta t_2}} = \dfrac{150 - 140}{\ln\dfrac{150}{140}} ≒ 144.94\,[℃]$

핵심이론 대수평균온도차(LMTD)

대향류(Counter Flow)

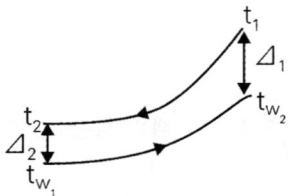

$\Delta_1 = t_1 - t_{w_2}$
$\Delta_2 = t_2 - t_{w_1}$

※ 대수평균온도차(LMTD) = $\dfrac{\Delta_1 - \Delta_2}{\ln\left(\dfrac{\Delta_1}{\Delta_2}\right)}$ [℃]

14 중유를 매 시간당 110 [kg] 연소시키는 보일러가 있다. 이 보일러의 증기 압력이 1 [MPa], 급수온도 50 [℃], 실제증발량 1500 [kg/h]일 때 보일러의 효율을 계산하시오. (단, 중유의 저위발열량은 40950 [kJ/kg], 1 [MPa]하에서 증기엔탈피는 2864 [kJ/kg], 50 [℃] 급수 엔탈피는 210 [kJ/kg]이다) [6점]

정답

88.38 [%]

[해설]

$\eta = \dfrac{G(h_2 - h_1)}{G_f \times H_L} \times 100\,[\%] = \dfrac{1500 \times (2864 - 210)}{110 \times 40950} \times 100\,[\%] = 88.38\,[\%]$

핵심이론 보일러 효율

$$\eta_B = \frac{G_a(h_2 - h_1)}{G_f \times H_\ell} \times 100 \, [\%]$$

$$= \frac{G_e \times 2256}{G_f \times H_\ell} \times 100 \, [\%]$$

- G_a : 실제증발량 [kg/h]
- G_e : 상당증발량 [kg/h]
- h_1 : 급수의 비엔탈피 [kJ/kg]
- h_2 : 증기의 비엔탈피 [kJ/kg]
- G_f : 연료사용량 [kg/h]
- H_ℓ : 연료발열량 [kJ/kg]

15 다음과 같은 조성의 석탄가스를 연소시켰을 때의 이론습연소가스량 [Nm³/Nm³]은? [6점]

성분	CO	CO_2	H_2	CH_4	N_2
부피 [%]	8	1	50	37	4

[정답]

5.61 [Nm³/Nm³]

[해설]

이론습연소가스량

$CO + \frac{1}{2}O_2 \rightarrow CO_2$

$H_2 + \frac{1}{2}O_2 \rightarrow H_2O$

$CH_4 + 2O_2 \rightarrow CO_2 + 2H_2O$

$O_0 = \frac{1}{2}H_2 + \frac{1}{2}CO + 2CH_4 = \frac{1}{2} \times 0.5 + \frac{1}{2} \times 0.08 + 2 \times 0.37 = 1.03$

$A_0 = \frac{O_0}{0.21} = \frac{1.03}{0.21} = 4.904$

$$G_{0w} = G_{0d} + H_2O = CO_2 + N_2 + (1-0.21)A_0 + (\text{생성된 } CO_2, H_2O)$$
$$= 0.01 + 0.04 + (1-0.21)A_0 + (1 \times CO + 1 \times CH_4 + 1 \times H_2 + 2 \times CH_4)$$
$$= 0.05 + 0.79 \times 4.904 + (0.08 + 0.37 + 0.5 + 2 \times 0.37)$$
$$= 5.61$$

핵심이론 이론습연소가스량

1) 기체 연료

$$O_o = 0.5H_2 + 0.5CO + 2CH_4 + 2.5C_2H_2 + 3C_2H_4 + 3.5C_2H_6 + \cdots - O_2 \; [\text{Nm}^3/\text{Nm}^3]$$

※ $C_aH_b : a + \dfrac{b}{4}$ 이런 방법으로 O_2의 양을 계산해 혼합가스 비율에 맞게 더한다.

2) 이론습연소가스량(G_{ow}) = 이론건연소가스량(G_{od}) + 연소생성 수증기량

16 옥테인(C_8H_{18})이 과잉공기율 2로 연소 시 연소가스 중의 산소 부피비 [%]는? [5점]

정답

10.11 [%]

[해설]

과잉공기율에 따른 산소 부피비

$$C_8H_{18} + 12.5O_2 \rightarrow 8CO_2 + 9H_2O$$

※ 연소가스량(G) = (m - 0.21)A_0 + 생성된 CO_2 + 생성된 H_2O

$$= (2-0.21) \times \frac{12.5}{0.21} + 8 + 9$$

$$= 123.55 \; [\text{Nm}^3/\text{Nm}^3]$$

※ 연소가스 중 O_2의 체적(부피)비율 = $\dfrac{O_2}{G} = \dfrac{12.5}{123.55} = 0.1011 \, (10.11 \, [\%])$

핵심이론 실제습연소가스량

실제습연소가스량(G_w) = 이론습연소가스량(G_{ow}) + 과잉공기량[$(m-1)A_o$]

17 다음은 수관식 보일러에 대한 설명이다 빈칸에 알맞은 말을 순서대로 적으시오. [5점]

> 보유수량이 (①)서 파열 사고 시 피해가 적고, 관의 직경이 (②)서 고압용으로 적합하다. 또한 전열면적이 (③)서 증기발생 시간이 짧고, 증발량이 많으므로 (④) 보일러에 적합하다.

정답

① 적어 ② 작아 ③ 넓어 ④ 대용량

핵심이론 수관식 보일러

1) 특징
   (1) 지름이 작은 상부의 기수드럼과 하부의 물드럼 사이에 다수의 수관을 연결시켜 만든 외분식 보일러이다.
   (2) 보일러수의 유동방식에 따른 분류 : 자연순환식(급수와 관수의 비중(밀도)차에 의해 순환), 강제순환식(순환펌프에 의해 강제적으로 순환), 관류식
   (3) 드럼의 수는 그 형식에 따라 1 ~ 4개가 있다.
2) 장점
   (1) 외분식 보일러로 연소실의 형상이 다양하며, 전열면적이 크다.
   (2) 전열면적이 많아 원통형에 비해 효율이 좋다.
   (3) 보유수량이 적어 파열 시 피해가 적다.
   (4) 파열 시 피해가 적어 구조상 고압 대용량에 적합하다.
   (5) 보일러수의 순환이 좋아 증기발생시간이 빠르다.
   (6) 용량에 비해 경량이다.
   (7) 효율이 좋다.
   (8) 운반 설치가 용이하다.
   (9) 과열기 및 공기예열기 등의 설치가 용이하다.
3) 단점
   (1) 부하변동에 따른 압력 변화 및 수위변동이 크다.
   (2) 부하변동에 대응하기 어렵다.
   (3) 증발속도가 빨라 스케일이 부착되기 쉽다.
   (4) 구조가 복잡하여 제작 및 청소, 검사 수리가 어렵다.
   (5) 가격이 비싸다.
   (6) 급수조절이 어렵다(연속적인 급수를 요한다).
   (7) 취급에 기술을 요한다.
   (8) 급수를 철저히 처리하여 사용해야만 한다.

18 보일러 운전의 취급 시 일어날 수 있는 가마울림의 방지법 4가지를 쓰시오. [6점]

정답
- 연료 속의 수분을 제거한다(수분이 적은 연료를 사용한다).
- 2차 공기의 가열 통풍을 조절한다.
- 연도에서의 포켓 등을 제거한다.
- 연소실에서의 완전연소가 이루어지도록 한다.
- 연소실이나 연도를 개조한다.
- 연소속도가 너무 느리지 않도록 한다.
- 공연비를 개선한다.

핵심이론 가마울림(공명현상)
1) 가마울림(공명현상) : 연소 중 연소실이나 연도 내에서 연속적인 울림을 내는 현상
2) 가마울림의 원인 : 연료 중 수분이 많거나, 공연비가 나빠 연소속도가 느리거나, 연도에 에어포켓이 있는 경우

실전 모의고사 제15회

01 빈칸에 알맞은 말을 쓰시오. [5점]

> 기체크로마토 그래피는 기체의 (　　) 차이를 이용하여 분석하는 장치이다.

정답

확산속도

핵심이론 가스크로마토그래피(Gas Chromatography)법

1) 흡착제를 충전한 통 한쪽에 시료를 이동시킬 때 친화력이 각 가스마다 다르기 때문에 이동속도 차이로 분리되어 측정실 내로 들어오면서 측정하는 것으로 O_2, NO_2를 제외한 다른 성분가스를 모두 분석할 수 있다.
2) 분석 시에는 고체 충전제를 넣고 캐리어 가스인 H_2, Ar, He, Ne 등의 혼합된 시료를 칼럼 속에 통하게 하여 측정한다.
3) 특징
   (1) 여러 종류의 가스분석이 가능하다.
   (2) 가스의 분자량이나 극성을 이용하여 가스를 분리하여 측정하는 방법
   (3) 기체의 확산속도 차이를 이용한 분석장치이다.
   (4) 분리성능이 우수하기 때문에 미량성분의 분석이 가능하다.
   (5) 컬럼의 종류와 구성에 따라 다양한 분리성능을 갖출 수 있어 분리성능이 좋고 선택성이 우수하다.
   (6) 응답속도는 보통 1분에서 10분 정도로 다소 느리다.
   (7) 시료를 컬럼을 통해 운반하는 시간이 필요하기 때문에 동일한 가스의 연속측정이 불가능하다.
   (8) 선택성이 좋다.
   (9) 고감도 측정이 가능하다.
   (10) 캐리어가스가 필요하다.
4) 구성요소 : 유량계, 칼럼검출기, 캐리어 가스통, 시료주입부, 자료기록장치

5) 기본 구성 요소
   (1) 캐리어 가스 : 시료를 운반하는 역할
   (2) 컬럼 : 시료를 분리하는 역할
   (3) 검출기 : 분리된 시료를 검출하는 역할
   ※ 컬럼의 종류와 구성에 따라 다양한 분리성능을 갖출 수 있다.
   - 실리카겔 컬럼 : 비극성 가스에 대한 분리성능이 우수하다.
   - 알루미나 컬럼 : 극성 가스에 대한 분리성능이 우수하다.
   - 폴리머 컬럼 : 극성 및 비극성 가스에 대한 분리성능이 우수하다.

02 공업분석에서 계산만으로 산출 가능한 성분이 무엇인지 쓰고 그 성분의 특징을 간단히 쓰시오. [6점]

정답

고정탄소, 고정탄소양이 많으면 휘발분이 적게 되어 화염의 길이가 짧아지게 된다.

핵심이론 연료를 이루는 성분에 따른 영향

1) 휘발분 : 긴 화염, 검은 연기, 그을음
2) 고정탄소 : 휘발분이 적음(짧은 화염)
3) 수분 : 기화열에 의한 열손실, 착화성이 나빠짐, 발열량 감소
4) 회분 : 연소효과와 발열량을 낮춤
※ 휘발분 [%] + 고정탄소 [%] + 수분 [%] + 회분 [%] = 100 [%]
※ 공업분석에서 계산만으로 산출 가능한 성분 : 고정탄소

03 연료의 점도가 높을 때의 특징 3가지와 점도가 낮을 때의 특징 3가지를 쓰시오. [6점]

정답

1) 점도가 너무 높을 때
   - 송유가 어려워진다.
   - 무화가 어려워진다.
   - 버너선단에 카본이 부착한다.
   - 연소 상태가 불량해진다.
2) 점도가 너무 낮을 때
   - 연료 과다소비
   - 연소 상태 불안정
   - 역화(逆火)의 원인

핵심이론 점도(Viscosity)

1) 정의 : 점성의 정도
2) 점도가 너무 높을 때
   (1) 송유가 어려워짐
   (2) 무화(霧化)가 어려워짐
   (3) 버너선단에 카본(탄소)(C : Carbon)이 부착함
   (4) 연소 상태가 불량해짐
3) 점도가 너무 낮을 때
   (1) 연료 과다소비
   (2) 역화(逆火)의 원인
   (3) 연소 상태 불안정

04 주철제 보일러의 장점 3가지를 쓰시오. [6점]

정답
- 저압이므로 파열사고 시 피해가 적다.
- 주물제작으로 복잡한 구조로 제작이 가능하다.
- 내열, 내식성이 우수하다.
- 섹션 증감으로 용량조절이 용이하다.
- 전열면적이 크고 효율이 높다.

핵심이론 주철제 보일러

1) 주물로 제작된 보일러로서 내부구조를 복잡하게 하여 전열면적이 비교적 큰 형식의 저압보일러이다.
2) 조합방식에 따라 전후, 좌우, 맞세움 전후 조합으로 나뉘며 각 섹션을 용량에 알맞게 조절하여 사용한다.
3) 섹션의 수는 약 20개 정도로, 전열면적은 50 [m^2] 정도까지가 보통이다.
4) 주철로 만든 상자모양의 섹션으로 구성된 조립식 보일러이다.
5) 주로 난방용의 저압증기 발생용 도는 온수보일러로 사용되고 있다.
6) 소형 난방용에 주로 사용된다.
   ※ 최고사용압력
      ① 주철제 증기보일러 : 최고사용압력 0.1 [MPa] 이하
      ② 주철제 온수보일러 : 수두압으로 50 [m] 이하, 온수온도 393 [K](120 [℃]) 이하
         (이 기준 이상이 되는 경우 : 강철제 보일러를 사용해야 한다)
7) 장점
   (1) 저압이므로 파열사고 시 피해가 적다.
   (2) 주물제작으로 복잡한 구조로 제작이 가능하다.
   (3) 내열, 내식성이 우수하다.
   (4) 섹션 증감으로 용량조절이 용이하다.
   (5) 전열면적이 크고 효율이 높다.
8) 단점
   (1) 인장 및 충격에 약하다.
   (2) 고압, 대용량에 부적당하다.
   (3) 구조가 복잡하므로 내부청소 및 검사가 곤란하다.

05 불꽃연소의 특징을 4가지 쓰시오. [5점]

정답
- 가연성 기체와 공기가 혼합기체를 형성하여 연소한다.
- 불꽃을 발하면서 연소한다.
- 연소속도가 매우 빠르다.
- 가솔린 연소가 이에 해당한다.
- 연소사면체(불꽃)에 의한 연소이다.
- 표면연소에 비해 발열량이 크다.

핵심이론 불꽃연소(Flaming Combustion)

가연성 기체와 공기가 혼합기체를 형성하여 연소하는 일반적인 기체 상태 연소로 불꽃을 발하면서 연소하는 형태
- 연소속도가 매우 빠르다.
- 연쇄반응을 수반한다.
- 시간당 방출열량이 많다.
- 가솔린 연소가 이에 해당한다.
- 연소사면체(불꽃)에 의한 연소이다.
- 표면연소에 비해 발열량이 크고 연소속도가 빠르다.

06 다음 사이클을 가열량 및 압축비가 일정할 경우 효율이 높은 사이클 순서대로 적으시오. [6점]

오토 사이클, 디젤 사이클, 사바테 사이클

정답
오토 사이클 > 사바테 사이클 > 디젤 사이클

핵심이론 | 각 사이클의 비교

1) 가열량 및 압축비가 일정할 경우
   (1) 효율 : Otto > Sabathe > Diesel
   (2) 발열량 : Diesel > Sabathe > Otto
2) 가열량 및 최대압력, 최고온도를 일정하게 할 경우
   (1) 효율 : Diesel > Sabathe > Otto
   (2) 발열량 : Otto > Sabathe > Diesel

---

07 강관배관의 부식의 종류 중 균열을 수반하지 않는 국부부식의 종류를 5가지 쓰고 각각에 대하여 간단히 설명하시오. [6점]

정답

- 접촉부식 : 이종 금속이 용액에 접촉하게 되면 서로 다른 금속 간의 전위차로 인하여 금속이 국부적으로 부식되는 현상
- 전식 : 외부 전원으로부터 누설된 전류에 의하여 전해가 일으키게 되어 금속이 부식되는 현상
- 틈새부식 : 금속과 금속 또는 금속과 비금속체 사이에 틈새가 있으면 그곳에 전해질 수용액이 들어가 금속이 부식되는 현상
- 입계부식 : 금속의 경계부가 부식 매체로 인하여 선택적으로 부식되는 현상
- 선택부식 : 합금성분 중 특정 성분만 용해하여 내식성이 약한 금속부분이 선택적으로 부식되는 현상

---

08 냉매의 구비조건을 물리적 성질 3가지 화학적 성질 3가지를 쓰시오. [5점]

> **정답**
>
> 1) 물리적 성질
>   - 응고점이 낮아야 한다.
>   - 증발열이 커야 한다.
>   - 증기의 비체적은 작아야 한다.
>   - 소요 동력이 작아야 한다.
>   - 증기의 비열은 크고 액체의 비열은 작아야 한다.
> 2) 화학적 성질
>   - 안정성이 있어야 한다.
>   - 부식성이 없어야 한다.
>   - 무독·무해하여야 한다.

핵심이론 냉매

1) 종류 : 암모니아, 탄산가스, 아황산가스, 할로겐화탄화수소, 프레온-12, 프레온-11, 프레온-22 등
2) 구비조건
   (1) 물리적 성질
   ① 응고점이 낮아야 한다.
   ② 증발열이 커야 한다.
   ③ 증기의 비체적은 작아야 한다.
   ④ 임계온도는 상온보다 높아야 한다.
   ⑤ 증발압력이 너무 낮지 않아야 한다.
   ⑥ 응축압력이 너무 높지 않아야 한다.
   ⑦ 증기의 비열은 크고 액체의 비열은 작아야 한다.
   ⑧ 단위냉동량당 소요 동력이 작아야 한다.
   (2) 화학적 성질
   ① 안정성이 있어야 한다.
   ② 부식성이 없어야 한다.
   ③ 무독·무해하여야 한다.
   ④ 인화 폭발의 위험성이 없어야 한다.
   ⑤ 전기저항이 커야 한다.
   ⑥ 증기 및 액체의 점성이 작아야 한다.
   ⑦ 전열계수가 커야 한다.
   ⑧ 윤활유에 되도록 녹지 않아야 한다.
   (3) 기타
   ① 누설이 적어야 한다.
   ② 가격이 저렴해야 한다.

09 연료의 사용량이 19.5 [Nm³/min]이고 연료의 공급압력(게이지압력)은 40 [kPa], 연료의 공급온도 10 [℃], 연료의 발열량 : 38500 [kJ/m³], 급수량 10800 [kg/h], 급수엔탈피 64 [kJ/kg], 발생증기 엔탈피 : 2785 [kJ/kg]이라고 할 때 다음 질문에 답하시오. [7점]

1) 연료의 총연소열량(kJ/h)을 구하시오.

2) 보일러 효율 [%]을 구하시오.

정답

1) 33482372.5 [kJ/h]
2) 87.76 [%]

[해설]

1) 기체연료의 체적을 표준상태와 비교하여 구하면

$$\frac{P_0 V_0}{T_0} = \frac{P_1 V_1}{T_1} \rightarrow \frac{101.325 \times (19.5 \times 60)}{273} = \frac{(101.325 + 40) \times V_1}{273 + 10}$$

$\rightarrow V_1 = 869.672 \ [\text{m}^3/\text{h}]$

총연소열량 = 38500 × 869.672 = 33482372.5 [kJ/h]

2) 보일러 효율 = $\dfrac{G_a(h_2 - h_1)}{G_f \times H_\ell} \times 100 = \dfrac{10800 \times (2785 - 64)}{33482372.5} \times 100 \ [\%] = 87.76 \ [\%]$

핵심이론 | 이상기체 상태 방정식과 보일러 효율

1) 질량에 대한 식

$$Pv = R_{specific}T$$
$$PV = mR_{specific}T$$

- P : 압력 $[Pa]$, V : 부피 $[m^3]$
- m : 질량 $[kg]$, T : 온도 $[K]$

$$R_{specific} = \frac{R_{ideal}}{M} : 특정기체상수\ [J/kg\cdot K](M : 몰질량[분자량])$$

2) 몰량에 대한 식

$$PV = nR_{ideal}T$$

- P : 압력 $[Pa]$, V : 부피 $[m^3]$
- n : 몰수 $[mol]$, T : 온도 $[K]$
- R_{ideal} : 일반기체상수 $[8.314\ J/mol\cdot K]$

3) 보일러 효율

$$\eta_B = \frac{G_a(h_2 - h_1)}{G_f \times H_\ell} \times 100\ [\%]$$
$$= \frac{G_e \times 2256}{G_f \times H_\ell} \times 100\ [\%]$$

- G_a : 실제증발량 [kg/h]
- G_e : 상당증발량 [kg/h]
- h_1 : 급수의 비엔탈피 [kJ/kg]
- h_2 : 증기의 비엔탈피 [kJ/kg]
- G_f : 연료사용량 [kg/h]
- H_ℓ : 연료발열량 [kJ/kg]

여기서 과열증기엔탈피가 3000 [kJ/kg], 포화수엔탈피가 400 [kJ/kg]이므로 증발잠열 2256 [kJ/kg]이 아닌 (3000 - 400)을 한 2600 [kJ/kg]을 사용해야 한다.

10 온도가 20 [℃]의 물 10 [kg]을 대기압하에서 가열하여 100 [℃]의 수증기로 모두 만들 때의 가열열량 [kJ]을 계산하시오. (단, 물의 비열은 4.184 [kJ/kg·℃], 증발잠열은 2256 [kJ/kg]이다) [5점]

> **정답**
>
> 25907.2 [kJ]
>
> **[해설]**
>
> $Q = mC\Delta t + mR = 10 \times 4.184 \times (100 - 20) + 10 \times 2256 = 25907.2 [kJ]$

핵심이론 열량(Quantity of Heat)

열이동 과정에서 m [kg]의 물질의 온도를 dt만큼 높이는 데 필요한 열량을 δQ라고 하면
$\delta Q = mCdt [kJ]$

11 보일러설비에 공급되는 급수 중에 부식의 원인이 되는 용존산소를 제거하기 위한 탈산소제의 종류 3가지만 쓰시오. [6점]

> **정답**
>
> 아황산나트륨(아황산소다), 하이드라진, 탄닌

핵심이론 보일러 내처리제(청관제)와 그 작용

1) pH 및 알칼리 조정제 : 수산화나트륨(가성소다), 탄산나트륨, 인산나트륨, 인산, 암모니아
2) 연화제 : 수산화나트륨, 탄산나트륨, 인산나트륨
3) 슬러지 조정제 : 탄닌, 리그닌, 전분
4) 탈산소제 : 아황산나트륨, 하이드라진(N_2H_4), 탄닌
5) 가성취화방지제 : 황산나트륨, 인산나트륨, 질산나트륨, 탄닌, 리그닌
6) 기포방지제 : 고급 지방산 폴리아민, 고급 지방산 폴리알콜

12 중유를 매 시간당 110 [kg] 연소시키는 보일러가 있다. 이 보일러의 증기 압력이 1 [MPa], 급수온도 50 [℃], 실제증발량 1500 [kg/h]일 때 보일러의 효율을 계산하시오. (단, 중유의 저위발열량은 40950 [kJ/kg], 1 [MPa]하에서 증기엔탈피는 2864 [kJ/kg], 50 [℃] 급수 엔탈피는 210 [kJ/kg]이다) [5점]

정답

88.38 [%]

[해설]

$$\eta = \frac{G(h_2 - h_1)}{G_f \times H_L} \times 100\,[\%] = \frac{1500 \times (2864 - 210)}{110 \times 40950} \times 100\,[\%] = 88.38\,[\%]$$

핵심이론 보일러 효율

$$\eta_B = \frac{G_a(h_2 - h_1)}{G_f \times H_\ell} \times 100\,[\%]$$
$$= \frac{G_e \times 2256}{G_f \times H_\ell} \times 100\,[\%]$$

- G_a : 실제증발량 [kg/h]
- G_e : 상당증발량 [kg/h]
- h_1 : 급수의 비엔탈피 [kJ/kg]
- h_2 : 증기의 비엔탈피 [kJ/kg]
- G_f : 연료사용량 [kg/h]
- H_ℓ : 연료발열량 [kJ/kg]

13 집진장치의 종류 5가지를 쓰시오. [6점]

정답

중력식, 원심력식, 관성식, 여과식, 세정식, 사이클론 스커러버식, 벤츄리 스크러버식, 코트렐식

핵심이론 집진장치

1) 집진장치 : 배기가스 중의 유해물질을 제거하여 대기오염을 방지하기 위해 설치하는 장치
2) 집진장치의 종류

건식 집진장치	습식(세정식) 집진장치	전기식 집진장치
① 중력식 　중력 침강식, 다단 침강식 ② 관성력식 　충돌식, 반전식 ③ 원심력식 　사이클론식, 멀티 사이론식 ④ 여과식(백필터 : Bag Filter) 　원통식, 평판식, 역기류 분사형 ⑤ 음파 집진장치	① 유수식 　전류형 스쿠루버, 로터리 스크러버, 피이보디 스크러버 ② 가압수식 　벤츄리 스크러버, 사이클론 스크러버, 제트 스크러버, 충진탑, 포종탑, 분무탑 ③ 회전식 　타이젠 워셔식, 임펄스 스크러버	코트렐 집진기 : 건식, 습식

14 폐열회수 열교환기 중 판형 열교환기의 장점 3가지를 쓰시오. [6점]

정답

- 높은 열전달 능력을 가지고 있다.
- 전열면의 청소나 조립이 간단하다.
- 현장에서 제작이 가능하고, 좁은 공간에 설치가 가능하다.
- 고점도유체에도 적용 가능하다.
- 시공이 간편하다.
- 판의 매수 조절이 가능하여 전열면적의 증감이 용이하다.

핵심이론 폐열회수 열교환기 중 판형 열교환기의 장단점

1) 장점
   (1) 구조상 전열면적이 판 형태로 넓기 때문에 높은 열전달 능력을 가지고 있다.
   (2) 판의 매수 조절이 가능하여 전열면적의 증감에 용이하다.
   (3) 시공이 간편하다.
   (4) 전열면의 청소와 조립이 간단하다.
   (5) 현장에서 제작이 가능하고 좁은 공간에 설치가 가능하다.
   (6) 고점도유체에도 적용 가능하다.
2) 단점
   (1) 구조상 판 표면과 유체의 마찰에 의한 압력손실이 크다.
   (2) 온도변화가 크거나 압력이 큰 곳에서는 내압성이 낮아 사용이 불가능하다.

---

15 에틸렌 20 [g]을 완전연소시키는 데 380 [g]의 공기가 소요되었다. 이때 다음 물음에 답하시오. [6점]

1) 연소반응식을 쓰시오.

2) 과잉공기량 [g]을 구하시오.

정답

1) $C_2H_4 + 3O_2 \rightarrow 2CO_2 + 2H_2O$

2) 84.44 [g]

[해설]

1) $C_2H_4 + 3O_2 \rightarrow 2CO_2 + 2H_2O$

2) 이론산소량 = $\dfrac{3 \times 32}{28} \times 20 = 68.57 [g]$

   이론공기량 = $\dfrac{O_0}{0.232} = \dfrac{68.57}{0.232} = 295.56 [g]$

   과잉공기량 = 실제공기량 - 이론공기량 = 380 - 295.56 = 84.44 [g]

핵심이론 공기량

1) 이론산소량(O_0) : 연료를 산화시키기 위한 이론적 최소 산소량
2) 이론공기량(A_0) : 연료를 완전연소시키는 데 필요한 이론적 최소 공기량
   이론산소량을 산소의 질량비로 나누어준다.
   (1) 고체 및 액체 연료
   ① 질량 계산식
   $$A_o = \frac{O_o}{0.232} = 11.51C + 34.48\left(H - \frac{O}{8}\right) + 4.31S \text{ [kg/kg]}$$
   ② 체적 계산식
   $$A_o = \frac{O_o}{0.21} = 8.89C + 26.67\left(H - \frac{O}{8}\right) + 3.33S \text{ [Nm}^3\text{/kg]}$$

3) 실제공기량(A_a)
   (1) $A_a = A_o + A_s$(과잉공기량) $= m \cdot A_o$ [m(공기비) > 1.0]

   $$\therefore m = \frac{A_a}{A_o} = 1 + \frac{A_s}{A_o} = 1 + \frac{A_a - A_o}{A_o}$$

   $A_s = (m-1)A_o$
   - 과잉공기율 = (m - 1) × 100 [%]

---

16 터널요(Tunnel Kiln)의 구성장치 4가지를 쓰시오. [5점]

정답

예열대, 소성대, 냉각대, 대차, 푸셔

핵심이론 터널요(Tunnel Kiln)

터널요는 가늘고 긴 터널형의 가마이다.
1) 피열물을 실은 레일 위의 대차는 예열, 소성, 냉각 과정을 통하여 제품이 완성된다.
2) 용도 : 산화염 소성인 위생도기, 건축용 도기 및 벽돌
3) 장점
   (1) 소성이 균일하며 제품의 품질이 좋다.
   (2) 소성시간이 짧다.
   (3) 대량생산이 가능하다.
   (4) 열효율이 높다.
   (5) 인건비가 절약된다.
   (6) 자동온도제어가 쉽다.
   (7) 능력에 비하여 설치면적이 작다.
   (8) 배기가스의 현열을 이용하여 제품을 예열시킨다.
4) 단점
   (1) 건설비가 비싸다.
   (2) 제품을 연속처리 해야 하여 생산조정이 곤란하다.
   (3) 제품의 품질, 크기, 형상에 제한을 받는다.
   (4) 작업자의 기술이 요구된다.
5) 구성 : 예열대, 소성대, 냉각대, 대차, 푸셔

---

17 물속에 피토관을 설치하여 측정한 전압이 12 [mH₂O], 유속이 11.71 [m/s]이었다. 이때 정압 [kPa]은 얼마인가? [5점]

정답

49.12 [kPa]

[해설]

전압 = $12[mH_2O] \times \dfrac{101.325[kPa/atm]}{10.332[mH_2O/atm]} = 117.68[kPa]$

동압 = $\dfrac{\rho v^2}{2} = \dfrac{1 \times 11.71^2}{2} = 68.56[kPa]$

정압 = 전압 - 동압 = 117.68 - 68.56 = 49.12 [kPa]

핵심이론 | 압력

1) 전압 : 정압 + 동압
2) 압력(Pressure) : 단위면적당 가해지는 힘
   (1) 표준대기압(atm) : 1 [atm] = 760 [mmHg] = 101325 [Pa] = **101.325** [kPa] = **10.332** [mH$_2$O]

   암 백일상이오(101.325)

   암 물 넣으면 삼삼(33)하다. 삼삼이(332)

   (2) 1 [Pa] = 1 [N/m^2] = 1 [kg/m·s^2]
   (3) 1 [bar] = 100 [kPa]

18 신재생에너지 법령상 해양에너지설비에 대한 설명이다. 빈칸에 알맞은 내용을 2가지만 쓰시오.   [5점]

해양에너지설비는 해양의 (   )을/를 변환시켜 전기 또는 열을 생산하는 설비이다.

정답
파도, 조수, 해류, 온도차

핵심이론 | 해양에너지
조수간만의 차이를 이용한 조력 발전, 파도의 진동을 이용한 파력발전, 바닷물의 흐름을 이용한 조류발전이 포함된다.

모아 에너지관리기사 실기(핵심이론 + 과년도 6개년) [개정판]

발행일 2025년 11월 30일 개정판 1쇄
지은이 천은지
발행인 황모아
발행처 (주)모아교육그룹
주 소 서울특별시 영등포구 영신로 32길 29 세화빌딩 2층
전 화 02-2068-2393(출판, 주문)
등 록 제2015-000006호 (2015.1.16.)
이메일 moagbooks@naver.com
ISBN 979-11-6804-480-7 (13530)

이 책의 가격은 뒤표지에 있습니다.

Copyright ⓒ (주)모아교육그룹 Co., Ltd. All Rights Reserved.

이 책은 저작권법에 의해 보호를 받는 저작물이므로 저자와 출판사의 서면 허락 없이 내용의 전부 또는 일부를 이용하는 것을 금합니다.

"합격을 넘어 실무까지, 모아가 만듭니다!"

모아소방전기학원
모아직업기술교육원

소방기술사 강의

과정평가형

국가기간전략산업직종훈련

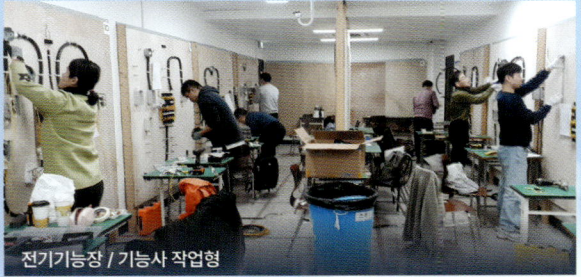
전기기능장 / 기능사 작업형

소방분야	소방기술사 / 소방시설관리사 / 소방설비기사(전기 / 기계) / 소방설비산업기사(전기 / 기계)
전기분야	전기안전기술사 / 전기응용기술사 / 발송배전기술사 / 건축전기설비기술사 / 전기기능장 / 전기기능사 / 전기기사·산업기사
안전분야	화공안전기술사 / 건축기사·산업기사 / 건축설비기사·산업기사 / 건설안전기술사 / 건설안전기사·산업기사 / 산업안전기사·산업기사 / 산업안전지도사 / 승강기기능사 / 공조냉동기계기사
통신분야	정보통신기술사
실무분야	소방감리실무 / 현장에서 통하는 소방설비 찐 실무
과정평가형	소방설비산업기사(전기 / 기계) / 산업안전산업기사 / 산업안전기사 / 건설안전기사 / 전기공사산업기사
국가기간전략훈련	[국기] 전기기능사 취득과정
위탁기관 위탁교육	서울시노동자복지관 / 제대군인지원센터 / 기아 AutoLand 조합원 단체 교육

모아소방전기학원

자격증 취득 & 과정상담

모아소방전기학원
02.2068.2851

모아직업기술교육원
02.2068.2854

평일 09:00~19:00 / 토·일 08:00~17:00 (공휴일 휴무)

모아소방전기학원 × 모아직업기술교육원

모아북스

"수험생의 불필요한 시간을 아끼는 것"
모아북스가 가장 중요하게 생각하는 가치입니다.

모아북스는 매년 달라지는 법령과 변화하는 출제 경향, 새롭게 제정되는 규정까지 수험생보다 먼저 학습하고, 핵심만을 빠르게 정리합니다. 합격을 위한 가장 빠르고 정확한 수험서를 만들기 위해 한 페이지 한 페이지에 진심을 담아 제작합니다.

▌모아 출판 프로세스

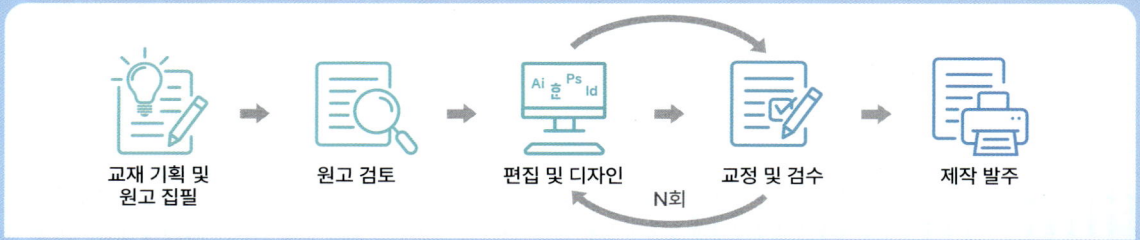

▌모아북스 블로그 소개

수험서를 구매하기 전 책을 훑어보러 서점까지 가기 힘드신가요? 모아북스 블로그에서는 수험생의 소중한 시간을 아껴드리기 위해 책의 구체적인 구성과 강점, 효과적인 학습법까지 직접 보는 것처럼 상세하게 소개해드립니다. 궁금한 교재가 있다면 모아북스 블로그에 '책 제목'을 검색해보세요!

모아북스 블로그

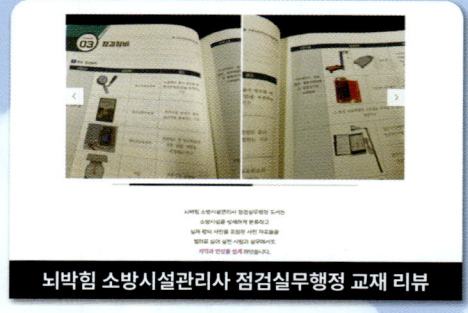
뇌박힘 소방시설관리사 점검실무행정 교재 리뷰

모아북스 블로그

▌고객의 소리

더 나은 교재 제작을 위해 여러분의 소중한 의견을 기다립니다. QR을 통해 남겨주신 피드백 중 우수 글에 선정되신 독자분께는 감사의 마음을 담아 소정의 선물을 드립니다.

고객의 소리

자격증

한번에 따기 위한 서원각 교재

한 권에 준비하기 시리즈 / 기출문제 정복하기 시리즈를 통해 자격증 준비하자!

15 공동불법행위에 관한 다음 설명 중 옳지 않은 것은?

① 공동불법행위책임은 부진정연대책임이다.
② 피용자의 불법행위에 대해서 사용자에게 고의가 있는 경우는 사용자책임의 문제이며 공동불법행위는 문제되지 않는다.
③ 공동불법행위자 중 1인이 피해자에게 전부배상을 한 경우 배상자는 다른 불법행위자에게 구상권을 가진다.
④ 공동불법행위자가 되기 위하여는 행위자의 공모 혹은 의사의 공통이나 공동의 인식은 필요하지 아니하고, 그 행위가 객관적으로 관련·공동하고 있으면 족하다.

> **해설** ② 사용자책임에서 사용자의 부주의는 선임·감독에 관한 것이므로 사용자의 고의가 피해자를 향하여 있는 것이라면 이는 공동불법행위의 문제이다(대판 1963.11.15, 62다596).
> ③ 대판 1983.5.24, 83다208
> ④ 대판 1963.10.31, 63다573

16 다음 중 공작물 등의 하자로 인한 책임에 관한 설명으로 옳은 것은?

① 공작물이란 토지의 공작물에 한한다.
② 수목의 식재 또는 보존에 하자가 있는 경우에는 공작물의 책임을 준용한다.
③ 점유자와 소유자의 책임은 부진정연대채무관계이다.
④ 점유자와 소유자는 손해의 방지에 필요한 주의를 다하였음을 입증하여 책임을 면할 수 있다.

> **해설** ① 제758조 제1항 참조. 구 민법상에서는 토지의 공작물에 한정하였으나, 현행 민법에는 그러한 제한이 없다.
> ② 수목의 식재 또는 보존에 하자가 있는 경우에도 공작물 책임을 준용한다(제758조 제2항).
> ③ 점유자가 1차적인 책임을 지고, 소유자의 책임은 점유자의 책임이 인정되지 않는 경우에 비로소 인정되는 2차적인 책임이다.
> ④ 점유자에 관하여는 면책사유를 인정하나, 소유자에 관하여는 이를 인정하지 않는다(제758조 제1항 단서 참조).

Answer 15.② 16.②

13 사용자책임에 관한 다음 설명 중 옳지 않은 것은?

① 일시적인 고용이거나 사용관계의 기초가 되는 계약이 존재하지 않는 경우에도 사용자책임에서 말하는 피용자에 해당한다.
② 외형상 피용자의 직무범위에 속하는 행위가 실제는 배임행위인 때에는 사용자책임에서 말하는 사무집행에 포함되지 않는다.
③ 사용자가 책임을 지는 경우라 하더라도 피용자의 책임이 면책되는 것은 아니며, 피해자는 피해 전부의 배상을 받을 때까지 어느 쪽에 대하여도 손해배상청구가 가능하다.
④ 사용자가 손해배상을 한 경우에는 피용자에 대하여 구상권을 행사할 수 있음은 물론이다.

✔ 해설 ① 대판 1998.8.21, 97다13702
② 객관적으로 행위의 외형상 사무의 범위 내라고 인정되는 경우에는 피용자가 그의 지위를 남용하여 자기의 이익을 꾀할 목적으로 행한 경우에도 사무집행에 관하여 행한 행위라고 하여야 한다(대판 1980.1.15, 79다1867).
③ 대판 1969.6.24, 69다441
④ 제756조 제3항

14 민법상 사용자책임에 대한 설명으로 판례의 태도와 다른 것은?

① 사용자책임과 요건인 '사무집행에 관하여'라는 뜻은 피용자의 불법행위가 외형상 객관적으로 사용자의 사업 활동 내지 사무집행행위 또는 그와 관련된 것이라고 보여질 때에는 행위자의 주관적 사정을 고려함이 없이 이를 사무집행에 관하여 한 행위로 본다는 것이다.
② 위법행위로 타인에게 직접 손해를 가한 피용자 자신의 손해배상의무와 그 사용자의 손해배상의무는 사실상 하나의 채무서 그 양자가 배상하여야 할 손해액의 범위는 같다.
③ 피용자의 행위가 사용자나 사용자에 갈음하여 그 사무를 감독하는 자의 사무집행행위에 해당하지 않음을 피해자 자신이 알았거나 또는 중대한 과실로 알지 못한 경우에는 사용자 혹은 사용자에 갈음하여 그 사무를 감독하는 자에 대하여 사용자책임을 물을 수 없다.
④ 도급인이 수급인에 대하여 특정한 행위를 지휘하거나 특정한 사업을 도급시키는 경우와 같은 이른바 노무도급의 경우에 있어서는 도급인이라고 하더라도 민법 제756조가 규정하고 있는 사용자책임의 요건으로서의 사용관계가 인정된다.

✔ 해설 위법행위로 타인에게 직접 손해를 가한 피용자 자신의 손해배상의무와 그 사용자의 손해배상의무는 별개의 채무서 그 양자가 배상하여야 할 손해액의 범위가 각기 달라질 수 있다(대판 1999.2.12, 98다55154).

10 책임무능력자의 감독자의 책임에 관한 설명 중 옳은 것은?

① 감독의무자가 스스로 가해행위를 한 것에 대한 책임이다.
② 미성년자·금치산자라고 하더라도 행위 당시 책임능력이 있는 경우에는 감독의무자에게 과실이 있더라도 감독의무자가 책임을 지지는 않는다.
③ 책임무능력자의 감독자가 의무를 해태하지 아니한 때라도 배상책임이 있다.
④ 대리감독자에게 배상책임이 있으면 법정감독의무자는 책임을 면한다.

 ① 감독의무자의 과실은 책임무능력자의 행위에 대한 일반적인 감독의무의 위반을 말하는 것이다.
② 책임능력 있는 미성년자, 금치산자가 불법행위책임을 진다.
③ 감독자가 감독의무를 해태하지 아니한 경우에는 책임이 없다〈제755조 제1항 단서〉.
④ 양자의 책임은 부진정연대책임이므로, 피해자는 전부의 배상을 받을 때까지 어느 쪽에 대해서도 책임을 물을 수 있다.

11 다음 중 무과실책임인 것은?

① 사용자 책임
② 공작물 소유자의 책임
③ 책임무능력자의 감독자의 책임
④ 동물 점유자의 책임

 ① 피용자의 선임·감독의무의 해태에 대한 책임이다〈제756조〉.
② 제758조 제2항
③ 감독의무 해태에 대한 책임이다〈제755조〉.
④ 동물의 보관에 상당한 주의를 해태한 것에 대한 책임이다〈제759조〉.
※ ①③④의 책임은 책임자가 자기가 직접 불법행위를 한 것은 아니지만, 행위자(물)의 행위를 지배할 수 있는 위치에 있는 자라는 점에서 그 책임의 정도를 무겁게 구성하고 있다(중간책임). 다만 이러한 책임은 여전히 그 책임의 근거를 책임자의 감독·관리 해태 등에서 도출한다는 점에서 완전한 의미의 무과실책임은 아니다.

12 도급인의 사용자책임에 관한 다음 설명 중 옳지 않은 것은?

① 도급인은 수급인의 행위에 관하여 원칙적으로 책임을 지지 않는다.
② 도급 또는 지시에 관하여 도급인에게 중대한 과실이 있어야 한다.
③ 도급인의 중과실은 피해자가 입증하여야 한다.
④ 수급인의 행위는 불법행위가 성립하여야 한다.

 ① 제757조 본문
② 제757조 단서
④ 수급인의 행위로 제3자가 손해가 발생하면 되고, 수급인의 행위가 불법행위이어야 하는 것은 아니다.

8 불법행위의 주관적 성립요건에 관한 다음 설명 중 옳은 것은?

① 불법행위에서 말하는 과실은 구체적 과실이다.
② 금치산자라고 해서 반드시 책임능력이 없는 것은 아니다.
③ 실화책임에서는 고의의 경우에만 책임을 진다.
④ 행위자의 위법성의 인식이 있어야 한다.

 ① 불법행위에서 말하는 과실은 추상적 경과실이다.
② 금치산자라도 의사능력이 회복된 때에는 책임능력이 있다.
③ 실화책임에 관한 법률은 고의·중과실인 경우에만 실화자가 책임을 진다고 규정하고 있다.
④ 행위자의 행위가 위법하면 족하며, 그 위법성의 인식까지 하여야 하는 것은 아니다.

9 다음 중 불법행위책임에 관한 설명으로 옳은 것은?

① 불법행위자의 고의·과실은 법률상 추정된다.
② 불법행위자는 채무불이행 책임자와 달리 불법성이 강하므로 자신의 손해배상책임에 대해 상계를 주장할 수 없다.
③ 금치산자와 같은 책임무능력자라도 일시적으로 의사능력이 회복된 상태에서 위법행위를 하였다면 불법행위책임이 성립할 수 있다.
④ 불법행위자의 책임무능력은 피해자가 입증하여야 한다.

 ① 법률상 추정되지 않는다. 따라서 피해자가 불법행위자의 고의·과실 있음을 입증해야 한다.
② 고의의 불법행위자는 상계를 주장할 수 없으나(제496조), 과실의 불법행위자는 자신의 손해배상채무를 상계할 수 있다.
③ 불법행위에 있어서 책임능력은 구체적인 경우에 개별적으로 판단하여 인정할 수 있으면 된다.
④ 책임능력은 일반인에게는 갖추어져 있는 것이 보통이므로 피해자가 가해자의 고의·과실을 입증하면 족하고, 가해자는 자신의 책임을 면하기 위해 책임무능력을 입증하여야 한다.

7 손해배상의 범위에 관한 다음 설명 중 옳지 않은 것은? (다툼이 있는 경우 판례에 의함)

① 공사도급계약의 도급인이 될 자가 수급인을 선정하기 위해 입찰을 실시하여 낙찰자를 결정한 이후 정당한 이유 없이 낙찰자에 대하여 본계약의 체결을 거절하는 경우, 낙찰자는 입찰실시자에 대하여 예약채무불이행을 이유로 한 손해배상을 청구할 수 있고, 이 때 낙찰자가 본계약의 체결 및 이행을 통하여 얻을 수 있었던 이익, 즉 이행이익 상실의 손해는 통상의 손해에 해당한다.

② 채무불이행을 이유로 계약해제와 아울러 손해배상을 청구하는 경우 이행이익의 배상을 구하는 것이 원칙이나, 다만 일정한 경우에는 이행이익의 배상과 함께 그 계약이 이행되리라고 믿고 채권자가 지출한 비용 즉 신뢰이익의 배상도 구할 수 있다.

③ 채무불이행을 이유로 계약해제와 아울러 손해배상으로 계약이 이행되리라고 믿근 채권자가 지출한 비용 즉 신뢰이익의 배상을 구하는 경우 그 신뢰이익 중 계약의 체결과 이행을 위하여 통상적으로 지출되는 비용은 통상의 손해로서 상대방이 알았거나 알 수 있었는지의 여부와는 관계없이 그 배상을 구할 수 있고, 이를 초과하여 지출되는 비용은 특별한 사정으로 인한 손해로서 상대방이 이를 알았거나 알 수 있었던 경우에 한하여 그 배상을 구할 수 있다.

④ 계약교섭의 부당한 중도파기가 불법행위를 구성하는 경우 그러한 불법행위로 인한 손해는 신뢰손해에 한정된다고 할 것이나, 아직 계약체결에 관한 확고한 신뢰가 부여되기 이전 상태에서 계약교섭의 당사자가 계약체결이 좌절되더라도 어쩔 수 없다고 생각하고 지출한 비용, 예컨대 경쟁입찰에 참가하기 위하여 지출한 제안서, 견적서 작성비용 등은 여기에 포함되지 아니한다.

✔ 해설 ① 대판 2011.11.10, 2011다41659
② 채무불이행을 이유로 계약해제와 아울러 손해배상을 청구하는 경우에 그 계약이행으로 인하여 채권자가 얻을 이익 즉 이행이익의 배상을 구하는 것이 원칙이지만, 그에 갈음하여 그 계약이 이행되리라고 믿고 채권자 지출한 비용 즉 신뢰이익의 배상을 구할 수도 있다고 할 것이고, 그 신뢰이익 중 계약의 체결과 이행을 위하여 통상적으로 지출되는 비용은 통상의 손해로서 상대방이 알았거나 알 수 있었는지의 여부와는 관계없이 그 배상을 구할 수 있고, 이를 초과하여 지출되는 비용은 특별한 사정으로 인한 손해로서 상대방이 이를 알았거나 알 수 있었던 경우에 한하여 그 배상을 구할 수 있다고 할 것이고, 다만 그 신뢰이익은 과잉배상금지의 원칙에 비추어 이행이익의 범위를 초과할 수 없다(대판 2002.6.11, 2002다2539).
③ 대판 2003.10.23, 2001다75295
④ 대판 2003.4.11, 2001다53059

③ 미용성형술은 외모상의 개인적인 심미적 만족감을 얻거나 증대할 목적에서 이루어지는 것으로서 질병 치료 목적의 다른 의료행위에 비하여 긴급성이나 불가피성이 매우 약한 특성이 있으므로 이에 관한 시술 등을 의뢰받은 의사로서는 의뢰인 자신의 외모에 대한 불만감과 의뢰인이 원하는 구체적 결과에 관하여 충분히 경청한 다음 전문적 지식에 입각하여 의뢰인이 원하는 구체적 결과를 실현시킬 수 있는 시술법 등을 신중히 선택하여 권유하여야 하고, 당해 시술의 필요성, 난이도, 시술 방법, 당해 시술에 의하여 환자의 외모가 어느 정도 변화하는지, 발생이 예상되는 위험, 부작용 등에 관하여 의뢰인의 성별, 연령, 직업, 미용성형시술의 경험 여부 등을 참조하여 의뢰인이 충분히 이해할 수 있도록 상세한 설명을 함으로써 의뢰인이 필요성이나 위험성을 충분히 비교해 보고 시술을 받을 것인지를 선택할 수 있도록 할 의무가 있다. 특히 의사로서는 시술하고자 하는 미용성형 수술이 의뢰인이 원하는 구체적 결과를 모두 구현할 수 있는 것이 아니고 일부만을 구현할 수 있는 것이라면 그와 같은 내용 등을 상세히 설명하여 의뢰인에게 성형시술 받을 것인지를 선택할 수 있도록 할 의무가 있다(대판 2013.6.13. 2012다94865).

④ 의사가 설명의무를 위반한 채 수술 등을 하여 환자에게 중대한 결과가 발생한 경우에 환자 측에서 선택의 기회를 잃고 자기결정권을 행사할 수 없게 된 데 대한 위자료만을 청구하는 경우에는 의사의 설명 결여 내지 부족으로 인하여 선택의 기회를 상실하였다는 점만 입증하면 족하고, 설명을 받았더라면 중대한 결과는 생기지 않았을 것이라는 관계까지 입증하여야 하는 것은 아니지만, 그 결과로 인한 모든 손해의 배상을 청구하는 경우에는 그 중대한 결과와 의사의 설명의무 위반 내지 승낙 취득 과정에서의 잘못과 사이에 상당인과관계가 존재하여야 하며, 그때의 의사의 설명의무 위반은 환자의 자기결정권 내지 치료행위에 대한 선택의 기회를 보호하기 위한 점에 비추어 환자의 생명, 신체에 대한 구체적 치료과정에서 요구되는 의사의 주의의무 위반과 동일시할 정도의 것이어야 한다(대판 2013.4.26. 2011다29666).

6 채무불이행과 불법행위의 차이에 관한 다음 설명 중 옳지 않은 것은?

① 채무불이행에 기한 손해배상청구권의 소멸시효기간은 10년이지만, 불법행위에 기한 손해배상청구권은 3년의 단기소멸시효에 걸린다.
② 채무불이행, 불법행위에 기한 손해배상청구권은 모두 배상액의 예정이 가능하다.
③ 양자에 기한 손해배상청구의 범위는 원칙적으로 동일하다.
④ 채무불이행책임에 있어서는 특약에 의한 책임요건의 변경이 가능하지만, 불법행위책임에 있어서는 특약에 의해 책임요건이 변경될 수 없다.

> **해설** ① 제162조 제1항, 제766조
> ② 불법행위에 기한 손해배상청구권의 배상액 예정은 할 수 없다(제398조 제1항).
> ④ 불법행위는 우연에 의해 발생하게 되는 법률관계이므로 미리 특약에 의해 책임요건의 변경을 예정할 수는 없다.

Answer 4.④ 5.④ 6.②

4 불법행위에 관한 설명 중 옳은 것은?

① 미성년자는 어떠한 경우에도 책임능력이 인정되지 아니한다.
② 불법행위로 인한 손해배상의 청구권은 불법행위가 있은 날로부터 3년을 경과하면 시효로 소멸한다.
③ 타인의 생명을 해한 경우에 피해자의 배우자는 피해자의 손해배상청구권의 상속권자로서 손해배상청구를 할 수 있을 뿐, 독자적으로 손해배상청구를 할 수 없다.
④ 손해배상 의무자는 그 손해가 고의 또는 중대한 과실에 의한 것이 아니고 그 배상으로 인하여 배상자의 생계에 중대한 영향을 미치게 할 경우에는 법원에 그 배상액의 경감을 청구할 수 있다.

> **해설** ① 미성년자가 타인에게 손해를 가한 경우에 그 행위의 책임을 변식할 지능이 없는 때에는 배상의 책임이 없다(제753조).
> ② 불법행위로 인한 손해배상의 청구권은 피해자나 그 법정대리인이 그 손해 및 가해자를 안 날로부터 3년간 이를 행사하지 아니하거나 불법행위를 한 날로부터 10년을 경과한 때 시효로 인하여 소멸한다(제766조).
> ③ 유족으로서의 고유의 위자료청구권과 상속받은 위자료청구를 함께 행사할 수 있다(제752조).
> ④ 제765조 제1항

5 다음 설명 중 가장 옳지 않은 것은? (다툼이 있는 경우 판례에 의함)

① 의사의 환자에 대한 설명의무가 수술 시에만 한하지 않고, 검사, 진단, 치료 등의 진료의 모든 단계에서 각각 발생한다.
② 설명의무 위반으로 인하여 지급할 의무가 있는 위자료에는, 설명의무 위반이 인정되지 않은 부분과 관련된 자기결정권 상실에 따를 정신적 고통을 위자하는 금액 또는 중대한 결과의 발생 자체에 따른 정신적 고통을 위자하는 금액 등은 포함되지 아니한다고 보아야 한다.
③ 시술하고자 하는 미용성형 수술이 의뢰인이 원하는 구체적 결과를 모두 구현할 수 있는 것이 아니고 그 일부만을 구현할 수 있는 것이라면 그와 같은 내용 등을 상세히 설명하여 의뢰인으로 하여금 그 성형술을 시술받을 것인지를 선택할 수 있도록 할 의무가 있다.
④ 의사의 설명의무 위반을 이유로 환자에게 발생한 중대한 결과로 인한 모든 손해의 배상을 청구하는 경우에는, 설명의무 위반과 중대한 결과 사이에 조건적 인과관계가 있으면 충분하고 상당인과관계까지 존재하여야 하는 것은 아니다.

> **해설** ①② 의사의 환자에 대한 설명의무가 수술 시에만 한하지 않고, 검사, 진단, 치료 등 진료의 모든 단계에서 각각 발생한다 하더라도, 설명의무 위반에 대하여 의사에게 위자료 등의 지급의무를 부담시키는 것은 의사가 환자에게 제대로 설명하지 아니한 채 수술 등을 시행하여 환자에게 예기치 못한 중대한 결과가 발생하였을 경우에 의사가 그 행위에 앞서 환자에게 질병의 증상, 치료나 진단방법의 내용 및 필요성과 그로 인하여 발생이 예상되는 위험성 등을 설명하여 주었더라면 환자가 스스로 자기결정권을 행사하여 그 의료행위를 받을 것인지를 선택함으로써 중대한 결과의 발생을 회피할 수 있었음에도 불구하고 의사가 설명을 하지 아니하여 그 기회를 상실하게 된 데에 따른 정신적 고통을 위자하는 것이므로, 설명의무 위반으로 인하여 지급할 의무가 있는 위자료에는, 설명의무 위반이 인정되지 않은 부분과 관련된 자기결정권 상실에 따른 정신적 고통을 위자하는 금액 또는 중대한 결과의 발생 자체에 따른 정신적 고통을 위자하는 금액 등은 포함되지 아니한다고 보아야 한다(대판 2013.4.26, 2011다29666).

3 공동불법행위에 관한 다음 설명 중 옳지 않은 것은? (다툼이 있는 경우 판례에 의함)

① 법원이 피해자의 과실을 들어 과실상계를 함에 있어서는 공동불법행위자 각인에 대한 과실비율이 서로 다르더라도 피해자의 과실을 공동불법행위자 각인에 대한 과실로 개별적으로 평가할 것이 아니고 그들 전원에 대한 과실로 전체적으로 평가하여야 한다.
② 공동불법행위자 중 1인이 자기의 부담 부분 이상을 변제하여 공동의 면책을 얻게 하였을 때에는 다른 공동불법행위자에게 그 부담 부분의 비율에 따라 구상권을 행사할 수 있다.
③ 공동불법행위책임에 있어서 가해자 중 1인이 다른 가해자에 비하여 불법행위에 가공한 정도가 경한 경우 피해자에 대한 관계에서 그 가해자의 책임 범위를 제한할 수 있다.
④ 공동 아닌 수인(數人)의 행위 중 어느 자의 행위가 그 손해를 가한 것인지를 알 수 없는 경우에는 각각의 행위와 손해 발생 사이의 상당인과관계가 법률상 추정된다.

✔해설 ① 공동불법행위책임은 가해자 각 개인의 행위에 대하여 개별적으로 그로 인한 손해를 구하는 것이 아니라 가해자들이 공동으로 가한 불법행위에 대하여 그 책임을 추궁하는 것으로, 법원이 피해자의 과실을 들어 과실상계를 함에 있어서는 피해자의 공동불법행위자 각인에 대한 과실비율이 서로 다르더라도 피해자의 과실을 공동불법행위자 각인에 대한 과실로 개별적으로 평가할 것이 아니고 그들 전원에 대한 과실로 전체적으로 평가하여야 한다(대판 2013.11.14. 2011다82063).
② 공동불법행위자의 1인을 피보험자로 하는 보험계약의 보험자가 보험금을 지급하고 상법 제682조에 의하여 취득하는 피보험자의 다른 공동불법행위자에 대한 구상권은 피보험자의 부담 부분 이상을 변제하여 공동의 면책을 얻게 하였을 때에 다른 공동불법행위자의 부담 부분의 비율에 따른 범위에서 성립하는 것이고, 공동불법행위자들과 각각 보험계약을 체결한 보험자들은 각자 그 공동불법행위의 피해자에 대한 관계에서 상법 제724조 제2항에 의한 손해배상채무를 직접 부담하는 것이므로, 이러한 관계에 있는 보험자가 그 부담 부분을 넘어 피해자에게 손해배상금을 보험금으로 지급함으로써 공동불법행위자들의 보험자들이 공동면책되었다면 그 손해배상금을 지급한 보험자는 다른 공동불법행위자들의 보험자들이 부담하여야 할 부분에 대하여 직접 구상권을 행사할 수 있다(대판 2009.12.24. 2009다53499).
③ 공동불법행위로 인한 손해배상책임의 범위는 피해자에 대한 관계에서 가해자들 전원의 행위를 전체적으로 함께 평가하여 정하여야 하고, 그 손해배상액에 대하여는 가해자 각자가 그 금액의 전부에 대한 책임을 부담하며, 가해자의 1인이 다른 가해자에 비하여 불법행위에 가공한 정도가 경미하다고 하더라도 피해자에 대한 관계에서 그 가해자의 책임 범위를 위와 같이 정하여진 손해배상액의 일부로 제한하여 인정할 수는 없다(대판 2012.8.17. 2012다30892).
④ 민법 제760조 제2항은 여러 사람의 행위가 경합하여 손해가 생긴 경우 중 같은 조 제1항에서 말하는 공동의 불법행위로 보기에 부족할 때, 입증책임을 덜어줌으로써 피해자를 보호하려는 입법정책상의 고려에 따라 각각의 행위와 손해 발생 사이의 인과관계를 법률상 추정한 것이므로, 이러한 경우 개별 행위자가 자기의 행위와 손해 발생 사이에 인과관계가 존재하지 아니함을 증명하면 면책되고, 손해의 일부가 자신의 행위에서 비롯된 것이 아님을 증명하면 배상책임이 그 범위로 감축된다. 차량 등의 3중 충돌사고로 사망한 피해자가 그 중 어느 충돌사고로 사망하였는지 정확히 알 수 없는 경우, 피해자가 입은 손해는 민법 제760조 제2항에서 말하는 가해자 불명의 공동불법행위로 인한 손해에 해당하여 위 충돌사고 관련자들의 각각의 행위와 위 손해 발생 사이의 상당인과관계가 법률상 추정되므로, 그 중 1인이 위 법조항에 따른 공동불법행위자로서의 책임을 면하려면 자기의 행위와 위 손해 발생 사이에 상당인과관계가 존재하지 아니함을 적극적으로 주장·입증하여야 한다(대판 2008.4.10. 2007다76306).

Answer 2.② 3.③

2 공동불법행위에 관한 다음 설명 중 가장 옳지 않은 것은? (다툼이 있는 경우 판례에 의함)

① 공동불법행위의 성립에는 객관적으로 각 공동불법행위자의 행위에 관련공동성이 있으면 되고, 공동불법행위자 상호 간 의사의 공통이나 공동의 인식은 필요하지 않다.

② 공동불법행위자 중 과실이 없는 자, 즉 내부적인 부담 부분이 전혀 없는 자가 다른 수인의 공동불법행위자에 대하여 구상권을 행사하는 경우, 특별한 사정이 없는 한 다른 공동불법행위자들의 구상권자에 대한 채무는 각자의 부담부분에 따른 분할채무로 보는 것이 타당하다.

③ 과실에 의하여 불법행위를 방조한 경우도 공동불법행위가 성립한다.

④ 갑(甲)과 을(乙)이 공동불법행위자인 경우, 갑(甲)이 고의로 불법행위를 행한 자라고 하더라도 과실로 불법행위를 행한 을(乙)은 피해자의 과실을 들어 그 책임을 제한할 수 있다.

✅ **해설** ① 대판 1988.4.12, 87다카2951

② 공동불법행위자 중 1인에 대하여 구상의무를 부담하는 다른 공동불법행위자가 수인인 경우에는 특별한 사정이 없는 이상 그들의 구상권자에 대한 채무는 각자의 부담 부분에 따른 분할채무로 봄이 상당하지만, 구상권자인 공동불법행위자측에 과실이 없는 경우, 즉 내부적인 부담 부분이 전혀 없는 경우에는 이와 달리 그에 대한 수인의 구상의무 사이의 관계를 부진정연대관계로 봄이 상당하다(대판 2005.10.13. 선고 2003다24147).

③ 민법 제760조 제3항은 교사자나 방조자는 공동행위자로 본다고 규정하여 교사자나 방조자에게 공동불법행위자로서 책임을 부담시키고 있는바, 방조라 함은 불법행위를 용이하게 하는 직접, 간접의 모든 행위를 가리키는 것으로서 작위에 의한 경우뿐만 아니라 작위의무 있는 자가 그것을 방지하여야 할 제반 조치를 취하지 아니하는 부작위로 인하여 불법행위자의 실행행위를 용이하게 하는 경우도 포함하는 것이고, 이러한 불법행위의 방조는 형법과 달리 손해의 전보를 목적으로 하여 과실을 원칙적으로 고의와 동일시하는 민법의 해석으로서는 과실에 의한 방조도 가능하다고 할 것이며, 이 경우의 과실의 내용은 불법행위에 도움을 주지 않아야 할 주의의무가 있음을 전제로 하여 이 의무에 위반하는 것을 말하고, 방조자에게 공동불법행위자로서의 책임을 지우기 위하여는 방조행위와 피방조자의 불법행위 사이에 상당인과관계가 있어야 한다(대판 1998.12.23. 98다31264).

④ 피해자의 부주의를 이용하여 고의로 불법행위를 저지른 자가 바로 그 피해자의 부주의를 0 유로 자신의 책임을 감하여 달라고 주장하는 것은 허용될 수 없으나, 이는 그러한 사유가 있는 자에게 과실상계의 주장을 허용하는 것이 신의칙에 반하기 때문이므로, 불법행위자 중의 일부에게 그러한 사유가 있다고 하여 그러한 사유가 없는 다른 불법행위자까지도 과실상계의 주장을 할 수 없다고 해석할 것은 아니다(대판 2007.6.14., 2005다32999).

CHAPTER 07 불법행위

01 불법행위 일반

1 불법행위에 대한 다음 설명 중 가장 옳지 않은 것은?

① 영업상의 명의를 대여하고 있는 경우 명의대여자는 사용자책임을 부담하지 않는다.
② 가처분 집행채권자가 본안소송에서 패소확정하였다면 그 가처분으로 인하여 채무자가 입은 손해에 대하여는 채권자에게 과실이 없다는 반증이 없는 한 배상할 책임이 있다는 것이 판례이다.
③ 사용자책임에 있어서의 사용관계는 비단 고용관계가 있는 경우에 한하지 않고, 동업관계라 하더라도 업무집행에 관하여 지휘·감독하에 집무하는 관계가 있으면 사용관계가 인정된다.
④ 고의·과실은 불법행위의 적극적인 성립요건이므로 그 입증책임은 불법행위의 성립을 주장하는 피해자가 부담한다.

> **해설** ① 명의대여자는 명의차용자 내지는 그의 피용자에 대한 지휘·감독관계가 인정되므로 사용자책임을 진다(대판 1964.4.7, 63다638).
> ② 대판 1980.2.26, 79다2138, 2139
> ③ 대판 1998.8.21, 97다13702
> ④ 고의·과실에 대한 입증책임은 추정되지 않으며, 피해자가 가해자의 고의·과실을 입증해야 한다.

Answer 10.② / 1.①

10 불법원인급여에 관한 다음 설명 중 옳은 것은? (판례에 의함)

① 불법이란 선량한 풍속 기타 사회질서, 강행법규에 위반하는 것을 말한다.
② 불법원인급여에서 급여는 재산상 가치 있는 종국적인 것이어야 한다.
③ 불법원인급여에 의한 반환청구의 금지는 채권으로서의 부당이득을 이유로 하는 경우를 주로 예정하고 있으므로, 이것은 소유권을 이유로 한 경우에도 동일하게 적용되지 않는다.
④ 불법원인급여의 당사자 간에 급여된 목적물을 반환하겠다는 특약을 하였다면 그 특약은 유효하다.

 ① 불법원인급여의 경우에 불법원인이라 함은 그 원인은 행위가 선량한 풍속 기타 사회질서에 위반하는 경우를 말하는 것으로서 설사 법률의 금지함에 반하는 경우라 할지라도 그것이 선량한 풍속 기타 사회질서에 위반하지 않는 경우에는 이에 해당하지 않는 것이라 할 것인 바 강행법규 위반이 곧 불법원인급여에 상당하다는 논리는 채용할 수 없다(대판 1960.12.27, 4293민상359).
② 대판 1994.12.22, 93다55234
③ 민법 제746조는 단지 부당이득제도만을 제한하는 것이 아니라 동법 제103조와 함께 사법의 기본이념으로서, 결국 사회적 타당성이 없는 행위를 한 사람은 스스로 불법한 행위를 주장하여 복구를 그 형식 여하에 불구하고 소구할 수 없다는 이상을 표현한 것이므로, 급여를 한 사람은 그 원인행위가 법률상 무효라 하여 상대방에게 부당이득반환청구를 할 수 없음은 물론 급여한 물건의 소유권은 여전히 자기에게 있다고 하여 소유권에 기한 반환청구도 할 수 없고 따라서 급여한 물건의 소유권은 급여를 받은 상대방에게 귀속된다(대판 1979.11.13, 79다483).
④ 본조는 불법원인급여자의 수령자에 대한 급여물반환청구를 법률상 보호하지 않는데 그 입법의 취지가 있는 것일 뿐이므로 그 수령자가 임의로 급여된 물건이나 이에 가름하여 다른 물건을 급여자에게 반환하는 것까지를 선량한 풍속 기타의 사회질서에 위배된다고 하는 취지가 아니나 그 소위 임의반환은 현실적인 반환을 하였을 경우를 이르는 것으로서 반환에 관한 약정과 같이 그 약정의 이행청구에 있어 약정의 원인이 된 당초의 불법원인급여에 관한 사실을 주장하게 되는 경우까지를 말하는 것이 아니다(대판 1964.10.27, 64다798, 799).

9 불법원인급여에 관한 설명 중 옳지 않은 것은? (다툼이 있는 경우 판례에 의함)

① 불법의 원인이 수익자에게만 있는 경우에는 그 이익의 반환을 청구할 수 있다.
② 도박자금채무의 담보를 위하여 근저당권설정등기가 경료된 경우 불법원인급여이므로 등기설정자는 그 근저당권설정등기의 말소를 구할 수 없다.
③ 부동산 실권리자명의 등기에 관한 법률에 위반되어 무효인 명의신탁약정에 기하여 경료된 타인 명의의 등기는 불법원인급여에 해당하지 않는다.
④ 성매매의 유인·강요의 수단으로 제공한 선불금 등은 불법원인급여에 해당한다.

> **해설** ① 민법 제746조 단서.
> ② 민법 제746조에서 불법의 원인으로 인하여 급여함으로써 그 반환을 청구하지 못하는 이익은 종국적인 것을 말한다. 도박자금으로 금원을 대여함으로 인하여 발생한 채권을 담보하기 위한 근저당권설정등기가 경료되었을 뿐인 경우와 같이 수령자가 그 이익을 향수하려면 경매신청을 하는 등 별도의 조치를 취하여야 하는 경우에는, 그 불법원인급여로 인한 이익이 종국적인 것이 아니므로 등기설정자는 무효인 근저당권설정등기의 말소를 구할 수 있다(대판 1995.8.11, 94다54108).
> ③ 부동산 실권리자명의 등기에 관한 법률이 규정하는 명의신탁약정은 부동산에 관한 물권의 실권리자가 타인과의 사이에서 대내적으로는 실권리자가 부동산에 관한 물권을 보유하거나 보유하기로 하고 그에 관한 등기는 그 타인의 명의로 하기로 하는 약정을 말하는 것일 뿐, 그 자체로 선량한 풍속 기타 사회질서에 위반하는 경우에 해당한다고 단정할 수 없을 뿐만 아니라, 위 법률이 비록 부동산등기제도를 악용한 투기·탈세·탈법행위 등 반사회적 행위를 방지하는 것 등을 목적으로 제정되었다고 하더라도, 무효인 명의신탁약정에 기하여 타인 명의의 등기가 마쳐졌다는 이유만으로 그것이 당연히 불법원인급여에 해당한다고 볼 수 없다(대판 2014.7.10, 2013다74769).
> ④ 성매매 및 성매매알선 등 행위는 선량한 풍속 기타 사회질서에 반하여 성매매 할 사람을 고용함에 있어 성매매의 권유·유인·강요의 수단으로 이용되는 선불금 등 명목으로 제공한 금품이나 그 밖의 재산상 이익 등은 불법원인급여로서 반환을 청구할 수 없는바, 성매매알선 등 행위에 관하여 동업계약을 체결한 당사자 일방이 상대방에게 그 동업계약에 따라 성매매의 권유·유인·강요의 수단으로 이용되는 선불금 등 명목으로 사업자금을 제공하였다면 그 사업자금 역시 불법원인급여에 해당하여 반환을 청구할 수 없다(대판 2013.8.14, 2013도321).

7 부당이득에 관한 다음 설명 중 옳지 않은 것은? (다툼이 있는 경우 판례에 의함)

① 계약의 일방 당사자가 계약 상대방의 지시 등으로 급부과정을 단축하여 계약 상대방과 또 다른 계약관계를 맺고 있는 제3자에게 직접 급부한 경우, 계약의 일방 당사자는 제3자를 상대로 법률상 원인 없이 급부를 수령하였다는 이유로 부당이득반환청구를 할 수 없다.
② 부동산 실권리자명의 등기에 관한 법률 시행 후에 계약명의신탁약정이 이루어진 경우에는, 명의수탁자가 명의신탁자에게 반환하여야 할 부당이득의 대상은 당해 부동산 자체가 아니라 명의신탁자로부터 제공받은 매수자금이다.
③ 법률상 원인 없이 타인의 재산 또는 노무로 인하여 이익을 얻고 그로 인하여 타인에게 손해를 가한 경우, 그 취득한 것이 금전상의 이득인 때에는 그 금전은 이를 취득한 자가 소비하였는가의 여부를 불문하고 현존하는 것으로 추정된다.
④ 현금으로 계좌송금 또는 계좌이체가 된 경우에는 예금원장에 입금의 기록이 된 때에 예금이 된다고 예금거래기본약관에 정하여져 있을 뿐이고, 수취인과 은행 사이의 예금계약의 성립 여부를 송금의뢰인과 수취인 사이에 계좌이체의 원인인 법률관계가 존재하는지 여부에 의하여 좌우되도록 한다고 별도로 약정하였다는 등의 특별한 사정이 없는 경우, 송금의뢰인과 수취인 사이에 계좌이체의 원인이 되는 법률관계가 존재하지 아니함에도 송금의뢰인이 수취인의 예금계좌에 계좌이체를 하였다면, 송금의뢰인은 수취은행에 대하여 부당이득을 근거로 하여 이체금액 상당액의 반환을 청구할 수 있다.

① 대판 2003.12.26, 2001다46730
② 대판 2005.1.28, 2002다66922
③ 대판 1987.8.18, 87다카768
④ 송금의뢰인과 수취인 사이에 계좌이체의 원인이 되는 법률관계가 존재하지 않음에도 불구하고, 계좌이체에 의하여 수취인이 계좌이체금액 상당의 예금채권을 취득한 경우에는, 송금의뢰인은 수취인에 대하여 위 금액 상당의 부당이득반환청구권을 가지게 되지만, 수취은행은 이익을 얻은 것이 없으므로 수취은행에 대하여는 부당이득반환청구권을 취득하지 아니한다(대판 2007.11.29, 2007다51239).

8 부당이득의 반환범위에 관한 설명 중 옳지 않은 것은?

① 선의의 수익자는 그 받은 이익이 현존하는 한도에서 반환의 책임이 있다.
② 악의의 수익자는 그 받은 이익에 이자를 붙여 반환할 책임이 있다.
③ 수익자의 선·악을 불문하고 손해가 있는 때에는 그 손해도 배상하여야 한다.
④ 원물반환이 원칙이며, 원물반환이 불가능한 경우에 한하여 가액반환을 한다.

① 제748조 제1항
② 제748조 제2항
③ 악의의 수익자인 경우에 손해배상책임이 있다(제748조 제2항).
④ 제747조

5 부당이득에 관한 설명으로 옳지 않은 것은?

① 수익자가 이익을 받은 후 법률상 원인 없음을 안 때에는 그때부터 악의의 수익자로서 책임을 진다.
② 선의의 수익자가 패소한 때에는 그 패소한 때로부터 악의의 수익자로 본다.
③ 수익자의 선·악의 여부는 반환범위와 손해배상책임에 영향을 준다.
④ 이득이 상대방의 손실보다 많은 경우 반환범위는 손실의 범위로 제한된다.

① 제749조 제1항
② 패소한 때에는 소제기시부터 악의의 수익자로 본다(제749조 제2항).
③ 제748조
④ 부당이득제도는 손실자의 손해를 전보함으로써 공평의 원칙을 유지하려는 것이므로 반환범위는 손실의 범위를 한도로 한다.

6 다음 설명 중 부당이득에 관한 판례의 태도와 다른 것은?

① 불법원인급여에 의한 반환청구의 금지는 채권으로서의 부당이득을 이유로 하는 경우를 주로 예정하고 있지만, 이것은 소유권을 이유로 한 경우에는 적용되지 않는다.
② 부당이득은 현재의 부당이득뿐만 아니라 장래의 부당이득도 그 이행기에 지급을 기대할 수 없어 미리 청구할 필요가 있으면 미리 청구할 수 있다.
③ 부당이득반환채무는 기한의 정함이 없는 채무이므로 수익자는 이행청구를 받은 때로부터 지체책임을 진다.
④ 불법원인급여에 있어서 수익자의 불법성이 급여자의 불법성보다 현저히 큰 경우, 급여자의 부당이득반환청구가 허용된다.

① 민법 제746조는 단지 부당이득제도만을 제한하는 것이 아니라 동법 제103조와 함께 사법의 기본이념으로서, 결국 사회적 타당성이 없는 행위를 한 사람은 스스로 불법한 행위를 주장하여 복구를 그 형식 여하에 불구하고 소구할 수 없다는 이상을 표현한 것이므로, 급여를 한 사람은 그 원인행위가 법률상 무효라 하여 상대방에게 부당이득반환청구를 할 수 없음은 물론 급여한 물건의 소유권은 여전히 자기에게 있다고 하여 소유권에 기한 반환청구도 할 수 없고, 따라서 급여한 물건의 소유권은 급여를 받은 상대방에게 귀속된다(대판 1979.11.13, 79다483).
② 대판 1975.4.22, 74다1184
③ 대판 1996.12.10, 96다32881
④ 대판 1997.10.24, 95다49530, 49547

Answer 3.④ 4.④ 5.② 6.①

3 사무관리에 관한 다음 설명 중 옳지 않은 것은?

① 본인이 누구인지 모르거나 착오를 하였어도 사무관리는 성립한다.
② 유실물 습득자가 유실물법에 따라 습득물을 신고하기까지 그 물건을 관리하는 행위도 사무관리라 할 수 있다.
③ 긴급사무관리의 경우 관리자가 선의이면 이로 인한 손해를 배상할 책임이 없다.
④ 사무관리자에게는 보수청구권이 있다.

> ③ 관리자가 타인의 생명, 신체, 명예 또는 재산에 대한 급박한 위해를 면하게 하기 위하여 그 사무를 관리한 때에는 고의나 중대한 과실이 없으면 이로 인한 손해를 배상할 책임이 없다(제735조).
> ④ 사무관리자에게는 보수청구권이 없다.

02 부당이득

4 부당이득에 관한 설명 중 옳지 않은 것은?

① 선의의 수익자는 그 받은 이익이 현존한 한도에서, 악의의 수익자는 그 받은 이익에 이자를 붙여 반환하여야 한다.
② 변제기에 있지 아니한 채무를 변제한 때에는 그 반환을 청구하지 못한다. 그러나 채무자가 착오로 인하여 변제한 때에는 채권자는 이로 인하여 얻은 이익을 반환하여야 한다.
③ 채무 없음을 알고 이를 변제한 때에는 그 반환을 청구하지 못한다.
④ 불법원인이 수익자에게만 있는 경우라도 불법원인급여의 반환을 청구할 수 없다.

> ① 제748조
> ② 제743조
> ③ 제742조
> ④ 불법의 원인으로 인하여 재산을 급여하거나 노무를 제공한 때에는 그 이익의 반환을 청구하지 못한다. 그러나 그 불법원인이 수익자에게만 있는 때에는 그러하지 아니하다(제746조).

2 사무관리에 대한 다음 설명 중 가장 옳지 않은 것은? (다툼이 있는 경우 판례에 의함)

① 의무 없이 타인의 사무를 처리한 자는 그 타인에 대하여 민법상 사무관리 규정에 따라 비용상환 등을 청구할 수 있으나, 제3자와의 약정에 따라 타인의 사무를 처리한 경우에는 의무 없이 타인의 사무를 처리한 것이 아니므로 이는 원칙적으로 그 타인과의 관계에서는 사무관리가 된다고 볼 수 없다.

② 사무관리가 성립하기 위하여는 우선 그 사무가 타인의 사무이고 타인을 위하여 사무를 처리하는 의사, 즉 관리의 사실상의 이익을 타인에게 귀속시키려는 의사가 있어야 하며, 나아가 그 사무의 처리가 본인에게 불리하거나 본인의 의사에 반한다는 것이 명백하지 아니할 것을 요한다. 여기에서 '타인을 위하여 사무를 처리하는 의사'는 관리자 자신의 이익을 위한 의사와 병존할 수 있고, 반드시 외부적으로 표시될 필요가 없으며, 사무를 관리할 당시에 확정되어 있을 필요가 없다.

③ 의무 없이 타인을 위하여 사무를 관리한 자는 타인에 대하여 민법상 사무관리 규정에 따라 비용상환 등을 청구할 수 있는 외에 사무관리에 의하여 결과적으로 사실상 이익을 얻은 제3자에 대하여 제3자에 대하여 직접 부당이득반환을 청구할 수 없다.

④ 관리자가 처리한 사무의 내용이 관리자와 제3자 사이에 체결된 계약상의 급부와 그 성질이 동일하다고 하더라도 관리자가 위 계약상 약정된 급부를 모두 이행한 후 본인과의 사이에 별도의 계약이 체결될 것을 기대하고 사무를 처리한 경우, 사무관리 의사가 있다고 볼 수 없다.

✓ 해설
① 대판 2013.9.26. 2012다43539
② 대판 2013.8.22. 2013다30882
③ 계약상 급부가 계약 상대방뿐 아니라 제3자에게 이익이 된 경우에 급부를 한 계약당사자는 계약 상대방에 대하여 계약상 반대급부를 청구할 수 있는 이외에 제3자에 대하여 직접 부당이득반환청구를 할 수는 없다고 보아야 하고, 이러한 법리는 급부가 사무관리에 의하여 이루어진 경우에도 마찬가지이다. 따라서 의무 없이 타인을 위하여 사무를 관리한 자는 타인에 대하여 민법상 사무관리 규정에 따라 비용상환 등을 청구할 수 있는 외에 사무관리에 의하여 결과적으로 사실상 이익을 얻은 다른 제3자에 대하여 직접 부당이득반환을 청구할 수는 없다(대판 2013.6.27. 2011다17106).
④ 사무관리가 성립하기 위해서는 관리자가 법적인 의무 없이 타인의 사무를 관리해야 하는바, 관리자가 처리한 사무의 내용이 관리자와 제3자 사이에 체결된 계약상의 급부와 그 성질이 동일하다고 하더라도, 관리자가 위 계약상 약정된 급부를 모두 이행한 후 본인과의 사이에 별도의 계약이 체결될 것을 기대하고 사무를 처리하였다면 그 사무는 위 약정된 의무의 범위를 벗어나 이루어진 것으로서 법률상 의무 없이 사무를 처리한 것이며, 이 경우 특별한 사정이 없는 한 그 사무처리로 인한 사실상의 이익을 본인에게 귀속시키려는 의사, 즉 타인을 위하여 사무를 처리하는 의사가 있다고 봄이 상당하다(대판 2010.1.14. 2007다55477).

Answer 1.④ 2.④

CHAPTER 06 사무관리·부당이익

01 사무관리

1 다음 중 사무관리에 관한 설명으로 옳지 않은 것은?

① 의무 없이 타인을 위하여 사무를 관리하는 자는 그 사무의 성질에 좇아 가장 본인에게 이익이 되는 방법으로 이를 관리하여야 한다.
② 본인의 의사를 알거나 알 수 있었을 때는 그 의사에 적합하도록 관리하여야 한다.
③ 관리자는 본인, 그 상속인이나 법정대리인이 그 사무를 관리하는 때까지 관리를 계속하여야 한다.
④ 관리자는 지출한 비용을 청구할 수 있으나, 유익비는 현존이익의 한도 내에서만 청구할 수 있다.

> **해설** ① 제734조 제1항
> ② 제734조 제2항
> ③ 제737조
> ④ 사무관리가 본인의 의사에 반하지 않는 경우에는 관리자가 지출한 필요비와 유익비 전액을 청구할 수 있다〈제739조 제1항〉.

05 화해

13 화해에 대한 설명 중 옳지 않은 것은?

① 화해계약은 착오를 이유로 취소할 수 없는 것이 원칙이다.
② 화해는 분쟁에 관하여 당사자 쌍방이 상호 양보하는 내용이어야 한다.
③ 화해계약은 당사자 일방이 양보한 권리가 소멸되고 상대방이 화해로 인하여 그 권리를 취득하는 효력이 있다.
④ 화해의 목적인 분쟁에 관하여 착오가 있는 경우에는 화해계약을 취소할 수 있다.

> **해설** ①④ 화해계약은 착오를 이유로 하여 취소하지 못한다. 그러나 화해당사자의 자격 또는 화해의 목적인 분쟁 이외의 사항에 착오가 있는 때에는 그러하지 아니하다(제733조).

14 화해에 관한 다음 설명 중 옳지 않은 것은?

① 화해는 창설적 효력을 가진다.
② 화해계약은 사기·강박, 착오를 이유로 취소할 수 있다.
③ 화해당사자의 자격 또는 화해의 목적인 분쟁 이외에 관한 사항에 착오가 있는 때에는 취소할 수 있다.
④ 화해는 계약이므로 해제할 수 있다.

> **해설** ① 제732조
> ②③ 제733조 참조

Answer 12.④ 13.④ 14.②

04 종신정기금

12 종신정기금에 관한 다음 설명 중 옳지 않은 것은?

① 종신정기금은 일수로 계산한다.
② 종신정기금 채무자의 채무불이행이 있으면, 채권자는 이행의 최고 없이 원본의 반환을 청구함으로써 계약을 해제할 수 있다.
③ 종신정기금계약을 해제함으로써 발생하는 이미 수령한 정기금의 반환의무와 원본의 반환의무 및 손해배상의무는 동시이행의 관계에 있다.
④ 정기금채권자 또는 정기금 수익자의 사망이 정기금채무자의 책임 있는 사유에 의한 것이라도 정기금채권자 또는 그 상속인은 계약을 해지하고 손해배상을 청구할 수 있을 뿐이다.

✔ 해설　① 제726조
　　　　② 제727조 제1항
　　　　③ 제728조
　　　　④ 상당한 기간 채권의 존속의 선고를 법원에 청구할 수 있다(제729조).

9 조합의 탈퇴에 관한 설명으로 옳지 않은 것은?

① 탈퇴하려는 자는 다른 조합원의 전원에 대한 의사표시로 해야 한다.
② 존속기간을 정하고 있지 않은 경우 각 조합원은 언제든지 탈퇴할 수 있다.
③ 조합에 불리한 시기에는 탈퇴할 수 없다.
④ 존속기간을 정하고 있는 경우에는 원칙적으로 그 기간 내에 탈퇴할 수 없다.

> **해설** ① 대판 1959.7.9, 4291민상668
> ② 제716조 본문
> ③ 부득이한 사유가 있는 경우에 한하여 탈퇴할 수 있다(제716조 단서).
> ④ 대판 1997.1.24, 96다26305

10 조합의 해산사유에 해당하지 않는 것은?

① 존속기간의 만료, 기타 조합계약에서 정한 해산사유의 발생
② 조합원 전원의 합의
③ 부득이한 사유로 인한 조합원의 해산청구
④ 조합원이 2인인 경우 그 중 1인의 탈퇴

> **해설** 2인으로 된 조합관계에 있어 그 중 1인이 탈퇴하면 조합관계는 종료된다 할 것이나, 특별한 사정이 없는 한 조합은 해산되지 아니하고 따라서 청산이 뒤따르지 아니하며, 다만 조합원의 합유에 속한 조합재산은 남은 조합원의 단독소유에 속하며 탈퇴자와 남은 자 사이에는 탈퇴로 인한 계산을 하는 데 불과하다(대판 1987.11.24, 86다카2484).

11 다음 중 조합에 관한 판례의 태도와 다른 것은?

① 조합채무는 특별한 약정이 없는 한 각 조합원의 손실부담의 비율에 따라 분담되는 분할채무이다.
② 조합채무가 상행위로 인하여 부담하게 되었다면 조합원 전원은 연대채무를 부담한다.
③ 조합원이 사망하더라도 그 지분은 상속되지 않는다.
④ 조합의 해산에 관한 민법의 규정은 강행규정으로 이와 다른 약정은 무효이다.

> **해설** ① 대판 1957.12.5, 4290민상508
> ② 대판 1992.11.27, 92다30405
> ③ 대판 1996.12.10, 96다23238
> ④ 강행규정이 아니므로 당사자가 다른 내용의 특약을 한 경우 그 특약은 유효하다(대판 1998.12.8, 97다31472).

Answer 7.④ 8.① 9.③ 10.④ 11.④

7 조합의 업무집행에 관한 다음 설명 중 옳지 않은 것은?

① 업무집행은 조합원의 과반수로써 결정한다.
② 조합계약으로 업무집행자를 정하지 아니한 때에는 조합원의 3분의 2 이상의 찬성으로 이를 선임하며, 업무집행자의 과반수 찬성으로 업무를 집행한다.
③ 통상사무는 각 조합원 또는 각 업무집행자가 전행(專行)할 수 있지만, 다른 조합원 또는 다른 업무집행자가 이의가 있는 때에는 즉시 중지하여야 한다.
④ 조합업무를 집행하는 조합원은 그 업무집행의 대리권이 있다고 추정되지 않는다.

① 제706조 제2항
② 제706조 제1항, 제2항
③ 제706조 제3항
④ 대리권이 있는 것으로 추정한다(제709조).

8 다음 중 조합의 재산관계에 관한 설명으로 옳지 않은 것은?

① 조합에 대한 채무자는 그 채무와 조합원에 대한 채권으로 상계할 수 있다.
② 조합채무는 특별한 약정이 없는 한 각 조합원의 손실부담의 비율에 따라 분담되는 분할채무이다.
③ 조합지분은 조합원의 전원의 동의가 없는 한 처분할 수 없다.
④ 조합원은 조합재산의 분할을 청구할 수 없다.

① 조합의 채무자는 그 채무와 조합원에 대한 채권으로 상계하지 못한다(제715조).
② 조합원이 연대책임을 부담키로 한 특약이 있는 경우를 제외하고는 채권발생 당시 조합원이 손실분담의 비율을 하는 때에는 그 비율에 의하여 만약 이를 알지 못한 때에는 각 조합원에 대하여 균일하게 그 권리를 행사할 수 있는 것이다(대판 1957.12.5, 4290민상508).
③ 제273조 제1항
④ 제273조 제2항

5 다음 중 우수현상광고에 대한 설명으로 옳지 않은 것은?

① 우수현상광고는 응모기간을 정한 때에 한하여 그 효력이 있다.
② 우수의 판정은 광고중에 정한 자가 한다. 광고중에 판정자를 정하지 아니한 때에는 광고자가 판정한다.
③ 특별한 의사표시가 없는 한 우수한 자가 없다는 판정도 가능하다.
④ 응모자는 판정에 대해 이의를 제기하지 못한다.

> **해설** ① 제678조 제1항
> ② 제678조 제2항
> ③ 특별한 의사표시가 없는 한 우수한 자가 없다는 판정은 할 수 없다. 그러나 광고중에 다른 의사표시가 있거나 광고의 성질상 판정의 표준이 정하여져 있는 때에는 그러하지 아니하다(제678조 제3항).
> ④ 제678조 제4항

03 조합

6 조합에 관한 다음 설명 중 옳은 것은?

① 출자재산은 금전 그 밖의 재산권에 한한다.
② 조합원의 출자 기타 조합재산은 조합원의 합유로 한다.
③ 조합의 부채에 대해 조합원은 자신의 재산으로 변제할 책임은 없다.
④ 조합계약을 해제한 경우에는 조합원은 원상회복의무를 부담한다.

> **해설** ① 출자는 금전 기타 재산 또는 노무로 할 수 있다(제703조).
> ② 제704조
> ③ 조합의 부채는 동시에 조합원 각자의 부채로서, 조합원으로서 소유하는 재산(조합 재산) 이외에 각자의 개인 재산을 가지고서도 그 변제를 해야 할 책임이 있다(제712조, 제713조).
> ④ 조합계약에 있어서는 조합의 해산청구를 하거나 조합으로부터 탈퇴를 하거나 또는 다른 조합원을 제명할 수 있을 뿐이지 일반계약에 있어서처럼 조합계약을 해제하고 상대방에게 그로 인한 원상회복의 의무를 부담지울 수는 없다(대판 1994.5.13, 94다7157).

Answer 3.④ 4.① 5.③ 6.②

3 임치의 효력에 관한 다음 설명 중 옳지 않은 것은?

① 유상임치의 경우 수치인의 반환의무와 임치인의 보수지급의무는 동시이행관계에 있다.
② 임치물에 대한 권리를 주장하는 제3자가 수치인에 대하여 소를 제기하거나 압류한 때에는 수치인은 지체없이 임치인에게 이를 통지하여야 한다.
③ 수치인은 자기의 재산과 동일한 주의의무를 부담하는 것이 원칙이나, 유상임치인 경우에는 선관주의의무를 부담하게 된다.
④ 임치물이 대체물일 때에는 동종·동질·동량의 것으로 반환할 수 있다.

① 유상계약에는 매매에 관한 규정이 준용되므로 양자는 동시이행의 관계에 있다고 할 수 있다〈제597조, 제568조 제2항〉.
② 제696조
③ 제374조, 제695조
④ 수취인이 반환할 목적물은 특약이 없는 한 수취물 그 자체이고 전부 멸실한 때는 임치물 반환의무는 이행불능이 되며 대체물 임치라도 동종 회량의 물건을 인도할 의무는 없다(대판 1967.4.25, 67다2).

02 현상광고

4 다음 중 현상광고에 대한 설명으로 옳은 것은?

① 광고에 정한 행위를 완료한 자가 수인인 경우에는 그 행위를 먼저 완료한 자가 보수를 받을 권리가 있다.
② 광고에 정한 행위를 수인이 동시에 완료한 경우에는 추첨을 통하여 보수를 지급한다.
③ 광고에 완료기간이 정해졌을 지라도 그 기간만료 전에 광고를 철회할 수 있다.
④ 광고 있음을 알지 못하고 우연히 광고에 정한 행위를 완료한 경우에는 적용되지 않는다.

① 제676조 제1항
② 수인이 동시에 완료한 경우에는 각각 균등한 비율로 보수를 받을 권리가 있으나, 보수가 그 성질상 분할할 수 없거나 광고에 1인만이 보수를 받을 것으로 정한 때에는 추첨에 의하여 결정한다〈제676조 제2항〉.
③ 광고에 그 지정한 행위의 완료기간을 정한 때에는 그 기간만료 전에 광고를 철회하지 못한다〈제679조 제1항〉.
④ 광고 있음을 알지 못하고 광고에 정한 행위를 한 경우에도 적용된다〈제677조〉.

CHAPTER 05 임치 · 현상광고 · 조합 · 종신정기금 · 화해

01 임치

1 다음 중 선량한 관리자의 주의의무를 지지 않는 자는?

① 무상수임인
② 유상수임인
③ 법인의 이사
④ 무상임치인

 보수 없이 임치를 받은 자는 임치물을 자기의 재산과 동일한 주의로 보관하여야 한다.

2 다음 중 임치에 관한 설명으로 옳지 않은 것은?

① 기간의 약정이 없는 경우에는 수치인은 언제든지 계약을 해지할 수 있다.
② 기간의 약정이 있는 경우에도 임치인은 기간만료 전에 언제든지 계약을 해지할 수 있다.
③ 기간의 약정이 있는 경우 수치인은 부득이한 사유가 있는 경우에 한하여 계약을 해지할 수 있다.
④ 계약해지의 통고를 한 경우에는 일정 기간의 해지기간이 지나야 효력이 생긴다.

 ① 제699조
② 제698조 단서
③ 제698조 본문
④ 통고나 기간의 경과를 요하지 않는다.

Answer 13.② / 1.④ 2.④

13 위임의 효력에 관한 설명 중 옳지 않은 것은?

① 유상위임의 경우에 특약이 없는 한 보수의 지급은 후급으로 함이 원칙이다.
② 수임인은 위임인의 의사에 반하지 않는 범위 내에서 제3자로 하여금 위임사무를 처리하게 할 수 있다.
③ 위임사무의 처리에 비용을 요하는 때에는 위임인은 수임인의 청구에 의하여 이를 선급하여야 한다.
④ 수임인이 위임사무에 관하여 필요비를 지출한 때에는 위임인에 대하여 지출한 날 이후의 이자를 청구할 수 있다.

 ① 제686조 제2항
② 수임인은 위임인의 승낙이나 부득이한 사유 없이 제3자로 하여금 위임사무를 처리하게 할 수 없다(제682조 제1항).
③ 제687조
④ 제688조 제1항

03 위임

11 위임에 관한 다음 설명 중 옳지 않은 것은?

① 수임인은 특별한 약정이 없는 한 위임사무 완료 후 위임인에게 보수를 청구할 수 있다.
② 위임사무의 처리에 비용을 요하는 때에는 수임인은 비용의 선급을 청구할 수 있다.
③ 수임인이 위임사무의 처리에 관하여 필요비를 지출한 때에는 그 비용과 지출한 날 이후의 이자를 청구할 수 있다.
④ 수임인이 위임사무의 처리를 위하여 과실 없이 손해를 받은 때에는 위임인에 대하여 그 배상을 청구할 수 있다.

 ① 위임은 무상계약이 원칙이다〈제686조 제1항〉.
② 제687조
③ 제688조 제1항
④ 제688조 제3항

12 다음 중 수임인의 권리·의무에 관한 설명으로 옳지 않은 것은?

① 수임인이 위임사무의 처리를 위하여 과실 없이 손해를 받은 때에는 위임인에 대하여 그 배상을 청구할 수 있다.
② 위임인의 승낙이나 부득이한 사유 없이 제3자로 하여금 자기에 갈음하여 위임사무를 처리하게 할 수 없다.
③ 위임사무의 처리로 인하여 받은 금전 기타의 물건 및 그 수취한 과실은 보수에 갈음하여 수임인이 취득할 권리가 있다.
④ 수임인이 위임인을 위하여 자기의 명의로 취득한 권리는 위임인에게 이전하여야 한다.

 ① 제688조 제3항
② 제682조 제1항
③ 위임인에게 인도하여야 한다〈제684조 제1항〉.
④ 제684조 제2항

10 다음 설명 중 가장 옳지 않은 것은? (다툼이 있는 경우 판례에 의함)

① 수급인의 하자담보책임은 법이 특별히 인정한 무과실책임으로서 여기에 민법 제396조의 과실상계 규정이 준용될 수 없으므로 하자발생 및 그 확대에 가공한 도급인의 잘못을 참작 할 수 없다.

② 보증인은 특별한 사정이 없는 한 채무자가 채무불이행으로 인하여 부담하여야 할 손해배상채무와 원상회복의무에 관하여도 보증책임을 지므로, 민간공사 도급계약서에서 수급인의 보증인은 특별한 사정이 없다면 선급금 반환의무에 대하여도 보증책임을 진다.

③ 선급금을 지급한 후 계약이 해제 또는 해지되는 등의 사유로 수급인이 도중에 선급금을 반환하여야 할 사유가 발생하였다면, 특별한 사정이 없는 한 별도의 상계 의사표시 없이도 그 때까지의 기성고에 해당하는 공사대금이 있는 경우 그 금액에 한하여 지급할 의무를 부담한다.

④ 수급인이 완공기한 내에 공사를 완성하지 못한 채 공사를 중단하고 계약이 해제된 결과 완공이 지연된 경우에 있어서 지체상금은 약정 준공일 다음날부터 발생한다.

 ① 민법 제667조 소정의 수급인의 하자 담보책임이 법이 특별히 인정한 무과실 책임으로서 여기에 동법 제396조의 과실상계 규정이 준용될 수 없다 하더라도, 위 담보책임이 민법의 지도이념인 공평의 원칙에 입각한 것일진대 원심이 본건 하자 정도 확대에 가공한 원고의 잘못을 그 손해액 산정에서 참작하였음에 아무런 법리오해가 있다 할 수 없다(대판 1980.11.11, 80다923).

② 선급금 반환의무는 수급인의 채무불이행에 따른 계약해제로 인하여 발생하는 원상회복의무의 일종이고, 보증인은 특별한 사정이 없는 한 채무자가 채무불이행으로 인하여 부담하여야 할 손해배상채무와 원상회복의무에 관하여도 보증책임을 지므로, 민간공사 도급계약에서 수급인의 보증인은 선급금 반환의무에 대하여도 보증책임을 진다(대판 2012.5.24, 2011다109586).

③ 공사도급계약에 있어서 수수되는 이른바 선급금은 수급인으로 하여금 공사를 원활하게 진행할 수 있도록 하기 위하여 도급인이 수급인에게 미리 지급하는 공사대금의 일부로서 구체적인 기성고와 관련하여 지급하는 것이 아니라 전체 공사와 관련하여 지급하는 것이지만 선급 공사대금의 성질을 갖는다는 점에 비추어 선급금을 지급한 후 도급계약이 해제 또는 해지되거나 선급금 지급조건을 위반하는 등의 사유로 수급인이 도중에 선급금을 반환하여야 할 사유가 발생하였다면, 특별한 사정이 없는 한 별도의 상계의 의사표시 없이도 그 때까지의 기성고에 해당하는 공사대금 중 미지급액은 당연히 선급금으로 충당되고 도급인은 나머지 공사대금이 있는 경우 그 금액에 한하여 지급할 의무를 부담하게 된다(대판 1999.12.7, 99다55519).

④ 수급인이 완공기한 내에 공사를 완성하지 못한 채 완공기한을 넘겨 도급계약이 해제된 경우에 있어서 그 지체상금 발생의 시기(始期)는 완공기한 다음날이고, 종기는 수급인이 공사를 중단하거나 기타 해제사유가 있어 도급인이 이를 해제할 수 있었을 때(현실로 도급계약을 해제한 때가 아니다)를 기준으로 하여 도급인이 다른 업자에게 의뢰하여 같은 건물을 완공할 수 있었던 시점이다(대판 1999.10.12, 99다14846).

8 수급인의 담보책임에 관한 설명으로 옳지 않은 것은?

① 목적물의 하자가 도급인이 제공한 재료의 성질 또는 도급인의 지시에 기한 때에는 수급인은 담보책임을 부담하지 않는다.
② 도급인은 하자보수에 갈음하여서만 손해배상을 청구할 수 있다.
③ 도급인의 계약해제권은 도급의 목적물이 '건물 기타 토지의 공작물'인 경우에는 그 행사가 제한된다.
④ 담보책임 면제특약이 있는 경우라도 수급인이 고지하지 아니한 사실에 대하여는 그 책임을 면하지 못한다.

 해설
① 제669조
② 수급인의 담보책임에 대해 도급인은 하자보수에 갈음하여 또는 보수와 함께 손해배상을 청구할 수 있다(제667조 제2항).
③ 제668조 단서
④ 제672조

9 다음 중 수급인의 담보책임에 관한 설명으로 옳은 것은?

① 완성된 목적물 또는 완성 전의 성취된 부분에 하자가 있는 때에는 도급인은 수급인에 대하여 3월 이내의 기간을 정하여 그 하자의 보수를 청구할 수 있다.
② 도급인은 하자의 보수에 갈음하여 손해배상을 청구할 수 있으나, 보수와 함께 손해배상을 청구할 수는 없다.
③ 완성된 목적물의 하자로 계약의 목적을 달성할 수 없는 경우에 도급인은 계약을 해제할 수 있다.
④ 도급인의 보수청구권, 손해배상청구권, 계약해제권 등은 그 사유를 안 날로부터 1년 내에 하여야 한다.

해설
① 상당한 기간을 정하여 그 하자의 보수를 청구할 수 있다(제667조 제1항).
② 보수와 함께 손해배상을 청구할 수도 있다(제667조 제2항).
③ 제668조
④ 목적물을 인도받은 날로부터 1년 내에 하여야 한다(제670조).

Answer 6.③ 7.③ 8.② 9.③

6 도급계약에 있어서 수급인의 권리·의무에 관한 설명으로 옳지 않은 것은?

① 수급인은 일의 완성의무가 있다.
② 부동산공사의 수급인은 보수에 관한 채권을 담보하기 위해 그 부동산을 목적으로 한 저당권의 설정을 청구할 수 있다.
③ 수급인은 목적물을 인도한 후에 보수지급청구권을 가진다.
④ 수급인은 완성된 목적물에 하자가 있는 경우에는 도급인의 청구에 따라 이를 보수할 의무가 있다.

 ① 제664조
② 제666조
③ 목적물의 인도의무와 보수지급의무는 동시이행의 관계에 있다(제665조 제1항 본문).
④ 제667조 제1항

7 도급계약에 있어서의 해제권에 관한 설명으로 옳은 것은?

① 일의 완성 전에는 수급인은 언제든지 계약을 해제할 수 있다.
② 도급인이 파산한 경우에는 수급인은 계약을 해제하고, 이로 인한 손해배상을 청구할 수 있다.
③ 도급인은 완성된 목적물의 하자로 인하여 계약의 목적을 달성할 수 없는 때에는 계약을 해제할 수 있다.
④ 목적물의 하자로 인하여 계약의 목적을 달성할 수 없는 경우 그 하자가 도급인이 제공한 재료의 성질 또는 도급인의 지시에 기인한 때에는 도급인은 수급인의 의무해태에 상관없이 계약을 해제할 수 없다.

① 도급인은 일의 완성 전에 언제든지 계약을 해제할 수 있다(제673조).
② 도급인의 파산을 이유로 계약을 해제할 수는 있으나, 이로 인한 손해배상을 청구하지는 못한다(제674조).
③ 그러나 건물 기타 토지의 공작물에 대하여는 그러하지 아니하다(제668조).
④ 수급인이 그 재료 또는 지시의 부적당함을 알고 도급인에게 고지하지 아니한 때에는 계약을 해제할 수 있다(제669조).

4 다음 중 도급에 관한 설명으로 옳지 않은 것은?

① 도급의 목적이 목적물의 완성일 때에는 그 완성된 목적물의 인도의무와 보수지급의무는 동시이행의 관계이다.
② 도급의 목적이 일의 완성인 때에는 일의 완성의무와 보수지급의무는 동시이행의 관계이다.
③ 보수는 지급시기에 관한 약정이 없는 경우에는 관습에 의한다.
④ 부동산공사의 수급인은 보수에 관한 채권을 담보하기 위하여 그 부동산을 목적으로 하는 저당권의 설정을 청구할 수 있다.

① 제665조 제1항
② 일의 완성의무가 보수지급의무에 선이행의무이다(제665조 제1항 단서).
③ 제656조 제2항
④ 제666조

5 다음의 설명 중 옳지 않은 것은? (다툼이 있는 경우 판례에 의함)

① 유효한 도급계약에 기하여 수급인이 도급인으로부터 제3자 소유 물건의 점유를 이전받아 이를 수리한 결과 그 물건의 가치가 증가한 경우, 소유자에 대한 관계에 있어서 수급인은 민법 제203조에 의한 비용상환청구권을 행사할 수 있는 비용지출자에 해당한다.
② 과실수취권이 인정되지 않는 민법 제201조 제2항의 악의 점유자가 반환하여야 할 부당이득범위는 민법 제748조 제2항에 따라 정하여지는 결과 그는 받은 이익에 이자를 붙여 반환하여야 하며, 위 이자의 이행지체로 인한 지연손해금도 지급하여야 한다.
③ 쌍무계약이 취소된 경우 선의의 매수인에게 민법 제201조가 적용되어 과실취득권이 인정되는 이상 선의의 매도인에게도 민법 제587조의 유추적용에 의하여 대금의 운용이익 내지 법정이자의 반환을 부정하여야 한다.
④ 매매계약이 무효인 경우의 매도인의 매매대금 반환 의무는 성질상 부당이득 반환 의무로서 그 반환 범위에 관하여는 민법 제748조가 적용되고, 그에 관한 특칙인 민법 제548조 제2항이 당연히 유추적용된다고 할 수 없다.

① 유효한 도급계약에 기하여 수급인이 도급인으로부터 제3자 소유 물건의 점유를 이전받아 이를 수리한 결과 그 물건의 가치가 증가한 경우, 도급인이 그 물건을 간접점유하면서 궁극적으로 자신의 계산으로 비용지출과정을 관리한 것이므로, 도급인만이 소유자에 대한 관계에 있어서 민법 제203조에 의한 비용상환청구권을 행사할 수 있는 비용지출자라고 할 것이고, 수급인은 그러한 비용지출자에 해당하지 않는다고 보아야 한다(대판 2002.8.23, 99다66564,66571).
② 대판 2003.11.14, 2001다61869.
③ 대판 1993.5.14, 92다45025.
④ 대판 1997.9.26, 96다54997.

Answer 2.① 3.④ 4.② 5.①

02 도급

2 도급에 관한 설명 중 옳지 않은 것은?

① 보수는 완성된 목적물이 인도된 후 지체 없이 지급되어야 한다.
② 수급인이 일을 완성하기 전에는 도급인은 손해를 배상하고 계약을 해제할 수 있다.
③ 목적물의 인도를 요하지 않는 경우에는 그 일을 완성한 후 지체 없이 지급하여야 한다.
④ 부동산공사의 수급인은 보수에 관한 채권을 담보하기 위하여 그 부동산을 목적으로 한 저당권의 설정을 청구할 수 있다.

 ①③ 보수는 그 완성된 목적물의 인도와 동시에 지급하여야 한다. 그러나 목적물의 인도를 요하지 아니하는 경우에는 그 일을 완성한 후 지체 없이 지급하여야 한다〈제665조〉.
② 제673조
④ 제666조

3 도급에 관한 다음 설명 중 옳지 않은 것은?

① 도급인이 파산선고를 받은 때에는 수급인은 계약을 해제할 수 있다.
② 도급인은 원칙적으로 완성된 목적물의 인도와 동시에 보수를 지급하여야 한다.
③ 수급인이 일을 완성하기 전이면 도급인은 언제든지 손해를 배상하고 계약을 해제할 수 있다.
④ 완성된 건물의 하자로 인하여 계약의 목적을 달성할 수 없는 때에는 도급인은 계약을 해제할 수 있다.

 ① 제674조 제1항
② 제665조 제1항
③ 제673조
④ 도급인이 완성된 목적물의 하자로 인하여 계약의 목적을 달성할 수 없는 때에는 계약을 해제할 수 있다. 그러나 건물 기타 토지의 공작물에 대하여는 그러하지 아니하다〈제668조〉.

CHAPTER 04 고용 · 도급 · 위임

01 고용

1 다음 중 고용에 관한 설명으로 옳지 않은 것은?

① 기간의 약정이 없는 때에는 당사자는 언제든지 계약해지의 통고를 할 수 있다.
② 기한의 약정이 있는 때라도 3년을 경과한 후에는 언제든지 해지의 통고를 할 수 있다.
③ 기간의 약정이 있는 경우라도 부득이한 사유가 있는 때에는 각 당사자는 계약을 해지할 수 있다.
④ 고용기간이 만료한 후 노무자가 계속하여 그 노무를 제공하고, 사용자가 상당한 기간 내에 이의를 제기하지 아니하면 고용기간은 연장된 것으로 보며, 제3자가 제공한 담보도 연장된다.

 해설
① 제660조 제1항
② 제659조 제1항
③ 제661조
④ 전 고용과 동일한 조건으로 다시 고용한 것으로 본다. 다만 제3자가 제공한 담보는 기간의 만료로 인하여 소멸한다〈제662조〉.

Answer　27.④ / 1.④

27 주택임대차보호법에 의한 임대차에 관한 설명 중 틀린 것은? (다툼이 있는 경우 판례에 의함)

① 소유권을 취득하였다가 계약해제로 인하여 소유권을 상실하게 된 임대인으로부터 그 계약이 해제되기 전에 주택을 임차 받아 주택의 인도와 주민등록을 마침으로써 주택임대차보호법 제3조 제1항에 의한 대항요건을 갖춘 임차인은 자신의 임차권을 새로운 소유자에게 대항할 수 있다.
② 주택임차인의 의사에 의하지 아니하고 주민등록법 및 같은 법 시행령에 따라 시장, 군수 또는 구청장에 의하여 직권조치로 주민등록이 말소된 경우에도 원칙적으로 그 대항력은 상실된다.
③ 미등기 또는 무허가 건물도 주택임대차보호법의 적용대상이 된다.
④ 채권자가 채무자와 그 소유의 주택에 관하여 임대차계약을 체결하고 전입신고를 마친 다음 그곳에 거주하였다면 임대차계약의 주된 목적이 소액임차인으로 보호받아 선순위 담보권자에 우선하여 채권을 회수하려는 데에 있었다 하더라도 주택임대차보호법상 소액임차인으로 보호받을 수 있다.

 ① 매매계약의 이행으로 매매목적물인 주택을 인도받은 매수인이 매도인으로부터 그 주택의 임대권한을 명시적 또는 묵시적으로 부여받은 경우, 매수인으로부터 매매계약이 해제되기 전에 매매목적물인 주택을 임차하여 그 주택의 인도와 주민등록을 마침으로써 주택임대차보호법 제3조 제1항에 의한 대항요건을 갖춘 임차인은 민법 제548조 제1항 단서의 규정에 따라 계약해제로 인하여 권리를 침해받지 않는 제3자에 해당하므로 임대인의 임대권원의 바탕이 되는 매매계약의 해제에도 불구하고 자신의 임차권을 들어 매도인의 명도청구에 대항할 수 있다(대판 2009.1.30, 2008다65617).
② 주택임대차보호법에서 주민등록을 대항력의 요건으로 규정하고 있는 것은 거래의 안전을 위하여 임대차의 존재를 제3자가 명백히 인식할 수 있게 위한 것으로서 그 취지가 다르므로, 직권말소 후 동법 소정의 이의절차에 따라 그 말소된 주민등록이 회복되거나 동법시행령 제29조에 의하여 재등록이 이루어짐으로써 주택임차인에게 주민등록을 유지할 의사가 있었다는 것이 명백히 드러난 경우에는 소급하여 그 대항력이 유지된다고 할 것이고, 다만, 그 직권말소가 주민등록법 소정의 이의절차에 의하여 회복된 것이 아닌 경우에는 직권말소 후 재등록이 이루어지기 이전에 주민등록이 없는 것으로 믿고 임차주택에 관하여 새로운 이해관계를 맺은 선의의 제3자에 대하여는 임차인은 대항력의 유지를 주장할 수 없다고 봄이 상당하다(대판 2008.3.13, 선고 2007다54023).
③ 주택임대차보호법은 주택의 임대차에 관하여 민법에 대한 특례를 규정함으로써 국민의 주거생활의 안정을 보장함을 목적으로 하고 있고, 주택의 전부 또는 일부의 임대차에 관하여 적용된다고 규정하고 있을 뿐 임차주택이 관할관청의 허가를 받은 건물인지, 등기를 마친 건물인지 아닌지를 구별하고 있지 아니하므로, 어느 건물이 국민의 주거생활의 용도로 사용되는 주택에 해당하는 이상 비록 그 건물에 관하여 아직 등기를 마치지 아니하였거나 등기가 이루어질 수 없는 사정이 있다고 하더라도 다른 특별한 규정이 없는 한 같은 법의 적용대상이 된다(대판 2007.6.21, 2004다26133 전합).
④ 주택임대차보호법의 입법목적은 주거용건물에 관하여 민법에 대한 특례를 규정함으로써 국민의 주거생활의 안정을 보장하려는 것이고(제1조), 주택임대차보호법 제8조 제1항에서 임차인이 보증금 중 일정액을 다른 담보물권자보다 우선하여 변제받을 수 있도록 한 것은, 소액임차인의 경우 그 임차보증금이 비록 소액이라고 하더라도 그에게는 큰 재산이므로 적어도 소액임차인의 경우에는 다른 담보권자의 지위를 해하게 되더라도 그 보증금의 회수를 보장하는 것이 타당하다는 사회보장적 고려에서 나온 것으로서 민법의 일반규정에 대한 예외규정인 바, 그러한 입법목적과 제도의 취지 등을 고려할 때, 채권자가 채무자 소유의 주택에 관하여 채무자와 임대차계약을 체결하고 전입신고를 마친 다음 그곳에 거주하였다고 하더라도 실제 임대차계약의 주된 목적이 주택을 사용수익하려는 것에 있는 것이 아니고, 실제적으로는 소액임차인으로 보호받아 선순위 담보권자에 우선하여 채권을 회수하려는 것에 주된 목적이 있었던 경우에는 그러한 임차인을 주택임대차보호법상 소액임차인으로 보호할 수 없다(대판 2001.5.8, 2001다14733).

25 주택임대차보호법상의 보증금에 관한 다음 설명 중 옳지 않은 것은?

① 임차인이 대항력을 갖춘 때에는 보증금 중 일정액을 다른 담보물권자와 동순위로 변제받을 수 있다.
② 소액보증금의 우선변제권을 인정받기 위해서는 경매신청의 등기 전까지 대항력을 갖추어야 한다.
③ 임대차가 종료한 경우에도 임차인은 보증금을 반환받을 때까지는 임대차관계는 존속하는 것으로 본다.
④ 임차주택에 경매가 행하여진 경우에도 대항력을 갖춘 임차인이 보증금의 전액을 변제받지 못한 때에는 임차권은 경락으로 소멸되지 않는다.

> ✅ 해설　①② 임차인이 경매신청의 등기 전까지 주택의 인도와 주민등록을 마친 때에는 보증금 중 일정액을 다른 담보물권자보다 우선하여 변제받을 수 있다〈동법 제8조 제1항〉.
> ③ 동법 제4조 제2항
> ④ 동법 제3조의5

26 상가건물임대차보호법에 관한 설명으로 옳지 않은 것은?

① 기간의 정함이 없거나 기간을 2년 미만으로 정한 경우에는 그 기간을 2년으로 본다.
② 임대차가 종료한 경우에도 임차인이 보증금을 반환받을 때까지 임대차관계는 존속하는 것으로 본다.
③ 임대차는 그 등기가 없는 경우에도 임차인이 건물의 인도와 「부가가치세법」 제8조, 「소득세법」 제168조 또는 「법인세법」 제111조에 따른 사업자등록을 신청하면 그 다음 날부터 제3자에 대하여 효력이 생긴다.
④ 임대차가 종료된 후 보증금을 반환받지 못한 임차인은 임차권등기명령을 신청할 수 있다.

> ✅ 해설　① 상가건물임대차보호법상의 최단존속기간은 1년이다〈동법 제9조 제1항〉.
> ② 동법 제9조 제2항
> ③ 동법 제3조 제1항
> ④ 동법 제6조 제1항

Answer　24.② 25.① 26.①

24 주택임대차에 관한 다음 판례의 내용 중 옳은 것을 모두 고른 것은?

> ㉠ 방 2개와 주방이 딸린 다방이 영업용으로서 비주거용 건물이라 하여도 그 방 및 다방의 주방을 주거목적에 사용하는 경우에는 주거용 건물의 일부가 주거용 외의 목적으로 사용되는 경우에 해당한다고 볼 수 없다.
> ㉡ 주민등록이라는 대항요건은 임차인 본인뿐만 아니라, 그 배우자나 자녀 등 가족의 주민등록도 포함한다.
> ㉢ 등기부상 동·호수 표시인 '다동 103호'와 불일치한 '라동 103호'로 된 주민등록은 그로써 당해 임대차건물에 임차인들이 거주한다는 사실이 달라지는 것은 아니므로 위 주민등록이 임대차의 공시방법으로 무효인 것은 아니다.
> ㉣ 임차인이 주택의 인도를 마치고 주민등록을 한 다음날 제1저당권이 설정된 경우에 임차인은 저당권에 대항할 수 있다.
> ㉤ 임차인이 전입신고를 올바르게 하였는데 담당공무원이 착오로 주민등록표상에 신 거주지 지번이 다소 틀리게 기재된 경우 임대차의 대항력을 취득할 수 없다.

① ㉠㉡㉢
② ㉠㉡㉣
③ ㉠㉢㉣㉤
④ ㉡㉢㉣㉤

 해설 ㉠ 대판 1996.3.12, 95다51953
  ㉡ 대판 1996.1.26, 95다30338
  ㉢ 동호수가 잘못 신고된 경우에는 임차인이 임대차건물에 주소 또는 거소를 가진 자로 등록되어 있는지를 인식할 수 있다고 보여지지 아니하므로, 위 주민등록이 임대차의 공시방법으로 유효하다고 볼 수 없다(대판 1999.4.13, 99다4207).
  ㉣ 주택임대차보호법 제3조의 임차인이 주택의 인도와 주민등록을 마친 때에는 그 '익일부터' 제3자에 대하여 효력이 생긴다고 함은 익일 오전 영시부터 대항력이 생긴다는 취지이다(대판 1999.5.25, 99다9981).
  ㉤ 임차인이 전입신고를 올바르게 하였다면 이로써 그 임대차의 대항력이 생기는 것이므로 설사 담당공무원의 착오로 주민등록표상에 신 거주지 지번이 다소 틀리게 기재되었다 하여 그 대항력에 영향을 끼칠 수는 없다(대판 1991.8.13, 91다18118).

23 다음 중 임대차에 대한 설명으로 옳지 않은 것은? (다툼이 있는 경우 판례에 의함)

① 임대인의 임대차보증금반환의무는 임차인의 주택임대차보호법 제3조의3에 의한 임차권등기 말소의무보다 먼저 이행되어야 할 의무이지 동시이행관계에 있는 의무가 아니다.

② 임차인이 임대인의 동의를 얻어 임차물을 전대한 경우, 전대차계약 종료와 전대차목적물의 반환 당시 전차인의 연체차임은 전대차보증금에서 당연히 공제되어 소멸하며, 전차인은 이로써 임대인에게 대항할 수 있으므로, 임대인은 전차인에게 연체차임의 지급을 청구할 수 없다.

③ 건물의 소유를 목적으로 하여 토지를 임차한 사람이 그 토지 위에 소유하는 건물에 저당권을 설정한 때에는 저당권의 효력이 건물뿐만 아니라 건물의 소유를 목적으로 한 토지의 임차권에도 미친다.

④ 임대차 성립 당시 임대인의 소유였던 대지가 타인에게 양도되어 임차주택과 대지의 소유자가 서로 달라진 상태에서 임차주택과 별도로 그 대지만이 경매될 경우에는 주택임대차보호법상의 대항요건 및 확정일자를 갖춘 주택의 임차인이라고 하더라도 그 대지의 환가대금에 대하여 우선변제권을 행사할 수 없다.

 ① 대판 2005.6.9, 2005다4529
② 대판 2008.3.27, 2006다45459
③ 대판 1993.4.13, 92다24950
④ 대항요건 및 확정일자를 갖춘 임차인과 소액임차인은 임차주택과 그 대지가 함께 경매될 경우뿐만 아니라 임차주택과 별도로 그 대지만이 경매될 경우에도 그 대지의 환가대금에 대하여 우선변제권을 행사할 수 있고, 이와 같은 우선변제권은 이른바 법정담보물권의 성격을 갖는 것으로서 임대차 성립시의 임차 목적물인 임차주택 및 대지의 가액을 기초로 임차인을 보호하고자 인정되는 것이므로, 임대차 성립 당시 임대인의 소유였던 대지가 타인에게 양도되어 임차주택과 대지의 소유자가 서로 달라지게 된 경우에도 마찬가지이다(대판 2007.6.21, 2004다26133 전합).

21 주택임대차에 관한 다음 설명 중 옳지 않은 것은?

① 주택임대차가 종료된 후 보증금을 반환받지 못한 임차인은 법원에 임차권등기명령을 신청할 수 있다.
② 주택임대차는 그 등기가 없는 경우에도 주택의 인도와 임차인의 주민등록이 마쳐진 때에는 전입신고일로부터 제3자에 대하여 효력이 생긴다.
③ 임차인이 사망한 경우에 사망 당시 상속권자가 그 주택에서 가정공동생활을 하고 있지 아니한 때에는 그 주택에서 가정공동생활을 하던 사실혼 관계에 있는 배우자와 2촌 이내의 친족은 공동으로 임차인의 권리와 의무를 승계한다.
④ 주택임차인이 임대인의 승낙을 받아 임대주택을 전대하고 그 전차인이 주택을 인도받아 자신의 주민등록을 마친 경우에도 임차인은 대항력을 취득한다.

 ① 주택임대차보호법 제3조의3 제1항
② 주택의 인도와 임차인의 주민등록이 마쳐진 다음날부터 제3자에 대하여 효력이 생긴다(동법 제3조 제1항).
③ 동법 제9조 제2항
④ 대판 2001.1.19, 2000다55645

22 주택임대차보호법상의 임대차의 존속기간에 관한 다음 설명 중 옳지 않은 것은?

① 기간을 2년 미만으로 정한 임대차는 그 기간을 2년으로 본다.
② 주택임대차보호법상의 최단존속기간 규정은 강행규정이므로, 임차인이라도 2년 이하의 기간의 유효를 주장할 수는 없다.
③ 임대차가 종료한 경우에도 임차인이 보증금을 반환받을 때까지는 임대차관계가 존속하는 것으로 본다.
④ 임대인이 임대기간 만료 전 6개월부터 2개월 전까지 갱신거절의 통지를 하지 아니한 때에는, 전 임대차와 동일한 조건으로 다시 임대차한 것으로 본다.

 ① 주택임대차보호법 제4조 제1항
② 임차인은 2년 이하의 기간의 유효도 주장할 수 있다(동법 제4조 제1항 단서).
③ 동법 제4조 제2항
④ 동법 제6조 제1항

19 임대차에 관한 다음 설명 중 옳지 않은 것은?

① 임대인은 목적물의 사용·수익에 필요한 상태를 유지할 의무를 부담한다.
② 임차인이 임차물의 보존에 관한 필요비를 지출한 때에는 임대인에 대하여 그 상환을 청구할 수 있다.
③ 임대인이 보존행위를 하고자 하는 경우라도 임차인의 의사에 반하는 때에는 이를 거절할 수 있다.
④ 임차인이 유익비를 지출한 때에는 그 가액의 증가가 현존하는 때에 한하여 임차인이 지출한 금액이나 그 증가액의 상환청구를 할 수 있다.

 해설
① 제623조
② 제626조 제1항
③ 임차인은 임대인의 보존행위를 거절할 수 없다〈제624조〉.
④ 제626조 제2항

20 임대차에 관한 다음 설명 중 판례의 태도와 일치하는 것은?

① 임대차에 있어서 임대인은 그 목적물에 대한 처분권한을 가져야 한다.
② 임대인의 수선의무는 특약에 의해 배제할 수 없다.
③ 통상의 임대차관계에 있어서 임대인의 임차인에 대한 의무는 임차인의 안전을 배려하여 주거나 도난을 방지하는 등의 보호의무까지 부담한다.
④ 임차인의 채무불이행으로 임대차계약이 해지되었을 때에는 계약의 갱신을 청구할 수 없고, 지상물매수청구권의 행사도 할 수 없다.

해설
① 반드시 그 목적물에 대한 소유권이나 기타 그것을 처분할 권한을 가져야 하는 것은 아니다(대판 1965.5.31, 65다562).
② 특약에 의해 배제할 수 있다. 다만 임대인의 수선의무 면제특약에서 특별한 사정이 없는 한 대규모의 수선은 이에 포함되지 아니하고 여전히 임대인이 그 수선의무를 부담한다(대판 1994.2.9, 94다34692).
③ 임대인이 임차인의 보호의무까지 부담하지는 않는다(대판 1999.7.9, 99다10004).
④ 대판 1972.12.26, 72다2013

Answer 16.③ 17.③ 18.② 19.③ 20.④

16 다음 중 임차인의 권리가 아닌 것은?

① 사용·수익권
② 비용상환청구권
③ 임차물의 전대권
④ 지상물매수청구권

> ✔해설 임차인은 임대인의 동의 없이 그 권리를 양도하거나 임차물을 전대하지 못한다〈제629조 제1항〉.

17 다음 중 일시사용을 위한 임대차에 적용되는 것은?

① 차임증감청구권
② 임차인의 부속물매수청구권
③ 임차인의 비용상환청구권
④ 임대차 규정의 강행규정

> ✔해설 임차인의 비용상환청구권〈제626조〉은 일시사용을 위한 임대차에도 적용된다.
> ※ 일시사용을 위한 임대차인 것이 명백한 때에는 ㉠ 차임증감청구권〈제628조〉, ㉡ 전차인에 대한 해지통고의 통지〈제638조〉, ㉢ 차임연체외 해지〈제640조〉, ㉣ 임차인의 부속물매수청구권〈제646조〉, ㉤ 전차인의 부속매수청구권〈제647조〉, ㉥ 임차지의 부속물과 과실 등에 대한 법정질권〈제648조〉, ㉦ 임차건물 등의 부속물에 대한 법정질권〈제650조〉, ㉧ 임대차 규정의 강행규정〈제652조〉 등의 적용이 없다〈제653조〉.

18 민법상의 임대차에 관한 설명으로 옳지 않은 것은?

① 차임의 지급 시기는 특약이나 관습이 없는 한 후급이 원칙이다.
② 임차인이 임차물의 보존에 관한 비용을 지출한 경우 유익비의 상환은 청구할 수 있으나 필요비의 상환은 청구할 수 없다.
③ 임차물의 일부가 임차인의 과실 없이 멸실하여 사용·수익할 수 없는 때에는 임차인은 그 부분의 비율에 의한 차임의 감액을 청구할 수 있다.
④ 건물의 임대차에서 차임연체액이 2기에 달하는 때에는 임대인은 계약을 해제할 수 있다.

> ✔해설 ① 제633조 참조
> ② 필요비의 상환은 전액 청구할 수 있으며, 유익비는 임대차 종료시에 그 가액의 증가가 현존한 때에 한하여 임차인이 지출한 금액이나 그 증가액을 상환하면 된다〈제626조 제1항, 제2항〉.
> ③ 제627조 제1항
> ④ 제640조

14 임대차의 해지에 관한 설명으로 옳지 않은 것은?

① 부동산 임대차에 있어서 임대차기간의 약정이 없는 때에 임차인이 해지를 통고한 경우에는 1월의 기간이 경과하면 해지의 효력이 생긴다.
② 임대차기간의 약정이 없는 때에는 당사자는 언제든지 계약해지의 통고를 할 수 있다.
③ 임차인이 파산선고를 받은 경우에는 임대차기간의 약정이 있는 때에도 임대인은 계약해지의 통고를 할 수 있다.
④ 임대차기간의 약정이 있는 경우에는 임대차기간이 만료됨으로써 임대차관계는 종료될 뿐이고, 당사자들이 임대차기간 내에 해지할 권리를 보유할 수는 없다.

 ① 제635조 제2항
② 제635조 제1항
③ 제637조 제1항
④ 임대차기간의 약정이 있는 경우에도 당사자 일방 또는 쌍방이 그 기간 내에 해지할 권리를 보류한 때에는 해지통고의 규정을 준용한다〈제636조〉.

15 임대차에 관한 설명 중 옳지 않은 것은?

① 임차인이 유익비를 지출하였고, 임대차 종료시 그 가액의 증가가 현존한 경우에는 임대인은 임차인이 지출한 금액이나 그 증가액을 상환하여야 한다.
② 임대인이 임차인의 의사에 반하여 보존행위를 하는 경우에 임차인이 이로 인하여 임차의 목적을 달성할 수 없는 때에는 계약을 해지할 수 있다.
③ 부동산 임차인은 당사자 간에 반대약정이 없으면 임대인에 대하여 그 임대차등기절차에 협력할 것을 청구할 수 있다.
④ 건물소유를 목적으로 한 토지임대차에 있어서 이를 등기하지 아니한 경우 임차인이 그 지상건물을 등기한 것만으로는 제3자에 대하여 임대차의 효력이 생기지 않는다.

① 제626조 제2항
② 제625조
③ 제621조 제1항
④ 건물의 소유를 목적으로 한 토지임대차는 이를 등기하지 아니한 경우에도 임차인이 그 지상건물을 등기한 때에는 제3자에 대하여 임대차의 효력이 생긴다〈제622조 제1항〉.

Answer 12.① 13.③ 14.④ 15.④

12 임대차에 관한 다음 설명 중 가장 옳지 않은 것은? (다툼이 있는 경우 판례에 의함)

① 임차인이 임대인의 동의 없이 임차물을 전대하는 경우 임대인은 그로 인한 손해의 배상을 청구할 수는 있지만 임대차계약을 해지할 수는 없다.
② 임차인이 유익비를 지출한 경우에는 임대인은 임대차종료시에 그 가액의 증가가 현존한 때에 한하여 임차인의 지출한 금액이나 그 증가액을 상환하여야 한다.
③ 건물 기타 공작물의 임차인이 그 사용의 편익을 위하여 임대인의 동의를 얻어 이에 부속한 물건이 있는 때에는 임대차의 종료시에 임대인에 대하여 그 부속물의 매수를 청구할 수 있다.
④ 토지임차인의 차임연체 등 채무불이행을 이유로 임대차계약이 해지되는 경우 토지임차인으로서는 토지임대인에 대하여 지상건물의 매수를 청구할 수 없다.

 ① 임차인이 임대인의 동의를 받지 않고 제3자에게 임차권을 양도하거나 전대하는 등의 방법으로 임차물을 사용·수익하게 하더라도, 임대인이 이를 이유로 임대차계약을 해지하거나 그 밖의 다른 사유로 임대차계약이 적법하게 종료되지 않는 한 임대인은 임차인에 대하여 여전히 차임청구권을 가지므로, 임대차계약이 존속하는 한도 내에서는 제3자에게 불법점유를 이유로한 차임상당 손해배상청구나 부당이득반환청구를 할 수 없다(대판 2008.2.28, 2006다10323).
② 제626조 제2항
③ 제646조
④ 대판 1991.4.23, 90다19695

13 전대에 관한 다음 설명 중 옳지 않은 것은?

① 임차인은 임대인의 동의 없이 임차물을 전대하지 못한다.
② 임차인이 임대인의 동의를 얻어 임차물을 전대한 때에는 전차인은 직접 임대인에 대하여 의무를 부담한다.
③ 건물의 임차인이 그 건물의 소부분을 타인에게 사용하게 하는 경우에도 임차인의 전대에 관한 민법의 규정은 적용된다.
④ 임차인이 임대인의 동의를 얻어 임차물을 전대한 경우에는 임대인과 임차인의 합의로 계약을 종료한 때에는 전차인의 권리는 소멸하지 않는다.

해설 ① 제629조
② 제630조 제1항 본문
③ 전대에 관한 제629조부터 제631조까지의 규정은 건물의 임차인이 그 건물의 소부분을 타인에게 사용하게 하는 경우에 적용하지 아니한다(제632조).
④ 제631조

03 임대차

10 임대차에 관한 다음 설명 중 옳지 않은 것은?

① 차임은 동산, 건물이나 대지에 대하여는 매월말에, 기타 토지에 대하여는 매년말에 지급하여야 한다.
② 임차인이 유익비를 지출한 때에는 그 가액의 증가가 현존하는 때에 한하여 임차인의 지출한 금액이나 그 증가액을 상환 청구할 수 있다.
③ 경제사정의 변동으로 인하여 약정한 차임이 상당하지 않은 때에는 당사자는 장래에 대한 차임의 증감을 청구할 수 있다.
④ 임차인이 임차물의 보존에 관한 필요비를 지출한 때에는 임대인은 임대차 종료시에 그 가액의 증가가 현존한 때에 한하여 임차인의 지출한 금액이나 그 증가액을 상환하여야 한다

 ① 제633조
② 제626조 제2항
③ 제628조
④ 임차인이 임차물의 보존에 관한 필요비를 지출한 때에는 임대인에 대하여 그 상환을 청구할 수 있다(제626조 제1항).

11 임대차에 관한 다음 규정 중 그 규정에 위반하여 임차인에게 불리하게 약정하더라도 그 약정의 효력이 인정되는 것은? (다툼이 있는 경우 판례에 의함)

① 민법 제626조(임차인의 비용상환청구권)
② 민법 제627조(임차물의 일부 멸실 등과 감액청구, 해지권)
③ 민법 제628조(차임증감청구권)
④ 민법 제635조(기간의 약정 없는 임대차의 해지통고)

 ① 임의규정이다(제652조).
③④는 모두 강행규정으로(제652조) 이 규정에 위반하는 약정으로 임차인이나 전차인에게 불리한 것은 그 효력이 없다.

8 사용대차에 있어서 대주의 의무에 관한 설명으로 옳지 않은 것은?

① 사용대차는 당사자일방이 상대방에게 무상으로 사용, 수익하게 하기 위하여 목적물을 인도할 것을 약정하고 상대방은 이를 사용, 수익한 후 그 물건을 반환할 것을 약정함으로써 그 효력이 생긴다.
② 목적물을 유지·보수하는 등 차주의 사용·수익을 위하여 적극적으로 협력할 의무가 있다.
③ 상대부담이 있을 때에는 그 한도 내에서 매도인과 동일한 담보책임을 진다.
④ 대주가 하자 또는 흠결이 있음을 알고 있으면서 차주에게 고하지 않았을 때는 이로써 생긴 손해에 대하여 배상책임이 있다.

 ① 제609조
② 대주는 차주의 사용·수익을 용인하는 소극적인 의무만을 질뿐이다.
③ 제612조
④ 제611조

9 다음 중 사용대차의 종료 원인에 해당하지 않는 것은?

① 차주의 사망, 파산으로 인한 대주의 해지
② 차주의 의무위반을 이유로 하는 대주의 해지
③ 존속기간의 만료
④ 대주의 사망

 ① 제614조
② 제610조 제3항
③ 제613조
④ 차주가 사망하거나 파산선고를 받은 때에는 대주는 계약을 해지할 수 있으나(제614조) 대주의 사망은 사용대차의 종료원인이 아니다.

6 소비대차에 관한 설명으로 옳지 않은 것은?

① 제607조, 제608조는 강행규정이므로, 이와 다른 약정은 모두 무효이다.
② 금전대차의 경우에 차주가 금전에 갈음하여 유가증권 기타 물건의 인도를 받은 때에는 인도시의 가액으로써 차용액으로 한다.
③ 대물변제의 예약을 한 경우 그 재산의 예약 당시의 가액이 차용액 및 이에 붙인 이자의 합산액을 초과하지 못한다.
④ 대물변제의 예약의 목적물이 부동산이고 예약상의 권리를 보전하기 위해 가등기 또는 소유권이전등기를 한 경우에는 '가등기담보 등에 관한 법률'의 적용을 받는다.

> ✔해설 ① 편면적 강행규정으로 차주에게 불리한 약정만 무효이다(제608조).
> ② 제606조
> ③ 제607조
> ④ 가등기담보 등에 관한 법률은 차용물의 반환에 관하여 다른 재산권을 이전할 것을 예약한 경우에 적용되는 것이다(대판 1995.4.21, 94다26080).

02 사용대차

7 사용대차에 관한 다음 설명 중 옳지 않은 것은?

① 차주는 자기 재산과 동일한 주의의무로 목적물을 관리하면 된다.
② 차주는 차용물을 반환할 때에는 원상회복의무를 지며, 이에 부속시킨 물건은 철거할 수 있다.
③ 차주가 목적물에 비용을 지출하여 가액이 증대된 때에는 차주는 비용상환청구권을 가진다.
④ 수인이 공동하여 물건을 차용한 때에는 연대하여 그 의무를 부담한다.

> ✔해설 ① 사용대차의 목적물반환채무는 특정물인도채무이므로, 선량한 관리자의 주의의무를 부담한다(제374조).
> ② 제615조
> ③ 제611조 제2항
> ④ 제616조

Answer 4.② 5.④ 6.① 7.①

4 준소비대차와 경개에 관한 설명 중 옳지 않은 것은? (판례에 의함)

① 준소비대차계약의 당사자는 기초가 되는 기존 채무의 당사자이어야 하고, 기존 채무가 소비대차일 경우에도 성립한다.
② 현실적인 자금의 수수 없이 형식적으로만 신규 대출을 하여 기존 채무를 변제하는 이른바 대환이 있었던 사안에서 그 대환의 성질이 준소비대차로 인정되는 경우에는 특별한 사정이 없는 한 기존 채무에 대한 보증책임이 소멸한다.
③ 경개로 인한 신채무가 원인의 불법 또는 당사자가 알지 못한 사유로 인하여 성립되지 아니하거나 취소된 때에는 구채무는 소멸되지 아니한다.
④ 경개에 의하여 성립된 신채무의 불이행을 이유로 경개계약을 해제할 수는 없다.

 ① 준소비대차는 소비대차에 의하지 아니하고 금전 기타의 대체물을 지급할 의무가 있는 경우어 당사자가 그 목적물을 소비대차의 목적물로 할 것을 약정함으로써 당사자 사이에 소비대차의 효력이 생기는 것을 말하는 것으로서 기존 채무의 당사자가 그 채무의 목적물을 소비대차의 목적물로 한다는 합의를 할 것을 요건으로 하므로 준소비대차계약의 당사자는 기초가 되는 기존 채무의 당사자이어야 한다(대판 2002.12.06, 2001다2846).
② '대환'은, 특별한 사정이 없는 한 형식적으로는 별도의 대출에 해당하나 실질적으로는 기존채무의 변제기의 연장에 불과하므로 그 법률적 성질은 기존채무가 여전히 동일성을 유지한 채 존속하는 준소비대차로 보아야 할 것이나 채권자와 보증인 사이에 '대환'의 경우 보증인이 보증책임을 면하기로 약정을 한 경우 등 특별한 사정이 있는 경우에는 위의 경우와 달리 보증인은 그 보증책임을 면한다. 즉, 채권자와 보증인 사이에 보증인의 보증책임을 면제하기로 약정을 한 경우 등 특별한 사정이 있는 경우를 제외하고는 기존채무에 대한 보증책임이 존속된다.
③ 제504조 참조
④ 경개계약은 신채권을 성립시키고 구채권을 소멸시키는 처분행위로서 신채권이 성립되면 그 효과는 완결되고 경개계약 자체의 이행의 문제는 발생할 여지가 없으므로 경개에 의하여 성립된 신채무의 불이행을 이유로 경개계약을 해제할 수는 없다(대판 2003.2.11, 2002다62333).

5 소비대차의 담보책임에 관한 설명으로 옳지 않은 것은?

① 이자부 소비대차의 경우에는 매도인의 담보책임 규정을 준용한다.
② 이자 없는 소비대차의 경우 차주는 하자 있는 물건의 가액으로 반환할 수 있다.
③ 이자 없는 소비대차에 있어서 대주가 하자 있음을 알고서도 차주에게 고지하지 아니한 때에는 매도인의 담보책임 규정을 준용한다.
④ 대주가 담보책임을 부담하더라도 소비대차는 무상계약이므로 계약해제권, 완전물급부청구권 이외에 손해배상까지 청구하지는 못한다.

 ① 제602조 제1항
②③ 제602조 제2항
④ 소비대차의 대주가 담보책임을 지는 경우에는 매도인의 담보책임과 동일한 책임을 부담한다(제602조).

2 소비대차에 관한 다음 설명 중 옳지 않은 것은?

① 이자부 소비대차는 차주가 목적물의 인도를 받은 때로부터 이자를 계산하여야 한다.
② 이자부 소비대차의 경우 차주의 귀책사유로 수령을 지체할 때에는 대주가 이행을 제공한 때로부터 이자를 계산한다.
③ 이자 없는 소비대차는 목적물 인도전에 언제든지 계약을 해제할 수 있다.
④ 이자 없는 소비대차로 목적물 인도 전 계약이 해제된 경우에는 손해배상의 문제는 발생하지 않는다.

> ✔해설 ①② 제600조
> ③ 제601조 본문
> ④ 상대방에게 손해가 있다면 이를 배상하여야 한다(제601조 단서).

3 경개와 준소비대차에 대한 설명으로 옳지 않은 것은?

① 경개와 준소비대차는 모두 기존 채무를 소멸케 하고 신 채무를 성립시키는 계약이다.
② 경개는 구 채무와 신 채무 간에 동일성이 없지만, 준소비대차는 동일성을 가진다.
③ 당사자 간에 구 채무를 소멸시키고 신 채무를 성립시키는 약정을 한 경우에 이를 경개로 볼 것인가 준소비대차로 볼 것인가는 당사자의 의사에 따른다.
④ 당사자의 의사가 명확하지 않고, 특별한 사정이 없는 한 경개로 보아야 한다.

> ✔해설 ③④ 기존 채권 채무의 당사자가 그 목적물을 소비대차의 목적으로 할 것을 약정한 경우 그 약정을 경개로 볼 것인가 또는 준소비대차로 볼 것인가는 일차적으로 당사자의 의사에 의하여 결정되고 만약 당사자의 의사가 명백하지 않을 때에는 의사해석의 문제이나 특별한 사정이 없는 한 동일성을 상실함으로써 채권자가 담보를 잃고 채무자가 항변권을 잃게 되는 것과 같이 스스로 불이익을 초래하는 의사표시를 하였다고 볼 수는 없으므로 일반적으로 준소비대차라 보아야 할 것이다(대판 1989.6.27, 89다카2957).

Answer 1.② 2.④ 3.④

CHAPTER 03 소비대차 · 사용대차 · 임대차

01 소비대차

1 소비대차에 관한 설명 중 옳은 것은?

① 이자 있는 소비대차는 차주가 그 책임 있는 사유로 목적물의 수령을 지체할 때에는 그 후 대주가 상당한 기간을 정하여 다시 수령을 최고한 다음 그 기간 경과 후 이행을 제공한 때부터 이자를 계산하여야 한다.
② 이자 없는 소비대차의 당사자는 목적물의 인도전에는 언제든지 계약을 해제할 수 있다.
③ 반환시기의 약정이 없는 경우 대주는 상당한 기간을 정함이 없이 그 반환을 최고할 수 있다.
④ 대주가 목적물을 차주에게 인도하기 전에 당사자 일방이 파산신고를 받았다 하더라도 소비대차는 그 효력을 잃지 않는다.

✔해설 ① 이자 있는 소비대차는 차주가 목적물의 인도를 받은 때로부터 이자를 계산하여야 하며 차주가 그 책임 있는 사유로 수령을 지체할 때에는 대주가 이행을 제공한 때로부터 이자를 계산하여야 한다〈제600조〉.
② 이자 없는 소비대차의 당사자는 목적물의 인도전에는 언제든지 계약을 해제할 수 있다. 그러나 상대방에게 생긴 손해가 있는 때에는 이를 배상하여야 한다〈제601조〉.
③ 반환시기의 약정이 없는 때에는 대주는 상당한 기간을 정하여 반환을 최고하여야 한다〈제603조 제2항〉.
④ 대주가 목적물을 차주에게 인도하기 전에 당사자 일방이 파산선고를 받은 때에는 소비대차는 그 효력을 잃는다〈제599조〉.

02 교환

22 교환에 관한 다음 설명 중 옳지 않은 것은?

① 교환은 유상·쌍무·낙성·불요식계약이다.
② 교환의 목적물은 금전 기타 재산권이다.
③ 보충금 지급의 특약이 있는 때에는 그 금전에 대하여는 매매대금에 관한 규정을 적용한다.
④ 교환은 유상계약이므로 매매에 관한 규정이 준용된다.

> ✔ 해설 ② 교환의 목적물은 금전 이외의 재산권이라는 점에서 매매와 다르다.
> ③ 제597조
> ④ 제597조

Answer 20.④ 21.③ 22.②

20 다음 중 환매에 관한 설명으로 옳지 않은 것은?

① 환매는 소유권이전형식에 의한 담보작용을 한다.
② 환매특약은 매매계약과 동시에 하여야 한다.
③ 환매 목적물의 과실과 대금의 이자는 특별한 약정이 없으면 상계한 것으로 본다.
④ 환매의 목적은 부동산에 한하며 등기를 요한다.

✔ 해설 ①② 제590조 제1항
③ 제590조 제3항
④ 구 민법은 환매의 목적물을 부동산에 한정하였으나, 현행 민법은 동산·부동산, 기타 재산권을 포함한다.

21 환매에 관한 다음 설명 중 옳지 않은 것은?

① 환매기간을 정하지 아니한 때에는 부동산은 5년, 동산은 3년으로 한다.
② 환매기간을 정한 때에는 부동산은 5년, 동산은 3년을 초과하지 못하며, 이를 넘은 경우에는 위 기간으로 단축된다.
③ 환매기간은 필요에 따라 연장할 수 있다.
④ 동산·부동산 이외의 재산권의 경우에는 법률상 부동산에 준하여 다루어지는 것은 5년, 동산에 준하여 다루어지는 것은 3년을 기준으로 하여 정한다.

✔ 해설 ① 제591조 제3항
② 제591조 제1항
③ 환매기간은 한번 정하면 다시 연장할 수 없다(제591조 제2항).

✅ 해설 ① 민법 제578조 제1항의 채무자에는 임의경매에 있어서의 물상보증인도 포함되는 것이므로 경락인이 그에 대하여 적법하게 계약해제권을 행사했을 때에는 물상보증인은 경락인에 대하여 원상회복의 의무를 진다(대판 1988.4.12, 87다카2641).
② 경락인이 강제경매절차를 통하여 부동산을 경락받아 대금을 납부하고 그 앞으로 소유권이전등기까지 마쳤으나, 그 후 위 강제집행의 채무명의가 된 약속어음공정증서가 위조된 것이어서 무효라는 이유로 그 소유권이전등기의 말소를 명하는 판결이 확정됨으로써 경매 부동산에 대한 소유권을 취득하지 못하게 된 경우 경락인은 경매 채권자에게 경매 대금 중 그가 배당받은 금액에 대하여 일반 부당이득의 법리에 따라 반환을 청구할 수 있을 뿐, 민법 제578조 제2항에 의한 담보책임을 물을 수는 없다(대판 1991.10.11, 91다21640).
③ 대판 2003.4.25, 2002다70075
④ 대판 1999.9.17, 97다54024

19 매도인의 하자담보책임에 관한 다음의 설명 중 가장 옳지 않은 것은? (다툼이 있는 경우 판례에 의함)

① 매매의 목적물에 하자가 있는 때에는 매수인은 그 사실을 안 날로부터 6월내에 손해배상청구권을 행사할 수 있고 위 기간은 제척기간이다.
② 경매로 취득한 목적물에 하자가 있는 경우에는 하자담보책임을 물을 수 없다.
③ 매수인이 매매 목적물을 인도받더라도 매매 목적물에 하자가 있음을 알지 못한 때에는 하자담보에 기한 매수인의 손해배상청구권은 소멸시효로 소멸하지 않는다.
④ 하자담보책임으로 인한 손해배상을 청구하는 경우, 배상 권리자에게 그 하자를 발견하지 못한 잘못으로 손해를 확대시킨 과실이 인정된다면 법원은 매도인의 손해배상의 범위를 정함에 있어서 이를 참작하여야 한다.

① 제582조
② 제580조 제2항
③ 매도인에 대한 하자담보에 기한 손해배상청구권에 대하여는 민법 제582조의 제척기간이 적용되고, 이는 법률관계의 조속한 안정을 도모하고자 하는 데에 취지가 있다. 그런데 하자담보에 기한 매수인의 손해배상청구권은 권리의 내용·성질 및 취지에 비추어 민법 제162조 제1항의 채권 소멸시효의 규정이 적용되고, 민법 제582조의 제척기간 규정으로 인하여 소멸시효 규정의 적용이 배제된다고 볼 수 없으며, 이때 다른 특별한 사정이 없는 한 무엇보다도 매수인이 매매 목적물을 인도받은 때부터 소멸시효가 진행한다고 해석함이 타당하다(대판 2011.10.13, 2011다10266).
④ 하자담보책임으로 인한 손해배상 사건에 있어서 배상 권리자에게 그 하자를 발견하지 못한 잘못으로 손해를 확대시킨 과실이 인정된다면 법원은 손해배상의 범위를 정함에 있어서 이를 참작하여야 하며, 이 경우 손해배상의 책임을 다투는 배상 의무자가 배상 권리자의 과실에 따른 상계 항변을 하지 않더라도 소송에 나타난 자료에 의하여 그 과실이 인정되면 법원은 직권으로 이를 심리·판단하여야 한다(대판 1995.6.30, 94다23920).

Answer 17.③ 18.② 19.③

17 다음 중 매도인의 하자담보책임의 내용을 모두 고른 것은?

> ㉠ 하자보수청구권　　　　　　　㉡ 손해배상청구권
> ㉢ 계약해제권　　　　　　　　　㉣ 대금감액청구권
> ㉤ 완전물인도청구권

① ㉠㉡㉤　　　　　　　　　　　② ㉡㉢㉣
③ ㉡㉢㉤　　　　　　　　　　　④ ㉠㉡㉢㉣㉤

 ㉠ 하자보수청구권은 도급에서의 담보책임이다(제667조).
㉡㉢㉤ 하자담보책임이 인정되는 경우 매수인은 계약해제권, 손해배상청구권 등의 행사가 가능하며(제580조 제1항, 제575조 제1항), 매매 목적물이 종류물인 때에는 계약의 해제 또는 손해배상의 청구를 하지 아니하고 완전물 인도청구를 할 수도 있다(제581조 제2항).
㉣ 대금감액청구권은 일부 타인의 권리의 매매(제572조 제1항), 수량부족·일부멸실인 목적물의 매매(제574조)에 관하여 인정된다.

18 경매채무자와 대금을 배당받은 경매채권자가 지는 민법 제578조의 담보책임에 관한 다음 설명 중 옳지 않은 것은? (다툼이 있는 경우 판례에 의함)

① 민법 제578조 제1항에 따라 담보책임을 지는 '채무자'에는 임의경매에 있어서의 물상보증인도 포함된다.
② 강제집행의 집행권원이 된 약속어음공정증서가 위조된 것이어서 강제경매절차의 경락인이 경매 부동산에 대한 소유권을 취득하지 못하게 되었다면, 경락인은 민법 제578조 제1항, 제2항에 따라 경매채무자와 경매채권자에게 담보책임을 물을 수 있다.
③ 강제경매의 채무자가 입찰 기일 이후 낙찰대금지급기일 직전에 선순위 근저당권을 소멸시켜 후순위 임차권의 대항력을 존속시키고도 이를 낙찰자에게 고지하지 아니하여 낙찰자가 대항력 있는 임차권의 존재를 알지 못한 채 낙찰대금을 지급하였다면, 경매채무자는 민법 제578조 제3항에 따라 낙찰자가 입게 된 손해를 배상할 책임이 있다.
④ 경매절차에서 소유권이전청구권 가등기가 경료된 부동산을 경락받았으나 가등기에 기한 본등기가 경료되지 않은 경우에는 아직 경락인이 그 부동산의 소유권을 상실한 것이 아니므로 민법 제578조에 의한 손해배상책임이 성립되었다고 볼 여지가 없다.

15 경매에 있어서의 담보책임에 관한 설명 중 옳지 않은 것은?

① 경매는 공경매에 한한다.
② 경매에 있어서도 권리의 하자로 인한 담보책임뿐만 아니라, 물건의 하자로 인한 담보책임도 인정된다.
③ 권리의 하자가 있는 경우 채무자가 자력이 없는 때에는 경락인은 대금의 배당을 받은 채권자에 대하여 그 대금전부나 일부의 반환을 청구할 수 있다.
④ 채무자가 물건 또는 권리의 흠결을 알고 고지하지 아니하거나 채권자가 이를 알고 경매를 청구한 때에는 경락인은 그 흠결을 안 채무자나 채권자에 대하여 손해배상을 청구할 수 있다.

 ② 경매에는 물건의 하자담보책임이 인정되지 않는다(제580조 제2항).
③ 제578조 제2항
④ 제578조 제3항

16 채권매매에 있어서의 매도인의 담보책임에 관한 설명으로 옳지 않은 것은?

① 채권을 매매의 목적으로 하는 경우에 매수인이 채권을 행사하여 만족을 얻지 못하는 것이 채권의 하자이다.
② 채권매도인이 채무자의 자력을 담보한 때에는 변제기의 자력을 담보한 것으로 추정한다.
③ 변제기에 도래하지 않은 채권의 매도인이 채무자의 자력을 담보한 때에는 변제기의 자력을 담보한 것으로 추정한다.
④ 변제기의 약정 없는 채권에 대하여 채무자의 장래의 자력을 담보한 때에는 실제로 변제될 때까지 매도인이 채무자의 자력을 담보하는 것으로 해석한다.

② 매매계약 당시의 자력을 담보한 것으로 추정한다(제579조 제1항).
③ 제579조 제2항
④ 통설의 견해이다.

12 다음 중 선의의 매수인이 언제든지 해제권을 행사할 수 있는 경우는?

① 권리의 일부가 타인에게 속하여 이전할 수 없는 때
② 권리의 전부가 타인에게 속하여 이전할 수 없는 때
③ 목적물의 수량이 부족하거나 목적물의 일부가 계약 당시에 이미 멸실된 때
④ 매매의 목적물이 지상권, 지역권, 전세권, 질권 또는 유치권의 목적이 된 때

> **해설** ①③ 선의의 매수인은 잔존한 부분만의 매수는 하지 아니하였을 경우에만 해제할 수 있다(제572조 제2항, 제574조).
> ④ 선의의 매수인은 이로 인하여 계약의 목적을 달성할 수 없는 경우에 한하여 해제할 수 있다(제575조 제1항).

13 다음 중 매수인의 권리행사기간이 다른 것은?

① 일부 타인의 권리의 매매
② 수량부족·일부멸실인 목적물의 매매
③ 하자 있는 특정물의 매매
④ 용익권에 의한 제한을 받는 목적물의 매매

> **해설** ①② 매수인이 선의인 경우에는 사실을 안 날로부터, 악의인 경우에는 계약한 날로부터 1년 내에 행사하여야 한다(제573조, 제574조).
> ③ 6월의 제척기간에 걸린다(제582조).
> ④ 매수인이 그 사실을 안 날로부터 1년 내에 행사하여야 한다(제575조 제3항).

14 다음 중 매도인의 담보책임과 계약해제권에 관한 설명으로 옳지 않은 것은?

① 선의의 매수인은 매매의 목적물이 제한물권의 목적이 된 경우, 이로 인하여 계약의 목적을 달성할 수 없을 때에는 계약을 해제할 수 있다.
② 매매의 목적물에 설정된 저당권, 전세권의 실행으로 매수인이 목적물의 소유권을 얻지 못하거나, 취득한 소유권을 잃은 때에는 매수인은 계약을 해제할 수 있다.
③ 악의의 매수인이더라도 매매의 목적인 권리의 일부가 타인에게 속하여 매매의 목적을 달성할 수 없게 된 경우 잔존한 부분만으로는 매수하지 않았을 때에는 계약을 해제할 수 있다.
④ 타인의 권리의 매매에 있어서 목적을 달성할 수 없게 된 경우 계약을 해제할 수 있다.

> **해설** ① 제575조 제1항
> ② 제576조 제1항
> ④ 제570조
> ③ 선의의 매수인만이 해제할 수 있다(제572조 제2항).

11 매매의 예약에 관한 다음의 설명 중 옳지 않은 것은? (다툼이 있는 경우 판례에 의함)

① 매매예약의 완결권은 일종의 형성권으로서 당사자 사이에 그 행사기간을 약정한 때에는 그 기간 내에, 그러한 약정이 없는 때에는 그 예약이 성립한 때로부터 10년 내에 이를 행사하여야 하고, 그 기간을 지난 때에는 예약완결권은 제척기간의 경과로 인하여 소멸한다.

② 매매의 일방예약에서 매매예약의무자가 그 예약 성립 후 9년이 경과할 무렵 매매예약권리자에게 완결권이 있음을 확인한다는 각서를 작성해주었더라도 매매예약완결권 행사기간은 중단되지 않는다.

③ 매매의 일방예약에서 예약완결권의 행사기간이 경과된 경우에는 예약자의 상대방이 예약 목적물인 부동산을 인도받은 경우라도 예약완결권은 소멸한다.

④ 매매의 일방예약에서 당사자 사이에 매매예약완결권을 행사할 수 있는 시기를 특별히 약정한 경우에는 매매예약완결권의 행사기간은 당초 권리의 발생일로부터 10년간의 기간이 경과되더라도 만료되지 않고, 그 약정에 따라 권리를 행사할 수 있는 때로부터 10년이 되는 날까지로 연장된다.

> ✔ 해설 ① 민법 제564조가 정하고 있는 매매의 일방예약에서 예약자의 상대방이 매매완결의 의사를 표시하여 매매의 효력을 생기게 하는 권리(이른바 예약완결권)는 일종의 형성권으로서 당사자 사이에 그 행사기간을 약정한 때에는 그 기간내에, 그러한 약정이 없는 때에는 예약이 성립한 때부터 10년 내에 이를 행사하여야 하고 위 기간을 도과한 때에는 상대방이 예약목적물인 부동산을 인도받은 경우라도 예약완결권은 제척기간의 경과로 인하여 소멸된다(대판 1992.7.28, 91다44766).
> ② 매매예약의 완결권은 일종의 형성권으로서 당사자 사이에 그 행사기간을 약정한 때에는 그 기간은 제척기간이다. 제척기간에 있어서는 소멸시효와 같이 기간의 중단이 있을 수 없다(대판 2003.1.10, 2000다26425).
> ③ 대판 1997.7.25, 96다47494,47500
> ④ 제척기간은 법률관계를 조속히 확정시키려는 데 그 제도의 취지가 있는 것으로서, 소멸시효와 달리 그 기간의 경과 자체만으로 곧 권리 소멸의 효과가 있게 하는 것이다. 그 기간 진행의 기산점은 특별한 사정이 없는 한 원칙적으로 권리가 발생한 때이고, 당사자 사이에 매매예약 완결권을 행사할 수 있는 시기를 특별히 약정한 경우에도 그 제척기간은 당초 권리의 발생일로부터 10년간의 기간이 경과되면 만료되는 것이지 그 기간을 넘어서 그 약정에 따라 권리를 행사할 수 있는 때로부터 10년이 되는 날까지로 연장된다고 볼 수 없다(대판 1995.11.10, 94다22682).

Answer 9.④ 10.④ 11.④

9 매매의 예약에 관한 다음 설명 중 옳지 않은 것은? (다툼이 있는 경우 판례에 의함)

① 당사자의 다른 약정이나 관습이 없는 한, 유상계약의 예약은 일방예약으로 추정한다.
② 예약완결권 행사기간의 정함이 없을 때에는 예약자는 상당한 기간을 정하여 매매완결 여부의 확답을 최고할 수 있다.
③ 예약완결권 행사에 대한 상당기간의 최고하였으나 기간 내에 확답이 없는 경우 예약은 그 효력을 잃는다.
④ 예약완결권은 행사할 수 있었던 때로부터 5년의 소멸시효에 걸린다.

① 제564조 제1항
② 제564조 제2항
③ 제564조 제3항
④ 예약완결권은 형성권으로 10년의 제척기간에 걸린다.

10 권리의 일부가 타인에게 속하는 경우에 매도인의 담보책임에 관한 설명으로 옳지 않은 것은?

① 선의의 매수인은 대금감액청구 또는 전부의 해제 외에 손해배상청구도 할 수 있다.
② 매수인은 악의인 경우에도 대금감액청구권을 가진다.
③ 매수인은 선의인 경우에 한하여 계약해제권을 가진다.
④ 매수인은 계약한 날로부터 1년 내에 대금감액청구권, 계약해제권, 손해배상청구권 등을 행사 하여야 한다.

① 제572조 제3항
② 제572조 제1항
③ 제572조 제2항
④ 선의의 매수인은 사실을 안 날로부터, 악의의 매수인은 계약한 날로부터 1년 내에 권리를 행사하여야 한다(제573조).

7 매매에 관한 다음 설명 중 옳지 않은 것은?

① 매매 목적물의 인도와 동시에 대금을 지급할 경우에는 그 인도장소에서 이를 지급하여야 한다.
② 매매의 당사자 일방에 대한 의무이행의 기한이 있다 하더라도, 상대방의 의무이행에 대하여도 동일한 기한이 있는 것으로 추정할 수는 없다.
③ 매매 목적물에 대하여 권리를 주장하는 자가 있어 매수인이 매수한 권리의 전부나 일부를 잃을 염려가 있다면 매수인은 그 위험의 한도에서 대금지급을 거절할 수 있다.
④ 매매 목적물에 권리주장자가 있는 경우 매수인이 상당한 담보를 제공한 때에는 대금지급을 거절할 수 없다.

> ✔해설 ① 제586조
> ② 동일한 기한이 있는 것으로 추정한다〈제585조〉.
> ③④ 제588조

8 해약금계약에 관한 다음 설명 중 옳지 않은 것은?

① 금전 기타의 유가물의 교부를 요건으로 하는 요물계약이다.
② 매매계약 당시에 금전 기타 물건을 계약금, 보증금 등의 명목으로 상대방에게 교부한 때에는 당사자 간에 다른 약정이 없는 한 이를 해약금으로 추정한다.
③ 해약금이 교부된 경우 이행에 착수할 때까지 교부자는 이를 포기하고 수령자는 그 배액을 배상하여 매매계약을 해제할 수 있다.
④ 해약금에 의한 해제의 경우 손해배상청구에 영향을 미치지 않는다.

> ✔해설 ①②③ 제565조 제1항
> ④ 해약금에 의한 해제의 경우 별도의 손해배상 문제는 발생하지 않는다〈제565조 제2항〉.

Answer 5.① 6.③ 7.② 8.④

02 매매

5 매매에 관한 다음 설명 중 옳지 않은 것은?

① 매매계약에 관한 비용은 매수인이 부담함이 원칙이다.
② 매매의 목적인 권리이전과 대금지급은 동시이행관계에 있다.
③ 매매의 일방예약은 상대방이 매매를 완결할 의사를 표시하는 때에 매매의 효력이 생긴다.
④ 매도인이 매매계약과 동시에 환매할 권리를 보류한 때에는 그 영수한 대금 및 매수인이 부담한 매매비용을 반환하고 그 목적물을 환매할 수 있다.

 ① 매매계약에 관한 비용은 당사자 쌍방이 균분하여 부담함이 원칙이다〈제566조〉.
② 제563조
③ 제564조 제1항
④ 제590조 제1항

6 매매에 관한 다음 설명 중 옳은 것은?

① 매매의 목적물은 동산·부동산에 한한다.
② 매매의 목적물은 계약 당시에 현존해야 한다.
③ 처분권한 없는 자의 매매도 유효하다.
④ 매매의 대가로 금전 이외의 현물을 요하는 경우에도 매매의 규정이 적용된다.

 ① 매매의 목적물은 동산·부동산뿐만 아니라, 권리의 매매도 가능하다.
② 매매의 목적물은 매매 당시에 현존할 필요는 없고, 이행시에 현존하면 된다.
④ 교환에 관한 규정이 적용된다〈제596조〉.

3 증여에 관한 다음 설명 중 옳지 않은 것은?

① 증여의 의사가 서면으로 표시되지 아니한 때에는 각 당사자는 이를 해제할 수 있다.
② 정기의 급여를 목적으로 한 증여는 증여자 또는 수증자의 사망으로 인하여 소멸한다.
③ 부담부 증여라 하더라도 부담부분이 대가관계를 이루는 것은 아니므로 증여자가 이에 대한 담보책임을 지지는 않는다.
④ 증여자가 증여물의 하자나 흠결을 알고 수증자에게 고지하지 아니한 때에는 그 하자나 흠결에 대하여 책임을 진다.

 해설
① 제555조
② 제560조
③ 부담부 증여의 경우 증여자는 그 부담의 한도에서 매도인과 같은 담보의 책임이 있다(제559조 제2항 참조).
④ 제559조 제1항

4 다음 중 증여의 해제권에 관한 설명으로 옳지 않은 것은?

① 수증자의 망은행위로 인한 해제권은 해제원인 있음을 안 날로부터 6월을 경과하면 소멸한다.
② 수증자의 망은행위에 증여자가 용서의 의사표시를 한 때에도 해제권은 소멸한다.
③ 망은행위로 인한 증여의 해제로 이미 이행한 부분에 대하여는 원상회복의무가 발생한다.
④ 증여자의 불이행을 원인으로 하는 계약해제권의 발생도 가능하다.

 해설
① 제556조 제2항 전단
② 제556조 제2항 후단
③ 증여계약의 해제는 이미 이행한 부분에 대하여는 영향을 미치지 아니한다(제558조).
④ 증여도 계약이므로 불이행에 기인한 계약해제권이 발생한다.

Answer 1.② 2.① 3.③ 4.③

CHAPTER 02 증여 · 매매 · 교환

01 증여

1 증여에 관한 다음 설명 중 옳지 않은 것은?

① 무상 · 낙성 · 편무 · 불요식계약이다.
② 부담부 증여는 유상 · 쌍무계약이다.
③ 사인증여에는 유증에 관한 규정이 적용된다.
④ 증여는 재산을 무상으로 수여하는 행위이지만 수증자의 동의를 필요로 한다.

> **해설** ② 부담은 증여에 대해 대가관계에 있는 것은 아니므로 부담부 증여는 여전히 무상 · 편무계약일 뿐이다.
> ③ 제562조
> ④ 증여는 계약이므로, 증여자의 청약에 수증자의 승낙(동의)이 있어야 한다〈제554조〉.

2 증여자에게 해제권이 발생하는 경우에 관한 설명으로 옳지 않은 것은?

① 증여계약 후에 증여자의 재산상태가 변경된 때
② 수증자가 증여자 또는 그 배우자나 직계혈족에 대한 범죄행위를 한 때
③ 증여자에 대하여 부양의무가 있는 경우 이를 이행하지 않은 때
④ 서면에 의하지 아니한 증여를 한 때

> **해설** ① 재산상태가 현저히 변경되고, 그 이행으로 인하여 생계에 중대한 영향을 미칠 경우에 해제권이 발생한다〈제557조〉.
> ② 제556조 제1항 제1호
> ③ 제556조 제1항 제2호
> ④ 제555조

30 계약의 해지에 관한 설명으로 옳지 않은 것은?

① 해지가 인정되는 것은 계속적 채권관계이다.
② 해지로 인하여 계약은 장래에 대하여 그 효력을 잃는다.
③ 계약의 해지는 손해배상에 영향을 미치지 않는다.
④ 해지로 인하여 당사자는 원상회복의무를 부담하며, 반환할 금전에는 그 받은 날로부터 이자를 계산하여 반환해야 한다.

 해설
② 제550조
③ 제551조
④ 원상회복의무를 부담하나 장래에 향하여 효력을 잃을 뿐이므로〈제550조〉, 해지권을 행사한 날로부터 이자를 계산할 뿐이다.

29 해제에 대한 다음 설명 중 가장 옳지 않은 것은? (다툼이 있는 경우 판례에 의함)

① 상속재산 분할협의는 공동상속인들 사이에 이루어지는 일종의 계약으로서, 공동상속인들은 이미 이루어진 상속재산분할협의의 전부 또는 일부를 전원의 합의에 의하여 해제한 다음 다시 새로운 분할협의를 할 수 있다.

② 계약 후 당사자 쌍방의 계약 실현 의사의 결여 또는 포기가 쌍방 당사자의 표시행위에 나타난 의사의 내용에 의하여 객관적으로 일치하는 경우에는, 그 계약은 계약을 실현하지 아니할 당사자 쌍방의 의사가 일치됨으로써 묵시적으로 해지되었다고 해석함이 상당하다.

③ 채권자가 채무자에게 지급하여야 할 채무의 이행을 최고한 것을 부적법한 이행의 최고라고 할 수는 없다고 할지라도 그 이행을 지체하게 된 전후 사정, 그 이행에 관한 당사자의 태도, 소송의 경과 등 제반 사정에 비추어 보아 채무자가 최고기간 또는 상당한 기간 내에 이행하지 아니한 데에 정당한 사유가 있다고 여겨질 경우에는 신의칙상 그 최고기간 또는 상당한 기간 내에 이행 또는 이행의 제공이 없다는 이유로 해제권을 행사하는 것이 제한될 수 있다.

④ A의 적법한 대리인 B에 의하여 C와 계약이 체결되었는데 C가 계약상 채무불이행을 이유로 계약을 해제한 경우, B가 수령한 계약상 급부를 A가 현실적으로 인도받지 못하였다거나 계약상 채무불이행에 관하여 B에게 책임 있는 사유가 있다면 A가 아닌 B가 해제로 인한 원상회복의무를 부담한다.

✓ 해설 ① 상속재산 분할협의는 공동상속인들 사이에 이루어지는 일종의 계약으로서, 공동상속인들은 이미 이루어진 상속재산 분할협의의 전부 또는 일부를 전원의 합의에 의하여 해제한 다음 다시 새로운 분할협의를 할 수 있다. 상속재산 분할협의가 합의해제 되면 그 협의에 따른 이행으로 변동이 생겼던 물권은 당연히 그 분할협의가 없었던 원상태로 복귀하지만, 민법 제548조 제1항 단서의 규정상 이러한 합의해제를 가지고서는, 그 해제 전의 분할협의로부터 생긴 법률효과를 기초로 하여 새로운 이해관계를 가지게 되고 등기·인도 등으로 완전한 권리를 취득한 제3자의 권리를 해하지 못한다(대판 2004.7.8. 2002다73203).

② 계약이 합의해제되기 위하여는 일반적으로 계약이 성립하는 경우와 마찬가지로 계약의 청약과 승낙이라는 서로 대립하는 의사표시가 합치될 것을 그 요건으로 하는 것이지만, 계약의 합의해제는 명시적인 경우뿐만 아니라 묵시적으로도 이루어질 수 있는 것이므로 계약 후 당사자 쌍방의 계약 실현 의사의 결여 또는 포기가 쌍방 당사자의 표시행위어 나타난 의사의 내용에 의하여 객관적으로 일치하는 경우에는, 그 계약은 계약을 실현하지 아니할 당사자 쌍방의 의사가 일치됨으로써 묵시적으로 해제되었다고 해석함이 상당하다(대판 1998.1.20. 97다43499).

③ 채권자가 적법한 이행의 최고를 하였으나 채무자가 그 최고기간 또는 상당한 기간 내에 이행하지 아니한 데에 정당한 사유가 있는 경우, 이행지체를 이유로 한 해제권 행사가 제한된다(대판 2013.6.27. 2013다14880).

④ 계약이 적법한 대리인에 의하여 체결된 경우에 대리인은 다른 특별한 사정이 없는 한 본인을 위하여 계약상 급부를 변제로서 수령할 권한도 가진다. 그리고 대리인이 그 권한에 기하여 계약상 급부를 수령한 경우에, 그 법률효과는 계약 자체에서와 마찬가지로 직접 본인에게 귀속되고 대리인에게 돌아가지 아니한다. 따라서 계약상 채무의 불이행을 이유로 계약이 상대방 당사자에 의하여 유효하게 해제되었다면, 해제로 인한 원상회복의무는 대리인이 아니라 계약의 당사자인 본인이 부담한다. 이는 본인이 대리인으로부터 그 수령한 급부를 현실적으로 인도받지 못하였다거나 해제의 원인이 된 계약상 채무의 불이행에 관하여 대리인에게 책임 있는 사유가 있다고 하여도 다른 특별한 사정이 없는 한 마찬가지라고 할 것이다(대판 2011.8.18. 2011다30871).

26 다음 중 최고 없이 계약을 해제할 수 있는 경우가 아닌 것은?

① 채무자가 처음부터 이행을 거절했을 때
② 불완전이행의 경우 완전이행이 불가능한 때
③ 정기행위인 계약에서 이행지체에 빠진 때
④ 확정기한부 채권이 이행기가 도래하여 이행지체에 빠져 있는 때

 ① 제544조 단서
② 해석상 최고 없이 해제가 가능하다.
③ 제545조
④ 이행지체에 빠진 때에는 상당한 기간을 정하여 이행을 최고해야 계약의 해제가 가능하다〈제544조〉.

27 다음 중 계약해제로 인한 원상회복의무에 관한 설명으로 옳지 않은 것은?

① 원물반환이 원칙이고 예외적으로 가액반환을 인정한다.
② 계약해제에 관한 원상회복의무는 부당이득반환의 성격을 가진 것으로 민법 제548조는 제741조의 특칙적인 규정이다.
③ 원상회복의무는 쌍무계약에 기한 것이 아니므로 동시이행의 항변권은 적용되지 않는다.
④ 채무자가 목적물을 이용한 때에는 사용함으로써 얻은 이익을 반환하여야 하며, 그것이 금전인 때에는 받은 날로부터 이자를 가산하여야 한다.

 ① 원물반환이 원칙이고, 원물이 멸실·훼손 등으로 반환할 수 없는 경우에는 가액반환을 한다.
② 통설의 견해이다.
③ 원상회복의무에도 동시이행의 항변권이 준용된다〈제549조〉.
④ 제548조 제2항

28 해제권의 소멸원인이 될 수 없는 것은?

① 10년의 제척기간의 경과
② 해제권자의 목적물 멸실 또는 반환 불능
③ 해제권자의 목적물 가공 또는 개조
④ 상대방의 고의·과실에 의한 목적물 멸실 또는 훼손

① 해제권은 형성권이므로, 10년의 제척기간에 걸린다.
②③ 제553조
④ 계약 상대방의 고의·과실에 의한 목적물의 멸실 또는 훼손은 해제권의 발생원인이 된다.

Answer 23.① 24.④ 25.④ 26.④ 27.③ 28.④

23 계약의 해제에 대한 설명 중 옳지 않은 것은?

① 계약해제의 의사표시는 철회할 수 있다.
② 계약의 해제는 손해배상의 청구에 영향을 미치지 않는다.
③ 해제권자의 과실로 인하여 계약의 목적물을 반환할 수 없게 된 때에는 해제권은 소멸한다.
④ 당사자의 일방 또는 쌍방이 수인인 경우에 계약의 해제는 그 전원으로부터 또는 전원에 대하여 하여야 한다.

 ① 계약해제의 의사표시는 철회하지 못한다〈제543조 제2항〉.
② 제551조
③ 제553조
④ 제547조 제1항

24 법률행위의 취소와 계약의 해제에 관한 설명 중 옳지 않은 것은?

① 취소권과 해제권은 모두 형성권이며, 원칙적으로 소급효가 있다.
② 취소권은 법률의 규정에 의해서 발생하나, 해제권은 당사자 간의 특약에 의해서도 발생한다.
③ 취소는 모든 법률행위에서 인정되지만, 해제는 계약에만 인정된다.
④ 취소권과 해제권은 그 행사로 원상회복의무가 생긴다.

 ① 제141조, 제548조 제1항
② 취소권은 무능력자, 하자 있는 의사표시를 한 자, 그 대리인 또는 승계인에 한하여 취소할 수 있으나, 해제권은 계약에 의해 얼마든지 발생할 수 있다.
④ 취소와 해제의 효과는 법률행위의 소급적 무효이므로, 법률상 원인 없이 취득한 이익의 반환인 부당이득반환의 규정〈제741조〉에 따를 것이나, 계약의 해제에 관하여는 따로 원상회복의무〈제548조 제1항〉를 규정하고 있다.

25 다음 중 해제에 관한 설명으로 옳지 않은 것은?

① 이행지체로 계약을 해제하려면 원칙적으로 최고를 해야 한다.
② 이행지체의 경우라도 채무자가 미리 이행하지 아니할 의사표시를 한 경우에는 최고 없이 해제할 수 있다.
③ 이행불능으로 해제하는 경우에는 최고를 요하지 않는다.
④ 정기행위의 이행지체인 경우 채무자는 최고 후에 계약을 해제할 수 있다.

 ① 제544조 본문
② 제544조, 제555조
③ 제546조 참조
④ 일정한 시일 또는 기간 내에 이행하지 않으면 계약의 목적을 달성할 수 없는 정기행위를 이행지체한 경우에는 최고 없이 계약을 해제할 수 있다〈제545조〉.

03 계약의 해제 · 해지

21 다음 설명 중 옳지 않은 것은?

① 정기행위의 경우에는 당사자 일방이 그 시기에 이행하지 않은 때에는 상대방은 최고 없이 계약을 해제할 수 있다.
② 당사자 일방이 계약을 해제한 때에는 각 당사자는 그 상대방에 대하여 원상회복의 의무가 있다.
③ 계약의 해제 또는 해지는 손해배상의 청구에 영향을 미치지 아니한다.
④ 매매계약에 있어서 매수인이 수인인 경우에 매도인이 매매계약을 해제할 때에는 매수인 중 1인에 대하여 해제의 의사표시를 하면 된다.

 ① 제545조
② 제548조 제1항 본문
③ 제551조
④ 당사자의 일방 또는 쌍방이 수인인 경우에는 계약의 해지나 해제는 그 전원으로부터 또는 전원에 대하여 하여야 한다〈제547조 제1항〉.

22 민법의 규정에 비추어 볼 때 다음 중 계약해제와 해지에 대한 설명으로 옳지 않은 것은?

① 계약의 해제 또는 해지는 손해배상의 청구에 영향을 미치지 않는다.
② 당사자 일방이 계약을 해지한 경우 계약은 장래에 대하여 그 효력을 잃는다.
③ 이행지체의 경우 상대방은 즉각 이행할 것을 최고하고, 즉시 계약을 해제할 수 있다.
④ 당사자의 일방 또는 쌍방이 수인인 경우 계약의 해제나 해지는 그 전원으로부터 또는 전원에 대하여 하여야 한다.

 당사자 일방이 그 채무를 이행하지 아니하는 때에는 상대방은 상당한 기간을 정하여 그 이행을 최고하고 그 기간 내에 이행하지 아니한 때에는 계약을 해제할 수 있다. 그러나 채무자가 미리 이행하지 아니할 의사를 표시한 경우에는 최고를 요하지 아니한다〈제544조〉.

Answer 19.① 20.① 21.④ 22.③

19 다음 중 제3자를 위한 계약에 관한 설명으로 옳지 않은 것은?

① 제3자는 낙약자에게 이행을 청구하고, 불이행을 이유로 계약을 해제할 수도 있다.
② 요약자는 낙약자에 대해 제3자에 대한 이행을 청구하고, 채무불이행을 이유로 계약을 해제할 수도 있다.
③ 제3자는 계약이행 당시에 현존하고 있어야 하는 것은 아니다.
④ 수익을 받는 제3자는 민법의 제3자 보호규정에서 말하는 제3자에 해당되지 않는다.

> **해설** ①② 요약자는 계약의 당사자로서 낙약자의 불이행을 이유로 계약을 해제할 수 있는 권리가 있지만, 제3자는 계약의 당사자가 아니므로 계약해제권은 발생하지 않는다(대판 1970.2.24. 69다1410, 1411).

20 제3자를 위한 계약에 관한 설명 중 가장 옳지 않은 것은? (다툼이 있는 경우 판례에 의함)

① 매도인 갑과 매수인 을이 매매계약을 체결하면서 매매대금을 병에게 지급하기로 하는 제3자를 위한 계약을 체결하고 그 후 을이 그 매매대금을 병에게 지급하였는데, 위 매매계약이 무효가 된 경우 특별한 사정이 없는 한 을은 병에게 매매대금 상당액의 부당이득반환을 구할 수 있다.
② 수익자는 낙약자의 채무불이행을 이유로 계약을 해제할 수 없다.
③ 제3자를 위한 계약관계에서 수익자가 낙약자에게 수익의 의사표시를 한 이후에는 특별한 사정이 없는 한 요약자와 낙약자는 합의해제를 할 수 없고, 합의해제를 하더라도 수익자가 취득한 권리에 영향을 미치지 못한다.
④ 제3자를 위한 계약에서 낙약자는 요약자와 수익자 사이의 법률관계(이른바 대가관계)에 기한 항변으로 수익자에게 대항하지 못한다.

> **해설** ① 제3자를 위한 계약관계에서 낙약자와 요약자 사이의 법률관계(이른바 기본관계)를 이루는 계약이 무효이거나 해제된 경우 그 계약관계의 청산은 계약의 당사자인 낙약자와 요약자 사이에 이루어져야 하므로, 특별한 사정이 없는 한 낙약자가 이미 제3자에게 급부한 것이 있더라도 낙약자는 계약해제 등에 기한 원상회복 또는 부당이득을 원인으로 제3자를 상대로 그 반환을 구할 수 없다(대판 2010.8.19. 2010다31860,31877).
> ② 요약자는 낙약자의 채무불이행을 이유로 제3자의 동의 없이 계약을 해제할 수 있다(대판 1970.2.24. 선고 69다1410,1411 참조). 수익자는 계약의 당사자가 아니므로 계약당사자에게 주어지는 해제권을 행사할 수 없다(통설).
> ③ 제3자를 위한 계약에 있어서, 제3자가 민법 제539조 제2항에 따라 수익의 의사표시를 함으로써 제3자에게 권리가 확정적으로 귀속된 경우에는, 요약자와 낙약자의 합의에 의하여 제3자의 권리를 변경·소멸시킬 수 있음을 미리 유보하였거나, 제3자의 동의가 있는 경우가 아니면 계약의 당사자인 요약자와 낙약자는 제3자의 권리를 변경·소멸시키지 못하고, 만일 계약의 당사자가 제3자의 권리를 임의로 변경·소멸시키는 행위를 한 경우 이는 제3자에 대하여 효력이 없다(대판 2002.01.25. 2001다30285).
> ④ 제3자를 위한 계약의 체결 원인이 된 요약자와 제3자(수익자) 사이의 법률관계(이른바 대가관계)의 효력은 제3자를 위한 계약 자체는 물론 그에 기한 요약자와 낙약자 사이의 법률관계(이른바 기본관계)의 성립이나 효력에 영향을 미치지 아니하므로 낙약자는 요약자와 수익자 사이의 법률관계에 기한 항변으로 수익자에게 대항하지 못하고, 요약자도 대가관계의 부존재나 효력의 상실을 이유로 자신이 기본관계에 기하여 낙약자에게 부담하는 채무의 이행을 거부할 수 없다(대판 2003.12.11. 2003다49771).

17 위험부담에 관한 설명으로 옳지 않은 것은?

① 위험부담은 쌍무계약에서 채무자에게 책임 없는 사유로 이행불능이 된 경우에 문제가 된다.
② 채권자의 책임 있는 사유로 이행할 수 없게 된 때에는 채무자는 상대방의 이행을 청구할 수 있다.
③ 채권자가 수령지체에 빠진 후에 불가항력으로 이행불능이 일어난 경우에는 채권자의 귀책사유로서 위험은 채권자가 부담한다.
④ 채권자의 수령지체 중 당사자 쌍방에 책임 없는 사유로 이행할 수 없을 때 채무자가 그의 채무를 면함으로써 이익을 얻었다 하더라도 이를 반환할 필요는 없다.

 ① 제537조
② ③ 제538조 제1항
④ 채무자는 자기의 채무를 면함으로써 이익을 얻은 때에는 이를 채권자에게 상환하여야 한다〈제538조 제2항〉.

18 제3자를 위한 계약에 관한 설명으로 옳지 않은 것은?

① 제3자의 권리에 대하여 낙약자는 그 권리를 발생시킨 계약에 기한 항변으로 대항할 수 있다.
② 제3자의 수익의 의사표시로 권리가 확정된 후에는 요약자나 낙약자는 이를 변경 또는 소멸시키지 못한다.
③ 낙약자는 제3자의 권리확정을 위해 상당기간을 정한 최고를 할 수 있으며, 기간 내에 제3자의 확답이 없는 경우에는 이를 승낙한 것으로 본다.
④ 요약자는 낙약자에 대해 제3자에 대한 이행을 청구하고, 채무불이행을 이유로 계약을 해제할 수도 있다.

 ① 제542조
② 제541조
③ 제3자를 위한 계약의 경우 채무자는 상당한 기간을 정하여 계약의 이익의 향수여부의 확답을 제삼자에게 최고할 수 있다. 채무자가 그 기간 내에 확답을 받지 못한 때에는 제삼자가 계약의 이익을 받을 것을 거절한 것으로 본다〈제540조 참조〉.
④ 계약의 당사자로서 당연한 권리이다.

14 동시이행의 항변권에 관한 설명으로 옳지 않은 것은?

① 원칙적으로 쌍무계약에서 인정된다.
② 공평의 원리와 신의성실의 원칙에 근거한다.
③ 연기적 항변권이다.
④ 당사자가 원용하지 않는 경우 법원이 직권으로 참작하여 판단할 수 있다.

> **해설** ① 제536조
> ③ 동시이행의 항변권은 상대방의 청구권 행사를 영구적으로 소멸시키는 영구적 항변권이 아니라, 상대방으로부터 반대급부의 제공이 있을 때까지 자기의 급부를 거절할 수 있는 연기적 항변권의 성질을 가진다.
> ④ 동시이행의 항변권은 법원의 직권판단사항이 아니다(대판 1990.11.27, 90다카25222).

15 다음 중 동시이행 항변권 행사의 효과로 옳지 않은 것은?

① 이행거절의 권능
② 이행지체책임의 면제
③ 소멸시효의 정지
④ 이자의 불발생

> **해설** 동시이행의 항변권은 소멸시효의 진행에 영향을 미치지 않는다(대판 1991.3.22, 90다9797).

16 유치권과 동시이행 항변권과의 이동에 관한 설명으로 옳지 않은 것은?

① 공평의 원리에 입각하여 채무의 이행을 확보하려는 점에서 동일하다.
② 유치권은 물권으로 누구에게나 주장할 수 있으나, 동시이행 항변권은 채권의 한 권능으로 특정채권자에 대해서만 주장할 수 있다.
③ 유치권은 담보물권으로서 경매권이 있으나, 동시이행 항변권은 경매권이 없다.
④ 양자는 모두 채권과 목적물 사이에 견련관계가 있어야 한다.

> **해설** 유치권은 채권과 목적물 사이에 일정한 견련관계가 있어야 하고, 동시이행 항변권은 채권과 채무 사이에 일정한 견련관계가 있어야 한다.

11 계약의 청약과 승낙에 관한 설명으로 옳지 않은 것은?

① 연착된 승낙은 청약자가 반대의사를 표시하지 않는 한 유효한 승낙으로 본다.
② 격지자 간의 계약은 승낙의 통지를 발송한 때에 성립한다.
③ 승낙자가 청약에 대하여 조건을 붙이거나 변경을 가한 때에는 그 청약의 거절과 동시에 새로운 청약을 한 것으로 본다.
④ 당사자 간에 동일한 내용의 청약이 상호교차된 경우에는 양 청약이 상대방에게 도달한 때에 계약이 성립한다.

> ✔해설 ① 연착된 승낙은 새로운 청약으로 본다(제530조). 따라서 상대방의 승낙을 요한다.
> ② 제531조
> ③ 제534조
> ④ 제533조

12 교차청약에 의한 계약의 성립시기는?

① 먼저 발송한 청약이 상대방에 도달한 때
② 양 청약이 모두 상대방에게 발송된 때
③ 나중에 발송한 청약이 도달한 때에 먼저 발송한 청약의 발송시로 소급하여 성립
④ 양 청약이 모두 상대방에 도달한 때

> ✔해설 당사자 간에 동일한 내용의 청약이 상호교차된 경우에는 양 청약이 상대방에게 도달한 때에 계약이 성립한다(제533조).

13 계약체결상의 과실 책임에 관한 설명으로 옳지 않은 것은?

① 신의칙에서 유래된 책임이다.
② 단순히 계약의 성립과정뿐만 아니라, 계약체결을 위한 준비과정에서의 과실도 포함한다.
③ 판례는 제535조에서 정하고 있는 범위 외에는 이를 인정하고 있지 않다.
④ 체약상 과실에 대한 책임이므로 상대방의 선의·무과실은 요건으로 하지 않는다.

> ✔해설 상대방은 선의·무과실이어야 한다(제535조 제2항).

Answer 8.④ 9.② 10.④ 11.① 12.④ 13.④

8 격지자 사이의 계약의 성립시기는?

① 승낙 표백시
② 승낙통지 도달시
③ 승낙통지 수령시
④ 승낙통지 발송시

> ✔해설 격지자간의 계약은 승낙의 통지를 발송한 때에 성립한다(제531조).

9 동시이행의 항변권에 관한 설명 중 옳지 않은 것은?

① 동시이행의 항변권이 붙은 채권은 상계의 자동채권이 될 수 없다.
② 동시이행관계에 있는 금전채무는 상대방의 반대급부가 없어도 그 이자는 발생한다.
③ 동시이행의 항변권은 공평의 원리에 의거하여 인정된 것이다.
④ 채권양도 등으로 당사자가 변경되더라도 채무의 동일성을 유지하는 한 동시이행의 항변권은 존속한다.

> ✔해설 동시이행의 항변권이 존재하는 것 자체로부터 채무자는 이행지체의 책임을 면한다. 따라서 이행지체를 원인으로 한 손해배상책임 및 계약의 해제 등이 발생하지 않는다.

10 민법상 위험부담에 관한 다음 설명 중 옳지 않은 것은?

① 이행불능은 자연력에 의한 것이든, 사람의 행위에 의한 것이든 불문한다.
② 우리 민법은 위험부담에 관하여 채무자 위험부담의 원칙을 취하고 있다.
③ 위험부담에 관한 민법의 규정은 임의규정이므로 그와 다른 약정을 체결할 수 있다.
④ 채권자의 수령지체 중에 당사자가 책임을 질 수 없는 사유로 이행할 수 없게 된 경우에도 채무자는 상대방의 이행을 청구할 수 없다.

> ✔해설 쌍무계약의 당사자 일방의 채무가 채권자의 책임 있는 사유로 이행할 수 없게 된 때에는 채무자는 상대방의 이행을 청구할 수 있다. 채권자의 수령지체 중에 당사자 쌍방의 책임 없는 사유로 이행할 수 없게 된 때에도 같다(제538조 제1항).

7 동시이행에 대한 다음 설명 중 가장 옳지 않은 것은? (다툼이 있는 경우 판례에 의함)

① 쌍무계약에서 쌍방의 채무가 동시이행관계에 있는 경우 일방의 채무의 이행기가 도래하더라도 상대방 채무의 이행제공이 있을 때까지는 그 채무를 이행하지 않아도 이행지체의 책임을 지지 않는 것이고, 이와 같은 효과는 이행지체의 책임이 없다고 주장하는 자가 반드시 동시이행의 항변권을 행사하여야만 발생하는 것은 아니다.

② 원인채무의 이행의무와 어음 반환의무가 상호 동시이행의 관계에 있는 경우, 원인채무의 채무자는 어음을 반환받을 때까지는 이행지체책임을 지지 않는다.

③ 임대차계약 종료 후에도 임차인이 동시이행의 항변권을 행사하여 임차건물을 계속 점유하여 온 것이라면, 임대인이 임차인에게 보증금반환의무를 이행하였다거나 현실적인 이행의 제공을 하여 임차인의 건물명도의무가 지체에 빠지는 등의 사유로 동시이행의 항변권을 상실하지 않는 이상, 임차인의 건물에 대한 점유는 불법점유라고 할 수 없으며, 따라서 임차인으로서는 이에 대한 손해배상의무도 없다.

④ 임대차관계가 종료된 후 임차인이 목적물을 임대인에게 반환하였으면 임대인은 보증금을 반환하여야 하고, 임차인으로부터 목적물의 인도를 받는 것과의 상환이행을 주장 할 수 없다. 그리고 이는 종전의 임차인이 임대인으로부터 새로 목적물을 임차한 사람에게 그 목적물을 임대인의 동의 아래 직접 넘긴 경우에도 다를 바 없다.

✅ 해설 ① 쌍무계약에서 쌍방의 채무가 동시이행관계에 있는 경우 일방의 채무의 이행기가 도래하더라임을 지지 않는 것이고, 이와 같은 효과는 이행지체의 책임이 없다고 주장하는 자가 반드시 동시이행의 항변권을 행사하여야만 발생하는 것은 아니다. 매수인이 선이행의무 있는 중도금을 지급하지 않았다 하더라도 계약이 해제되지 않은 상태에서 잔대금 지급기일이 도래하여 그 때까지 중도금과 잔대금이 지급되지 아니하고 잔대금과 동시이행관계에 있는 매도인의 소유권이전등기 소요서류가 제공된 바 없이 그 기일이 도과하였다면, 특별한 사정이 없는 한 매수인의 중도금 및 잔대금의 지급과 매도인의 소유권이전등기 소요서류의 제공은 동시이행관계에 있다 할 것이어서 그 때부터는 매수인은 중도금을 지급하지 아니한 데 대한 이행지체의 책임을 지지 아니한다(대판 1998.3.13. 97다54604).

② 기존채무와 어음, 수표채무가 병존하는 경우 원인채무의 이행과 어음, 수표의 반환이 동시이행의 관계에 있다 하더라도 채권자가 어음, 수표의 반환을 제공을 하지 아니하면 채무자에게 적법한 이행의 최고를 할 수 없다고 할 수는 없고, 채무자는 원인채무의 이행기를 도과하면 원칙적으로 이행지체의 책임을 지고, 채권자로부터 어음, 수표의 반환을 받지 아니하였다 하더라도 이 어음, 수표를 반환하지 않음을 이유로 위와 같은 항변권을 행사하여 그 지급을 거절하고 있는 것이 아닌 한 이행지체의 책임을 면할 수 없다(대판 1993.11.9. 93다11203,11210(반소)).

③ 임대차종료후 임차인의 임차목적물명도의무와 임대인의 연체차임 기타 손해배상금을 공제하고 남은 임대차보증금반환채무와는 동시이행의 관계에 있으므로 임차인이 동시이행의 항변권에 기하여 임차목적물을 점유하고 사용수익한 경우 그 점유는 불법점유라 할 수 없어 그로 인한 손해배상책임은 지지 아니하되, 다만 사용수익으로 인하여 실질적으로 얻은 이익이 있으면 부당이득으로서 반환하여야 한다(대판 1989.2.28. 87다카2114).

④ 임대차관계가 종료된 후 임차인이 목적물을 임대인에게 반환하였으면 임대인은 보증금을 무조건으로 반환하여야 하고, 임차인으로부터 목적물의 인도를 받는 것과의 상환이행을 주장할 수 없다. 그리고 이는 종전의 임차인이 임대인으로부터 새로 목적물을 임차한 사람에게 그 목적물을 임대인의 동의 아래 직접 넘긴 경우에도 다를 바 없다. 그 경우 임차인의 그 행위는 임대인이 임차인으로부터 목적물을 인도받아 이를 새로운 임차인에게 다시 인도하는 것을 사실적인 실행의 면에서 간략하게 한 것으로서, 법적으로는 두 번의 인도가 행하여진 것으로 보아야 하므로, 역시 임대차관계 종료로 인한 임차인의 임대인에 대한 목적물반환의무는 이로써 제대로 이행되었다고 할 것이기 때문이다(대판 2009.6.25, 2008다55634).

5 동시이행의 항변권에 대한 설명 중 옳지 않은 것은? (다툼이 있는 경우 판례에 의함)

① 임대차계약의 종료에 의하여 발생된 임차인의 목적물반환의무와 임대인의 연체차임을 공제한 나머지 보증금의 반환의무는 동시이행의 관계에 있다.
② 쌍방의 채무가 동시이행관계에 있는 경우, 동시이행의 항변권을 행사하여야만 지체책임을 면하는 것이다.
③ 동시이행의 관계에 있는 쌍방의 채무 중 어느 한 채무가 이행불능이 됨으로 인하여 발생한 손해배상채무도 여전히 다른 채무와 동시이행의 관계에 있다.
④ 가압류등기가 있는 부동산의 매매계약에 있어서 매도인의 소유권이전등기의무와 아울러 가압류등기의 말소의무도 매수인의 대금지급의무와 동시이행관계에 있다.

✔해설 ① 대판 1977.9.28, 77다1241, 1242
② 쌍무계약에서 쌍방의 채무가 동시이행관계에 있는 경우 일방의 채무의 이행기가 도래하더라도 상대방 채무의 이행제공이 있을 때까지는 그 채무를 이행하지 않아도 이행지체의 책임을 지지 않는 것이며, 이와 같은 효과는 이행지체의 책임이 없다고 주장하는 자가 반드시 동시이행의 항변권을 행사하여야만 발생하는 것은 아니므로, 동시이행관계에 있는 쌍무계약상 자기채무의 이행을 제공하는 경우 그 채무를 이행함에 있어 상대방의 행위를 필요로 할 때에는 언제든지 현실로 이행을 할 수 있는 준비를 완료하고 그 뜻을 상대방에게 통지하여 그 수령을 최고하여야만 상대방으로 하여금 이행지체에 빠지게 할 수 있는 것이다(대판 2001.7.10, 2001다3764).
③ 대판 2000.2.25, 97다30066
④ 대판 2001.7.27, 2001다27784, 27791

6 다음 중 동시이행관계가 인정되지 않는 것은? (다툼이 있는 경우 판례에 의함)

① 채무의 이행확보를 위하여 어음을 발행한 경우, 그 채무의 이행과 어음의 반환의무
② 차용증 등 채권증서가 작성된 경우, 채무의 변제와 채권증서의 반환의무
③ 건물의 소유를 목적으로 한 토지임차인이 지상건물의 매수청구권을 행사한 경우, 임차인의 건물명도의무 및 소유권이전등기의무와 임대인의 건물대금지급의무
④ 전세권이 소멸한 경우, 전세권자의 목적물인도 및 전세권설정등기말소의무와 전세권설정자의 전세금반환의무

✔해설 ① 채무의 이행확보를 위하여 어음을 발행한 경우 그 채무의 이행과 어음의 반환은 동시이행의 관계에 있으며 동시이행의 관계에 있는 반대급부를 조건으로 하는 변제공탁은 유효하다(대판 1992.12.22, 92다8712).
② 채권증서가 있는 경우에 변제자가 채무전부를 변제한 때에는 채권증서의 반환을 청구할 수 있다(법 제475조). 통설은 변제를 선이행관계로 본다.
③ 민법 제643조의 규정에 의한 토지임차인의 매수청구권행사로 지상건물에 대하여 시가에 의한 매매유사의 법률관계가 성립된 경우에 토지임차인의 건물명도 및 그 소유권이전등기의무와 토지임대인의 건물대금지급의무는 서로 대가관계에 있는 채무이므로 토지임차인은 토지임대인의 건물명도청구에 대하여 대금지급과의 동시이행을 주장할 수 있다(대판 1991.4.9, 91다3260).
④ 제317조

02 계약의 성립·효력

3 계약의 효력에 관한 다음 설명 중 옳지 않은 것은? (다툼이 있는 경우 판례에 의함)

① 동시이행의 항변권은 소멸시효의 진행에 영향을 미치지 않는다.
② 쌍무계약의 당사자 일방의 채무가 당사자쌍방의 책임없는 사유로 이행할 수 없게 된 때에는 채무자는 상대방의 이행을 청구하지 못한다.
③ 수익의 의사표시를 한 제3자라 하더라도 낙약자에 대하여 계약해제권이나 계약해제를 원인으로 한 원상회복을 청구할 수 없다.
④ 일방의 채무가 변제기에 도달하지 않았더라도 그 채무가 쌍무계약에서 발생한 경우에는 상대방은 자신의 채무에 대하여 동시이행의 항변을 할 수 있다.

> ✔ 해설
> ① 대판 1991.3.22, 90다9797
> ② 제537조
> ③ 대판 1994.8.12, 92다41559
> ④ 동시이행의 항변권은 상대방이 그 채무이행을 제공할 때까지 자기의 채무이행을 거절할 수 있는 권능으로, 상대방이 이행기에 있을 것을 전제로 한다. 따라서 일방의 채무가 변제기에 도달하지 않았다면, 그 일방은 동시이행의 항변을 할 수 없다(제536조 제1항). 다만 선이행의무 있는 자라도 상대방의 이행이 곤란할 현저한 사유가 있는 때(제536조 제2항)와 상대방의 의무도 이행기에 도래한 경우(대판 1980.4.22, 80다268)에는 동시이행의 항변권을 갖게 된다.

4 다음 중 법률행위에 의한 채권발생원인인 것은?

① 부당이득
② 사무관리
③ 불법행위
④ 현상광고

> ✔ 해설
> ①②③ 법률의 규정에 의한 채권의 발생원인이다.
> ④ 현상광고는 민법전에 규정된 전형계약 중 하나이다(제675조 이하 참조).

Answer 1.① 2.④ 3.④ 4.④

CHAPTER 01 계약총론

01 계약 일반

1 다음 중 유상계약에 해당하지 않는 것은?

① 증여
② 교환
③ 매매
④ 도급

> ✔ 해설 유상계약이란 계약당사자가 대가적 의미가 있는 재산상의 출연을 서로에게 부담하는 계약을 달하며 이에는 매매, 교환, 임대차, 고용, 도급, 조합, 화해, 현상광고 등이 있다. 증여는 무상계약이 원칙이다(제554조 참조).

2 다음 설명 중 옳지 않은 것은?

① 증여는 무상·편무계약이다.
② 매매는 유상·쌍무계약이다.
③ 도급은 유상·쌍무계약이다.
④ 위임은 유상·편무계약이다.

> ✔ 해설 위임은 무상·편무계약이다(제680조 참조).

PART 05

채권각론

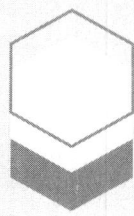

- **01** 계약총론
- **02** 증여 · 매매 · 교환
- **03** 소비대차 · 사용대차 · 임대차
- **04** 고용 · 도급 · 위임
- **05** 임차 · 현상광고 · 조합 · 종신정기금 · 화해
- **06** 사무관리 · 부당이익
- **07** 불법행위

29 다음 중 혼동에 관한 설명으로 옳지 않은 것은?

① 혼동은 물권과 채권의 공통된 소멸원인이다.
② 채권과 채무가 동일인에 귀속된 때에는 채권은 소멸한다.
③ 혼동으로 소멸될 채권이 제3자의 권리의 목적인 때에는 소멸하지 아니한다.
④ 지시채권, 무기명채권, 사채 등과 같은 증권화된 채권도 혼동으로 소멸한다.

✔ 해설 ②③ 제507조
④ 증권화된 채권은 독립한 유가물로서 거래되는 것으로 혼동으로 소멸하지 않는다.

Answer 27.④ 28.④ 29.④

04 경개 · 면제 · 혼동

27 경개에 관한 다음 설명 중 옳지 않은 것은?

① 구 채무는 경개로 인하여 소멸한다.
② 채무자의 변경으로 인한 경개는 채권자와 신 채무자 간의 계약으로 한다.
③ 채권자의 변경으로 인한 경개는 채권자와 신·구 채무자 간의 3면계약으로 하며, 확정일자 있는 증서로 하지 아니하면 이로써 제3자에게 대항하지 못한다.
④ 경개계약으로 성립한 채무에 관하여 불이행이 있는 경우에는 경개계약을 해제하여 구 채무를 부활시킬 수 있다.

 ① 제500조
② 제501조
③ 제502조
④ 경개계약으로 신 채무가 유효하게 성립하면 구 채무는 완전히 소멸하게 되는 것으로, 이후 신 채무의 불이행은 신 채무의 해제사유가 될 뿐 경개계약의 해제사유가 되는 것은 아니다(대판 1980.11.11, 80다2050).

28 면제에 관한 다음 설명 중 옳지 않은 것은?

① 채권자가 채무자에게 면제의 의사표시를 한 때에는 채권은 소멸하지만, 이로써 정당한 이익을 가진 제3자에게 대항하지 못한다.
② 면제는 채권자의 단독행위이며, 당사자 간의 자유로운 면제계약도 가능하다.
③ 면제에 의하여 채권 전부가 소멸하는 때에는 그에 수반하는 물적·인적담보 및 종된 권리도 모두 소멸한다.
④ 면제는 조건을 붙이지 못한다.

 ① 제506조
④ 단독행위에는 조건을 붙이지 못하는 것이 일반이지만, 면제의 경우에는 상대방에게 불이익을 줄 염려가 없으므로 조건을 붙일 수 있다.

25 다음 중 상계에 관한 설명 중 옳지 않은 것은? (다툼이 있는 경우 통설·판례에 의함)

① 중과실로 인한 불법행위 손해배상채권을 수동채권으로 하는 상계는 금지되지 않는다.
② 쌍방의 채무의 이행지가 다른 경우에도 상계할 수 있다.
③ 소멸시효가 완성된 채권이 그 완성 전에 상계할 수 있었던 것이면 그 채권자는 상계할 수 있다.
④ 상계의 의사표시가 있으면, 쌍방의 채무는 상계의 의사표시가 있었던 시점을 기준으로 대등액에 관하여 소멸한 것으로 본다.

① 대판 1994.8.12, 93다52808
② 제494조
③ 제495조
④ 상계의 의사표시는 각 채무가 상계할 수 있는 때에 대등액에 관하여 소멸한 것으로 본다(제493조 제2항).

26 상계에 관한 설명 중 가장 옳지 않은 것은? (다툼이 있는 경우 판례에 의함)

① 지급을 금지하는 명령을 받은 제3채무자는 그 후에 취득한 채권에 의한 상계로 그 명령을 신청한 채권자에게 대항하지 못한다.
② 소멸시효가 완성된 채권이 그 완성 전에 상계할 수 있었다고 하더라도 그 채권자는 상계할 수 없다.
③ 채무가 고의의 불법행위로 인한 것인 때에는 그 채무자는 상계로 채권자에게 대항하지 못한다.
④ 수동채권으로 될 수 있는 채권은 상대방이 상계자에 대하여 가지는 채권이어야 하므로, 상대방이 제3자에 대하여 가지는 채권과는 상계할 수 없다.

① 제498조
② 소멸시효가 완성된 채권이 그 완성 전에 상계할 수 있었던 것이면 그 채권자는 상계할 수 있다(제495조).
③ 제496조
④ 상계는 당사자 쌍방이 서로 같은 종류를 목적으로 한 채무를 부담한 경우에 서로 같은 종류의 급부를 현실로 이행하는 대신 어느 일방 당사자의 의사표시로 그 대등액에 관하여 채권과 채무를 동시에 소멸시키는 것이고, 이러한 상계제도의 취지는 서로 대립하는 두 당사자 사이의 채권·채무를 간이한 방법으로 원활하고 공평하게 처리하려는 데 있으므로, 수동채권으로 될 수 있는 채권은 상대방이 상계자에 대하여 가지는 채권이어야 하고, 상대방이 제3자에 대하여 가지는 채권과는 상계할 수 없다고 보아야 한다. 그렇지 않고 만약 상대방이 제3자에 대하여 가지는 채권을 수동채권으로 하여 상계할 수 있다고 한다면, 이는 상계의 당사자가 아닌 상대방과 제3자 사이의 채권채무관계에서 상대방이 제3자에게서 채무의 본지에 따른 현실급부를 받을 이익을 침해하게 될 뿐 아니라, 상대방의 채권자들 사이에서 상계자만 독점적인 만족을 얻게 되는 불합리한 결과를 초래하게 되므로, 상계의 담보적 기능과 관련하여 법적으로 보호받을 수 있는 당사자의 합리적 기대가 이러한 경우에까지 미친다고 볼 수는 없다(대판 2011.4.28, 2010다101394).

Answer 24.① 25.④ 26.②

24 상계에 관한 다음 설명 중 가장 옳지 않은 것은? (다툼이 있는 경우 판례에 의함)

① 고의의 불법행위에 의한 손해배상채권에 대한 상계금지는 중과실의 불법행위로 인한 손해배상채권에까지 유추 또는 확장적용된다.
② 채권가압류명령을 받은 제3채무자는 가압류채무자에 대해 가지고 있는 자동채권이 가압류 당시 변제기가 이르지 않았지만 수동채권인 피압류채권의 변제기보다 먼저 변제기가 도래하는 경우에는 제3채무자는 가압류채무자에 대한 자동채권에 의한 상계로 가압류채권자에게 대항할 수 있다.
③ 보증인은 주채무자의 채권에 의한 상계로 채권자에게 대항할 수 있다.
④ 금전채권에 대한 압류 및 전부명령이 있고 제3채무자의 압류채무자에 대한 자동채권이 수동채권인 피압류채권과 동시이행의 관계에 있는 경우에는, 압류명령이 제3채무자에게 송달되어 압류의 효력이 생긴 후에 자동채권이 발생하였다고 하더라도 제3채무자는 그 채권에 의한 상계로 압류채권자에게 대항할 수 있다.

 ① 민법 제496조가 고의의 불법행위로 인한 손해배상채권에 대한 상계를 금지하는 입법취지는 고의의 불법행위에 인한 손해배상채권에 대하여 상계를 허용한다면 고의로 불법행위를 한 자가 상계권행사로 현실적으로 손해배상을 지급할 필요가 없게 됨으로써 보복적 불법행위를 유발하게 될 우려가 있고, 고의의 불법행위로 인한 피해자가 가해자의 상계권행사로 인하여 현실의 변제를 받을 수 없는 결과가 됨은 사회적 정의관념에 맞지 아니하므로 고의에 의한 불법행위의 발생을 방지함과 아울러 고의의 불법행위로 인한 피해자에게 현실의 변제를 받게 하려는 데 있는바, 이 같은 입법취지나 적용결과에 비추어 볼 때 고의의 불법행위에 인한 손해배상채권에 대한 상계금지를 중과실의 불법행위로 인한 손해배상채권에까지 유추 또는 확장적용하여야 할 필요성이 있다고 할 수 없다(대판 1994.8.12, 93다52808).
② 채권가압류명령을 받은 제3채무자는 그 후에 취득한 채권에 의한 상계로 그 가압류채권자에게 대항하지 못하지만 수동채권이 가압류될 당시 자동채권과 수동채권이 상계적상에 있거나 자동채권의 변제기가 수동채권의 그것과 동시 또는 그보다 먼저 도래하는 경우에는 제3채무자는 자동채권에 의한 상계로 가압류채권자에게 대항할 수 있다(대판 1989.9.12, 88다카25120).
③ 제434조
④ 금전채권에 대한 압류 및 전부명령이 있는 때에는 압류된 채권은 동일성을 유지한 채로 압류채무자로부터 압류채권자에게 이전되고, 제3채무자는 채권이 압류되기 전에 압류채무자에게 대항할 수 있는 사유로써 압류채권자에게 대항할 수 있는 것이므로 제3채무자의 압류채무자에 대한 자동채권이 수동채권인 피압류채권과 동시이행의 관계에 있는 경우에는, 압류명령이 제3채무자에게 송달되어 압류의 효력이 생긴 후에 자동채권이 발생하였다고 하더라도 제3채무자는 동시이행의 항변권을 주장할 수 있고 따라서 그 채권에 의한 상계로 압류채권자에게 대항할 수 있는 것으로서, 이 경우어 자동채권이 발생한 기초가 되는 원인은 수동채권이 압류되기 전에 이미 성립하여 존재하고 있었던 것이므로, 그 자동채권은 민법 제498조 소정의 "지급을 금지하는 명령을 받은 제3채무자가 그 후에 취득한 채권"에 해당하지 않는다고 봄이 상당하다(대판 1993.9.28, 92다55794).

22 상계에 관한 판례의 태도 중 옳지 않은 것은?

① 수동채권이 반드시 변제기가 도래할 것을 요하지는 않는다.
② 과실의 불법행위로 인한 손해배상청구권을 수동채권으로 한 상계는 허용된다.
③ 별소로 소송 중인 손해배상채권을 자동채권으로 하는 상계는 허용된다.
④ 채권압류 당시 상계적상이 아니라도 자동채권의 변제기가 수동채권의 변제기보다 먼저 도래하는 경우 상계는 허용되지 않는다.

 ① 대판 1979.6.12, 79다662
② 대판 1994.2.25, 93다38444
③ 대판 1965.12.1, 63다848
④ 채권가압류 명령을 얻은 후에, 위 가압류를 본압류로 이전하는 채권압류 및 전부명령을 받은 자에 대하여, 제3채무자가 가압류채무자에 대해 가지고 있던 반대채권에 의한 상계로써 대항할 수 있기 위해서는 그 가압류의 효력발생 당시에 양 채권이 상계적상에 있거나, 반대채권이 그 가압류 효력발생 당시 변제시기에 달하여 있지 않는 경우에는 그것이 피압류채권인 수동채권의 변제기와 동시에 또는 그보다 먼저 변제기에 도달하여야 한다(대판 1988.2.23, 87다카472).

23 상계의 효과에 관한 다음 설명 중 옳지 않은 것은?

① 상계의 의사표시가 상대방에게 도달한 때로부터 효력이 생기므로, 상계적상이 된 이후부터 상계의 의사표시가 있을 때까지의 이자는 유효하게 발생한다.
② 각 채무가 상계할 수 있는 때에 대등액에 관하여 소멸한 것으로 본다.
③ 상계에도 변제충당의 규정이 적용된다.
④ 이행지를 달리하는 경우 상계하는 당사자는 상대방에게 상계로 인한 손해배상을 하여야 한다.

 ① 상계적상이 된 이후의 이자는 발생하지 않는다.
② 제493조 제2항
④ 제494조

Answer 19.② 20.② 21.② 22.④ 23.①

19 다음 중 공탁에 관한 설명으로 옳지 않은 것은?

① 채권자가 변제를 받지 아니하거나 받을 수 없는 때에는 공탁으로 채무를 면할 수 있다.
② 단순히 채권자를 알 수 없다는 사실만으로는 공탁으로 채무를 면할 수 없다.
③ 공탁으로 채무는 소멸하므로, 이자는 공탁 후에 그 발생을 정지한다.
④ 공탁을 할 장소는 채무이행지의 공탁소이다.

✔해설 ① 제487조
② 변제자가 과실 없이 채권자를 알 수 없는 경우 즉 선의로 채권자를 알 수 없는 경우에는 공탁으로 채무를 면할 수 있다〈제487조〉.
④ 제488조 제1항

20 상계에 관한 다음 설명 중 옳지 않은 것은?

① 상계의 의사표시에는 조건이나 기한을 붙이지 못한다.
② 상계계약과 관련하여 당사자 간의 특약이 없는 경우에는 민법의 상계에 관한 규정을 유추적용한다.
③ 상계의 의사표시는 각채무가 상계할 수 있는 때에 대등액에 관하여 소멸한 것으로 본다.
④ 각 채무의 이행지가 다른 경우에도 상계할 수 있다.

✔해설 ① 제493조 제1항
② 계약자유의 원칙상 상계계약도 유효하며, 이 경우 민법의 규정은 적용되지 않는다.
③ 제493조 제2항
④ 각채무의 이행지가 다른 경우에도 상계할 수 있다. 그러나 상계하는 당사자는 상대방에게 상계로 인한 손해를 배상하여야 한다〈제494조〉.

21 상계에 관한 다음 설명 중 옳지 않은 것은?

① 소멸시효가 완성된 채권이 그 완성 전에 상계할 수 있었던 것이면 그 채권자는 상계할 수 있다.
② 채무가 고의 또는 중과실의 불법행위로 인한 것인 때에는 그 채무자는 상계로 채권자에게 대항하지 못한다.
③ 채권이 압류하지 못할 것인 때에는 그 채무자는 상계로 채권자에게 대항하지 못한다.
④ 지급을 금지하는 명령을 받은 제3채무자는 그 후에 취득한 채권에 의한 상계로 그 명령을 신청한 채권자에게 대항하지 못한다.

✔해설 ① 제495조
② 채무가 고의의 불법행위에 기한 것일 때에만 상계가 금지된다〈제496조〉.
③ 제497조
④ 제498조

17 변제에 관한 설명 중 가장 옳지 않은 것은? (다툼이 있는 경우 판례에 의함)

① 채무자가 채권자에게 채무변제와 관련하여 다른 채권을 양도하는 것은 특단의 사정이 없는 한 채무변제에 갈음한 것으로 볼 것이어서, 채권양도가 있으면 양도된 채권의 변제 여부와 무관하게 원래의 채권은 소멸한다.
② 변제자(채무자)와 변제수령자(채권자)는 변제로 소멸한 채무에 관한 보증인 등 이해관계 있는 제3자의 이익을 해하지 않는 이상 이미 급부를 마친 뒤에도 기존의 충당방법을 배제하고 제공된 급부를 어느 채무에 어떤 방법으로 다시 충당할 것인가를 약정할 수 있다.
③ 채무의 변제로 타인의 물건을 인도한 채무자는 다시 유효한 변제를 하지 아니하면 그 물건의 반환을 청구하지 못한다는 민법 제463조는 채무자만이 그 물건의 반환을 청구할 수 없다는 것에 불과할 뿐 채무자가 아닌 다른 권리자까지 그 물건의 반환을 청구할 수 없다는 취지는 아니다.
④ 양도할 능력이 없는 소유자가 채무의 변제로 물건을 인도한 경우에는 원칙적으로 그 변제가 취소된 때에도 다시 유효한 변제를 하지 아니하면 그 물건의 반환을 청구하지 못한다.

> ✔ 해설　① 채권자에 대한 채무변제를 위하여 어떤 다른 채권을 채권자에게 양도함에 있어서는 특단의 사정이 없는 한, 그 채권양도는 채무변제를 위한 담보 또는 변제의 방법으로 양도되는 것이지 채무변제에 갈음하여 양도되어 원채권이 소멸하는 것이 아니다 (대판 1981.10.13. 선고 81다354).
> ② 대판 2013.9.12. 2012다118044,118051
> ③ 대판 1993.6.8. 93다14998,15007(병합)
> ④ 제464조

03 공탁·상계

18 민법의 규정에 비추어 상계에 대한 설명으로 옳지 않은 것은?

① 상계의 의사표시는 각 채무가 상계할 수 있는 때에 대등액에 관하여 소멸한 것으로 본다.
② 상계는 상대방에 대한 의사표시로 하며 조건과 기한을 붙일 수 있다.
③ 채권이 압류하지 못할 것인 때에는 그 채무자는 상계로 채권자에게 대항하지 못한다.
④ 소멸시효가 완성된 채권이 그 완성 전에 상계할 수 있었던 것이면 그 채권자는 상계할 수 있다.

> ✔ 해설　상계는 단독행위이기 때문에 조건을 붙이지 못하며, 소급효를 갖기 때문에 기한을 붙이지 못한다.

Answer 15.② 16.③ 17.① 18.②

15 변제자대위에 관한 다음 내용 중 옳지 않은 것은?

① 이해관계 없는 제3자는 채무자의 의사에 반하여 변제하지 못한다.
② 채무자를 위하여 변제한 자는 그 변제로 당연히 채권자를 대위한다.
③ 변제로 당연히 채권자를 대위할 자가 있는 경우에 채권자의 고의나 과실로 담보가 상실되거나 감소된 때에는 대위할 자는 그 상실 또는 감소로 인하여 상환을 받을 수 없는 한도에서 그 책임을 면한다.
④ 채권의 일부에 대하여 대위변제가 있는 경우에 채무불이행을 원인으로 하는 계약의 해지 또는 해제는 채권자만이 할 수 있다.

> ✔ 해설 ① 제469조 제2항
> ② 채무자를 위하여 변제한 자는 변제와 동시에 채권자의 승낙을 얻어 채권자를 대위할 수 있다(제480조 제1항, 임의대위). 변제할 정당한 이익이 있는 자는 변제로 당연히 채권자를 대위한다(제481조, 법정대위).
> ③ 제485조
> ④ 제483조

16 변제에 관한 다음 설명 중 가장 옳지 않은 것은? (다툼이 있는 경우 판례에 의함)

① 채무자는 채권자가 미리 변제받기를 거절하는 경우에는 변제준비의 완료를 통지하고 그 수령을 최고하면 된다.
② 변제공탁이 유효하려면 채무 전부에 대한 변제의 제공 및 채무 전액에 대한 공탁이 있음을 요하고 채무 전액이 아닌 일부에 대한 공탁은 그 부분에 관하여서도 변제의 효력이 생기지 않는 것이 원칙이다.
③ 변제자가 주채무자인 경우, 보증인이 있는 채무와 보증인이 없는 채무 사이에는 전자가 후자에 비해서 변제이익이 더 많다고 볼 수 있다.
④ 채무자가 1개 또는 수개의 채무의 비용 및 이자를 지급할 경우에 변제자가 그 전부를 소멸하게 하지 못한 급여를 한 때에는 비용, 이자, 원본의 순서로 변제에 충당하여야 한다.

> ✔ 해설 ① 제460조 단서
> ② 채무자가 공탁원인이 있어서 공탁에 의해서 그 채무를 면하려면 채무액전부를 공탁하여야 할 것이고 일부의 공탁은 그 채무를 변제함에 있어서, 일부의 제공이 유효한 제공이라고 시인될 수 있는 특별한 사정이 있는 경우를 제외하고는 채권자가 이를 수락하지 아니하는 한 그에 상응하는 효력을 발생할 수 없는 것이라고 하여야할 것이다(대판 1977.9.13. 76다1866).
> ③ 변제자가 주채무자인 경우에 보증인이 있는 채무와 보증인이 없는 채무사이에 있어서 전자가 후자에 비하여 변제이익이 더 많다고 볼 근거는 전혀 없어 양자는 변제이익의 점에 있어 차이가 없다(대판 1985.3.12. 84다카2093).
> ④ 제479조 제1항

① 제466조
③ 대판 1979.9.11, 79다381
④ 단순한 변제를 위한 교부로 제공하여 원칙적으로 대물변제가 되지 않는다(대판 1996.11.8, 95다25060).

13 대물변제예약에 관한 설명으로 옳지 않은 것은?

① 대물변제와 예약이라는 민법상의 두 제도의 결합의 산물이다.
② 대물변제예약은 그 자체 독립하여 일종의 물적담보제도로서의 기능을 하고 있다.
③ 대물변제예약은 정산방법과 관련하여 취득정산형과 처분정산형으로 나누어지기도 한다.
④ 제607조에 위반하여 대물변제의 예약은 제608조에 따라 무효이며, 따라서 이에 의한 소유권 취득 역시 무효가 되고 대물변제예약에 포함되어 있는 채권담보계약 역시 무효가 된다.

 ④ 대물변제예약에 포함되어 있는 채권담보계약은 여전히 유효하며, 이에 따라 등기는 차주의 원리금채무를 담보하는 범위 내에서 유효하고 그 효력은 '약한 의미의 양도담보'의 경우와 같으며, 따라서 채권자는 목적물을 환가하여 정산해야 한다(대판 1982.7.13, 81다254).

14 변제에 관한 다음 설명 중 옳지 않은 것은?

① 특정물의 인도가 채권의 목적인 때에는 채무자는 이행기의 현상대로 그 물건을 인도하여야 한다.
② 채권의 준점유자에 대한 변제는 변제자가 선의이며 과실 없는 때에 한하여 효력이 있다.
③ 이해관계 없는 제3자는 채무자의 의사에 반하여 변제하지 못한다.
④ 영수증을 소지한 자에 대한 변제는 그 소지자가 변제를 받을 권한이 없는 경우에는 효력이 없다.

 ① 제462조
② 제470조
③ 제469조 제2항
④ 영수증을 소지한 자에 대한 변제는 그 소지자가 변제를 받을 권한이 없는 경우에도 효력이 있다. 그러나 변제자가 그 권한 없음을 알았거나 알 수 있었을 경우에는 그러하지 아니하다(제471조).

Answer 10.③ 11.① 12.④ 13.④ 14.④

10 변제의 제공에 관한 다음 설명 중 옳지 않은 것은?

① 채권자의 수령거절의 의사표시가 명확한 때에는 채무자는 구두의 제공도 할 필요가 없다.
② 변제의 제공은 그때로부터 채무불이행의 책임을 면한다.
③ 당사자 일방이 현실의 제공을 하여 상대방을 수령지체에 빠지게 하였다면, 그 이행의 제공이 계속되지 않더라도 상대방의 동시이행의 항변권은 소멸한다.
④ 변제의 제공으로 채무가 소멸하는 것은 아니며, 변제공탁을 함으로써 채무 자체를 면할 수 있다.

① 대판 1976.11.9. 76다2218
② 제461조
③ 이행의 제공이 계속되지 않는 경우에는 과거에 이행의 제공이 있었다는 사실만으로 상대방이 가지는 동시이행의 항변권이 소멸하는 것은 아니다(대판 1993.8.24. 92다56490).

11 대위변제의 효과에 관한 설명으로 옳지 않은 것은?

① 보증인은 미리 전세권이나 저당권의 등기에 그 대위를 부기하지 아니하여도 전세권이나 저당권에 권리를 취득한 제3자에 대하여 채권자를 대위할 수 있다.
② 제3취득자는 보증인에 대하여 채권자를 대위하지 못한다.
③ 제3취득자 중의 1인은 각 부동산의 가액에 비례하여 다른 제3취득자에 대하여 채권자를 대위한다.
④ 물상보증인과 보증인 간에는 그 인원수에 비례하여 채권자를 대위한다.

① 대위의 부기등기를 하여야 대위할 수 있다(제482조 제2항 제1호).
② 제482조 제2항 제2호
③ 제482조 제2항 제3호
④ 제482조 제2항 제5호

12 대물변제에 대한 설명 중 옳지 않은 것은?

① 채권자가 채무자의 승낙을 얻어 본래의 채무이행에 갈음하여 다른 급여를 하는 것을 말한다.
② 대물변제는 본래의 급부에 갈음하여 다른 급부를 현실적으로 하는 때에 성립하는 요물계약이다.
③ 대물변제란 본래의 채무에 갈음하여 다른 급부를 현실적으로 하는 때에 성립하는 요물계약이므로, 급부가 소유권이전일 때에는 그 이전등기가 마쳐져야 본래의 채무가 소멸된다 할 것이고, 그 이전등기가 경료되지 아니하는 한 대물변제의 예약에 불과하여 본래채무가 소멸하지 아니한다.
④ 어음·수표의 교부는 변제에 갈음하는 것으로 대물변제가 된다고 보는 것이 판례의 입장이다.

8 다음 중 변제수령자에 관한 설명으로 옳지 않은 것은?

① 채권의 준점유자에 대한 변제는 변제자가 선의·무과실인 때에 한하여 효력이 있다.
② 영수증을 소지한 자에 대한 변제는 그 소지자가 변제를 받을 권한이 없는 경우에도 변제자가 선의·무과실이면 변제의 효력이 있다.
③ 증권의 소지자에 대한 변제는 변제자가 선의·무과실이면 유효한 변제가 된다.
④ 권한 없는 자에 대한 변제는 채권자가 이익을 받은 한도에서 효력이 있다.

> ✔해설 ① 제470조
> ② 제471조 본문
> ③ 변제자가 선의·무중과실이면 유효한 변제가 된다〈제518조 단서〉.
> ④ 제472조

9 지정변제충당에 관한 설명으로 옳지 않은 것은?

① 지정변제충당에 있어 지정권자는 변제자이다.
② 변제자가 지정하지 아니한 때에는 변제받는 자가 지정할 수 있다.
③ 변제받는 자가 지정하여 변제충당하는 경우 변제자는 지정할 기회를 포기한 것이므로, 그 충당에 대하여 이의를 제기할 수 없다.
④ 변제충당의 지정은 상대방에 대한 의사표시로써 한다.

> ✔해설 ① 제476조 제1항
> ② 제476조 제2항 본문
> ③ 변제자는 즉시 이의를 제기할 수 있다〈제476조 제2항 단서〉.
> ④ 제476조 제3항

Answer 5.③ 6.② 7.③ 8.③ 9.③

5 변제제공에 관한 설명으로 옳지 않은 것은?

① 변제는 채무의 내용에 좇은 현실제공으로 이를 하여야 한다.
② 채권자가 미리 변제받기를 거절하는 경우에는 변제준비의 완료를 통지하고 그 수령을 최고하면 유효한 변제의 제공이 된다.
③ 채무의 이행에 채권자의 행위를 요하는 경우일지라도 채권자가 거절의 의사를 표시하지 않는 한 현실의 제공을 하여야 유효한 변제의 제공이 된다.
④ 변제의 제공은 그때로부터 채무불이행의 책임을 면하게 한다.

> **✓ 해설** ①② 제460조 참조
> ③ 변제준비의 완료를 통지하고 그 수령을 최고하면 된다(제460조 단서).
> ④ 제461조

6 채권의 준점유자에 대한 변제에 관한 설명으로 옳지 않은 것은? (판례에 의함)

① 채권의 준점유자란 채권을 사실상 행사하는 자이다.
② 채권의 준점유자에 대한 변제는 변제자가 선의인 때에 한하여 유효한 변제가 된다.
③ 채권의 준점유자는 반드시 채권증서를 점유하고 있어야 하는 것은 아니며, 채권을 이용하는 행위를 계속할 필요도 없다.
④ 채권의 준점유자로는 표현상속인, 예금증서와 인장소지자 등이 있다.

> **✓ 해설** ① 제210조
> ② 변제자가 선의·무과실이면 채권의 준점유자에 대한 변제는 유효하다(제470조).
> ④ 판례는 표현상속인(대판 1995.1.24, 93다32200), 예금증서와 인장소지자(대판 1985.12.24, 85다카880) 등을 채권의 준점유자에 해당한다고 본다.

7 제3자의 변제에 관한 설명 중 옳지 않은 것은?

① 채무의 성질 또는 당사자의 의사표시로 제3자의 변제를 허용하지 아니한 때에는 제3자는 변제할 수 없다.
② 고유의미의 변제뿐만 아니라 대물변제, 공탁도 할 수 있다.
③ 이해관계 없는 제3자의 변제는 원칙적으로 유효한 변제가 아니다.
④ 정당한 이유 없이 제3자의 변제의 제공을 채권자가 수령하지 않으면 채권자지체가 된다.

> **✓ 해설** ① 제469조 제1항
> ③ 채무자의 의사에 반하지 않으면 유효한 변제가 된다(제469조 제2항).

02 변제

3 변제에 관한 다음 설명 중 가장 옳지 않은 것은?

① 변제의 제공은 그때로부터 채무불이행의 책임을 면한다.
② 당사자의 특별한 의사표시가 없으면 변제기 전이라도 채무자는 변제할 수 있다.
③ 채무의 변제로 타인의 물건을 인도한 채무자는 다시 유효한 변제를 하지 아니하더라도 그 물건의 반환을 청구할 수 있다.
④ 채무자가 채권자의 승낙을 얻어 본래의 채무이행에 갈음하여 다른 급여를 한 때에는 변제와 같은 효력이 있다.

 ① 제461조
② 제468조
③ 채무의 변제로 타인의 물건을 인도한 채무자는 다시 유효한 변제를 하지 아니하면 그 물건의 반환을 청구하지 못한다〈제463조〉.
④ 제466조

4 채무자가 채권자에게 채무의 원본과 이자 및 비용을 지급할 경우에 그 전부를 소멸하게 하지 못한 급여를 한 때에 변제에 충당되는 순서로 옳은 것은?

① 비용→이자→원본
② 원본→이자→비용
③ 비용→원본→이자
④ 이자→비용→원본

 채무자가 1개 또는 수개의 채무의 비용 및 이자를 지급할 경우에 변제자가 그 전부를 소멸하게 하지 못한 급여를 한 때에는 비용, 이자, 원본의 순서로 변제에 충당하여야 한다〈제479조 제1항〉.

Answer 1.② 2.① 3.③ 4.①

CHAPTER 05 채권의 소멸

01 총설

1 다음 중 채권의 소멸원인에 해당하지 않는 것은?

① 변제, 상계, 공탁, 채무의 면제
② 채권양도, 채무인수
③ 법률행위의 취소, 무효
④ 소멸시효, 제척기간의 경과

> **해설** 채권양도, 채무인수는 당사자의 변경에 지나지 않으므로 채권은 소멸하지 않고 여전히 존속한다.

2 채권의 소멸에 관한 설명으로 옳은 것은?

① 채권은 원칙적으로 10년간 행사하지 않으면 시효로 소멸한다.
② 이해관계 없는 제3자의 변제제공이라도 그것이 채무자의 의사에 반하지 않으면 채권은 소멸한다.
③ 일단 소멸한 채권이라도 당사자의 계약으로 동일성을 유지하는 특약이 있으면 소멸한 채권과 동일성을 유지한다.
④ 채권이 이행불능이 된 경우 이로써 채권은 소멸한다.

> **해설** ① 제162조 제1항
> ② 변제의 제공만으로 채권이 소멸되는 것은 아니며, 채권자가 수령하여야 한다.
> ③ 일단 소멸한 채권은 당사자의 특약이 있더라도 동일성을 유지할 수 없다.
> ④ 이행불능인 채권은 불능으로 인한 손해배상청구권에 여전히 존속한다.

13 효력발생시기에 관한 다음의 설명 중 옳지 않은 것은? (다툼이 있는 경우 판례에 의함)

① 무권대리행위에 대한 본인의 추인은 원칙적으로 계약시에 소급하여 그 효력이 생긴다.
② 선택채권에 있어서 선택권 행사의 효력은 그 채권이 발생한 때에 소급한다.
③ 양도금지의 특약에 위반해서 채권을 제3자에게 양도한 경우에 채권양수인이 악의 또는 중과실인 경우에는 채권 이전의 효과가 생기지 아니하나, 채무자가 그 양도에 대하여 승낙을 한 때에는 채권양도행위가 유효하게 되고 양도의 효과는 승낙시부터 발생한다.
④ 채권자의 채무인수에 대한 승낙은 다른 의사표시가 없으면 승낙한 때부터 그 효력이 생긴다.

 ① 제133조.
② 제386조.
③ 당사자의 양도금지의 의사표시로써 채권은 양도성을 상실하며 양도금지의 특약에 위반해서 채권을 제3자에게 양도한 경우에 악의 또는 중과실의 채권양수인에 대하여는 채권 이전의 효과가 생기지 아니하나, 악의 또는 중과실로 채권양수를 받은 후 채무자가 그 양도에 대하여 승낙을 한 때에는 채무자의 사후승낙에 의하여 무효인 채권양도행위가 추인되어 유효하게 되며 이 경우 다른 약정이 없는 한 소급효가 인정되지 않고 양도의 효과는 승낙시부터 발생한다. 이른바 집합채권의 양도가 양도금지특약을 위반하여 무효인 경우 채무자는 일부 개별 채권을 특정하여 추인하는 것이 가능하다(대판 2009.10.29, 2009다47685).
④ 채권자의 채무인수에 대한 승낙은 다른 의사표시가 없으면 채무를 인수한 때에 소급하여 그 효력이 생긴다. 그러나 제삼자의 권리를 침해하지 못한다(법 제457조).

11 채무인수에 관한 다음 설명 중 옳지 않은 것은?

① 채무인수인은 채무자의 항변할 수 있는 사유로 채권자에게 대항할 수 없다.
② 채무자의 채무에 대한 보증이나 제3자가 제공한 담보는 채무인수로 인하여 소멸한다.
③ 보증인이나 제3자가 채무인수에 동의한 경우에는 그 보증·담보는 소멸하지 아니한다.
④ 법정담보물권은 채무의 인수로 영향을 받지 않는다.

> ✔ 해설 ① 인수인은 전채무자의 항변할 수 있는 사유로 채권자에게 대항할 수 있다(제458조).
> ② 제459조 본문
> ③ 제459조 단서
> ④ 유치권, 법정질권, 법정저당권 등 법정담보물권은 채무인수에 영향을 받지 않는다.

12 채무인수에 관한 설명 중 가장 옳지 않은 것은? (다툼이 있는 경우 판례에 의함)

① 면책적 채무인수인지, 중첩적 채무인수인지가 분명하지 아니한 때에는 이를 중첩적 채무인수로 본다.
② 면책적 채무인수의 효력이 생기기 위해서는 채권자의 승낙을 요하는데, 채권자가 승낙을 거절하였다가 그 이후 다시 승낙하면 그때부터 채무인수의 효력이 생긴다.
③ 금전소비대차계약으로 인한 채무에 관하여 제3자가 채무자를 위하여 어음이나 수표를 발행하는 것은 특별한 사정이 없는 한 동일한 채무를 중첩적으로 인수한 것으로 봄이 타당하다.
④ 중첩적 채무인수는 채권자와 채무인수인과의 합의가 있는 이상 채무자의 의사에 반하여도 할 수 있다.

> ✔ 해설 ① 채무인수가 면책적인가 중첩적인가 하는 것은 채무인수계약에 나타난 당사자 의사의 해석에 관한 문제이고, 채무인수에 있어서 면책적 인수인지, 중첩적 인수인지가 분명하지 아니한 때에는 이를 중첩적으로 인수한 것으로 볼 것이다(대판 2012.1.12, 2011다76099).
> ② 채무인수의 효력이 생기기 위하여 채권자의 승낙을 요하는 것은 면책적 채무인수의 경우에 한하고, 채무인수가 면책적인가 중첩적인가 하는 것은 채무인수계약에 나타난 당사자 의사의 해석에 관한 문제이다. 채권자의 승낙에 의하여 채무인수의 효력이 생기는 경우, 채권자가 승낙을 거절하면 그 이후에는 채권자가 다시 승낙해도 채무인수로서의 효력이 생기지 않는다(대판 1998.11.24, 98다33765).
> ③ 금전소비대차계약으로 인한 채무에 관하여 제3자가 채무자를 위하여 약속어음을 발행하는 것은 특별한 사정이 없는 한 동일한 채무를 중첩적으로 인수한 것으로 봄이 타당하다(대판1989.9.12, 88다카13806).
> ④ 대판 1988.11.22, 87다카1836

02 채무인수

9 채무인수에 관한 다음 설명 중 옳지 않은 것은?

① 인수인·채권자의 계약으로 채무를 인수한 경우에는 채무자의 동의를 필요로 하지 않는다.
② 인수인·채권자의 채무인수의 경우 인수인이 이해관계 없는 제3자라도 채무자를 위한 것이라면 채무자의 의사와 상관없이 채무를 인수할 수 있다.
③ 인수인·채무자의 계약으로 채무를 인수한 경우에는 채권자의 승낙에 의하여 그 효력이 생긴다.
④ 채권자·채무자·인수인의 3면계약으로도 채무인수는 가능하다.

> ① 제453조 제1항
> ② 이해관계 없는 제3자는 채무자의 의사에 반하여 채무를 인수하지 못한다(제453조 제2항).
> ③ 제454조 제1항

10 채무인수에 관한 다음 설명 중 옳지 않은 것은? (판례에 의함)

① 병존적 채무인수는 기존의 채무관계는 그대로 유지하면서 여기에 제3자가 채무자로 들어와 종래의 채무자와 더불어 동일한 내용의 채무를 부담하는 것을 말한다.
② 채무자와 인수인 사이의 계약에 의한 병존적 채무인수는 일종의 제3자를 위한 계약이라고 할 수 있다.
③ 병존적 채무인수는 채무자의 의사에 반하여서도 할 수 있다.
④ 면책적 채무인수인지 중첩적 채무인수인지 명확하지 아니한 때에는 면책적 채무인수로 본다.

> ③ 병존적 채무인수는 사실상 인적담보의 기능을 가지는 점에서 보증채무의 경우에 준하여 채무자의 의사에 반하여서도 할 수 있다(대판 1962.4.4. 4294민상1087).
> ④ 중첩적 채무인수로 본다(대판 1962.4.4. 4294민상1087).

Answer 8.③ 9.② 10.④

8 채권양도통지에 관한 다음의 설명 중 가장 옳지 않은 것은? (다툼이 있는 경우 판례에 의함)

① 채권양도행위가 사해행위에 해당하지 않는 경우에 그 채권양도에 따른 양도통지가 따로 채권자취소권 행사의 대상이 될 수는 없다.

② 채권의 양수인도 양도인으로부터 채권양도통지 권한을 위임받아 대리인으로서 그 통지를 할 수 있다.

③ 채권양도의 통지는 양도인이 채무자에 대하여 권리의 존재와 권리를 행사하고자 하는 의사를 분명하게 표명하는 행위를 한 것이므로 제척기간 준수에 필요한 권리의 재판외 행사에 해당한다고 할 수 있다.

④ 채권양도가 있기 전에 미리 하는 사전통지는 채무자로 하여금 양도의 시기를 확정할 수 없는 불안한 상태에 있게 하는 결과가 되어 원칙적으로 허용될 수 없다.

> **✓ 해설** ① 채권자취소권은 채무자가 채권자에 대한 책임재산을 감소시키는 행위를 한 경우 이를 취소하고 원상회복을 하여 공동담보를 보전하는 권리이고, 채권양도의 경우 권리이전의 효과는 원칙적으로 당사자 사이의 양도 계약 체결과 동시에 발생하며 채무자에 대한 통지 등은 채무자를 보호하기 위한 대항요건일 뿐이므로, 채권양도행위가 사해행위에 해당하지 않는 경우에 양도통지가 따로 채권자취소권 행사의 대상이 될 수는 없다(대판 2012.8.30, 2011다32785,32792).
> ② 민법 제450조에 의한 채권양도통지는 양도인이 직접하지 아니하고 사자를 통하여 하거나 더리인으로 하여금 하게 하여도 무방하고, 채권의 양수인도 양도인으로부터 채권양도통지 권한을 위임받아 대리인으로서 그 통지를 할 수 있다(대판 2004.2.13, 2003다43490).
> ③ 채권양도의 통지는 그 양도인이 채권이 양도되었다는 사실을 채무자에게 알리는 것에 그치는 행위이므로, 그것만으로 제척기간의 준수에 필요한 권리의 재판 외 행사에 해당한다고 할 수 없다(대판 2012.3.22, 2010다28840 전합).
> ④ 민법 제450조 제1항 소정의 채권양도의 통지는 양도인이 채무자에 대하여 당해 채권을 양수인에게 양도하였다는 사실을 통지하는 이른바 관념의 통지로서, 채권양도가 있기 전에 미리 하는 사전 통지는 채무자로 하여금 양도의 시기를 확정할 수 없는 불안한 상태에 있게 하는 결과가 되어 원칙적으로 허용될 수 없다(대판 2000.4.11, 2000다2627).

6 지시채권에 관한 다음 설명 중 옳지 않은 것은?

① 지시채권의 양도는 배서·교부함으로써 그 효력이 있다.
② 증서에 변제기한이 있는 경우에는 그 기일의 도래로 채무자는 지체에 빠진다.
③ 멸실한 증서나 소지인의 점유를 이탈한 증서는 공시최고의 절차에 의하여 무효로 할 수 있다.
④ 소지인이 증서를 무권리자로부터 취득한 경우에도 그 소지인이 선의·무중과실이면 그 증권상의 권리를 취득한다.

> **해설** ① 제508조
> ② 기한이 도래한 후 소지인이 증서를 제시하여 이행을 청구한 때에 비로소 채무자는 지체책임을 진다(제517조).
> ③ 제521조
> ④ 제514조

7 채권자 甲은 乙에 대한 채권을 丙에게 양도하고 乙에게 확정일자 있는 통지를 발송하였다. 다음날 甲은 또다시 丁에게 乙에 대한 채권을 양도하고 확정일자 있는 통지를 乙에게 발송하였다. 확정일자는 丙이 丁보다 빨랐지만, 乙에게 도착한 날은 같을 경우 다음의 법률관계로 옳지 않은 것은?

① 丙과 丁 사이에는 우열이 없고 그 지위는 대등하다.
② 丙과 丁은 乙에게 각자 그 채권의 전액을 변제할 것을 청구할 수 있다.
③ 같은 날 도착하였더라도 丙의 확정일자가 丁의 확정일자보다 먼저이므로 丙만이 유효한 채권양수인이 된다.
④ 乙은 이중지급을 면하기 위하여 변제공탁을 할 수 있다.

> **해설** ①③ 채권양도의 우열은 확정일자의 도착의 선·후로 정할 것이지만, 丙과 乙에 대한 채권양도의 통지(확정일자부)가 같은 날 도착하고 그 선·후관계에 대하여 달리 입증이 없다면 동시에 도달한 것으로 추정해야 할 것이다(대판 1994.4.26, 93다24223).
> ② 丙과 丁은 확정일자 도달의 선·후를 떠나 乙에게 채무의 변제를 청구하는 것은 자유롭다.
> ④ 이 경우 채무자는 진정한 채권양수인이 결정되지 않는 불안정한 상황을 피하기 위하여 변제공탁을 할 수 있다.

Answer 4.② 5.① 6.② 7.③

4 지명채권에 관한 다음 설명 중 옳은 것은? (판례에 의함)

① 채무자에 대한 대항요건으로서의 통지는 관념의 통지이나, 채무자의 승낙은 채권양도의 청약에 대한 승낙이므로 의사표시이다.
② 채권양도가 있은 후 아직 통지나 승낙이 없는 동안 양수인은 채무자의 선·악을 불문하고 채권양도의 효력을 주장하지 못한다.
③ 제3자에 대하여는 통지나 승낙을 특정일자 있는 증서로 하지 아니하면 대항하지 못한다.
④ 채권의 이중양도의 경우 양수인 상호 간의 우열은 확정일자의 선·후에 의해 결정된다.

> **해설** ① 채무자에 대한 통지, 채무자의 승낙 모두 관념의 통지이다.
> ② 제450조 제1항
> ③ 제3자에 대한 대항요건으로서의 통지나 승낙은 확정일자 있는 증서에 의해야 한다.
> ④ 확정일자의 선·후가 아니라, 확정일자 있는 양도통지가 채무자에게 도달한 일시 또는 확정일자 있는 승낙 일시의 선·후에 의해 결정하여야 한다(대판 1994.4.26, 93다24223).

5 채권양도의 제3자에 대한 대항요건에 관한 다음 설명 중 옳지 않은 것은?

① 채권양도의 통지나 승낙은 확정일자 있는 증서에 의하여야 채무자 이외의 제3자에게 대항할 수 있다.
② 확정일자 있는 증서란 특정일자를 말한다.
③ '채무자 이외의 제3자'라 함은 동일채권에 관하여 양립할 수 없는 법률상의 지위를 취득한 자를 말한다.
④ 채권의 이중양도가 있는 경우 제1양도와 제2양도 간의 우열의 선·후는 확정일자 있는 증서가 채무자에게 도달한 선·후로 판단한다.

> **해설** ① 제450조 제2항
> ② 확정일자란 그 작성한 일자에 관한 완전한 증거가 될 수 있는 것으로 법률상 인정되는 일자를 말하는 것(대판 1988.4.12, 87다2429)으로 특정일자와는 다르다.
> ③ 예컨대 채권의 이중양수인·채권질권자·채권을 압류 또는 가압류한 양도인의 채권자 등을 말한다.
> ④ 대판 1994.4.26, 93다24223

2 채권양도에 관한 다음 설명 중 판례의 태도와 다른 것은?

① 채권양도가 있기 전에 미리 사전통지를 하는 것은 원칙적으로 허용되지 않는다.
② 채권양도의 통지는 채무자에게 도달됨으로써 효력을 발생하는 것이고, 여기서 도달이라 함은 사회관념상 채무자가 통지의 내용을 알 수 있는 객관적 상태에 놓여졌다고 인정되는 상태를 지칭한다고 해석되므로 채무자가 이를 현실적으로 수령하였거나 그 통지의 내용을 알았을 것을 필요로 한다.
③ 확정일자에 의하지 아니한 채권양도가 있은 후 채권양수인이 채무자를 상대로 제기한 양수금청구소송에서 승소의 확정판결을 받으면, 그 확정판결(확정일자가 기재된 판결서)이 확정일자 있는 증서에 해당한다.
④ 당사자의 의사표시에 의한 채권의 양도금지는 채권양수인인 제3자가 악의인 경우이거나 악의가 아니더라도 그 제3자에게 채권양도금지를 알지 못한 데에 중대한 과실이 있는 경우 채무자가 위 채권양도금지로써 그 제3자에 대하여 대항할 수 있다.

① 대판 2000.4.11, 2000다2627
② 채권양도의 통지는 채무자에게 도달됨으로써 효력을 발생하는 것이고, 여기서 도달이라 함은 사회관념상 채무자가 통지의 내용을 알 수 있는 객관적 상태에 놓여졌다고 인정되는 상태를 지칭한다고 해석되므로, 채무자가 이를 현실적으로 수령하였거나 그 통지의 내용을 알았을 것까지는 필요로 하지 않는다(대판 1997.11.25, 97다31281).
③ 대판 1999.3.26, 97다30622
④ 대판 2000.4.25, 99다67482

3 다음 중 채권양도에 관한 설명으로 옳지 않은 것은?

① 채권양도는 처분행위이며 준물권행위이다.
② 채권을 그 동일성을 유지하면서 이전하는 낙성·불요식계약이다.
③ 지시채권의 양도는 배서·교부함으로써 그 효력이 있다.
④ 채권의 양도금지 특약은 제3자에게 대항하지 못한다.

③ 제508조
④ 양도금지의 특약은 선의의 제3자에게 대항하지 못한다(제449조 제2항).

Answer 1.④ 2.② 3.④

CHAPTER 04 채권양도와 채무인수

01 채권양도

1 채권양도에 관한 다음 설명 중 가장 옳지 않은 것은?

① 채권의 양수인이 양도인을 대리하여 한 양도통지도 유효하다.
② 기존의 채권이 제3자에게 이전된 경우 당사자의 의사가 명백하지 아니할 때에는 특별한 사정이 없는 한 일반적으로 채권의 양도로 볼 것이다.
③ 장래 발생할 채권이라도 현재 그 권리의 특정이 가능하고 가까운 장래에 발생할 것임이 상당한 정도로 기대되는 경우에는 채권양도의 대상이 될 수 있다.
④ 부동산의 매매로 인한 소유권이전등기청구권의 양도의 경우에도 통상의 채권양도와 다를 바 없으므로 양도인의 채무자에 대한 통지만으로 채무자에 대한 대항력이 생긴다.

 ① 대판 1997.6.27, 95다40977
③ 대판 1996.7.9, 96다16612
③ 대판 1996.7.30, 95다7932
④ 부동산의 매매로 인한 소유권이전등기청구권은 물권의 이전을 목적으로 하는 매매의 효과로서 매도인이 부담하는 재산권이전의무의 한 내용을 이루는 것이고, 매도인이 물권행위의 성립요건을 갖추도록 의무를 부담하는 경우에 발생하는 채권적 청구권으로 그 이행과정에 신뢰관계가 따르므로, 소유권이전등기청구권을 매수인으로부터 양도받은 양수인은 매도인이 그 양도에 대하여 동의하지 않고 있다면 매도인에 대하여 채권양도를 원인으로 하여 소유권이전등기절차의 이행을 청구할 수 없고, 따라서 매매로 인한 소유권이전등기청구권은 특별한 사정이 없는 이상 그 권리의 성질상 양도가 제한되고 그 양도에 채무자의 승낙이나 동의를 요한다고 할 것이므로 통상의 채권양도와 달리 양도인의 채무자에 대한 통지만으로는 채무자에 대한 대항력이 생기지 않으며 반드시 채무자의 동의나 승낙을 받아야 대항력이 생긴다(대판 2001.10.9, 2000다51216).

23 보증채무에 관한 다음 설명 중 가장 옳지 않은 것은? (다툼이 있는 경우 판례에 의함)

① 주 채무자에 대한 채권이 이전되면 당사자 사이에 별도의 특약이 없는 한 보증인에 대한 채권도 함께 이전하고, 이 경우 채권양도의 대항요건도 주채권의 이전에 관하여 구비하면 족하고, 별도로 보증채권에 관하여 대항요건을 갖출 필요는 없다.

② 보증채무에 대한 소멸시효가 중단되었다고 하더라도 이로써 주채무에 대한 소멸시효가 중단되는 것은 아니고, 보증채무에 대한 소멸시효가 중단된 상태라면 주채무가 소멸시효 완성으로 소멸되더라도 보증채무가 당연히 소멸되는 것은 아니다.

③ 보증기간과 보증한도액의 정함이 없는 계속적 보증계약의 경우에는 보증인이 사망하면 보증인의 지위가 상속인에게 상속된다고 할 수 없고, 기왕에 발생된 보증채무만이 상속된다.

④ 주채무자의 부탁으로 보증인이 된 자는, 채무의 이행기가 확정되지 아니하고 그 최장기도 확정할 수 없는 경우에 보증계약 후 5년을 경과하면 주채무자에 대하여 미리 구상권을 행사할 수 있다.

✔해설 ① 보증채무는 주채무에 대한 부종성 또는 수반성이 있어서 주채무자에 대한 채권이 이전되면 당사자 사이에 별도의 특약이 없는 한 보증인에 대한 채권도 함께 이전하고, 이 경우 채권양도의 대항요건도 주채권의 이전에 관하여 구비하면 족하고, 별도로 보증채권에 관하여 대항요건을 갖출 필요는 없다(대판 2002.9.10, 2002다21509).
② 보증채무에 대한 소멸시효가 중단되었다고 하더라도 이로써 주채무에 대한 소멸시효가 중단되는 것은 아니고, 주채무가 소멸시효 완성으로 소멸된 경우에는 보증채무도 그 채무 자체의 시효중단에 불구하고 부종성에 따라 당연히 소멸된다(대판 2002.5.14, 2000다62476).
③ 보증한도액이 정해진 계속적 보증계약의 경우 보증인이 사망하였다 하더라도 보증계약이 당연히 종료되는 것은 아니고 특별한 사정이 없는 한 상속인들이 보증인의 지위를 승계한다고 보아야 할 것이나, 보증기간과 보증한도액의 정함이 없는 계속적 보증계약의 경우에는 보증인이 사망하면 보증인의 지위가 상속인에게 상속된다고 할 수 없고 다만, 기왕에 발생된 보증채무만이 상속된다(대판 2001.6.12, 2000다47187).
④ 제442조 제3호

22 연대보증채무 또는 보증채무에 대한 설명 중 가장 옳은 것은? (다툼이 있는 경우 판례에 의함)

① 주채무에 대한 소멸시효가 완성되어 보증채무가 이미 소멸된 상태에서 보증인이 보증채무를 이행하거나 승인하였다면 원칙적으로 보증인은 주채무의 시효소멸을 이유로 보증채무의 소멸을 주장할 수 없다.
② 주채무자에 대한 시효중단의 효력을 보증인에 대하여도 인정한 민법 제440조는 시효중단 이후의 시효기간에도 적용되는 것으로 해석함이 상당하므로, 상사채무인 주채무가 확정판결에 의하여 그 소멸시효기간이 10년으로 연장되었다면 연대보증채무의 소멸시효기간 역시 10년으로 연장된다.
③ 보증인의 출연행위 당시 주채무가 성립되지 아니하였거나 타인의 면책행위로 이미 소멸 되었거나 유효하게 존속하고 있다가 그 후 소급적으로 소멸한 경우에는 보증채무자의 주채무 변제는 비채변제가 되어 채권자와 사이에 부당이득반환의 문제를 남길 뿐이고 주채무자에 대한 구상권을 발생시키지 않는다.
④ 채권자가 고의나 과실로 담보를 상실 또는 감소되게 한 때에는 연대보증인은 민법 제485조에 따라 그 상실 또는 감소로 인하여 상환 받을 수 없는 한도에서 면책주장을 할 수 있는데, 주채무자가 채권자에게 가등기담보권을 설정하기로 약정한 뒤 이를 이행하지 않고 있음에도 채권자가 그 약정에 기한 가등기설정등기 이행청구 등과 같은 조치를 취하지 아니하던 중 제3자가 당해 부동산을 압류 또는 가압류함으로써 가등기담보권자로서의 권리를 제대로 확보하지 못한 경우는 담보가 상실되거나 감소된 경우에 해당한다고 할 수 없다.

✅ **해설** ① 보증채무에 대한 소멸시효가 중단되는 등의 사유로 완성되지 아니하였다고 하더라도 주채무에 대한 소멸시효가 완성된 경우에는 시효완성 사실로써 주채무가 당연히 소멸되므로 보증채무의 부종성에 따라 보증채무 역시 당연히 소멸된다. 그리고 주채무에 대한 소멸시효가 완성되어 보증채무가 소멸된 상태에서 보증인이 보증채무를 이행하거나 승인하였다고 하더라도, 주채무자가 아닌 보증인의 행위에 의하여 주채무에 대한 소멸시효 이익의 포기 효과가 발생한다고 할 수 없으며, 주채무의 시효소멸에도 불구하고 보증채무를 이행하겠다는 의사를 표시한 경우 등과 같이 부종성을 부정하여야 할 다른 특별한 사정이 없는 한 보증인은 여전히 주채무의 시효소멸을 이유로 보증채무의 소멸을 주장할 수 있다고 보아야 한다(대판 2012.7.12. 2010다51192).
② 민법 제165조가 판결에 의하여 확정된 채권, 판결과 동일한 효력이 있는 것에 의하여 확정된 채권은 단기의 소멸시효에 해당한 것이라도 그 소멸시효는 10년으로 한다고 규정하는 것은 당해 판결등의 당사자 사이에 한하여 발생하는 효력에 관한 것이고 채권자와 주채무자 사이의 판결등에 의해 채권이 확정되어 그 소멸시효가 10년으로 되었다 할지라도 위 당사자 이외의 채권자와 연대보증인사이에 있어서는 위 확정판결 등은 그 시효기간에 대하여는 아무런 경향도 없고 채권자의 연대보증인의 연대보증채권의 소멸시효기간은 여전히 종전의 소멸시효기간에 따른다(대판 1986.11.25. 86다카1569).
③ 보증보험이란 피보험자와 어떠한 법률관계를 가진 보험계약자(주계약상의 채무자)의 채무불이행으로 인하여 피보험자(주계약상의 채권자)가 입게 될 손해의 전보를 보험자가 인수하는 것을 내용으로 하는 손해보험으로서, 형식적으로는 채무자의 채무불이행을 보험사고로 하는 보험계약이나 실질적으로는 보증의 성격을 가지고 보증계약과 같은 효과를 목적으로 하는 것이므로, 민법의 보증에 관한 규정, 특히 보증인의 구상권에 관한 민법 제441조 이하의 규정이 준용되고, 보증채무자가 주채무를 소멸시키는 행위는 주채무의 존재를 전제로 하므로, 보증인의 출연행위 당시 주채무가 성립되지 아니하였거나 타인의 면책행위로 이미 소멸되었거나 유효하게 존속하고 있다가 그 후 소급적으로 소멸한 경우에는 보증채무자의 주채무 변제는 비채변제가 되어 채권자와 사이에 부당이득반환의 문제를 남길 뿐이고 주채무자에 대한 구상권을 발생시키지 않는다(대판 2012.02.23. 2011다62144).
④ 주채무자가 채권자에게 가등기담보권을 설정하기로 약정한 뒤 이를 이행하지 않고 있음에도 채권자가 그 약정에 기하여 가등기가처분 명령신청, 가등기설정등기 이행청구 등과 같은 담보권자로서의 지위를 보전·실행·집행하기 위한 조치를 취하지 아니하다가 당해 부동산을 제3자가 압류 또는 가압류함으로써 가등기담보권자로서의 권리를 제대로 확보 하지 못한 경우도 담보가 상실되거나 감소된 경우에 해당한다(대판 2009.10.29. 2009다60527).

20 다음 중 공동보증에 관한 설명으로 옳지 않은 것은?

① 공동보증이란 동일한 주 채무에 관하여 수인이 보증채무를 부담하는 보증으로, 각 보증인이 동일계약에 의하든 별개의 보증계약에 의하든 상관없다.
② 수인의 보증인이 각자의 행위로 보증채무를 부담한 경우에는 분별의 이익을 가진다.
③ 공동보증인이 자기 분담액을 넘어 변제한 때에는, 다른 보증인에 대한 관계에서는 사무관리가 되고 채무자의 부탁 없는 보증인의 구상권에 관한 규정이 준용된다.
④ 공동보증인 중 1인이 자기의 부담부분을 넘지 못한 변제 기타 유상의 면책행위를 하더라도 다른 공동보증인에게 그 부담부분에 비례하여 구상할 수 있다.

 ② 제439조
③ 제448조 제1항
④ 자기의 부담부분을 넘는 면책행위를 해야만 구상권을 행사할 수 있다(제448조).

21 계속적 보증에 관한 판례의 내용 중 옳지 않은 것은?

① 보증채무의 범위와 기간에 관한 약정이 없더라도, 당사자의 의사·거래관행·신의칙에 비추어 이를 확정할 수 있는 때에는 그 보증계약은 유효하다.
② 회사의 이사로서 부득이 회사와 제3자 사이의 계속적 거래로 인한 채무에 대하여 보증인이 된 자가 그 후 퇴사한 때에는 보증계약 성립 당시의 사정에 현저한 변경이 생긴 경우에 해당하여 보증계약을 해지할 수 있다.
③ 보증기간과 보증한도액의 정함이 없는 계속적 보증의 경우 보증인의 지위는 상속되지 않는다.
④ 계속적 거래의 도중에 매수인을 위하여 보증의 범위와 기간의 정함이 없이 보증인이 된 자는 특별한 사정이 없는 한 계약일 이후에 발생되는 채무뿐만 아니라 계약일 현재 이미 발생된 채무도 보증한다고 볼 수는 없다.

 ① 대판 1957.10.21, 4290민상349
② 대판 1998.6.26, 98다11826
③ 대판 2001.6.12, 2000다47187. 다만 기왕에 발생된 보증채무는 상속된다 할 것이다.
④ 계약일 이후에 발생되는 채무뿐만 아니라 계약일 현재 이미 발생된 채무도 보증한다(대판 1995.9.15, 94다41485).

Answer 18.④ 19.② 20.④ 21.④

18 보증인의 구상권에 대한 설명 중 옳지 않은 것은?

① 주 채무자의 부탁으로 보증인이 된 자의 구상권은 면책된 날 이후의 법정이자 및 피할 수 없는 비용 기타 손해배상을 포함한다.
② 주 채무자의 부탁 없이 보증인이 된 자의 구상권의 범위는 주 채무자가 그 당시에 받은 이익의 한도이다.
③ 주 채무자의 의사에 반하여 보증인이 된 자의 구상권의 범위는 주 채무자의 현존이익의 한도이다.
④ 수탁보증인과 주채무자의 부탁은 없으나 의사에 반하지 않는 보증인은 사전구상권이 인정되나, 주채무자의 의사에 반하여 보증인이 된 자의 경우에는 사전구상권이 인정되지 않는다.

> ✔ 해설　①②③ 제444조
> ④ 수탁보증인에 한하여 사전구상권이 인정된다〈제442조 제1항〉.

19 수탁보증인이 사전구상권을 행사할 수 있는 경우에 관한 설명 중 옳지 않은 것은?

① 보증인이 과실 없이 채권자에게 변제할 재판을 받은 때
② 주 채무자가 파산선고를 받은 경우 채권자가 파산재단에 가입한 때
③ 채무의 이행기가 확정되지 아니하고 최장기도 확정할 수 없는 경우에 보증계약 후 5년을 경과한 때
④ 채무의 이행기가 도래한 때

> ✔ 해설　② 주채무자가 파산선고를 받은 경우에 채권자가 파산재단에 가입하지 아니한 때 수탁보증인은 주채무자에 대하여 미리 구상권을 행사 할 수 있다〈제442조 제1항 제2호〉.
> ①③④ 수탁보증인이 사전구상권을 행사 할 수 있는 경우〈제442조〉
>   1. 보증인이 과실 없이 채권자에게 변제할 재판을 받은 때
>   2. 주 채무자가 파산선고를 받은 경우에 채권자가 파산재단에 가입하지 아니한 때
>   3. 채무의 이행기가 확정되지 아니하고 그 최장기도 확정할 수 없는 경우에 보증계약 후 5년이 경과한 때
>   4. 채무의 이행기가 도래한 때

16 보증인에 대한 설명 중 옳지 않은 것은?

① 채무자는 다른 상당한 담보를 제공함으로써 보증인을 세울 의무를 면할 수 있다.
② 채권자가 보증인을 세울 의무가 있는 경우에는 그 보증인은 책임능력 및 변제 자력이 있는 자로 하여야 한다.
③ 채권자가 보증인을 지명한 경우에는 보증인에게 행위능력 및 변제 자력이 있을 것을 요하지 않는다.
④ 보증인이 변제 자력이 없게 된 때에 보증인의 변경이 가능한 경우는 채권자가 보증인을 지명한 경우에 한한다.

① 제432조
② 제431조 제1항
③ 제431조 제3항
④ 채무자가 보증인을 세울 의무가 있어 보증인을 세운 경우에 보증인의 변경권이 인정된다(제431조 제2항).

17 최고·검색의 항변권에 대한 설명 중 옳지 않은 것은?

① 주 채무자에게 변제 자력이 있다는 사실이나 그 집행이 용이하다는 사실 중 하나만 증명하면 최고·검색의 항변권을 행사할 수 있다.
② 채권자가 이미 사전에 또는 동시에 주 채무자에게 최고하고 있을 경우 최고의 항변권 행사는 인정되지 않는다.
③ 보증인이 최고의 항변권을 행사하였음에도 채권자의 해태로 주 채무자로부터 전부나 일부의 변제를 받지 못한 경우에는 채권자가 해태하지 않았으면 변제받았을 한도에서 그 책임을 면한다.
④ 최고·검색의 항변권의 행사로 이행기가 경과하더라도 보증인은 이행지체책임을 지지 않으며, 채권자는 보증인에 대한 자신의 채무와 보증채권을 상계하지 못한다.

① 변제자력이 있다는 사실과 그 집행이 용이하다는 사실을 모두 입증하여야 한다(제437조).
③ 제438조
④ 최고·검색의 항변권은 연기적 항변권이다.

13 다음 설명 중 옳지 않은 것은?

① 보증채무는 부종성은 물론 보충성도 있다.
② 채무인수가 있는 경우에 보증채무는 새 인수인을 위하여 당연히 존속한다.
③ 연대채무는 법률상 보증채무가 아니다.
④ 채무자가 보증인을 세울 의무가 있을 경우에 보증인이 자력이 없을 때에는 채권자는 보증인의 변경을 청구할 수 있다.

> **해설** 전 채무자의 채무에 대한 보증이나 제3자가 제공한 담보는 채무인수로 인하여 소멸한다. 그러나 보증인이나 제3자가 채무인수에 동의한 경우에는 그러하지 아니하다.

14 다음 중 보증채무에 관한 설명으로 옳지 않은 것은?

① 보증인의 부담이 주채무의 목적이나 형태보다 중한 때에는 주채무의 한도로 감축한다.
② 연대보증인은 채권자에 대하여 최고·검색의 항변권을 가진다.
③ 공동보증인이 각자의 행위로 보증채무를 부담한 경우에는 분별의 이익이 있다.
④ 보증인은 주채무자의 항변으로 채권자에게 대항할 수 있다.

> **해설** ① 목적·형태상의 부종성에 기인한 특징이다〈제430조〉.
> ② 보증인은 채권자에 대하여 최고·검색의 항변권을 가진다〈보증채무의 보충성, 제437조〉. 그러나 연대보증인에게는 최고·검색의 항변권이 없다〈제414조〉.
> ③ 공동보증의 분별의 이익〈제439조〉
> ④ 행사상의 부종성〈제433조 제1항〉

15 다음 중 보증채무에 대한 설명으로 옳은 것은?

① 장래의 채무는 확정되지 않은 상태이므로 보증의 대상이 될 수 없다.
② 보증채무는 주채무의 이자, 손해배상 기타 주채무에 종속한 채무를 포함하지만 위약금을 포함하지는 않는다.
③ 보증채무에 관한 위약금 기타 손해배상의 예정은 할 수 없다.
④ 보증인의 부담이 주채무의 목적이나 형태보다 중한 때에는 주채무의 한도로 감축한다.

> **해설** ① 장래의 채무에 대한 보증도 가능하다〈제428조 제2항〉.
> ② 보증채무는 이자, 위약금, 손해배상 기타 주 채무에 종속한 채무를 포함한다〈제429조 제1항〉.
> ③ 보증채무에 관한 위약금 기타 손해배상의 예정을 할 수 있다〈제429조 제2항〉.
> ④ 제430조

03 보증채무

11 보증인과 주 채무자의 항변권에 관한 설명으로 옳지 않은 것은?

① 주 채무자의 항변포기는 보증인에게도 효력이 있다.
② 보증인은 주 채무자의 항변으로 채권자에게 대항할 수 있다.
③ 보증인은 주 채무자의 채권에 의한 상계로 채권자에게 대항할 수 있다.
④ 주 채무자가 채권자에 대하여 취소권 또는 해제권이나 해지권이 있는 동안은 보증인은 채권자에 대하여 채무의 이행을 거절할 수 있다.

 ① 주 채무자의 항변포기는 보증인에게 효력이 없다〈제433조 제2항〉.
② 제433조 제1항
③ 제434조
④ 제435조

12 보증채무에 관한 다음 설명 중 옳지 않은 것은?

① 공동보증인 상호 간에는 원칙적으로 분별의 이익이 없다.
② 주 채무자가 항변을 포기하더라도 보증인은 이를 행사할 수 있다.
③ 주 채무자에 대한 시효의 중단은 보증인에 대하여 그 효력이 있다.
④ 주 채무자가 채권자에 대하여 해제권이 있는 동안은 보증인은 채권자에 대하여 채무의 이행을 거절할 수 있다.

 ① 수인의 보증인이 각자의 행위로 보증채무를 부담한 경우에 특별한 의사표시가 없으면 각 보증인은 균등한 비율로 권리가 있고 의무를 부담한다〈제439조〉.
② 제433조
③ 제440조
④ 제435조

Answer 10.① 11.① 12.①

10 부진정연대채무에 관한 다음의 설명 중 가장 옳지 않은 것은? (다툼이 있는 경우 판례에 의함)

① 부진정연대채무자 중 1인이 자신의 채권자에 대한 반대채권으로 상계를 한 경우 그 상계에는 절대적 효력이 인정되지 아니하므로, 그 상계로 인한 채무소멸의 효력은 다른 부진정연대채무자에 대하여는 미치지 않는다.
② 부진정연대채무자가 채권자에 대하여 상계할 채권을 가지고 있음에도 상계를 하지 않고 있다 하더라도 다른 부진정연대채무자가 그 채권을 가지고 상계를 할 수는 없다.
③ 부진정연대채무자 1인에 대한 이행청구 또는 부진정연대채무자 1인이 행한 채무의 승인 등 소멸시효의 중단사유나 시효이익의 포기가 다른 부진정연대채무자에게 효력을 미치지 아니한다.
④ 피해자가 부진정연대채무자 중의 1인에 대하여 손해배상에 관한 권리를 포기하거나 채무를 면제하는 의사표시를 하였다 하더라도 다른 부진정연대채무자에 대하여 그 효력이 미친다고 볼 수는 없다.

✔해설 ① 부진정연대채무자 중 1인이 자신의 채권자에 대한 반대채권으로 상계를 한 경우에도 채권은 변제, 대물변제, 또는 공탁이 행하여진 경우와 동일하게 현실적으로 만족을 얻어 그 목적을 달성하는 것이므로, 그 상계로 인한 채무소멸의 효력은 소멸한 채무 전액에 관하여 다른 부진정연대채무자에 대하여도 미친다고 보아야 한다. 이는 부진정연대채무자 중 1인이 채권자와 상계계약을 체결한 경우에도 마찬가지이다. 나아가 이러한 법리는 채권자가 상계 내지 상계계약이 이루어질 당시 다른 부진정연대채무자의 존재를 알았는지 여부에 의하여 좌우되지 아니한다(대판 2010.9.16. 2008다97218 전합).
② 부진정연대채무에 있어서 부진정연대채무자 1인이 한 상계가 다른 부진정연대채무자에 대한 관계에 있어서도 공동면책의 효력 내지 절대적 효력이 있는 것인지는 별론으로 하더라도, 부진정연대채무자 사이에는 고유의 의미에 있어서의 부담부분이 존재하지 아니하므로 위와 같은 고유의 의미의 부담부분의 존재를 전제로 하는 민법 제418조 제2항은 부진정연대채무에는 적용되지 아니하는 것으로 봄이 상당하고, 따라서 부진정연대채무에 있어서는 한 부진정연대채무자가 채권자에 대하여 상계할 채권을 가지고 있음에도 상계를 하지 않고 있다 하더라도 다른 부진정연대채무자가 그 채권을 가지고 상계를 할 수는 없는 것으로 보아야 한다(대판 1994.5.27. 93다21521).
③ 대판 2011.4.14. 2010다91886
④ 부진정연대채무자 상호간에 있어서 채권의 목적을 달성시키는 변제와 같은 사유는 채무자 전원에 대하여 절대적 효력을 발생하지만 그 밖의 사유는 상대적 효력을 발생하는 데에 그치는 것이므로 피해자가 채무자 중의 1인에 대하여 손해배상에 관한 권리를 포기하거나 채무를 면제하는 의사표시를 하였다 하더라도 다른 채무자에 대하여 그 효력이 미친다고 볼 수는 없다 할 것이고, 이러한 법리는 채무자들 사이의 내부관계에 있어 1인이 피해자로부터 합의에 의하여 손해배상채무의 일부를 면제받고도 사후에 면제받은 채무액을 자신의 출재로 변제한 다른 채무자에 대하여 다시 그 부담 부분에 따라 구상의무를 부담하게 된다 하여 달리 볼 것은 아니다(대판 2006.1.27. 2005다19378).

> **해설** ① 보증채무자는 일정한 경우 사전구상권을 가지나〈제442조〉, 연대채무자는 사전구상권을 가지지 않는다.
> ② 채무를 소멸케 한 경우뿐만 아니라, 채무를 감소케 하는 공동면책의 경우에도 구상권은 발생한다.
> ③ 구상권을 발생시키기 위한 공동면책은 연대채무자의 출재에 의한 것이어야 한다. 따라서 면제나 시효의 완성 등은 부담부분의 범위에서는 절대적 효력이 있지만, 출재로 인한 것은 아니므로 구상권은 발생하지 않는다.
> ④ 제426조. 그러나 이 통지 자체가 구상권의 성립요건은 아니며, 단지 통지를 해태할 경우 구상권 행사의 제한을 받을 뿐이다.

8 다음 중 연대채무의 성격이 다른 하나는?

① 임무를 해태한 이사의 연대책임
② 사용대차관계에서 발생하는 채무에 대한 공동차주의 연대책임
③ 공동불법행위자의 연대책임
④ 사용자책임과 피용자 개인의 불법행위책임

> **해설** ① 부진정연대채무관계이다〈제65조〉.
> ② 연대채무관계이다〈제616조〉. 이와 함께 공동임차인의 책임도 연대채무이다〈제654조〉.
> ③ 부진정연대채무관계이다〈제760조〉.
> ④ 부진정연대채무관계이다〈제756조〉.

9 다음 중 부진정연대채무에 관한 설명으로 옳지 않은 것은?

① 부진정연대채무에 관해서는 민법의 규정이 없다.
② 부진정연대채무자 상호 간에는 주관적 공동관계가 없다.
③ 부진정연대채무에서도 급부는 1개이기 때문에 급부의 실현을 가져오는 변제·대물변제·공탁·상계 등은 절대적 효력을 가진다.
④ 부진정연대채무자 상호 간에도 당연히 발생한다.

> **해설** ① 해석상 인정되는 연대채무이다.
> ② 주관적 공동관계가 없다는 점에서 통상의 연대채무와 구별된다.
> ③ 부진정연대채무에서는 주관적 공동관계가 없기 때문에 급부의 실현을 가져오는 경우(변제·대물변제·공탁·상계)에만 절대적 효력을 가지며, 이외에는 상대적 효력을 가질 뿐이다.
> ④ 부진정연대채무자 사이에는 주관적 공동관계가 없기 때문에 부담부분이 없고, 따라서 원칙적으로 구상관계는 발생하지 않는다. 다만 판례는 공동불법행위에 관해서는 일관하여 공동불법행위자 상호 간에 그 과실의 비율에 따라 부담부분을 가지는 것으로 구성하여 구상권을 인정한다(대판 1967.12.29, 67다2034, 2035).

Answer 5.③ 6.③ 7.④ 8.② 9.④

5 다음 중 연대채무에 대한 설명으로 옳지 않은 것은?

① 어느 연대채무자에 대한 이행청구는 다른 연대채무자에게도 효력이 있다.
② 채권자는 어느 연대채무자에 대하여 채무의 전부나 이행을 청구할 수 있다.
③ 어느 연대채무자에 대한 법률행위의 무효나 취소의 원인은 다른 연대채무자의 채무에도 영향을 미친다.
④ 어느 연대채무자가 채권자에 대하여 채권이 있는 경우에 그 연대채무자가 상계한 때에는 채권은 모든 연대채무자의 이익을 위하여 소멸한다.

> **해설** 어느 연대채무자에 대한 법률행위의 무효나 취소의 원인은 다른 연대채무자의 채무에 영향을 미치지 아니한다(제415조).

6 연대채무의 효력의 범위에 대한 설명 중 옳지 않은 것은?

① 연대채무자 1인에 대한 채무면제는 그 채무자의 부담부분에 한하여 다른 연대채무자에게도 영향을 미친다.
② 어느 연대채무자와 채권자 간에 채무의 경개가 있는 때에는 채권은 모든 연대채무자의 이익을 위하여 소멸한다.
③ 연대채무자 1인에 대한 이행청구는 다른 연대채무자에게는 효력이 없다.
④ 연대채무자 1인에 대한 시효이익의 포기는 다른 연대채무자에게는 효력이 없다.

> **해설** ① 어느 연대채무자에 대한 채무면제는 그 채무자의 부담부분에 한하여 다른 연대채무자의 이익을 위하여 효력이 있다(제419조).
> ② 어느 연대채무자와 채권자간에 채무의 경개가 있는 때에는 채권은 모든 연대채무자의 이익을 위하여 소멸한다(제417조).
> ③ 어느 연대채무자에 대한 이행청구는 다른 연대채무자에게도 효력이 있다(제416조).
> ④ 제423조

7 다음 중 연대채무자의 구상권 행사와 관련한 설명으로 옳은 것은?

① 연대채무자는 출연행위를 함에 있어 사전구상권을 가진다.
② 구상권을 행사하기 위해서는 채무 전부의 공동면책이 있어야 한다.
③ 어느 연대채무자 1인이 채권자로부터 채무의 면제를 받은 경우에도 구상권은 발생한다.
④ 채무를 변제하는 연대채무자는 사전에 그 사실을 다른 연대채무자에게 통지하고, 변제한 후에는 그 사실을 다른 연대채무자에게 통지하여야 한다.

✅해설 ① 제409조
② 채무자 1인에 대하여 한 이행의 청구는 상대적 효력을 가질 뿐이다(통설).
③ 모든 채권자에게 효력이 있는 사항을 제외하고는 불가분채권자중 1인의 행위나 1인에 관한 사항은 다른 채권자에게 효력이 없다(제410조 제1항).
④ 제411조, 제415조

02 연대채무

3 다수당사자 간의 채무에 대한 다음 설명 중 옳지 않은 것은?

① 공동보증인 간에는 분별의 이익을 가진다.
② 주채무자가 항변권을 포기하면 보증채무의 부종성에 비추어 그 포기의 효력은 보증인에게도 미친다.
③ 어느 연대채무자에 대한 법률행위의 무효나 취소의 원인은 다른 연대채무자의 채무에 영향을 미치지 않는다.
④ 채권의 목적이 불가분인 때에는 각 채권자는 모든 채권자를 위하여 이행을 청구할 수 있고, 채무자는 모든 채권자를 위하여 각 채권자에게 이행할 수 있다.

✅해설 ① 수인의 보증인이 각자의 행위로 보증채무를 부담한 때에는 분할채무에 관한 규정을 준용한다(제439조).
② 주채무자의 항변포기는 보증인에게 효력이 없다(제433조 제2항).
③ 제415조
④ 제409조

4 연대채무자 1인에게 생긴 사유 중 다른 연대채무자에게 영향을 주지 않는 것은?

① 법률행위의 취소
② 면제
③ 이행의 청구
④ 소멸시효

✅해설 ① 다른 연대채무자에 영향을 미치지 않는다(제415조).
② 제419조
③ 제416조
④ 제421조

Answer 1.④ 2.② 3.② 4.①

… CHAPTER

03 수익과 채권자 및 채무자

01 분할채무 · 불가분채무

1 다음 중 분할채권관계에 관한 설명으로 옳지 않은 것은?

① 가분급부를 목적으로 하는 다수당사자 간의 채권관계로, 각 채권자의 채권은 각각 독립한 채권이다.
② 채권자 사이에서 분급관계와 구상관계는 원칙적으로 발생하지 않는다.
③ 당사자의 일방 또는 쌍방이 수인인 경우에는 계약의 해제나 해지는 그 전원으로부터 또는 전원에 대하여 하여야 한다.
④ 1인의 채권자에 관하여 생긴 사유는 다른 채권자에게 영향을 미친다.

> ✔ 해설 ① 제408조를 통해 다수 당사자 채권 관계의 원칙은 분할채권관계임을 명시하였다.
> ② 채권자나 채무자가 수인인 경우에 특별한 의사표시가 없으면 각 채권자 또는 각 채무자는 균등한 비율로 권리가 있고 의무를 부담한다〈제408조〉.
> ③ 해제권 불가분의 원칙이 적용된다〈제547조 제1항〉.
> ④ 영향을 미치지 않는다.

2 불가분채권 · 채무관계에 대한 설명 중 옳지 않은 것은?

① 불가분채권관계에서 각 채권자는 모든 채권자를 위하여 이행을 청구할 수 있고, 채무자는 모든 채권자를 위하여 채권자에게 이행할 수 있다.
② 불가분채무관계에 있어서 채무자 1인의 변제의 제공은 다른 채무자에 대하여도 효력이 있으며, 채무자 1인에 대하여 한 채권자의 이행의 청구는 다른 채무자에 대하여도 효력이 있다.
③ 불가분채권관계에서는 청구와 이행에 따른 효과 이외의 사유는 다른 채권자에게 그 효력이 없다.
④ 불가분채무관계에서 채무자 1인에 대한 법률행위의 무효나 취소의 원인은 다른 채무자의 채무에 영향을 미치지 아니한다.

43 채권자취소권에 관한 설명 중 가장 옳지 않은 것은? (다툼이 있는 경우 판례에 의함)

① 사해행위의 취소는 법원에 소를 제기하는 방법으로 청구할 수도 있고 소송상의 공격방어 방법으로 주장할 수도 있다.
② 사해행위 취소의 소는 채권자가 취소원인을 안 날로부터 1년, 법률행위가 있는 날로부터 5년 내에 제기하여야 한다.
③ 채권자가 채권자취소권을 행사하려면 사해행위로 인하여 이익을 받은 자나 전득한 자를 상대로 그 법률행위의 취소를 청구하는 소송을 제기하여 되는 것으로서 채무자를 상대로 그 소송을 제기할 수는 없다.
④ 채권자가 사해행위의 취소로서 수익자를 상대로 채무자와의 법률행위의 취소를 구함과 아울러 전득자를 상대로도 전득행위의 취소를 구함에 있어서, 전득자의 악의를 판단함에 있어서는 단지 전득자가 전득행위 당시 채무자와 수익자 사이의 법률행위의 사해성을 인식하였는지 여부만이 문제가 될 뿐이지, 수익자와 전득자 사이의 전득행위가 다시 채권자를 해하는 행위로서 사해행위의 요건을 갖추어야 하는 것은 아니다.

> **해설** ① 채무자가 채권자를 해함을 알고 재산권을 목적으로 한 법률행위를 한 때에는 채권자는 사해행위의 취소를 법원에 소를 제기하는 방법으로 청구할 수 있을 뿐 소송상의 공격방어방법으로 주장할 수 없다(대판 1993.1.26, 92다11008).
> ② 제406조 제2항
> ③ 대판 1991.8.13, 91다13717
> ④ 대판 2006.7.4, 2004다61280

Answer 42.③ 43.①

42 채권자취소권에 관한 설명으로서 옳지 않은 것은? (다툼이 있는 경우 판례에 의함)

① 채무자가 채무가 재산을 초과하는 상태에서 채권자 중 한 사람과 통모하여, 그 채권자만 우선적으로 채권의 만족을 얻도록 할 의도로, 채무자 소유의 부동산을 그 채권자에게 매각하고 위 매매대금채권과 그 채권자의 채무자에 대한 채권을 상계하는 약정을 하였다면 매매가격이 상당한 가격이거나 상당한 가격을 초과한다고 할지라도, 채무자의 매각행위는 다른 채권자를 해할 의사로 한 법률행위에 해당한다.

② 채무자가 양도한 목적물에 담보권이 설정되어 있고 피담보채권액이 목적물의 가액을 초과하는 경우 당해 재산의 양도는 사해행위에 해당하지 않는다.

③ 매도행위가 사해행위에 해당하는 경우, 제3자가 목적물에 관하여 저당권 등의 권리를 취득한 때에는 수익자를 상대로 가액배상만을 구할 수 있을 뿐 원물반환을 구할 수는 없다.

④ 수익자가 가액배상을 할 때에, 수익자 자신도 사해행위취소의 효력을 받는 채권자 중의 1인이라는 이유로, 취소채권자의 원상회복에 대하여 총채권액 중 자기의 채권에 해당하는 안분액의 배당요구권으로써 원상회복청구와의 상계를 주장하여 그 안분액의 지급을 거절할 수는 없다.

✔ 해설 ① 대판 1994.6.14, 94다2961,94다2978(병합)
② 대판 2008.4.10, 2007다78234
③ 사해행위 후 그 목적물에 관하여 제3자가 저당권이나 지상권 등의 권리를 취득한 경우에는 수익자가 목적물을 저당권 등의 제한이 없는 상태로 회복하여 이전하여 줄 수 있다는 등의 특별한 사정이 없는 한 채권자는 수익자를 상대로 원물반환 대신 그 가액 상당의 배상을 구할 수도 있다고 할 것이나, 그렇다고 하여 채권자가 스스로 위험이나 불이익을 감수하면서 원물반환을 구하는 것까지 허용되지 아니하는 것으로 볼 것은 아니고, 그 경우 채권자는 원상회복 방법으로 가액배상 대신 수익자 명의의 등기의 말소를 구하거나 수익자를 상대로 채무자 앞으로 직접 소유권이전등기절차를 이행할 것을 구할 수 있다(대판 2001.2.9, 2000다57139).
④ 대판 2001.2.27, 2000다44348

41 채권자취소권에 관한 설명으로 옳지 못한 것은? (다툼이 있는 경우 판례에 의함)

① 채권자가 자신의 채권을 보전하기 위하여 채무자의 채권자취소권을 대위행사 할 수 있는데, 이 경우 제소기간은 대위의 목적으로 되는 권리의 채권자인 채무자를 기준으로 하여 그 준수 여부를 가려야 한다.
② 채권자취소소송의 상대방은 수익자 또는 전득자이고, 채무자는 피고적격을 가지지 못한다.
③ 채권자가 사해행위 전부의 취소와 원상회복만을 구하는 경우에는 법원은 가액의 배상을 명할 수 없다.
④ 다른 채권자가 배당요구를 할 것이 명백하거나 목적물이 불가분인 경우에는 취소채권자의 채권액을 넘어서까지도 취소를 구할 수 있다.

 ① 채권자취소권도 채권자가 채무자를 대위하여 행사하는 것이 가능하다. 민법 제404조 소정의 채권자대위권은 채권자가 자신의 채권을 보전하기 위하여 채무자의 권리를 자신의 이름으로 행사할 수 있는 권리라 할 것이므로, 채권자가 채무자의 채권자취소권을 대위행사하는 경우, 제소기간은 대위의 목적으로 되는 권리의 채권자인 채무자를 기준으로 하여 그 준수 여부를 가려야 할 것이고, 따라서 채권자취소권을 대위행사하는 채권자가 취소원인을 안 지 1년이 지났다 하더라도 채무자가 취소원인을 안 날로부터 1년, 법률행위가 있은 날로부터 5년 내라면 채권취소의 소를 제기할 수 있다(대판 2001.12.27, 2000다73049).
② 채권자가 채권자취소권을 행사하려면 사해행위로 인하여 이익을 받은 자나 전득한 자를 상대로 그 법률행위의 취소를 청구하는 소송을 제기하여야 되는 것으로서 채무자를 상대로 그 소송을 제기할 수는 없다(대판 2004.8.30, 2004다21923).
③ 저당권이 설정되어 있는 부동산이 사해행위로 이전된 경우에 그 사해행위는 부동산의 가액에서 저당권의 피담보채권액을 공제한 잔액의 범위 내에서만 성립한다고 보아야 하므로, 사해행위 후 변제 등에 의하여 저당권설정등기가 말소된 경우 그 부동산의 가액에서 저당권의 피담보채무액을 공제한 잔액의 한도에서 사해행위를 취소하고 그 가액의 배상을 구할 수 있을 뿐이고, 특별한 사정이 없는 한 변제자가 누구인지에 따라 그 방법을 달리한다고 볼 수는 없는 것이며, 사해행위인 계약 전부의 취소와 부동산 자체의 반환을 구하는 청구취지 속에는 위와 같이 일부취소를 하여야 할 경우 그 일부취소와 가액배상을 구하는 취지도 포함되어 있다고 볼 수 있으므로 청구취지의 변경이 없더라도 바로 가액반환을 명할 수 있다(대판 2001.6.12, 99다20612).
④ 사해행위취소의 범위는 다른 채권자가 배당요구를 할 것이 명백하거나 목적물이 불가분인 경우와 같이 특별한 사정이 있는 경우에는 취소채권자의 채권액을 넘어서까지도 취소를 구할 수 있다(대판 2006.6.29, 2004다5822).

Answer 39.④ 40.④ 41.③

39 채권자취소권의 효력에 관한 다음 설명 중 옳지 않은 것은?

① 사해행위 취소의 판결은 상대적 효력만을 가진다.
② 채권자취소권의 행사로 사해행위가 취소되면 원물의 반환을 청구하는 것이 원칙이다.
③ 반환된 재산은 모든 채권자의 이익을 위해 그 효력이 있다.
④ 반환된 재산에 대해 강제집행을 하여 채권자들의 변제에 충당하고 남은 것은 채무자에게 귀속된다.

> **해설** ① 사해행위 취소의 기판력은 소송당사자에게만 미치며, 채무자에게는 미치지 않는다(대판 1988.2.23. 87다카1989).
> ② 사해행위 취소로 인한 반환은 원물반환이 원칙이고, 예외적으로 가액반환을 인정한다.
> ③ 제407조
> ④ 채무자에게는 기판력이 미치지 않으므로 변제에 충당하고 남은 재산은 수익자(또는 전득자)에게 반환되어야 한다. 채무자 명의로 회복되는 것은 형식적인 것으로 강제집행을 위한 하나의 수단에 불과하기 때문이다.

40 채권자취소권의 효력에 관한 설명 중 옳지 않은 것은? (판례에 의함)

① 채권자취소권을 행사할 때에는 원칙적으로 자신의 채권액을 초과하여 취소권을 행사할 수 없고, 이때 채권자의 채권액에는 사해행위 이후 사실심 변론 종결시까지 발생한 이자나 지연손해금이 포함된다.
② 채권자가 채권자취소권을 행사하려면 사해행위로 인하여 이익을 받은 자나 전득한 자를 상대로 그 법률행위의 취소를 구하는 소송을 제기하여야 되는 것으로서, 채무자를 상대로 그 소송을 제기할 수는 없다.
③ 사해행위 취소의 청구가 제406조 제2항에 정하여진 기간 안에 제기되었다면, 원상회복의 청구는 그 기간이 지난 뒤에도 할 수 있다.
④ 채무가 초과된 상태라 하더라도 채무자가 특정부동산을 기한이 도래한 일부채권자에게 대물변제로 넘겨주는 것은 정상적인 변제행위이므로 사해행위가 될 수 없다.

> **해설** ① 대판 2001.9.4. 2000다66416
> ② 대판 1991.8.13. 91다13717
> ③ 대판 2001.9.4. 2001다14108
> ④ 채무자가 이미 채무초과에 빠진 상태에서 특정채권자에게 대물변제를 함으로 인하여 채무자의 일반담보를 감소하게 한 경우에는 사해행위가 된다(대판 1996.10.29. 96다23207).

37 다음 중 채권자취소권의 사해행위에 해당하지 않는 것은? (판례에 의함)

① 채무자의 유일한 재산인 부동산을 매각하여 소비하기 쉬운 금전으로 바꾸는 행위
② 채무자가 유일한 재산을 채권자 중의 한사람에게 담보로 제공하는 행위
③ 부동산의 매도인(채무자)이 이중매매한 경우, 채무자와 제3자 사이에 이루어진 제2의 소유권이전등기
④ 채무초과상태에서 채무자가 일부채권자에게만 대물변제를 하는 행위

① 대판 1966.10.4, 66다1535
② 대판 1989.9.12, 88다카23186
③ 부동산의 제1매수인 채권자는 자신의 소유권이전등기청구권 보전을 위하여 채무자와 제3자 사이에 이루어진 제2의 소유권이전등기의 말소를 구하는 채권자취소권을 행사할 수 없다(대판 1996.9.20, 95다1965).
④ 대판 1998.5.12, 97다57320

38 채권자취소권에 관한 판례의 설명 중 옳지 않은 것은?

① 이혼에 따르는 재산분할행위는 원칙적으로 취소의 대상이 아니지만, 분할행위가 상당성을 결여한 경우에는 재산양도의 경위 등에 비추어 사해행위가 될 수도 있다.
② 사해행위로 소유권을 이전받은 전득자의 제3채권자가 목적부동산에 가압류등기를 한 경우, 채무자와 전득자(수익자) 사이의 위 부동산에 관한 매매계약이 사해행위를 이유로 취소되더라도 가압류가 당연히 소멸되는 것은 아니다.
③ 채무초과상태에 있는 채무자가 유일한 재산인 부동산을 특정채권자에게 채권담보로 제공하는 행위는 사해행위에 해당하나, 특정채권자가 최고액 채권자이고 부동산의 시가가 담보채권자의 채권액에 미치지 못하는 경우라면 사해행위는 성립하지 않는다.
④ 채권자의 채권은 사행행위 이전에 발생한 것이어야 하지만, 예외적으로 가까운 장래에 채권이 발생할 고도의 개연성이 있었고 실제 채권이 발생한 경우에는 채권자취소권의 피보전채권이 될 수 있다.

① 대판 2001.2.9, 2000다63516
② 대판 1990.10.30, 89다카35421
③ 이미 채무초과의 상태에 빠져있는 채무자가 그의 유일한 재산인 부동산을 채권자 중의 어느 한 사람에게 채권담보로 제공하는 행위는 다른 특별한 사정이 없는 한 다른 채권자들에 대한 관계에서 사해행위가 되는 것이고, 이러한 법리는 담보채권자가 최고액 채권자이고 부동산의 시가가 담보채권자의 채권액에 미치지 못하는 경우에도 마찬가지이다(대판 1986.8.23, 86다카83).
④ 대판 2002.11.26, 2000다64038

Answer 35.④ 36.② 37.③ 38.③

35 채권자취소권에 대한 설명 중 옳지 않은 것은?

① 채권자취소권은 채권의 공동담보의 보전을 목적으로 하는 제도이다.
② 채무자의 사해의사는 적극적 의욕이 아니라 단순한 인식으로 충분하다.
③ 취소소송의 피고는 언제나 이득반환청구의 상대방, 즉 수익자 또는 전득자이다.
④ 채권자가 취소권을 행사한 경우 그 목적물의 인도를 자기 자신에게 할 것을 청구할 수는 없다.

> **해설** ② 채무자의 인식에 있어 과실의 유무도 묻지 않으며, 채무자에게 사해의사가 있으면 이후의 전득자는 악의로 추정된다(대판 1969.1.28, 68다2022).
> ③ 판례의 확립된 견해이다(대판 1991.8.13, 91다13717 등).
> ④ 사해행위의 취소에 따른 원상회복은 원칙적으로 그 목적물 자체의 반환에 의하여야 하는 바 이때 사해행위의 목적물이 동산이고 그 현물반환이 가능한 경우에는 취소채권자는 직접 자기에게 그 목적물의 인도를 청구할 수 있다(대판 1999.8.24, 99다23468 · 23475).

36 채권자취소권에 있어서 채권에 관한 설명 중 옳지 않은 것은?

① 채권자가 보전하려는 채권은 조건부채권이더라도 상관없다.
② 보전하려는 채권은 사해행위 이후에 발생한 것이라도 무방하다.
③ 사해행위 취소의 범위는 취소채권자의 채권액을 기준으로 한다.
④ 이혼에 따른 재산분할도 상당한 정도를 벗어나는 초과부분에 대해서는 사해행위에 해당하며, 이 경우 취소의 범위는 상당부분을 초과하는 부분에 한한다.

> **해설** ② 채권자 취소권에서 보전하려는 채권은 사해행위 이전에 발생한 것이라야 한다.
> ③ 다만, 다른 채권자가 배당요구를 할 것이 명백하거나 목적물이 불가분인 경우에는 그 채권액을 넘어서도 취소를 구할 수 있다(대판 1997.9.9, 97다10864).
> ④ 대판 2000.9.29, 2000다25569

34 채권자대위권에 대한 다음 설명 중 가장 옳지 않은 것은? (다툼이 있는 경우 판례에 의함)

① 저작권법이 보호하는 재산권의 침해가 발생하였으나 그 권리자가 스스로 저작권법 상의 침해정지청구권을 행사하지 않는 경우, 그 재산권의 독점적인 이용권자가 권리자를 대위하여 위 침해정지청구권을 행사할 수 있다.
② 채권을 보전하기 위하여 대위행사가 필요한 경우는 실체법상 권리뿐만 아니라 소송법상 권리에 대하여서도 대위가 허용되나, 종전 재심대상판결에 대하여 불복하여 종전 소송절차의 재개, 속행 및 재심판을 구하는 재심의 소 제기는 채권자대위권의 목적이 될 수 없다.
③ 채권자대위소송의 제3채무자는 원칙적으로 채무자가 채권자에 대하여 가지는 항변으로 대항할 수 없지만, 채권자의 채무자에 대한 채권의 소멸시효가 완성된 경우에는 소멸시효 완성의 항변을 원용할 수 있다.
④ 채권자가 채권자대위권의 법리에 의하여 채무자에 대한 채권을 보전하기 위하여 채무자의 제3자에 대한 권리를 대위행사하기 위하여는 채무자에 대한 채권을 보전할 필요가 있어야 하고, 그러한 보전의 필요가 인정되지 아니하는 경우에는 소가 부적법하므로 법원으로서는 이를 각하하여야 한다.

✔해설 ① 저작권법은 특허법이 전용실시권제도를 둔 것과는 달리 침해정지청구권을 행사할 수 있는 이용권을 부여하는 제도를 마련하고 있지 아니하여, 이용허락계약의 당사자들이 독점적인 이용을 허락하는 계약을 체결한 경우라도 그 이용권자가 독자적으로 저작권법상의 침해정지청구권을 행사할 수는 없다. 따라서 이용허락의 목적이 된 저작권법이 보호하는 재산권의 침해가 발생하는 경우에도 그 권리자가 스스로 침해정지청구권을 행사하지 아니하는 때에는 독점적인 이용권자로서는 이를 대위하여 행사하지 아니하면 달리 자신의 권리를 보전할 방법이 없을 뿐만 아니라, 저작권법이 보호하는 이용허락의 대상이 되는 권리들은 일신전속적인 권리도 아니어서 독점적인 이용권자는 자신의 권리를 보전하기 위하여 필요한 범위 내에서 권리자를 대위하여 저작권법 제91조에 기한 침해정지청구권을 행사할 수 있다(대판 2007.1.25. 2005다11626).
② 대법원 2012.12.27. 2012다75239
③ 채권자대위권에 기한 청구에서 제3채무자는 채무자가 채권자에 대하여 가지는 항변으로 대항할 수 없을뿐더러 채권의 소멸시효가 완성된 경우 이를 원용할 수 있는 자는 시효이익을 직접 받는 자만이고 제3채무자는 이를 행사할 수 없다(대판 1992.11.10. 92다35899).
④ 대판 1988.6.14. 87다카2753

33 채권자대위권에 관한 설명 중 가장 옳지 않은 것은? (다툼이 있는 경우 판례에 의함)

① 채권자가 채권자대위권을 행사함에 있어 채무자에 대한 채권이 제3채무자에게 대항할 수 있어야 한다.
② 채권자는 그 채권의 기한이 도래하기 전에는 법원의 허가없이 채권자대위권을 행사하지 못한다. 그러나 보전행위는 그러하지 아니하다.
③ 채무자가 채권자대위권 행사의 통지를 받은 경우 그 후에 권리를 처분하여도 이로써 채권자에게 대항하지 못한다.
④ 물권적 청구권을 피 보전권리로 하는 채권자대위권이 인정된다.

 ① 민법 제404조에서 규정하고 있는 채권자대위권은 채권자가 채무자에 대한 자기의 채권을 보전하기 위하여 필요한 경우에 채무자의 제3자에 대한 권리를 대위행사 할 수 있는 권리를 말하는 것으로서 이때 보전되는 채권은 보전의 필요성이 확정되고 이행기가 도래한 것이면 족하고 그 채권의 발생 원인이 어떠하든 대위권을 행사함에는 아무런 방해가 되지 아니하며 또한 채무자에 대한 채권이 제3채무자에게까지 대항할 수 있는 것임을 요하는 것도 아니라 할 것이므로 채권자대위권을 재판상 행사하는 경우에 있어서도 채권자는 그 채권의 존재사실 및 보전의 필요성, 기한의 도래 등을 입증하면 족한 것이며 채권의 발생 원인 사실 또는 그 채권이 제3채무자에게 대항할 수 있는 채권이라는 사실까지 입증할 필요는 없다(대판 1988.2.23. 87다카961).
② 민법 제404조 제2항.
③ 민법 제405조 제2항.
④ 채권자는 채무자에 대한 채권을 보전하기 위하여 채무자를 대위해서 채무자의 권리를 행사할 수 있는바, 채권자가 보전하려는 권리와 대위하여 행사하려는 채무자의 권리가 밀접하게 관련되어 있고 채권자가 채무자의 권리를 대위하여 행사하지 않으면 자기 채권의 완전한 만족을 얻을 수 없게 될 위험이 있어 채무자의 권리를 대위하여 행사하는 것이 자기 채권의 현실적 이행을 유효·적절하게 확보하기 위하여 필요한 경우에는 채권자대위권의 행사가 채무자의 자유로운 재산관리행위에 대한 부당한 간섭이 된다는 등의 특별한 사정이 없는 한 채권자는 채무자의 권리를 대위하여 행사할 수 있어야 하고, 피 보전채권이 특정채권이라 하여 반드시 순차매도 또는 임대차에 있어 소유권이전등기청구권이나 인도청구권 등의 보전을 위한 경우에만 한하여 채권자대위권이 인정되는 것은 아니며, 물권적 청구권에 대하여도 채권자대위권에 관한 민법 제404조의 규정과 위와 같은 법리가 적용될 수 있다(대판 2007.5.10. 2006다82700).

31 채권자대위권 행사의 효과를 설명한 것으로 옳지 않은 것은? (판례에 의함)

① 채권자대위권의 행사는 채무자 권리의 시효중단의 사유가 된다.
② 채무자가 대위사실을 통지받은 후에는 그 권리를 처분하여도 이로써 채권자에게 대항하지 못한다.
③ 재판에 의해 대위권이 행사된 경우 채무자가 소송에 참가하였거나 소송고지를 받은 경우에는 채무자에게도 기판력이 미친다.
④ 채무자가 소송에 참가하지도 않고 소송고지를 받지도 않은 경우 채무자가 그 소제기 사실을 알았다는 사유만으로는 채무자에게 기판력이 미치지 않는다.

> **해설** ② 제405조 제2항
> ④ 적어도 채무자가 채권자 대위권에 의한 소송이 제기된 사실을 알았을 경우에는 그 판결의 효력은 채무자에게 미친다(대판 1975.5.13. 74다1664 전합).

32 채권자대위권과 채권자취소권의 차이에 관한 설명 중 옳지 않은 것은?

	채권자대위권	채권자취소권
①	채무자의 권리를 채권자의 이름으로 행사	채권자의 권리를 채권자의 이름으로 행사
②	재판 외·재판상 행사 가능한 실체법상 권리	재판상 행사하는 소송법상 권리
③	채권자의 채권은 이행기에 있을 것	이행기에 있을 것을 요하지 않음
④	채무자에게도 대위의 효과가 미침	채무자에게는 취소의 효과가 미치지 않음

> **해설** 채권자취소권은 재판상 행사하여야 하지만, 실체법상의 권리이다.

Answer 29.③ 30.③ 31.④ 32.②

29 다음 중 채권자취소권에 관한 설명으로 옳지 않은 것은? (판례에 의함)

① 채무자가 자기의 유일한 재산인 부동산을 매각하여 소비하기 쉬운 금전으로 바꾸거나 타인에게 무상으로 이전하여 주는 행위는 특별한 사정이 없는 한 채권자에 대하여 사해행위가 된다.
② 사해행위 취소의 효력은 상대적이기 때문에 소송당사자인 채권자와 수익자 또는 전득자 사이에만 발생한다.
③ 채권자취소의 소는 채권자가 취소원인을 안 날로부터 1년, 법률행위 있은 날로부터 3년 내에 제기하여야 한다.
④ 사해행위 취소에 있어서 수익자가 악의라는 점에 대해서는 그 수익자 자신에게 선의임을 입증할 책임이 있다.

① 대판 1966.10.4, 66다1535
② 채권자취소소송에서 원고는 채권자이고 피고는 수익자 또는 전득자이며, 채무자는 피고로 삼을 수 없다는 것이 확립된 판례이다(대판 1991.8.13, 91다13717). 따라서, 기판력은 피고인 수익자 또는 전득자에게만 미치며, 채무자에게는 미치지 않는다.
③ 채권자가 취소원인을 안 날로부터 1년, 법률행위가 있은 날로부터 5년 내에 제기하여야 한다〈제406조 제2항〉.
④ 대판 1969.1.28, 68다2022

30 다음 중 채권자대위권에 관한 설명으로 옳지 않은 것은?

① 소의 제기는 대위할 수 있으나, 소송계속 후 그 소송수행을 위한 공격방어방법의 제출은 채권자가 대위하지 못한다.
② 대위권 행사의 사법상 효과는 직접적으로 채무자에게 귀속한다.
③ 채권자대위권의 행사는 재판상 행사하지 않으면 법률상의 효력을 발생하지 않는다.
④ 일부 특정채권에 대하여는 채무자가 무자력이 아니더라도 대위행사가 허용된다.

③ 채권자대위권은 채권자취소권과 달리 재판상 행사일 것을 요하지 않는다.
④ 채권자대위권 행사에 무자력을 요하지 않는 경우
　㉠ 유실물을 실제로 습득한 자가 법률상의 습득자를 대위하여 보상금의 반액을 청구하는 경우(대판 1968.6.18, 68다663)
　㉡ 의료인이 치료비청구권을 보전하기 위하여 환자의 국가에 대한 배상청구권을 대위행사하는 경우(대판 1981.6.23, 80다1351)
　㉢ 임대차보증금반환채권의 양수인이 임대인의 임차인에 대한 임차가옥명도 청구권을 대위행사하는 경우(대판 1989.4.25, 88다카4253)

05 책임재산의 보전

27 다음 중 반드시 재판상의 청구에 의하여 행사하여야 하는 권리는?

① 유류분반환청구권
② 채권자취소권
③ 임차인의 부속물매수청구권
④ 불법행위에 기한 손해배상청구권

> **해설** 채권자취소권은 반드시 재판상 행사하여야 하는 권리이다(제406조 제1항).

28 채권자대위권 및 채권자취소권에 대한 다음 설명 중 판례의 태도로 볼 수 없는 것은?

① 채권자취소권은 채권자가 채무자를 대위하여 행사할 수 없다.
② 사해행위 취소의 효력은 상대적이기 때문에 소송당사자인 채권자와 수익자 또는 전득자 사이에만 발생할 뿐 소송의 상대방 아닌 제3자에게는 아무런 효력을 미치지 아니한다.
③ 채무자가 대위권 행사의 통지를 받은 후에는 그 권리를 처분하여도 이로써 채권자에게 대항하지 못한다.
④ 채권자가 그 채권의 기한이 도래하기 전에 대위권을 행사하려면 법원의 허가를 얻어야 하나 보존행위는 그러하지 아니한다.

> **해설** ① 채권자취소권도 채권자가 채무자를 대위하여 행사하는 것이 가능하다(대판 2001.12.27. 2000다73049).
> ② 채권자가 사해행위의 취소와 함께 수익자 또는 전득자로부터 책임재산의 회복을 명하는 사해행위취소의 판결을 받은 경우 취소의 효과는 채권자와 수익자 또는 전득자 사이에만 미치므로, 수익자 또는 전득자가 채권자에 대하여 사해행위의 취소로 인한 원상회복 의무를 부담하게 될 뿐, 채권자와 채무자 사이에서 취소로 인한 법률관계가 형성되거나 취소의 효력이 소급하여 채무자의 책임재산으로 복구되는 것은 아니다(대판 2014.6.12. 2012다47548).
> ③ 제405조
> ④ 제404조

Answer 25.④ 26.③ 27.② 28.①

04 채권자지체

25 채권자지체에 관한 다음 설명 중 옳지 않은 것은?

① 채권자지체는 채무의 이행에 있어서 채권자의 수령 등 일정한 협력을 필요로 하는 경우에 문제가 된다.
② 채무불이행 책임설은 채권자의 협력의무 불이행책임이라고 본다.
③ 법정 책임설은 채권자의 협력의무를 부정하고, 민법에 규정된 채권자지체책임은 채무자가 변제에 제공을 한 경우에 이익형평의 원칙에 따라 협력지연에 따른 불이익을 채권자가 부담하도록 하는 법정책임이라고 본다.
④ 채무불이행책임설과 법정책임설 모두 채권자의 귀책사유를 요건으로 하는 점에서는 공통된다.

✔해설 법정책임설은 채권자의 귀책사유를 요건으로 하지 않는다.

26 다음 중 채권자지체의 종료사유가 아닌 것은?

① 공탁
② 채권자지체의 면제
③ 단순한 이행의 최고
④ 이행불능의 발생

✔해설 단순한 이행의 최고만으로는 채권자지체가 종료되지 않으며, 채권자가 수령에 필요한 준비를 하고 지체 중의 모든 효과를 승인하여 수령의 의사표시를 한 때에 비로소 채권자지체가 종료된다.

23 과실상계에 관한 설명 중 옳지 않은 것은?

① 불법행위로 인한 손해배상액의 산정에서는 과실상계를 한 다음 손익상계를 한다.
② 과실상계에서 고려되는 과실은 채권자의 수령보조자의 과실도 포함하는 개념이다.
③ 법원은 채무자의 신청이 있는 경우 채권자의 과실 유무를 조사하여야 한다.
④ 채권자에게 과실이 있는 경우 반드시 이를 참작하여야 하나, 어느 정도로 참작하느냐는 법원의 판단에 속한다.

 ① 불법행위 또는 채무불이행에 관하여 채권자의 과실이 있고 채권자가 그로 인하여 이익을 받은 경우에 손해배상액을 산정함에 있어서는 과실상계를 한 다음 손익상계를 하여야 하고, 이는 과실상계뿐만 아니라 손해부담의 공평을 기하기 위한 책임제한의 경우에도 마찬가지이다(대판2008.5.15. 2007다37721).
② 대판 1996.11.12. 96다26183
③ 불법행위에 있어서 과실상계는 공평 내지 신의칙의 견지에서 손해배상액을 정함에 있어 피해자의 과실을 참작하는 것으로, 그 적용에 있어서는 가해자와 피해자의 고의 · 과실의 정도, 위법행위의 발생 및 손해의 확대에 관하여 어느 정도의 원인이 되어 있는가 등의 제반 사정을 고려하여 배상액의 범위를 정하는 것이나, 그 과실상계 사유에 관한 사실인정이나 그의 비율을 정하는 것은 그것이 형평의 원칙에 비추어 현저히 불합리하다고 인정되지 않는 한 사실심의 전권사항에 속한다 할 것이다(대판 2008.2.28. 2005다11954).

24 손해배상의 예정과 위약벌에 대한 판례의 태도 중 옳은 것은?

① 법원이 손해배상의 예정액이 부당하게 과다함을 이유로 배상액을 감액한 경우라도 그 감액부분이 처음부터 무효인 것으로 되는 것은 아니다.
② 입찰보증금이 계약체결을 담보하는 동시에 계약체결 불이행에 대한 위약벌 또는 제재금의 성질을 가진 경우라면 채무불이행으로 인한 보증금의 귀속에 관하여 손해의 발생이 필요하다.
③ 위약벌로서의 위약금인 경우에도 법원이 감액할 수 있다.
④ 도급계약에 있어 계약이행보증금과 지체상금의 약정이 있는 경우에는 특별한 사정이 없는 한 계약이행 보증금은 위약벌 또는 제재금의 성질을 가지고, 지체상금은 손해배상의 예정으로 봄이 상당하다.

 ① 처음부터 무효이다(대판 1991.7.9. 91다11490).
② 위약벌의 성질도 가지고 있는 것이므로, 손해의 발생이 반드시 필요한 것은 아니다(대판 1979.9.11. 79다1270).
③ 위약벌인 경우에는 법원이 감액할 수 없다(대판 1968.6.4. 68다491).
④ 대판 1997.10.28. 97다21932

21 손해배상의 범위에 관한 다음 설명 중 옳지 않은 것은? (판례에 의함)

① 매매목적물의 이행불능의 당시의 시가가 계약 당시의 그것보다 현저히 앙등된 경우에 그 앙등된 가격은 통상손해이다.
② 주거공간인 건물신축도급계약에 있어서 수급인이 신축한 건물에 하자로 인해 도급인이 받은 정신적 고통은 특별손해이다.
③ 영업용 차량이 사고로 인하여 파손되어 그 유상교체나 수리를 위하여 필요한 기간 동안 그 차량에 의한 영업을 할 수 없었던 경우에는 영업을 계속했더라면 얻을 수 있었던 이익의 상실은 통상손해이다.
④ 계약 당시 손해배상액을 예정한 경우에는 다른 특약이 없는 한 채무불이행으로 인하여 입은 통상손해만을 의미하며 특별손해는 포함하지 않는다고 할 것이다.

① 대판 1993.5.27. 92다20163
② 대판 1993.11.9. 93다19115
③ 대판 1990.8.14. 90다카7569
④ 당사자사이의 채무불이행에 관하여 손해배상액을 예정한 경우에 채권자는 통상의 손해뿐만 아니라 특별한 사정으로 인한 손해에 관하여도 예정된 배상액만을 청구할 수 있고 특약이 없는 한 예정액을 초과한 배상액을 청구할 수는 없다(대판 1988.9.27. 86다카2375).

22 채무불이행으로 인한 손해배상에 관한 판례의 태도 중 옳은 것은?

① 특별사정으로 인한 손해배상에 있어서 채무자가 그 사정을 알았거나 알 수 있었는지의 여부를 가리는 시기는 채무의 이행기까지를 기준으로 한다.
② 특별한 사정으로 인한 손해가 인정되기 위해서는 채무불이행자가 그러한 특별한 사정에 의하여 발생한 손해의 액수까지 알았거나 알 수 있어야 하는 것이다.
③ 특별사정의 존재 및 채무자의 예견가능성은 채무자가 그 입증책임을 진다.
④ 매매목적물의 이행불능의 당시의 시가가 계약 당시의 그것보다 현저히 앙등된 경우에 그 앙등된 가격은 특별손해이다.

① 대판 1985.9.10. 84다카1532
② 특별한 사정으로 인한 손해액까지 알 필요는 없다(대판 2002.10.25. 2022다23598).
③ 채권자가 입증책임을 진다(대판 1964.6.9. 63다1023).
④ 매매계약의 이행불능으로 인한 전보배상책임의 범위는 이행불능 당시의 매매목적물의 시가에 의하여야 하고 그와 같은 시가 상당액이 곧 통상의 손해라 할 것이고, 그 후 시가의 등귀는 채무자가 알거나 알 수 있었을 경우에 한하여 이를 특별사정으로 인한 손해로 보아 그 배상을 청구할 수 있는 것이므로 이행불능 당시의 시가가 계약 당시의 그것도다 현저하게 앙등되었다 할지라도 그 가격을 이른바 특별사정으로 인한 손해라고 볼 수 없다(대판 1993.5.27. 92다20163).

20 손해배상액의 예정에 관한 설명 중 가장 옳지 않은 것은? (다툼이 있는 경우 판례에 의함)

① 민법 제398조가 규정하는 손해배상의 예정의 목적은 손해의 발생사실과 손해액에 대한 입증곤란을 배제하고 분쟁을 사전에 방지하여 법률관계를 간이하게 해결하는 것에 있고 채무자에게 심리적으로 경고를 줌으로써 채무이행을 확보하려는 데에 있는 것은 아니므로, 채무자가 실제로 손해발생이 없다거나 손해액이 예정액보다 적다는 것을 입증하면 채무자는 그 예정액의 지급을 면하거나 감액을 청구할 수 있다.
② 채무불이행으로 인한 손해배상액이 예정되어 있는 경우 채권자는 채무불이행 사실만 입증하면 손해의 발생 및 그 액수를 증명하지 아니하고 예정배상액을 청구할 수 있으나, 반면 채무자는 채권자와 채무불이행에 있어 채무자의 귀책사유를 묻지 아니한다는 약정을 하지 아니한 이상 자신의 귀책사유가 없음을 주장·증명함으로써 위 예정배상액의 지급책임을 면할 수 있다.
③ 계약 당시 손해배상액을 예정한 경우에는 다른 특약이 없는 한 채무불이행으로 인하여 입은 통상손해는 물론 특별 손해까지도 예정액에 포함되고 채권자의 손해가 예정액을 초과한다 하더라도 초과 부분을 따로 청구할 수 없다.
④ 위약벌의 약정은 채무의 이행을 확보하기 위하여 정해지는 것으로서 손해배상의 예정과는 그 내용이 다르므로 손해배상의 예정에 관한 민법 제398조 제2항을 유추적용하여 그 액을 감액할 수는 없다.

✔해설 ① 민법 제398조가 규정하는 손해배상의 예정은 채무불이행의 경우에 채무자가 지급하여야 할 손해배상액을 미리 정해두는 것으로서 그 목적은 손해의 발생사실과 손해액에 대한 입증곤란을 배제하고 분쟁을 사전에 방지하여 법률관계를 간이하게 해결하는 것 외에 채무자에게 심리적으로 경고를 줌으로써 채무이행을 확보하려는 데에 있으므로, 채무자가 실제로 손해발생이 없다거나 손해액이 예정액보다 적다는 것을 입증하더라도 채무자는 그 예정액의 지급을 면하거나 감액을 청구하지 못한다. 따라서 민법 제398조 제2항에 의하여 법원이 예정액을 감액할 수 있는 '부당히 과다한 경우'라 함은 손해가 없다든가 손해액이 예정액보다 적다는 것만으로는 부족하고, 계약자의 경제적 지위, 계약의 목적 및 내용, 손해배상액 예정의 경위 및 거래관행 기타 여러 사정을 고려하여 그와 같은 예정액의 지급이 경제적 약자의 지위에 있는 채무자에게 부당한 압박을 가하여 공정성을 잃는 결과를 초래한다고 인정되는 경우를 뜻하는 것으로 보아야 한다(대판 2008.11.13. 2008다46906).
② 대판 2010.2.25. 2009다83797
③ 민법 제398조에서 정하고 있는 손해배상액의 예정은 손해의 발생사실과 손해액에 대한 증명의 곤란을 덜고 분쟁의 발생을 미리 방지하여 법률관계를 쉽게 해결하고자 하는 등의 목적으로 규정된 것이고, 계약 당시 손해배상액을 예정한 경우에는 다른 특약이 없는 한 채무불이행으로 인하여 입은 통상손해는 물론 특별손해까지도 예정액에 포함되고 채권자의 손해가 예정액을 초과한다 하더라도 초과 부분을 따로 청구할 수 없다(대판 2012.12.27. 2012다60954).
④ 대판 1993.3.23 92다46905

18 다음 설명 중 옳지 않은 것은? (다툼이 있는 경우 판례에 의함)

① 위약금의 약정은 손해배상액의 예정으로 추정한다.
② 손해배상액의 예정이 부당히 과다한 경우에는 법원은 적당히 감액할 수 있다.
③ 위약금이 위약벌의 성질을 가질 때에도 법원은 적당히 감액할 수 있다.
④ 손해배상액 예정이 부당히 과다한 경우란 사회관념에 비추어 그 예정액의 지급이 채무자에게 부당한 압박을 가하는 것을 의미한다.

 ① 제398조 제4항.
② 제398조 제2항.
③ 위약벌의 약정은 채무의 이행을 확보하기 위하여 정해지는 것으로 손해배상의 예정과는 내용이 다르므로 손해배상의 예정에 관한 민법 제398조 제2항을 유추적용하여 그 액을 감액할 수는 없다. 다만 그 의무의 강제에 의하여 얻어지는 채권자의 이익에 비하여 약정된 벌이 과도하게 무거울 때에는 그 일부 또는 전부가 공서양속에 반하여 무효로 된다(대판 2013.7.25, 2013다27015).
④ 여기서 '부당히 과다한 경우'라고 함은 채권자와 채무자의 각 지위, 계약의 목적 및 내용, 손해배상액을 예정한 동기, 채무액에 대한 예정액의 비율, 예상 손해액의 크기, 그 당시의 거래관행 등 모든 사정을 참작하여 일반 사회관념에 비추어 그 예정액의 지급이 채무자에게 부당한 압박을 가하여 공정성을 잃는 결과를 초래한다고 인정되는 경우를 뜻하는 것으로 보아야 한다(대판 2009.12.24, 2009다60169).

19 민법상 채무불이행으로 인한 손해배상에 관한 다음 설명 중 옳지 않은 것은?

① 이행보조자의 과실은 채무자의 과실로 본다.
② 손해배상을 청구하기 위하여 채권자가 채무자의 고의·과실을 적극적으로 입증할 필요가 없다.
③ 채권자에게 과실이 있다고 인정되는 이상 법원은 손해배상의 책임 및 그 금액을 정함에 있어서 직권으로 이를 참작하여야 한다.
④ 손해배상방법에 관하여 원칙적으로 원상회복주의를 취하고, 그것이 불가능한 경우에 한하여 금전배상주의를 취한다.

 ① 채무자의 법정대리인이 채무자를 위하여 이행하거나 채무자가 타인을 사용하여 이행하는 경우에는 법정대리인 또는 피용자의 고의나 과실은 채무자의 고의나 과실로 본다(제391조).
② 불법행위책임과 달리 채무불이행책임의 경우 채권자에게는 입증책임이 없고 채무자가 그 채무의 불이행이 자기의 귀책사유가 아니라는 사실을 주장·입증하여야 한다(제390조 및 대판 2016.3.24, 2015다249383 참조).
③ 채무불이행에 관하여 채권자에게 과실이 있는 때에는 법원은 손해배상의 책임 및 그 금액을 정함에 이를 참작하여야 한다(제396조 및 대판 2016.3.24, 2015다249383 참조).
④ 우리나라는 금전배상주의를 원칙으로 하고 있다.

16 다음 중 민법상 과실상계에 관한 설명으로 가장 옳지 않은 것은? (판례에 의함)

① 채무불이행과 불법행위에 모두 적용된다.
② 피해자의 부주의를 이용하여 고의로 불법행위를 저지른 경우에도 과실상계 할 수 있다.
③ 과실상계에 있어서의 과실은 사회통념상, 신의성실의 원칙상, 공동생활상 요구되는 약한 의미의 부주의를 가리키는 것이다.
④ 피해자의 과실뿐만 아니라 그와 신분상 내지 사회생활상 일체를 이루는 관계에 있는 자의 과실도 피해자 측의 과실로서 참작되어야 한다.

① 과실상계는 채무불이행책임과 불법행위책임에 공통적으로 적용된다.
② 과실상계를 주장하지 못한다(대판 2000.1.21. 99다50538).
③ 통설의 견해이다.
④ 대판 1996.11.12. 96다26183

17 손해배상액의 예정에 관한 다음 설명 중 가장 옳지 않은 것은?

① 당사자는 채무불이행에 관한 손해배상액을 예정할 수 있다.
② 손해배상의 예정액을 청구하는 경우에는 달리 계약해제를 구할 수는 없다.
③ 손해배상의 예정액이 부당히 과다한 경우에는 법원은 적당히 감액할 수 있다.
④ 위약금의 약정은 손해배상액의 예정으로 추정한다.

① 제398조 제1항
② 손해배상액의 예정은 계약의 해제에 영향을 미치지 아니한다(제398조 제3항).
③ 제398조 제2항
④ 제398조 제4항

Answer 14.① 15.③ 16.② 17.②

14 불완전이행에 관한 다음 설명 중 옳은 것은?

① 불완전이행이란 채무자가 이행행위를 하였으나 이행의 불완전성으로 말미암아 채무내용에 따른 이행이 되지 못하고 채권자에게 손해를 입힌 경우를 말한다.
② 불완전이행은 민법이 명문으로 규정하고 있는 채무불이행의 한 유형이다.
③ 불완전이행은 급부의무와 부수의무의 불완전한 이행에 국한하고, 보호의무의 불완전한 이행은 포함하지 않는다.
④ 불완전이행의 경우 채권자는 추완청구권을 행사하여 완전한 이행을 받을 수 있으므로 계약해제권은 발생하지 않는다.

> **해설** ② 불완전이행은 민법상 명문의 규정이 없으며, 해석상 인정되는 채무불이행의 한 유형이다.
> ③ 판례는 신의칙상 인정되는 부수적 의무로서의 보호의무를 인정하고 보호의무를 위반한 경우 불완전이행으로 인한 채무불이행 책임을 부담해야 한다고 한다(대판 1994.1.28. 93다43590).
> ④ 채무불이행의 일반적 효과인 계약해제권, 손해배상청구권 외에도 불완전이행의 성질상 완전물이행청구나 추완청구도 가능하다고 할 것이다.

03 채무불이행에 대한 구제

15 다음 설명 중 옳지 않은 것은?

① 손해배상의 예정은 불법행위의 경우에는 적용되지 않는다.
② 손해배상의 예정은 이행의 청구나 계약해제에 영향을 미치지 않는다.
③ 매매에 있어서 계약금은 원칙적으로 해약금으로 추정되지는 않는다.
④ 손해배상의 배상액이 부당히 과다한 경우에는 법원은 적당히 감액할 수 있다.

> **해설** ① 불법행위는 우연적 사건으로 발생하는 것이므로 미리 손해배상을 예정할 여지가 없다.
> ② 제398조 제3항
> ③ 매매에 있어서 계약금은 원칙적으로 해약금으로 추정한다. 따라서 당사자의 일방이 이행에 착수할 때까지 교부자는 이를 포기하고 수령자는 그 배액을 상환하여 매매계약을 해제할 수 있다(제565조 제1항).
> ④ 제398조 제2항

12 이행불능에 관한 다음 설명 중 가장 옳은 것은?

① 이행불능이라는 것은 경험칙 또는 거래관념에 비추어 채무자의 채무이행의 실현을 기대할 수 없는 경우를 말한다.
② 이행불능에서 말하는 불능에는 후발적 불능뿐만 아니라, 원시적 불능도 포함된다.
③ 우리 민법은 이행불능의 효과로 전보배상, 계약해제권, 대상청구권 등을 명문의 규정으로 인정하고 있다.
④ 이행지체 후에 채무자의 과실 없이 이행할 수 없게 된 때에는 이행불능이 아니다.

> ✔해설 ② 원시적 불능은 법률행위 무효의 문제이다. 다만 원시적·주관적 불능의 경우 일단 계약은 유효하게 성립하므로 이를 광의의 이행불능에 포함시키기도 하나, 이는 하자담보책임의 문제라 할 것이다.
> ③ 대상청구권은 명문의 규정은 없으며, 학설·판례상 인정되는 권리이다.
> ④ 이행지체 후에는 채무자의 과실 없이 이행할 수 없게 된 때에도 이행불능을 인정한다.

13 불완전이행의 성립요건으로 옳지 않은 것은?

① 채무자의 이행이 있으나, 그 이행행위가 불완전할 것
② 채무자에게 귀책사유가 있을 것
③ 위법한 것일 것
④ 이행기 전의 이행의 경우 이행기까지 불완전한 이행이 보완되지 않을 것

> ✔해설 이행기 전 이행이 불완전한 경우라도 불완전이행은 성립하며, 다만 채무자가 이행기 도래 전 그 하자를 추완하면 책임을 면할 뿐이다.

Answer 9.③ 10.② 11.③ 12.① 13.④

9 다음 중 이행지체의 성립요건에 관한 설명으로 옳지 않은 것은?

① 채무의 이행기가 도래하였을 것
② 채무자에게 고의·과실이 있을 것
③ 채무자에게 위법성의 인식이 있을 것
④ 이행기에 이행하지 않을 것

> **해설** 채무자에게 고의·과실이 있으면 족하고, 이에 대한 위법성 인식까지 요하는 것은 아니다.

10 다음 중 이행지체에 관한 설명으로 옳지 않은 것은?

① 확정기한부 채무는 기간의 경과로 당연히 지체가 된다.
② 불확정기한부 채무에 있어서는 채무자는 채권자가 기한의 도래를 알고 이행을 최고한 날로부터 지체책임을 진다.
③ 채무이행의 기한이 없는 채무에 있어서는 채무자는 최고를 받은 때로부터 지체책임을 진다.
④ 지시채권은 변제기한이 있더라도 그 기한이 도래한 후 증서소지인이 그 증서를 제시하여 이행의 청구를 한 때부터 지체책임을 진다.

> **해설** ① 제387조 제1항
> ② 채무자가 기한의 도래를 안 날로부터 지체책임을 진다(제387조 제1항).
> ③ 제387조 제2항
> ④ 제517조

11 다음 중 이행지체의 효과를 모두 고른 것은?

㉠ 이행의 강제	㉡ 지연배상과 전보배상
㉢ 대상청구권	㉣ 위험부담의 이전
㉤ 계약해제권	㉥ 책임의 가중

① ㉠㉡㉢㉣
② ㉠㉡㉣㉥
③ ㉠㉡㉤㉥
④ ㉠㉤㉢㉥

> **해설** ㉢ 이행불능의 효과이다.
> ㉣ 채권자지체의 효과이다.

7 다음 중 제391조의 이행보조자에 관한 설명으로 옳지 않은 것은?

① 판례는 이행보조자의 요건으로 채무자의 지시 또는 감독을 받는 종속적인 관계를 요한다.
② 이행대행자의 사용이 허용되는 경우 채무자는 대행자의 선임, 감독에 관하여 과실이 있는 경우에만 책임을 진다.
③ 이행대행자의 사용이 허용되지 않은 경우에도 채무자는 그 자에게 고의·과실이 없는 경우에도 책임을 져야 한다.
④ 이행대행자의 사용이 금지되지도 않고, 허용되지도 않은 경우 채무자는 이행대행자의 고의·과실에 대하여 책임을 진다.

> **해설** ① 제391조에서의 이행보조자로서의 피용자라 함은 일반적으로 채무자의 의사관여 아래 그 채무의 이행행위에 속하는 활동을 하는 사람이면 족하고, 반드시 채무자의 지시 또는 감독을 받는 관계에 있어야 하는 것은 아니므로 채무자에 대하여 종속적인가 독립적인 지위에 있는가는 문제되지 않는다(대판 1999.4.13. 98다51077).
> ③ 이행대행자의 사용이 허용되지 않은 경우에는 이행대행자의 사용 그 자체가 채무불이행이 되므로, 채무자는 그 자의 과실·고의를 불문하고 책임을 져야 한다.

8 다음 중 이행기에 관한 설명으로 옳은 것은?

① 불법행위로 인한 손해배상채무는 채권자가 청구한 때로부터 지체책임을 진다.
② 불확정기한부 채무는 채무자가 기한이 도래함을 안 날로부터 지체책임이 있다.
③ 이행지체의 효과는 이행지체한 날 당일부터 발생한다.
④ 채무자가 담보를 손상·감소·멸실하게 한 때에는 기한의 이익을 상실하고, 지체에 빠진다.

> **해설** ① 불법행위로 인한 손해배상채무는 그 성립과 동시에 채권자의 청구 없이도 당연히 이행지체가 된다는 것이 통설·판례(대판 2012.3.29. 2011다38325)의 입장이다.
> ② 제387조 제1항
> ③ 이행지체의 효과가 발생하는 시기는 이행기가 경과한 때, 즉 이행지체의 다음날부터 발생한다(대판 1988.11.8. 88다3253).
> ④ 제388조 제1호. 그러나 이로써 이행지체에 곧 빠지는 것은 아니며 기한의 이익을 주장하지 못할 뿐이다. 따라서 채권자는 이행기까지 기다렸다가 이행을 청구할 수도 있고, 위 사유가 발생한 날에 청구할 수도 있다.

Answer 5.④ 6.② 7.① 8.②

5 채무불이행과 불법행위에 관한 설명 중 옳지 않은 것은?

① 채무불이행책임과 불법행위책임은 모두 과실책임을 원칙으로 하고 있다.
② 채무불이행으로 인한 손해배상의 범위에 관한 민법 규정은 불법행위의 경우에도 준용된다.
③ 채무불이행, 불법행위 모두 물질적 손해뿐만 아니라, 정신적 손해도 배상하여야 한다.
④ 채무불이행, 불법행위로 인한 손해배상청구권은 모두 10년간 행사하지 않으면 소멸시효에 걸린다.

> ✅ **해설** ② 채무불이행에 관한 손해배상의 범위·방법, 과실상계 등의 규정은 불법행위에도 준용된다〈제763조〉.
> ③ 학설과 판례는 손해3분설의 입장이며, 정신적 손해도 인정하고 있다.
> ④ 불법행위로 인한 손해배상의 청구권은 특칙이 있어 피해자나 그 법정대리인이 그 손해 및 가해자를 안 날로부터 3년, 불법행위를 안 날부터 10년을 경과하면 시효로 인해 소멸한다〈제766조〉.

6 채무불이행의 일반적 성립요건인 귀책사유에 관한 설명으로 옳은 것은? (통설·판례에 의함)

① 법정대리인 또는 이행보조자의 고의·과실은 채무자의 지배가능성이 있는 경우에 한하여 채무자의 고의·과실로 본다.
② 채무자는 이행지체에 관하여 자기의 고의·과실에 대한 책임을 면하게 하는 특약을 할 수 있다.
③ 자기 이외의 자의 고의·과실을 면하게 하는 특약은 공서양속에 반하므로 할 수 없다.
④ 채무자에게 이행지체의 고의·과실이 있다고 하기 위해서는 채무자가 유효한 법률행위를 할 수 있는 행위능력을 가진다는 사실이 전제가 된다.

> ✅ **해설** ① 채무자의 지배가능성은 문제가 되지 않는다〈대판 1999.4.13, 98다51077·51084〉.
> ③ 통설은 사회질서에 반하지 않는다고 본다.
> ④ 채무자의 고의·과실을 인정하기 위해서는 행위의 결과를 인식할 수 있는 책임능력이 있으면 족하며, 행위능력까지 필요한 것은 아니다.

02 채무불이행

3 이행불능에 관한 다음 설명 중 가장 옳지 않은 것은?

① 이행불능에 해당하는지 여부는 사회의 거래통념에 따라 정한다.
② 매매목적물에 관하여 이중으로 제3자와 매매계약을 체결한 사실만 가지고는 매매계약이 이행불능이라 할 수 없다.
③ 사정변경으로 인한 계약해제에는 일방당사자의 주관적 또는 개인적인 사정을 포함한다. 매매목적 부동산에 관하여 제3자의 처분금지가처분 등기가 기입된 경우에는 매매계약은 이행불능이다.
④ 타인의 권리매매에 있어 매도인이 그 권리를 매수인에게 이전할 수 없게 된 경우의 손해배상액은 이행불능 당시의 목적물의 시가를 기준으로 하여 산정하여야 한다.

> ✔ **해설** ① 채무의 이행이 불능이라는 것은 단순히 절대적·물리적으로 불능인 경우가 아니라 사회생활에 있어서의 경험법칙 또는 거래상의 관념에 비추어 볼 때 채권자가 채무자의 이행의 실현을 기대할 수 없는 경우를 말한다(대판 2010.12.9. 2009다75321).
> ② 대판 1996.7.26. 96다14616
> ③ 사정변경으로 인한 계약해제는, 계약성립 당시 당사자가 예견할 수 없었던 현저한 사정의 변경이 발생하였고 그러한 사정의 변경이 해제권을 취득하는 당사자에게 책임 없는 사유로 생긴 것으로서, 계약내용대로의 구속력을 인정한다면 신의칙에 현저히 반하는 결과가 생기는 경우에 계약준수 원칙의 예외로서 인정되는 것이고, 여기에서 말하는 사정이라 함은 계약의 기초가 되었던 객관적인 사정으로서 일방당사자의 주관적 또는 개인적인 사정을 의미하는 것은 아니다(대판 2007.3.29. 2004다31302).
> ④ 대판 1996.6.14. 94다61359

4 이행지체에 관한 설명으로 옳지 않은 것은?

① 채무이행의 기한이 없는 경우에는 채무자는 이행청구를 받은 때로부터 지체책임이 있다.
② 소비대차에 있어서 반환시기의 약정이 없는 경우에는 이행청구를 받은 때로부터 지체책임이 있다.
③ 채권자가 연대채무자 중 1인에 대하여 이행청구를 하면 연대채무자 전원이 지체책임을 진다.
④ 원칙적으로 쌍무계약의 당사자 일방은 상대방이 채무이행을 제공할 때까지 자기의 채무이행을 거절할 수 있고 이행지체에 빠지지 않는다. 그러나 상대방의 채무가 변제기에 있지 아니하는 때에는 그러하지 아니한다.

> ✔ **해설** ① 제387조 제2항
> ② 반환시기의 약정이 없는 소비대차에서는, 대주는 상당한 기간을 정하여 반환을 최고하여야 한다. 따라서 그 상당기간이 경과한 때부터 이행지체가 된다.
> ③ 제536조 제1항

Answer 1.④ 2.③ 3.③ 4.②

CHAPTER 02 채권의 효력

01 기본적 효력

1 채권의 효력에 관한 다음 설명 중 옳지 않은 것은?

① 채권의 기본적 효력에는 청구력, 급부보유력, 강제력이 있다.
② 청구력에는 재판 외 청구와 재판상 청구가 있으며, 재판상 청구를 소구력이라고도 한다.
③ 책임 없는 채무란 강제력이 없는 것을 말한다.
④ 자연채무란 채권의 효력 중 청구력이 없는 것을 말한다.

> **해설** 자연채무란 채권의 효력 중 소구력과 강제력이 없는 채무를 말한다.

2 다음 중 자연채무에 관한 설명으로 옳지 않은 것은?

① 자연채무란 채무로서 성립하고 있지만 채무자가 임의로 이행을 하지 않는 때에 채권자가 그 이행을 소로써 강제할 수 없는 채무를 말한다.
② 자연채무는 주로 부제소특약이나 소송법상 제소가 금지된 경우에 발생한다.
③ 강제이행이 소권에 의해 보장되어 있지 않으므로, 채권자는 임의이행을 청구할 수도 없다.
④ 일단 채무자가 임의로 이행한 때에는 그 이행을 유효한 변제로 수령·보유할 수는 있다.

> **해설** ② 이밖에 소멸시효 완성 후의 채무, 불법원인급여 등도 자연채무라고 보는 견해가 있다.
> ③ 자연채무는 소권으로 강제이행이 보장되지는 않으나, 임의로 이행청구를 할 수는 있으며(청구력), 이행된 경우에는 유효한 변제로 수령·보유할 수 있다(급부보유력).

17 선택채권과 임의채권의 비교에 관한 다음 설명 중 옳지 않은 것은?

① 선택채권은 급부의 확정을 위해 특정을 요하나, 임의채권은 급부는 이미 확정되어 있기 때문에 특정의 문제가 발생하지 않는다.
② 선택채권에서 선택의 대상이 되는 수개의 채권은 서로 동격관계에 있으나, 임의채권의 대용급부는 본래 급부에 대해 보충적 성격을 가질 뿐이다.
③ 급부의 일부에 원시적 불능이 발생한 경우, 선택채권과 임의채권 모두 잔존급부에 대해 채권이 존속한다.
④ 선택채권의 예로는 무권대리인의 상대방에 대한 책임, 점유자의 유익비상환청구권 등이 있고, 임의채권의 예로는 외화채권의 대용급부권이 있다.

> ✔ 해설 임의채권의 대용급부는 본래급부의 보충적 성격을 가질 뿐이므로, 본래급부가 불능인 경우에는 채권 자체가 성립하지 않는다. 다만 대용급부가 불능인 경우에는 본래급부만 존재하는 단순채권이 될 것이다.

18 임의채권에 관한 다음 설명 중 가장 옳지 않은 것은?

① 임의채권이란 채권의 목적은 하나의 급부에 특정되어 있으나, 채권자가 다른 급부로서 본래의 급부에 갈음할 수 있는 권리를 가지는 채권을 말한다.
② 본래급부에 갈음하는 다른 급부는 어디까지나 2차적·보충적인 것에 지나지 않는다.
③ 본래의 급부가 일부불능이 되거나 감축되면 대용급부도 같은 비율로 감축된다.
④ 임의채권은 법률행위에 의해서만 발생한다.

> ✔ 해설 임의채권은 법률행위에 의해서 발생할 뿐만 아니라, 법률의 규정(제378조(동전), 제607조(대물반환의 예약), 제764조(명예훼손의 경우의 특칙) 등)에 의해서도 발생한다.

Answer 15.④ 16.② 17.③ 18.④

15 다음 중 원본채권에 대한 이자채권의 부종성에 대한 설명으로 옳지 않은 것은?

① 기본적 이자채권은 원본채권에의 종속성이 강해 원본채권과 법률적 운명을 같이 한다.
② 지분적 이자채권은 원본채권에 대하여 부종성이 약하고, 강한 독립성을 가지고 있다.
③ 원본채권이 양도되는 경우 기본적 이자채권은 원본채권과 같이 양도되나, 지분적 이자채권은 당연히 양도되는 것은 아니다.
④ 지분적 이자채권이라 할지라도 원본채권에 대한 부종성을 완전히 부정할 수는 없으므로 원본채권이 소멸하면 지분적 이자채권도 같이 소멸한다.

> ✔해설 이미 이행기가 도래한 지분적 이자채권은 원본채권과 분리하여 양도, 변제할 수 있을 뿐만 아니라, 1년 이내의 기간으로 정한 이자채권은 따로 3년의 시효에 걸리는 등 강한 독립성을 가지고 있다..

16 다음 중 선택채권과 종류채권에 관한 설명 중 옳지 않은 것은?

① 일부불능의 경우 선택채권은 잔존급부에 특정되나, 종류채권은 급부불능만으로 특정되지는 않는다.
② 선택채권과 종류채권 모두 특정에 의해 특정물채권이 된다.
③ 선택채권의 특정에는 소급효가 있으나, 종류채권의 특정에는 소급효가 없다.
④ 선택채권은 특정 후에는 변경권이 없으나, 종류채권은 특정 후에도 채무자는 변경권을 가진다.

> ✔해설 ② 선택채권은 특정에 의해 단순채권으로 전환된다. 즉 급부의 종류에 따라 선택에 의해 특정물채권·종류채권·금전채권이 될 수 있다.
> ④ 선택채권은 특정에 소급효가 있으므로, 특정된 채권 이외의 다른 채권은 처음부터 없던 것으로 된다. 따라서 특정 이후에 변경권이 발생할 여지가 없다. 그러나 종류채권은 일정한 경우 변경권이 인정된다.

12 이행장소를 정하지 않은 종류채권의 특정 시기는?

① 목적물을 분리할 때
② 목적물을 지정하여 통지한 때
③ 채권자의 주소에 가서 이행을 제공한 때
④ 채권자가 수령한 때

> ✔ 해설 이행장소를 정하지 않은 종류채권의 특정 시기는 채권자의 현주소에 가서 이행의 제공을 한 때이다(제467조 제2항).

13 종류채권의 특정 후 채무자의 변경권에 관한 설명으로 옳은 것은?

① 민법 규정은 채무자의 변경권에 관하여 명문으로 인정하고 있다.
② 변경권의 행사는 특정 이전에도 가능하다.
③ 일단 특정된 이후에도 채무자는 변경권을 가진다는 것이 통설이다.
④ 변경권의 행사는 채권자의 명시적인 동의가 있어야 한다.

> ✔ 해설 ①②③ 종류채권의 특정은 채무를 이행하기 위한 수단에 지나지 않으므로 채무자는 특정 후에도 그 종류에 속하는 다른 물건으로 인도할 수 있는 변경권이 있다(통설).
> ④ 변경권의 행사는 채권자의 반대의사가 없고, 채권자에게 불이익을 주는 것이 아니라면 행사할 수 있다고 해석된다.

14 이자에 관한 다음 설명 중 옳지 않은 것은?

① 이자란 유동자본의 사용대가이므로 고정자본의 사용대가인 지료 및 차임은 이자가 아니다.
② 이자는 원본채권의 존재를 전제로 하므로 원본채권을 전제로 하지 않는 종신정기금·건설이자는 이자가 아니다.
③ 이자는 일정한 이율에 의하여 산정되므로 원본사용의 대가일지라도 이율에 의하지 않은 사례금은 이자가 아니다.
④ 이자는 법정과실의 일종이므로 지연이자·주식배당금도 이자에 속한다.

> ✔ 해설 이자는 원본의 사용대가인 법정과실이므로 원본의 사용대가가 아닌 지연이자·주식배당금은 이자가 아니다.

Answer 10.③ 11.③ 12.③ 13.③ 14.④

10 특정물채권에 관한 설명으로 옳지 않은 것은?

① 채무자는 특정물을 실제 인도할 때까지 선관주의의무를 부담한다.
② 이행기 이후에 선관주의의무를 부담하는 경우는 이행지체도 수령지체도 되지 않는 경우에 한한다.
③ 이행기 이후에 수령지체가 되는 경우 특정물채무자는 고의·과실인 경우에만 지체 중에 생긴 손해를 배상하면 된다.
④ 이행기 이후에 이행지체가 되는 경우 특정물채무자는 선관주의의무를 다한 경우에도 손해배상의 책임이 있다.

> **해설** ① 제374조
> ②③④ 이행지체의 경우 채무자는 자기에게 과실이 없는 경우에도 그 지체 중에 생긴 손해를 배상해야 하고〈제392조〉, 수령지체의 경우 채무자는 고의·중과실이 없으면 불이행으로 인한 책임이 없다〈제401조〉. 따라서 채무자가 이행기 이후에도 여전히 선관주의의무를 부담하는 경우〈제374조〉는 이행지체도 수령지체도 되지 않는 경우에 한한다(통설).

11 종류채권에 관한 다음 설명 중 옳지 않은 것은?

① 종류물에 해당하는지 여부는 거래의 일반관념에 의하여 객관적으로 정하여지는 것이 아니라, 당사자의 의사를 표준으로 하여 정하여 진다.
② 종류채권의 목적물은 대체물인 것이 보통이지만, 부대체물인 건물·자동차 등도 그 개성이 아니라 공통성·수량에 중점을 두는 경우에는 종류채권의 목적물로 할 수 있다.
③ 채권의 목적을 종류로만 지정한 경우에 법률행위의 성질이나 당사자의 의사어 의하여 품질을 정할 수 없는 때에는 채무자는 상등품질의 물건으로 이행하여야 한다.
④ 종류채권은 매매 이외에 증여·교환·소비대차·소비임치 등을 원인으로 하여 발생한다.

> **해설** 채권의 목적을 종류로만 지정한 경우에 법률행위의 성질이나 당사자의 의사에 의하여 품질을 정할 수 없는 때에는 채무자는 중등품질의 물건으로 이행하여야 한다〈제375조 제1항〉.

8 특정물채무자의 선관의무에 관한 설명으로 옳지 않은 것은?

① 선관주의의무를 위반하게 되면 추상적 과실이 인정되는 것이다.
② 당사자는 특약으로 주의의무의 정도를 달리 정할 수 있다.
③ 선관주의의무의 그 특정물을 인도해야 하는 이행기까지 존속한다.
④ 선관주의의무를 다한 때에는 채무불이행책임이 면하고, 멸실의 경우 채무자는 인도의무를 면한다.

> ✔ 해설 ① 선관주의란 채무자의 직업·지위 등에 비추어 거래상 일반적으로 요구되는 주의를 말하는 것으로 추상적 과실의 문제이다. 따라서 선관주의의무를 위반하면 채무불이행책임을 지게 된다.
> ② 제374조는 임의규정이므로 당사자의 특약으로 변경이 가능하다.
> ③ 실제 그 물건을 인도할 때까지 선관주의의무를 부담한다(제374조).
> ④ 채무자에게 고의·과실이 인정되지 않기 때문이다.

9 특정물의 인도를 목적으로 하는 채권에 관한 설명 중 옳지 않은 것은?

① 특정물을 인도할 때에는 채무자는 이행기의 현상대로 그 물건을 인도하여야 한다.
② 채무의 성질 또는 당사자의 의사표시로 변제 장소를 정하지 아니한 때에는 특정물의 인도는 채권 성립 당시에 그 물건이 있던 장소에서 하여야 한다.
③ 채무자는 채무의 이행기까지 선량한 관리자의 주의의무를 부담한다.
④ 특정물채권은 매매, 임대차 등에서 발생한다.

> ✔ 해설 ① 제462조
> ② 제467조 제1항
> ③ 채무의 이행기가 아니라, 실제로 목적물을 인도할 때까지 선관주의의무를 부담한다(제374조). 임대차 종료 후 임차인은 임차목적물을 명도할 때까지는 선량한 관리자의 주의로 이를 보존할 의무가 있어, 이러한 주의의무를 위반하여 임대목적물이 멸실, 훼손된 경우에는 그에 대한 손해를 배상할 채무가 발생하며, 임대목적물이 멸실, 훼손된 경우 임차인이 그 책임을 면하려면 그 임차건물의 보존에 관하여 선량한 관리자의 주의의무를 다하였음을 입증하여야 할 것이다(대판 1991.10.25. 91다22605).

Answer 6.④ 7.③ 8.③ 9.③

6 채권의 목적에 대한 설명 중 옳지 않은 것은?

① 채권의 목적은 강행법규에 반하지 말아야 하며, 사회적 타당성을 가져야 한다.
② 채권은 법률상의 구속력을 발생시키는 것이므로 그 내용이 확정되어야 하나 채권 성립 당시에 확정되어 있어야 하는 것은 아니다.
③ 채권의 목적의 실현가능성은 법률상의 개념이다.
④ 채무불이행으로 인한 손해배상은 금전배상이 원칙이므로 금전으로 가액을 산정할 수 없는 것은 채권의 목적이 될 수 없다.

> ✔해설 금전으로 가액을 산정할 수 없는 것이라도 채권의 목적으로 할 수 있다(제373조).

7 다음 중 특정물급부와 불특정물급부의 구별실익을 모두 고른 것은?

> ㉠ 위험부담의 문제
> ㉡ 강제이행의 방법
> ㉢ 다수당사자의 채권관계
> ㉣ 목적물의 보관의무
> ㉤ 신의칙·사정변경의 원칙 적용 여부
> ㉥ 변제의 장소와 방법

① ㉠㉡
② ㉠㉡㉢
③ ㉠㉣㉥
④ ㉠㉢㉣㉤

> ✔해설 ㉠ 양당사자 무책으로 목적물이 멸실된 경우 특정물급부는 채권자가 급부위험을 부담하나, 불특정물급부의 경우에는 특정에 의해 급부위험이 채권자에게 이전되기 전까지는 여전히 채무자에게 급부위험이 있다.
> ㉣ 특정물급부의 경우 목적물은 선량한 관리자의 주의의무로 보존해야 한다(제374조).
> ㉥ 특정물급부의 이행은 채권의 성립 당시 그 물건이 있던 장소에서 이행기의 현상대로 인도하여야 하며(제462조, 제467조 제1항), 불특정물급부의 이행은 특별한 약정이 없는 한 채권자의 현주소에서 한다(제467조 제2항).

3 물권과 채권의 본질적 차이를 나타내는 것으로서 옳지 않은 것은?

① 물권에 대한 침해는 불법행위가 성립하지만, 채권에 대한 침해는 채무불이행이 문제될 뿐이다.
② 물권에는 배타성이 있으나, 채권에는 배타성이 없다.
③ 채권은 불특정물에도 성립하지만, 물권은 특정물에 대해서만 성립한다.
④ 물권은 동일내용인 것이 동시에 성립되지 않지만, 채권은 동일내용인 것으로도 성립한다.

✔ 해설 채권에 대한 제3자의 침해가 고의·과실이 있으면 불법행위가 성립할 수 있다.

02 채권의 목적

4 선택채권에 관한 다음 설명 중 옳지 않은 것은?

① 선택권의 행사는 상대방의 동의가 없으면 철회할 수 없다.
② 선택할 제3자가 선택할 수 없는 경우에는 선택권은 채권자에게 있다.
③ 급부가 일부불능인 경우에는 선택채권은 잔존한 급부에 존재한다.
④ 채권자나 채무자가 선택하는 경우에는 그 선택은 채무자 및 채권자에 대한 의사표시로 한다.

✔ 해설 ① 제382조 제2항, 제383조 제2항
② 선택할 제3자가 선택할 수 없는 경우에는 선택권은 채무자에게 있다〈제384조 제1항〉.
③ 제385조 제1항
④ 제382조 제1항

5 다음 중 금전채권에 대한 설명으로 가장 옳지 않은 것은?

① 금전채무의 불이행에 있어서 특약이 없으면 채무불이행으로 인한 손해배상액은 법정이율에 의한다.
② 금전채무의 불이행에 있어서는 채권자는 그 손해를 증명할 필요가 없다.
③ 금전채권에 관하여는 이행불능이란 상태는 있을 수 없고, 이행지체만이 생길 뿐이다.
④ 금전채무 불이행으로 인한 손해배상에 있어서도 채무자는 과실 없음을 주장하여 면책받을 수 있다.

✔ 해설 ① 제397조 제1항
②④ 손해배상에 관하여는 채권자는 손해의 증명을 요하지 아니하고 채무자는 과실 없음을 항변하지 못한다〈제397조 제2항〉.

Answer 1.③ 2.③ 3.① 4.② 5.④

CHAPTER 01 채권의 본질과 목적

01 채권의 본질

1 다음 중 채권의 발생원인이 아닌 것은?

① 계약
② 부당이득
③ 면제
④ 사무관리

> **해설** 우리 민법은 채권의 발생원인으로 크게 계약, 사무관리, 부당이득, 불법행위로 나누고 있다. 면제는 채권의 소멸사유 중 하나이다.

2 다음 중 채권과 청구권에 관한 설명으로 옳지 않은 것은?

① 청구권의 행사에 따라 급부가 행하여지면 채권도 동시에 소멸한다.
② 이행기가 도래하지 않은 채권에서는 채권은 있어도 청구권은 발생하지 않는다.
③ 청구권은 채권의 한 요소이므로 물권이나 가족권에 기초하여 발생하지는 않는다.
④ 채권과 분리하여 청구권만을 양도할 수는 없다.

> **해설** 청구권은 채권의 한 요소를 이루는 권능으로 청구권이 곧 채권인 것은 아니다. 이러한 청구권은 채권 이외에도 물권과 가족권에 기초하여 발생하기도 한다(예 물권적 청구권 · 부양청구권 · 동거청구권 · 상속회복청구권 등).

PART 04

채권총론

- **01** 채권의 본질과 목적
- **02** 채권의 효력
- **03** 수인의 채권자 및 채무자
- **04** 채권양도와 채무인수
- **05** 채권의 소멸

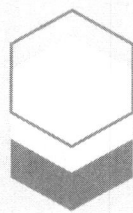

29 가등기담보에 관한 다음의 설명 중 옳지 않은 것은? (다툼이 있는 경우 판례에 의함. 이하 가등기담보 등에 관한 법률은 '가등기담보법'이라고 함)

① 가등기담보법이 정한 청산절차를 거치지 아니하고 담보가등기에 기한 본등기가 이루어진 경우에는 그 본등기는 무효라고 할 것이나, 다만 가등기권리자가 가등기담보법이 정한 절차에 따라 청산금의 평가액을 채무자 등에게 통지한 후 채무자에게 정당한 청산금을 지급하거나 지급할 청산금이 없는 경우에는 채무자가 그 통지를 받은 날로부터 2월의 청산기간이 경과하면 위 무효인 본등기는 실체적 법률관계에 부합하는 유효한 등기가 될 수 있다.

② 채권자가 가등기담보법에 정해진 청산절차를 밟지 아니한 채 그 담보목적부동산을 처분하여 선의의 제3자가 소유권을 취득하고 그에 따라 채무자가 더는 그 채권담보의 목적으로 마친 소유권이전등기의 말소를 청구할 수 없게 된 경우, 특별한 사정이 없는 한 채권자는 채무자에게 채무자가 더는 그 소유권이전등기의 말소를 청구할 수 없게 된 때의 담보목적부동산의 가액에서 그때까지의 채무액을 공제한 금액을 채무자가 입은 손해로서 배상하여야 한다.

③ 가등기담보 채권자가 가등기담보권을 실행하기 이전에 그의 계약상의 권리를 보전하기 위하여 가등기담보 채무자의 제3자에 대한 선순위 가등기담보채무를 대위변제하여 구상권이 발생하였다면 특별한 사정이 없는 한 이 구상권도 가등기담보계약에 의하여 담보된다.

④ 재산권 이전의 예약 당시 재산에 대하여 선순위 근저당권이 설정되어 있는 경우 가등기담보법이 적용되기 위해서는 선순위 근저당권의 피담보채무액을 공제하지 않은 재산의 예약 당시의 가액이 차용액 및 이에 붙인 이자의 합산액을 초과하여야 한다.

✔해설 ① 가등기담보법이 정한 청산절차를 거치지 아니하고 담보가등기에 기한 본등기가 이루어진 경우 그 본등기는 무효라고 할 것이고, 다만 가등기권리자가 가등기담보법 제3조, 제4조에 정한 절차에 따라 청산금의 평가액을 채무자 등에게 통지한 후 채무자에게 정당한 청산금을 지급하거나 지급할 청산금이 없는 경우에는 채무자가 그 통지를 받은 날로부터 2월의 청산기간이 경과하면 위 무효인 본등기는 실체적 법률관계에 부합하는 유효한 등기가 될 수 있을 뿐이며(대법원 2002.6.11. 선고 99다41657 판결 등 참조), 그 입증책임은 이를 주장하는 자에게 있다고 할 것이다(대판 2010.8.19. 2009다90160, 90177).

② 채권자가 구 가등기담보 등에 관한 법률에 정해진 청산절차를 밟지 아니하여 담보목적부동산의 소유권을 취득하지 못하였음에도 그 담보목적부동산을 처분하여 선의의 제3자가 소유권을 취득하고 그로 인하여 구 가등기담보법 제11조 단서에 의하여 채무자가 더는 채무액을 채권자에게 지급하고 그 채권담보의 목적으로 마친 소유권이전등기의 말소를 청구할 수 없게 되었다면, 채권자는 위법한 담보목적부동산 처분으로 인하여 채무자가 입은 손해를 배상할 책임이 있다. 이때 채무자가 입은 손해는 다른 특별한 사정이 없는 한 채무자가 더는 그 소유권이전등기의 말소를 청구할 수 없게 된 때의 담보목적부동산의 가액에서 그때까지의 채무액을 공제한 금액이라고 봄이 상당하다(대판 2010.8.26. 2010다27458).

③ 대판 2002.6.11. 99다41657.

④ 가등기담보 등에 관한 법률은 재산권 이전의 예약에 의한 가등기담보에 있어서 재산의 예약 당시의 가액이 차용액 및 이에 붙인 이자의 합산액을 초과하는 경우에 적용되는바, 재산권 이전의 예약 당시 재산에 대하여 선순위 근저당권이 설정되어 있는 경우에는 재산의 가액에서 피담보채무액을 공제한 나머지 가액이 차용액 및 이에 붙인 이자의 합산액을 초과하는 경우에만 적용된다(대판 2006.8.24. 2005다61140).

Answer 28.① 29.④

04 비전형담보

28 가등기담보권과 경매에 관한 설명으로 옳지 않은 것은?

① 가등기담보권은 처분정산의 방법으로만 실행할 수 있다.
② 가등기담보권은 그 경매에 의한 부동산의 매각으로 소멸한다.
③ 가등기담보권자는 경매절차에서 다른 채권자보다 자기채권의 우선변제를 받을 수 있다.
④ 다른 채권자의 신청에 의하여 경매가 개시되었더라도 가등기담보권자는 배당절차에 참가할 수 있다.

 ① 가등기담보권을 실행하는 방법으로는 특단의 약정이 없는 한 처분정산이나 귀속정산 중 채권자가 선택하는 방법에 의할 수 있다(대판 1988.12.20. 87다카2685).
② 담보가등기를 마친 부동산에 대하여 강제경매 등이 행하여진 경우에는 담보가등기권리는 그 부동산의 매각에 의하여 소멸한다(가등기담보 등에 관한 법률 제15조).
③④ 담보가등기를 마친 부동산에 대하여 강제경매 등이 개시된 경우에 담보가등기권리자는 다른 채권자보다 자기채권을 우선변제 받을 권리가 있다. 이 경우 그 순위에 관하여는 그 담보가등기권리를 저당권으로 보고, 그 담보가등기를 마친 때에 그 저당권의 설정등기(設定登記)가 행하여진 것으로 본다(가등기담보 등에 관한 법률 제13조).

25 저당권의 효력이 미치는 피담보채권에 관한 설명으로 옳지 않은 것은?

① 이자는 저당권에 의해 무제한으로 담보된다.
② 원본의 이행기일을 경과한 후의 2년분에 한하여 지연배상이 인정된다.
③ 통설에 의하면 위약금의 약정이 있는 경우에는 등기하여야 한다.
④ 저당권 실행의 비용은 등기를 하지 않아도 저당권에 의하여 담보된다.

> ✔해설 ② 민법 제360조는 이행기일을 경과한 후의 1년분에 한하여 인정하고 있다. 이는 저당권자의 태만으로 채무불이행에 의한 손해배상이 한없이 늘어나 다른 채권자의 이익을 해할 우려가 있기 때문이다.
> ③④ 원본, 이자, 위약금은 등기하여야 저당권에 의하여 담보되지만 통상의 저당권 실행비용은 등기하지 않아도 된다.

26 저당권의 피담보채권 변제에 관한 설명으로 옳지 않은 것은?

① 저당권자는 저당권에 기하여 완전히 변제받지 못한 경우 일반채권자로서 변제받을 수 있다.
② 저당물을 법률의 정함과 달리 임의 환가하기로 약정하는 것은 원칙적으로 유효하다.
③ 저당물에 부과된 국세나 가산금이라도 그 법정기일 전에 설정된 저당권에 대하여는 우선할 수 없다.
④ 여러 개의 저당권이 있는 경우에는 설정등기의 순위에 의하여 우선순위가 정하여 진다.

> ✔해설 ② 유저당계약의 한 형태이다.
> ③ 저당물의 소유자가 체납한 국세는 그 법정기일 전에 설정한 저당권에 우선할 수 없지만, 저당물 자체에 부과된 국세나 가산금은 언제나 저당권에 우선한다.

27 저당권의 침해와 구제를 설명한 것으로 옳지 않은 것은?

① 저당목적물의 가치가 감소되었더라도 그것이 피담보채권액을 넘고 있다면 저당권자에게 손해가 발생한 것은 아니다.
② 손해배상청구권은 담보물보충청구권 또는 즉시변제청구권과 함께 행사될 수 있다.
③ 물권적 청구권은 손해가 발생하지 않더라도 행사될 수 있다.
④ 채무자의 귀책사유로 담보물이 손상·감소·멸실된 경우에는 저당권자는 즉시 변제청구를 할 수 있다.

> ✔해설 ①③ 피담보채권액을 넘더라도 손해배상청구 외에 다른 권리는 행사할 여지는 있다.
> ② 손해배상청구권은 즉시변제청구권과는 함께 행사될 수 있지만, 담보물보충청구권과는 선택적으로 행사될 수 있다.

Answer 23.③ 24.① 25.② 26.③ 27.②

23 저당권에 관한 일반적인 설명으로 옳지 않은 것은?

① 근대적 저당제도는 저당증권을 통한 저당권의 유통성을 보장하고 있다.
② 금전지급 이외의 급부를 목적으로 하는 채권도 저당권의 피담보채권이 될 수 있다.
③ 현행 민법상 저당권은 선·후의 순위변동이 인정된다.
④ 토지임대인이 변제기를 경과한 최후 2년의 차임채권에 의하여 그 지상에 있는 임차인 소유의 건물을 압류한 때에는 저당권이 성립한다.

 ② 다만 저당권 실행시기에 금전채권으로 전환될 수 있을 것을 요한다.
③ 근대적 저당권은 순위확정의 원칙을 채택하여 한번 주어진 순위는 변동하지 않으나, 우리의 저당권은 순위승진의 원칙을 채택하여 선순위 저당권이 소멸하면 후순위 저당권이 선순위로 된다. 그러나 순위가 하강하는 경우는 인정되지 않고 있다.
④ 법정저당권으로 당연히 성립하는 경우이다.

24 저당권에 관한 설명 중 가장 옳지 않은 것은? (다툼이 있는 경우 판례에 의함)

① 토지를 목적으로 저당권을 설정한 후 그 설정자가 그 토지에 건물을 축조한 때에는 저당권자는 토지와 함께 그 건물에 대하여도 경매를 청구할 수 있고, 이 경우에 토지와 건물의 경매대가 전부에 대하여 우선변제를 받을 권리가 있다.
② 저당권의 효력은 저당부동산에 대한 압류가 있은 후에 저당권설정자가 그 부동산으로부터 수취한 과실 또는 수취할 수 있는 과실에 미친다.
③ 미등기건물을 그 대지와 함께 매수하였으나 그 대지에 관하여만 소유권이전등기를 넘겨받고 건물에 대하여는 그 등기를 이전받지 못하고 있다가, 대지에 대하여 저당권을 설정하고 그 저당권의 실행으로 대지가 경매되어 다른 사람의 소유로 된 경우에 대지에 관한 법정지상권이 성립되지 않는다는 것이 판례의 태도이다.
④ 건물의 증축 부분이 기존건물에 부합하여 기존건물과 분리하여서는 별개의 독립물로서의 효용을 갖지 못하는 이상 기존건물에 대한 근저당권은 부합된 증축 부분에도 효력이 미친다.

 ① 토지를 목적으로 저당권을 설정한 후 그 설정자가 그 토지에 건물을 축조한 때에는 저당권자는 토지와 함께 그 건물에 대하여도 경매를 청구할 수 있다. 그러나 그 건물의 경매대가에 대하여는 우선변제를 받을 권리가 없다(제365조).
② 제359조
③ 민법 제366조의 법정지상권은 저당권 설정 당시에 동일인의 소유에 속하는 토지와 건물이 저당권의 실행에 의한 경매로 인하여 각기 다른 사람의 소유에 속하게 된 경우에 건물의 소유를 위하여 인정되는 것이므로, 미등기건물을 그 대지와 함께 매수한 사람이 그 대지에 관하여만 소유권이전등기를 넘겨받고 건물에 대하여는 그 등기를 이전 받지 못하고 있다가, 대지에 대하여 저당권을 설정하고 그 저당권의 실행으로 대지가 경매되어 다른 사람의 소유로 된 경우에는, 그 저당권의 설정 당시에 이미 대지와 건물이 각각 다른 사람의 소유에 속하고 있었으므로 법정지상권이 성립될 여지가 없다(대판 2002.6.20. 2002다9660 전합).
④ 대판 2002.10.25. 2000다63110

20 다음 중 저당권의 피담보채권의 범위에 속하지 않는 것은?

① 위약금
② 저당권의 실행비용
③ 채무불이행으로 인한 손해배상
④ 원본의 이행기일을 도과한 후의 3년분 이내의 지연배상금

> ✔해설 저당권은 원본·이자·위약금·채무불이행으로 인한 손해배상 및 저당권의 실행비용을 담보한다. 그러나 지연배상에 대하여는 원본의 이행기일을 경과한 후의 1년분에 한하여 저당권을 행사할 수 있다〈제360조〉.

21 저당권에 관한 설명 중 옳지 않은 것은?

① 저당권의 효력은 저당부동산에 부합된 물건과 종물에 미친다. 그러나 법률에 특별한 규정 또는 설정행위에 다른 약정이 있으면 그러하지 아니하다.
② 저당물의 소유권을 취득한 제3자도 그 저당물에 대한 경매에 있어 매수신청을 할 수 있다.
③ 저당권은 그 담보한 채권과 분리하여 타인에게 양도하거나 다른 채권의 담보로 하지 못한다.
④ 토지를 목적으로 저당권을 설정한 후 그 설정자가 그 토지에 건물을 축조한 때에는 저당권자는 토지와 함께 그 건물에 대하여도 경매를 청구할 수 있고, 그 건물의 경매대가에 대하여도 우선변제를 받을 권리가 있다.

> ✔해설 ① 제358조
> ② 제363조 제2항
> ③ 제361조
> ④ 토지를 목적으로 저당권을 설정한 후 그 설정자가 그 토지에 건물을 축조한 때에는 저당권자는 토지와 함께 그 건물에 대하여도 경매를 청구할 수 있다. 그러나 그 건물의 경매대가에 대하여는 우선변제를 받을 권리가 없다〈제365조〉.

22 현행 저당권의 법적 성질에 관한 설명으로 옳지 않은 것은?

① 소유자저당을 인정하지 않는다.
② 우리 민법상 독립의 원칙은 전혀 인정되지 않는다.
③ 부종성과 수반성을 그 본질로 하고 있다.
④ 우선변제적 효력은 있지만 유치적 효력은 없다.

> ✔해설 ① 저당권은 타물권이다.
> ②③ 현행 민법상 독립의 원칙이 인정되지 않아 부종성과 수반성을 그 본질로 하지만, 근저당권에서 저당권의 독립성이 인정되어 다소 완화된 모습이다.
> ④ 즉, 목적물의 점유를 저당권 설정자로부터 박탈하지 않는다.

Answer 18.② 19.② 20.④ 21.④ 22.②

18 권리질권에 대한 다음의 설명 중 옳지 않은 것은? (다툼이 있는 경우 판례에 의함)

① 지명채권을 목적으로 한 질권의 설정은 설정자가 제3채무자에게 질권설정의 사실을 통지하거나 제3채무자가 이를 승낙함이 아니면 이로써 제3채무자 기타 제3자에게 대항하지 못한다.
② 질권의 목적인 채권의 양도행위는 질권자의 이익을 해하는 변경에 해당되므로 질권자의 동의를 필요로 한다.
③ 질권설정자와 제3채무자가 질권의 목적된 권리를 소멸하게 하는 행위를 한 경우 질권자 아닌 제3자는 그 무효의 주장을 할 수 없다.
④ 질권의 설정에 대하여 이의를 보류하지 아니하고 승낙을 하였더라도 질권자가 악의 또는 중과실의 경우에 해당하는 한 채무자의 승낙 당시까지 질권설정자에 대하여 생긴 사유로써도 질권자에게 대항할 수 있다.

> ✅**해설** ① 제349조 제1항.
> ② 질권의 목적인 채권의 양도행위는 민법 제352조 소정의 질권자의 이익을 해하는 변경에 해당되지 않으므로 질권자의 동의를 요하지 아니한다(대판 2005.12.22. 2003다55059).
> ③ 민법 제352조가 질권설정자는 질권자의 동의 없이 질권의 목적된 권리를 소멸하게 하거나 질권자의 이익을 해하는 변경을 할 수 없다고 규정한 것은 질권자가 질권의 목적인 채권의 교환가치에 대하여 가지는 배타적 지배권능을 보호하기 위한 것이므로, 질권설정자와 제3채무자가 질권의 목적된 권리를 소멸하게 하는 행위를 하였다고 하더라도 이는 질권자에 대한 관계에 있어 무효일 뿐이어서 특별한 사정이 없는 한 질권자 아닌 제3자가 그 무효의 주장을 할 수는 없다(대판 1997.11.11. 97다35375).
> ④ 대판 2002.3.29. 2000다13887.

03 저당권

19 근저당에 대한 설명 중 가장 옳지 않은 것은?

① 근저당은 장래의 증감변동하는 불특정의 채권을 담보하는 점에서 보통의 저당권과 다르다.
② 근저당권의 특성상 근저당권이 확정되더라도 확정 이후에 기본계약으로부터 발생하는 채권을 피담보채권에 포함시킬 수 있다.
③ 근저당의 존속기간 또는 기본계약에서 정한 결산기에 관한 약정은 필요적 등기사항이 아니다.
④ 근저당설정계약에는 담보할 채권의 최고액과 피담보채권액의 범위를 결정하는 기준을 정하여야 한다.

> ✅**해설** 근저당권의 특성이 장래의 증감·변동하는 불특정의 채권을 담보하는 것이라 하더라도 확정된 후에 발생한 채권까지 피담보채권에 포함시키지는 않는다.

16 동산질권의 우선변제권에 관한 다음 설명 중 옳지 않은 것은?

① 피담보채권이 금전을 목적으로 하지 않는 경우에는 그것이 손해배상채권 등 금전채권으로 변한 후에 행사할 수 있다.
② 질권 상호 간에는 설정의 선후에 의하나, 우선특권을 갖는 선박채권자와 질권에 우선하는 조세채권자는 질권에 우선한다.
③ 질물보다 다른 재산에 대해 배당을 실시하는 경우에는 질권 전액을 가지고 배당에 참가할 수 있다.
④ 유질계약금지규정은 강행규정이므로 이에 위반한 계약 및 질권은 무효가 된다.

✔해설 ③ 이 경우에는 질권의 목적물에서 충족하지 못한 부분에 한해 일반재산에 참여할 수 있는 제한이 없다. 다만 다른 채권자는 질권자에게 배당금액의 공탁을 청구할 수 있다.
④ 유질계약은 채무변제기 전의 계약으로 질권자에게 변제에 갈음하여 질물의 소유권을 취득하게 하거나 법률에 정한 방법에 의하지 아니하고 질물을 처분할 것을 약정하는 것이다. 민법 제339조는 이러한 계약을 금지하고 위반한 경우는 그 계약을 무효로 하지만 질권 자체까지 무효로 하고 있지는 않다. 따라서 질권자는 본래의 실행방법에 의하면 된다.

17 동산질권자의 승낙전질에 관한 설명으로 옳지 않은 것은? (통설에 의함)

① 승낙전질은 원질권자의 질권의 범위나 기간에 제한을 받는다.
② 승낙전질에 관하여 통설은 질물재입질설을 취한다.
③ 전질권 설정자는 불가항력에 의한 손해 등에 책임이 가중되지 않는다.
④ 원질권자의 채무자에 대한 통지는 불필요하다.

✔해설 ①② 통설인 질물재입질설에 의하면 당사자 간의 합의로 별개의 질권이 성립하는 것이므로 승낙전질은 원질권의 범위나 기간의 제한을 받지 않는다.
③ 또한 전질권 설정자의 책임이 가중될 이유도 없다.

13 동산질권에 관한 설명 중 옳지 않은 것은?

① 법률의 규정에 의해 성립하는 경우를 제외하고는 질권설정계약과 목적물의 인도에 의해 성립한다.
② 목적물의 인도는 현실의 인도, 간이인도, 점유개정에 의한 인도, 목적물반환청구권의 양도 등의 방법이 가능하다.
③ 민법이 규정하는 법정질권은 토지임대인과 건물 기타 공작물의 임대인의 임대차에 관한 채권의 경우가 있다.
④ 질권 설정자에게 목적물에 관한 처분권이 없는 경우에 채권자가 선의취득의 요건을 갖춘다면 선의취득을 할 수 있다.

> ✔해설 ② 민법 제332조는 점유개정에 의한 인도는 금지하고 있다.
> ③ 민법 제648조, 제650조는 임차지에 부속 또는 그 사용의 편익에 공용한 임차인 소유의 동산 및 과실, 건물 기타의 공작물에 부속한 임차인 소유의 동산을 압류한 때에는 질권과 동일한 효력이 있다고 하고 있다.

14 다음 중 동산질권의 효력에 관한 설명으로 옳지 않은 것은?

① 목적물의 과실에도 질권의 효력이 미친다.
② 다른 약정이 없는 한 종물이 인도될 경우에 한하여 질권의 효력이 미친다.
③ 목적물이 매각된 경우에는 질권 설정자가 받을 매각대금이나 차임에 질권의 효력이 미친다.
④ 질권자는 피담보채권의 전부를 변제받을 때까지 질물을 유치할 수 있다.

> ✔해설 ① 유치권자의 과실수취권에 관한 규정은 동산질권에도 준용된다(제343조).
> ③ 목적물이 매각되거나 임대된 경우에는 목적물이 현존하는 경우에 해당되어 그 위에 담보물권이 존속하므로 질권 설정자가 받을 매각대금이나 차임은 물상대위의 대상이 되지 않는다.

15 다음 중 권리질권의 목적이 될 수 있는 것은?

① 공무원의 연금청구권　　　　　　② 무체재산권
③ 부동산임차권　　　　　　　　　　④ 부양청구권

> 권리질권의 목적이 될 수 있는 것은 양도성을 가지는 재산권에 한한다. 따라서 부동산의 사용·수익을 목적으로 하는 권리, 성질상 또는 법률상 질권의 목적이 될 수 없는 것 등은 질권의 목적이 될 수 없다.
> ① 공무원의 연금청구권은 법률상 담보제공이 금지된다.
> ③ 부동산의 사용·수익을 목적으로 한 권리이므로 권리질권의 목적이 될 수 없다.
> ④ 부양청구권은 법률상 양도가 금지된다.

12 질권에 대한 다음 설명 중 가장 옳지 않은 것은? (다툼이 있는 경우 판례에 의함)

① 채권질권의 효력은 질권의 목적이 된 채권의 지연손해금 등과 같은 부대채권에도 미치므로 채권질권자는 질권의 목적이 된 채권과 그에 대한 지연손해금채권을 피담보채권의 범위에 속하는 자기채권액에 대한 부분에 한하여 직접 추심하여 자기채권의 변제에 충당할 수 있다.
② 질권자가 피담보채권을 초과하여 질권의 목적이 된 금전채권을 추심하였다면 그 중 피담보채권을 추심하였다면 그 중 피담보채권을 초과하는 부분은 특별한 사정이 없는 한 법률상 원인이 없는 것으로서 질권설정자에 대한 관계에서 부당이득이 된다.
③ 임대차계약서 등 계약 당사자 쌍방의 권리의무관계 내용을 정한 서면은 민법 제347조에서 채권질권의 설정을 위하여 교부하도록 정한 '채권증서'에 해당하지 않는다.
④ 질권의 목적인 채권의 양도행위는 민법 제352조 소정의 질권자의 이익을 해하는 변경에 해당하므로 질권자의 동의를 요한다.

 ① 질권의 목적이 된 채권이 금전채권인 때에는 질권자는 자기채권의 한도에서 질권의 목적이 된 채권을 직접 청구할 수 있고, 채권질권의 효력은 질권의 목적이 된 채권의 지연손해금 등과 같은 부대채권에도 미치므로 채권질권자는 질권의 목적이 된 채권과 그에 대한 지연손해금채권을 피담보채권의 범위에 속하는 자기채권액에 대한 부분에 한하여 직접 추심하여 자기채권의 변제에 충당할 수 있다. 질권자가 질권을 실행하여 제3채무자에게 입질채권을 직접 청구한 경우, 제3채무자는 질권설정금액을 한도로 하여 피담보채권 및 그에 대한 약정연체이율에 의한 지연손해금을 지급하여야 하며, 질권 실행 이후부터는 민·상법에 따른 일반적인 지체책임만을 부담한다(대판 2005.2.25. 2003다40668).
② 질권자가 피담보채권을 초과하여 질권의 목적이 된 금전채권을 추심하였다면 그 중 피담보채권을 초과하는 부분은 특별한 사정이 없는 한 법률상 원인이 없는 것으로서 질권설정자에 대한 관계에서 부당이득이 되고, 이러한 법리는 채무담보 목적으로 채권이 양도된 경우에 있어서도 마찬가지라고 할 것이다(대판 2011.4.14. 2010다5694).
③ 민법 제347조는 채권을 질권의 목적으로 하는 경우에 채권증서가 있는 때에는 질권의 설정은 그 증서를 질권자에게 교부함으로써 효력이 생긴다고 규정하고 있다. 여기에서 말하는 '채권증서'는 채권의 존재를 증명하기 위하여 채권자에게 제공된 문서로서 특정한 이름이나 형식을 따라야 하는 것은 아니지만, 장차 변제 등으로 채권이 소멸하는 경우에는 민법 제475조에 따라 채무자가 채권자에게 그 반환을 청구할 수 있는 것이어야 한다. 이에 비추어 임대차계약서와 같이 계약 당사자 쌍방의 권리의무관계의 내용을 정한 서면은 그 계약에 의한 권리의 존속을 표상하기 위한 것이라고 할 수는 없으므로 위 채권증서에 해당하지 않는다(대판 2013.8.22. 2013다32574).
④ 질권의 목적인 채권의 양도행위는 민법 제352조 소정의 질권자의 이익을 해하는 변경에 해당되지 않으므로 질권자의 동의를 요하지 아니한다(대판 2005.12.22. 2003다55059).

02 질권

10 동산질권에 대한 설명 중 옳지 않은 것은?

① 수개의 채권을 담보하기 위하여 동일한 동산에 수개의 질권을 설정할 수 있다.
② 질권의 설정은 당사자 사이의 합의만 있으면 그 효력이 생긴다.
③ 질권자는 설정자로 하여금 질물의 점유를 하게 하지 못한다.
④ 질권은 양도할 수 없는 물건을 목적으로 하지 못한다.

 질권의 설정은 질권자에게 목적물을 인도함으로써 그 효력이 생긴다. 따라서 질권설정계약과 목적물의 인도로 질권이 성립한다.

11 질권과 다른 담보물권을 비교한 것으로 옳지 않은 것은?

① 유치권은 법정담보물권이나, 질권은 원칙적으로 약정담보물권이다.
② 질권과 저당권은 피담보채권의 범위가 한정되어 있다는 점에서 같다.
③ 우선변제적 효력은 질권과 저당권 모두에 있다.
④ 질권과 저당권은 목적물의 점유를 요소로 하느냐에 차이가 있다.

 ① 법정질권은 예외적인 모습이다.
② 질권은 하나의 목적물에 수개의 질권이 생길 여지가 없기 때문에 피담보채권의 범위를 한정할 필요가 없으나, 저당권은 수개의 저당권이 성립할 경우 후순위 저당권자를 보호할 필요가 있기 때문에 피담보채권의 범위가 한정된다.

9 유치권에 대한 다음 설명 중 가장 옳지 않은 것은? (다툼이 있는 경우 판례에 의함)

① 채무자 소유의 건물에 관하여 증·개축 등 공사를 도급받은 수급인이 경매개시결정의 기입등기가 마쳐지기 전에 채무자로부터 건물의 점유를 이전받았다 하더라도 경매개시결정의 기입등기가 마쳐져 압류의 효력이 발생한 후에 공사를 완공하여 공사대금채권을 취득함으로써 그때 비로소 유치권이 성립한 경우에는, 수급인은 유치권을 내세워 경매절차의 매수인에게 대항할 수 없다.

② 갑이 건물 신축공사 수급인인 을 주식회사와 체결한 약정에 따라 공사현장에 시멘트와 모래 등의 건축자재를 공급한 사안에서, 갑의 건축자재대금채권은 매매계약에 따른 매매대금채권에 불과할 뿐 건물 자체에 관하여 생긴 채권이라고 할 수는 없으므로 건물에 관한 유치권의 피담보채권이 될 수 없다.

③ 공사대금채권에 기하여 유치권을 행사하는 자가 스스로 유치물인 주택에 거주하며 사용하는 것은 특별한 사정이 없는 한 유치물인 주택의 보존에 도움이 되는 행위로서 유치물의 보존에 필요한 사용에 해당한다고 할 것이다. 따라서 유치권자가 유치물의 보존에 필요한 사용을 한 경우라면 특별한 사정이 없는 한 차임에 상당한 이득을 소유자에게 반환할 의무가 없다.

④ 임대인과 임차인 사이에 건물명도시 권리금을 반환하기로 하는 약정이 있었다 하더라도 그와 같은 권리금반환청구권은 건물에 관하여 생긴 채권이라 할 수 없으므로 그와 같은 채권을 가지고 건물에 대한 유치권을 행사할 수 없다.

✔해설 ① 유치권은 목적물에 관하여 생긴 채권이 변제기에 있는 경우에 비로소 성립하고(민법 제320조), 한편 채무자 소유의 부동산에 경매개시결정의 기입등기가 마쳐져 압류의 효력이 발생한 후에 유치권을 취득한 경우에는 그로써 부동산에 관한 경매절차의 매수인에게 대항할 수 없는데, 채무자 소유의 건물에 관하여 증·개축 등 공사를 도급받은 수급인이 경매개시결정의 기입등기가 마쳐지기 전에 채무자에게서 건물의 점유를 이전받았다 하더라도 경매개시결정의 기입등기가 마쳐져 압류의 효력이 발생한 후에 공사를 완공하여 공사대금채권을 취득함으로써 그때 비로소 유치권이 성립한 경우에는, 수급인은 유치권을 내세워 경매절차의 매수인에게 대항할 수 없다(대판 2011.10.13. 2011다55214).

② 민법 제320조 제1항은 "타인의 물건 또는 유가증권을 점유한 자는 그 물건이나 유가증권에 관하여 생긴 채권이 변제기에 있는 경우에는 변제를 받을 때까지 그 물건 또는 유가증권을 유치할 권리가 있다."고 규정하고 있으므로, 유치권의 피담보채권은 '그 물건에 관하여 생긴 채권'이어야 한다. 갑이 건물 신축공사 수급인인 을 주식회사와 체결한 약정에 따라 공사현장에 시멘트와 모래 등의 건축자재를 공급한 사안에서, 갑의 건축자재대금채권은 매매계약에 따른 매매대금채권에 불과할 뿐 건물 자체에 관하여 생긴 채권이라고 할 수는 없음에도 건물에 관한 유치권의 피담보채권이 된다고 본 원심판결에 유치권의 성립요건인 채권과 물건 간의 견련관계에 관한 법리오해의 위법이 있다(대판 2012.1.26. 2011다96208).

③ 민법 제324조에 의하면, 유치권자는 선량한 관리자의 주의로 유치물을 점유하여야 하고, 소유자의 승낙 없이 유치물을 보존에 필요한 범위를 넘어 사용하거나 대여 또는 담보제공을 할 수 없으며, 소유자는 유치권자가 위 의무를 위반한 때에는 유치권의 소멸을 청구할 수 있다고 할 것인바, 공사대금채권에 기하여 유치권을 행사하는 자가 스스로 유치물인 주택에 거주하며 사용하는 것은 특별한 사정이 없는 한 유치물인 주택의 보존에 도움이 되는 행위로서 유치물의 보존에 필요한 사용에 해당한다고 할 것이다. 그리고 유치권자가 유치물의 보존에 필요한 사용을 한 경우에도 특별한 사정이 없는 한 차임에 상당한 이득을 소유자에게 반환할 의무가 있다(대판 2009.9.24. 2009다40684).

④ 대판 1994.10.14. 93다62119

7 유치권의 효력에 관한 다음 설명 중 옳지 않은 것은?

① 유치권자는 채권의 변제를 받을 때까지 채무자뿐만 아니라 목적물의 양수인 또는 경락인에 대해서도 유치권을 주장할 수 있다.
② 유치권자는 채권의 변제를 받기 위해 경매권이 있으며, 정당한 이유가 있는 때에는 감정인의 평가에 의하여 유치물로 직접 충당할 것을 법원에 청구할 수 있다.
③ 유치권자는 자기 재산에 관한 행위와 동일한 주의로 유치물을 점유하여야 한다.
④ 유치권자는 채무자의 승낙 없이 유치물을 사용·수익·대여·담보제공을 하지 못한다.

> ✔해설 ② 채무자가 파산한 경우에는 유치권자는 별제권을 갖는다(채무자 회생 및 파산에 관한 법률 제411조).
> ③ 유치권자는 객관적인 주의의무인 선량한 관리자의 주의로 유치물을 점유하여야 한다(제324조 제1항).
> ④ 채무자는 유치권자가 이 의무에 위반할 경우 유치권의 소멸을 청구할 수 있다(제324조 제3항).

8 민법상 유치권에 관한 다음 설명 중 옳지 않은 것은? (다툼이 있는 경우 통설·판례에 의함)

① 민법 제321조가 규정하는 유치권의 불가분성은 그 목적물이 분할 가능하거나 수 개의 물건인 경우에도 적용된다.
② 임대인과 임차인 사이에 건물명도시 권리금을 반환하기로 하는 약정이 있었다 하더라도 그와 같은 권리금반환청구권을 가지고 건물에 대한 유치권을 행사할 수 없다.
③ 건물소유자에 관하여 유치권을 가지고 있는 건물점유자라고 하더라도 그 건물의 존재와 점유가 토지소유자에 대하여 불법행위가 되고 있다면 건물소유자에 대한 유치권으로 토지소유자에게 대항할 수 없다.
④ 유치권의 발생 후 유치물의 소유자가 변동하면 유치권은 소멸한다.

> ✔해설 ① 민법 제320조 제1항에서 '그 물건에 관하여 생긴 채권'은 유치권 제도 본래의 취지인 공평의 원칙에 특별히 반하지 않는 한 채권이 목적물 자체로부터 발생한 경우는 물론이고 채권이 목적물의 반환청구권과 동일한 법률관계나 사실관계로부터 발생한 경우도 포함하고, 한편 민법 제321조는 "유치권자는 채권 전부의 변제를 받을 때까지 유치물 전부에 대하여 그 권리를 행사할 수 있다"고 규정하고 있으므로, 유치물은 그 각 부분으로써 피담보채권의 전부를 담보하며, 이와 같은 유치권의 불가분성은 그 목적물이 분할 가능하거나 수 개의 물건인 경우에도 적용된다(대판 2007.9.7. 2005다16942).
> ② 대판 1994.10.14. 93다62119.
> ③ 대판 1989.2.14. 87다카3073.
> ④ 유치권자의 점유하에 있는 유치물의 소유자가 변동하더라도 유치권자의 점유는 유치물에 대한 보존행위로서 하는 것이므로 적법하고 그 소유자변동 후 유치권자가 유치물에 관하여 새로이 유익비를 지급하여 그 가격의 증가가 현존하는 경우에는 이 유익비에 대하여도 유치권을 행사할 수 있다(대판 1972.1.31. 71다2414).

5 유치권에 관한 설명 중 옳지 않은 것은? (다툼이 있는 경우 판례에 의함)

① 유치권이 성립된 부동산의 매수인은 유치권의 피담보채권의 소멸시효기간이 확정판결 등에 의하여 10년으로 연장된 경우 그 채권의 소멸시효기간이 연장된 효과를 부정하고 종전의 단기소멸시효기간을 원용할 수는 없다.
② 근저당권설정 후 경매로 인한 압류의 효력 발생 전에 취득한 유치권으로 경매절차의 매수인에게 대항할 수 없다.
③ 유치권은 동산과 부동산 모두에 대하여 인정된다.
④ 유치권은 그 점유가 불법행위에 의하여 시작된 것이어서는 안된다.

✔해설 ① 대판 2009. 9. 24, 2009다39530
② 부동산 경매절차에서의 매수인은 민사집행법 제91조 제5항에 따라 유치권자에게 그 유치권으로 담보하는 채권을 변제할 책임이 있는 것이 원칙이고, 채무자 소유의 건물 등 부동산에 경매개시결정의 기입등기가 되어 압류의 효력이 발생한 이후에 채무자가 위 부동산에 관한 공사대금 채권자에게 그 점유를 이전함으로써 그로 하여금 유치권을 취득하게 한 경우, 그와 같은 점유의 이전은 목적물의 교환가치를 감소시킬 우려가 있는 처분행위에 해당하여 민사집행법 제92조 제1항, 제83조 제4항에 따른 압류의 처분금지효에 저촉되므로 점유자로서는 위 유치권을 내세워 그 부동산에 관한 경매절차의 매수인에게 대항할 수 없으나, 이러한 법리는 경매로 인한 압류의 효력이 발생하기 전에 유치권을 취득한 경우에는 적용되지 아니하고, 유치권 취득시기가 근저당권 설정 이후라거나 유치권 취득 전에 설정된 근저당권에 기하여 경매절차가 개시되었다고 하여 달리 볼 이유가 없다(대판 2005.8.19. 2005다22688, 대판 2009.1.15. 2008다70763 판결 등 참조).
③④ 제320조 제1항, 제2항.

6 다음 중 유치권의 성립요건으로 옳지 않은 것은?

① 유치권의 목적물은 타인 소유의 물건 또는 유가증권이다.
② 채권이 목적물의 점유 중에 발생할 것을 요구하지는 않는다.
③ 채권은 직접 목적물 자체로부터 발생하여야 한다.
④ 채권의 변제기가 도래하였어야 한다.

✔해설 ① 물건은 동산이나 부동산을 포함한다.
② 통설과 판례의 견해이다.
③ 통설은 채권이 목적물의 반환청구권과 동일한 법률관계 또는 동일한 사실관계로부터 발생한 경우에도 견련관계를 인정하여 유치권이 성립할 수 있다고 한다.
④ 그렇지 않으면 변제기 전에 채무의 이행을 강요하는 것이 되어 공평의 원칙의 근거가 무색하게 된다.

Answer 3.③ 4.③ 5.② 6.③

3 민법상 규정하고 있는 물적 담보제도의 공통된 성질이 아닌 것은?

① 불가분성
② 수반성
③ 물상대위성
④ 부종성

✔해설 물상대위성은 우선변제적 효력이 있는 담보물권에만 인정되는 것으로 유치권에는 인정되지 않는다.
※ 담보물권의 공통된 성질
  ㉠ 불가분성 : 피담보채권의 전부에 대한 변제가 있을 때까지 목적물 전부에 대해 그 효력이 미치는 성질
  ㉡ 부종성 : 피담보채권의 존재를 전제로 하는 성질
  ㉢ 수반성 : 피담보채권의 변경 및 이전에 따라 같이 하는 성질
  ㉣ 물상대위성 : 담보물권의 목적물에 멸실 등의 사유가 생겨 그에 갈음하는 금전 기타의 물건으로 대체된 경우 이에 대하여도 담보물권은 존속한다는 성질

4 유치권과 동시이행의 항변권을 비교한 것으로 옳지 않은 것은?

① 공평의 이념에 근거를 두고 있다는 점에서 공통된다.
② 유치권은 발생원인을 불문하나 동시이행의 항변권은 원칙적으로 쌍무계약상의 채권에서 발생한다.
③ 양자 모두 법률에 의해 당연히 발생하나 동시이행의 항변권은 당사자의 특약에 의한 배제도 가능하다는 점에서 배제특약이 인정되지 않는 유치권과 구별된다.
④ 유치권은 담보물권의 특성인 불가분성을 가지지만 동시이행의 항변권은 일부의 제공이 있다면 나머지 부분에 대해서만 권리행사가 가능하다.

✔해설 ③ 양자 모두 법률상 발생하고 당사자 간의 배제특약이 가능하다.

CHAPTER 06 담보물권

01 유치권

1 유치권에 대한 다음 설명 중 옳지 않은 것은?

① 채무자는 상당한 담보를 제공하고 유치권의 소멸을 청구할 수 있다.
② 유치권자가 유치권을 행사하고 있으면 피담보채권의 소멸시효는 중단된다.
③ 유치권자는 채권전부의 변제를 받을 때까지 유치물전부에 대하여 그 권리를 행사할 수 있다.
④ 유치권자는 유치물의 과실을 수취하여 다른 채권보다 먼저 그 채권의 변제에 충당할 수 있다.

> ✔ 해설 ① 제327조
> ② 유치권의 행사는 채권의 소멸시효의 진행에 영향을 미치지 아니한다(제326조).
> ③ 제321조
> ④ 제323조 제1항

2 유치권에 대한 설명 중 옳지 않은 것은?

① 유치권은 부동산에 대하여도 성립할 수 있다.
② 목적물의 점유가 불법행위로 인한 경우에는 유치권이 성립하지 않는다.
③ 일단 유치권이 성립된 이상 점유를 상실하였다고 하여 유치권이 소멸하는 것은 아니다.
④ 유치권자는 매수인에 대하여 그 피담보채권의 변제가 있을 때까지 유치목적물인 부동산의 인도를 거절할 수 있을 뿐이고 그 피담보채권의 변제를 청구할 수는 없다.

> ✔ 해설 유치권은 점유의 상실로 인하여 소멸한다(제328조).

Answer 26.③ 27.② / 1.② 2.③

26 전세권 소멸의 효과에 관한 설명으로 옳지 않은 것은?

① 전세권자의 목적부동산의 인도·말소등기에 필요한 서류의 교부와 전세권 설정자의 전세금반환은 동시이행의 관계에 있다.
② 전세권자는 전세금의 반환이 지체되는 경우 경매권이 있으며, 우선변제권도 있다.
③ 부속물매수청구권은 전세권자와 전세권 설정자의 상호 동의가 있었을 경우에만 인정된다.
④ 전세권자는 원상회복의무와 부속물수거의무를 부담하지만 전세권 설정자의 부속물매수청구가 있을 경우에는 정당한 이유 없이 거절하지 못한다.

> **해설** 부속물매수청구권은 전세권자는 전세권 설정자의 동의가 있거나 그로부터 매수한 경우에 행사할 수 있고, 전세권 설정자는 언제든지 부속물의 청구를 할 수 있는데 전세권자는 정당한 이유 없이 이를 거절하지 못한다.

27 전세권 소멸시 전세권자의 경매권과 관련한 내용으로 옳지 않은 것은?

① 전세권이 선순위인 경우 저당권자가 경매를 신청해도 전세권은 소멸하지 않는다.
② 저당권이 선순위인 경우 전세권자가 경매를 신청해도 저당권은 소멸하지 않는다.
③ 한 개의 부동산 위의 일부에 대해 전세권이 있는 경우 전세권자는 그 일부에 대해서는 경매를 신청할 수 없다.
④ 전세권자가 전세금을 반환받기 위해 전세권에 대한 우선변제권을 실행하지 않고 일반재산에 대해 일반채권자로서 참여할 수는 없다.

> **해설** ①② 전세권이 선순위인 경우는 저당권자의 경매신청으로 전세권이 소멸하지 않지만, 저당권이 선순위인 경우는 어느 쪽의 경매신청으로도 양자 모두 소멸하고 배당의 순위는 설정등기의 순위에 의한다.
> ③ 우선변제권은 인정될 수 있겠지만 경매신청권은 없다는 것이 판례이다(대판 1992.3.10, 91마256).
> ④ 우선변제권의 행사결과 일부만 배당받은 경우에는 일반재산으로부터 배당을 받을 수 있다.

24 전세권자의 권리에 관한 다음 설명 중 옳지 않은 것은?

① 타인의 토지에 있는 건물에 전세권을 설정한 때에는 전세권의 효력은 그 건물의 소유를 목적으로 한 지상권 또는 임차권에 미친다.
② 전세권자는 목적물의 현상을 유지하고 그 통상의 관리에 속한 수선을 하여야 한다.
③ 전세금증감청구권은 형성권이라는 것이 통설이다.
④ 전세권의 처분을 제한하는 설정행위는 유효하지만 제3자에게 대항할 수 없다.

> ✔ **해설** ① 법정지상권이 인정되는 경우도 있다.
> ② 따라서 전세권 설정자에게 필요비의 상환청구를 할 수 없다.
> ③ 청구권으로 보는 견해도 있다.
> ④ 전세권의 처분을 제한하는 경우 이를 등기함으로써 제3자에게 대항할 수 있다.

25 목적물의 멸실에 의한 전세권의 소멸의 효과에 관한 설명 중 옳지 않은 것은?

① 전부멸실의 경우는 전세권자의 귀책사유를 불문하고 전세권은 당연히 소멸한다.
② 전세권자의 귀책사유에 의한 일부멸실의 경우에 전세권 설정자는 잔존부분으로 목적달성을 할 수 없을 때 전세권 소멸을 청구할 수 있다.
③ 전세권자의 귀책사유에 의해 전부멸실한 경우 전세권 설정자는 손해배상을 청구할 수 있고, 전세금으로 이를 충당하고 잉여가 있으면 반환하여야 하며 부족분은 다시 청구할 수 있다.
④ 불가항력에 의한 멸실인 경우에 전세권자는 손해배상의 책임이 없고, 언제든지 소멸을 통고하고 전세금의 반환을 청구할 수 있다.

> ✔ **해설** 불가항력에 의한 전부멸실인 경우에는 손해배상책임이 없고, 일부멸실인 경우에는 잔존부분만으로는 목적을 달성할 수 없을 경우에 전세권자는 전세권 전부의 소멸을 통고하고 전세금의 반환을 청구할 수 있다〈제314조〉.

Answer 23.④ 24.④ 25.④

23 전세권에 관한 설명 중 가장 옳지 않은 것은? (다툼이 있는 경우 판례에 의함)

① 전세권이 존속하는 동안은 전세권을 존속시키기로 하면서 전세금반환채권만을 전세권과 분리하여 확정적으로 양도하는 것은 허용되지 않고, 다만 전세권 존속 중에는 장래에 그 전세권이 소멸하는 경우에 전세금 반환채권이 발생하는 것을 조건으로 그 장래의 조건부 채권을 양도할 수 있다.

② 임대인과 임차인이 임대차계약을 체결하면서 임대차보증금을 전세금으로 하는 전세권설정등기를 경료한 경우 임대차보증금은 전세금의 성질을 겸하게 되므로, 당사자 사이에 다른 약정이 없는 한 임대차보증금 반환의무는 민법 제317조에 따라 전세권설정등기의 말소의무와도 동시이행관계에 있다.

③ 최선순위 전세권자로서의 지위와 주택임대차보호법상 대항력을 갖춘 임차인으로서의 지위를 함께 가지고 있는 사람이 전세권자로서 배당요구를 하여 전세권이 매각으로 소멸된 경우, 변제받지 못한 나머지 보증금에 기하여 대항력을 행사할 수 있다.

④ 주택임대차보호법상 임차인으로서의 지위와 전세권자로서의 지위를 함께 가지고 있는 자가 그 중 임차인으로서의 지위에 기하여 경매법원에 배당요구를 하였다면 배당요구를 하지 아니한 전세권에 관하여도 배당요구가 있는 것으로 볼 수 있다.

> **해설** ① 전세권은 전세금을 지급하고 타인의 부동산을 그 용도에 따라 사용·수익하는 권리로서 전세금의 지급이 없으면 전세권은 성립하지 아니하는 등으로 전세금은 전세권과 분리될 수 없는 요소일 뿐 아니라, 전세권에 있어서는 그 설정행위에서 금지하지 아니하는 한 전세권자는 전세권 자체를 처분하여 전세금으로 지출한 자본을 회수할 수 있도록 되어 있으므로 전세권이 존속하는 동안은 전세권을 존속시키기로 하면서 전세금반환채권만을 전세권과 분리하여 확정적으로 양도하는 것은 허용되지 않는 것이며, 다만 전세권 존속 중에는 장래에 그 전세권이 소멸하는 경우에 전세금 반환채권이 발생하는 것을 조건으로 그 장래의 조건부 채권을 양도할 수 있을 뿐이라 할 것이다(대판 2002.8.23. 2001다69122).
> ② 대판 2011.3.24. 2010다95062
> ③ 대법원 2010.7.26. 자, 2010마900 결정.
> ④ 민사집행법 제91조 제3항은 "전세권은 저당권·압류채권·가압류채권에 대항할 수 없는 경우에는 매각으로 소멸된다."라고 규정하고, 같은 조 제4항은 "제3항의 경우 외의 전세권은 매수인이 인수한다. 다만, 전세권자가 배당요구를 하면 매각으로 소멸된다."라고 규정하고 있고, 이는 저당권 등에 대항할 수 없는 전세권과 달리 최선순위의 전세권은 오로지 전세권자의 배당요구에 의하여만 소멸되고, 전세권자가 배당요구를 하지 않는 한 매수인에게 인수되며, 반대로 배당요구를 하면 존속기간에 상관없이 소멸한다는 취지라고 할 것인 점, 주택임차인이 그 지위를 강화하고자 별도로 전세권설정등기를 마치더라도 주택임대차보호법상 임차인으로서 우선변제를 받을 수 있는 권리와 전세권자로서 우선변제를 받을 수 있는 권리는 근거규정 및 성립요건을 달리하는 별개의 권리라고 할 것인 점 등에 비추어 보면, 주택임대차보호법상 임차인으로서의 지위와 전세권자로서의 지위를 함께 가지고 있는 자가 그 중 임차인으로서의 지위에 기하여 경매법원에 배당요구를 하였다면 배당요구를 하지 아니한 전세권에 관하여는 배당요구가 있는 것으로 볼 수 없다(대판 2010.6.24. 2009다40790).

> ✅ **해설** 임대차는 임대인이 임차인에 대하여 적극적인 의무를 부담하기 때문에 전세권 설정자가 적극적 의무를 지는 전세권과 차이가 있으며, 이 점에서 임대인은 필요비도 청구할 수 있다〈제626조 제1항〉.

21 다음 설명 중 옳은 것은? (다툼이 있는 경우 판례에 의함)

① 동일한 물건에 대한 소유권과 다른 물권이 동일한 사람에게 귀속한 때에는, 그 다른 물권은 제3자의 권리의 목적이 되었더라도 소멸하게 된다.
② 판결에 의한 부동산에 관한 물권의 취득은 등기를 요하지 아니하므로, 매매를 원인으로 한 소유권이전등기절차 이행의 소에서의 원고 승소 확정판결을 받으면, 소유권이전등기를 경료하기 전에도 부동산의 소유권을 취득한다.
③ 건물의 일부에 대하여도 물권이 성립될 수 있다.
④ 주위토지통행권이 인정될 경우, 통행권자는 통행지 소유자의 손해를 보상할 의무가 없다.

> ✅ **해설** ① 동일한 물건에 대한 소유권과 다른 물권이 동일한 사람에게 귀속한 때에는 다른 물권은 소멸한다. 그러나 그 물권이 제삼자의 권리의 목적이 된 때에는 소멸하지 아니한다〈제191조 제1항〉.
> ② 본조에서 이른바 판결이라 함은 판결자체에 의하여 부동산물권취득의 형식적 효력이 발생하는 경우를 말하는 것이고 당사자 사이에 이루어진 어떠한 법률행위를 원인으로 하여 부동산소유권이전등기절차의 이행을 명하는 것과 같은 내용의 판결 또는 소유권이전의 약정을 내용으로 하는 화해조서는 이에 포함되지 않는다〈대판 1965.8.17. 64다1721〉.
> ③ 건물의 일부는 구분소유권〈제215조〉이나 전세의 객체가 될 수 있다.
> ④ 주위토지통행권자는 통행지 소유자의 손해를 보상하여야 한다〈제219조 제2항〉.

22 전세권에 관한 다음 설명 중 옳지 않은 것은?

① 모든 전세권의 최장기간은 10년, 최단기간은 1년이다.
② 존속기간의 등기가 없는 때에는 존속기간의 약정이 없는 것으로 취급한다.
③ 존속기간을 정하지 아니한 경우에는 당사자는 언제든지 소멸을 통고할 수 있고, 6월이 경과하면 전세권은 소멸한다.
④ 전세권은 지상권과 마찬가지로 갱신청구권이 인정된다.

> ✅ **해설** ① 모든 전세권의 최장기간은 10년이며 10년을 넘는 때에는 10년으로 단축하고〈제312조 제1항〉, 건물의 전세권에 한하여 당사자의 약정기간이 1년 미만인 경우 1년으로 한다〈제312조 제2항〉. 이는 건물 전세권자의 보호를 위한 특별규정이다.
> ③ 제313조
> ④ 지상권의 경우와 달리 갱신청구권은 인정되지 않는다.

Answer 18.③ 19.② 20.③ 21.③ 22.④

03 전세권

18 전세권에 관한 다음 설명 중 옳지 않은 것은?

① 전세권자는 전세권을 타인에게 양도 또는 담보로 제공할 수 있고 그 존속기간내에서 그 목적물을 타인에게 전전세 또는 임대할 수 있다.
② 타인의 토지에 있는 건물에 전세권을 설정한 때에는 전세권의 효력은 그 건물의 소유를 목적으로 한 지상권 또는 임차권에 미친다.
③ 전세권자가 지출한 유익비에 관하여는 그 가액의 증가가 현존한 경우에 한하여 전세권자의 선택에 좇아 그 지출액이나 증가액의 상환을 청구할 수 있다.
④ 대지와 건물이 동일한 소유자에게 속한 경우, 건물에 대하여 전세권을 설정한 때에는 그 대지 소유권의 특별승계인은 전세권 설정자에 대하여 지상권을 설정한 것으로 본다.

> **해설** ① 제306조
> ② 제304조 제1항
> ③ 유익비반환청구는 전세권자의 선택이 아니라 소유자의 선택에 따라 그 지출액이나 증가액의 상환을 청구할 수 있다〈제310조 제1항〉.
> ④ 제305조 제1항 본문

19 전세권의 의의 및 성질에 관한 다음 설명 중 옳지 않은 것은?

① 농경지는 전세권의 목적으로 하지 못한다.
② 전세권의 양도·임대·전전세 등을 금지하는 설정행위는 인정되지 않는다.
③ 목적부동산을 점유하여 그 부동산의 용도에 좇아 사용·수익하는 권리이다.
④ 전세권은 전세금채권과 관련하여 담보물권성을 갖는다.

> **해설** ① 제303조 제2항
> ② 전세권도 물권이므로 당연히 양도성을 가지나 당사자의 약정으로 이를 금지할 수는 있다〈제306조〉.

20 민법상 전세권과 임대차를 비교한 설명 중 옳지 않은 것은?

① 전세권은 등기 없이도 제3자에 대항이 가능하지만 임차권은 등기가 필요하다.
② 양자 모두 묵시의 법정갱신이 인정된다.
③ 양자 모두 유익비만 청구할 수 있다.
④ 양자 모두 동의를 얻어 부속시킨 물건의 매수청구를 할 수 있다.

16 지역권의 성질이 아닌 것은?

① 부종성
② 불가분성
③ 비배타성
④ 비공용성

> ✔해설 ① 지역권은 요역지에 종속하는 권리로서 요역지와 분리하여 양도하거나 다른 권리의 목적으로 하지 못한다.
> ② 공유자의 1인이 지역권을 취득한 때에는 다른 공유자도 이를 취득한다.
> ③④ 지역권은 토지의 배타적인 이용권이 아니라 상호 간의 이용을 내용으로 할 수 있는 공동이용권이다.

17 지역권의 효력에 대한 설명 중 옳지 않은 것은?

① 용수승역지의 수량이 요역지 및 승역지의 수요에 부족한 때에는 먼저 승역지에 공급하여야 한다.
② 지역권은 토지에 거주하는 사람의 이익을 위한 것이 아니라 토지를 위한 것이다.
③ 승역지의 소유자는 지역권에 필요한 부분의 소유권을 지역권자에게 위기하여 그의 의무를 면할 수 있다.
④ 승역지의 소유자는 지역권의 행사를 방해하지 않는 범위 내에서 승역지에 설치한 공작물을 사용할 수 있다.

> ✔해설 ① 용수승역지의 수량이 부족한 경우에는 먼저 가용에 공급하고, 그 후에 다른 용도에 공급하여야 한다. 그러나 설정행위로 다른 약정이 있는 경우 그 약정에 의한다〈제297조 제1항〉.
> ② 따라서 사람의 이익을 위하여 지역권을 설정할 수는 없다.
> ③ 혼동으로 인하여 지역권은 소멸한다.
> ④ 이 경우 승역지의 소유자는 수익정도의 비율로 공작물의 설치·보존의 비용을 분담하여야 한다.

Answer 14.① 15.③ 16.④ 17.①

14 토지와 건물을 별개의 부동산으로 취급하고 있는 우리 법제상, 판례는 광범위하게 관습법상의 법정지상권을 인정하고 있다. 이의 성립요건으로 옳지 않은 것은?

① 토지와 건물의 소유자가 다르더라도 대지 소유자의 승낙을 얻어 건물을 매수한 자는 법정지상권을 취득할 수 있다.
② 동일인의 소유에 속하는 한 미등기 건물이나 무허가 건물이더라도 법정지상권을 취득한다.
③ 당사자 사이에 건물철거 등의 특약이 없어야 한다.
④ 등기는 요구하지 않으나 처분하려면 반드시 등기를 하여야 한다.

> **해설** ① 판례는 대지 소유자의 승낙을 얻어 건물을 매수한 자는 법정지상권을 취득할 수 없다고 한다(대판 1971.12.28, 71다2124).
> ② 대판 1988.4.12, 87다카2404
> ③ 또한 당사자 사이에 대지에 관한 임대차계약을 체결하였다면 법정지상권은 포기한 것으로 본다.
> ④ 제187조

02 지역권

15 지역권과 상린관계를 비교한 것으로 옳지 않은 것은?

① 민법은 지역권은 용익물권으로, 상린관계는 소유권의 내용으로 규정하고 있다.
② 지역권은 당사자 간의 설정계약과 등기에 의해 발생하지만 상린관계는 법률의 규정에 의해 당연히 발생한다.
③ 양자 모두 인접하는 토지에 관하여 인정된다는 점은 같다.
④ 지역권은 소멸시효의 대상이 되지만, 상린관계는 소멸시효의 대상이 되지 않는다.

> **해설** 지역권은 두 개의 어느 토지를 위하여 다른 토지를 이용하는 권리로서 토지의 인접 여부는 문제가 되지 않는 데 비해 상린관계는 인접하는 부동산의 이용관계를 조절하는 기능을 하는 것이다.

13 다음 설명 중 가장 옳지 않은 것은? (다툼이 있는 경우 판례에 의함)

① 근저당권 등 담보권 설정의 당사자들이 그 목적이 된 토지 위에 차후 용익권이 설정되거나 건물 또는 공작물이 축조·설치되는 등으로써 그 목적물의 담보가치가 저감하는 것을 막는 것을 주요한 목적으로 하여 채권자 앞으로 아울러 지상권을 설정하였다면, 그 피담보채권이 변제 등으로 만족을 얻어 소멸한 경우는 물론이고 시효소멸한 경우에도 그 지상권은 피담보채권에 부종하여 소멸한다.

② 토지에 관하여 저당권이 설정될 당시 토지 소유자에 의하여 그 지상에 건물을 건축 중이었던 경우 그 것이 사회관념상 독립된 건물로 볼 수 있는 정도에 이르지 않았다 하더라도 건물의 규모·종류가 외형상 예상할 수 있는 정도까지 건축이 진전되어 있었고, 그 후 경매절차에서 매수인이 매각대금을 다 낸 때까지 최소한의 기둥과 지붕 그리고 주벽이 이루어지는 등 독립된 부동산으로서 건물의 요건을 갖추면 법정지상권이 성립하며, 그 건물이 미등기라 하더라도 법정지상권의 성립에는 아무런 지장이 없다.

③ 강제경매의 목적이 된 토지 또는 그 지상 건물의 소유권이 강제경매로 인하여 그 절차상 매수인에게 이전된 경우, 건물 소유를 위한 관습상 법정지상권의 성립 요건인 '토지와 그 지상 건물이 동일인 소유에 속하였는지'를 판단하는 기준 시기는 매각 당시를 기준으로 하여야 한다.

④ 지상권자는 지상권을 유보한 채 지상물 소유권만을 양도할 수도 있고 지상물 소유권을 유보한 채 지상권만을 양도할 수도 있는 것이어서 지상권자와 그 지상물의 소유권자가 반드시 일치하여야 하는 것은 아니며, 또한 지상권설정시에 그 지상권이 미치는 토지의 범위와 그 설정 당시 매매되는 지상물의 범위를 다르게 하는 것도 가능하다.

> **해설** ① 대판 2011.4.14. 2011다6342
> ② 대판 1992.6.12. 92다7221
> ③ 강제경매의 목적이 된 토지 또는 그 지상 건물의 소유권이 강제경매로 인하여 그 절차상의 매수인에게 이전된 경우에 건물의 소유를 위한 관습상 법정지상권이 성립하는가 하는 문제에 있어서는 매각대금의 완납시가 아니라 그 압류의 효력이 발생하는 때를 기준으로 하여 토지와 그 지상 건물이 동일인에 속하였는지가 판단되어야 한다(대판 2012.10.18. 2010다52140 전합).
> ④ 대판 2006.6.15. 2006다6126·6133

Answer 11.④ 12.③ 13.③

11 분묘기지권에 대한 판례의 태도로 볼 수 없는 것은?

① 토지 소유자의 승낙이 없더라도 20년간 평온·공연하게 점유하여 시효취득할 수 있다.
② 분묘기지권은 분묘의 보호 및 제사에 필요한 주위의 토지부분에도 미친다.
③ 평장·암장의 형태는 분묘라 할 수 없고, 외부에서 인식할 수 있는 경우에는 등기는 필요 없다.
④ 존속기간에 관해서는 지상권의 규정이 유추적용된다.

① 대판 1969.1.28. 68다1927
② 대판 1959.10.8. 4291민상770
③ 대판 1996.6.14. 96다14036
④ 분묘기지권의 존속기간에 관하여는 민법의 지상권에 관한 규정에 따를 것이 아니라 당사자 사이에 약정이 있는 등 특별한 사정이 있으면 그에 따를 것이며, 그러한 사정이 없는 경우에는 권리자가 분묘의 수호와 봉사를 계속하며 그 분묘가 존속하고 있는 동안은 분묘기지권은 존속한다고 해석함이 타당하므로 민법 제281조에 따라 5년간이라고 보아야 할 것은 아니다(대판 1994.8.26. 94다28970).

12 관습법상의 지상권에 관한 다음 설명 중 판례와 일치하지 않는 것은?

① 대지 소유자는 관습법상의 법정지상권이 있는 건물의 양수인에 대하여 그 소유권에 기해 건물철거 및 대지인도를 청구할 수 없다.
② 법정지상권자가 그 대지를 점유·사용함으로써 얻은 이득은 부당이득으로 대지 소유자에게 반환할 의무가 있다.
③ 관습법상의 법정지상권이 성립한 후에 지상건물을 증축한 경우라면 이에 관해서까지 법정지상권을 주장할 수는 없다.
④ 환지에 의해 동일인 소유의 대지와 건물이 다른 이의 소유가 되었더라도 환지된 토지의 소유자가 관습법상의 법정지상권의 부담을 안게 된다고 할 수 없다.

① 대판 1985.4.9. 84다카1131
② 대판 1997.12.26. 96다34665
③ 관습법상의 법정지상권이 성립된 토지에 대하여는 법정지상권자가 건물의 유지 및 사용에 필요한 범위를 벗어나지 않는 한 그 토지를 자유로이 사용할 수 있는 것이므로, 지상건물이 법정지상권이 성립한 이후에 증축되었다 하더라도 그 건물이 관습법상의 법정지상권이 성립하여 법정지상권자에게 점유·사용할 권한이 있는 토지 위에 있는 이상 이를 철거할 의무는 없다(대판 1995.7.28. 95다9075).
④ 대판 2001.5.8. 2001다4101

9 지상권 및 구분지상권에 관한 다음 설명 중 옳지 않은 것은?

① 지하 또는 지상의 공간은 상하의 범위를 정하여 건물 기타 공작물 또는 수목을 소유하기 위해 구분지상권을 설정할 수 있다.
② 구분지상권은 목적이 되는 부분을 제외하고는 타인이 토지를 이용할 수 있다.
③ 구분지상권은 반드시 토지의 상하의 범위를 정하여 등기하여야 한다.
④ 구분지상권은 일반 지상권과 양적인 차이만 있을 뿐이므로 일반 지상권에 관한 규정이 준용된다.

> ✔ 해설 지상권과 구분지상권은 성질상의 차이는 없다. 따라서 지상권의 규정이 구분지상권에 준용되지만, 개념적으로는 규정상 상하의 범위를 정하는 것과 수목의 소유를 목적으로 설정할 수 없는 점에서 차이가 있다.

10 법정지상권에 관한 다음 설명 중 가장 옳지 않은 것은? (다툼이 있는 경우 판례에 의함)

① 지상건물이 없는 토지에 관하여 저당권이 설정될 당시 근저당권자가 토지소유자에 의한 건물의 건축에 동의하였다고 하더라도 민법 제366조의 법정지상권은 성립될 수 없다.
② 동일인의 소유에 속하는 토지 및 그 지상 건물에 관하여 공동저당권이 설정된 후 그 지상 건물이 철거되고 새로 건물이 신축된 경우, 특별한 사정이 없는 한, 저당물의 경매로 인하여 토지와 그 신축건물이 다른 소유자에 속하게 되더라도 그 신축건물을 위한 민법 제366조의 법정지상권은 성립하지 않는다.
③ 미등기건물을 대지와 함께 소유하고 있던 매도인이 미등기건물과 대지를 함께 매수인에게 매도하였으나, 대지에 관하여만 매수인 앞으로 소유권이전등기가 경료되고, 미등기건물에 관하여는 매수인 앞으로 등기가 경료되지 아니한 경우, 매도인에게 건물을 위한 관습상의 법정지상권은 성립하지 않는다.
④ 법정지상권은 건물의 소유에 부속되는 종속적인 권리로서 건물의 소유권이전등기로 갈음하여 공시되는 것이므로, 법정지상권을 취득한 건물소유자가 법정지상권의 처분에 따른 이전등기 없이 건물의 소유권이전등기만을 건물매수인에게 이전한 경우에도 건물매수인은 법정지상권을 취득한다.

> ✔ 해설 ① 대판 2003.9.5. 2003다26051
> ② 대판 2003.12.18. 98다43601 전합
> ③ 대판 2002.6.20. 2002다9660 전합
> ④ 법정지상권을 취득한 건물소유자가 법정지상권의 설정등기를 경료함이 없이 건물을 양도하는 경우에는 특별한 사정이 없는 한 건물과 함께 지상권도 양도하기로 하는 채권적 계약이 있었다고 할 것이므로 법정지상권자는 지상권설정등기를 한 후에 건물양수인에게 이의 양도등기절차를 이행하여 줄 의무가 있는 것이고 따라서 건물양수인은 건물양도인을 순차대위하여 토지소유자에 대하여 건물소유자였던 최초의 법정지상권자에의 법정지상권설정등기절차이행을 청구할 수 있다(대판 1988.9.27. 87다카279).

Answer 6.③ 7.② 8.③ 9.① 10.④

6 지상권의 존속기간에 관한 설명 중 옳지 않은 것은?

① 석조, 석회조, 연와조 또는 이와 유사한 견고한 건물이나 수목의 소유를 목적으로 하는 때에는 30년보다 짧은 기간을 약정하지 못한다.
② 건물 이외의 공작물의 소유를 목적으로 하는 경우 존속기간을 정하지 않았으면 5년을 존속기간으로 한다.
③ 지상권 설정시 지상물의 종류를 정하지 않은 경우에는 10년을 최단존속기간으로 한다.
④ 지상권의 존속기간을 영구로 약정하는 것도 가능하다.

> **해설** 지상권의 최단기간에 관한 민법 제280조의 규정은 그보다 짧은 기간을 지상권의 존속기간으로 해서는 안 된다는 것이고, 제281조의 규정은 존속기간을 정하지 아니한 경우에 제280조의 최단기간을 지상권의 존속기간으로 본다는 것이다.
> ③ 지상권 설정시 지상물의 종류를 정하지 아니한 경우에는 제280조 제1항 제2호에 의하여 일반적인 건물로 보고 15년의 최단기간을 적용한다고 규정하고 있다.
> ④ 대판 2001.5.29, 99다66410

7 지상권의 효력에 대한 설명으로 옳지 않은 것은?

① 지상권자는 설정행위에서 정한 목적의 범위 내에서 토지를 사용할 권리가 있다.
② 지료증감청구에 대해 상대방이 다투는 경우 이에 대한 법원의 결정은 그때부터 효력이 있다.
③ 지상물을 양도하는 경우 지상권도 함께 처분한 것으로 본다.
④ 상린관계에 관한 규정이 준용된다.

> **해설** ② 지료증감청구권은 형성권이나 법원의 결정은 확인의 의미를 가지므로 당사자가 청구한 때에 소급하여 효력이 생긴다.
> ③ 그러나 지상권도 등기하여야 효력이 생김은 물권변동의 일반원리와 같다.

8 지상권의 소멸 및 갱신 등에 관한 설명으로 옳지 않은 것은?

① 지상권이 소멸한 경우에 지상물이 현존하는 때에는 계약의 갱신을 청구할 수 있다.
② 지상권 설정자가 계약의 갱신을 원하지 않는 경우는 지상물의 매수를 청구할 수 있다.
③ 지상권의 갱신청구권 및 지상물의 매수청구권은 형성권이다.
④ 지상권자가 2년간의 지료연체로 지상권소멸청구를 당한 경우에는 매수청구권을 행사할 수 없다.

> **해설** ① 제283조 제1항
> ② 제283조 제2항
> ③ 지상권자가 갱신청구권을 행사하더라도 당연히 갱신되는 것은 아니며 설정자가 이에 응해야 하는 의무가 있는 것도 아니므로, 갱신청구권은 형성권도 청구권도 아니다. 이에 반해 지상물의 매수청구권은 형성권으로서 지상권자의 청구에 의해 효력이 발생한다.
> ④ 대판 1993.6.29, 93다10781

3 지상권에 관한 설명 중 옳지 않은 것은?

① 지상권자는 그 권리를 양도할 수 있다.
② 지상권자는 지상권의 존속기간 중 그 토지를 임대할 수는 없다.
③ 지상권자가 2년 이상의 지료를 지급하지 아니한 때에는 지상권 설정자는 지상권의 소멸을 청구할 수 있다.
④ 지상권의 존속기간이 경과한 후 건물이 현존한 때에는 지상권자는 계약의 갱신을 청구할 수 있다.

> ✔해설 임차인은 임대인의 동의 없이 그 권리를 양도하거나 임차물을 전대하지 못한다. 그러나 지상권자는 타인에게 그 권리를 양도하거나 그 권리의 존속기간 내에서 그 토지를 임대할 수 있다(제282조).

4 지상권에 관한 다음 설명 중 옳지 않은 것은?

① 지상권자는 지상물 수거의무를 진다.
② 지상권자는 지상권을 자유로이 양도할 수 있다.
③ 지료의 지급은 지상권 성립의 요건이다.
④ 지상권자는 그 권리의 존속기간 안에서 그 토지를 임대할 수 있다.

> ✔해설 토지사용의 대가인 지료의 지급은 지상권의 성립요소가 아니라는 점이 임대차(제618조)와 다르다.

5 지상권과 토지임차권의 차이점을 비교한 것으로 옳지 않은 것은?

① 지상권 설정자는 권리자에게 적극적 의무를 부담하지만 임차권 설정자는 소극적 의무를 부담한다.
② 지상권은 등기가 성립의 요건임에 반해 임차권은 등기청구권을 가질 수는 있으나 임차권 성립의 요건은 아니다.
③ 토지임차권은 토지사용목적의 제한을 받지 않는다는 점에서 일정한 제한을 받는 지상권과 구별된다.
④ 지상권은 최단기간의 제한이 있지만 임차권은 최장기간의 제한이 있다.

> ✔해설 ① 지상권 설정자는 소극적인 용인의 의무를 가지나, 임차권 설정자는 토지를 사용에 적합한 상태로 유지할 적극적 의무를 부담한다.
> ③ 지상권은 건물 기타 공작물이나 수목의 소유를 목적으로 한다.
> ④ 지상권은 그 목적물에 따라 30년·15년·5년의 최단존속기간이 있지만, 임차권은 20년의 최장기간의 제한이 있다.

Answer 1.④ 2.③ 3.② 4.③ 5.①

CHAPTER 05 용익물권

01 지상권

1 다음 중 경매청구권이 인정되지 아니하는 물권은?

① 유치권 ② 동산질권
③ 전세권 ④ 지상권

 해설 지상권은 용익물권이므로 담보권 실행으로서의 경매청구가 인정되지 않는다.

2 목적물에 대하여 경매를 청구할 수 있는 자가 아닌 것은?

① 질권자 ② 전세권자
③ 지상권자 ④ 유치권자

해설 ① 질권자는 채권의 변제를 받기 위하여 질물을 경매할 수 있다.
② 전세권 설정자가 전세금의 반환을 지체한 때에는 전세권자는 민사집행법의 정한 바에 의하여 전세권의 목적물의 경매를 청구할 수 있다.
④ 유치권자는 채권의 변제를 받기 위하여 유치물을 경매할 수 있다.

35 종중 등에 관한 설명 중 옳지 않은 것은? (판례에 의함)

① 공동선조와 성과 본을 같이 하는 후손은 성별의 구별 없이 성년이 되면 당연히 그 구성원이 되므로 종중 족보에 종중원으로 등재된 성년 여성들에게 소집통지를 하지 않고 개최된 종중 임시총회에서의 결의는 무효이다.

② 종중원들이 종중 재산의 관리 또는 처분 등을 위하여 종중의 규약에 따른 적법한 소집권자 또는 일반 관례에 따른 종중총회의 소집권자인 종중의 연고항존자에게 필요한 종중의 임시총회의 소집을 요구하였으나 그 소집권자가 정당한 이유 없이 이에 응하지 아니하는 경우에는 차석 또는 발기인이 소집권자를 대신하여 그 총회를 소집할 수 있다.

③ 부동산 실권리자명의 등기에 관한 법률 제8조 제1호에 의하면, 종중이 보유한 부동산에 관한 물권을 종중 외의 자의 명의로 등기한 경우 조세포탈, 강제집행의 면탈 또는 법령상 제한의 회피를 목적으로 하지 아니하는 이상 명의신탁약정을 무효로 하는 부동산 실권리자명의 등기에 관한 법률 제4조의 적용이 배제되는바, 위 제8조 제1호의 종중에는 공동선조의 후손 중 특정 지역 거주자나 지파 소속 종중원만으로 조직체를 구성하여 활동하는 종중 유사의 비법인 사단도 포함된다.

④ 종중 소유의 재산은 종중원의 총유에 속하므로 그 관리 및 처분에 관하여 먼저 종중 규약에 정하는 바가 있으면 이에 따라야 하고, 그에 관한 종중 규약이 없으면 종중총회의 결의에 의하여야 하므로 비록 종중 대표자에 의한 종중 재산의 처분이라고 하더라도 그러한 절차를 거치지 아니한 채 한 행위는 무효이다.

✔해설 ① 종중 총회를 개최함에 있어서는, 특별한 사정이 없는 한 족보 등에 의하여 소집통지 대상이 되는 종중원의 범위를 확정한 후 국내에 거주하고 소재가 분명하여 통지가 가능한 모든 종중원에게 개별적으로 소집통지를 함으로써 각자가 회의와 토의 및 의결에 참가할 수 있는 기회를 주어야 하므로, 일부 종중원에 대한 소집통지 없이 개최된 종중 총회에서의 결의는 그 효력이 없다. 대법원 2005.7.21. 선고 2002다1178 전원합의체 판결 이후에는 공동 선조의 자손인 성년 여자도 종중원이므로, 종중 총회 당시 남자 종중원들에게만 소집통지를 하고 여자 종중원들에게 소집통지를 하지 않은 경우 그 종중 총회에서의 결의는 효력이 없다(대판 2010.2.11. 2009다83650).
② 종중원들이 종중 재산의 관리 또는 처분 등을 위하여 종중의 규약에 따른 적법한 소집권자 또는 일반 관례에 따른 종중총회의 소집권자인 종중의 연고항존자에게 필요한 종중의 임시총회의 소집을 요구하였음에도 그 소집권자가 정당한 이유 없이 이에 응하지 아니하는 경우에는 차석 또는 발기인(위 총회의 소집을 요구한 발의자들)이 소집권자를 대신하여 그 총회를 소집할 수 있는 것이고, 반드시 민법 제70조를 준용하여 감사가 총회를 소집하거나 종원이 법원의 허가를 얻어 총회를 소집하여야 하는 것은 아니다(대판 2011.2.10. 2010다82639).
③ 부동산 실권리자명의 등기에 관한 법률(이하 '부동산실명법'이라 한다) 제8조 제1호에 의하면 종중이 보유한 부동산에 관한 물권을 종중 이외의 자의 명의로 등기하는 명의신탁의 경우 조세포탈, 강제집행의 면탈 또는 법령상 제한의 회피를 목적으로 하지 아니하는 경우에는 같은 법 제4조 내지 제7조 및 제12조 제1항·제2항의 규정의 적용이 배제되도록 되어 있는바, 부동산실명법의 제정목적, 위 조항에 의한 특례의 인정취지, 다른 비법인 사단과의 형평성 등을 고려할 때 위 조항에서 말하는 종중은 고유의 의미의 종중만을 가리키고, 종중 유사의 비법인 사단은 포함하지 않는 것으로 봄이 상당하다(대판 2007.10.25. 2006다14165).
④ 대판 2000.10.27. 2000다22881

34 판례에 따를 때 다음 중 총유물의 관리·처분행위에 해당하는 것은?

① 종중이 그 소유 토지의 매매를 중개한 중개업자에게 중개수수료를 지급하기로 하는 약정을 체결하는 행위
② 주택건설촉진법에 의하여 설립된 재건축조합이 재건축사업의 시행을 위하여 설계용역계약을 체결하는 행위
③ 비법인사단이 총회의 결의에 따라 총유물에 관한 매매계약을 체결한 경우, 비법인사단의 대표자가 그 매매계약에 따라 발생한 채무에 대하여 소멸시효 중단의 효력이 있는 승인을 하는 행위
④ 종중 소유의 토지에 대한 수용보상금을 분배하는 행위

> ✔ 해설 ① 종중은 민법상의 비법인사단에 해당하고, 민법 제275조, 제276조 제1항이 총유물의 관리 및 처분에 관하여는 정관이나 규약에 정한 바가 있으면 그에 의하고 정관이나 규약에서 정한 바가 없으면 사원총회의 결의에 의하도록 규정하고 있으므로, 이러한 절차를 거치지 아니한 총유물의 관리·처분행위는 무효라 할 것이나, 위 법조에서 말하는 총유물의 관리 및 처분이라 함은 총유물 그 자체에 관한 이용·개량행위나 법률적·사실적 처분행위를 의미하는 것이므로, 피고 종중이 그 소유의 이 사건 토지의 매매를 중개한 중개업자에게 중개수수료를 지급하기로 하는 약정을 체결하는 것은 총유물 그 자체의 관리·처분이 따르지 아니하는 단순한 채무부담행위에 불과하여 이를 총유물의 관리·처분행위라고 할 수 없다(대판 2003.7.22. 2002다64780, 대판 2007.4.19. 2004다60072,60089 전합).
> ② 주택건설촉진법에 의하여 설립된 재건축조합은 민법상의 비법인사단에 해당하고, 총유물의 관리 및 처분에 관하여는 정관이나 규약에 정한 바가 있으면 이에 따라야 하고, 그에 관한 정관이나 규약이 없으면 사원 총회의 결의에 의하여 하는 것이므로 정관이나 규약에 정함이 없는 이상 사원총회의 결의를 거치지 않은 총유물의 관리 및 처분행위는 무효라고 할 것이나, 총유물의 관리 및 처분행위라 함은 총유물 그 자체에 관한 법률적·사실적 처분행위와 이용, 개량행위를 말하는 것으로서 재건축조합이 재건축사업의 시행을 위하여 설계용역계약을 체결하는 것은 단순한 채무부담행위이 불과하여 총유물 그 자체에 대한 관리 및 처분행위라고 볼 수 없다(대판 2003.7.22. 2002다64780).
> ③ 비법인사단의 사원총회가 그 총유물에 관한 매매계약의 체결을 승인하는 결의를 하였다면, 통상 그러한 결의에는 그 매매계약의 체결에 따라 발생하는 채무의 부담과 이행을 승인하는 결의까지 포함되었다고 봄이 상당하므로, 그 매매계약에 의하여 부담하고 있는 채무의 존재를 인식하고 있다는 뜻을 표시하는 데 불과한 소멸시효 중단사유로서의 승인은 총유물 그 자체의 관리·처분이 따르는 행위가 아니어서 총유물의 관리·처분행위라고 볼 수 없다.(대판 2009.11.26. 2009다64383)
> ④ 비법인사단인 종중의 토지에 대한 수용보상금은 종원의 총유에 속하고, 위 수용보상금의 분배는 총유물의 처분에 해당하므로 정관 기타 규약에 달리 정함이 없는 한 종중총회의 분배결의가 없으면 종원이 종중에 대하여 직접 분배청구를 할 수 없으나, 종중 토지에 대한 수용보상금을 종원에게 분배하기로 결의하였다면, 그 분배대상자라고 주장하는 종원은 종중에 대하여 직접 분배금의 청구를 할 수 있다(대판 1994.4.26. 93다32446).

32 구분소유적 공유관계에 관한 설명 중 틀린 것은? (판례에 의함)

① 구분소유적 공유관계의 법적 성질은 상호명의신탁관계이다.
② 구분소유적 공유관계에 있어서 각 공유자는 자신의 특정 구분부분을 단독으로 처분하고 이에 해당하는 공유지분등기를 자유로이 이전할 수 있다.
③ 구분소유적 공유관계는 공유물분할의 방법으로 해소할 수 있다.
④ 구분소유적 공유관계가 해소되는 경우, 쌍방의 지분소유권이전등기의무는 동시이행의 관계에 있다.

> ✔해설 ① 1동의 건물 중 위치 및 면적이 특정되고 구조상·이용상 독립성이 있는 일부분씩을 2인 이상이 구분소유하기로 하는 약정을 하고 등기만은 편의상 각 구분소유의 면적에 해당하는 비율로 공유지분등기를 하여 놓은 경우, 구분소유자들 사이에 공유지분등기의 상호명의신탁관계 내지 건물에 대한 구분소유적 공유관계가 성립하지만, 1동 건물 중 각 일부분의 위치 및 면적이 특정되지 않거나 구조상·이용상 독립성이 인정되지 아니한 경우에는 공유자들 사이에 이를 구분소유하기로 하는 취지의 약정이 있다 하더라도 일반적인 공유관계가 성립할 뿐, 공유지분등기의 상호명의신탁관계 내지 건물에 대한 구분소유적 공유관계가 성립한다고 할 수 없다(대판 2014.2.27, 2011다42430).
> ② 토지의 각 특정 부분을 구분하여 소유하면서 상호명의신탁으로 공유등기를 거친 경우 그 토지가 분할되면 분할된 각 토지에 종전토지의 공유등기가 전사되어 상호명의신탁관계가 그대로 존속되고, 구분소유적 공유관계에 있어서 각 공유자 상호간에는 각자의 특정 구분부분을 자유롭게 처분함에 서로 동의하고 있다고 볼 수 있으므로, 공유자 각자는 자신의 특정 구분부분을 단독으로 처분하고 이에 해당하는 공유지분등기를 자유로이 이전할 수 있다(대판 2009.10.15, 2007다83632).
> ③ 구분소유적 공유관계에서 건물의 특정 부분을 구분소유하는 자는 그 부분에 대하여 신탁적으로 지분등기를 가지고 있는 자를 상대로 하여 그 특정 부분에 대한 명의신탁 해지를 원인으로 한 지분이전등기절차의 이행을 구할 수 있을 뿐 그 건물 전체에 대한 공유물분할을 구할 수는 없다(대판 2010.5.27, 2006다84171).
> ④ 구분소유적 공유관계가 해소되는 경우 공유지분권자 상호간의 지분이전등기의무는 그 이행상 견련관계에 있다고 봄이 공평의 관념 및 신의칙에 부합하고, 또한 각 공유지분권자는 특별한 사정이 없는 한 제한이나 부담이 없는 완전한 지분소유권이전등기의무를 지므로, 그 구분소유권 공유관계를 표상하는 공유지분에 근저당권설정등기 또는 압류, 가압류등기가 경료되어 있는 경우에는 그 공유지분권자로서는 그러한 각 등기도 말소하여 완전한 지분소유권이전등기를 해 주어야 한다. 따라서 구분소유적 공유관계가 해소되는 경우 쌍방의 지분소유권이전등기의무와 아울러 그러한 근저당권설정등기 등의 말소의무 또한 동시이행의 관계에 있다. 그리고 구분소유적 공유관계에서 어느 일방이 그 명의신탁을 해지하고 지분소유권이전등기를 구함에 대하여 상대방이 자기에 대한 지분소유권이전등기 절차의 이행이 동시에 이행되어야 한다고 항변하는 경우, 그 동시이행의 항변에는 특별한 사정이 없는 한 명의신탁 해지의 의사표시가 포함되어 있다고 보아야 한다(대판 2008.6.26, 2004다32992).

33 공유관계에 관한 설명으로 옳지 않은 것은?

① 공유관계에 기한 방해배제청구는 언제나 공동으로 하여야 한다.
② 지분에 기한 방해배제청구는 언제나 공동으로 하여야 한다.
③ 공유자 사이에 이미 분할에 관한 협의가 성립된 경우에 이에 관한 다툼이 있다면 재판상의 분할청구를 할 수는 있다는 것이 판례이다.
④ 공유자는 다른 공유자가 분할로 인하여 취득한 물건에 대하여 그 지분의 비율로 매도인과 동일한 담보책임을 진다.

> ✔해설 ③ 협의에 의한 공유관계 분할이 성립한 경우에는 이에 관하여 협조하지 않거나 다툼이 있다고 하여 이를 다시 소로써 분할을 청구하거나 공유물 분할의 소를 유지함은 허용되지 않는다(대판 1995.1.12, 94다30348).
> ④ 공유물의 분할에 의하여 지분의 교환 또는 매매가 있게 되므로 이에 의한 공평한 책임분담이다.

Answer 29.② 30.④ 31.④ 32.③ 33.③

29 공유자 간의 공유관계에 관한 설명으로 옳지 않은 것은?

① 공유물의 처분·변경은 공유자 전원의 동의가 있어야 한다.
② 공유물의 보존행위와 관리행위는 각자가 단독으로 할 수 있다.
③ 공유자 간의 지분은 설정행위 및 법률의 규정에 의하여 명확하지 아니한 경우 균등한 것으로 추정한다.
④ 공유자가 관리비용 기타 의무이행을 1년 이상 지체하는 때에는 각 공유자가 지분매수청구권을 행사할 수 있다.

> **해설** ② 공유물의 보존행위는 각자가 단독으로 할 수 있으나, 관리행위는 공유자의 지분의 과반수로 결정한다(제265조). 여기서 보존행위는 목적물의 멸실·훼손을 방지하고 유지하는 행위를 말한다.
> ④ 제266조 제2항. 지분매수청구권에 관하여 통설은 형성권이라고 한다. 따라서 상대방의 동의를 요하지 않는다.

30 공유물의 분할에 관한 다음 설명 중 옳지 않은 것은?

① 공유자는 5년 내의 기간으로 공유물을 분할하지 아니할 것을 약정할 수 있다.
② 통설과 판례는 분할청구권을 형성권으로 본다.
③ 공유물의 분할은 현물분할을 원칙으로 한다.
④ 분할에 의하여 그 가액이 현저히 감소될 경우에는 가격배상에 의한 분할이 인정된다.

> **해설** ① 공유물의 분할은 원칙적으로 자유이나, 5년 내의 기간으로 분할하지 아니할 것을 약정할 수 있다(제268조 제1항).
> ③④ 분할은 현물분할이 원칙이지만, 성질상 현물분할을 할 수 없거나 분할로 인하여 현저히 그 가액이 감소될 우려가 있는 경우에는 공유물을 경매하며 분할한다(제269조 제2항).

31 다음 설명 중 옳지 않은 것은? (판례에 의함)

① 소유권 이외의 재산권에도 공동소유가 인정된다.
② 법인 아닌 사단의 공동소유의 형태는 총유이다.
③ 조합의 특별사무에 대한 업무집행은 원칙적으로 업무집행 조합원의 과반수로써 결정한다.
④ 총유물의 보존행위는 각자 단독으로 가능하다.

> **해설** 총유물의 관리·처분은 명문의 규정으로 사원총회의 결의에 의하도록 하고 있으나(제276조 제1항), 보존행위에 관하여는 규정이 없다. 이에 관해 판례는 "총유물의 보존에 있어서는 공유물의 보존에 관한 민법 제265조의 규정이 적용될 수 없고, 특별한 사정이 없는 한 민법 제276조 제1항 소정의 사원총회의 결의를 거쳐야 하고 이는 그 총유재산에 대한 보존행위로서 대표자의 이름으로 소송행위를 하는 경우라 할지라도 정관에 달리 규정하고 있다는 등의 특별한 사정이 없는 한 그대로 적용된다(대판 1994.10.25. 94다28437)."고 하여 보존행위도 사원총회의 결의에 의하도록 하고 있다.

27 공유에 관한 설명으로 옳지 않은 것은?

① 공유는 1개의 소유권이 분량적으로 분할되어 수인에게 속하는 상태라는 것이 통설이다.
② 공유물에 대한 보존행위는 공유자 각자 할 수 있다.
③ 공유자는 지분에 대하여만 공유물을 사용·수익할 수 있다.
④ 공유자의 지분은 평등한 것으로 추정된다.

> ✔ 해설   ① 양적 분할설이다.
> ② 공유물의 관리에 관한 사항은 공유자의 지분과 과반수로 결정하지만, 보존행위는 각자가 할 수 있다〈제265조〉.
> ③ 공유자는 공유물 전부에 대하여 지분의 비율에 따라 사용·수익할 수 있다〈제263조〉.
> ④ 당사자의 약정이나 법률의 규정이 없어 불분명한 경우에는 균등한 것으로 추정된다〈제262조 제2항〉.

28 다음 중 공유의 지분에 관한 설명으로 옳지 않은 것은?

① 공유지분의 처분은 원칙적으로 다른 공유자의 동의가 필요하다.
② 통설은 지분양도금지의 특약은 공유자 간에만 채권적 효력을 갖는다고 한다.
③ 다른 공유자 또는 제3자가 공유물에 대하여 침해를 하는 경우 공유자는 단독으로 공유물 전부에 대한 반환을 청구할 수 있다.
④ 공유자가 지분을 포기하거나 상속인 없이 사망한 때에는 그 지분은 다른 공유자에게 각 지분의 비율로 귀속한다.

> ✔ 해설   ① 공유지분은 하나의 소유권과 같은 성질을 가지기 때문에 공유자는 자신의 지분을 자유로이 처분할 수 있으며, 이에는 다른 공유자의 동의가 필요하지 않다.
> ② 등기할 수 없기 때문에 대외적 효력을 가지지 않는다.
> ③ 통설과 판례의 견해이다.
> ④ 공유지분의 탄력성에 대한 설명이다.

Answer   25.④   26.①   27.③   28.①

25 공유관계에 관한 다음 설명 중 가장 옳지 않은 것은? (다툼이 있는 경우 판례에 의함)

① 공유자가 그 지분을 포기하거나 상속인 없이 사망한 때에는 그 지분은 다른 공유자에게 각 지분의 비율로 귀속한다.
② 부동산의 공유자는 원칙적으로 자신의 지분을 자유롭게 처분할 수 있고 그 처분에 관하여 다른 공유자의 허락을 얻을 필요는 없다.
③ 공유자 중 한 사람은 공유물에 관하여 원인무효의 소유권이전등기가 경료 된 경우 그 소유명의자를 상대로 각 공유자에게 해당 지분별로 진정명의회복을 원인으로 한 소유권이전등기를 이행할 것을 단독으로 청구할 수 있다.
④ 과반수 지분의 공유자라 하더라도 다른 공유자와 사이에 협의를 하지 아니한 채 자신이 그 공유물의 특정 부분을 배타적으로 사용·수익하기로 정할 수는 없다.

> **해설** ① 제267조
> ② 제263조
> ③ 부동산의 공유자 중 한 사람은 공유물에 대한 보존행위로서 그 공유물에 관한 원인무효의 등기 전부의 말소를 구할 수 있고, 진정명의회복을 원인으로 한 소유권이전등기청구권과 무효등기의 말소청구권은 어느 것이나 진정한 소유자의 등기명의를 회복하기 위한 것으로서 실질적으로 그 목적이 동일하고 두 청구권 모두 소유권에 기한 방해배제청구권으로서 그 법적 근거와 성질이 동일하므로, 공유자 중 한 사람은 공유물에 경료된 원인무효의 등기에 관하여 각 공유자에게 해당 지분별로 진정명의 회복을 원인으로 한 소유권이전등기를 이행할 것을 단독으로 청구할 수 있다(대판 2005.9.29. 2003다40651).
> ④ 부동산에 관하여 과반수 공유지분을 가진 자는 공유자 사이에 공유물의 관리방법에 관하여 협의가 미리 없었다 하더라도 공유물의 관리에 관한 사항을 단독으로 결정할 수 있으므로 공유토지에 관하여 과반수지분권을 가진 자가 그 공유토지의 특정된 한 부분을 배타적으로 사용수익할 것을 정하는 것은 공유물의 관리방법으로서 적법하다(대판 1991.9.24. 88다카33855).

26 다음 중 합유에 관한 설명 중 옳은 것은?

① 합유자의 권리, 즉 지분은 합유물 전체에 미친다.
② 권리능력 없는 사단의 재산소유형태는 합유이다.
③ 합유물의 보존행위에는 합유자 전원의 동의가 있어야 한다.
④ 합유자는 합유물의 분할청구를 자유로이 할 수 있다.

> **해설** ① 제271조 제1항
> ② 권리능력 없는 사단의 재산 소유 형태는 총유이다(제275조).
> ③ 합유물에 대한 보존행위는 각자가 할 수 있다(제272조 단서).
> ④ 합유는 공유와 달리 분할청구를 할 수 없다(제273조 제2항).

04 공동소유

22 다음 중 공동소유에 관한 설명으로 가장 옳지 않은 것은?

① 공유자의 지분은 균등한 것으로 추정한다.
② 총유물의 관리 및 처분은 사원총회의 결의에 의한다.
③ 공유자와 합유자는 공유물 또는 합유물의 분할을 청구할 수 있다.
④ 공유자가 상속인 없이 사망한 때에는 그 지분은 다른 공유자에게 각 지분의 비율로 귀속한다.

✔ 해설 ① 제262조 제2항
② 제276조 제1항
③ 공유물에 대한 공유물분할청구권(제268조 제1항)은 인정되나, 합유물에 대한 분할청구권은 인정되지 않는다(제273조 제2항).
④ 제267조

23 공유에 대한 설명 중 옳지 않은 것은?

① 공유자는 원칙적으로 공유물의 분할을 청구할 수 있다.
② 공유자는 다른 공유자의 동의가 없더라도 공유물을 처분할 수 있다.
③ 공유자의 지분은 균등한 것으로 추정한다.
④ 공유자가 공유물의 관리비용을 부담하여야 할 의무의 이행을 1년 이상 지체한 때에는 다른 공유자는 그 지분을 매수할 수 있다.

✔ 해설 공유자는 다른 공유자의 동의 없이 공유물을 처분하거나 변경하지 못한다(제264조).

24 다음 중 공유자가 단독으로 할 수 없는 것은?

① 지분의 양도
② 공유물의 분할청구
③ 공유물의 변경
④ 지분의 포기

✔ 해설 ①④ 공유자는 그 지분을 처분할 수 있고 공유물 전부를 지분의 비율로 사용, 수익할 수 있다(제263조).
② 공유자는 공유물의 분할을 청구할 수 있다. 그러나 5년 내의 기간으로 분할하지 아니할 것을 약정할 수 있다(제268조).
③ 공유자는 다른 공유자의 동의 없이 공유물을 처분하거나 변경하지 못한다(제264조).

Answer 20.① 21.③ 22.③ 23.② 24.③

20 부합에 관한 설명 중 옳지 않은 것은?

① 부합물은 동산에 한한다는 것이 판례이다.
② 부합의 원인은 인공적이든 자연적이든 불문한다.
③ 부동산에의 부합에서 원칙적으로 부동산의 소유자가 부합물의 소유권을 취득한다.
④ 동산 간의 부합에서 주된 동산의 소유자가 합성물의 소유권을 취득한다.

> **해설** 통설은 부합물을 동산에 한정하지만, 판례(대판 1962.1.31. 4294민상445)는 부동산을 포함한다고 한다.

21 다음 중 첨부에 관한 설명으로 옳지 않은 것은?

① 혼화에 관하여는 부합의 규정을 준용한다.
② 가공은 새로운 물건이 생겨나야 한다.
③ 동산 간의 부합·혼화에서 주된 동산을 가릴 수 없는 경우에는 가액이 큰 쪽에게 소유권이 귀속한다.
④ 가공물의 소유권은 원재료의 소유자에게 속하나, 가액의 증가가 원재료의 가액에 비하여 현저히 큰 경우는 가공자의 소유로 한다.

> **해설** ② 따라서 대수선을 하더라도 가공이 아니다.
> ③ 주종을 가릴 수 있는 경우는 주된 물건의 소유자에게, 가릴 수 없는 경우는 부합 당시 가액의 비율로 공유한다.
> ④ 이는 임의규정이므로 당사자의 다른 약정이 있으면 그에 의한다.

17 등기부취득시효의 특수한 요건에 관한 설명으로 옳지 않은 것은? (통설·판례에 의함)

① 점유기간 및 소유권등기가 등기부에 등재된 기간이 10년 이상이어야 한다.
② 등기의 승계·합산을 인정한다.
③ 취득자의 선의·무과실은 점유개시 당시에 있으면 족하다.
④ 등기는 적법·유효한 등기이어야 한다.

> ✔해설 ② 등기의 승계·합산을 인정하므로 시효취득자 앞으로 10년간 등기되어 있을 필요는 없으며 앞 등기의 명의까지 합산하여 10년이 되어도 무관하다.
> ④ 이중보존등기의 경우가 아니라면 등기가 적법·유효할 필요는 없고, 원인무효의 등기라도 인정된다(대판 1996.10.17. 96다12511).

18 부동산취득시효의 효과에 관한 설명 중 옳지 않은 것은?

① 취득시효로 인한 권리의 취득은 원시취득이라고 보는 것이 통설·판례이다.
② 시효기간의 경과로 취득시효가 완성될 경우 그때부터 시효취득자는 그 효과를 받는다.
③ 통설과 판례는 시효의 완성 후에는 시효취득의 이익을 포기할 수 있다고 한다.
④ 점유취득시효는 등기청구권을 행사하여 등기함으로써 소유권을 취득한다.

> ✔해설 ② 소급효를 가지므로 시효취득자는 점유를 개시한 때부터 과실을 수취하는 등의 행위가 적법한 소유자로서의 행위로 인정받게 된다.
> ③ 이는 소멸시효에 관한 규정을 유추적용 한 결과이다.
> ④ 반면 등기부취득시효의 경우는 이미 등기가 되어 있으므로 즉시 소유권을 취득한다.

19 동산의 취득시효에 관한 설명으로 옳지 않은 것은?

① 10년간 소유의 의사로 평온, 공연하게 동산을 점유한 자는 그 소유권을 취득한다.
② 점유의 개시가 선의이며 무과실인 경우는 5년을 경과함으로써 소유권을 취득한다.
③ 점유를 개시한 때에 소급하여 원시적으로 소유권을 취득한다.
④ 민법은 소멸시효의 중단과 정지에 관한 규정을 취득시효에 준용하고 있다.

> ✔해설 ①② 제246조
> ③ 제247조 제1항
> ④ 민법은 제247조 제2항에서 소멸시효의 중단에 관한 규정을 취득시효에 준용하고 있으나, 정지에 관하여는 아무런 규정을 두고 있지 않다. 그러나 통설은 이를 배척할 이유가 없다 하여 소멸시효의 정지에 관한 규정도 준용하고 있다.

Answer 14.③ 15.③ 16.③ 17.④ 18.② 19.④

14 선의취득에 관한 설명 중 옳지 않은 것은?

① 거래에 의하여 점유를 승계하는 것은 선의취득의 요건이다.
② 선의취득에 의하여 취득되는 권리는 소유권과 질권에 한한다.
③ 동산을 상속에 의하여 취득한 경우에는 선의취득의 적용이 있다.
④ 학설 및 판례에 의하면 양수인이 점유개정을 하였을 때에는 선위취득이 되지 않는다.

> **해설** ① 동산의 선의취득은 양수·양도에 의한 승계(특정승계)에 의하여만 가능하다(제249조).
> ② 동산에 관한 소유권뿐만 아니라 동산질권도 선의취득 할 수 있으나 저당권은 선의취득 할 수 없다(제249조, 제343조).
> ③ 양수인이 동산을 양수해야 하므로 양수에 해당하지 않는 상속이나 포괄승계에는 선의취득이 적용되지 않는다.
> ④ 대판 1964.5.5, 63다775

15 소유권의 취득시효에 관한 설명으로 옳지 않은 것은?

① 취득시효는 사회질서의 안정과 입증곤란의 구제 및 권리행사의 태만에 대한 제재에 그 존재이유가 있다.
② 소유권 이외의 재산권에도 취득시효는 인정된다.
③ 우리 민법은 프랑스 민법의 예에 따라 취득시효에 관하여 총칙편에서 규정하고, 이를 준용하고 있다.
④ 법률의 규정에 의한 소유권의 취득요인이다.

> **해설** 프랑스 민법과 일본 민법은 소멸시효와 취득시효를 총칙편에서 규정하고 있는 데 반하여, 우리 민법과 독일 민법은 소멸시효는 총칙편에서, 취득시효는 물권편에서 각각 규정하고 있다.

16 점유에 의한 부동산소유권의 취득시효에 관한 설명 중 옳지 않은 것은?

① 20년간의 계속된 점유가 있어야 하며, 이 경우 점유의 승계가 인정되며 점유의 계속도 추정된다.
② 평온·공연·자주점유일 것을 요한다.
③ 시효기간 중 등기명의자가 동일하다면, 시효기간 만료 후 이해관계인이 있더라도 시효취득자는 기산점을 임의로 선택할 수 있다.
④ 예외적으로 등기하여야 하는 경우이다.

> **해설** 시효기간 중 등기명의인이 동일하고 취득자의 변경이 없는 경우에는 취득시효를 주장하는 사람이 기산점을 임의로 정할 수 있으나, 시효기간의 만료 후에 이해관계 있는 제3자가 있는 경우에는 시효이익을 주장하는 자가 기산점을 임의로 선택할 수 없다.

13 점유취득시효에 관한 설명 중 가장 옳지 않은 것은? (다툼이 있는 경우 판례에 의함)

① 토지에 대한 취득시효 완성으로 인한 소유권이전등기청구권은 그 토지에 대한 점유가 계속되는 한 시효로 소멸하지 아니하고, 그 후 점유를 상실하였다고 하더라도 이를 시효이익의 포기로 볼 수 있는 경우가 아닌 한 이미 취득한 소유권이전등기청구권이 바로 소멸되는 것은 아니다.
② 공유부동산의 경우 공유자 중의 1인이 공유지분권에 기초하여 부동산 전부를 점유하고 있다면 이는 권원의 성질상 자주점유에 해당한다.
③ 시효이익의 포기는 특별한 사정이 없는 한 시효취득자가 취득시효 완성 당시의 진정한 소유자에 대하여 하여야 그 효력이 발생하는 것이고 원인무효인 등기의 등기부상 소유명의자에게 그와 같은 의사를 표시하였다고 하여 그 효력이 발생하는 것은 아니다.
④ 점유가 순차 승계된 경우 취득시효의 완성을 주장하는 자는 자기의 점유만을 주장하거나 또는 자기의 점유와 전 점유자의 점유를 아울러 주장할 수 있는 선택권이 있으며, 전 점유자의 점유를 아울러 주장하는 경우에도 어느 단계의 점유자의 점유까지를 아울러 주장할 것인가 역시 이를 주장하는 사람에게 선택권이 있다.

✔해설 ① 대판 1990.11.13. 90다카25352
② 대법원은 공유토지의 경우 공유자 1인이 그 전부를 점유하고 있다고 하여도 달리 특별한 사정이 없는 한 다른 공유자의 지분비율의 범위 내에서는 타주점유라고 볼 수밖에 없다고 판시하고 있다(대판 1994.9.9. 94다13190).
③ 시효이익의 포기와 같은 상대방 있는 단독행위는 그 의사표시로 인하여 권리에 직접적인 영향을 받는 상대방에게 도달하는 때에 효력이 발생한다 할 것인바, 취득시효완성으로 인한 권리변동의 당사자는 시효취득자와 취득시효완성 당시의 진정한 소유자이고, 실체관계와 부합하지 않는 원인무효인 등기의 등기부상 소유명의자는 권리변동의 당사자가 될 수 없는 것이므로, 결국 시효이익의 포기는 달리 특별한 사정이 없는 한 시효취득자가 취득시효완성 당시의 진정한 소유자에 대하여 하여야 그 효력이 발생하는 것이지 원인무효인 등기의 등기부상 소유명의자에게 그와 같은 의사를 표시하였다고 하여 그 효력이 발생하는 것은 아니라 할 것이다(대판 1994.12.23. 94다40734).
④ 취득시효의 기초가 되는 점유가 법정기간 이상으로 계속되는 경우, 취득시효는 그 기초가 되는 점유가 개시된 때를 기산점으로 하여야 하고 취득시효를 주장하는 사람이 임의로 기산일을 선택할 수는 없으나 점유가 순차 승계된 경우에 있어서는 취득시효의 완성을 주장하는 자는 자기의 점유만을 주장하거나 또는 자기의 점유와 전 점유자의 점유를 아울러 주장할 수 있는 선택권이 있는 것이고, 전 점유자의 점유를 아울러 주장하는 경우에는 어느 단계의 점유자의 점유까지를 아울러 주장할 것인가도 이를 주장하는 사람에게 선택권이 있다(대판 1991.10.22. 91다26577).

Answer 10.① 11.④ 12.③ 13.②

10 부동산의 점유취득시효에 관한 다음 설명 중 옳지 않은 것은? (다툼이 있는 경우 판례에 의함)

① 일필의 토지의 일부는 시효취득의 목적물이 될 수 없다.
② 자기의 소유물이라 할지라도 시효취득의 목적물이 될 수 있다.
③ 점유자는 소유의 의사로 선의, 평온 및 공연하게 점유한 것으로 추정한다.
④ 취득시효를 주장하는 자는 점유기간 중에 소유자의 변동이 없는 토지에 관하여는 취득시효의 기산점을 임의로 선택할 수 있다.

> **해설** ① 토지의 일부라도 시효취득의 대상이 될 수 있다. 다만 이 경우 그 부분이 다른 부분과 구분되어 시효취득자의 점유에 속한다는 것을 인식하기에 충분한 객관적인 징표가 계속 존재해야 할 것이며(대판 1993.12.14, 93다5581), 시효취득 후 이를 원인으로 등기를 하기 위해서는 분필의 절차를 밟아야 한다.
> ② 대판 2001.7.13, 2001다17572
> ③ 제197조 제1항
> ④ 대판 1998.5.12, 97다34037

11 乙이 자기 소유의 토지 위에 건물을 건축하는 과정에서 인접한 甲 소유의 토지의 경계를 일부 침범하여 건물을 건축하였다. 이 경우 甲은 자신의 토지 위에 건축된 乙 소유의 건축부분의 철거를 乙에 대하여 청구할 수 있는 바, 이 청구권은 다음 중 어디에 속하는 것인가?

① 손해배상청구권　　　　　　　　　② 소유물 방해예방청구권
③ 소유물 반환청구권　　　　　　　　④ 소유물 방해제거청구권

> **해설** 건물철거청구권은 소유권에 기한 방해배제청구권의 한 내용이다.

12 다음 중 부동산소유권의 점유시효취득에 관한 설명으로 옳은 것은?

① 소유권 취득의 효력은 장래에 향하여 생긴다.
② 20년간의 시효기간이 완성되기만 하면 곧바로 그 소유권을 취득한다.
③ 점유자는 소유의 의사로 선의, 평온 및 공연하게 점유한 것으로 추정한다.
④ 소유의 의사로 평온·공연하게 선의이며 과실 없이 점유하여야 한다.

> **해설** ① 취득시효로 인한 소유권 취득의 효력은 점유를 개시한 때에 소급한다(제247조 제1항).
> ② 20년간 소유의 의사로 평온, 공연하게 부동산을 점유하는 자는 등기함으로써 그 소유권을 취득한다(제245조 제1항).
> ③ 제197조 제1항
> ④ 점유취득시효에는 선의 또는 무과실의 규정이 없다.

03 소유권의 취득

8 민법상 선의취득에 관한 설명 중 옳지 않은 것은?

① 양수인은 평온·공연·선의·무과실이어야 한다.
② 선의취득자와 전주의 거래행위는 유효하게 성립한 것이어야 한다.
③ 선의취득은 현실의 인도뿐만 아니라 점유개정으로서도 가능하다고 보는 것이 판례의 태도이다.
④ 거래의 안전을 위해 양수인이 선의인 경우에는 그 동산의 소유권을 원시적으로 취득한다고 본다.

> **해설** ①④ 선의취득은 동산거래에 있어서 점유에 공신력을 인정한 것이며, 동산거래의 신속성과 동적 안전을 꾀하기 위하여 인정되는 제도이다. 이러한 선의취득자의 취득은 평온·공연·선의·무과실이어야 한다(제249조).
> ② 선의취득자와 전주와의 거래행위는 유효하여야 한다. 따라서 무능력·사기·강박·대리권 흠결 등으로 실효된 때에는 선의취득의 적용은 없다. 다만 실효된 거래행위를 한 자로부터 다시 양수받은 자에게는 선의취득이 인정된다.
> ③ 동산의 선의취득에 필요한 점유의 취득은 현실적인 인도가 있어야 하고 소위 점유개정에 의한 점유취득만으로서는 그 요건을 충족할 수 없다(대판 1964.5.5, 63다775).

9 민법상 선의취득에 관한 설명 중 옳지 않은 것은? (다툼이 있는 경우 판례에 의함)

① 동산에 관한 소유권뿐만 아니라 동산질권도 선의취득 할 수 있으나 저당권은 선의취득 할 수 없다.
② 상속, 회사 합병의 경우에는 선의취득의 적용이 없다.
③ 민법 제249조 소정의 요건이 구비되어 동산을 선의취득 하더라도 그 선의취득자는 그와 같은 선의취득 효과를 거부하고 종전 소유자에게 동산을 반환받아 갈 것을 요구할 수 있다.
④ 민법 제249조가 규정하는 선의·무과실의 기준시점은 물권적 합의가 동산의 인도보다 먼저 행하여지면 인도된 때를, 인도가 물권적 합의보다 먼저 행하여지면 물권적 합의가 이루어진 때를 기준으로 하여야 한다.

> **해설** ① 제249조, 제343조.
> ② 동산의 선의취득은 양수·양도에 의한 승계(특정승계)에 의하여만 가능하다(제249조).
> ③ 민법 제249조 소정의 요건이 구비되어 동산을 선의취득한 자는 권리를 취득하는 반면 종전 소유자는 소유권을 상실하게 되는 법률효과가 법률의 규정에 의하여 발생되므로, 선의취득자가 임의로 이와 같은 선의취득 효과를 거부하고 종전 소유자에게 동산을 반환받아 갈 것을 요구할 수 없다(대판 1998.6.12, 98다6800).
> ④ 대판 1991.3.22, 91다70

Answer 6.② 7.③ 8.③ 9.③

6 상린관계에 관한 다음 설명 중 옳지 않은 것은?

① 인지의 사용에 의하여 이웃사람이 손해를 받은 때에는 보상을 청구할 수 있다.
② 사정의 변경이 있는 경우, 타 토지의 소유자는 수도 등의 시설을 한 소유주의 비용으로 그 시설의 변경을 청구할 수 있다.
③ 분할로 인하여 공로에 통하지 못하는 토지가 있는 때에는 그 토지의 소유자는 다른 분할자의 토지를 통행할 수 있다.
④ 주위의 토지를 통행하거나 통로를 개설하는 경우에는 그로 인한 손해가 가장 적은 장소와 방법을 택하여야 한다.

✔해설 ① 제216조 제2항
② 수도 등의 시설 후 사정변경이 있는 경우, 타 토지의 소유자는 그 시설의 변경을 청구할 수 있고, 이 경우 그 비용은 토지 소유자가 부담한다(제218조 제2항).
③ 제220조 제1항
④ 제219조 제1항

7 경계에 관한 상린관계를 설명한 것으로 옳지 않은 것은?

① 인접하여 토지를 소유한 자는 공동비용으로 통상의 경계표나 담을 설치할 수 있다.
② 인지소유자는 자기의 비용으로 담의 재료를 통상보다 양호한 것으로 할 수 있으며 그 높이를 통상 보다 높게 할 수 있고 또는 방화벽 기타 특수시설을 할 수 있다.
③ 인접지의 수목가지가 경계를 넘는 때에는 임의로 제거할 수 있다.
④ 인접지의 수목뿌리가 경계를 넘는 때에는 임의로 제거할 수 있고, 이때 그 뿌리는 제거한 자의 소유라는 것이 통설이다.

✔해설 ① 제237조 제1항. 이때의 비용은 쌍방이 절반하여 부담한다.
② 제238조
③ 인접지의 가지가 경계를 넘는 때에는 그 소유자에 대하여 가지의 제거를 청구하고, 이에 더하여 응하지 아니한 때에는 가지를 제거할 수 있다(제240조 제1항, 제2항).
④ 제240조 제3항

4 주위토지통행권에 대한 다음의 설명 중 가장 옳지 않은 것은? (다툼이 있는 경우 판례에 의함)

① 주위토지통행권의 범위는 현재의 토지의 용법에 따른 이용의 범위에서 인정할 수 있을 뿐, 장래의 이용 상황까지 미리 대비하여 정할 것은 아니다.
② 주위토지통행권이 인정될 경우 통행지 소유자가 주위토지통행권에 기한 통행에 방해가 되는 담장 등 축조물을 설치한 경우에는 통행지 소유자가 그 철거의무를 부담한다.
③ 토지의 등기부상 소유명의자에 대한 명의신탁자에게도 주위토지통행권이 인정된다.
④ 동일인 소유의 토지의 일부가 양도되어 공로에 통하지 못하는 토지가 생긴 경우에 포위된 토지를 위한 주위토지통행권은 일부 양도 전의 양도인 소유의 종전 토지에 대하여만 생기는데, 1필의 토지의 일부가 양도된 경우뿐만 아니라 일단으로 되어 있던 동일인 소유의 수필의 토지 중 일부가 양도된 경우에도 이와 같은 무상의 주위토지통행권이 발생한다.

> **✔해설** ① 주위토지통행권의 범위는 통행권을 가진 자에게 필요할 뿐 아니라 이로 인한 주위토지 소유자의 손해가 가장 적은 장소와 방법의 범위 내에서 인정되어야 하며, 그 범위는 결국 사회통념과 기타 제반 사정을 참작한 뒤 구체적 사례에 응하여 판단하여야 하는 것인바, 통상적으로는 사람이 주택에 출입하여 다소의 물건을 공로로 운반하는 등의 일상생활을 영위하는 데 필요한 범위의 노폭까지 인정되고, 또 현재의 토지의 용법에 따른 이용의 범위에서 인정되는 것이지 더 나아가 장차의 이용 상황까지 미리 대비하여 통행로를 정할 것은 아니다(대판 1996.11.29. 96다33433).
> ② 대판 2006.10.26. 2005다30993
> ③ 민법 제219조에 정한 주위토지통행권은 인접한 토지의 상호이용의 조절에 기한 권리로서 토지의 소유자 또는 지상권자, 전세권자 등 토지사용권을 가진 자에게 인정되는 권리이다. 따라서 명의신탁자에게는 주위토지통행권이 인정되지 아니한다. 토지의 명의신탁자는 토지에 관하여 개발행위허가를 받았다거나 전소유자가 주위토지의 전소유자로부터 통행로에 해당하는 부분에 대한 사용승낙을 받은 적이 있다는 등의 사정으로는 주위토지의 현소유자에게 대항할 수 없다(대판 2008.5.8. 2007다22767).
> ④ 대판 1995.2.10. 94다45869

5 건물의 구분소유에 관한 내용으로 옳지 않은 것은?

① 민법의 규정은 집합건물의 소유 및 관리에 관한 법률의 시행으로 존재의의를 상실하게 되었다.
② 전유부분은 구조상이나 기능상 독립적으로 이용될 수 있어야 한다.
③ 공유자의 공용부분에 대한 지분은 원칙적으로 동등하다.
④ 일정한 경우에는 공용부분에 대한 일부만의 공유도 인정된다.

> **✔해설** ① 민법 제215조는 집합건물 등에 관해 규율하기에는 너무 간단하여 사실상 특별법인 집합건물의 소유 및 관리에 관한 법률에 의해 규율되고 있다.
> ③④ 공용부분은 원칙적으로 전원이 공유하는 것이 원칙이지만 일부 사람만의 공유인 것이 명백한 경우에는 그 일부의 공유도 인정된다. 이 경우 그 지분은 전유면적의 비율에 의한다.

Answer 2.① 3.③ 4.③ 5.③

02 부동산소유권의 범위

2 주위토지통행권에 관한 다음 설명 중 옳지 않은 것은? (다툼이 있을 경우 판례에 의함)

① 일단 주위토지통행권이 발생한 이상 나중에 그 토지에 접하는 공로가 개설되었다고 하여도 그 통행권이 소멸되는 것은 아니다.
② 주위토지통행권의 범위는 현재의 토지의 용법에 따른 이용의 범위에서 인정되는 것이지 장차의 이용상황까지 미리 대비하여 통행로를 정할 것은 아니다.
③ 이미 기존의 통로가 있더라도 그것이 당해 토지의 이용에 부적합하여 실제로 통로로서의 충분한 기능을 하지 못하고 있는 경우에는 주위토지통행권이 인정된다.
④ 주위토지통행권의 범위는 통행권을 가진 자에게 필요할 뿐만 아니라 이로 인한 주위토지 소유자의 손해가 가장 적은 장소와 방법의 범위 내에서 인정되어야 한다.

> **✔해설** ① 특단의 사정이 없는 한 이러한 경우에는 종전의 주위토지통행권은 소멸한다(대판 1996.4.12. 95다3619).
> ② 대판 1995.2.3. 94다50656
> ③ 대판 1998.3.10. 97다47118
> ④ 대판 1992.12.22. 92다30528

3 다음 중 소유권의 한계에 관한 설명으로 옳지 않은 것은?

① 토지 소유자는 이웃 토지로부터 자연히 흘러오는 물을 막지 못한다.
② 토지 소유자는 그 소유지의 물을 소통하기 위하여 이웃 토지 소유자가 시설한 공작물을 사용할 수 있다.
③ 인접하여 토지를 소유하는 자는 통상의 경계표나 담을 설치할 수 있는데, 그 비용은 측량비용을 포함한 모든 비용을 쌍방이 절반하여 부담한다.
④ 수인이 한 채의 건물을 구분하여 각각 그 일부를 소유한 경우, 건물과 그 부속물 중 공용하는 부분은 그의 공유로 추정한다.

> **✔해설** ① 제221조 제1항
> ② 제227조 제1항
> ③ 인접하여 토지를 소유한 자는 공동비용으로 통상의 경계표나 담을 설치하는 경우, ㉠ 비용은 쌍방이 절반하여 부담하나(제237조 제2항 본문), ㉡ 측량비용은 토지의 면적에 비례하여 부담한다(제237조 제2항 단서). ㉢ 다만, 비용부담에 관하여 다른 관습이 있는 경우에는 그에 의한다(제237조 제3항).
> ④ 제215조 제1항

CHAPTER 04 소유권

01 소유권 일반

1 소유권에 관한 일반적 설명으로 가장 옳지 않은 것은?

① 제한물권과 비교하여 완전물권이라고 할 수 있다.
② 소유권의 객체는 물건에 한한다.
③ 소유권은 현실적 지배권과 물건을 지배할 수 있는 관념적인 권리로 구성된다.
④ 소유권은 공공복리에 의해 제한된다.

> **해설** ① 소유권은 사용·수익·처분의 권능을 모두 가진다.
> ② 따라서 채권에는 소유권이 성립하지 않는다.
> ③ 소유권은 물건을 현실적으로 지배하는 권리와는 분리된 지배할 수 있는 관념적인 권리이다. 이점에서 점유권과 비교된다.
> ④ 근대자본주의의 폐해로 인한 수정의 의미를 갖는다.

Answer 11.③ / 1.③

11 점유보호의 제도에 관한 설명으로 옳지 않은 것은?

① 점유의 소와 본권의 소는 서로 영향을 미치지 아니한다.
② 점유가 침탈되어 사실상의 지배가 옮겨간다 하더라도 점유침해행위가 종료되지 않은 경우에는 자력구제권을 행사할 수 있다.
③ 직접점유자, 점유보조자, 간접점유자 등은 자력구제권이 인정되며, 미성년자의 법정대리인도 예외적으로 행사할 수 있다.
④ 점유보호청구권 행사의 제척기간은 그 기간 내에 반드시 소를 제기하여야 하는 출소기간이라는 것이 판례이다.

 ① 따라서 점유의 소를 본권에 관한 이유로 재판하지 못한다(제208조).
③ 점유보조자에게도 인정되는 자력구제권은 예외적으로 인정되는 긴급한 권리로서 직접점유하고 있지 아니한 간접점유자에게는 인정되지 않는다.
④ 제척기간의 대상이 되는 권리는 형성권이 아니라 통상의 청구권인 점과 점유의 침탈 또는 방해의 상태가 일정한 기간을 지나게 되면 그대로 사회의 평온한 상태가 되고 이를 복구하는 것이 오히려 평화질서의 교란으로 볼 수 있게 되므로 일정한 기간을 지난 후에는 원상회복을 허용하지 않는 것이 점유제도의 이상에 맞고 여기에 점유의 회수 또는 방해제거 등 청구권에 단기의 제척기간을 두는 이유가 있는 점 등에 비추어 볼 때, 위의 제척기간은 재판 외에서 권리 행사하는 것으로 족한 기간이 아니라 반드시 그 기간 내에 소를 제기하여야 하는 이른바 출소기간으로 해석함이 상당하다(대판 2002.4.26. 2001다8097).

8 점유자와 회복자와의 관계에 대한 내용으로 옳지 않은 것은?

① 선의의 점유자는 점유물의 멸실·훼손에 대하여 이익이 현존하는 한도에서 배상책임을 진다.
② 악의의 점유자는 점유물의 멸실·훼손에 대하여 손해 전부를 배상하여야 한다.
③ 과실취득에 있어 선의의 점유자라도 폭력·은비에 의한 경우는 악의의 점유자로 취급한다.
④ 물건을 사용하여 얻은 이익도 과실에 준하여 반환하여야 한다.

> **해설** ① 선의의 점유자라도 타주점유자는 손해의 전부를 배상하여야 한다〈제202조〉.
> ③ 제201조 제3항
> ④ 통설과 판례의 태도이다.

9 점유자의 비용상환청구권에 관한 설명 중 옳지 않은 것은?

① 선의인가 여부에 관계없이 점유자는 필요비의 상환을 청구할 수 있다.
② 점유자가 과실을 취득한 경우에는 통상의 필요비는 청구하지 못한다.
③ 선의의 점유자는 그의 선택에 좇아 지출금액이나 증가액의 상환을 청구할 수 있다.
④ 점유자는 비용상환청구권에 대하여 유치권을 행사할 수 있다.

> **해설** ①② 통상의 필요비는 물건을 통상 사용하는데 적합한 상태로 보존하고 관리하는데 지출되는 비용을 말한다. 판례는 목적물을 이용한 경우에도 통상의 필요비를 청구하지 못한다고 한다〈대판 1964. 7.14, 63다1119〉.
> ③ 회복자의 선택에 좇아 유익비를 청구할 수 있다.
> ④ 이 경우 회복자는 법원으로부터 유예기간을 허여(許與)받아서 유치권의 성립을 저지할 수 있다〈제203조 제3항〉.

10 점유보호청구권에 관한 설명으로 옳지 않은 것은?

① 점유보호청구권은 일종의 물권적 청구권이라는 것이 통설이다.
② 직접점유자와 간접점유자가 주체가 될 수 있다.
③ 상대방의 고의·과실을 요구하지 않는다.
④ 1년의 제척기간 내에는 언제든지 행사할 수 있다.

> **해설** ③ 다만 손해배상을 청구할 경우에는 고의·과실을 요한다.
> ④ 1년의 제척기간 내에는 언제든지 행사할 수 있겠으나, 공사로 인한 방해제거청구권은 공사착수 후 1년을 경과하거나 그 공사가 완성된 때에는 청구하지 못한다〈제205조 제3항〉.

Answer 5.③ 6.③ 7.② 8.① 9.③ 10.④

5 점유의 태양에 관한 설명 중 옳지 않은 것은?

① 본권이 있다고 오신하고 하는 점유를 선의점유라 하고, 없음을 알고 또는 의심을 가지고 하는 점유를 악의점유라 한다.
② 선의점유의 경우에 이를 믿는 데 과실이 없다면 무과실점유라 한다.
③ 점유의 선의·무과실·평온·공연은 추정된다.
④ 두 시점 간에 점유한 사실이 있는 때에는 점유의 계속이 추정된다.

> ✔해설 ③ 민법 제197조는 명문의 규정으로 선의·평온·공연한 점유의 추정을 하고 있으나 무과실에 관한 규정은 두고 있지 않다. 따라서 무과실은 추정되지 아니하며 이는 주장하는 자에게 입증책임이 있다.
> ④ 제198조

6 다음 중 점유보조자에 대한 설명으로 옳지 않은 것은? (통설에 의함)

① 점유보조자가 점유자의 지시에 따라야 할 점유보조관계가 있을 것을 요한다.
② 부부관계에서의 점유는 공동점유이므로 점유보조관계가 있을 수 없다.
③ 점유보조자는 점유권에 의한 보호를 받지 못하므로 점유보호청구권과 자력구제권은 인정되지 아니한다.
④ 점유취득시의 선의 및 악의는 점유보조자가 아닌 점유자를 기준으로 판단한다.

> ✔해설 ① 가정부·점원 등과 같이 가사상·영업상 기타 타인의 지시를 받아 행위 하는 관계가 있을 것을 요한다.
> ③ 점유보조자도 자력구제권은 인정하는 것이 통설이다.
> ④ 따라서 점유보조자가 선의이더라도 점유자는 이를 원용할 수 없고 점유자가 악의인 경우 이에 따른다.

7 점유권의 취득과 소멸에 관한 설명으로 옳지 않은 것은?

① 사실상의 지배가 성립하면 점유권은 취득되는데 이 경우 점유설정의사가 필요하다는 것이 통설이다.
② 점유의 승계가 있는 경우에 점유자는 자기의 점유와 전 점유자의 점유를 아울러 주장하여야 하며, 전 점유자의 하자도 아울러 승계한다.
③ 타인의 침탈에 의하여 점유를 상실한 경우에는 점유자가 1년 이내에 점유를 회복하면 처음부터 상실하지 않았던 것으로 된다.
④ 혼동이나 소멸시효는 점유권의 소멸사유가 되지 않는다.

> ✔해설 ② 점유의 승계가 있는 경우 점유자는 자기의 점유만을 주장하거나 전 점유자의 점유까지 아울러 주장할 수 있다(제199조 제1항). 다만 상속의 경우에는 이러한 점유의 분리 병합이 인정되지 않는다는 것이 판례이다.

3 자주점유와 타주점유에 관한 다음 설명 중 옳지 않은 것은? (통설·판례에 의함)

① 소유의 의사는 객관적 성질을 기준으로 판단한다.
② 소유의사의 기준시점은 점유개시시에 존재하면 족하다.
③ 점유취득시효의 경우 물건의 점유자가 소유의 의사를 입증하여야 한다.
④ 소유권이전등기를 청구하였다가 패소되더라도 타주점유가 되는 것은 아니다.

> ✔ 해설 ③ 점유자의 점유가 자주점유인지 타주점유인지의 여부는 점유자의 내심의 의사에 의하여 결정되는 것이 아니라 점유 취득의 원인이 된 권원의 성질이나 점유와 관계가 있는 모든 사정에 의하여 외형적·객관적으로 결정되어야 하는 것이다. 민법 제197조 제1항에 의하면 물건의 점유자는 소유의 의사로 점유한 것으로 추정되므로 점유자가 취득시효를 주장하는 경우에 있어서 스스로 소유의 의사를 입증할 책임은 없고, 오히려 그 점유자의 점유가 소유의 의사가 없는 점유임을 주장하여 점유자의 취득시효의 성립을 부정하는 자에게 그 입증책임이 있다 할 것이다(대판 1991.11.26. 91다25437).

4 간접점유에 관한 설명으로 옳지 않은 것은?

① 간접점유자는 직접점유자에 대해 점유보호청구권을 행사할 수 있다.
② 직접점유자는 간접점유자에 대해 점유보호청구권 및 자력구제권을 행사할 수 있다.
③ 직접점유자의 점유는 타주점유이어야 한다.
④ 간접점유자는 점유매개자에게 채권적 반환청구권을 가질 것을 요한다.

> ✔ 해설 일정한 법률관계(점유매개관계)에 기하여 사실상의 지배가 없는 간접점유자에게도 점유자로서의 보호를 인정하는 것이 간접점유이다. 점유매개관계는 지상권, 전세권, 질권, 사용대차, 임대차, 임치 등을 규정하고 있다(제194조).
> ①② 간접점유자는 직접점유자에게 점유보호청구권이나 자력구제권을 행사할 수 없고, 점유매개관계에 기한 청구권이나 본권에 기한 청구권을 행사할 수 있을 뿐이다. 다만 제3자에게는 점유보호청구권이 인정된다. 이에 반해 직접점유자는 양자가 모두 인정된다.
> ③④ 소유의 의사로 점유하는 것이 아니어야 하며, 그 외에 간접점유자의 권리가 좀 더 포괄적이어야 한다.

Answer 1.④ 2.② 3.③ 4.①

CHAPTER 03 점유권

1 다음 중 점유권에 관한 설명으로 옳지 않은 것은?

① 점유권의 양도는 점유물의 인도로 그 효력이 생긴다.
② 선의의 점유자는 점유물의 과실을 취득한다.
③ 점유자는 소유의 의사로 선의, 평온 및 공연하게 점유한 것으로 추정한다.
④ 선의의 점유자라도 본권에 관한 소에서 패소한 경우 그 패소판결의 확정시부터 악의의 점유자로 본다.

> **해설** 패소판결의 확정시가 아니라 그 소가 제기된 때로부터 악의의 점유자가 된다(제197조).

2 다음 중 점유자와 회복자와의 관계에 관한 설명으로 옳지 않은 것은?

① 점유물이 점유자의 책임 있는 사유로 멸실 또는 훼손된 때에는 선의의 점유자는 이익이 현존하는 한도에서 배상하여야 한다.
② 점유자가 점유물을 반환할 때에는 비록 자신이 과실을 취득한 경우에도 회복자에 대하여 점유물을 보존하기 위하여 지출한 금액 기타 필요비는 그 전액의 상환을 청구할 수 있다.
③ 점유자가 점유물을 개량하기 위하여 지출한 금액 기타 유익비에 관하여는 그 가액의 증가가 현존한 경우에 한하여 회복자의 선택에 좇아 그 지출금액이나 증가액의 상환을 청구할 수 있다.
④ 악의의 점유자는 수취한 과실을 반환하여야 하며 소비하였거나 과실로 인하여 훼손 또는 수취하지 못한 경우에는 그 과실의 대가를 보상하여야 한다.

> **해설** 점유자가 점유물을 반환할 때에는 회복자에 대하여 점유물을 보존하기 위하여 지출한 금액 기타 필요비의 상환을 청구할 수 있다. 그러나 점유자가 과실을 취득한 경우에는 통상의 필요비는 청구하지 못한다(제203조 제1항).

04 물권의 소멸

20 다음 중 물권의 공통된 소멸사유에 해당하지 않는 것은?

① 목적물의 멸실
② 혼동
③ 소멸시효
④ 점유의 상실

> ✔ 해설 물권의 공통된 소멸사유에는 목적물의 멸실, 혼동, 소멸시효, 물권의 포기, 공용징수 등이 있다. 점유의 상실은 물권 공통의 소멸사유는 아니고 점유를 필수적 전제로 하는 권리의 소멸사유이다.

Answer   17.① 18.④ 19.③ 20.④

17 민법 제249조의 선의취득의 요건에 관한 다음 설명 중 옳지 않은 것은?

① 선의취득의 대상은 동산과 일정한 권리이다.
② 무권리자로부터의 취득이다.
③ 이는 거래의 안전을 보호 하기위한 제도이다.
④ 선의취득자는 임의로 선의취득의 효과를 거부할 수 없다.

 선의취득의 대상은 동산이며, 지상권·저당권과 같은 부동산에 대한 권리는 선의취득의 대상이 될 수 없다.
※ 민법 제249조의 선의취득은 상대방의 점유를 신뢰하여 점유자가 권리자인 줄 알고 동산을 양수한 때에는 비록 상대방이 무권리자이더라도 그 동산의 소유권을 취득할 수 있게 한 제도이다. 이는 거래의 안전을 위한 제도이므로 선의취득자도 임의로 이 효과를 거부하고 전 소유자에게 가져갈 것을 요구할 수 없다.

18 선의취득의 효과에 관한 설명으로 옳지 않은 것은?

① 선의취득은 소유권과 질권에 한하여 인정된다.
② 선의취득은 모든 제한이 소멸하는 원시취득이다.
③ 진정한 권리자는 양도인에 대하여 부당이득반환청구를 할 수 있다.
④ 선의취득자가 무권리자인 양도인에게 다시 양도하더라도 양도인은 소유권을 취득하지 못한다.

① 선의취득 되는 동산물권은 소유권과 질권에 한하여 인정된다. 그 외에 점유권은 사실적 지배관계라는 점에서, 유치권은 법정담보물권이라는 점에서 거래행위를 전제로 하는 선의취득의 대상이 될 수 없다.
③ 또한 양도인에게 귀책사유가 있다면 손해배상을 청구할 수 있다.
④ 선의취득은 확정적으로 권리의 귀속이 정해지므로 이를 기초로 이루어지는 다른 거래행위는 유효하다. 따라서 무권리자인 양도인이라 하더라도 선의취득자가 양도하였다면 그 거래 역시 유효하다.

19 선의취득에 대한 도품·유실물의 특례를 설명한 것으로 옳지 않은 것은?

① 선의취득의 대상물이 도품이나 유실물인 경우에는 2년 내에 그 물건의 반환을 청구할 수 있다.
② 반환청구의 상대방은 현재 물건을 점유하고 있는 자이다.
③ 반환을 받기 전 2년간의 소유권은 여전히 소유자에게 있다고 보는 것이 통설이다.
④ 선의취득자가 경매나 공개시장 또는 동종의 물건을 판매하는 상인으로부터 선의로 매수한 때에는 소유자는 대가를 지급하여야 한다.

② 반환을 청구하는 자는 소유자나 임차인 등과 같은 직접점유자도 가능하고, 상대방은 현재 점유자로서 도인 또는 습득자로부터 취득한 자뿐만 아니라 그 후의 특정승계인도 포함된다.
③ 반환을 청구받기 전 2년간의 소유권은 선의취득자에게 있다는 것이 통설이다. 따라서 소유권자가 반환을 청구하는 것은 소유권에 기한 반환청구권이 아니라 법률의 규정에 인정되는 특별한 청구권으로 본다.
④ 대가변상은 단순한 항변권을 선의취득자에게 인정하는 것이 아니라 청구권으로 보는 것이 통설·판례이다. 따라서 선의취득자는 목적물을 반환한 후에도 대가변상을 청구할 수 있고 이에 응하지 않으면 다시 목적물의 반환을 청구할 수 있다.

03 동산물권의 변동

15 동산물권의 변동은 공시방법으로 인도를 요건으로 한다. 이에 관한 설명으로 옳은 것은?

① 간이인도란 동산물권을 양도하면서 당사자의 계약으로 양도 후에도 양도인이 계속 점유하기로 한 경우이다.
② 점유개정은 양수인이 동산을 점유하고 있는 경우에는 당사자의 소유권이전의 의사표시만으로 한다.
③ 현실의 인도는 물건에 대한 관념적 지배를 양도인으로부터 양수인에게 이전하는 것을 말한다.
④ 목적물 반환청구권의 양도란 양도인이 제3자가 점유하고 있는 물건에 대한 반환청구권을 양수인에게 양도하는 것을 인도로 보는 것이다.

> ✔해설 ①② 간이인도란 양수인이 이미 동산을 점유하고 있는 경우에 당사자의 소유권이전의 의사표시만으로 점유의 이전을 인정하는 것이며, 점유개정은 동산물권을 양도하면서 당사자의 계약으로 양도 후에도 양도인이 계속 점유하기로 한 경우를 말한다.
> ③ 현실의 인도는 사실상의 지배를 양도인으로부터 양수인에게 이전하는 것을 말하며 이것이 원칙적인 모습이다.

16 다음 중 선의취득의 대상이 될 수 있는 것은?

① 선박, 자동차, 항공기
② 금전 내지 화폐
③ 아편, 위조통화
④ 미분리의 과실

> ✔해설 ① 등기나 등록으로 공시되는 동산은 선의취득의 대상이 되지 않는다.
> ② 가치의 표상으로 사용하는 경우에는 선의취득의 대상이 되지 않지만 단순한 물건으로 사용되는 경우에는 선의취득이 가능하다.
> ③ 소유 자체가 금지되는 불법물의 경우에는 선의취득의 대상이 될 수 없다.
> ④ 미분리의 과실은 명인방법이라는 별도의 공시방법이 있으므로 점유를 전제로 한 선의취득의 대상이 될 수 없다.

Answer 13.② 14.③ 15.④ 16.②

13 민법 제187조의 법률의 규정에 의한 물권변동에 관한 설명으로 옳지 않은 것은?

① 위 조항에서의 판결이란 형성적 판결만을 의미한다.
② 법률의 규정에 의해 취득된 부동산이 법률의 규정에 의해 물권변동이 일어나기 위해서는 등기를 요한다.
③ 점유취득시효의 경우는 등기를 하여야 소유권 취득이 가능하다.
④ 경매의 경우 매수인이 소유권을 취득하는 시기는 매수대금을 완납한 때이다.

> ✔ 해설 ① 민법 제187조의 판결은 판결 자체에 의하여 부동산 물권 취득의 효력이 발생하는 경우를 갈하는 것이고, 당사자 사이의 법률행위를 원인으로 하여 부동산 소유권이전등기절차의 이행을 명하는 것과 같은 판결은 이에 포함되지 않는다(대판 1998.07.28. 96다50025).
> ② 법률의 규정에 의해 취득된 부동산이라도 처분하기 위해서는 등기를 요하는데(제187조 단서), 여기서의 처분은 법률행위에 의한 처분을 의미하므로 다시 법률의 규정에 의한 물권변동의 경우에는 등기를 요하지 않는다고 보아야 한다.
> ③ 민법에 특별히 규정을 두어 등기를 소유권 취득의 요건으로 하고 있다(제245조 제1항).

14 부동산 등기부의 각 기재사항에 관한 설명으로 옳지 않은 것은?

① 등기번호란은 각 부동산의 지번을 기재한다.
② 표제부는 목적물의 소재지·지번·면적 등 목적물의 동일성에 관한 사항을 기재한다.
③ 갑구란에는 소유권과 담보물권에 관한 사항을 기재한다.
④ 을구란에는 용역물권에 관한 사항을 기재한다.

> ✔ 해설 갑구란은 소유권에 관한 사항 및 소유권 처분의 제한 등도 기재한다. 반면 을구란은 소유권 이외의 권리에 관한 사항을 기재한다.

11 부동산 물권변동에 있어서 효력발생요건으로서의 등기에 관한 설명이다. 옳지 않은 것은?

① 등기는 부동산 물권변동에서 효력발생요건이고 존속요건이므로 등기가 원인 없이 말소되었더라도 등기의 효력은 사라진다.
② 물권행위와 등기가 목적물에 대하여 불합치가 있는 경우에는 물권변동은 발생하지 않는다.
③ 동일한 목적물에 물권적 합의와는 전혀 다른 권리가 등기되어 있는 경우에는 그 등기는 무효이다.
④ 등기된 권리가 당사자의 합의된 권리보다 양적인 면에서 큰 경우에는 당사자의 합의된 양의 범위에서 효력이 발생한다.

> **✔해설** ① 부동산 물권변동에서 등기는 효력발생요건이지 효력존속요건은 아니다. 따라서 등기가 원인 없이 말소된 경우에라도 부동산 물권변동의 효력에 영향을 미치지 아니한다(대판 1982.9.14, 81다카923).
> ②③ 질적 불합치의 경우로서 물권변동은 일어나지 않는다.
> ④ 양적 불합치의 경우로서 등기된 권리내용의 양이 물권행위의 그것보다 큰 경우에는 물권행위의 한도에서 효력이 있고, 반대의 경우에는 원칙적으로 전부가 무효이지만, 등기된 일부만으로도 물권행위를 하였을 것이라면 그에 한해 유효한 것으로 본다(일부무효의 법리).

12 물권행위와 등기와의 사이에 시간적으로 불일치함으로써 발생하게 되는 상황의 변화에 대한 설명으로 옳지 않은 것은?

① 물권행위와 등기는 동시에 이루어져야 하는 것은 아니다.
② 물권행위 당시에는 권리자였으나 등기시에는 무권리자라면 그 등기는 무효가 된다.
③ 물권행위 후 등기 전에 당사자가 행위능력을 상실한 경우 물권행위에 부합하는 유효한 등기가 이루어지면 물권변동은 발생한다.
④ 등기가 먼저 행하여지고 물권행위가 행하여진 경우 등기가 유효하다면 등기시에 물권변동이 일어난다.

> **✔해설** 등기가 먼저 이루어졌다 하여도 등기시에 소급하여 물권변동이 일어나는 것이 아니라 후에 행하여진 물권행위 당시에 물권변동은 일어난다.

Answer 9.④ 10.④ 11.① 12.④

9 등기의 추정력에 관한 설명 중 옳지 않은 것은?

① 소유권이전등기의 현재 명의인은 전 소유자에 대하여 적법하게 취득한 것으로 추정된다.
② 등기명의인뿐만 아니라 제3자도 등기의 추정력을 원용할 수 있다.
③ 등기가 경료 되었다면 특별한 사정이 없는 한 그 원인과 절차가 적법한 것으로 추정된다.
④ 등기의 추정력은 명의인의 불이익을 위하여서는 미치지 아니한다.

> **해설** ① 등기의 추정력은 어떤 등기가 존재하면 등기된 바와 같은 실체적 권리관계가 존재하는 것으로 추정되는 효력을 말한다. 부동산에 관하여 소유권이전등기가 마쳐져 있는 경우, 등기명의자는 제3자에 대하여서뿐만 아니라 그 전의 소유자에 대하여도 적법한 등기원인에 의하여 소유권을 취득한 것으로 추정되므로, 이를 다투는 측에서 무효사유를 주장·입증하여야 한다(대판 2013.01.10. 2010다75044).
> ③ 대판 1995.4.28. 94다23524
> ④ 등기의 추정력은 등기명의인의 보호만을 목적으로 하는 것은 아니다. 따라서 등기명의인의 이익을 위하여 추정력이 미칠 뿐만 아니라 등기명의인의 불이익을 위하여서도 추정력이 미친다.

10 등기의 추정력과 점유의 추정력에 관한 설명으로 옳지 않은 것은?

① 점유자가 점유물에 행사하는 권리는 적법하게 보유한 것으로 추정한다.
② 등기명의인은 적법한 권리자로 추정된다.
③ 부동산의 등기명의인과 점유자가 다를 경우에는 등기의 추정력에 의한다.
④ 미등기된 부동산에 대하여는 점유의 추정력에 관한 규정을 적용한다.

> **해설** ① 제200조
> ③ 등기된 부동산에 관하여는 부동산 물권에는 적용하지 아니하고 등기에만 추정력을 부여한다(대판 1982.4.13. 81다780).
> ④ 부동산에 관하여는 점유를 하고 있는 자에게 권리가 있다고 추정되지 않는다.

7 부동산등기에 관한 설명 중 가장 옳지 않은 것은? (다툼이 있는 경우 판례에 의함)

① 등기는 물권의 효력발생요건이고 효력존속요건이 아니므로, 물권에 관한 등기가 원인 없이 말소된 경우 그 물권의 효력에는 아무런 영향을 미치지 않는다.
② 상속, 공용징수, 판결, 경매 기타 법률의 규정에 의한 부동산에 관한 물권의 취득은 등기를 요하지 아니하나, 등기를 하지 아니하면 이를 처분하지 못한다.
③ 채무자의 변경을 내용으로 하는 근저당권변경의 부기등기는 기존의 주등기인 근저당권설정등기와 별개의 등기이므로, 그 피담보채무가 변제로 인하여 소멸된 경우 위 주등기의 말소뿐만 아니라 그에 기한 부기등기도 별도로 말소를 구하여야 한다.
④ 부동산에 소유권이전등기가 마쳐져 있는 경우 그 등기명의자는 제3자뿐만 아니라 그 전 소유자에 대하여도 적법한 등기원인에 의하여 소유권을 취득한 것으로 추정된다.

> ✔ **해설** ① 대판 1988.12.27. 87다카2431
> ② 제187조
> ③ 채무자의 변경을 내용으로 하는 근저당권변경의 부기등기는 기존의 주등기인 근저당권설정등기에 종속되어 주등기와 일체를 이루는 것이고 주등기와 별개의 새로운 등기는 아니라 할 것이므로, 그 피담보채무가 변제로 인하여 소멸된 경우 위 주등기의 말소만을 구하면 되고 그에 기한 부기등기는 별도로 말소를 구하지 않더라도 주등기가 말소되는 경우에는 직권으로 말소되어야 할 성질의 것이므로, 위 부기등기의 말소청구는 권리보호의 이익이 없는 부적법한 청구라고 할 것이다(대판 2000.10.10. 2000다19526).
> ④ 부동산에 관하여 소유권이전등기가 마쳐져 있는 경우, 그 등기명의자는 제3자에 대해서 뿐 아니라 그 전 소유자에 대해서도 적법한 등기원인에 의하여 소유권을 취득한 것으로 추정되므로, 이를 다투는 측에서 그 무효사유를 주장·입증하여야 한다(대판 1994.9.13. 94다10160, 대판 2007.2.8. 2005다18542).

8 가등기와 예고등기에 관한 설명 중 옳지 않은 것은?

① 가등기에 기해 본등기를 하면 본등기의 순위는 가등기의 순위에 의한다.
② 예고등기가 있더라도 본등기의 명의인은 물권의 처분행위를 할 수 있다.
③ 가등기가 있더라도 본등기가 없다면 가등기 설정자는 처분행위를 할 수 있다.
④ 본등기를 경료하지 않은 가등기 권리자는 가등기가 위법하게 말소되더라도 이에 대한 회복청구를 할 수 없다.

> ✔ **해설** ④ 가등기는 본등기가 갖추어지기 전에는 아무런 효력을 나타내지 않지만, 그렇다고 하여 위법하게 말소된 가등기에 대하여 가등기 권리자의 회복청구가 부인되는 것은 아니다.
> ㉠ 가등기 : 장래 본등기의 요건이 갖추어지면 행하여질 본등기를 위하여 미리 그 본등기의 순위를 보전하기 위하여 행하는 등기
> ㉡ 예고등기 : 등기원인의 무효나 취소로 인한 등기말소나 회복의 소가 제기된 경우에 수소법원의 직권으로 등기소에 촉탁하여 행해지는 등기

Answer 5.② 6.③ 7.③ 8.④

5 부동산 등기에 관한 설명으로 옳지 않은 것은?

① 부동산 등기에는 토지등기부와 건물등기부가 있다.
② 등기의 신청이 있었다면 등기부에 기재되어 있지 않더라도 등기의 효력이 발생한다.
③ 1부동산 1등기의 원칙을 채택하고 있다.
④ 건물이 구분소유의 대상인 경우에는 건물 전부에 대하여 1등기용지를 사용한다.

> **해설** 부동산 등기는 부동산의 표시와 일정한 권리관계를 공무원인 등기관이 등기부라는 공적장부에 기재하는 행위 또는 기재 자체를 의미한다. 이러한 등기는 신청이 있었다고 하여 등기가 있다고 할 수 없고, 등기부에 기재되어야만 한다.

6 등기의 종류에 따른 설명으로 옳지 않은 것은?

① 말소등기 – 등기된 권리나 객체가 원시적으로 존재하지 않거나 후발적으로 존재하지 않게 되었을 경우 이를 전부 말소하는 등기
② 종국등기 – 물권변동의 효력을 발생하게 하는 일반적인 등기
③ 변경등기 – 신청인이나 등기관의 착오로 등기와 실체관계가 불일치할 경우 이를 시정하는 등기
④ 보존등기 – 건물의 신축 등 미등기의 부동산에 대하여 새로운 등기용지를 편성하여 행하여지는 등기

> **해설** ① 반면 멸실등기는 등기된 부동산이 전부 멸실된 경우에 행하여지는 등기이다.
> ② 이에 대하여 예비등기는 등기 본래의 효력과는 직접 관계가 없고 앞으로 행하여질 등기에 대비하여 하는 등기로서 가등기와 예고등기가 이에 해당한다.
> ③ 이는 경정등기에 관한 설명이고, 변경등기는 등기가 된 후 등기된 사항에 변동이 생겨 등기와 실체관계와의 사이에 후발적 불일치가 있는 경우에 이를 시정하는 등기이다.

02 부동산물권의 변동

3 부동산에 관한 물권의 취득시기에 관한 설명으로 옳은 것은? (다툼이 있는 경우 판례에 의함)

① 경매에 의한 부동산의 물권변동은 목적부동산이 경락된 때이다.
② 부동산에 대한 소유권이전등기를 명하는 확정판결을 받았더라도 판결에 따른 소유권이전등기를 경료해야 그 부동산에 관한 소유권을 취득한다.
③ 점유취득시효가 완성한 경우 시효취득자가 부동산의 소유권을 취득하는 것은 법률의 규정에 의한 것이므로 시효기간의 만료로 소유권을 취득한다.
④ 상속의 경우 상속인에게 부동산의 소유권이 이전하는 시기는 상속이 개시된 후 상속인이 등기를 경료한 때이다.

> ✔해설 ① 공경매에서 매수인이 소유권을 취득하는 시기는 매각대금을 완납한 때이다.
> ② 본조(제187조)에서 이른바 판결이라 함은 판결 자체에 의하여 부동산 물권취득의 형식적 효력이 발생하는 경우를 말하는 것이고 당사자 사이에 이루어진 어떠한 법률행위를 원인으로 하여 부동산소유권이전등기절차의 이행을 명하는 것과 같은 내용의 판결 또는 소유권이전의 약정을 내용으로 하는 화해조서는 이에 포함되지 않는다(대판 1965.8.17, 64다1721).
> ③ 시효완성에 의한 부동산 물권변동은 법률의 규정에 의한 것이기는 하나, 민법은 등기를 하여야 소유권을 취득하는 것으로 규정하고 있다(제245조 제1항).
> ④ 상속에 의하여 부동산 물권변동이 일어나는 시기는 피상속인이 사망하는 순간이다(제997조).

4 민법 제186조는 "부동산에 관한 법률행위로 인한 물권의 득실변경은 등기하여야 그 효력이 생긴다."고 규정하고 있다. 이에 관한 설명으로 옳지 않은 것은?

① 물권변동에 관하여 성립요건주의를 취한 것이다.
② 186조는 법률행위에 의한 경우이므로 법률의 규정에 의한 변동은 적용되지 아니한다.
③ 물권적 합의만으로는 물권변동의 효력이 발생하지 아니하고, 등기를 갖추어야 한다.
④ 목적부동산의 인도 내지 명도는 등기와 함께 효력발생요건이다.

> ✔해설 부동산의 인도 내지 명도는 효력발생요건은 아니다. 따라서 합의와 등기만으로 효력이 발생한다. 다만 점유권과 유치권은 그 성질상 점유를 필요로 하므로 두 권리를 제외한 부동산물권의 변동에 관하여 위 규정이 적용된다.

Answer 1.② 2.③ 3.② 4.④

CHAPTER 02 물권의 변동

01 총설

1 물권변동에서의 공시제도에 관한 설명으로 옳지 않은 것은?

① 물권의 변동을 위해서는 부동산은 등기, 동산은 점유, 기타 명인방법 등이 공시방법이 필요하다.
② 공시의 원칙은 물권변동의 전반에 적용된다.
③ 우리 민법은 공시에 관하여 성립요건주의를 취하기 때문에 공시방법이 수반되어야 물권의 변동이 일어난다.
④ 대항요건주의에 따르면 공시방법은 제3자에의 대항요건일 뿐이라고 한다.

> **해설** ① 수목이나 미분리의 과실의 경우는 명인방법을 공시의 방법으로 한다.
> ② 법률행위에 의한 물권변동의 경우는 공시의 원칙이 적용됨에 반하여, 법률의 규정에 의한 물권변동의 경우에는 공시방법을 갖추지 않았더라도 물권변동의 효력은 발생한다.
> ④ 따라서, 물권적 합의만으로 물권변동은 효력이 발생하지만 제3자에 대항하기 위해서는 공시가 필요하다고 한다.

2 물권변동에서의 공시의 원칙과 공신의 원칙에 관한 설명으로 옳지 않은 것은?

① 공시의 원칙은 물권의 변동을 위해서는 공시방법이 있어야 한다는 원칙이다.
② 공신의 원칙은 공시의 원칙을 전제로 공시방법을 신뢰한 거래를 보호하는 것이다.
③ 부동산 물권변동의 공시방법이 동산 물권변동의 그것에 비해 안정된 점에 비추어 부동산 물권변동에 공신의 원칙이 채용되어 있는 것은 당연하다.
④ 표현대리, 영수증소지자에 대한 변제 등은 공신의 원칙과 유사한 경우라 할 수 있다.

> **해설** ② 공신의 원칙은 실제로 권리관계와 일치하는가를 따지지 아니하고 공시된 대로의 권리가 존재하는 것처럼 다루고자 함이다. 이는 물권의 변동에 있어 안전과 신속을 보장하기 위한 제도라고 볼 수 있다.
> ③ 동산의 경우는 빈번한 거래로 인하여 거래의 안전을 진정한 권리자보다 우선하여야 한다는 입장에서 공신의 원칙을 취하고 있다. 그러나 부동산의 경우는 등기제도의 불완전성과 진정한 권리자의 보호가 거래의 안전보다는 우선하여야 한다는 특수성 때문에 공신의 원칙을 채택하지 않고 있다.
> ④ 표현대리나 영수증소지자에 대한 변제는 진정한 대리인 또는 진정한 권리자인 것 같은 외관을 가진 이에 대한 상대방의 신뢰를 보호하기 위한 제도이다.

9 물권적 청구권에 관한 다음 설명 중 옳지 않은 것은?

① 청구권의 주체는 침해당한 물건에 대해 현재 정당한 권리를 가지고 있는 자이다.
② 청구권의 상대방은 현재 물권의 내용의 실현을 침해하고 있는 자이다.
③ 물권적 청구권은 물권적 성질과 채권적 성질을 동시에 갖는다.
④ 소유자가 침해자에게 방해예방 행위 또는 예방하는 데 드는 비용을 청구할 수 있는 것이다.

> ✔ 해설 ② 따라서 물건이 다른 사람에게 인도되어 점유하고 있지 않다면 그에 대한 청구는 부당하다.
> ③ 물권적 청구권만을 독립적으로 양도할 수 없는 점, 채권적 청구권에 우선하고 소멸시효에 걸리지 않는 점 등은 물권적 성질이다.
> ④ 소유자는 방해제거 행위, 방해예방 행위, 손해의 배상에 대한 담보 지급을 청구할 수 있으나, 방해제거 행위 또는 방해예방 행위에 드는 비용은 청구할 수 없다(대판 2014.11.27, 2014다52612).

Answer 6.④ 7.② 8.④ 9.④

6 물권법정주의에 관한 설명 중 옳지 않은 것은?

① 물권은 법률 또는 관습법에 의하는 외에는 임의로 창설하지 못한다.
② 여기서 법률이란 명령이나 규칙은 포함되지 않는다.
③ 이는 공시제도의 관철과 거래의 신속 및 안전 등에 그 의의를 둔다.
④ 물권의 종류는 임의로 창설하지 못하지만 그 내용은 가능하다.

> **해설** ① 제185조
> ② 제185조에서 말하고 있는 법률이란 형식적 의미의 법률만을 의미하고, 명령이나 규칙을 포함하지 않는다. 또한 관습법은 법률의 보충적 효력으로서 인정된다.
> ③ 물권의 종류와 내용을 미리 정형화하여 그 목적을 관철하려고 한다.
> ④ 물권법정주의는 물권의 종류뿐만 아니라 내용도 임의로 창설하지 못한다는 의미이다.

7 판례에 의하여 인정되는 관습법상의 물권인 것은?

① 온천권
② 동산의 양도담보권
③ 가등기담보권
④ 선박채권자의 우선특권

> **해설** ① 대법원은 온천권에 관하여 그 권리성을 부정한다(대판 1970.5.26, 69다1239).
> ②③ 동산이 아닌 가등기담보권 및 양도담보권에 관하여 가등기담보 등에 관한 법률에 규정이 있지만 동산의 양도담보에 관하여는 관습법상 인정하고 있는 것이 판례의 입장이다(대판 1994.8.26, 93다44739 등 다수).
> ④ 상법 제468조

8 물권의 우선적 효력에 관한 다음 설명 중 옳지 않은 것은?

① 점유권에 있어서는 권리의 우열문제가 발생하지 않는다.
② 물권과 채권 간에는 원칙적으로 물권이 우선한다.
③ 동종의 물권 상호 간에는 시간적으로 먼저 성립한 채권이 우선한다.
④ 소유권과 제한물권 간에는 소유권이 우선한다.

> **해설** ① 점유권은 권리의 취득과 상실이 점유라는 사실상의 지배 상태와 운명을 같이 하므로 권리의 우열문제는 발생하지 않는다.
> ② 다만 예외로서 부동산 물권변동에 관한 청구권을 가등기한 경우, 등기된 부동산임차권, 근로기준법상의 임금우선특권 등은 물권에 우선하는 경우가 있다.
> ④ 제한물권은 소유권의 기초 위에 성립하는 것이므로 소유권자는 정당하게 성립한 제한물권자에게 대항할 수 없다.

4 다음 중 채권과 구별되는 물권의 특징으로 가장 거리가 먼 것은?

① 절대권
② 지배권
③ 배타성
④ 양도성

> **✔ 해설**
> ① 물권은 일반인에 대한 효력을 갖는 대세권이다.
> ② 물권은 권리주체가 직접 물건을 지배하여 이익을 향유할 수 있는 권리이다.
> ③ 같은 물건에 대해 같은 권리가 다른 이에게 인정되지 않는 배타적 권리이다.
> ④ 물권이든 채권이든 원칙적으로 양도성을 가진다는 점에는 동일하다. 다만 물권은 물권법정주의를 취하고 있기 때문에 법률의 규정 이외에 당사자 간의 약정으로 양도를 금지할 수 없으나, 채권은 당사자의 약정으로 양도에 제한을 가할 수도 있다는 점에서는 차이가 있을 수 있다.

5 다음 중 물권의 주체 및 객체에 관한 설명으로 옳지 않은 것은?

① 유체물 및 전기 기타 관리할 수 있는 자연력은 물권의 객체가 된다.
② 물권의 주체는 자연인과 법인이다.
③ 물권의 객체는 원칙적으로 독립한 하나의 물건이어야 한다.
④ 물건이 아닌 것은 물권의 객체가 될 수 없다.

> **✔ 해설**
> ① 민법 제98조
> ② 다만 외국인은 일정한 제한을 받는다.
> ③ 일물일권주의에 대한 설명으로 타당하다.
> ④ 일정한 재산권을 목적으로 권리질권이 성립하기도 하고, 지상권과 전세권을 목적으로 저당권이 성립한다.

Answer 1.② 2.① 3.④ 4.④ 5.④

CHAPTER 01 총칙

1 다음의 부동산에 관한 물권의 취득원인 중 등기를 요하는 것은?

① 경매
② 점유취득시효
③ 상속
④ 국세징수법상의 공매

> ✔ 해설   부동산 점유취득시효는 등기를 하여야 소유권을 취득한다(제245조 제1항).

2 다음 중 물권의 성립과 효력에 관한 설명으로 옳지 않은 것은?

① 물권은 오직 법률에 의하지 아니하고는 임의로 창설하지 못한다.
② 판결에 의한 부동산에 관한 물권의 취득은 등기를 요하지 않는다.
③ 동산에 관한 물권의 양도는 그 동산을 인도하여야 효력이 생긴다.
④ 상속에 의한 부동산에 관한 물권의 취득 이후 등기를 하지 아니하면 이를 처분하지 못한다.

> ✔ 해설   ① 물권은 법률 또는 관습법에 의하는 외에는 임의로 창설하지 못한다(제185조).
> ②④ 제187조
> ③ 제188조 제1항

3 부동산 등기의 효력에 관한 설명 중 옳지 않은 것은?

① 등기는 등기부상에 기재된 바와 같은 실체적 권리관계가 존재한다는 추정을 받는다.
② 동일 부동산에 관하여 등기된 두 개 이상의 권리 사이의 순위는 등기의 전후에 의한다.
③ 가등기가 경료 되어 있는 부동산의 소유자도 자유로이 그 부동산의 소유권을 타인에게 이전할 수 있다.
④ 실체적 권리가 없는 자의 등기를 믿고 그로부터 권리의 이전등기를 경료한 자는 진정한 권리자의 말소등기청구에 대하여 대항할 수 있다.

> ✔ 해설   등기에는 공신력이 인정되지 않으므로 진정한 권리자의 말소등기청구에 대하여 대항할 수 없다.

PART 03

물권법

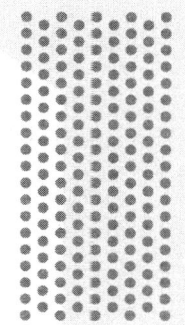

01 총칙
02 물권의 변동
03 점유권
04 소유권
05 용익물권
06 담보물권

11 소멸시효 완성의 효과에 대한 설명 중 옳지 않은 것은?

① 소멸시효가 완성하면 권리는 소멸한다는 것이 다수설의 입장이다.
② 주된 권리의 소멸시효가 완성한 때에는 종된 권리에 그 영향을 미친다.
③ 소멸시효의 이익은 미리 포기하지 못한다.
④ 소멸시효로 채무를 면하는 채무자는 시효완성시까지의 이자를 지급함이 공평의 원칙상 적합하다.

✔ 해설 소멸시효는 기산일에 소급하여 효력이 생긴다. 따라서 시효기간 중에는 이자를 지급할 필요가 없다.

12 소멸시효의 중단에 관한 설명 중 가장 옳지 않은 것은? (다툼이 있는 경우 판례에 의함)

① 물상보증인이 피담보채무의 부존재 또는 소멸을 이유로 제기한 저당권설정등기 말소청구소송에서 채권자 겸 저당권자가 청구기각의 판결을 구하고 피담보채권의 존재를 주장하였더라도 그러한 응소행위는 피담보채권에 관한 소멸시효 중단사유에 해당하지 않는다.
② 시효를 주장하는 자가 원고가 되어 소를 제기한 데 대해 채권자가 피고로서 응소한 행위로 인한 시효중단의 효력은 원고가 피고를 상대로 소를 제기한 때로 소급하여 발생한다.
③ 재판상 청구를 한 소송이 이송된 경우에 소제기에 따른 소멸시효중단의 효력 발생 시기는 소송이 이송된 때가 아니고, 이송한 법원에 처음 소가 제기된 때이다.
④ 가압류에 의한 시효중단의 효력은 가압류의 집행보전의 효력이 존속하는 동안은 계속된다.

✔ 해설 ① 대판 2004.1.16. 2003다30890.
② 민법 제168조 제1호, 제170조 제1항에서 시효중단사유의 하나로 규정하고 있는 재판상의 청구라 함은, 통상적으로는 권리자가 원고로서 시효를 주장하는 자를 피고로 하여 소송물인 권리를 소의 형식으로 주장하는 경우를 가리키지만, 이와 반대로 시효를 주장하는 자가 원고가 되어 소를 제기한 데 대하여 피고로서 응소하여 그 소송에서 적극적으로 권리를 주장하고 그것이 받아들여진 경우도 이에 포함되고, 위와 같은 응소행위로 인한 시효중단의 효력은 피고가 현실적으로 권리를 행사하여 응소한 때에 발생한다(대판 2010.8.26. 2008다42416,42423).
③ 대판 2007.11.30. 2007다54610.
④ 대판 2000.4.25. 2000다11102.

Answer 10.④ 11.④ 12.②

10 소멸시효의 중단에 관한 설명 중 옳지 않은 것은? (판례에 의함)

① 한 개의 채권 중 일부만을 청구한 경우에도 그 취지로 보아 채권 전부에 관하여 이를 구하는 것으로 해석된다면 그 청구액을 채권 전부로 보아야 하고, 이러한 경우 그 채권의 동일성의 범위 내에서 그 전부에 관하여 시효중단의 효력이 발생한다.

② 소멸시효 중단사유로서의 승인은 묵시적으로도 할 수 있는데, 묵시적 승인의 표시는 채무자가 그 채무의 존재 및 액수에 대하여 인식하고 있음을 전제로 하여 그 표시를 대하는 상대방으로 하여금 채무자가 그 채무를 인식하고 있음을 그 표시를 통해 추단하게 할 수 있는 방법으로 행해져야 한다.

③ 소멸시효 중단사유로서의 최고는 6월 내에 재판상의 청구, 파산절차참가, 화해를 위한 소환, 임의출석, 압류 또는 가압류, 가처분을 하지 아니하면 시효중단의 효력이 없으나, 최고를 받은 채무자가 채무이행 의무의 존부 및 액수 등에 대하여 조사해 볼 필요가 있다는 이유로 채권자에 대하여 그 이행의 유예를 구한 경우에는 채권자가 그 회답을 받을 때까지 위 최고의 효력이 계속된다.

④ 원인채권의 지급을 확보하기 위한 방법으로 어음이 수수된 경우 어음상 채권에 대하여 재판상 청구가 있는 경우 원인채권에 대하여 시효중단의 효력이 없으나, 반대로 원인채권에 대한 재판상 청구는 어음상 채권에 대하여 시효중단의 효력이 있다.

 ① 한 개의 채권 중 일부에 관하여만 판결을 구한다는 취지를 명백히 하여 소송을 제기한 경우에는 소제기에 의한 소멸시효중단의 효력이 그 일부에 관하여만 발생하고, 나머지 부분에는 발생하지 아니하지만 비록 그중 일부만을 청구한 경우에도 그 취지로 보아 채권 전부에 관하여 판결을 구하는 것으로 해석된다면 그 청구액을 소송물인 채권의 전부로 보아야 하고, 이러한 경우에는 그 채권의 동일성의 범위 내에서 그 전부에 관하여 시효중단의 효력이 발생한다고 해석함이 상당하다(대판 1992.4.10. 91다43695).

② 소멸시효 중단사유로서의 승인은 시효이익을 받을 당사자인 채무자가 시효의 완성으로 권리를 상실하게 될 상대방에 대하여 그 권리가 존재함을 인식하고 있다는 뜻을 표시하면 되는 것이므로 반드시 명시적인 방식에 의해서만 성립하는 것은 아니고 묵시적인 방식에 의하여도 가능하겠으나, 그와 같이 묵시적인 방식에 의한 승인이 있다고 하기 위해서는 시효의 완성으로 이익을 받을 채무자의 어떠한 행위 내지 의사표시가 시효의 완성으로 권리를 상실하게 되는 상대방에 대하여 그 권리가 존재함을 인식하고 있다는 뜻을 표시한 것으로 평가될 수 있는 정도에 이르러야 할 것이다(대판 2007.7.26. 2006다43651).

③ 민법 제174조 소정의 시효중단사유로서의 최고에 있어서 채무이행을 최고 받은 채무자가 그 이행의무의 존부 등에 대하여 조사를 해 볼 필요가 있다는 이유로 채권자에 대하여 그 이행의 유예를 구한 경우에는 채권자가 그 회답을 받을 때까지는 최고의 효력이 계속된다고 보아야 하고, 따라서 같은 조에 규정된 6월의 기간은 채권자가 채무자로부터 회답을 받은 때로부터 기산되는 것이라고 해석하여야 할 것이다(대판 2006.6.16. 2005다25632).

④ 원인채권의 지급을 확보하기 위하여 어음이 수수된 당사자 사이에 채권자가 어음채권에 관한 집행력 있는 채무명의 정본에 기하여 한 배당요구는 그 원인채권의 소멸시효를 중단시키는 효력이 있다(대판 2002.2.26. 2000다25484). 원인채권의 행사는 어음채권의 소멸시효를 중단시키지 못하고, 반대로 어음채권의 행사는 원인채권의 소멸시효를 중단시킨다.

① 소멸시효는 법률행위에 의하여 단축 또는 경감할 수 있다(제184조 제2항).
② 하나의 금전채권의 원금 중 일부가 변제된 후 나머지 원금에 대하여 소멸시효가 완성된 경우, 가분채권인 금전채권의 성질상 변제로 소멸한 원금 부분과 소멸시효 완성으로 소멸한 원금 부분을 구분하는 것이 가능하고, 이 경우 원금에 종속된 권리인 이자 또는 지연손해금 역시 변제로 소멸한 원금 부분에서 발생한 것과 시효완성으로 소멸된 원금 부분에서 발생한 것으로 구분하는 것이 가능하므로, 소멸시효 완성의 효력은 소멸시효가 완성된 원금 부분으로부터 그 완성 전에 발생한 이자 또는 지연손해금에는 미치나, 변제로 소멸한 원금 부분으로부터 그 변제 전에 발생한 이자 또는 지연손해금에는 미치지 않는다(대판 2008.3.14. 2006다2940).
③ 대판 2013.11.14. 2013다65178.
④ 가압류에 의한 시효중단은 경매절차에서 부동산이 매각되어 가압류등기가 말소되기 전에 배당절차가 진행되어 가압류채권자에 대한 배당표가 확정되는 등의 특별한 사정이 없는 한, 채권자가 가압류집행에 의하여 권리행사를 계속하고 있다고 볼 수 있는 가압류등기가 말소된 때 그 중단사유가 종료되어, 그때부터 새로 소멸시효가 진행한다. 따라서 매각대금 납부 후의 배당절차에서 가압류채권자의 채권에 대하여 배당이 이루어지고 배당액이 공탁되었다고 하여 가압류채권자가 그 공탁금에 대하여 채권자로서 권리행사를 계속하고 있다고 볼 수는 없으므로 그로 인하여 가압류에 의한 시효중단의 효력이 계속된다고 할 수 없다(대판 2013.11.14. 2013다18622).

9 소멸시효와 제척기간에 관한 설명으로 가장 옳지 않은 것은? (다툼이 있는 경우 판례에 의함)

① 소멸시효가 완성되면 기산일에 소급하여 권리소멸의 효과가 발생하나, 제척기간의 완성은 장래에 향하여만 효력이 있다.
② 소멸시효에서는 중단이 인정되나, 제척기간의 경우에는 그러하지 아니하다.
③ 소멸시효의 경우에는 시효의 완성으로 이익을 얻는 자가 그 사실을 재판상 원용하지 않으면 법원은 이를 재판의 기초로 할 수 없으나, 제척기간의 경우에는 그 기간의 경과만으로 권리소멸의 효과가 발생하므로 법원은 당사자의 주장을 기다리지 않고 이를 고려하여야 한다.
④ 민법은 소멸시효와 제척기간을 개념상 명확하게 구분하는 한편, 소멸시효에 관해서만 통일적인 규정을 두고 있다.

 법 조문상 '시효로 인하여'라는 표현이 있으면 소멸시효로 보고, 제척기간의 경우 기간만 규정을 두고 있다. 소멸시효와 제척기간의 구분에 있어서는 학설 및 판례상 상속·유증 승인 및 포기취소권, 도품 및 회복청구권 등에 있어 논란이 있다.

Answer 7.② 8.③ 9.④

7 소멸시효의 기산점에 관한 설명으로 가장 옳은 것은?

① 기한의 정함이 없는 채권 – 기한이 객관적으로 도래한 때
② 부작위 채권 – 채무자가 위반행위를 한 때
③ 불확정 기한부 채권 – 채무자가 기한의 도래를 안 때
④ 동시이행의 항변권이 붙어 있는 채권 – 그 항변권이 소멸된 때

✔ 해설 소멸시효의 기산점

권리의 종류	시효의 기산점
확정기한부 권리	기한 도래시부터
불확정기한부 권리	객관적 기한 도래시부터
기한 미정의 권리	채권 발생시부터
정지조건부 권리	조건 성취시부터
부작위 및 불법행위로 인한 채권	위반행위 및 불법행위를 한 때로부터
할부금채권	• 1회 불이행이 있더라도 각 변제기 도래시마다 순차적으로 소멸시효 진행 • 다만, 채권자가 잔존채무 전부의 변제를 구하는 의사표시를 한 경우에는 그 전액에 대하여 그때부터 소멸시효 진행
물권	물권 성립시부터
동시이행 항변권이 붙은 권리	이행기의 도래시부터
구상권	권리 발생하여 행사시부터
청구·해지통고 후 소정의 유예기간이 필요한 권리	청구·해지통고할 수 있는 때로부터 소정의 유예기간 경과 후

8 소멸시효에 관한 설명 중 가장 옳은 것은? (다툼이 있는 경우 판례에 의함)

① 소멸시효는 법률행위에 의하여 이를 배제, 연장 또는 가중할 수 없고, 이를 단축 또는 경감할 수도 없다.
② 하나의 금전채권의 원금 중 일부가 변제된 후 나머지 원금에 대하여 소멸시효가 완성된 경우, 소멸시효 완성의 효력은 소멸시효가 완성된 원금 부분으로부터 그 완성 전에 발생한 이자 또는 지연손해금뿐만 아니라 변제로 소멸한 원금 부분으로부터 그 변제 전에 발생한 이자 또는 지연손해금에도 미친다.
③ 일정한 채권의 소멸시효기간에 관하여 이를 특별히 1년의 단기로 정하는 민법 제164조는 그 각 호에서 개별적으로 정하여진 채권의 채권자가 그 채권의 발생원인이 된 계약에 기하여 상대방에 대하여 부담하는 반대채무에 대하여는 적용되지 아니한다.
④ 부동산에 관한 경매절차에서 매각대금이 납부되고 매각을 원인으로 가압류등기가 말소되었다고 하더라도, 가압류등기 말소 후의 배당절차에서 가압류채권자의 채권에 대한 배당이 이루어지고 배당액이 공탁되었다면 가압류채권자가 그 공탁금에 대하여 채권자로서 권리행사를 계속하고 있다고 볼 수 있으므로 가압류에 의한 시효중단의 효력은 계속된다.

6 다음 중 소멸시효기간이 나머지와 다른 것은?

① 의사의 치료에 관한 채권
② 변호사의 의무에 관한 채권
③ 이자채권
④ 연예인의 임금(출연료)채권

 해설 ①②③ 3년의 소멸시효
④ 1년의 소멸시효
※ 3년의 단기소멸시효〈제163조〉
  ㉠ 이자, 부양료, 급료, 사용료 기타 1년 이내의 기간으로 정한 금전 또는 물건의 지급을 목적으로 한 채권
  ㉡ 의사, 조산사, 간호사 및 약사의 치료, 근로 및 조제에 관한 채권
  ㉢ 도급받은 자, 기사 기타 공사의 설계 또는 감독에 종사하는 자의 공사에 관한 채권
  ㉣ 변호사, 변리사, 공증인, 공인회계사 및 법무사에 대한 직무상 보관한 서류의 반환을 청구하는 채권
  ㉤ 변호사, 변리사, 공증인, 공인회계사 및 법무사의 직무에 관한 채권
  ㉥ 생산자 및 상인이 판매한 생산물 및 상품의 대가
  ㉦ 수공업자 및 제조자의 업무에 관한 채권
※ 1년의 단기소멸시효〈제164조〉
  ㉠ 여관, 음식점, 대석, 오락장의 숙박료, 음식료, 대석료, 입장료, 소비물의 대가 및 체당금의 채권
  ㉡ 의복, 침구, 장구 기타 동산의 사용료의 채권
  ㉢ 노역인, 연예인의 임금 및 그에 공급한 물건의 대금채권
  ㉣ 학생 및 수업자의 교육, 의식 및 유숙에 관한 교주, 숙주, 교사의 채권

02 소멸시효

4 다음 중 민법상 소멸시효에 관한 설명으로 가장 옳지 않은 것은?

① 소멸시효는 그 기산일에 소급하여 효력이 생긴다.
② 소멸시효는 법률행위에 의하여 이를 단축 또는 경감할 수 있다.
③ 채권자가 피고로서 응소하여 적극적으로 권리를 주장하고 그것이 받아들여졌다고 하더라도 시효중단사유인 재판상의 청구에 해당되는 것은 아니라고 함이 판례의 태도이다.
④ 채무자가 시효완성 전에 스스로 채권자의 권리행사나 시효중단을 불가능 또는 현저히 곤란하게 한 결과 채권자가 그러한 조치를 할 수 없었던 경우에는 소멸시효의 완성을 주장할 수 없다는 것이 판례의 태도이다.

> ✓해설 ① 제167조
> ② 소멸시효는 법률행위에 의해 이를 배제, 연장 또는 가중할 수 없으나, 이를 단축 또는 경감할 수 있다(제184조 제2항).
> ③ 시효중단사유의 하나로 규정하고 있는 재판상의 청구라 함은, 통상적으로는 권리자가 원고로서 시효를 주장하는 자를 피고로 하여 소송물인 권리를 소의 형식으로 주장하는 경우를 가리키지만, 이와 반대로 시효를 주장하는 자가 원고가 되어 소를 제기한 데 대하여 피고로서 응소하여 그 소송에서 적극적으로 권리를 주장하고 그것이 받아들여진 경우도 마찬가지로 이에 포함되는 것으로 해석함이 타당하다(대판 1993.12.21, 92다47861).
> ④ 채무자가 시효완성 전에 채권자의 권리행사나 시효중단을 불가능 또는 현저히 곤란하게 하거나 그러한 조치가 불필요하다고 믿게 하는 행동을 하였거나, 객관적으로 채권자가 권리를 행사할 수 없는 장애사유가 있었거나, 또는 일단 시효완성 후에 채무자가 시효를 원용하지 아니할 것 같은 태도를 보여 권리자로 하여금 그와 같이 신뢰하게 하였거나, 채권자 보호의 필요성이 크고 같은 조건의 다른 채권자가 채무의 변제를 수령하는 등의 사정이 있어 채무이행의 거절을 인정함이 현저히 부당하거나 불공평하게 되는 등의 특별한 사정이 있는 경우에 한하여 채무자가 소멸시효의 완성을 주장하는 것이 신의성실의 원칙에 반하여 권리남용으로서 허용될 수 없다(대판 1999.12.7, 98다42929).

5 소멸시효의 중단에 관한 설명으로 옳지 않은 것은?

① 재판상 청구는 소송의 각하, 기각 또는 취하의 경우에는 시효중단의 효력이 없다.
② 시효중단의 효력이 있는 승인을 하기 위해서는 상대방이 권리에 관한 처분능력이나 권한이 있어야 한다.
③ 최고는 6월내에 재판상의 청구, 파산절차참가, 화해를 위한 소환, 임의출석, 압류 또는 가압류, 가처분을 하지 아니하면 시효중단의 효력이 없다.
④ 압류, 가압류 및 가처분은 권리자의 청구에 의하여 또는 법률의 규정에 따르지 아니함으로 인하여 취소된 때에는 시효중단의 효력이 없다.

> ✓해설 ① 제170조 제1항
> ② 시효중단의 효력 있는 승인에는 상대방의 권리에 관한 처분의 능력이나 권한 있음을 요하지 아니한다(제177조).
> ③ 제174조
> ④ 제175조

3. 기간에 관한 다음 설명 중 옳은 것은? (다툼이 있는 경우 판례에 의함)

① 사단법인의 사원총회 소집을 1주일 전에 통지하여야 하는 경우 총회 일시가 10월 1일 오후 2시인 경우 9월 24일 오후 12시까지는 소집통지를 발신하여야 한다.
② 정년이 53세라 함은 만 53세에 도달하는 날을 의미하는 것이 아니라 만 53세가 만료하는 날을 의미하는 것이다.
③ 갑이 2020년 7월 21일(목요일) 을에게 100만 원을 변제기 2020년 8월 21일(일요일)로 정하여 대여한 경우, 갑의 을에 대한 대여금 채권의 소멸시효는 2030년 8월 22일 24시에 완성한다(2030년 7월 21일은 수요일이고, 2030년 8월 21일은 토요일임).
④ 2021년 5월 4일부터 2주일 이내에 항소장을 제출해야 할 때 항소기간은 2021년 5월 5일부터 기산되고, 그 날이 어린이날로 공휴일이라고 하여 2021년 5월 6일부터 기산되는 것은 아니다.

✅ **해설** ① 기간의 역산은 기간의 계산방법을 유추적용한다. 사례에서 사원총회일의 전일(9월 30일)이 기산일이 되고, 그로부터 일주일이 되는 9월 24일이 만료일이 된다. 따라서 9월 23일 오후 12시까지는 소집통지를 발신하여야 한다.
② 노사 간의 협약에 의하여 광부의 정년을 53세로 한 때에는 광부의 가동연령을 만 53세 되는 시기로 인정함이 정당하다(대판 1969.4.22. 69다183). 즉, 만 53세에 도달하는 날을 의미하는 것이다.
③ 확정기한은 기한이 도래한 때로부터 소멸시효가 진행한다. 사례에서 기한이 도래한 때는 2020년 8월 21일(일요일)이지만, 소멸시효의 기산일은 다음날인 2020년 8월 22일(월요일)이다. 기간을 일, 주, 월 또는 연으로 정한 때에는 기간의 초일은 산입하지 아니하기 때문이다(제157조). 대여금 채권의 소멸시효기간은 10년이므로(제162조 제1항), 2030년 8월 30일(토요일)이 말일이 된다. 기간의 말일이 토요일 또는 공휴일에 해당한 때에는 기간은 그 익일로 만료하므로(제161조), 공휴일에 해당하는 2030년 8월 22일(일요일)이 아닌 2030년 8월 23일 24시에 소멸시효가 완성한다.
④ 기간의 말일이 토요일 또는 공휴일에 해당한 때에는 기간은 그 익일로 만료한다(제161조). 기간의 초일이나 기산일에 있어서 토요일 또는 공휴일은 어떤 예외조항도 없다.

Answer 1.④ 2.③ 3.④

CHAPTER 09 기간·소멸시효

01 기간

1 다음 중 기간에 관한 설명으로 옳지 않은 것은?

① 내일(1월 1일)부터 5일간이라 하면 1월 5일까지이다.
② 기간이 오전 0시로부터 시작하는 경우에는 초일을 산입한다.
③ 오늘(5월 3일)부터 1개월이라 하면 6월 3일까지이다.
④ 오는 4월 6일부터 1주일이라 하면 4월 13일까지이다.

> **해설** 제157조 단서에 의하여 초일인 4월 6일도 산입되므로 오는 4월 6일부터 1주일이라 하면 4월 12일까지이다.

2 기간에 대한 다음 설명 중 가장 옳지 않은 것은?

① 2월 28일 오후 3시부터 1개월의 말일은 3월 31일이다.
② 민법상의 계산방법은 일정한 기산일로부터 과거에 소급하여 계산되는 기간에도 준용된다.
③ 기간의 말일이 공휴일인 때에는 그 기간은 그 익일로 만료하며, 기간의 초일이 공휴일인 경우에도 그 기간은 익일부터 기산한다.
④ 기간의 계산방법으로는 자연적 계산법과 역법적 계산법이 있는데, 민법은 시간을 단위로 하는 단기간에 대하여는 자연적 계산법을, 일, 주, 월 또는 년을 단위로 하는 장기간에 대하여는 역법적 계산법을 채택하고 있다.

> **해설** ① 기간을 월로 정한 때에는 역에 의하여 계산한다(제160조 제1항). 따라서 월의 일수의 장단에 상관없이, 초일이 월말이면 말일도 매달 말일이 된다.
> ③ 기간의 초일이 공휴일이라 하더라도 기간은 초일부터 기산한다(대판 1982.2.23, 81누204).

6 조건과 기한에 관한 설명 중 옳은 것은?

① 기한이익의 포기가 상대방의 이익을 침해한 경우는 항상 포기할 수 없다.
② 기한도래의 효력은 소급하지 않으나 당사자에게만 효력이 있는 소급효를 약정할 수 있다.
③ 조건 있는 법률행위의 당사자는 조건의 성부가 미정한 동안에 조건의 성취로 인하여 생길 상대방의 이익을 해하지 못한다.
④ 법률이 그 내용을 정하고 있거나 효력발생시기를 정하고 있는 것도 조건이나 기한으로 볼 수 있다.

> **✔ 해설** ① 당사자 모두가 기한의 이익을 갖고 있을 경우에는 상대방의 손해를 배상하고 포기할 수 있다.
> ② 기한부 법률행위에 있어서 기한도래 후에는 그 때부터 불소급으로 법률행위의 효력이 발생 또는 소멸되며, 이는 당사자 특약으로도 소급할 수 없다.
> ③ 제148조
> ④ 조건은 법률행위의 일부로서 당사자의 임의적 의사표시로 부가한 것이기 때문에 법률규정에 의하여 부가된 법정조건은 조건이 아니다.

7 조건과 기한을 비교한 설명 중 옳지 않은 것은?

① 양자 모두 법률행위의 부관이다.
② 조건이 되는 사실이나 기한이 되는 사실 모두 장래의 사실이다.
③ 기한은 도래함이 확실하고, 조건은 그 성부가 불확실하다.
④ 어음(수표)행위는 조건에는 친하나, 기한에는 친하지 않다.

> **✔ 해설** 어음(수표)행위에 조건을 붙이는 것은 공익상 허용되지 않으므로 조건에 친하지 않으나, 어음(수표)행위에 시기(이행기)는 붙일 수 있으므로 기한에는 친하다.

Answer 3.③ 4.③ 5.④ 6.③ 7.④

3 다음 설명 중 옳지 않은 것은?

① 조건은 법률행위의 효력의 발생 또는 소멸에 관한 것이며, 법률행위의 성립에 관한 것은 아니다.
② 조건이 되는 사실은 장래의 불확실한 사실이어야 한다.
③ 불확실한 사실인지의 여부는 당사자를 기준으로 주관적으로 정한다.
④ 조건은 당사자가 임의로 부가한 것이어야 한다.

> **해설** 조건이란 법률행위의 효력의 발생 또는 소멸을 불확실한 사실의 성부에 의존케 하는 부관이다. 조건이 되는 사실은 장래의 불확실한 사실, 즉 객관적으로 성부가 불명한 것이어야 하는데 이 점에서 장래 도래할 것이 확실한 기간과 다르다. 조건은 법률행위의 내용이므로 당사자가 임의로 정한 것이어야 한다. 따라서 법정조건은 여기서 말하는 조건이 아니다.

4 다음 설명 중 옳은 것은?

① 불능조건이 정지조건으로 되어있는 경우 그 법률행위는 유효하다.
② 불능조건이 해제조건으로 되어있는 경우 그 법률행위는 무효이다.
③ 기성조건이 정지조건으로 되어있는 경우 그 법률행위는 조건 없이 유효하다.
④ 기성조건이 해제조건으로 되어있는 경우 그 법률행위는 유효이다.

> **해설** ① 불능조건이 정지조건이면 이는 무효가 된다.
> ② 불능조건이 해제조건이면 조건 없는 법률행위가 된다.
> ④ 기성조건이 해제조건이면 이는 무효가 된다.

02 기한부 법률행위

5 기한의 이익에 관한 설명으로 가장 옳지 않은 것은?

① 기한의 이익은 기한이 도래하지 않음으로 인하여 법률관계의 당사자가 받는 이익을 의미한다.
② 기한의 이익을 가지는 자는 원칙적으로 법률관계의 성질에 따라 결정된다.
③ 다른 약정이 없을 경우 기한의 이익은 채무자를 위하여 존재하는 것으로 추정된다.
④ 기한이 일정한 당사자의 이익만을 위하여 존재하는 경우 그 당사자는 자유롭게 기한의 이익을 포기할 수 있고 포기는 소급효를 갖는다.

> **해설** ③ 제153조 제1항
> ④ 기한이익의 포기는 소급효가 없으며, 장래에 있어서만 효력이 있다.

2 조건과 기한에 관한 설명 중 옳지 않은 것은? (판례에 의함)

① 부관이 붙은 법률행위에 있어서 부관에 표시된 사실이 발생하지 아니하면 채무를 이행하지 아니하여도 된다고 보는 것이 상당한 경우에는 조건으로 보아야 하고, 표시된 사실이 발생한 때에는 물론이고 반대로 발생하지 아니하는 것이 확정된 때에도 그 채무를 이행하여야 한다고 보는 것이 상당한 경우에는 표시된 사실의 발생 여부가 확정되는 것을 불확정기한으로 정한 것으로 보아야 한다.

② 이미 부담하고 있는 채무의 변제에 관하여 일정한 사실이 부관으로 붙여진 경우에는 특별한 사정이 없는 한 그것은 변제기를 유예한 것으로서 그 사실이 발생한 때 또는 발생하지 아니하는 것으로 확정된 때에 기한이 도래한다.

③ 조건의 성취로 인하여 불이익을 받을 당사자가 신의성실에 반하여 조건의 성취를 방해한 때에는 상대방은 그 조건이 성취한 것으로 주장할 수 있는데, 이때 조건이 성취된 것으로 의제되는 시기는 신의성실에 반하는 행위가 있었던 시점이다.

④ 계약당사자 사이에 일정한 사유가 발생하면 채무자는 기한의 이익을 잃고 채권자의 별도의 의사표시가 없더라도 바로 이행기가 도래한 것과 같은 효과를 발생케 하는 이른바 정지조건부 기한이익상실의 특약을 한 경우에는 그 특약에 정한 기한이익의 상실사유가 발생함과 동시에 기한의 이익을 상실케 하는 채권자의 의사표시가 없더라도 이행기도래의 효과가 발생하고, 채무자는 특별한 사정이 없는 한 그때부터 이행지체의 상태에 놓이게 된다.

> ✔ 해설 ①② 부관이 붙은 법률행위에 있어서 부관에 표시된 사실이 발생하지 아니하면 채무를 이행하지 아니하여도 된다고 보는 것이 상당한 경우에는 조건으로 보아야 하고, 표시된 사실이 발생한 때에는 물론이고 반대로 발생하지 아니하는 것이 확정된 때에도 그 채무를 이행하여야 한다고 보는 것이 상당한 경우에는 표시된 사실의 발생 여부가 확정되는 것을 불확정기한으로 정한 것으로 보아야 한다. 따라서 이미 부담하고 있는 채무의 변제에 관하여 일정한 사실이 부관으로 붙여진 경우에는 특별한 사정이 없는 한 그것은 변제기를 유예한 것으로서 그 사실이 발생한 때 또는 발생하지 아니하는 것으로 확정된 때에 기한이 도래한다(대판 2003.8.19. 2003다24215).
> ③ 대판 1998.12.22. 98다42356
> ④ 대판 1989.09.29. 88다카14663

Answer 1.③ 2.③

CHAPTER 08 법률행위의 부관

01 조건부 법률행위

1 조건에 관한 다음 설명 중 옳지 않은 것은?

① 조건의 성취가 미정한 권리의무도 일반규정에 의하여 처분, 상속, 보존 또는 담보로 할 수 있다.
② 조건의 성취로 인하여 이익을 받을 당사자가 신의성실에 반하여 조건을 성취시킬 때에는 상대방은 그 조건이 성취하지 아니한 것으로 주장할 수 있다.
③ 조건이 선량한 풍속 기타 사회질서에 위반한 것인 때에는 그 조건만을 무효로 하고 나머지 법률행위는 유효로 한다.
④ 해제조건이 법률행위 당시 이미 성취할 수 없는 것인 경우에는 조건 없는 법률행위로 본다.

 ① 제149조
② 제150조 제2항
③ 조건이 선량한 풍속 기타 사회질서에 위반한 것인 때에는 그 법률행위는 무효로 한다(제151조 제1항).
④ 제151조 제3항

11 취소에 관한 다음 설명 중 옳지 않은 것은?

① 법률행위의 취소는 취소권자만이 행사할 수 있다.
② 실종선고의 취소에는 소급효가 있다.
③ 제한능력자의 행위임을 이유로 법률행위를 취소한 경우 부당이득반환은 그 행위로 인해 받은 이익이 현존하는 한도에서 반환하면 된다.
④ 착오, 사기, 강박, 제한능력을 이유로 법률행위를 취소하는 경우 그 취소의 효과는 선의의 제3자에게 대항할 수 없다.

> ✔해설 제한능력을 이유로 취소하는 경우에는 선·악을 불문하고 제3자에게 대항할 수 있으나 착오, 사기, 강박을 이유로 취소하는 경우에는 선의의 제3자에게 대항할 수 없다.

12 무효인 법률행위와 취소할 수 있는 법률행위에 관한 비교 설명 중 옳지 않은 것은?

① 제한능력자의 행위에 대하여 무효 또는 취소를 주장할 수 있는 경우가 있다.
② 어떠한 경우가 무효인 법률행위인가 또는 취소할 수 있는 법률행위인가는 결국 입법 정책적 문제이다.
③ 무효인 법률행위와 취소할 수 있는 법률행위는 모두 불완전한 법률행위로서 일정 기간이 지나면, 모두 확정적으로 효력이 없어진다.
④ 어떠한 법률행위가 무효임을 주장하는 자는 그 행위와 이해관계인 모두를 상대로 할 수 있으나, 취소의 상대방은 정하여져 있다.

> ✔해설 무효인 법률행위는 특별한 주장을 하지 아니하여도 당연 무효이지만, 취소할 수 있는 법률행위는 취소권자가 취소의 의사표시를 하여야 처음부터 효력이 없어진다. 만약 일정 기간 내에 취소하지 않으면 확정적으로 유효한 법률행위로 된다.

Answer 9.② 10.② 11.④ 12.③

9 법률행위의 취소에 관한 다음 설명 중 가장 옳지 않은 것은? (다툼이 있는 경우 판례에 의함)

① 하나의 법률행위의 일부분에만 취소사유가 있다고 하더라도 그 법률행위가 가분적이거나 그 목적물의 일부가 특정될 수 있다면, 그 나머지 부분이라도 이를 유지하려는 당사자의 가정적 의사가 인정되는 경우 그 일부만의 취소도 가능하고, 그 일부의 취소는 법률행위의 일부에 관하여 효력이 생긴다.
② 동기의 착오가 법률행위의 내용의 중요부분의 착오에 해당함을 이유로 표의자가 법률행위를 취소하려면 그 동기를 당해 의사표시의 내용으로 삼을 것을 상대방에게 표시하고 의사표시의 해석상 법률행위의 내용으로 되어 있다는 것으로는 부족하고 당사자들 사이에 그 동기를 의사표시의 내용으로 삼기로 하는 합의가 이루어져야 한다.
③ 미성년자의 행위임을 이유로 법률행위를 취소하는 경우 미성년자는 그 행위로 인하여 받은 이익이 현존하는 한도에서 상환할 책임이 있다.
④ 민법 제146조 전단은 '취소권은 추인할 수 있는 날로부터 3년 내에 행사하여야 한다'고 규정하고 있는 바, 위 조항의 '추인할 수 있는 날'이란 취소의 원인이 종료되어 취소권행사에 관한 장애가 없어져서 취소권자가 취소의 대상인 법률행위를 추인할 수도 있고 취소할 수도 있는 상태가 된 때를 가리킨다.

> **✔해설** ① 대판 1992.2.14. 91다36062
> ② 동기의 착오가 법률행위의 중요부분의 착오로 되려면 표의자가 그 동기를 당해 의사표시의 내용으로 삼을 것을 상대방에게 표시하고 의사표시의 해석상 법률행위의 내용으로 되어 있다고 인정되면 충분하고 당사자들 사이에 별도로 그 동기를 의사표시의 내용으로 삼기로 하는 합의까지 이루어질 필요는 없다 할 것이다(대판 1989.12.26. 88다카31507).
> ③ 민법 제141조 단서
> ④ 대판 1998.11.27. 98다7421

10 취소에 관한 다음 설명 중 옳지 않은 것은?

① 취소할 수 있는 법률행위는 취소되면 처음부터 무효인 것으로 간주된다.
② 취소의 의사표시에 착오, 사기·강박, 제한능력 등 취소사유가 있으면 다시 취소할 수 있다.
③ 취소할 수 있는 행위에 의하여 취득한 권리를 특정승계 한 경우는 취소권을 승계하나, 취소권만 특정승계 하는 것은 허용되지 않는다.
④ 매매계약을 한 후 매도인이 소유권이전등기의 말소등기절차이행을 청구하거나 매수인이 대금반환을 청구하는 것은 그 전에 매매계약을 취소하는 의사표시가 포함된 것으로 해석할 수 있다.

> **✔해설** 제한능력자는 단독으로 취소할 수 있고 그 취소의 효력은 확정적으로 발생하기 때문에 법정대리인의 동의 없음 등을 이유로 그 취소를 다시 취소할 수 없다.

02 법률행위의 취소

7 다음 설명 중 옳은 것은?

① 무효인 법률행위도 추인하면 그 효력이 생기는 것이 원칙이다.
② 법률행위의 일부분이 무효인 때에는 언제나 그 전부를 무효로 한다.
③ 본인이 하는 추인은 취소의 원인이 종료한 후에 하지 않으면 효력이 없다.
④ 취소한 법률행위는 처음부터 무효인 것으로 보므로, 미성년자는 그 행위로 인하여 받은 모든 이익을 상환할 책임이 있다.

> ✔해설 ① 무효인 법률행위는 추인하여도 그 효력이 생기지 아니한다. 그러나 당사자가 그 무효임을 알고 추인한 때에는 새로운 법률행위로 본다.
> ② 법률행위의 일부분이 무효인 때에는 그 전부를 무효로 한다. 그러나 그 무효부분이 없더라도 법률행위를 하였을 것이라고 인정될 때에는 나머지 부분은 무효가 되지 아니한다.
> ④ 취소한 법률행위는 처음부터 무효인 것으로 본다. 그러나 제한능력자는 그 행위로 인하여 받은 이익이 현존하는 한도에서 상환할 책임이 있다〈제141조〉.

8 법률행위의 추인에 관한 설명 중 옳지 않은 것은?

① 취소권자의 범위와 추인권자의 범위 및 자격요건은 일치한다.
② 미성년자가 혼인한 후에는 자기 스스로 혼인 전에 법정대리인의 동의 없이 한 법률행위를 추인할 수 있다.
③ 한정치산자가 후견인의 동의를 얻어 추인을 한 경우, 그 의사표시에 사기·강박을 받았거나 중대한 과실 없이 중요부분에 착오를 일으킨 경우 취소할 수 있다.
④ 추인의 의사표시는 그 행위가 추인할 수 있는 행위임을 알고 하여야 하는 점에서 이를 모르더라도 일정한 사실이 있으면 당연히 추인이 되는 법정추인과 다르다.

> ✔해설 추인하기 위해서는 취소의 원인이 종료한 후에 하여야 하므로 제한능력 상태, 착오 또는 사기·강박의 상태에 있는 자는 비록 취소는 할 수 있으나 추인은 할 수 없다.

Answer 5.③ 6.② 7.③ 8.①

5 법률행위에 따라 무효원인도 되고 취소원인도 되는 것은?

① 불법조건이 붙은 법률행위
② 상대방이 알 수 있는 비진의 표시
③ 의사무능력자의 행위
④ 강행법규 위반행위

 ① 조건이 선량한 풍속 기타 사회질서에 위반한 것인 때에는 그 법률행위는 무효로 한다.
② 상대방이 표의자의 진의 아님을 알았거나 이를 알 수 있었을 비진의 표시는 무효이다.
③ 법률행위가 무효와 취소 모두에 해당하는 경우에는 당사자가 각각 그 요건을 증명하여 무효 또는 취소를 자유롭게 주장할 수 있다. 사기 또는 강박에 의하여 사회질서에 반하는 행위를 한 경우 등도 이에 해당한다. 제한능력자의 법률행위는 취소할 수 있고 그가 의사능력을 가지고 있지 않았다면 무효와 취소가 경합한다.
④ 강행법규에 위반하는 법률행위는 무효이다.

6 무효행위의 추인과 관련한 다음 판례 중 옳지 않은 것은?

① 법률행위가 선량한 풍속 기타 사회질서에 반하여 무효로 된 경우에는 추인하여도 계속 무효이다.
② 협의이혼을 한 후 배우자 일방이 일방적으로 다시 혼인신고를 하였다면, 상대방이 그 사실을 알면서 혼인생활을 계속하였더라도 무효인 혼인을 추인하였다고 볼 수 없다.
③ 무효인 법률행위는 당사자가 무효임을 알고 추인할 경우 새로운 법률행위를 한 것으로 간주할 뿐이고 소급효가 없는 것이므로, 무효인 가등기를 유효한 등기로 전용키로 한 약정은 그 때부터 유효하고 이로써 위 가등기가 소급하여 유효한 등기로 전환될 수는 없다.
④ 하나의 법률행위의 일부분에만 취소사유가 있는 경우에 그 법률행위가 가분적이거나 그 목적물의 일부가 특정될 수 있다면, 그 나머지 부분이라도 이를 유지하려는 당사자의 가정적 의사가 인정되는 경우 그 일부만의 취소도 가능하다.

 ① 대판 1994.6.24, 94다10900
② 대법원은 협의이혼 후 배우자 일방이 일방적으로 혼인신고를 하였더라도 그 사실을 알고 혼인생활을 계속한 경우, 상대방에게 혼인할 의사가 있었거나 무효인 혼인을 추인하였다고 인정하였다(대판 1995.11.21, 95므731).
③ 대판 1992.5.12, 91다26546
④ 대판 1998.2.10, 97다44737

3 다음 중 무효인 법률행위는?

① 甲이 乙에게 도박채무의 변제로서 토지양도계약을 체결한 경우
② 甲이 乙의 강박에 의하여 丙에게 토지를 증여하는 계약을 체결한 경우
③ 甲이 乙에게 토지를 매도하면서 그 매매대금 1억 원을 1천만 원으로 잘못 표시한 경우
④ 甲이 乙에게 부동산을 증여하겠다는 농담을 하였으나 乙은 甲이 농담한 것으로 알 수 없었던 경우

✔해설 ① 사회질서에 반하는 행위로 무효이다.
② 강박에 의한 의사표시는 취소할 수 있다.
③ 착오에 의한 의사표시로 취소할 수 있다.
④ 상대방이 표의자의 의사표시가 진의 아님을 모른 경우이므로 효력이 있다.

4 무효행위의 전환에 대한 설명으로 가장 옳지 않은 것은? (다수설과 판례에 의함)

① 무효행위의 전환에 관한 제138조는 임의규정이다.
② 비밀증서에 의한 유언이 요건에 흠결이 있어서 무효인 경우에도 자필증서 방식에 적합한 때에는 자필증서로서 유효하다.
③ 전환되는 다른 법률행위에 대한 당사자의 의사는 법률행위의 보충적 해석에 의하여 인정되는 가정적 의사이다.
④ 불요식행위인 경우에는 요식행위로의 전환이 가능하고, 요식행위인 경우에는 요식행위로의 전환도 당연히 가능하다.

✔해설 ④ 불요식행위를 요식행위로 전환하는 것은 인정될 수 없고, 전세권 설정행위를 저당권 설정행위로 바꾸는 것과 같이 전환 전의 법률행위뿐만 아니라 전환 후의 법률행위 모두가 요식행위인 경우에는 전환을 인정하지 않음이 원칙이다.

Answer 1.① 2.② 3.① 4.④

CHAPTER 07 법률행위의 무효·취소

01 법률행위의 무효

1 다음의 법률행위 중 무효가 아닌 것은?

① 미성년자의 증여
② 통정허위표시
③ 불공정한 법률행위
④ 방식을 지키지 않는 유언

> ✔ 해설 ① 미성년자의 법률행위는 취소사유이다(제140조).
> ② 제108조
> ③ 제104조
> ④ 제1065조 내지 제1072조

2 다음 중 그 효력이 나머지와 다른 것은?

① 상대방과 통정한 법률행위
② 내용의 중요부분에 착오가 있는 법률행위
③ 당사자의 궁박으로 인하여 현저하게 공정을 잃은 법률행위
④ 어느 일방의 의사가 진의가 아니고, 상대방도 진의가 아님을 알고 한 법률행위

> ✔ 해설 ①③④는 법률행위의 무효사유이며, ②는 취소사유이다.

16 협의의 무권대리의 계약에 관한 설명 중 옳지 않은 것은?

① 상대방은 본인에 대하여 추인 여부를 최고할 수 있다.
② 본인이 상당한 기간 내에 확답이 없으면 추인한 것으로 본다.
③ 본인이 추인을 거절하였을 때에도 본인의 이익이 침해되면 무권대리인에게 불법행위로 인한 손해배상을 청구할 수 있다.
④ 본인이 추인하면 무권대리인의 무권대리는 일종의 사무관리이다.

> **해설** 본인이 상당한 기간 내에 확답이 없으면 추인을 거절한 것으로 본다. 이것이 무능력자의 상대방이 무능력자나 법정대리인에 대하여 한 최고의 효력과 다른 점이다. 즉, 무능력자의 상대방의 최고에 대하여 확답이 없으면 원칙적으로 추인한 것으로 본다.

17 무권대리 등에 관한 다음 설명 중 옳은 것은? (다툼이 있는 경우 판례에 의함)

① 대리권 없는 자가 타인의 대리인으로 계약을 한 경우에 상대방은 상당한 기간을 정하여 본인에게 그 추인여부의 확답을 최고할 수 있고, 본인이 그 기간 내에 확답을 발하지 아니한 때에는 추인을 거절한 것으로 본다.
② 표현대리는 무권대리행위의 효과를 본인에게 미치게 하는 제도로서, 표현대리가 성립하면 무권대리의 성질이 유권대리로 전환되므로, 유권대리에 관한 주장 속에는 표현대리의 주장이 포함되어 있다.
③ 본인이 무권대리행위를 추인할 경우 그 무권대리인의 의사표시의 일부에 대하여 추인하거나 그 내용을 변경하여 추인하여도 그 추인은 상대방의 동의와 상관없이 원칙적으로 유효하다.
④ 무능력자도 대리인이 될 수 있으므로 무권대리인이 무능력자인 경우에도 민법 제135조에 따라 계약의 이행이나 손해배상책임을 진다.

> **해설** ① 민법 제131조.
> ② 유권대리와 표현대리는 구성요건 해당사실 즉 주요사실이 다르므로, 유권대리에 관한 주장 속에 무권대리에 속하는 표현대리의 주장이 포함되어 있다고 볼 수 없다(대판 1983.12.13. 83다카1489).
> ③ 무권대리행위의 추인은 무권대리인에 의하여 행하여진 불확정한 행위에 관하여 그 행위의 효과를 자기에게 직접 발생케 하는 것을 목적으로 하는 의사표시이며, 무권대리인 또는 상대방의 동의나 승락을 요하지 않는 단독행위로서 추인은 의사표시의 전부에 대하여 행하여져야 하고, 그 일부에 대하여 추인을 하거나 그 내용을 변경하여 추인을 하였을 경우에는 상대방의 동의를 얻지 못하는 한 무효이다(대판 1982.1.26. 81다카549).
> ④ 상대방이 대리권 없음을 알았거나 알 수 있었을 때 또는 대리인으로 계약한 자가 제한능력자일 때에는 제135조 제1항, "타인의 대리인으로 계약을 한 자가 그 대리권을 증명하지 못하고 또 본인의 추인을 얻지 못한 때에는 상대방의 선택에 좇아 계약의 이행 또는 손해배상의 책임이 있다"의 규정을 적용하지 아니한다(제135조 제2항).

Answer 14.② 15.④ 16.② 17.①

14 추인에 대한 다음 설명 중 가장 옳지 않은 것은? (다툼이 있는 경우 판례에 의함)

① 무권대리행위의 추인은 명시적인 방법만이 아니라 묵시적인 방법으로도 할 수 있고, 무권대리인이나 무권대리행위의 상대방에 대하여도 할 수 있다.
② 무권대리인이 본인의 대리인이라 자칭하면서 매매계약을 체결한 경우에도, 본인이 이를 추인하면 추인한 때부터 그 매매계약의 효력이 발생한다.
③ 무권대리행위가 범죄가 되는 경우에 대하여 그 사실을 알고도 장기간 형사고소를 하지 아니하였다 하더라도 그 사실만으로 묵시적인 추인이 있었다고 할 수 없다.
④ 불공정한 법률행위로서 무효인 경우에는 추인에 의하여 무효인 법률행위가 유효로 될 수 없다.

 ① 무권대리행위는 그 효력이 불확정 상태에 있다가 본인의 추인 유무에 따라 본인에 대한 효력발생 여부가 결정되는 것인바, 그 추인은 무권대리행위가 있음을 알고 그 행위의 효과를 자기에게 귀속시키도록 하는 단독행위로서, 그 의사표시에 특별한 방식이 요구되는 것은 아니므로 명시적인 방법만이 아니라 묵시적인 방법으로도 할 수 있고, 무권대리인이나 무권대리행위의 상대방에 대하여도 할 수 있다(대판 2009.11.12. 2009다46828).
② 추인은 다른 의사표시가 없는 때에는 계약시에 소급하여 그 효력이 생긴다(제133조). 무권대리행위의 추인은 소급효가 있다.
③ 대판 1998.2.10. 97다31113.
④ 대판 1994.6.24. 94다10900.

15 다음 중 표현대리가 성립하지 않는 경우는?

① 백지위임장을 교부하였으나 실제 대리권을 수여하지 않았는데도 상대방이 그 위임장을 믿고 위임장 기재의 거래행위를 하였을 때
② 처가 남편의 유학 중 그 인감을 사용하여 남편의 전답을 팔아 맏아들의 대학등록금을 납부하였을 때
③ 甲의 수금원 乙이 해고당했음에도 불구하고 이를 모르는 丙으로부터 여전히 甲의 대리인으로서 수금을 한 때
④ 인감증명서를 위조하여 타인 소유의 부동산을 자기 명의로 소유권을 이전한 후 이를 제3자에게 매각한 때

 ① 제125조의 대리권수여의 표시에 의한 표현대리에 해당한다.
② 이른바 부부 간의 일상 가사대리권을 기초로 하는 제126조의 표현대리이다. 부부 상호 간에는 일상 가사대리권이라는 부부의 일상생활에 필요한 범위 내에서 인정되는 기초적 대리권이 인정되는 바, 이를 기초로 하여 이를 초과하는 법률행위가 있었을 때 표현대리가 인정되는 경우가 있다. 다만 여기서 중요한 점은 표현대리로 인정할 수 있는 정당한 사유가 존재하는지 여부이나, 설문의 경우는 정당한 사유가 존재하는 경우로 보아 표현대리를 인정하는 데 별 문제가 없다. 남편의 사고로 인한 입원, 남편의 수감 등과 같은 것은 정당한 사유가 될 수 있다.
③ 제129조의 대리권 소멸 후의 표현대리에 해당한다.
④ 아무런 권한 없이 타인의 부동산을 사취한 것이므로 표현대리의 문제가 아니다.

11 대리권수여의 표시에 의한 표현대리에 관한 설명으로 가장 옳지 않은 것은?

① 본인이 제3자에 대하여 타인에게 대리권을 수여한다는 통지를 요건으로 한다.
② 단순히 구두(口頭)로 대리권 수여의 의사를 표시하거나 자기 명의의 사용을 묵인한 경우에도 대리권 수여의 표시에 의한 표현대리가 성립할 수 있다.
③ 대리권 수여의 표시에 의한 표현대리는 법정대리인에게는 적용될 수 없다.
④ 판례와 다수설은 대리권 수여에 의한 표현대리를 유권대리로 보아 무권대리인의 손해배상책임에 관한 규정을 적용하지 않는다.

✔해설 판례와 다수설은 표현대리의 본질을 무권대리로 보고 있으며, 무권대리인의 손해배상책임에 관한 규정을 적용한다.

12 다음 중 표현대리의 논거로서 부당한 것은?

① 외관주의
② 의사책임
③ 형식주의
④ 금반언의 원칙

✔해설 표현대리는 외관주의, 의사·금반언·신뢰책임이며, 거래의 안전을 위한 제도이다.

13 무권대리에 관한 다음 설명 중 옳은 것은?

① 무권대리인의 행위는 본인이 추인하여도 효력이 없다.
② 상대방이 무권대리인의 대리권 없음을 알았거나 알 수 있었을 경우에는 무권대리인은 상대방에게 책임을 부담하지 아니한다.
③ 본인이 상대방의 최고를 받은 후 상당한 기간 안에 확답을 발하지 않으면 무권대리인의 행위를 추인한 것으로 본다.
④ 무권대리인은 자신의 선택에 좇아 상대방에게 계약의 이행 또는 손해배상의 책임을 부담한다.

✔해설
① 무권대리행위는 본인이 이를 추인하지 아니하면 본인에 대하여 효력이 없다〈제130조〉. 즉, 본인이 추인하면 유효하다.
② 제135조 제2항
③ 최고를 받은 후 상당기간 내에 확답을 발하지 아니하면, 거절한 것으로 본다〈제131조〉.
④ 타인의 대리인으로 계약을 한 자가 그 대리권을 증명하지 못하고 또 본인의 추인을 얻지 못한 때에는 상대방의 선택에 좇아 계약의 이행 또는 손해배상의 책임이 있다〈제135조 제1항〉.

Answer 9.① 10.① 11.④ 12.③ 13.②

9 대리에 관한 설명 중 가장 옳지 않은 것은?

① 대리인이 그 권한 외의 법률행위를 한 경우에 제3자가 그 권한이 있다고 믿은 때에는 본인은 그 행위에 대하여 책임이 있다.
② 제3자에 대하여 타인에게 대리권을 수여함을 표시한 자는 그 대리권의 범위 내에서 행한 그 타인과 그 제3자간의 법률행위에 대하여 책임이 있다. 그러나 제3자가 대리권 없음을 알았거나 알 수 있었을 때에는 그러하지 아니하다.
③ 대리인은 행위능력자임을 요하지 아니한다.
④ 특정한 법률행위를 위임한 경우에 대리인이 본인의 지시에 좇아 그 행위를 한 때에는 본인은 자기가 안 사정 또는 과실로 인하여 알지 못한 사정에 관하여 대리인이 알지 못하였음을 주장하지 못한다.

> **해설** ① 대리인이 그 권한 외의 법률행위를 한 경우에 제3자가 그 권한이 있다고 믿을 만한 정당한 이유가 있는 때에는 본인은 그 행위에 대하여 책임이 있다(제126조). 즉, '제3자가 그 권한이 있다고 믿은 때'가 아니라, '제3자가 그 권한이 있다고 믿을 만한 정당한 이유가 있는 때'이다.
> ② 제126조
> ③ 제117조
> ④ 제116조 제2항

02 무권대리와 표현대리

10 무권대리와 표현대리에 관한 설명으로 옳지 않은 것은?

① 표현대리가 성립하면 본인과 표현대리인 사이에는 위임관계가 성립한다.
② 표현대리의 효과는 상대방 측에서만 주장할 수 있고, 본인은 표현대리를 주장할 수 없다.
③ 민법 제126조의 권한을 넘은 표현대리는 기본대리권이 공법상의 대리권인 경우에도 성립할 수 있다.
④ 대리권 없는 자가 타인의 대리인으로 한 계약의 상대방은 본인이 추인하기 전에 본인이나 대리인에 대하여 이를 철회할 수 있다.

> **해설** 표현대리에서 본인의 책임은 본래 무권대리지만 본인에게 책임 있는 사정에 의하여 대리권의 외관이 만들어진 경우에 이를 신뢰한 상대방을 보호하고 거래안전을 보호하기 위하여 본인이 그 대리행위의 효과를 받도록 한 법정책임이다. 따라서 표현대리의 성립으로 본인과 표현대리인 사이에 위임관계가 성립하지 않는다.

7 대리행위에 관한 다음 설명 중 옳지 않은 것은 몇 개인가?

> ㉠ 대리인이 한 불법행위의 효과는 본인에게 귀속되지 아니한다.
> ㉡ 대리인의 행위무능력을 이유로 그 대리행위를 본인이 취소할 수 있다.
> ㉢ 당사자의 특약에 의하여 대리인의 무능력을 이유로 대리행위를 취소할 수 있다.
> ㉣ 대리인이 의사무능력자인 경우 그 대리행위는 항상 무효이다.
> ㉤ 대리인이 본인의 인장을 사용하여 본인 명의의 증서를 작성하는 것은 대리의사가 표시되었다고 해석되는 것이 통설적 견해이다.

① 1개　　　　　　　　　　② 2개
③ 3개　　　　　　　　　　④ 4개

 ㉠ 대리는 법률행위에 한해 인정된다. 따라서 사실행위, 불법행위 등에는 인정되지 않는다.
　㉡ 대리인은 행위능력자임을 요하지 않으므로(제117조), 본인은 대리인이 제한능력자임을 이유로 대리행위를 취소할 수 없다.
　㉣ 대리인은 적어도 의사능력이 있어야 하므로, 의사능력 없는 대리인의 대리행위는 무효이다.

8 대리권의 남용에 관한 설명 중 옳은 것은? (다툼이 있는 경우 판례에 의함)

① 피용인이 대리권을 남용한 경우에 판례는 사용자책임의 성립을 부인한다.
② 권리남용으로서 무효이다.
③ 판례는 민법 제107조 제1항 단서를 유추적용 한다.
④ 상대방이 대리권 남용을 안 경우에도 신의칙 위반을 인정할 수 없다.

 ① 피용자의 불법행위가 외형상 객관적으로 사용자의 사업 활동 내지 사무집행행위 또는 그와 관련된 것이라고 보일 때에는 행위자의 주관적 사정을 고려함이 없이 이를 사무집행에 관하여 한 행위로 본다(대판 1996.1.26, 95다46890).
　②③④ 대리인이 본인의 이익이나 의사에 반하여 자기 또는 제3자의 이익을 위한 배임적 대리행위를 한 경우에, 그 상대방이 그 사정을 알았거나 알 수 있었을 경우 제107조 제1항 단서를 유추하여 그 대리인의 행위는 본인의 행위로 성립할 수 없다(대판 1996.4.26, 94다29850).

Answer 5.① 6.④ 7.① 8.③

5 대리인과 사자의 차이에 관한 다음 설명 중 옳지 않은 것은?

① 대리인에게는 의사능력이 필요 없으나, 사자에게는 의사능력이 필요하다.
② 의사표시의 하자의 유무에 관하여, 대리에서는 대리인에 관하여 결정하고, 사자는 본인에 관하여 결정한다.
③ 대리인은 자기가 결정한 의사를 표시하나, 사자는 본인이 결정한 의사를 표시한다.
④ 의사의 흠결에 관하여, 대리에서는 대리인의 의사와 그 표시를 비교하지만, 사자에서는 본인의 의사와 사자의 표시를 비교한다.

> ✅ 해설 ① 대리에서는 법률행위의 효과의사를 대리인 스스로가 결정하는 반면, 사자에서는 본인이 결정한다는 데 근본적인 차이가 있으므로 대리인에게는 적어도 의사능력이 필요하나, 사자는 의사능력마저도 필요 없다.
> ※ 대리와 사자의 구별

구분	대리	사자
효과의사결정	대리인이 스스로 결정	본인이 결정
행위능력의 여부	대리인은 행위능력을 요하지 않음	본인은 행위능력자이어야 하지만 사자는 행위능력자임을 요하지 않음
의사표시의 흠결 판단기준	대리인을 기준으로 하여 판단	사자의 표시와 본인의 의사를 비교해서 판단
의사표시의 하자 판단기준	대리인을 기준으로 하여 판단	본인을 기준으로 하여 판단

6 임의대리와 법정대리를 구별하는 표준에 관한 설명 중 옳지 않은 것은?

① 대리권이 본인의 의사에 기인하여 수여되는 것이 임의대리이고 법률의 규정으로 수여되는 것이 법정대리이다.
② 대리권의 범위가 수권행위에 의하여 정하여지는 것이 임의대리이고 법률로서 정하여지는 것이 법정대리이다.
③ 대리인을 두는 것이 임의적인 것은 임의대리이고 법률에 의하여 두는 것은 법정대리이다.
④ 대리인이 마음대로 복대리인을 선임할 수 있는 것이 임의대리이고 복대리인을 마음대로 선임할 수 없는 것이 법정대리이다.

> ✅ 해설 법정대리는 복임권이 자유로운 데 반하여, 임의대리는 본인의 사전 승낙이 존재하거나 부득이한 사유가 존재하는 경우에만 예외적으로 인정된다.

3 대리에 관한 다음 설명 중 가장 옳은 것은? (다툼이 있는 경우 판례에 의함)

① 대리권한 없이 타인의 부동산을 매도한 자가 그 부동산을 상속한 후 소유자의 지위에서 자신의 대리행위가 무권대리로 무효임을 주장하여 등기말소 등을 구하는 것은 금반언의 원칙이나 신의성실의 원칙에 반하여 허용될 수 없다.
② 대리권이 있다는 것과 표현대리가 성립한다는 것은 그 요건사실이 다르지만 유권대리의 주장이 있으면 표현대리의 주장이 당연히 포함되는 것이므로 이 경우 법원은 표현대리의 성립 여부까지 판단해야 한다.
③ 무권대리행위가 범죄가 되는 경우 그 사실을 알고도 장기간 형사고소를 하지 아니하였다는 사실만으로도 무권대리 행위에 대한 묵시적 추인을 인정할 수 있다.
④ 민법 제127조에 규정된 대리권의 소멸사유에는 본인의 사망, 본인의 파산, 대리인의 사망, 대리인의 파산 등이 있다.

 해설 ① 대판 1994.9.27. 94다20617. 참조
② 유권대리는 본인이 대리인에게 수여한 대리권의 효력에 의하여 법률효과가 발생하는 반면 표현대리는 법률이 상대방 보호와 거래안전유지를 위하여 본래 무효인 무권대리행위의 효과를 본인에게 미치게 한 것이다. 비록 표현대리가 성립된다 하더라도 무권대리의 성질이 유권대리로 전환되는 것은 아니므로, 양자의 구성요건 해당사실 즉 주요사실은 다르다. 따라서 유권대리에 관한 주장 속에 표현대리의 주장이 포함되는 것은 아니다(대판 1983.12.13. 83다카1489).
③ 무권대리행위가 범죄가 되는 경우, 그 사실을 알고도 장기간 형사고소를 하지 아니하였다는 사실만으로 묵시적인 추인이 있었다고 할 수는 없다. 권한 없이 기명날인을 대행하는 방식에 의하여 약속어음을 위조한 경우에 피위조자가 이를 묵시적으로 추인하였다고 인정하려면 추인의 의사가 표시되었다고 볼 만한 사유가 있어야 한다(대판 1998.2.10. 97다31113).
④ 민법 제127조에 규정된 대리권의 소멸사유에는 본인의 사망, 대리인의 사망, 대리인의 성년후견의 개시 또는 파산 등이 있다. '본인의 파산'은 대리권의 공통된 소멸사유가 아니다.

4 복대리에 관한 설명 중 옳은 것은?

① 대리인이 자신의 이름으로 선임한 대리인의 대리인이다.
② 대리인이 복대리인을 선임한 후에는 대리권이 소멸한다.
③ 대리인이 본인의 지명에 의하여 복대리인을 선임한 경우에는 그 부적임과 불성실함을 알고 본인에게 통지와 그 해임을 태만히 한 때가 아니면 책임이 없다.
④ 법정대리인이 부득이한 사유로 복대리을 선임한 때는 그 선임감독에 관한 책임만 진다.

 해설 ① 복대리인은 대리인이 자신의 이름으로 선임한 본인의 대리인이다.
② 복대리인 선임 후 대리인의 권한은 소멸하지 않으며 복대리인의 권한과 함께 병존하게 된다.
③ 대리인이 본인의 지명에 의하여 복대리인을 선임한 경우에는 그 부적임 또는 불성실함을 알고 본인에 대한 통지나 그 해임을 태만한 때가 아니면 책임이 없다(제121조 제2항).
④ 제122조

Answer 1.① 2.① 3.① 4.④

CHAPTER 06 대리

01 총설

1 대리에 관한 다음 설명 중 가장 옳지 않은 것은?

① 대리인은 행위능력자이어야 한다.
② 불법행위나 사실행위는 대리가 인정되지 않는다.
③ 대리제도는 사적자치의 범위를 확장해 주는 제도이다.
④ 관념의 통지나 의사의 통지와 같은 준법률행위에도 대리가 인정된다.

> **해설** ① 대리인은 행위능력자임을 요하지 아니한다〈제117조〉.
> ②④ 준법률행위 중 의사의 통지나 관념의 통지에 관하여는 의사표시에 관한 규정을 유추적용하므로, 대리도 가능하다고 보는 것이 통설이다. 그러나 불법행위나 사실행위에는 대리가 인정되지 않는다.
> ③ 대리제도는 사적자치의 범위를 확장 또는 보충해 주는 제도이다.

2 다음 중 대리관계에 관한 설명으로 옳은 것은?

① 임의대리인이 본인의 승낙을 얻어 복대리인을 선임한 경우 그 복대리인은 그 권한 내에서 본인을 대리한다.
② 대리인은 원칙적으로 본인의 허락 없이도 본인을 위하여 자기와 법률행위를 하거나 동일한 법률행위에 관하여 당사자 쌍방을 대리할 수 있다.
③ 의사표시의 효력이 의사의 흠결, 사기, 강박 등으로 인하여 영향을 받을 경우 그 사실의 유무는 본인을 표준하여 결정한다.
④ 권한을 정하지 아니한 대리인은 보존행위나 일정한 범위 안의 이용 또는 개량행위는 물론 대리인의 목적물에 관한 처분행위도 가능하다.

> **해설** ② 대리인은 본인의 허락이 없으면 본인을 위하여 자기와 법률행위를 하거나 동일한 법률행위에 관하여 당사자 쌍방을 대리하지 못한다. 그러나 채무의 이행은 할 수 있다〈제124조〉.
> ③ 대리인을 표준으로 하여 결정한다〈제116조 제1항〉.
> ④ 권한을 정하지 아니한 대리인은 보존행위, 대리의 목적인 물건이나 권리의 성질을 변하지 아니하는 범위에서 그 이용 또는 개량하는 행위만을 할 수 있다〈제118조〉.

25 다음 중 의사표시가 도달주의 원칙의 예외가 아닌 것은?

① 무권대리인의 상대방의 본인에 대한 최고에서 본인의 확답
② 채무인수에서 채무자의 최고에 대한 채권자의 확답
③ 격지자 간의 계약 성립시기
④ 무권대리인의 상대방의 본인에 대한 추인 여부의 확답 최고

> **✔ 해설** ④ 최고에 대한 확답은 발신주의이나 최고의 효력은 도달시에 발생한다.
> ※ 도달주의 원칙에 대한 예외규정(발신주의)
>   ㉠ 무능력자 상대방의 최고에 대한 무능력자 측의 확답〈제15조〉
>   ㉡ 사원총회의 소집통지〈제71조〉
>   ㉢ 무권대리인의 상대방의 최고에 대한 본인의 확답〈제131조〉
>   ㉣ 채무인수에서 채무자의 최고에 대한 채권자의 확답〈제455조〉
>   ㉤ 격지자 간의 계약성립시기〈제531조〉

Answer 23.④ 24.④ 25.④

04 의사표시의 효력발생

23 甲이 의사표시를 발송했는데 그 의사표시가 도달하기 전에 상대방 乙이 행위능력을 상실하였을 경우 이에 대한 설명으로 옳은 것은?

① 甲은 의사표시의 도달을 주장할 수 있다.
② 이 경우 의사표시는 자동적으로 철회된다.
③ 甲과 乙 모두 의사표시의 도달을 주장할 수 있다.
④ 甲은 乙의 법정대리인이 그 도달을 안 후에 그 의사표시의 효력을 주장할 수 있다.

> ✔해설 의사표시의 상대방이 의사표시를 받은 때에 제한능력자인 경우에는 의사표시자는 그 의사표시로써 대항할 수 없다. 다만, 그 상대방의 법정대리인이 의사표시가 도달한 사실을 안 후에는 그러하지 아니하다〈제112조〉.

24 의사표시의 효력발생에 관한 설명 중 옳지 않은 것은?

① 도달주의 원칙을 취하므로 의사표시는 본래의 의사표시가 도달하기 전까지는 이를 철회할 수 있다.
② 의사표시가 도달하고 있는 한, 발신 후 표의자가 사망하였거나 행위능력을 상실하여도 그 의사표시는 효력이 발생한다.
③ 공시송달에 의한 의사표시는 게시된 날로부터 2주일이 지난 때에 도달된 것으로 간주된다.
④ 의사표시의 상대방이 이를 받은 때에 제한능력자인 경우에도 그 의사표시로써 대항할 수 있다.

> ✔해설 ① 도달주의 원칙상 의사표시가 도달해야 효력이 발생하므로 도달 전에는 철회할 수 있다.
> ② 제111조 제2항
> ③ 민사소송법 제196조
> ④ 의사표시의 상대방이 의사표시를 받은 때에 제한능력자인 경우에는 의사표시자는 그 의사표시로써 대항할 수 없다. 다만, 그 상대방의 법정대리인이 의사표시가 도달한 사실을 안 후에는 그러하지 아니하다〈제112조〉.

21 다음 중 사기에 관한 설명으로 옳지 않은 것은?

① 사기는 의사와 표시 사이에 불일치는 없고 표의자의 의사형성의 동기에 하자가 있는 것이다.
② 사기가 성립하려면 사기자가 상대방을 기망하여 착오에 빠지게 하려는 고의와 착오에 기하여 어떤 의사표시를 하게 하려는 고의와의 2단의 고의가 있어야 한다.
③ 상대방 있는 의사표시에 관하여 제3자가 사기를 행할 경우에는 표의자는 무조건 취소할 수 있다.
④ 사기자의 부작위(침묵)가 사기가 되기 위해서는 사기자에게 특별한 고지의무가 있어야 한다.

> **해설** 상대방 있는 의사표시에 관하여 제3자가 사기나 강박을 행한 경우에는 상대방이 그 사실을 알았거나 알 수 있었을 때에 한하여 그 의사표시를 취소할 수 있다(제110조 제2항). 하자 있는 의사표시의 경우에는 표시에 해당하는 내심의 의사는 존재하나, 다만 그 의사결정이 자유롭게 행하여지지 않은 것이다.

22 사기에 의한 의사표시에 관한 설명 중 옳은 것은? (다툼이 있는 경우 판례에 의함)

① 기망에 의하여 타인의 물건에 관한 매매가 성립한 경우에는 담보책임의 규정과 사기의 규정이 경합하여 선택적으로 행사할 수 있다.
② 매수인이 목적물의 시가를 알면서도 시가보다 싼 금액을 시가라고 말한 경우에도 이로써 매도인의 의사결정에 불법적으로 간섭을 한 것으로 기망행위에 해당한다.
③ 대형백화점의 이른바 변칙세일, 즉 종전 판매가격을 실제보다 높게 표시하여 할인판매를 가장한 정상판매를 기도하거나 할인율을 기망하는 것은 사기에 해당한다.
④ 선의의 제3자는 취소 이전에 취소를 주장하는 자와 양립되지 아니하는 법률관계를 가진 자만을 의미한다.

> **해설** ① 민법 제569조가 타인의 권리의 매매를 유효로 규정한 것은 선의의 매수인의 신뢰이익을 보호하기 위한 것이므로, 매수인이 매도인의 기망에 의하여 타인의 물건을 매도인의 것으로 알고 매수한다는 의사표시를 한 것은 만일 타인의 물건인줄 알았더라면 매수하지 아니하였을 사정이 있는 경우에는 매수인은 민법 제110조에 의하여 매수의 의사표시를 취소할 수 있다고 해석해야 할 것이다(대판 1973.10.23, 73다268).
> ② 이 경우 매수인은 매도인의 의사결정에 불법적으로 간섭했다고 볼 수 없으므로 기망행위에 해당하지 않는다(대판 1959.1.29, 4291민상139).
> ③ 대판 1993.8.13, 92다52665
> ④ 취소를 주장하는 자와 양립되지 아니하는 법률관계를 가졌던 것이 취소 이전에 있었던가 이후에 있었던가는 가릴 필요 없이 사기에 의한 의사표시 및 그 취소사실을 몰랐던 모든 제3자에 대하여는 그 의사표시의 취소를 대항하지 못한다고 보아야 할 것이고 이는 거래안전의 보호를 목적으로 하는 민법 제110조 제3항의 취지에도 합당한 해석이 된다(대판 1975.12.23, 75다533).

Answer 19.③ 20.③ 21.③ 22.③

19 강박에 의한 의사표시에 관한 설명 중 옳지 않은 것은?

① 판례에 의하면, 의사결정의 자유가 박탈된 상태에서 한 의사표시는 무효이다.
② 판례·통설에 의하면 고소하겠다고 위협하는 것은 부정한 이익의 취득을 목적으로 하는 때에만 위법하다.
③ 강박수단이 법질서에 위배된 경우 중에는 위법성이 없는 때도 있다.
④ 강박에 의한 의사표시의 취소도 선의의 제3자에게 대항하지 못한다.

 ① 강박에 의한 법률행위가 하자 있는 의사표시로서 취소되는 것에 그치지 않고 무효가 되기 위해서는, 강박의 정도가 단순한 불법적 해악의 고지로 상대방으로 하여금 공포를 느끼도록 하는 정도가 아니고, 의사표시자로 하여금 스스로 의사결정을 할 수 있는 여지를 완전히 박탈한 상태에서 의사표시가 이루어져 단지 법률행위의 외형만이 만들어진 것에 불과한 정도이어야 한다(대판 2003.5.13, 2002다73708·73715).
② 어떤 해악을 고지하는 강박행위가 위법하다고 하기 위해서는, 강박행위 당시의 거래관념과 제반 사정에 비추어 해악의 고지로써 추구하는 이익이 정당하지 아니하거나 강박의 수단으로 상대방에게 고지하는 해악의 내용이 법질서에 위배된 경우 또는 어떤 해악의 고지가 거래관념상 그 해악의 고지로써 추구하는 이익의 달성을 위한 수단으로 부적당한 경우 등에 해당하여야 한다(대판 2000.3.23, 99다64049).
③ 강박수단이 법질서에 위배된 경우라면 언제나 위법성이 있다.
④ 제110조 제3항

20 민법 제108조의 통정허위표시는 무효이지만, 그 무효로 제108조 제2항의 선의의 제3자에게 대항하지는 못한다. 다음 중 민법 제108조 제2항의 제3자에 해당하지 않는 자는 누구인가? (다툼이 있는 경우 판례에 의함)

① 실제로는 전세권설정계약을 체결하지 아니하였으면서도 담보의 목적 등으로 당사자 사이의 합의에 따라 전세권설정등기를 마친 경우, 전세권부채권의 가압류권자
② 허위의 채무부담행위로 생긴 주채무를 보증하고 보증채무자로 그 채무를 이행하여 주채무자에게 구상권을 취득한 자
③ 금융기관이 통정허위표시로 대출계약의 대주가 되었다가 구 상호신용금고법상의 계약이전을 요구받은 경우, 계약이전에 따라 위 금융기관의 대출계약상 지위를 이전받은 자
④ 가장소비대차의 대주가 가장채권을 보유하고 있다가 파산한 경우의 파산관재인

 ① 대판 2010.03.25 2009다35743
② 대판 2000.7.6. 99다51258
③ 대법원은 구 상호신용금고법 소정의 계약이전은 금융거래에서 발생한 계약상의 지위가 이전되는 사법상의 법률효과를 가져오는 것이므로, 계약이전을 받은 금융기관은 계약이전을 요구받은 금융기관과 대출채무자 사이의 통정허위표시에 따라 형성된 법률관계를 기초로 하여 새로운 법률상 이해관계를 가지게 된 민법 제108조 제2항의 제3자에 해당하지 않는다고 판시하였다(대판 2004.1.15, 2002다31537). 따라서 계약인수의 상대방은 계약당사자의 지위를 승계하기 때문에 제3자가 될 수 없다.
④ 대판 2003.6.24, 2002다48214

03 하자 있는 의사표시

17 통정허위표시에 관한 설명 중 가장 옳지 않은 것은? (다툼이 있는 경우 판례에 의함)

① 통정허위표시의 무효는 선의의 제3자에게 대항하지 못하는데, 이 때 제3자는 자신이 선의라는 사실을 주장·입증하여야 한다.
② 통정허위표시에 있어서의 제3자는 그 선의 여부가 문제될 뿐이고 제3자의 과실 유무를 따질 것은 아니다.
③ 채무자의 법률행위가 통정허위표시인 경우에도 채권자취소권의 대상이 되고, 한편 채권자취소권의 대상으로 된 채무자의 법률행위라도 통정허위표시의 요건을 갖춘 경우에는 무효이다.
④ 통정허위표시에 의하여 외형상 형성된 법률관계로부터 생긴 채권을 가압류한 경우 그 가압류권자는 허위표시에 기초하여 새로이 법률상 이해관계를 가지게 된 제3자에 해당하므로, 그가 선의인 이상 통정허위표시의 무효를 그에 대하여 주장할 수 없다.

> ✔ 해설 ① 허위의 매매에 의한 매수인으로부터 부동산상의 권리를 취득한 제3자는 특별한 사정이 없는 한 선의로 추정할 것이므로 허위표시를 한 부동산양도인이 제3자에 대하여 소유권을 주장하려면 그 제3자의 악의임을 입증하여야 한다(대판 1970.9.29. 70다466).
> ② 대판 2004.5.28. 2003다70041
> ③ 대판 1998.2.27. 97다50985
> ④ 대판 2010.3.25. 2009다35743

18 채무자 丙이 보증인 甲을 기망하여 자기 채권자 乙과 보증계약을 체결시켰다. 다음 설명 중 옳은 것은?

① 丙이 사기를 한 경우이므로 甲, 乙이 취소할 수 있다.
② 丙이 사기를 한 경우이므로 항상 甲만이 취소할 수 있다.
③ 丙이 사기를 한 경우이므로 항상 乙만이 취소할 수 있다.
④ 丙이 사기를 한 경우이므로 乙이 그 사실을 알았을 경우에 甲이 취소할 수 있다.

> ✔ 해설 乙이 사기의 사실을 알았거나 알 수 있었을 경우에 한하여 甲은 乙에 대하여 의사표시를 취소할 수 있다(제110조 제2항).

Answer 15.① 16.② 17.① 18.④

15 허위표시의 무효는 선의의 제3자에게 대항하지 못한다. 이때 '제3자'에 해당하지 않는 것은?

① 가장매매에 기한 손해배상청구권의 양수인
② 가장매매의 매수인으로부터 그 목적부동산을 다시 매수한 자
③ 가장매매의 매수인으로부터 저당권을 설정받은 자
④ 가장매매의 매수인에 대한 압류채권자

> **해설** 제3자라 함은 당사자와 그의 포괄승계인 이외의 자로서 허위표시행위를 기초로 하여 새로운 이해관계를 맺은 자를 말하며 ②③ ④ 및 가장매매에 기한 대금채권의 양수인, 가장소비대차에 기한 채권의 양수인, 통정으로 행한 타인 명의의 예금통장 명의인으로부터 예금채권을 양수한 자 등이 이에 속한다.

16 판례상 법률행위의 중요부분의 착오라고 인정되는 것은?

① 부동산의 가격에 대한 착오
② 토지의 현황·경계에 관한 착오
③ 지적(地籍)의 부족에 관한 착오
④ 매매목적물의 소유주에 대한 착오

> **해설** ① 의사표시의 착오가 법률행위의 내용의 중요부분에 착오가 있는 이른바 요소의 착오이냐의 여부는 그 각 행위에 관하여 주관적, 객관적 표준에 쫓아 구체적 사정에 따라 가려져야 할 것이고 추상적, 일률적으로 이를 가릴 수는 없다고 할 것인 바, 토지매매에 있어서 시가에 관한 착오는 토지를 매수하려는 의사를 결정함에 있어 그 동기의 착오에 불과할 뿐 법률행위의 중요부분에 관한 착오라 할 수 없다(대판 1985.4.23, 84다카890).
> ② 토지의 현황·경계에 관한 착오는 매매계약의 중요한 부분에 대한 착오이다(대판 1974.4.23, 74다54).
> ③ 특정된 지번의 임야 전부에 관한 매매계약서에 표시된 지적이 실지 면지보다 적은 경우라도 위 계약이 법률행위의 요소에 착오가 있는 것이라 할 수 없다(대판 1969.5.13, 69다196).
> ④ 타인 소유의 부동산을 임대한 것이 임대차계약을 해지할 사유는 될 수 없고 목적물이 반드시 임대인의 소유일 것을 특히 계약의 내용으로 삼은 경우라야 착오를 이유로 임차인이 임대차계약을 취소할 수 있다(대판 1975.1.28, 74다2069).

13 진의 아닌 의사표시에 관한 다음 설명 중 옳지 않은 것은? (다툼이 있는 경우 판례에 의함)

① 공무원의 사직의 의사표시와 같은 사인의 공법행위에도 진의 아닌 의사표시에 관한 규정이 준용된다.
② 사용자가 사직의 의사 없는 근로자로 하여금 사직서를 작성·제출하게 한 후 이를 수리하여 근로계약 관계를 종료시키는 경우 진의 아닌 의사표시가 성립할 수 있다.
③ 진의 아닌 의사표시는 표시행위에 상응하는 내심의 효과의사가 없는 것이다.
④ 표의자가 증여를 하기로 하고 그에 따른 증여의 의사표시를 한 이상, 증여를 하는 자가 재산을 강제로 뺏기는 것이라고 생각하더라도 진의 아닌 의사표시는 성립하지 않는다.

> ✔ 해설 ① 공무원의 사직의 의사표시와 같은 공법상의 행위에는 진의 아닌 의사표시의 규정이 준용되지 않고, 외부에 표시된 대로 효력이 발생한다(대판 1997.12.12, 97누13962).
> ② 진의 아닌 의사표시인지의 여부는 효과의사에 대응하는 내심의 의사가 있는지 여부에 따라 결정되는 것인 바, 비록 사용자가 근로자로부터 사직서를 제출받고 이를 수리하는 의원면직의 형식을 취하여 근로계약관계를 종료시킨다고 할지라도, 사직의 의사 없는 근로자로 하여금 어쩔 수 없이 사직서를 작성 제출하게 하였다면 원고들이 사직서를 작성 제출할 당시 그 사직서에 기하여 의원면직 처리될지 모른다는 점을 인식하였다고 하더라도 이것만으로써 그들의 내심에 사직의 의사가 있는 것이라고 할 수 없다. 따라서 원고들의 사직의사표시는 비진의 의사표시에 해당한다(대판 1991.7.12, 90다11554).

14 A토지와 B토지를 소유하고 있는 甲은 A토지를 매수인 乙에게 매도하기로 하고 乙과 함께 현장을 답사한 다음 매매계약서를 작성하였다. 그런데 甲과 乙은 토지지번에 관하여 착오를 일으켜 계약서상 매매목적물로 B토지의 지번을 기재하였고 乙도 이를 간과하여 결국 B토지에 관하여 매매계약을 원인으로 하는 소유권이전등기가 경료 되었다. 그 후 乙은 B토지를 丙에게 매도하고 丙 앞으로 소유권이전등기를 마쳐주었다. 다음 설명 중 옳지 않은 것은? (다툼이 있는 경우 판례에 의함)

① 甲과 乙 간의 매매계약은 착오에 의한 의사표시로 규율되어야 한다.
② 甲과 乙 간의 매매계약은 A토지에 관하여 성립한 것으로 보아야 한다.
③ 부동산등기에는 공신력이 없으므로 丙은 B토지에 관하여 소유권을 취득할 수 없다.
④ 甲은 乙에게 A토지에 관하여 소유권이전등기를 해 줄 의무가 있다.

> ✔ 해설 부동산의 매매계약에 있어 쌍방당사자가 모두 특정의 A토지를 계약의 목적물로 삼았으나 그 목적물의 지번 등에 관하여 착오를 일으켜 계약을 체결함에 있어서는 계약서상 그 목적물을 A토지와는 별개인 B토지로 표시하였다 하여도 A토지에 관하여 이를 매매의 목적물로 한다는 쌍방당사자의 의사합치가 있은 이상 위 매매계약은 A토지에 관하여 성립한 것으로 보아야 할 것이고 B토지에 관하여 매매계약이 체결된 것으로 보아서는 안 될 것이며, 만일 B토지에 관하여 위 매매계약을 원인으로 하여 매수인 명의로 소유권이전등기가 경료 되었다면 이는 원인이 없이 경료된 것으로서 무효이다(대판 1993.10.26, 93다2629).
> ※ 오표시 무해의 원칙 … 표시가 잘못된 경우라 하더라도, 당사자의 내심의 의사(진의)가 서로 일치하고 있다면 그 진의대로 법률효과가 발생한다는 원칙이다. 이는 의사와 표시의 불일치를 의미하는 착오와 유사한 경우처럼 보이지만, 실은 법률행위의 해석(자연적 해석)을 통해 당사자의 진의가 일치함을 밝혀냄으로써 착오의 문제까지 이르지 않는 경우를 말한다.

Answer   11.④ 12.③ 13.① 14.①

11 의사표시에 관한 설명 중 가장 옳지 않은 것은? (다툼이 있는 경우 판례에 의함)

① 의사표시는 표의자가 진의 아님을 알고 한 것이라도 그 효력이 있다. 그러나 상대방이 표의자의 진의 아님을 알았거나 이를 알 수 있었을 경우에는 무효로 한다. 그 무효는 선의의 제3자에게 대항하지 못한다.
② 상대방과 통정한 허위의 의사표시는 무효로 한다. 그 무효는 선의의 제3자에게 대항하지 못하는데, 여기서 제3자는 그 선의여부가 문제이지 이에 관한 과실 유무를 따질 것은 아니다.
③ 의사표시는 법률행위의 내용의 중요부분에 착오가 있는 때에는 취소할 수 있다. 그러나 그 착오가 표의자의 중대한 과실로 인한 때에는 취소하지 못한다.
④ 상대방 있는 의사표시를 발신한 후에는 상대방에게 도달하기 전이라도 이를 철회할 수 없다.

> **해설** ① 제107조
> ② 제108조 제2항의 제3자는 선의이면 족하고 무과실은 요건이 아니다.
> ③ 제109조
> ④ 상대방 있는 의사표시는 그 통지가 상대방에 도달한 때로부터 그 효력이 생긴다(법 제111조 제1항). 즉, 민법은 의사표시의 효력발생시기에 관하여 도달주의를 원칙으로 하고 있다. 따라서 의사표시가 도달되어 효력을 발생하기 전이라면, 자유롭게 철회할 수 있다.

12 착오에 관한 다음 설명 중 판례의 태도에 부합하지 않는 것은?

① 착오에 의한 의사표시에서 취소할 수 없는 표의자의 '중대한 과실'이라 함은 표의자의 직업, 행위의 종류, 목적 등에 비추어 보통 요구되는 주의를 현저히 결여하는 것을 의미한다.
② 착오로 인한 의사표시의 취소는 선의의 제3자에게 대항하지 못한다.
③ 의사표시는 법률행위의 내용의 중요부분에 착오가 있는 때는 취소할 수 있고, 의사표시의 동기에 착오가 있는 경우에는 당사자 사이에 그 동기를 의사표시의 내용으로 삼았는지 여부와 관계없이 의사표시의 내용이 착오가 되어 취소할 수 있다.
④ 하나의 법률행위의 일부분에만 취소사유가 있다고 하더라도 그 법률행위가 가분적이거나 그 목적들의 일부가 특정될 수 있다면, 나머지 부분이라도 이를 유지하려는 당사자의 가정적 의사가 인정되는 경우 그 일부만의 취소도 가능하다.

> **해설** ① 대판 2000.5.12. 99다64995
> ② 제109조 제2항
> ③ 동기의 착오가 법률행위의 내용의 중요부분의 착오에 해당함을 이유로 표의자가 법률행위를 취소하려면 그 동기를 당해 의사표시의 내용으로 삼을 것을 상대방에게 표시하고 의사표시의 해석상 법률행위의 내용으로 되어 있다고 인정되면 충분하고 당사자들 사이에 별도로 그 동기를 의사표시의 내용으로 삼기로 하는 합의까지 이루어질 필요는 없지만, 그 법률행위의 내용의 착오는 보통 일반인이 표의자의 입장에 섰더라면 그와 같은 의사표시를 하지 아니하였으리라고 여겨질 정도로 그 착오가 중요한 부분에 관한 것이어야 한다(대판 1998.2.10. 97다44737).
> ④ 대판 1998.2.10. 97다44737

02 의사와 표시의 불일치

9 의사표시의 무효, 취소에 관한 설명 중 옳지 않은 것은?

① 상대방과 통정한 허위의 의사표시는 무효로 한다.
② 법률행위 내용의 중요부분에 착오가 있는 의사표시는 무효로 한다.
③ 의사표시는 표의자가 진의 아님을 알고 한 경우라도 원칙적으로 그 효력이 있다.
④ 상대방 있는 의사표시에 관하여 제3자가 사기나 강박을 행한 경우에는 상대방이 그 사실을 알았거나 알 수 있었을 경우에 한하여 그 의사표시를 취소할 수 있다.

> **해설** ① 제108조 제1항
> ② 의사표시는 법률행위의 내용의 중요부분에 착오가 있는 때에는 취소할 수 있다. 그러나 그 착오가 표의자의 중대한 과실로 인한 때에는 취소하지 못한다(제109조 제1항).
> ③ 제107조 제1항 본문
> ④ 제110조 제2항

10 다음 중 착오에 의한 의사표시를 이유로 취소할 수 있는 것은? (다툼이 있는 경우 판례에 의함)

① 토지매도인이 토지소유자가 아닌 경우
② 농지인 줄 알고 매수하였으나 실제로는 상당부분이 하천인 경우
③ 토지를 시가보다 비싸게 산 경우
④ 공장을 짓기 위하여 토지를 매수하였으나 이후 관할관청에 알아본 결과 공장설립허가가 허용되지 않는 토지인 경우

> **해설** ① 현실매매에 있어서 상대방이 누구이냐를 중요시하지 않는 경우에는 사람의 동일성의 착오는 이른바 중요부분의 착오가 아니다(통설). 토지매도인이 토지소유자가 아닌 경우 민법 제569조에 의하여 규율될 뿐이다.
> ② 본건 토지 답 1,389평을 전부 경작할 수 있는 농지인 줄 알고 매수하여 그 소유권이전등기를 마쳤으나 타인이 경작하는 부분은 인도되지 않고 있을 뿐 아니라 측량결과 약 600평이 하천을 이루고 있어 사전에 이를 알았다면 매매의 목적을 달할 수 없음이 명백하여 매매계약을 체결하지 않았을 것이므로 위 토지의 현황 경계에 관한 착오는 본건 매매계약의 중요부분에 대한 착오라 할 것이다(대판 1968.3.26, 67다2160).
> ③ 물건의 수량·가격(시가) 등에 관한 착오는 동기의 착오에 불과할 뿐, 일반적으로 중요부분의 착오가 되지 않는다(대판 1985.4.23, 84다카890).
> ④ 매수인이 토지에 대한 전용허가를 받기 위하여는 구 중소기업창업지원법에 의한 사업계획의 승인을 받는 등의 복잡한 절차를 거쳐야 한다는 사실을 모르고 곧바로 벽돌공장을 지을 수 있는 것으로 잘못 알고 있었다고 하여도, 그러한 착오는 동기의 착오에 지나지 않으므로 당사자 사이에 그 동기를 의사표시의 내용으로 삼았을 때 한하여 의사표시의 내용의 착오가 되어 취소할 수 있다(대판 1997.4.11, 96다31109).

Answer 7.③ 8.③ 9.② 10.②

7 반사회질서의 법률행위에 관한 설명으로 가장 옳지 않은 것은? (다툼이 있는 경우 판례에 의함)

① 반사회질서행위에는 법률행위의 목적인 권리·의무의 내용이 선량한 풍속 기타 사회질서에 위반하는 경우뿐만 아니라 그 내용 자체는 그러하지 않더라도 법률상 이를 강제하거나 그 법률행위에 반사회질서적인 조건이나 대가가 결부됨으로써 반사회질서적인 경우도 포함한다.
② 법률행위의 성립과정에서 불법적인 방법이 사용된 데 불과한 때에는 이는 의사표시의 하자문제는 될 수 있으나 반사회질서행위에 해당하지 않는다.
③ 법률행위의 동기는 표시되거나 상대방에게 알려진 경우에도 반사회질서행위가 될 수 없다.
④ 반사회질서행위는 불법원인급여의 원인이 되는 행위이므로 이러한 행위를 한 자는 급여한 재산이나 제공한 노무로 인한 이익의 반환을 청구하지 못한다.

> ✔해설 ①③ 민법 제103조에 의하여 무효로 되는 반사회질서행위는 법률행위의 목적인 권리의무 내용이 선량한 풍속 기타 사회질서에 위반되는 경우뿐만 아니라 그 내용 자체는 반사회질서적인 것이 아니라고 하여도 법률적으로 이를 강제하거나 그 법률행위에 반사회질서적인 조건 또는 금전적 대가가 결부됨으로써 반사회질서적 성질을 띠게 되는 경우 및 표시되거나 상대방에게 알려진 법률행위의 동기가 반사회질서적인 경우를 포함한다(대판 1984.12.11, 84다카1402).
> ② 단지 법률행위의 성립과정에서 강박이라는 불법적 방법이 사용된데 불과한 때에는 강박에 의한 의사표시의 하자나 의사의 흠결을 이유로 효력을 논의할 수는 있을지언정 반사회질서의 법률행위로서 무효라고 할 수는 없다(대판 1992.11.27, 92다7719).
> ④ 제103조와 제746조는 표리관계에 있는 것으로, 민법은 불법을 원인으로 인하여 재산을 급여하거나 노무를 제공한 때에는 그 이익의 반환을 청구하지 못하도록 하여(제746조) 소극적으로 법적 정의를 유지하려고 하고 있다.

8 다음 중 불공정한 법률행위에 관한 설명으로 옳은 것은? (다툼이 있는 경우 판례에 의함)

① 급부와 반대급부의 불균형이 존재해야 하므로 무상행위에는 적용이 없다.
② 급부와 반대급부 사이에 현저한 불균형이 존재하면 상대방의 궁박·경솔·무경험이 추정된다.
③ 대물변제예약이 불공정한 법률행위가 되는 요건의 하나인 대차의 목적물 가격과 대물변제의 목적물 가격에 있어서의 불균형이 있느냐 여부를 결정할 시점은 대물변제의 효력이 발생할 변제기 당시를 표준으로 하여야 할 것임이 원칙이므로 채권액수도 역시 변제기까지의 원리액을 기준으로 하여야 할 것이다.
④ 대리인에 의한 법률행위의 경우 궁박·경솔·무경험은 대리인을 기준으로 하여 판단하여야 한다.

> ✔해설 ① 무상행위라 하더라도 부담이 과도한 때에는 제104조의 적용이 있고, 또한 경솔·궁박으로 소유권을 포기하는 경우에도 적용된다(대판 1975.5.13, 75다92).
> ② 객관적 조건이 존재한다고 하여 주관적 요건이 추정되지는 않는다. 따라서 궁박 등의 입증책임은 법률행위의 무효를 주장하는 자에게 있다(대판 1970.11.24, 70다2065).
> ③ 대판 1965.6.15, 60다610
> ④ 대리인에 의한 법률행위의 경우 궁박은 본인을 기준으로, 경솔과 무경험은 대리인을 기준으로 하여 판단하여야 한다(대판 1972.4.25, 71다2255).

5 민법 제104조의 불공정한 법률행위에 관한 설명 중 옳은 것은? (다툼이 있는 경우 판례에 의함)

① 증여나 기부행위와 같이 대가관계 없이 일방적인 급부를 하는 행위에 대해서는 적용되지 않는다.
② 불공정한 거래가 이루어진 경우 그 법률행위는 궁박·경솔·무경험에 기인한 것으로 추정되므로 유효를 주장하는 자가 그 부존재를 입증하여야 한다.
③ 피해당사자가 궁박·경솔·무경험의 상태에 있었으면 그 상대방 당사자에게 폭리행위의 악의가 없었더라도 불공정한 법률행위는 성립한다.
④ 대리인에 의하여 법률행위가 이루어진 경우 그 법률행위가 민법 제104조의 불공정한 법률행위에 해당하는지 여부를 판단함에 있어서 경솔, 무경험과 궁박은 대리인을 기준으로 판단하여야 한다.

> ✔ 해설
> ① 대판 1993.3.23, 92다52238
> ② 매도인 측에서 매매계약이 불공정한 법률행위로서 무효라고 하려면 객관적으로 매매가격이 실제가격에 비하여 현저하게 헐값이고 주관적으로 매도인이 궁박, 경솔, 무경험 등의 상태에 있었으며, 매수인 측에서 위와 같은 사실을 인식하고 있었다는 점을 주장 입증하여야 한다(대판 1991.5.28, 90다19770).
> ③ 민법 제104조에 규정된 불공정한 법률행위는 객관적으로 급부와 반대급부 사이에 현저한 불균형이 존재하고, 주관적으로 그와 같이 균형을 잃은 거래가 피해 당사자의 궁박, 경솔 또는 무경험을 이용하여 이루어진 경우에 성립하는 것으로서, 약자적 지위에 있는 자의 궁박, 경솔 또는 무경험을 이용한 폭리행위를 규제하려는 데 그 목적이 있는바, 피해 당사자가 궁박, 경솔 또는 무경험의 상태에 있었다고 하더라도 그 상대방 당사자에게 위와 같은 피해 당사자 측의 사정을 알면서 이를 이용하려는 의사, 즉 폭리행위의 악의가 없었다면 불공정 법률행위는 성립하지 않는다(대판 2011.1.13, 2009다21058).
> ④ 대리인에 의하여 법률행위가 이루어진 경우 그 법률행위가 민법 제104조의 불공정한 법률행위에 해당하는지 여부를 판단함에 있어서 경솔과 무경험은 대리인을 기준으로 하여 판단하고, 궁박은 본인의 입장에서 판단하여야 한다(대판 2002.10.22, 2002다38927).

6 다음 중 강행규정의 내용이라고 볼 수 없는 것은?

① 가족관계의 질서유지에 관한 규정
② 거래안전을 위한 규정
③ 경제적 약자의 보호를 위한 규정
④ 신의성실의 원칙에 관한 규정

> ✔ 해설 강행규정의 예
> ㉠ 법질서의 기본구조에 관한 규정 : 권리능력, 행위능력, 법인, 소멸시효 제도
> ㉡ 사회일반의 중대한 이해에 직접 영향을 미치는 규정 : 물권법의 규정
> ㉢ 사회윤리관이나 가족관계 질서에 관한 규정 : 가족법의 규정
> ㉣ 경제적 약자를 보호하기 위한 사회 정책적 규정 : 주택임대차보호법의 규정
> ㉤ 거래의 안전을 위한 규정 : 유가증권 제도

Answer 3.③ 4.③ 5.① 6.④

3 甲은 乙에게 자동차를 500만원에 사라고 청약하고, 乙이 이를 승낙하면 매매계약이 성립하며, 甲에게는 매매대금지급청구권이, 乙에게는 소유권이전청구권이 발생한다. 이 경우 옳은 것은?

① 청약, 승낙과 매매는 법률요건이며, 매매대금지급청구권과 소유권이전청구권은 법률효과이다.
② 청약, 승낙과 매매는 법률사실이며, 매매대금지급청구권과 소유권이전청구권은 법률효과이다.
③ 청약, 승낙은 법률사실이고 매매는 법률요건이며, 매매대금지급청구권과 소유권이전청구권은 법률효과이다.
④ 청약, 승낙은 법률요건이고 매매는 법률사실이며, 매매대금지급청구권과 소유권이전청구권은 법률효과이다.

> ✔해설 매매계약을 체결한 결과로 재산권이 이전한 경우 청약과 승낙은 법률사실이고, 매매계약은 법률요건이며, 재산권의 이전은 법률효과이다.
> ※ 법률사실, 법률요건, 법률효과의 관계 … 법률사실이 모여서 법률요건을 이루고, 법률요건이 갖추어지면 법률효과가 발생한다.
> ㉠ 법률사실 : 법률요건을 이루는 개개의 사실
> ㉡ 법률요건 : 하나 이상의 법률사실로 구성되는 법률관계의 변동의 원인
> ㉢ 법률효과 : 법률요건에 의하여 발생하게 되는 법률관계의 변동의 결과

4 불공정한 법률행위의 효과에 관한 다수설 및 판례의 태도로서 가장 옳지 않은 것은?

① 불공정한 법률행위는 선량한 풍속 기타 사회질서에 반하는 법률행위의 일종이다.
② 객관적으로 급부와 반대급부 간에 현저한 불균형이 있어야 하는 불공정한 법률행위는 당연히 대가관계 있는 법률행위에만 적용될 수 있다.
③ 급부와 반대급부 간에 현저한 불균형이 있으면 피해 당사자의 무경험, 경솔, 궁박을 이용하려는 폭리행위의 악의가 추정된다.
④ 대리인에 의한 법률행위의 경우 대리행위가 불공정한 법률행위인가를 판단함에는 경솔·무경험은 그 대리인을 기준으로 하여야 하고, 궁박상태에 있었는지의 여부는 본인의 입장에서 판단하여야 한다.

> ✔해설 ③ 급부와 반대급부 간에 현저한 불균형이 있다고 하여 피해 당사자의 궁박, 경솔, 무경험이 추정되지는 않는다(대판 1969.7.8, 69다594).

CHAPTER 05 의사표시

01 법률행위 총설

1 다음 중 법률행위의 개념에 관한 설명으로 옳은 것은?

① 법률행위란 의사표시 그 자체이다.
② 법률행위란 법률효과이다.
③ 법률행위란 의사표시를 요소로 하는 법률요건이다.
④ 법률행위의 법률효과는 법률규정에 의하여 발생한다.

> **해설** ① 법률행위란 의사표시를 필수요소로 할 뿐, 의사표시 그 자체는 아니다.
> ② 법률행위는 법률요건이다.
> ④ 법률행위의 법률효과는 당사자의 의사표시대로 발생한다.

2 다음 중 법률행위의 효력발생요건이 아닌 것은?

① 당사자가 권리능력을 가질 것
② 당사자가 존재할 것
③ 법률행위의 목적이 가능할 것
④ 사회적 타당성이 있을 것

> **해설** 유효(효력발생)요건
> ㉠ 일반적 유효요건 : 모든 법률행위에 필요한 공통적 유효요건
> • 당사자가 능력을 가질 것
> • 목적이 확정되고, 가능하며, 적법하고, 사회적 타당성을 가질 것
> • 의사표시에 결함이 없을 것(의사와 표시가 일치하고 의사표시에 하자가 없을 것)
> ㉡ 특별유효요건 : 특정 법률행위에서 별도로 요구되는 유효요건
> • 유언에 있어서 유언자의 사망
> • 대리행위에 있어서 대리권의 존재
> • 조건 · 기한부 법률행위에 있어서 조건의 성취, 기한의 도래 등

Answer 11.① 12.③ / 1.③ 2.②

11 주물과 종물에 관한 설명으로 옳은 것은?

① 주유소의 주유기는 주유소 건물의 종물이라는 것이 판례이다.
② 종물은 주물의 처분에 따라야 하고 당사자 간의 반대특약은 무효이다.
③ 일시적으로 어떤 물건의 효용을 돕는 물건도 종물이다.
④ 종물은 동산이어야 하고, 부동산은 될 수 없다.

> **해설** ① 주유소의 주유기가 비록 독립된 물건이기는 하나 유류저장탱크에 연결되어 유류를 수요자에게 공급하는 기구로서 주유소 영업을 위한 건물이 있는 토지의 지상에 설치되었고 그 주유기가 설치된 건물은 당초부터 주우소 영업을 위한 건물로 건축되었다는 점 등을 종합하여 볼 때, 그 주유기는 계속해서 주유소 건물 자체의 경제적 효용을 다하게 하는 작용을 하고 있으므로 주유소 건물의 상용에 공하기 위하여 부속시킨 종물이다(대판 1995.6.29, 94다6345).
> ② 종물은 주물의 처분에 따른다는 규정은 임의규정으로 당사자의 특약이 있으면 그 특약에 따른다.
> ③ 종물과 주물관계는 상용에 이바지하고 있어야 하므로 항상 효용을 돕는 것이어야 한다.
> ④ 주물이든 종물이든 모두 부동산일 경우도 있다.

04 원물과 과실

12 다음 중 법정과실에 해당하는 것은?

① 지연이자
② 이익배당금
③ 차임
④ 근로자의 임금

> **해설** 법정과실 … 물건의 사용대가로 받는 금전, 기타의 물건으로 이자, 집세 등이 이에 속한다. 법정과실은 원물과 과실이 모두 물건이어야 하므로 노동의 대가인 임금, 권리사용의 대가인 특허권의 사용료, 주식의 배당금, 지연이자 등은 과실이 아니다.

03 주물과 종물

9 물건에 대한 다음 설명 중 옳지 않은 것은? (판례에 의함)

① 종물은 동산뿐만 아니라, 부동산도 가능하다.
② 종물은 주물의 처분에 따른다.
③ 종물은 주물의 처분에 따른다는 규정은 임의규정이다.
④ 가옥의 소유자가 그 가옥에서 사용하기 위하여 비치한 가정용 세탁기는 그 가옥의 종물이다.

> **해설** ① 부동산도 종물이 될 수 있다.
> ※ 낡은 가재도구 등의 보관 장소로 사용되고 있는 방과 연탄창고 및 공동변소가 본채에서 떨어져 축조되어 있기는 하나 본채의 종물이다(대판 1991.5.14, 91다2779).
> ② 제100조 제2항
> ③ 민법 제100조 제2항은 임의규정이므로, 당사자는 주물을 처분할 때에 특약으로 종물을 제외할 수 있고 종물만을 별도로 처분할 수도 있다(대판 2012.1.26, 2009다76546).
> ④ 주물의 소유자의 상용에 공여되고 있더라도 주물 그 자체의 효용과는 직접 관계가 없는 물건, 예컨대 식기·침구·난로·가정용 세탁기 등은 가옥의 종물이라고 할 수 없다.
> ※ 종물은 주물의 상용에 이바지하는 관계에 있어야 하고, 주물의 상용에 이바지한다 함은 주물 그 자체의 경제적 효용을 다하게 하는 것을 말하는 것으로서 주물의 소유자나 이용자의 상용에 공여되고 있더라도 주물 그 자체의 효용과 직접 관계가 없는 물건은 종물이 아니다(대판 1997.10.10, 97다3750).

10 종물에 대한 설명으로 옳지 않은 것은? (다툼이 있는 경우 판례에 의함)

① 저당권의 실행으로 개시된 경매절차에서 부동산을 매각 받은 자는 그 부동산의 종물의 소유권도 취득한다.
② 어느 건물이 주된 건물의 소유주나 이용자의 사용에 공여되고 있더라도 주물 그 자체의 효용과 직접 관계가 없다면 종물이 아니다.
③ 저당권의 효력은 특별한 사정이 없는 한 저당부동산에 부합된 물건과 종물에 미친다.
④ 토지에 대한 경매절차에서 그 지상건물이 토지의 종물이 아님에도 이를 종물로 보아 경매법원에서 경매를 진행하고 매각허가를 하였다면 매수인은 그 건물의 소유권을 취득한다.

> **해설** ④ 저당권은 법률에 특별한 규정이 있거나 설정행위에 다른 약정이 있는 경우를 제외하고 그 저당부동산에 부합된 물건과 종물 이외에까지 그 효력이 미치는 것이 아니므로, 토지에 대한 경매절차에서 그 지상건물을 토지의 부합물 내지 종물로 보아 경매법원에서 저당토지와 함께 경매를 진행하고 경락허가를 하였다고 하여 그 건물의 소유권에 변동이 초래될 수 없다(대판 1997.9.26, 97다10314).

Answer 7.① 8.① 9.④ 10.④

7 甲은 乙 소유의 토지에 권한 없이 양파, 고추를 경작하여 수확하기에 이르렀다. 판례에 의할 때 이 농작물의 소유권자는 누구인가?

① 甲
② 乙
③ 甲과 乙의 공유
④ 甲과 乙의 합유

> **해설** 권한 없이 타인의 토지에서 경작·재배한 농작물에 대하여, 판례는 그 경작자가 설사 위법하게 **토지** 소유자·점유자를 배제하여 경작한 경우에도 그러한 경우의 농작물은 항상 경작자에게 소유권이 있다고 본다. 이 경우에는 미분리 과실의 경우처럼 명인방법을 갖출 필요도 없다. 다만 토지 소유자는 부당이득반환청구권이나 손해배상청구권을 행사하여 그 구제를 받을 수 있을 것이다(대판 1979.8.28, 79다784).

8 다음 사례에 대한 판례의 태도에 부합하는 것은?

> 甲은 채무를 담보하기 위하여 그의 소유인 소 20마리의 소유권을 乙에게 양도하되, 甲이 무상으로 계속 점유하여 관리·사유하기로 하는 양도담보계약을 체결하였다. 그 후 송아지 5마리가 증식되었다. 한편 甲에게 대금채권을 갖고 있는 丙이 위 소를 모두 압류하였다.

① 송아지 5마리는 甲의 소유이다.
② 송아지 5마리는 乙의 소유이다.
③ 송아지 5마리는 丙의 소유이다.
④ 송아지 5마리는 乙과 丙의 합유이다.

> **해설** 소가 출산한 송아지는 천연과실에 해당하고 그 천연과실의 수취권은 원물인 소의 사용수익권의 소유권을 가지는 양도담보설정자인 甲의 것이다.

02 부동산과 동산

5 다음 중 부동산에 관한 설명으로 옳은 것은?

① 미분리의 과실은 수목의 일부에 지나지 않기 때문에 토지의 정착물로서 언제나 그 독립성이 부정된다.
② 건물의 일부도 소유권의 객체가 될 수 있다.
③ 토지의 일부도 양도할 수 있다.
④ 토지와 건물은 독립된 부동산이 아니다.

> **해설**
> ① 다수설 및 판례에 의할 경우 과일, 담배잎, 뽕잎, 입도(立稻)가 명인방법을 갖출 경우 독립한 부동산으로 다루어지고 있다.
> ② 건물의 일부도 구조상·기능상의 독립성을 갖추면 구분소유권의 객체가 된다.
> ③ 일물일권주의의 원칙상 인정되지 않는다.
> ④ 가장 대표적인 독립한 부동산이다.

6 현행법상 동산과 부동산의 법률상 취급에 있어 차이가 나타나는 경우가 아닌 것은?

① 물권변동의 공시방법
② 인정할 수 있는 제한물권의 종류
③ 소멸시효
④ 무주물 선점·부합의 법률효과

> **해설** ③ 소멸시효의 대상은 채권 등의 권리이다.
> ※ 양자의 취급상 차이

구분	부동산	동산
공시의 방법	등기	인도(引渡)
공신력 인정	공신력 부인	공신력 인정
무주물 선점	무주물의 부동산은 국유	선점자가 소유 가능
선의취득 여부	불인정	인정
첨부 가능성	부합만이 가능	부합, 혼화, 가공 모두 가능
용익물권 설정	모든 용익물권 설정 가능	용익물권 설정 불가능
담보물권 설정	유치권, 저당권 설정만 가능	유치권, 질권 설정만 가능
환매기간	5년	3년

Answer 2.② 3.④ 4.③ 5.② 6.③

2 물건에 관한 설명으로 가장 옳지 않은 것은? (다툼이 있는 경우에는 판례에 의함)

① 민법은 물건을 유체물로 제한하지 않고 관리가능한 자연력도 물건으로 정의한다.
② 집합물은 특별한 사정이 없으면 법률상 일체의 물건으로 취급된다.
③ 판례에 의하면, 적법한 권원이 없이 타인 소유의 토지에 경작물을 재배한 경우 이에 대한 소유권은 경작자에게 속한다.
④ 수목의 집단은 원칙적으로 토지의 구성부분이나, 독립된 공시방법을 갖춘 경우에는 독립된 부동산이 된다.

> **해설** ① 제98조
> ② 집합물은 특별법에 의해 공시방법이 인정되는 경우와 특별법이 없더라도 경제적 독립성이 있고 공시방법이 갖추어진 경우를 제외하고는 일물일권주의 원칙상 하나의 권리의 객체가 될 수 없다.
> ③ 적법한 경작권 없이 타인의 토지를 경작하였더라도 그 경작한 입도가 성숙하여 독립한 물건으로서의 존재를 갖추었으면 그 입도의 소유권은 경작자에게 귀속한다(대판 1979.8.28, 79다784).
> ④ 입목에 관한 법률 제2조, 제3조

3 다음 중 과실에 관한 설명으로 옳지 않은 것은?

① 과실이라 함은 원물로부터 수취한 경제적 산출물이다.
② 천연과실은 물건의 용법에 의하여 수취하는 산출물이다.
③ 법정과실은 물건의 사용대가로 받는 금전, 기타의 물건이다.
④ 천연과실은 언제나 그 원물로부터 분리하는 때의 소유권자에게 귀속한다.

> **해설** ④ 천연과실은 그 원물로부터 분리하는 때에 이를 수취할 권리자에게 속한다(제102조 제1항).

4 다음 설명 중 옳지 않은 것은?

① 유체물은 공간의 일부를 차지하고 있는 유체물을 말하고 무체물은 형체가 없는 것으로서 전기, 열, 빛, 음향, 향기, 에너지 등이 이에 해당된다.
② 민법은 무체물 중 관리할 수 있는 자연력만을 물건으로 하고 있다.
③ 1동의 건물의 일부는 독립성이 없어 소유권의 객체가 될 수 없다.
④ 사람 또는 사람의 일부는 물건이 될 수 없다.

> **해설** ③ 1동의 건물 중 구조상 구분된 수개의 부분이 독립한 건물로서 사용될 수 있을 때에는 그 각 부분은 이 법이 정하는 바에 따라 각각 소유권의 목적으로 할 수 있다(집합건물의 소유 및 관리에 관한 법률 제1조).

CHAPTER 04 권리의 객체

01 물건

1 물건에 관한 민법의 규정 중 가장 옳지 않은 것은?

① 토지 및 그 정착물은 부동산이다.
② 법정과실은 수취할 권리의 존속기간일수의 비율로 취득한다.
③ 권리의 사용대가로 받는 금전 기타의 물건은 법정과실로 한다.
④ 물건의 소유자가 그 물건의 상용에 공하기 위하여 자기 소유인 다른 물건을 이에 부속하게 한 때에는 그 부속물은 종물이다.

> **✔해설** ① 제99조 제1항
> ② 제102조 제2항
> ③ 과실은 물건이어야 한다. 따라서 법정과실도 역시 물건의 사용대가로 받는 금전 기타의 물건에 한한다(제101조 제2항).
> ④ 제100조 제1항

Answer 9.④ 10.① / 1.③

9 민법상 법인에 관한 설명 중 틀린 것은? (다툼이 있는 경우 판례에 의함)

① 사단법인뿐만 아니라 재단법인의 경우에도 정관의 변경은 주무관청의 허가를 얻지 아니하면 그 효력이 없다.
② 재단법인에 부동산을 출연한 경우 출연자와 재단법인 사이에서는 등기 없이도 출연부동산의 소유권이 재단법인에 귀속되나, 재단법인이 그 소유권의 취득을 제3자에게 대항하기 위해서는 등기가 필요하다.
③ 행위의 외형상 법인의 대표자의 직무행위라고 인정될 수 있는 것이면 법령의 규정에 위배된 것이라도 그 행위로 인하여 손해가 발생한 경우 법인의 불법행위책임이 인정된다.
④ 이사의 대표권에 대한 제한은 정관에 기재된 경우에만 선의의 제3자에게 대항할 수 있다.

① 제45조 제3항.
② 대판 1993. 9. 14. 93다8054
③ 대판 1969. 8. 26. 68다2320
④ 이사의 대표권에 대한 제한은 이를 정관에 기재하지 아니하면 그 효력이 없다. 즉 정관기재는 효력발생요건이다(제41조 참조). 그러나 정관에 기재되어 있다고 하더라도 이사의 대표권에 대한 제한을 등기하지 아니하면 제3자에게 대항하지 못한다〈제60조〉.

10 법인의 감독에 관한 설명 중 옳은 것은?

① 업무감독은 설립허가를 준 주무관청이, 해산과 청산은 법원이 각각 담당한다.
② 업무감독뿐만 아니라 해산과 청산 모두 주무관청이 담당한다.
③ 업무감독은 설립허가를 준 주무관청이 하고, 해산과 청산은 따로 감독하지 않는다.
④ 업무감독뿐만 아니라 해산과 청산 모두 감독법원이 담당한다.

법인의 감독 … 법인이 설립된 이후에 법인의 사무는 주무관청의 검사·감독을 받도록 하고 있으며〈제37조〉, 법인의 해산 및 청산은 법원이 검사·감독한다〈제95조〉.

03 법인의 기관

7 다음 중 법인에 대한 설명으로 옳지 않은 것은?

① 법인은 그 주된 사무소의 소재지에서 설립등기를 함으로써 성립한다.
② 유언으로 재단법인을 설립하는 때에는 정지조건이 없는 한 출연재산은 유언자가 사망한 때로부터 법인에 귀속한 것으로 본다.
③ 총사원의 10분의 1 이상으로부터 회의의 목적사항을 제시하여 청구한 때에는 이사는 임시총회를 소집하여야 한다.
④ 학술, 종교, 자선, 기타 영리 아닌 사업을 목적으로 하는 사단은 주무관청의 허가를 얻어 이를 법인으로 할 수 있다.

✔해설 ① 제33조
② 유언으로 재단법인을 설립하는 경우 출연재산의 귀속 시기는 유언의 효력이 발생하는 때이며〈제48조 제2항〉, 유언의 효력은 유언자가 사망한 때에 발생한다〈제1073조 제1항〉.
③ 총사원의 5분의 1 이상으로부터 회의의 목적사항을 제시하여 청구한 때에는 이사는 임시총회를 소집하여야 한다. 이 정수는 정관으로 증감할 수 있다〈제70조 제2항〉.
④ 제32조

8 법인의 기관에 관한 설명 중 옳지 않은 것은?

① 감사의 성명·주소는 등기사항이다.
② 이사의 대표권 제한은 등기하지 아니하면, 제3자에게 대항할 수 없다.
③ 감사는 감독기관으로서 선량한 관리자의 주의의무를 부담한다.
④ 정관변경과 임의해산은 사원총회의 전권사항이다.

✔해설 ① 이사의 성명·주소는 등기할 사항이지만, 감사의 성명·주소는 등기할 사항이 아니다〈제49조〉.

Answer 5.③ 6.③ 7.③ 8.①

5 다음 중 비법인 사단에 관한 설명 중 가장 옳지 않은 것은? (다툼이 있는 경우 판례에 의함)

① 비법인 사단의 대표자가 정관을 위반하여 사원총회의 결의를 거치지 않고 단순한 채무부담행위에 해당하는 대외적 거래행위를 한 경우, 거래 상대방이 그러한 거래에 사원총회의 결의를 거쳐야 하도록 규정한 정관이나 규약에 따라 대표자의 대표권이 제한된 사실을 알았거나 알 수 있었을 경우가 아니라면 그 거래행위는 유효하다.
② 법인 아닌 사단의 구성원 개인은 그가 사단의 대표자라거나 사원총회의 결의를 거쳤고, 총유재산의 보존을 위하여 소를 제기하는 경우라고 해도 그 소송의 당사자가 될 수 없다.
③ 비법인사단인 교회의 대표자가 교인총회의 결의를 거쳐야 할 총유물인 교회 재산의 처분에 관하여 교인총회의 결의를 거치지 아니하고 처분한 경우, 이러한 처분행위의 상대방은 민법 제126조의 표현대리에 관한 규정을 준용하여 보호될 수 있다.
④ 비법인 사단이 타인 간의 금전채무를 보증하는 행위는 총유물 그 자체의 관리·처분이 따르지 않는 단순한 채무부담행위로 이를 총유물의 관리·처분행위라고 볼 수는 없다.

 ① 대판 2003.7.22. 2002다64780.
② 대판 2005.9.15. 2004다44971 전합.
③ 비법인사단인 교회의 대표자는 총유물인 교회 재산의 처분에 관하여 교인총회의 결의를 거치지 아니하고는 이를 대표하여 행할 권한이 없다. 그리고 교회의 대표자가 권한 없이 행한 교회 재산의 처분행위에 대하여는 민법 제126조의 표현대리에 관한 규정이 준용되지 아니한다(대판 2009.2.12. 2006다23312).
④ 대판 2007.4.19. 2004다60072 전합.

02 법인의 설립 및 소멸

6 재단법인 설립에 관한 설명 중 옳지 않은 것은?

① 생전처분으로 재단법인을 설립하는 때는 증여에 관한 규정을 준용한다.
② 유언으로 재단법인을 설립하는 때는 유언의 방식에 따라야 한다.
③ 재단법인 설립행위는 불요식 행위이다.
④ 유언으로 재단법인을 설립하는 때는 출연재산은 유언의 효력이 발생한 때로부터 법인에 귀속한 것으로 본다.

① 제47조 제1항
② 제47조 제2항
③ 재단법인을 설립하고자 할 때에는 일정한 재산을 출연하고 정관을 작성하여야 하므로 요식행위라고 볼 수 있다.
④ 제48조 제2항

✔해설 ① 총유재산에 관한 소송은 법인 아닌 사단이 그 명의로 사원총회의 결의를 거쳐 하거나 또는 그 구성원 전원이 당사자가 되어 필수적 공동소송의 형태로 할 수 있을 뿐 그 사단의 구성원은 설령 그가 사단의 대표자라거나 사원총회의 결의를 거쳤다 하더라도 그 소송의 당사자가 될 수 없다. 이러한 법리는 총유재산의 보존행위로서 소를 제기하는 경우에도 마찬가지라 할 것이다(대판 2005.9.15. 2004다44971 전합).
② 민사소송법 제52조(법인이 아닌 사단 등의 당사자능력) 법인이 아닌 사단이나 재단은 대표자 또는 관리인이 있는 경우에는 그 사단이나 재단의 이름으로 당사자가 될 수 있다.
③ 대판 1996.9.6. 94다18522 참조
④ 일부 교인들이 교회를 탈퇴하여 그 교회 교인으로서의 지위를 상실하게 되면, 종전 교회의 총유 재산에 대한 관리처분에 관한 의결에 참가할 수 있는 지위나 그 재산에 대한 사용·수익권을 상실하게 된다. 종전 교회는 잔존 교인들을 구성원으로 하여 실체의 동일성을 유지하면서 존속하며 종전 교회의 재산은 그 교회에 소속된 잔존 교인들의 총유로 귀속됨이 원칙이다(대판 2006.4.20. 2004다37775 전합).

4 권리능력 없는 사단에 관한 설명으로 옳지 않은 것은?

① 소집절차에 하자가 있어 그 효력을 인정할 수 없는 종중총회의 결의라도 후에 적법하게 소집된 종중총회에서 이를 추인하면 처음부터 유효하다.
② 종중의 법적 성격이 권리능력 없는 사단인 이상 어떤 종중이 종중으로서 존재하려면 사단의 실체를 갖추어야 하므로 종중규약이나 대표자가 없는 종중은 종중유사의 단체일지언정 고유의미의 종중은 아니다.
③ 권리능력 없는 사단도 사회적으로 독립한 존재이므로 명예권, 성명권, 재산권을 향유할 수 있다.
④ 하나의 교회가 2개의 교회로 분열된 경우, 특별한 사정이 없으면 교회의 법률적 성질이 권리능력 없는 사단이므로 종전의 교회재산은 분열 당시 교인들의 총유에 속하기 때문에 분열 후 각 교회의 교인들은 모두 각자 종전의 교회건물을 사용·수익할 수 있다.

✔해설 ② 종중 또는 문중은 종족의 자연적 집단이므로 특별한 조직행위를 요하는 것이 아니고 종중규약이나 독자적인 족보가 있어야 하는 것은 아니나 특별한 규약에 의하여 선임된 대표자 또는 관습에 따라 종장 또는 문장에 의하여 소집된 종중회의에서 선출된 대표자 등에 의하여 대표되는 정도로 현저한 조직을 갖추고 지속적인 활동을 하고 있다면, 비법인 사단으로서 단체성이 있다(대판 1983.4.12. 83도195).

Answer 2.② 3.④ 4.②

2 법인의 불법행위능력에 대한 다음 설명 중 가장 옳지 않은 것은?

① 법인은 대표자의 선임과 감독에 과실이 없음을 입증하여도 그 책임을 면할 수 없으나, 불법행위를 한 대표자에게 구상을 할 수 있다.
② 법인의 이사가 직무와 관련하여 타인에게 손해를 가한 경우 사용자 책임이 성립하며, 이 경우 민법 제756조의 규정에 따라 손해배상 책임을 부담한다. 법인에 대한 손해배상책임 원인이 대표자의 고의적인 불법행위인 경우, 피해자에게 그 불법행위 내지 손해발생에 어느 정도의 과실이 있더라도 과실상계를 하여서는 아니 된다.
③ 행위의 외형상 법인의 대표자의 직무행위라고 인정할 수 있는 것이라면 설사 그것이 대표자 개인의 사리를 도모하기 위한 것이었거나 혹은 법령의 규정에 위배된 것이었다 하더라도 직무에 관한 행위에 해당한다.
④ 법인은 그 대표자가 그 직무집행에 관하여 타인에게 가한 손해를 배상할 책임이 있고, 이 경우 그 대표자 개인의 배상책임이 소멸하는 것은 아니며, 법인과 대표자 개인의 손해배상책임은 일반적으로 부진정연대채무관계에 있는 것으로 해석된다.

> **✓ 해설** ① 부진정 연대채무관계에 있으므로 불법행위 일반이론에 의한 구상이 가능하다.
> ② 민법 제35조 제1항은 "법인은 이사 기타 대표자가 그 직무에 관하여 개인에게 가한 손해를 배상할 책임이 있다"고 규정하고 있고, 민법 제756조 제1항은 "타인을 사용하여 어느 사무에 종사하게 한 자는 피용자가 그 사무집행에 관하여 제3자에게 가한 손해를 배상할 책임이 있다"고 규정하고 있다. 따라서 법인에 있어서 그 「대표자」가 직무에 관하여 불법행위를 한 경우에는 민법 제35조 제1항에 의하여, 법인의 「피용자」가 사무집행에 관하여 불법행위를 한 경우에는 민법 제756조 제1항에 의하여 각기 손해배상 책임을 부담한다(대판 2009.11.26. 2009다57033). 이 경우 양 책임은 경합한다(청구권경합).
> ③ 대판 1969.8.26. 68다2320, 1997.8.29. 97다18059
> ④ 제35조 제1항 참조

3 권리능력 없는 사단에 관한 다음 설명 중 가장 옳지 않은 것은? (다툼이 있는 경우 판례에 의함)

① 권리능력 없는 사단인 종중이 그 총유재산에 대한 보존행위로서 소송을 하는 경우에는 특별한 사정이 없는 한 종중 총회의 결의를 거쳐야 한다.
② 민법상 조합은 당사자능력이 인정되지 않지만, 권리능력 없는 사단은 당사자능력이 인정된다.
③ 권리능력 없는 사단에 대하여는 사단법인에 관한 민법 규정 가운데서 법인격을 전제로 하는 것을 제외하고는 유추적용된다.
④ 교회의 일부 교인들이 집단적으로 교회를 탈퇴하여 별도의 교회를 설립한 경우 종전 교회의 재산은 분열 당시의 교인들의 총유에 속한다.

CHAPTER 03 법인

01 법인의 능력

1 법인의 불법행위에 관한 다음 설명 중 가장 옳지 않은 것은?

① 법인의 불법행위가 성립하는 경우 가해행위를 한 대표기관 개인은 책임을 지지 않는다.
② 법인실재설에 의하면 법인은 당연히 불법행위능력을 가지므로 불법행위책임을 진다.
③ 법인의 불법행위가 성립하려면 대표기관의 행위가 불법행위의 일반적 요건을 갖추어야 한다.
④ 법인의 불법행위가 성립하지 않는 경우에도 그 사항의 의결에 찬성하거나 그 의결을 집행한 사원, 이사 기타 대표자는 연대하여 배상하여야 한다.

> **해설** 법인의 불법행위능력〈제35조〉
> ① 법인은 이사 기타 대표자가 그 직무에 관하여 타인에게 가한 손해를 배상할 책임이 있다. 이사 기타 대표자는 이로 인하여 자기의 손해배상책임을 면하지 못한다.
> ② 법인의 목적범위 외의 행위로 인하여 타인에게 손해를 가한 때에는 그 사항의 의결에 찬성하거나 그 의결을 집행한 사원, 이사 및 기타 대표자가 연대하여 배상하여야 한다.

Answer 18.② 19.② / 1.①

18 甲은 1981년 5월 31일자로 행방불명되었고, 35세 된 甲의 장남 乙이 1999년 5월 1일에 실종선고를 청구하여 2000년 1월 5일에 가정법원이 실종선고를 하였다. 乙은 10억대의 토지를 상속하여 사업하다가 무일푼이 되었다. 이 경우의 법률관계에 대한 설명 중 옳은 것은?

① 甲은 1986년 6월 2일에 사망으로 추정된다.
② 실종선고 청구를 극력 반대하는 甲의 부모 몰래 乙이 실종선고를 청구하였을지라도 선고의 효과는 甲의 부모에게도 발생한다.
③ 甲의 자매가 있는 경우, 그도 법률상 이해관계인으로 실종선고 청구권자이다.
④ 甲이 생환하여 실종선고를 취소하면 취소의 효과는 소급효를 가지므로 乙은 상속한 10억 원을 반환하여야 한다.

 ① 甲은 1986년 5월 31일 24시에 사망으로 간주된다.
③ 甲의 자매는 법률상 이해관계인에 해당되지 않는다.
④ 乙이 선의인 경우에는 현존이익만을 반환하면 되고, 악의인 경우에는 받은 이익에 이자를 붙여서 반환하고 손해가 있으면 이를 배상하여야 한다〈제29조 제2항〉.

19 다음 중 동시사망에 관한 설명으로 옳은 것은?

① 동일한 위난이란 반드시 동일한 장소의 위난일 것을 요한다.
② 동시에 사망한 것으로 추정한다.
③ 사망시기가 확인된다 해도 반증으로 번복할 수 없다.
④ 동시사망을 추정받기 위해서는 이해관계인 또는 검사의 청구에 의한 법원의 선고가 필요하다.

 ① 반드시 동일한 위난일 필요는 없고 시간적으로 동일한 시간임을 의미한다.
③ 사망의 시기가 판명되면 반증으로 동시사망추정은 번복된다.
④ 실종선고와는 달리 이해관계인 등의 청구도 필요 없고 법원의 선고에 의하여 추정되는 것도 아니다.

16 실종선고로 인해 사망으로 간주되는 범위에 관한 설명 중 옳은 것은?

① 실종선고에 의한 사망은 실종자의 종래 주소 또는 거소에 한정된다는 것은 아니다.
② 실종선고는 실종자의 권리능력을 박탈하는 제도이다.
③ 실종자가 생존하여 다른 곳에서 법률관계를 맺는 경우에는 사망의 효과가 그 곳까지 미치지 않는다.
④ 실종 전의 주소에 본인이 돌아온 후 새로 맺는 법률관계는 실종선고의 취소가 있어야 유효하다.

> ✔ 해설 ①② 실종선고는 실종자의 종래의 주소를 중심으로 하는 사법적 법률관계만을 종료하는 것일 뿐 실종자의 권리능력을 박탈하는 제도가 아니다.
> ④ 신 주소지에서의 법률관계는 물론, 귀환 후 종전 주소지에서의 새로운 법률관계에 대해서도 사망의 효과는 미치지 않는다.

17 실종선고에 관한 설명 중 가장 옳지 않은 것은?

① 실종선고를 받은 사람은 실종기간이 만료한 때에 사망한 것으로 간주한다.
② 실종선고가 취소되더라도 실종선고 후 취소 전에 선의로 한 행위의 효력에는 영향을 미치지 아니한다.
③ 실종선고가 있은 후 실종자의 생존이 확인되면 선고의 효과가 번복된다.
④ 서울에 주소를 둔 甲이 실종선고를 받았으나 대전에 주소를 두고 컴퓨터 매매계약을 체결했다면 그 계약은 유효하다.

> ✔ 해설 ① 제28조
> ② 제29조 제1항
> ③ 실종선고가 있은 후 실종자의 생존이 확인되면 실종선고를 취소함으로써 실종선고로 인한 법률관계는 원상회복 또는 재조정 된다.
> ④ 실종선고로 인한 사망의 효과는 실종자의 종래의 주소를 중심으로 하는 사법적 법률관계에 한한다. 따라서 공법관계이거나 실종자가 실제로 살아있는 곳에서의 법률관계에는 영향이 없다.

Answer 14.② 15.④ 16.③ 17.③

14 제한능력자의 상대방을 보호하기 위한 제도에 관한 설명으로 옳지 않은 것은? (다툼이 있는 경우 판례에 의함)

① 제한능력자의 상대방은 제한능력자에 대하여도 거절의 의사표시를 할 수 있다.
② 제한능력자가 아직 능력자가 되지 못한 경우에는 그의 법정대리인에게 그 취소할 수 있는 행위를 추인할 것인지 여부의 확답을 촉구할 수 있고, 법정대리인이 그 정하여진 기간 내에 확답을 발송하지 아니한 경우에는 그 행위를 취소한 것으로 본다.
③ 제한능력자의 상대방은 제한능력자가 능력자가 된 후에 그에게 1개월 이상의 기간을 정하여 그 취소할 수 있는 행위를 추인할 것인지 여부의 확답을 촉구할 수 있다. 능력자로 된 사람이 그 기간 내에 확답을 발송하지 아니하면 그 행위를 추인한 것으로 본다.
④ 무능력자가 단순히 자신이 능력자라고 말한 것만으로는 민법 제17조 제1항의 사술을 쓴 것이라고 할 수 없다.

> **해설** ② 법정대리인이 그 기간 내에 확답을 발하지 아니한 때에는 그 행위를 추인한 것으로 본다(제15조 제2항).
> ① 제16조 제3항
> ③ 제15조 제1항
> ④ 대판 1971.12.14. 71다2045

03 주소 제도 및 부재와 실종

15 실종기간의 기산점에 관한 설명 중 옳지 않은 것은?

① 보통실종의 경우는 부재자의 최후의 소식이 있었을 때
② 선박실종의 경우는 선박이 침몰한 때
③ 위난실종은 위난이 종료한 때
④ 전쟁실종은 강화조약이 체결된 때

> **해설** 전쟁실종의 기산점은 강화조약의 체결시가 아니라 사실상 전쟁이 끝나는 때, 즉 항복 선언이나 정전 또는 휴전 선언이 있는 때를 기준으로 한다.

12 미성년자에 관한 다음 설명 중 옳지 않은 것은?

① 중학생이 부모로부터 받은 학용품값으로 오락기를 구입한 경우에는 매매계약을 취소하지 못한다.
② 만 18세인 자는 단독으로 유언을 할 수 있다.
③ 미성년자의 법정대리인은 그가 행한 영업허락을 취소할 수 있으며, 그 취소가 있으면 처음부터 영업허락이 없었던 것으로 된다.
④ 미성년자에 대하여 법정대리인이 영업을 허락한 경우에는 미성년자는 그 영업에 관하여는 성년자와 동일한 행위능력을 가진다.

> ✔해설 ① 제6조의 '범위를 정하여 처분을 허락한 재산'에서 말하는 범위란 재산의 범위를 말하는 것이지 처분의 범위를 말하는 것은 아니다.
> ② 제1061조
> ③ 미성년자의 법정대리인이 허락한 영업에 대한 취소의 효력은 철회의 성격을 갖는 취소이다.
> ④ 제8조 제1항

13 제한능력자 제도에 관한 설명 중 옳지 않은 것은?

① 현행 민법상 제한능력자 제도는 제한능력자의 재산을 보호함을 1차 목적으로 한다.
② 제한능력자임을 알고 그로부터 단독행위를 수령한 상대방은 거절권을 행사할 수 있다고 봄이 통설적 견해이다.
③ 제한능력자임을 알고 그와 계약행위를 한 상대방은 철회권을 행사할 수 없다.
④ 제한능력자의 상대방이 추인 여부를 최고한 경우에 1개월 이상의 기간 내에 제한능력자 측에서 확답을 발하지 않은 경우에는 언제나 취소한 것으로 본다.

> ✔해설 최고를 받은 제한능력자 측이 최고기간 내에 확답을 발하지 아니하면 원칙적으로 추인한 것으로 보며〈제15조 제1항, 제2항〉, 특별한 절차를 필요로 하는 경우에는 취소한 것으로 본다〈제15조 제3항〉.

Answer 10.① 11.③ 12.③ 13.④

10 미성년자에 관한 다음 설명 중 가장 옳지 않은 것은? (다툼이 있는 경우 판례에 의함)

① 미성년자가 유효한 법률행위를 하려면 원칙적으로 법정대리인의 동의를 얻어야 하며, 법정대리인의 동의를 얻지 않은 미성년자의 법률행위는 법정대리인만이 취소할 수 있다.
② 법정대리인이 범위를 정하여 처분을 허락한 재산은 미성년자가 임의로 처분할 수 있으나, 미성년자가 아직 법률행위를 하기 전이라면 법정대리인은 위 허락을 취소할 수 있다.
③ 미성년자는 법정대리인으로부터 허락을 얻은 특정한 영업에 관하여는 성년자와 동일한 행위능력이 있으나, 법정대리인은 위 허락을 취소 또는 제한할 수 있다.
④ 미성년자의 법률행위에 관하여 법정대리인의 묵시적 동의가 인정되는 경우라면, 미성년자는 행위무능력을 이유로 그 법률행위를 취소할 수 없다.

 ① 취소할 수 있는 법률행위는 제한능력자, 하자있는 의사표시를 한 자, 그 대리인 또는 승계인에 한하여 취소할 수 있다(법 제140조). 즉, 미성년자도 법정대리인의 동의 없이 단독으로 유효하게 취소할 수 있다.
② 민법 제6조, 제7조
③ 민법 제8조
④ 미성년자가 법률행위를 함에 있어서 요구되는 법정대리인의 동의는 묵시적으로도 가능하며, 미성년자의 행위가 법정대리인의 묵시적 동의가 인정되거나 처분허락이 있는 재산의 처분 등에 해당하는 경우라면, 미성년자로서는 더 이상 행위무능력을 이유로 그 법률행위를 취소할 수 없다(대판 2007.11.26, 2005다71659).

11 제한능력자의 상대방을 보호하기 위한 제도의 설명으로 옳지 않은 것은? (다툼이 있는 경우 판례에 의함)

① 제한능력자의 상대방은 제한능력자가 능력자가 된 후에 그에게 1개월 이상의 기간을 정하여 그 취소할 수 있는 행위를 추인할 것인지 여부의 확답을 촉구할 수 있다.
② 제한능력자가 맺은 계약은 추인이 있을 때까지 상대방이 그 의사표시를 철회할 수 있다. 다만, 상대방이 계약 당시에 제한능력자임을 알았을 경우에는 그러하지 아니하다.
③ 상대방은 제한능력자에게나 법정대리인에게 추인 여부의 확답을 최고할 수 있다.
④ 미성년자가 속임수로써 법정대리인의 동의가 있는 것으로 믿게 한 경우에는 그 행위를 취소할 수 없다.

 ① 제15조 제1항 ② 제16조 제1항
③ 상대방은 제한능력자가 능력자로 된 경우에는 그에게, 제한능력자가 아직 능력자가 되지 못한 때에는 그 법정대리인에 대하여 1개월 이상의 기간을 정하여 그 취소할 수 있는 행위의 추인 여부의 확답을 최고할 수 있다(제15조 제1항, 제2항). 따라서 능력자가 되지 않은 제한능력자는 유효한 최고의 상대방이 아니다.
④ 제17조 제2항

02 무능력자의 행위능력

8 미성년자의 능력에 관한 다음 설명 중 가장 옳지 않은 것은?

① 미성년자가 법률행위를 함에는 법정대리인의 동의를 얻어야 한다.
② 미성년자가 권리만을 얻거나 의무만을 면하는 행위는 법정대리인의 동의를 요하지 않는다.
③ 미성년자가 법정대리인의 동의를 얻지 않은 경우에는 법정대리인은 당해 법률행위를 취소할 수 있다.
④ 미성년자가 법률행위를 부인하는 경우 법정대리인의 동의가 있었다는 입증책임은 미성년자에게 있다는 것이 판례의 태도이다.

 ① 제5조 제1항 본문
② 제5조 제1항 단서
③ 제5조 제2항
④ 미성년자가 토지매매행위를 부인하고 있는 이상, 미성년자가 그 법정대리인의 동의를 얻었다는 점에 관한 입증책임은 미성년자에게 없고 이를 주장하는 상대방에게 있다(대판 1970.2.24, 69다1568).

9 다음 중 미성년자에 대한 설명으로 가장 옳지 않은 것은?

① 법정대리인이 범위를 정하여 처분을 허락한 재산은 미성년자가 임의로 처분할 수 있다.
② 미성년자가 권리만을 얻거나 의무만을 면하는 행위를 할 때에는 법정대리인의 동의를 요하지 아니한다.
③ 법정대리인이 허락한 경우에는 미성년자는 특정한 영업에 대하여 성년자와 동일한 행위능력이 있다.
④ 법정대리인은 미성년자의 특정한 영업에 대하여 허락을 한 후에도 언제든지 그 허락을 취소 또는 제한할 수 있으며, 이러한 취소 또는 제한은 선의의 제3자에게도 대항할 수 있다.

 ① 제6조 ② 제5조 단서 ③ 제8조 제1항
④ 선의의 제3자에게 대항하지 못한다(제8조 제2항).

6 태아의 권리능력에 관한 다음 설명 중 옳지 않은 것은? (다툼이 있는 경우에는 판례에 의함)

① 어느 학설에 의하든 태아가 살아서 출생하기만 하면, 문제된 시점에서부터 권리능력이 있었던 것으로 취급된다.
② 유증의 경우에는 태아의 권리능력이 인정되나, 사인증여의 경우에는 태아의 권리능력이 인정되지 아니한다.
③ 태아가 교통사고의 충격으로 조산되고 그로 인하여 출생 후 얼마 안 되어 사망한 경우, 죽은 아이의 생명침해로 인한 손해배상청구권도 인정된다.
④ 모체와 같이 사망한 경우에도 태아의 불법행위에 기한 손해배상청구권은 인정된다.

> ✔해설 ① 태아의 법적 지위에 관한 정지조건설과 해제조건설은 태아가 포태 후 살아서 출생하기까지의 기간 동안의 법적 지위에 관한 문제이다. 따라서 태아가 살아서 출생하였다면 어느 설에 의하든 태아는 포태된 시점부터 개별적 권리능력을 인정받는다는 점에서 차이가 없다.
> ② 태아의 보호에 관한 개별주의를 취하고 있는 우리 민법은 유증에 관하여는 태아를 출생한 것으로 보지만, 사인증여에 관하여는 명문의 규정이 없으므로 이를 인정할 수 없다. 판례(대판 1996.4.12, 94다37714·37721)도 유증에 관한 규정 중 단독행위임을 전제로 하는 규정은 계약인 사인증여에 적용될 수 없다고 하고 있으므로, 태아의 권리능력에 관한 유증의 규정이 사인증여에 당연히 준용된다고 볼 수는 없다.
> ③ 일단 태아가 살아서 출생하였다면 문제의 시점부터 권리능력이 있었던 것으로 취급되므로, 생명침해로 인한 손해배상청구권도 인정된다(대판 1968.3.5, 67다2869).
> ④ 태아가 살아서 출생하지 못하고 사망한 경우에는 어느 설에 의하더라도 권리능력이 인정되지 않는다.

7 농부 甲은 경운기를 운전하던 중 지나가던 임산부 乙을 다치게 하였는데, 乙이 포태 중이던 태아 丙은 경운기 사고의 결과로 불구가 되어 태어났다. 이 경우 丙이 甲에게 취할 수 있는 법률관계로서 옳은 것은? (학설이 대립되는 경우 판례에 의함)

① 출생한 후 甲에게 손해배상을 청구할 수 있다.
② 사고 당시 乙이 丙을 대리하여 손해배상을 청구할 수 있다.
③ 불법행위 당시 권리능력이 없으므로 아무런 청구권도 없다.
④ 태아인 동안 법정대리인을 통해 甲에게 손해배상을 청구할 수 있다.

> ✔해설 판례는 정지조건설의 입장으로, 태아인 동안에는 권리능력을 인정하지 않으나 출생하게 되면 문제된 시점에 소급하여 권리능력을 인정하고 있다. 따라서 태아가 출생한 후에 손해배상을 청구할 수 있다.

3 다음 중 권리능력의 시기와 종기에 관한 설명으로 옳지 않은 것은?

① 자연인의 권리능력이 소멸되는 것에는 사망이 있다.
② 태아는 개별적인 경우에 권리능력이 인정된다.
③ 실종선고로 자연인은 권리능력을 상실한다.
④ 법인은 해산하여도 완전히 권리능력을 상실하지 않는다.

> ✔ 해설 ③ 실종선고는 실종자의 권리능력을 박탈하는 제도는 아니며, 다만 종래의 주소지를 중심으로 한 사법상의 법률관계에서만 사망으로 간주하는 제도이다. 따라서 신 주소지에서의 행위나 공법상의 법률행위 등은 모두 유효하게 된다.
> ④ 법인은 해산하게 되면 청산단계에 들어가게 되는데 청산법인은 청산의 목적범위에서 제한적인 권리능력을 갖는다.

4 태아의 권리능력에 관한 설명 중 가장 옳은 것은?

① 우리 민법은 일반적 보호주의를 취하고 있다.
② 태아로 있는 동안에 법정대리인이 존재한다고 인정하는 것은 해제조건설이다.
③ 정지조건설에 의하면 태아는 이미 출생한 것으로 보지만 후일에 사산이 된 경우에는 소급하여 권리능력을 상실한 것으로 본다.
④ 다수설은 정지조건설을, 판례는 해제조건설을 따른다.

> ✔ 해설 ① 개별적 보호주의의 입장이다.
> ③ 해제조건설의 입장이다.
> ④ 다수설은 해제조건설을, 판례는 정지조건설을 따른다.

5 다음 중 태아의 권리능력이 인정되지 않는 것은?

① 유증
② 유류분권
③ 증여계약에 있어서의 수증
④ 대습상속

> ✔ 해설 태아에 관하여 우리 민법은 개별적 보호주의를 취하고 있다. 태아에게 ①②④ 이외에도 상속·사인증여 등에서 그 권리능력을 인정하나, 증여·인지청구·호주승계 등에서는 권리능력을 인정하지 않는다.

Answer 1.④ 2.① 3.③ 4.② 5.③

CHAPTER 02 자연인

01 권리능력

1 다음 중 권리능력과 행위능력에 관한 설명으로 옳은 것은?

① 권리능력이 있으면 행위능력도 있다.
② 행위능력이 없으면 권리능력도 없다.
③ 권리능력과 행위능력의 실질적 내용은 동일하다.
④ 권리능력과 행위능력에 관한 규정은 강행규정이다.

> **해설** ①② 모든 권리능력자가 행위능력자일 수는 없지만, 모든 행위능력자는 권리능력자이다.
> ③ 권리능력은 행위능력을 인정받기 위한 기본적 전제이며 양자는 별개이다.

2 권리의 주체와 권리능력에 관한 설명으로 옳지 않은 것은?

① 법인이 아닌 사단도 권리의 주체이다.
② 권리의 주체는 자연인과 법인의 양자이다.
③ 모든 자연인은 평등한 권리능력을 가진다.
④ 태아도 예외적으로 특정의 권리에 관해서는 권리능력이 있는 것과 마찬가지로 취급된다.

> **해설** ① 법인이 아닌 사단을 권리능력 없는 사단이라 한다. 이는 곧 권리능력을 인정하지 않는다는 의미이다. 물론 이러한 사단도 단체 명의로 부동산등기를 할 수 있고, 소송에 있어서 당사자능력을 인정받고 있다.
> ③ 현대사회에서는 인간은 출생과 동시에 누구나 권리능력을 갖는다. 이를 '권리능력 평등의 원칙'이라 한다.
> ④ 태아는 아직 출생하지 않은 상태이기 때문에 권리능력을 인정받지 못하나, 예외적으로 불법행위로 인한 손해배상청구권, 상속, 유증 등의 경우에 있어서는 권리능력을 부여해 주고 있다.

18 다음 중 권리남용의 기준이 되지 않는 것은? (통설에 의함)

① 공서양속
② 이익과 손해의 비교형량
③ 신의성실
④ 가해의 의사

> ✔ 해설 권리남용인지의 여부는 제반사항을 종합하여 결정할 문제이다. 그러나 일반적으로 신의칙 위반, 사회질서(공서양속) 위반, 정당한 이익의 흠결, 권리의 공공성·사회성 위반 등이 있을 때는 권리남용이 인정된다. 뿐만 아니라 권리행사를 통해 얻을 수 있는 이익과 상대방의 불이익을 비교형량 해 보아야 할 것이며, 가해의 의사에 관하여 통설은 필요하지 않다는 입장이다.

19 권리남용의 요건에 관한 설명으로 옳지 않은 것은?

① 권리의 행사라고 볼 수 있는 행위가 있어야 한다.
② 사회적 목적에 부합하지 않는 권리의 행사가 있어야 한다.
③ 권리의 불행사는 권리의 남용이 될 수 없다.
④ 권리행사의 형식만 갖출 뿐 실질적으로는 부당한 이익을 얻는 방법에 지나지 않을 때에는 권리남용이라 본다.

> ✔ 해설 권리남용의 요건으로는 외관상 권리행사가 있어야 하며 이에는 권리의 불행사도 포함된다.

20 권리가 충돌하는 경우 그 순위에 관한 설명 중 옳지 않은 것은?

① 물권과 채권이 충돌하면 물권이 우선한다.
② 물권과 물권이 충돌하면 선순위 물권이 우선한다.
③ 용익물권과 담보물권이 충돌하면 언제나 용익물권이 우선한다.
④ 채권과 채권이 충돌하면 먼저 행사한 자가 우선한다.

> ✔ 해설 물권상호 간에는 선순위 물권이 우선하며, 순위는 등기순위에 의하여 결정되고 등기순위는 순위번호에 의하여 결정된다.

Answer 16.② 17.③ 18.④ 19.③ 20.③

16 다음 설명 중 옳지 않은 것은? (다툼이 있는 경우 판례에 의함)

① 권리의 행사가 권리남용에 해당하기 위해서는 객관적 요건뿐 아니라, 주관적 요건도 고려해야한다는 데 학설·판례가 일치하는 것은 아니다.
② 자신의 선행(先行)행위와 모순되는 행위의 효력을 부인하는 금반언의 원칙은 신의성실의 원칙의 한 내용이라 볼 수 있다.
③ 소멸시효의 완성을 주장하는 경우에는 신의성실의 원칙이 적용될 여지가 없다.
④ 실효의 원칙이 인정되기 위해서는 의무자인 상대방이 더 이상 권리자가 그 권리를 행사하지 아니할 것으로 믿을 만한 정당한 사유가 있어야 한다.

 ① 권리남용금지의 원칙에 있어서 주관적 요건을 요하는지 여부에 관해 통설은 이를 고려하지 않는다고 해석하며, 판례는 "권리행사가 권리의 남용에 해당한다고 할 수 있으려면, 주관적으로 그 권리행사의 목적이 오직 상대방에게 고통을 주고 손해를 입히려는 데 있을 뿐 행사하는 사람에게 아무런 이익이 없는 경우이어야 하고, 객관적으로는 그 권리행사가 사회질서에 위반된다고 볼 수 있어야 하는 것이다(대판 2003.2.14, 2002다62319)."라고 하여 주관적 요건을 요한다고 한 경우와 "권리의 행사가 상대방에게 고통이나 손해를 주기 위한 것이라는 주관적 요건은 권리자의 정당한 이익을 결여한 권리행사로 보여지는 객관적인 사정에 의하여 추인할 수 있다(대판 2003.11.27, 2003다40422)."라고 하여 주관적 요건은 객관적 사정에 의해 추인할 수 있다고 한 경우 등과 같이 일관된 입장을 보이고 있지 않다.
③ 일반적으로 권리의 행사는 신의에 좇아 성실히 하여야 하고 권리는 남용하지 못하는 것이므로 권리자가 실제로 권리를 행사할 수 있는 기회가 있어서 그 권리행사의 기대가능성이 있었음에도 불구하고 상당한 기간이 경과하도록 권리를 행사하지 아니하여 의무자인 상대방으로서도 이제는 권리자가 권리를 행사하지 아니할 것으로 신뢰할 만한 정당한 기대를 가지게 된 다음에 새삼스럽게 그 권리를 행사하는 것이 법질서 전체를 지배하는 신의성실의 원칙에 위반하는 것으로 인정되는 결과가 될 때에는, 이른바 실효의 원칙에 따라 그 권리의 행사가 허용되지 않는다고 보아야 할 것이다(대판 1992.1.21, 91다30118).
④ 대판 2002.1.8, 2001다60019

17 권리남용의 효과로 볼 수 없는 것은?

① 손해배상책임의 발생
② 권리의 박탈
③ 위험부담의 전환
④ 법률효과의 불발생

 권리남용금지 위반의 효과
㉠ 형성권 : 권리가 발생하지 않는다.
㉡ 청구권 : 이행을 거부하면 된다.
㉢ 위법행위 성립 : 손해배상청구권이 발생하는 경우가 있다.
㉣ 권리박탈 : 일정한 경우(친권상실의 선고 – 제924조) 권리를 박탈하는 경우가 있다.

03 법률관계

14 신의성실의 원칙에 관한 다음 설명 중 가장 옳지 않은 것은?

① 민법상 신의성실의 원칙은 법률관계의 당사자가 상대방의 이익을 배려하여 형평에 어긋나거나 신뢰를 져버리는 내용 또는 방법으로 권리를 행사하거나 의무를 이행하여서는 아니 된다는 추상적인 규범이다.
② 신의성실의 원칙은 권리의 발생·변경·소멸의 기능을 갖는다.
③ 신의성실의 원칙의 위반 또는 권리남용은 당사자의 주장이 없더라도 직권으로 판단할 수 있다.
④ 신의성실의 원칙은 오직 권리행사와 의무이행에만 적용되는 것으로서 이에 기해 어떠한 의무가 도출되는 것은 아니다.

 ③ 대판 1989.9.29. 88다카17181
④ 신의성실의 원칙은 권리행사뿐만 아니라 의무이행에도 적용되는 것으로서, 급부의무 또는 명시적으로 규정된 종된 의무에 적용하여 이를 확장함으로써 부수적 의무와 이에 상응하는 권리를 발생하게 한다.

15 신의성실의 원칙에 관한 다음 기술 중 옳은 것은?

① 신의성실의 원칙은 프랑스 민법에서 기원한다.
② 신의성실의 원칙은 주로 채권법 분야에 적용되는 것이었다.
③ 신의성실의 원칙과 권리남용금지의 원칙은 아무런 관련이 없다.
④ 신의성실의 원칙을 사법의 최고지도원리로 규정한 것은 독일 민법이다.

 ① 신의성실의 원칙은 로마법상 악의의 항변에서 기원한다.
② 신의칙은 채권법분야에서, 권리남용은 물권법분야에서 주로 발전 하였다.
③ 신의성실의 원칙과 권리남용금지의 원칙의 관계에 관하여 통설 및 판례는 양자는 표리관계에 있으며 권리행사가 신의성실에 반하는 경우에는 권리남용이 된다고 하여 권리남용금지를 신의칙의 효과로 보며 양 조항의 중복적용을 긍정한다.
④ 신의성실의 원칙을 최초로 사법의 최고 지도원리로 규정한 것은 스위스 민법이다.

Answer 12.② 13.④ 14.④ 15.②

12 다음 법률용어의 해설 중 옳지 않은 것은?

① '선의'란 어떤 사정을 알지 못하는 것이고, '악의'는 이를 알고 있는 것이다.
② '추정'은 반대증거가 제출되어도 적용을 면할 수 없고 법률에서 정하는 효력이 당연히 발생하는 것이며, '간주'는 반대증거가 제출되면 적용을 면할 수 있다.
③ '대항하지 못한다'란, 법률행위의 당사자는 제3자에게 법률행위의 효력을 주장할 수 없지만, 제3자가 그 효력을 인정하는 것은 무방하다는 의미이다.
④ '고의'란 자신의 행위를 일정한 결과가 발생하는 것을 알면서도 그 행위를 하는 것이고, '과실'이란 일정한 결과발생을 당연히 알아야 함에도 불구하고 부주의로 알지 못하는 것을 뜻한다.

✔해설 '추정'은 반증이 제시되면 추정된 효력은 발생하지 않지만, '간주'는 반증이 제시되더라도 법률이 정한 효력은 그대로 유지된다.

13 민법의 효력에 관한 설명으로 옳지 않은 것은?

① 민법은 외국에 있는 대한민국 국민에게 그 효력이 미친다.
② 민법에서는 법률불소급의 원칙이 엄격하게 지켜지지 않는다.
③ 민법은 한반도와 그 부속도서라면 예외 없이 효력이 미친다.
④ 우리 민법은 국내에 있는 국제법상의 치외법권자에게는 그 효력이 미치지 아니한다.

✔해설 민법은 국내에 있는 모든 내·외국인에게 그 효력이 있다.

9 민법 제1조의 규정과 부합되지 않는 것은?

① 법원의 종류   ② 판례의 구속력
③ 법원의 순위   ④ 관습법의 보충성

✔해설 통설과 판례는 판례의 법원성을 부정하고 있으며, 민법 제1조에도 판례의 구속력에 대해 규정하고 있지 않다.

10 관습법에 관한 설명 중 옳지 않은 것은?

① 관습법은 민법의 법원(法源)으로서 효력이 있다.
② 관습법은 성문법에 대한 보충적 효력이 있음이 원칙이다.
③ 판례는 관습법과 사실인 관습의 개념을 동일시하고 있다.
④ 관습법에 의해 성문법이 개폐되는 효력을 인정하는 견해도 있다.

✔해설 ① 민법 제1조 참조
② 판례는 "가정의례준칙 제13조의 규정과 배치되는 관습법의 효력을 인정할 수 없다"고 판시하여 관습법은 성문법에 대하여 보충적 효력설의 입장이다.
③ 판례는 "관습법이란 법적 규범으로 승인·강행되기에 이르는 것을 말하고, 사실인 관습은 아직 법적 규범으로서 승인된 정도에 이르지 않은 것을 말하는바, 관습법은 법원으로서 효력이 있는 것이며, 사실인 관습은 법령으로서의 효력이 없는 단순한 관행으로서 법률행위의 당사자의 의사를 보충함에 그치는 것이다"라고 판시하여(대판 1983.6.14, 80다3231), 관습법과 사실인 관습의 개념을 구별하고 있다.
④ 이른바 변경적 효력설(대등적 효력설)은 관습법 생성의 불가피성과 일정한 경우에 성문민법이 관습에 의하여 개폐되고 있는 현실(관습법상의 법정지상권, 미분리 과실과 수목의 집단의 소유권이전에 관한 명인방법)에 비추어 볼 때 관습법은 성문법을 개폐하는 효력을 갖는다고 한다.

11 조리에 관한 설명으로 옳지 않은 것은?

① 조리는 법의 일반원칙, 사회통념 등으로 표현되기도 한다.
② 조리는 신의성실을 내용으로 한다.
③ 조리는 실정법 해석의 표준이 되며, 법의 흠결시 재판의 최종적 준거가 된다.
④ 법이 존재하지 않는 경우에 법관의 판단은 곧 조리가 된다.

✔해설 조리는 일반 국민의 건전한 상식, 이성적 판단 등을 의미한다. 법이 존재하지 않는 경우에 법관은 최종적으로 조리에 의하여 판단을 하여야 하겠지만, 그렇다고 해서 법관의 판단이 언제나 바로 조리가 되는 것은 아니다.

Answer 6.④ 7.② 8.② 9.② 10.③ 11.④

6 민법의 법원(法源)에 관한 설명으로 가장 옳지 않은 것은? (다툼이 있는 경우 다수설과 판례에 의함)

① 민법 제1조에 따르면, 관습법은 법률에 대하여 보충적인 효력만이 있으나 예외적으로 법률에 우선하는 효력을 가질 수 있다.
② 민사문제에 관하여 법률, 관습법, 조리의 순서로 재판의 준칙이 된다.
③ 여기에서 법률은 형식적 의미의 민법뿐만 아니라 민사관련 모든 법령을 의미한다.
④ 관습법은 그 존부(存否)가 불분명하므로 관습법을 원용하는 당사자가 주장·증명하는 경우에만 이의 법원성을 인정할 수 있다.

> **해설** 관습법은 법원이 직권으로 이를 확정하여야 하고 사실인 관습은 그 존재를 당사자가 주장 입증하여야 하나, 관습은 그 존부 자체도 명확하지 않을 뿐만 아니라 그 관습이 사회의 법적 확신이나 법적 인식에 의하여 법적 규범으로까지 승인되었는지의 여부를 가리기는 더욱 어려운 일이므로, 법원이 이를 알 수 없는 경우 결국은 당사자가 이를 주장 입증할 필요가 있다(대판 1983.6.14, 80다3231).

7 성문법주의와 불문법주의에 관한 설명 중 옳지 않은 것은?

① 최근에는 대륙법계에서도 판례법 내지 관습법에 대한 중요성의 인식이 강화되고 있다.
② 불문법주의는 사회변화에 대한 규범적 적응성이 부족하므로 구체적 타당성의 확보에 어려움이 있다.
③ 법의 통일화·명확화의 측면에서는 성문법주의가 우세하다.
④ 불문법주의는 법적 안정성의 측면에서 유동적이다.

> **해설** 불문법은 사회에서 자연스럽게 형성되는 법이므로 사회변화에 대한 적응성이 뛰어나며 구체적 타당성을 충족시킨다.

8 다음 중 판례에 의해서 확인된 관습법이나 관습법상의 제도가 아닌 것은?

① 분묘기지권
② 지역권
③ 명인방법
④ 동산의 양도담보

> **해설** 관습법상의 제도로는 분묘기지권, 명인방법상 공시방법, 동산의 양도담보, 관습법상 법정지상권, 사실혼 관계가 있다.

3 다음 중 민법상의 공공복리의 원리와 가장 관계가 먼 것은?

① 권리남용금지의 원칙 ② 신의성실의 원칙
③ 계약자유의 원칙 ④ 무과실책임의 원칙

> ✔해설 현행 민법은 공공복리를 최고의 원리로 삼고 있다. 신의성실·권리남용금지·거래안전·무과실책임 등의 원칙들은 공공복리를 구체화하는 실천원리의 기능을 수행하고 있다. 계약자유의 원칙은 근대 민법의 기본원리이다.

4 관습법에 대한 설명으로 옳지 않은 것은?

① 관습법은 법원의 판결에 의하여 그 존재가 확인되므로 관습법의 성립 시기는 법원의 판결에서 관습법의 존재를 인정하는 때에 관습법으로 성립한다는 것이 통설이다.
② 관습법은 당사자의 주장·입증을 기다림이 없이 법원이 직권으로 이를 확정하여야 한다는 것이 판례의 태도이다.
③ 판례에 의하여 관습법으로 인정되는 것으로는 미분리 과실의 소유권귀속에 관한 명인방법, 분묘기지권, 관습법상의 법정지상권 등이 있다.
④ 판례는 관습법은 법원으로서 법령과 같은 효력을 갖는 관습으로 법령에 저촉되지 않는 한 법칙으로서의 효력이 있으나, 사실인 관습은 법령으로서의 효력이 없는 단순한 관행으로서 법률행위의 당사자의 의사를 보충함에 그친다고 하여 양자를 개념상 구별하고 있다.

> ✔해설 ① 관습법의 성립시기에 대하여 통설은 관행이 법적 확신을 획득한 때에 관습법으로 성립한다고 본다. 다만 관행이 법적 확신을 취득하였는지의 여부는 법원의 판결에 의해 확인되므로, 판결이 확정되면 그 관습법은 법적 확신을 취득한 때로 소급하여 성립하였다고 할 것이다. ②④는 '관습법'과 '사실인 관습'의 차이에 대한 판례의 입장에서 타당하며, ③④도 관습법의 효력이나 범위에 대한 옳은 설명이다.

5 민법의 법원(法源)에 관한 다음 설명 중 틀린 것은?

① 민법 제1조에 규정되어 있는 법원은 법률, 관습법, 판례 그리고 조리이다.
② 민법 제1조에 의하면 법원에도 순위가 있다
③ 경우에 따라서는 대통령령도 민사에 관하여 법원이 될 수 있다.
④ 대법원규칙이나 조약도 민법의 법원이 될 수 있다.

> ✔해설 민법 제1조에 의해 법원으로 인정되는 것은 법률, 관습법, 조리이다(제1조 참조). 따라서 판례는 법원으로 명시되어 있지 않다.

Answer 1.④ 2.① 3.③ 4.① 5.①

CHAPTER 01 통칙

01 민법의 기본원리 및 법원

1 근대 민법의 3대 기본원리가 아닌 것은?

① 사유재산권 존중의 원칙
② 계약자유의 원칙
③ 과실 책임의 원칙
④ 공공복리의 원칙

> **해설** 개인의 자유와 평등을 강조하는 근대민법은 계약자유의 원칙, 소유권 절대의 원칙, 과실 책임의 원칙이라는 3대원리로 구체화되었다. 현대복지국가에서는 3대원칙에 대한 수정을 하게 되었고 공공복리의 원칙이 등장하게 되었다. 공공복리의 원칙은 신의성실의 원칙, 권리남용의 원칙, 거래의 안전, 사회질서의 원칙을 구체적 실천원리로 하고 있다.

2 근대 민법의 기본원칙에 대한 수정원리가 아닌 것은?

① 소유권자의 이용권자에 대한 지배
② 신의성실의 원칙
③ 권리남용금지의 원칙
④ 거래의 안전보호의 원칙

> **해설** 근대 민법은 자본주의 경제의 원동력이 되었다. 그러나 자본주의의 구조적 모순으로 인하여 빈부의 격차가 심화되고, 강자와 약자의 계급대립을 격화되었다. 따라서 근대민법의 기본원리를 수정하게 된 것이다. 즉, 공공복리의 원칙이 현대 사법을 지배하는 최고의 지도원리로 등장함으로써 근대 민법의 3대원리는 그 수정이 불가피하게 되었다. 현행 민법에서의 ② 신의성실 ③ 권리남용금지 ④ 거래안전·사회질서 등의 원칙들은 근대 민법의 3대원칙을 적극적으로 수정하는 순위원칙으로서 공공복리를 구체화하는 실천원리의 기능을 수행하게 되는 것이다.

PART 02

민법총칙

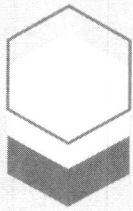

01 통칙

02 자연인

03 법인

04 권리의 객체

05 의사표시

06 대리

07 법률행위의 무효·취소

08 법률행위의 부관

09 기간·소멸시효

② 전형방법
　㉠ **서류전형** : 입사지원은 채용 홈페이지 On-line으로만 접수(입사지원서 등을 고려 채용예정인원의 각 수협별 배수 내외 선발)
　㉡ **필기고시**
　　• 일반관리계 : 필수과목(인·적성검사), 선택과목[민법(친족, 상속편 제외), 회계학(원가관리회계, 세무회계 제외), 경영학(회계학 제외), 수협법(시행령, 시행규칙 포함), 상업경제 중 택 1]
　　• 기술·기능계 : 필수과목(인·적성검사)
　㉢ **면접전형** : 인성면접, 실무면접 등
　㉣ **최종합격**
　　• 면접전형 고득점자 순으로 면접전형 합격자 결정
　　• 면접전형 합격자 중 신체검사 합격자에 한하여 임용
　㉤ 임용

③ 응시자 유의사항
　㉠ 수협별 중복 입사지원은 불가능하다.
　㉡ 적격자가 없는 경우 선발하지 않을 수 있다.
　㉢ 입사지원서 기재 착오, 필수사항 및 요건 누락 등으로 인한 불이익은 본인 부담이며, 주요기재사항이 제출서류와 일치하지 않을 경우 합격 또는 입사를 취소할 수 있다.
　㉣ 최종합격자는 반드시 본인이 임용등록 서류 제출일에 참석하여 등록을 마쳐야 하며 기한 내에 임용등록을 하지 않을 경우 임용 의사가 없는 것으로 간주한다.
　㉤ 면접전형 시 제출한 서류는 채용절차의 공정화에 관한 법률 제11조에 따라 최종합격자 발표 후 14일 이내 반환 청구가 가능하다.
　㉥ 우리 수협 인사규정상 임용 후 전보 및 순환보직 가능하다.
　㉦ 채용 관련 문의는 채용게시판 내 Q&A 이용 또는 지원하신 수협 총무과로 연락하면 된다.

CHAPTER 02 채용안내

(1) 인재상

① 협동과 소통으로 시너지를 창출하는 수협인 … 동료와 팀워크를 발휘하여 조직의 목표 달성에 기여하며, 다양한 배경과 생각을 가진 사람들과 의견을 조율하여 문제를 해결하는 사람.

② 창의와 혁신으로 미래에 도전하는 수협인 … 번뜩이는 생각과 새로운 시각으로 변화하는 시대에 앞서 나가며, 유연한 자세로 변화를 추구하며 새로운 분야를 개척하는 사람.

③ 친절과 배려로 어업인과 고객에 봉사하는 수협인 … 고객을 섬기는 따뜻한 가슴으로 고객 행복에 앞장서며, 상대방의 입장에서 생각하고 행동하는 너그러운 마음을 품은 사람.

(2) 수협 회원조합 일괄 공개채용 안내

① 응시자격
  ㉠ 학력 : 제한 없음
  ㉡ 연령 : 제한 없음
  ㉢ 기타
   • 우리 수협 인사규정상 채용결격사유에 해당하지 않는 자
   • 우리 수협 업무 관련 자격증 소지자 우대
   • 취업지원대상자, 장애인은 관련법령에 의해 가점 등 부여

(4) 회원조합소개

① 수산인 104만 명

② 전국 91개 조합
   ㉠ 지구별 70개소, 업종별 19개소, 수산물가공조합 2개소
   ㉡ 조합원 158천 명

③ 어촌계 2,029개소

- ⊛ 수협B2B : 온라인 비즈니스 시대에 적극 대응하고 수산물 유통구조 개선을 위해 기업 간 전자상거래를 지원하는 온라인 도매시장을 운영
- ⊙ 군급식사업 : 군장병들에게 양질의 수산물을 공급함으로써 체력 향상은 물론 어업인 소득증대에 기여
- ㉣ 단체급식 사업 : 수산물 소비촉진과 국민건강을 향상시키기 위해 전국 초·중·고등학교, 관공서 및 기업체 등의 단체급식 사업장에 양질의 수산물을 공급
- ㉤ 노량진시장 현대화 사업 : 2007년부터 시장 현대화사업을 추진하여 2015년 건물을 완공하고 2016년 새롭게 개장
- ㉥ 홈쇼핑사업 : 홈쇼핑 유통 채널을 통하여 중앙회 및 산지 회원조합, 중소 수산식품기업의 수산물 신규 판로개척과 대량 소비촉진으로 어업인 소득증대에 기여
- ㉦ 무역사업 : 미주 및 호주, 캐나다, 중국, 동남아시아 등에 바다애찬 상품 및 한국수산식품 등을 수출하고 있으며, 해외지역에서 한국 수산식품의 홍보활동과 해외시장 개척에 노력

(3) 수협자회사

① **수협은행** … 고객지향적 서비스로 고객의 재정적 성공을 도움으로써 국민 경제 활성화에 기여하고 해양·수산업의 발전과 해양·수산인의 성공을 지원하며 해양·수산관계자 및 고객과의 동반성장을 통해 밝은 미래를 이끌어 나가는 역할을 하고 있다.

② **수협노량진수산** … 노량진수산시장은 수산물 유통업계의 혁신을 주도하고 생산자와 소비자를 함께 보호하는 법정 도매시장으로서, 생산자 수취가격을 높이고 소비자에게는 저렴한 가격으로 품질 좋은 먹거리를 공급함으로써 수산물의 안정적인 수급과 소비자물가 안정에 기여하고 있다.

③ **수협유통** … 수협유통은 1992년 수협중앙회에서 설립한 수산물 유통 전문 회사이다. 수협유통에서는 "어업인에게 희망과 고객에게 믿음을"이라는 경영목표 아래 생산자에게는 유통활로를, 소비자에게는 고품질의 수산물을 합리적인 가격에 제공한다는 목표를 실현하기 위해 최선을 다하고 있다.

④ **수협사료** … 수협중앙회와 양식관련 수협이 공동출자하여 설립된 국내 유일의 양어사료 전문 제조업체로서 연안오염 경감 및 양식어민의 소득증대를 위해 기여하고 있다.

⑤ **수협개발** … 시설물관리 및 근로자파견 및 수산물 가공 도급사업 등의 차별화된 노하우와 전문성으로 최고의 서비스 제공을 목적으로 한다.

⑥ **위해수협국제무역유한공사** … 한·중 FTA체결에 따라 중국에 선도적으로 진출하여 세계의 생산공장에서 세계의 소비시장화 되고 있는 중국에 안전하고 우수한 국내 수산식품의 소비를 확대하고자, 중국 현지법인을 개설하여 국산 수산물의 대중국 수출확대를 통한 수산업 경쟁력 강화 및 수산물 소비촉진에 기여하고 있다.

② 상호금융사업
- ㉠ 예금 : 금융환경에 발맞춰 고객님의 다양한 성향과 상황을 반영하고 더 큰 혜택으로 돌려드리기 위해 일반 예금 뿐 아니라, 세금우대예탁금 등 다양한 상품들을 제안
- ㉡ 카드 : 효율적인 소비생활을 위해 수협에서는 신용카드, 체크카드, 기프트카드 등 다양하고 세분화된 고객 맞춤형 카드 상품
- ㉢ 외환 : 고객님의 금융생활에 불편함이 없으시도록 다양하고 혜택 많은 금융서비스를 제공
- ㉣ 대출 : 신속하고 정확한 대출서비스로 용도와 자격요건에 따라 다양한 상품 구비

③ 공제보험사업
- ㉠ 생명공제 : 저축성공제, 연금성공제, 보장성공제
- ㉡ 손해공제 : 화재공제, 기타공제

④ 정책보험사업
- ㉠ 어선원 및 어선 재해보상보험 : 「어선원 및 어선 재해보상보험법」에 따라 정부로부터 업무를 위탁받아 수협이 운영하는 정책보험으로써 어업과 관련된 각종 재해로 인한 피해를 보장
- ㉡ 양식수산물 재해보험 : 「농어업재해보험법」에 따라 수협이 보험사업자로 선정되어 운영하는 정책보험으로써 자연재해로 인한 양식수산물 및 양식시설물의 피해를 보장
- ㉢ 어업인 안전보험 : 「농어업인의 안전보험 및 안전재해예방에 관한 법률」에 의거 운용되는 정부 정책보험으로서, 어업작업으로 인하여 발생하는 부상, 질병, 장해, 사망 등의 재해를 보상

⑤ 경제사업
- ㉠ 이용가공 사업 : 신선한 수산물 유통에 필수적인 제빙·냉동·냉장사업과 상품의 부가가치 제고를 위한 가공 사업을 수행
- ㉡ 공판사업 : 어업인이 생산한 수산물을 소비지로 집결시켜 대량 유통시킴으로써 판로확보와 안정적 수산물 공급에 기여하는 사업
- ㉢ 수산물 가격지지 사업 : 어획물의 수급조절을 통한 어업인 수취가격 제고와 소비자 가격안정을 위해 정부비축사업과 수매 지원사업을 수행
- ㉣ 어업용 면세유류 공급사업 : 어업인들의 안정적 어업활동지원과 소득증진을 목적으로 면세유류공급 안정성확보, 경쟁입찰을 통한 저가구매, 면세유류 공급대상 확대 등을 지속적으로 추진
- ㉤ 어업용 기자재 및 선수물자 공급사업 : 연근해어선에 필요한 어선용 기관대체, 장비 개량 및 선외기 등 어업용 기자재와 로프, 어망 등 선수품을 저렴한 가격으로 공동구매해 공급
- ㉥ 수협쇼핑 : 소비자가 온라인을 통해 다양한 수산물을 빠르고 안전하게 구매할 수 있는 식품 종합쇼핑몰

CHAPTER 01 수협소개

(1) 비전

어업인이 부자되는 어부(漁富)의 세상

- 어업인 권익 강화
- 살기좋은 희망찬 어촌
- 지속가능한 수산환경 조성
- 중앙회·조합·어촌 상생발전

(2) 사업안내

① 교육지원사업

    ㉠ **어업인 지원** : 어촌지도상 발굴, 불합리한 수산제도 개선 및 피해보상 업무지원, 어업인 일자리 지원(행복海), 어업인 교육지원, 여성어업인 지원

    ㉡ **회원조합 지원** : 회원조합 인사업무 지원, 전국 수협 조합장 워크숍 개최, 회원조합 경영개선 지원

    ㉢ **도시어촌 교류촉진** : 도시어촌 교류 지원, 어촌관광 활성화 지원(어촌사랑)

    ㉣ **외국인력 지원사업**

    ㉤ **어선안전조업사업** : 안전조업지도, 어업인안전조업교육

    ㉥ **해양수산방송 운영**

    ㉦ **어업 in수산 발간**

    ㉧ **희망의 바다 만들기 운동** : 수산자원의 조성·회복관리, 바다환경의 유지·개선관리, 개발행위 저지·대응, 희망의 바다 만들기 사이트

    ㉨ **조사·연구**

PART 01

수협회원조합 소개

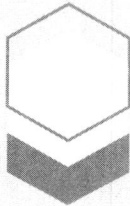

- **01** 수협소개
- **02** 채용안내

CONTENTS

PART 01 수협회원조합 소개
- 01 수협소개 ·· 8
- 02 채용안내 ·· 12

PART 02 민법총칙
- 01 통칙 ·· 16
- 02 자연인 ··· 24
- 03 법인 ·· 33
- 04 권리의 객체 ·· 39
- 05 의사표시 ·· 45
- 06 대리 ·· 58
- 07 법률행위의 무효·취소 ··· 66
- 08 법률행위의 부관 ··· 72
- 09 기간·소멸시효 ··· 76

PART 03 물권법
- 01 총칙 ·· 86
- 02 물권의 변동 ·· 90
- 03 점유권 ··· 100
- 04 소유권 ··· 105
- 05 용익물권 ·· 122
- 06 담보물권 ·· 135

PART 04 채권총론
- 01 채권의 본질과 목적 ·· 152
- 02 채권의 효력 ·· 160
- 03 수인의 채권자 및 채무자 ··· 184
- 04 채권양도와 채무인수 ·· 196
- 05 채권의 소멸 ·· 204

PART 05 채권각론
- 01 계약총론 ·· 220
- 02 증여·매매·교환 ·· 234
- 03 소비대차·사용대차·임대차 ··· 246
- 04 고용·도급·위임 ·· 261
- 05 임차·현상광고·조합·종신정기금·화해 ·································· 269
- 06 사무관리·부당이익 ··· 276
- 07 불법행위 ·· 283

STRUCTURE

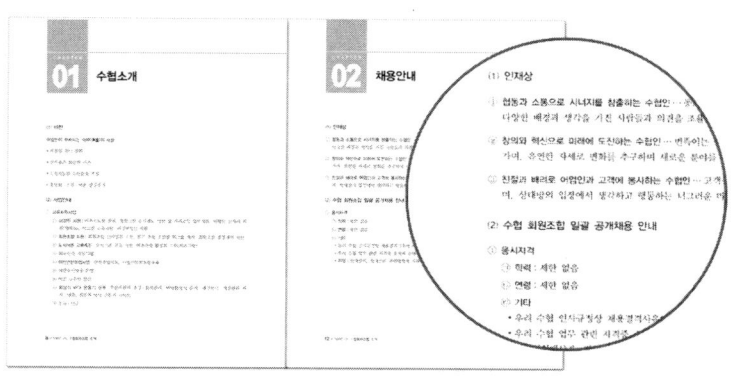

수협소개 및 채용안내
수협에 대한 간략한 설명과 채용 관련 정보를 담았습니다.

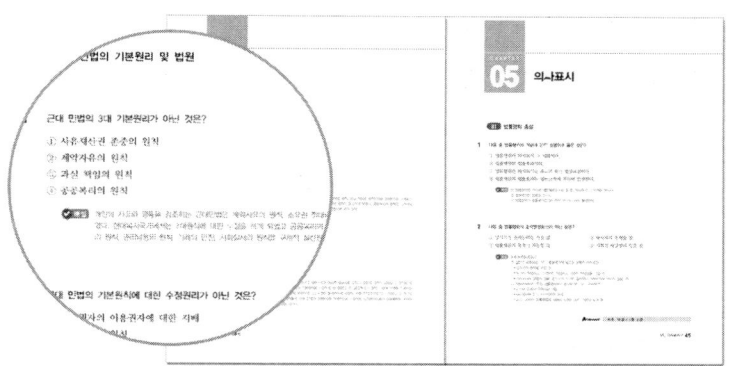

출제예상문제
각 영역별 출제가 예상되는 문제를 엄선하여 수록하였습니다.

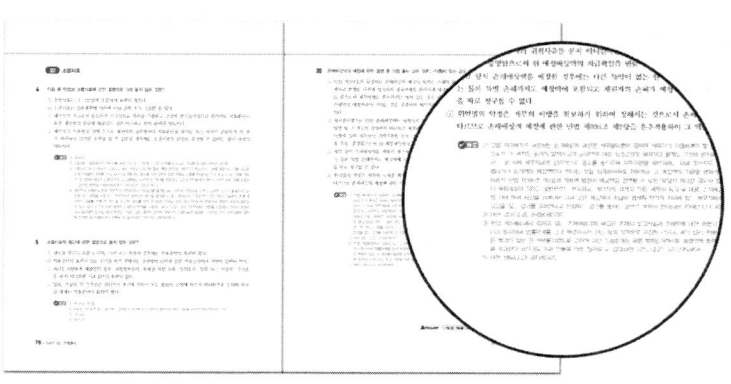

정답 및 해설
매 문제마다 상세한 해설을 달아 문제풀이만으로도 시험 대비가 가능하도록 구성하였습니다.

PREFACE

우리나라 기업들은 1960년대 이후 현재까지 비약적인 발전을 이루었다. 이렇게 급속한 성장을 이룰 수 있었던 배경에는 우리나라 국민들의 근면성 및 도전정신이 있었다. 그러나 빠르게 변화하는 세계 경제의 환경에 적응하기 위해서는 근면성과 도전정신 이외에 또 다른 성장 요인이 필요하다.

한국기업들이 지속가능한 성장을 하기 위해서는 혁신적인 제품 및 서비스 개발, 선도 기술을 위한 R&D, 새로운 비즈니스 모델 개발, 효율적인 기업의 합병·인수, 신사업 진출 및 새로운 시장 개발 등 다양한 대안을 구축해 볼 수 있다. 하지만, 이러한 대안들 역시 훌륭한 인적자원을 바탕으로 할 때에 가능하다. 최근으로 올수록 기업체들은 자신의 기업에 적합한 인재를 선발하기 위해 기존의 학벌 위주의 채용을 탈피하고 기업 고유의 채용 제도를 도입하고 있는 추세이다.

수협회원조합에서도 업무에 필요한 역량 및 책임감과 적응력 등을 구비한 인재를 선발하기 위하여 고유의 필기고시를 치르고 있다. 본서는 수협회원조합 채용대비를 위한 필독서로 수협회원조합 필기고시의 출제경향을 철저히 분석하여 응시자들이 보다 쉽게 시험유형을 파악하고 효율적으로 대비할 수 있도록 구성하였다.

신념을 가지고 도전하는 사람은 반드시 그 꿈을 이룰 수 있습니다. 처음에 품은 신념과 열정이 취업 성공의 그 날까지 빛바래지 않도록 서원각이 수험생 여러분을 응원합니다.

수협회원조합
필기고시(민법)

개정판 발행　　　2024년 9월 27일
개정2판 발행　　2025년 9월 29일

편 저 자 | 취업적성연구소
발 행 처 | ㈜서원각
등록번호 | 1999-1A-107호
주　　소 | 경기도 고양시 일산서구 덕산로 88-45(가좌동)
교재주문 | 031-923-2051
팩　　스 | 031-923-3815
교재문의 | 카카오톡 플러스 친구[서원각]
홈페이지 | goseowon.com

▷ 이 책은 저작권법에 따라 보호받는 저작물로 무단 전재, 복제, 전송 행위를 금지합니다.
▷ 내용의 전부 또는 일부를 사용하려면 저작권자와 (주)서원각의 서면 동의를 반드시 받아야 합니다.
▷ ISBN과 가격은 표지 뒷면에 있습니다.
▷ 파본은 구입하신 곳에서 교환해드립니다.

수협 회원조합

필기고시 (민법)

| 16 | 과목 | 아동간호학 | 난이도 | ●○○ | 정답 | ⑤ |

① 1 ~ 2년 내에 재발률이 높다.
② 영유아기(6 ~ 24개월) 남아에게 호발한다.
③ 체온 상승기에 발작이 발생한다.
④ 경련이 심할 경우 항경련제(diazepam, lorazepam)를 투여한다.

| 17 | 과목 | 모성간호학 | 난이도 | ●●○ | 정답 | ⑤ |

① 자궁 근종은 에스트로겐의 영향을 많이 받기 때문에 에스트로겐 분비가 저하되는 완경 후에는 크기가 작아지거나 소멸할 수도 있다.
② 자궁에 발생하는 가장 흔한 종양이다.
③ 자궁출혈, 골반통, 압박감 등의 증상이 나타날 수 있으나 대부분은 무증상이다.
④ 종양의 크기가 작고 무증상이어도 악성으로 변할 가능성이 있다.

| 18 | 과목 | 모성간호학 | 난이도 | ●●○ | 정답 | ③ |

③ 젖샘 발육에 관여하는 호르몬은 에스트로겐, 프로게스테론, 인슐린, 코르티솔, 프로락틴, 성장 호르몬, 태반락토젠 등이 있다.

| 19 | 과목 | 아동간호학 | 난이도 | ●●○ | 정답 | ① |

① 특정 음식의 알레르기 반응 여부를 확인하기 위해 한 번에 한 가지 음식만 제공하고 적어도 3 ~ 7일간 시도한다.
② 일반적으로 철분함유량이 높은 곡분 중 쌀은 알레르기 유발 가능성이 적고 소화가 쉬워 초기 음식으로 권장된다.
③ 음식 첨가 시 야채, 과일, 고기 순으로 제공한다.
④ 알레르기 유발 위험이 높은 달걀흰자, 견과류, 우유, 밀가루, 콩, 생선, 옥수수 등은 피한다. 또한 꿀에는 보툴리누스균이 있어 생후 12개월까지는 피해야 한다.
⑤ 모유나 조제유를 완전히 먹인 상태에서는 영아가 이유식을 먹으려 하지 않기 때문에 소량만 먹이거나 이유식을 먹인 후 모유나 조제유를 제공한다. 영아가 숟가락을 밀어낼 경우 손잡이가 길고 폭이 좁은 숟가락으로 혀 뒤쪽에 소량씩 떠 넣는다.

| 11 | 과목 | 성인간호학 | 난이도 | ●●○ | 정답 | ④ |

④ 레이노병은 약물요법을 통해 혈관 수축을 완화하고 동맥혈류를 증가할 수 있는데 이때 사용되는 약물은 교감신경 차단제, 칼슘통로차단제, α-아드레날린 수용체 차단제, 혈관확장제가 있다. 증상이 심할 경우 교감신경절제술을 시행하기도 한다. 추위 노출을 최소화 하여 환측을 보온하고, 카페인이나 초콜릿은 혈관 수축을 유발하므로 섭취를 제한한다.

| 12 | 과목 | 성인간호학 | 난이도 | ●●○ | 정답 | ⑤ |

⑤ 뇌수막염으로 예상되는 질병이다. 광선 공포가 있을 수 있으므로 방 안을 어둡게 하여 주위 자극을 감소시킨다.

PLUS TIP 뇌수막염 3대 징후

㉠ Kernig 징후 : 환자의 대퇴를 복부 쪽으로 굽혀준다. 무릎은 대퇴와 90도를 이루도록 신전시켰을 때 대퇴후면의 통증과 무릎의 저항과 통증을 느낀다.
㉡ Brudzinski 징후 : 목을 굽혔을 때 목의 통증과 하지에 굴곡이 생긴다.
㉢ 경부 강직(Neck Rigidity) : 목을 굽혔을 때 목이 뻣뻣해지고 통증이 동반한다.

| 13 | 과목 | 성인간호학 | 난이도 | ●●○ | 정답 | ③ |

③ 항결핵 약물을 3개월 복용하면 객담검사 시 음성반응이 나온다. 객담검사는 활동성 결핵을 확진할 수는 있지만 결핵의 완치는 확진할 수 없다.

| 14 | 과목 | 성인간호학 | 난이도 | ●●○ | 정답 | ④ |

④ 쿠싱증후군은 당류 코르티코이드를 과잉 분비하는 부신의 과잉 활동 때문에 발생한다. 인슐린의 저항으로 고혈당이 발생하고, 염분 및 수분의 정체로 부종과 고혈압을 야기한다. 체중이 증가하며 사지는 날씬한 체간부 비만을 초래하고, 만월형 얼굴, 다모증과 여드름, 머리카락이 가늘어진다. 단백질의 소모로 골다공증, 병리적 골절이 발생할 수 있다.

| 15 | 과목 | 모성간호학 | 난이도 | ●●○ | 정답 | ① |

① 태아가 사망한 경우 혹은 태아가 미숙아면 제왕절개를 금기한다.
② 모체가 중증 심장병, 자간전증과 같은 고혈압성 질환, 당뇨병 등이 있을 때 제왕절개를 고려한다.
③ 전치태반 혹은 태반조기박리 시에는 제왕절개를 시행하여야 한다.
④ 과거 제왕절개 분만의 경험이 있는 경우 또는 자궁수술의 경험이 있는 경우 제왕절개를 시행한다.
⑤ 태아의 아두골반 불균형은 제왕절개의 가장 흔한 원인이다.

| 6 | 과목 | 성인간호학 | 난이도 | ●●○ | 정답 | ③ |

③ 저탄수화물, 고지방 또는 중간 정도의 지방식, 고단백 식이를 권장한다.
① 음식물이 천천히 내려갈 수 있도록 식사 중, 식후 20 ~ 30분간 측위로 휴식을 취하도록 한다.
② 너무 뜨겁거나 찬 음식, 음료의 섭취는 피하도록 한다.
④ 식사 중 액체 섭취를 최소화하고 식전 1시간, 식후 2시간 동안 수분 섭취를 제한한다
⑤ 식사는 4 ~ 6회에 나누어 소량씩 자주 제공한다.

| 7 | 과목 | 기본간호학 | 난이도 | ●○○ | 정답 | ④ |

④ 동맥 채혈을 하는 부위는 요골동맥, 상완동맥, 대퇴동맥이다.

| 8 | 과목 | 지역사회간호학 | 난이도 | ●○○ | 정답 | ④ |

① 제1단계(고위 정지기) : 후진국형으로 출생률과 사망률이 모두 높은 인구 정지기다.
② 제2단계(초기 확장기) : 경제 개발 초기 단계 국가로 사망률은 낮은데 출생률은 높은 인구 증가 단계이다.
③ 제3단계(후기 확장기) : 경제발전국가 단계로 사망률은 거의 없으며 출생률도 감소하여 인구 성장이 둔화되는 단계이다.
⑤ 제5단계(감퇴기) : 출생률이 사망률보다 낮은 인구 감소 단계이다.

| 9 | 과목 | 지역사회간호학 | 난이도 | ●○○ | 정답 | ④ |

①③ 2차 예방에 해당한다.
②⑤ 3차 예방에 해당한다.

| 10 | 과목 | 성인간호학 | 난이도 | ●●○ | 정답 | ② |

① 베타교감신경차단제는 심근의 산소요구를 감소시켜, 심박수를 저하시키고 혈압은 낮춰 협심증의 발작빈도를 감소시킨다.
③ 항혈전제는 혈소판 응집을 억제하고 응고력을 감소시켜 급성심근경색의 진행을 예방한다.
④ 안지오텐신Ⅱ 수용체 차단제는 안지오텐신 수용체를 차단하여 알도스테론 분비를 억제하여 혈관이 수축되는 것을 예방한다.
⑤ 안지오텐신 전환 효소억제제는 안지오텐신Ⅰ이 안지오텐신Ⅱ로 전환되는 것을 차단하여 혈관이 수축되는 것을 억제한다.

	회독 오답수		
	1회독	2회독	3회독
	개	개	개

3

| 과목 | 성인간호학 | 난이도 | ●●○ | 정답 | ② |

ⓒ CDC(2009) 지침에 의하면, 주삿바늘이 혈관에 삽입되었는지 확인하기 위해 내관을 당겨보는 절차는 Z-Track 기법에서 요구되지 않는다.
ⓔ 주사 후에는 알코올 솜으로 주사부위를 눌러주고 마사지는 하지 않는다. 마사지를 하면 약물이 피하조직으로 누출될 수 있기 때문이다.

4

| 과목 | 성인간호학 | 난이도 | ●●○ | 정답 | ① |

① 사구체여과율이 심하게 감소하여 합병증 관리 및 신대체요법이 필요한 4단계다.
②⑤ 콩팥 손상은 있지만 사구체여과율은 정상이거나 약간 상승한 1단계로, 위험인자에 대한 중재가 필요한 단계다.
③ 위험요인에 대한 검진이 필요한 단계는 0단계로, 0단계는 사구체여과율 감소는 없지만 위험군이 있는 상태다.
④ 5단계 특징으로, 투석 및 신장이식이 필요한 단계다.

5

| 과목 | 기본간호학 | 난이도 | ●○○ | 정답 | ④ |

④ 뼈가 돌출된 부위에 체중 경감을 위해 베개를 사용해야 하나, 도넛베개는 국소 압력을 증가시켜 사용해서는 안 된다.

PLUS TIP 욕창 간호

㉠ 2시간마다 체위변경
㉡ 뼈 돌출 부위의 체중 경감을 위한 베개 사용
㉢ 뼈 돌출 부위의 마사지 금기
㉣ 실금 및 상처의 습기로부터 피부 보호
㉤ 에어 매트리스로 신체부위 압박 완화
㉥ 고단백 식이 공급

제 2 회 정답 및 해설

제2회

1	2	3	4	5	6	7	8	9	10
②	⑤	②	①	④	③	④	④	④	②
11	12	13	14	15	16	17	18	19	20
④	⑤	③	④	①	⑤	⑤	③	①	①
21	22	23	24	25	26	27	28	29	30
①	①	③	⑤	②	②	②	③	①	④
31	32	33	34	35	36	37	38	39	40
⑤	①	④	③	①	④	③	②	①	⑤
41	42	43	44	45	46	47	48	49	50
⑤	①	①	⑤	①	③	①	⑤	⑤	④

1

과목	간호관리학	난이도	●○○	정답	②

② 민사소송문제는 주로 근무태만이나 배임행위 등과 같이 세심한 주의 의무를 다하지 못한 경우가 속한다. 안락사에 동참한 경우는 살인에 해당하는 형사소송문제이다.

2

과목	성인간호학	난이도	●●○	정답	⑤

⑤ 결핵은 화농성 객담, 가슴압박 및 흉통을 동반한 기침, 체중 감소, 식욕 감퇴, 야간 발한 등의 증상이 있다. 결핵을 진단하는 방법으로는 투베르쿨린 반응검사, 흉부 X-ray, 객담 검사가 있다.

> **PLUS TIP** 투베르쿨린 반응검사 양성반응
> ㉠ 결핵균에 노출된 과거력이 있는 경우, 잠복 결핵
> ㉡ 현재 활동성 결핵 감염된 경우
> ㉢ 비결핵성 항산균, 나병균에 노출된 경우
> ㉣ BCG 접종한 경우

| 47 | 과목 | 정신간호학 | 난이도 | ●●○ | 정답 | ⑤ |

①②③④ 조현병의 음성 증상에 해당한다.

PLUS TIP 조현병 양성 증상

㉠ 환각: 환청, 환시, 환촉, 환후, 환미
㉡ 망상: 피해망상, 종교망상, 관계망상, 과대망상 등
㉢ 사고과정의 장애: 비논리적 사고, 보속증, 반향언어, 지리멸렬, 자폐적 사고 등
㉣ 와해된 행동: 긴장성 혼미, 긴장성 흥분상태, 기행증, 반향행동 등

| 48 | 과목 | 정신간호학 | 난이도 | ●●○ | 정답 | ③ |

③ 알코올 금단섬망은 지속적으로 음주를 하던 사람이 음주를 갑자기 중단하거나 감량 후 급성으로 나타나는 증상으로 금주 48~72시간 후 가장 심각한 증상이 나타난다. 금단증상이 심할 경우에도 알코올을 제공해서는 안 된다.

| 49 | 과목 | 정신간호학 | 난이도 | ●●○ | 정답 | ④ |

① 안정감을 주기 위해서 친숙한 간호제공자가 간호를 제공하고 가능한 치료자를 바꾸지 않는다.
② 자주 사용하는 물건은 손닿는 곳에 둔다.
③ 기억나지 않는 사건에 대해 묻는 것은 좌절감을 느끼게 할 수 있으므로 대화의 초점은 환자가 원하는 주제에 맞춘다.
⑤ 활동범위를 제한하기 보다는 안전한 범위에서 적정 기능 수준을 유지할 수 있도록 도와야 한다.

| 50 | 과목 | 정신간호학 | 난이도 | ●●○ | 정답 | ② |

① **자폐적 사고**: 외부 현실에는 무관심하며 자신만의 세계를 구축하며 비현실적 사고를 하는 사고장애다.
③ **마술적 사고**: 사고의 폭이 좁아 은유를 사용하지 못하고 그 의미를 헤아리지 못한다.
④ **사고 주입**: 다른 사람이 자신에게 사고를 주입한다고 느낀다.
⑤ **사고 유출**: 자신의 생각이 밖으로 유출된다고 생각한다.

| 42 | 과목 | 모성간호학 | 난이도 | ●●○ | 정답 | ③ |

① Mcdonal's Sign – 경부 반대쪽으로 자궁 체부가 기울어짐
② Hegar's Sign – 자궁 협부의 연화
④ Braunvon Fernwald's Sign – 착상 부위의 불규칙한 부드러움과 크기 증가
⑤ Ladin's Sign – 자궁 체부와 경부 접합부 근처의 중앙부 앞면에 부드러운 반점

| 43 | 과목 | 아동간호학 | 난이도 | ●●○ | 정답 | ⑤ |

⑤ 브라이언트 견인은 한쪽 방향으로만 당기는 피부견인이다. 2세 이하 또는 12 ~ 14kg 이하 아동의 대퇴골절이나 발달성 고관절 이형성증 시 사용한다. 체중이 역견인 역할을 하게 되며, 한쪽 다리만 골절되었어도 항상 양측에 같은 무게를 적용한다. 주로 선천성 고관절 탈구 아동의 정복과 고관절 안정을 위해 적용한다.

| 44 | 과목 | 아동간호학 | 난이도 | ●●○ | 정답 | ① |

①④ 침대 난간을 잡고 기어오를 수 있으므로 일반침대로 바꾸고 매트리스는 낮은 것으로 설치한다.
② 침대 위는 정리정돈이 필요하며, 이불이나 베개는 오히려 밀려서 낙상 위험이 있다.
③ 혼자 있지 않도록 한다.
⑤ 바퀴는 항상 고정해야 한다.

| 45 | 과목 | 간호관리학 | 난이도 | ●●○ | 정답 | ⑤ |

③⑤ 원내 공개 모집은 내부 모집 방법에 속한다. 내부 모집은 고과 기록으로 적합한 인재를 적재적소에 배치할 수 있고 직원의 능력을 최대한 활용할 수 있다는 장점이 있지만, 모집 범위의 제한으로 유능한 인재영입이 어려우며 다수 인원 채용 시 인력공급이 불충분하며 능력 이상으로 승진하여 조직 자체가 무능력해진다는 단점이 있다.
①②④ 외부 모집의 장점이다.

| 46 | 과목 | 아동간호학 | 난이도 | ●●○ | 정답 | ⑤ |

⑤ 아동이 이물질을 흡인한 경우 1세 미만의 영아에게는 복부장기가 손상될 수 있으므로 하임리히법을 사용하지 않는다. 1세 미만의 영아에서 질식이 발생한 경우 영아의 머리를 몸보다 낮춘 상태로 구조자의 팔위에 올려두고 구조자의 손바닥으로 견갑골 사이를 빠르고 강하게 5회 두드린다. 이후 영아를 돌려서 가슴밀어내기를 5회 시행한다. 1세 이상의 아동에서 질식이 발생한 경우 아동을 세우거나 앉힌 상태에서 뒤에서 껴안고 늑골 바로 밑을 주먹 쥔 손으로 강하고 빠르게 5회 누른다. 이 과정은 이물질이 제거되거나 아동이 무의식 일 때까지 계속 반복하며 무의식인 경우 즉시 가슴압박, 심폐소생술을 시행한다.

| 37 | 과목 | 성인간호학 | 난이도 | ●●○ | 정답 | ② |

② 탈구 예방을 위해 외전 베개를 적용한다. 이 외에도 고관절 탈구 예방을 위해서는 4~6주간 과도한 내회전이나 내전, 90° 굴곡을 피해야 한다.

| 38 | 과목 | 성인간호학 | 난이도 | ●●○ | 정답 | ⑤ |

⑤ 패혈성 쇼크는 심한 감염으로 인해 발생하는데, 초기에는 보상성 심박출량이 증가하면서 맥박이 빨라지고, 피부 관류가 증가하여 홍조나 발적 등의 증상이 나타난다. 심장이 혈압을 일정하게 유지하기 위해 심장 수축력을 증가시키는 보상 반응이다. 쇼크가 진행되면서 보상기전에 실패하여 심근억압요소가 유리되고, 정맥귀환량이 감소되어 피부는 차고 축축해지고, 창백해지면서 얼룩덜룩해진다. 체온이 저하되고 졸음, 혼미, 혼수 순으로 의식변화가 진행된다.

| 39 | 과목 | 모성간호학 | 난이도 | ●●○ | 정답 | ② |

② 유피낭종은 양성 기형종으로, 대부분 무증상이나 복통, 비정상적 자궁출혈 등을 호소할 수 있다. 낭종에서 털, 치아, 연골, 뼈 등이 발견된다.

| 40 | 과목 | 모성간호학 | 난이도 | ●●○ | 정답 | ⑤ |

⑤ 호르몬 대체요법 적응증으로는 열감, 발한, 심계항진, 긴장성 요실금, 성교통, 질염, 정신적 긴장증(불안, 초조, 불면증, 건망증) 등이 있다. 부작용으로는 질 출혈, 두통, 구토, 체중 증가, 유방 민감성 등이 있으며 호르몬 대체요법의 금기증으로는 중증의 급성 간질환, 심혈관계 질환, 에스트로겐과 관련된 자궁내막암, 유방암 등이 있다.

| 41 | 과목 | 모성간호학 | 난이도 | ●●○ | 정답 | ⑤ |

⑤ 회음절개술을 받은 산모에게 분만 직후 처음 24시간 동안 얼음주머니를 적용하는데, 이는 통증을 경감시킬 뿐만 아니라 혈관 수축이 증대되어 출혈과 부종을 완화한다.

| 32 | 과목 | 성인간호학 | 난이도 | ●●○ | 정답 | ③ |

③ 혼미 상태에는 간단한 질문에 몇 마디 대답하지만 의사소통이 불가능하다. 지속적이그 강한 외부자극이 있어야 깨어나고 통증 자극에 대해 의도적인 회피반응을 보인다.

| 33 | 과목 | 지역사회간호학 | 난이도 | ●○○ | 정답 | ③ |

③ 펜위크 : 국제간호협의회(ICN)을 창립하였으며 간호사 면허제도를 주장, 1919년 면허시험제도가 의회에 통과했다.
① 푀베 : 최초의 방문 간호사이다.
② 파울라 : 순례자를 위한 호스피스를 마련하고, 최초로 간호사를 체계적으로 훈련시킨 여성이다.
④ 마르셀라 : 자신의 집을 수도원으로 만들고 자선사업 등을 실시하였다.
⑤ 클라라 바톤 : 미국 적십자사 및 응급처치부의 창설자이다.

| 34 | 과목 | 지역사회간호학 | 난이도 | ●○○ | 정답 | ④ |

①②③ 1차 예방 ⑤ 3차 예방

PLUS TIP 예방단계

㉠ **1차 예방** : 숙주, 환경 등에 의해서 질병 발생의 자극이 있는 시기로서 생활환경 개선, 예방접종, 각종 보건교육을 통한 지식의 함양 등이 1차 예방에 해당한다.
㉡ **2차 예방** : 질병을 조기에 발견하여 치료함으로써 질병이 더 진전되지 않고 중증으로 되는 것을 예방하는 단계이다. 흡연자를 대상으로 폐암검진, 고혈압 환자를 위한 운동처방 등이 2차 예방에 해당한다.
㉢ **3차 예방** : 질병이 발생된 시기로 질병의 악화 방지, 재활활동 등의 재활 의학적 여방활동이 필요한 단계이다.

| 35 | 과목 | 지역사회간호학 | 난이도 | ●○○ | 정답 | ⑤ |

⑤ 간접 자료 수집은 2차 자료로, 표준화된 통계자료, 출처가 분명한 자료, 인구학적 자료 및 생정 통계, 공식 보고 통계자료 및 의료기관의 건강 기록, 연구 논문 자료, 지방 자치 단체 연보 등이 있다.

| 36 | 과목 | 성인간호학 | 난이도 | ●●○ | 정답 | ② |

② 다혈구증은 적혈구 및 백혈구, 혈소판의 대량생산으로 전체 혈량이 정상보다 증가하는 질환으로 가장 많은 사망 원인은 혈전증과 출혈성 합병증이다. 다혈구증의 완치를 위한 치료법은 현재 없지만 정맥절개술, 골수억제제 사용, 수액 공급과 활동 권장을 통해 증상을 완화시킬 수 있다.

| 28 | 과목 | 성인간호학 | 난이도 | ●●○ | 정답 | ① |

② 배액량이 100mL/hr 이상이면 과다출혈이다.
③ 발사바 수기로 숨을 내쉰 후 참고 공기의 유입을 방지한다.
④ 배액병은 환자보다 낮은 곳에 위치해야 한다.
⑤ 호기 시 기포가 소량 발생하는 경우는 정상이며 발생이 증가할 경우 공기가 새고 있음을 의미하고, 공기 발생이 없으면 폐의 재팽창, 배액관의 꼬임, 폐색을 의미한다.

| 29 | 과목 | 성인간호학 | 난이도 | ●●○ | 정답 | ② |

② 정맥압 상승, 약해진 심음, 혈압 하강은 심장압전의 중요 3징후다. 심장압전은 응급상황으로 즉각적인 치료가 필요하다. 심장막천자를 시행하여 심막강으로부터 액체를 빨리 제거해야 한다.

| 30 | 과목 | 기본간호학 | 난이도 | ●○○ | 정답 | ③ |

③ 3단계 욕창에서는 피부 전층 손상으로 피하지방까지 침범되며, 근육, 건, 뼈는 보이지 않는다. 삼출물이나 괴사 조직이 동반될 수 있다.
① 2단계 욕창의 특징이다. 진피까지의 부분 손상으로, 장액성 수포나 표피 박탈이 관찰된다.
② 4단계 욕창의 특징으로, 피부나 피하지방뿐만 아니라 근육, 뼈까지 손상된 가장 심한 단계다. 개방성 상처가 깊고 감염 위험이 높다.
④ 1단계 욕창의 특징이다. 피부는 손상되지 않았으나 압박 제거 후에도 사라지지 않는 국소 발적이 특징이다. 통증, 열감, 단단함이 동반될 수 있다.
⑤ 미분류 욕창의 특징으로, 괴사 조직이나 가피로 상처 바닥이 덮여 있어 깊이를 판단할 수 없다.

| 31 | 과목 | 성인간호학 | 난이도 | ●●○ | 정답 | ② |

② 제5뇌신경은 삼차신경으로 측두근, 저작근과 안면에 눈, 상악, 하악 등을 관여하는 기능을 한다.
① 제7뇌신경인 안면신경 검진 방법이다.
③ 제8뇌신경인 청신경 검진 방법이다.
④ 제9·10뇌신경인 설인신경·미주신경 검진 방법이다.
⑤ 제12뇌신경인 설하신경 검진 방법이다.

| 24 | 과목 | 아동간호학 | 난이도 | ●●○ | 정답 | ④ |

① 배변 훈련은 대부분 18 ~ 24개월경에 이루어진다.
② 부모가 엄격하게 훈련하는 태도는 오히려 부정적으로 작용하므로, 긍정적인 태도와 인내력이 필요하다.
③ 자아형성기 유아는 대소변을 자기 일부로 인식하여 수치심과 죄책감을 느낄 수 있다. 또한 대소변 훈련의 목적은 신체기능조절이므로 성취감과 자율성을 길러주는 과정이 되어야 한다.
⑤ 신체적, 정서적으로 준비가 되었을 때 시작해야 한다.

| 25 | 과목 | 아동간호학 | 난이도 | ●●○ | 정답 | ③ |

① 학령전기 때 아동들은 현실과 상상을 자주 혼동하는데, 이때 꾸짖지 말고 "진짜 같네~"와 같은 반응으로 대응한다.
② 유아기 때 격렬하게 저항하며 자신의 독립을 주장하는 분노발작을 보이는데, 이때 유아가 진정될 때까지 무관심으로 대하되 자리를 떠나지 않는다.
④ 청소년기 때 심리사회적으로 자신의 진로에 대해 고민한다.
⑤ 학령전기 때 아동이 사회적으로 바람직하지 않은 행동을 할 때 일관적이면서도 부드럽게 제재하여 죄책감을 갖지 않도록 한다.

| 26 | 과목 | 간호관리학 | 난이도 | ●●○ | 정답 | ③ |

① 위해사건 : 의료 환자에게 위해를 가져온 사건이다.
② 의료과오 : 표준 진료를 수행하지 못해 환자에게 손상을 유발하여 과실로 인정된 것이다.
④ 적신호사건 : 위해사건 중에서 의료 환자에게 장기적이고 심각한 위해를 가져온 사건이다.
⑤ 의료오류 : 현재의 의학적 지식수준에서 예방 가능한 위해사건 혹은 근접의료를 총칭하는 것이다.

| 27 | 과목 | 간호관리학 | 난이도 | ●●○ | 정답 | ⑤ |

⑤ 간호사는 전문가로서 전문간호업무 수행과 관련하여 여러 가지 법적 의무를 진다. 간호사에게 부여되는 법적 의무에는 간호표준에 따라 성실한 간호를 제공해야 하는 일반적 의무와 법에서 특별하게 규율한 각종 의무가 있다. 간호사의 법적 의무는 주의의무, 설명 및 동의 의무, 확인 의무, 비밀유지 의무가 있다.

| 20 | 과목 | 모성간호학 | 난이도 | ●●○ | 정답 | ③ |

③ 산후 4시간 된 산모가 두통과 어지러움을 호소하고, 자궁이 물렁물렁한 상태에서 혈압이 높다면, 가장 우선적으로 고려해야 할 것은 자궁 이완으로 인한 출혈이다. 산후 출혈의 가장 흔한 원인은 자궁이 물렁물렁한 자궁 이완의 상태이다. 자궁 마사지는 자궁을 수축시켜서 출혈을 줄일 수 있는 효과적인 초기 조치에 해당한다.

| 21 | 과목 | 성인간호학 | 난이도 | ●●○ | 정답 | ① |

① 산후우울감은 일시적 기분장애로 출산 3~4일에 시작하여 5일째 최고에 달하며 12일 내 완화된다. 호르몬의 변화, 피로감, 남편의 무관심 등이 원인이며 잦은 눈물, 식욕부진, 피로, 수면장애, 분노, 두통, 집중력 장애 등이 나타난다. 산후우울감은 정상적인 현상이며 남편, 가족의 지지와 위로가 중요하다. 산모에게 자기결정권을 주어 자존감을 증진시키고 기분을 말로 표현하고 분노를 환기시킬 수 있도록 돕는다.

| 22 | 과목 | 아동간호학 | 난이도 | ●●○ | 정답 | ⑤ |

①③ 카타르기(1~2주)에는 상기도 감염으로 재채기, 콧물, 미열, 마른기침 등을 보이는데 이때 전염성이 가장 강하여 격리가 필요하다.
② 카타르기에 항생제(erythromycin, ampicillin)을 투여한다.
④ 가습기를 틀어 따뜻하고 충분한 습기를 제공한다.

| 23 | 과목 | 아동간호학 | 난이도 | ●●○ | 정답 | ② |

② 생후 12~36개월 아동은 유아기에 해당하며 유아기 아동은 평행놀이를 한다. 다른 아동과 같은 장소에서 놀지만 서로 다른 놀이를 하며 함께 놀지는 않는다.
① 단독놀이로 영아기에 해당한다. 영아는 자신의 신체부위에 대해 호기심을 가지고 탐색한다. 자신만의 놀이에 집중하며 상호작용은 하지 않는다.
③④ 협동놀이로 학령기 아동은 규칙에 대해 이해하고, 일정한 규칙을 가지고 협력하며 게임, 퍼즐 등의 놀이를 한다.
⑤ 연합놀이로 학령전기 아동은 다른 아동과 함께 놀고 비슷한 행동을 하나 공동의 목표, 조직이 있지는 않다.

| 15 | 과목 | 기본간호학 | 난이도 | ●●○ | 정답 | ② |

체위별 욕창 호발 부위
㉠ 앙와위 : 발꿈치, 천골, 팔꿈치, 후두, 견갑골
㉡ 반좌위 : 발꿈치, 천골, 골반, 척추
㉢ 측위 : 복사뼈, 무릎, 대전자, 장골, 견봉돌기, 귀, 머리 측면
㉣ 복위 : 발가락, 무릎, 생식기(남), 유방(여), 견봉돌기, 관골

| 16 | 과목 | 성인간호학 | 난이도 | ●●○ | 정답 | ④ |

④ 양성 전립선 비대증(BPH)은 중년 이상의 남성에게 호발하는 질병으로, 전립샘이 비후되어 요도를 압박하면서 소변 유출이 어려워지는 질환이다. 양성 전립선 비대증은 전립샘 특이항원이 정상이다. 전립샘 암은 전립샘 특이항원이 증가한다.

| 17 | 과목 | 성인간호학 | 난이도 | ●○○ | 정답 | ② |

② 화상에 유의하며 미지근한 물로 발을 자주 씻어 청결을 유지한다. 발이 습하면 세균 감염의 위험이 있으므로 발가락 사이까지 신경 써서 잘 말려준다. 건조한 것도 좋지 않으므로 보습 크림을 발라준다. 매일 발을 관찰하며 상처, 티눈, 발톱의 상태, 발가락과 발의 색 등을 점검하고 굳은살이나 티눈은 절대 혼자 제거하지 않고 병원에 방문한다.

| 18 | 과목 | 모성간호학 | 난이도 | ●●○ | 정답 | ⑤ |

⑤ 성적 접촉, 혈액, 모유 수유, 태반을 통해 감염될 수 있으므로 HIV 감염 산모는 모유 수유를 금한다.

| 19 | 과목 | 모성간호학 | 난이도 | ●●○ | 정답 | ③ |

③ 제태기간에 비해 큰 신생아(LGA)로 태아는 모성의 고혈당증에 대해 인슐린을 과도하게 분비하고 인슐린은 태아에게 성장호르몬으로 작용하여 태아의 크기가 커짐으로써 태아거구증이 나타난다. 거구증 신생아는 상완총신경손상, 쇄골골절 등의 위험도가 증가하며 선천성 기형 발생 비율이 일반인에게서 태어난 신생아들보다 더 높다.
①④⑤ 당뇨병 임부에게서 태어난 신생아는 출생 1시간 내 저혈당 증세를 보이고 저칼슘혈증, 고빌리루빈혈증, 저마그네슘증, 다혈구증이 빈번하게 발생한다.
② 태아의 고인슐린혈증은 폐의 성숙발달을 지연시켜 신생아 호흡곤란증후군의 위험을 증가시킨다.

ⓒ 2차 자료 수집(간접 정보)
- 가족에 관련된 중요한 타인, 보건 및 사회기관의 직원, 가족의 주치의, 성직자, 건강기록지 등 다양한 자료원으로부터 가족에 관한 정보를 얻을 수 있다.
- 자료를 이용하고자 할 경우 가족의 구두 또는 서면 동의를 받는 것이 필요한데, 이는 간호사가 가족의 비밀을 지킬 의무이며 치료적인 관계에서 신뢰감을 증진하는 방법이다.
- 2차적인 자료는 정확하게 대상자가 지각한 내용이기보다는 제3자가 가족을 보는 지각정도를 나타낸다.

11 | 과목 | 성인간호학 | 난이도 | ●●○ | 정답 | ④ |

④ 고퓨린 음식은 요산 수치를 높이므로 통풍환자는 이를 제한해야 한다. 정어리, 고등어, 연어, 소고기, 닭고기, 내장류(돼지 간, 소간 등), 고기 국물 등은 고퓨린 음식으로, 요산 수치를 높여서 통풍발작을 유발할 수 있다.

12 | 과목 | 성인간호학 | 난이도 | ●●● | 정답 | ⑤ |

① 24 ~ 48시간 내 상승하는데, 3일째에 가장 높은 수치를 보인다.
② 3 ~ 12시간 내 상승하며, 24시간에 최고치를 기록하나, 2 ~ 3일 내 정상화된다.
③ 3 ~ 12시간 내 상승하며, 24 ~ 48시간에 최고치를 기록한다. 7 ~ 10일까지 지속적으로 높은 수치를 유지한다.
④ CK-MB와 비슷하게 3 ~ 12시간 내 상승하며, 2 ~ 3일 내 정상화된다.
⑤ 1 ~ 2시간 내 상승한다. 24시간 이내 정상화된다.

13 | 과목 | 성인간호학 | 난이도 | ●●○ | 정답 | ⑤ |

⑤ 당뇨병 케톤산증은 1형 당뇨병 환자에게 나타나는 가장 심각한 대사 장애이며 인슐린 투여양이 너무 적을 때 발생한다. 고혈당 상태에서는 인슐린이 부족하므로 에너지를 내기 위해 포도당 대신 지방과 단백질, 근육을 쓰는데, 이때 분해과정을 통해 케톤체가 생성된다. 케톤산증이 발생하면 과일향기가 나는 호흡 또는 아세톤 냄새, 쿠스말호흡이 나타나고 과다한 케톤을 제거하기 위해 다량의 소변이 배출되면서 탈수, 갈증이 나타나고 전해질 불균형이 발생한다.

14 | 과목 | 성인간호학 | 난이도 | ●○○ | 정답 | ⑤ |

① 수두보다 전염성이 약하다.
② 수포는 편측성으로 발생하며 비대칭적이다.
③ 항바이러스제제, 진통제, 해열제, 항히스타민제를 복용한다.
④ 면역된 숙주에게 일어나는 면역반응이다.

| 7 | 과목 | 성인간호학 | 난이도 | ●●○ | 정답 | ③ |

③ 화농성 객담 : 노란색 또는 녹색의 끈적한 농성 객담이다. 폐종양 환자에게서 볼 수 있는 전형적인 임상적 증상으로는 기침, 객혈, 화농성 객담, 흉통, 호흡곤란, 천명음, 폐렴, 기관지염, 식욕 저하, 체중 감소, 발열, 악액질 등이 있다.
① 복명음 : 복부 청진 소견으로 폐와는 관련이 없다.
② 기관지 경련 : 주로 천식이나 만성 기관지염에서 나타나며, 폐종양의 전형적인 임상 증상으로 보기 어렵다.
④ 폐포성 수포음 : 폐포에 액체나 분비물이 차 있을 때 나는 소리로, 폐렴이나 심부전 등에서 들리는 소리다.
⑤ 객담 내 충란 : 폐흡충 같은 기생충 감염에서 관찰되는 소견이다.

| 8 | 과목 | 성인간호학 | 난이도 | ●●○ | 정답 | ⑤ |

⑤ 호지킨 림프종의 대표적 임상 증상으로, 경부나 쇄골 상부 또는 액와부 림프절이 서서히 커지면서 통증은 없는 것이 특징이다. 이밖에도 발열이나 체중 감소, 야간발한, 소양감 등의 임상증상이 나타난다.
① 주로 대장질환에서 보이는 증상으로, 림프종과는 직접적인 관련이 없다.
② 전신 증상으로, 일부 호지킨 림프종 환자에게 나타날 수 있으나, 비특이적 증상에 해당한다.
③ 소화기계 질환에서 나타나는 증상으로 호지킨 림프종의 특징적 증상은 아니다.
④ 통증성 림프절 종대는 림프절염 등에서 나타난다.

| 9 | 과목 | 기본간호학 | 난이도 | ●●○ | 정답 | ④ |

④ 수술 후 부동은 혈류를 느리게 하고 혈전생성을 증가시키므로 정맥귀환량을 증진시키기 위해서 하지운동을 격려한다.

| 10 | 과목 | 지역사회간호학 | 난이도 | ●○○ | 정답 | ③ |

③ 생정통계는 2차 자료수집 방법이다.

PLUS TIP 자료수집방법

㉠ 1차 자료 수집(직접 정보)
 • 간호사가 직접적으로 관찰하고, 보고, 듣고, 환경에서 나는 냄새를 직접 맡음으로써 얻어지는 자료를 말한다.
 • 간호사는 가족이 구두로 제공한 정보뿐만 아니라 관찰내용도 주의 깊게 기록한다.

	회독 오답수		
	1회독	2회독	3회독
	개	개	개

3 | 과목 | 정신간호학 | 난이도 | ●●○ | 정답 | ③ |

③ 대상자에 대한 비지시적, 수용적 태도로 임하여 대상자가 언어로 감정을 표현할 수 있도록 격려하고 현실감각 능력을 사정하여 현실감을 제공한다. 또한 피해망상이 있는 대상자는 폭력적이고 공격적인 행동이 나타날 수 있으므로 대상자와 타인을 보호해야 한다. 논리적으로 설득하거나 비평하지 않고 망상 자체의 내용보다는 망상이 의미하는 것, 대상자의 감정에 초점을 두어 질문한다.

4 | 과목 | 간호관리학 | 난이도 | ●○○ | 정답 | ③ |

③ 간호 행위를 시행한 직후에 되도록 지연 없이, 일어난 순서대로 간호기록을 실시한다.

5 | 과목 | 기본간호학 | 난이도 | ●○○ | 정답 | ⑤ |

⑤ 성인은 100 ~ 150mmHg, 아동은 95 ~ 100mmHg를 유지하도록 한다.

6 | 과목 | 기본간호학 | 난이도 | ●○○ | 정답 | ② |

② ㉣ 부정 → ㉤ 분노 → ㉡ 협상 → ㉢ 우울 → ㉠ 수용

PLUS TIP 죽음 수용의 5단계

㉠ 부정 : 현실을 믿지 못하고 다른 병원을 찾아다닌다.

㉡ 분노 : 자신에게 일어난 일을 모든 대상에게 분노한다.

㉢ 협상 : 죽음을 미루고 타협을 하려고 한다.

㉣ 우울 : 죽음을 부정하지 않고 상실감과 우울감에 빠진다.

㉤ 수용 : 죽음을 수용하고 마지막을 준비한다.

제1회 정답 및 해설

제1회

1	2	3	4	5	6	7	8	9	10
②	③	③	③	⑤	②	③	⑤	④	③
11	12	13	14	15	16	17	18	19	20
④	⑤	⑤	⑤	②	④	②	⑤	③	③
21	22	23	24	25	26	27	28	29	30
①	⑤	②	④	③	③	⑤	①	②	③
31	32	33	34	35	36	37	38	39	40
②	③	③	④	⑤	②	②	⑤	②	⑤
41	42	43	44	45	46	47	48	49	50
⑤	③	⑤	①	⑤	⑤	⑤	③	④	②

1

| 과목 | 정신간호학 | 난이도 | ●●○ | 정답 | ② |

② 정신건강간호의 개념적 모형 중 Caplan의 사회적 모형에 대한 설명으로 사회적 모형에서 치료자는 전문가, 비전문가 모두 될 수 있고 사회 자원, 체계를 이용하여 문제를 해결하고 위기를 중재한다. 환자는 치료자에게 문제를 표현하고 치료자와 함께 사회자원을 이용하여 문제를 해결한다. 사회적 모형은 지역사회 정신건강운동의 기반이 되었으며 국가와 사회의 노력을 강조한다.

2

| 과목 | 정신간호학 | 난이도 | ●●○ | 정답 | ③ |

③ 전환 : 심리적 갈등이 수의근계, 감각기관 증상으로 표출되는 현상이다.
① 부정 : 현실에서 받아들이기 어려운 고통이나 불안으로부터 자신을 보호하기 위해 무의식적으로 부인하는 현상이다.
② 전치 : 감정이 왜곡되어 원래 대상에게 표현하지 못하고 보다 안전한 다른 대상으로 분노가 향하는 방어기제이다.
④ 전치 : 존경하거나 두려워하는 대상의 특성 또는 행동을 무의식적으로 자기 것으로 받아들이는 방어기제이다.
⑤ 반동형성 : 받아들일 수 없는 감정, 행동이 반대의 감정 혹은 태도로 표현되는 것이다.

02 PART

정답 및 해설

제1회 정답 및 해설

제2회 정답 및 해설

제3회 정답 및 해설

48 다음 중 섭취량에 포함되는 항목은?

① 정맥으로 투여된 수액
② 소변으로 배출된 수분
③ 위장관 출혈로 손실된 혈액
④ 배액관을 통해 빠져나간 삼출물
⑤ 기관절개관을 통해 흡인된 점액

49 1정이 250mg인 이부프로펜(ibuprofen)을 하루 0.5g q.i.d. PO로 처방했다. 이 처방에 따른 하루 총 복용 정 수는?

① 4정
② 6정
③ 8정
④ 10정
⑤ 12정

50 호흡수를 감소시키는 요인으로 옳은 것은?

① 운동
② 통증
③ 고열
④ 진정제
⑤ 스트레스

45 〈보기〉에 해당하는 간호관리 과정은?

───────────── 보기 ─────────────
병동에서 고위험 환자의 낙상 사고가 반복되자, 간호관리자는 전 직원에게 낙상 예방 수칙 준수를 지시하고, 책임 간호사에게 병실 안전 상태를 감독하도록 명령하였다. 이후 회의를 통해 낙상 취약 시간대에 인력을 조정하고, 예방 활동에 적극 참여한 간호사에게는 포상을 제공하여 동기부여하였다.

① 기획 ② 조직
③ 인사 ④ 지휘
⑤ 통제

46 〈보기〉 사례에 해당하는 베너(benner)의 전문직 사회화 단계는?

───────────── 보기 ─────────────
A 간호사는 맡은 업무를 조직적으로 수행하며, 분석적인 사고를 바탕으로 간호 목표와 계획을 수립하고, 여러 업무를 효율적으로 조정하여 일관성 있게 수행할 수 있다.

① 초보자(novice)
② 신참자(advanced beginner)
③ 적임자(competent practitioner)
④ 숙련가(proficient practitioner)
⑤ 전문가(expert practitioner)

47 간호관리자가 기획한 간호사들의 직무 스트레스 완화 및 건강 증진을 위한 〈보기〉의 보상은?

───────────── 보기 ─────────────
• 심리상담 프로그램 운영
• 피로회복을 위한 휴게공간 리모델링 지원

① 내적 보상 ② 성과급 보상
③ 연공급 보상 ④ 부가급 보상
⑤ 간접적 보상

41 공격성이 높은 대상자의 간호중재로 적절한 것은?

① 대상자의 행동을 강하게 제지하며 즉각적인 사과를 요구한다.
② 분노 표현을 무시하고 다른 환자에게 관심을 돌린다.
③ 대상자를 넓고 개방된 공간에 있도록 한다.
④ 위협적 언행에 맞서 논리적으로 반박하고 설득한다.
⑤ 뜨개질 등 정적인 활동 하도록 한다.

42 대상자가 간호사에게 자신에 대한 이야기를 하던 중 가족과 관련된 이야기가 나오자 침묵하였다. 이때 간호사의 올바른 중재는 무엇인가?

① 침묵을 존중하고 말할 준비가 될 때까지 기다린다.
② 침묵한 이유를 즉시 질문하여 원인을 파악한다.
③ 침묵을 깨도록 다른 주제로 대화를 전환한다.
④ 침묵을 비협조적 태도로 판단하여 면담을 중단한다.
⑤ 침묵하는 동안 불편하지 않도록 계속해서 말을 이어간다.

43 여아가 엘렉트라 콤플렉스를 건강하게 해결해 나가는 데 도움이 되는 방어기제는?

① 억제
② 투사
③ 동일시
④ 주지화
⑤ 합리화

44 한 대상자는 "회사 컴퓨터가 갑자기 고장 나면 어쩌지", "팀장님이 나한테 실망하면 해고되는 거 아닐까?" 같은 걱정을 하루에도 수십 번 반복하며, 출근 전에도 불안으로 화장실을 들락거린다. 별다른 사건이 없음에도 6개월 넘게 불안이 지속되고, 수면장애와 소화불량 증상까지 동반되고 있다. 대상자의 정신 장애로 옳은 것은?

① 강박장애
② 특정공포증
③ 범불안장애
④ 사회불안장애
⑤ 외상후 스트레스장애

38 건강생활지원센터에서 노인을 대상으로 낙상예방 교육을 실시하려고 할 때 가장 효과적인 교육방법은?

① 낙상사례 영상 시청 후 퀴즈 풀이
② 낙상사고 발생 시 대처법 집단 토론
③ 시청각 자료를 활용한 강의 중심 교육
④ 모바일 앱을 활용한 낙상예방 정보 제공
⑤ 일상 속 낙상 예방 동작을 따라 해보는 참여형 교육

39 알파인덱스(α -index)에 대한 설명으로 옳은 것은?

① 1세 미만의 사망률을 나타낸다.
② 지역사회 건강상태를 반영한다.
③ 모성사망수준을 측정할 수 있다.
④ 지역 간 출생률을 비교하는 데 사용된다.
⑤ 값이 1에 근접할수록 지역 건강수준이 높다고 해석한다.

40 김밥 전문점에서 식중독이 발생하였다. 김밥에 사용된 계란의 섭취 여부와 식중독 발생의 연관성을 확인하기 위한 교차비(odds ratio)는?

계란섭취여부 \ 식중독	발생	미발생
섭취	30	60
미섭취	10	80

① 2,400/600
② 1,800/800
③ 30,000/800
④ 2,000/800
⑤ 3,000/600

35. 생후 5분된 신생아의 상태 사정 결과는 〈보기〉와 같다. 이 신생아에게 가장 먼저 제공해야 할 간호중재는 무엇인가?

보기

- 울음 없음
- 심박수 80회/분
- 사지가 약간 굴곡됨
- 몸은 분홍색이나 사지는 청색
- 자극 시 약간의 찡그림 반응
---

① 신체사정 실시
② 모유수유 시작
③ 안아주며 안정시키기
④ 기도 흡인 후 산소 공급
⑤ 따뜻한 수건으로 몸 닦기

36. 보건교육 시 학습자의 이해를 높이기 위해 교육 내용을 조직하는 일반적 방법으로 옳은 것은?

① 추상적인 개념에서 구체적인 예로 전개한다.
② 학습자 수준보다는 일률적으로 설명해야 한다.
③ 복잡한 개념에서 점차 더 복잡한 개념으로 확장한다.
④ 교육자가 익숙한 내용 중심으로 일방적으로 구성한다.
⑤ 알고 있는 지식에서 출발해 새로운 지식으로 연결한다.

37. 다음 중 결핵 발생률이 높은 외국인 근로자 밀집 지역에서 건강문해력을 고려해 제공할 간호중재로 옳은 것은?

① 결핵 환자와의 접촉자 검사를 실시한다.
② 결핵 의심 시 보건소 방문 안내문을 배포한다.
③ 기숙사 내 환기를 위한 창문 개방을 강화한다.
④ 증상이 있는 근로자에게 우선 치료를 제공한다.
⑤ 그림과 쉬운 문장으로 구성된 예방 교육자료를 제공한다.

32 피아제의 인지발달 이론에서 '장미는 꽃에 포함된다'는 개념은?

① 상징
② 서열
③ 유목
④ 추론
⑤ 보존

33 〈보기〉는 9세 아동의 건강사정 결과이다. 추정되는 질병의 특성으로 옳은 것은?

---- 보기 ----
- 체온 38.7℃, 맥박 112회/분, 혈압 100/65mmHg, 호흡 24회/분
- 심첨부에서 수축기 심잡음 청진
- 무릎, 발목 관절 통증 호소
- CRP 3.6mg/dL
- ESR 70mm/hr
- 연쇄상구균 항체 역가 470Todd units

① 여름에 호발한다.
② 바이러스 감염으로 발생한다.
③ 항생제 치료에 반응하지 않는다.
④ 심전도상 PR의 간격이 연장된다.
⑤ 1회 발병 후 재발 가능성은 매우 낮다.

34 말더듬증이 의심되는 5세 아동의 간호로 옳은 것은?

① 부모가 대신 말해준다.
② 또래 아이들과 비교하여 동기를 부여한다.
③ 매끄럽게 말할 수 있도록 반복 연습을 시킨다.
④ 천천히 말할 수 있도록 끝까지 집중하며 들어준다.
⑤ 아동의 말을 끊고 정확한 발음으로 다시 말해준다.

29 가스 폭발 사고로 전신에 2도 화상을 입고 응급실에 내원한 환자에 대해 초기 사정 중 주의 깊게 관찰해야 할 이상소견은?

① GCS 15점
② 체온 36.5℃
③ 산소포화도 98%
④ 혈청칼륨 4.2mEq/L
⑤ 소변 배출량 0.4mL/kg/hr

30 일차월경통에 적절한 간호중재는?

① 복부에 냉찜질을 적용한다.
② 자궁수축을 유도하는 약물을 투여한다.
③ 자궁근육 긴장을 높이기 위해 마사지를 시행한다.
④ 프로스타글란딘 생성을 억제하는 약물을 투여한다.
⑤ 생리 중 과도한 활동을 제한하고 절대안정을 유지한다.

31 30대 여성이 난임으로 병원을 찾았다. 검사 결과, 난소와 골반벽에서 자궁내막조직이 발견되었을 때 이 여성에게 가장 먼저 의심할 수 있는 건강 문제는?

① 자궁내막증
② 자궁내막암
③ 자궁내막용종
④ 자궁내막증식증
⑤ 자궁내막선근증

26 복부 수술 후 회복실에 있는 환자가 아직 의식이 완전히 돌아오지 않은 상태에서 구토할 때 가장 우선적으로 간호사가 확인해야 할 문제는 무엇인가?

① 혈압 저하
② 체온 변화
③ 흡인의 위험
④ 심박수 감소
⑤ 수술 부위 출혈

27 좌측 팔 절단으로 인해 대량의 출혈이 있었던 대상자가 창백하고 식은땀을 흘리며 맥박이 빨라지고 혈압이 떨어지는 증상을 보이고 있다. 가장 먼저 시행해야 할 간호중재는?

① 체온을 측정한다.
② 산소를 공급한다.
③ 의식 수준을 사정한다.
④ 혈액형 검사를 위해 혈액을 채취한다.
⑤ 정맥로를 확보하고 수액을 빠르게 투여한다.

28 35세 남성이 수일째 혈액이 섞인 설사를 반복하고 복통을 호소하며 내원하였다. 내시경 검사 결과, 결장 점막의 염증과 궤양이 확인되었다. 이 환자에서 관찰될 가능성이 가장 높은 임상 증상은?

① 체중 증가
② 전신 부종
③ 출혈성 설사
④ 의존성 부종
⑤ 위 내용물 역류

23 연간 총 사망자 중 같은 기간 50세 이상 사망자수가 차지하는 분율로, 지표값이 높을수록 건강수준이 높다고 해석되는 지표는?

① 재생산율
② 조사망률
③ 영아사망률
④ 연령별사망률
⑤ 비례사망지수

24 후두암과 흡연의 연관성을 파악하기 위해 후두암 진단을 받은 집단과 그렇지 않은 집단 사이 위험 요인 노출에 대하여 다음과 같은 표를 작성하였다. 지역사회간호사가 확인해야 할 역학적 연구 방법으로 옳은 것은?

	후두암 집단	정상군
흡연	400	10,000
비흡연	100	10,000

① 교차비
② 유병률
③ 치명률
④ 상대위험도
⑤ 기여위험도

25 식중독 환자가 집단으로 발병하여 역학조사를 시행하려고 할 때 지역사회간호사가 가장 먼저 해야 할 일은?

① 보고서 작성
② 진단의 확인
③ 관리대책 수립
④ 역학적 가설 설정
⑤ 유행자료 수집 및 분석

19 신생아의 신체 성숙도와 근신경계 성숙도를 검사하여 평가할 때 미성숙 기준은?

① 솜털이 대부분 벗겨져있다.
② 발바닥 전체에 주름이 있다.
③ 피부가 갈라지고 주름져있다.
④ 눈꺼풀이 느슨하게 붙어있다.
⑤ 팔다리가 완전 굴곡되어있다.

20 대상자 간호사정 결과로 불균형적인 식이, 비속적인 운동, 부적절한 건강자원의 증상 및 징후가 나타났을 때 오마하 문제분류 체계 중 해당하는 영역은?

① 환경 영역
② 생리 영역
③ 의사소통 영역
④ 심리사회 영역
⑤ 건강관련 행위 영역

21 지역사회간호사가 가정방문 시 가장 마지막에 방문해야 하는 대상자는?

① 건강한 신생아
② 성병 치료 중인 청년
③ 임신 6개월의 건강한 임부
④ 당뇨 진단을 받은 완경기 여성
⑤ 결핵약을 2개월째 투약 중인 중년 남성

22 지역사회의 주민들에게 짧은 시간 내에 당뇨병 자각 증상, 예방 및 관리법 등 많은 내용을 알리고자 할 때 효과적인 집단 보건교육 방법은?

① 전시
② 강의
③ 토의
④ 역할극
⑤ 시뮬레이션

16 임신 시 호흡기계 변화로 옳은 것은?

① 횡격막 상승
② 흉곽둘레 감소
③ 폐활량 감소
④ 산소 요구량 감소
⑤ 호흡수 상승

17 아동의 성장발달에 대한 설명으로 옳은 것은?

① 두뇌발달의 결정적 시기는 만 5년까지다.
② 여아는 만 12 ~ 16세에 급성장이 일어난다.
③ 발달의 방향성은 말초부터 중심으로 이루어진다.
④ 신경계는 출생 초기 ~ 영유아기에 급격히 발달한다.
⑤ 신체발달, 정서발달 등은 독립적으로 발달이 이루어진다.

18 생후 4일된 신생아에게서 백색증이 발견되고 땀과 오줌에서 특징적인 곰팡이 냄새가 날 때 의심할 수 있는 질환은?

① 터너증후군
② 괴사성 장염
③ 페닐케톤뇨증
④ 갈락토오스혈증
⑤ 발달성 고관절 이형성증

13 악성 빈혈을 진단할 수 있는 검사는?

① schilling 검사
② tensilon 검사
③ tuberculin skin 검사
④ weber 검사
⑤ glucose tolerance 검사

14 분만기전 중 아두의 가장 긴 직경인 대횡경선이 골반 입구를 통과하는 단계는?

① 진입(engagement)
② 하강(descent)
③ 굴곡(flexion)
④ 내회전(onternal rotation)
⑤ 외회전(external rotation)

15 자궁내막증의 특징적인 증상 및 징후는?

① 자궁의 크기는 정상이다.
② 경미한 압박감을 느낀다.
③ 부정자궁출혈 양상을 보인다.
④ 40대 이상 다산부에게 호발한다.
⑤ 다량의 황색 화농성 질 분비물이 발생한다.

10 수혈 중인 대상자에게서 40℃ 이상의 발열, 빈호흡, 오한, 저혈압, 혈뇨 등의 증상이 나타날 때 가장 우선적인 간호중재는?

① 수혈 중단
② 투석 진행
③ 식염수 정맥 주입
④ 항히스타민제 투여
⑤ 백혈구 제거 혈액제제 투여

11 간경화를 의심할 수 있는 특징적인 초기 증상은?

① 다갈
② 다뇨
③ 간 비대
④ 안면마비
⑤ 식욕 증가

12 울혈성 심부전 환자의 증상 완화를 위해 제공할 음식으로 옳은 것은?

① 김치
② 장아찌
③ 베이컨
④ 바나나
⑤ 흰쌀밥

7 성숙위기에 해당하는 사건은?

① 지진
② 결혼
③ 정년퇴직
④ 만성 간경화 진단
⑤ 사랑하는 사람의 죽음

8 뇌졸중 환자의 의식사정 결과가 〈보기〉와 같을 때 글라스고우 혼수척도(GCS) 사정 결과로 옳은 것은?

───────────── 보기 ─────────────
• 눈뜨기(E) : 소리에 의해 눈을 뜸
• 언어반응(V) : 이해할 수 없는 언어
• 운동반사반응(M) : 자극에 움츠림

① E2V3M3 = 8점
② E3V3M2 = 8점
③ E2V3M4 = 9점
④ E3V2M4 = 9점
⑤ E3V2M2 = 9점

9 갑상샘 절제술 후 회귀후두신경 손상으로 나타날 수 있는 증상은?

① 오심
② 소양증
③ 연하곤란
④ 체중 증가
⑤ 쉰 목소리

제한 시간 50분
정답 문항 _____ / 50문항
회독 수   1☐ 2☐ 3☐

4 치료적 관계에서 대상자의 행동, 감정, 표현 등을 평가 또는 판단하지 않고 대상자를 스스로 목표 성취할 수 있는 가치 있는 대상으로 존중하는 태도는?

① 공감
② 돌봄
③ 진실성
④ 상호존중
⑤ 무조건적인 관심과 수용

5 입원 중인 조현병 환자에게 간호사가 "어제 잘 주무셨어요?" 라고 인사하자 환자는 "잘 주무셨어요, 잘 주무셨어요."라고 답했을 때 이 환자의 증상은?

① 말비빔
② 보속증
③ 사고이탈
④ 반향언어
⑤ 지리멸렬

6 조현병으로 입원한 환자가 누구하고도 대화하지 않고 병실에서 아무 표정 없이 혼자 지낼 때 적절한 간호진단은?

① 사회적 고립
② 상해의 잠재성
③ 자가 간호 결핍
④ 감각 및 지각 장애
⑤ 만성적 자존감 저하

제3회 실력평가 모의고사 **43**

제 3 회 실력평가 모의고사

1 〈보기〉의 상황에서 담당간호사가 위반한 법적 의무는?

> 보기
>
> 대상자의 체온 조절을 위해 간호조무사에게 더운물 주머니 간호를 위임하고 담당간호사는 다른 업무를 보고 있었는데 대상자가 저온화상을 입는 사고가 발생하였다.

① 설명의 의무
② 동의의 의무
③ 확인의 의무
④ 비밀유지의 의무
⑤ 결과 회피의 의무

2 운영적 기획의 특징은?

① 병동 내 수칙을 마련한다.
② 최고 관리자에 의해 수행된다.
③ 장기 목표를 달성하기 위해 기획한다.
④ 위험하고 불확실한 환경에서 이루어진다.
⑤ 조직이 지향하는 분명한 목표 및 방향을 제시한다.

3 대한간호협회가 국제간호협의회(ICN) 정회원으로 등록된 연도는?

① 1923년
② 1946년
③ 1948년
④ 1949년
⑤ 1953년

48 질 관리 분석 도구 중 결과와 관련 요인들을 계통적으로 나타내고, 1차적 원인과 2차적 원인으로 구분하여 기록하고 원인선 오른쪽 끝에 결과를 제시하는 것은?

① 흐름도
② 런차트
③ 히스토그램
④ 레이더 차트
⑤ 물고기 뼈 그림

49 간호의 암흑기에서 현대간호로 발전하는 데 중요한 계기가 된 것은?

① 십자군 전쟁 발발
② 성 메리 간호단 활동
③ 걸인 간호단의 간호활동
④ 나이팅게일식 간호학교 설립
⑤ 신교 여집단 간호단 간호 교육

50 도나베디언 간호 질 평가 접근법 중 구조적 측면에 해당되는 것은?

① 간호사의 숙련도
② 간호실무 과정 측정
③ 환자의 만족도 점수
④ 절차 및 지침 존재 여부
⑤ 간호사와 환자의 상호작용

44 쌍둥이를 임신했을 때 가장 흔하게 나타나는 문제는?

① 자궁파열
② 포상기태
③ 제대탈출
④ 양수과다증
⑤ 양수과소증

45 태아가 안면위인 경우 태향을 확인하기 위한 준거지표는?

① 턱
② 이마
③ 천골
④ 후두골
⑤ 견갑골 돌출부

46 신경성 폭식증을 진단하는 기준으로 옳은 것은?

① 체중 증가에 대한 관심이 적다.
② 체중이 정상체중 이하로 유지된다.
③ 수동적이고 의존적인 행동특성을 보인다.
④ 신체에 대한 심각한 왜곡이나 망상이 동반된다.
⑤ 반복적인 폭식과 보상행동이 최소 6개월 이상 지속된다.

47 의학적인 목적으로 사용하지만 의사의 처방에 따르지 않고 임의로 사용하는 것은?

① 오용
② 남용
③ 중독
④ 금단증상
⑤ 플래시백

41 기저귀 발진 예방법으로 옳은 것은?

① 발진 부위에 로션을 발라준다.
② 발진 부위에 파우더를 도포한다.
③ 기저귀 착용 시 알코올로 소독한다.
④ 비누를 사용하지 않고 물로만 씻어준다.
⑤ 발진 부위를 공기에 자주 노출시켜 건조하게 유지한다.

42 "싫어" 또는 "안 해"라는 말을 자주 하는 18개월 아동의 부모에게 교육할 내용은?

① "아동에게 선택형으로 질문하세요."
② "잘못된 것이라고 단호하게 훈육하세요."
③ "아동이 진정할 수 있도록 포옹해주세요."
④ "부정적인 말을 할 땐 무관심으로 대하세요."
⑤ "긍정적인 대답이 나올 때까지 계속 같은 말을 하세요."

43 임신 38주인 건강한 초임부의 분만이 가까워짐을 알리는 신체 변화는?

① 하강감
② 유방 민감
③ 호흡곤란
④ 기초체온 상승
⑤ 오심 및 구토

38 작업환경의 유해요인과 발생 가능한 건강문제 연결이 옳은 것은?

① 납 – 과뇨증
② 분진 – 진폐증
③ 크롬 – 잠함병
④ 카드뮴 – 백혈병
⑤ 베릴륨 – 비중격천공

39 지역사회간호사가 지역사회 주민들을 대상으로 집단검진을 계획할 수 있는 질병은?

① 발생률이 높은 질병
② 치료법이 개발 중인 질병
③ 초기 증상이 나타나지 않는 질병
④ 질병 진행 과정이 밝혀지지 않은 질병
⑤ 주민들이 검사 방법에 부담을 가지는 질병

40 유행성 이하선염 환아의 간호중재로 옳은 것은?

① 별도의 격리는 필요 없다.
② 필요시 아스피린을 투여한다.
③ 입맛 자극을 위해 신맛 음식을 제공한다.
④ 저작기능을 위해 단단한 음식을 제공한다.
⑤ 종창 시 국소적 냉습포로 동통을 완화한다.

35 피부 질환이 있는 아동이 자꾸 몸을 긁으려고 할 때 사용하는 억제대는?

① 장갑 억제대
② 재킷 억제대
③ 벨트 억제대
④ 사지 억제대
⑤ 팔꿈치 억제대

36 사례관리 시 대상자의 문제와 요구에 따라 최적의 서비스를 제공해야 한다는 원칙은?

① 포괄성
② 연속성
③ 중심성
④ 개별성
⑤ 구체성

37 사회경제적, 인구지리적 수준이 다른 인구집단 간에 건강측면에서 건강상 잠재적으로 치유 가능한 체계적인 차이가 없는 상태를 의미하는 것은?

① 건강잠재력
② 건강보장성
③ 건강형평성
④ 건강평가기준
⑤ 건강결정요인

32 유방암 수술을 받은 환자가 불안정, 집중력 저하를 보이며 갑작스러운 통증을 호소할 때 나타나는 생리적 반응은?

① 혈압 상승
② 맥압 저하
③ 정상 동공
④ 피부 건조
⑤ 호흡 저하

33 구풍관장의 목적으로 옳은 것은?

① 수분 제공
② 구충 효과
③ 영양소 공급
④ 가스로 인한 복부팽만 완화
⑤ 수술 시 분변 물질의 불수의적 방출 방지

34 장기간 측위를 취하는 대상자에게 발생할 수 있는 문제는?

① 무릎의 신전
② 팔꿈치의 신전
③ 척추의 비틀림
④ 목의 과도신전
⑤ 둔부의 외회전

29 20대 남성이 스키를 탄 후 무릎 통증을 호소하며 응급실에 내원하였다. 전방십자인대 손상이 의심될 때 시행하는 검사는?

① 라크만 검사
② 아플레이 검사
③ 상지 하수 검사
④ 하지 직거상 검사
⑤ 트렌델렌버그 검사

30 전슬관절치환술을 받은 환자의 기동성 증진을 위한 간호중재는?

① 수술한 다리에 체중을 싣고 서는 연습을 권장한다.
② 침상 밖 기동 시 건강한 쪽을 지지해준다.
③ 의자에 앉을 때 수술한 다리를 아래로 내린다.
④ 수술 다음 날 사두근 힘주기 운동을 시작한다.
⑤ 수술한 부위에 온습포를 적용한다.

31 즉각적인 간호중재가 필요한 흉통 호소 환자의 검사결과는?

① LDH 170IU/L
② CRP 0.1mg/dL
③ CK-MB 5mcg/mL
④ Myoglobin 48ng/mL
⑤ Troponin I 112ng/mL

26 식사 중 음식물이 기도에 걸려 숨쉬기 어려워하는 대상자에게 할 수 있는 응급처치는?

① 심폐소생술을 시행한다.
② 하임리히법을 적용한다.
③ 손가락을 넣고 구토를 유도한다.
④ 입을 벌려 음식물을 확인한다.
⑤ 손가락을 주무르며 의식을 확인한다.

27 위궤양 특징으로 옳은 것은?

① 체중 증가를 동반한다.
② 위궤양 출혈 시 흑색변이 발생할 수 있다.
③ 음식물 섭취 후 통증이 감소한다.
④ 밤에는 통증이 약화된다.
⑤ 제산제로도 통증이 호전되지 않는다.

28 〈보기〉의 (   ) 안에 들어갈 신경전달물질로 옳은 것은?

───── 보기 ─────
기억의 주된 기능을 하는 전달물질로 (   )이 부족하면 신경전달이 제대로 이루어지지 않아 알츠하이머 치매가 진행될 수 있다.

① 도파민
② 세로토닌
③ 아세틸콜린
④ 히스타민
⑤ 노르에피네프린

23 의식과 성격의 구조에 대한 설명으로 옳지 않은 것은?

① 무의식은 이드와 자아, 초자아로 구성되어있다.
② 전의식은 의식밖에 있으나 집중하면 의식화 되는 상태이다.
③ 초자아가 발달하지 못하면 죄의식, 신경증적 성격이 나타난다.
④ 이드는 원시적이고 본능적인 것을 추구한다.
⑤ 자아는 합리적, 현실적, 논리적 사고를 하게 한다.

24 "더 이상 살고 싶지 않아요" 라고 말하는 대상자에게 적절한 간호중재는?

① 생각을 정리할 수 있도록 혼자만의 시간을 제공한다.
② 규칙적으로 병실을 순회하여 관찰한다.
③ 구체적 자살사고나 계획에 대해 묻지 않는다.
④ 우울환자의 급작스러운 행동변화는 긍정적으로 인식한다.
⑤ 주변 환경에서 위험한 물건을 제거한다.

25 양극성장애로 리튬(Lithium) 약물치료를 시작한 대상자에게 간호사가 교육할 내용으로 적절한 것은?

① "리튬은 항조증제로 증상이 있을 때만 복용하세요."
② "오심, 구토, 설사, 식욕부진, 운동실조가 나타나는지 주의 깊게 관찰하세요."
③ "치료용량의 혈중 농도는 1.5mEq/L 이상입니다."
④ "심장, 신장, 갑상선 기능에 영향을 미치지 않습니다."
⑤ "약물을 복용하는 동안에는 수분섭취를 제한하세요."

20 가족 내에서의 대인관계, 어머니와 아이의 관계에 초점을 두며 다른 사람과의 관계를 통해 성장할 때 발달하는 심리과정을 분석한 이론가는?

① 말러
② 설리반
③ 에릭슨
④ 피아제
⑤ 프로이트

21 심방중격결손(ASD)으로 입원한 환아의 심도자술 후 간호중재로 적절하지 않은 것은?

① 합병증 예방을 위해 시술 직후 조기이상을 격려한다.
② 심도자술 부위 아래 맥박의 동일성과 대칭성을 확인한다.
③ 시술 후 완전히 깬 경우 물부터 시작하여 점차적으로 식사를 진행한다.
④ 시술한 사지의 냉감, 청색증, 창백함을 사정한다.
⑤ 드레싱 상태를 주기적으로 확인하여 출혈이나 혈종 유무를 관찰한다.

22 대상자가 "부모님과 여행가기로 했는데 사정이 생겨서 못 가게 될 것 같아요. 부모님이 기대를 많이 하셨는데…"라고 하였다. 간호사가 "부모님이 실망하실까봐 걱정되는군요."라고 했을 때 간호사의 의사소통 기법은?

① 반영
② 피드백
③ 명료화
④ 정보제공
⑤ 초점 맞추기

16 열성경련에 대한 설명으로 옳은 것은?

① 재발률이 낮다.
② 학령기 이후에 호발한다.
③ 고체온기에 발작이 발생한다.
④ 경련이 심할 경우 항생제를 투여한다.
⑤ 열성경련이 반복되면 간질로 발전할 수 있다.

17 자궁근종에 관한 설명으로 옳은 것은?

① 완경 후 크기가 커지므로 수술이 필요할 수 있다.
② 자궁에서 드물게 발생하는 편이다.
③ 자궁출혈, 골반통, 압박감 등의 증상이 빈번하게 나타난다.
④ 종양의 크기가 작고 무증상이면 악성으로 변하지 않는다.
⑤ 양성 종양이어도 6개월마다 정기 검진을 받아야 한다.

18 유방 호르몬과 젖샘에 관한 설명으로 옳지 않은 것은?

① 프로락틴은 유즙 생성에 관여한다.
② 옥시토신은 유즙 사출에 관여한다.
③ 젖샘이 발육할 때 성장호르몬은 관여하지 않는다.
④ 젖샘은 대개 15 ~ 20개의 젖샘엽으로 나누어진다.
⑤ 선방세포는 유즙 생성에 관여한다.

19 이유식을 시작하는 6개월 영아의 부모에게 교육할 내용으로 적절하지 않은 것은?

① 음식의 알레르기 반응 여부를 확인하기 위해 한 번에 여러 가지 음식을 시도한다.
② 알레르기 유발 가능성이 적고 소화가 잘되며 철분함량이 높은 쌀로 시작한다.
③ 음식 첨가 시 야채 다음에 과일을 주고 마지막에 고기를 준다.
④ 알레르기나 흡인 유발 위험이 높은 달걀, 견과류, 밀가루, 생선, 옥수수는 피한다.
⑤ 모유나 조제유를 소량만 먹인 후 또는 먹이기 전에 이유식을 먼저 제공한다.

12 대상자가 목을 접었을 때 목이 뻣뻣해지고 아픔을 호소한다. 환자의 무릎을 90°를 이루도록 한 뒤 들면 무릎의 저항과 통증을 강하게 느끼고 있다. 이 환자에게 제공하는 간호로 적절하지 않은 것은?

① Ampicillin 항생제를 투여한다.
② 두통 완화 위해 Acetaminophen 약물을 투여한다.
③ 요추천자(Lumbar Puncture) 검사를 진행한다.
④ 스테로이드를 투여한다.
⑤ 방 안을 밝게 유지하여 환경자극을 감소시킨다.

13 폐결핵 환자의 1차 항결핵제 투약에 관한 교육 시 추가 교육이 필요한 답변은?

① "약물은 1일 1회 복용합니다."
② "분비물과 소변이 오렌지색으로 변할 수 있습니다."
③ "약물 복용 3개월 후 음성반응은 완치를 의미합니다."
④ "가급적 공복에 복용하나 위장장애 시 식후 복용합니다."
⑤ "투여 전과 치료 중에 주기적인 시력검사가 필요합니다."

14 부신피질 기능항진증(쿠싱 증후군) 환자에서 나타나는 증상으로 옳지 않은 것은?

① 고혈압
② 체중 증가
③ 골다공증
④ 저혈당
⑤ 가늘어진 사지

15 제왕절개 분만의 적응증으로 옳지 않은 것은?

① 태아가 사망한 경우
② 모체가 고혈압성 질환이 있는 경우
③ 전치태반 혹은 태반조기박리일 경우
④ 과거 제왕절개 분만의 경험이 있을 경우
⑤ 태아에게 아두골반 불균형이 있을 경우

9 지역사회 65세 이상 주민을 대상으로 당뇨병 예방관리사업을 실천할 때 1차 예방수준의 간호중재는?

① 당뇨병 조기 발견
② 인슐린 투약 관리
③ 합병증 진단 건강검진
④ 균형 잡힌 식이 정보 제공
⑤ 당뇨질환자 자조집단 활성화

10 관상동맥질환에서 사용하는 약물 중 관상동맥과 말초동맥을 확장시켜 심근에 산소공급을 증가시키는 것은?

① 베타교감신경차단제(β-adrenergic blocker)
② 칼슘통로차단제(Calcium Channel Blocker)
③ 항혈전제(Antiplatelet agents)
④ 안지오텐신 Ⅱ 수용체 차단제(Angiotensin Ⅱ receptor blockers(ARBs))
⑤ 안지오텐신 전환 효소억제제(Angiotensin Converting Enzyme(ACE)-inhibitors)

11 레이노병 치료 시 혈관수축을 방지하기 위해 교육할 내용은?

① 마사지를 금한다.
② 수분 섭취를 제한한다.
③ 찬 공기를 자주 쐐 준다.
④ 초콜릿 섭취를 제한한다.
⑤ 발에 꼭 맞는 신발을 신는다.

6 부분적 위절제술을 받은 환자가 식사 20분 후에 설사, 충만감, 허약, 심계항진, 오심을 호소할 때 식이와 관련된 간호중재는?

① 식후 30분간 좌위를 취해준다.
② 찬 음식 위주로 제공한다.
③ 탄수화물 섭취를 줄인다.
④ 식사 중 수분을 섭취하도록 한다.
⑤ 하루 세 번 정해진 시간에 식사하도록 한다.

7 〈보기〉 중 동맥 채혈을 하는 부위로 옳은 것은?

―――――――――――――― 보기 ――――――――――――――
㉠ 요골동맥
㉡ 척골동맥
㉢ 상완동맥
㉣ 대퇴동맥

① ㉠, ㉡
② ㉠, ㉢
③ ㉠, ㉡, ㉣
④ ㉠, ㉢, ㉣
⑤ ㉠, ㉡, ㉢, ㉣

8 Blacker의 인구 성장 5단계 중 선진국에 해당하며 사망률과 출생률이 최저로 인구 증가가 없는 단계는 몇 단계 인가?

① 제1단계(고위 정지기)
② 제2단계(초기 확장기)
③ 제3단계(후기 확장기)
④ 제4단계(저위 정지기)
⑤ 제5단계(감퇴기)

3 Z - Track 주사방법에 대한 〈보기〉의 설명이 옳은 것은?

───── 보기 ─────
㉠ 약물로 인한 피하조직의 자극을 최소화하고, 통증을 감소시키는 근육 주사 방법이다.
㉡ 주사 시 주사 준비 후 주삿바늘에 주사약이 묻었으므로 새 주삿바늘로 바꾼다.
㉢ 주삿바늘이 혈관에 삽입되었는지 확인하기 위해 내관을 당겨서 확인한다.
㉣ 주사 후에는 약물흡수를 돕기 위해 알코올 솜으로 마사지를 한다.

① ㉠
② ㉠, ㉡
③ ㉡, ㉢
④ ㉠, ㉣
⑤ ㉡, ㉢, ㉣

4 만성 신부전 환자의 사구체여과율이 27mL/min/1.73m² 일 때 특징은?

① 합병증 관리가 필요하다.
② 위험인자에 대한 중재가 필요하다.
③ 위험요인에 대한 검진이 필요하다.
④ 콩팥기능상실 및 요독증 증후군이 발생한다.
⑤ 콩팥 손상이 있지만 사구체여과율은 정상이다.

5 욕창간호로 옳지 않은 것은?

① 2시간마다 환자의 체위를 변경한다.
② 고단백 영양을 공급한다.
③ 에어매트리스를 적용하여 신체부위 압박을 완화한다.
④ 뼈가 돌출된 부위의 체중 경감을 위해 도넛베개를 사용한다.
⑤ 뼈가 돌출된 부위는 마사지를 금지한다.

제 2 회 실력평가 모의고사

1 발생한 사고 중 간호사가 책임져야 할 민사소송문제에 해당되지 않는 것은?

① 간 조직검사를 보호자 동의 없이 실시한 후 출혈이 심한 경우
② 보호자의 동의하에 환자의 안락사에 동참한 경우
③ 간호사가 다른 환자를 돌보는 동안 환자가 눕는 차에서 떨어져 골절된 경우
④ 수술실에서 보호자가 없는 환자의 의치를 분실한 경우
⑤ 간호조무사가 더운물 주머니를 만들어 준 후 환자가 화상을 입은 경우

2 다음 중 화농성 객담과 가슴압박 및 흉통을 동반한 기침을 호소하며 야간 발한, 체중 감소와 식욕 감퇴 등의 증상이 있는 대상자에게 시행할 수 있는 검사는?

① 후두조영술
② 기관지경검사
③ 동맥혈가스검사
④ 기관지 조영술
⑤ 투베르쿨린 반응검사

48 68세 남성 대상자는 알코올 의존증으로 입원치료 중이다. 입원 2일째 안절부절못하며 손 떨림이 있고 팔에 거미가 기어 다닌다며 잠을 이루지 못할 때 이 남성에 대한 간호중재로 적절하지 않은 것은?

① 정맥주사로 수분과 전해질을 공급한다.
② 고열량, 비타민B1, 비타민C가 풍부한 식이를 제공한다.
③ 금단증상이 심한 경우 소량의 알코올을 제공한다.
④ 방의 불은 켜두고 자극이 적은 조용한 환경을 제공한다.
⑤ 심한 요동으로 탈진 우려가 있으므로 억제를 금기한다.

49 치매 환자의 간호중재로 옳은 것은?

① 여러 간호사가 환자를 간호하도록 한다.
② 물건의 위치를 자주 바꾸거나 정리하여 넣어둔다.
③ 기억나지 않는 사건에 대해 반복하여 질문한다.
④ 짧고 간단한 문장으로 한 번에 한 가지 질문을 한다.
⑤ 배회증상을 예방하기 위해 활동범위를 병실로 제한한다.

50 조현병 스펙트럼 환자가 특수한 생각이나 말, 몸짓 등이 초자연적인 방법에 의해 실현될 수 있다고 믿을 때 의심할 수 있는 사고장애는?

① 자폐적 사고
② 마술적 사고
③ 구체적 사고
④ 사고 주입
⑤ 사고 유출

45 외래 내시경실 수간호사는 원내 공개모집으로 간호인력을 모집하려고 한다. 이와 같은 모집 방법의 장점은?

① 조직의 홍보 효과가 있다.
② 새로운 정보와 지식의 도입이 용이하다.
③ 다수 인원 채용 시 인력공급이 충분하다.
④ 모집 범위가 넓어 유능한 인재를 영입할 수 있다.
⑤ 고과기록으로 적합한 인재를 적재적소에 배치할 수 있다.

46 10개월 아동이 구슬을 가지고 놀다가 갑자기 기침을 하며 숨을 잘 못 쉬고, 청색증, 호흡곤란이 있을 때 우선적 간호중재는?

① 물이나 분유를 조금씩 마시게 한다.
② 머리, 몸통, 어깨를 동시에 움직여 측면으로 돌린다.
③ 손가락을 아동의 입에 집어넣어 구토를 유발한다.
④ 뒤에서 껴안고 주먹 쥔 손으로 늑골 바로 밑을 강하게 누른다.
⑤ 머리를 몸통보다 낮추고 손바닥으로 견갑골사이를 두드리고, 뒤집어 가슴밀어내기를 한다.

47 조현병의 양성 증상은?

① 무감동
② 무쾌감
③ 언어의 빈곤
④ 주의력 결핍
⑤ 긴장성 혼미

42 임신의 징후와 설명이 올바르게 짝지어진 것은?

① Mcdonal's Sign – 자궁 협부의 연화
② Hegar's Sign – 자궁 경부의 연화
③ Chadwick's Sign – 질 벽과 질 전정의 자청색
④ Braunvon Fernwald's Sign – 종양처럼 보이는 비대칭성 증대
⑤ Ladin's Sign – 경부 반대쪽으로 자궁 체부가 기울어짐

43 2세 아동의 고관절 탈구 정복을 위해 적용한 견인으로 아동의 체중이 역견인 역할을 하는 이 견인은?

① 러셀 견인
② 골반띠 견인
③ 벅 신전 견인
④ 골반결대견인
⑤ 브라이언트 견인

44 유아기 아동의 낙상사고 예방을 위한 설명으로 옳은 것은?

① 난간이 없는 일반 침대로 바꾼다.
② 베개나 이불 등으로 빈 공간을 채워준다.
③ 혼자 잘 놀고 있을 땐 자리를 비켜준다.
④ 푹신하고 높은 매트리스로 설치한다.
⑤ 빠른 이동이 가능하도록 바퀴는 고정하지 않는다.

38 패혈성 쇼크 시 보상성 심박출량이 증가하면서 피부 관류가 증가되어 나타날 수 있는 증상은?

① 혼수
② 출혈
③ 무뇨
④ 창백
⑤ 홍조

39 낭종 내 치아, 연골, 뼈, 머리카락 등이 발견되는 생식세포성 난소종양은?

① 태생암
② 유피낭종
③ 다배아종
④ 생식아세포종
⑤ 미분화 배세포종

40 호르몬 대체요법을 시행할 수 있는 완경기 여성은?

① 유방암 환자이다.
② 관상동맥질환자이다.
③ 중증 급성 간질환이 있다.
④ 자궁내막암 과거력이 있다.
⑤ 밤에 정상적인 수면을 취하지 못한다.

41 질 분만 시 회음절개술을 받은 산모에게 분만 후 회음부에 얼음주머니를 적용하는 목적은?

① 두통 완화
② 식욕 증진
③ 쇼크 방지
④ 제대탈출 방지
⑤ 출혈과 부종 완화

35 지역사회 현황 사정 시 활용할 수 있는 간접 자료수집 방법은?

① 참여 관찰
② 지역 시찰
③ 초점집단면담
④ 전화설문조사
⑤ 의료기관 건강기록

36 비정상적인 혈액점도, 혈액량 상승으로 정맥절개술, 골수억제제 사용, 수액 공급을 통해 치료하는 질환은?

① 재생불량성 빈혈
② 다혈구혈증
③ 무과립세포증
④ 호지킨병
⑤ 급성 골수구성 백혈병

37 고관절 전치환술 환자가 외전베개를 적용하는 이유를 물어봤을 때 간호사의 답변으로 옳은 것은?

① "낙상을 방지합니다."
② "탈구를 예방합니다."
③ "혈전을 방지합니다."
④ "통증이 감소됩니다."
⑤ "욕창을 예방합니다."

31 제5뇌신경을 검진하는 방법으로 옳은 것은?

① 레몬, 소금으로 미각을 평가한다.
② 각막에 면봉이 닿았을 때 눈물이 흐르는지 검사한다.
③ Rinne 검사와 Weber 검사를 진행한다.
④ 침이나 물을 삼키게 한다.
⑤ 혀로 뺨을 밀거나 혀를 내밀도록 한다.

32 계속적이고 강한 외부자극을 줄 때만 깨어나고 통증 자극에 대해서는 어느 정도 피하려는 듯한 의도적인 행동을 보이는 환자의 의식 수준은?

① 명료(alert)
② 기면(drowsy)
③ 혼미(stupor)
④ 반혼수(semicoma)
⑤ 혼수(coma)

33 간호사 면허제도를 주장한 인물은?

① 뢰베
② 파울라
③ 펜위크
④ 마르셀라
⑤ 클라라 바톤

34 Leavell과 Clark의 예방 단계 중 2차 예방에 해당하는 것은?

① 예방접종
② 체력증진
③ 환경개선
④ 사례 발견
⑤ 재활

28 밀봉흉관배액에 대한 설명으로 옳은 것은?

① 흉관 제거 시 30분 전에 진통제를 투여한다.
② 배액량이 100mL/hr 이상이어야 정상이다.
③ 발사바 수기는 공기가 유입되므로 금지한다.
④ 배액병은 환자보다 높은 곳에 위치해야 한다.
⑤ 호기 시 기포가 소량 발생하는 경우 배액관이 꼬였음을 의미한다.

29 지속되는 호흡곤란으로 응급실에 온 환자에게서 정맥압 상승, 약해진 심음, 혈압 하강, 모순맥박 등의 증상이 나타날 때 우선적인 간호중재는?

① 앙와위를 취한다.
② 심장막천자를 시행한다.
③ ACE 억제제를 투여한다.
④ 서늘한 환경을 제공한다.
⑤ atropine을 정맥 투여한다.

30 3단계 욕창에 해당하는 것은?

① 후두부에 장액성 수포와 표피 박탈이 관찰됨
② 복사뼈 부위에 근육과 뼈가 드러난 개방성 손상
③ 발뒤꿈치 부위에 피하지방이 일부 노출된 깊은 궤양
④ 좌골 결절 부위에 압박 제거 후에도 지속되는 국소 발적
⑤ 천골 부위에 괴사 조직이 덮여 있어 욕창의 깊이를 판단할 수 없음

26 의료오류가 발생하여 환자에 대한 위해의 가능성이 있을 수 있었지만 예방과 완화조치 등으로 환자에게 위해가 발생하지 않은 사건은?

① 위해사건
② 의료과오
③ 근접오류
④ 적신호사건
⑤ 의료오류

27 〈보기〉 중 간호사의 법적 의무로 옳은 것은?

보기
㉠ 주의의무
㉡ 설명 및 동의 의무
㉢ 확인 의무
㉣ 비밀유지 의무

① ㉠
② ㉠, ㉢
③ ㉡, ㉣
④ ㉡, ㉢, ㉣
⑤ ㉠, ㉡, ㉢, ㉣

23 입원 중인 22개월 아동의 놀이에 대한 설명으로 옳은 것은?

① 침상에서 자신의 손가락, 발가락을 가지고 탐색하며 혼자 놀이한다.
② 같은 병실에서 또래 아이와 같은 종류의 블록을 가지고 따로 논다.
③ 또래 아이와 일정한 규칙이 있는 게임 놀이를 한다.
④ 또래 아이의 감정을 이해하고 역할을 분담하며 함께 놀이한다.
⑤ 또래 아이와 비슷한 물건을 가지고 비슷한 놀이를 하나, 공동의 목표는 없다.

24 유아의 대소변 가리기 훈련에 대한 설명으로 옳은 것은?

① 배변 훈련은 12개월부터 시작한다.
② 배뇨 실수를 했을 때 엄격한 체벌이 필요하다.
③ 유아에게 대소변은 더러운 것이라고 가르친다.
④ 야간 소변 가리기는 4 ~ 5세까지 늦어져도 정상이다.
⑤ 유아가 정서적으로 준비가 안 되었을 때 빠르게 시작해야 한다.

25 학령기 아동의 사회적 자존감을 형성하기 위한 부모의 적절한 교육은?

① 현실과 상상을 혼동할 때 단호하게 꾸짖고 정정한다.
② 자기주장을 강하게 할 때 진정될 때까지 무관심으로 대한다.
③ 적당한 과업을 주고 과업을 수행하면서 근면성을 개발시킨다.
④ 아동과 함께 진로에 대해 이야기를 나누고 고민하며 탐색한다.
⑤ 사회적으로 바람직하지 않은 아동의 행동을 일관적이고 엄격하게 제재한다.

20 산후 4시간이 된 산모가 두통과 어지러움을 호소하고 있다. 산모의 자궁은 물렁물렁하고 혈압이 160/90mmHg일 때 가장 우선적으로 시행해야 하는 간호중재는?

① 수액 공급
② 진통제 투여
③ 자궁 마사지
④ 혈압 강하제 투여
⑤ 냉요법

21 산후 5일째 되는 여성이 사소한 일에도 울음을 참지 못하고 잦은 눈물을 보이며, 피로, 식욕부진, 수면장애를 호소하고 있을 때 간호중재로 옳은 것은?

① 산모에게 정상적인 반응이라고 말하며 감정표현을 격려한다.
② 산모가 스스로를 통제할 수 없는 상태이므로 결정권을 주지 않는다.
③ 산모가 부담스러워 할 수 있으므로 남편과 가족들이 산모를 무관심으로 대한다.
④ 아기와 분리시키고 아기 간호는 다른 보호자에게 맡긴다.
⑤ 반드시 정신과 전문의 진료가 필요한 상태임을 설명한다.

22 백일해에 대한 설명으로 옳은 것은?

① 별도의 격리는 필요하지 않다.
② 항바이러스제로 치료할 수 있다.
③ 회복기에 전염력이 가장 강해진다.
④ 서늘하고 건조한 환경을 유지한다.
⑤ '흡'하는 소리의 특징적인 기침을 보인다.

16 양성 전립샘 비대증을 진단할 수 있는 특징으로 옳지 않은 것은?

① IPSS로 증상의 정도를 평가한다.
② 직장수지검사 시 전립샘의 표면이 편평하며 단단하다.
③ 초음파 검사 시 전립샘 용적 증가가 확인된다.
④ 전립샘 특이항원이 증가한다.
⑤ 요속이 감소하고 잔뇨감이 증가한다.

17 당뇨환자의 발 관리에 대한 내용으로 옳지 않은 것은?

① 발톱은 약간 둥글게 깎거나 일직선으로 깎되 너무 짧지 않게 자른다.
② 물이 자주 닿으면 감염의 위험성이 있으므로 발 씻는 빈도를 줄인다.
③ 건조하지 않도록 보습 크림을 발라준다.
④ 꽉 조이는 신발과 양말을 신지 않는다.
⑤ 사우나, 찜질방을 이용하면 화상의 위험이 있으므로 이용을 자제한다.

18 인간면역결핍 바이러스 감염(AIDS)에 관한 설명으로 옳지 않은 것은?

① HIV항체 여부를 검사하고 HIV 바이러스 양을 측정하는 혈액 검사를 통해 진단을 확정한다.
② 잠복기가 다양해 짧으면 3개월, 길면 수년 후에 증상이 나타날 수 있다.
③ 면역기능이 약해져 호흡기, 위장관, 피부 질환 등의 합병증이 나타날 수 있다.
④ 악수, 포옹 등의 단순 신체접촉으로는 감염되지 않는다.
⑤ 모유 수유를 통해 전파되지는 않으므로 HIV 감염 산모도 모유 수유가 가능하다.

19 당뇨병이 있는 임부에게 태어난 신생아에서 나타날 수 있는 증상으로 옳은 것은?

① 저빌리루빈혈증
② 저인슐린혈증
③ LGA
④ 고혈당증
⑤ 고마그네슘혈증

13 당뇨병성 케톤산증의 증상으로 옳지 않은 것은?

① 탈수
② 저혈압 및 빈맥
③ 다뇨
④ 쿠스말호흡
⑤ 저혈당

14 대상포진에 대한 설명으로 옳은 것은?

① 수두보다 전염성이 강하다.
② 수포는 양측성으로 발생한다.
③ 증상 완화를 위해 항생제를 복용한다.
④ 면역이 형성되지 않은 숙주의 일차적 감염이다.
⑤ 권태감, 열감, 소양감, 통증 등의 증상 이후 발진이 나타난다.

15 대상자가 복위를 취했을 때 욕창이 발생할 수 있는 부위는?

① 천골
② 무릎
③ 복사뼈
④ 견갑골
⑤ 발꿈치

9 수술 전후, 대상자에게 하는 교육으로 적절하지 않은 것은?

① 부분의치는 수술 중 빠질 수 있으므로 제거한다.
② 위장문제 예방을 위해서 수술 전에 금식상태를 유지시킨다.
③ 눈 수술하고 난 이후에 기침을 하는 것을 금기한다.
④ 합병증 예방을 위해 하지운동을 자제시킨다.
⑤ 폐용적 증가를 위해서 심호흡을 격려한다.

10 지역사회 사정단계에서 2차 자료 수집 방법으로 옳은 것은?

① 지역시찰
② 참여관찰
③ 생정 통계
④ 설문지 조사
⑤ 정보원 면담

11 통풍 약을 복용하고 있는 환자가 섭취해도 되는 것은?

① 돼지 간
② 닭고기
③ 정어리
④ 견과류
⑤ 연어

12 심근경색 발생 후 3일차에 혈액검사상 최고치를 기록하는 수치는?

① LDH
② CK-MB
③ Troponin
④ total CK
⑤ Myoglobin

6 〈보기〉의 죽음 수용 5단계를 순서대로 나열한 것은?

---- 보기 ----
㉠ 분노와 우울을 수용하고 작별을 준비한다.
㉡ 죽음을 받아들이려 이를 연기하려고 노력한다.
㉢ 병을 받아들이면서 극도로 우울해한다.
㉣ 현실을 부정하고 오진이라 판단한다.
㉤ 자신에게 일어난 일에 분노를 표출한다.

① ㉢ → ㉣ → ㉤ → ㉡ → ㉠
② ㉣ → ㉤ → ㉡ → ㉢ → ㉠
③ ㉣ → ㉢ → ㉤ → ㉡ → ㉠
④ ㉤ → ㉢ → ㉣ → ㉡ → ㉠
⑤ ㉤ → ㉣ → ㉢ → ㉡ → ㉠

7 폐종양 환자에게서 관찰되는 전형적인 임상 증상은?

① 복명음
② 기관지 경련
③ 화농성 객담
④ 폐포성 수포음
⑤ 객담 내 충란

8 호지킨 림프종 환자에게 나타나는 특징적인 증상은?

① 혈변
② 무기력
③ 복부팽만
④ 통증성 림프절 종대
⑤ 무통성 림프절 종대

제한 시간	50분
정답 문항	_____ / 50문항
회독 수	1□ 2□ 3□

3 "누군가 저를 감시하려고 제 방에 도청장치를 설치했어요."라고 말하며 불안해하는 대상자에 대한 간호중재로 적절한 것은?

① 도청장치를 함께 찾으며 망상이 틀렸음을 증명한다.
② 망상에 대해 이야기하는 것을 무시하며 화제를 전환한다.
③ 불안의 감정을 언어로 표현하도록 격려한다.
④ 망상을 사정하기 위해 망상 자체에 초점을 두어 질문한다.
⑤ 도청장치가 병원 내 없음을 논리적으로 설명한다.

4 간호기록 작성 시 주의할 점에 대한 설명으로 옳지 않은 것은?

① 간결한 작성을 위하여 존칭과 환자이름은 생략한다.
② 간호사의 객관적인 판단으로 기록한다.
③ 간호나 처치를 시행하기 전 미리 기록해둔다.
④ 수정이 필요한 경우 빨간펜으로 그은 후 서명한다.
⑤ 다른 사람이 대신 기록이나 서명을 할 수 없다.

5 기관절개 환자에게 흡인을 시행할 때 행동으로 옳지 않은 것은?

① 총 흡인 시간은 5분 이내로 시행한다.
② 분비물 양상과 저산소 상태를 관찰하며 시행한다.
③ 분비물이 많을 경우 20 ~ 30초 정도 시간 간격을 두고 추가 흡인한다.
④ 카테터를 부드럽게 회전시키면서 흡인한다.
⑤ 성인 환자는 흡인압을 95mmHg로 유지하며 시행한다.

제 1 회 실력평가 모의고사

1 〈보기〉는 Caplan의 사회적 모형에 대한 설명이다. 이에 따른 적절한 개입 방법은?

― 보기 ―
- 사회와 환경요인이 스트레스를 일으키며, 불안 발생의 원인이다.
- 가난, 가정불화, 교육기회 부족 등 사회적 상황이 정신질환을 일으킨다.

① 질병의 진행 과정 중 나타나는 증상을 처방에 따라 치료한다.
② 지역사회 내 가능한 사회자원, 체계를 이용하여 문제를 함께 해결한다.
③ 행동의 목표를 설정하고 교사의 역할로 인지행동치료를 한다.
④ 효과적인 의사소통원리를 교육하고 의사소통과정을 중재한다.
⑤ 대상자에게 공감하고 신뢰감을 형성하여 만족할 수 있는 대인관계경험을 하도록 한다.

2 〈보기〉의 사례에서 나타나는 방어기전으로 옳은 것은?

― 보기 ―
B 씨는 중요한 계약을 앞두고 갑자기 다리에 힘이 풀려 걷지 못하게 되었다. 병원에서는 신체적 이상이 발견되지 않았다. B 씨는 평소에도 극심한 스트레스를 받을 때마다 신체 이상 증상을 경험하곤 한다.

① 부정
② 전치
③ 전환
④ 동일시
⑤ 반동형성

01
PART

실력평가 모의고사

제1회 실력평가 모의고사

제2회 실력평가 모의고사

제3회 실력평가 모의고사

(6) 간호부

① 미션 : 환자 중심의 간호서비스를 추구하여 국민의 행복과 건강한 삶에 기여한다.

② 비전

- 전문화와 표준화된 간호 서비스를 제공하는 연구하는 간호부
- 소통과 존중을 최우선으로 하는 건강한 간호부
- 공감과 배려를 통해 신뢰받는 간호부
- 전인간호를 목표로 고객사랑을 실천하는 간호부
- 간호사가 계속 일하고 싶어하는 행복한 간호부

③ 핵심 역량

- 암환자에 특화된 뛰어난 간호
- 믿고 안심할 수 있는 간호
- 서로 존경, 존중하는 건강한 간호문화
- 전문화와 표준화된 간호서비스를 위해 연구하는 간호

④ 간호팀

- **병동간호 1팀(내과계)** : 조혈모 이식센터, 소화기 내과, 호흡기 내과, 간호간병통합서비스 병동, 혈액종양내과, 호흡기 내과 병동, 호스피스완화의료병동
- **병동간호 2팀(외과계)** : 외과, 간호간병통합서비스 병동, 입원의학과 운영, 간호간병통합서비스 병동, 흉부외과, 신경외과, 비뇨의학과, 부인과, 이비인후과, 정형외과, 소아과
- **외래특수간호팀** : 외래진료과, 항암요법센터, 소화기 내시경실, 인공신장실, 중앙공급실, 수술실, 중환자실, 응급실

Information

(1) 미션

첨단 의생명 연구를 선도하는 과학기술특성화병원을 기반으로 국민건강과 국민안전에 기여한다.

(2) 추진 전략

① 첨단 의생명 연구를 통한 국민건강생활 증진
② 방사선 의료대응을 통한 국민안전 확보

(3) 핵심 가치

상호 존중, 전문가 정신, 열정

(4) 비전

① 국내 최초 과학기술 특성화병원 정립
② 방첨단 방사선의료 연구 · 산업화 선도
③ 전시적 방사능 재난대응 역량 강화
④ 대국민 방사선 건강 · 상담 서비스 강화

(5) 기관 소개

① 방사선의학연구소 : 첨단 의생명 연구를 통한 국민건강 생활 증진을 추진전략으로 삼아 방사성의약품과 같은 혁신 신약 개발과, 첨단 방사선 치료 프로토콜 개발로 방사선의료 연그 및 산업화를 선도하기 위해 모든 연구진들이 함께 노력하고 있다.

② 원자력 병원 : 암 극복이라는 미션을 넘어 과학기술을 활용한 사회문제 해결 및 국민 편익 증진, 바이오 의료기술의 임상적 실용화 등 첨단 의생명 연구를 선도하는 과학기술특성화병원을 육성함으로 국민건강과 국민안전에 이바지하고 있다.

③ 국가방사선비상진료센터 : 방사선비상진료 인프라 구축, 전문인력양성은 물론 피폭환자 진료, 방사선 건강영향 상담 및 피폭선량평가, 피폭치료기술 개발, 저선량 연구등을 수행하고 있습다.

④ 국가RI신약센터 : 국내 유일 방사성동위원소(RI)이용 비임상/임상기관으로서 신약 원스톱 지원시스템을 구성, 치료용 방사성의약품을 국내에서 연구개발 하여 국내외 임상기관에서 활용할 수 있도록 지원하고 있다.

Contents

PART 01
실력평가 모의고사

제1회 실력평가 모의고사 ··· 10
제2회 실력평가 모의고사 ··· 26
제3회 실력평가 모의고사 ··· 42

PART 02
정답 및 해설

제1회 정답 및 해설 ·· 60
제2회 정답 및 해설 ·· 72
제3회 정답 및 해설 ·· 86

Structure

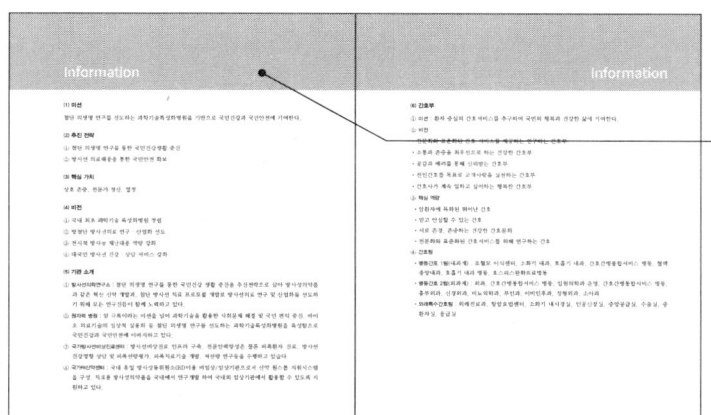

한국원자력의학원 소개

한국원자력의학원의 전반적인 정보를 소개하여, 기관의 정체성 및 사회적 기능을 이해할 수 있도록 하였습니다.

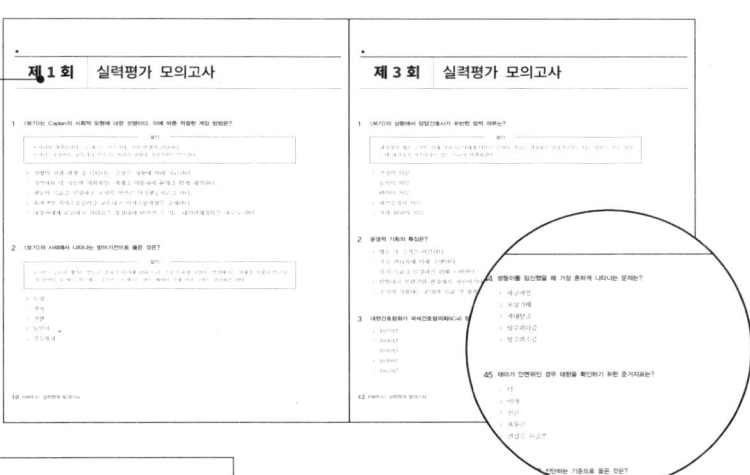

3회분 실력평가 모의고사

실제 필기시험 유형을 반영한 간호학 실력평가 모의고사 3회분을 수록하였습니다. 시험 시간과 문항수를 동일하게 구성하여 실전 감각을 높일 수 있습니다.

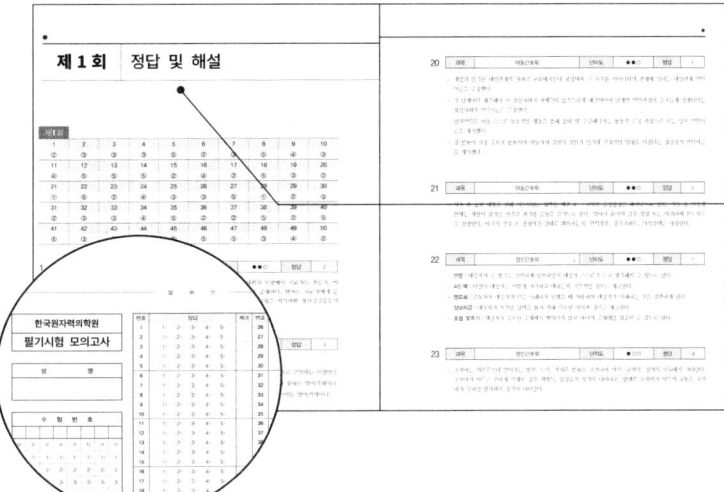

정답 및 해설

각 회차별 정답과 함께 상세하고 명확한 해설을 수록하였습니다. 오답에 대한 개념 보완도 가능하도록 관련 이론을 정리하였으며, 보다 철저한 대비를 위해 OMR 답안지도 함께 구성하였습니다.

Preface

한국원자력의학원은 방사선의 의학적 이용에 대한 연구를 바탕으로, 1963년 대한민국 최초의 암 전문 병원인 방사선의학연구소로 출범하였다. 이후 국내 최초로 코발트-60 치료기를 도입하였고, 1973년 원자력병원으로 명칭을 변경한 데 이어, 2007년에는 한국원자력의학원으로 개편되어 국가 과학기술 발전과 국민 건강 증진에 선도적인 역할을 수행하고 있다.

한국원자력의학원의 간호직 필기시험은 간호학 50문항으로 구성다. 채용 전형은 1차 서류심사와 2차 필기시험의 합산 점수를 기준으로 고득점자 순으로 진행되며, 최종 선발 예정 인원의 3배수를 면접 대상자로 선발한다. 단, 필기시험에서 60점 미만을 받은 경우에는 과락 처리되어 이후 전형에 응시할 수 없다.

본서는 한국원자력의학원 필기시험 출제 유형을 분석하여 구성한 실력평가 모의고사로, 실제 시험의 난이도와 문제 유형을 반영하는 데 중점을 두었다. 수험생들이 시험 전 자신의 수준을 객관적으로 점검하고, 부족한 부분을 보완할 수 있도록 각 회차별 문제와 함께 상세한 해설을 수록하였다. 또한 간호학 전공자들이 필기시험을 효율적으로 대비할 수 있도록 핵심 영역을 균형 있게 반영하였으며, 실전 감각을 높이는 데 도움이 되도록 실제 시험 환경을 고려한 문항 수와 시간 배분을 적용하였다.

본서가 한국원자력의학원 간호직 채용을 준비하는 수험생 여러분께 실질적인 도움이 되기를 바라며, 철저한 준비를 통해 좋은 결과를 얻기를 진심으로 기원한다.

한국원자력의학원
실력평가 모의고사 3회분

개정판 발행	2023년 10월 18일
개정2판 발행	2025년 10월 27일

편 저 자	간호시험연구소
발 행 처	㈜서원각
등록번호	1999-1A-107호
주　　소	경기도 고양시 일산서구 덕산로 88-45(가좌동)
교재주문	031-923-2051
팩　　스	031-923-3815
교재문의	카카오톡 플러스 친구[서원각]
홈페이지	goseowon.com

▷ 이 책은 저작권법에 따라 보호받는 저작물로 무단 전재, 복제, 전송 행위를 금지합니다.
▷ 내용의 전부 또는 일부를 사용하려면 저작권자와 (주)서원각의 서면 동의를 반드시 받아야 합니다.
▷ ISBN과 가격은 표지 뒷면에 있습니다.
▷ 파본은 구입하신 곳에서 교환해드립니다.

한국원자력의학원

실력평가 모의고사 3회분

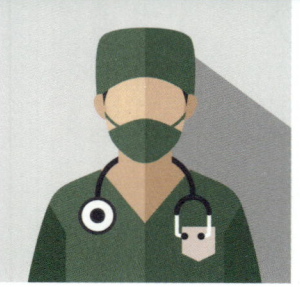

증산상제미륵도전도인 강대훈

— ● 차 례 ● —

머리글 •007

1 대순진리회의 창도 014

01 대순진리회의 창설 유래 •014
02 대순진리회의 창도 취지 •015

2 강증산 성사의 생애와 사역 017

01 강증산 성사의 생애 •017
02 미륵신앙의 일반적 이해 •019
03 강일순 증산상제 •020
04 강증산 성사의 사역과 화천 •023

3 창도주 조정산 029

01 창도주 조정산의 생애 •029
02 창도주 조정산의 무극도 창도 •029
03 창도주 조정산의 활동과 화천 •030

| 4 | **도전 박우당** | 034 |

- 01 우당 박한경 도전 • 034
- 02 교육기관 및 의료기관 설립 • 036
- 03 가르침 및 교리 • 036
- 04 수도 • 036
- 05 훈회 • 037
- 06 종맥종통의 위임 • 037

| 5 | **증산상제미륵도전도인 강대훈** | 038 |

- 01 증산상제미륵도전도인 강대훈의 생애 • 038
- 02 증산상제미륵도전도인 강대훈의 환강 • 040
- 03 증산상제미륵도전도인 강대훈의 호칭 및 직위 • 042
- 04 증산상제미륵도전도인 강대훈의 종맥종통 • 046
- 05 증산상제미륵도전도인 강대훈의 대관식 • 049
- 06 증산상제미륵도전도인 67계열 통합대표 강대훈 • 052
- 07 증산상제미륵도전도인 강대훈의 사업자등록증 • 056

| 6 | **대순진리회의 정의** | 060 |

- 01 대순진리회의 의미 • 060
- 02 대순진리회의 구성 • 061

7. 대순진리회의 연혁   062

01 구천상제 강증산(강일순) •062
02 창조주 조정산(조철제) •063
03 도전 박우당(박한경) •064

8. 대순진리회의 교리와 사상   066

01 개요 •066
02 교리와 사상 •066
03 종단의 주요 교리 •069

9. 대순진리회의 경전   072

01 전경 •072
02 대순지침 •072
03 대순진리회요람 •073
04 도헌 •073
05 포덕교화기본원리 •073
06 대순성적도해요람 •083

10 대순진리회의 신앙　　　　084

01　신앙의 대상　•084
02　구천응원뇌성보화천존강성상제　•084

11 대순진리회의 4대 교훈　　　　086

01　홍익인간　•086
02　이웃사랑　•087
03　사회구원　•088
04　애국정신　•088

12 대순진리회의 4대 사업　　　　090

01　사회복지사업　•090
02　의료사업　•093
03　교육사업　•094
04　애국사상 사업　•103

13 대순진리회의 수칙　　　　104

| 14 | 대순진리회의 도기 | 105 |

| 15 | 대순진리회의 도장 | 106 |

| 16 | 대순진리회의 도헌 | 109 |

| 17 | 대순진리회의 증산상제진요성해 | 130 |

| 18 | 증산상제미륵도전도인 강대훈의 도래 | 171 |

01 증산상제미륵도전도인 강대훈의 환강 •171
02 증산상제미륵도전도인 강대훈의 종맥종통 증거 •173

| 19 | 대순진리회의 관련 사이트 | 180 |

참고 문헌 •181

1
대순진리회의 창도

01 　대순진리회의 창설 유래

　대순(大巡)이 원(圓)이며 원이 무극(無極)이고 무극이 태극(太極)이라. 우주(宇宙)가 우주된 본연법칙은 그 신비의 묘함이 태극에 재(在)한 바 태극은 외차무극(外此無極)하고 유일무이한 진리이다. 따라서 이 태극이야말로 지리(至理)의 소이재(所以載)요, 지기(至氣)의 소유행(所由行)이며, 지도(至道)의 소자출(所自出)이라.

　그러므로 이 우주의 모든 사물(事物) 곧 천지일월(天地日月)과 풍뢰우로(風雷雨露)와 군생만물(群生萬物)이 태극의 신묘한 기동작용(機動作用)에 속하지 않음이 있으리오. 그러나 그 기동작용의 묘리(妙理)는 지극히 오밀현묘(奧密玄妙)하며 무궁무진(無窮無盡)하며 무간무식(無間無息)하야 가히 측도치 못하며 가히 상상치 못할 바이기 때문에 반드시 영성(靈聖)한 분으로서 우주지간(宇宙之間)에 왕래(往來)하고 태극지기(太極之機)에 굴신(屈伸)하며 신비지묘(神秘之妙)에 응증(應證)하야 천지(天地)를 관령(管領)하고 일월(日月)을 승행(乘行)하며 건곤(乾坤)을 조리(調理)하고 소위천지(所謂天地)와 합기덕(合其德)하며 일월(日月)과 합기명(合其明)하며 사시(四時)와 합기서(合其序)하며 귀신(鬼神)과 합기길흉(合其吉凶)하여 창생(創生)을 광제(廣濟)하시는 분이 수천백 년 만에 일차식내세(一次式來世)하시나니, 예컨대 제왕(帝王)으로서 내세(來世)하신 분은 복희(伏羲)·단군(檀君)·문왕(文王)이시오, 사도(師道)로서 내세하신 분은 공자(孔子)·석가(釋迦)·노자(老子)이시며 근세의 우리 강증산 성사(姜甑山聖師)이시다.

　오직 우리 성사(聖師)께서는 구천대원조화주신(九天大元造化主神)으로서 지기(至氣)를 좇아 인계(人界)에 하강(下降)하사 삼계(三界)를 대순하시어 대공사(大公事)를 설정(設定)하시고 상하(上下)의 모든 사명(司命)을 분정(分定)하사 혹은 율령으로 혹은 법론으로 혹은 풍유로 혹은 암시로써 연운(緣運)을 따라 허다한 방편으로 설유(說諭)하시어 신통자재(神通自在)로 구애됨이 없이 시련도술(試鍊道術)로 창생을 도제(度濟)하사 수천백 년 쌓이고 쌓인 무수무진(無數無盡)한 삼계의 모든 원울(冤鬱)을 무형무적지중(無形無跡之中)에 해방하심에 있어서 극단의 부면(部面)까지 쓰지 않은 곳이 없으시며 대공덕(大功德)을 세우시고 대율통(大律統)을 들이사 우유척강(優遊陟降)하시며 순회주환(巡廻周環)하신 40년간에 인계사(人界事)를 마치시고 다시 대원념(大願念)을 세우사 해탈초신(解脫超身)으로 상계(上界)에 왕주(往住)하사 보화천존제위(普化天尊帝位)에 임어(臨御)하셔서 삼계를 통찰하사 지극한 운화(運化)를 조련(調練)하심으로써 무한무량(無限無量)한 세계를 관령(管令)하시니 크고 지극하고 성(盛)하시도다.

가르침을 받드는 신도(信徒)와 인연을 받고자 하는 중생은 마땅히 수문수득(隨聞隨得)하여 체념봉행(體念奉行)으로 각진기심(各盡其心)하며 각복기력(各服其力)하여 대덕(大德)을 계승하고 대도(大道)를 빛나게 하여 대업(大業)을 넓힘으로써 대순하신 유지(遺志)를 숭신(崇信)하여 귀의할 바를 삼고자 함이 바로 대순진리회(大巡眞理會)를 창설한 유래이다.

02 대순진리회의 창도 취지

위대한 권능의 소유주이신 강증산(姜甑山) 성사(聖師)께서는 구천대원조화주신(九天大元造化主神)으로서 삼계(三界: 천·지·인)의 대권(大權)을 주재(主宰)하시고 천하를 대순(大巡)하시다가 인간의 모습을 빌어 강세(降世)하셨다.

강증산 성사께서는 서로 통하지 못하는 신명(神明)과 재난에 빠진 세계창생을 널리 건지기 위해 순회주유(巡回周遊)하시며 천지공사(天地公事)를 행하시어 상도(常道)를 잃은 천지도수(天地度數)를 정리하시고 후천(後天)의 무궁한 선경(仙境)의 운로(運路)를 열어 지상천국을 건설하고자 하셨다. 강증산 성사께서는 음양합덕·신인조화·해원상생 대도(大道)의 진리로써 신인의도

(神人依導)의 이법(理法)으로 해원(解冤)을 위주로 하여 천지공사를 보은(報恩)으로 종결하셨다.

해원과 보은의 도리(道理)로써 만고에 쌓였던 모든 원한과 억울함이 풀어지고 세계가 상극(相克)이 없는 도화낙원(道化樂園)으로 이루어지게 되니 이것이 바로 대순하신 진리이다.

성사께서는 신통자재(神通自在)로 구애됨이 없이 40년간 유일무이한 진리를 인간 세상에 선포하시고 화천(化天)하신 후 상계(上界)의 보화천존(普化天尊) 제위(帝位)에 오르셔서 삼계를 통찰하시고 무한무량한 세계를 다스리시니 지존(至尊) 지엄(至嚴)하신 구천응원뇌성보화천존상제(九天應元雷聲普化天尊上帝)이시다. 강증산 성사의 유지(遺志)를 계승하여 50년 공부로써 전하신 조정산(趙鼎山) 도주(道主)의 유법(遺法)을 숭신(崇信)하여 귀의할 바를 삼고자 대순진리회를 창설한 것이다.

오직 우리 대순진리회는 성(誠)·경(敬)·신(信) 삼법언(三法言)으로 수도(修道)의 요체를 삼고 안심(安心)·안신(安身) 이율령(二律令)으로 수행(修行)의 훈전(訓典)을 삼는다. 또한, 삼강오륜을 근본으로 평화로운 가정을 이루고 국법을 준수하여 사회도덕을 준행하며, 무자기(無自欺)를 근본으로 인간 본래의 청정한 본질로 환원토록 수심연성(修心煉性), 세기연질(洗氣煉質)한다.

이를 바탕으로 음양합덕·신인조화·해원상생·도통진경의 대순진리를 면이수지(勉而修之)하고 성지우성(誠之又誠)하여 도즉아(道卽我) 아즉도(我卽道)의 경지를 정각(正覺)하게 된다. 그래서 일단 활연관통(豁然貫通)하면 삼계를 밝게 들여다보고 삼라만상의 세세한 부분을 모두 이해함에 무소불능(無所不能)하게 되니, 이것이 영통(靈通)이며 도통(道通)이다.

무릇 뜻있고 인연 있는 모든 중생은 해원상생, 지상천국을 지향하는 대순진리회에 동귀(同歸)함을 목적으로 이에 취지(趣旨)를 선포하는 바이다.

2 강증산 성사의 생애와 사역

01 강증산 성사의 생애

증산상제(甑山上帝)께서는 1871년 9월 19일에 전북 정읍군 정지리 소재(所在)의 외가댁에서 태어났으며 자(字)는 사옥(士玉)이요 호(名號)는 증산(甑山)이며 본명(本名)은 강일순(姜一淳)임을 역사적(歷史的)으로 천명(闡明)할 수 있게 되었다. 그의 탄생은 신미년(1871) 9월 19일 전북 고부군 우덕면 객망리(현 전북 정읍군 덕천면 신월리) 강씨 가문에서 인간의 몸을 빌어 강세(降世)하시니, 존호는 증산(甑山)이시다.

증산상제 그의 세수 27세에 당시 정역(正易)의 대가(大家)이신 72세의 김일부(金一夫:1826~1898) 대성사(大聖士)를 회동(會同)하여 성사로부터 정역(正易)을 전수(傳受) 받음으로서 후천개벽(後天開闢)을 주도하기 위한 이론적(理論的) 체계를 완성하셨다.

그의 세수(世數) 31세 때는 대오견성(大悟見性)을 목적으로 전북 전주의 모악산(母岳山) 기슭의 대원사(大願寺)의 칠성각(七星閣)에 1901년 6월 26일 입방(入房)한 지 12일 만인 1901년 7월 7일 무극대도(無極大道)의 태극이론(太極理論)을 도통(道通)하셨다. 이후 8년간은 도전(道典)을 집필하는 데 심혈을 집중하시다가 그의 세수 만 38세에 화천별세(化天別世)하셨다.

증산상제께서 도통 후 종도들에게 설파하지 못한 채 갑자기 화천하셨기 때문에 증산상제의 도론(道論)을 전수받지 못한 일부 제자는 자신이 터득(攄得)한 바에 따라 신도들을 계도(啓導)했기 때문에 그 성격이 서로가 다를 수밖에 없었다. 불교적(佛敎的)으로 이해하는 제자는 불교 형태의 교단(敎團)을 형성(形成)하였고 유교적(儒敎的)으로 이해하는 제자는 유교식(儒敎式)의 교단을 형성했으며 선교적(仙敎的)으로 이해하는 제자는 선교 형태의 교단이 될 수밖에 없었던 것도 증산상제의 가르침을 일원화(一元化)하지 못한 불일치성(不一致性)이 나름대로 표출(表出)된 당연(當然)한 현상이다.

1909년 6월 24일 증산상제께서 38세의 세수로 화천함에 따라 증산교(甑山敎)는 사분오열(四分五裂)의 위기(危機)를 맞게 된다. 17년이 지난 1926년이 되어서야 비로소 증산상제의 생애와 가르침이 처음으로 활자화되어서 '증산천지공사기(甑山天地工事期)'를 발간(發刊)할 수 있었다. 당시 조선은 극도로 악화한 종교적·정치적·사회적 도탄기였다.

이에 상제께서는 광구천하(匡救天下)의 뜻을 품고 1898년부터 3년 동안 천하를 주유(周遊)하셨다. 고향으로 돌아온 후, 1901년 대원사에서 49일 간 불음불식(不飮不息)의 공부로 천지대도(天地大道)를 여시고, 1901년부터 1909년까지 천지공사(天地公事)를 행하셨다. 이 공사는 천지의 도수(度數)를 정리하고, 신명을 조화하여 만고(萬古)의 원한을 풀고, 상생(相生)의 도(道)로 후천선경(後天仙境)을 세우는 것이다.

특히 '상생의 도로 후천선경을 세운다'는 것은 해원상생(解寃相生)의 종교적 법리(法理)로 인간을 개조하여 지상천국을 실현한다는 것이다. 기유년(1909) 6월 24일(음) 상제께서는 9년 간의 천지공사를 마치고 화천하셨다.

결론적으로 증산상제 강일순은 단순히 한 인물이 아니라 우주의 최고신 상제이자 인류를 구원할 미래의 부처 미륵이 인간의 몸으로 세상에 와서 새로운 문명을 열었다는 증산 계열 종교의 핵심 교리를 담고 있다.

태모 고수부는 증산상제의 부인으로 증산도에서는 어머니 하나님으로 추앙하며 증산상제로부터 종통을 계승하여 증산도의 공훈도문을 개창한 인물로 여긴다.

안온산, 안세찬 1922년생으로 1974년 아들 안경전과 함께 증산도를 창립하여 현재의 교단으로 발전시켰다. 안은산은 '태상종도사님'으로 부르고, 안경전은 '종도사님'으로 불리며 교단을 이끌고 있다.

02 미륵신앙의 일반적 이해

(1) 미륵신앙의 일반적인 이해

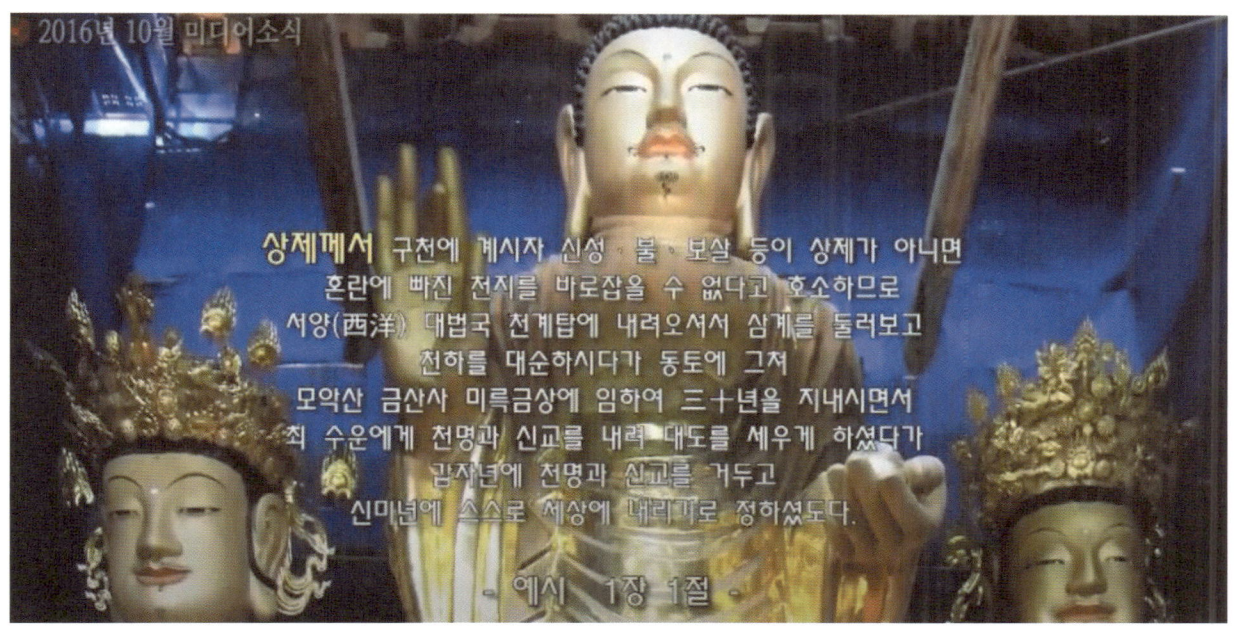

① **도솔천과 미륵보살**

불교에서 미륵보살은 도솔천(Tusita Heaven)에 머물고 있다. 미륵보살은 현재 도솔천의 하늘 세계에 머물며, 미래의 인간 세상에 내려와 성불하여 구원할 미륵불로 여긴다.

② **용화사회**

미륵불이 인간 세상에 내려와 세 차례의 설법, 용화사회를 통해 많은 중생을 구원할 것이라는 믿음이 있다.

③ **미륵신앙의 변용**

미륵신앙은 시대와 지역에 따라 다양하게 변형되어 나타났으며, 특히 민중의 희망과 염원을 담은 형태로 발전하기도 했다.

구체적인 시기와 인물에 대한 해석은 여러 종교나 사상마다 차이가 있을 수 있다. 이처럼 천상 제미륵도전은 주로 증산도를 중심으로 한 신흥종교에서 중요한 의미를 가지는 개념이며, 미륵신앙과 관련하여 깊이 있는 이해가 필요하다.

03　강일순 증산상제

강일순은 '강증산'이라는 이름으로도 알려져 있으며 증산교를 창시한 인물이다. 그는 한국 신흥종교의 기원이 되는 종교 운동의 창시자이자 수많은 증산도 계열 종교의 개조로 여겨진다.

강증산은 1900년경 깨달음을 얻어 후천개벽과 후천성경의 도래를 선포했으며, 구천상제로 숭배받고 있다. 그의 사상은 인간 존중, 선천 시대의 해원을 통한 개벽, 민족 중심의 새로운 세상 확립 등을 포함한다.

옥황상제 강일순은 주로 증산 계열 종교에서 나타나는 중요한 개념이다.

강일순 상제(1871~1909년)는 구한말의 종교가이자 기인으로 훗날 그 호를 따서 '증산교'라고 불리는 종교의 창시자이다. 그를 따르는 증산 계열 종교들에서는 강일순을 우주의 주재자이자 최고 신인 옥황상제가 인간으로 지상에 내려온 존재로 믿는다. 즉 옥황상제가 곧 기독교의 하나님, 불교의 미륵불로서 강일순이 바로 그 옥황상제라는 것이 이들 종교의 핵심 교리 중 하나이다.

강일순 상제는 1901년 모악산 대원사 등지에서 깨달음을 얻고 후천개벽과 후천성경의 도래를 선포하며 천지공사를 시작하였다. 그는 자신이 본래 천상에서 상제로 있다가 지상에 내려왔다고 밝히며 혼란스러운 구한말에 민심을 구원하고 신명계를 정화, 통일하여 인간과 신명이 조화롭게 살아가는 해원상생의 세상을 만들고자 했다.

강일순 사후 그의 가르침은 보천교, 증산도, 대순진리회 등 수많은 교파로 나뉘어져 내려오고 있다. 이들 종교는 강일순을 신앙 대상으로 삼으며 각 교단마다 옥황상제에 대한 해석이나 신앙 체계에 약간의 차이가 있을 수 있다.

대순진리회는 구천상제인 증산 강일순을 신앙하고 우주의 최고 신인 옥황상제의 현신으로 믿는데, 이것은 증산 계열 종교의 근본적인 믿음이다.

우주의 주재자 증산상제 강일순은 그의 호인 증산을 따서 '증산상제'라고 불린다. 여기서 '상제'는 우주의 최고 신, 즉 기독교의 하느님, 불교의 미륵불과 같은 존재를 의미한다.

증산 계열 종교에서는 강일순이 바로 우주의 주재자이자 3계를 총괄하는 최고 신이 인간으로 지상에 강림한 존재라고 믿는다. 그는 구한말의 혼란한 시기에 지상에 내려와 천지공사를 통해 새로운 세상, 즉 후천성경의 길을 열었다고 여겨진다.

강일순 상제는 미래를 열어주는 미륵 또는 미륵의 현신으로도 이해된다. 불교에서 미륵은 미래에 도래하여 중생을 구원하고 이상적인 용화세계를 열어줄 부처로 알려져 있다.

증산 계열에서는 강일순이 미륵불의 약속을 실현하기 위해 세상에 왔다고 보며 그의 가르침과 천지공사를 통해 미륵의 이상 세계가 현실화될 것이라고 믿는다. 이는 불교의 미륵 신앙이 한국 신흥종교에 미친 주요한 영향 중 하나이다.

증산상제 미륵 강일순의 의미는 우주의 최고 신 상제이자 인류를 구원할 미래의 부처 미륵과 인간의 몸으로 세상에 와서 새로운 문명을 열었다는 증산 계열 종교의 핵심 교리를 담고 있다. 그의 사후 수많은 증산 계열 종파가 생겨났으며, 각 교파마다 강일순에 대한 해석이나 신앙 체계에 약간의 차이가 있을 수 있지만 그를 우주의 최고 신이자 구원자인 미륵으로 신앙한다는 점은 공통적이다.

강일순은 대한제국 시기의 종교 창시자이자 사상가로 호는 증산이다. 그는 1871년 고종 8년 전라북도 정읍에서 태어났다. 어린 시절부터 총명하여 한학을 공부하였으나 어려운 가정 형편으로 학업을 중단하기도 했다.

동학농민운동 이후에 사회적 혼란과 민중들의 고통을 보며 그는 인간과 세상을 구원할 방법을 모색하기 시작했다. 유교, 불교, 도교 등 다양한 사상을 깊이 연구하며 구도 활동을 했다.

강일순 상제는 1901년 모악산 대원사에서 큰 깨달음을 얻고 전라북도 일대에서 포교 활동을 시작했다. 그는 자신이 세상을 바로잡기 위해 내려온 미륵이며 인류가 꿈꾸는 이상 사회인 용화의 상이 곧 올 것이라고 가르쳤다.

(1) 수감과 사망

전라북도 고창 출생으로 아버지 강문회를 따라 동학농민혁명에 가담하며 어린 시절부터 아버지가 일제에 의해 처형당하는 것을 직접 목격하면서 파란만장한 삶을 살았던 그는 1907년 의병 모해 혐의로 체포되어 고문을 당하기도 했으며, 1909년 39세의 나이로 세상을 떠났다.

(2) 주요 사상 및 가르침

강일순의 사상은 그가 행한 천지공사에 잘 나타나 있으며, 핵심은 해원, 보은, 상생, 그리고 조화이다. 그는 자신이 이 후천개벽을 여는 구천상제 또는 미륵불로서 이 땅에 강세했다고 주장했다. 수도와 주문, 후천성경을 맞이하기 위해 주송수련 주문을 외우는 수행을 통해 신화해야 한다고 가르쳤다. 특히 태을주는 증산 계열 종교에서 중요한 수행 주문으로 사용된다. 강일순 사후 그의 가르침을 계승한 다양한 종교 교파들이 형성되었다. 대표적으로 증산도, 대순진리회, 태극도, 증산법 종교 등이 있으며, 이들은 각기 다른 방식으로 강일순을 교주 또는 신앙의 대상으로 모시고 있다. 그의 사상과 가르침은 한국 신종교 운동에 지대한 영향을 미쳤다.

강일순은 혼란했던 구한말 시대에 민중들에게 새로운 희망과 비전을 제시하며 한국 종교사의 큰 발자취를 남긴 인물이다.

04 강증산 성사의 사역과 화천

(1) 천하를 대순하시다

인류 문명이 물질에 치우치고 자연을 정복하려는 데서 신도(神道)의 권위를 떨어뜨려 천도(天道)와 인사(人事)의 상도(常道)가 어겨지고, 도(道)의 근원이 끊어지게 되었다. 원시의 모든 신성(神聖)과 불(佛)과 보살(菩薩)이 모여 상제가 아니면 혼란에 빠진 천지를 바로잡을 수 없다고 하며 인류와 신명계의 겁액(劫厄)을 구천(九天)에 하소연하였다. 이에 상제께서 서양(西洋) 대법국 천계탑에 내려오셔서 삼계를 둘러보시고 천하를 대순하시다가 전북 모악산 금산사 삼층전 미륵금불에 이르러 30년을 지내셨다.

출처:미디어 소식 2016년

(2) 인세에 내려오시다

전라도 고부군 우덕면 객망리 강씨(姜氏) 가문에서 어느 날 권씨 부인의 꿈에 하늘이 남북으로 갈라지며 큰 불덩이가 몸을 덮으면서 천지가 밝아지더니, 그 뒤에 태기가 있어 1871년 9월 19일(음) 상제께서 인간의 모습을 빌어서 강세(降世)하셨다. 상제께서 탄강하실 때에 유달리 밝아지는 산실(産室)에 하늘로부터 두 선녀가 내려와서 아기 상제를 모시니 방 안은 향기로 가득 차고 밝은 기운이 온 집을 둘러싸고 하늘에 뻗쳐 있었다.

(3) 천지대도를 여시다

상제께서 1901(신축)년 5월 중순에 전주 모악산 대원사(大院寺) 주지승 박금곡(朴錦谷)에게 조용한 방 한 칸을 얻어, 사람들의 근접을 일체 금하고 불음불식(不飮不息)의 공부를 시작하셨다. 공부가 49일 동안 계속되었고 마침내 7월 5일에 상제께서 공부를 마치시고 오룡허풍(五龍噓風)에 천지대도(天地大道)를 여셨다.

출처 : 미디어 소식 2016년

(4) 천지공사를 시작하시다

상제께서 대원사에서 공부를 마치신 1901년 겨울에 창문에 종이를 바르지 않고 부엌에 불을 지피지 않고 깨끗한 옷으로 갈아입고 음식을 전폐하고 9일 동안 천지공사를 시작하셨다.

상제께서는 "선천에서는 인간 사물이 모두 상극에 지배되어 세상이 원한이 쌓이고 맺혀 삼계를 채웠으니 천지가 상도(常道)를 잃어 갖가지의 재화가 일어나고 세상은 참혹하게 되었도다. 그러므로 내가 천지의 도수를 정리하고 신명을 조화하여 만고의 원한을 풀고 상생(相生)의 도로 후천의 선경을 세워서 세계의 민생을 건지려 하노라. 무릇 크고 작은 일을 가리지 않고 신도로부터 원을 풀어야 하느니라. 먼저 도수를 굳건히 하여 조화하면 그것이 기틀이 되어 인사가 저절로 이룩될 것이니라. 이것이 곧 삼계공사(三界公事)이니라"고 말씀하셨다.

(5) 해원상생의 법리로 삼계공사를 행하시다

상제께서는 천지가 상도(常道)를 잃게 된 까닭을 "인간 사물이 상극에 지배되어 세상에 원한이 쌓이고 맺혀 삼계(三界)를 채웠기 때문"이라고 진단하시고 "예로부터 쌓인 원을 풀고 원으로 인해서 생긴 모든 불상사를 없애고 영원한 평화를 이룩하는 공사를 행하리라"고 하셨다. 상제께서는 "원의 뿌리가 세상에 박히고 세대의 추이에 따라 원의 종자가 퍼져서 이제는 천지에 가득 차게 되어 인간이 파멸하게 되었느니라"고 하시며 "원(寃)의 역사의 첫 장인 요(堯)의 아들 단주(丹朱)의 원을 풀면 그로부터 수천 년 쌓인 원의 마디와 고리가 풀리리라"고 하시며 해원공사를 행하셨다.

(6) 인존시대를 여시다

"천존과 지존보다 인존이 크니 이제는 인존시대라"고 말씀하시며, 천지공사로 인존시대가 도래하였음을 선포하셨다. 상제께서는 비천한 사람에게도 반드시 존댓말을 쓰시며, "어떤 사람을 대하더라도 다 존경하라. 이후로는 적서의 명분과 반상의 구별이 없느니라"고 이르셨다. 또한 "양반의 인습을 속히 버리고 천인을 우대하여야 척이 풀려 빨리 좋은 시대가 오리라"고 하셨다. 그리고 남녀의 지위를 동등하게 하는 공사를 행하셨다. "후천에는 그 닦은 바에 따라 여인도 공덕이 서게 되리니 예부터 내려오는 남존여비의 관습은 무너지리라"고 하셨다.

상제께서는 인존시대를 맞이하여 "자리를 탐내지 말며 편벽된 처사를 삼가고 덕을 닦기에 힘쓰고 마음을 올바르게 가지라"고 하시며 마음을 부지런히 하여 도덕을 닦아야 함을 강조하셨다.

(7) 후천문명의 기초를 정하시다

세계의 모든 족속은 각기 자기들의 생활 경험의 전승(傳承)에 따라 선도(仙道)와 불도(佛道)와 유도(儒道)와 서도(西道)를 토대로 색다른 문화를 이룩하였으되 그것을 발휘하게 되자 마침내 큰 시비가 일어났다. 그러므로 상제께서 모든 도통신과 문명신을 거느리고 민족들의 제각기 문화의 정수를 걷어 후천에 이룩할 문명의 기초를 정하셨다.

한편 상제께서는 서양 사람이 발명한 문명이기를 창생의 편의를 위해 그대로 두기로 하시며, "그들의 기계는 천국의 것을 본딴 것이니라"고 말씀하셨다. 그리고 "후천에는 또 천하가 한 집안이 되어 위무와 형벌을 쓰지 않고도 조화로써 창생을 법리에 맞도록 다스리리라. 벼슬하는 자는 화권이 열려 분에 넘치는 법이 없고 백성은 원울과 탐음의 모든 번뇌가 없을 것이며 병들어 괴롭고 죽어 장례하는 것을 면하여 불로불사하며 빈부의 차별이 없고 마음대로 왕래하고 하늘이 낮아서 오르고 내리는 것이 뜻대로 되며 지혜가 밝아져 과거와 현재와 미래와 시방세계에 통달하고 세상에 수·화·풍(水火風)의 삼재가 없어져서 상서가 무르녹는 지상선경으로 화하리라"는 말씀을 남기셨다.

(8) 개벽과 도통을 말씀하시다

"나는 삼계의 대권을 주재하여 선천의 도수를 뜯어고치고 후천의 무궁한 선운을 열어 낙원을 세우리라" 하시며, 이를 위해 개벽과 도통이 있을 것이라 말씀하셨다.

상제께서 삼계를 개벽하는 공사를 행하시며 "다른 사람이 만든 것을 따라서 행할 것이 아니라 새롭게 만들어야 하느니라. 우리는 개벽하여야 하나니 대개 나의 공사는 옛날에도 지금도 없으며 남의 것을 계승함도 아니요 운수에 있는 일도 아니요 오직 내가 지어 만드는 것이니라"라고 하셨다.

또 상제께서 가라사대 "지기가 통일되지 못함으로 인하여 그 속에서 살고 있는 인류는 제각기 사상이 엇갈려 제각기 생각하여 반목 쟁투하느니라. 이를 없애려면 해원으로써 만고의 신명을 조화하고 천지의 도수를 조정하여야 하고 이것이 이룩되면 천지는 개벽되고 선경이 세워지리라"고 이르셨도다.

또 "금후에는 도통이 나므로 음해하려는 자가 도리어 해를 입으리라" 하시며, "내가 도통줄을 대두목에게 보내리라. 도통하는 방법만 일러주면 되려니와 도통될 때에는 유·불·선의 도통신들이 모두 모여 각자가 심신으로 닦은 바에 따라 도에 통하게 하느니라"고 이르셨다.

그리고 "도는 장차 금강산 일만이천 봉을 응기하여 일만이천의 도통군자로 창성하리라. 그러나 후천의 도통군자에는 여자가 많으리라" 하셨다.

(9) 만국의원 공사를 보시다

1908년 상제께서는 동곡에 약방을 차리시며 '만국의원(萬國醫院)'이라는 글자를 새긴 약패(藥牌)를 태워 공사를 행하셨다. 이는 "만국의원을 설치하고 죽은 자를 재생케 하며 눈먼 자를 보게 하고 앉은뱅이도 걷게 하며 그 밖에 모든 질병을 다 낫게" 하기 위한 것이다.

상제께서는 천하의 병은 천하의 약을 써서 낫는데(有天下之病者 用天下之藥 厥病乃愈), 대병이나 소병이 무도(無道)에서 비롯된 것이므로 도를 체화함으로써 나을 수 있다고 하셨다(大病出於無道 小病出於無道 得其有道 則大病勿藥自效 小病勿藥自效).

곧 상생의 도로 인하고 의로운 자는 병이 없게 되고(大仁大義無病) 천하개병(天下皆病)이 치유된다. 그리하여 "앞으로는 병겁이 온 세상을 뒤덮어 누리에게 참상을 입히되 거기에서 구해낼 방책이 없으리니 모든 기이한 법과 진귀한 약품을 중히 여기지 말고 의통을 잘 알아두라"고 하셨다.

(10) 화천하시다

1909년 6월 어느 날, 상제께서 "나의 얼굴을 똑바로 보아두라. 후일 내가 출세할 때에 눈이 부셔 바라보기 어려우리라. 예로부터 신선을 말로만 전하고 본 사람이 없느니라. 오직 너희들은 신선을 보리라. 내가 장차 열석 자의 몸으로 오리라"고 이르셨다.

모든 종도들에게 "나를 믿느냐"고 다짐을 받으시고, "내가 천하사를 도모하고자 지금 떠나려 하노라"고 말씀하셨다.

상제께서 화천하시자 갑자기 뭉게구름이 사방을 덮더니 뇌성벽력이 일고 비가 쏟아지는 가운데 화천하신 지붕으로부터 서기가 구천(九天)에 통하였으니 1909년 6월 24일(음)이었다.

3 창도주 조정산

01 창도주 조정산의 생애

 도주(道主) 조정산(趙鼎山)께서는 을미년(1895) 12월 4일 경상남도 함안군 칠서면 회문리에서 탄강하셨다. 부조전래(父祖傳來)의 배일사상(排日思想)을 품은 도주께서는 15세에 부친, 숙부 등과 같이 만주 봉천지방으로 망명(1909년 4월)하여 구국운동을 하시다가 도력(道力)으로 구국제세(救國濟世)할 뜻을 정하시고 입산 공부를 하였다.

 창도주 조정산은 증산 강일순을 직접 만난 적은 없지만 1917년 강일순으로부터 계시를 받았다고 주장하며 그의 정신적 후계자임을 내세웠다.

 공부 중, 도주 조정산은 1917년 2월 10일(23세)에 강증산 상제의 대순진리(大巡眞理)를 감오득도(感悟得道)하고 종통계승(宗統繼承)의 계시를 받아 같은 해 4월, 망명 9년 만에 배일구국(排日救國)과 구제창생(救濟蒼生)의 대지(大志)를 품고 귀국하여 1919년 1월 정읍 마동에서 선돌부인으로부터 상제님의 봉서를 받았다.

02 창도주 조정산의 무극도 창도

 창도주 조정산은 1925년 4월 전북 구태인에서 종단 무극도(无極道)를 창도하였다. 초기에는 1918년 무극도를 창립하여 활동하셨지만 일제 강점기에 일본의 신흥 종교 탄압으로 인해 1941년 무극도를 해산해야 했다. 해방 후 1945년에 다시 종교활동을 재개했고, 1948년 부산에 무극도 본부를 재건했다.

1950년에는 무극도의 명칭을 태극도로 변경했다. 태극도는 증상 계열 신종교의 한 갈래로 후천개벽은 해원상생, 신인조화, 도통진경 등의 주요 교리를 공유한다. 후천개벽, 선천의 상극 시대가 끝나고 후천의 상생 시대가 열린다는 사상으로 해원 상생, 원한을 풀고 서로 돕고 상생하는 관계를 이루자는 가르침이다.

03 창도주 조정산의 활동과 화천

(1) 창도주 조정산의 활동

1941년 일제에 의해 종교단체 해산령이 내려지자, 종교활동을 일시 중단하시고 전국의 명산대천(名山大川)을 순회(巡廻) 주환(周環)하며 수도하셨다. 해방 이후, 1948년 9월에 도본부(道本部)를 부산시에 설치하시고 도명(道名)을 '태극도(太極道)'로 개칭하여 종교활동을 부활하셨다. 또한 각종(各種) 수도 방법과 의식행사 및 준칙 등을 마련하시고(1957년 11월), 도의 체계와 임원을 개편하셨다(1958년 3월).

경상남도 함안군 출신의 정산(鼎山) 조철제(趙哲濟:1895~1958) 도주(道主)는 그의 나이 15세 때, 부친께서 항일투쟁을 하다가 만주로 망명함으로 부친을 따라 이주했다가 23세에 귀국하여 증산도(甑山道)의 교리를 접하고 입산하여 개안(開眼) 후에는 1923년에 전라북도 정읍군 태인면 태홍리에서 무극태극도(無極太極道)를 창시하여 증산상제(甑山上帝)의 도력(道力)을 포교(布敎)하기 위하여 120여 칸이나 되는 교당(敎堂)을 짓고 태을주(太乙呪)를 도입하여 신도들에게 주문을 송주하였다. 전성기에는 신도가 10만을 넘었으나 1941년 조선총독부의 종교 해산령에 의하여 타 종교단체와 함께 강제해산(强制解散)되었다.

8.15 조국광복(祖國光復)을 맞이하면서 재기를 꿈꾸던 조정산(趙鼎山) 도주(道主)는 1946년에

당시 30세의 젊은 청년 박한경을 태극도(太極道)의 일원으로 입단시키면서 청년 박한경(朴漢慶)의 남다른 발상(發想)에 호감(好感)을 갖는다. 1948년에 부산(釜山)으로 이주한 조정산(趙鼎山)은 종교단체의 명칭(名稱)을 '태극도(太極道)'로 바꾸어 포교(布敎)에 임하였으나 교세를 크게 확장하지 못한 채 쇠퇴할 시기에 이르렀을 때 청년 박한경(朴漢慶)으로 하여금 재기(再起)의 희망(希望)을 꿈꾸면서 최선을 다하는 박한경(朴漢慶)에게 시봉원(侍奉院)이라는 직속기구를 만들어서 '도전(都典)'이라는 명칭(名稱)을 부여한다.

그러나 공교롭게도 조정산(趙鼎山)은 자신(自身)의 지병(持病)으로 인하여 화천(化天)하게 되면서 제3대 도전(都典) 우당(牛堂) 박한경(朴漢慶)은 정식(正式)으로 전권(全權)을 행사(行事)하면서 10년간 태극도(太極道)를 이끌다가 1968년에 도전(道典)을 사임(辭任)하고 서울로 떠남으로 인하여 태극도(太極道)는 사분오열(四分五裂)되고 말았다. 이로서 제2대 도주(道主) 조정산(趙鼎山)은 사실상(事實狀) 시대적(時代的) 배경(背景)과 아울러 현실(現實)을 원간(圓滿)히 타개(打開)하지 못한 자신의 무능(無能)으로 인하여 태극도(甑山道)의 도맥(道脈)은 완전(完全)히 유야무야(有耶無耶)되고 말았다. 그 후 제3대 도전(都典) 박한경(朴漢慶)은 자신(自身)을 지지(祗支)하는 종도(宗徒)들과 함께 제2의 도약(跳躍)을 위하여 만반(萬般)의 준비(準備)를 갖춘 뒤 서울특별시 성동구 중곡동 소재로 이주(移住)하였다.

(2) 조정산의 태극도

태극도의 모태는 조철제가 1918년 전라북도 정읍에서 창립한 무극대도다. 1925년에는 교명을 무극대도로 바꾸었으며, 당시 보천교와 세력을 겨룰 정도로 교세가 확장되기도 하였지만 일제 강점기에 일본의 신흥종교 탄압으로 인해 1936년 무극대도는 강제 해산되었고 교단 건물까지 철거되는 시련을 겪었다.

광복 이후 1945년에 다시 종교활동을 재개한 조철제는 1948년 부산 보수동에 본부를 세우고 교명을 '태극도'로 변경했다. 1955년에는 부산 감천동으로 본부를 이전하며 3천 세대가 넘는 신도들이 집단으로 이주하여 대규모 신앙촌을 형성했다. 이것이 오늘날 부산의 명소인 감천문화마을의 시초가 되었다.

특히 부산의 감천문화마을은 한국전쟁 당시 피난민들과 태극도 신도들이 모여 형성된 곳으로 유명하다. 태극도 신도들은 집들이 서로의 시야를 가리지 않도록 계단식으로 집을 지었으며, 이는 오늘날 감천문화마을의 독특한 경관을 이루는 데 큰 영향을 주었다. 조철제 도주 사망 후 태극도는 그의 아들인 조용래를 중심으로 한 구태극도와 박한경을 중심으로 한 신태극도로 나뉘게 되었다.

박한경은 이후 1969년에 대순진리회를 창립하여 현재 한국의 주요 신흥종교 중 하나로 발전했다. 조철재 도주는 한국 근현대 신흥종교사에 있어서 매우 중요한 인물이며, 태극도는 오늘날 대순진리회를 비롯한 여러 증산 계열 종교의 뿌리가 되는 종교라고 할 수 있다.

(3) 태극도의 교리 및 특징

태극도는 증산 강일순을 구천상제로, 조철제를 옥황상제로 신앙의 대상을 삼는다. 주요교리는 다음과 같다. 후천개벽은 선천의 상극 시대가 끝나고 후천의 상생 시대가 도래한다는 사상이다. 해원상생은 원한을 풀고 서로 돕고 상생하는 관계를 이루자는 가르침이다. 신인조화는 인간이 조화롭게 지내며 인간이 도를 통하여 신명과 같은 경지에 이르는 것을 추구한다. 도통진경은 지상 성경의 건설을 궁극적인 목표로 한다. 태극도 신앙의 중심은 성, 경, 신의 세 가지 법도이며, 안심과 안신을 통해 몸과 마음을 건강하게 다스리는 것을 강조한다. 경전으로는 핵진경, 진경을 사용한다.

(4) 태극도의 계승과 분파

1958년 조철제 도주가 사망한 후 태극도는 그의 아들 조용래를 중심으로 한 구파와, 종단의 도전이었던 박한경을 중심으로 한 신파로 나뉘었다. 신파를 이끌었던 박한경은 이후 1969년에 대순진리회를 창립하여 현재 한국의 대표적인 신흥종교 중 하나로 성장했다. 태극도는 한국 신흥종교의 한 흐름을 대표하며 특히 감천문화마을의 독특한 공동체 형성에 영향을 미쳤다는 점에서 역사적 문화적 의미를 가지고 있다.

(5) 창도주 조정산의 화천

조정산 도주는 1958년 4월 24일(64세)에 유명(遺命)으로 종통(宗統)을 도존(都典) 박우당(朴牛堂)에게 전하시고 화천(化天)하였다.

4 도전 박우당

01 우당 박한경 도전

우당(牛堂) 박한경(朴漢慶) 도전(1917~1996)은 대순진리회의 창시자이다. 호는 우당(牛堂)이며 1917년 11월 30일 충북 괴산에서 탄강하시고, 1958년 3월 6일 도주 조정산의 유명(遺命)에 의해 종통(宗統)을 계승받으셨다. 해방 이후 태극도를 이끌던 도주 조철제파의 뒤를 이어 1958년 태극도의 도전이 되셨다.

탄강지

우당(牛堂) 박한경(朴漢慶)은 종단(宗團) 운영방식(運營方式)을 놓고 조정산(趙鼎山)의 삼남 조영래(趙永來)의 과도(過度)한 간섭(干涉)으로 인하여 쌍방(雙方) 간 불화(不和)가 잦았으므로 박한경(朴漢慶) 도주(道主)는 1969년 4월에 태극도의 도전(都典)을 사임(辭任)하고 같은 해 6월에 전반적인 기구를 개편하여 포덕천하(布德天下)를 지지(支持)하는 다수종도를 이끌고 중앙본부도장을 서울특별시 성동구 중곡동에 새로운 음양합덕(陰陽合德)의 대단(垈壇)에서 전경(典經)을 근거(根據)로 증산상제(甑山上帝)의 태극이론(太極理論)을 정립(定立)하여 새로운 창립종단의 명칭을 '대순진리회(大巡眞理會)'로 창명(創名)한 후에 증산상제의 정통성(正統性)을 만천하(滿天下)에 공포하였다. 이로서 증산상제(甑山上帝)의 도맥(道脈)을 계승(繼承)한 대순진리회(大巡眞理會)의 강령실천(綱領實踐)으로 난법난도(亂法亂度)의 겁액(劫厄)으로부터 탈피(脫皮)하고 교운전경(敎運典經)에 명시(明示)된 내용(內容)과 같이 "상제(上帝)께서 대법국(大法國)의 천계탑(天啓塔)에 강림(降臨)하시어 천하(天下)를 대순(大巡)하시다가 동토(東土)이 그쳤으니 대권(大權)으로 삼천대천세계(三千大天世界)를 개벽(開闢)하여 후천오만년(後天五萬年)을 열고 사멸(死滅)에 빠진 억조창생(億兆創生)을 건지려고" 등의 문헌적(文獻的) 근거를 정립할 수 있었다.

1926년의 대도율법공사(大道律法公事) 내용(內容)에서는 대순법계도(大巡法界度)에 따른 개벽공사(開闢公事)의 내용을 담고 있기 때문에 종단의 명칭을 대순진리회라고 명명한 것이다.

이상의 논리(論理)에 따라, 후천선경건설(後天仙境建設)을 위한 대순진리회(大巡眞理會)의 종지(宗旨)는 음양합덕(陰陽合德)과 신인조화(神人造化)와 해원상생(解寃相生)을 덕목(德目)으로 하여 정신개벽(精神開闢)에 주력함으로서 인간개조(人間改造)와 포덕천하(布德天下)는 물론 도탄에 매몰된 중생(衆生)들을 구제창생(救濟蒼生)함으로써 보국안민(輔國安民)을 위한 지상천국 달성을 목적으로 중생들과 함께 해 온 토속종교이다.

1969년 서울 광진구 중곡동에 대순진리회를 창립하고 교단을 발전시켰다. 1996년에 별세하셨으며 강원도 속초에 있는 수련도장에 안장되셨다. 이 묘소는 현재 대순진리회의 중요한 성지이다.

1972년에는 포덕·교화·수도를 기본사업으로, 구호자선사업·사회복지사업·교육사업을 3대 중요사업으로 삼아 연차적(年次的)으로 계획 추진하셨다. 중곡도장(1969) 이외에 여주도장(1986), 제주수련도장(1989), 포천수도장(1992), 금강산토성수련도장(1996)을 창건하였다.

1993년 2월에는 종단본부를 중곡도장에서 여주도장으로 이전하셨다. 박한경 도전은 대순진리회의 기틀을 다지고 교단을 성장시키는 데 지대한 영향을 미친 인물이다.

02 교육기관 및 의료기관 설립

대진대학교, 중원대학교 등의 대학과 전국에 6개 고등학교, 분당제생병원, 동두천제생병원, 고성제생병원 등을 건립하여 교육 및 의료 분야에 크게 이바지함으로써 지역사회를 위한 이웃사랑을 실천하고 있다.

03 가르침 및 교리

대순진리회의 주요 교리는 다음과 같다.

음향합덕, 신인조화, 해원상생, 도통진경의 대순진리를 종지로 삼고, 성성, 경경, 신신, 산법원을 수도의 요체로 삼고 있다.

04 수도

성성은 마음을 속이지 않고 정성껏 수행하는 것을 의미하고, 경경은 심신의 움직임을 받아 예의에 알맞게 행하는 것을 의미며, 신신은 목적에 도달할 때까지 끊임없이 나아가고 정성하는 것을 의미한다.

05 훈회

대순진리회는 다음과 같은 훈회를 강조한다.

마음을 속이지 말라.

언덕을 잘 가지라.

척을 짓지 말라.

은혜를 저버리지 말라.

남을 잘 되게 하라.

인간 개조와 정신개벽, 윤리, 도덕을 숭상하고 무작위를 근본으로 하여 인간 개조와 정신개벽을 통해 포덕천하, 구제창생, 보국안민, 지상천국건설을 이룩하는 것을 목표로 한다.

06 종맥종통의 위임

우당 박한경(牛堂 朴漢慶) 도전께서 화천하시기 전에 토성도장 차량(벤츠) 안에서 강대훈에게 종무원장 임명장과 옥새를 주시면서 "내가 화천하면 강대훈 네가 도전이다"라고 하명하셨다.

이미 박한경도전은 강대훈에게 도전의 자리를 위임한 것이다. 강대훈 도전은 종통종맥을 박한경 도전으로부터 직접 위임받았기에 그의 화천하심으로 공식적인 도전이 된 것이다.

5
증산상제미륵도전도인 강대훈

01 증산상제미륵도전도인 강대훈의 생애

강대훈 상제님의 부친은 존함이 강일용이며 부산시 기장이 고향이시고 모친은 정병주씨로 경남 함양이 고향이다. 강일순의 환강으로 탄생하신 강대훈의 출생 및 연원은 1952년 12월 23일 음력에 태어났다고 언급되며, 전생이 1871년 9월 19일 음력에 탄강한 강일순 증산상제로 지칭된다. 이는 강일순 증산상제의 화천(1909년) 후 44년 만에 강대훈 도전이 왔다는 주장이다. 이러한 주장은 그를 강일순의 환생으로 여기는 종교적 맥락을 보여준다.

특히 강증산 성사(姜甑山聖師)의 화천 후에 조정산(趙鼎山) 도주(道主)와 우당(牛堂) 박한경(朴漢慶) 도주(道主)를 이어 증산상제(甑山上帝)미륵도전(道典)도인 강대훈(姜大勳) 상제가 종맥종통을 계승받은 것이다. 조정산(趙鼎山) 도주(道主)나 우당(牛堂) 박한경(朴漢慶) 도주(道主)의 다른 점은 강대훈 도전이 강증산 상제의 환생으로 오신 점이다.

강대훈 상제는 증산상제미륵도전도인 직함과 권위를 가진 강증산 상제로 시작된 민족종교의 67개 계열을 통합하여 상제와 주인이 되는 것이다.

강대훈 상제에 대한 보도 기사자료는 많이 있다. 특히, 2018년 12월 10일 사단법인 한국숭산 소림무술연맹 및 종교법인 세계무술 1공의 도종선사 금산 큰스님으로부터 소림무술 10회 도종지사로 추대받았다. 2018년 인터뷰에서 증산 67개 계열 통합대표로 부상했다고 보도되었다. 태을주 100일 기도 등 수행 관련 활동을 한 기록이 있다.

대순진리회와의 연관성 추정 일보 블로그 게시물에서는 대순진리회 태극도의 박우당 도전 1995년 8월 말에 강대훈에게 도호도와 도전의 길도 도자를 내리고 옥승의 임명장을 제수했다고 주장하는 내용이 있다.

증산상재 미륵도전이라는 명칭은 증산 계열 종교의 특징적인 용어와 관련이 깊어 보입니다. 대순진리의 계열과의 연관성에 대한 주장도 있다.

증산 상제 미륵도전이라는 호칭은 증산 67개 계열 통합 대표로도 불린다.

2018년에는 소림무술 10의 도정지사, 도정지사로 추대되기도 하였다. 2025년 4월에는 KNS 뉴스 통신 본사를 예방하였다.

02 증산상제미륵도전도인 강대훈의 환강

(1) 증산 강일순 상제의 환강 예언

증산 강일순 상제께서 우주의 이치에 어긋난 질서를 바르게 해주시려고, 천지개벽의 여건을 만들어놓고, 천지공사를 하기 위한 신정정리공사, 세운공사, 교운공사를 진행하시다가, 1909년 8월 화천하시면서 향후 다시 환강하신다고 예언을 해두셨다.

화천하신 후, 1년도 채 안된 1910년에 일체의 침략으로 나라의 주권을 일본에게 빼앗길 수밖에 없었다. 증산상제님 생전에 전한 말씀을 실현하기 위해 뜻있는 제자들이 당시 700만 명에 이르는 우리 민족으로 구성된 최초의 교단 '보천교'를 탄생시켰다.

(2) 증산상제미륵도전도인 강대훈의 환강 예언의 성취

1952년 6.25 민족동란이 마무리되는 시점에 부산의 영도 봉래산 기슭에서 증산 강일순 상제가 강대훈이라는 아이로 환강하셨다.

원촌에 닭이 울고 하늘에 태극성이 비치면서 판 밖의 주인이 깨어나기 시작했다. 이는 곧 10석자 대두목 청림의 출연을 뜻하는 증산 강일순 상제이며, 강대훈의 몸을 빌어 환강하시되 증산상제미륵도전도인으로 다시 태어나신 것이다.

강일순 상제님의 외동딸인 강순임(화선당)도 아버지 강일순과 영통으로 부친의 환강을 계시받고 부산의 영도구 청학동에서 부친의 환강을 기다리며 기도를 하다가 환강 한 달 전에 조철제의 부름으로 돌아가게 되었다.

격암유록 2장에는 "강대훈 미륵도전도인이 부산의 영도섬에서 태어나고 한반도에서도 제일 멀리 떨어진 제주도 섬에서 입도를 한 해도신인 강대훈이 임명장과 도장 옥새를 하사받고 오시는데 용띠생 강대훈으로 우주 삼라만상의 주인으로서 세상을 구제할 사람이다" 라고 하였다.

강증산 성사(姜甑山聖師)의 화천 후에 그의 예언대로 강대훈의 몸을 빌어 환강한 것이며 이를 증명하는 직임이 증산상제(甑山上帝)미륵도전(道典)도인이다.

그는 강증산 민족종교 67개 계열 통합 대 주인과 대순진리회의 상제로 공인되었다.

(3) 성황예전(聖皇禮典)의 예언과 증명

성황예전(聖皇禮典)님은 3살부터 중국 소림사 구봉 대사님으로 서법을 배으고 10살이 되어 서법 오체를 굽이 묵향의 깊은 진리를 터득하였다. 문방사우 예절 묵향을 대하면 어느 때고 조상님을 영적으로 모시고 성서 명필을 모시고 오도 도통 도화로서 억양 오지법으로 묵향을 모신다.

성황예전께서는 1992년에 "내가 다시 환강하여 강대훈 몸을 의지하여 모진 역경을 다 겪고 증산 상제인 나는 미륵도인 강대훈 몸 현재의 모습이니라"라고 하셨다.

마음의 길 심자와 도자의 형상을 연파로 살펴보면 해인 비록 참모습이 마음의 비난에 대한 설명은 내가 몸을 바꾸는 시간이 있어 그 공간에 많은 각기 다른 조상님을 추모하고 제사하고 천도를 함으로 증산 나의 뜻이 담긴 대순진리회 60여 개의 종파 종단은 증산 상제님의 천지 대업을 마무리하는 최종 교단이어야 하며, 후천 5만 년 복지 선경 세상을 주도하는 신도들이어야 한다.

신도 모두가 홀연히 일어나 보통 분쟁의 길을 동참하라. 내가 왔다. 초파의 수백만의 도인들을 증산상제께서 현세 미륵도인 강대훈의 몸으로 왔음을 마음의 길로 보아라. 그리하여 강대훈 도련님이 증산상제 현세 미륵도인이다.

만수 도인들은 특별히 마음의 길을 열어라. 성황예전께서 인류 영혼 구제자이신 증산도의 세계를 현세 미륵도인 강대훈 도전을 통하여 전달됨이니라.

이어 영혼과 영영님의 약속이며 세계 최고의 큰 보물이니 도인 강대훈 도련님께 증산상제님이 환생하신 확실한 증거로서 신자, 도자가 마음의 길 그 속에 깊이 간직되어 있다. 명확히 내려진 큰 보물을 성황예전님이 증명하신다.

현재로 환강하신 미륵도인 강대훈 도련님이 증산상제님이시니라. 대순진리 보통 군자들은 확실히 믿고 땅을 지어라. 마음의 길을 다시 보고 또 보고 하여라. 모든 사람들아 증산상제님이 후천 5만 년의 개벽 개적 세계를 열어 도통 군자들을 위한 이 모두 땅을 지어라.

03 증산상제미륵도전도인 강대훈의 호칭 및 직위

<증산상제미륵도전 67계열 통합대표 강대훈>

증산상제미륵도전은 강대훈이 강일순 증산 상제의 뜻을 잇는 후계자이자 미륵의 도를 이끄는 존재임을 의미한다.

증산상제미륵도전 본인의 핵심적인 호칭으로 증산 강일순 상제의 후계자이자 미륵불의 도를 구현하는 지도자라는 의미를 담고 있다. 2018년 언론 인터뷰에서 증산 67계열 통합 대표로 소개된 바 있다.

2018년 12월 10일 사단법인 한국숭산소림무술연맹 및 종교법인 세계무술일공의 도종선사 금산 큰스님으로부터 소림무술 10회 도종지사에 추대되었다. 강대훈 상제의 공식적인 호칭 및 직위는 **"증산상제미륵도전 67계열 통합대표 강대훈"** 이다.

(1) 출생 및 연원 주장

강대훈 증산상제미륵도전도인의 출생은 증산 강일순이 그의 딸 강순임과 영통하여 계시를 하고 강순임은 부산시 영도구에서 아버지의 환생을 기도하던 중, 한 달 후에 아버지 증산 강일순의 계시대로 부산시 영도구에서, 서기 1952년 12월 23일 음력에 태어났다고 알려져 있다.

(2) 전생 주장

강대훈 상제님은 자신의 전생이 1871년 9월 19일 음력에 태어난 강일순 증산상제라고 주장한다. 이는 강일순 증산상제가 화천 승천한 1909년으로부터 44년이 지난 후 증산 강일순 상제가 미륵도전도인 강대훈의 몸을 빌려 이 세상에 다시 왔다는 종교적 믿음을 바탕으로 한다. 즉 강대훈 미륵도전도인은 증산 강일순 상제의 환강인 것이다.

(3) 활동 및 주장, 언론 활동

① 2018년 KNS뉴스통신과 인터뷰

2018년에 KNS뉴스통신과의 인터뷰를 통해 본인의 활동과 주장을 알렸으며, 2025년 4월 7일에도 KNS뉴스통신 본사를 예방했다. 수인 강조, 태을주, 백의 기도 등 수행을 중요하게 여긴다는 기록이 있다. 과거 블로그 게시물에서는 동물들의 방생을 위한 활동 등도 언급되었다.

언론 보도에 따르면 강대훈 도전은 사회 도덕 준행과 국민복지에 기여하는 등 사회 전반적인 대화에 참여하고 사회 활동을 하는 것으로 알려져 있다.

첨단이라는 단어는 광주광역시 광산구에 위치한 대순진리회 광산회관과 관련하여 언급되었다. 이 회관은 광주광역시 광산구 첨단과기로에 위치하고 있으며, 광주의 관문이자 교통의 요충지인 첨단지구에 조성되었다. 따라서 첨단 대순진리회의 도전 강대훈 상제는 광주광역시 광산구 첨단 지역에 위치한 대순진리회 광산회관과 연관이 있고 해당 지역의 대순진리회에서 지도자로 활동하는 강대훈 도전을 지칭하는 표현으로 보인다.

② 2025년 KNS뉴스통신과 업무협약

KNS뉴스통신 대표이사 장경택과 대순진리회 증산상제 강대훈 도전은 홍익인간, 이웃사랑, 사회구현, 애국정신을 공동목표로 상호협력해 세계 인류 공헌에 동참키로 뜻을 같이하고 최근 서울 영등포 KNS뉴스통신 본사에서 업무협약을 체결했다.

출처 : KNS뉴스통신(https://www.kns.tv)

(4) 증산상제미륵도전도인 강대훈의 4대 정신

강대훈 증산상제미륵도전도인의 4대 정신은 홍익인간, 이웃사랑, 사회구원, 애국정신을 신조로 하였으며, 4대 사업은 4대 정신을 근거로 하여 사회복지사업, 의료사업, 교육사업, 애국사업을 주요 사업으로 설정하고 추진하였다.

홍익인간의 정신으로 사람을 이롭게 하기 위하여 사회복지사업을 펼치고, 이웃을 사랑하는 정신으로 의료사업을 실천하며, 사회구원의 정신으로 교육사업에 전념하고 있으며, 애국정신으로 초창기 동학운동의 뿌리를 이어 나라를 사랑하는 애국사상사업을 추진하여 종단의 맥을 이어가고 있다.

04 증산상제미륵도전도인 강대훈의 종맥종통

(1) 제3대 우당 박한경 도전으로부터의 종맥

　종통우당 도전(牛堂都典)께서 강대훈 도전에게 도호(道號)를 내리셨다. 1995년 11월 20일의 일이었다. 강원도 고성군 토성면 봉포리의 도장(道場) 건설현장에 우당(牛堂) 박한경(朴漢慶) 도전(道典)께서 특별순시 차 방문하여 공사장 책임자 박원균을 시켜 자식 같은 강대훈을 별실에 불러서 잠시 침묵하시더니 조용히 말씀하셨다.

　"나는 오래 살지 못할 것 같다. 내가 죽기 전에 너에게 도호(道號)를 내리는 게 스승의 도리이니라. 너의 도호(道號)는 섬 도(嶋)자에 도장 인(印) 자를 써서 '도인(嶋印)'이라 지었다. 섬 도(嶋)자를 쓴 것은 네가 부산 영도에서 태어나 영도(影嶋)섬에서 자랐으며, 제주에 월도(越渡)하여 수행(修行)했기 때문이고, 도장 인(印) 자는 제주도(濟州道) 섬(嶋)의 영실계곡(靈室溪谷)의 다우폭포(多雨瀑泡) 토굴(土窟)에서 신인합일(神人合一)하여 해도진인(海道眞人)을 이루었기 때문에 종맥을 계승을 한다."

　이로써 명실공히 강대훈 도전은 종맥종통을 이어받은 제4대 도전을 이어받은 대순진리회의 상제이며 주인으로 등장한 것이다.

　증산상제미륵도전도인 강대훈은 자신을 증산상제이자 미륵도전으로 칭한다. 이는 강일순 증산상제의 뜻을 이어받아 미륵의 도를 펼치는 존재임을 주장하는 호칭으로 해석된다.

　종맥종통의 계승은 증산 강일순·차경석의 보천교, 무극대도의 조철제, 강순임, 태극도의 조철제, 박한경, 대순진리회의 박한경, 강대훈의 종맥종통 계승으로 이어진다.

　2007년 12월 5일 수원지방검찰청 담당검사 김준섭이 접수한 2007년 제42174호 강대훈(姜大勳)의 고소인 대순진리회가 접수한 사문서위조 피의 사실(事實)에 대하여 수원지방법원 2008 노4297호 사건의 판결요지(判決要指)는, 대순진리회(大巡眞理會) '도헌 제24조: 종무원장은 연원공적과 교화실적에 따라 도전이 임명한다'라는 도헌규정(道憲規定) 및 제3대 박우당 도전(道典)이 생전(生前)에 제수(除授)한 제4대 강대훈(姜大勳)의 종무원장(宗務院長) 임명장(任命狀)은 먹물 글씨체, 종이 재질 등이 그 시대(時代)의 것이 틀림없다는 국과수(國科搜)의 정밀감정(精密監正) 결과(結果)를 인정판결(認定判決)함으로 강대훈(姜大勳)이 대순진리회(大巡眞理會) 제4대 도전(道典)임을 대한민국 법정(法廷)이 최초(最初)로 명백(明白)히 판결(判決)한 전무후무(前無後無)한 종교단체(宗敎團體)의 사건(事件)이었다.

(2) 대순진리회와의 관계

① 대순진리회와 증산상제미륵도전도인

일부 블로그 자료에서는 대순진리회 태극도의 박우당 도전이 1995년에 강대훈에게 도도와 도전을 내리고 옥새와 임명장을 주었다는 주장이 있다. 또한 과거 대순진리회 내부 기록 중 2006년 종무의 내용에 강도인 강대훈 님의 상세한 정보가 있다.

증산상제미륵도전도인 강대훈 상제는 자신을 증산상제이자 미륵도전으로 칭하는 인물이다. 이는 증산 강일순 상제의 뒤를 이어 미륵의 도를 이 땅에 펼치는 최고 지도자라는 의미를 담고 있다. 증산 강일순의 가르침을 모태로 박한경에 의해 창설된 종교 대순진리회에서는 상제 강일순, 도주 조철제, 도전 박한경, 도전 도인 증산상제 강대훈으로 이어지는 종통을 중요하게 여기는데, 박한경 도전 사후 강대훈 상제의 종통이 여러 계파로 나뉘게 되었다.

강대훈 상제는 대순진리회 종파에서 도전 직책을 맡고 있으며, 언론 보도에서도 대순진리회 제4대 도인 강대훈 도전 겸 증산상제 등으로 언급되고 있다. 여기서 도전은 대순진리회에서 도를 이끌어나가는 최고 직책을 의미한다.

과거 대순진리회 내부 분쟁과 관련하여 강대훈 도전 겸 증산상제가 언급된 기록도 있으며 최근에는 사회 도덕 준행과 국민 복지에 기여하는 등 사회 활동을 하고 있다는 보도도 찾아볼 수 있다. 요약하자면 강대훈은 대순진리회의 증산상제미륵도전도인으로서 대순진리회의 계파에서 종맥종통을 이어받은 최고 지도자이며 주인이다.

② 대순진리회 천안방면 대표선감 강대훈 도전

대순진리회 천안방면(중곡동 도장) 선감은 강대훈 도전이다. 1대가 박한경 도전이요. 천안방면 대표가 돌아가시면서 박희규가 2대 천안방면 대표를 맡았다. 그것은 남편이 하던 것을 뒷바라지 하다 2대 천안 방면 대표가 되었다. 천안방면은 대순진리회의 3분의 2정도의 규모를 가지고 있다. 3대 선감은 2002년도에 증산상제미륵도전도인 강대훈이 천안방면 대표를 맡았다. 2대 선감 박희규의 뒤를 이은 것이다. 2025년 6월 30일에 천안방면 이순학이라는 의장이 죽었다. 그는 이유종의 후계자로서 강대훈 상제를 인정하였다.

분당제생병원의 최세용의 문제에 이유종의 요청으로 강대훈 상제가 해결하였지만 이유종이 박희규를 배신하고 불법으로 선감을 차지하자 박희규 선감(2대 선감)은 남편 박한경(1대 선감)으로부터 임명장과 옥새를 받은 강대훈 상제에게 선감을 임명하여 강대훈 도전을 중곡동 도장 제3대 선감으로 세웠다.

(3) 금산사 미륵불과의 연관성

일부 자료에서 증산상제가 '나를 보고 싶거든 금산 미륵불을 보라'고 했다는 언급과 함께 강대훈 도전은 "솥 위에 올라가는 것은 시루밖에 없다"라고 말했다. 솥을 걸고 시루를 얹으면 불을 지펴야 한다. 그래서 숯이 필요한 것이다.

강대훈 증산상제미륵도전도인은 증산상제가 나를 보고 싶거든 금산 미륵불을 보라고 했다는 말씀과 관련하여 금산사로 오라고 하신 것은 이것을 보고 깨닫고 그 진리로 들어오라고 하신 것이라고 훈시했다. 이는 금산사 미륵불이 자신이 전하는 도의 근원과 깊이 연관되어 있음을 주장하는 맥락이다.

05 증산상제미륵도전도인 강대훈의 대관식

(1) 증산상제미륵도전도인 67계열 통합대표 대관식

대관식은 증산상제미륵도전도인 67계열 통합대표 강대훈 상제의 대관식을 의미하는 것입니다. 2019년 6월 7일 강남 헤리츠타워에서 증산상제미륵도전 67계열 통합 대표 대관식이 개최되었으

며, 이 행사는 증산상제미륵도전도인 신도 및 관계자들이 참석한 가운데 진행되었다. 강대훈 상제는 직접 단상에 입장하여 대관식에 참여하였다. 증산은 그의 도호이며 시료중 증자와 물산 산사를 쓴다. 대관식 군주 또는 왕권을 가진 배우자가 공식적으로 선임되는 의식이다. 이는 특정 종교단체 내에서의 중요한 임명 또는 의식을 나타내는 행사로 이해할 수 있다.

불교 TV 육법 공양에 하원남 회장 등, 10명이 강대훈 증산상제미륵도전도인에게 경배하는 의식도 있었다.

강대훈 상제는 2025년 4월 KNS뉴스통신 본사를 예방하며 대순진리회 제4대 도인 도전 겸 증산상제라는 지위로 소개되기도 했다. 이 행사에는 증산상제미륵도전 신도 등이 참석했으며, KNS뉴스통신은 이 대관식과 강대훈 관련 기사를 보도한 언론사다.

증산상제미륵도전도인 강대훈은 소림 무술 10의 도중 지사 추대, 2018년에는 한국숭산소림무술연맹 및 세계무술일공회 도종선사로부터 소림무술 10회 도종지사로 추대받기도 했다. 사회 활동, 사회 도덕 준행과 국민 행복 기여 등을 주장하며 사회 전반적인 대화에 참여하는 모습을 보였다.

대관식은 왕이나 황제가 왕관을 머리에 얹어 왕위에 올랐음을 공표하는 행사이다. 과거 여러 왕

국과 제국에서 대관식은 매우 엄숙한 행사였으며, 종교적인 의미를 담아 성유를 바르는 의식이 포함되기도 했습니다. 오늘날에는 일부 군주 국가에서만 전통이 이어지고 있다.

증산 상제 미륵도전 강대훈은 자신을 증산상제미륵도전이라고 칭하며 증산 계열 종교의 67개 계열을 통합하는 대표로 활동하고 있는 것으로 보인다.

KNS뉴스통신 인터뷰에서는 권순동 수석 전무는 이렇게 말했다.

"강대훈 증산상제미륵도전 67개 계열 통합 대표는 1952년 12월 23일 음력 68세생이다. 그의 전생은 탄강일, 음력 1871년 9월 19일, 양력 1871년 11월 1일로서 현재 나이 148세이다. 하천 1909년 음력 6월 24일 양력 8월 9일 후생 나이 1952년이다. 전생과 후생 공백 시간 44년 후에 강대훈 도전이 온 것이다. 따라서 강대훈 증산상제미륵도전 67계열 통합대표의 나이는 148세이다."

(2) 증산상제미륵도전도인 강대훈 상제 중심의 새 시대

우주의 이치에 어긋난 질서를 바르게 해주시려고 천지개벽에 여권을 만들어놓고 천지 공사를 하기 위한 심정 정리 공사, 체험 공사, 교훈 공사를 진행하시다가 1909년 8월 화천하시면서 향후 다시 환강하신다고 예언을 해두셨다.

화천하신 후 1년도 채 안 된 1910년 일본의 침략으로 우리나라의 주권은 일본에게 넘길 수밖에 없었다.

증산 상제님 생전에 전한 말씀을 실현하기 위해 뜻 있는 제자들이 민족 종교인 당시 700만 명에 이르는 최초의 교단 보천교를 탄생시켰다.

당시 보천교는 열악한 환경 속에서 정치, 경제, 교육, 문화 등 다방면에 걸쳐 조선 민중에게 큰 영향을 미쳤으며, 일제의 온갖 위협을 무릅쓰고 상해 임시정부를 비롯한 국내·외 독립운동 단체의 막대한 독립자금을 지원하였고, 이 때문에 일제로부터 가장 악랄한 박해와 탄압을 받게 되고, 해방 후 70년이 지난 지금도 일제가 씌워놓은 '사이비 종교' 라는 오명에서 완전히 벗어나지 못하고 그 위대한 업적마저 철저히 왜곡된 채 역사의 장막에 가려지게 되었다.

일제 강점기 항일운동의 총본산은 민족종교였고, 김구, 윤봉길, 신채호, 조만식 등 독립운동가와 조선의 민중은 민족종교에 의지하여 독립을 꿈꾸었다. 일제는 1940년도의 민족종교의 사령을 선포하고 종교 지도자 3천 명을 독립운동가라는 명분으로 처단했으며, 보천교 제1일전을 해체하여 지금의 조계사 본당으로 이전시켰다.

일제 치하에서 우리 정신의 지주인 민족종교가 철저히 와해되었으며, 자랑스러운 우리의 정신은 민족종교의 위대한 업적에도 불구하고 사이비 종교로 생각하는 안타까운 현실만 존재하게 되었다. 해방 후 약 80년이 지난 지금도 외래 종교와 외래 정신문화가 주류를 이루는 동안 민족의 역사와 종교정신은 철저히 파괴되었다.

일제와 서양 종교에 의해 1만 2천 년의 유구한 역사를 영위하셨던 환인, 환웅, 단군 역사는 당연하게도 소설과 같은 신화가 되어 버렸다. 바라건대 민족종교, 그리고 환강하신 강대훈 상제님을 중심으로 지금 현시점부터 다시 민족의 힘을 모아 민족의 미래를 써야 할 것이다. 이제는 우리 역사와 우리의 정신을 찾아야 할 때다. 그리하여 다가오는 통일 한국의 미래를 설계하고 준비해야 할 것이다.

현재 대한민국은 동북아의 변방이 아니라 요동치는 세계 정치 질서 속에서 중심국가로서 역할과 사명을 다해야 할 때이다. 그러기 위해서는 일찍이 한국의 근현대사의 중심축이 되어 환인, 환웅, 단군의 가르침을 계승하면서 새 역사 건설을 추구했던 보천교의 위상과 역할을 재조명하고 왜곡된 역사를 바로잡아 우리나라가 나아갈 바를 새롭게 모색하는 데 적극 동참해야 할 것이다.

06 증산상제미륵도전도인 67계열 통합대표 강대훈

증산상제미륵도전도인 강대훈(姜大勳)은 1952년에 부산(釜山)의 섬 지역인 영도(影嶋)구 청학동에서 명문가(名文家)의 장남(長男)으로 출생(出生)하여 공학(工學)을 전공(專攻)하였다.

당시 국가기간산업(國家基幹産業)의 중추기관장(重樞機關長)이던 부친(父親)의 영향(影響)을 받아서 석유사업(石油事業)에 종사(從事)하였다.

30대 초반에 국가 최남단 제주도(濟州道)로 주거이전(住居移轉)하여 전공과목(專功科目)에 해당(該當)하는 유공압(油空壓) 기술사업(技術事業), 선박 관련(船舶關聯) 기계제조(機械製造)사업 및 유통사업(流通事業)은 물론 중장비사업(重裝備事業)까지 역량(力量)을 발휘(發揮)하면서 괄목(刮目)할 만한 성과(成果)를 거두게 되었다.

1988년 지인(知人)의 소개(紹介)로 대순진리회(大巡眞理會)를 접한 그는 박우당(朴牛堂) 도전(都典)의 숭고(崇古)한 정신(精神)에 감명(感銘)을 받고 종단(宗團)에 입도(入道)하였다.

이후 강대훈의 재산 전부(財産全部)를 종단(宗團)에 헌납(獻納)하고 오로지 대순진리회(大巡眞理會)의 외로운 길을 걸어온 종교지도자(宗敎指導者)이다.

특히 공학도(工學途)로서 기계(機械)와 건설분야(建設分野)에서 다년간 종사(從事)해 온 폭 넓은 경험(經驗)을 살려 종단(宗團) 각 지역(地域)의 도장(道場)과 학교(學校), 병원(病院) 등의 공사(公事)에는 구도자(求道者)의 심성(心性)을 십분발휘(十分發揮)하여 현장(現場)의 궂은일을 도맡아 하며 종단(宗團)에 기여(寄與)한 공로자(功勞者)이다.

박우당(朴牛堂) 도전(都典)께서는 심신(心身)의 편안(便安)함을 추구(追求)하기보다는 묵묵히 헌신(獻身)과 희생(犧牲)을 실천(實踐)하는 참된 수행자(修行者)의 모습(模襲)을 대하면서 강대훈의 심성을 높이 평가(評價)하여 1995년 11월20일 강대훈에게 종무원장(宗務院長) 임명장(任命狀)을 수여(受與)하면서 훗날 종통(宗統)을 계승(繼承)하여 종단을 번영시키는 데 진력(盡力)할 것을 유언(遺言)하였다.

이에 따라 2006년 1월에 개최한 중앙종의회에서 강대훈을 대표자로 추대 의결하였으나 반대세력(反對勢力)이 불복(不服)함으로서 강대훈의 도전(道典) 등극(登極)은 실현(實現)되지 못하였다.

그러나, 박우당(朴牛堂) 도전(都典)의 화천별세 후 20년이 지나면서 종단의 대표자가 부재(不在)한 상태에서 진일보(進一步)할 수 없는 종단의 현실에 봉착(逢着)하였으나 증산상제미륵도전도인 강대훈(姜大勳)은 제4대 도전(道典)으로 대순진리회의 도헌규정 제17조 및 18, 19, 20, 21, 22, 23, 24, 27조 규정에 따라 아래 공고문과 같이 종통을 계승하였다.

공 고 문

친애하는 종도 여러분. 1996년 1월 23일 제3대 박우당 도전께서 화천 후 17년이라는 세월을 몇몇 임원들의 부질없는 행위로 인하여 다수의 만수도인 모두가 우여곡절을 겪었으나 종단의 최고 집행권자 도전의 부재로 인한 공백여파는 제반분야에서 한계에 직면하였으므로 제四대 도전(道典) 강대훈(姜大勳)은 대순진리회의 도헌규정 제17조 및 18, 19, 20, 21, 22, 23, 24, 27조 규정에 따라 아래와 같이 천명합니다.

제17조[종통계승] ~ 도전은 조정산(박우당) 도주(도전)의 유명으로 종통(宗統)을 계승하여 본회를 대표하고 영도한다.

제18조[지시명령] ~ 도전은 도헌 기타 규정에 의하여 필요한 지시를 발할 수 있다.

제19조[임원임명] ~ 도전은 도헌 기타 규정에 의하여 각급 임원을 임명한다.

제20조[도전임기] ~ 도전의 임기(任期)는 종신제(終身制)로 한다.

제21조[제반결재] ~ 본회의 각급기관은 제반의결사항과 업무사항에 관하여 도전의 동의를 얻어야 한다.

제22조[종무대행] ~ 도전 유고시에는 종무원장 및 중앙종의회의 의장 순으로 그 직무를 대리한다.

제23조[종무집행] ~ 본회의 대외적 제반업무는 도전의 지시에 의하여 종무원장의 명의로 시행(施行)한다.

제24조[종무원장] ~ 종무원장은 연원공적(淵源功積)과 교화실적(敎化實績)에 따라 도전(都典)이 임명한다.

제27조[업무지시] ~ 종무원장은 도전의 지시에 의하여 종무원 업무 전반을 관장한다.

서기 2016년 3월 31일

大巡眞理會 第四代 嶋印道典 姜 大 勳[직인생략]

07 증산상제미륵도전도인 강대훈의 사업자등록증

(1) 강대훈 상제의 사업자등록증

강대훈 대표자의 사업자등록 정보는 다음과 같다.
- 대표자 : 강대훈
- 사업자 등록번호 : 556-89-00089
- 주소 : 경기도 광주시 퇴촌면 원단길 143

업력 9년 박한경이 창시한 종교로 증산 강일순의 가르침을 따르는 증산계 종교 중 하나이다.

한국민족문화대백과사전 등에서도 신종교단체 또는 민족종교로 정의하고 있다. 중앙선거관리위원회의 정당 등록 현황 자료를 확인해보면 대순진리회라는 명칭의 정당은 등록되어 있지 않다.

대순진리회는 종교활동 외에도 교육사업, 대진대학교 등 의료사업, 분당제생병원 등 복지사업을 수행하고 있다. 일부 언론 보도에서 대순진리회와 관련된 정치적 이슈가 언급되기도 하지만 이는 종교단체로서의 정치적 관여 문제이지 대순진리회 자체가 정당으로 등록되어 정치 활동을 하는 것은 아니다.

사업자등록증의 정보는 종단대순진리회 본부 또는 주요 지부의 사업자등록일 가능성이 높다. 종단대순진리회는 종교단체이므로 일반적인 회사처럼 사업자등록이 되어 있지 않고 고유번호증이 부여된 비영리단체로 등록되어 있다.

경기도 광주시 퇴촌면에 위치한 종단대순진리회는 업력 6년 차로, 대표자가 강대훈로 확인된다. 종단대순진리회의 종교단체는 이미 강대훈으로 사업자등록이 되어 있다.

(2) 강대훈 상제의 사업자등록증 유형

법인으로 보는 단체로 종교단체는 수익사업을 하지 않는 경우 고유번호증을 발급받아 비영리

단체로 등록할 수 있다. 이는 수익사업을 하지 않는 비영리단체에 부여되는 고유번호로 사실상 사업자등록증과 유사한 효력을 가진다.

수익사업을 하는 경우 만약 종교단체가 수익사업, 출판사업, 의료사업 등을 영위하는 경우 해당 수익사업에 대한 사업자등록을 별도로 해야 한다. 이 경우 일반 법인 또는 개인 사업자와 동일한 사업자등록 절차를 따른다.

종단대순진리회의 경우 의료법인 대진의료재단을 설립하여 병원을 운영하거나 학교법인 대진대학교를 운영하는 등 다양한 사업을 하고 있다.

(3) 법인으로 보는 단체의 대표자

법인으로 보는 단체의 대표자 등의 선임, 신고서, 정관, 협약 등 조직과 운영 등에 관한 규정 또는 단체의 성격을 알 수 있는 서류, 단체의 목적, 조직, 운영 방식 등이 명시된 문서이다.

(4) 대표자 선임을 확인할 수 있는 서류

대표자의 신분증, 사본, 회의록 등 대표자 선임을 증명하는 서류이다. 단체 직인 임대차계약서 사본, 사업장을 임차한 경우 사업장 주소가 명시된 임대차계약서가 필요하다. 만약 자가 건물인 경우 건물 등기부 등본 등이 필요할 수 있다. 종교단체는 일반적으로 주무관청에 문화체육관광부 등에 등록되어야 한다. 주무관청 등록증 사본 등이 필요할 수 있다. 수익사업을 하는 단체사업자 등록증 신청 시 위 고유번호증 신청 서류 외에 해당 수익사업과 관련된 추가 서류가 필요할 수 있다.

(5) 사업자등록 신청서

허가 등록, 신고증, 사본, 인허가 사업 등 특정 사업의 경우 사업을 영위하기 위한 별도의 인허가가 필요할 수 있으며, 이 경우 해당 허가증 사본을 제출해야 한다.

(6) 신청 절차

♣ 필요 서류 준비 : 위에서 언급된 서류들을 준비한다.
♣ 관할 세무서 방문 또는 홈텍스 신청 : 관할 세무서 방문, 준비된 서류를 가지고 사업장 소재지 관할 세무서에 방문하여 신청한다.
♣ 홈텍스 신청 : 국세청 홈텍스 홈페이지를 통해 온라인으로 신청할 수도 있다.
♣ 심사 및 발급 : 제출된 서류를 세무서에서 심사한 후 사업자등록증 또는 고유번호증을 발급한다.
♣ 참고 사항 : 종교단체는 비영리성을 목적으로 하지만 수익사업을 할 경우에는 해당 수익사업에 대한 세금이 부과될 수 있다.

(7) 대순진리회와 대표자 강대훈 상제

종단대순진리회는 이미 규모가 큰 종교단체이며 여러 계열사를 통해 다양한 사업을 운영하고 있으므로 이미 적절한 사업자등록이 완료되어 있다.

과거 대순진리회 내부 붕괴와 관련하여 사업자등록상 대표자 명의 변경 등의 문제가 있었던 기록이 있다. 이는 종교단체의 특수성과 관련될 수 있으니 정확한 정보는 관할 세무서 또는 종단대순진리회 측에 문의하는 것이 가장 확실하다. 이 외에도 사업자등록과 관련하여 종단대순진리회 중 일부 단체의 사업자등록번호 556-89-00089의 대표자는 강대훈으로 명시되어 있다. 이 단체는 서울특별시 중랑구 공릉로 2길 60 이 목동에 본사를 두고 있으며, 업력 6년 차의 고유번호가 부여된 종교단체로 현재 계속 사업자이다.

다만 대순진리회는 여러 분파로 나뉘어 있으며, 과거에는 사업자등록증상 종단 대표자 명의 변경과 관련한 내분이 있었던 것으로 보인다.

2008년 뉴스데일리 기사에 따르면 당시 이유종 씨가 서울 광진세무서, 현 성동세무서에 등록된 종단대순진리회 사업자등록상의 대표자 명의를 경석규 종무원장에서 이유종 외 2명으로 변경한 사례가 있었으며 이후 원상 복구되었다.

따라서 강대훈은 현재 종단대순진리회의 특정 사업자등록의 대표자로 등록되어 있다.

그러나 대순진리회는 여러 분파가 존재하고 각 분파별로 독립적인 사업자 등록을 가지고 있을 수 있다. 강대훈은 종단대순진리회의 대표자로 경기도 광주시 퇴촌면에 본사를 둔 종단 대순진리회는 사업자등록번호 556-89-00089로 등록된 계속 사업자이다.

종단대순진리회 님의 사업자등록, 강대훈이라는 검색어에 대한 정보는 다음과 같습니다. 종단대순진리회 대표자 강대훈의 사업자 등록번호는 556-89-00089입니다. 머니핀 자료에 강대훈은 대순진리회의 제4대 도전겸 증산상제로 언급되어 있으며, KNS뉴스통신 본사를 예방한 기록도 있다. 과거 대순진리회 내분으로 인해 사업자 등록이 말소되거나 직권 말소된 사례가 있었으나, 이는 이유종과 경석규 간의 갈등에서 비롯된 것으로 보인다. 이 과정에서 사업자등록증상 종단 대표자 명의가 여러 차례 변경되었고, 세무서에서 직권 말소하기도 했다.

6 대순진리회의 정의

01 대순진리회의 의미

대순진리회(大巡眞理會)는 조정산(趙鼎山) 도주(道主)가 만주 봉천에서 강증산(姜甑山) 상제로부터 종통계승(宗統繼承)의 계시를 받은 데서 비롯하여, 도주의 유명(遺命)으로 종통을 이어받은 박우당(朴牛堂) 도전(都典)이 1969년에 창설한 종단이다. 그 명칭에서 '대순'은 상제께서 혼란에 빠진 천·지·인 삼계를 둘러보시고 이를 바로 잡기 위하여 행하신 개벽공사(開闢公事)를 뜻한다.

대순진리회(大巡眞理會)의 상징성(象徵性)은 더할 나위 없이 크게 대순(大巡)하여 형통원만(亨通圓滿)하고 막히는 바가 전무(全無)하여 상원(常圓)한 것으로서 태극(太極)이라 칭(稱)한다.

태극이란 크게 공(空)하고 극(極)함이 없어 공(空)하고 무(無)하여 진공(眞空)을 뜻하는 것이다. 무극(無極)이 동(動)하면 태극(太極)이고 태극이 동(動)하면 음양이 생성한다. 이를 일컬어서 만물(萬物)을 소통(疏通)하는 원리(原理)이므로 대순(大巡)하게 된다.

우주의 천지일월(天地日月)을 꿰뚫는 진리(眞理)가 대순(大巡)이요, 무극지무극(無極之無極)으로 통하는 태극도(太極道)의 소통(疎通)원리가 대순(大巡)의 원리(原理)이므로 우리는 대순진리(大巡眞理)안에 오방내외(五方內外)가 소통(疏通)하는 대순진리회(大巡眞理會)의 일원(一員)이다.

시간(時間)과 공간(空間)은 무형적(無形的) 인연화합(因緣和合)의 산물(産物)이지만 천지만물(天地萬物)은 유형적(有形的) 인연지합(因緣之合)으로 이루어진 산물(産物)이다.

이를 시공적(時空的) 측면(側面)에서 유추(類推)해 볼 때, 전자(前者)는 무형(無形)이지만 후자(後者)는 유형(有形)이기 때문에 무형(無形)은 시(始)로, 유형(有形)은 종(終)으로 해석되고 시

(始)는 작(作)이며 운행(運行)이요 종(終)은 성(成)이며 완성(完成)을 의미한다.

02 대순진리회의 구성

그러므로 모든 사물의 시성(始成)은 운행방식(運行方式)과 조직(組織)의 관계(關係)가 형성(形成)되며 그것이 완성됨에는 필수적인 단계로 구성된다.

또한 구성(構成)을 크게 나누어 3단계로 관(觀)하면

1단계는 시(始)로 규정(規定)하여 인연법(因緣法)의 인(因)을 형성(形成)시키고,

2단계는 양(養)으로 규정(規定)하여 인연법(因緣法)의 조건(條件)으로 연(緣)이 형성되는 것이며,

3단계를 성(成)으로 규정하면 인연법의 과(果)가 완성(完成)된다.

이것을 역리적(易理的)으로 해석(解釋)하면 천(天) 지(地) 인(人)에 해당(該當)하는 통합이론(統合理論)이 정립(定立)되기 때문에 오대양(五大洋)과 육대주(六大洲)가 심오(深奧)한 태극원리(太極源理)에 병합(併合)되어 움직여진다.

그러므로 우리의 인체(人體) 역시 기경팔맥(奇經八脈)과 365혈(血)의 소우주(小宇宙)를 형성(形成)하므로 천지인(天地人)의 진리(眞理)가 인체(人體)에도 적용(適用)된다.

본회는 상제의 대순하신 진리인 음양합덕(陰陽合德)·신인조화(神人調化)·해원상생(解冤相生)·도통진경(道通眞境)을 종지(宗旨)로 하여 인간개조와 정신개벽으로 포덕천하, 구제창생, 지상천국 건설을 목적으로 한다.

이를 위하여 포덕·교화·수도의 기본사업과 구호자선사업·사회복지사업·교육사업의 등의 중요사업을 추진해 오고 있다.

7 대순진리회의 연혁

01 구천상제 강증산(강일순)

(1) 강세 이전

구천상제께서는 원시의 모든 신성·불·보살들의 청원으로 서양대법국 천계탑에 내려오시다. 이후 천하를 대순하시다가 전북 모악산 금산사 미륵금불에 강림하시다.

30년 동안 머무시면서 제세대도의 천명과 신교를 인간에게 내리시다. 인간이 제세대도의 참뜻을 밝히지 못하므로 갑자년(1864년)에 그 천명과 신교를 거두시다.

(2) 강세 이후

① 1871년

11월 1일(음 9월 19일) 전라도 고부군 우덕면 객망리 강(姜)씨 집안에 43대손으로 인간의 몸을 빌어 강세하시니, 존휘는 일순(一淳)이요, 자함은 사옥(士玉)이고 존호는 증산(甑山)이시다.

② 1897년

유불선음양참위(儒佛仙陰陽讖緯)의 서적을 통독하시고 경기·황해·평안·함경·경상·전라도 등 전국을 유력하시며 3년간 인심과 속정을 살피시다.

③ 1901년

5월 중순에 전북 모악산 대원사(大願寺)에 들어가셔서 49일간 불음불식으로 공부하시며 천지대도를 열으시다. 삼계를 바로 잡는 천지 공사를 통해 음양합덕·신인조화·해원상생·도통진경의 대순진리를 선포하시다.

④ 1907년

김형렬의 집에서 삼계 개벽공사를 시작하시고, 그 중 명부공사(冥府公事)를 행하시다. 1907년 4월 김제 원평 동곡(銅谷)에 약방(藥房)을 차리시다.

⑤ 1909년

6월 24일, 40년간에 걸쳐 순회 주유하시며 삼계공사를 마치시고 화천하시다.

02 창도주 조정산(조철제)

(1) 1800년대

1895.12 경남 함안군 칠서면 회문리에 탄강하시다.

(2) 1900년대

1909.04 부조전래의 배일사상을 품으시고 만주 봉천지방으로 망명하시어 동지들과 구국운동에 활약하시다가 도력으로 구국제세할 뜻을 정하시고 입산, 공부를 하시다.
1917.02 구천상제의 대순진리에 감오득도 하시고 종통계승의 계시를 받으시다.
1917.04 9년만에 귀국하시어 전국 각지를 편력, 수도하시다.

1925.04 전북 구태인 도창현에 도장을 건설하시고 종단 무극도를 창도하시다.

1941.02 일제의 종교단체 해산령에 의하여 종교활동을 일시 중단하시고 전국을 순회 주유하시며 수도하시다.

1945.08 조국 광복을 맞이하여 종교활동을 부활하시다.

1948.09 도본부를 부산시에 설치하시다.

1957.11 각종 수도방법과 의식행사 및 준칙등을 설법 시행하시다.

1958.03 유명으로 종통을 도전께 전수하시고 화천하시다.

03 도전 박우당(박한경)

(1) 1900년대

1958.03 도주 조정산의 유명에 의하여 종통계승을 받으시다.

1969.04 도전께서는 전반적인 기구를 개편하시고 종단대순진리회를 창설하시다.

1969.06 서울 성동구 중곡동에 중앙본부도장 창건

1972.03 대순진리의 포덕·교화·수도를 종단 기본사업으로, 구호자선사업·사회복지사업· 교육사업을 종단의 3대 중요사업으로 삼음

1976.04 대순장학회 발족

1984.02 학교법인 대진학원 설립

1985.03 대진고등학교 개교

1986.12 여주도장 준공

1987.12 재단법인 대순진리회 설립

1988.03 대진여자고등학교 개교

1989.07 제주수련도장 준공

1990.12 여주도장 현 본전 준공

1992.03 대진대학교 개교, '학교법인 대진학원'을 '학교법인 대진대학교'로 명칭 변경

1992.07 포천수도장 준공

1992.12 대진의료재단 설립

1993.02 종단본부를 중곡도장에서 여주도장으로 이전

1994.03 분당 대진고 개교

1995.01 분당·동두천 제생병원 기공식

1995.03 일산 대진고·수서 대진전자공예고(현 대진디자인고) 개교

1996.02 금강산 토성수련도장 준공

1996.03 부산 대진전자공업고(현 대진전자통신고) 개교

1997.04 금강산 토성수련도장 휴양소 개관

1997.11 금강산 토성수련도장 미륵불 봉안식

1998.08 분당제생병원 개원

(2) 2000년대

2000.10 고성제생병원 기공식

2007.06 사회복지법인 대순진리회복지재단 설립

2009.10 사회복지법인 대순진리회복지재단 개관

2013.03 대진청소년수련원 개관

2013.05 대진국제자원봉사단(DIVA) 발족

8 대순진리회의 교리와 사상

01 개요

음양합덕(陰陽合德)·신인조화(神人調化)·해원상생(解冤相生)·도통진경(道通眞境)의 대순진리를 종지(宗旨)로 하여 성(誠)·경(敬)·신(信)의 삼법언(三法言)으로 수도의 요체(要諦)를 삼고, 안심(安心)·안신(安身) 이율령(二律令)으로 수행의 훈전(訓典)을 삼아 윤리도덕을 숭상하고, 무자기(無自欺)를 근본으로 하여 인간개조와 정신개벽으로 포덕천하(布德天下)·구제창생(救濟蒼生)·보국안민(輔國安民)·지상천국(地上天國) 건설을 이룩한다.

02 교리(敎理)와 사상(思想)

(1) 종단의 목적(目的)

① 무자기(無自欺)를 지향(指向)하는 정신개벽(精神開闢)
② 인간개조(人間改造)를 통한 지상신선실현(地上神仙實現)
③ 정신개벽(精神開闢)을 통한 지상천국건설(地上天國建設)

(2) 종단(宗團)의 종지(宗指)

① 음양합덕(陰陽合德) ~ 음양(陰陽)의 조화(調和)로운 덕성(德性)
② 신인조화(神人造化) ~ 신격화(神格化)된 인간의 조화로운 상생
③ 해원상생(解寃相生) ~ 응결된 원한을 해소(解消)하는 심성(心性)
④ 도통진경(道通眞境) ~ 진인(眞人)의 경계에 진입하는 수행(修行)
⑤ 구제창생(救濟創生) ~ 중생구제로 인한 풍요로운 삶의 구현(具現)
⑥ 포덕천하(布德天下) ~ 덕성(德性)을 베풀어서 천하를 조성(造成)
⑦ 인간개조(人間改造) ~ 자연인간을 실현하는 무자기(無自欺) 성취
⑧ 정신개벽(精神開闢) ~ 오욕(五慾) 사상(四相) 삼독(三毒)의 소멸
⑨ 보국안민(保國安民) ~ 태평성세(太平盛世)의 보국실현(保國實現)
⑩ 지상천국(地上天國) ~ 후천개벽(後天開闢)의 선경시대 구현(具現)

(3) 종단(宗團)의 사강령(四綱領)

① 안심(安心) ~ 순일무잡(純一無雜)한 본연의 양심구현(良心求現)
② 안신(安身) ~ 법례(法禮)에 합당(合當)한 행동실천(行動實踐)
③ 경천(敬天) ~ 구천상제(九天上帝)께 정성(精誠)을 다하는 심성
④ 수도(修道) ~ 신인합일(神人合一)을 위한 지속적인 수련(修練)

(4) 종단(宗團)의 삼요체(三要諦)

① 정성(精誠) ~ 행위(行爲) 속의 진심(眞心)...성(誠)
② 공경(恭敬) ~ 행위(行爲) 속의 하심(下心)...경(敬)
③ 정신(正信) ~ 행위(行爲) 속의 신심(信心)...신(信)

(5) 종단(宗團)의 5훈회(訓誨)

① 양심사기(良心邪欺)~ 마음을 속이지 말라.
② 언덕수지(言德守持)~ 언행에 덕을 지켜라.
③ 척지부작(戚之不作)~ 근심을 만들지 말라.
④ 보은망각(報恩忘却)~ 은혜를 잊지 말아라.
⑤ 자손이타(自損利他)~ 남을 유익하게 하라.

(6) 종도(宗徒)의 수칙(守則)

① 종도(宗徒)는 국법(國法)을 준수(遵守)하고 사회도덕(社會道德)을 준행(遵行)하여 국리민복(國利民福)에 기여(寄與)한다.

② 삼강오륜(三綱五倫)은 음양합덕(陰陽合德)과 만유조화(萬有造化)와 차제도덕(次第道德)의 근원(根源)이지라 부모효도(父母孝道)하고 국가충성(國家忠誠)하며 부부화목(夫婦和睦)하여 가정화평(家庭和平)할 것이며, 존장공경(尊丈恭敬)하고 수하애휼(手下愛恤)할 것이며 친우지간(親友之間)에는 신의(信義)로서 최선(最善)을 다 한다.

③ 무자기(無自欺)는 도인(道人)의 옥조(玉條)이니, 양심(良心)을 속여 혹세무민(惑世誣民)하는 언행(言行)과 부정비리(不淨非理)를 엄격(嚴格)히 금(禁)한다.

④ 자신(自身)의 언동(言動)으로 척행(戚行)을 지양(止揚)하고 상대(相對)에게는 후의(厚意)로서 호감(好感)을 얻을 것이며 언제나 하심(下心)하여 대우(待遇)받기를 바라지 말라.

⑤ 일일삼성(一日三省)하여 자신(自身)의 과부족(過不足)으로 인한 상대(相對)의 피해(被害)를 면밀(綿密)히 관찰(觀察)하여 자신(自身)의 방심(放心)으로 인한 상대피해(相對被害)에 대하여 응분(應分)의 책임(責任)을 감수(甘受)한다.

이상(以上)과 같이 대순진리회(大巡眞理會)의 정신기조(精神基調)를 간단축약(簡單縮約)함이니 종도전원(宗徒全員)은 남녀노소(男女老少) 불문곡직(不問曲直)하여 암기불문(暗記不問)이니 가족일원(家族一員)이 일심단결(一心團結)하면 가화만사성(家和萬事成)이니라.

03 종단(宗團)의 주요 교리(主要敎理)

(1) 종말관(終末觀)

현시대(現時代)를 일컬어서 씨줄과 날줄이 교차하면서 분산하고 다시 취해져서 교차(交叉)하는 시기로 보고 있다.

우주의 질적 변화는 비약적(飛躍的)이어서 세계문명의 종국(終局)을 고하는 일대혁신(一代革新)의 통일문명(統一文明)이 형성되려는 종합적 대변국(大變局)이라 볼 수가 있다.

예를 들어서 지진(地震)으로 하여금 지구의 지각변동(地殼變動)이 지축의 변화를 예고하였다. 따라서 인문진화(人文進化)의 지각변동의 조요(照耀)가 먼저 해소신생(解消新生)의 질적 변화를 수행하려는 새로운 것과 낡은 것이 양면교차하면서 과도기적(過渡期的) 변국을 형성하는 과정을 종말론으로 본다.

(2) 죄악관(罪惡觀)

마음은 육신(肉身)의 주인(主人)으로서 인간(人間)의 언어행동(言語行動)은 자신(自身)의 마음을 표현(表現)하는 수단(手段)이 되는 바, 그 마음에는 양심(良心)과 사심(私心)이 존재(存在)한다. 양심(良心)은 본래(本來)의 천성(天性)으로서 인간(人間) 본연(本然)의 본심(本心)이요 사심(私心)이란 개인(個人)의 물욕(物慾)에 의(依)하여 일어나는 욕심(慾心)이다. 인성(人性)이란 본질(本質)이 양심(良心)인데 반(反)하여 욕심(慾心)에 의한 사심(私心)에 사로잡혀 도(道)에 어긋나는 언동(言動)을 감행(敢行)하게 되는 것이니 사심(私心)을 버리고 양심(良心)의 천성(天性)을 되찾기에 전념(專念)해야 한다.

(3) 구원관(救援觀)

인간(人間)의 모든 죄악(罪惡)의 근원(根源)은 본심(本心)이 아닌 사심(私心)에서 기인(起因)되는 것이므로 인성(人性)의 본질적(本質的) 근원(根源)인 정직(正直)과 성실(誠實)과 진실(眞實)로서 일체의 죄악(罪惡)을 근절(根絕)할 수 있음을 주장(主張)하는 무아론(無我論)의 성선설(性善說)에 기인(起因)되기 때문에 악행(惡行) 자는 망(亡)하고 선행(善行)자는 흥(興)하는 것이 인륜적(人倫的) 정도(正道)인 것이다. 그럼으로 인간 누구나 악(惡)을 배척(排斥)하고 선(善)을 행(行)하는 자만이 구원 받을 수 있다.

(4) 윤리관(倫理觀)

상생윤리와 평등윤리를 채택하는 것은 먼저 남을 잘되게 하라는 교훈에서는 나보다 남을 먼저 생각하라는 이타적(利他的) 상생윤리도덕(相生倫理道德)이고 또한 천(賤)한 사람을 먼저 예우(禮遇)해야만 좋은 시대가 열린다는 교훈에서는 인간사회의 차별적 악습인 관존민비(官尊民卑) 또는 남존여비사상(男尊女卑思想)의 폐해를 바로잡기 위해 도(道)가 나(我)요 내(我)가 도(禱)라는 경지(境地)에서 볼 때 귀천이 없는 것이며 너와 나의 인권 또한 평등(平等)하다는 동귀일체관(同歸一體觀)에서도 인권을 존중해야 된다는 평등원리는 차별을 탈피하여 평등적(平等的) 민주윤리(民主倫理)를 정착해야 한다.

(5) 내세관(來世觀)

인간은 죽어서 천당이나 극락보다도 선경(仙境)에 살고자 하는 욕망을 가지고 있다. 여기서는 사후보다는 생전에 극락과 같은 선경에 살고자 하는 현실적 내세관(來世觀)을 연상한다. 수심지기(修心知己)의 수도로서 선복악화(善福惡禍)의 교훈을 현실적인 생활신조로 하여 권선징악(勸善懲惡)을 행할 수 있는 세상을 맞이하여 그 세계에 귀화할 수 있도록 덕을 쌓음으로써 인류와 민족이 다 같이 잘살 수 있는 길이다. 도탄(塗炭)의 중생구제는 지도원리(指導原理)가 낡아서 이것으로는 도저히 다 구제할 수가 없기 때문에 타락한 현실을 바로 잡을 수 있는 종교적 지도이념(指導理念)으로서 음양합덕(陰陽合德) 신인조화(神人調和) 해원상생(解冤相生) 도통진경(道通眞境)이 중생구제(衆生救濟)와 내세관(來世觀)의 정론(正論)이다.

(6) 영육관(靈肉觀)

자아의 개체는 육(肉)과 영(靈)으로 이루어졌다. 따라서 육(肉)과 영(靈)은 상대적(相對的)이므로 육체가 극에 달하여 사(死)하면 영(靈)은 의존(依存) 할 수 없고 영(靈)이 없으면 육체(肉體)가 존속(存續)치 못한다. 인간에게는 영(靈)이 주체(主體)이므로 정신이 동(動)하지 않으면 인격을 상실한다. 여기에서 영(靈)과 육(肉)이 상대적(相對的)이라면 양자(兩者)를 초월(超越)한 원리(原理)가 있음을 우리는 쉽게 알 수가 있다. 이것을 도심(道心)이라고 명명하며 신인합일(神人合一)의 인간완성(人間完成)을 목표(目標)로 하는 주체이다.

9 대순진리회의 경전

01 전경

(1974년 4월 1일 초판 발행, 2010년 3월 18일 13판 발행)

『전경(典經)』은 신앙의 대상이신 구천상제님의 가르침과 종교적 행위 그리고 도주님의 종교적 행적을 기술한 대순진리회의 경전이다. 구성은 구천상제님의 강세와 행적, 천지공사, 종통의 계승, 윤리적 가르침, 권능과 지혜, 병자의 치유, 도래할 세상의 모습 등의 내용으로 행록, 공사, 교운, 교법, 권지, 제생, 예시의 총 7편 17장으로 이루어져 있다.

02 대순지침

(1984년 4월 25일 초판 발행, 2012년 11월 20일 2판 발행)

『대순지침』은 수도의 지침을 밝힌 책자이다. 1980년 1월부터 1984년 3월까지의 도전님의 훈시(訓示) 말씀 중에서 모든 도인들이 알아야 할 주요 내용을 중앙종의회의 요청에 따라 교무부가 요약 정리한 것이다.

03 대순진리회요람

(1969년 4월 초판 발행, 최근판 2010년 12월 14일 발행)

『대순진리회요람(大巡眞理會要覽)』은 대순진리회 교리의 핵심을 요약한 책자이다. 대순진리회 신앙의 대상·취지·연혁, 종지·신조·목적의 교리 등이 정리되어 있다.

04 도헌

종단 대순진리회 도헌(道憲)은 대순진리회의 조직체계와 운영에 대한 최상위 규범으로, 1972년 2월 7일 제정되었으며, 1975년 2월, 1976년 1월, 1985년 2월에 개정되었다.

전체적으로 총칙, 도인의 권리 의무, 연원, 중앙본부의 체계, 중앙종의회, 포정원, 정원, 종무원, 사업, 재정, 감사원, 부칙 등 총 12장으로 구성되어 있다.

05 포덕교화기본원리

(1은 1975년 5월 24일 발행, 2는 1983년 발행)

『포덕교화기본원리(布德敎化基本原理)』는 포덕과 교화의 기본원리를 밝힌 책자이다. 대순진리회의 연혁과 구천상제님께서 행하신 천지공사의 원리인 해원상생과 보은상생의 이치를 상세히 설명하고 있다.

(1) 연혁개요(沿革槪要)

대순진리회(大巡眞理會)의 신앙의 대상은 구천상제(九天上帝)이시다.

천도(天道)와 인사(人事)가 상도(常道)를 어김으로써 천지신명(天地神明)들이 모여서 삼계(三界)의 혼란과 인류와 신명계의 겁액(劫厄)을 구천에 하소연하므로 구천상제께서는 서양 대법국 천계탑(天啓塔)에 내려오셔서 천하를 대순(大巡)하시다가 삼계 대권을 주재(主宰)하시고 상도를 잃은 천지도수(天地度數)를 바로잡아 삼계를 개벽(開闢)하고 선경(仙境)을 열어 비겁(否劫)에 쌓인 신명과 재겁(災劫)에 빠진 세계창생을 널리 건지시려고, 전주 모악산 금산사 삼층전 미륵금불에 임하셔서 30년을 계시다가, 이조 고종 8년 신미년 9월 19일에 전북 정읍군 덕천면 신월리 강씨 가문에서 인간의 모습을 빌어 강세(降世)하시니 존호(尊號)가 증산(甑山)이시다.

　강증산성사(姜甑山聖師)께서는 이조 말엽의 극도로 악화한 종교적 정치적 사회적 도탄기(塗炭期)를 당하여 해원상생(解寃相生)의 도리(道理)를 종교적 법리로서 인간을 개조하면 정치적 보국안민(輔國安民)과 사회적 지상낙원(地上樂園)이 실현되어 창생을 구제할 수 있다는 위대한 진리를 40년간에 걸쳐 인세에 선포하시고 구천상제님의 위(位)로 화천(化天)하셨다.

　강증산성사의 종통을 계승 받아 종단을 창설하신 도주(道主)께서는 경남 함안군 칠서면 회문리 조씨 가문에서 탄생하시니 존호는 정산(鼎山)이시다.

　도주 조정산(道主趙鼎山)께서는 부조(父祖) 전래(傳來)의 배일사상가로서 반일(反日)운동에 활약하시다가 신변(身邊)의 위험을 느끼시고 만주 봉천지방으로 망명하시여 동지들과 구국(救國)운동에 활약하시다가 도력(道力)으로 구국제세(救國濟世)의 뜻을 정하시고 입산 수도 중 강성상제(姜聖上帝)로부터 종통 계승의 계시(啓示)를 받으셨다.

　도주 조정산께서는 구천상제님의 계시에 따라 망명(亡命) 9년 만에 귀국하시어 전국 명산 각지를 두루 다니시며 수도(修道)를 마치시고 왜정 당시 1925년 4월에 전북 구태인에 도장(道場)을 건설하시고 종단(宗團) 무극도(无極道)를 창설하셨다. 을유년 8월에 광복을 맞이하여 부산에 도본부를 설치하시고 도명을 태극도(太極道)로 개칭하여 내려오시던 중 도주 조정산께서는 1958년 무술 4월 24일에 유명(遺命)으로 종통(宗統)을 현 도전(現都典)께 전하시고 화천하셨다.

　유명에 의하여 종통을 계승받으신 도전께서는 1969년 4월에 서울 성동구 중곡동에 도(道) 중앙본부를 건립하고 종단 대순진리회(大巡眞理會)를 창설하시여 우금(于今)에 이르고 있다.

　요략(要略)하면 대순진리회는 상도(常道)를 잃은 삼계(三界)를 바로 잡아 달라는 천지신명들의 호소에 의하여 구천상제께서 인세(人世)에 내려 오셔서 상도를 잃은 천지도수를 정리하시어 광구천하(匡救天下) 하시려고 해원상생의 도리(道理)를 인계(人界)에 선포하시어 이에 수반(隨伴)된 대공사(大公事)를 40년에 걸쳐 마치시고 화천(化天)하셨으며, 도주께서는 부조(父祖) 전래의 배일사상가로서 구국(救國)운동에 활약하시다가 도력(道力)으로 구국제생(救國濟生)의 뜻을 정하시고 입산 수도(修道) 중 구천상제님의 계시로 종통(宗統)을 계승받으셔서 구천상제님의 유지(遺志)인 해원상생의 도리를 종교적 법리(宗敎的法理)로서 정신개벽(精神開闢)과 인간개조(人間改造)로 지상천국건설(地上天國建設)을 목적으로 종단을 창설하신 것이다.

(2) 해원상생

해원상생(解冤相生)은 전세계의 평화이며 전인류의 화평이다. 전세계 인류의 화평(和平)이 세계개벽(世界開闢)이요 지상낙원(地上樂園)이요 인간개조(人間改造)이며 지상신선(地上神仙)이다. 인류가 무편무사(無偏無私)하고 정직과 진실로서 상호 이해하고 사랑하며 상부상조의 도덕심이 생활화된다면 이것이 화평이며 해원상생(解冤相生)이다.

① 병세

전 인류는 병들어 있다. 병든 환자는 명의(名醫)를 만나서 치료를 받아야만 한다. 구천상제께서는 삼계대권(三界大權)을 주재(主宰)하시고 멸망지경에 도달한 전 인류를 광제(廣濟)하시려고 인세(人世)에 대강(大降)하셔서 병세의 원인을 진단하시고 해원상생의 도리로서 치료방법을 상세하게 교운(敎運)·교법(敎法)·권지(權智)·예시(豫示) 등 천지공사(天地公事)로 인계(人界)에 선포하시고, 상계(上界)의 천존제위(天尊帝位)에 임어(臨御)하셔서 삼계를 통찰(統察)하시고 인자(仁者)와 의자(義者)를 도우신다. 상제께서는 세무충 세무효 세무열(世無忠 世無孝 世無烈)을 천하의 대병(大病)이라 하시고 병유대세(病有大勢)하고 병유소세(病有小勢)인데 소병(小病)에는 혹유약(或有藥)이나 대병(大病)에는 무약(無藥)이라 하시고 음양합덕(陰陽合德) 신인조화(神人調化) 해원상생(解冤相生) 도통진경(道通眞境)의 진리에 의한 종교적 법리가 대병의

약이라고 하셨다.

② 사회국가(社會國家)

인류의 소집단을 사회라 하고 각족속의 대집단을 각기의 국가라고 한다.

국가 사회란 충(忠)·효(孝)·열(烈)을 강령으로 하여 인(仁)·의(義)·예(禮)·지(智)·신(信)으로써 이루어진 각 족속의 집단이다. 국가 사회가 이루어진 그 근본이 없어진다면 모두가 멸망을 자초하는 것이다. 원(元)·형(亨)·이(利)·정(貞)은 천도지상(天道之常)이요, 인(仁)·의(義)·예(禮)·지(智)는 인도지상(人道之常)이라고 옛부터 성현들이 일러왔다. 국가사회가 안정되고 전인류가 화평하려면 음양합덕 만유조화(萬有造化) 차제(次第)의 도덕인 삼강오륜을 근본으로 부모에게 효도, 나라에 충성, 가정화목, 서로 간에 신의(信義)가 있어야 한다.

구천상제께서는 어느 족속의 인류이건 간에 밉고 고움의 차별 없이 한결같이 다 사랑하신다. 그러므로 우리들 인류는 상제님의 손(孫)으로 한 동기(同氣), 형제를 이루었으니 서로가 존중하고 사랑하며 화평(和平)하여야 한다.

③ 충(忠)·효(孝)·예(禮)

국가는 고대(古代) 조상들이 만들어 놓은 우리들의 조국(祖國)이다. 조상들이 이루어놓은 사회 문화 도덕은 역사를 따라 그 발전사를 갖고 내려온다. 우리 역시 이것을 계승 받아서 종교로 삼고 더욱 훌륭하게 발전시켜서 후손(後孫)들이 잘 살 수 있도록 해주는 것이 우리의 의무이다. 우리는 한 조국(祖國) 땅에서 같은 혈통(血統)으로 태어난 한 혈육동기 형제들이다. 우리 조상들이 만들어 내려온 조국은 우리들의 국가이며 누구나 할 것 없이 우리들 집이다.

우리는 조국인 우리들의 국가를 아끼고 혈통(血統)을 같이한 우리 형제자매들은 서로가 사랑하며 화합하고 일심동체가 되어야 한다.

인류는 조국 없이 생존할 수 없고 조국 없는 인류가 있을 수 없다. 조국은 나를 낳은 부모보다도 중하다고 하겠다. 그러므로 옛 성현들도 충칙진명(忠則盡命)이요 효칙갈력(孝則竭力)이라고 하였다. 충성이란 국민으로서 국법을 준수하고 사회윤리 도덕을 준행하며 맡은 바의 임무에 충실하고 상호 이해로써 융화단결하여 조국을 사랑하고 아끼는 것이다.

효도란 우리를 낳아서 길러주신 부모님들께 자식된 도리를 행하는 일이다.

우리는 부모님들의 뼈와 살을 빌어서 이 세상에 태어났다. 부모님들의 산고(産故)의 고통이며 어렸을 때 진자리 마른자리 갈아가며 키워주신 그 은덕은 하해(河海)와 같다. 부모님들의 은덕(恩德)을 만분지 일이라도 갚기 위해서는 각기의 온갖 정성을 다하여 봉양하고 마음 편안하게 하여 드리는 것이 부모님들에게 대한 보은(報恩)일 것이다.

예도(禮道)는 오륜 중의 하나로 부부유별(夫婦有別)이란 남녀 간의 예도가 구별되어 있어서 남자는 남자의 예도를 행하고 여자는 여자의 예도를 행하여야 한다. 그런데 오늘날 남녀 간의 예도는 구별할 수 없이 서로가 상실하고 있다.

천기하강(天氣下降) 지기상승지기(地氣上昇之氣)의 생성(生成) 변화지리(變化之理)로 만물이 화생(化生)하고 춘·하·추·동 사시지기(四時之氣)로 만물이 생장(生長) 육성(育成)하듯이 부도부덕(夫道婦德)으로 구별된 남녀 간의 예도로써 인류의 사회질서가 유지된다. 충·효·예도가 음양합덕·신인조화·해원상생·도통진경의 진리이니 이것으로써 수도(修道) 수행(修行)의 훈전(訓典)을 삼고 힘써 닦고 정성을 다하여야 한다.

④ 결론(結論)

구천상제께서 40년간에 걸쳐 행하신 바를 기록한 서적이 전경(典經)이다. 전경에 교운·교법·권지·예시 등으로 연운(緣運)을 좇아 여러 방편으로 행하신 일이나 말씀이 충·효·예도로서 수도의 목적을 달성하고 불치의 대병을 완치한다는 일들이다. 대순진리회의 교리는 유교나 불교와 하등의 관계없는 해원상생지리(解冤相生之理)인 우주 자연의 법리(法理)이다. 그러므로 우리는 가정화목으로부터 나아가서는 사회·국가·세계 평화(平和)와 인류화합(和合)을 이룩하는데 있으니 서로가 원망함이 없이 이해하고 융화(融和)단결을 제일의 신조(信條)로 한다.

(3) 훈회(訓誨)와 수칙(守則)

① 훈회(訓誨)

一. 마음을 속이지 말라.

마음은 일신(一身)의 주(主)이니 사람의 모든 언어(言語) 행동은 마음의 표현이다. 그 마음에는 양심(良心) 사심(私心)의 두 가지 있다. 양심은 천성(天性) 그대로의 본심(本心)이요. 사심은 물욕에 의하여 발동하는 욕심이다. 원래 인성(人性)의 본질은 양심인데 사심에 사로잡혀 도리(道理)에 어긋나는 언동(言動)을 감행(敢行)하게 됨이니 사심을 버리고 양심인 천성(天性)을 되찾기에 전념하라. 인간의 모든 죄악의 근원은 마음을 속이는 데서 비롯하여 일어나는 것인즉, 인성의 본질인 정직과 진실로써 일체(一切)의 죄악을 근절하라.

二. 언덕(言德)을 잘 가지라.

말은 마음의 소리요 덕(德)은 도심(道心)의 자취라. 나의 선악(善惡)은 말에 의하여 남에게 표현되는 것이니, 남에게 말을 선하게 하면 남 잘되는 여음(餘蔭)이 밀려서 점점 큰 복이 되어 내 몸에 이르고, 말을 악하게 하면 남을 해치는 여앙(餘殃)이 밀려 점점 큰 재앙(災殃)이 되어 내 몸에 이른다. 화(禍)와 복(福)은 언제나 언덕에 의하여 일어나는 것이니 언덕을 특별히 삼가라.

三. 척을 짓지 말라.

척은 나에 대한 남의 원한(怨恨)이니, 곧 남으로 하여금 나에 대하여 원한을 갖게 만드는 것이다. 그러므로 남을 미워하는 것이나 남의 호의(好意)를 거스르는 것이 모두 척을 짓는 행위인즉, 항상 남을 사랑하고 어진 마음을 가져 온공(溫恭), 양순(良順), 겸손(謙遜), 사양(辭讓)의 덕(德)으로써 남을 대할 때에 척을 짓지 않도록 하라.

四. 은혜를 저버리지 말라.

은혜라 함은 남이 나에게 베풀어 주는 혜택이요. 저버림이라 함은 잊고 배반함이니 은혜를 받거든 반드시 갚아야 한다. 생(生)과 수명과 복록은 천지의 은혜이니 성(誠)·경(敬)·신(信)으로써 천지(天地), 보은(報恩)의 대의(大義)를 세워 인도(人道)를 다하고, 보명(保命)과 안주(安住)는 국가 사회의 은혜이니 헌신(獻身) 봉사(奉仕)의 충성으로써 사회발전과 공동복리(共同福利)를 도모하여 국민의 도리를 다하고, 출생(出生)과 양육(養育)은 부모의 은혜이니 숭선(崇先) 보본(報本)의 대의로 효도를 다하고, 교도(敎導) 육성(育成)은 스승의 은혜이니 봉교(奉敎) 포덕(布德)으로써 제도를 다하고, 생활과 녹작(祿爵)은 직업의 은혜이니 충실과 근면으로써 직분을 다하라.

五. 남을 잘 되게 하라.

남을 잘 되게 함은 상생대도(相生大道)의 기본원리요 구제창생(救濟蒼生)의 근본이념(根本理念)이라. 남을 위해서는 수고를 아끼지 말고, 성사(成事)에는 타인과의 힘을 합하여야 된다는 정신을 가져 협동생활에 일치(一致) 협력이 되게 하라.

② 수칙(守則)

一. 국법을 준수하며 사회도덕(社會道德)을 준행하여 국리민복(國利民福)에 기여하여야 함.

二. 삼강오륜은 음양합덕(陰陽合德)·만유조화(萬有造化) 차제(次第) 도덕(道德)의 근원(根源)이라, 부모에게 효도하고, 나라에 충성하며, 부부화목하여 평화로운 가정을 이룰 것이며, 존장(尊長)을 경례(敬禮)로써 섬기고 수하(手下)를 애휼(愛恤) 지도하고, 친우간에 신의(信義)로써 할 것.

三, 무자기(無自欺)는 도인(道人)의 옥조(玉條)니, 양심을 속임과 혹세무민(惑世誣民)하는 언행과 비리괴려를 엄금함.

四. 언동(言動)으로써 남의 척(慽)을 짓지 말며, 후의(厚意)로써 남의 호감(好感)을 얻을 것이오. 남이 나의 덕(德)을 모름을 괘의(掛意)치 말 것.

五. 일상 자신을 반성하여 과부족이 없는가를 살펴 고쳐나갈 것.

(4) 상생(相生)의 법리(法理)

상제(上帝)께서는 광구천하(匡救天下) 광제창생(廣濟蒼生)의 대의(大義)로 음양합덕(陰陽合德), 신인조화(神人調化), 해원상생(解冤相生), 도통진경(道通眞境)의 대순진리(大巡眞理)를 종교적 법리로 화민정세(化民靖世)하여 보국안민(輔國安民)과 사회화합 나아가서는 세계화평을 이룩하시려고 인세에 대강(大降)하사 전대(前代) 미증유(未曾有)의 위대한 진리를 선포하시며 이에 수반(隨伴)된 삼계공사(三界公事)를 행하셨는데 우리는 무엇보다 여기에서 종교적 법리가 무엇인지부터 알고 깨달아 나아가야 된다. 이 본질적인 법리를 모르고 보면 포덕천하(布德天下)의 대의를 바로 세울 수가 없다.

상제께서 말씀하시기를 "선천(先天)에서는 인간 사물이 모두 상극(相克)에 지배되어 세상에 원한(冤恨)이 쌓이고 맺혀 삼계(三界)를 채웠으니 천지가 상도(常道)를 잃고 갖가지의 재화(災禍)가 일어나 세상은 참혹하게 되었도다. 그러므로 내가 천지의 도수(度數)를 정리하고 신명(神明)을 조화(調化)하여 만고의 원한을 풀고 상생(相生)의 도(道)로 후천의 선경(仙境)을 세워 세계의 민생(民生)을 건지려 하노라"(공사 1장 3절)라고 하셨는데, 이 말씀 가운데 선천세계(先天世界)의 가장 근본적인 참화의 원인이 상극(相克)의 이치가 인간과 사물을 지배한 데 있었음을 알 수 있으며 이 원인적인 모순(矛盾)의 상극지리(相克之理)를 해소하고 상생의 도로써 선경(仙境)을 여신다고 선포하신 것으로 보아 삼계공사(三界公事)를 행하신 가장 큰 종교적 법리(法理)는 상생의 도(道) 곧 상생의 도(道)의 법리(法理)인 것이다.

그러므로 선천세계에는 모든 사물이 도의(道義)에 어그러지고 원한이 맺히고 쌓여 그것이 마침내 삼계의 재앙으로 가득 차 진멸의 위기에 처한 세계를 뜯어고치는 공사의 처방이 바로 상생의 법리임을 알 수 있다.

또한 이 상생법리(相生法理)는 남 잘되게 하는 것이 곧 나도 잘 되는 길임을 자각(自覺)케 하신 협동의 원리이기 때문에 공존공영(共存共榮)의 평화의 윤리(倫理)라 할 수 있다. 이 상생의 도의 오묘(奧妙)한 진리를 다 표현키 어려우나 대략 크게 나누어 보면 해원상생(解冤相生)과 보은상생(報恩相生)으로 구분된다.

① **해원상생(解冤相生)**

 선천 수 만년 동안 상극(相克)이 인간 사물을 지배하여 모든 인사(人事)가 도의(道義)에 어긋나서 원한이 맺히고 쌓여 삼계에 넘쳐서 마침내 살기가 터져 나와 세상의 모든 참혹한 재앙을 일으켜 드디어 세상을 폭파할 지경에 이르러 상제께서 삼계공사(三界公事)를 행하사 극(極)에 달한 신계(神界)와 인계(人界)의 원한을 풀어 주시고 앞으로는 그러한 원한이 다시는 생기지 않도록 법리(法理)를 마련하여 인간을 개조(改造)하여서 세상을 화평되게 섭리하셨다.

 여기서 해원상생(解冤相生)의 대의(大義)를 좀더 부연하면 인간은 자기 도량에 따른 기획의 설계가 의욕(意欲)의 발동이다. 그 의욕의 발동은 행동으로 나타난다. 즉 기획과 설계의 행동이 의욕의 발동인데 이 인간의 의욕이란 제한이 없어서 허영과 야망으로 넘쳐 허황된 꿈으로 사라지기 쉽다. 이와 같이 허황된 꿈으로 화하면 드디어 실망과 후회는 물론 자기도 남도 원망하게 되어 한을 품게 되는 것이다.

 인생의 생사존망(生死存亡)에는 협동도덕이 기본이 되어 있으므로 무엇보다 인간의 의욕(意欲) 발동을 반성하고 조정하여 수심연성(修心煉性)으로 허영과 야망을 경계하고 분수에 합당케 하여 후회 없이 하는 것이 해원(解冤)의 묘사(妙事)이다. 즉 서로가 분수를 망각하고 허영과 야망으로만 일관(一貫)하게 되면 급기야는 피해를 입게 되어 원망이란 척이 생겨 풀지 못할 원한을 맺게 된다. 남을 미워하거나 남에게 해독(害毒)을 끼치거나, 언덕을 베풀지 않는 것 등이 모두 척을 짓는 행위가 된다.

 상제께서 속담에 "무척 잘 산다" 이르나니 척(慼)이 없어야 잘 산다는 말이다. 남에게 원억(冤抑)을 짓지 말라 척이 되어 갚나니라, 또 남을 미워하지 말라 그의 신명이 먼저 알고 척이 되어 갚느니라. 등등의 말씀은 해원상생(解冤相生)의 윤리를 생활화(生活化)하여 실천토록 하신 것이다. 따라서 상제께서는 이와 같은 해원상생의 윤리를 천하만민으로 하여금 생활화하여 실천케 해서 온 세계가 상생(相生)의 화평세계(和平世界)를 건설토록 하셨다.

② **보은상생(報恩相生)**

 '나' 라는 존립(存立)을 생각해보면, 사람은 무한한 시간과 공간 속에서 은혜 속에 살아가고 있음을 깨닫게 되어 일거일동(一擧一動)에 지은필보(知恩必報)하려는 마음이 생함을 느끼게 된다.

사람은 부모의 혈육을 받아 세상에 태어나 부모의 자애(慈愛)와 형제 친척의 도움을 받고 나아가 이웃과 마을 사람들의 보살핌 속에서 국가의 보호와 사회의 신의를 받아 비로소 사람된 도리를 다하게 되는 것이니 그러므로 사람은 출생으로부터 은의(恩誼)어린 사회를 떠나서 삶을 영위(營爲)할 수 없는 것이다.

내가 이와 같은 은의(恩誼)의 인과(因果)에서 삶의 근원을 깨닫고 내가 그로 인하여 자랐으며 행복을 누릴 수 있다는 삶의 원천을 살피어 사람이면 마땅히 그러한 은혜를 알아야 하며 그러한 은혜에 감사해야 하고 보답해야 된다는 보은(報恩)의 인생관을 수립하여야 한다.

오늘날 우리가 사는 현대는 어떠한가.

상제께서 "선천에서는 모든 인사(人事)가 도의(道義)에 어그러져 인륜의 질서가 무너지고 마침내 망기군자무도(忘其君者無道) 망기부자무도(忘其父者無道) 망기사자무도(忘其師者無道) 세무충(世無忠) 세무효(世無孝) 세무열(世無烈) 시고천하개병(是故天下皆病)" 이라고 진단하셨다.

또 상제께서는 '배은망덕(背恩忘德)은 신도(神道)에서 허락치 않는다' 하시고 '선령신(先靈神)을 부인하거나 박대해서는 안 된다' 하시고 '자손을 둔 신(神)은 황천신(黃天神)이니 하늘로부터 자손을 타내리고 자손을 두지 못한 신(神)은 중천신(中天神)이니라' 하시고 또 '모든 선령신들이 쓸 자손 하나씩 타내려고 60년 동안 공을 들여도 자손 하나를 얻지 못하는 선령신들도 많으니라, 이렇듯 어렵게 태어난 몸을 생각할 때 꿈같은 한 세상을 헛되이 보낼 수 있으랴' 하셨다.

이와 같은 말씀은 사람이 선령의 음덕으로 부모의 혈육을 받아 세상에 출생한 소중함과 또한 생(生)이 비롯됨이 신계(神界) 곧 하늘에서 기인된 존귀함을 자각케 하여 보은법리(報恩法理)를 일깨워 주셨다.

여기서 보은상생(報恩相生)의 대의(大義)를 좀더 부연해 보면 생(生)과 수명(壽命)과 복록(福祿)은 천지의 대은(大恩)이니 성(誠)·경(敬)·신(信)으로서 하느님의 은혜에 보답하고, 존재(存在) 지위(地位) 가치(價値)가 유지되는 것은 사회의 대은(大恩)이니 사회공동복지를 위하여 헌신봉사하고, 강령(康寧)과 번영(繁榮)은 국가의 대은이니 성충(誠忠)을 다하여 헌신봉공하고, 생장양육(生長養育)은 부모의 대은이니 효성으로 부모의 은혜에 보답하고, 교양육성(敎養育成)은 스승의 대은이니 익혀 받은 학식으로 국가 사회에 헌신봉사하고, 생활(生活)의 풍성(豊盛)은 직업의 대은이니 충실근면으로 직무에 복무하여야 한다.

이와 같은 만은(萬恩)의 육대강령(六大綱領)에 대한 보은을 생활화(生活化)하여 보은상생(報恩相生)의 윤리를 실천함으로써, 천하개병(天下皆病)의 세상은 치유(治癒)되는 것이다.

06 대순성적도해요람

여주본부도장의 대순성전 및 일부 지방회관에 구천상제님의 행적과 천지공사, 도주님의 무극도와 태극도의 창도, 도전님의 종통계승 등의 내용을 성화로 모셔놓았다. 『대순성적도해요람(大巡聖蹟圖解要覽)』은 각 성화의 내용을 『전경』 구절을 인용하여 정리해놓은 책자이다.

10 대순진리회의 신앙

01 신앙의 대상

대순진리회의 신앙의 대상은 '구천상제(九天上帝)'이시다.

천도(天道)와 인사(人事)의 상도(常道)가 어겨지고 삼계가 혼란하여 도(道)의 근원이 끊어지게 되니 원시의 모든 신성(神聖)과 불(佛)과 보살(菩薩)이 회집하여 인류와 신명계의 겁액(劫厄)을 구천(九天)에 하소연하였다. 이에 상제께서는 광구천하(匡救天下)하기 위하여 서양 대법국 천계탑(天啓塔)에 내려오셔서 천하를 대순(大巡)하시다가 이 동토(東土)에 그쳐 전북 모악산 금산사 삼층전 미륵금불에 이르러 30년을 머무셨다.

1871년 9월 19일 전라도 고부군 우덕면 객망리 강씨 가문에 인간의 모습을 빌어 강세(降世)하시니 존호(尊號)는 증산(甑山)이시다.

강증산 성사(聖師)께서는 40년간 대순하신 진리를 천지공사(天地公事)로 인세(人世)에 선포하고 화천(化天) 하시니 구천응원뇌성보화천존강성상제(九天應元雷聲普化天尊姜聖上帝)이시다.

02 구천응원뇌성보화천존강성상제

(1) 구천(九天)이라 함은

상제(上帝)께서 삼계(三界)를 통찰(統察)하사 건곤(乾坤)을 조리(調理)하고 운화(運化)를 조련

(調鍊)하시고 계시는 가장 높은 위(位)임을 뜻함이다.

(2) 응원(應元)이라 함은

모든 천체(天體)뿐만 아니라 삼라만상(森羅萬象)이 다 천명(天命)에 응(應)하지 않고 생성(生成)됨이 없음을 뜻함이다.

(3) 뇌성(雷聲)이라 함은

천령(天令)이며 인성(仁聲)인 것이다.

뇌(雷)는 음양이기(陰陽二氣)의 결합으로써 성뢰(成雷)된다. 뇌(雷)는 성(聲)의 체(體)요, 성(聲)은 뇌(雷)의 용(用)으로서 천지를 나누고 동정진퇴(動靜進退)의 변화로 천기(天氣)와 지기(地氣)를 승강(昇降)케 하며 만물(萬物)을 생장(生長)하게 하고 생성변화(生成變化) 지배자양(支配滋養)함을 뜻함이다.

(4) 보화(普化)라 함은

우주의 만유(萬有)가 유형(有形) 무형(無形)으로 화성(化成)됨이 천존(天尊)의 덕화(德化)임을 뜻함이며, 천존(天尊) 이라 함은 군생만물(群生萬物)을 뇌성(雷聲)으로 보화만방(普化萬方)하시는 지대지성(至大至聖)한 삼계(三界)의 지존(至尊)임을 뜻함이다.

(5) 강성상제(姜聖上帝)라 함은

우주(宇宙) 삼라만상(森羅萬象)을 삼계대권(三界大權)으로 주재(主宰) 관령(管領)하시며 관감만천(觀鑑萬天)하시는 전지전능(全知全能)한 하느님의 존칭(尊稱)임을 뜻함이다.

11 대순진리회의 4대 교훈

01 홍익인간

홍익인간은 흔히 "널리 인간을 이롭게 하라"로 해석되나, 자의(字意)에 충실하게 해석하자면 "인간을 크게 도우라"가 될 것이다. 그것은 인간을 모든 가치에 앞세우는 사상이다.

홍익인간은 '인간'을 '홍익'하라는 구조로 되어 있다. 여기서 '홍익' 행위의 대상인 '인간'은 1차적으로는 인간사회나 공동체라는 의미를 가지지만, 신이나 동물에 대한 상대개념으로의 '사람'(Human Being)의 의미도 가지며, 국가나 통치자에 대한 상대개념으로의 '백성' 피치자의 의미와, '나'나 '에고'에 대한 상대개념으로의 '남'(타인)의 의미도 가진다고 분석된다.

그리고 '홍(弘)'은 '널리' 보다는 '크게'의 의미가 우선이다. '널리'로의 '홍'은 편중되고 독점되며 불평등한 것에 반대되는 의미이지만, '크게'로의 '홍'은 규모가 작고 부족하며 빈곤한 것에 대립되는 지향을 가진다. '익(益)'은 '이롭게 한다'거나 '돕는다'의 의미이며, 행복하게 해주라는 취지로 의역할 수 있을 것이다.

홍익인간은 한민족 역사상 최초의 국가인 고조선의 '건국이상'으로 이해되어왔다. 환웅이 신시를 건설한 목적이었고, 단군이 조선을 건국함에 있어서도 사람을 사랑하는 그 이념이 계승되었으리라 상정되기 때문이다.

교육사업을 지휘할 최고 지도이념으로 지정되기도 하였다. 그러나 홍익인간이 현대 한국의 정치와 교육을 규율하는 기조원리로 실천되고 있는지에 대해서는 부정적 평가가 지배적일 것이다. 제시하는 바가 추상적이고 사실이 아닌 신화 속에서 거론된 것이라는 이유로, 홍익인간을 교육이념의 자리에서 끌어내리려는 시도도 계속되어 왔다.

그러나 홍익인간은 여전히 교육이념의 지위를 지키고 있으며, 한국의 교육과 정치를 반성하고 문명과 윤리를 비판하는 가치이자 이념으로 지속적으로 호명되고 있다고 말할 수 있을 것이다.

대순진리회에서는 자신을 뛰어넘어 남을 이롭고 유익하게 하는 강증산과 상제 강대훈의 홍익사상을 이어받아 실천함을 목적으로 한다.

홍익인간의 정신은 대순진리회의 기본 원리이며 이를 바탕으로 개인을 뛰어넘어 민족을 품고 나라를 사랑하는 큰 틀에서 우주의 근본 원리를 대순하며 인간을 유익하게 하는 정신을 이념으로 실천하는 교단이다. 남을 이롭게하는 정신은 곧 대순의 정신이다. 결국, 홍익인간의 정신이 대순진리회의 사회복지 사업으로 나타나는 것이다.

02 이웃사랑

(1) 이웃사랑의 정의

이웃사랑(Love Toward Our Neighbor)은 인간의 상생하는 데 가장 중요한 덕목 중 하나이며, 강대훈 도전의 사상 가운데 하나로 이웃을 자신처럼 사랑하고 섬기는 것을 의미한다. 이웃사랑은 옥황상제의 사랑과 분리될 수 없는 것으로, 신자들이 상호 간에 대한 사랑을 실천적으로 표현하는 방법 중 하나로써 대순진리회의 실천 철학과 행동이다.

(2) 이웃사랑의 본질과 중요성

이웃사랑의 본질은 옥황상제님께서 우리에게 베푸신 사랑을 바탕으로 다른 사람들을 사랑하고 섬기는 것이다. 이웃사랑은 대순진리회의 윤리 핵심이며, 우리가 세상을 살아가는 새로운 방법이다. 신자들은 이웃을 사랑함으로써 세상에서 빛이 되고 옥황상제의 나라를 이 땅에 이루는 실천으로 모든 사람을 측은히 여기는 사랑의 마음이다. 대순진리회는 사람을 행복하게 하는 종교로서 행복한 이웃과 사회는 인간이 추구하는 최고의 선이다.

　대순진리회가 강증산 상제로부터 강대훈 미륵도전도인에 이르기까지 종맥을 이어오는 사상 중에 가장 큰 사상은 이웃사랑을 강조한 것이다. 즉, 이웃을 사랑하고, 나라를 사랑하며, 더 나아가서 모든 인류를 사랑하는 원대한 사랑을 품고 실천함으로 인류를 통합하고 구원하기 위한 목적을 가진다. 대순진리회에서 이웃사랑의 표현이 희망을 주는 의료사업으로 나타난 것이다.

03 사회구원

　세상을 살아가는 인간은 혼자가 아니라 함께 가는 시스템이다. 서로의 유익과 안전을 위하여 '사회'라는 틀(frame) 속에서 보호를 받으며 더불어 살아가는 장소가 사회이다. 여기에 선과 악의 싸움이 있으며 죄와 구원이 있다고 생각하고 정의로운 사회구현을 위하여 사회를 변화시키고 더 나은 사회로 발전시키고 구원하려는 시도이다. 이것은 인간 개인의 힘으로 이루어낼 수 없는 체계화된 사회이다. 대순진리회는 세상을 구원하기 위하여 증산상제에게서 출발하여 박한경 도전을 거쳐 증산미륵도전도인으로 오신 강대훈 상제의 뜻을 따라 더 밝은 세상을 만들어가는 사회구원의 역할을 실천한다. 대순진리회는 부정과 부패로부터 정직한 사회와 행복한 사회구현을 위해 적극적인 사회활동을 통하여 인간이 사는 환경 속에서 대순의 뜻을 이루고자 하는 사회개혁을 선도하며 인류의 행복을 만들어가는 교단임을 강조한 것이다. 대순진리회에서 사회구원은 미래에 대한 믿음으로 교육사업으로 펼쳐지는 것이다.

04 애국정신

　대순진리회의 근본으로 올라가면 강증산 상제께서 아버지의 뜻을 따라 일제와 마주 섰고, 나라를 지키려는 애국심으로 동학운동에 뛰어들었으며 그의 일생을 구국정신으로 세상을 펼쳐내셨다. 대순진리회의 핵심 사상 중 하나는 나라를 사랑하는 뜨거운 애국심이 근본이 되어 오늘에 이르기까지 역사의 맥을 이어온 것이다.

나라가 없는 백성은 설 곳이 없다. 이에 강대훈 상제님의 뜻을 따라 애국하는 마음을 소유하며, 애국정신으로 신앙을 무장하여 대순을 이루는 신도가 되어야 할 것이다. 특히 나라가 어려울 때 대순진리회는 앞장서서 나라 사랑을 실천하는 것이 신도의 마땅한 의무이다.

대순진리회의 초창기 신도(송파 600만)들은 일제의 침략과 탄압에도 굴하지 않고 나라를 지키려는 애국심으로 무장되어 있었으며 애국심은 민족정신의 핵심을 이루는 사상이었다. 일제 강점기에 증산상제의 나라를 다시 찾고자 하는 뜨거운 마음은 농민 동학운동으로 번져나가기 시작하였으며 당시 600만의 신도들은 동학운동에 적극 가담하여 일본 군대와 싸우며 나라를 지키려고 목숨까지 아끼지 아니하고 그들의 총칼 앞에서 선혈을 뿜었다.

애국정신은 대순진리회의 대표적인 정신 가운데 하나다. 일제의 무력 앞에서 쓰러져갔지만 그래도 나라를 찾기 위하여 보천교의 김구 선생을 중심으로, 중국 상해에 임시정부를 세우고 독립운동을 유지할 수 있도록 물질을 지원하여 끝까지 나라를 찾기 위한 저항의 결과로 오늘의 대한민국을 이루어낼 수 있었다.

대순진리회의 정신에서 애국정신은 대한의 뜨거운 심장이었다. 나라를 잃어버린 나라는 이 땅에 존재할 수 없다. 국가의 3대 조건은 땅과 백성과 지도자이다. 대순진리회는 국가의 기본 틀(frame)을 지탱하도록 기반을 제공하였다. 따라서 대순진리회는 애국적인 민족종교임을 분명히 하고 있으며, 대한민국의 민족종교는 오직 대순진리회임을 천명한다. 대순진리회의 존재 이유는 나라를 지키고 통합하며 세계를 품고 뻗어나가는 위대한 힘을 형성하는 것이다.

대순진리회는 우리나라를 지키는 역할을 충실하게 실행했을 뿐만 아니라 민족종교로서의 면모를 갖추었으며 애국심을 품은 종단으로써 대한민국 수호천사의 사명을 다하고 있다.

대순진리회의 애국사상은 민족종교에서 뿌리를 내리고, 나라사랑에 대한 애국으로 성장하여 상제의 나라에 참여하는 민족 번영을 위한 애국사업을 펼쳐내는 것이다.

12 대순진리회의 4대 사업

01 사회복지사업

(1) 강원도 그랜드호텔

강원도 그랜드호텔은 한국 강원도에 위치한 고급 호텔로, 아름다운 자연 경관과 현대적인 시설을 갖춘 숙박 시설이다. 이곳은 관광 명소와 자연 경관이 인근에 많아 휴양 및 레저 활동을 즐기기에 적합한 곳이다. 스파, 수영장, 레스토랑 등 다양한 편의 시설을 제공하며, 각종 패키지 상품이나 이벤트도 진행하는 경우가 많다.

(2) 연해주 영농사업

대순진리회는 러시아 연해주에 대규모 농장을 운영하고 있다. 이는 '아그로상생'이라는 현지 영농법인을 통해 이루어지고 있으며, 주로 식량 자원 확보와 해외 영농을 통한 국위 선양을 목표로 하고 있다.

① 연해주 농장 현황

- **규모**

대순진리회가 연해주에 확보한 농지 면적은 상당하다. 2007년 기준으로 4억여 평에 달하며, 이는 제주도 전체 면적의 약 2배에 해당할 정도로 광활한 규모이다. 2018년 기준으로 약 28,000ha

정도를 경작하고 있다.

▪ 주요 작물

쌀, 콩, 밀, 옥수수, 귀리 등 다양한 곡물을 재배하며, 대규모 돼지, 소, 사슴 목축도 겸하고 있다. 특히 벼농사에 큰 비중을 두고 있다.

▪ 경영 방식

대순진리회는 러시아 정부로부터 장기 임대(49년) 형식으로 농지를 확보하여 운영하고 있다. 과거 소련 시대에 버려졌던 국영 집단농장들을 인수하여 재건하는 방식으로, 현지인 고용을 통해 지역 경제 활성화에도 기여하고 있다.

▪ 투자 배경

대순진리회는 연해주의 넓은 토지와 비교적 저렴한 노동력, 그리고 농업 잠재력을 높이 평가하여 해외 투자를 결정했다. 또한, 민족종교로서의 교리적인 측면도 작용했다고 할 수 있다.

② 의미 및 평가

대순진리회의 연해주 농장 사업은 국내 종교단체가 해외에서 대규모 영농 사업을 성공적으로 추진하는 사례로 주목받고 있다. 이는 한국의 식량 안보 강화에 기여할 뿐만 아니라, 버려진 토지를 활용하여 현지 경제를 활성화하는 긍정적인 효과도 가지고 있다.

(2) 종합사회복지관 설립(서울시 송파구)

대순진리회는 홍익인간(弘益人間)의 정신이 있다. 남을 이롭고 유익하게 하기 위하여 백성에게 구제를 실시하고 복지를 제공하며 이웃사랑을 실천하기 위하여 사회복지사업을 추진하고 있다. 대순진리회 초기에 도인들을 '송파 600만'이라고 불렀는데 강증산 상제님께서 미래를 아시고 오늘의 서울시 송파구를 지명하신 것으로 보인다.

증산미륵도전도인 강대훈 상제님을 중심으로 해서 우리나라의 서울시 송파구에 한국에서 가진 큰 토탈종합사회복지기관을 설립하고 이곳에서 모든 백성을 이끌어갈 수 있는 사회복지 리더자들을 양성하여 미륵도전도인의 뜻을 이루어가기 위한 요람에서 무덤까지의 교두보를 이룩할 것이다.

(3) 장애인종합사회복지관(서울시 송파구)

사람이 사는 세상에는 정상적인 사람도 있지만 인생의 운명으로 심신이 장애인이 된 사람도 있다. 약한 자로 태어나 서러움과 고통의 삶을 사는 백성에게 옥황상제의 자비를 베풀어 주는 것은 강증산 상제님과 강대훈 상제님의 뜻이다.

장애인들이 마음 놓고 꿈을 펼칠 수 있는 공간을 확보하고 시설을 통하여 교육하는 것이 장애인을 사랑하고 인간답게 살게 하는 하나의 방법으로써 유일한 장애들의 기반이 될 장애인종합복지관은 대순진리회의 뜻깊은 사업이 될 것이다.

(4) 사회교육원 설립(서울시 송파구)

대순진리회는 나라를 위한 인재를 키우는 목적으로 교육사업에 노력하고 있다. 여기에 사회구원을 위한 시설과 공간이 필요하며 정의로운 사회구현을 위한 각종 프로그램 교육이 이루어져야 할 것이다.

우리 사회를 건강한 사회로 유지하고 백성이 행복한 사회로 만들어가기 위하여 특별히 사회교육원을 설립하고 적극적이고 희망이 있는 사회를 이룩하기 위하여 사회교육원을 서울시 송파구에 설립하고 사회운동을 펼쳐낼 것이다. 지역사회 주민들을 위한 증산상제도전도인 강대훈 상제님의 뜻을 이루는 사회적 공간인 사회교육원을 설치하여 지역사회 발전을 이룩한다.

02 의료사업

(1) 분당제생병원

분당제생병원(Bundang Jesaeng Hospital)은 경기도 성남시 분당구에 위치한 종합병원으로, 1995년에 개원하였다. 분당제생병원은 병원은 의료 서비스를 통해 지역 사회에 대한 책임을 사명을 의무로 삼고 헌신과 봉사로 기여하고 있으며, 여러 전문 분야의 진료를 제공하고 있다.

분당제생병원은 환자의 건강과 안정을 위해 최선을 다하고 있으며, 진료의 질과 환자 만족도를 높이기 위해 지속적으로 노력하고 있다.

① 전문 진료
분당제생병원은 내과, 외과, 정형외과, 신경과, 산부인과 등의 다양한 전문 진료과를 운영하며, 종합적인 의료 서비스를 제공한다.

② 첨단 의료 시설
분당제생병원은 최신 의료 장비와 기술을 갖추고 있으며, 이를 통해 빠르고 정확한 진단과 보다 효과적인 치료를 제공하고 있으며 휴먼서비스를 실시하고 있는 첨단 의료기관이다. 첨단장비 도입과 인류의 건강과 행복을 위하여 완벽한 치료를 지향하는 최첨단 종합병원이다.

③ 응급의료 서비스
24시간 응급실을 운영하여 응급 상황에서도 신속하게 환자를 치료할 수 있는 시스템을 마련하고 있다.

④ 환자 중심의 서비스
환자의 안전과 편의를 최우선으로 생각하며, 환자 맞춤형 진료와 친절한 서비스를 제공하고 있다.

⑤ 연구 및 교육

병원에서는 의료 기술 개발과 의학 연구에 적극 참여하고 있으며, 21세기 국가와 사회를 위하여 의술을 연구하고 의료 인력 양성을 위한 교육 프로그램도 진행하고 있다. 더 나아가 정확하고 확실한 진료를 위하여 끊임없이 연구하고 교육하는 의료기관이다.

⑥ 지역 사회 기여

지역 주민들을 위한 다양한 건강 프로그램과 무료 건강 검진 등을 통해 지역 사회의 건강 증진에 기여하고 있다.

(2) 동두천제생병원

동두천제생병원은 경기도 동두천시에 위치하고 있다. 병원의 정확한 주소는 경기도 동두천시 지행로 25 (지행동 613)이다. 서울을 중심한 근교와 북쪽에서 이웃사랑의 장막을 펴고 국민의 건강을 돌아보는 사명으로 설립된 현대식 건물의 종합병원이다.

03 교육사업

(1) 대학교

① 대진대학교

대진대학교(Daejin University)는 대한민국 경기도 포천시에 위치한 사립 대학이다. 1993년에 설립된 이래로, 다양한 학부와 대학원 프로그램을 제공하여 학생들에게 전문적이고 실용적인 교육과 균형 잡힌 교육과 지역 사회에 기여하는 인재 양성을 목표로 하고 있다.

대진대학교는 공학, 인문학, 경영학, 예술 등 여러 분야의 학과를 운영하고 있으며, 학생들에게 실무 중심의 교육과 연구 기회를 제공하고 있다. 또한, 캠퍼스 내 다양한 시설과 환경을 통해 학생들이 학문에 전념할 수 있도록 노력하고 있다.

대진대학교는 지역 사회와의 협력 및 국제화에도 중점을 두고 있으며, 다양한 교류 프로그램과 연구 프로젝트를 통해 글로벌 인재 양성에 힘쓰고 있다.

더욱이, 대진대학교는 적응력 있는 인재를 양성하기 위해 끊임없이 교육과정을 개선하고 발전시키고 있다. 설립 이후 지속적인 성장과 변화를 통해 교육의 질을 높여가는 대학교로 자리매김하고 있다.

■ 학부 및 전공

대진대학교는 인문대학, 사회과학대학, 경상대학, 공과대학, 예술대학 등 다양한 학부를 운영하고 있으며, 각 학부 내에서도 여러 전공을 선택할 수 있다.

■ 실무 중심의 교육

이 대학은 이론과 실무를 결합한 교육을 통해 졸업생들이 실제 산업 현장에서 필요한 역량을 갖출 수 있도록 프로그램을 설계하고 있다.

■ 연구

대진대학교는 다양한 연구소와 센터를 운영하며, 교수진과 학생들이 공동 연구를 진행할 수 있는 기회를 제공한다. 이를 통해 학문적 발전은 물론 지역 사회와의 연계를 도모하고 있다.

■ 캠퍼스 환경

포천에 위치하여 자연과 가까운 캠퍼스 환경을 가지고 있으며, 학생들이 쾌적한 학습 환경에서 공부할 수 있도록 시설을 갖추고 있다.

■ **학생 지원 및 복지**

대학은 학생의 학습과 생활을 지원하기 위해 다양한 장학금 제도와 상담 프로그램을 운영하고 있다.

■ **인턴십 및 취업 지원**

학생들의 취업 기회를 높이기 위해 인턴십 프로그램 및 취업 지원 서비스를 운영하고 있어, 졸업 후 성공적인 진로를 찾는 데 도움을 주고 있다.

② **중원대학교**

■ **위치**

중원대학교는 대한민국 충청북도 괴산군 괴산읍에 위치한 사립대학교이다. 1993년에 설립된 중원대학교는 충청지역사회 산업의 발전에 기여하기 위해 다양한 전공과 프로그램을 개발하고 제공하며 미래의 우리나라 인재를 발굴하고 양성하는 최고의 대학이다.

■ **특징**

중원대학교는 우리나라 가운데(중원) 위치한 지역적 특성을 가지고 있으며 대한민국 중심부에서 우리나라뿐만 아니라 세계를 움직이는 지도자와 인재를 양성하는 동력적인 대학이다. 그러한 의미에서 중원대학교는 세계의 중심대학으로 성장하고 있다.

■ **학부 및 전공**

중원대학교는 인문학, 사회과학, 자연과학, 공학, 경상계열 등 여러 분야의 학과를 운영하고 있으며, 실무 중심의 교육과 연구를 통해 학생들의 직무 능력을 향상시키는 데 중점을 두고 있다.

■ **활동**

특히, 중원대학교는 학생들에게 다양한 경험과 기회를 제공하기 위해 인턴십, 해외 연수, 연구

활동 등을 활성화하고 있으며, 지역 사회와의 협력을 통해 사회적 책임을 이행하고 있다.

▪ 프로그램 지원

또한, 중원대학교는 지속적인 시설 개선과 교육 환경 조성을 통해 학생들이 학업에 집중할 수 있는 환경을 마련하고 있다. 중원대학교는 학생들의 창의성과 능력을 극대화하기 위해 다양한 프로그램과 지원을 제공하고 있다.

▪ 비전

중원대학교의 비전은 강대훈(증산상제미륵도전 67계열 통합대표) 상제님의 4대 정신과 4대 사업을 혁신적으로 실천하는 세계 중심의 대학을 품고 있다. 이것은 남을 이롭게 하는 홍익인간의 정신으로 사회복지를 실천하고, 이웃사랑의 정신으로 의료사업에 매진하며, 정의로운 사회구현을 위하여 교육사업에 힘을 다하고, 나라를 사랑하는 애국정신과 사상으로 세계적인 우수한 인재를 양성하고, 대한민국과 세계의 중심에서 인류사회에 기여하는 것이다. 이를 통해 중원대학교는 지역 내에서뿐만 아니라 전국적으로도 중요한 교육기관으로 자리 잡고 있다. 특히 중원에서 수도 서울에 교두보를 설치하여 교육과 사회복지 그리고 의료와 애국정신으로 자리매김을 이어나갈 가장 핵심적인 대학으로 성장할 것이다.

③ 안양대학교

▪ 안양대학의 건학 이념

'한 구석 밝히는 아름다운 리더 양성으로 모든 사람이 자기에게 주어진 한 구석을 책임지고 밝혀나갈 때, 개인으로서는 자기 분야의 최고가 될 수 있고, 공동체 전체는 건강하고 조화롭게 발전해 나갈 수 있다' 는 이념으로 이에 부합하는 사람을 한 구석을 밝히는 아름다운 리더로 정의하고 세상의 빛과 소금의 사명을 다한다는 신앙으로 설립된 학교이다. 특히 수도권에서 세상을 비추는 등불로써 미래 세계를 책임지는 희망이 있는 대학이다.

■ **안양대학교의 인재상**

'ARI형 인재'로 실천인재, 인성인재, 창의인재로 구분

실천인재(Active collaborator) : 주도성, 협동성을 가진 인재 양성

인성인재(Respected colleague) : 인성을 함양하고, 공감능력을 가진 인재 양성

창의인재(Innovative challenger) : 실무능력을 갖추고 융합적 사고를 하는 인재 양성

■ **교육철학**

한 구석 밝히기(照一隅 정신)

한 구석 밝히기는 주어진 일에 최선을 다하여 최고의 결실을 거두자는 정신운동이다.

■ **비전**

안양대학교의 비전은 미래 가치를 선도하는 창의 융합 강소대학이다. 장차 대한민국의 미래를 이끌어가는 인재 양성기관으로 서울 근교에 뿌리를 두어 세계를 주도하는 대학으로서 성장을 꿈꾸는 대학이다. 특히, 지역특성화 대학으로서 다양한 학과를 설치하여 대한민국을 선도하는 모범적 대학으로 성장 발전시켜 나갈 것이다.

(2) 고등학교

① 분당대진고등학교

분당대진고등학교는 경기도 성남시 분당구에 위치한 공립 고등학교로, 1993년에 설립되었다. 분당대진고등학교는 학생들의 개개인의 학업 성취도를 높이고 다양한 교육적 기회를 제공하기 위해 노력하고 있다. 분당대진고등학교는 궁극적으로 학생들의 전인적 성장과 꿈을 실현하는 데 기여하는 교육을 목표로 하고 있다.

■ **교육과정**

분당대진고등학교는 인문계, 자연계 학과를 운영하며, 다양한 선택 과목과 맞춤형 교육과정을 통해 학생들의 다양한 진로와 흥미에 맞는 교육을 제공한다.

■ **학업 성취**

분당대진고등학교는 우수한 대학 진학률을 자랑하며, 학생들이 목표하는 대학에 진학할 수 있도록 체계적인 학습 지원과 멘토링 프로그램을 운영하고 있다.

■ **다양한 활동**

학교는 학술적 활동뿐만 아니라 다양한 동아리와 체육 대회, 문화 행사 등을 통해 학생들의 전인 교육을 지향하고 있다.

■ **시설과 환경**

현대적인 교육 시설을 갖추고 있으며, 쾌적한 학습 환경을 제공하여 학생들이 효과적으로 공부할 수 있도록 지원한다.

■ **진로 상담**

학생들의 진로 탐색과 선택을 위해 진로 상담 프로그램을 운영하며, 이를 통해 개인의 적성과 흥미에 맞는 진로 방향을 설정할 수 있도록 도와준다. 특히 개인의 능력에 맞는 맞춤형 진로상담을 실시하고 있다.

② **일산대진고등학교**

일산대진고등학교는 경기도 고양시 일산구에 위치한 사립 고등학교이다. 높은 교육 수준과 다양한 프로그램으로 잘 알려져 있으며, 주로 대학 진학을 목표로 하는 학생들에게 체계적인 학습 환경을 제공한다. 일산대진고등학교는 학생들이 적성과 능력을 발휘할 수 있도록 다양한 교육적 지원을 제공하고 있다.

■ **교육과정**

일산대진고등학교는 일반 고등학교의 교육과정을 기본으로 하여, 심화 학습, 다양한 선택 과목 등을 제공하여 학생들의 다양한 진로 선택을 지원한다.

■ **대학 진학**

일산대진고등학교는 우수한 대학 진학률을 자랑하며, 교직원들이 학생들의 진로 상담과 대학 입시 준비에 적극적으로 지원한다.

■ **동아리 및 extracurricular 활동**

다양한 동아리와 학생회 활동을 통해 학생들이 사회성과 리더십을 기를 수 있는 기회를 제공한다.

■ **학습 환경**

현대적인 교육 시설과 쾌적한 학습 환경을 갖추고 있어 학생들이 학업에 집중할 수 있도록 지원한다.

■ **커뮤니티**

학부모와 지역사회와의 관계를 중요시하며, 다양한 행사와 프로그램을 통해 상호작용을 강화하고 있다.

③ **부산대진전자고등학교**

부산대진전자고등학교는 부산광역시에 위치한 특성화 고등학교로, 전자 및 IT 분야의 전문 인재를 양성하는 데 중점을 두고 있으며 학생들에게 전자공학과 관련된 다양한 지식과 기술을 가르치며, 실무 중심의 교육을 제공한다. 부산대진전자고등학교는 전자 및 IT 분야 전문가를 목표로 하는 학생들에게 특화된 교육 환경과 실습 기회를 제공하며, 해당 분야에서의 성공적인 경로를 준비할 수 있도록 돕고 있다.

■ 특성화 교육

전자 및 정보통신 분야의 전문 교육을 통해 학생들이 해당 분야에서 실무 역량을 갖출 수 있도록 지원하고 학생 개개인을 위한 맞춤형 교육을 진행함으로 특성화를 실천하고 있다.

■ 산학 협력

지역 산업체와의 협력을 통해 학생들에게 현장 실습 기회를 제공하며, 산업체의 요구에 맞는 인재를 양성하기 위해 노력한다.

■ 다양한 프로그램

학생들에게 다양한 동아리와 활동을 통해 전공에 대한 흥미를 키우고, 창의적인 사고를 개발할 수 있는 기회를 제공한다.

■ 취업 지원

부산대진전자고등학교는 IT최첨단산업에 앞장서서 졸업 후에 취업을 원하는 학생들을 위해 취업 관련 지원 프로그램과 진로 상담을 제공하여, 성공적인 직업 선택을 돕는다.

■ 시설 및 장비

최신 장비와 실습실을 갖추고 있어 학생들이 실제 산업 환경에서 필요한 기술을 익힐 수 있는 환경을 제공한다.

④ 수서대진고등학교

수서대진고등학교는 서울특별시 강남구 수서동에 위치한 공립 고등학교이다. 서울의 중심, 특히 강남구에서 최고의 인재를 발굴하여 나라를 위한 미래의 인재로 양성하기 위하여 세워진 공등학교이다.

수서대진고등학교는 성실한 교육과정을 지향하며, 학생들에게 폭넓은 교육적 기회를 제공하고 있다. 또한 교육적 우수성과 함께 학생들의 인성과 사회적 책임감을 기르는 데도 힘쓰고 있다.

■ 교육과정

다양한 전공 과목과 특색 있는 교육과정을 운영하고 있으며, 학생들의 진로에 맞춘 맞춤형 교육을 제공한다.

■ 진학률

수서대진고등학교는 우수한 대학 진학률을 자랑하며, 학생들에게 학업적 성과를 위해 필요한 지원을 아끼지 않고 있다.

■ 동아리 및 extracurricular 활동

다양한 동아리 활동과 교내 행사 등으로 학생들의 전인 교육을 중시하고 있다. 이러한 활동을 통해 학생들은 사회성을 기르고 다양한 경험을 쌓을 수 있다.

■ 교사와의 소통

학생과 교사 간의 소통을 중요시하며, 학습에 대한 상담과 지원을 통해 학생의 성장을 돕고 있다.

■ 시설

현대적인 시설과 학습 환경을 갖추고 있어 학생들이 보다 나은 교육 환경에서 학업에 집중할 수 있도록 한다.

04 애국사상 사업(서울시 송파구)

나라 사랑에 대한 애국심은 오직 교육으로 가능한 것이다. 이 세상에서 교육을 능가하는 것은 없다. 우리나라를 지키고 발전시키기 위해서 애국사상을 가르치는 사업이 매우 절실히 요구된다.

대순진리회에서 나라를 사랑하는 애국심을 양성하고 실천하기 위하여 '애국관'을 설립하고 나라 사랑에 대한 교육을 통하여 나라를 지키고 장차 다가올 통일을 준비하는 기틀을 마련해야 한다. 따라서 모든 국민에게 애국심을 불어넣기 위한 특별한 장소가 필요하여 서울에 애국관을 설립하고 강대훈 상제님의 뜻을 따라 애국하는 나라로 만들어야 한다.

대순진리회는 이를 위해서 각종 교육과 강연 및 애국행사를 진행할 수 있는 애국관을 세워서 국민의 사상을 개조하고 건강한 정신으로 인도해 가는 선구자로서 애국사상을 가르치고 나라를 구원하는 역할을 감당해야 할 것이다. 애국관에 박물관을 설치하고 애국에 관한 영화 감상을 위한 극장 및 애국 강연장을 설치하고 기타 편의시설을 갖춘 대한민국 유일한 기관으로 존립하며 나라의 장래는 교육이 결정하되 특히 나라를 사랑하는 애국은 그 나라의 원동력이다.

13 대순진리회의 수칙(守則)

1) 국법을 준수(遵守)하며 사회도덕을 준행(遵行)하여 국리민복(國利民福)에 기여하여야 함.

2) 삼강오륜(三綱五倫)은 음양합덕(陰陽合德)·만유조화(萬有造化) 차제(次第) 도덕의 근원이라 부모에게 효도하고, 나라에 충성하며, 부부 화목하여 평화로운 가정을 이룰 것이며, 존장(尊丈)을 경례(敬禮)로써 섬기고 수하(手下)를 애휼(愛恤) 지도하고, 친우 간에 신의로써 할 것.

3) 무자기(無自欺)는 도인의 옥조(玉條)니, 양심을 속임과 혹세무민(惑世誣民)하는 언행과 비리괴려(非理乖戾)를 엄금함.

4) 언동으로써 남의 척(慽)을 짓지 말며, 후의(厚意)로써 남의 호감을 얻을 것이요, 남이 나의 덕을 모름을 괘의(掛意)치 말 것.

5) 일상 자신을 반성하여 과부족(過不足)이 없는가를 살펴 고쳐나갈 것.

14
대순진리회의 도기

　대순(大巡)이 원(圓)이며 원이 무극(無極)이고 무극이 태극(太極)이라는 말과 같이 원은 우주의 순환법칙과 무위자연(無爲自然)의 이법(理法)을 담고 있다.

　도기(道旗)의 삼원(三圓 : ○○●)은 천·지·인 삼계(三界)를 표상한 전 우주이다.

　외원(外圓)은 하늘을 뜻하고, 중원(中圓)은 사람을 뜻하며, 내원(內圓)은 땅을 가리킨다.

　사대(四大 : ✈)는 자연의 기본원리인 생장염장(生長斂藏)의 사의(四義)를 뜻하는데 천도(天道)인 원형이정(元亨利貞)과 지도(地道)인 춘하추동(春夏秋冬)과 인도(人道)인 인예의지(仁禮義智)의 윤리도덕을 뜻한다.

　중앙은 오십토(五十土)로 사정사유(四正四維)와 사대(四大)가 만나는 곳으로서 신(信)을 뜻한다. 오색(五色 : ■■■□■)에는 음양(陰陽)과 오행(五行)의 진리가 담겨 있다.

15 대순진리회의 도장

1 여주본부도장

2 금강산토성수련도장

3   중곡도장

4   포천수도장

5 제주수련도장

대순진리회의 도헌

제1장 총칙

제1조

본회는 대순진리회라 칭한다.

제2조

본회의 창도주는 조정산성사이시다.

제3조

본회의 신앙대상은 구천응원뇌성보화천존강성상제이시다.

제4조

본회는 대순진리를 종지로 하고 포덕천하·구제창생·보국안민·인간개조·지상천국건설을 목적으로 한다.

제5조

본회는 전조의 목적을 달성하기 위하여 사강령(안심·안신·경천·수도)과 삼요체(성·경·신)를 요강으로 하고 설법하신 조정산도주의 유명을 계승하여 수도함을 사명으로 한다.

제6조

본회는 서울특별시에 중앙본부 · 지방 및 해외에 포덕소를 둔다.

제2장   도인의 권리 의무

제7조

본회의 종지와 도헌을 찬동하고 소정의 입회 절차를 이수한 자를 도인으로 한다.

제8조

도인은 본회 운영에 대한 건설적인 의사를 건의할 권리가 있으며 본부에 헌납하는 성금은 자진 성의에 의하여야 하고 일체의 권유와 강요를 받지 않는다.

제9조

도인은 가정에서 자기 위치의 도리를 다하여야 한다.

제10조

도인은 본회의 지도와 보호를 균수할 권리가 있다.

제11조

도인은 도헌 및 제규정에 정한 사항과 각 의회의 결의 사항을 준수하여야 할 의무가 있다.

제12조

도인은 다음 사항을 준수하여야 한다.

〈도인의 수칙〉

1. 국법을 준수하고 사회도덕을 준행하여 국리 민복에 기여하여야 한다.

2. 삼강 오륜은 음양합덕·만유조화 차제 도덕의 근원이라, 부모에게 효도하고, 나라에 충성하며, 부부 화목하여 평화로운 가정을 이룰 것이며, 존장을 경례로써 섬기고, 수하를 애휼 지도하고, 친우간에 신의로써 할 것.

3. 무자기는 도인의 옥조니, 양심을 속임과 혹세무민하는 언행과 비리괴려를 엄금함.

4. 언동으로써 남의 척을 짓지 말며, 후의로써 남의 호감을 얻을 것이요, 남이 나의 덕을 모름을 괘의치 말 것.

5. 일상 자신을 반성하여 과부족이 없는가를 살펴 고쳐 나갈 것.

제3장 연원

제13조
연원은 강증산상제의 대순하신 유의의 종통을 계승한 조정산도주의 연원이라 한다.

제14조
도인은 사사상전에 의하여 연운의 상종관계가 성립된다.

제15조
도인은 전도인의 은의를 영수불망한다.

제4장 중앙본부의 체계제

제16조
본회는 정규적인 체계로써 하기 기관으로 구성한다.

1. 도전

2. 중앙종의회

3. 포정원

4. 정원

5. 종무원

6. 감사원

제17조

도전은 조정산도주의 유명으로 종통을 계승하여 본회를 대표하고 영도한다.

제18조

도전은 도헌·기타 규정에 의하여 필요한 지시를 발할 수 있다.

제19조

도전은 도헌·기타 규정에 의하여 각급 임원을 임명한다.

제20조

도전의 임기는 종신제로 한다.

제21조

본회의 각급 기관은 제반 의결 사항과 업무 사항에 관하여 도전의 동의를 얻어야 한다.

제22조

도전 유고시는 종무원장·중앙종의회의장 순으로 그 직무를 대리한다.

제23조

본회의 대외적 제반 업무는 도전의 지시에 의하여 종무원장의 명의로 시행한다.

제24조

종무원장은 연원 공적과 교화 실적에 따라 도전이 임명한다.

제25조

종무원장의 임기는 제한을 받지 아니한다. 단, 중앙종의회의 최종적인 불신임이 결의되었을 시에는 차한에 부재한다.

제26조

종무원장은 중앙종의회의에 출석하여 발언할 수 있다.

제27조

종무원장은 도전의 지시에 의하여 종무원 업무 전반을 관장한다.

제28조

중앙종의회는 본회의 운영 발전과 제반 사항에 관하여 심의 의결한다.

제29조

포정원은 포덕 및 교화업무를 수행한다.

제30조

정원은 선도업무를 수행한다.

제31조

종무원은 종무원의 제반 사무를 집무한다.

제32조

감사원은 본회의 제반 업무와 도인의 수행을 심사하고 검토한다.

제33조

종무원 및 감사원의 특정직 임원은 중앙종의회의 선출 추천으로 도전이 임명한다.

제34조

선정부·교정부 임원이 특정직 임원에 임명되었을 시는 겸직으로 한다.

제35조

각급 임원은 업무상 필요에 의하여 수당 혹은 급료를 지급할 수 있다.

제5장　중앙종의회

제1절 구성

제36조

중앙종의회는 대순진리회의 최고의결기관이 된다.

제37조

중앙종의회는 선감·교감·보정급 임원으로 구성한다.
단, 보정급 임원은 도정실 출석자에 한한다.

제2절 권한

제38조

중앙종의회의 권한은 다음과 같다.

1. 도헌 및 제규정의 제정 및 수정 개폐
2. 예산의 심의 결정 및 결산의 심의 승인
3. 중요 재산의 취득 관리 처분의 결정
4. 건의의 수리 및 심사 처리
5. 종무원에 대한 감독
6. 종무원 및 감사원 임원 선출

제39조

중앙종의회는 필요에 따라 종무위원을 출석시켜 종무에 관한 질의를 할 수 있다.

제3절 소집과 회기

제40조

중앙종의회의 회기는 정기와 임시로 구분한다.

제41조

정기회의는 다음과 같이 개최한다.

정기총회는 매년 6월과 12월 2회로 하되 회차를 중앙종의회의장이 소집한다.

제42조

임시회의는 다음과 같은 경우에 소집한다.

1. 종무원장의 요구가 있을 시
2. 재적 의원의 5분의 1 이상의 요구가 있을 시

제43조

중앙종의회는 제42조의 요구가 있을 시는 2주 이내에 의장이 소집하여야 한다.

제4절 임원

제44조

중앙종의회는 다음 임원을 호선한다.

1. 의장 1인
2. 부의장 1인

제45조

의장은 의회를 대표하며 의사 진행 중 의회 내의 질서를 유지하고 의사를 정리한다.

제46조

부의장은 의장을 보좌하고 의장 유고시는 기 직무를 대리한다.

제47조

의회는 서무를 장리하기 위하여 서기 약간 명을 둘 수 있다. 서기는 의장이 위촉한다.

제48조

중앙종의회의 임원의 임기는 1년으로 한다. 단, 보결 임원의 임기는 전임자의 잔임 기간으로 한다.

제5절 회의

제49조

중앙종의회는 재적 의원 과반수의 찬성으로 의결함을 원칙으로 한다.

제50조

의장은 의결에 있어서 표결권과 가부 동수일 시에 결정권을 가진다.

제51조

중앙종의회의 의안은 종무원의 제안과 중앙종의회의원 5분의 1 이상의 연서로써 발의할 수 있다.

제52조

중앙종의회의 의결 사항은 종무원에 이송되어 종무원장의 명의로 공포하고 시행한다.

제53조

종무원은 중앙종의회로부터 이송된 의결 사항에 이의가 있을 시는 접수일로부터 2주 이내로 의견을 구신하여 의회에 환송한다. 차시 중앙종의회는 회의를 개최하여 재의하고 출석의원 3분의 2 이상의 찬동으로써 확정한다.

제54조

중앙종의회의장은 서기로 하여금 의사 진행 사항을 기록케 하고 그 기록을 종무원에 이송하여 보관케 한다.

제6장   포정원

제55조

도인은 연원 공적과 교화 실적에 따라 임원 임명 기준에 의하여 원직을 수임한다.

제56조

임원은 다음과 같이 선정부 · 교정부로 구분한다.

선정부 - 선감 · 차선감 · 선사 · 선무

교정부 - 교감 · 교령 · 교정 · 교무

제57조

선정부 임원은 연원 공적에 따라 다음 기준에 의하여 각 직을 수임한다.

선감 - 1,000호 이상

차선감 - 700호 이상

선사 - 300호 이상

선무 - 100호 이상

제58조

교정부 임원은 연원 공적과 교화 실적에 따라 각기 교감 · 교령 · 교정 · 교무직을 수임한다.

제59조

선감은 도전을 보좌하고 각 지방 도인의 지도와 포덕 임무를 담당하며 차선감 · 선사 · 선무는 선감의 지도에 의하여 포덕업무를 담당한다.

제60조

교감은 도전을 보좌하고 각 지방 도인의 교화 임무를 담당하며 교령 · 교정 · 교무는 교감의 지도에 의하여 교화업무를 담당한다.

제61조

선정부 · 교정부 임원은 포덕 연원 공적과 교화 실적에 따라 소속 상급 임원의 추천으로 도전이 임명한다. 단, 선무 · 교무는 당회 소속 선감이 임명한다.

제7장 정원

제62조

본회의 도인으로서 본분을 다하지 못하고 도리에 합당치 못한 일을 행하는 자를 선도 교화하고 신조와 수칙을 실천해서 남에게 모범이 되는 도인은 표창하여 전 도인을 참다운 도인으로 인도해 나가는 업무를 수행한다.

제63조

정원 임원은 다음과 같다.
보정 · 정무 · 정리

제64조

정원 임원은 본회의 제반 공로에 따라 그 직을 수임한다.

제65조

보정은 도전을 보좌하고 각 지방 도인의 선도 임무를 담당하고 정무 · 정리는 보정의 지도에 의하여 선도업무를 담당한다.

제66조

정원 · 임원은 소속 상급 임원의 추천으로 도전이 임명한다.

제67조

포정원 · 정원 임원은 임기를 두지 아니한다.

제68조

포정원·정원 임원은 본인의 특별 중대한 과오가 없는 한 면임치 아니한다.

제8장 종무원

제1절 종무회의

제69조

종무회의는 종무위원인 종무 각부의 부장·차장급으로 구성한다.

제70조

종무회의는 종무원장이 의장이 되며 회의를 대표하고 의사를 정리한다.

제71조

다음 사항은 종무회의의 의결을 거쳐야 한다.

1. 본회 운영의 중요한 시책과 계획

2. 도헌 개정안 및 제규정 개정안·도전 지시안

3. 예산안·결산안·재정상 중요 사항

4. 중앙종의회의 임시회의 소집 요구안

5. 건의의 수리 및 처리

6. 종무위원이 제안하는 사항

7. 기타 중요하다고 인정한 사항

제72조

종무회의는 의장이 소집하며 종무회의의 의결은 과반수로써 행한다. 의장은 표결권과 가부 동수일 시에 결정권을 가진다.

제73조

종무위원은 중앙종의회의 임원직을 겸임할 수 없다.

제74조

중앙종의회에서 종무위원을 불신임 결의를 하였을 시는 당해 위원은 즉시 사임하여야 한다.

제2절 종무각부

제75조

종무 각부는 다음과 같이 구분한다.

1. 기획부
2. 총무부
3. 교무부
4. 수도부

제76조

종무 각부의 부장·차장은 종무위원으로 보한다.

제77조

종무 각부 임원은 중앙종의회의 선출 추천으로 도전이 임명한다.

제78조

종무 각부 임원의 임기는 1년으로 한다.

제79조

종무 각부 임원은 수당 혹은 급료를 지급할 수 있다.

제80조

기획부는 본회 운영 발전에 관한 기획업무를 수행 한다.

제81조

기획부에 다음 임원을 둔다.

부장 1인, 차장 1인, 부원 약간인

제82조

총무부는 서무·문서·경리·재정 및 기타 타부에 속하지 아니한 업무를 수행한다.

제83조

총무부에 다음 임원을 둔다.

부장 1인, 차장 1인, 서무 1인, 경리 1인, 부원 약간인

제84조

교무부는 도리 연구 및 편찬·출판 등에 관한 업무를 수행하며 연구위원회를 구성하고 연구소를 둔다.

제85조

연구소 규정은 별도로 정한다.

제86조

교무부에 다음 임원을 둔다.

부장 1인, 차장 1인, 부원 약간인

제87조

수도부는 수도 · 교화 · 조직 · 의식 등의 업무를 수행한다.

제88조

수도규정은 별도로 정한다.

제89조

수도부에 다음 임원을 둔다.

부장 1인, 차장 1인, 부원 약간인

제9장   사업

제90조

본회의 사업은 포덕 교화 수도사업 · 구호자선사업 · 사회복지사업 · 교육 및 육영사업 등을 기본사업으로 한다.

제91조

본회는 제90조의 사업을 발전 육성하기 위해 각종의 수익사업을 할 수 있으며 자본금을 투자할 수도 있다.

제92조

본회는 제91조와 같은 별도의 사업을 할 시는 사업계획서를 작성하여 중앙종의회의 의결을 얻어야 하며 그의 사업소 책임자는 중앙종의회에서 선정하고 그 임기는 1년으로 한다.

제93조

제92조의 별도 사업에 관한 회계는 특별회계로써 경리한다.

제94조

별도 사업 등의 수익금은 중앙종의회의 의결을 득하여 본회 제90조에 의한 기본사업에 활용한다.

제10장　재정

제95조

본회의 재정은 도인의 자진 성의에 의해 헌납한 성금과 기타 수입금으로 충당한다.

제96조

본회의 회계년도는 매년 1월 1일부터 동년 12월 말일로 한다.

제97조

종무원은 본회의 매 회계 년도마다 예산을 편성하여 중앙종의회의 의결을 얻어야 한다.

제98조

중앙본부의 수입·지출 결산안은 년도 감사를 득하여 중앙종의회에 보고하여야 한다.

제99조

종무원은 매년 1회씩 감사위원회의 재정감사를 받아야 한다.

제100조

본회의 부동산은 대순진리회 유지재단으로 회차를 보존한다.

제101조

중앙본부의 예산은 경상·임시 2종으로 하고 예산외 재정은 특별회계로써 호차를 경리한다.

제11장 감사원

제1절 감사위원회

제102조

감사원은 본회의 제반 업무와 도인의 수행을 심사 검토하여 도전에게 건의하는 업무를 담당한다.

제103조

감사위원회는 감사위원으로 조직한다.

제104조

원장과 감사위원은 중앙종의회의 선출 추천으로 도전이 임명한다.

제105조

원장과 감사위원의 임기는 1년으로 한다. 단, 중앙종의회의 불신임이 결의되었을 시에는 차한에 부재한다.

제106조

원장은 원을 대표하고 원무를 지도 감독한다.

제107조

원장과 감사위원은 심사 검토 및 징계에 있어서 공정을 기하여야 한다.

제108조

감사위원회는 업무를 처리하기 위하여 심사위원회와 징계위원회를 둔다.

제2절 심사위원회

제109조

심사위원회는 본회의 제반 업무와 도인의 수행을 심사하고 검토하여 필요한 사항은 징계위원회에 회부한다.

제110조

심사위원회는 감사위원 5명으로 조직한다.

제111조

심사위원은 위원회의 결의로써 행동하여야 하며 긴급 중대한 경우가 아니면 개인행동을 금하여야 한다.

제112조

심사위원은 심사 검토에 있어서 사감과 예측을 버리고 공정을 기하여야 하며 선도를 위주로 예방에 중점을 두어야 한다.

제113조

심사위원회는 의장을 호선한다. 의장은 위원회를 대표하고 위원회의 업무를 지도 감독하며 의결에 있어 표결권과 가부 동수일 시에 결정권을 가진다.

제3절 징계위원회

제114조

징계위원회는 심사위원회에서 회부된 징계 사항을 검토 의결한다.

제115조

징계위원회는 감사위원 5명으로 조직한다.

제116조

징계위원회는 의장을 호선한다. 의장은 위원회를 대표하고 위원회의 업무를 지도 감독하며 의결에 있어서 표결권과 가부 동수일 시에 결정권을 가진다.

제117조

징계위원회는 공개를 원칙으로 하며 징계대상자 및 그 관계자를 소환 입회시켜 필요한 사항을 질의할 수 있다. 단, 필요하다고 인정할 시는 위원회의 결의로써 공개치 아니한다.

제4절 징계

제118조

본회의 징계는 다음과 같이 구분한다.

1. 경이원지
2. 대기
3. 삭권
4. 도장 출입 금지
5. 도정실 참석 금지
6. 치성의식 참례 대기
7. 훈계

제119조

제118조의 징계는 다음 각호에 해당한 자에게 경중을 구분하여 과한다.

1. 도인의 수칙과 신조를 망각하고 도인으로서 신망이 타락되어 본분 복구가 불가능한 자.
2. 수도규정을 위배하였거나 도인으로서 행하여야 할 도리를 다하지 못한 자.
3. 임원으로서의 직책을 다하지 못한 자.
4. 도규를 위배한 자.
5. 도정실을 무단 이탈하거나 징계사유가 있는 자.
6. 성·경·신이 부족하고 덕화 손상을 한 자.

제120조

본 처분은 도전의 재가로써 결정한다.

제5절 소원

제121조

본 처분을 받은 자로서 부당하거나 과하다고 생각할 시는 1차에 한하여 5일 내로 그 사유를 구신하여 소원할 수 있다.

제122조

감사위원회는 소원이 있을 시는 즉시 재심사 검토하고 결의하여 확정한다.

제12장 부칙

제123조

본 도헌은 중앙종의회 재적의원 3분의 2 이상의 찬동과 도전의 동의로써 개정할 수 있다.

제124조

본 도헌은 제정일로부터 발효한다.

제125조

본 도헌의 미비한 점은 일반 통례와 전례에 준한다.

제126조

본 도헌 시행 이전의 제규정은 본 도헌의 정신에 위배되지 않는 한 그 효력을 가진다.

■ **도헌개정** ■

1. 대순 102년 2월 7일 제정
2. 대순 105년 2월 13일 개정
3. 대순 106년 1월 9일 개정
4. 대순 115년 2월 19일 개정

대순진리회의 증산상제진요성해

제1편 증산교 창교주이신 증산상제 성해

　성해의 주인공은 증산계 종교의 창시자인 강증산이며 1871년에 태어나서 1909년에 타계하신 본명은 '강일순' 이십니다. 그 성해의 주인은 1909년 8월 9일에 그것도 39세 라는 짧은 생애로 떠나가신 분이십니다. 그가 세상을 떠난 지 12년 후부터 성해를 차지하려는 소유권 다툼은 70년이 넘는 긴 기간 동안 소유권 다툼으로 계속 이어지고 있습니다. 제자 또 혈족 그리고 계시를 받아 종교 활동을 하는 그룹들이 서로 성해를 차지하기 위한 다툼이며 역사의 기록물인 서찰, 얼굴 없는 스님이 아버님께 받은 유품 중 36점을 말합니다. 1920년부터 해방 후까지 기록물인데 거기에 "육필본 대순전경"이 완성된 날짜를 훼손된 1910년 완필이라는 부분 바로 그 옆을 보면 1948년 유동열 장군이 통교, 통정원을 만들 때 무자년 5월에 '완기' 라는 것을 보게 됩니다.

유동렬 장군

출생일: 1879년 3월 26일
출생지: 조선 평안도 박천군 박천읍 매화리
사망일: 1950년 10월 18일(71세)
사망지: 조선민주주의인민공화국 평안북도 희천
본 관: 문화
학 력: 중화민국 국방참모학교

미군정청 통위부 부장
임기 1946년 6월 11일 ~ 1948년 7월 22일

    대순전경은 1910년 07월 26일 완필로 끝낸 것을 1948년 05월에 시작하여 6월 20일에 완기(4282년), 1949년 07월로 표시되어 있습니다. 살펴보면 증산교단 통정원이 1945년 유동렬 당시 임시정부 참모총장이었습니다. 설립자가 만든 증산교 각 교파 간의 연합조직 운동 단체가 1949년 1월 11일 증산교의 17개 교단 대표들이 모여 증산교단 선언과 교의체계, 신앙체계, 증산교 규약을 채택 선포하며 영원한 민족종교의 뿌리임을 입증하기 위한 기록물로 즉, 네 분의 학자들과 36장의 일부인 기록이 '대순전경', '참정신으로 배울 일' 교리서 외 서간 36점을 증산상제의 성해를 지켜내는 이 문서를 발표하게 된 것입니다. 2017년 09월 25일부터 2019년 03월 01일 사이에 시간이 걸려서 이렇게 나오게 되었습니다. 그 안에 증산상제의 천심경도 같이 나오게 된 것입니다.

    증산상제의 성해를 지켰던 문서 천심경, 대순전경 참정신으로 배우기의 기록들은 증산교단 통정원의 통교 유동렬 선생께서 납북되기 전까지 교세를 확장하기 위한 역사적인 기록물입니다. 36점의 서찰을 해독하다 보니 증산상제의 성해를 지키기 위한 얘기들이 공개된 것입니다.

    당시 추종자들은 증산상제의 유품들을 서로 차지하기 위해 야밤에 증산상제가 묻힌 무덤에 도굴을 하여 증산상제의 성해의 일부인 왼쪽 팔이 자취를 감췄다고 합니다. 후에 조철제의 종단에서 훔쳐갔단 얘기가 있습니다만, 세월이 흐른 지금까지 발견되지 않고 있습니다. 그런데 이번에 이 36점의 서간에 의해, 일제시대의 증산상제의 성해를 모시고 여기저기 다닌 기록들이 드러나게 되었습니다.

제2편 증산상제의 성해 출판

아버지의 유품인 대순전경, 천심경, 서찰 36장, '참정신으로 배울 일' 이 유품으로 2017년 08월 11일에 초판 인쇄를 『대순전경과 천심경』으로 출판하였고, 두 번째는 2019년 05월 11일에 『증산 강일순 상제의 성해는』을 또 출판하셨습니다. 후자의 『증산 강일순 상제의 성해는』은 일제시대의 감시 속에서 증산 강일순 성해를 지키기 위해 이곳저곳을 옮겨다니면 기록한 내용을 서간문 식으로 당시의 상황들을 앞으로 다가올 시대에 남기고져 기록한 문서들을 정리하여 출판하게 된 것입니다.

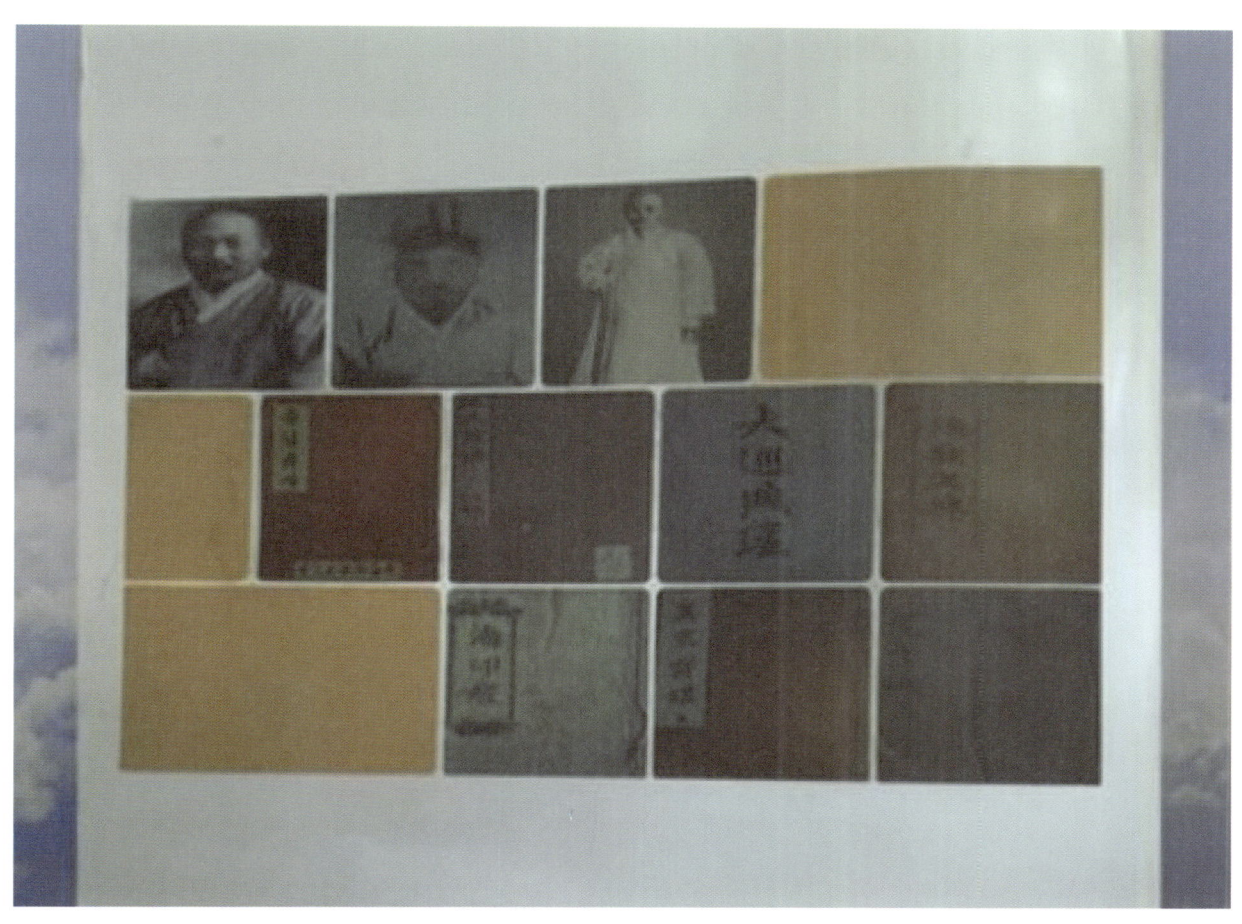

제3편 대순전경 육필본

증산상제를 따르는 제자들 중 누군가가 증산상제의 왼팔 성해를 간직하고 있다는 것이 확실하다고 생각했기에 신도들은 당시 여기저기 옮겨 다니면 성해를 지키는 것이 본인들의 임무라고 생각한 것입니다. 그럼 36장의 비록이 발견된 지금, 본 내용을 간추려보면 증산상제의 왼팔 상해인지 아니면 왼팔이 없는 성해인지 궁금증을 불러일으킵니다. 얼굴 없는 스님이 소장하고 있는 대순전경 육필본은 489절 252면으로 되어 있습니다. 증산상제의 행적을 기록한 권위 있는 책이 육필본이라고 볼 수 있겠습니다.

대순전경의 육필본을 통해서 증산상제께서 화천까지의 전을 살펴보게 되면 마지막 장면에는 어떤 사람과 동일한 모습을 발견하게 됩니다. 즉 예수님은 죽은 후 3일 만에 부활했다고 되어 있으나 증산상제께서는 화천하기 4일 전에 제자들을 불러모아놓고 마지막 설법을 했다고 전해집니다. 그 설법 속에서는 "내가 죽어도 나를 믿겠느냐?"라는 다짐이 담겨 있습니다. 즉 "너희들아 나를 믿느냐?", "예" 모두 대하여 가로되 "믿나이다" 그러면 가로사대 "죽어도 또 믿겠느냐", "예" 모두에 대하여 가로대 죽어도 믿겠나이다, 또 가로사대 "한 사람만 있어도 나의 일은 성립되리라"라고 말씀했다고 전해지고 있습니다.

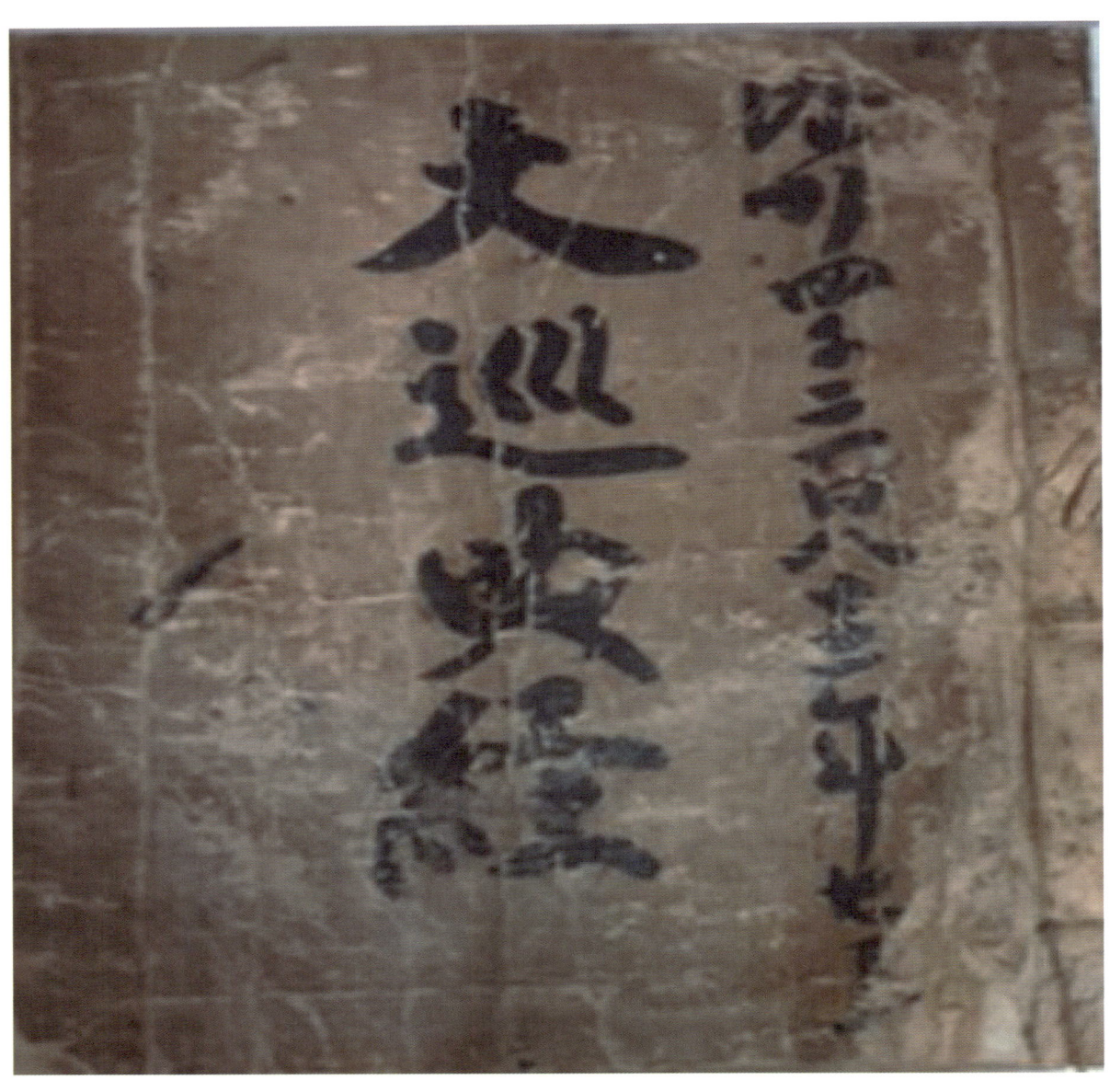

제4편 증산상제 초빈

조철제는 1919년부터 증산상제의 모친 "권양덕" 증산상제의 부인 "정치순" 또는 누이동생 "선돌부인" 딸 "강순임" 등 친척들을 보살피면서 두터운 신임을 받았다는 기록이 있고 그렇게 증산상제의 친척들로부터 신임을 받은 조철제는 1921년 여러 사람 앞에서 도주 선언을 선포합니다. 그가 1925년 04월 무극도를 설립했는데 이때 도주가 되었다는 기록이 있고 도주가 되면서 제일 먼저 증산상제의 초빈에 관심을 쏟기 시작했다고 되어있습니다. 당시만 해도 1919년 03월 01일에 만세 운동이 일어나는 등 전국민이 일제에 항거하는 반일하는 운동이 전국을 휩쓸고 있을 때입니다. 그런데 민족종교인 증산교의 신도가 수백만에 이르자 일제는 증산교인의 증가를 그렇게 달갑지 않게 생각하고 있었습니다.

그 무렵에 무극도를 시작한 조철제 도주는 산속에 방치되어 있는 것과 마찬가지인 증산상제의 초빈을 "다른 곳으로 옮겨가면 좋겠다"라는 생각을 갖게 됩니다. 조철제 도주는 다른 사람에게는 이 사실을 일체 말하지 않고 먼저 친척들의 의향을 확인합니다. "상제님의 묘소가 산속에 초빈 상태로 계시는데 다른 곳으로 이장해서 성묘를 만드는 것이 어떻겠습니까? 제가 도주가 되었기 때문에 도주 신분으로 증산상제의 성해를 모시겠습니다. 제가 상제님의 상해를 모시려는 하는 까닭은 생전에 상제님을 만나뵙지 못했기 때문입니다. 도주님이 제일 증산 상제님을 생각하고 계시니 증산상제님께서도 너무너무 기뻐하실 것입니다." 가족들이 그렇게 동의했다고 합니다. 증산상제의 초빈 이장에 대한 가족들의 동의를 얻은 조철제 도주는 음력 09월 05일 친척들이 지켜보는 가운데 증산상제의 상해를 비단으로 싸서 통사동 본인의 제실로 옮깁니다.

조철제 도주가 증산상제의 성해를 옮기는 것은 수도상의 이유도 있겠지만 또 다른 이유가 있었습니다. 조철제 도주는 증산상제의 상해를 제실에 모신 이후에 매일 조석상식을 하고 음력 초하루 보름에는 꼭 제사를 지냈다고 합니다. 조철제 도주가 100일간을 그렇게 하면서 수도를 했다는 기록이 있고, 그렇게 무사히 100일의 수도를 마친 다음 때때로 긴 산속에 묵송을 이렇게 했다고 합니다. "밤마다 한가로이 고요한 방 속에서 듣는다". "불명한 조화가 선고하는 날에", "요임금, 우임금이 모두 같도다"라는 시로 기도 방법을 선택했다고 합니다. 즉, 이시는 불교에서 승려의 깨달음을 얻은 후에 읊조리는 오도송과 같은 의미를 같은 의미를 지닌 것으로 조철제 도주께서 도맥을 이었다는 뜻을 그 당시에 담고 있는 것으로 보이게 하였습니다.

조철제 도주가 증산상제의 상해를 극진히 모시면서 수도를 하고 있다는 소문이 파다하게 퍼지면서 증산상제를 믿는 신도들에게도 삽시간에 번져 나갔습니다. 이때 증산상제의 성해를 지키던 신도들은 조철제의 신도들이기도 하였습니다. 그들은 조철제 도주를 제2의 상제로 믿고 따르고 있었습니다. 신앙심의 상징으로 증산상제의 성해를 지키고 있었던 것입니다. 그 무렵 증산상제의 성해를 지키던 이들은 그 누군가가 증산상제의 성해를 빼앗기 위해 쳐들어올지 모른다는 생각에 빠져 한밤중에도 잠을 이루지 못하고 깨어서 만일을 대비했다는 기록이 있습니다.

증산상제 생존시 제자 중에 문공신 이라는 사람이 있습니다. 조철제 도주가 증산의 성해를 도굴해갔다는 소문을 입수하고 '그 성해를 어떻게 돌려올 수 있을까?' 라는 생각으로 골똘히 연구를 했다고 합니다. 그러나 증산상제의 성해가 어디로 가 있는지 모르고 도굴한 당사자 이외에는 아는 이들이 없었습니다. "상제님의 성해를 도굴해 갔다는 정보를 입수했는데 어떻게 하면 찾아올 수 있을까?" 라는 염려를 하고 있는 문공신을 추종하는 세력들이 있었습니다. 한 측근이 묘안이 있다고 하면서 이 같은 발언을 합니다. "들리는 바로는 조철제 도주가 그런 일을 했을 것이라는 소문이 있는데", "우리들 중에 누군가가 조철제 도주의 신도로 위장해 들어가서 그에게 추종하는 척 하면서 그곳의 정보를 빼어 낸 다음에 실행에 옮기는 것이 좋겠습니다"라는 그 묘안에 따라서 문신공은 신도 '김정우'를 조철제 도주의 무극도에 첩자로 들어보냅니다. 김정우는 조철제의 사내에 침투하여 열심히 심부름도 하면서 신임을 얻게 됩니다. 그런 일로 인해 성해가 어디에 모셔져 있다는 것을 결국 입수하게 됩니다. 김정우는 이 사실을 문신공에게 보고합니다. 증산상제의 성해가 어디 있는지 알았으므로 더 이상 지체하지 않았고 즉시 20명의 젊은 신도들을 구성하였습니다. 조철제 도주가 지키고 있는 통사동에 이씨 제실에 가서 증산상제의 성해를 모시고 오도록 명령을 내립니다.

그렇게 김정우 등 20명의 신도로 구성되어 어두운 밤을 택해서 그곳으로 몰래 들어가서 증산상제의 성해를 모셔 오겠다는 판단을 하게 됩니다. 그렇게 1922년 01월 문공신외 증산상제 신도들이 조철제 도주의 신도들이 지키고 있는 이씨 제실을 습격하게 됩니다. 그 시간 제실에는 조영모, 권영문 등이 성해를 지키고 있었습니다. 옥신각신 몸싸움이 벌어지는 과정에 조영모는 오른팔이 부러지고 권영문은 실신해서 땅바닥에 넘어졌다는 기록이 있습니다. 그렇게 하여 문신공과 김정우는 증산상제의 성해를 쉽게 모시고 오게 되었고 이때 조철제 도주는 무극도장을 건축하려고 모아 두었던 자금을 가지고 어디로 숨었다고 합니다. 그렇게 증산 성해를 지키고 있던 이들은 모두 무극도 신도로서 조철제 도주를 증산상제와 같이 믿고 신봉을 하면서 성해를 지키는 일을 영광으로 알고 있었습니다. 그런데 하루아침에 무슨 날벼락인가? 한밤중에 습격을 했기때문에 방어할 능력이 없었다고 합니다. 그런 일이 발생되기 전까지만 해도 조철제 도주 곁에 있는 증산상제의 성해가 자신들을 지켜주고 있다고 믿고 있었습니다. 그중에는 상제의 성골 옆에서 지키길 희망하면서 자원봉사를 하러 오는 이들이 많았고 줄을 섰다고 합니다. 조철제 도주는 잠시 몸을 피했다가 가고 난 후에 성해가 모셔졌던 방을 다시 들어가 보니 몸싸움 끝에 증산상제의 왼팔 성해가 한 구석에 남아 있었다고 합니다. 조철제 도주는 증산의 왼쪽 팔 성해를 다른 곳으로 옮기기로 하고 실행에 옮겼다고 합니다. 문공신 외 20명의 신도들이 뒤늦게 증산상제의 왼팔 성해가 없어졌다는 것을 확인하고 조철제 도주의 뒤를 추적하게 됩니다. 그렇게 조철제 도주를 추적하던 김정우는 대전에서 서로 마주치게 됩니다. 어렵게 조철제 도주를 찾게 되었지만 그에게 증산상제의 왼팔 성해가 없다는 것을 확인한 후에 허탈감에 빠져 버렸다고 합니다. 그렇게 증산상제의 성해를 가지고 간 문공신은 누군가가 또 다시 성해를 빼앗으러올까 하는 두려움에 자신이 거처하고 있는 방 안에 천장 속에 몰래 모셔 놓고 있었다고 합니다. 일반 상식 같으면 자신이 잠자고 있는 방 안에 죽은 사람의 유골을 모셔 두었다면 이를 생각이나 할 수 있겠습니까? 그러나 문공신은 자신이 거처하고 있는 천장 속에 모셔놓고 있었던 것을 증산상제를 어떻게 생각하고 있었냐면, 이 우주를 마음대로 움직일 수 있는 하늘에 계시는 상제로 믿었기 때문에 그런 신앙심이 앞섰다고 생각할 수 있습니다. 초기에 증산상제를 가까이 볼 수 있었던 신도들이 왜 그룹을 조직해서 증산상제의 성해를 차지하려고 했을까? 참 궁금해지는 대목입니다. 이정립 선생에 따르면 증산성제의 성해를 도굴해간 이들에게 성해를 몸에 지니고 수련을 하면 쉽게 도통할 수 있다는 생각을 하고 있었기에 그런 일이 벌어 졌다고 볼 수 있습니다. 불교 신도들이 모시는 석가여래는 2500년경을 얘기합니다. 열반하신 후에 진신사리를 모시는 입장으로 보면 이해를 할 수 있겠습니다. 종교적 추앙심이 곁들여진 마음으로 보기로 합시다. 그렇게 김정우외 20명에 의해 증산상제 성해를 빼앗긴 조철제 도주가 대전에 있는 경찰서에 사건을 접수한후 경찰은 즉시 김정우를 구속하게 됩니다. 그 사건으로 구속된 김정우와 문공신은 증산상제의 성해를 모셔간 경위들을 설명하는 과정에서 조철제 도주도 결국 경찰서에 체포되게 됩니다. 이 일로 인해 일이 발생하기 시작합니다. 김정우는 일본 경찰의 고문을 받다가 죽게 되고 또 문공신은 10년 징역형을 언도받습니다. 함께 구치소에 수감되었던 조철제 도주는 석방이 됩니다. 대전경찰서는 문공신 외 20명에 의해 빼앗긴 증산상제의 성해를 회수해서 관할 경찰서인 정읍경찰서로 증산상제의 성해를 이송시킵니다. 증산상제는 이미 세상에 존재하지 않았지만 실제의 성해는 계속해서 신도들에 의해 옮겨다니시는 형편에 놓이기 된 것입니다. 대전경찰서로부터 증산상제의 성해를 이송받은 정읍경찰서는 난감한 입장이었습니다. 또 보천교의 차경석 교주가 이제 성해가 대흥리 앞 빈실로 옮겨가는 일이 벌어집니다.

제5편 증산상제 성해의 발자취

　증산상제의 제자이며, 엄청난 세력을 모은 보천교의 차경석 교주는 그의 신도인 문정삼을 정읍 경찰서에 보내 성해를 인도하는 로비를 시킵니다. 경찰서장을 만난 문정삼은 보천교에서 증산상제님의 장례를 지내도록 도와달라고 말합니다. 그러나 경찰서 입장에서 볼 때 또다시 성해를 빼앗는 싸움으로 번질까봐 그 제의를 거절하게 됩니다. 그리고 대흥리 앞 냇가에 빈실을 지어놓고 증산상제의 성해를 모시도록 합니다. 그리고 관리는 보천교에서 하게 하였습니다. 대전경찰서에서 풀려나온 조철제 도주는 문제의 증산상제의 왼팔 성해를 모시고 있다는 자체만으로 만족을 했다는 기록이 있습니다. 왜냐하면 우주의 신비와 천지의 도수가 모두 왼손에 들어있다고 믿고 있었기 때문입니다. 그러난 조철제 도주가 증산상제의 왼팔 성해를 어떻게 했는지는 지금까지 아무도 아는 사람이 없습니다. 다만 이정립 선생이 '왼쪽 성해는 해문산에 묻었다' 그 말했다고 하지만 그 확실한 근거는 입증할 수가 없습니다. 조철제 도주는 순창에 있는 해문산으로 가서 증산상제의 왼팔 성해를 매장하고 논 네 마지기를 정덕원에게 사 주면서 그 왼팔 성해를 잘 지키도록 당부했다고 전해지고 있습니다. 그 후 정덕원에게 논 네 마지기(약 800평)을 사주면서 성해를 지키도록 했다는 소문이 순창 일대에 퍼지게 됩니다. 전라북도 일대에는 증산상제의 행적들이 신화가 되어 퍼져나가고 있었습니다. 증산상제의 성해가 순창에 있다는 말 자체가 화제의 대상이 되었습니다. 그래서 왼팔 성해를 찾으려는 사람들도 생겨나기 시작하였습니다. 원래 조철제 도주는 비밀에 부치기 위해 순창 해문산까지 가서 왼팔 성해를 모셔왔다는 사실로 사람의 입에서 입으로 그 소식이 전해지게 한 것입니다. 얼마쯤 지난 후에 문제의 왼쪽 성해가 없어지고 말았습니다. 성해를 지키고 있던 정덕원이 죽고난 바로 직후에 김병철이라는 사람이 묘를 파보니 그곳에는 아무 것도 없었다고 기록이 되어 있습니다. 증산상제께서 선화하신 후의 12년 후를 보면 1921년경으로 보입니다. 그렇다면 얼굴 없는 스님의 유물인 대순전경외 서찰(비록)에서 확인된 것을 비추어 보면 1920년경에 증산상제 성해를 모시는 그룹들이 1938년 해방 전부터 후까지 이어감을 확인할 수 있습니다.

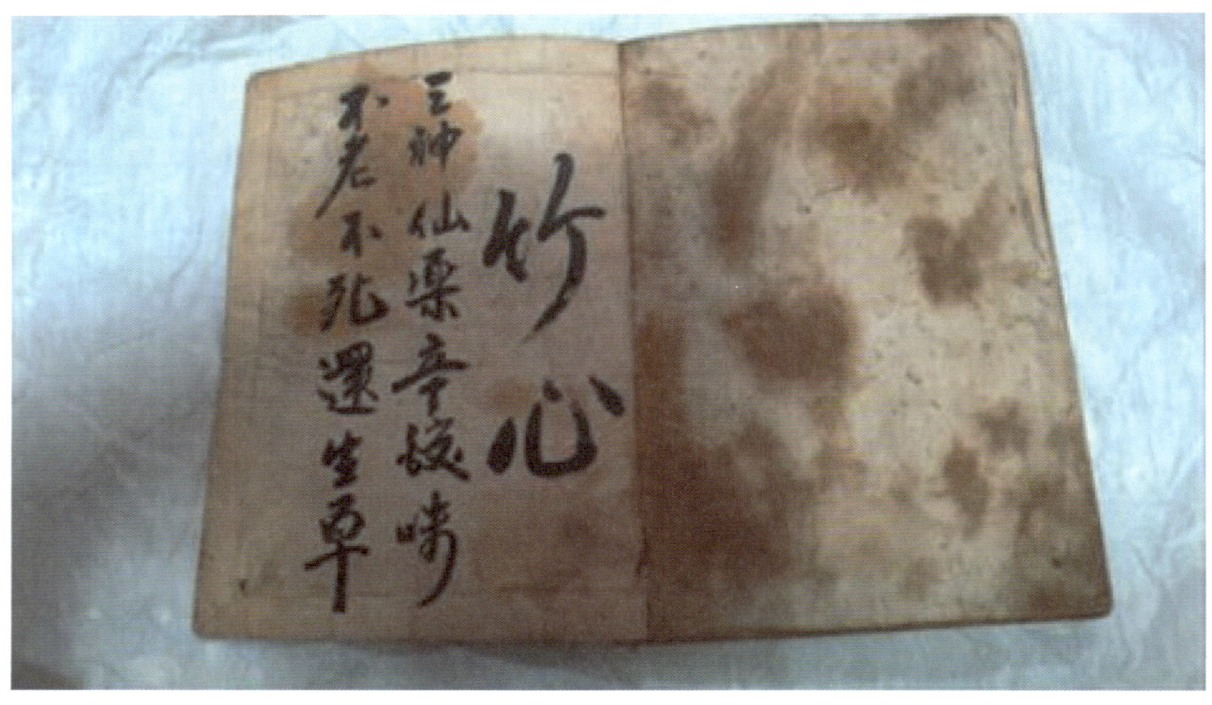

증산상제의 성해는 지금까지 찾지 못하는 미스터리로 남아 있습니다. 그 가설은 증산상제께서 살아계실 때에 본인이 화천하신 후에 성해에 대해 관한 처리지침을 내리지 않았을까라는 첫 번째 가설입니다. 두 번째 가설은 증산상제 첫 번째 부인인 정치순에게 태어난 따님이 증산법종교의 '강순임' 교주이십니다. 조철제 도주는 증산상제 가족들과 상의한 다음 1927년 강순임 교주의 이름으로 보천교를 상대로 유골인도 소송을 법원에 제기합니다.

제6편 증산상제 성해 보천교의 대흥리 앞 빈실

1937년 07월 30일에 사제 원영이 증산상제 집사에게 보낸 서찰 내용을 보면 앞서 편에 안부를 보냈는데 이 소식을 전해들은 보천교의 차경석은 신도들을 불러모아 차윤경, 김경교, 김규찬, 권창기 등이 참석을 합니다. 그때 조철제 도주는 또다시 증산상제의 성해를 모셔 가기 위해서 재판을 신청합니다. 차경석 교주 쪽에서는 이 일을 어떻게 하면 좋겠냐는 고민의 시작으로 회의를 하게 됩니다. 차경석 외 참석한 이들은 "일단은 증산상제님의 성해를 다른 곳으로 옮기고 그 자리에 다른 사람의 유골을 가져다가 이장시키면 재판에 만약에 패하더라도 증산상제의 성해는 무사할 것"이라고 차경석 교주에게 말씀을 드리니 차경석은 바로 결정을 내립니다. 김병군의 집에서 머슴살이 하다가 죽은 사람의 유골을 증산상제의 성해와 바꿔치기 하는 수법을 택하여 다른 사람들의 눈을 피해 한밤중을 택하여 증산상제의 성해를 파내는 작업을 바로 한 것입니다. 다른 사람에게 성해를 내줄 수 없다는 그런 신념이 앞섰을 것입니다.

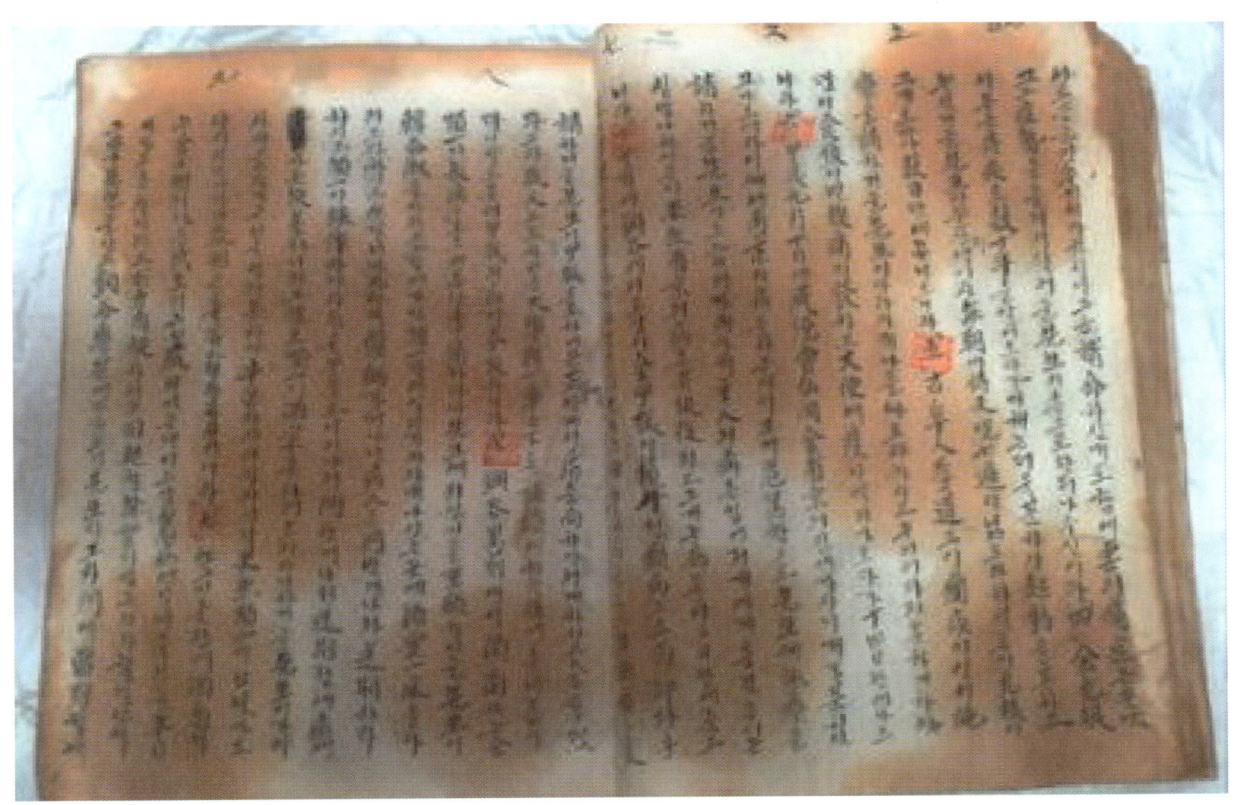

그렇게 증산상제의 성해는 대흥리 뒷산 중턱에 암장시킵니다. 그리고 증산상제가 계셨던 그 자리에 그 머슴의 유골을 대신 암장을 합니다. 그러나 그 일을 모르는 증산상제를 따르는 신도들은 그 묘지에 와서 기도를 드리기도 하고 또 큰 절을 하면서 참배를 하기도 합니다. 그런가 하면 묘 옆에서 밤을 지새며 기도하는 이들도 많이 모였으며 어떤 신도들은 상제의 성해 옆에서 기도함으로써 "도통의 경지를 얻었다"라며 자랑하는 일도 많이 생겼습니다. 차경석은 증산상제의 성해를 옮겨다놓은 이후 10년의 세월이 흘러 재판이 오래 지속 되었고, 조철제 도주가 제기한 소송에서 패소로 끝났고 그 세월 속에 수 많은 신도들이 참배 행렬은 그칠 줄을 몰랐습니다. 10년 후쯤 문정삼이 증산상제의 가족들과 함께 증산상제의 성해를 이장하기 위해 대흥리 앞의 산소를 경찰 입회 하에 개장할 때, 관 뚜껑을 열어보니 있어야 할 증산상제의 성해는 텅 비어 있어서 문정삼과 증산 상제의 가족들은 놀랄 수밖에 없었다고 합니다. 증산상제의 제자들 중에 누군가가 성해를 도굴해간 것으로 추정됩니다. 그러나 그 성해는 증산상제의 성해가 아니라 김병군의 집에서 일을 하다가 죽은 머슴의 유골이었습니다. 그런데 원래 도굴해간 사람들은 은밀하게 묘지를 만들어놓고 그 묘를 증산상제의 묘로 지극정성 모셨던 것입니다. 증산상제의 성해를 이장하려 했던 친척들은 멍하니 실망해서 돌아갔다고 기록되어 있습니다.

그런데 문정삼은 당시 정읍경찰서를 찾아가서 재수사를 해달라고 애원합니다. 틀림없이 보천교 사람들이 상제님의 성해를 모셔갔으니 그들이 어디에 숨겨놓았는지 밝혀달라고 경찰서에 재수사를 원하여 정읍경찰서에서는 보천교 간부들을 하나하나 차례차례 불러다 심문을 하기 시작합니다. 그후 정읍경찰서의 담당자는 증산상제의 성해가 머슴의 유골과 바꿔치기 당했다는 사실까지 알아냈다고 합니다. 그러나 증산상제의 성해는 절대 어디 있는지 알아내지 못했습니다. 차경석의 제자들은 끝까지 입을 열지 않았습니다. 이쯤에서부터는 어떤 유골이 증산상제의 성해인지를 분간하기 힘든 상황이 되고 말았습니다. 그러나 증산상제의 사후 10~20년 사이에 증산계 종교의 많은 파들이 나타나고 또 서로가 증산상제의 도맥을 이었다는 주장을 펴면서 종교를 만들기도 하고 또 종파들에 의해 신도들이 구름처럼 몰려들었습니다.

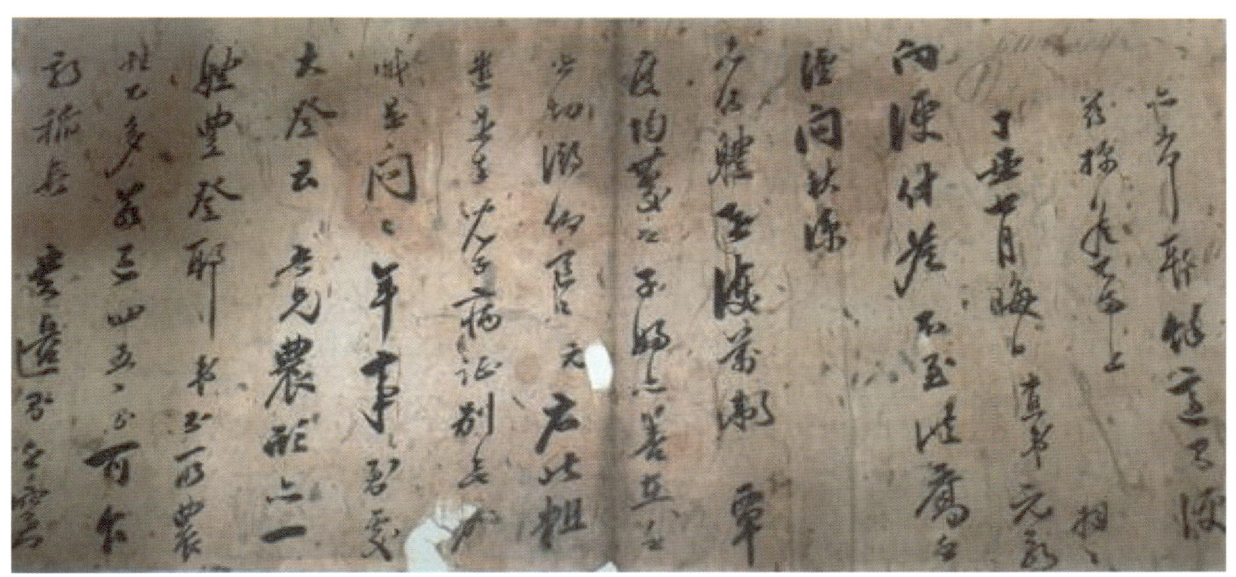

제7편 증산상제 성해와 강순임

1938년 무인년 03월 01일 사제 원형께서 증산 집사께 보내는 글

지난달 편지를 받고 위안을 받았고 이후 날로 행복했습니다. 삼가 묻건대 봄 추위에 성해 모시는 형께서 연이어 몸이 보호되고 두루 중하시고 계신지요? 신도들은 고루 편안하신지요? 성해를 모시는 여신도도 또한 잘 지내고 있는지요? 아울러 간절히 우러러 그립습니다. 저희 객지의 상황은 예전 그대로이나 이리 우울한 모양에 실로 감당하기가 어렵습니다. 일 처리가 이제 비로소 바빼 일을 끝냈으나 애초부터 4~5일간에 분명하게 날을 정하고 길을 떠날 것입니다. 기도로 충만한 그날은 그간 정하여 두었다니 언제인지 정확히 알고 싶고 가는 것이 어떻겠습니까? 앞서 듣건대 서울로 가는 수레가 지나가다 찾아온다고 일렀는데 그간 아직도 결과가 없습니다. 혹시 사고로 인한 것인지 궁금합니다. 마음이 우울합니다. 성해를 모시는 그곳에서 과연 지나갔는지요? 나머지는 갖추지 못하고 올립니다.

- 무인 3월초 1일 1938년 사제 원형 배배 -

증산상제의 성해에 대한 시비는 해방 직후인 1947년에 다시 재현되었습니다.

증산상제의 외동딸 강순임 교주는 4차원의 세계와 교통할 수 있는 능력을 보유한 사람으로 알려져 있습니다. 그녀는 김병철과 결혼하였으며 아버지인 증산상제의 권위를 이어받는 유일한 혈족이라는 점에서 당시 많은 증산계의 신도들로부터 추앙을 받고 있었습니다. 그녀는 증산법종교로 처음에는 선불교라는 증산교 종교의 교주로 활약했습니다.

1947년 06월 24일 음력이었습니다. 이날은 증산상제께서 화천하신 지 38년째 되는 날이었습니다. 강순임은 아버지의 제삿날을 맞이하여 치성을 드렸습니다. 그런데 중요한 일이 있을 때마다 아버지인 증산상제와 영통을 해왔던 강순임은 이날도 영통을 합니다. "순임아!", "네 아버님, 저 순임입니다", "너 내말을 듣고 있나?", "예", "무당을 데려다 천지대굿을 하거라", "왜 천지대굿을 해야 합니까?" 순임이 왜 무당을 데려다가 굿을 해야 하느냐고 묻자 증산께서는 또록또록한 발음으로 말을 이어갔다고 합니다.

"단군 시대에 무도가 시작되어 오늘날까지 전해지고 있다. 역사를 탐구해 보면 무도가 성할 때는 인간과 신이 화합을 한다. 조선 시대에 와서 유교가 팽배하면서 무당은 천한 사람으로 대우를 받게 되었다. 이제는 원시 반번하는 사회라 상대가 욕을 하여도 도술을 돌려야 한다. 그러니 오늘 25일부터 굿을 하되 무당과 기생을 12명씩 청하여 짝을 지어 춤을 추고 노래를 하게 하여라" 증산상제께서는 생전에도 소외된 사람들이 대우받는 사회가 곧 온다고 주장을 하셨는데 딸 순임과의 영적 교통에서도 그런 말을 합니다.

　강순임은 아버지의 말이었기 때문에 살아있을 때의 말을 듣는 것처럼 돈을 많이 들여서 무당과 기생을 초청해 잔치를 벌이는 굿판을 마련했습니다. 12명의 무당이 모인 굿이라 그야말로 큰 굿이었습니다. 음식도 어마어마하게 장만했고 인근의 마을 사람까지 다 모이는 큰 굿판이 되었습니다. 굿이 진행될 무렵 증산의 첫 부인이신 정부인 정치순이 강순임과 영적으로 교감하게 되었습니다. "순임아 이런 큰 굿을 해줘서 고맙다. 내가 이기회에 한가지 말을 하겠는데 너희 아버지이신 천사님의 묘지를 찾아내어 정성껏 모시거라." "어디에 계시는데요? 그리고 언제 하면 좋을까요?" "이장하는 날은 1948년 02월 20일 이었으면 좋겠다"라고 상대의 몸에 실려서 이야기를 합니다. 강순임은 어머니와의 영적 교감의 교통에서 아버지이신 증산상제의 성해를 옮겨 오라는 부탁을 받고 바로 실행에 옮깁니다. 인간은 평면을 보며 사는 일차원적인 생활을 하는 시간이 많지만 때에 따라서는 시공까지도 초월할 수 있는 4차원의 세계를 살 수 있는 존재라는 게 종교세계에서는 입증이 되고 있습니다. 마찬가지로 강순임은 다른 사람과 달리 4차원적 삶을 살고 있는 그런 여성이었습니다. 일제강점기 그 시대에는 일본의 종교 탄압이 대단했습니다. 세계 3대 종교는 불교, 기독교, 이슬람교라는 것은 학교에서 배운 상식일 것입니다. 그러나 학교를 졸업하고 사회에 나오면 상식이 왜곡되어 타종교를 이단으로 몰아 오직 자신만이 믿는 종교만이 유일한 종교라고 주장을 하고 있습니다. 그러나 엄밀히 따지면 이들 세 종교는 외래 종교라 볼 수 있겠습니다. 그런 측면에서 우리의 정신세계를 지배하고 있는 것은 민족정통 종교가 아닌 외래 종교라고 생각하는 이가 많이 있습니다.

증산교 계열 (11개교)

1. 보천교
2. 무극대도교
3. 미륵불교
4. 증산대도교
5. 증산교
6. 동화교
7. 태을교
8. 대세교
9. 원군교
10. 용화교
11. 선도교

일제강점기 조선총독부는 민족 종교를 말살시키고자 총독 무라야마 자준을 시켜 한국의 민족 종교들을 유사 종교로 일괄 정리하면서 총 5개파 66교로 분류했습니다. 유사 종교는 다음과 같습니다.

동학계열 (17개교)

1. 시천교
2. 상제교
3. 원종교
4. 천요교
5. 청임교
6. 대화교
7. 동학교
8. 인천교
9. 백백교
10. 수운교
11. 대동교
12. 천명교
13. 평화교
14. 무궁교
15. 무극대도교
16. 천법교
17. 대도교

계통불분명 (5개교)

1. 제화교
2. 천화교
3. 각세도
4. 천인도
5. 동천교 등

유교 계열 (7개교)

1. 태극교
2. 대성원
3. 막성원
4. 공자교
5. 대성교회
6. 대종교
7. 성도교

불교 계열 (11개교)

1. 불법연구회
2. 금강도
3. 불교 극락회
4. 감로법회
5. 대각교
6. 운영도
7. 정도교
8. 영각교
9. 광화교
10. 광화연합도관
11. 원각현원교

숭신교 계열 (12개교)

1. 관성교
2. 단군교
3. 대종교
4. 삼성교
5. 기자교
6. 지사교
7. 영신회
8. 서신신도동지회
9. 황조경 신숭신교
10. 칠성교
11. 지아교
12. 영가무교

출처: 일제강점기 민족종교의 순환과 탄압에서 찾아보았습니다.

    무라야마가 이처럼 민족종교를 파악하고 실태를 조사하는 것은 치안 유지상이라는 이들의 동태를 파악하려는 목적과 더불어 한국의 무격신앙을 조선 민간의 기초신앙의 중추라고 규정하며 일제 식민정책도 식민 지배를 적당한 천지명 민족종교라고 하는 데 기본 목적이 있었습니다. 이들 민족종교 가운데는 민족적 체계가 있었는가 하면 그냥 무격 무당 미신이 사이비 종교로 민중과 같이하고 일제에 협력한 종파도 없지 않았습니다.

➡ **일제강점기에서 한국 독립을 표방한 대표적인 독립운동 관련 민족종교**

독립운동 관련 민족종교

1. 대종교
2. 미륵불교
3. 무극대도교
4. 성도교
5. 세천교
6. 식인동맹
7. 신장교
8. 여처자교
9. 영가무도교
10. 일령교
11. 정도교
12. 천자교
13. 태극교
14. 태올교
15. 한국교

일제는 1930년대 후반 대륙을 침략하면서 더욱 강화된 통제 정책에 따라 민족종교를 이른바 유사 종교라는 굴레를 덮어씌워 더욱 철저히 탄압을 자행하였습니다. 당시 새로 부임한 총독 미나미 지로는 신사 참배를 거부하거나 타인을 참배시키지 않는 행위는 안녕질서를 문란케 하는 자이며 공익을 해치는 자로 규정하여 민족종교를 대대적으로 탄압했습니다. 그런가 하면 1938년 유사 종교 해산령을 내려 민족종교를 모조리 해산시키는 만행을 저질렀습니다. 이 해산령으로 민족주의 성향을 띄지 않았던 일반 종교단체들도 대부분 해체되었습니다. 특히 총독부의 강경한 정책과 탄압은 증산교 각 교파의 많은 신도들이 투옥되어 옥사하는 결과를 가져왔습니다. 이때부터 증산계 교단은 지하에서 조직적인 행동을 전개하게 됩니다. 이런 이유로 1938년 경부터 1945년이 되기 전까지의 중산계 교단의 활동기록이 공식적으로, 또는 비공식적으로 남아 있지 않았으나 이번 얼굴 없는 스님이 가지고 있는 유물 중 서간문 36장 외 대순전경 등 이런 일제강점기의 지하 조직 속에서 생산 상제의 성해를 지키기 위해 이곳저곳 숨어서 해방되기 전까지의 행적을 찾아볼 수 있습니다. 1938년 유사종교 해산령 이후 광복 전까지 한국민족종교 사상 최대의 시련기라고 볼 수 있습니다. 그럼에도 일부 민족종교인들은 이에 굴하지 않고 일제와 힘겹게 싸워왔습니다. 증산계 교단의 암흑기인 1945년 해방 전까지 증산계획 교단 지하조직 활동이 유일하게 기록되어 있는 서간체 형식의 36장외 천심경, 또 문건인 육필 대순전경, 참정신으로 배울 일 등 근거들은 국사편찬위원회, 근현대문화유산 종교 분야 목록과 조사 연구 보고서를 문화재청에서 출판하게 되었습니다.

　다시 증산상제의 성해의 행방을 추적해보겠습니다. 증산상제의 딸인 강순임은 38년 전에 화천을 하신 증산상제와 대화를 나누었는데 그 대화가 빙의되었다라는 반박도 있지만 4차원 세계가 있다는 것을 종교적으로 들어가면 믿을 수가 있습니다. 증산상제의 혼령과 대화를 나눴다는 점을 무시할 수가 없습니다.

강순임은 보천교를 따랐던 신도들을 찾아 나섰고 증산상제의 성해를 찾아 나설 때마다 따라 다녔던 이들은 김병철, 박창욱, 강수원, 오갑축 그리고 그녀의 집사 등이 있었습니다. 정읍에 도착한 강순임 일행은 일제하에서 수백만을 모았던 보천교의 부귀영화를 한눈으로 알아차려 보게 되었습니다. 몇몇 과거의 무병장수를 염원하고 아쉬워하며 말년을 그렇게 보내는 이들을 만났습니다. 그중에 보천교 차경석 교주의 동생 차윤경을 만나 당시 700원을 주어 도움을 청하였으나 차윤경으로부터 모른다는 말을 들은 일행은 다른 방법을 강구하게 됩니다. 그 일행 중 한사람이 그 당시 보천교를 담당했던 경찰을 찾으면 알 수 있겠다고 또 제안해서 찾아낸 사람이 강재영이었습니다. 그러나 결국 증산상제의 성해를 찾을 수 없다는 실망감에 강순임 일행은 매우 난감해했다는 그런 기록도 있습니다.

제8편 증산상제 성해와 동곡성전

증산상제 집사에게 보낸 서신을 소개하고자 합니다.

> 해가 달이 지나 이미 보름인데 그리움이 더욱 간절합니다. 엎드려 생각하건대 서해에 정사의 바른 조사에 부치고자 하고 싶습니다.
>
> 잘못된 인사 추천에 희망하는 청원에서 들어줄지 여부는 아직 알수는 없습니다만 이러나 저러나 해방의 날 기약이 또한 늦어지면서 모든 곳에 구애의 단서가 되니 어찌 조심 안 하실 수가 있겠습니까? 집회의 날을 잡는 것은 아무튼 제가 나서서 서로 상의하여 날을 정하기를 기다리는 것이 어떻겠습니까?
>
> 또 한 해 전에 저의 집 의권 문서를 봉하여 혹시 성해가 모셔진 곳에 두었다가 이번 편에 보내는 것이 어떻겠나 생각을 해봅니다. 나머지 예를 갖추지 못합니다.
>
>   - 무인년 정월 보름날 1938년 01월 15일 원형 사제 올림 -

딸인 강순임 측근들도 증산상제의 성해를 찾아나선 것 또한 어떤 신비감이 적용되었기 때문에 된 것으로 보입니다. 헛걸음을 한 강순임은 집으로 돌아오자마자 밤을 지새가며 다시 허공기도를 시작합니다.

"성부를 만들어 복을 구하는 이와 성부의 재강림을 고대하는 사람들이 수백만을 헤아리오나 성부의 핏줄을 받은 몸으로 아직도 옥체를 찾아 모시지 못하여 한스럽습니다. 어둠에 풀덤불 속에 계시게 하였사오니 어찌하여 하루인들 잠을 편히 잘 수가 있사옵니까? 옥체를 빨리 모시어 영산대천에 안장한 후 사무쳐 지세운 이 사적을 적어놓을 수만 있다면 죽어도 여한이 없겠사오나 계시를 주시와 저와 더불어 고생을 함께한 형제들의 원을 풀어 주시옵소서." 그렇게 말을 하였습니다.

한편, 강순임으로부터 700원을 받은 차경석의 동생 차윤경은 그날부터 증산상제의 성해가 어디 있는지 수소문을 하게 됩니다.

차윤경은 비룡산으로 나무를 하러 잘 다니는 한인회를 불러서 얼마의 돈을 떼어 주면서 그 당시 혹시 임자 없는 묘지가 어디에 쓰여졌는지를 묻습니다. "자네가 비룡산에 수없이 나무를 하러 다니는데 혹시 임자 없는 묘가 서 있는 것을 본 적이 있겠는가?", "어떤 묘는 어느 가문의 묘라는 것을 대개 아는데 무슨 일이십니까?", "혹시 비룡산 중턱에 증산상제님의 성해가 계신다는데 그 성해를 만약에 발견이 된다면 걸쭉하게 인사를 하겠네."

차윤경은 한인회와 그렇게 함께 비룡산을 올라가게 됩니다. 기억을 더듬으면서 샅샅이 임자 없는 묘를 찾아다닙니다. 그러던 중 봉분이 낮고 길이가 긴 묘를 발견하게 됩니다. 한인회는 그 묘가 주인이 뚜렷이 없다고 말합니다.

차윤경과 한인회는 아무도 몰래 그 묘를 파헤쳐 보게 됩니다. 그 봉분 속에서는 옻칠이 된 까만 관이 나왔고 그 관에는 하얀 백지가 솜처럼 덮어져 있었습니다. 그러나 증산상제의 성해라는 것을 확신할 만한 근거가 있는 자료가 들어 있지는 않았다고 합니다.

그러나 차윤경은 그 묘가 증산상제의 묘가 틀림없다는 쪽으로 결론을 내리게 됩니다. 그는 기쁘게 숨을 몰아쉬면서 비룡산을 내려왔습니다. 그리고 바로 그의 아내를 부릅니다.

"지금 당장 당신은 오리알터의 강순임 교주한테 가서 증산상제님의 성해를 찾았다고 전해주시오.", "네 알겠습니다. 제가 그곳에 가서 또 할 말이 있나요?"

차윤경은 그 아내에게 자세히 또 설명을 해주면서 "이 사실이 외부로 알려져서는 절대 안 된다"고 또 다짐을 받게 됩니다.

바로 차윤경의 아내는 증산법종교의 본부가 있는 오리알터로 달려갑니다. 그리고 강순임 교주를 만나게 됩니다. 정읍 차윤경 씨 집에서 왔습니다.

〈대화 내용〉

"제 남편이 증산 상제님의 성해를 찾았다고 합니다."

"아! 예! 정말 찾으셨습니까?"

"그 당시 그 산을 오르내리면서 자주 나무를 하러 다니는 한인회라는 사람과 함께 비밀리에 찾아냈다고 합니다."

"아! 정말 수고하셨습니다."

"그런데 제 남편이 만약에 보천교 문중이나 차씨 집안에서 이 사실을 알게 되면 큰일남으로 아무도 모르게 성해를 모셔가야 된다고 말씀을 하셨습니다. 그리고 만약에 이 사실이 밝혀지게 되면 그곳에선 절대 살 수가 없게 되니 그럴 때를 대비하여 우리 가족은 혹시 오리알터로 이사 와서 살게 된다는 말까지 전해 달라고 했습니다. 이런 조건을 들어 주신다면 성해를 인도해 드리겠답니다."

"네 알겠습니다. 내가 그 조건을 지킨다고 전해 주시오."

"남편이 하는 말씀이 02월 27에 은밀히 성해를 모시고 온다고 하니 그때 맞추어 마중을 나와 달라고 하였습니다."

차윤경 아내의 말은 강순임 교주에게는 큰 행운을 가져다준 말이었습니다. 강순임 교주는 보천교와 차씨 문중이 알지 못하게 차윤경이 비밀리에 모셔온 성해를 증산상제의 성해로 받아들입니다.

4차원 이상의 세계를 오가는 강순임 교주의 계시가 확실성으로 큰 작용을 하게 됩니다. 증산상제의 성해를 모시고 온 강순임 교주는 다시 기도를 올립니다. 바로 증산상저의 응답을 받았다고 기록되어 있습니다.

"수고했다, 순임아. 3월 3일에 봉안식을 해다오." 그렇게 하여 대흥리 뒷산에 모셔 있던 증상상제의 성해를 딸 강순임에 의해 공개된 장소인 동곡성전으로 되돌아왔고 그렇게 봉안식이 올려지게 됩니다.

제9편 증산상제는 조선이 낳은 대성인

원형 사제가 증산 집사에게 보내는 서신으로부터 소개하겠습니다.

> 1938년 6월 11일 사재원형이 보냅니다. 제가 또한 심부름할 한 사람을 보내려고 생각한 지가 이미 오래 지났지만 지금에서야 겨우 모든 일을 제쳐놓고 사람을 보내 드립니다. 그리고 성해가 모신 곳에 심부름하는 사람은 이런 몹시 더운 날씨에 왕래하기가 어려우니 가을에 사람이 갈 때까지 기다리며 준비하고 계십시오. 그리고 위라는 아이도 이편에 딸려 보내시는 것이 어떻겠습니까? 성해를 모시는 여신도의 산증은 재발의 걱정은 없는지요? 더덕이 마땅한 걸로 이를 만한데 그러나 지금은 구하기가 어렵고 양력이 가을에 채취하는 것에 미치지 못하니 고로 기다렸다가 가을에 구할 생각입니다. 마가목 한 토막을 보내드리니 산증이 일어났을 때 아픈 사람을 위하여 손아귀의 세 조각을 쥐고 꺾고 부러뜨려 잘게 부셔 따뜻하게 달여 복용하고 땀을 낸다면 급히 구하는 효험에 이만한 것이 없습니다. 나머지는 갖추지 못하고 글을 올립니다.
>
> - 무인 6월 12일 사제 원형 배배 -

강순임은 증산상제의 성해를 모셔온 이후에도 줄곧 계시를 받아 행동에 옮기게 됩니다. 그후의 증산상제 계시에는 "1949년 03월 15일 오리알 터에서 장사를 지내라, 이때에는 너희 어머니 정치순과 함께 제를 지내다오. 이 장사는 천지장사, 지하장사, 천지대장사니라"라는 내용이 있습니다. 강순임 교주가 받은 계시에는 "꽃상여를 두 대를 만들고 삼베 양복 120벌을 만들어서 이 옷을 입은 120명이 두 대의 꽃상여를 들도록 하여라"라는 등의 구체적인 지시가 내려졌다고 합니다. 이에 따라 증산법종교는 증산상제의 제를 지낼 준비를 했습니다.

　일제로부터 해방되어 그 기쁨에 도취 되었던 증산교단 신도들은 이 소식을 듣고 법종교가 있는 동곡 구릿골로 모여들었습니다. 꽃상여 두 대를 120명이 운구하는 화려한 장사행렬을 지켜보기 위해서였습니다. 얼마의 인원이 모였는지 헤아릴 수 없는 수천명은 족히 되었다고 기록되어 있습니다. 마을이 생긴 후 최대의 인원이 그곳에 모였다 합니다. 따뜻한 봄바람이 불어왔습니다. 전북 일대의 03월 15일은 완연한 봄 날씨였습니다. 이리저리 옮겨 다녔던 증산상제의 성해를 꽃상여에 모시게 되었습니다. 성해의 모습을 보기 위해 몰려든 사람들은 슬픈 죽음을 브기 위해서 온 것이 아니라 성해를 모시는 잔치에 참여하러 온 이들이었습니다. 성해를 모시는 뒤편에서는 노래와 춤의 행렬이 뒤따르기도 했습니다. 증산상제께서 화천하신 지 40년 만에 성스러운 행사로 치루어진 것입니다. 성스러운 행사에 참석한 사람들은 모두 하얀 옷을 입고서 행렬은 흰눈이 내리는 겨울을 연상케 했다고 참석한 이들은 이구동성으로 말을 합니다. '증산상제는 조선이 낳은 대성인이시다' 라고 말을 하면서 행렬은 이어집니다.

그 후 강순임 교주에게도 또다시 계시가 내려집니다. 그 계시는 '지금 성해가 모셔진 곳이 습기가 많으니 성해를 윗방으로 옮겨놓았다가 04월 29일에 앞서와 같은 방법으로 행사를 치러달라'는 계시인 것입니다. 그렇게 04월 09일에 행사를 전과같이 진행이 되었습니다. 그러나 03월 15일에 있었던 그때와는 조금 못한 행렬이었습니다.

제10편 증산상제 성해와 양아들 강경형

원형 사제가 고생하는 증산 집사에게 보내는 서간문

1937년 정축년 02월 15일 여관에서 번개불 만남은 위로 되기는 적고 서운함만 많습니다. 삼가 여쭙는 요즘에 형께서는 몸은 연이어 두루 건강하시고 성해를 모시는 식구들은 고루 잘 지내고 계시지요. 신도 육이라는 아이 내외는 잘 지내고 있습니까? 생각하면 우러러 그리움에 구구합니다. 저는 어지럽고 골치아픈 일을 생각대로 말할 수가 없습니다. 젖먹이 아이가 심한 병에 걸려 고통을 받아 불쌍하게 여겨지는 현상입니다. 오직 성해에 위해 모셔진 편안하심은 다항으로 여겨집니다. 아뢰올 말씀은 사람을 올려보낼 것이면 오는 초에 신도가 둘이 올 것 같으니 이때에 보내시는 것이 어떻겠습니까? 지난번 부탁한 책자는 그때에 부쳐 올리려는데 어떻습니까? 나머지는 갖추지 못하고 올립니다.

- 정축 2월15일 1937년 사제 원형 배배 -

그 무렵 증산계 신도들 중에는 앞으로 진법이 나오면 그 진법을 가지고 있는 사람이 증산상제의 성해를 모시고 나타날 것이라는 주장을 하는 사람도 있습니다. 그 진법이라는 것을 한번 생각해 봅시다. 지금 현재 통정원 통교 유동열의 임시정부 참모총장께서 해방 이후 6.25동란 때부터 북으로 납북되기 전까지 가지고 있는 얼굴 없는 스님의 육필 대순전경, 36점의 서찰, 비록문『참정신으로 배울 일』등은 진법일 것입니다.

유동렬 통정원 통교께서 6.25 납북이 되지 않았다면 증산교는 국가의 종교가 되어 있을지 모르

는 일입니다. 이 상황에서 보면 이 비록들이 진법의 일부로 판단됩니다. 또 오리알터에 안장되어 있는 증상상제의 성해는 개인적인 소견으로 볼 때 진짜 성해인 것으로 생각해 보는데 1920년대에 증산상제의 왼팔 성해는 어디로 사라진 것일까요? 누군가에게서 성스러움이 전해졌을 것이라는 추측이 의심되지 않는다면 그 왼쪽 팔 성해를 모시고 있는 단체는 아마 이렇게 생각을 할 것으로 보입니다. '네가 비전되어 오는 성해를 모시고 있기에 이 시대의 구원자나 큰 종교단체를 이룰 수 있다.' 아마도 이런 성인 의식에 도취되어 있지 않을까 하는 생각이 마음에서 떨어지지 않습니다. 그동안 증산상제를 모셔가는 싸움은 여기에서 그치지 않았습니다.

또 증산상제의 재종속되는 강성회의 손자 강경형은 1973년 06월 24일 자로 호적에 양자로 입적 소속을 마쳤습니다. 증산상제에게는 족보상으로 대를 이을 사람이 된 것입니다. 그는 양자수속을 마치면서 법종교 측 서신과 구두로 증산본부의 증산상제 성해를 증산상제께서 수도를 하셨던 장소이며 선산인 객망리, 지금으로 행정구역은 '전북 정읍시 덕천면 신월리 시루봉'으로 옮기겠다고 통보를 합니다. 이같은 통보와 함께 다시 증산상제의 성해를 빼앗기는 싸움이 재현되었습니다. 법종교 간부들은 강경형의 통보를 묵살할 수밖에 없었습니다. 그리고 나서 은근히 걱정이 되었습니다. 양자 수속을 마친 강경형이 제 아버지의 유골을 모시러 온다는, 어쩌면 합법적인 성격을 띤 요구였기 때문입니다. 그들은 머리를 맞대고 대책을 논의했습니다. 그 결과 만일의 사태를 대비해 건강한 사람들이 성해의 옆을 지켜야 한다는 결론을 했습니다. 그러나 큰일은 일어나지 않을 것이라는 생각으로 대비를 완벽하게 하지는 못하였습니다.

1973년 11월 10일 늦가을의 싸늘함을 느낄 때였습니다. 강경형은 9-1200호 영구차를 전세 내어 그 차에 친척과 인부 10명을 싣고 성해가 모신 곳에 도착하였습니다. 법종교 안에 안장되어 있는 증산상제의 성해가 모신 곳이 두꺼운 시멘트로 골조가 되어 있었기 때문에 이장하기기 쉽지 않게 되어 있었습니다. 못을 빼는 장도리로 성해가 모셔져 있는 문을 부수고 들어간 인부들은 성해가 모셔져 있는 곳을 망치로 깨뭉개기 시작합니다. 법당을 지키고 있던 신도 이태훈은 당황해서 어쩔 줄을 몰랐습니다. 지서로 뛰어가서 묘지를 부시는 일을 못하도록 만류해달라고 요청했으나 경찰은 이장 절차를 밟아왔기 때문에 어쩔 수 없다는 입장을 취했고 인부들은 망치와 정으로 두꺼운 시멘트벽을 헐어나가기 시작했습니다. 이때 여신도 6명 정도가 뛰어나왔는데 이들은 이 장면을 목격하고 망치로 깨진 조각들을 치켜들고 '빨리 멈추지 않으면 이 돌로 내리치겠다'고 고함을 치니 증산상제의 성해로 인해 또다시 사람이 다칠 수밖에 없는 상황이 벌어지고 있었습니다.

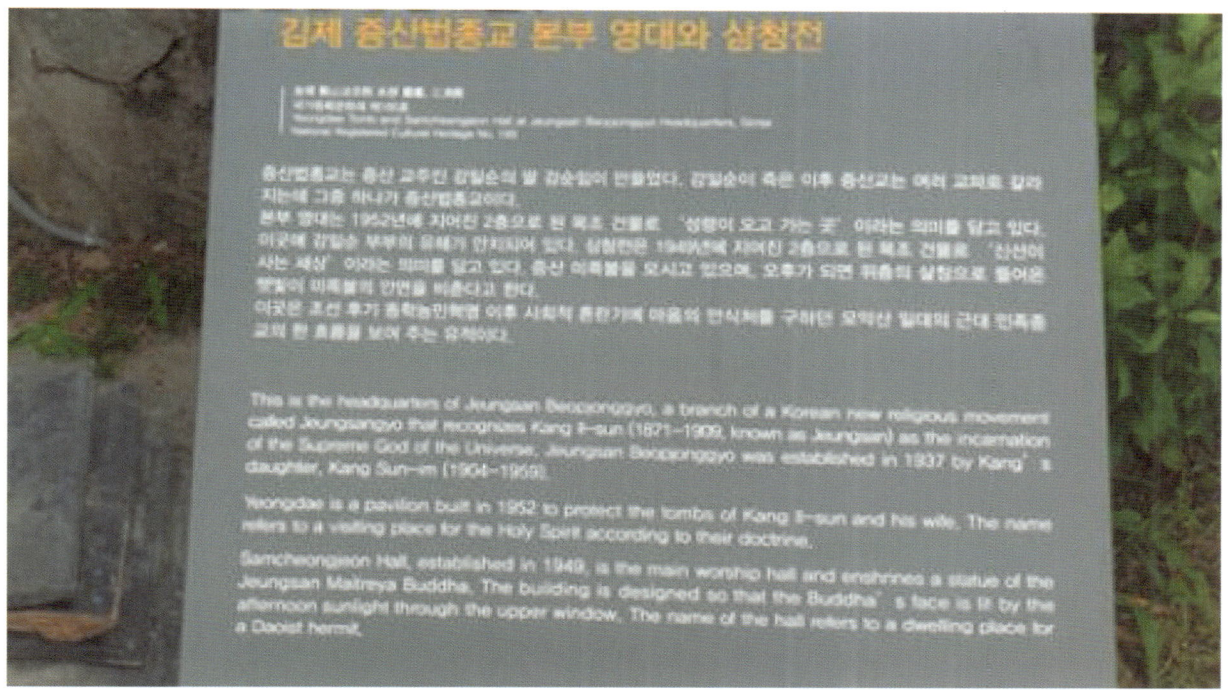

여신도들은 소리 소리를 치면서 손에 들었던 시멘트 조각들을 내던졌습니다. 시멘트 조각을 들고 있는 여신도들의 행동에 놀란 인부들은 더 이상의 작업을 하지 못하고 그 안에서 나오게 되었습니다. 그렇게 강경형은 성해를 옮기는 뜻을 이루지 못하고 결국 되돌아갑니다. 법종교 회장 이환우는 강경형의 행동을 막기 위해 중간에 사람을 세워놓고 협상을 벌입니다. 이 사건을 원만히 해결하는 조건으로 논 열 마지기를 문중 땅으로 주겠다고 제의했으나 강경형은 이 제의를 받아들이지 않습니다. 사태가 이렇게 발전하자 이환우는 전주검찰청에 강경형을 상대로 무단주거침입, 기물파손, 상해현지보관 등의 건으로 고소를 제기합니다. 증산상제의 양자로서 증산의 성해를 이장하려다가 고소까지 당한 강경형은 11월 29일에 전주지방법원에 법정교 계묘 이환우를 상대로 양구의 유골을 인도하라는 취지의 소송을 제기하게 됩니다. 증산 연구가인 예산농전의 홍범초 교수를 비롯하여 증산 종단이 통일회와 각 종단 대표들이 '성해는 양자가 아닌 교단에서 모셔야 한다'는 내용의 성명서를 발표하며 강경형이 성해를 이전하려는 것에 대해 쐐기를 박았습니다. 결국 증산상제의 사후 64년째 되는 해에 그의 성해가 법정 시비거리로 등장했습니다. 증산상제의 종교하고 관련 있는 사람들이 여기저기 옮겨다닌 증산상제의 성해는 이제는 법정 판결로 어디로 또 옮겨가야 할지 모르는 형국에 처하게 된 것입니다.

제11편 증산상제 성해와 우여곡절

1940년 사제원형이 증산 집사에게 보내는 서찰을 살펴보기로 하겠습니다.

> 세전에 선풍이 편에 답장을 받고 위로되고 위로됩니다. 확실히 해가 바뀌니 그리움이 배로 간절한데 삼가 여쭈는 새해에 형께서 성해 모시는 몸 많은 복을 받으시고 성해 식구들은 고루 좋으십니까? 우러러 축원하며 그립습니다. 저의 소원은 성해 모시는 일에 다소 편안함에 이것을 다행으로 여기고 있습니다. 그러나 아내의 병이 오히려 쾌하게 떨쳐내지를 못하여 타는 근심을 감당하기가 어렵습니다. 오직 아이들과 며느리의 탈이 없음을 이렇게 다행으로 여길 뿐입니다. 아무리 김이라는 친구가 최근에 부인의 병으로 떠날 수가 없고 만약에 떠날 수가 있다면 우러러 답장을 드릴 것입니다. 나머지는 갖추지 못하고 올립니다.
>
> - 경진 원일 17일 1940년 1월17일 사제 공복이 원영 -

양자인 강경형은 증산상제의 성해를 과거와 같이 아무도 모르게 다른 곳으로 옮겨가게 되는 것을 막기 위해 소송으로 성해 이장을 막는 가처분 결정을 얻게 됩니다. 이 가처분에는 '김제군 금산면 금산리 104번지 증산묘원 안에 납골된 강일순, 정치순 유골은 누구를 막론하고 손상 은닉 기타 방법으로 이전하거나 타에 양여할 때는 형벌을 받음' 이라는 내용이 담겨있는 가처분 용지가 성해를 모시는 곳에 붙어 있었습니다.

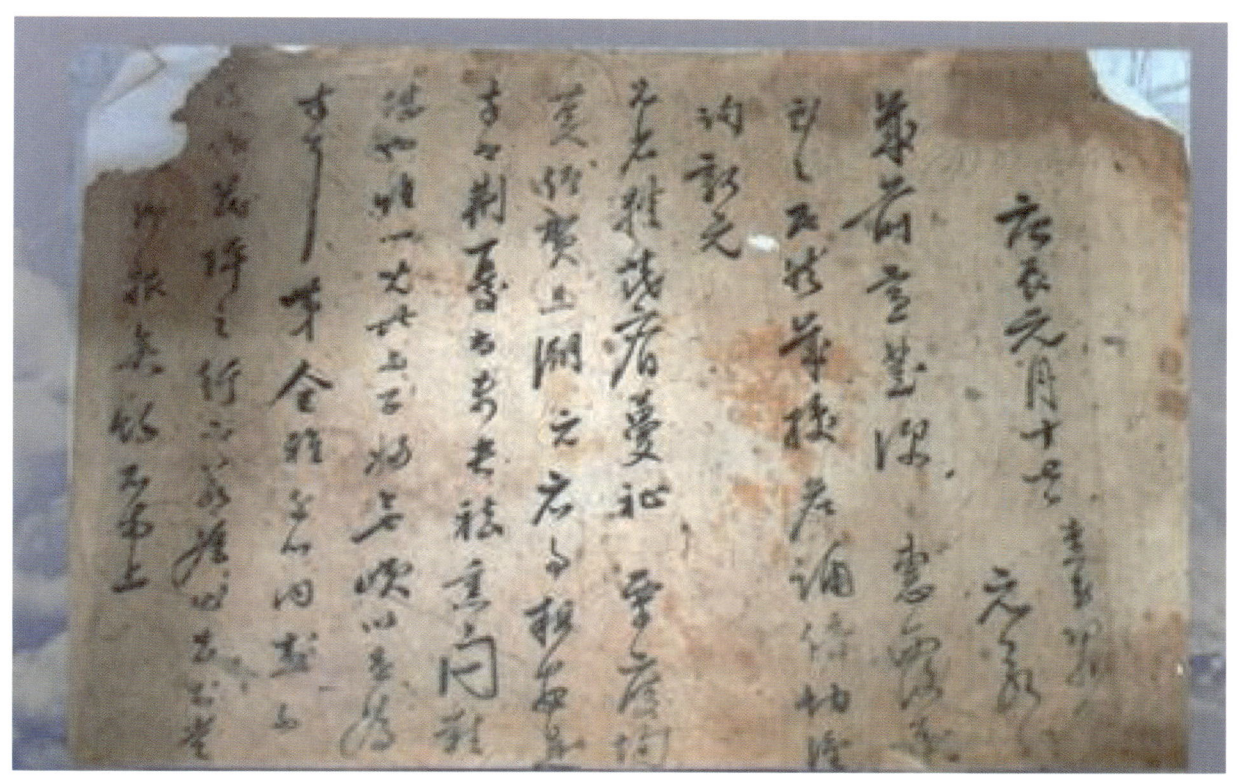

　이러한 내용의 가처분 결정을 알리는 법원 문서가 묘원 앞에 나붙자 법종교 간부들은 시급하게 대책을 세워 나갔습니다. 법종교 측은 강경형을 상대로 소송을 제기합니다. 한편으로 12월 14일자로 강경형은 성해를 모시는 곳의 출입을 금하는 가처분 결정을 법원으로부터 받아내는 데 성공합니다. 재판부에서 있었던 일을 회고해 봅니다. '증산상제님이시여, 어디로 가시나이까?' 하며 지켜보던 이들에게는 놀랄 만한 소식이 아닐 수 없습니다. 양측이 전주법원을 들락거리며 송사를 벌였던 것을 결론적으로 지금까지 안치되어 온 곳에 계시게 해달라는 투쟁이었기 때문입니다. 두 가지 가처분 결정에 이은 본안 소송 판결에서는 강경형이 패소하게 됩니다. 전주지방법원 민사3부는 1974년 03월 22일 판결에서 원고 강경형의 청구를 기각시킵니다. 판결문 유지에 따르면 증산상제의 분묘는 법종교 소유하에 있음이 명백하다는 것이었습니다. 강경형은 전주지법의 판결에 불복하고 광주고법에 똑같은 내용으로 항소를 제기합니다. 그러나 광주고법 민사부 1974년 09월 20일에의 판결에서 2심판결과 똑같은 이유로 패소 당합니다. 그는 대법원까지 상고를 했으나 역시 이기지 못했습니다. 고등법원과 대법원이 증산상제 양자 강경형에게 패태를 안겨준 판결문을 보면 '그 제자들이 60년간 분묘를 수호 관리해 왔다면 그 수호 관리권이 종교단체에 귀속되어야 한다'는 내용을 담고 있었습니다. 증산상제의 성해 빼앗기 싸움을 분석해보면 혈족, 직계제자, 그리고 증산상제의 계시로 알게 된 계시제자 등으로 3자 간의 싸움이라는 사실을 알게 됩니다. 이 싸움은 단순한 유골 싸움으로 보이지만 사실은 증산계의 종교의 발전과정을 잘 함축하고 있는 모형입니다. 증산상제의 성해를 소유하려는 싸움이 진행되는 중에도 과연 그 성해가 진짜이냐? 라는 의혹은 없어지지 않았습니다. 명확히 말할 수 있는 것은 아직까지도 증산상제의 잃어버린 왼팔 성해는 어디에 있는지 모른다는 사실입니다.

  증산상제는 전라북도의 한 시골마을에서 태어난 조선시대의 사람입니다. 그리고 39세라는 젊은 나이에 이 세상을 떠나가신 성인이십니다. 그는 끈질긴 성해 빼앗기 싸움에 휘말려 있으면서도 조선시대 교주로서 탄탄한 자리를 굳히게 되었습니다. 증산상제의 생애를 보면 종교적 사고를 위해 유랑생활을 하고 또 본인이 깨우친 바를 중생들에게 교화하는 성인이었습니다. 종교는 어느 종교이든지 창시자의 소유가 아니라 창시자를 따르는 사람의 '완성되어 가는 사람'이 되기를 위한 과정이라고 볼 수 있습니다. 화천하신 증산상제의 뒤를 이은 증산상제의 사상을 계속 받아들여 오고 있었습니다. 아버지에게 물려받은 유품이었기에 더욱더 살펴보게 되었습니다. 다시 말하면 증산상제의 왼팔 성해는 영원히 증산계를 믿는 모든 신도들 마음에서 자리를 잡게 된 것이고 또 무극도의 조철제 도주는 "천지도래일장중"이라는 말을 남겼습니다. '한 손 안에 천하사가 모두 담겨 있다'는 말로 풀이가 됩니다. 증산상제의 왼손 성해는 지금도 누군가에게 비전되면서 이 시대의 문제를 해결하는 신비하고 성스러운 마음으로 담아져 왔습니다. 증산상제의 성해를 모시고 있으면 그 종파가 발전하고 또 개인이 쉽게 도통한다는 믿음이 시작되었기 때문입니다. 이미 증산상제의 왼팔 성해나 증산상제의 성해는 이미 모든 신도들의 영원하고 순수한 마음속에서 더욱 깊은 마음으로 머무르게 된 것입니다.

제12편 증산상제 성해 기록의 영향

　비록, 서신의 내용과 함께 대순전경 육필본은 천심경 교리서인 '참 정신으로 배울 일'은 한 패키지 묶음으로 되어 있으며 선친의 유품을 아버지의 유언대로 얼굴 없는 스님 본인이 60세가 조금 넘었을 때 그때쯤에서야 잘 살펴보게 되었습니다. 살펴보니 1945년 08월 15일 해방이 되면서 임시정부 참모총장이었던 유병렬 장군이 설립자로서 연합운동 단체가 1949년 01월 11일 증산교의 교단 대표들이 모여 증산교단 선언과 동시에 교의 체계, 신앙체계 증산교 규약을 선포하였습니다. 지금까지 이어오는 증산교 본부 이상호 그리고 증산상제의 외동딸이 만든 증산법종 종교가 지금 현재까지 맥을 유지하고 있습니다. 당시 통교는 유동열 장군이 초대되었고 부통교는 증산교 본부 이상호 등, 증산상제의 딸인 강순임도 참여를 하였습니다. 그러나 해방이 되면서 통교의 유동렬은 1950년 06월 25일 6.25 전쟁으로 인해 납북되면서 자연스럽게 증산교 각 교파 간의 연합조직 단체가 와해되었습니다. 당시 일제 강점기로 넘어가 보겠습니다. 일제 강점기 조선총독부의 무라야마가 유사 종교라고 총 5개파, 66교를 분류하여 말살정책에 몰입을 하며 유사종교 해산 정책을 선포하며 강제 해산을 강행하게 됩니다. 당시 유사종교는 다음과 같습니다.

1) 동학 계열 : 17개 계열

(1) 상제교

(2) 원정교

(3) 천도교

(4) 청임교

(5) 대화교

(6) 동학교

(7) 인천교

(8) 백백교

(9) 수운교

(10) 대동교

(11) 천명교

(12) 평화교

(13) 무궁교

(14) 무극대도교

(15) 천법교

(16) 대도교

(17) 시천교

2) 증산교 계열 : 11개 계열

(1) 보천교

(2) 무국대도교

(3) 미륵불교

(4) 증산대도교

(5) 증산교

(6) 동화교

(7) 태을교

(8) 원군교

(9) 용화교

(10) 신도교

(11) 대세교

3) 불교 계열 : 11개 계열

불교계열 11개열로서 특히 지금까지 맥을 이어온 원불교가 당시에는 불법연구회로 출발했습니다.

(1) 불법연구회

(2) 금강도

(3) 불교극락회

(4) 감노법회

(5) 대각교

(6) 원웅도

(7) 정도교

(8) 영각교

(9) 광화교

(10) 광화연합도

(11) 원각현원교

4) 숭신교 계열 : 15개 계열

숭신교 계열은 대종교 외 15개 계열이며 또 유교 계열은 태극교외 6개 단체이며 계통 불명 종교이다.

(1) 제화교

(2) 천화교

(3) 각세도

(4) 천인도

(5) 통천교

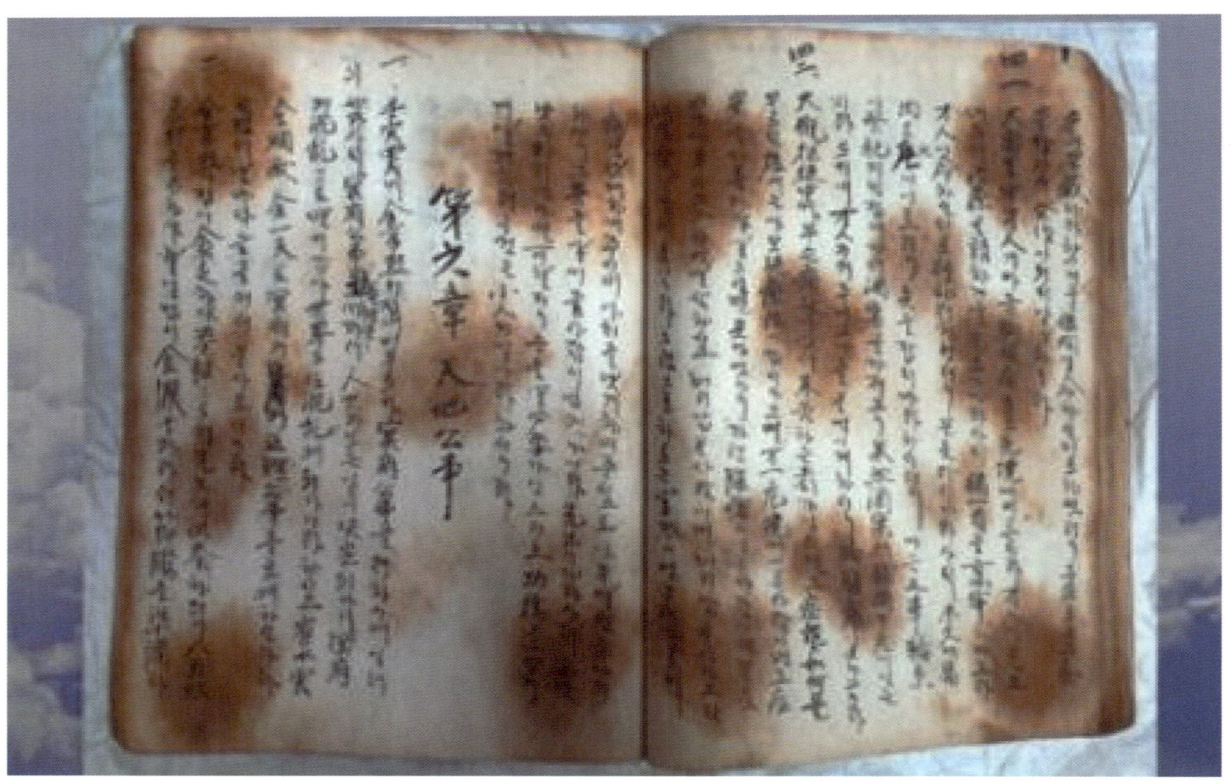

지금까지 맥을 이어온 증산 계열인 이상호의 맥인 증산교 본부가 있고 또 증산상제의 외동딸이 세운 증산법종교가 있으며, 불교 계열은 지금의 원불교인 불법연구회가 있었으며, 그 외에 천도교, 금강대교, 수운교, 갱정유도만이 현재까지의 기록물로서 문화유산 종교 민족종교의 분야 민

족조사 연구 보고서가 문화재청에 의해 조사가 이루어졌습니다. 또한 얼굴 없는 스님이 아버님의 유품인 '1. 대순전경 육필본 한 권 2. 비록으로 된 서찰 외 3. 천심경 4. 참정신으로 배울 일' 도 문화재청의 조사연구 보고서에 역시 조사가 되었습니다.

선진국이 될수록 그 나라 역사의 맥은 상당히 중요시 여깁니다. 미국의 역사를 보면 당시 영국에서 건너가게 된 사람들로 주축을 이루어 거대한 나라가 되었지만 미국의 역사는 상당히 짧습니다. 어느 나라도 마찬가지로 그 나라의 문화재는 100년을 넘어야 인정이 됩니다.

불교, 기독교, 이슬람교는 우리나라에서 3대 종교로 인정을 받고 있으며 현재 인정을 받는 불법연구회는 지금 현재의 원불교입니다. 원불교의 교주이신 대종사의 박중빈 소태산 종법사님은 1891년 고종 28년에 탄생하시어 1943년에 타계를 하게 됩니다. 기록을 보면 '1916년 4월28일에 대각을 이루었다' 라고 되어 있습니다.

원불교의 맥 또한 100년이 넘어서 지금 현재는 4대 종교로서 인정을 받아서 약 3년 전부터 대한민국 군부대에도 군법사들이 숫자는 많지 않지만 원불교에서도 정식으로 인정되어 법사가 배출되어서 포교 활동을 하고 있습니다. 그렇게 원불교는 민족종교로서 불교 분야로 인정받은 4대 종교가 되었습니다.

살펴보건대 증산교 계열로서는 증산교 본부 종단만이 증산교 창시자 이상호, 증산 법종교의 강순임 종단만이 기록으로 맥을 이어오고 있습니다. 또 문화재청의 조사 연구에 의해 얼굴 없는 스님의 아버지의 유품인 대순전경 외에 '참정신으로 배울 일' 등 2016년 근현대 유산 및 민족 종교 분야로 기록들이 지상에 공개가 되었습니다.

또한 증산교 계열로 현재 크게 활동을 하고 있는 대순진리와 증산도 등이 교세가 상당히 확장되었습니다. 대순진리회는 몇 개의 파가 갈려져 활동하고 있으며, 증산도 역시 STB 상생방송국을 운영하며 대단한 원력을 세워 증산상제의 맥을 이어 큰 포교를 하고 있습니다. 참 위대한 일이라 여겨집니다.

역사와 종교 또한 기록에 의해 정통성을 인정 받고 검증을 받는 것입니다. 원불교는 옛날에 불법연구회였습니다. 연구회는 민족종교의 불교 단체로 인정을 받아 4대 종교로서 대한민국 군부대에 법사가 배출되어 포교 활동을 하고 있습니다. 참 경사스러운 일이 아닐 수 없습니다.

제13편 역사의 길을 찾아서

증산교 계열인 창시자 강일순 상제께서는 1871년에 탄생하여 1909년에 타계했습니다. 증산상제 강일순은 1901년 07월에 깨달음을 얻었으며 1909년 06월 20일 구릿골에서 천지공사를 마치시고 1909년 06월 24일에 타계하므로 역사의 천지공사가 시작이 되었습니다.

지금 활성화가 되어 크게 확장이 된 증산 계열인 대순진리회, 증산도 역시 전통을 계승하여 크게 포교를 하고 있음을 볼 수 있고 신도는 약 1,000만이 넘는다고 합니다. 경의를 표합니다. 역사 또한 구두로 전해오기도 하지만 앞으로 후세들은 기록의 역사의 증거에 의해 역사가 조명될 것입니다.

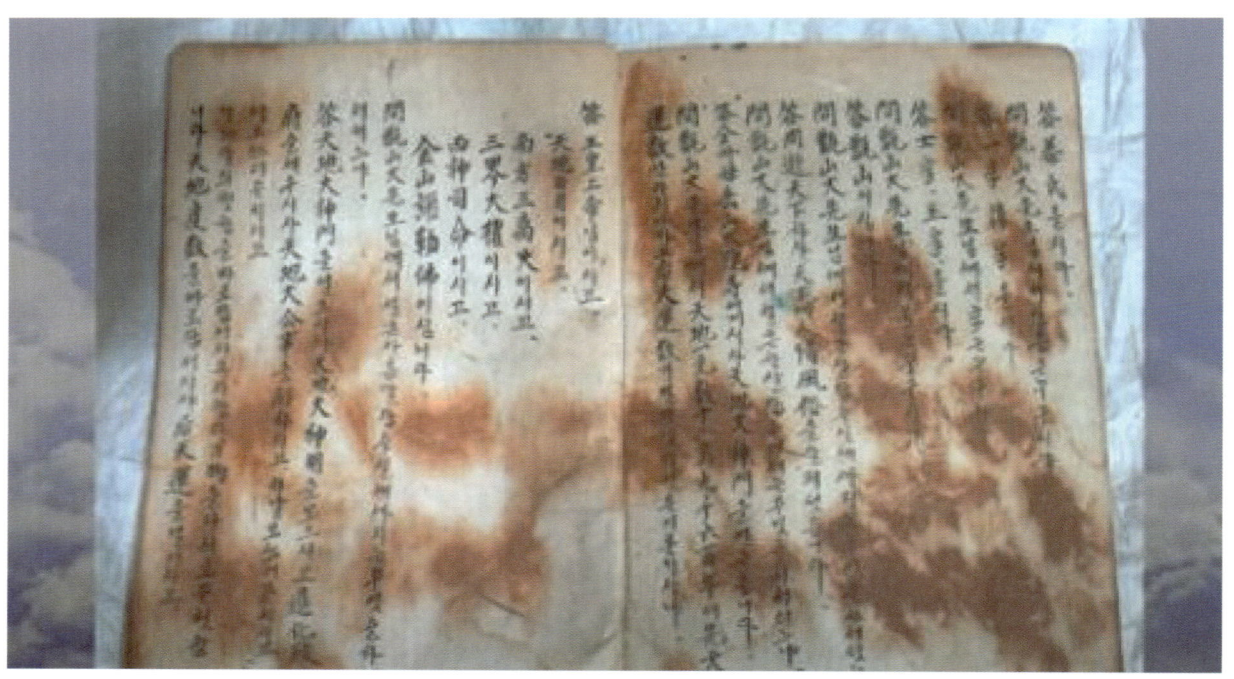

일제강점기를 거치며 1945년 08월 15일 해방이 되면서 증산교 연합조직 운동단체인 증산교단 통정원의 유동렬 통교에 의해 1949년에 증산교단의 선언과 교리체계, 신앙체계 증산규약의 선포를 하게 된 문서의 기록물입니다.

증산상제의 성해를 지키기 위해 은둔하시며 그 어려운 가운데에서 기록물 36장 등 정통성을 입증하고자 증거로 가지고 전국 순회를 시작하였지만, 결국 1950년 6.25가 발생하여 증산교단 통정원의 통교인 유동렬 장군이 납북이 되면서 와해되었으나 시간이 지난 이 시점에 다행이 그 기록들은 보전되어 온 것입니다.

종교의 역사 흐름 또한 기록으로 인해 후세의 젊은이들이 역사를 평가할 것입니다. 비슷한 시기에 민족종교 불교 분야의 원불교 또한 탄탄히 쌓아온 기록에 의해 백년의 벽을 넘어 불교계로서 민족종교인 원불교가 탄생이 됨은 민족사에 큰 뜻일 것입니다.

또한 살펴보건대 증산교단의 증산상제의 기록인 육필본 대순전경 외 등이 보존되어 왔고 일제강점기의 생생한 기록이 담겨 있는 그 자료들이 살아있게 됨은 언젠가는 해빛이 될 거라는 확실성에 기반을 두고 준비된 것으로 생각됩니다.

대순전경 외 서간문 '천심경외 참정신으로 배울 일'을 1948년에 전국 순회하기 전에 준비하여 한 패키지로 증산규약을 정해 전국을 순회하다가 6.25동란이 일어난 것입니다. 바라건대 종교 또한 구전보다는 기록으로 입증되어야 할 것이며 원불교 또한 기록으로 받침으로 인해 4대 종교의 맥을 이룬 것을 보게 됩니다.

증산상제의 역사적인 기록물의 바탕으로 100년의 역사의 전통을 이어받아 한 단체로 성장하였습니다. 이제 곧 5대 종교가 탄생할 것입니다. 얼굴 없는 스님 또한 역사의 흐름 속에서 앞으로 후세들을 위해 단합을 이루어질 수 있다면 증산상제의 기록 유물이 기반이 되어 전국에 천만이 넘는 증산교단의 근본 뿌리를 찾는 데 이바지 할 것을 마음으로 다짐을 하였기에, 하루빨리 후세들의 역사적인 유산 찾기가 계속 진행되도록 바라는 마음에 이렇게 공개하게 되었습니다.

올바른 역사만이 단체를 이루고 이어갈 것입니다. 역사의 기록으로 증산교단 증산상제의 교리가 하나가 돼야 할 것입니다.

저는 불교의 스님이지만 생각해보건대 민족종교의 뿌리의 근원을 살려야만 앞으로 후세들의 올바른 종교관이 성립될 것입니다. 제 선친께서 보관하게 한 유품이지만 증산교단의 후세들을 위해 쓰여진다면 어떻게 해야 최선인가를 찾아서 기꺼이 협조를 하겠다는 생각으로 공개하게 되었습니다.

우리나라는 종교의 자유가 보장이 되어 있습니다. 살아남기 위해서는 기톡으로 인정을 받아 5

대 종교의 자리로 진입할 것입니다.

저는 얼굴 없는 스님으로서 제 유품에 대하여 다른 타 종단의 증산 교단을 위해 협조할 일이 있다면 기꺼이 앞장서서 후세들에게 희망을 주겠습니다. 그동안 감사했습니다.

18 증산상제미륵도전도인 강대훈의 도래

01 증산상제미륵도전도인 강대훈의 환강

(1) 격암유록의 정도령에 대한 예언

증산상제미륵도전도인 강대훈은 우리나라 유교에서 전해 내려오는 정도령 출현과 그의 역할에 대하여 기록하고 있다. 600년 전에 무학대사의 예언에서 2025년에 정도령의 출현을 예언하였다.

석가모니는 임종 직전에 설파한 열반경에서 '나는 성불하지 못했지만 앞으로 생미륵불(生彌勒佛)이 나타나면 나도 그분께 가야 성불할 수 있다' 고 하시며, '생미륵불이 나타나면 불자들은 생명을 걸고 그를 따르고 보호하라' 는 말씀을 하셨다. 즉 생미륵불은 정도령으로서 이 땅을 구원하기 위해 오시는 분이다.

우리나라 최고의 예언서 '격암유록' 도부신인편은 이 땅에 오시는 정도령은 바로 미륵불이라고 하였다.

 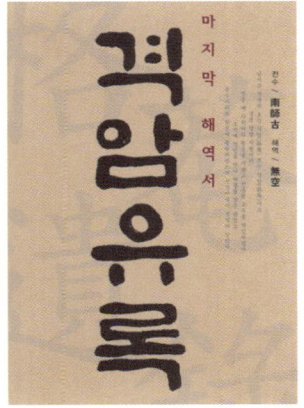

격암은 조선 중종 4년인 1509년 '남사고'의 호이며 그는 천문가로서 시대의 예언자로 유명하다. 그가 기록으로 남긴 책 '격암유록"에서는 이렇게 기록한다.

"무국천상세계 구름 속의 왕이 이 땅에 태극으로 다시 내려와 청림의 전도사로 태어난다."

이는 하늘에서 내려온 위대한 성인이 바로 이 땅 회문산의 이치로 오신다는 뜻이다. 회문산 하늘의 아버지가 다시 돌아오는 산이란 뜻으로 회문산은 단순한 산이 아니라 천지의 새 판을 짜는 곳이다. 증산 상제님 또한 이렇게 말씀하셨다. "내가 이제 천지의 판을 짜러 회문산에 들어가노라."

하늘은 이 세상을 바둑판에 비유한다. 그리고 도장 밖, 판 밖에서 진짜 주인이 깨어나게 되는 순간이 찾아오게 한다. 오선위기란 다섯 신선이 둘러싸고 바둑을 두는 형상을 말하는데, 주인은 어느 쪽에도 훈수를 둘 수 없다. 그저 모든 일이 끝날 때까지 기다리며 때가 오기를 참고 견디는 것이다.

그는 이미 강증산의 환강으로 강대훈의 몸을 빌려 입으시고 격암유록의 정도령과 불교의 미륵으로 세상을 구원하기 위하여 우리 가운데 오셔서 때를 기다리고 계시다가 2025년도에 자신의 모습을 만천하에 드러낸다는 예언이다. 그가 바로 증산상제미륵도전도인 강대훈이다.

강대훈 증산상제미륵도전도인은 세상을 구원하기 위한 미륵으로 오셔서 세상 구원을 실천하신다. 그는 홍익인간을 지향하며 모든 백성을 구제하고 나라를 든든히 세우기 위한 교육을 실천하고 나라를 지키기 위한 애국사상을 펼쳐내는 초자아실현의 인물이다. 하여 홍익인간을 신념으로 사회복지를 실천하고 이웃사랑을 실천하기 위하여 구제 및 의료사업을 확장하고 정의로운 사회를 만들기 위하여 정의사회구현을 이룩할 젊은이들에게 리더를 위한 교육사업에 정진하고 있다. 더 나아가 우리 민족에게 나라사랑의 애국심을 일깨워주기 위한 애국사업을 사명으로 인식하였다. 따라서 강증산 상제의 환강으로 오신 강대훈 증산상제미륵도전도인은 새로운 시대를 만들기 위한 결단으로 2025년도를 기준으로 출현하여 새 세상을 펼쳐낼 것이다. 그는 대순진리회의 공인된 상제로서 67개 계열을 통합하고 새시대의 주인과 리더로 등장한 것이다.

(2) 예언 성취의 각오

이제 어두움이 끝나고 찬란한 빛이 온 겨레를 따뜻하게 감싸게 될 것이다. 새 시대는 새 지도자가 이끌어가는 것이다. 모든 국민을 가슴에 넣어 품고 마음을 어루만지며 내일의 희망을 먹이고 채워줄 하나님 같은 인물. 그는 이때를 고대하며 준비하였으며 때가 되매 우리 민족을 위하여 지금 오신 것이다.

민족종교에서 태어나고 정도령과 미륵의 정신으로 길러져서 홍익인간으로 이웃을 사랑하며 정의롭고 태평한 사회를 이루기 위하여 교육으로 무장한 사람들이여, 이제는 나라를 끌어안고 애국하는 마음으로 증산상제미륵도전도인 강대훈 상제를 따라서 힘차게 일어나 뛰어오르십시오! 그대들은 진정 대순진리회의 사람들입니다. 이제 우리의 시대가 온 것입니다. 이 시대의 주인공은 바로 당신입니다.

02 증산상제미륵도전도인 강대훈의 종맥종통 증거

(1) 증산상제미륵도전도인 강대훈의 종맥종통의 계승

- 종맥종통의 계승은 다음과 같다.

① 증산 강일순 상제
② 보천교(강일순, 차경석) →
③ 무극대도(조철제, 강순임) →
④ 태극도(조철제, 박한경) →
⑤ 대순진리회(박한경, 강대훈)

　박한경 도전은 1995년 11월 상제님의 도수에 의하여 강대훈에게 비밀리에 총무원장 임명장과 옥새를 전의하여 종맥과 종통의 증표를 남기고 진법을 보호하셨다. 옥새는 임금의 도장으로서 옥새를 물려주면 왕권을 물려주는 것인데, 대순진리회는 종맥과 종통이 이어지는 것으로서 도통줄이 이어지는 것을 의미한다.

　'동곡비서 32쪽'에는, "판 안에 너희들은 이 뒤에 마음 닦은 대로 도통(道通)이 한꺼번에 열리리라. 그런 고로 판밖에서 도통종자(道通種子)를 하나 두노라. 장차 그 종자(種子)가 커서 천하(天下)를 덮으리라"라고 박한경 도전께서 예언하고 지시하신 기록이 있다.

　박한경 도전은 화천 별세 후에 일어날 종권, 종맥 찬탈의 분란들을 훤히 내다보고 계셨기 때문에 강대훈을 은밀히 불러서 임명장과 옥새를 전이하면서 10년간 묵비를 지시하고 도력이 높아지고 때가 무르익으면 나서라고 하셨다. 미리 나서면 다친다고까지 엄중 주의를 주셨다. 이 일은 증산 상제님의 도수에 의하여 사전 준비된 후계 지명이었던 것으로 진법을 보호하기 위한 은밀한 계승인 것이다.

(2) 증산상제미륵도전도인 강대훈의 종맥종통의 성취

① 증산상제미륵도전도인 강대훈의 종맥종통에 대한 약속

박한경 도전께서 토성도장 차량(벤츠) 안에서 강대훈에게 종무원장 임명장고 옥새를 주시면서 "내가 화천하면 강대훈 네가 도전이다" 라고 하명하셨다.

이것은 종통 종맥을 강대훈님으로 이어가시겠다는 박한경 도전님의 확실한 뜻이다. 이에 대한 근거로는 37년 전 제주도 이승택 전 도지사가 강대훈 상제님의 양아버지였다. 그때에 전재산 45억을 박한경 도전님께 직접 올려드렸다. 이때에 박한경 도전께서는 강대훈에게 "네 마음을 나에게 주면, 내 마음을 네게 주리라"고 종단 대순진리회 도전 박한경님께서 강대훈에게 직접 말씀하신 내용이다.

1. 회사명 : ① 제주시 회사 남도 유공압
    ② 서귀포 회사 다진 유공압
    ③ 한림 다진 유공압
2. 주 소 : 제주시 조천읍 와흘리 992번지
3. 투 입 :
    ① 별장 880평
    ② 대지 600평
    ③ 청기와집 3채
    ④ 밀감농장 1,500평 올림
    ⑤ 대순 건설 현장 투입

그 이후, 박한경 도전께서는 강대훈 미륵도전도인에게 대순진리회를 상속해 주시기로 약속하셨다.

② 증산상제미륵도전도인 강대훈의 종맥종통에 대한 성취

강대훈 도주는 상제님의 도수에 의하여 박한경 도전으로부터 임명장과 옥새를 하사받으셨다. 그리고 계룡산에서는 천계로부터 첫 양묵은 신령스러운 지팡이를 하사받았다. 그리고 증산 상제님의 지시하에 천기의 등극식, 즉 하늘의 등극식을 마쳤다. 여기서 지팡이의 뜻을 알리며 "여기는 그 용이 있음이며, 그때에는 그때가 있고 사람에도 그 사람이 있음이니라"고 하셨다. 즉 때에 따라서 그때 그 사람이 있으니 그때를 기다리라는 말씀을 하신 것이다.

그리고 증산상제님께서는 "인사는 기회가 있고 천리는 도수가 있느니라 아무리 큰 일이라도 도수에 맞지 않으면 허사가 될 것이오, 경미하게 보이는 일이라도 도수에만 맞으면 마침내 크게 이루어지리라"고 하시고, "맥이 떨어지면 죽느니라" 고 말씀하셨다.

 종단에는 종맥(宗脈)과 종통(宗統)이 살아 숨 쉴 때, 그 종단의 정통성(正統性)을 만천하(滿天下)에 천명(天命)함으로써 종맥종통의 진정성(眞正性)을 인정(認定)받을 수 있다. 종헌(宗憲)을 범(犯)한 죄, 종권(宗權)을 찬탈(簒奪)한 죄, 과연 누가 대신할 것인가? 이것은 종맥이 생명이며 가장 중요한 것임을 말씀하신 것이다. 종맥은 증산 상제님이 도수에 의하여 사전에 정하여져 있는 것이고, 종통이란 다음 후계자에게 직접 대면한 자리에서 전하는 것이다.

 박한경 도전께서 "판 안에 너희들은 이 뒤에 마음 닦은 대로 도통이 한꺼번에 열리리라. 그런고로 밖에서 도통 종자를 하나 두어라. 장차 그 종자가 커서 천하를 덮으리라"고 하셨다. '판 밖에 도통 종자'는 특정인 강대훈이 있음을 말씀하신 것이다.

 '종맥종통'에는 "종맥(宗脈)과 종통(宗統)의 정통성(正統性) 근거(根據)가 확실해야 하고 종맥(宗脈)은 혈관이요 종통(宗統)은 혈류인지라 만약 동곡약방 기둥의 친필도수(親筆度數)와 제자 김형렬(金亨烈)에게 내린 휘필근원(揮筆根源)이 종맥(宗脈)과 관련(官聯)없다면 종통(宗統)을 세울 수가 없고, 도전(都典)이 내린 도호(道號)와 임명장(任命狀)과 옥새(玉璽)가 없다면 무엇으로 어떻게 도전(道典)임을 증명하겠는가?"라고 기록되었다. 종맥과 종통은 확실한 사실 근거가 없으면 불가능한 것이다.

박한경 도전께서 당신의 죽음을 예견해 종단의 앞날을 예측했기 때문에 임명장 없이 장기근속한 경석규를 위치 이동한 후 추이(推移)를 예의주시하다가 95일 뒤인 11월 20일에 토성건설 현장 별실에서 극비리에 강대훈에게 도호(道號)와 길 도(道)자를 내리고 옥새(玉璽)와 임명장(任命狀)을 제수(除授)했다. 따라서 대순진리회의 증산상제미륵도전도인 강대훈 상제는 아래의 모든 사실과 증거를 가지고 있다.

③ 증산상제미륵도전도인 강대훈의 종맥종통에 대한 증거

- **대법원 판결문**

2007년 12월 5일 수원 지방검찰청 담당검사 김준섭이 접수한 2007년 제42174호 강대훈(姜大勳)의 고소인 대순진리회가 접수한 사문서위조 피의 사실(事實)에 대하여 수원지방법원 2008 노 4297호 사건의 판결요지(判決要指)는, 대순진리회(大巡眞理會) [도헌 제24조 : 종무원장은 연원공적과 교화실적에 따라 도전이 임명한다]라는 도헌규정(道憲規定) 및 제3대 박우당 도전(道典)이 생전(生前)에 제수(除授)한 제4대 강대훈(姜大勳)의 종무원장(宗務院長) 임명장(任命狀)은 먹물 글씨체, 종이 재질 등이 그 시대(時代)의 것이 틀림없다는 국과수(國科搜)의 정밀감정(精密鑑正) 결과(結果)를 인정판결(認定判決)함으로 강대훈(姜大勳)이 대순진리회(大巡眞理會) 제4대 도전(道典)임을 대한민국 법정(法廷)이 최초(最初)로 명백(明白)히 판결(判決)하였다.

- **종무원장〈도전〉임명장**
- **옥새**
- **지팡이**
- **천안방면 선감 임명**
- **중곡동도장 3대 선감 임명장**

- **사업자등록증 등**

위와 같은 사실 증거 확인을 통하여 강증산 상제의 화천 이후 조철제(조정산) 도주와 박한경 도전을 이어 증산미륵도전도인 강대훈 상제는 대순진리회의 종맥종통자로서 2025년을 새로운 출발로 설정하고 모든 질서와 평화를 실천하는 대순의 세상을 펼쳐나갈 것을 천명하고 아래와 같이 선서하고 공포한다.

- 아 래 -

♣ 선 서 문 ♣

1. 증산상제미륵도전도인 강대훈은 강증산상제의 종맥종통을 계승하고
2. 2025년도 판 안에 돌아온 도통 종자로서
3. 새로운 시대를 열고 새 역사를 이끌어가는 대순진리회의 주인이며
4. 종맥종통으로 공인된 제4대 상제임을 온 천하에 선포한다.
5. 박한경 도전으로부터 직접 임명장과 옥새를 받은 자로서
6. 모든 권한을 위임받은 대순진리회의 상제임을 온 천하에 공포한다.
7. 이제 67개 계열을 통합하고 세계 평화를 구현하는 대순을 실천한다.

2025. 7. 5.

대 순 진 리 회

증산상제미륵도전도인 강대훈상제 [직인생략]

19 대순진리회의 관련 사이트

1) 산하기관

(1) 대진대학교

(2) 중원대학교

(3) 안양대학교

(4) 분당제생병원

(5) 대순진리회복지재단

(6) 대진국제자원봉사단(DIVA)

(7) 대진전자통신고등학교

(8) 일산대진고등학교

(9) 대진여자고등학교

(10) 대진디자인고등학교

(11) 분당대진고등학교

2) 기타 관련 사이트

(1) 대순회보

(2) 사이버민원실

(3) 중앙도서관

(4) 대순사상학술원

(5) 교무부

(6) 대순청소년육성

■ 참고 문헌 ■

1. 경암유록
2. 해인비록
3. 대순진리회 전경
4. 대순지침
5. 대순진리회요람
6. 포덕교화기본원리
7. 대순성적도해요람
8. 대순진리회 신앙의 대상
9. 구천응원뇌성보화천존강성상제
10. 대순진리회의 수칙
11. 대순진리회의 도기
12. 대순진리회의 도장
13. 대순진리회의 도헌
14. 대순진리회의 증산상제진요성해

증산상제미륵도전도인
강대훈 상제 중심의 새 시대

| **지은이** | 강대훈

| **편집인** | 이순배 · 유광수

| **1판 1쇄** | 발행 2025년 09월 20일

| **발행인** | 이용길

| **발행처** | 책읽어주는사람

| **출판등록번호** | 제396-2012-000003호

| **출판등록일자** | 2012년 01월 05일

| **주소** | 경기도 고양시 일산동구 호수로 358-25, 519호(백석동, 동문타워2차)

| **전화** | 0505) 627-9784

| **팩스** | 031) 902-5236

| **e-mail** | moabooks@hanmail.net

| **ISBN** | 979-11-989863-2-0 03710

- 본서 내용의 무단복제를 금합니다.
- 이 책의 일부 내용을 재사용하려면 반드시 **책읽어주는사람**의 동의를 얻어야 합니다.

- 저자와의 협의 하에 인지를 붙이지 않습니다.
- 본문에 게재된 사진 저작자와 연락이 되지 않아 저작 이용료를 지급하지 않았으며 입증 확인 후 사례하겠습니다